Julius Schwyzer

Die Fabrikation pharmazeutischer und chemisch-technischer Produkte

Berichtigter Reprint

Springer-Verlag
Berlin Heidelberg New York 1975

ISBN-13:978-3-642-65527-2   e-ISBN-13:978-3-642-65526-5
DOI: 10.1007/978-3-642-65526-5

Die Fabrikation pharmazeutischer und chemisch-technischer Produkte

Von

Dr. Julius Schwyzer

Mit 126 Textabbildungen

Berlin

Verlag von Julius Springer

1931

Einführung.

Das vorliegende Buch Dr. Julius Schwyzers, des Verfassers der „Fabrikation der Alkaloide", stellt sich die Aufgabe, den jungen Fabrikchemiker mit den Handgriffen der technischen Chemie bekannt zu machen.

In diesem neuen Buch stellt Herr Dr. Schwyzer in noch höherem Maße das Handwerksmäßige in den Vordergrund in der Erwägung, daß man bei dem jungen Chemiker rein chemische Kenntnisse voraussetzen dürfe, daß dagegen alle jene in der Praxis gewonnenen Erfahrungen, die man vergeblich in wissenschaftlichen Büchern sucht, ebenso wichtig zum Erfolg seien.

Das Schwyzersche Buch bringt eine große Reihe von wichtigen technischen Angaben; der Vollständigkeit halber sind auch die Alkaloide mit aufgenommen. Das Schwyzersche Buch beansprucht nicht, eine Enzyklopädie der chemischen Technik zu sein, es bringt aber eine bemerkenswerte Auswahl technischer Vorschriften verschiedenster Art. Nur derjenige, der, wie der Schreiber dieser Zeilen, weiß, wie viele wertlose technische Angaben zu hohen Preisen von verschiedenen Seiten angeboten werden, kann ermessen, wie wertvoll viele der hier abgedruckten Angaben sind, und wieviel Betriebserfahrung hinter den kleinen, zahlreichen Hinweisen versteckt ist. Daß gerade die Kreise, die an der Geheimhaltung derartiger Angaben interessiert sind, dieses Buch wenig schätzen werden, ist klar. Daß dagegen der junge und auch der ältere chemische Technologe aus ihm wertvolle und originelle Anregungen schöpfen kann, steht für mich fest. Ich wünsche daher diesem Werk eine recht weite Verbreitung und von seiten der Kritik eine verständnisvolle Aufnahme.

Zürich, im Juli 1931.

Prof. Dr. H. E. Fierz-David.

Vorwort.

Der Inhalt des Buches ist in 6 Abschnitte eingeteilt:

Anorganische Produkte,   Alkaloide,
Aliphatische Produkte,   Diverse Produkte,
Aromatische Produkte,   Allgemeiner Teil.

In den Abschnitt über Alkaloide sind die Fabrikationsbeschreibungen aus meinem im gleichen Verlag erschienenen Büchlein „Die Fabrikation der Alkaloide" herübergenommen und um einige weitere Kapitel bereichert worden. Im Abschnitt über „Diverse Produkte" werden Fabrikationsvorgänge beschrieben, die sich nicht gut in einen der übrigen Abschnitte einreihen ließen. Man wird mir vielleicht entgegenhalten, daß Kapitel wie das über Laubholzdestillation nicht in den Rahmen des Buches passen; ich habe es aber aufgenommen, weil darin eine Reihe lehrreicher Apparaturanordnungen beschrieben sind, auf die in anderen Kapiteln des Buches oft verwiesen werden muß. Der „Allgemeine Teil" besteht aus einer kurzen Zusammenfassung typischer Einzelheiten in Fabrikationsvorgängen. — Wo es von Nutzen erschien, wurden den Beschreibungen der Fabrikation auch die der Darstellung im Laboratorium beigefügt.

Der Wert der behandelten einzelnen Kapitel steht im direkten Verhältnis zu der Arbeit im Laboratorium und im Betrieb, welche auf das im jeweiligen Kapitel behandelte Produkt verwendet werden konnte. Daß auch die praktische Arbeit eines Technikers, wenn sie beharrlich verfolgt wird, zu wissenschaftlichen Erkenntnissen führen kann, beweist beispielsweise das Kapitel über „Argentum proteinicum, Argentum colloidale und andere organische Silberverbindungen", das eines meiner Spezialgebiete darstellt.

Es bleibt mir die angenehme Pflicht, die wertvolle Mitarbeit meines langjährigen Berufsfreundes, des Herrn Apotheker und Chemiker R. A. Feldhoff, zu erwähnen. Er ist wie ich ein eingefleischter Techniker, dessen jahrzehntelange emsige Arbeit sowohl im Laboratorium wie im Betriebe auf den verschiedensten Gebieten ausgezeichnete Erfolge zeitigte, vor allem in der Fabrikation anorganischer Produkte und der Schädlingsbekämpfungsmittel.

Zürich, im Juli 1931.

Julius Schwyzer.

Inhaltsverzeichnis.

Anorganische Produkte.

Aliphatische Produkte.

Aromatische Produkte.

Alkaloide.

Diverse Produkte.

Allgemeiner Teil.

I. Anorganische Produkte.

Die Hydrate der Ätzalkalien in fester Form.

NaOH. Mol.-Gew. 40.

KOH. Mol.-Gew. 56,1.

Weiße krystallinische Massen in Stangen-, Tafel- oder „Tränen"-form, an der Luft zerfließlich, löslich unter starker Wärmeentwicklung in Wasser, ferner in Alkohol.

Sie sind im Handel in folgenden Qualitäten und Formen:

1. Kalium oder Natrium causticum depuratum in bacillis und frustulis.
2. Kalium oder Natrium causticum alcohole depuratum in bacillis, frustulis und guttis.
3. Kalium oder Natrium causticum pro Analysis.

Für die Fabrikation von 1, der sog. Depuratumware, bedient man sich der technischen Kali- oder Natronlauge, welche in einer Stärke von 50 bzw. 42° Bé im Handel zu haben sind. Ätznatron kommt auch in Eisenbarrels von ungefähr 180 kg in den Handel. Man verwendet mit Vorteil keine elektrolytisch hergestellten Ätzalkalien, welche neben verhältnismäßig viel Chloriden auch Chlorate enthalten.

Man stellt die Laugen mit reinem Wasser auf eine Stärke von 15—18% ein und läßt sie zur vollständigen Klärung absetzen. Dieses Absetzen ist ein sehr wichtiger Teil der Fabrikation. In den rohen konzentrierten Ätzalkalilaugen sind eine ganze Reihe von Verunreinigungen, wie Tonerde, Gips, kohlensaurer Kalk, Silikate, Eisen und andere, suspendiert.

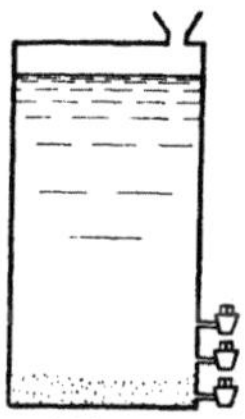

Abb. 1.
Klärzylinder
für Laugen.

Dieselben setzen in verdünnten Laugen ab. Allerdings dauert dieses Absetzen lange Zeit, meistens mehrere Wochen. Bei größerem Bedarf lasse man immer eine Reihe von großen, je einige Kubikmeter fassenden Eisenzylindern mit verdünnter Lauge zum Absetzen stehen. Die Zylinder (s. Abb. 1) sollen geschlossen sein. Sie werden durch einen Trichter mit der verdünnten Lauge gefüllt, worauf man die Trichteröffnung während des Absetzens durch einen Pfropfen schließt. Die geklärte Lauge wird durch seitliche Hähne abgezogen.

Durch den Klärprozeß werden natürlich nur die unlöslichen Verunreinigungen der Ätzalkalien entfernt. Man erhält durch Eindampfen dieser Laugen „Depuratumware" (also Nr. 1), welche wechselnde Mengen an Carbonaten und auch an Chloriden enthält. Solche Ätzalkalien können beispielsweise nicht zur Darstellung organischer Silberverbindungen, wie Argentum proteinicum oder -colloidale (s. dort), verwendet werden. Es dient dafür und zu allen anderen feineren Verwendungen die „Alcohole depuratum-Ware", also diejenige Nr. 2. Der

Ausdruck „Alcohole depuratum" rührt her aus einer Zeit, als man zur Entfernung speziell des Kochsalzes und der löslichen Carbonate das feste Ätzalkali in Alkohol löste — worin die genannten Verunreinigungen praktisch unlöslich sind —, die alkoholische Lösung filtrierte und daraus den Alkohol abdestillierte.

Heute stellt man diese Qualitäten durch Umsetzen von vorgereinigter chlorfreier Soda- oder Pottaschelösung mit ebenfalls vorgereinigter chlorfreier Kalkhydratsolution dar. Man löst z. B. die Solvaysoda in einem hochgestellten schmiedeeisernen Doppelwänder mit Bodenhahn, und zwar 15 T. Soda in 50 oder 60 T. chlorfreiem Wasser je nach der Jahreszeit. Die heiße Lösung läßt man durch den Bodenhahn abfließen in Krystallisationsgefäße, als welche schmiedeeiserne Krystallisierwaagen dienen können, oder auch nur flache schmiedeeiserne Gefäße, worin man anfänglich mit einem harthölzernen Rührer rührt. Nach dem Abkühlen schwingt man die Sodakrystalle in der Zentrifuge aus; die erste Sodalauge geht in eine Fabrikation, wo etwas Chlorgehalt ihrer Verwendung keinen Eintrag tut. Die Krystalle prüft man auf ihren Chlorgehalt. Meistens wird noch eine zweite Krystallisation notwendig sein. Man löst dann in der Wärme 45 T. zentrifugenfeuchte Krystalle in 30 oder 40 T. chlorfreiem Wasser, wieder der Jahreszeit entsprechend, krystalli-

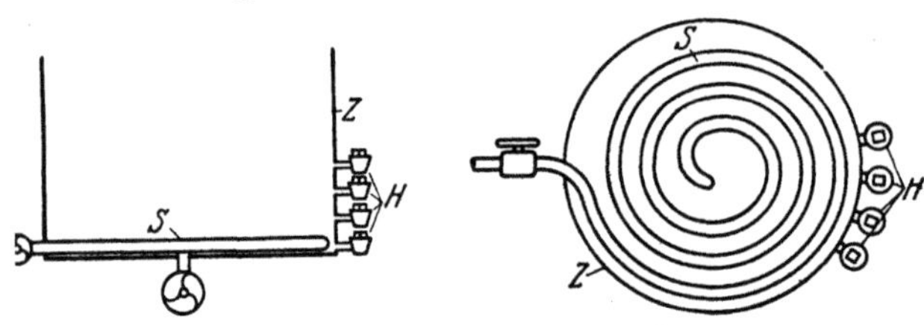

Abb. 2. Kaustizierapparat.

siert, zentrifugiert und verwendet die zweite Lauge zur ersten Krystallisation von neuer Soda. Zweimal krystallisierte Solvaysoda wird meistens praktisch chlorfrei sein.

Anderseits löscht man gebrannten Kalk mit chlorfreiem Wasser in einer schmiedeeisernen zylindrischen Zisterne, füllt dieselbe mit chlorfreiem Wasser auf und rührt mit einem hölzernen Handrührer. Nach dem Absetzen des Kalkhydrats syphoniert man die überstehende klare Flüssigkeit ab, mischt den Kalkhydratbrei erneut mit chlorfreiem Wasser und dekantiert wieder nach dem Ansetzen. Dieses setzt man fort, bis das Waschwasser chlorfrei abläuft.

Der Kaustizierapparat (Abb. 2) besteht aus einer schmiedeeisernen zylindrischen Zisterne Z mit der Heizschlange S über ihrem Boden und mehreren seitlichen Ablaßhähnen HH. Die Zisterne wird 1 m über dem Fabrikboden aufgestellt. Sie soll rostfrei sein. Wenn sie neu aus der Werkstatt in den Betrieb gelangt, ist sie daher mit Kalkmilch auszukochen und mit Wasser auszuspritzen. Wenn sie für längere Zeit außer Betrieb gesetzt wird, soll sie gut getrocknet und mit Paraffinöl eingefettet werden.

In der Zisterne löst man 50 T. chlorfreie Krystallsoda in 30 T. siedendem Kondenswasser und kaustiziert in der Siedehitze so lange durch Eintragen von chlorfreiem Kalkhydratbrei mit einer Schaufel,

bis eine Probe klare Lösung auf Zusatz von Säure nicht mehr aufschäumt.
Dann engt man die Lösung auf zwei Drittel bis zur Hälfte ihres Volumens
ein, läßt in der Zisterne erkalten und absetzen und zieht dann durch die
Seitenhähne HH die klare, chlorfreie Lauge ab. Der im Kalkhydratbrei
verbleibende Laugenrest wird durch mehrmaliges Dekantieren mit
Kondenswasser herausgeholt. Die dadurch erhaltenen verdünnten Ätz-
alkalilösungen verwendet man statt Wasser zu neuen Ansätzen. Man
entfernt den Kalkcarbonatbrei durch den untersten Hahn H und spült
die Zisterne rein. — Es sei hier hervorgehoben, daß die Fabrikation
von Alcohole depuratum-Ätzalkalien nur in Lokalen geschehen kann,
welche keine Säuredämpfe enthalten. Aus einer säurehaltigen Luft würde
die Lauge Salzsäure- und Salpetersäuredämpfe begierig aufnehmen.

Auch die chlorfreien Laugen werden vor ihrem Eindampfen durch
wochenlanges Stehenlassen vollständig geklärt.

Man dampft in blank gescheuerten Kesselchen mit Ausgußtülle
aus Eisen oder noch besser aus Nickel ein. Dieselben haben 50—60 cm
Durchmesser und 30—40 cm Höhe. Sie sind mit zwei soliden Handgriffen versehen. Als Feuerungsmaterial verwendet man Holz und
Braunkohlenbriketts, wodurch man einen ruhigen Schmelzfluß erreicht. Das abgedampfte Wasser ersetzt man durch vorgewärmte
Lauge, so daß im Kessel immer das gleiche Niveau gehalten wird. Bei
fortschreitender Laugenkonzentration scheidet sich ein Teil der Verunreinigungen aus. Mit einer durchlöcherten Schöpfkelle aus Porzellan
schöpft man von Zeit zu Zeit diese ausgeschiedenen Verunreinigungen
heraus. Sind die Laugen so weit eingeengt, daß Wasser kaum noch
entweicht, so bringt man sie in einen zweiten Kessel, indem man vorsichtig von dem Bodensatze abgießt. In dem zweiten Kessel hält
man die Masse im Schmelzen, ohne durch zu starke Feuerung weiter
einzudampfen. Diesen Prozeß setzt man 12—15 Stunden fort. Es
setzen sich noch eine Reihe von Verunreinigungen ab. Man gießt dann
die klare Schmelze wieder von dem Bodensatze ab, und zwar dieses
Mal in einen Kessel aus Silber. Darin wird weiter geschmolzen, bis
eine herausgenommene Probe auf einer eisernen Platte sofort erstarrt,
und zwar ohne sofort ein feuchtes Aussehen anzunehmen. Zur Erzielung von blendend weißer Ware bedient man sich einer Reihe von
„Kniffen", deren Einflüsse im einzelnen nicht bekannt sind, die aber
geradezu frappierend wirken. Ganz geringe Mengen — wenige Zenti-
gramme von Schwefel, von Salpeter, einige Fähnchen einer Hühnerfeder — wirken, in das Schmelzgut gebracht, hauptsächlich auf die Färbung ein. Ein blauer oder ein gelblicher Ton verschwindet sofort nach
richtigem minimalen Zusatz der genannten Stoffe. Es ist nicht möglich
genau anzugeben, welches Hilfsmittel im Einzelfalle zur Verwendung
gelangen soll, ob Schwefel oder Salpeter oder etwas Hühnerfeder.
Ein aufmerksamer Arbeiter kommt aber nach einiger Zeit zur richtigen
Wahl des Stoffes.

Die reinweiße Masse von der richtigen Konsistenz bringt man zur
Herstellung der Stäbchenform mit Hilfe eines silbernen Schöpfers
in die blank gescheuerten und mit Vaselinöl ausgefetteten eisernen

Formen. — Das Füllen und Entleeren der Formen und das Verpacken der Stäbchen in die Vorratskruken hat rasch zu erfolgen, weshalb man für diese Arbeit am besten zwei Arbeiter verwendet. Die Formen werden nach jedem Gebrauch wieder mit Federposen eingefettet. — Zur Darstellung der Stückform gießt man die Schmelze auf blank gescheuerte, eingefettete Eisenplatten. — Die „Tränen"- oder Tropfenform erreicht man dadurch, daß man die Masse aus einem Trichter aus Silber oder V2A-Stahl, in dessen Ausguß ein entsprechend dicker Stahlstab sich auf und nieder bewegen läßt und so den Ausfluß reguliert, auf die Eisenplatte bringt.

Natrium und Kalium causticum pro analysi werden direkt aus den Metallen und destilliertem, kohlensäurefreiem Wasser hergestellt. Sie sind vollkommen chlor- und carbonatfrei.

Das Arbeiten mit geschmolzenen Ätzalkalien ist nicht ganz ungefährlich. Die Laugen stoßen beim Kochen, wodurch oft Lauge herausspritzt. Die Arbeiter müssen aus diesem Grunde immer mit Schutzbrillen und Gummi- oder Lederhandschuhen arbeiten. Ein gutes Schutzmittel ist häufiges Einfetten von Gesicht und Händen. Durch heiße Ätzalkalien hervorgebrachte Ätz- und Brandwunden sind äußerst schmerzhaft und schwerheilend.

Bismut und seine Verbindungen.

Bismut. Bi. Atomgewicht 208. Spez. Gew. 9,75. Sm. P. 268°, Erstarrungspunkt 242°. Dreiwertig. Bismut ist ein rötlich-weißes Metall, unlöslich in verdünnter Salz- und Schwefelsäure, löslich in heißer konzentrierter Schwefelsäure und in Salpetersäure bei jeder Temperatur. Es bildet leicht basische Salze.

Zur Verarbeitung auf Bismutverbindungen ist das Bismutmetall zum Teil in recht reinem, direkt verarbeitbarem Zustande im Handel zu haben. So bringen die Blaufarbenwerke bei Freiberg in Sachsen ein Metall in den Handel, das garantiert frei von Gold, Silber, Blei, Arsen und Tellur ist und einen Gehalt von 99,85—99,95% Bismut hat. — Je nach Provenienz existieren aber auch Sorten, welche die genannten Verunreinigungen in oft recht hohen Prozentsätzen enthalten und davon vor der Weiterverarbeitung befreit werden müssen. — Außer als Metall findet sich Bismut als Rohstoff für Verarbeitung auf seine diversen Verbindungen in der Form von Bismutoxychlorid im Handel. Dasselbe wird bei einer Reihe von metallurgischen Prozessen als Nebenprodukt gewonnen und läßt sich leicht auf Bismut verarbeiten (s. weiter unten).

Blei verrät sich im Bismutmetall schon durch die Struktur desselben. Das reine Bismut hat eine grobkörnige Struktur und läßt sich leicht pulvern; bei Verunreinigung durch Blei ist das Bismut kleinblättrig und läßt sich nicht pulvern.

Eine Schmelze von reinem Bismut zeigt eine gelbe bis gelbgrüne Oxydschicht an der Oberfläche; geht die Farbe in Rot oder Blauviolett über, so ist das Metall bestimmt verunreinigt.

Die unangenehmsten Begleiter des Bismuts sind Arsen und Tellur. Von diesen Verunreinigungen muß dieses Metall unter allen Umständen vor der Weiterverarbeitung auf die Verbindungen befreit werden. — Eine Prüfung auf Arsen und Tellur nimmt man am besten folgender-

maßen vor: Man löst 1 g einer genauen Durchschnittsprobe in Salpetersäure und vertreibt den Überschuß derselben durch Abrauchen der
Lösung mit konzentrierter Salzsäure. Die konzentrierte salzsaure
Lösung, die natürlich frei von Salpeter- und von salpetriger Säure
sein muß, versetzt man mit Zinnchlorürlösung. Tritt dabei sofort oder
innerhalb einer halben Stunde eine Dunkelfärbung ein, so ist unbedingt
eine Reinigung des Metalls vorzunehmen. Bei negativem Resultat der
Probe wiederholt man dieselbe mit 5 g Metall. Tritt bei dieser zweiten
Probe innerhalb der angegebenen Zeit keine merkliche Veränderung
der Lösung ein, so kann das Metall unbedenklich auf die Verbindungen
verarbeitet werden.

Die quantitative Bestimmung des Bismuts erfolgt am besten als
Oxychlorid, weil diese Verbindung die beste Trennung von den Verunreinigungen erlaubt. Man löst eine abgewogene Menge des Bismuts
oder der Bismutverbindung in Salpetersäure, verdünnt mit Wasser
und filtriert. Das Filtrat wird mit Salzsäure versetzt und abgeraucht,
wobei die Salpetersäure vertrieben wird. Ebenso wird die größte Menge
Salzsäure verjagt. Man versetzt mit etwas Salmiaklösung und dann
mit einem Überschuß an Wasser. Das Bismut fällt als Oxychlorid
aus. Es wird mit destilliertem Wasser ausdekantiert und auf einem
gewogenen Filter gesammelt, ausgewaschen, getrocknet und gewogen.

Reinigung von unreinem Bismutmetall. Enthält das Metall nur
geringe Mengen von Arsen und Tellur, so nimmt man von demselben
pro Ansatz 40 kg, sonst 20 kg, schmilzt in einem Schmelztiegel mit
einer Mischung von 1,5 kg Natronsalpeter und 3,0 kg rohem Ätznatron
93—95% zusammen und hält unter Umrühren etwa 2 Stunden im
Schmelzfluß. Die leicht oxydierbaren Bestandteile gehen in die Schlacke,
allerdings zusammen mit etwas Bismutoxyd. Nach dem Erkalten
wird der Bismutkuchen durch Abklopfen von der Schlacke getrennt,
worauf man den Schmelzkuchen noch mit einer Wurzelbürste und
heißem Wasser möglichst von den letzten Schlackenresten befreit.
Dann unterwirft man eine Durchschnittsprobe des Kuchens einer qualitativen Prüfung, von der es abhängig ist, ob das Metall nun zur Verarbeitung hinreichend rein ist oder ob die Reinigung wiederholt werden
muß. Bisweilen kommt es vor, daß das Metall keine flüssige Schmelze,
sondern einen dicken, schwer knetbaren Brei ergibt. In diesem Falle
befindet sich reichlich viel Oxyd unter dem Schmelzgut. Ein solches
Produkt muß nach dem Abkühlen zerkleinert und einer reineren Schmelze
in Portionen zugefügt werden.

Gelegentlich, wenn auch nur selten, kommt es vor, daß das Bismut
Selen enthält. Es bleibt in der Salpetersäurelösung des Bismuts
bei Gegenwart von Silber als selenigsaures Silber zurück und kann
abfiltriert werden. Fehlt dem selenhaltigen Bismut Silber, so fügt
man entsprechende Mengen silberhaltiges Bismut oder aber soviel
Silbermetall zu, als nach einer Vorprobe erforderlich ist, um alles
Selen als selenigsaures Silber unlöslich zu machen.

Für die Verarbeitung auf Verbindungen wird das gereinigte Bismutmetall vorher zerkleinert. Als zweckmäßig hat sich erwiesen, das

Metall zu schmelzen und die Schmelze mit einem Schöpflöffel durch ein eisernes Sieb in kaltes Wasser zu gießen. Das dadurch erhaltene Metallschrot erlaubt ein bequemes Verarbeiten.

Wismutnitrat und -subnitrat. Bismutum nitricum. $Bi(NO_3)_3 + 5H_2O$. Mol.-Gew. 484. Es bildet farblose Prismen von saurer Reaktion und wird durch Wasser in Subnitrat und Salpetersäure zerlegt. Bismutum subnitricum. $4NO_3BiO + BiOOH + 4$ (oder 3) H_2O (Formel nach Thoms). Der Gehalt an Wismutoxyd ist 79—82 % oder 70,8—73,8 % an Wismutmetall. Es bildet ein weißes, mikrokrystallinisches, geruchloses Pulver von lackmussaurer Reaktion, unlöslich in Wasser, löslich in Salpetersäure, Salzsäure und verdünnter Schwefelsäure.

Zur Herstellung der salpetersauren Bismutlösung bedient man sich eines Chlorentwicklers von 200 l Inhalt. Derselbe hat ein mit Tondeckel verschließbares Mannloch, in welches ein Siebeinsatz aus Ton eingesetzt ist. Der eine Stutzen des Chlorentwicklers ist durch ein Glasrohr mit dem Vorratsgefäße für Salpetersäure verbunden, der andere mit einem Absorptionsturm für nitrose Gase. Der Chlorentwickler steht in einem durch Schnatterer heizbaren Wasserbehälter. Vom Abflußstutzen am Boden des Chlorentwicklers führt ein Tonrohr durch die Wandung des Wasserbehälters in das Freie, wo das Tonrohr durch einen Tonhahn abgeschlossen ist.

In den Siebeinsatz des Chlorentwicklers bringt man 40 kg granuliertes Bismut und läßt in dünnem Strahle 130 kg Salpetersäure vom spez. Gew. 1,3 einfließen. Dann wärmt man auf 90° auf:

$$2Bi + 8HNO_3 = 2Bi(NO_3)_3 + 4H_2O + 2NO.$$

Nach erfolgter Lösung füllt man auf Glasballons und stellt dieselben hoch, um nach mehrtägigem Stehen die klare Lösung abziehen zu können. Diese Lösungen fallen niemals ganz gleichmäßig aus. Für die physikalische Beschaffenheit des basischen Subnitrats und des Subgallats, zu deren Herstellung die Hauptmengen der Lösung des neutralen Nitrats gebraucht werden, ist es jedoch wesentlich, möglichst gleichmäßige Mischungen von verschiedenen Bismutnitratlösungen zu machen.

Von den Verunreinigungen des Bismuts sind ungelöst zurückgeblieben Selen als selenigsaures Silber (s. o.), Arsen als arsenigsaures Bismut, Gold und Tellur, letzteres als tellurige Säure. Kupfer, Silber, Blei und Eisen, welche leichtlösliche Nitrate bilden, bleiben in Lösung. Man zieht die Laugen, solange sie noch blank laufen, ab. Den trübe fließenden Rest bringt man in einen Absetztopf und verdünnt die Lösung bis zur eben beginnenden Trübung mit Wasser. Die Trübung nimmt man mit etwas Salpetersäure wieder fort und läßt wieder absetzen. Diese geklärte Lösung filtriert man durch starkes Filtrierpapier und vereinigt das Filtrat mit den ersten salpetersauren Laugen. Auf den Filtern, die mehrfach gebraucht werden können, sammelt sich das Ungelöste als Schlamm, der gelegentlich aufgearbeitet wird. Diese Aufarbeitung lohnt sich natürlich nur, wenn die Analyse ergibt, daß im Schlamm Gold, Silber oder nennenswerte Mengen Bismut sind.

Die klaren salpetersauren Laugen bringt man nun in einen Fällungstopf, wobei man auf 120 kg derselben einen Tontopf von 500 l rechnet. Der Tontopf hat einen gewölbten Boden und besteht mit Vorteil aus weißem Ton. Darin wird die Lösung mit soviel siedendem destilliertem oder auch reinem Kondenswasser versetzt, daß eine Ausfällung von basischem Nitrat eben beginnt. Oft wird dieses erste gefällte Subnitrat separat filtriert, wodurch das nachher erzielte Präparat an Volumgewicht gewinnen soll. Das erste so gewonnene Subnitrat dient als Subnitrat II zur Darstellung anderer Bismutpräparate. Im allgemeinen dürfte diese Vorfällung nicht notwendig sein, wenn man beim Abziehen der Nitratlösungen vorsichtig gewesen ist.

In die heißen, so vorbereiteten Lösungen des Nitrats trägt man nun in dünnem Strahle heiße, konzentrierte Sodalösung ein. Die Soda muß fast chlorfrei sein; die Grenze des D.A.B. VI ist auch hier die äußerst erlaubte. Ebenso muß die Soda absolut kalkfrei sein. Man stellt sich damit eine 5proz. Lösung her, die man heiß der Nitratlösung zusetzt. Wieviel an Sodalösung erforderlich ist, läßt sich bei dem wechselnden Salpetersäuregehalte der Bismutlösung nicht sagen. Man stellt im Laboratorium in einer aliquoten Probe von Mal zu Mal den Sodabedarf fest. Im Interesse einer großen Einzelausbeute liegt es, den Sodazusatz so weit wie möglich zu steigern; zu weit darf er aber nicht getrieben werden, da sonst die Gefahr von Carbonatbildung besteht. Meistens setzt man Sodalösung bis zur schwachen, aber noch deutlichen Bläuung von Kongopapier hinzu. Dieser Punkt wäre ohne jeweilige Vorversuche im Laboratorium schwer zu fassen. Diese Versuche werden dann auf die Fabrikationsarbeit übertragen. Während der Fällung muß mit einem Holzruder gerührt werden, jeder neue Sodazusatz darf erst erfolgen, wenn der vorherige ausreagiert hat und die freigewordene Kohlensäure vollständig entwichen ist. Besonders gegen Ende der Reaktion setzt oft spontan eine überaus heftige Kohlensäureentbindung ein. Nach erfolgter Fällung rührt man noch einige Male gut durch und läßt dann absetzen. Die klaren Laugen, die immer noch große Mengen Nitrat enthalten, werden zunächst auf Ballons gefüllt und zum Absetzen beiseite gestellt. — Die Weiterverarbeitung dieser Laugen wird weiter unten besprochen. — Die Fällung läßt man auf starken Spitzbeuteln abtropfen und nutscht sie auf einer Tonnutsche. Dann wäscht man auf der Nutsche dreimal mit je dem gleichen Volumen des Nutschenkuchens an heißem destilliertem Wasser und trocknet im Dampftrockenschrank bei 40—45°. — Während des Trocknens macht man verschiedene Oxydbestimmungen. Hat das Pulver den richtigen Oxydgehalt, so siebt man es durch ein Haarsieb und trocknet noch einmal nach. Es ist dann das Bismutum subnitricum D.A.B. VI.

Die Fällungs- und Nutschenlaugen enthalten, wie erwähnt, noch relativ große Mengen an Bismut. Man verwendet sie zur Herstellung von Bismutum subcarbonic. und von Bismutum oxychloratum, vorausgesetzt, daß sie absolut blei-, silber- und kupferfrei sind, was durch Prüfung festzustellen ist.

Zur Herstellung des **basisch kohlensauren Bismuts** läßt man die geklärten, blei-, silber- und kupferfreien Laugen in dünnem Strahle in überschüssige kalte Sodalösung fließen. Durch Vorversuch im Laboratorium stellt man fest, wieviel Soda erforderlich ist, um aus einem bestimmten Volumen der Bismutlösung das Bismut als Carbonat zu fällen. Die ermittelte Menge verwendet man dann zusammen mit einem Überschuß von 10%. Es muß selbstverständlich am Schlusse der Fällung noch Soda vorhanden sein. Man fällt unter starkem Rühren. Die fernere Behandlung ist analog derjenigen des Subnitrats, d. h. die Fällung wird aufgebeutelt und zuerst auf den Beuteln und dann noch auf der Nutsche sodafrei gewaschen. Die Temperatur beim Trocknen darf 35⁰ nicht überschreiten. Bismutsubcarbonat zersetzt sich bei höheren Temperaturen und wird dadurch gelbstichig. — Die Abfalllaugen und Waschwässer können zur Krystallisation eingeengt werden; sie ergeben ein reines Natriumnitrat. Meistens dürfte allerdings das Einengen nicht lohnend sein.

In gleicher Weise kann man die Subnitratlaugen zur Herstellung von **Bismutoxychlorid** — BOCl — verwenden. Man legt eine Salmiaklösung vor, läßt in diese die Laugen einfließen, dekantiert die Fällung, beutelt sie auf, nutscht und trocknet bei höchstens 45⁰ im Dampftrockenschrank.

Die Subnitratlaugen können ferner zur Fabrikation von **Bismutum subgallicum** Verwendung finden. Zu diesem Zwecke filtriert man sie vorher und erwärmt sie dann auf 70⁰. Dann fügt man eine heiße Lösung von reiner Gallussäure zu, deren Menge man vorher durch einen Laboratoriumsversuch ermittelt hat. Die Fällung wird aufgebeutelt, mit heißem Wasser nachgewaschen, genutscht, bei 45⁰ getrocknet, gepulvert und gesiebt. Das aus Subnitratlaugen erhaltene Subgallat zeichnet sich durch besonders schöne Färbung aus.

Die Herstellung von Bismutsubcarbonat, -subgallat und -oxychlorid ist, wie bereits erwähnt, nur möglich aus den Subnitratlaugen, wenn diese frei waren von Blei, Kupfer, Eisen und Silber. Enthalten sie Silber, so lohnt sich manchmal, das Bismut aus den Laugen durch Salmiakgeist im Überschuß als Hydroxyd zu fällen. Blei und Eisen werden mit dem Bismut gefällt, während Silber in Lösung geht und aus der eingeengten Lösung durch Formaldehyd als Metall gewonnen werden kann. — Ist Silber nur in geringen Mengen oder gar nicht vorhanden, dann wird die Lösung in eine Kochsalzlösung, welche mit Salzsäure sauer gemacht ist, gegossen und das ausgefällte rohe Bismutoxychlorid, wie bereits beschrieben, mit Natriumhydroxyd, Salpeter und Kohle einer Schmelze unterworfen. — In derselben Weise verarbeitet man im Handel befindliches Bismutoxychlorid auf reines Bismut um.

Die gangbarsten Bismutpräparate sind außer dem Bismutsubnitrat pulv. leviss. das Bismutnitrat, ein Bismutsubnitrat schwer, das Subcarbonat, das Subgallat, das Subsalicylat und das Oxytribromphenolat. — Zur Herstellung des **Nitrats** $Bi(NO_3)_3 + 5 H_2O$ werden die Lösungen desselben in Porzellan- oder Tonschalen im Sandbade zur Krystallisation eingeengt. Die Krystalle sammelt man auf Ton- oder Porzellantrichtern, deckt sie mit verdünnter Salpetersäure, läßt gut abtropfen und oberflächlich trocknen. Oft wird verlangt, daß das Nitrat aus kleinen, leicht zerreiblichen Krystallen bestehen soll. Eine solche Ware dient z. B. zur Herstellung von Bismutsubnitrat schwere Ware, ferner von Oxytribromphenolat. Man stört in diesem Falle die Krystallisation des Nitrats, wodurch es in feinen unschwer zerreibbaren Nadeln resultiert.

Bismutum subnitric. pulv. — schwere Ware. Man zerreibt 10 T. Nitrat mit 40 T. destilliertem Wasser möglichst fein und spült die Anreibung in 210 T. siedenden Wassers. Den Niederschlag sammelt man auf der Nutsche und wäscht mit der Hälfte des Volumens, welches das Nutschengut einnimmt, an destilliertem Wasser nach (modifizierte Vorschrift nach Dr. Hermann Hager).

Bismutum subcarbonicum. $(BiO)_2CO_3 + {}^1/_2H_2O$. Der Bismutgehalt beträgt etwa 80%. Es bildet ein weißes, in Wasser und Alkohol unlösliches Pulver.

Im vorstehenden ist schon angegeben, wie man die Laugen der Bismutsubnitratherstellung auf das Subcarbonat verarbeiten kann. — Man kommt zu demselben Produkt, wenn man 1 T. Nitrat in $1^1/_2$ T. Salpetersäure vom spez. Gew. 1,3 löst, diese Lösung bis zur ersten Trübung mit Wasser verdünnt, die Trübung durch etwas Salpetersäure wieder fortnimmt und die erzielte klare Lösung unter Umrühren in eine solche von krystallisierter Soda fließen läßt. Die verwendete Soda muß in bezug auf Chlorfreiheit zum mindesten den Anforderungen des D.A.B. VI entsprechen. Es ist streng darauf zu achten, daß immer ein starker Sodaüberschuß vorhanden ist, weil sonst sich leicht ein basisches Nitrat bilden kann. Nach dem Absetzen wird die Lauge weitmöglichst absyphoniert, dann die Fällung abgenutscht, in einer Schale auf dem Dampfbade mit Sodalösung eine Stunde digeriert, dann auf der Nutsche sodafrei gewaschen und bei einer 30° nicht übersteigenden Temperatur getrocknet. Bismutsubcarbonat ist, namentlich in feuchtem Zustande, gegen erhöhte Temperaturen außerordentlich empfindlich, so daß in dieser Hinsicht besondere Sorgfalt zu verwenden ist. Das Trockengut wird gepulvert und durch ein Haarsieb gesiebt.

Bismutum oxydatum hydricum. OBiOH. Mol.-Gew. 241. Es bildet ein amorphes, neutrales Pulver, unlöslich in Wasser, löslich in Säuren.

Bismutnitrat wird in Wasser gelöst, die trübe Lösung mit Salpetersäure geklärt und in überschüssiges Ammoniak filtriert. Man bringt die Fällung auf Beutel und wäscht mit Wasser säurefrei. Die Fällung aus den Beuteln digeriert man in einer Schale auf dem Dampfbade 2 Stunden mit verdünntem Ammoniak. Dann bringt man auf die Nutsche und wäscht dort mit Wasser ammoniumnitratfrei. Dies gelingt nicht immer leicht, da die letzten Spuren des Ammoniumnitrats sehr hartnäckig festgehalten werden. — Das Nutschengut wird bei max. 30° getrocknet. Bei höherer Temperatur wird es infolge geringer Oxydbildung gelblich.

Bismutum oxydatum. Bi_2O_3. Mol.-Gew. 464. Gelbes, in Wasser unlösliches, in Säuren lösliches Pulver.

1 T. Subnitrat wird mit 1 T. möglichst chlorarmer Natronlauge vom spez. Gew. 1,34 und 6 T. Wasser in einem Glaskolben auf freiem Feuer so lange gekocht, bis der Niederschlag in die rein gelbe Farbe des Oxyds übergegangen ist. Man gießt die überstehende Lauge ab, kocht mehrere Male mit Wasser wieder auf und wäscht schließlich auf der Nutsche salpetersäurefrei, was ziemliche Zeit dauert.

Bismutum oxyjodgallicum. $C_6H_2(OH)_3COOBi(OH)J$. Mol.-Gew.521. Gelbgrünes, geruchloses Pulver, in Spuren wasserlöslich, ätherunlöslich.

Ein Molekül Subgallat wird mit Wasser zu einem dünnen Brei angerieben und hierzu ein Molekül Jodwasserstoffsäure in 20—25proz. Lösung gegeben. Man digeriert einige Stunden bei gewöhnlicher Temperatur und dann 2—3 Stunden auf dem Dampfbade, gießt die überstehende wertlose Lauge ab, rührt mit Wasser an und digeriert wieder einige Zeit auf dem Dampfbade. Schließlich nutscht man, wäscht mit warmem Wasser nach, trocknet bei niedriger Temperatur und siebt. — Beim Oxyjodidgallat wird großes Gewicht auf gelbgrüne Färbung gelegt, die bei Beobachtung der vorstehenden Vorschrift erreicht wird.

Bismutum phosphoricum. $BiPO_4$. Subnitrat wird mit Phosphorsäure und Wasser so lange gekocht, bis alle Salpetersäure ausgetrieben ist.

Bismutum sulfuratum. Bi_2S_3. Es ist unlöslich in verdünnten Säuren und Schwefelalkalien, löslich in starker heißer Salzsäure und in Salpetersäure.

Subnitrat wird in bereits mehrmals beschriebener Weise zur klaren wässerigen Lösung gebracht und diese mit Ammonsulfid gefällt.

Bismutum sulfuricum. $Bi_2(SO_4)_3$. Man reibt 1 T. Subnitrat mit 8 T. Wasser zu einem dünnen Brei an und fügt 1 T. reine konzentrierte Schwefelsäure vom spez. Gew. 1,84 hinzu. Die Mischung digeriert man auf dem Dampfbade so lange, bis alle Salpetersäure ausgetrieben ist, was etwa $1/_2$ Stunde in Anspruch nimmt. Das ausgeschiedene Sulfat trennt man von den Laugen, dekantiert mit destilliertem Wasser sulfatfrei, nutscht, trocknet und siebt.

Bismutum boricum. $BiBO_3$. Bismutoxydhydrat oder -oxyd wird mit einer die theoretische Menge etwas übersteigende Menge von Borsäure und Wasser längere Zeit auf dem Dampfbade erhitzt, bis Umsetzung erfolgt ist.

Bismutum trichloratum. Bismutbutter. $BiCl_3$. Mol.-Gew. 314,5. Das Produkt ist in Alkohol löslich.

Subnitrat wird mit reiner Salzsäure 1,19 eingedampft, bis alle Salpetersäure entwichen ist, unter periodischem Ersatz der verdampften Salzsäure. Sobald das Reaktionsprodukt salpetersäurefrei ist, dampft man zur Krystallisation ein. Die Krystalle bringt man auf Abtropftrichter, deckt nach dem Abtropfen mit etwas konzentrierter reiner Salzsäure und läßt wieder abtropfen. Getrocknet wird oberflächlich auf Glasplatten. Die Mutterlaugen verwendet man zur Herstellung von Oxychlorid.

Brechweinstein. Tartarus emeticus.

$$CO_2K(CHOH)_2COOSb\underset{O}{\overset{O}{\diamondsuit}}SbOCO(CHOH)_2CO_2K + H_2O. \quad \text{Mol.-Gew.} = 663.$$

Er krystallisiert in rhombischen Oktaedern, die ihr Krystallwasser an der Luft verlieren und dann zu einem Pulver zerfallen. Löslich in 14 T. Wasser von 10°.

Die Verwendung des Brechweinsteins in der Arzneikunde bewegt sich heute in ziemlich engen Grenzen. Ausgedehnt ist sie dagegen in der Textilindustrie, hauptsächlich in der Baumwollfärberei und -druckerei. Anlagen für Monatsproduktionen von 20—30 t sind keine Seltenheit.

Ausgangsprodukte.

1. Antimonoxyd. Dasselbe wird aus den Antimonhütten bezogen, wo es durch Rösten des Grauspießglanzerzes gewonnen wird. Es wird nach seinem Gehalt an reinem Antimongehalt gehandelt; ferner ist sein stark variierender Arsengehalt für den Preis mitbestimmend. Für Tartarus emeticus Pharm. verwendet man arsenarmes oder wenn möglich arsenfreies Antimonoxyd.

2. Weinstein. Cremor tartari. Dieses Produkt kommt in sehr verschiedenen Reinheitsgraden in den Handel. Der in den Faßlägern krystallisierte Weinstein ist genügend rein zur direkten Verwendung. Außerdem wird in Ländern, wo Weinbau betrieben wird, viel Rohweinstein aus den wässerigen Rückständen der Weinbranddestillerien gewonnen. Dies geschieht meist in sehr primitiver Weise. Man fällt den Weinstein durch Säurezusatz, läßt ihn auf Stoffiltern abtropfen, nachher noch an der Luft teilweise eintrocknen und füllt dann den braunen Brei — crême de tartre — von sehr wechselndem Gehalt in Säcke oder in Fässer.

Dieses Produkt wird von in der Mehrzahl kleineren Firmen aufgekauft und sehr verschieden bezahlt. Sie raffinieren dasselbe durch Lösen in Wasser in der Siedehitze und unter Zusatz von Pottasche zu neutralem Kaliumtartrat, Filtrieren der heißen Lösung, Eindampfen zur Krystallisation, Wiederlösen des neutralen Tartrates und erneutem Fällen des nunmehr technisch reinen Weinsteins. — Das erhaltene Produkt — crême de tartre raffinée — gelangt meistens erst dann in die Fabriken, welche Weinsäure, Brechweinstein und andere Weinsäurederivate produzieren. Der Absatz dieser Produkte hat in den letzten Jahrzehnten beständig zugenommen, was einer der Gründe sein mag, daß seit einer Reihe von Jahren die Rückstände der Traubenpressen, welche früher höchstens als Dünger verwendet wurden, in verschiedenen Weinbau treibenden Ländern in steigendem Maßstabe fabrikatorisch verarbeitet werden, und zwar auf Weinstein, Alkohol und Traubenkernöl.

Die Presserückstände werden im Herbst aufgekauft und bis zu ihrer Verarbeitung in zementierten Gruben eingelagert. — Mit besonders konstruierten Apparaten werden daraus die Traubenkerne herausgekämmt und dann gewaschen und getrocknet. Aus ihnen gewinnt man durch Extraktion mit Schwefelkohlenstoff ein vorzügliches Schmieröl, welches für Flugzeugmotoren, Nähmaschinen usw. von keinem anderen übertroffen wird und einen hohen Verkaufspreis erzielt.

Die entkernten Preßrückstände werden nach dem Gegenstromprinzip mit Wasser ausgelaugt, die erhaltene Brühe zur Gärung gebracht, dann daraus in Weinbrandkolonnen der Alkohol abgetrieben; und aus dem wässerigen Destillationsrückstande der Weinstein in bereits beschriebener Weise gewonnen.

Es ist Kalkulationssache des Brechweinsteinproduzenten, zu entscheiden, ob er raffinierten Weinstein verwenden oder rohen Weinstein kaufen und selbst raffinieren soll.

3. Salzsäure und Flußsäure. Die Verwendung dieser zwei Hilfsprodukte wird aus der Beschreibung des Verfahrens ersichtlich sein.

Apparatur.

1. Ein oder zwei homogen verbleite Doppelwänder mit Rührer, Deckel, Mannloch und Abdrückrohr aus Blei.

2. Eine Filterpresse mit Holzkammern, meistens ohne Vorrichtung zum Aussüßen. Die Filtertücher wären bei direkter Berührung mit den Preßkuchen einem rapiden Verschleiß ausgesetzt und werden deshalb durch über dieselben gelegte·Jutetücher geschützt (s. auch S. 387). In primitiven Betrieben begnügt man sich mit einer großen Holznutsche statt der Filterprese.

3. Ein oder zwei homogen verbleite Montejus. Dieselben sind im Boden versenkt, wenn die Filterpresse zu ebener Erde aufgestellt ist.

4. Ein hochgestellter offener, homogen verbleiter Doppelwänder mit Bodenhahn.

5. Krystallisatoren

a) für große Krystalle: Homogen verbleite Eisengefäße in Holzküben für Kühlwasser. Über die verbleiten Eisengefäße legt man verbleite Gasrohre, über welche man eine möglichst große Anzahl von Bleistreifen in die Brechweinsteinlösung hängt;

b) für kleine Krystalle: Homogen verbleite oder auch emaillierte Marmiten mit Rührwerk; in Holzküben für Kühlwasser. Am Boden der Marmiten ein Ausfluß zum Entleeren des Inhaltes auf verbleite Zentrifugen oder auf Tonnutschen.

6. Eine speziell für Brechweinstein reservierte zementierte Trockenanlage.

Die Brechweinsteinfabrikation ist keine angenehme.Arbeit. — Die Lösungen und der Staub im Lokale erzeugen bösartige Geschwüre auf der Haut der Arbeiter. Sie sind durch regelmäßiges Auswaschen mit Wasserstoffsuperoxydlösung zu behandeln; auch versehe man die Arbeiter mit Schutzbrillen und Gummihandschuhen. Die Fabrikation muß in einem besonders dafür reservierten hohen und luftigen Lokal ausgeübt werden, dessen eine Seite am besten nach außen ganz offen ist.

Arbeitsweise.

Man bringt in 1 (s. unter Apparatur) die Lauge von der vorausgegangenen Operation und auf je 100 T. raffinierten Weinstein 90 T. Antimonoxyd, also einen Überschuß von dem letzteren, um sicher zu sein, daß aller Weinstein in Reaktion tritt. Man heizt bei offenem Mannloche auf und fügt dann auf je 250 kg herzustellenden Brechweinstein 6 kg rohe Salzsäure und 1,5 kg Flußsäurelösung zu. Erstere befördert die Lösung des Antimonoxyds, welche recht langsam vonstatten geht; letztere verhindert die Schimmelbildung, welche namentlich während der heißen Jahreszeit eine lästige Begleiterscheinung dieser Fabrikation bildet.

Man kocht bei offenem Mannloch und unter Rühren 4—5 Stunden unter zeitweisem Ersatz des verdampfenden Wassers. Dann versetzt man unter fortgesetztem Rühren mit Pottaschelösung, bis die Reaktion nur noch schwach lackmussauer ist, stellt das Rührwerk und den Dampf ab und schließt das Mannloch. — Das überschüssige Antimonoxyd setzt ab. Die überstehende trübe Lösung, welche 35—37 % Brechweinstein enthalten soll, drückt man in die Filterpresse, aus der sie klar in ein Montejus abfließt. Aus diesem drückt man sie in Nr. 4 (s. Apparatur) und engt sie auf 25° Bé (bei 30° gemessen) ein.

Aus Nr. 4 gelangt sie, je nach der gewünschten Krystallgröße, in 5a oder 5b.

An den zahlreichen Bleistreifen, welche bei 5a in die Lösung eingehängt sind, bilden sich im Verlaufe von 2—3 Tagen ganze Trauben von großen Krystallen. Diese werden durch Biegen der Bleistreifen von diesen entfernt, einen Tag bei 35—40° getrocknet und vom Pulver abgesiebt. Die an der Gefäßwandung gebildeten Krystalle haften überaus fest an derselben. Sie können mit eisernen Spitzhämmern abgeklopft werden. Dies ist jedoch eine fürchterliche Arbeit und verdirbt außerdem die Krystallisiergefäße in kürzester Zeit.

Man läßt die Krystalle besser an der Wandung sitzen und löst sie wieder auf, indem man bei der folgenden Operation in Nr. 4 nicht mehr auf 25° Bé, sondern nur noch auf 18—20° Bé einengt. Die im heißen Zustand nicht gesättigte Lauge löst in 5a den größten Teil der an den Wandungen sitzenden Krystalle auf, bevor durch das nachfolgende Abkühlen die Krystallisation wieder von neuem beginnt.

In 5a gewinnt man kleine Krystalle unter Rühren. Der Rührer macht 8—10 Touren je Minute und streift hart an der Gefäßwandung, so daß sich an derselben fast keine Krystalle anheften können. Man rührt, bis ein dünner Krystallbrei entstanden ist. Dann stellt man das Rührwerk ab und läßt die Krystalle 2 Tage lang in der Ruhe wachsen, worauf man sie entweder auf der Nutsche absaugt oder in der Zentrifuge ausschwingt.

Die zurückgenommene Lauge wird mit jeder neuen Operation etwas dunkler und muß nach ungefähr zehn solchen durch frisches Wasser ersetzt werden. Sie selbst wird zur ferneren Krystallisation eingeengt. Die letzten dabei resultierenden Laugen sind fast schwarz, enthalten in der Hauptsache Verunreinigungen und werden verworfen.

Zur Herstellung von Pharmakopöebrechweinstein verwendet man, wie bereits erwähnt, möglichst arsenarmes Antimonoxyd und krystallisiert die daraus erhaltene technische Ware um, bis sie den Vorschriften der Pharmakopöen entspricht.

Brompräparate.

Ausgangsmaterial der Brompräparate ist entweder das flüssige Brom oder das im Handel befindliche Bromeisen. Das Brom kommt in einer Reinheit von 99,5 % mit etwa 0,5 % Chlor in Flaschen von netto 3,750 kg in den Handel, je vier Flaschen in einer Kiste, die mit Kieselgur ausgekleidet sind. Bromeisen kauft man in Fässern von 300 kg Inhalt mit durchschnittlich 67 % Brom. Beide Ausgangsprodukte sind zur Darstellung der Brompräparate verwendbar, besonders zu der des Hauptpräparates, des Bromkalis.

Kalium bromatum. KBr. Mol.-Gew. 119. Farblose Würfel oder weißes Pulver von salzigem Geschmack, löslich in 1,7 T. Wasser und in 200 T. Weingeist. — Zur Darstellung kann man sowohl flüssiges Brom als auch Bromeisen verwenden. Die Verwendung von Brom hat den Vorteil, daß man wenig Schlamm erhält, der nachher ausgewaschen werden muß und dadurch Verdampfungskosten erzeugt, den Nachteil aber, daß bei der Calcinierung zwecks Reduktion des bromsauren Kali leicht Verluste entstehen, die bei der Umsetzung von Pottasche mit Eisenbromid vermieden werden.

Darstellung aus Brom und Kalilauge.

$$6\,KOH + 3\,Br_2 = 5\,KBr + KO_3Br + 3\,H_2O.$$
$$KO_3Br + 3\,C = KBr + 3\,CO.$$

Man beschickt einen eisernen Kasten von 3 m³ Inhalt mit 2 m³ technischer Kalilauge von 25,3° Bé und bringt Brom bis zur vollständigen Sättigung hinzu, d. h. bis die Lösung eine schwach gelbe Färbung angenommen hat. Diese Färbung nimmt man durch Zusatz von Kalilauge wieder fort. Das Eintragen des Broms geschieht in folgender

Weise: Über den Eisenkasten legt man 2 Bretter und stellt auf diese je 4—5 Bromflaschen. Man bereitet zehn doppelt durchbohrte Gummistopfen vor, die auf die Bromflaschen gut passen müssen. Durch die eine Durchbohrung führt man einen Heber, dessen einer Arm bis auf den Boden der Bromflasche reichen muß, während der andere bis eben unter die Oberfläche der Kalilauge reicht. Durch die andere Durchbohrung des Gummistopfens führt man ein kurzes Glasrohr und über dieses stülpt man den Schlauch eines Gummiballons, wie man solche für die Parfümzerstäuber verwendet. Mittels dieses Ballons drückt man das Brom in den Ablaufschenkel des Hebers und lüftet, wenn das Brom ausfließt, den Stopfen (vgl. darüber auch Abb. 45, S. 181). So entleert man die Bromflaschen leicht automatisch; 2 Arbeiter, besonders wenn sie im Akkord arbeiten, können auf diese Weise leicht täglich 250 bis 300 Flaschen entleeren. Die entleerten Flaschen werden später, um auch die Reste von Brom zu entfernen, mit Kalilauge ausgespült. Während des Eintragens des Broms wird häufig mit einem Holzrechen umgerührt. Die mit Brom gesättigte Flüssigkeit, die sich während des Eintragens stark erwärmt hat, läßt man erkalten. Es scheidet sich ein großer Teil des gebildeten bromsauren Kalis aus. Will man dieses auf reines bromsaures Kali, KO_3Br, verarbeiten, so trennt man es durch Filtration auf starken Leinenbeuteln und behandelt die auf den Beuteln angesammelten Krystalle wie unter Kalium bromicum angegeben. Da für dieses Produkt nur ein·beschränkter Bedarf ist, dampft man im allgemeinen die durch Eintragen von Brom erzielten Laugen direkt auf 45° Bé ein und bringt sie zur Krystallisation in beliebige Gefäße. Die Krystalle trennt man durch Abtropftrichter von den Mutterlaugen. Diese werden wieder eingedampft und weiter auskrystallisiert.

Das aus Bromkali und bromsaurem Kali bestehende Produkt mischt man mit 10proz. Lindenkohlopulver, bringt das Gemisch zur Schmelze und gießt diese in eiserne Kästen. Man vermeidet es, die Schmelze lange im Fluß zu halten, da dadurch Verluste durch Sublimation von Bromkali erzeugt würden. Die Reduktion des bromsauren Kalis erfolgt in der Regel schon, bevor eine Schmelze erreicht wird. Auf beendigte Reduktion prüft man, indem man eine gelöste und filtrierte Probe des Schmelzgutes mit verdünnter Schwefelsäure tropfenweise versetzt, wobei keine Rotfärbung infolge von Bromausscheidung entstehen darf. Die Behandlung des gebildeten Calcinats wird später beschrieben.

Darstellung aus Bromeisen.

$$FeBr_2 + K_2CO_3 + H_2O = 2KBr + CO_2 + Fe(OH)_2.$$

In einem 6 m über dem Fabrikboden stehenden eisernen Kasten von 3 m³ Inhalt löst man 600 kg Bromeisen in 1500 l Wasser und fällt das Eisen unter Umrühren und Erwärmen mit direktem Dampf mit Pottasche; es genügt die Depuratum-Ware der Arzneibücher. Am Schlusse der Operation schäumt die Lösung infolge stärkerer Kohlensäureentbindung stärker, worauf man bei der Zugabe der Pottasche Bedacht nehmen muß. Sind Pottasche und Bromeisen ausgeglichen, so läßt man absetzen, zieht die Laugen ab und dekantiert noch zweimal mit Wasser aus. Dann läßt man den Schlamm in eine Filterpresse zu ebener Erde fließen und süßt darin aus, bis in 50 cc des Aussüßwassers auf Zusatz von 20 Tropfen Silbernitratlösung 1 : 20 nur eine Opalescenz entsteht. Die vereinten Laugen engt man auf freiem Feuer oder besser in einem Vakuumverdampfapparat auf 30⁰ Bé ein, neutralisiert sie genau mit Eisenbromür, fällt vorhandenes Sulfat mit Brombarium (dessen Darstellung s. weiter unten) und filtriert durch ein Druckfilter in einen emaillierten Doppelwandkessel von 500 l Inhalt. Man dampft darin auf 42⁰ Bé — in kochender Lauge gemessen — ein. Während des Eindampfens setzt man 2 l Schwefelwasserstoffwasser und $^1/_2$ l Leinsamenmehlschleim zu. Wenn die Lauge 41—42⁰ Bé erreicht hat, filtriert man sie durch mit Filtermasse beschickte Leinenbeutel in emaillierte Krystallisationskessel von 200 l Inhalt, in die man vorher quadratische Tonstäbe aufgebaut hat. Die gefüllten Kessel bedeckt man mit Holzdeckeln, die anfänglich so aufgelegt sind, daß der Dampf entweichen kann. Nach dem Entweichen der Hauptmenge des Dampfes legt man die Deckel fest auf und bedeckt sie mit Säcken.

Das bei der direkten Eintragung von Brom in Kalilauge erzeugte Calcinat — s. S. 14 — löst man in einem Eisenkasten zu einer Lauge von 38⁰ Bé und behandelt diese wie diejenige aus Eisenbromür und Pottasche dargestellte. In der Regel werden diese Laugen größere Mengen Eisenbromür zur Sättigung erfordern. Die weitere Behandlung ist dieselbe wie die der aus Eisenbromür und Pottasche erzielten Laugen.

Nach 2 Tagen sind in den Krystallisationsgefäßen reichliche Mengen von Krystallen ausgeschieden. Man sammelt dieselben im Abtropftopfe, deckt mit gesättigter reiner Bromkalilauge, läßt abtropfen, schleudert und trocknet im Trockenschranke mit direkter Feuerung bei 135—140⁰. Die Krystalle trennt man durch Siebung in folgende verschiedene Formen:

> Kalium bromat. cryst.
> Kalium bromat. pulv.
> Kalium bromat. trublat.

und in Abfall, der zur Decklauge Verwendung findet. Ganz frische Bromkalilaugen geben in der Regel nur eine geringe Menge wohlausgebildeter Krystalle; ist aber erst einige Male immer unter Zusatz neuer Laugen krystallisiert, so geht die Krystallisation ohne Schwierigkeiten vor sich. Nach etwa einem Jahr kommt man dann aber an einen Punkt, wo die Laugen nicht mehr krystallisieren. Die Ursache ist im zunehmenden Gehalt an Natriumbromid zu suchen, wenn man mit Depuratum-Ware gearbeitet hat. Technische Kalilauge enthält immer einige Prozent Natriumhydroxyd, das als Bromnatrium sich in der Bromkalilauge immer mehr ansammelt, da es viel später als dieses krystallisiert, Bromkali bei 42⁰ Bé, Bromnatrium bei 65⁰ Bé. Nimmt also die Anwesenheit des Bromnatriums in den Bromkalilaugen überhand, so krystallisieren aus denselben keine schön ausgebildeten Krystalle mehr. Man dampft dann auf 50⁰ Bé ein und sammelt das Gemengsel von schlecht ausgebildeten Bromkalikrystallen und Pulver.

Man löst dasselbe in Wasser und verwendet die Lösung zu neuen Laugen. Das scharfe Einengen wiederholt man noch 1—2mal, wobei fast alles Bromkali auskrystallisiert. Die Restmutterlaugen enthalten fast nur noch Bromnatrium und werden in die Fabrikation desselben gegeben.

Ausbeute aus 100 kg Brom 142 kg Bromkali.

Kalium bromicum. Kaliumbromat. $KBrO_3$. Mol.-Gew. 167. Es bildet farblose Tafeln oder Würfel, welche sich in 15 T. kaltem und 2 T. siedendem Wasser lösen. Es ist explosiv und oxydiert Schwefelwasserstoff.

Bromsaures Kali findet nur beschränkte Anwendung, wird aber in der Regel gut bezahlt, so daß es sich lohnt, immer etwas davon vorrätig zu halten. Wie bei der Darstellung von Bromkali erwähnt, scheiden sich beim Eintragen von Brom in Kalilauge Krystalle aus, die zum allergrößten Teile aus bromsaurem Kali bestehen. Man sammelt diese auf Beuteln und wäscht mit kaltem Wasser nach, bis im Waschwasser mit Silbernitrat nur eine mäßige Fällung hervorgerufen wird. Das so schon vorgereinigte Salz löst man im Verhältnisse von 1 : 10 in heißem Wasser und filtriert durch Beutel in emaillierte Schalen. Beim Erkalten scheidet sich fast sofort das bromsaure Kali in Kryställchen von der Form der Santoninkrystalle aus. Man sammelt es wieder auf Beuteln und wäscht mit kaltem Wasser nach, bis mit Silbernitrat überhaupt keine Trübung mehr im Waschwasser entsteht. Bis dieses eintritt, muß die Krystallisation oft noch einmal wiederholt werden. Die Waschwässer und Mutterlaugen gehen in die Bromkalifabrikation.

Ausbeute: Man erhält so etwa 10% des in Arbeit genommenen Broms als Kaliumbromat.

Natrium bromatum. Natriumbromid. NaBr. Mol.-Gew. 103. Weißes, krystallinisches Pulver, löslich in 1,2 T. Wasser und in 12 T. Weingeist.

In einem hochstehenden Eisenkasten von 3 m^3 Inhalt mit Schnatterer löst man 300 kg Solvaysoda in 1000 l Wasser und neutralisiert mit Bromeisen, wobei man auch hier nicht vergessen darf, daß gegen Ende dieser Reaktion die Kohlensäureentbindung heftiger wird und leicht ein Überschäumen hervorrufen kann. Am Schlusse kocht man gut durch und läßt absetzen. Man zieht die Laugen ab und dekantiert mit Wasser aus. Man bringt in einen emaillierten Doppelwandkessel oder besser in einen Vakuumdestillationsapparat und versetzt mit Brombarium, bis alles durch die Soda miteingeführte Natriumsulfat gefällt ist. Dann setzt man auf 500 l Lauge 2 l Schwefelwasserstoffwasser zu und dampft auf 50⁰ Bé in siedender Lauge gemessen ein. Man filtriert durch Filterbeutel in Ton- oder Emailleschalen mit Tonstäben und stellt zur Krystallisation. Es bilden sich wohlausgebildete Krystalle von $NaBr + 2H_2O$. Diese sammelt man in einem Abtropftopf und deckt mit reiner gesättigter Bromnatriumlauge ab. Nun bringt man die Krystalle in einem emaillierten Doppelwandkessel zur Schmelze und macht sie unter ständigem Rühren mit einem Spatel aus Hartholz wasserfrei. Ist fast alles Wasser entwichen, so nimmt man das entstandene Krystallmehl aus dem Kessel und rührt es in einer Emaille- oder Nickelschale kalt. Im trockenen Pulver bestimmt man den Wassergehalt durch Trocknen einer Probe bei 105⁰ bis zur Gewichtskonstanz.

Die Arzneibücher gestatten bei dieser Temperatur einen Gewichtsverlust von 5 %. Durch Mischen von Bromnatrium von geringerem und höherem Krystallwassergehalt stellt man sich vorschriftsmäßige Ware mit einem Wassergehalt von etwa 4,5 % ein. Den Schlamm im Neutralisierungskessel wäscht man in der Filterpresse oder auf der Nutsche bromfrei und verwendet die Waschlaugen bei der nächsten Operation an Stelle von Wasser. Lange Zeit gebrauchte Mutterlaugen ergeben schließlich infolge von Ansammlung organischer Substanz gelblich gefärbte Krystalle. Man dampft dann die Laugen in Eisenkesseln über freiem Feuer zur Trockne und glüht sie etwas zur Verbrennung der organischen Verunreinigungen. Dieses Glühen muß sehr vorsichtig erfolgen, da Bromnatrium bei höherer Temperatur flüchtig ist.

Ausbeute: 100 kg Brom ergeben 132 kg Bromnatrium.

Ammonium bromatum. NH_4Br. Mol.-Gew. 98. Es bildet prismatische Krystalle oder farbloses Pulver, löslich in 1,5 T. kaltem und 0,7 T. siedendem Wasser.

Einen Chlorentwickler von 300 l Inhalt, ohne Einsatz, mit einem Mannloch und zwei Füllstutzen, beschickt man mit 60 kg Salmiakgeist 0,910 und 140 l destilliertem Wasser. Dann verklebt man den Mannlochdeckel mit Leinsamenmehlbrei. Auf den einen Abfüllstutzen setzt man einen 5 l fassenden Scheidetrichter, auf den anderen ein gläsernes Knierohr von 1 cm Durchmesser, das mit dem zweiten Arme in einer Weithalsflasche von 5 l mündet, welche mit destilliertem Wasser beschickt ist. In den Scheidetrichter füllt man Brom und läßt dasselbe in dünnem Strahle in das Ammoniak einfließen. Den Zufluß reguliert man nach der Gasbewegung in der Weithalsflasche. Wenn dieselbe zu heftig wird, kann Ammoniak entweichen. In diesem Falle würde sich allerdings der Chlorentwickler selbst sehr stark erwärmen. Sind 45 kg von der Gesamtmenge von 50 kg Brom eingetragen, so öffnet man den Mannlochdeckel und läßt die letzten 5 kg unter Rühren mit einem Glasstab zufließen, d. h. so lange, bis die Lösung eben weingelb zu werden beginnt, was anzeigt, daß das Brom nicht mehr zur Bildung von Bromammon verwendet wird, sondern im Überschuß ist und sich in der Bromammonlösung auflöst. Den Überschuß nimmt man durch Zusatz von etwas Salmiakgeist wieder fort. Die erhaltenen Laugen zieht man ab, dampft sie in Porzellanschalen auf dem Heißwasserbade bis zur Salzhaut ein und filtriert durch Beutel in Krystallisationsschalen. Die Krystalle sammelt man auf dem Abtropftopf, spült sie mit wenig Wasser ab und schleudert. Man trocknet im Dampftrockenschranke bei 60°, siebt zur Zerstörung von Krystallballen durch ein grobmaschiges Sieb und trocknet noch einmal nach. — Die Mutterlaugen werden durch die Pyridinbasen des Salmiakgeistes mit der Zeit gelblich. Man schaltet sie dann aus, dampft zur Trockne ein und calciniert sehr vorsichtig über freiem Feuer zur Verbrennung der organischen Substanz. Es liegt auf der Hand, daß man hierbei wegen der Flüchtigkeit des Bromammons möglichst wenig hoch und möglichst wenig lang erhitzen darf. Bei geringen Mengen gelblicher Laugen zersetzt man diese übrigens besser durch Kalilauge und gibt in den Bromkalibetrieb.

Ausbeute: Aus 100 kg Brom 120 kg Bromammon.

Barium bromatum. BaBr$_2$ + 2H$_2$O. Mol.-Gew. **333.** Es bildet farblose, in Wasser und Alkohol lösliche Krystalle.

Brombarium findet als solches kaum Verwendung, dagegen dient es zum Beseitigen der Schwefelsäure im Bromkali und Bromnatrium. Es sei hier bemerkt, daß die Fällung des Sulfats in neutralen Laugen stattfinden muß, denn in kohlensäurealkalischen Lösungen findet sehr leicht die Rückbildung von Sulfat statt. — Brombarium stellt man dar durch Eintragen von Brom in eine filtrierte Lösung von technischem Schwefelbarium. Die erzielte Lösung läßt man absetzen und zieht die klaren Laugen vom Niederschlag ab, der mit Wasser nachgewaschen wird, bis er bromfrei ist. Das Eintragen des Broms hat im Freien oder unter sehr gutem Abzuge zu erfolgen.

Acidum hydrobromicum. Hydrogenium bromatum. HBr. Mol.-Gew. 81.

Bromwasserstoff gewinnt man als Nebenprodukt bei der Darstellung von Bromcampher, Tribromphenol und anderen Produkten. Eine bequeme Darstellung ist das Einleiten von Schwefelwasserstoff in Wasser, das über Brom geschichtet ist. Man bringt in eine Weithalsflasche von 12^1/$_2$ l Inhalt 10 l Wasser und dann eine Flasche Brom (3,750 kg) und verschließt mit einem doppeltdurchbohrten paraffinierten Korkstopfen. Durch die eine Öffnung im Korken führt man das Gaszuleitungsrohr, und zwar so, daß die Mündung desselben eben über das Brom kommt. In die zweite Durchbohrung setzt man ein Knierohr zum Ableiten des überschüssigen Schwefelwasserstoffs. Die Flasche selbst stellt man in eine hölzerne Schale mit Eiswasser. Die exotherme Reaktion verläuft anfänglich recht heftig, so daß Verluste an Bromwasserstoff möglich sind, wenn man den Schwefelwasserstoff bereits zu Beginn allzu kräftig einleitet. Man leitet ein, bis die durch Auflösung von Brom im gebildeten Bromwasserstoff rotgewordene Flüssigkeit wieder farblos geworden ist. Darauf läßt man einige Tage stehen, wobei sich der erst sehr fein verteilte Schwefel zusammenballt und filtrierbar wird. Nach der Filtration rektifiziert man aus Glaskolben. Der Vorlauf, der meistens noch Spuren von Schwefelwasserstoff enthält, wird zur Darstellung von Bromsalzen verwendet. Bei der Destillation wässeriger Bromwasserstoffsäure geht übrigens zunächst fast kein HBr mit dem Wasser über, bis der Gehalt an HBr im Kolben auf etwa 48% gestiegen ist. Diese Säure destilliert dann mit konstantem Gehalt bei etwa 125° über.

Strontium bromatum. SrBr + 6H$_2$O. In 1 T. Wasser sowie auch in Alkohol löslich. — Es befindet sich im Handel in dreierlei Form:
Als Strontium bromat. cryst. in langen, nadelförmigen Krystallen;
als Strontium bromat. cryst. pulv. in feinen Kryställchen, durch gestörte Krystallisation erhalten;
als Strontium bromat. anhydric. pulv.

Man stellt das Bromstrontium durch Neutralisation von Bromwasserstoffsäure mit Strontiumhydroxyd dar oder auch durch Eintragen von Brom in unter Wasser befindliches Strontiumoxyd und Reduktion des gebildeten bromsauren Strontiums durch vorsichtiges Calcinieren mit Lindenkohle. Dieses Calcinat löst man in Wasser. Die auf die eine oder andere Weise erhaltene Lösung dampft man bis zur Krystallhaut ein und läßt in der Ruhe erkalten, wenn man große Krystalle, unter Umrühren, wenn man ein Krystallmehl erhalten will. Zur Darstellung wasserfreier Ware calciniert man Abfallkrystalle im Doppelwandkessel unter Rühren, wie unter Bromnatrium beschrieben ist. Auch das sog. wasserfreie Strontiumbromid darf wie das sog. wasserfreie Natriumsalz beim Erhitzen auf 105° noch 5 % Wasser verlieren.

Tertiäres Calciumphosphat. $Ca_3(PO_4)_2$.

Mol.-Gew. 310. Unlöslich in kaltem Wasser, löslich in Salzsäure oder Salpetersäure.

Die Waschwässer der Fabrikation von Entfärbungskohle (siehe Carbo animalis depuratus und purus) enthalten neben freier Salzsäure und Calciumchlorid hauptsächlich Calciumphosphat. Durch den Salzsäuregehalt dieser Laugen wird das Calciumphosphat in Lösung gehalten. Man neutralisiert die Salzsäure mit Calciumcarbonat, wodurch das Calciumphosphat ausfällt, das man auf einer Tonnutsche oder in einer Filterpresse filtriert und gut auswäscht. Es ist in Form von Hütchen — Trochisci — ein begehrter Handelsartikel in Italien und der Levante: Calcium phosphoricum in Trochiscis.

Das Eindampfen der Mutterlaugen, welche Chlorcalcium enthalten, lohnt sich bei dem geringen Wertstande dieses Produktes nur ausnahmsweise. Meistens läßt man sie wegfließen.

Calcium hypophosphorosum.

$Ca(H_2PO_2)_2$. Mol.-Gew. 170. Farblose Krystalle oder weißes Pulver, löslich in 6 T. kaltem Wasser, unlöslich in Alkohol und Äther.

Seine Herstellung geschieht nach der Gleichung:

$$3 Ca(OH)_2 + 8 P + 6 H_2O = 3 Ca(H_2PO_2)_2 + 2 PH_3.$$

Sie muß mit großer Vorsicht vorgenommen werden, wie sie alles Arbeiten mit gelbem Phosphor erheischt. Man nimmt die Operation im Freien vor, um den leicht entzündlichen Phosphindämpfen guten Abzug zu verschaffen. Auch wähle man die einzelnen Ansätze nie zu groß. In eine emaillierte Marmite von 75 l Inhalt mit Rührwerk, welche in einem durch Schnatterer heizbaren Dampffasse steht, bringt man 20 l Wasser und 4 kg gelben Phosphor. Durch Aufheizen auf 45° bringt man letzteren zum Schmelzen und trägt unter Rühren 5 kg auf 2 mm Korngröße gesiebtes Glaspulver ein. Man setzt das Rühren fort, bis der geschmolzene gelbe Phosphor mit dem Glaspulver innigst gemischt ist. Das Glaspulver bewirkt die Vergrößerung der Reaktionsoberfläche des geschmolzenen Phosphors. Die Temperatur muß dauernd auf 40—45° gehalten werden.

Inzwischen hat man 10 kg Ätzkalk gelöscht und mit 30 l Wasser zu einem schlanken Brei angerieben, den man zur Entfernung von Unreinigkeiten durch ein Haarsieb gibt. Den gesiebten Kalkbrei trägt man unter Rühren in ganz kleinen Portionen in den Kessel mit dem Phosphorglaspulver ein. Die Temperatur wird auf 40° gehalten, unter keinen Umständen höher. Nach jedem Eintragen von Kalkbrei steigt die Temperatur und tritt Phosphinbildung auf. Aus dem letzteren Grunde muß man beim Eintragen äußerst vorsichtig sein!!!

Zur Erledigung obigen Ansatzes sind 8—10 Tage erforderlich, selbst wenn das Eintragen des Kalkbreies wesentlich kürzere Zeit gedauert hat. Man hält immer auf 40⁰ und läßt das kleine Rührwerk im Gang. — Den letzten Tag läßt man absetzen, siphoniert die klare Lauge ab und dekantiert den Rückstand noch zweimal mit destilliertem Wasser aus. Die vereinigten Laugen sättigt man mit Kohlensäure, bis kein Niederschlag mehr entsteht. Man filtriert und engt das Filtrat im Vakuum bei 60—70⁰ auf 50 l ein, filtriert wieder und stellt zur Krystallisation beiseite.

Die ausgeschiedenen Krystalle werden bei einer 50⁰ nicht übersteigenden Temperatur getrocknet. Aus den Mutterlaugen gewinnt man eine zweite und eine dritte Krystallisation. Je nach Reinheit ist das Produkt aus destilliertem Wasser umzukrystallisieren.

Ausbeute: 3,4 kg oder 43 % der Theorie.

Will man größere Mengen fabrizieren, so darf man aus bereits erörterten Gründen nicht das Volumen des einzelnen Apparates vergrößern, sondern man soll entsprechend mehrere vom angegebenen Volumen in einiger Distanz voneinander aufstellen.

Beim Fortschaffen des Kalkbreies muß man sehr vorsichtig sein. Trotz guten Rührens sind darin oft Phosphorstückchen der Reaktion entgangen. Es besteht die Gefahr der Phosphinbildung und der Entzündung. Am besten vergräbt man die Rückstände.

Ferrum sulfuricum.

Eisenvitriol. $FeSO_4 + 7H_2O$. Mol.-Gew. 278. Blaßgrünlich-blaue Krystalle, löslich in 1,8 T. kaltem und 0,5 T. siedendem Wasser, unlöslich in Alkohol und Äther.

Man löst das Eisen in der Säure in dem Abb. 3 skizzierten Lösungsbottich für Eisen. Derselbe besteht aus einem mit Bleiblech ausgekleideten viereckigen Holzgefäß von mehreren Kubikmetern Inhalt.

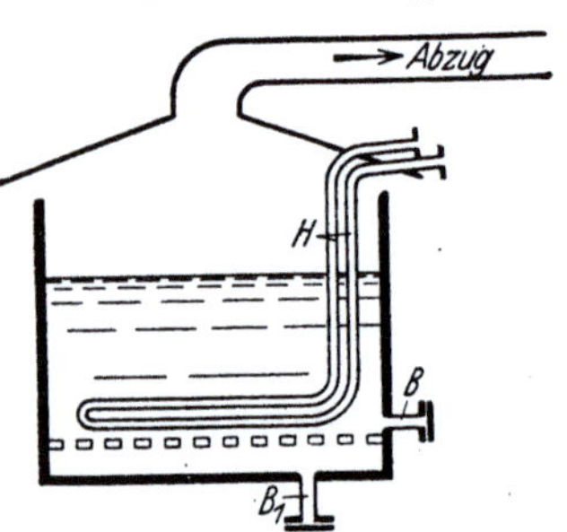

Abb. 3. Lösungsbottich für Eisen.

10—12 cm über dem Boden befindet sich ein Rost, bestehend aus verbleiten Eisenstäben, welche bei Bedarf von ihrer Unterlage abgehoben werden können. Der Raum unter dem Rost ist das „Schlammbassin". Die beiden Bleirohrstutzen B und B_1 sind mit der Bleiauskleidung des Lösungsbottichs verlötet und durch verbleite Blindflansche verschlossen.

In den Lösungskessel bringt man verdünnte rohe Schwefelsäure und wirft Eisenabfälle, wie alte Faßbänder, Eisenbruchstücke, Abfälle aus Schlosser- und Schmiedewerkstätten, in dieselbe. Diese lösen sich unter heftiger Wasserstoffentwicklung, untermischt mit übelriechenden Kohlenwasserstoffen. Ein Abzug ins Freie sorgt für ihre Entfernung. Am Schluß der Lösungsoperation soll das Eisen im Überschuß vorhanden sein. Man setzt dann die Dampfheizschlange H aus

Blei ein und verdampft, bis die Laugen 30—35⁰ Bé spindeln, worauf man die Heizschlange wieder entfernt und die Lösung kurze Zeit absetzen läßt. — Nun entfernt man den Blindflansch auf dem Bleistutzen B und läßt durch diesen die geklärte Lauge durch ein mit Glaswolle dick belegtes Tonfilter in das Krystallisiergefäß fließen. Wenn dies geschehen ist, verschließt man B wieder, öffnet B_1 und entleert das Schlammbassin auf eine Tonnutsche mit Filterstein, wo man die Lauge absaugt und mit der Hauptmenge derselben vereinigt. Zum Schlusse hebt man die verbleiten Roststäbe aus dem Lösungsbottich und spritzt diesen mit Wasser aus. Dann wird der Apparat für eine neue Operation vorbereitet.

Das Krystallisiergefäß entspricht in seiner Konstruktion genau den im Kapitel über Brechweinstein S. 12 beschriebenen Krystallisatoren 5a. Außer den Bleistreifen hängt man hier in die Lösung auch noch einige rostfreie Eisendrähte. Ferrosulfat krystallisiert rasch und schön. Man sammelt die Krystalle auf Abtropfhüten aus Ton, trocknet sie bei gewöhnlicher Temperatur und siebt auf die gewünschte Korngröße.

Ferrum sulfuricum siccum alcohole depuratum. Man krystallisiert die geklärte und in bereits beschriebener Weise filtrierte Lauge in S. 12 beschriebenen Krystallisatoren 5b, wodurch man ein feines Krystallmehl erhält, welches man auf Abtropfhüten aus Ton sammelt, mit Industriesprit abdeckt, schleudert, bei Zimmertemperatur trocknet, durch ein mittelfeines Pulversieb drückt und nachtrocknet. Das erzielte Krystallmehl füllt man auf weiße mit Korken verschlossene Pulverflaschen aus Glas.

Ferrum sulfuricum siccum. Die bei der Siebung abfallenden größeren Krystalle bringt man auf mit Leinen ausgekleidete Horden und läßt bei ungefähr 35⁰ im Dampftrockenschranke verwittern. Ferrosulfat braucht bis zur vollständigen Verwitterung geraume Zeit. Das erhaltene weißliche Pulver füllt man in Flaschen von weißem Glas.

Ferrum carbonicum fusum venale. Dieses als Carbonat bezeichnete Pulver ist in der Hauptsache ein Oxyduloxyd mit Resten von Carbonat vermischt. Man stellt es dar durch Ausfällen der letzten, nicht mehr krystallisierenden Sulfatlaugen mit Laugen von der Darstellung reiner Soda[1]. Es fällt ein grünlicher Niederschlag, der sich beim Abnutschen, Auswaschen und Trocknen bald in ein graubraunes Pulver umsetzt. Das Pulver wird sulfatfrei gewaschen, getrocknet und gesiebt.

Liquor ferri sesquichloratum.

Gehalt nach den meisten Pharm. 29 % $FeCl_3$ = 10 % Fe. — Klare, gelbbraune Flüssigkeit.

Die Eisenchloridfabrikation ist ein bequemes Mittel zur Verwendung von verdünnter Abfallsäure, welche in vielen chemischen Betrieben in großen Mengen anfällt. Man sättigt im S. 20, Abb. 3 unter Ferrum sulfuricum beschriebenen Lösungsbottich für Eisen Abfallsäure mit

---

[1] Siehe das Kapitel über „Hydrate der Alkalien in fester Form", S. 2.

Eisenabfällen und läßt die gesättigte Eisenchlorürlösung absetzen.
Wenn ein sulfatfreies Eisenchlorid verlangt wird, behandelt man die
Lösung vor dem Absetzen mit Bariumchloridlösung. Man versetzt
so lange mit derselben, bis eine herausgenommene Probe auch nach
ungefähr 10 Minuten weder mit verdünnter Schwefelsäure noch mit
Bariumchlorid eine merkliche Trübung gibt. Man läßt nunmehr ab-
setzen und zieht die klaren Laugen in einen verbleiten Holzbottich ab;
den Schlamm aus dem „Schlammbassin" nutscht man auf einer Ton-
nutsche mit Filterstein und vereinigt die abgesaugte Lösung mit der
Hauptmasse derselben. Man chloriert sie mit flüssigem Chlor, bis eine
Probe der Lösung mit Salzsäure und Ferrocyankalium in starker Verdünnung keine Blaufärbung mehr zeigt: Freiheit von Eisenchlorür.
Die chlorürfreie Eisenchloridlösung stellt man durch Eindampfen oder
Verdünnen auf die gewünschten spezifischen Gewichte ein.

Eisenchlorid fest.

$FeCl_3 + 6H_2O$. Mol.-Gew. 270. Gelbe, zerfließliche Krystallmasse, leichtlöslich in Wasser, Weingeist und Ätherweingeist. Schmilzt zwischen 35 und 40°.

Die wie bereits beschrieben bereitete Eisenchloridlösung dampft
man im Emaildoppelwandkessel unter gelegentlichem Zusatz von konzentrierter Salzsäure ein, bis dieselbe heiß mindestens 50° Bé spindelt.
Ein guter Krystallisationsgrad ist 54° Bé einer 55° warmen Lauge.
Man prüft, ob dieselbe noch mit Wasser in jedem Verhältnis klar mischbar ist; wenn dies nicht der Fall wäre, müßte man noch etwas Salzsäure
zufügen. Ferner macht man noch einmal die Ferrocyankaliumprobe
und leitet gegebenenfalls noch etwas Chlor in die konzentrierte Lösung.
Dann füllt man sie heiß in emaillierte Schalen von 1—1,5 l Inhalt,
läßt darin einige Stunden erkalten und rührt dann mit einem Glasstab
kräftig um, worauf fast sofort ein Erstarren der ganzen Masse erfolgt
Man läßt noch einige Stunden vollends erkalten und entfernt dann die
Eisenchloridkuchen durch Umstülpen der Schalen und Aufschlagen
mit einem Holzhämmerchen auf den Boden derselben. Die Krystallisation ist sehr von Temperatur und Luftfeuchtigkeit abhängig. Am
besten fällt sie bei kaltem trockenen Wetter aus.

Das fertige Eisenchlorid, ein stark gefragter Handelsartikel, wird in
Eichenfässern oder Tonkruken verpackt.

Jodpräparate.

Als Rohstoff zur Darstellung der Jodpräparate benutzt man das Rohjod.
Dasselbe befindet sich im Handel als Konventions- oder Syndikatsjod, auch
schottisches Jod genannt, eine sehr gute Qualität mit fast immer gleichem Gehalt
von 99,5—99,8 % Jod. Dieses Jod gelangt in 45—50 kg fassenden Fässern in
den Handel. — Weniger rein und von sehr wechselndem Gehalt ist das norwegische
Jod, dessen Gehalt zwischen 89—95 % schwankt. Auch Japan produziert Jod.
Dasselbe kommt in recht unzweckmäßigen Tonkruken mit engem Hals in den
Handel und ist von sehr wechselnder Qualität. Oft findet man im oberen Teile
der Kruken trockenes und am Boden feuchtes Jod. Manchmal findet man darin
auch Basaltstückchen, welche mit Jod vollgesogen sind und so dem schottischen
Jod im Aussehen gleichen. — Eine sehr angenehme Form des Jodes für die Fabri-
kation von Jodpräparaten ist das Kupferjodür. Auf Ceylon und Java befinden

sich Quellen mit relativ hohem Jodgehalt. Dieses Quellwasser wird eingeengt und daraus das Jod als Kupferjodür gefällt. Es kommt als rötlichbraunes Pulver mit einem Jodgehalt von 50—56 % in den Handel. — Der Weltmarktpreis des Jodes ist der Preis einer Unze, ausgedrückt in englischer Währung.

Beim Einkaufe des Rohjodes ist erstens auf ein gutes Durchschnittsmuster und zweitens auf eine gute Methode für seine Analyse zu achten. Das Ziehen eines wirklichen Durchschnittsmusters erfordert Übung. Von schottischem Jod erhält man infolge seiner bereits erwähnten gleichmäßigen Beschaffenheit leicht einwandfreie Muster. Schwieriger gestaltet sich das Musterziehen bei feuchtem Jod. Besonders bei großen Mengen ist es schwer, zum richtigen Durchschnitt zu gelangen, wenn das Jod mehr als 5 % Feuchtigkeit enthält. In diesem Falle kommt man nur durch Mischen von Proben von allen Teilen der Ware zum Ziele. Betrügerische Manipulationen, wie beispielsweise das obenerwähnte Einmischen von Basaltsteinchen kann man nur dadurch aufdecken, daß man vor der eigentlichen Jodbestimmung Proben von allen Teilen der Ware in Kalilauge löst, worin es bis auf geringe Schmutzteilchen löslich sein soll. Am leichtesten erhält man Durchschnittsmuster aus Jodkupfer.

Bestimmung des Jodgehaltes im Rohjod und in Jodpräparaten. Als beste Methode hat sich die Topfsche bewährt. Für ihre Ausführung bedient man sich eines Apparates nach Abb. 4.

Von dem zu untersuchenden Jod wiegt man analytisch etwa 10 g ab. Diese bringt man in einen Maßkolben von 100 cc, löst sie darin in reiner Kalilauge und füllt auf 100 cc auf. 10 cc dieser Jodlösung füllt man dann in den Kolben *a* des Apparates und fügt 50 cc destilliertes Wasser, 5 cc einer 10proz. Natriumbisulfitlösung, 5 cc Eisenchloridlösung mit 10 % Eisen und 20 Tropfen einer starken, reinen Salzsäure hinzu. In die Vorlage bringt man eine 10proz. Jodkaliumlösung. Das Kölbchen *a* stellt man dann auf eine kleine Gasflamme und verbindet das Einleitungsrohr *c* mit einer Kohlensäureflasche.

Das Jod löst sich in der Kalilauge zu Jodkali und jodsaurem Kali. Das letztere wird durch das Bisulfit zu Jodkali reduziert, durch das Eisenchlorid das Jod ausgetrieben

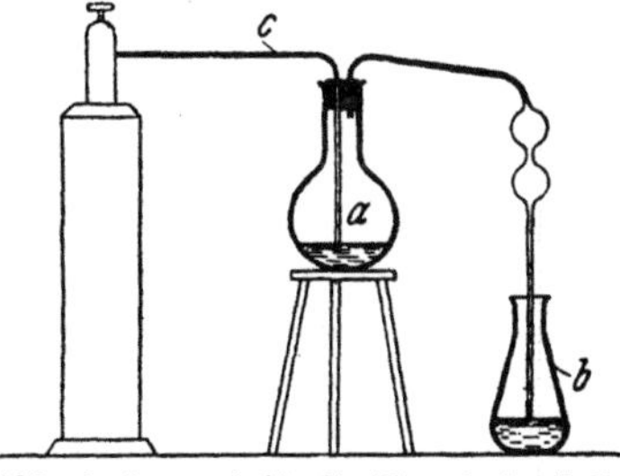

Abb. 4. Apparat für die Topfsche Jodbestimmung.

und durch die Wasserdämpfe in die Vorlage *b* gebracht, wo es sich in der Jodkalilösung auflöst. Während der Arbeit läßt man in kleinen Mengen Kohlensäure in den Kolben *a* treten, wodurch das Hinübertreiben des Jods wesentlich beschleunigt wird. Daß alles Jod in die Vorlage abgetrieben ist, erkennt man daran, daß im Zuführungsrohr zu derselben kein violetter Schimmer mehr zu beachten ist. Man stellt dann die Gasflamme ab und läßt unter fortgesetztem leichtem Kohlensäureeintritt erkalten. Nach dem Erkalten spült man den Inhalt der Vorlage in einen Maßkolben, füllt bis zur Marke auf und titriert in einem aliquoten Teile das Jod in üblicher Weise mit Thiosulfat.

Der Vorzug dieser Bestimmungsmethode liegt vor allem darin, daß man durch den Gehalt von Chlorjod im Rohjod verursachte Fehler vermeidet. — Auch zur Bestimmung des Jodgehaltes in Mutterlaugen, z. B. von Jodkali und Jodnatrium bei der Inventur, kann man diese Methode anwenden.

Jodum resublimatum. J. Atomgewicht 127. Spez. Gew. 4,95. Schwarzgraue, chlorähnlich riechende, metallisch glänzende Schuppen, löslich in 3000 T. Wasser und in 9 T. Weingeist, leicht in Äther, Aceton, Chloroform und in Schwefelkohlenstoff.

Zur Darstellung von sublimiertem Jod verwendet man möglichst trockene Rohware. Das schottische Jod des Syndikats eignet sich am besten, jedoch lassen sich auch geringprozentigere Sorten verwenden, vorausgesetzt, daß sie gut trocken sind. Das an sich erst bei 160° sublimierende Jod entweicht sehr reichlich mit Wasserdämpfen. Zur

Sublimation verwendet man Sublimationsschalen aus Ton. Dies sind
flache, 10 cm tiefe Schalen mit einem Durchmesser von 40 cm. Ihr
Rand ist geschliffen; je ein unterer Teil und ein oberer Teil können
luftdicht aufeinander gesetzt werden (s. Abb. 5).

Die untere Schale beschickt man abends mit 1 kg Rohjod, das zweckmäßig etwas zerkleinert ist, und setzt sie dann mit dem Oberteile bedeckt in das Sandbad, das man langsam auf 140—160⁰ aufheizt und
darauf 8 Stunden auf dieser Temperatur hält (Thermometer im Sandbade). — Nach dem Erkalten trennt man mit einem Holzspatel die
glänzenden blättchenförmigen Krystalle vom Bodensatze, bestehend
aus etwas nicht sublimiertem Jod und Schmutz, letzterer in der Hauptsache Eisen.

Die Krystalle sind das Jodum resublimatum des Handels und enthalten 99,8—99,9% Reinjod. Die Schalen beschickt man von neuem
mit Rohjod. Nach einer längeren Arbeitsperiode hat sich auf dem
Boden der Schalen eine größere Menge von Rückstand angesammelt.
Man entfernt diesen mit scharfen Spateln aus den Schalen und verwendet ihn, der noch stark jodhaltig ist, zur Darstellung von Jodkali.

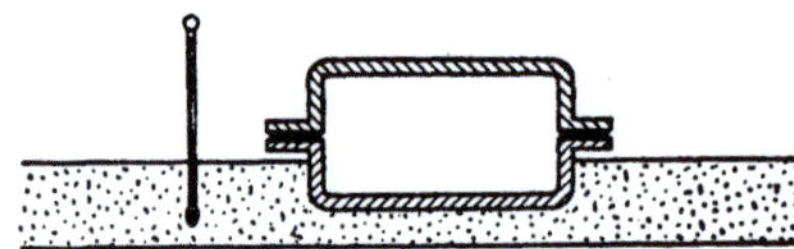

Abb. 5.   Tonschalen für die Jodsublimation.

Ausbeute: Aus 100 kg schottischem Rohjod erhält man 99,5
bis 99,8 kg Jodum resublimatum,
das den Anforderungen der Arzneibücher entspricht. Es wird in Tonkruken von 12,5 l Inhalt abgefüllt.

Kalium jodatum. Jodkali. KJ. Mol.-Gew. 166. Spez. Gew. 2,9—3. Jod-
gehalt 76%. Farblose, glänzende, würfelförmige oder auch pyramidenförmige
Krystalle, löslich unter Temperaturerniedrigung in 0,75 T. Wasser, in 12 T.
Weingeist und 40 T. absolutem Alkohol. — Es schmilzt bei 639⁰, bei höherer
Temperatur verdampft es.

Seine Darstellung kann erstens durch Eintragen von Jod in Kalilauge, zweitens durch Digestion von Jodkupfer mit Kalilauge, drittens
durch Fällen von Jodeisen mit Pottasche erfolgen. Am meisten wird
die erste Methode angewandt, der sich die zweite eng anschließt, und
gelegentlich wird auch durch Fällen von Jodeisen mit Pottasche Jodkali
hergestellt. Diese Darstellungsart hat den Vorzug, daß man kein
Jodat zu reduzieren braucht, aber den Nachteil, daß der sich bildende
Eisenschlamm nur sehr schwer auszuwaschen ist. In dem Kapitel
über Natrium jodatum, s. S. 29, wird näher auf diese Methode ein-
gegangen werden.

Mit Vorteil verbindet man die Jodkalifabrikation mit derjenigen
von Jodoform. Wie im Kapitel über das letztere erwähnt werden wird,
werden dort über 50% des Jods als Jodkali und jodsaures Kali gewonnen.

Die Jodkalidarstellung zerfällt in folgende Abschnitte:
1. Eintragen des Jods in die Kalilauge.
2. Reduktion des gebildeten Jodats zu Jodid.
3. Herstellung von Rohjodkalikrystallen.
4. Calcinieren der Krystalle.

5. Auflösen der Krystalle.
6. Ausfällen von Carbonat und -sulfat.
7. Einstellen und Eindampfen zur Reinkrystallisation.
8. Auskrystallisieren:
    a) als schwere, würfelförmige Krystalle,
    b) als leichte, pyramidenförmige Krystalle.
9. Ausfällen unbrauchbar gewordener Mutterlaugen als Kupferjodür.
10. Rückverwandlung des Kupferjodürs zu Jodkali.
Rohmaterialien:
Jod. — Auf Jodkali kann jede beliebige Jodsorte verarbeitet werden.
Ätzkalilauge. Man kann ohne Schaden technische Kalilauge von 50° Bé verwenden. Dieselbe ist um so brauchbarer, je geringer ihr Chlorgehalt ist. Erlaubt es die Kalkulation, so ist eine zeitweise Verwendung von sog. chlorarmer Kalilauge sehr vorteilhaft.
Eisendrehspäne.
Bariumsulfid. Gewöhnliche technische Handelsware.
Schwefelwasserstoffwasser.
Kupfersulfat.
Natriumbisulfit. Gewöhnliche Handelsware.
Leinsamenmehl.
In eiserne Kessel von je 1000 l Inhalt — ausgediente emaillierte Krystallisationskessel usw. mit einer Heizschlange ausgerüstet — bringt man je Kessel 400 kg auf 25° Bé verdünnte Kalilauge. Zu einer Wochenfabrikation von 300 kg Jodkali sind zwei solcher Kessel erforderlich. Zum Einstellen der Kalilauge auf 25° Bé benutzt man die verschiedenen Waschwässer aus der Jodoformfabrikation und von dem Dekantieren des bei der Jodkalidarstellung entstehenden Schlammes (s. weiter unten). In diese Kalilauge trägt man in einem Mörser zerkleinertes Rohjod ein, bis sie abgesättigt ist, d. h. bis die Färbung der Lösung rot wird. Einen Überschuß an Jod nimmt man durch vorsichtigen Zusatz von Kalilauge wieder fort. Hier verwendet man übrigens auch die starken Mutterlaugen der Jodoformfällung (s. S. 138).
Früher reduzierte man das Jodat durch Glühen der Krystalle mit Kohle. Es hat sich aber gezeigt, daß bei diesem Prozeß bedeutende Verluste entstehen. Jodkali ist bei höherer Temperatur flüchtig. Im Platintiegel beobachtet man beispielsweise beim Erhitzen auf nur 160° in einer Stunde einen Jodkaliverlust von mehr als 1 %. Als sehr bequemes Reduktionsmittel hat sich Bariumsulfid erwiesen. Dasselbe reduziert das Jodat glatt zu Jodid und fällt zum Teil das Sulfat. Es bildet sich allerdings auch immer etwas sehr schwer lösliches Bariumjodat. Zur Zerstörung desselben muß man den durch das Bariumsulfid entstandenen Filterschlamm einige Zeit mit Pottaschelösung oder mit Kalilauge digerieren.
Technisches Bariumsulfid wird heiß gelöst und durch Filterbeutel von unlöslichem Rückstande abfiltriert. Von der filtrierten Lösung setzt man der jodathaltigen Jodkalilösung so lange zu, bis das Jodat fast vollständig reduziert ist. Als Probe hat sich für den Betrieb folgende bewährt: 10 cc des Kesselinhalts verdünnt man mit Wasser

auf 50 cc und setzt 10 Tropfen verdünnte Schwefelsäure hinzu; dadurch soll die Lösung weingelb gefärbt werden und reichlich Bariumsulfat abscheiden.

Die jodatfreien Laugen werden nun durch eine Filterpresse geschickt, in zwei den Lösungskesseln im Volumen entsprechenden Doppelwandkesseln auf 65° Bé eingedampft und dann in einem emaillierten Krystallisationskessel 48 Stunden stehen gelassen. Der Schlamm aus der Filterpresse wird ebenfalls in einen mit Dampf heizbarem Kessel gebracht, darin mit Pottaschelösung oder mit Kalilauge gekocht und hernach bis zur fast vollkommenen Jodfreiheit ausdekantiert. Die Waschwässer gehen in den nächsten Ansatz; der Schlamm wird zusammen mit dem allgemeinen Abfallschlamm der Jodkalifabrikation weiterbehandelt (s. weiter unten). — Nach 48 Stunden haben sich im Krystallisationskessel reichlich Krystalle ausgeschieden, welche man auf Abtropfhüten sammelt und gut abtropfen läßt. Die Mutterlaugen werden in die Ansatzkessel zurückgebracht.

Die Krystalle werden nun zur Zerstörung letzter Reste von Jodat leicht calciniert. Parallel mit der Jodatzerstörung geht die Vernichtung organischer Substanzen, beispielsweise von Kaliumacetat von der Jodoformfabrikation. Die Calcinierung wird in eisernen Grapen und nur bei mäßiger Temperatur vorgenommen. Man kehrt die Masse, die nicht zur Schmelze kommen darf, häufig um und erhitzt so lange, bis eine Probe in Wasser gelöst ein völlig blankes Filtrat ergibt.

Das Calcinat bringt man in den Reinkessel, einen emaillierten Doppelwandkessel von 500 l Inhalt für eine Wochenproduktion von 300 kg Jodkali und löst es darin in destilliertem Wasser. Als Verunreinigungen enthält die Lösung außer etwas Kohle hauptsächlich Carbonat und Sulfat. Zur Beseitigung des Carbonats versetzt man zunächst mit einer Jodeisenlösung bis zur schwach sauren Reaktion und fällt dann mit Bariumjodid, dessen Darstellung weiter unten beschrieben ist, die Schwefelsäure. Es hat sich gezeigt, daß in kohlensäurealkalischen Laugen die Sulfate nicht restlos zu beseitigen sind. Es tritt in solchen Lösungen immer wieder eine Rückbildung von Sulfat ein. Aus diesem Grunde säuert man die Laugen mit Eisenjodür schwach an und fällt erst dann die Schwefelsäure. Vom entstandenen Niederschlage wird dann durch eine Filterpresse in den zweiten Reinkessel filtriert.

Die Weiterverarbeitung der vorgereinigten Laugen zur Krystallisation ist der mit besonderer Sorgfalt vorzunehmende Teil der Fabrikation. Von allen Haloidalkalien krystallisiert Jodkali am schlechtesten. Wenn sie gelingen soll, muß man ganz bestimmte Bedingungen sorgfältig einhalten. — Die Laugen sind in diesem Stadium fast rein und enthalten lediglich etwas Jodeisen. Dieses beseitigt man durch Pottasche. Dann dampft man auf 55° Bé ein und setzt bei dieser Konzentration soviel Pottasche und Kalilauge zu, daß im Liter der Lauge 0,1—0,2 g Pottasche und 0,05—0,1 g Ätzkali sind. Der Gehalt an diesen beiden Körpern ist genau einzustellen. Man verdünnt zu diesem Zwecke 100 cc der 55° Bé spindelnden Lauge mit Wasser genau auf 1 l und bestimmt in einem aliquoten Teile durch Titration mit 1/10 Normalschwefelsäure erst die Gesamtalkalität und nach Ausfällen des Carbonats durch Chlorbarium die Ätzalkalität; die Differenz ergibt dann die kohlensaure Alkalität. Dem Analysenresultat entsprechend stellt man dann den Gehalt der Jodkalilaugen mit Ätzkali und Pottasche auf die oben genannten Prozentsätze ein. — Ferner setzt man dem Kesselinhalt 1 l starkes Schwefelwasserstoffwasser sowie eine kolierte Aufkochung von 100 g Leinsamenmehl zu und dampft nun auf 60° Bé ein. Diese hochkonzentrierten Laugen werden durch ein heizbares Emaillefilter geklärt und mit einem Gummischlauch in die Krystallisationsgefäße geleitet. Dies sind emaillierte Marmiten von je 100 l Inhalt. Sie stehen im Sommer frei im Raume; im Winter bettet man sie, um die Abkühlung zu verlangsamen, in Sägespäne ein. Für eine Wochenproduktion von 300 kg Jodkali sind 30 solcher Marmiten erforderlich. In die Kessel bringt man tönerne quadratische Stäbe von 1 cm Dicke — sog. Krystallisationsstäbe. Dieselben werden kreuzweise übereinandergelegt, und zwar in jeder Marmite soviel als möglich. Im Winter, oder wenn der Krystallisationsraum großen Temperaturschwankungen unterworfen ist, erwärmt man die Marmiten, bevor man die Laugen hineinbringt, durch Füllen derselben mit heißem Wasser an, welches erst vor dem Einfluß der Laugen wieder entfernt wird.

Die mit Laugen gefüllten Kessel läßt man erst einige Stunden offen stehen, damit die Dämpfe entweichen können. Würde man das nicht tun, so brächte das Kondenswasser, das sich an den Deckeln niederschlagen würde, unangenehme Krystallisationsstörungen hervor. Nach einigen Stunden ist die Gefahr der Kondenswasserbildung nicht mehr vorhanden. Man bedeckt nun die Marmiten mit reinen Holzdeckeln, die man dann noch mit reinen Säcken belegt. Nun läßt man 3 Tage in der Ruhe krystallisieren. Auf den Tonstäben und am Boden der Marmiten befinden sich dann wohlausgebildete Krystalle. Diese stößt man mit scharfen, breiten Kupferspateln ab, bringt sie mit einem Siebschöpfer aus Porzellan auf Abtropfhüte, wo man sie abtropfen läßt. Zur Entfernung der alkalischen Mutterlaugen deckt man dann mit einer kaltgesättigten Lösung von neutralem Jodkali. Diese Decklauge stellt man sich für den ersten Fabrikationsansatz aus gekauftem, reinem Jodkali her. Später verwendet man das Pulver, das bei der eigenen Fabrikation abfällt. — Man läßt die Decklaugen einige Stunden auf den Krystallen stehen; dann läßt man sie ablaufen und schleudert die Krystalle aus. Das Schleudergut trocknet man zunächst im Dampftrockenschrank bei 80—90° vor. Die vorgetrockneten Krystalle werden dann durch Siebung in drei Formen getrennt:

1. Große Krystalle.
2. Krystalle von sog. Rezepturform.
3. Abfall, der in die Fabrikation zurückgeht und hauptsächlich zur Darstellung der Decklaugen verwendet wird.

Die Krystalle besprengt man mittels eines Sprays mit einer Lösung von Thiosulfat 1 : 10000. Jodkali bekommt beim Aufbewahren leicht einen kleinen gelblichen Stich infolge minimaler Jodausscheidung.

Durch die Besprengung mit Thiosulfatlösung wird dieses verhindert. Natürlich muß der Thiosulfatzusatz so minimal sein, daß er nicht durch die Silbernitratprobe der Arzneibücher gefunden wird. Ein Arbeiter rührt mit einem Porzellanspatel die Krystalle um, während ein anderer die Lösung darüber sprengt.

Die besprengten Krystalle trocknet man im Trockenofen bei 130°, trennt sie dann nach dem Erkalten nochmals durch Sieben vom Pulver, das sich beim Trocknen eventuell noch gebildet hat, und füllt in Partien von 12,5 kg auf glasierte Tonkruken ab.

Außer den angeführten Krystallformen des Jodkalis findet man im Handel noch die folgenden:

Jodkali „trublatum",

Jodkali „pulverisatum",

Jodkali, leichte Krystalle.

Die beiden erstgenannten Formen erzielt man dadurch, daß man die heiße, filtrierte Reinlauge in den Krystallisationsmarmiten mit einem Glasstabe kalt rührt. Will man mehr „trublatum", so rührt man rasch, für „pulverisatum" langsamer und trennt durch entsprechende Siebung. Die Weiterbehandlung ist gleich der oben beschriebenen.

Jodkali „leichte Krystalle", eine besser bezahlte Handelsform für den Export, bildet pyramidenförmige Krystalle nach Art des rohen Kochsalzes. Man bringt die reinen, 50° Bé spindelnden Laugen in Abdampfschalen von 25 l Inhalt. Diese stehen in Dampfkästen aus Schmiedeeisen von 70 cm Höhe und 1 m Breite, mit entsprechenden Öffnungen zum Einsetzen der Schalen. Durch Heißwasser engt man bis zur Salzhaut ein und läßt dann auf den Dampfkästen langsam erkalten, indem man jede Erschütterung von denselben fernhält. Zweckmäßig nimmt man diese Krystallisation in einem Separatraume vor, der verschlossen wird, sobald das Einengen zur Krystallhaut beendigt ist. Nach Verlauf von 24 Stunden haben sich reichliche Mengen wohlausgebildeter Krystalle ausgeschieden. Diese werden mit einem Porzellansieb aus den Laugen genommen, abgedeckt und getrocknet. Ein Schleudern findet nicht statt, da die Krystalle hierbei zerbrechen würden.

Jodkali krystallisiert schlecht, wie schon des öfteren erwähnt wurde und aus dem ganzen Arbeitsgange ersichtlich ist. Vor allem, wenn man die Arbeit frisch aufnimmt, muß man sehr sorgfältig die genannten Arbeitsbedingungen beobachten und sich durch einen Mißerfolg nicht abschrecken lassen. Haben die Laugen erst einmal gute Krystalle ergeben, so gelingen die folgenden Operationen viel leichter. Aus diesem Grunde soll man auch nie einmal gut krystallisierende Laugen vollständig ausschalten. Naturgemäß wird dies im Laufe langer Fabrikationsperioden immer einmal notwendig werden, sei es, weil dieselben doch allmählich zu schmutzig geworden sind, sei es, weil der Chlorgehalt zu groß geworden ist. Wenn die Jodkalikrystalle in bezug auf Chlorgehalt den Anforderungen der Arzneibücher nicht mehr entsprechen, ist man gezwungen, entweder mit chlorarmer, naturgemäß wesentlich teurerer Kalilauge weiter zu arbeiten oder wenigstens einen Teil der

Mutterlaugen auszuschalten. Aus diesen fällt man das Jod durch Kupfersulfat unter Zusatz von Natriumbisulfit als Jodkupfer aus. Die Ausfällung ist quantitativ. Man dekantiert das Kupferjodür rein und nutscht es ab. Die reine Ware wird in Breiform direkt von der Nutsche weg durch Digestion mit Kalilauge wieder in Jodkali verwandelt.

Bei dem hohen Wertstande des Jods ist es erforderlich, daß Verluste vermieden werden. Man gibt den Arbeitern Schwämme, mit denen sie gelegentliche Spritzer auf den Fußböden usw. aufwischen. Die von der Reinigung von Kesseln und Bottichen entstehenden Waschwässer werden gesammelt und entsprechend verwendet. Besondere Sorgfalt ist auf das Auswaschen des in den verschiedenen Phasen der Fabrikation erhaltenen Schlammes zu verwenden. So ist es unmöglich, die Schlammengen von der Reduktion oder von der Fällung des Eisenjodürs auf der Filterpresse auszuwaschen. Man muß dieselben beinahe völlig ausdekantieren, bevor man sie in die Filterpresse schickt.

Ausbeute: Aus 100 kg Jod 129—130 kg Jodkali.

Natrium jodatum. Jodnatrium. NaJ. Mol.-Gew. 150. Jodgehalt 84,6 %. Weißes, krystallinisches, an der Luft feuchtwerdendes Pulver, löslich in 0,6 T. Wasser und in 3 T. Weingeist.

Um es herzustellen, trägt man Jod in Wasser, in dem sich Eisendrehspäne befinden, portionenweise ein. Dieses Eintragen hat langsam und unter guter Wasserkühlung zu erfolgen, da die Reaktion stark exotherm ist. Während derselben muß immer ein beträchtlicher Eisenüberschuß vorhanden sein. Nach Beendigung der Jodzugabe läßt man absetzen und siphoniert die klaren Laugen ab. Dann dekantiert man das Eisen vollständig jodfrei, wobei man die erste Dekantierlauge mit der direkt erhaltenen konzentrierten Lauge vereinigt, während man die folgenden verdünnten für den folgenden Ansatz anstatt Wasser aufbewahrt.

In einen emaillierten Doppelwandkessel bringt man eine wässerige Lösung von chlorarmer Soda, deren Menge ungefähr dem in Arbeit genommenen Jod äquivalent ist. In die schwach angewärmte Sodalösung trägt man portionsweise die Jodeisenlösung ein. Auch bei diesem Eintragen muß man vorsichtig vorgehen und immer nur neue Mengen zufügen, wenn die vorherige ausreagiert hat. Besonders gegen das Ende der Umsetzung ist die Kohlensäureentwicklung oft eine äußerst spontane, so daß bei überstürzter Zugabe der Jodeisenlösung der ganze Kesselinhalt übersteigen könnte. Nach beendigter Reaktion setzt man konzentrierte Schwefelwasserstofflösung hinzu und erhitzt zum Sieden, worauf man über Nacht der Ruhe überläßt. Am anderen Tage zieht man die klaren Laugen ab. Der Eisenschlamm wird sorgfältig jodfrei dekantiert. Es gilt hier das über die Behandlung des Eisenschlammes bereits bei der Beschreibung der Jodkalidarstellung Erwähnte.

Die absiphonierten Jodnatriumlaugen werden durch mit Filterpapierbrei beschickte Flanellbeutel gegossen und in einem zweiten emaillierten Doppelwandkessel auf 65° Bé eingedampft. Von dort gelangen sie durch ein zweites Filter in Marmiten von 100 l Inhalt, worin das Jodnatrium mit 2 Molekülen Wasser auskrystallisiert. Man sammelt die Krystalle auf Abtropfhüten, deckt sie mit gesättigter Lösung von reinem Jodnatrium und läßt vollständig abtropfen, bringt die Krystalle in flache emaillierte Doppelwandabdampfschalen und heizt mit gespanntem Dampf. Die Krystalle schmelzen in ihrem Krystallwasser. Unter Umrühren trocknet man so lange, bis ein feines Krystallmehl erzielt ist, von dem eine Probe im Trockenschranke bis zur Gewichtskonstanz erhitzt nur einen Feuchtigkeitsverlust von 5 % ergibt. Da es technisch schwierig ist, den genauen Feuchtigkeitsgehalt direkt zu treffen, stellt man durch Vermischen einer trockeneren mit einer feuchteren Partie auf rund 4,5 % Feuchtigkeit ein.

Ausbeute: Aus 100 kg 100proz. Jod gewinnt man 120 kg Jodnatrium.

Ammonium jodatum. NH_4J. Mol.-Gew. 145. Jodgehalt 87 %. Weißes, an der Luft zerfließliches Pulver, verflüchtigt sich ohne zu schmelzen. Löslich in 1 T. Wasser und in 9 T. Weingeist.

Jodammonium stellt man durch Umsetzen einer Jodbariumlösung mit Ammoniumcarbonat oder Ammoniumsulfat her oder durch Sättigung von Jodwasserstoff mit Ammoniumcarbonat. Die neutrale oder besser schwach ammoniakalische Lösung dampft man unter gelegentlichen geringem Zusatz von Ammoniak oder. Ammonsulfid zur Trockne. Auf die leichte Zersetzlichkeit des Ammonjodids muß bei der Darstellung Rücksicht genommen werden. Man nehme keine größeren Mengen in Angriff, als sich bequem in wenigen Stunden zur Trockne eindampfen lassen. Zur besseren Haltbarkeit besprengt man das trockene Produkt mit der bei Jodkali erwähnten dünnen Thiosulfatlösung und trocknet noch einmal nach. Das erkaltete Pulver wird in dunkle, nicht zu große Pulverflaschen gefüllt. Jodammon ist auch eingeschmolzen in Dosen von 1 oder 2 g in Hyalithröhrchen im Handel.

Anmerkung. Einmal gelbgewordenes Jodammon versuche man nicht umzuarbeiten, denn dies wäre vergebliches Bemühen. Verdorbenes Produkt gibt man in die Jodkalifabrikation, nachdem man es durch Zusatz von Kalilauge zersetzt hat.

Barium jodatum. $BaJ_2 + 2H_2O$. Mol.-Gew. 391. Jodgehalt 59,5 %. Farblose Krystalle, die an der Luft feucht werden, leichtlöslich in Wasser und in Alkohol.

Bariumjodid ist als solches kaum ein Handelsprodukt. Dagegen benutzt man es viel als Hilfsstoff bei der Darstellung der verschiedenen Jodpräparate, so z. B. zur Entfernung der Schwefelsäure aus den Jodkalilaugen, zur Darstellung von Ammon- und eventuell auch von Natriumjodid. Zu seiner Darstellung trägt man Jod in eine filtrierte Lösung von technischem Bariumsulfid ein, bis keine Schwefelausscheidung mehr erfolgt. Nach dem Absetzen zieht man die blanken Laugen ab, dampft sie auf 20° Bé ein und verwendet sie in dieser Form als Hilfsstoff. — Wie schon unter Jodkali erwähnt, bildet sich beim Eintragen des Jods in die Bariumlösung neben Jodbarium auch schwerlösliches jodsaures Barium. Man muß zur Wiedergewinnung des Jods aus dieser Verbindung den Schwefelschlamm mit Kalilauge digerieren und dann jodfrei dekantieren. Die dadurch erhaltenen Waschwässer gehen in die Jodkalifabrikation.

Will man Bariumjodid als feste Substanz herstellen, so dampft man die oben erwähnten 20proz. Laugen desselben zur Trockne ein und schmilzt dann in einer Porzellanschale, bis ein Tropfen der Schmelze auf Porzellan sofort erstarrt. Dann gießt man sie auf Porzellanteller. Nach dem Erstarren bringt man die in Stücke zerbrochene Ware in dunkle Pulverflaschen.

Calcium jodatum. CaJ_2. Mol.-Gew. 294. Jodgehalt 86 %. Weißes, sehr hygroskopisches Pulver oder Krystallmassen; leicht zersetzlich.

Zur Darstellung neutralisiert man Jodwasserstoff mit Calciumcarbonat und dampft die filtrierte Lösung in einer Porzellankasserolle auf freier Gasflamme ein, bis ein Tropfen der Schmelze auf einem Porzellantiegeldeckel sofort erstarrt. Darauf gießt man dieselbe auf Porzellanteller aus und bringt das erstarrte Produkt sofort in gut verschließende Pulverflaschen.

Ferrum jodatum. FeJ_2. Mol.-Gew. 309,7. Jodgehalt 82 %. Grüne, sehr hygroskopische und leichtzersetzliche Krystalle.

Die Herstellung von Eisenjodürlösung wurde im Kapitel über Natriumjodid beschrieben. Diese wird wie Calciumjodidlösung auf freier Gasflamme eingeengt, bis ein Tropfen der Schmelze auf einem Tiegeldeckel sofort erstarrt. Während des Eindampfens befinden sich in der Eisenjodürlösung zur Vermeidung der Jodidbildung einige blanke Nägel, die man nachher aus der erstarrten Schmelze wieder entfernt. Das fertige Produkt muß sofort auf weiße Flaschen gefüllt werden.

Rubidium jodatum. RbJ. Mol.-Gew. 212,4. Jodgehalt 59 %. Farblose Krystalle oder krystallinisches Pulver, luftbeständig und leicht wasserlöslich.

Rubidium kommt in den Handel als Rubidiumalaun mit einem Rubidiumgehalt von ungefähr 16 %. Aus dem Rubidiumalaun stellt man zuerst das Rubidiumsulfat dar nach der Gleichung:

$$Al_2Rb_2(SO_4)_4 + 3\,Ba(OH)_2 = Rb_2SO_4 + 3\,BaSO_4 + 2\,Al(OH)_3\,.$$

Bariumhydroxyd ist ein ziemlich teures Produkt. Viel billiger ist das Bariumsulfid, welches sich mit heißem Wasser nach den beiden Gleichungen umsetzt:

$$2\,BaS + 2\,HOH = Ba(SH)_2 + Ba(OH)_2\,.$$
$$Ba(SH)_2 + 2\,HOH = Ba(OH)_2 + 2\,H_2S\,.$$

25 kg Rubidiumalaun löst man in einem im Freien stehenden emaillierten Kessel in 100 l Kondenswasser heiß auf. Zu dieser Lösung gibt man in kleinen Portionen eine konzentrierte Lösung von technischem Schwefelbarium. Es entsteht eine heftige Entwicklung von Schwefelwasserstoff, aus welchem Grunde man die Operation im Freien, und zwar an einem gut ventilierten Orte, vornimmt und außerdem die Arbeiter ausdrücklich auf die Gefahren des giftigen Gases aufmerksam macht.

Nach dem Entweichen des Schwefelwasserstoffs prüft man in einer abfiltrierten Probe, ob die Umsetzung beendet ist und gleicht im Bedarfsfalle durch geringe Zusätze von Schwefelbarium- oder Rubidiumlösung aus. — Man läßt absetzen, zieht die klare Lösung ab und dekantiert den Schlamm so lange mit destilliertem Wasser aus, bis eine abfiltrierte Probe mit Bariumchloridlösung auch keine Opalescenz mehr gibt. Dies ist in Anbetracht des hohen Wertstandes von Rubidium unumgänglich.

Die gesamten Rubidiumsulfatlaugen dampft man auf 50 l ein und setzt sie dann mit Bariumjodidlösung um:

$$Rb_2SO_4 + BaJ_2 = BaSO_4 + 2\,RbJ\,.$$

Vom Bariumsulfat filtriert man ab, wäscht in üblicher Weise jodfrei und dampft die vereinten Laugen zur Krystallisation ein. Bei beginnender Salzhaut läßt man erkalten und sammelt die Krystalle auf Abtropftrichtern. Jodrubidium krystallisiert gut. Aus den Mutterlaugen gewinnt man durch fortgesetztes Einengen und Krystallisieren alle Rubidiumjodidmengen. — Die Krystalle trocknet man im Dampftrockenschranke.

Ausbeute: Aus 25 kg Rubidiumalaun ungefähr 8,5 kg Rubidiumjodid.

Anmerkung. Rubidiumjodid soll vor Jodkali und Jodnatron in medizinischer Hinsicht Vorzüge haben und wird besonders in den Vereinigten Staaten viel verwendet.

Strontium jodatum. $SrJ_2 + 6\,H_2O$. Mol.-Gew. 449,5. Farblose, in 0,6 T. Wasser, auch in Weingeist lösliche Krystalle. Jodstrontium ist weniger empfindlich als Jodcalcium.

Man neutralisiert Jodwasserstoff mit Strontiumcarbonat und verfährt im übrigen genau, wie unter Calcium- und Bariumjodid angegeben wurde.

Jodwasserstoff. JH. Wässerige Lösung von Jodwasserstoff ist wenig beständig. Luft und Licht scheiden daraus Jod aus.

In eine dunkle Weithalsflasche von 7,5 l Inhalt bringt man 1 kg zerriebenes Jod und 5 l Wasser und leitet so lange Schwefelwasserstoff ein, bis alles Jod in Lösung gegangen ist. Der ausgeschiedene Schwefel setzt sich am Einleitungsrohr und an den Wandungen der Flasche fest.

Den meisten Jodwasserstoff gebraucht man im Betriebe selbst, nämlich zur Darstellung von Jodsalzen, wie Jodcalcium u. a. — Soll er als solcher abgegeben werden, so destilliert man nach Filtration die Jodwasserstofflösung unter Verwerfung der ersten Anteile, die immer etwas Schwefelwasserstoff und praktisch keinen Jodwasserstoff enthalten. Oft muß man sogar einen beträchtlichen Vorlauf nehmen, damit aller Schwefelwasserstoff abgetrennt wird. Das nachfolgende Destillat stellt man dann auf 20 % HJ ein.

Jodum trichloratum. JCl_3. Mol.-Gew. 233,5. Spez. Gew. 3,11. Orangegelbe, sehr hygroskopische Nadeln von scharfem, zu Tränen reizendem, bromähnlichem Geruch, welche bei 25^0 unter Schmelzen in Cl_2 und ClJ zerfallen.

Zur Darstellung dient die in Abb. 6 skizzierte Apparatur, in deren Glaszylinder Z Chlor und Jod in Gasform direkt vereinigt werden. Dieser Glaszylinder hat einen glattgeschliffenen Rand, auf den ein Deckel mit geschliffenem Rande luftdicht paßt. Im Stutzen a sitzt ein durchbohrter Gummistopfen, durch welchen ein Glasrohr aus der Stahlflasche S Chlorgas einführt, welches in der Woullfschen Flasche W durch Schwefelsäure gewaschen wird. Durch den Stutzen b führt man das Ableitungsrohr einer Glas-

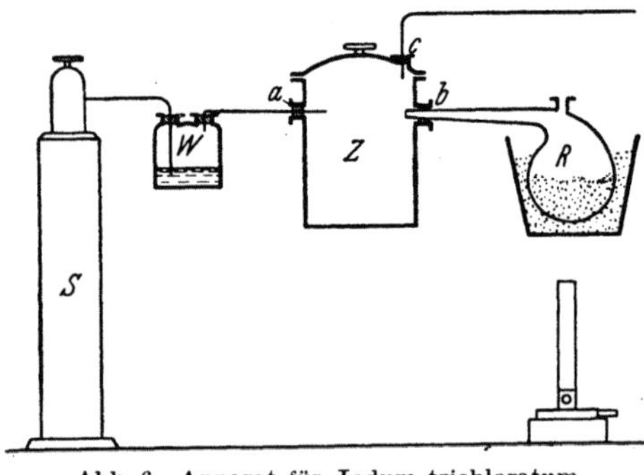

Abb. 6. Apparat für Jodum trichloratum.

retorte R von 1 l Inhalt in den Zylinder. Im Stutzen c auf dem Deckel desselben sitzt ein Glasrohr zum Ableiten des überschüssigen Chlors. Die Retorte R beschickt man mit 500 g zerriebenem, trockenem Jod und setzt sie in ein Sandbad über einer Bunsenflamme. Gleichzeitig mit den Joddämpfen leitet man das durch die Schwefelsäure getrocknete Chlor in den Zylinder. Die beiden Elemente, welche unbedingt trocken sein müssen, vereinigen sich sofort zu Trichlorjod. Wenn alles Jod verbraucht ist, füllt man das Produkt so rasch als möglich in Glasröhrchen und schmilzt diese sofort zu. — Wegen seiner unangenehmen Eigenschaften nimmt man alle Arbeiten mit diesem Körper im Freien oder in sehr gut ventilierten Räumen vor. Im Sommer muß der Glaszylinder von außen durch Eiswasser gekühlt werden.

Ausbeute: Aus 2,5 kg Jod gewinnt man 4,550 kg Jodum trichloratum.

Kalkulationen einiger Jodpräparate.

Jodum resublimatum.

100 kg Rohjod 100 %.	35 Arbeiterstunden.
300 kg Kohle.	10 Mark besondere Kosten.

Ausbeute: 99,8—99,9 kg Jodum resublimatum.

Jodkali.

100 kg Jod 100 %.	40 Arbeiterstunden.
65 kg technisches Ätzkali.	800 kg Kohle.
5 kg Eisendrehspäne.	20 Mark besondere Kosten.
5 kg technisches Schwefelbarium.	

Ausbeute: 129—130 kg Kalium jodatum.

Jodnatrium.

100 kg Jod 100 %.	400 kg Kohle.
100 kg Natrium carbonic. pur. cryst.	50 Arbeiterstunden.
50 kg Eisendrehspäne.	20 Mark besondere Kosten.

Ausbeute: 120 kg Natrium jodatum.

Quecksilber und seine Verbindungen.

Quecksilber. Hg. Atomgewicht 200,6. Es erstarrt bei —39,4°. Siedepunkt 357°. Spez. Gew. bei 15° = 13,573. Quecksilber, das einzige flüssige Metall, ist silberweiß mit einem Stich ins Bläuliche.

Es kommt in Stahlflaschen, die mit einer Verschraubung versehen sind, in den Handel. Das Nettogewicht einer Flasche beträgt 34,5 kg. Der Sitz des Quecksilberhandels ist London, der Marktpreis ist der Preis für eine Flasche vom Nettogewicht 34,5 kg, notiert in englischen Pfunden.

Das Quecksilber des Handels ist immer mehr oder weniger verunreinigt, mechanisch durch Wasser, Rost, Staub, chemisch durch Amalgane, Zink, Zinn, Silber und Blei. Von den mechanischen Verunreinigungen befreit man es leicht vermittels Filtration durch einen Wattebausch oder durch Gemsleder. Zur chemischen Reinigung bedient man sich hauptsächlich zweier Methoden.

Methode 1. Das Abflußrohr eines Scheidetrichters zieht man zu einem Röhrchen mit geringer lichter Weite aus. Diesen Scheidetrichter setzt man auf einen Glaszylinder oder eine hohe Weithalsflasche, die man mit 25 proz. Salpetersäure beschickt hat. Man läßt nun das Quecksilber aus dem Scheidetrichter in sehr dünnem Strahle in die Säure fließen, welche dabei die Verunreinigungen löst oder oxydiert. Man gießt die Säure ab, wäscht das Quecksilber säurefrei und trocknet es mit Watte oder Fließpapier. Neben den Verunreinigungen geht auch etwas Quecksilber in Lösung. Die Säure kann man mehrmals verwenden und nach ihrer Ausschaltung daraus das Quecksilber zurückgewinnen, wie S. 52 beschrieben ist.

Methode 2. Man filtriert den Inhalt der handelsüblichen Quecksilberflaschen von 34,5 kg durch Watte und trocknet das Quecksilber noch durch Betupfen mit einem Wattebausch. Sodann wird das Quecksilber wieder in die eiserne Flasche gefüllt, diese über eine kleine Bunsenflamme gestellt und dauernd auf 95—100° erhitzt. Durch die Flaschenöffnung leitet man gleichzeitig vermöge einer Glasröhre, die bis zum Boden der Eisenflasche reicht, Druckluft in das Metall, so daß dasselbe dauernd in Bewegung bleibt. Durch die Luft werden die Verunreinigungen des Quecksilbers oxydiert. Nach 24- oder höchstens 36 stündigem Behandeln in der angegebenen Weise sind erfahrungsgemäß dieselben oxydiert. Das Quecksilber wird nochmals durch Watte filtriert und entspricht dann den Arzneibüchern.

Hydrargyrum bichloratum. Sublimat. $HgCl_2$. Mol.-Gew. 271,6. Spez. Gew. 5,32. Hg-Gehalt 73,87 %. Es schmilzt bei 265⁰ und siedet gegen 295⁰. Das sublimierte Produkt bildet weiße, krystallinische Stücke, als Krystalle oder Pulver ein reinweißes Mehl. Es löst sich in 16 T. kaltem und 3 T. siedendem Wasser, in 3 T. Weingeist und in 17 T. Äther.

Bei nicht zu großem, vor allem eigenem Bedarf an Sublimat und besonders, wenn man dasselbe nicht als solches verwenden, sondern zur Darstellung anderer Produkte gebrauchen will, empfiehlt sich die Darstellung durch Auflösen von Quecksilber in Königswasser. Man erhält so gleich Lösungen von Sublimat, das bekanntlich nicht gerade leicht löslich ist und infolge seiner Giftigkeit beim Arbeiten mit demselben immer gewisse Gefahren, z. B. durch Verstäubung, bringt.

Die Auflösung erfolgt nach der Gleichung:

$$3\,Hg + 6\,HCl + 2\,HNO_3 = 3\,HgCl_2 + 2\,NO + 4\,H_2O\,.$$

Ein Chlorentwickler aus Ton wird in ein Holzfaß mit Wasser gestellt, welches durch einen Dampfschnatterer erwärmt werden kann. Auf den einen Tubus des Chlorentwicklers setzt man luftdicht einen Scheidetrichter, den anderen verbindet man mit einem Säureabsorptionsgefäße, sei es ein Tourill oder ein Säureturm. In den Entwickler bringt man 50 kg rohe, technisch arsenfreie Salzsäure mit einem Gehalt von 25 % HCl und 25 kg raffinierte 25 proz. Salpetersäure. In dieses Gemisch läßt man langsam aus dem Scheidetrichter 25 kg Quecksilber einfließen, welches man vorher in der bereits beschriebenen Weise von den mechanischen Verunreinigungen befreit hat. Wenn alles Quecksilber eingelaufen und die anfangs sehr stürmisch verlaufende Reaktion träger geworden ist, erwärmt man das Wasser in dem Holzfasse, bis alles Quecksilber gelöst ist. Man stellt durch Analyse den Gehalt an Quecksilber fest und kann dann diese Lösung, wenn die überschüssigen Säuren entfernt sind, für viele technische Zwecke direkt gebrauchen, z. B. zur Darstellung von Oxyd und Arseniat für Schiffsbodenanstrich. Will man festes Sublimat daraus gewinnen, so setzt man der etwas erkalteten Lösung $^1\!/_2$ l 10 proz. Natriumhypochloritlösung zu und filtriert von der Trübung ab. Dann engt man zur Krystallisation ein, sammelt die Krystalle auf Abtropftrichtern, schleudert sie auf einer Gummischleuder und trocknet auf Filtrierpapier im Dampftrockenschrank. Alle Abfälle aus der Fabrikation, wie Siebsel und Fegsel von der Darstellung von Oxyden oder die Säureabfälle von der Quecksilberreinigung, verwendet man bei diesem Teile der Fabrikation. Trotzdem im allgemeinen die nun folgenden Methoden der Sublimatdarstellung rationeller sind, so empfiehlt sich doch die Aufstellung der vorgenannten einfachen Apparatur zur gelegentlichen

Benutzung der Methode, vor allem zur Beseitigung der unvermeidlichen Abfälle.

Im großen wird Sublimat heute wohl nur durch direkte Vereinigung von Chlor und Quecksilber gewonnen. Erhitzt man Quecksilber in einer Chloratmosphäre auf 335—340⁰, so entzündet es sich und verbrennt mit bläulichweißer Flamme je nach der Chlorzuführung zu Chlorür oder Chlorid. Die entstandenen Dämpfe verdichten sich je nach der Arbeitsweise entweder zu harten Stücken oder zu einem feinen Pulver. Zur Erlangung fester, harter Sublimatstücke bedient man sich eines Glaskolbens, wie die Abb. 7 und 8 zeigen. Der Kolben faßt 25 l. Man beschickt ihn mit 30—35 kg durch Watte filtrierten Quecksilbers und setzt ihn in ein Sandbad auf einer leicht regulierbaren Feuerung. Der Kolben ist mit einer durchlochten Tonscheibe lose verschlossen. Durch die Durchbohrung dieser Tonscheibe führt das gläserne Zuleitungsrohr für das Chlor bis auf die Oberfläche des Quecksilbers. Die Oberfläche des Metalls ändert sich mit dem Fortgange des Prozesses. Aus diesem Grunde bringt man am Glasrohre eine Verbindung aus Gummischlauch an, die es gestattet, das Rohr je nach Bedarf weiter hinunterzuschieben. Das Chlorgas wird durch Hindurchleiten durch konzentrierte Schwefelsäure vor dem Eintritt in den Kolben getrocknet. Es muß im Kolben immer in starkem Überschuß sein, um die Kalomelbildung zu verhindern. Das Sandbad wird langsam aufgeheizt und gleich nach dem Anheizen Chlor auf das Quecksilber geleitet. Bei ungefähr 320⁰ entzündet sich das Quecksilber und verbrennt, wie erwähnt, mit bläulichweißer Flamme zu Sublimat. Dieses setzt sich zunächst am unteren Teile der Glaswandung fest, steigt aber beim Fortgang des Prozesses immer höher und sammelt sich als harte Kruste hauptsächlich im gewölbten Teile des Kolbens. Bei richtiger Leitung des Vorgangs ist am Schluß der Sublimation im unteren Kolbenteile kaum Sublimat, die Hauptmenge dagegen in der Wölbung und einiges im Halse und an der Tontafel. Die Aussublimierung eines Kolbens mit 35 kg Quecksilber dauert rund 22 Stunden. Außer Beschicken und Entfernen des fertigen Kolbens besteht die Arbeit nur in der Beaufsichtigung und besonders der richtigen Regulierung der Feuerung. Meistens befinden sich je zehn solcher Kolben unter einem Abzug, und drei solcher Gruppen können von zwei Arbeitern beaufsichtigt werden. In 22—24 Stunden werden mit den 30 Glaskolben rund 1200 kg Sublimat hergestellt. Die Glaskolben werden allerdings bei jedem Ansatz zertrümmert. Bei einer Ausbeute von ungefähr 40 kg Sublimat je Kolben spielen die Kosten derselben keine Rolle. Der Chlorverbrauch ist etwa 45% des verarbeiteten Quecksilbers, die Ausbeute 134—134,5% desselben. — Bei sorgfältiger Beaufsichtigung der Feuerung und der Chlorzufuhr ist das Sublimat einwandfrei. Im unteren Teil der Kolben befindet sich manchmal etwas Kalomel, so daß man gut tut, diese Teile von der Hauptausbeute getrennt zu halten. Dieselben betragen im schlimmsten Falle 2% der Gesamtausbeute und werden zur Kalomeldarstellung verwendet.

3*

In neuerer Zeit stellt man das Sublimat oft in kontinuierlicher Sublimation her. Man verbrennt das Quecksilber in 5 l fassenden Kolben aus Quarz, wie in Abb. 9 abgebildet. Der Kolben steht in einem durch einen großen Rundbrenner geheizten Sandbade. Das Quecksilber wird aus einer hochgestellten Flasche vorweg in den Kolben geleitet, wo es in der Hitze mit Chlor zusammentrifft. Es verbrennt dabei zu Sublimat, dessen Dämpfe durch ein weites Ableitungsrohr in eine mit Kacheln ausgefütterte Sublimationskammer geleitet werden. Der Gang der Arbeit ist sonst der gleiche wie bei dem oben geschilderten Prozeß. Es ist hier besonders darauf zu achten, daß das Quecksilber frei von allen mechanischen Verunreinigungen ist, da diese sonst leicht die recht feinen Zuleitungsröhren verstopfen, was Anlaß zu den unangenehmsten Störungen geben würde. Infolge der geringen Dimensionen des Kolbens ist in demselben eine so große Hitze, daß sich kein Sublimat ansetzen kann. Dasselbe schlägt sich in der Vorlage unter der Einwirkung des kräftigen Chlorstromes als feines Pulver nieder. In der Möglichkeit, das sonst schwer pulverisierbare Sublimat, das auch dazu noch pulverisiert leicht wieder zusammenbackt,

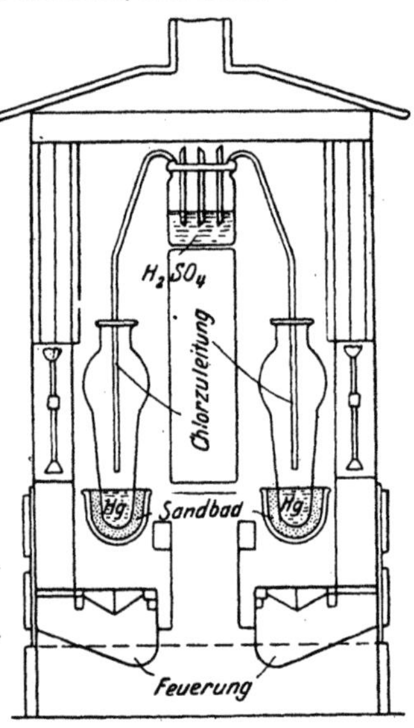

Abb. 8. Sublimierofen für Sublimat in Stücken.

Abb. 7. Sublimierkolben.

gleich als feines, kaum wieder zusammenbackendes Pulver zu gewinnen, beruht der unbedingte Vorzug dieser Darstellungsmethode. Die Ausbeute in 24 Stunden ist je Kolben ungefähr 250 kg. Die Ausbeute auf Quecksilber berechnet ist dieselbe wie oben, auch die Qualität des erhaltenen Sublimats ist dieselbe. Da, wo es sich um die Lösung großer Mengen von Sublimat, z. B. bei Cyanisierungen und bei der Darstellung von Saatgutbeizen handelt, ist das Sublimat in Stücken vorzuziehen, weil es die Arbeiter weit weniger der Gefahr des überaus giftigen Staubes aussetzt.

Kalkulation: 400 kg Quecksilber, 200 kg Chlor, 24 Arbeitsstunden, 25 m³ Gas, besondere Kosten 20 RM. — Ausbeute: 532 kg Sublimat oder 98,5% der Theorie.

Im Laboratorium kann Sublimat in Pulverform in der Apparatur Abb. 10 hergestellt werden. — Die Vereinigung von Quecksilber und Chlor vollzieht sich in dem Quarzkolben Q von 500 cm³ Inhalt mit 4 Stutzen. Durch den Stutzen a führt man das ausgezogene Rohr des Tropftrichters von 100 cm³ Inhalt für Quecksilber ein, durch b das Einleitungsröhrchen für Chlorgas aus einer kleinen Stahlflasche. Das Chlor wird vor seinem Eintritt in Q durch konzentrierte Schwefelsäure in zwei oder drei normierten Gaswaschflaschen getrocknet. Das Thermometer mit Stickstoffatmosphäre im Stutzen c zeigt bis 450 oder 500° an. In dem Stutzen d sitzt das weite Ansatzrohr r des „Erlenmeyers" E von 5—7 l Inhalt. In der Bohrung des Pfropfens auf dem „Erlenmeyer" sitzt ein Glasrohr zum Ableiten des Chlorüberschusses. Bei allfälligen Verstopfungen im Rohr *r* entfernt man den Pfropfen *p* am „Erlenmeyer" und stößt *r* schnell mit einem Drahte durch. Wenn jedoch *r* mindestens 10 mm inneren Durchmesser hat und das Chlorgas immer im Überschuß ist, sind Verstopfungen nicht zu befürchten. — Der Quarzkolben wird in einem Sandbade geheizt und ist durch das Asbestwändchen *A* von „Erlenmeyer" getrennt. Aus dem letzteren ist das Sublimat leicht zu entfernen. Das Quecksilber muß vor seiner Anwendung durch Gemsleder gedrückt werden.

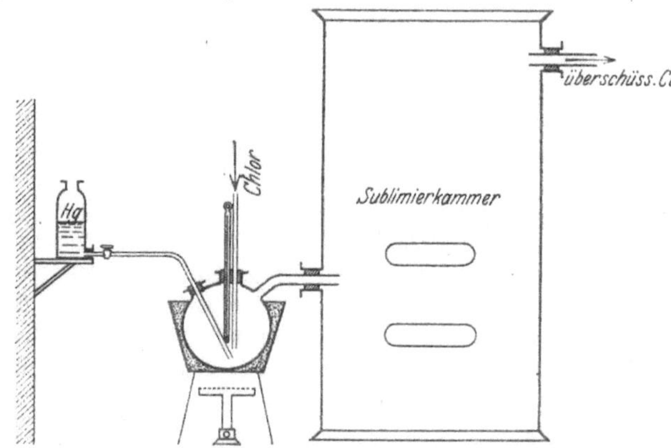

Abb. 9. Apparat für kontinuierliche Sublimat-Sublimation.

Mit dieser kleinen Apparatur kann man täglich mehrere Kilogramm Sublimat bequem herstellen.

Hydrargyrum bichloratum recrystallisatum D.A.B. VI.

Das nach den vorstehenden Methoden hergestellte Sublimat enthält in den allermeisten Fällen noch minimale Spuren von Kalomel und oft auch von Metallen, vor allem Eisen. Man muß es umkrystallisieren. In einem emaillierten Doppelwandkessel bereitet man eine 15proz. Sublimatlösung und gibt auf 100 l derselben 200 cc einer 10proz., durch Papier filtrierten Natriumhypochloritlösung, durch welche Kalomelspuren zu Sublimat oxydiert werden, zu. Man filtriert durch Papierfilter und läßt in Tonschalen krystallisieren. Die Krystalle sammelt man auf Abtropftrichtern und trocknet sie bei 40° im Dampftrockenschrank. Die Mutterlaugen eignen sich zur Darstellung von gelbem und weißem Präcipitat.

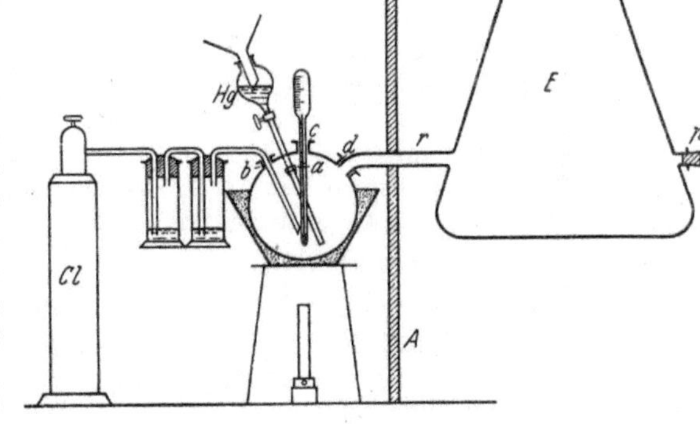

Abb. 10. Laboratoriums-Apparat für kontinuierliche Sublimat-Sublimation.

Hydrargyrum chloratum. Kalomel. HgCl. Mol.-Gew. 236. Quecksilbergehalt 84,96 %. Es bildet ein feines, gelblich-weißes Pulver, welches sich beim Erhitzen verflüchtigt, ohne vorher zu schmelzen. Es ist in Wasser, Alkohol und verdünnten Säuren unlöslich.

Herstellung durch Sublimation. Zur Darstellung von Kalomel hat sich der in Abb. 11 abgebildete Ofen bewährt.

In eine gut verschließbare Kugelmühle aus Steinzeug bringt man 65 T. Sublimat und 42 T. metallisches Quecksilber und mischt so lange, bis unter der Lupe keine Metallkügelchen mehr wahrnehmbar sind. In den vorderen Teil der Sublimationsröhren bringt man je 25 kg der Mischung und heizt langsam auf. Bei 100⁰ beginnt die Kalomelbildung und bei 150⁰ die Sublimation. Es ist darauf zu achten, daß die Feuergase die Sublimationsröhren überall umspülen, weil sich sonst an den kälteren Stellen Kalomel in Stücken ansetzt, das nur schwer wieder zur Sublimation gebracht werden kann. Eine zu starke Erhitzung ist auch zu vermeiden, weil sonst die eisernen Röhren angegriffen werden und das Kalomel durch mitgerissenes Eisenoxyd leicht einen rötlichen Ton erhält. In 20 Stunden sind die Röhren aussublimiert. Das Sublimatsgut sammelt sich in der Kammer. Zur Erzielung von reinweißem Kalomel wird mit ziemlichem Sublimatüberschuß gearbeitet, von dem das Kalomel zuerst durch Ausdekantieren mit heißem Wasser und zum Schluß durch Auswaschen auf der Nutsche befreit wird. Das Nutschengut wird bei einer 40⁰ nicht übersteigenden Temperatur

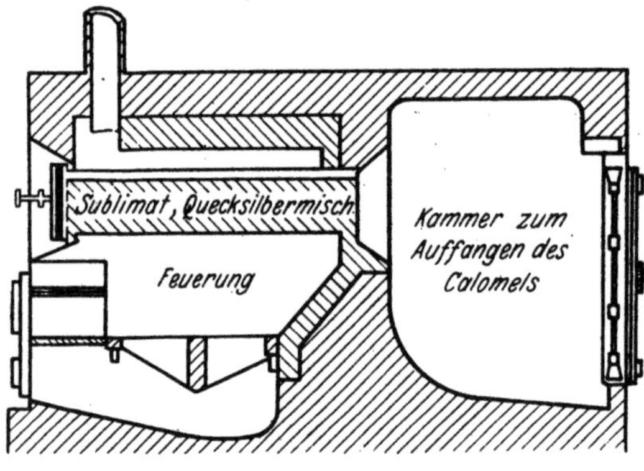

Abb. 11. Kalomelofen.

getrocknet und durch ein feines Haar- oder Seidensieb gesiebt. Aus den Waschlaugen fällt man mit Natronlauge das Oxyd aus und verwendet dieses in Breiform zur Darstellung von Cyanid und Oxycyanid — s. weiter unten.

Kalkulation: 400 kg Sublimat, 300 kg Quecksilber, 2 t Kohle, 2000 l destilliertes Wasser, 240 Arbeitsstunden. — Ausbeute: 690 kg Kalomel.

Herstellung durch Fällung.

Eine Oxydulnitratlösung wird mit Salpetersäure versetzt und dann stark verdünnt. Etwaige Trübungen durch Ausscheiden von basischem Nitrat nimmt man durch vorsichtigen Zusatz von Salpetersäure wieder fort. Man filtriert durch Glaswolle und versetzt mit filtrierter Kochsalzlösung. Kalomel fällt als feines Pulver aus. Es wird durch Dekantieren und nachher auf der Nutsche ausgewaschen und getrocknet. Präcipitiertes Kalomel wäscht sich nur langsam aus, da es infolge seiner feinen Verteilung recht schlecht absetzt.

Hydrargyrum jodatum. Quecksilberjodür. HgJ. Mol.-Gew. 327,6. Quecksilbergehalt 61,25 %, Jodgehalt 38,75 %. Gelbes, bis grünlichgelbes Pulver, sehr wenig löslich in Wasser, unlöslich in Weingeist, beim Erhitzen flüchtig. Es ist ein wenig beständiges Präparat, welches sehr durch Licht und Wärme leidet.

In eine Porzellankugelmühle bringt man zunächst 2,555 kg Jod und 500 g gereinigtes Quecksilber und mischt zusammen. Nach guter Zerkleinerung des Jods setzt man weitere 3,5 kg gereinigtes Quecksilber hinzu und mischt wieder. — Zunächst entsteht ein grünliches Pulver, das eine Mischung von Jodür, Jodid und metallischem Quecksilber ist. Durch fortgesetztes Mischen geht die Farbe immer mehr in Gelb über. Man fördert die Reaktion sehr, wenn man in die Kugelmühle, nachdem alles Jod und Quecksilber eingetragen ist, mehrmals je $^1/_4$ l siedenden Alkohol oder Methylalkohol gibt. Nach dreimaligem Alkoholzusatz ist die Umsetzung beendet. Man bringt den Brei auf eine Nutsche, wäscht ihn dort zunächst ohne Vakuum mit siedendem Alkohol jodfrei und saugt zuletzt mit kräftiger Pumpe trocken. Nachdem man im Dampftrockenschrank noch bei höchstens 40^0 nachgetrocknet hat, füllt man rasch auf dunkle Gläser. Wegen der Empfindlichkeit des Produktes arbeitet man in Räumen mit gebrochenem Licht und achtet darauf, daß die Temperatur in den Trockenräumen 40^0 nicht übersteigt.

Ausbeute: 6,5 kg.

Hydrargyrum bijodatum. Quecksilberjodid. HgJ_2. Hg-Gehalt 44,16 %, Jodgehalt 55,86 %. Es bildet ein scharlachrotes, sehr lichtempfindliches Pulver, welches sich in Alkohol und in den Lösungen von Quecksilberchlorid und von Jodkalium löst, was bei seiner Fabrikation beachtet werden muß.

20 kg Sublimat löst man in 350 l heißem Wasser auf, versetzt die Lösung mit 200 cc einer 10proz. Natriumhypochloritlösung und filtriert durch Papier. Nach vollständigem Erkalten gießt man in die Sublimatlösung schnell eine Lösung von 24,9 kg Jodkali in 60 l Wasser. Die Mengenverhältnisse sind genau einzuhalten, damit weder Sublimat noch Jodkali im Überschuß vorhanden sind, wodurch, wie bereits gesagt, Quecksilberjodid gelöst würde. Man prüft in abfiltrierten Proben auf eventuelle Überschüsse und reguliert bei Bedarf durch entsprechende Zusätze. Erst durch Dekantieren, dann noch auf der Nutsche wäscht man die Fällung chlorfrei und trocknet im Dampftrockenschrank bei einer 40^0 nicht übersteigenden Temperatur. Auch bei der Herstellung dieses Präparates ist auf seine Licht- und Wärmeempfindlichkeit Rücksicht zu nehmen.

Ausbeute: 32,5 kg.

Hydrargyrum oxydatum. Quecksilberoxyd. HgO. Mol.-Gew. 216,6. Spez. Gew. 11,2. Hg-Gehalt 92,6 %. Es ist in Wasser fast unlöslich.

Im Handel existieren 4 Qualitäten:

Hydrargyrum oxydatum D.A.B. VI. Rotes Quecksilberoxyd.

Hydrargyrum oxydatum brillante. Rotes glänzendes Quecksilberoxyd.

Hydrargyrum oxydatum pulvis. Rotes Quecksilberoxyd in krystallfreier Pulverform.

Hydrargyrum oxydatum praecipitatum flavum. Gelbes Quecksilberoxyd.

Die Darstellung der ersten beiden Qualitäten zerfällt in 2 Phasen: 1. Die Darstellung der Merkurinitratlösung bzw. der Nitratkrystalle und 2. der Zersetzung des Nitrats zu Oxyd. — Man löst 34,5 kg Queck-

silber in einer Mischung von 42 kg raffinierter Salpetersäure von 42° Bé
und 20 l Wasser. Die Lösung geht zuerst unter stürmischer Entwicklung nitroser Gase vor sich, welche in einem Tourill oder einem Ab-
sorptionsturme aufgefangen werden. Wenn alles gelöst ist, versetzt man
das Reaktionsgemisch, aus welchem sich bald Krystalle auszuscheiden
beginnen, mit einer zweiten Flasche Quecksilber, also wieder mit
34,5 kg. Nach 24 Stunden der Ruhe bringt man das Gemisch auf gut
emaillierten eisernen Horden in einen Muffelofen. Die Horden haben
folgende Ausmaße: 30 cm Breite, 45 cm Länge bei einer Höhe des
Hordenrandes von 8—10 cm. Sie werden bis gut zur Hälfte ihres
Rauminhalts mit dem Gemisch gefüllt, nicht höher! Beim Erhitzen
„klettert" die Lösung. — Man heizt allmählich auf, bis der Hordeninhalt 320° hat. Die sauren Dämpfe werden abgesogen. Ab und zu
rührt man den Hordeninhalt mit einem Hartholzspatel durch. Die
Masse nimmt in der Hitze nach und nach eine dunkle, fast schwarze
Färbung an. Der Prozeß ist beendigt, wenn eine herausgenommene
Probe in einem Porzellanschälchen erkaltet, die schönrote Färbung
des Quecksilberoxyds zeigt und frei von Salpetersäure ist. Die Salpetersäure muß durch das Erhitzen vollständig ausgetrieben werden.
Auswaschen mit Wasser ist nicht möglich, da dadurch ein mißfarbiges,
basische Nitrate enthaltendes Oxyd entsteht. Das erkaltete Oxyd
wird gesiebt und stellt dann das Hydrargyrum oxydatum rubrum
D.A.B. VI dar.

Die zweitgenannte Qualität des Quecksilberoxyds, das Hydrargyrum
oxydatum brillante, das aus möglichst großen Blättchen besteht, ist
ein vor allem im Orient vielbegehrter Artikel, der um so höher bewertet
wird, je größer und glänzender die Krystalle sind. Die Lösung wird
bereitet wie für das gewöhnliche Rotoxyd, nur wird keine zweite Flasche
Quecksilber in dieselbe gebracht. Man läßt sie vielmehr einen Tag zur
Krystallisation stehen und trennt dann die Krystalle mit einem Schöpf-
sieb aus Porzellan oder Ton von den Mutterlaugen. Diese Krystalle
werden nun in die Horden gebracht. Der Muffelofen wird möglichst
langsam auf 320° geheizt und in den Horden darf nicht gerührt werden,
um die Krystallblättchen nicht zu zerstören. Die Krystalle werden nach
beendigter Reaktion durch vorsichtige Siebung vom Pulver getrennt.
Dieses glänzende Quecksilberoxyd kommt im Orient in hübschen
Glasfläschchen mit wenigen Gramm Inhalt in den Handel.

Die dritte der Quecksilberoxydqualitäten, das Hydrargyrum oxydatum rubrum in krystallfreier Pulverform, wird in der Technik, vor
allem als Zusatz zu Schiffsbodenfarben, in der Form eines feinen, sehr
leichten und vollständig krystallfreien roten Pulvers verlangt. Durch
Zersetzung des Nitrats und Pulverung und selbst durch Behandlung
mit Windsichtern ist ein Pulver von der geforderten Feinheit und
Volumgewicht nicht zu erzielen. Man kommt aber gut zum Ziele, wenn
man über das basische Carbonat geht. In einer heizbaren Schale, also
einem emaillierten Doppelwandkessel oder einer Tonschale mit Ton-
schnatterer, bringt man 10proz. filtrierte Lösung von gewöhnlicher
Pottasche zum Sieden. Man setzt einen Auszug von Carragheenmoos

hinzu, läßt in das siedende Gemisch eine 5proz. Sublimatlösung fließen
und kocht so lange, bis die anfangs braunrote Farbe des Quecksilber-
carbonats in die schön leuchtend rote des Oxyds übergegangen ist.
Man wäscht dann durch Dekantieren chlorfrei, trocknet und siebt. —
Auf 10 T. Sublimat nimmt man 8 T. Pottasche und den Auszug aus
1 T. Carragheen. Carragheenmoos wird mit Wasser dreimal ausgekocht
und jedesmal durch Leinwand koliert. Die vereinten Kolaturen werden
dann, wie erwähnt, der siedenden Pottaschelösung zugesetzt. — Das
so erzielte Oxyd wird viel zu Schiffsbodenfarben gebraucht und ist
um so wertvoller, je geringer sein Volumgewicht ist.

Die vierte Qualität des Quecksilberoxyds ist das Hydrargyrum
oxydatum flavum D.A.B. VI. Es wird dargestellt durch Fällung
einer Sublimatlösung mit Kali- oder Natronlauge:

$$HgCl_2 + 2\,KOH = HgO + 2\,KCl + H_2O\,.$$

Zur Erzielung eines den Arzneibüchern entsprechenden Präparates
muß man sein Augenmerk auf die Verwendung einer absolut blanken
und vor allem silicatfreien Lauge richten. Die Verwendung reiner
Ätzalkalien scheidet des Preises wegen aus. Man nimmt gewöhnliche
Kali- oder Natronlauge von 40—50%, verdünnt dieselbe auf 15%
und läßt sie mindestens 6 Wochen absetzen, d. h. bis sie vollständig
klar ist (vgl. darüber auch S. 1 ff.). Die klaren Laugen zieht man
vom abgesetzten Schlamme ab.

In der Verwendung einer sehr gut abgesetzten, blanken Lauge liegt
der Hauptfaktor der Darstellung eines einwandfreien Präparates. —
Daneben soll auch ein reines Sublimat zur Verwendung gelangen.
Man löst 40 kg davon in 400 l Wasser in einem emaillierten Doppelwandkessel. Der Lösung setzt man 300 cc konzentrierte Natriumhypochloritlösung zu und filtriert nach einer Weile durch Papier. Dann
bringt man die auf 30° abgekühlte Sublimatlösung in dünnem Strahle
und unter ständigem Rühren in die Lauge. Die erzielte Fällung wäscht
man durch wiederholtes Dekantieren und endlich auf der Nutsche bis
zur geforderten Chlorfreiheit. Man trocknet auf Glasplatten bei einer
40° nicht übersteigenden Temperatur. Zweckmäßig zerdrückt man
die kleinen Häufchen, wie sie von der Nutsche kommen, nach einigem
Antrocknen mit einem Porzellanspatel, um so schon auf den Glasplatten
ein Pulver zu erzielen. Würden die Häufchen in der Trockenkammer
zu festen Stücken zusammenbacken, so hätte man mit der nachfolgenden
Pulverung Schwierigkeiten. Eine Kugelmühle eignet sich nicht dafür,
weil das Präparat an der Mühlenwandung anbackt. Besser sind Porzellanmörser und Kollergang zu verwenden. Am besten kommt man wie erwähnt zum Ziele, wenn man durch Durchrühren und Zerdrücken mit
dem Porzellanspatel die Klumpenbildung vermeidet. Das Produkt
wird durch ein Haarsieb gebürstet. Es ist sehr lichtempfindlich, so daß
man es nur bei gebrochenem Tageslicht herstellen kann.

Ausbeute: 100 kg Sublimat ergeben 78 kg Gelboxyd.

Hydrargyrum praecipitatum album. NH_2HgCl. Mol.-Gew. 252,1. Hg-Gehalt 79,55%. In Wasser und Alkohol fast unlöslich. Durch Licht allmählich
zersetzlich.

Es kommt in drei verschiedenen Formen in den Handel:

Als unregelmäßige Stücke, Brocken;

als feines Pulver, die heute gangbarste Form;

als Hütchen in der Form der Wurmhütchen.

Die Darstellung eines einwandfreien Präcipitats ist in erster Linie von einer kalomel- und metallfreien Sublimatlösung abhängig. Man versetzt, wie schon mehrfach angeführt, die Sublimatlösung, wie das D.A.B. VI solche zur Darstellung des weißen Präcipitats fordert, auf je 100 l mit $^1/_2$ l einer 10proz. Natriumhypochloritlösung und macht eine Vorfällung mit $^1/_2$ l Salmiakgeist vom spez. Gew. 0,910. Man filtriert von dem entstandenen geringen Niederschlage ab und verarbeitet diese Vorfällung zusammen mit den diversen Abfällen der Fabrikation von Quecksilberverbindungen (s. weiter unten). Nach dem Abtrennen der Vorfällung macht man die Hauptfällung in der vom Arzneibuch angegebenen Art. Lichtschutz ist beim Trocknen des weißen Präcipitats unbedingt erforderlich, auch darf man mit der Temperatur zum Trocknen nicht über 35° gehen. Früher kam das Produkt in unregelmäßigen Brocken in den Handel, wie man dieselben durch Zerkleinern des Trockengutes erhielt. Im Exporthandel war auch eine Form üblich, die den bekannten Wurmzeltchen ähnelte. Das Präcipitat wird in Breiform in einen kleinen Trichter gebracht und durch Auf- und Abbewegen eines Stopfens immer soviel Material aus dem Trichter gestoßen, als für ein Hütchen erforderlich ist. Es entstehen dann Häufchen ähnlich den Wurmzeltchen.

In jüngster Zeit kommt das Präcipitat in feingemahlener Form in den Handel als Pulvis subtilis, einer für den Apotheker praktischen Form. Das Trockengut wird auf einer Schlagkreuzmühle gemahlen und durch Müllergaze Nr. 11 gesiebt. Zweckmäßig geht man von gröberen Mahlungen zu feineren über und trocknet nach jedem Mahlgange nach. Die Schlagkreuzmühle ist nach jedem Gebrauche gründlich zu reinigen, weil das Präcipitat die Metallteile angreift.

Kalkulation:

100 kg Sublimat	30 Arbeitsstunden
65 kg Salmiakgeist spez. Gew. 0,910	20 Kilowattstunden
500 l Kondenswasser	5 RM. besondere Kosten.
500 kg Kohle	

Ausbeute: 88 kg Hydrargyrum praecipitatum album.

Hydrargyrum cyanatum. $Hg(CN)_2$. Mol.-Gew. 252. Hg-Gehalt 79,36 %. Harte, säulenförmige Krystalle, welche sich in 13 T. kaltem und 3 T. heißem Wasser sowie in 15 T. kaltem und 5. T heißem Alkohol lösen.

Im nachstehenden sind zwei Darstellungsmethoden von Quecksilbercyanid angeführt; die eine beruht auf der Umsetzung von Berlinerblau mit gelbem Quecksilberoxyd nach der Gleichung:

$$Fe_4(FeCy_6)_3 + 9\,HgO = 9\,HgCy_2 + 3\,FeO + 2\,Fe_2O_3,$$

die andere auf dem Auflösen von Quecksilberoxyd in wässeriger Blausäure nach der Gleichung:

$$HgO + 2\,HCN = H_2O + Hg(CN)_2.$$

Die erste Methode ist wegen der Hilfsstoffe wirtschaftlich etwas ungünstiger als die zweite, dafür ist sie aber ungefährlich und bedarf geringerer Apparatur.

Das Berlinerblau stellt man am besten selbst her, weil das im Handel erhältliche reine Blau zu teuer, das technische aber zu unrein ist. Außerdem ist frisch bereitetes Berlinerblau in Breiform wesentlich reaktionsfähiger als einmal getrocknetes.

Im nachstehenden ist zunächst eine Herstellungsmethode von Berlinerblau in Breiform angegeben. In einen Tontopf von 300 l Inhalt bringt man 150 l einer 7,2 proz. Eisenchloridlösung und läßt in diese 120 l einer 8 proz. Lösung von gelbem Blutlaugensalz in dünnem Strahle unter Rühren einfließen:

$$3\,FeCy_6K_4 + 2\,Fe_2Cl_6 = (FeCy_6)_3(Fe_2)_2 + 12\,KCl.$$

Den Tontopf füllt man nach erfolgter Fällung bis an den Rand mit Wasser, rührt um und läßt dann absetzen. Man läßt mehrere Tage stehen, um möglichst viel Flüssigkeit abziehen zu können. Dann dekantiert man zweimal mit einer auf 60^0 erwärmten 2 proz. Salzsäure und hierauf mit Wasser von ebenfalls 60^0, bis das Waschwasser die Reinheit des ursprünglichen Wassers erreicht hat. Nun beutelt man den Brei auf und wäscht mit Kondens- oder destilliertem Wasser nach, bis eine Probe des Waschwassers mit Silbernitrat nur eine schwache Opalescenz zeigt. Berlinerblau in so feiner Verteilung wäscht sich nur langsam aus. Eine Nutsche ist der Konsistenz des Blaus wegen zum letzten Auswaschen nicht verwendbar.

In einer Schale aus Ton rührt man dann den chlorfrei gewaschenen Brei durch und zieht ein Durchschnittsmuster zur Bestimmung der Feuchtigkeit. Berlinerblau verliert die letzten Reste seines Wassergehaltes nur schwer. Man tariert eine kleine Abdampfschale zusammen mit einem Glasstäbchen genau und wiegt in die Schale 5 g des Berlinerblaubreies. Den Trockenschrank heizt man langsam auf und rührt mit dem Glasstäbchen häufig durch. Schließlich trocknet man bei 100^0 zur Konstante. Den gefundenen Wert setzt man dann bei Berechnung der Quecksilbercyanidarbeit ein. Bei der Schwierigkeit, ein gutes Durchschnittsmuster zu bekommen, ist auch dieser Wert nur approximativ, er genügt aber für den gewünschten Zweck.

Als Gefäß für die Umsetzung von Berlinerblau mit gelbem Quecksilberoxyd wähle man einen emaillierten Kochtopf mit intakter Emaille. Die Größe berechnet man so, daß man auf 2 kg zu erwartende Ausbeute an Cyanid einen Topf von 5 l Inhalt nimmt. Auf die erwähnten 2 kg Ausbeute nimmt man soviel Brei von Berlinerblau, als 500 g trockenem Blau entspricht. Man rührt mit Wasser zu einem Brei an und bringt das Ganze auf freier Flamme zum Sieden. In die siedende Masse trägt man nach und nach soviel Gelboxydbrei ein, als 2,5 kg trockenem Oxyd entspricht. Den Fortgang der Reaktion kann man deutlich daran beobachten, daß die blaue Farbe immer mehr in die braune des Eisenoxyduloxyds übergeht. Man erhält dauernd im Kochen unter Ersatz des verdampfenden Wassers. Nachdem alles Oxyd eingetragen ist, kocht man noch eine Stunde weiter. Eine Prüfung, ob alles Gelboxyd umgesetzt ist, kann man in sehr einfacher Weise machen. Man nimmt aus dem Topfe einige Gramm des Breies, bringt dieselben in einen Glaszylinder von 100 cc Inhalt, verdünnt mit Wasser, schüttelt kräftig durch und läßt absetzen. Das wesentlich schwerere Gelboxyd setzt sich zuerst zu Boden und kann dort beobachtet werden. Macht man diese Probe mehrere Male, so ist das Übersehen von noch unverändertem Gelboxyd so gut wie ausgeschlossen. In der Berechnung des Ansatzes ist übrigens ein erheblicher Überschuß von Berlinerblau vorgesehen, so daß der bläuliche Ton noch bestehen bleibt, wenn auch die Reaktion vollständig beendigt ist. Den Inhalt des Topfes bringt man zunächst auf einen Spitzbeutel aus dichter Leinwand. Zuerst geht in der Regel etwas Eisenschlamm mit durch, weswegen man das erste Filtrat noch einmal auf den Beutel bringt. Den Schlamm auf dem Beutel wäscht man mit kochendem Wasser aus, bis eine Probe des Waschwassers durch Silbernitrat kaum noch verändert wird. Bei der guten Löslichkeit des Cyanids in kochendem Wasser — 1 T. löst sich in 3 T. siedenden Wassers — ist dies bald geschehen. Die Laugen dampft man zunächst auf 10—12° Bé ein und filtriert sie durch Papier. Das Filtrat dampft man auf 18—20° Bé ein und stellt es zur Krystallisation. Bei etwa 40° säuert man es mit verdünnter Blausäurelösung schwach an zur Verhinderung der Bildung von Oxycyanid. Quecksilbercyanid krystallisiert sehr gut in harten Krystallen. Man sammelt diese auf einem Abtropftrichter, wäscht mit Wasser ab und trocknet bei einer 40° nicht übersteigenden Temperatur. Die Mutterlaugen dampft man weiter ein und läßt wieder unter etwas Blausäurezusatz krystallisieren. Man kann, wenn man den Rest der Mutterlaugen nicht zu neuen Ansätzen nachnehmen will, glatt aufkrystallisieren, und man verwendet dann die nicht mehr gut ausgebildeten Krystalle zur Herstellung von Oxycyanid.

Für die zweite Herstellungsweise des Quecksilbercyanids, also durch Auflösen von gelbem Quecksilberoxyd in wässeriger Blausäure, stellt man sich in einem weithalsigen Kolben eine 10proz. Lösung von Cyannatrium her. Den Kolben verschließt man durch einen doppelt durchbohrten Gummistopfen. In die eine Bohrung setzt man einen gläsernen Scheidetrichter, welcher mit 50proz. Schwefelsäure beschickt ist. Durch die andere führt man ein Gasableitungsrohr, das mit einem Knie bis auf den Boden eines zweiten Kolbens reicht, in dem sich Gelboxydbrei befindet. Die Mengenverhältnisse von Cyannatrium und Gelboxyd hat man so berechnet, daß das letztere immer im Überschuß bleibt. Den Hahn des Scheidetrichters öffnet man so, daß die Schwefelsäure tropfenweise oder in ganz dünnem Strahle in die Cyannatriumlösung fließt. Zweckmäßig zieht man das Rohr des Scheidetrichters so aus, daß es bis auf den Boden des Kolbens reicht und dort etwas nach oben gebogen ist. Die zufließende Schwefelsäure zersetzt die Cyannatriumlösung; die Blausäure wird vom Gelboxyd aufgenommen.

In Anbetracht der Blausäureeigenschaften ist das Arbeiten mit derselben in Glaskolben wenig angezeigt. Im nachstehenden ist eine

Apparaturanordnung beschrieben, welche die Gefahr wesentlich verringert. Diese Apparatur eignet sich für die Produktion in größerem Maßstabe.

In der Abb. 12 ist ihre Anordnung veranschaulicht.

Die Blausäure wird in dem Doppelwandkessel I entwickelt. Dieser Kessel steht im Raume A, der von den übrigen Fabrikräumen durch eine Mauer getrennt ist und in den man nur von außen gelangen kann. Am besten benutzt man einen an die Fabrik angebauten kleinen Schuppen, der als Blausäureentwicklungsraum bezeichnet wird. An der Türe steht mit deutlicher Schrift: Vorsicht!! Blausäure!! Nur nach gründlicher Entlüftung zu betreten! Von dem schweren verbleiten Deckel des Kessels führt ein Rohr von 50 mm lichter Weite in den Raum B. Da die Entwicklung der Blausäure oft recht spontan und stürmisch vor sich geht, erweitert sich dieses Rohr 15 cm über dem Deckel: Durchmesser der Erweiterung 20 cm, Höhe derselben 30 cm. Im Raum B, dem Umsetzungsraum mit dem Gelboxyd, führt das Cyanwasserstoffrohr bis auf den Boden der Lösekessel II und III. Die zu bedienenden Ventile sind der Sicherheit halber außerhalb der Räume I und II angebracht. Außerdem werden Entwicklungs- und Löseraum während der Arbeit durch

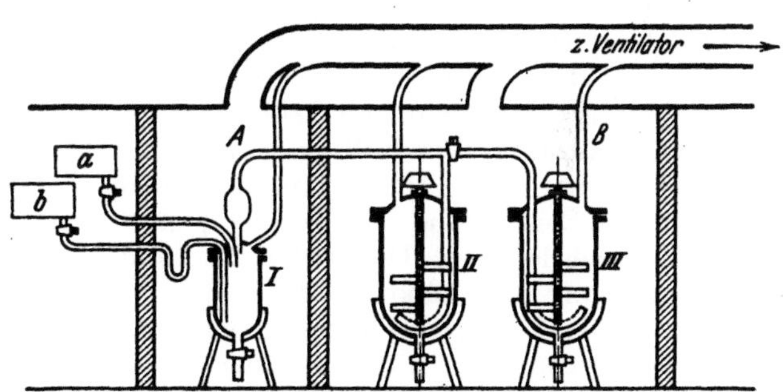

Abb. 12. Quecksilbercyanid-Apparatur.

Abzugsrohre von mindestens 30 cm Durchmesser und einen sehr starken Ventilator nach dem Hochkamin entlüftet.

An der Wand des Entwicklungsraums sind zwei ausgebleite Kästen von je 50 l Inhalt aufgestellt: a und b. Der eine dient zum Auflösen von Cyannatrium, der andere zur Aufnahme der verdünnten Schwefelsäure. Diese Kästen haben am Boden einen Abflußstutzen mit Hahn. Durch Bleirohre sind sie mit einem Stutzen im Deckel des Entwicklungskessels verbunden. Beim Abflußrohre der Schwefelsäure gebraucht man die Vorsicht, daß man das Rohr siphonartig in den Kessel führt und den Ausfluß so weit in den Kessel setzt, daß er unter das Niveau der in den Kessel zu füllenden Flüssigkeit zu liegen kommt. Dadurch vermeidet man das Rücksteigen der Blausäure in den Schwefelsäurebehälter. Das Gasableitungsrohr führt bis auf den Boden der beiden gleichwertigen Lösekessel II und III, und ein Dreiweghahn im Rohr ermöglicht die Blausäurezuführung zum einen oder anderen derselben. Durch die Mitte ihrer Deckel ist eine Welle mit Rührschaufeln geführt, welche 12 Touren je Minute macht. Auf jedem Deckel sitzt ein Abzugsrohr, welches in die bereits erwähnte Entlüftungsanlage führt. Jeder Kessel hat am Boden ein Abflußventil.

Im Lösekasten *a* löst man 8 kg Cyannatrium in 40 l Wasser, in dem Lösekasten *b* verdünnt man 16 kg Schwefelsäure von 50⁰ Bé mit 20 l Wasser. In einen der Lösekessel bringt man soviel Gelboxyd-brei, als 36 kg trockenem Oxyd entspricht, und mischt darin mit 300 l Kondenswasser. — In den Éntwicklungskessel läßt man zuerst die Cyannatriumlösung fließen, verschließt dann das Bodenventil des Löse-kastens *a* sorgfältig und öffnet den Zufluß für die Schwefelsäure zum Entwicklungskessel. Derselbe wird so geregelt, daß er eine Stunde in Anspruch nimmt. Die Entwicklung der Blausäure beginnt sofort, und sie wird unter Rühren in dem mit Gelboxydbrei geladenen Kessel absorbiert. Nach dem Abfluß der Schwefelsäure aus dem Kasten *b* schließt man dessen Bodenventil sorgfältig und heizt den Entwicklungs-kessel langsam auf, um alle Blausäure daraus zu vertreiben. Dies nimmt ungefähr eine Stunde in Anspruch. Zum Schluß entlüftet man ihn mit dem Ventilator. Dann schließt man den Dreiweghahn über den Lösekesseln und den Dampf auf dem Entwicklungskessel und entleert den Inhalt des letzteren durch den Bodenhahn. Für einen Ansatz von 36 kg Gelboxyd bedarf man noch einmal derselben Menge Blau-säure aus dem Entwicklungskessel. — Nach der zweiten Blausäure-entwicklung heizt man den Lösekessel zunächst auf, um einen even-tuellen Blausäureüberschuß zu vertreiben. Zum Schluß entlüftet man mit dem Ventilator. Dann dampft man im Lösekessel auf 20⁰ Bé ein. Die weitere Behandlung der Cyanidlaugen ist gleich der beim Berlinerblau-prozeß beschriebenen. Die beiden Lösekessel dienen alternierend einmal der Auflösung von Gelboxyd, das andere Mal dem Einengen der Cyanid-laugen. Mit der geschilderten Apparatur kann man gefahrlos 40 kg Quecksilbercyanid je Tag herstellen.

Kalkulation:

100 kg Gelboxyd	400 kg Kohle
64 kg Cyannatrium	20 Arbeitsstunden
130 kg rohe Schwefelsäure	10 RM. besondere Kosten.

Ausbeute: 112 kg Quecksilbercyanid.

Hydrargyrum oxycyanatum. Quecksilberoxycyanid. $Hg(CN)_2 \cdot HgO$. Mol.-Gew. 469. Farblose Krystalle, löslich in 77 T. kaltem, leichter in heißem Wasser. Wenig löslich in Weingeist.

Der Bedarf an Quecksilbercyanid als solches ist relativ gering, auf jeden Fall tritt er gegen den Bedarf an Oxycyanid sehr zurück. Das meiste Cyanid wird also zur Darstellung des Oxycyanids verwendet. Im vorstehenden wurde bereits erwähnt, daß man die Cyanidlaugen vollständig auskrystallisieren lassen kann, weil schlecht ausgebildete Krystalle zur Oxycyaniddarstellung Verwendung finden.

2 kg Cyanid werden im Mörser fein zerrieben und mit soviel Gelb-oxydbrei vermischt, als 350 g trockenem Oxyd entspricht. Die Mischung muß eine sehr innige sein. Für größere Ansätze bedient man sich zum Pulvern und Mischen eines Kollerganges. Die Mischung aus den oben angeführten Mengen trägt man in 20 l siedendes Wasser ein und kocht, bis vollständige Lösung eingetreten ist. Als Gefäß dient ein emaillierter Kessel auf freiem Feuer, für größere Mengen ein Doppelwandkessel.

Bevor man die Mischung in den Kessel bringt, hat man ihr auf je 2 kg Cyanid 5 cc einer 40 proz. Natronlauge zugefügt. Nach erfolgter Lösung filtriert man durch Filtrierpapier und läßt in Tonschalen krystallisieren. Wenn die Lösung gelb ist, behandelt man sie vor der Filtration mit etwas metallfreier Entfärbungskohle. Die erhaltenen Krystalle werden genutscht, bei größeren Ansätzen geschleudert und dann bei 40° getrocknet.

Die einzelnen Operationen fallen in bezug auf Gesamtcyanid- und Oxycyanidgehalt nicht immer gleichmäßig aus. Besonders die ersten Ansätze haben oft einen etwas geringeren Oxycyanidgehalt, als die Arzneibücher fordern. Man kann an Stelle von 350 g Gelboxyd 400, ja selbst 450 g nehmen. Höher darf man mit dem Gelboxydzusatz nicht gehen, da sonst Gefahr besteht, daß ein explosives und deswegen verbotenes Oxycyanid entsteht. Vor kurzer Zeit, also im Jahre 1931, explodierten in der Saccharinfabrik Fahlberg List Trommelmühlen, in welchen Quecksilberoxycyanid mit zu hohem Gelboxydgehalt mit anderen Stoffen gemischt wurde. Eine Reihe Menschenleben fielen der Explosion zum Opfer. Man mischt stärkere und schwächere Partien so, daß der richtige Gehalt herauskommt. Die Mutterlaugen werden bei dem nächsten Ansatz statt Wasser gebraucht.

Die Ausbeute aus 100 kg Cyanid beträgt 115 kg Oxycyanid.

Hydrargyrum salicylicum. Mercurisalicylsäure. Die Bezeichnung Salicylat ist falsch. Nach Gadamer ist Mercurisalicylsäure ein Gemisch von:

$$
\begin{array}{ccc}
\underset{HC\diagup \diagdown COH}{\overset{C\cdot Hg\!-\!\!-\!\!-}{}} & \underset{CH\diagup \diagdown COH}{\overset{CH}{}} & \underset{HC\diagup \diagdown COH}{\overset{CHg\!-\!\!-\!\!-}{}}
\end{array}
$$

C·Hg———   CH   CHg———
HC⟨ ⟩COH   CH⟨ ⟩COH   und   C₆H₄⟨OH / CO·OHg·C⟨ ⟩   HC⟨ ⟩COH
HC⟨ ⟩C·CO·O CH⟨ ⟩C·CO   C·CO·O
CH   Hg CH O   CH

Mol.-Gew. 336,6. Sie bildet ein in Wasser und Weingeist fast unlösliches Pulver.

An sich bringt ja die Herstellung aller Salicylate schon eine gewisse Schwierigkeit insofern, als alles Eisen, sei es in der Apparatur, sei es in den Ausgangsmaterialien, vermieden werden muß. Hier müssen diese und außerdem noch spezielle Herstellungsbedingungen ganz besonders beachtet werden. Im nachstehenden sind zwei Darstellungsmethoden aufgeführt.

A. Gelboxydbrei aus 20 kg Sublimat, der natürlich absolut eisenfrei sein muß, wird in einer Porzellanabdampfschale mit destilliertem Wasser zu einem dünnen Brei angerührt. Man stellt die Schale zunächst auf ein Wasserbad und trägt nach und nach 11,2 kg Salicylsäure ein. Das Erwärmen im Wasserbad muß sehr langsam vor sich gehen. Die gelbrote Farbe des Oxyds verschwindet immer mehr; sie geht zuerst in ein Grauweiß und dann in reines Weiß über. Später setzt man die Schale auf ein Drahtnetz und arbeitet mit direkter Feuerung unter Ersatz des verdampfenden Wassers. Es wird so lange gekocht, bis die Farbe rein weiß ist und das Produkt sich vollständig in Natronlauge löst: Bildung des Natriumsalzes der Mercurisalicylsäure.

Den Schaleninhalt bringt man heiß auf einen Spitzbeutel oder eine Nutsche und wäscht mit siedendem Wasser so lange nach, bis das Waschwasser absolut neutral abfließt. Getrocknet wird bei einer 40° nicht übersteigenden Temperatur.

Ausbeute aus 20 kg Sublimat 25 kg Mercurisalicylsäure.

B. Der Gelboxydbrei aus 27,1 kg Sublimat wird auf der Nutsche möglichst getrocknet und dann in 40 kg chemisch reiner Schwefelsäure vom spez. Gew. 1,84 gelöst. Ferner löst man 13,88 kg Salicylsäure in 60 l destilliertem Wasser und trägt in die siedende Salicylsäurelösung nach und nach die Quecksilbersulfatlösung ein. Man kocht bis zur reinweißen Farbe des Niederschlages und eine abfiltrierte Probe sich in Natronlauge klar löst. Man wäscht zunächst durch Dekantieren, dann auf der Nutsche vollständig schwefelsäurefrei, worauf man in der üblichen Weise trocknet und siebt.

Die Ausbeute aus 27,1 kg Sublimat beträgt 31 kg Mercurisalicylsäure.

Hydrargyrum sulfuricum neutrale. $HgSO_4$. Mol.-Gew. 296,6. Es bildet ein weißes Pulver, das sich beim Erhitzen gelb und dann braun färbt. In kaltem Wasser ist es wenig löslich, durch einen Überschuß von Wasser wird es namentlich in der Wärme in basisches Sulfat verwandelt.

3 kg Quecksilber werden in einer Porzellanschale mit 5 kg reiner Schwefelsäure vom spez. Gew. 1,84 übergossen. Nach Zusatz von 100 cc raffinierter Salpetersäure von 40/42° Bé erhitzt man im Sandbade unter Umrühren mit einem Glasstabe, bis keine schweflige Säure mehr entweicht. Das Produkt wird dann zur Trockne gerührt und in gut verschließende Kruken gebracht. Die Arbeit muß der schwefligen Säure wegen unter einem Abzug vorgenommen werden. Für große Ansätze verwendet man Schalen aus V2A-Stahl der Firma Krupp.

Ausbeute: aus 3 kg Quecksilber 4,3 kg neutrales Sulfat.

Hydrargyrum sulfuricum oxydulatum. Hg_2SO_4. Mol.-Gew. 497,3. Man versetzt eine Mercurinitratlösung mit verdünnter Schwefelsäure. Das ausgefallene Krystallmehl sammelt man auf der Nutsche, wäscht mit wenig Wasser nach und trocknet.

Hydrargyrum nitricum oxydulatum. Quecksilberoxydulnitrat.

$$Hg_2(NO_3)_2 + 2H_2O.$$

Mol.-Gew. 561,2. Es bildet farblose Krystalle, löslich in 1 T. schwach salpetersaurem Wasser. Mit viel Wasser zersetzt es sich.

In einem Porzellantopf mit Glasrührer übergießt man 10 kg reines Quecksilber mit 15 kg reiner Salpetersäure vom spez. Gew. 1,155 und überläßt das Ganze sich selbst. Unter Entwicklung von Stickoxyden scheidet sich ein Krystallmehl ab. Man setzt dann den Porzellantopf in heißes Wasser, wodurch sich das Krystallmehl wieder löst. Durch ein mit Glaswolle und Asbest beschicktes Filter gießt man vom überschüssigen Quecksilber ab und stellt das Filtrat zur Krystallisation. Man sammelt die Krystalle auf Glastrichtern, wäscht mit etwas Salpetersäure nach und trocknet bei gewöhnlicher Temperatur auf Tontellern. Das Salz verwittert sehr leicht.

Die Mutterlaugen benutzt man nach Ergänzung der verbrauchten Salpetersäure zum Auflösen weiterer Quecksilbermengen oder zur Darstellung von gefälltem Kalomel (s. dort)

Hydrargyrum sulfuratum rubrum. Rotes Quecksilbersulfid. Roter Zinnober. HgS. Mol.-Gew. 232,65. Lebhaft rotes Pulver, welches beim Erhitzen unter Luftabschluß unzersetzt sublimiert. Es ist unlöslich in Wasser, Weingeist, Salzsäure und Salpetersäure. Durch direktes Sonnenlicht wird es mißfarbig.

Roter Zinnober ist ein beliebter Farbstoff. Er kommt in einer ganzen Reihe von Nuancen in den Handel, deren Herstellung von den betreffen-

den Fabriken streng geheim gehalten und oft durch Zusätze, wie Anti-
mon-, Blei- und Silberverbindungen, erzielt wird. Für Arzneizwecke
ist nur ein Zinnober verwendbar, der durch Digestion einer innigen
Verreibung von metallischem Quecksilber mit Schwefel in einer Lösung
von Kalium- oder Natriumpolysulfiden erzielt wird. Man verreibt
3 kg filtriertes Quecksilber sehr innig mit 1,2 kg präcipitiertem Schwefel,
bis keine Metallkügelchen mehr zu erkennen sind. Das Gemisch bringt
man in eine Schale, in der sich 4,5 kg gut abgesetzte Lauge von 20° Bé
befinden. Unter häufigem Umrühren und Ersatz des verdampfenden
Wassers kocht man so lange, bis die schwarze Farbe in das schöne
leuchtende Rot des Zinnobers übergegangen ist.. Das Kochen eines
Ansatzes von der genannten Größe dauert etwa 5 Stunden. Wenn der
gewünschte Farbton erreicht ist, wäscht man sulfidfrei, erst durch
Dekantieren, dann auf Beuteln oder der Nutsche. Dieses Auswaschen
dauert geraume Weile. Das vollständig sulfidfreie Schwefelquecksilber
wird bei einer 40° nicht übersteigenden Temperatur getrocknet.

Aus den ersten Auswaschungen kann man durch Ansäuern mit
Salzsäure einen Teil des Schwefels wiedergewinnen.

K a l k u l a t i o n :

30 kg Quecksilber	5 Arbeitsstunden
12 kg präcipitierter Schwefel	150 kg Kohle
15 kg technische Kalilauge 50° Bé	3 RM. besondere Kosten.
5 Kilowattstunden	

A u s b e u t e 34 kg Hydrargyrum sulfuratum D.A.B. VI.

Hydrargyrum arsenicum. Quecksilberarseniat. $Hg_3(AsO_4)_2$. Es bildet ein
feines, gelbes Pulver.

Es ·wird als Zusatz zu Schiffsbodenfarben verwendet und durch
Fällung von Natriumarseniatlösung mit Quecksilbernitratlösung dargestellt.

Zweckmäßig geht man vom weißen Arsenik — Arseniksäure-
anhydrid — aus, das man durch Behandeln mit Salpetersäure in Arsensäure überführt. — In einen Chlorentwickler, der mit einem Säure-
absorptionsturm verbunden ist und in einem hölzernen Bottich mit
Wasser und einem Dampfschnatterer steht, bringt man 180 kg raffinierte
Salpetersäure vom spez. Gew. 1,3 und 3 kg rohe Salzsäure 20/21° Bé.
In das Säuregemisch trägt man nach und nach 60 kg weißen Arsenik
— gewöhnliche Handelsware — ein. Die Reaktion verläuft anfänglich
sehr stürmisch, wird aber mit wachsender Verdünnung der Säure immer
träger und muß zum Schluß durch Aufheizen des Wassers im Holzbottich
unterstützt werden. Die nitrosen Gase saugt man in den Säureturm
ab. Nach beendeter Reaktion läßt man noch eine Stunde im kochenden
Wasser stehen. Darauf zieht man die Lösung in einen Holzbottich
ab, verdünnt darin mit ihrem doppelten Volumen Wasser, neutralisiert
mit calcinierter Soda oder Natronlauge und filtriert durch Sackleinwand
in einen Holzbottich von 1200 l Inhalt mit hölzernem Rührwerk.

Inzwischen hat man 57,8 kg Quecksilber in 70 kg raffinierter Salpetersäure 42° Bé gelöst und die Lösung mit 100 l Wasser und — wenn
notwendig — noch mit etwas Salpetersäure verdünnt. Die Quecksilber-

nitratlösung läßt man in dünnem Strahle in die Natriumarseniatlösung einfließen. Langsames Zulaufen unter stetem Rühren sowie auch die starke Verdünnung der beiden Lösungen verfolgen den Zweck, eine feine Fällung zu erzielen. Quecksilberarseniat für Schiffsbodenfarben soll sehr fein und spezifisch möglichst leicht sein.. Zur Erzielung dieser Eigenschaften setzt man der Natriumarseniatlösung zweckmäßig einige Liter einer kolierten Aufkochung von Carragheen zu. — Nach beendeter Fällung läßt man absetzen, wäscht dann in üblicher Weise nitratfrei und trocknet bei 40⁰.

Das Trockengut wird zerkleinert und durch ein Sieb Nr. 14 aus Müllergaze gesiebt. Auch sind Windsichter zu empfehlen. Bei einer Fabrikation im größeren Maßstabe empfiehlt es sich, eine eigene Apparatur nur für das Arseniat zu halten, da die Reinigung von dem sehr feinen Staube schwierig ist.

Kalkulation:

60 kg Arsenik	20 Arbeitsstunden
210 kg raff. Salpetersäure 42⁰ Bé	20 Kilowattstunden
58 kg Quecksilber	200 kg Kohle
100 kg calcinierte Soda	5 RM. besondere Kosten.

Ausbeute: 92,8 kg Quecksilberarseniat für Schiffsbodenfarben.

Hydrargyrum metallicum in haltbarer Pulverform. Die Tatsache, die auch häufig in der Literatur erwähnt wurde, daß eine alte graue Salbe infolge Bildung von fettsaurem Quecksilber giftig auf das damit behandelte Vieh eingewirkt hatte, brachte A. H. Feldhoff auf den Gedanken, zu versuchen, ob es nicht möglich sei, das Quecksilber in haltbarer Pulverform darzustellen, um so den Apotheker in den Stand zu setzen, die graue Salbe für jeden Auftrag frisch darzustellen. Der Versuch ist in der folgenden Weise gelungen und zum DRP. angemeldet.

Eine Mercuronitratlösung (Darstellung s. S. 48) gießt man unter ständigem Rühren in eine angesäuerte Lösung von Ferrosulfat. Die Ferrosulfatlösung muß in sehr starkem Überschuß sein und 8—10 % Ferrosulfat enthalten. Außerdem muß sie stark angesäuert sein, um die Bildung von basischem Nitrat zu verhindern Die Reduktion des Nitrates erfolgt bei richtig gewähltem Eisensulfatüberschuß sehr rasch. Immerhin läßt man die Mischung wenigstens 24 Stunden unter häufigem und kräftigem Umschütteln stehen. Dann zieht man die Eisenlösung ab und wäscht eisenfrei, aber nur soweit, daß Eisen noch in ganz schwachen Spuren nachzuweisen ist. Nun zieht man das Wasser noch einmal ab und schüttelt den wässerigen Brei von feinstem Quecksilberpulver tüchtig mit hochprozentigem Alkohol durch. In dieser Manipulation des Ausschüttelns des Quecksilberbreis, der noch Spuren von Eisensulfat enthält, liegt das Geheimnis der Darstellung. Durch die Einwirkung des Alkohols werden die kleinen Quecksilberteilchen wahrscheinlich mit einer ganz feinen Haut von kleinen Eisenoxydteilchen überzogen und umhüllt. Man gießt den Alokohol ab, schüttelt noch einmal mit solchem durch und hierauf mit Äther. Schließlich bringt man den Brei in eine glasierte Porzellanschale und läßt unter Umrühren mit einem glatten Porzellanspatel den Äther verdunsten. Das trockene Präparat zeigt keine Neigung mehr zur Kügelchenbildung und hat einen Quecksilbergehalt von mindestens 99,9 %.

Calomel colloidale. Man löst zunächst 340 g wässeriges Calciumchlorid in 1 l destillierten Wassers und fügt der Lösung 7 l einer 10proz. Lösung von Gummi arabicum zu. Ferner mischt man eine Lösung von 300 g Mercuronitrat mit 50 cc Salpetersäure 1,4 spez. Gew. und 500 g einer 10proz. Lösung von Gummi arabicum. Die beiden Lösungen vereinigt man und schüttelt mindestens ¼ Stunde ununterbrochen. Hierauf versetzt man in einem Tontopf mit 30 l denaturiertem Alkohol, rührt um, läßt absetzen, siphoniert den Alkohol ab, wäscht noch dreimal mit je 15 l denaturiertem Alkohol und zuletzt mit 10 l Äther. Alkohol und Äther können für weitere Ansätze verwendet werden. Das Präparat wird im Vakuumtrockenschrank bei niedriger Temperatur getrocknet, dann mit Wasser so verrieben, daß eine Kalomellösung von 1,1 % entsteht. Dazu braucht man 19 l destilliertes Wasser. Man läßt die Lösung sieben Tage in hohen Absetzzylindern stehen und zieht dann vom gebildeten Bodensatze ab. In der erzielten kolloidalen Lösung bestimmt man in üblicher Weise den Quecksilbergehalt und verdünnt auf einen Gehalt von 1 % Kalomel.

Hydrargyrum oleinicum. 3,750 kg Ölsäure reibt man in einer Porzellanschale mit 1,250 kg Gelboxyd zusammen. Der Mischung setzt man $1^1/_2$ l denaturierten Alkohol zu und erwärmt gelinde unter Rühren, bis alles Gelboxyd verschwunden ist. Das erkaltete Quecksilberoleinat bildet eine zähe, wachsartige Masse mit einem Quecksilbergehalt von 25 %.

Hydrargyrum Kalium cyanatum. Im Handel ist an Stelle des echten, wenig haltbaren Quecksilberkaliumcyanids eine Spezialmarke, die man in folgender Weise darstellt: 4 kg Kaliumcyanid werden im Kollergang fein gemahlen. Man setzt dann 6 kg Quecksilberoxysulfat hinzu und mischt sorgfältig. Zum Schluß versetzt man mit 100 cc destilliertem Wasser und läßt weiter kollern, wobei man ab und an das Produkt mit einem Porzellanspatel von den Wandungen des Kollergangs abkratzt. — Das Produkt ersetzt in vielen Fällen das echte Quecksilberkaliumcyanid vollständig.

Ausbeute 9,8—9,9 kg.

Bemerkungen zur Darstellung von Pastillen. Sublimat wird mit vollständig chlorcalcium- und chlormagnesiumfreiem Kochsalz, Quecksilberoxycyanid mit Natriumbicarbonat oder mit einem Gemisch von Kochsalz und Natriumbicarbonat zu gleichen Teilen gemischt und aus der Mischung nach Zusatz der Farbstoffe — Ponceaurot oder Neptunblau — die Pastillen in üblicher Weise geformt.

Bemerkungen zur Darstellung von Quecksilbersalben. Zur bequemen Darstellung von Quecksilbersalben stellt man sich ein sog. Hydrargyrum extinctum 90 % in folgender Weise her: 50 kg Quecksilber werden mit einem Gemisch von 2,5 kg Lanolin, 0,6 kg Quecksilberpflaster D.A.B. VI, 2,5 kg Quecksilbersalbe 33,3 % und mit $^1/_2$ l Quillayafluidextrakt verrieben. Die Mischung geht sehr rasch und ist haltbar. Mit derselben lassen sich leicht alle üblichen Salben mit 10, 20, 25 und 75 % Quecksilber herstellen.

Wiedergewinnung von Quecksilber aus Fabrikationsresten. Quecksilber ist eine kostbare Substanz, bei deren Verarbeitung man sich vor Verlusten möglichst schützen muß. Sind Verluste unvermeidlich, z. B. bei Pulverung und Siebung, so muß man das Quecksilber wiedergewinnen. Man bedient sich dazu des Ofens (Abb. 13).

Die Sublimationsröhre ist mit einer Eisenplatte geschlossen, durch die ein Gasrohr in die Sublimationsröhre führt. Dieses Gasrohr hat ein Knie, das in eine Schale führt, welche Wasser enthält. Überall in der Fabrikation der Quecksilbersalze entstehen gewisse, unvermeidliche Mengen von Abfällen. Auf den Filtern, den Sieben, am Boden durch Verstäubung, in den Reibschalen und noch an anderen Orten finden sich Reste, die nicht fortgeworfen werden dürfen. Man sammelt dieselben und bringt sie gemischt mit rohem Eisensulfat und Ätzkalk, dem man 10 % rohes Natriumhydroxyd zufügt, in die Sublimationsröhre.

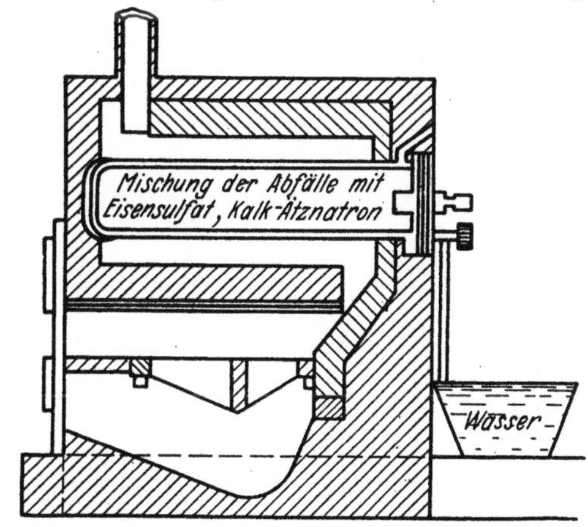

Abb. 13. Ofen zum Aufarbeiten von Quecksilber-Abfällen.

Das Quecksilbermetall wird durch die Zusätze frei gemacht und destilliert in die Vorlage, in der sich Wasser befindet.

Bei geringem Umfange der Fabrikation kann man auch so verfahren: Man sammelt alle Reste, wie Siebsel, Filter und Fegsel, in einem Tontopf, übergießt darin mit konzentrierter Salpetersäure und stellt den Tontopf zum Anwärmen in heißes Wasser. Nach 1—2 Tagen filtriert man durch Glaswolle und versetzt mit einer mit Schwefelsäure stark angesäuerten Lösung von Ferrosulfat. Das durch die Salpetersäure gebildete Quecksilbernitrat wird nun durch das Ferrosulfat reduziert. Das Metall sammelt sich in feiner Pulverform am Boden und kann durch Dekantieren mit Wasser gereinigt werden.

Röntgenkontrastmittel.

Als hauptsächlichstes Kontrastmittel hat sich das Bariumsulfat eingebürgert. Es ist in Wasser und sauren Flüssigkeiten so gut wie unlöslich und wird auch von sonstigen Einflüssen nicht berührt. Vor allem wirken die saure Magenflüssigkeit und auch der alkalische Darm nicht auf das Bariumsulfat ein und es wird durch die Tätigkeit dieser Organe bald ausgeschieden. Die anfängliche Befürchtung Lewins, daß die Darmgase auf das Bariumsulfat reduzierend wirken und lösliches Sulfid bilden würden, ist nicht eingetroffen. Die löslichen Bariumsalze sind Gifte für den tierischen Organismus. — Wegen seines Gehaltes an löslichen Salzen ist das gewöhnliche Blanc fixe als Kontrastmittel nicht zu gebrauchen. Das D.A.B. VI hat diesem Umstand Rechnung getragen und das reine Bariumsulfat aufgenommen, das wohl ausschließlich als Kontrastmittel Verwendung findet. Gleich die erste Prüfung gilt der Fahndung auf lösliche Baryumsalze und das Carbonat, das sich in den Säuren des Magens löst. Die nachher folgende Probe auf Chlorwasserstoff geht auf Bariumchlorid. — Von größter Wichtigkeit für den Gebrauch als Röntgenkontrastmittel ist, daß dasselbe sehr fein verteilt und möglichst leicht ist und sich lange in Schwebe erhält.

Die Darstellung des Bariumsulfats bietet an sich keine Schwierigkeiten. Im Witherit haben wir ein Ausgangsmaterial, das sich leicht weiter verarbeiten läßt. Witherit, natürliches Bariumcarbonat, wird fein gemahlen, in Salzsäure zu Chlorid gelöst und das Chlorid mit Schwefelsäure oder Sulfaten gefällt. Bei diesen Fällungen handelt es sich lediglich darum, das Sulfat in möglichst leichter und feiner Form zu gewinnen. Man läßt eine gut abgesetzte und sauber filtrierte Lösung von Bariumchlorid von 15° Bé in dünnem Strahle und unter ständigem Rühren in Schwefelsäure von 5 % einlaufen; besser noch gelingt die Operation, wenn man an Stelle der Schwefelsäure eine Lösung von Magnesiasulfat 10° Bé verwendet. Wenn man noch auf 300 l der Bittersalzlösung eine kolierte Abkochung von 1 kg Carragheen gibt, so erzielt man ein besonders leichtes Produkt. Carragheenschleim hat sich als Schutzkolloid bewährt. — Bei der Fällung arbeitet man mit einem Überschuß von Schwefelsäure oder Sulfaten.

Die Fällung nimmt man in Holzbottichen oder bei kleineren Ansätzen in zylindrischen Tontöpfen vor. Auf 100 kg Bariumsulfat als Ausbeute nimmt man einen Fällungsraum von 500 l. Bariumsulfat setzt rasch ab und läßt sich durch Dekantieren mit destilliertem Wasser leicht auswaschen. Im großen wird das letzte Auswaschen am besten in der Filterpresse vorgenommen, im kleinen bedient man sich dazu der Nutsche. Beim Trocknen formt man auf den Trockenblechen zweckmäßig mit Hilfe eines Löffels oder Holzspatels kleine Häufchen, die man je nach dem Grade, wie sie angetrocknet sind, zerdrückt. Durch diese einfache Maßnahme erreicht man, daß das Produkt nicht in harten, nachher schwer mahlbaren Krusten trocknet. Das Trockengut wird gepulvert und gesiebt. Zum Pulvern nehme man einen Mörser oder einen Kollergang mit einer Siebvorrichtung oder eine Schlagkreuzmühle. Kugelmühlen eignen sich schlecht für diesen Zweck, da das Bariumsulfat leicht an den Wandungen der Mühle in festen Krusten backt. Gesiebt wird durch Müllergaze Nr. 16, und zwar entweder durch ein einfaches Sieb oder durch die üblichen Siebmaschinen. Zur Schonung der kostspieligen Gazen — feine Seidengewebe — siebt man durch gröbere Haarsiebe erst vor und nimmt auch die Mahlungen vom gröberen zum feineren Korn vor.

Jedes Mahlgut wird dann noch einmal nachgetrocknet, denn Bariumsulfat schließt leicht Feuchtigkeit ein und verschmiert dann die Siebe.

100 T. Witherit brauchen zur Lösung 110 T. rohe arsenfreie Salzsäure von $20/21^0$ Bé und zur Ausfällung als Sulfat 50 T. rohe, ebenfalls arsenfreie Schwefelsäure. An Stelle der letzteren verwendet man, wie bereits erwähnt, mit bestem Erfolge Magnesiumsulfat oder, weil wirtschaftlich noch vorteilhafter, dessen anhydrische Form, den natürlich vorkommenden Kieserit. Auf 100 T. Witherit sind 130 T. Magnesiumsulfat oder 70 T. Kieserit erforderlich.

Man hat das so bereitete Bariumsulfat direkt als Kontrastmittel gebraucht. Es zeigte sich aber, daß das so erhaltene Produkt zu rasch sedimentierte. Um die Schwebefähigkeit zu erhöhen, hat man dem Bariumsulfat verschiedene Stoffe zugesetzt, die geeignet sind, es in Suspension zu halten. Verwendet werden zu diesem Zwecke Gelatine, Agar-Agar, Tragant und die Schleime von Cetraria islandica, Chondrus crispus und Gigartina mamilosa. Besonders die Schleime der beiden letzteren, den sog. Carragheen, sind für den Zweck gut zu gebrauchen, weil der erzielte Schleim fast geschmacklos ist, während der Schleim von Cetraria islandica einen bitterlichen, leicht kratzenden Geschmack hat, der allerdings leicht zu verdecken ist.

Eine gute Vorschrift zur Darstellung eines Röntgenkontrastmittels ist die folgende: 2 kg Carragheen kocht man 1 Stunde unter Ersatz des verdampfenden Wassers mit 60 l Wasser auf. Den Schleim koliert man durch ein Haarsieb und kocht die Trester noch einmal mit 20 und dann noch einmal mit 10 l Wasser auf. Die drei Auszüge werden vereint. Inzwischen hat man 1,2 kg feinst gepulverten Tragant mit 60 kg des nach obigen Abgaben hergestellten Bariumsulfates innigst gemischt. Man nimmt die Mischung am besten in einer Mischtrommel vor und siebt verschiedene Male. Bei dem verschiedenen spezifischen Gewicht der beiden Substanzen besteht leicht die Gefahr der Entmischung. Die Tragant-Bariumsulfatmischung wird nun in die Carragheenauszüge gesiebt und gut durchgeknetet. Man trocknet den Brei bei einer 60^0 nicht übersteigenden Temperatur. Ein rasches Trocknen ist erforderlich, weil das Produkt leicht einen fauligen Geruch annimmt, höher als bei 60^0 darf aber auch nicht getrocknet werden, weil sonst ein brenzliger Geruch und ein bitterer Geschmack entstehen. Die trockene Mischung wird nun gemahlen. Es gilt dabei das über Bariumsulfat Gesagte. Das Produkt muß glatt· Müllergaze Nr. 16 passieren.

Das Produkt ist ein feines, schwach gelblich-weißes Pulver von fadem Geschmack. Eine Anreibung von 32 g desselben mit 60 g Wasser von 45^0 muß glatt rahmartig, mehr gummiartig sein. Die Anreibung darf sich in einem Reagensglas innerhalb 2 Stunden nicht absetzen. Das Produkt dient in erster Linie zur Einführung in den Darm. Zum Einnehmen ist der Geschmack etwas zu fade. Man hat Geschmackskorrigenzien hinzugefügt, z. B. zu 45 kg obiger Mischung 1,5 kg Trockenmilch, 3 kg Kakao, 10 g Vanillin und 10 g Saccharin. Diese Rezepte haben sich nicht bewährt. Speziell Magenkranke sind gegen Kakao oft sehr empfindlich, und gegen Saccharin besteht bei den meisten Menschen direkt eine Idiosynkrasie.

Ein gutes Geschmackskorrigens ist der eingedickte Saft von Preiselbeeren. Dieselben werden mit Zucker aufgekocht, bis sie ganz verkocht sind, und dann durch ein Haarsieb gerieben. Zur besseren Eindickung kann man noch etwas Agar-Agar zusetzen. In die halb erkaltete Mischung wird dann das oben genannte Produkt eingesiebt. Als Verhältnis nimmt man 2 T. der obigen Mischung und 1 T. eingedicktes Preiselbeerengelee. Die erkaltete Masse hält sich gut, hat angenehmen Geschmack und läßt sich gut anreiben.

Wasserstoffsuperoxyd und Röntgenkontrastmittel.

Es ist eine bekannte Tatsache, daß die Wasserstoffsuperoxydfabrikation nur noch mit Gewinn ausgeübt werden kann, wenn man das Barium- oder Natriumsuperoxyd selbst fabriziert, denn der im Handel für diese Produkte geforderte Preis verschlingt drei Viertel des Verkaufspreises von Wasserstoffsuperoxyd. Die Fabrikation von Alkali- oder Erdalkaliperoxyden ist anderseits für kleine Fabrikbetriebe ausgeschlossen, weil sie eine große und komplizierte Apparatur erfordert.

Gegenstand der nachfolgenden Ausführungen ist, zu zeigen, daß sich die Wasserstoffsuperoxydherstellung aus gekauftem Bariumsuperoxyd rentabel gestaltet, sobald man dem Nebenprodukt, dem Bariumsulfat, eine lukrativere Verwertung als die gewöhnliche (als Blanc fixe) zuteilt. Diese besteht in der Verwendung als Röntgenkontrastmittel.

Zu diesem Zwecke, d. h. um auf möglichst einfachem Wege ein allen Pharmakopöeanforderungen gerechtes Bariumsulfat zu gewinnen, bedienen wir uns für die Darstellung des Wasserstoffsuperoxyds des Verfahrens von Walter Feld, welches übrigens ohne Zweifel das beste mit Bariumsuperoxyd als Ausgangsprodukt ist. Dasselbe vollzieht sich nach den Gleichungen:

$$BaO_2 + H_3PO_4 = H_2O_2 + BaHPO_4.$$
$$BaHPO_4 + H_3PO_4 = Ba(H_2PO_4)_2$$
$$Ba(H_2PO_4)_2 + H_2SO_4 = BaSO_4 + 2H_3PO_0 \text{ (Phosphorsäure regeneriert)}.$$

Der diesem Verfahren eigene Umweg über Phosphorsäure lohnt sich zwiefach:

Erstens erzielen wir ein sehr reines und haltbares Wasserstoffsuperoxyd.

Zweitens gelangen wir direkt zu einem Bariumsulfat, welches allen Bedingungen der Pharmakopöen, sowohl Reinheit als Schwebeprobe betreffend, entspricht.

Wasserstoffsuperoxyd 12 oder 15 % Volumen nach W. Feld im Laboratorium. Als Apparat benutzt man einen Glasstutzen von 3 l Inhalt mit äußerst kräftig wirkendem Quirlrührer. Der Stutzen wird von außen mit Eiswasser gekühlt.

In denselben füllt man 1400 cc destilliertes Wasser und 150 g 50 proz. Phosphorsäure und kühlt die Mischung unter Rühren auf höchstens 5^0 ab. Wenn diese Temperatur erreicht ist, streut man unter fortgesetztem Rühren 110 g feinst gemahlenes, $BaCl_2$-freies Bariumsuperoxyd von 80—85 % BaO_2-Gehalt so langsam ein, daß die Temperatur während des Einstreuens nie über 7^0 steigen kann. Die Reaktion der Lösung soll nie alkalisch werden.

Man kühlt wieder auf weniger als 5^0 ab, gibt nun nur 100 g 50 proz. Phosphorsäure zu und streut in der bereits beschriebenen Weise wieder 110 g fein gemahlenes Bariumsuperoxyd ein. Dieselbe Operation wiederholt man nochmals, aber mit 200 g 50 proz. Phosphorsäure und 190 g Bariumsuperoxyd.

Man prüft dabei periodisch mit Lackmus. Die Reaktion der Lösung soll bis hierher immer sauer sein. Sehr gutes Rühren — der Rührer soll den Niederschlag beständig in der Lösung herumwirbeln —, Einhalten der angegebenen niederen Temperatur und feine Mahlung des eingetragenen Bariumsuperoxyds sind unerläßliche Bedingungen für eine gute Ausbeute.

Man rührt nun bei höchstens 5^0 weiter, bis die Reaktion der Lösung auf Lackmus alkalisch wird, was auch bei bestem Rühren 2, manchmal aber bis zu 4 Stunden dauert. — Sobald die alkalische Reaktion deutlich erkennbar ist, nutscht man — ebenfalls bei max. 5^0 — die Wasserstoffsuperoxydlösung von dem sandigen $BaHPO_4$ ab und wäscht einmal mit 1 l destilliertem Wasser nach. Das Waschwasser enthält noch etwas H_2O_2 und wird anstatt frischen Wassers für den nächsten Ansatz verwendet.

Die Wasserstoffsuperoxydlösung enthält als einzige Verunreinigung etwas Barium in der Form von Hydroxyd gelöst, welches mit verdünnter reiner Schwefelsäure gefällt wird. Diese Ausfällung muß mit äußerster Sorgfalt vorgenommen werden. Man stellt 10—15% der Lösung beiseite und fällt aus der Hauptmasse das Barium, wobei man unbedingt vermeiden soll, über das Ziel zu schießen. Wenn man dennoch einmal etwas zuviel Schwefelsäure zugesetzt hat, korrigiert man den Fehler durch entsprechenden Zusatz der vorher beiseite gestellten Lösung. Man filtriert dann rasch durch ein Faltenfilter, um das Filtrat nach Titration mit Permanganat durch destilliertes Wasser auf die gewünschte Stärke und chemisch reiner Oxalsäure auf die nötige Acidität einzustellen.

So dargestelltes Wasserstoffsuperoxyd enthält außer der Oxalsäure keine weiteren Fremdkörper und ist deshalb sehr haltbar.

Ausbeute: Sie ist beinahe theoretisch.

Regeneration der Phosphorsäure und Herstellung von Röntgenkontrastmittel. Der sandige Niederschlag von $BaHPO_4$ enthält sämtliche Verunreinigungen des Bariumsuperoxyds. Er wird mit seinem vierfachen Gewichte an 25proz. Phosphorsäure in eine Lösung von $Ba(H_2PO_4)_2$ verwandelt. Die Lösung vollzieht sich unter Wärmeentwicklung. Sie ist getrübt durch unlösliche Eisen- und Bleiverbindungen sowie weitere Verunreinigungen. Man verdünnt sie mit destilliertem Wasser und läßt sie absetzen bis zur vollständigen Klärung, was mindestens 8 Tage erfordert. Man versuche nicht zu filtrieren, denn dies ist fast unmöglich. Die geklärte, schwermetallfreie $Ba(H_2PO_4)_2$-Lösung siphoniert man ab und fällt daraus nun das Bariumsulfat aus, welches nach dem Ausdekantieren der Phosphorsäure allen Anforderungen eines Röntgenkontrastmittels entspricht.

Zu diesem Zwecke verfährt man wie folgt: Die klare Lösung wird vorsichtig und langsam mit soviel Akkumulatorenschwefelsäure versetzt (nie Lösung in die Schwefelsäure eintragen), bis beinahe alles Barium gefällt ist. Man verzichtet darauf, den Punkt der vollständigen Fällung genau zu treffen, um nicht Gefahr zu laufen, daß man zuviel Schwefelsäure zusetzt und damit die regenerierte Phosphorsäure verunreinigt. Die auf diese Weise erhaltene Fällung setzt allerdings infolge ihrer großen Schwebefähigkeit langsam ab, aber dies ist ein Übel, welches man in den Kauf nehmen muß, wenn das Bariumsulfat den Anforderungen eines Röntgenkontrastmittels entsprechen soll. Man läßt absetzen bis zur vollständigen Klärung, was einige Tage erfordert. Dann siphoniert man die Phosphorsäurelösung ab und engt sie für einen neuen Ansatz ein. Den Niederschlag dekantiert man mit einer zweiten Menge destillierten Wassers aus und verwendet die so erhaltene verdünnte Phosphorsäurelösung zum ersten Ausdekantieren des folgenden Ansatzes.

Nun verrührt man den Niederschlag wieder mit destilliertem Wasser und fällt jetzt die letzten geringen Spuren Barium, so daß eine ganz schwach saure Reaktion entsteht. Der Niederschlag setzt nun etwas schneller ab. Man dekantiert schwefelsäurefrei und gewinnt so einen rahmartigen Bariumsulfatbrei von vollkommener Reinheit und großem Schwebevermögen, welcher nach dem Einstellen auf das richtige Verhältnis von Niederschlag und Wasser und Zusetzen eines geeigneten Geschmackkorrigens direkt seiner Bestimmung übergeben werden kann[1].

Für 1 kg Wasserstoffsuperoxyd 12% Vol. und 900 g Röntgenkontrastmittel von 320 g Bariumsulfatgehalt benötigt man:

250 g Bariumsuperoxyd 80proz.,
180 g Schwefelsäure rein.

Der Verlust an 50proz. Phosphorsäure auf die obigen Mengen beträgt 10 g.

Betriebsverfahren. Der Umsetzungsapparat für die Phosphorsäurelösung und das Bariumsuperoxyd wird am besten durch ein zylindrisches Gefäß aus weißem Ton gebildet, dessen Inhalt durch Sole in einer Zinnschlange gekühlt und durch einen Taifunrührer aus Zinn gerührt wird. Das Bariumsuperoxyd wird durch einen Schüttelapparat eingetragen. — Die Abtrennung und das Auswaschen des $BaHPO_4$ nimmt man auf einer weißen Tonnutsche mit Filterstein vor, weil Filtriertuch einem zu starken Verschleiß ausgesetzt ist. Man arbeitet in weißen Tonapparaten, weil solche entschieden haltbarer sind als solche aus gewöhnlichem Ton und der geringe Preisunterschied hier nicht ins Gewicht fällt.

Es folgt das Auflösen des $BaHPO_4$ durch Phosphorsäure und das Ausfällen des Bariums durch Akkumulatorensäure in Tonzylindern aus weißem Ton und das Einengen der geklärten Phosphorsäurelösung in mit Kupferblech ausgeschlagenen Holzgefäßen mit kupfernen Heizschlangen.

Das Bariumsulfat wird ebenfalls in Gefäßen aus weißem Ton mit destilliertem Wasser ausdekantiert, und zwar nach dem Gegenstromprinzip, um das Aqua dest. zu sparen.

Das Wasserstoffsuperoxyd wird bei dieser Fabrikationsmethode zum willkommenen Nebenprodukt des Röntgenkontrastmittels.

Wasserstoffsuperoxyd 30% = 100% Vol. aus Natriumsuperoxyd und Schwefelsäure.

$$Na_2O_2 + H_2SO_4 + aq. = H_2O_2 + Na_2SO_4 \, aq.$$

Das Hauptgewicht dieser Fabrikation beruht auf der Anordnung der Apparatur (s. Abb. 14). Sie ist fast ausschließlich aus weißem Ton konstruiert.

Das zylindrische Reaktionsgefäß *I* aus Ton mit Tonrührer faßt 600 l und wird durch Eiswasser — noch besser durch Sole — von außen

---

[1] Vgl. auch den andern Aufsatz über Röntgenkontrastmittel, S. 52 f.

gekühlt. Der Ausfluß am Boden geschieht durch ein großes Sieb aus Ton, welches von einem feinen Drahtnetz aus Platin überspannt ist. Die tönerne Destillationsbirne *II* von 100 l Inhalt kann von außen durch warmes Wasser angewärmt werden. Die Erwärmung dieses Heizwassers soll durch indirekten Dampf, nicht durch direkten aus einer Schnatterschlange erfolgen. Die Vorlage *1* von 35 l Inhalt und das Steigrohr *R* sind luftgekühlt und versehen den Dienst des Deflegmators. Der Tonkühler *K* wird gekühlt durch Sole, ebenso die Vorlagen *2* und *3* von je 35 l Inhalt und das tönerne Vakuumreservoir *III* von 200 l. — Von letzterem aus führt eine längere Leitung zu der doppelstufigen Vakuumpumpe — mit Dampf betriebene Schieberpumpe —, welche in einem abgetrennten Raum steht und ausschließlich

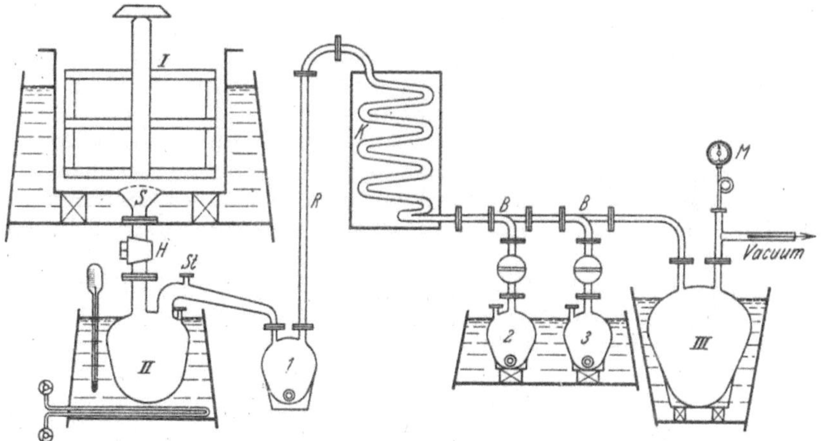

Abb. 14. Wasserstoffsuperoxydanlage.

mit der Wasserstoffsuperoxydapparatur in Verbindung steht, so daß Schwankungen im Vakuum ausgeschlossen sind. Sie muß außerdem groß bemessen sein, so daß sie befähigt ist, das erforderliche hohe Vakuum in ruhigem langsamen Gang zu erzielen und dauernd zu halten. Die Verwendung einer an einen elektrischen Motor angeschlossenen Pumpe ist ausgeschlossen.

Die Verbindungsstellen der Destillieranlage sind ohne Ausnahme auf- oder eingeschliffen; die Verwendung irgendeines Dichtungsmaterials zwischen den Flanschen ist ausgeschlossen. Dagegen kann man eine vollständige Abdichtung des Systems auf folgende Weise erzielen: Man evakuiert das ganze System und legt dann rund um die Verbindungsstellen der Flanschen von außen je eine feine Asbestschnur. An Stellen, wo der Schliff nicht völlig dicht hält, wird die Schnur angesaugt und dichtet ab, ohne daß das Wasserstoffsuperoxyd mit ihr in Berührung gelangt.

Diejenigen Teile der Apparatur, welche nicht von außen eingeschlossen sind, also die Oberteile von *II*, *III* und von *2* und *3* sowie das ganze Gefäß *1* und das Steigrohr *R*, die Rohre *B* für das Kondensat usw. sind zum Schutze der Bedienungsmannschaft gegen Explosionsgefahr durch Drahtnetz eingehüllt.

In *I* bringt man 515 kg eines Tags zuvor bereiteten und über Nacht abgekühlten Gemisches von 400 l destilliertem Wasser und 115 kg blei- und arsenfreier Schwefelsäure 66° Bé. Man kühlt auf 7° ab und streut dann mit einem Schüttelapparat langsam 100 kg Natriumsuperoxyd von 80—100 %. ein. Die Temperatur soll dabei nie über 10° steigen und die Reaktion der Lösung bis zum Schlusse kongosauer bleiben. Zu dem entstandenen Gemisch von 12—15 % Wasserstoffsuperoxyd und Glaubersalz fügt man 45 kg entwässertes Glaubersalz, welches von den vorhergehenden Operationen stammt und in einem emaillierten Doppelwänder oder auch in einer emaillierten Marmite auf freiem Feuer entwässert wurde. Dieses entwässerte Glaubersalz besorgt durch Wasserentzug eine erhebliche Konzentration der H_2O_2-Lösung. Man rührt 1 Stunde und läßt dann die Wasserstoffsuperoxydlösung in die Destillationsblase *II* abfließen, wo sie im Vakuum von 5—8 mm Druck bei höchstens 35° destilliert wird.

In *1* sammelt sich etwas verdünnte Wasserstoffsuperoxydlösung, welche man zum Teil zum Einstellen des konzentrierten Destillats aus *2* und *3* verwendet. Den Rest davon nimmt man bei der nächsten Operation nach. — Die Apparatur leistet in 10 Arbeitsstunden 2 Operationen.

Ausbeute: 90—120 kg Wasserstoffsuperoxyd 30 % = 100 % Vol. Sie ist abhängig vom Prozentgehalt des Natriumsuperoxyds und von der Dichte der Vakuumdestillationsanlage.

Zinnoxyd.

Stannioxyd. SnO_2. Es bildet ein weißes, amorphes, nicht schmelzbares Pulver, welches sich weder in Säuren noch in Alkalien löst. — Aus diesen Gründen findet es Verwendung bei der Herstellung von emaillierten Waren, Weißglasuren, Tonkachelglasuren usw. Auch in der Fabrikation der Zifferblätter für Uhren, von Pinkcouleurfarben, zum Polieren von Glas, Marmor, Stahl, und als Nagelpolierpulver wird es gebraucht.

Die Oxydation des Zinns zu Stannioxyd findet in besonders konstruierten Öfen auf Schamotteschalen statt. Die Abb. 15 zeigt das Schema eines Oxydofens, und zwar die Fig. 1 die Ansicht, Fig. 2 einen Horizontalschnitt in der Höhe der Schamotteschalen, Fig. 3 einen solchen in der Höhe der Roststäbe und Fig. 4 einen Längsschnitt. Das Wesentliche der Apparatur erläutert am besten die Fig. 4.

Aus dem Rost werden Gasflammkohlen verbrannt, bis das Mauerwerk des Ofens auf möglichst hohe Temperatur erhitzt ist. Dies dauert 3—4 Stunden. Während dieses Teiles der Operation streichen die Feuergase bei offenem Schieber Nr. 1 und geschlossenem Schieber Nr. 2 über die Feuerbrücke *c* (Fig. 4) durch den Schacht *d* (Fig. 3 und 4) und den gemeinsamen Kanal *e* (Fig. 3) in den Schornstein.

Das Zinn wird in Stücken durch Öffnung *a* (Fig. 1 und 2) auf die Schamotteschale *b* gebracht, wo es schmilzt. Wenn das Mauerwerk auf die erforderliche Temperatur erhitzt ist und die Kohlen zu Schlacke verbrannt sind, schließt man den Schieber Nr. 1 und öffnet den Schieber Nr. 2, so daß die heiße Luft nun über das Zinn hinweg durch den Schacht f (Fig. 3 und 4) nach dem Kamin streicht. Der Arbeiter hat inzwischen das geschmolzene Zinn aus b in g gezogen, worin nun die Oxydation des Metalls durch die durchstreichende heiße Luft stattfindet. Dieselbe dauert ungefähr 2 Stunden. Während derselben darf natürlich keine neue Kohle mehr auf den Rost gebracht werden. Das Zinnoxyd wird durch die Öffnung h (Fig. 1 und 2) in einen Eisenkasten gezogen. — Das nicht oxydierte Zinn wird wieder auf die Schale b geschoben und durch neues Zinn wieder auf das ursprüngliche Gewicht ergänzt, der Rost von Schlacken befreit und das Mauerwerk des Ofens von neuem erhitzt.

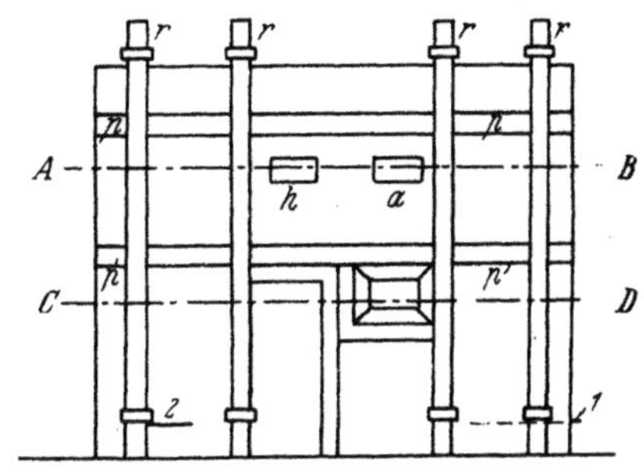

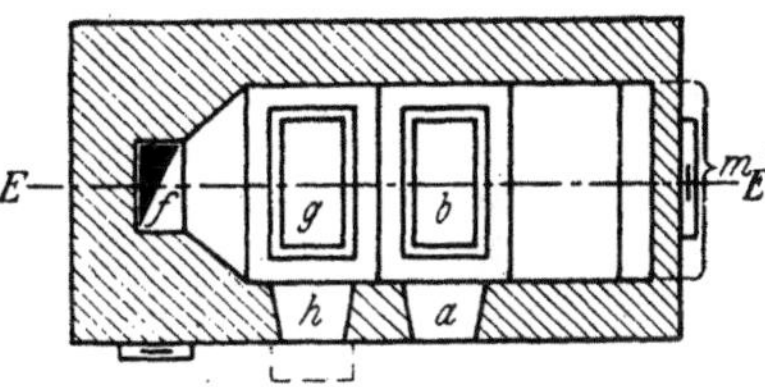

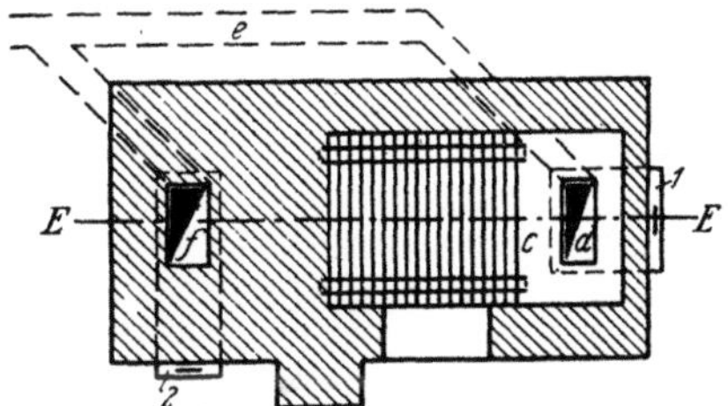

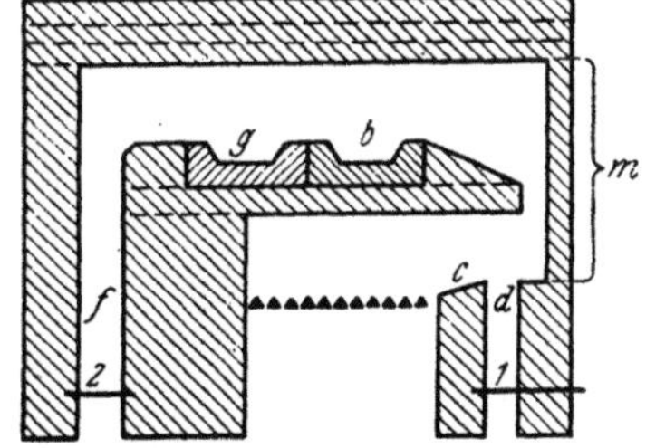

Abb. 16. Zinnoxyd-Ofen.

Diejenigen Teile des Ofens, welche mit dem direkten Feuer in Berührung kommen, werden aus feuerfesten Steinen mit Schamottemörtel aufgeführt, im übrigen verwendet man gewöhnliche Steine und Lehm als Bindemittel. Als Widerlage gegen die Gewölbe dienen gußeiserne Platten p (Fig. 1), welche durch verankerte Eisenbahnschienen r (Fig. 1) fixiert sind. — Die Schamotteschalen g und b müssen oft erneuert werden. Man ist gezwungen, zu diesem Zwecke jeweils die beiden kleinen Türen h und a zu entfernen sowie ein kleines Stück Mauerwerk zwischen denselben herauszubrechen und nachher wieder zu ersetzen.

Das aus dem Ofen gezogene Zinnoxyd enthält als Verunreinigung Zinnmetall in Form von Körnern und von Pulver. Es wird davon durch Siebung getrennt. Man verwendet zwei konzentrisch um eine horizontale Achse rotierende zylindrische Siebe aus Messinggewebe, das innere von größerer, das äußere von feinerer Maschenweite. Im groben Siebe befinden sich Zinnkugeln, die das Oxyd mahlen. Man gewinnt aus der Siebvorrichtung:

A. Feines Oxyd durch die Maschen des äußeren feinmaschigen Zylindersiebes.

B. Ein grobkörniges Gemenge von Zinnoxyd und Zinn. Es ist dies der Inhalt des äußeren feinmaschigen Siebes nach durchgeführter Siebeoperation.

C. Mehr oder minder große Metallkörner mit wenig Oxyd. Dies ist der Inhalt des grobmaschigen, inneren Siebes nach durchgeführter Siebeoperation.

Die Qualität A ist verkaufsfertiges Oxyd.

Die Qualität B wird geschlämmt, das herausgespülte Oxyd bei hoher Temperatur getrocknet und noch einmal gesiebt. — Die Schlemmrückstände werden mit der Siebung C zusammen dem folgenden Ansatz im Oxydationsofen zugeführt.

Je spezifisch leichter das Zinnoxyd ist, je höher wird es im Handel bewertet, und je heißer das Mauerwerk des Zinnoxydofens während der Oxydation ist, um so leichteres Oxyd gewinnt man.

II. Aliphatische Produkte.

Äther pro Narcosi.

Man bringt Äther, der den Reinheitsansprüchen des D.A.B. VI entspricht, in einen Glaskolben mit Glasrührer oder ein Tongefäß mit Tonrührer oder eine Emailleblase mit emailliertem Rührer, fügt 10 % des Äthers an Wasser hinzu sowie 3 % reines Ätznatron und soviel Permanganat, daß davon immer ein kleiner Überschuß bleibt. Man rührt ununterbrochen während 2 Tagen. Dann trennt man den Äther von der alkalischen wässerigen Schicht und dem Braunstein, schüttelt mit reinem entwässerten Chlorcalcium durch und destilliert. Auf den Destillationskolben setzt man ein Chlorcalciumtürmchen, welches die Dämpfe des Äthers zuerst durchstreichen müssen, bevor sie in den absteigenden Kühler gelangen. So gereinigter Äther ist unbegrenzt haltbar.

Amylacetat.

$CH_3COOC_5H_{11}$. Mol.-Gew. 130. Spez. Gew. 0,875.
S.P. 138⁰. Es bildet eine farblose, leicht bewegliche, neutrale, entzündliche, stark nach Birnen riechende Flüssigkeit, welche sich wenig in Wasser löst. Mit Alkohol, Äther und Essigäther ist sie mischbar.

Die Hauptmengen dieses Produktes werden in der Lackfabrikation verwendet, und zwar in der Form von technischem Amylacetat. Unter technischem Amylacetat versteht man die Produkte der Acetylierung von Fuselöl, die in der Hauptsache aus Amylacetat bestehen, aber auch die Acetate anderer Alkohole, wie Buthyl- und Propylalkohol, enthalten. Zur Darstellung verwendet man ein Fuselöl, das möglichst frei von Methyl- und Äthylalkohol ist. Man acetyliert mit Eisessig unter Zuhilfenahme von Schwefelsäure als wasserentziehendes Mittel.

In eine verbleite Destillationsblase mit Doppelmantel, Rührwerk, Mannloch, einem Stutzen für den Zufluß des Fuselöls und einem Thermometerstutzen bringt man 240 kg Eisessig und 50 kg Schwefelsäuremonohydrat. Dann läßt man unter Rühren langsam 400 kg Fuselöl einlaufen. Die Temperatur steigt rasch auf 80⁰; durch Dampfzufuhr im Doppelmantel steigert man dieselbe auf 140⁰. Die Blase ist mit einem absteigenden Kühler verbunden, welcher das Destillat in einen offenen Absetzzylinder leitet. Die Destillation setzt bei 140⁰ ein, und man destilliert mit indirektem Dampf, bis fast nichts mehr übergeht. Die letzten Anteile des Amylacetats treibt man mit direktem Dampf über. In 1—2 Stunden ist die Operation beendigt. — In der Blase verbleibt eine schmierige Masse, bestehend aus Teer und Schwefelsäure. Dieselbe wird verworfen.

An Stelle der verbleiten Blase kann man auch eine solche aus Kupfer verwenden. Dieselbe leidet zwar anfänglich etwas. Sehr bald aber ist sie mit teerigen und harzigen Körpern so verschmiert, daß weitere Schädigungen nicht mehr eintreten, denn der entstandene Überzug schützt sie vor weiteren Korrosionen.

Im Sammelzylinder für das Destillat, welcher aus Ton oder verbleitem Holz bestehen kann, bilden sich 2 Schichten. Oben ist das Amylacetat, unten verdünnte Essigsäure. Man neutralisiert die letztere unter Rühren mit Soda und zieht nach 12 Stunden der Ruhe die Natriumacetatlösung ab. Dieselbe enthält noch nicht unbeträchtliche Mengen Amylacetat, so daß es sich lohnt, sie in einer Blase einzuengen. Mit den ersten Mengen des Destillats geht das Amylacetat über und kann von dem wässerigen Teil desselben getrennt werden.

Das Natriumacetat ist im Handel

1. als Lösung von 21—23° Bé;

2. als krystallisierte Ware, $CH_3COONa + H_2O$, gewonnen durch Eindampfen der Lösung zur Krystallisation;

3. als wasserfreies Natriumacetat, gewonnen durch vorsichtiges Schmelzen des krystallisierten Acetats.

Das gewonnene Amylacetat ist feucht. In der Regel erzielt man aus dem genannten Ansatz 500—530 kg feuchtes Acetat, welches ungefähr 440 kg trockener Ware entspricht. Man trocknet zunächst durch frischgeglühte Pottasche und destilliert dann noch einmal. Es hat sich als praktisch erwiesen, das Destillat getrennt in Ballons aufzufangen. Beim Destillieren von 500 kg-Ansätzen enthalten die beiden ersten Ballons meistens noch feuchtes Acetat, da es nicht möglich ist, Amylacetat durch Pottasche vollständig zu entwässern. Die folgenden 8 Ballons sind meistens wasserfrei, jedoch ist Ballon für Ballon auf Feuchtigkeit zu prüfen, da vollständige Wasserfreiheit ein erstes Erfordernis eines brauchbaren Produktes ist. Wie bereits angegeben, dient technisches Amylacetat vor allem zur Lackfabrikation. Auch Spuren von Wasser verursachen beim Lackieren Streifen und die sog. Regenbogenfarben. Man kann bei der Redestillation zur Beförderung der Entwässerung trockene, frisch geglühte Soda zusetzen. Die Gefahr der Verseifung in fühlbarem Maßstabe besteht nicht, weil das dafür notwendige Wasser fehlt.

Ausbeute: 440—450 kg technisches wasserfreies Amylacetat. — Diese Ware wird von gewissenlosen Händlern mit Essigäther verfälscht. Solche Zusätze können durch fraktionierte Destillation festgestellt werden.

Das reine Amylacetat, wie es vor allem in der Parfümindustrie gebraucht wird, stellt man dem technischen analog her. Nur geht man bei dessen Fabrikation von Amylalkohol aus, den man durch fraktionierte Destillation in einer Raschigkolonne aus dem Fuselöl gewonnen hat.

Amylformiat. Der Arbeitsgang ist derselbe wie bei der Herstellung des Acetats. Man verwendet auf 100 kg Fuselöl 50 kg Ameisensäure 90 % und 40 kg Schwefelsäuremonohydrat.

Argentum proteinicum, Argentum colloidale und andere organische Silberverbindungen.

Argentum proteinicum. Definition. Im Jahre 1897 ließen sich die Farbenfabriken Bayer in Elberfeld durch ein Hauptpatent und mehrere Nebenpatente verschiedene Verfahren zur Darstellung von leichtlöslichen Silberverbindungen der Proteinstoffe schützen, sowie den Namen ihres damit gewonnenen Produktes, des Protargols. Nicht oft hat wohl ein synthetisches pharmazeutisches Produkt so rasch in allen zivilisierten Staaten Eingang gefunden wie dieses, und unter dem Namen Argentum proteinicum wurde es in der Mehrzahl der Pharmakopöen aufgenommen. Chemische Fabriken fast sämtlicher Industrieländer produzieren Argentum proteinicum, jedoch in verschiedenen Qualitäten, worunter sich vielfach ganz bedenkliche befinden.

Letzteres hat seinen Grund einmal darin, daß bis heute keine einzige Pharmakopöe eine richtige und genaue Definition von Argentum proteinicum angibt. — „Silbereiweißverbindung", „Albumosesilber" usw. sind allzu unbestimmte und dehnbare Erklärungen und gehören eigentlich in keinen pharmazeutischen Kodex. Nur so ist es erklärlich, daß zur Darstellung des Argentum proteinicum alle möglichen Ausgangsprodukte — Pepton, Eieralbumin, Blutalbumin, Dextrose, Gelatose — und noch andere verwendet werden. Von allen Pharmakopöen, welche Argentum proteinicum aufgenommen haben, schreibt ferner keine genügend rigorose Reaktionen zu seiner Kontrolle vor. Am zweckdienlichsten ist noch das D.A.B. VI. Doch fehlt darin eine Bestimmung des Glührückstandes (aufgenommen in der Pharm. Jap.) sowie eine Prüfung mit Phenolphthaleinlösung auf zu große Alkalinität (aufgenommen in der Pharm. Helv. IV).

Fast alle anderen Pharmakopöen geben Reaktionen- und Analysenbeschreibungen dieses Produktes, welche als ungenügend zu bewerten sind und keinen Schutz gegen den Vertrieb minderwertigen, ja geradezu gesundheitsschädlichen Argentum proteinicums bieten.

Die Definition der chemischen Zusammensetzung dieses Produktes sollte lauten: Mischung von Silbernatriumanhydroprotalbinat mit Lysalbinsäure.

Von den Reaktionen und analytischen Bestimmungen, welche jede Pharmakopöe über dieses Produkt enthalten sollte, wird weiter unten gesprochen werden.

Laboratoriumsversuch. Wie aus der Definition von Argentum proteinicum hervorgeht, sind seine organischen Bestandteile die Protalbinsäure bzw. die Anhydroprotalbinsäure und die Lysalbinsäure, welche man sich selbst herstellen muß, weil dies keine Handelsprodukte sind. Ihre Ausgangsprodukte sind das Eieralbumin sowie auch das bedeutend billigere Milchcasein. Von der Verwendung des Blutalbumins ist abzuraten, denn die Reindarstellung von Lysalbin- und Protalbinsäure aus diesem Produkt ist beinahe unmöglich.

Als Apparat dient ein Porzellanbecher A von 1 l Inhalt, wie dieselben in den Probefärbereien verwendet werden. Derselbe wird durch ein

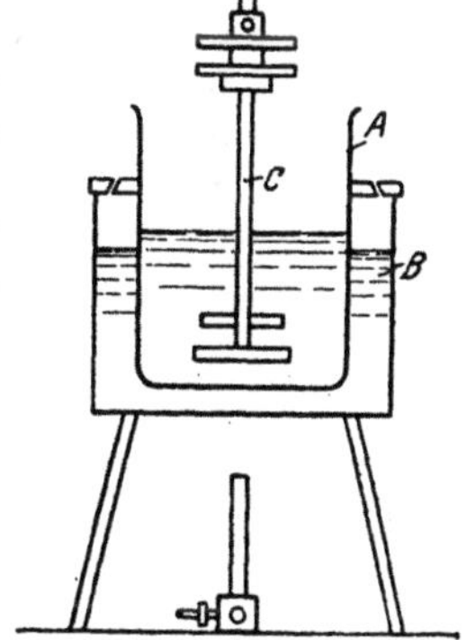

Abb. 16. Laboratoriumsapparat zum Verkochen von Eialbumin oder Cascin.

Heißwasserbad B (kein Dampfbad), worin er versenkt ist, erwärmt. Das Rühren besorgt ein Glasrührer C mit ungefähr 50 Touren in der Minute (s. Abb. 16).

In den Porzellanbecher bringt man 500 cm³ destilliertes Wasser und 100 g Natronlauge vom spez. Gew. 1,30, hergestellt aus chlorfreiem Natrium hydricum und destilliertem Wasser. Man wärmt unter Rühren auf 85—90°, bei welcher Temperatur man mit einem Hornlöffel unter fortgesetztem Rühren im Zeitraum einer Viertelstunde 200 g Milchcasein einträgt. Man verwendet mit Vorteil französisches Casein, welches nur granuliert, nicht gepulvert ist. Pulverförmiges Casein bildet beim Eintragen leicht Klumpen, welche sich langsam lösen. Es spielt keine Rolle, ob das Casein wasser- oder nur alkalilöslich ist.

Das Casein löst sich in der Alkalilauge zu einer anfänglich schleimigen Lösung. Dieselbe wird unter Rühren 2—2¹/₂ Stunden weiter auf 90° gehalten, unter jeweiligem Ersatz des verdunstenden Wassers. Die wässerige Alkalilauge spaltet das Casein zu ungefähr gleichen Teilen in Lysalbin- und Protalbinsäure. Der Fortgang der Reaktion ist daran erkenntlich, daß der anfänglich gelbe, zähflüssige Schaum auf der Lösung nach und nach immer heller und wässeriger wird.

Nach 2¹/₂ Stunden ist die Umwandlung vollendet. Man entfernt die Heizquelle, hebt nach einiger Zeit den Porzellanbecher aus dem Heißwasserbad, verdünnt seinen Inhalt mit destilliertem Wasser auf 900 cm³ und läßt über Nacht in bedecktem Zustande auf max. 15° abkühlen. Es haben sich eine Menge Unreinigkeiten in fein verteiltem Zustande abgeschieden, welche nun durch ein Faltenfilter von der klaren gelben Lösung getrennt werden. Ein Absaugen der Lösung ist nicht möglich, weil dadurch die schleimförmigen Verunreinigungen mit derselben durch das Filter gesogen würden. Zur vollständigen Trennung von Lösung und Rückstand läßt man das Faltenfilter über Nacht abtropfen und verwirft am anderen Morgen den wertlosen Rückstand.

Es folgt die Trennung der Protalbin- von der Lysalbinsäure, und zwar indem man die gelbe alkalische Lösung der beiden in einem 2-l-Stutzen unter Rühren mit einem Glasstab so lange langsam mit chlorfreier Salpetersäure vom spez. Gew. 1,10 versetzt, als sich noch Protalbinsäure ausscheidet. Der Endpunkt der Ausscheidung ist gut zu erkennen, denn die sich anfänglich flockig ausscheidende Protalbinsäure ballt sich schnell zu einem gelben, perlmutterglänzenden Teig zusammen, und die Lösung bleibt auf weiteren Säurezusatz klar, sobald alle Protalbinsäure ausgeschieden ist. Durch Abgießen kann man die klare Lösung der salpetersauren Lysalbinsäure bequem vom Protalbinsäureteig trennen; die letzten Flüssigkeitsreste entfernt man möglichst durch Auskneten des Teiges mit einem Hornspatel.

Aus dem Beschriebenen ersieht man, daß Lysalbinsäure sowohl mit Alkalien als mit Säuren wasserlösliche Salze bildet. Auch die freie Lysalbinsäure ist sehr gut wasserlöslich. Protalbinsäure bildet dagegen nur mit Alkalien wasserlösliche Salze, aus deren Lösung sie durch Säuren abgeschieden wird. Indessen löst sich reine Protalbinsäure in einem großen Überschuß an Wasser, namentlich in der Wärme.

In der von dem Protalbinsäureteig abgegossenen Lösung befinden sich außer der salpetersauren Lysalbinsäure als Verunreinigungen Natriumnitrat, etwas Schwefelwasserstoff und eine Reihe weiterer

Substanzen, deren Entfernung durch Dialyse bewirkt wird. Man neutralisiert die Lösung mit reiner Ammoniaklösung auf Lackmus und engt bei einer 60⁰ nicht übersteigenden Temperatur auf 250—300 cm^3 ein, sei es im Vakuum in einem Apparat, wie er S. 359, Abb. 82 beschrieben ist, oder in einem offenen Laboratoriumsverdampfapparat, wie ihn Abb. 83, S. 360 darstellt.

Die Dialyse der eingeengten Lösurg nimmt man im Apparate Abb. 17 vor.

A ist ein Sack aus Dialysenpapier, den man sich aus fehlerfreiem, dickem Pergamentpapier herstellt. Das runde oder viereckige Stück Pergamentpapier wird, bevor man daraus den Sack formt, 1—2 Stunden in destilliertes Wasser eingelegt, um es geschmeidig zu machen. Den Sack füllt man zuerst mit destilliertem Wasser, bindet ihn oben mit einem kräftigen Bindfaden S zu und spannt ihn in die Klammer K des Stativs St, vorläufig ohne ihn mit Wasser zu umgeben. Man wird bald sehen, ob das Pergamentpapier dicht ist. Wenn dieses konstatiert ist, ersetzt man das destillierte Wasser in dem Sack durch die Lösung von Lysalbinsäure + Unreinigkeiten. Der Sack soll einen Inhalt von ungefähr 1,5 l haben, weil unsere 250—300-cm^3-Lösung durch den Osmosevorgang auf das $2^1/_2$—3 fache des ursprünglichen Volumens anschwellen wird. Er wird nun in den Glasstutzen oder kleinen Tontopf B eingehängt und letzterer mit destilliertem Wasser auf dasselbe Ni-

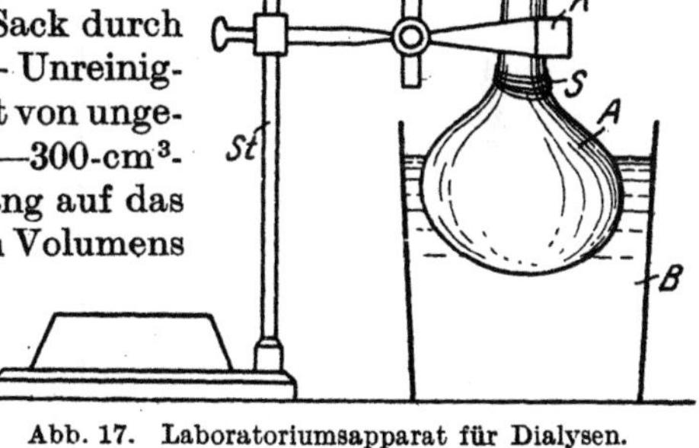

Abb. 17. Laboratoriumsapparat für Dialysen.

veau gefüllt wie die Lösung im Sack. Man verwende unbedingt destilliertes Wasser, denn aus gewöhnlichem Wasser würde sich dessen Salzgehalt auf der Außenseite des Pergamentpapiers bald die Kruste ansetzen und nicht nur den Osmosevorgang verlangsamen, sondern auch das Pergamentpapier vor der Zeit brüchig machen.

Es existieren wenige Firmen, welche ein zur Dialyse geeignetes Pergamentpapier als Spezialität fabrizieren. Ein sehr gutes Dialysenpapier liefern die Prager Papierfabriken A.-G. in Prag. In Frankreich dialysiert man oft durch Schaf- oder Ziegenfelle. Dieselben sind wohl dauerhafter als Pergamentpapier, aber auch viel teurer.

Das destillierte Wasser in B wird täglich morgens und abends gewechselt. Nach 4—5 Tagen sind alle anorganischen Salze und übrigen Verunreinigungen aus der Lösung entfernt, wovon man sich auf nachfolgend beschriebene Weise überzeugt.

Man tariert auf der Analysenwaage einen Porzellantiegel von 20 cm^3 Inhalt, bringt mit einer Pipette etwa 12 cm^3 Lösung in denselben, wägt und dunstet auf dem Dampfbad ein. Hierauf stellt man den Tiegel in den Trockenschrank und trocknet dort 1 Stunde bei 110⁰ nach. Man wägt nach dem Erkalten im Exsiccator und berechnet den Prozentsatz der Lösung an Gesamtrückstand. Der Tiegel wird dann auf dem Dreieck erhitzt; zuerst mit kleiner Flamme, weil die Lysalbinsäure wie jeder Proteinkörper beim Verbrennen sich stark aufbläht. Zum Schluß glüht man mit einem Teklubrenner, bis die Asche im Tiegel rein weiß ist, worauf man wieder im Exsiccator erkalten läßt und wägt. Man erhält dadurch das Gewicht des Glührückstandes, welcher weniger als 1% vom Gewicht des Gesamtrückstandes der Lösung oder vielmehr der darin enthaltenen Lysalbinsäure betragen soll. Dieses Resultat wird nach 5 Tagen Dialyse fast immer erreicht. Es ist zu bemerken, daß mit den Verunreinigungen auch Lysalbinsäure die Membran passiert, so daß durch den Osmosevorgang 30—40% der Lysalbinsäure verloren gehen.

Das Pergamentpapier wird, namentlich im Betrieb, allmählich schwächer durchlässig und spröde und muß dann durch neues ersetzt werden. Immerhin kann gutes Papier mehrere Wochen ununterbrochen im Betriebe bleiben.

Sobald die Lysalbinsäurelösung den beschriebenen Bedingungen entspricht, wird sie aus dem Pergamentpapier durch ein Faltenfilter in eine Flasche (*A*) mit eingeschliffenem Glasstöpsel filtriert und bis zu ihrer ferneren Verwendung im Eisschrank aufbewahrt. Lysalbinsäurelösungen schimmeln leicht und sind darum möglichst kühl und luftabgeschlossen aufzubewahren. Aus demselben Grunde soll auch die Dialyse an einem möglichst kühlen Orte vorgenommen werden.

Der ausgeschiedene Teig der Protalbinsäure (s. S. 64) wird dreimal mit Hilfe eines Hornspatels mit je seinem eigenen Gewicht an destilliertem Wasser gründlich durchgeknetet und das Wasser jeweils wieder von dem Teig abgegossen. Die auf diese Weise vorbereitete Protalbinsäure ist nun rein genug zur Umwandlung in das Silbernatriumsalz der Anhydroprotalbinsäure. Wir bereiten zu diesem Ende zuerst eine wässerige Lösung des Natriumprotalbinats, indem wir den Teig in den Porzellanbecher *A* des Apparates Abb. 16 bringen, dort mit 700 g destilliertem Wasser versetzen, dann den Inhalt auf 85—90° anwärmen und rühren, bis der Teig in dem Wasser flockig verteilt ist. Nun versetzen wir dieses Gemisch langsam und vorsichtig in Portionen von anfänglich 2, später nur noch 1 cm^3 einer 15proz. Lösung von chlorfreiem Natriumhydroxyd in destilliertem Wasser. Man überwacht die Reaktion beständig mit Phenolphthaleinpapier, denn nach jedem neuen Zusatz von Natronlauge wird die Lösung vorübergehend alkalisch reagieren, welche Reaktion aber bald wieder verschwinden wird, worauf man von neuem etwas Natronlauge zusetzt. Sobald nach einem neuen Zusatz die Reaktion auf Phenolphthalein nicht mehr verschwindet, wird mit dem Zusetzen von Lauge abgebrochen. Wir haben dann eine schön gelbe, klare Lösung, welche man abkühlen läßt.

Bevor man mit derselben weiter arbeiten kann, muß sie genau eingestellt werden, sowohl auf Alkalinität als auf Gehalt an Protalbinsäure. Das erstere geschieht, indem man 1 cm^3 davon in einem Reagensglas mit 10 cm^3 destilliertem Wasser verdünnt und die Mischung mit einem Tropfen Phenolphthaleinlösung versetzt. Es soll nur eine Schwachrosa-Färbung eintreten. Sie wird meistens recht stark rot sein, und man hat nun die Lösung im Porzellanbecher so lange mit verdünnter Salpetersäure einzustellen, bis eine zehnfache Verdünnung derselben im Reagensglase mit Phenolphthaleinlösung die beschriebene Rosafärbung ergibt. Derart, d. h. mit Phenolphthaleinlösung, sind alle Lösungen von Lysalbinsäure, Protalbinsäure sowie von organischen Silbersalzen auf Alkalinität zu prüfen, denn eine Prüfung mit Phenolphthaleinpapier ist wenig empfindlich und genügt für unsere Zwecke nicht.

Die Prüfung auf den Protalbinsäuregehalt erfolgt analog derjenigen auf Lysalbinsäuregehalt (s. S. 65), und die Lösung im Porzellanbecher wird dann mit destilliertem Wasser auf 10% Protalbinsäure eingestellt.

Diese Lösung dient nun zur Darstellung der Silbernatriumverbindung von Anhydroprotalbinsäure. Als Apparat verwenden wir wieder den in Abb. 16 wiedergegebenen. In den Porzellanbecher bringen wir 500 g unserer 10proz. Protalbinsäurelösung und versetzen sie kalt unter Rühren zuerst mit 27 g einer 30proz. Lösung von chlorfreiem Natrium hydricum, dann mit einer solchen von 25 g Silbernitrat in 50 cm³ destilliertem Wasser. Es entsteht eine gelatinöse Ausfällung von Silberprotalbinat. Nun erwärmt man unter fortgesetztem Rühren auf 75—80°, bei welcher Temperatur fast plötzlich die klare Auflösung des Niederschlages erfolgt. Eine Probe der Flüssigkeit im Reagensglas mit Wasser verdünnt ist dann klar und zeigt eine schöne dunkelrubinrote Farbe. Diese Farbe der Lösung erhält man nur, wenn man die oben angegebenen Mengenverhältnisse genau innehält. Würde man beispielsweise einen Überschuß an Natronlauge verwenden, so erhielte man die Lösung unschön schwarzgrün gefärbt.

Die Erklärung des Mechanismus dieses Vorganges wird unter Argentum colloidale (s. S. 77 f.) ausführlich besprochen werden, und zwar deshalb erst dort, weil bei der Darstellung jenes Produktes Begleiterscheinungen auftreten, welche die Entstehung des Silber-Natrium-Anhydroprotalbinates gut erklären. Soviel sei jetzt schon erwähnt, daß die Reaktion auf eine Hydrolyse der Protalbinsäure zu Anhydroprotalbinsäure zurückzuführen ist, wobei die aufgespaltene Anhydroprotalbinsäure oder vielmehr das anhydroprotalbinsaure Natrium im Status nascendi das Silberoxyd angliedert. Auf eine hydrolytische Spaltung deutet schon die Tatsache, daß die Reaktion in sehr konzentrierten Lösungen nur unvollständig vor sich geht.

Es wurde bereits mehrfach die Verwendung von chlorfreiem Natrium hydricum erwähnt. Bei allen Synthesen von organischen Silberverbindungen ist nur dieses Produkt zu verwenden. Chlor, sei es als NaCl oder in anderer Form, würde bei der Umsetzung mit Silber ein lösliches Doppelsalz — Silberchlorid-Silber-Natrium-Anhydroprotalbinat — bilden, aus welchem das Silberchlorid nicht mehr isoliert werden könnte, jedoch bei den Bestimmungen des Silbers im fertigen Produkt nicht titriert würde. Im übrigen ist zu erwähnen, daß auch alle anderen zur Herstellung von organischen Silberverbindungen dienenden Substanzen, wie Casein, Eialbumin, Salpetersäure, aus demselben Grunde chlorfrei sein sollen.

Die Silbernatriumanhydroprotalbinatlösung wird nun zur Entfernung des Natriumnitrats und des überschüssigen NaOH 4—5 Tage im Apparat Abb. 17 dialysiert, wie dies schon für Lysalbinsäure (S. 65) beschrieben wurde. Nachher wird eine Probe der dialysierten Lösung getrocknet. Wo kein Betrieb zur Fabrikation organischer Silbersalze existiert, trocknet man am besten bei Zimmertemperatur auf einer Glas- oder Porzellanplatte oder auf einem Porzellanteller eine Probe der Lösung von etwa 30 cm³. War die Dialyse beendet, dann erhält man nach 1—2 Tagen große, schwarze, glänzende Lamellen, welche sich glatt von der Unterlage trennen und um so größer sind, je reiner das Produkt ist. Dagegen würde nach unvollkommener Dialyse beim Trocknen eine hygroskopische, klebrige Ausscheidung erfolgen.

Im ersten Falle macht man die Analyse der getrockneten Probe. Man wägt exakt 1 g derselben in einem Porzellantiegel von 20 cm³ Inhalt und calciniert, wie bereits (S. 66) für Lysalbinsäure beschrieben wurde. Nach kräftigem Glühen mit dem Teklubrenner haben wir als Rückstand das weißglänzende Silber neben einer geringen Menge Natriumhydroxyd. Man glüht bis zur Gewichtskonstanz und bestimmt dann den Gesamtrückstand, d. h. den „Glührückstand", durch Wägen. — Hierauf folgt die Silberbestimmung. Man gibt 4 cm³ Salpetersäure vom spez. Gew. 1,10 in den Tiegel und löst das Silber auf dem Heißwasserbad. Wenn die Lösung klar ist, so bildet dies den Beweis, daß man zur Darstellung des Silbernatriumanhydroprotalbinats durchwegs chlorfreie Ausgangsprodukte verwendete; im anderen Falle schwimmen in derselben Flocken von Silberchlorid. Die angegebene Menge Salpetersäure wird zur Neutralisation des NaOH und zum Lösen des Silbers genügen. Überschüsse an Salpetersäure sind tunlichst zu vermeiden, weil sie die . Genauigkeit der nachträglichen Titration des Silbers beeinträchtigen. Wer bei derselben einen schönen, exakten Farbenumschlag wünscht, tut gut, im Porzellantiegel zweimal die überschüssige Salpetersäure abzurauchen, bevor er zur Titration schreitet. Man spült dann den Tiegelinhalt mit ungefähr 50 cm³ destilliertem Wasser durch einen Trichter in einen „Erlenmeyer" von 100 cm³ und titriert darin mit $^1/_{10}$ n Rhodanammoniumlösung. Als Indicator dienen 2—3 Tropfen Ferriammoniumsulfatlösung. Der Umschlag ist sehr deutlich, wenn die Silberlösung nur schwach oder gar nicht salpetersäurehaltig ist. Unser Produkt wird ca. 30 % Silber enthalten und demgemäß ca. 28 cm³ Lösung verbrauchen (1 cm³ $^1/_{10}$ n Rhodanammoniumlösung = 0,010788 g Silber). — Sollte es durch Unachtsamkeit vorkommen, daß der Endpunkt der Titration überschritten wird, so gibt man 1 cm³ $^1/_{10}$ n Silbernitratlösung in den Erlenmeyer und titriert erneut mit der Rhodanammoniumlösung auf Rot. Man vermeidet so eine Wiederholung der ganzen Analyse.

Der errechnete Silbergehalt des Produktes wird nun vom Gesamtrückstand subtrahiert, wodurch man den Gehalt des Rückstandes an NaOH erhält. Derselbe betrage nicht mehr als $3^1/_2$ % des Silbernatriumanhydroprotalbinates. Unter diese Zahl können wir mit allen Schikanen, wie langandauernde Dialyse oder Ausfällen des Produktes aus Alkohol, nicht gelangen, so daß sicher steht, daß wir nicht ein reines Silberanhydroprotalbinat, sondern eine Silbernatriumverbindung vor uns haben, worin neben ungefähr 30% Silber etwas mehr als 2% Natrium an die Anhydroprotalbinsäure fixiert sind.

Die dialysierte Lösung des Silbernatriumanhydroprotalbinates ist nun noch auf freies Alkali zu prüfen. $^1/_2$ cm^3 derselben wird im Reagensglas mit destilliertem Wasser so weit verdünnt, bis sie hellgelb ist, wozu 15—20 cm^3 Wasser notwendig sind. Die verdünnte, helle Lösung versetzt man mit 2—3 Tropfen Phenolphthaleinlösung, wodurch keine Rotfärbung auftreten soll. Bei Rotfärbung ist weiter zu dialysieren.

Wir haben nun also einerseits im Dialysierapparat eine beispielsweise 12proz. Lösung von Silbernatriumanhydroprotalbinat, welches beispielsweise 30,5% Silber enthält; und in der Flasche A (s. S. 66) eine Lösung von beispielsweise 9% Lysalbinsäure, welche mit etwas reiner Ammoniaklösung lackmusalkalisch gemacht wird. — Diese beiden Lösungen sind derart zusammenzubringen, daß sich eine Lösung von Argentum proteinicum bildet, welches 8—8,3% Silber enthält.

Zuerst mischen wir 100 T. der Silbernatriumanhydroprotalbinatlösung mit 32 T. destilliertem Wasser und darauf 100 T. der so erhaltenen Lösung mit 285 T. der Lysalbinsäurelösung. — Die Mischung ist klar und von brauner Farbe. Sie wird getrocknet, entweder auf Glasplatten oder — in sehr dünner Schicht — in flachen Porzellan- oder Glasschalen, sei es bei 40—50° in einem Trockenschrank oder bei 20—30° in einem Vakuumtrockenschrank. Der braune Rückstand kann mit einem Stahl- oder Nickelspatel leicht entfernt werden und läßt sich zu einem hellbraunen Pulver zerreiben, dem Argentum proteinicum mit 8% Silber und 9—9,5% Glührückstand.

Als Ausgangspunkt des Verfahrens wählte man Milchcasein. Statt seiner könnte man noch Eialbumin verwenden. Es ist entschieden ein reineres Produkt als Casein, aber es bedingt auch einen mehrfach höheren Preis. Seine Verkochung mit Natronlauge zu lysalbin- und protalbinsaurem Natrium geht ebenso leicht wie diejenige von Casein, die Filtration der abgekühlten Lösung nach dem Verkochen verursacht weniger Verluste, indem die ausgeschieden Unreinigkeiten in sehr geringer Menge vorhanden sind und demgemäß auch wenig wertvolle Substanz auf dem Filter zurückhalten. Die Lysalbinsäurelösung enthält nur wenig Verunreinigungen, welche Schimmelbildung verursachen, was während der Dialyse vorteilhaft ist. — Auch spaltet sich Eialbumin bei der Verkochung mit Natronlauge in einem günstigeren Verhältnis für Darstellung von Argentum proteinicum als Casein, nämlich in ungefähr ein Viertel protalbinsaures und drei Viertel lysalbinsaures Natrium.

Aber das Eialbumin hat auch Nachteile. Es enthält merkliche Mengen NaCl und Schwefel. Aus der Lösung der Lysalbinsäure wird dieser Ballast durch die ohnehin notwendige Dialyse entfernt. Dagegen bedingt dieser Umstand vor der Umwandlung des protalbinsauren Natriums in Silbernatriumanhydroprotalbinat auch eine Dialyse der Lösung des ersteren, was bei Casein kaum notwendig ist. Über den störenden

Einfluß von Chlornatrium wurde bereits S. 67 berichtet. Der Schwefel bildet bei der Verkochung Schwefelnatrium; bei der Trennung von Protalbin- und Lysalbinsäure wird dann Schwefelwasserstoff frei, welcher vor dem Silberzusatz entfernt werden muß, wenn nicht Silbersulfid entstehen soll, welches das Argentum proteinicum sehr dunkel färben würde. Er macht sich schon durch den Geruch kräftig bemerkbar und kann durch halbstündiges Durchlüften der Mischung von Lysalbinsäurelösung und ausgeschiedener Protalbinsäure bei 50—55° entfernt werden.

Wir beantworten einige Fragen, welche ein Leser des Vorstehenden stellen könnte. Er könnte fragen: „Wie man ein Silbernatriumanhydroprotalbinat mit 30 % Silbergehalt darstellen kann, sollte man wohl auch ein Anhydrolysalbinat mit demselben Silbergehalt erhalten können?" — Diese Frage ist mit Nein zu beantworten. Wenn man die S. 67 beschriebene Reaktion mit Lysalbinsäure statt mit Protalbinsäure machen wollte, würde der gallertartige Silberlysalbinatniederschlag wohl über 70° zuerst auch in Lösung gehen, aber die einen Augenblick entstandene ziemlich klare Lösung würde das Silber zu einem guten Teil fast augenblicklich wieder als Silberoxyd unlöslich fallen lassen. Lysalbinsäure bzw. Anhydrolysalbinsäure kann Protalbin- bzw. Anhydroprotalbinsäure nicht ersetzen als Träger von großen Prozentsätzen Silber (oder auch anderer Metalle) in wasserlöslicher Form.

Man könnte ferner fragen: „Warum stellt man zuerst ein Produkt mit hohem Silbergehalt her, um dasselbe dann nachträglich mit Lysalbinsäure auf 8 % Ag einzustellen? Könnte man nicht direkt ein Produkt mit 8 % Silber herstellen, statt diesen Umweg zu wählen?" — Diese Frage kann nicht ohne weiteres mit Nein beantwortet werden. Denn man kann sich allerdings eine wässerige alkalische Lösung von Natriumprotalbinat bereiten, in die man 8 % Silber als frisch gefälltes feuchtes Silberoxyd kalt einträgt, durch ein- bis zweistündiges Digerieren in der Kälte allmählich vollständig in Lösung bringt, die entstandene Lösung zur Entfernung eines allfälligen Alkaliüberschusses dialysiert, dann filtriert und trocknet. Das erhaltene Produkt hat bei einem Silbergehalt von 8 % einen Glührückstand von 11,0, höchstens 11,5 % und wäre in dieser Hinsicht nicht direkt verwerflich. Aber seine 2proz. Lösung (2 cm³) gibt mit Salzsäure (einige Tropfen) eine massenhafte Ausscheidung, welche durch Zusatz weiterer Salzsäure weder in der Kälte noch in der Wärme mehr in Lösung geht; eine Eigenschaft, welche das Deutsche Arzneibuch mit Recht ablehnt. In derselben Art, wie soeben für Protalbinsäure beschrieben wurde, gelangt man auch mit Lysalbinsäure zu einem wasserlöslichen Produkt mit 8 % Silber. Die Lösung dieses Produktes gibt mit einigen Tropfen Salzsäure nur eine schwache Trübung, welche durch vermehrten Salzsäurezusatz und leichtes Erwärmen prompt wieder verschwindet. Wenn aber dasselbe in dieser Hinsicht zufriedenstellend ist, so hat es dagegen den Übelstand eines viel zu hohen Glührückstandes, nämlich im Minimum 14 % bei 8 % Ag. Dieser könnte allerdings erheblich vermindert werden, indem man das Natrium, das das Silber in Lösung hält, durch Lithium ersetzt. Doch ist dies ein allzu gekünstelter Ausweg.

Beide soeben beschriebenen Produkte bilden übrigens schön hellgelbe Pulver, welche sich in Wasser ebenfalls hellfarbig lösen. Sie werden deshalb trotz ihren therapeutischen Mängeln in beträchtlichen Mengen fabriziert, denn viele Käufer, namentlich in romanischen Ländern, verlangen in erster Linie ein hellgelbes Argentum proteinicum und fragen wenig danach, ob dasselbe auch in therapeutischer Hinsicht einwandfrei sei.

Diesem Übelstande sollten die Pharmakopöen abhelfen, indem dieselben das Argentum proteinicum nicht mehr als „gelbes bis braunes Pulver" bezeichnen, sondern kurzerhand als hellbraunes. Originalprotargol „Bayer" war nie anders als hellbraun und liefert ziemlich dunkle, aber absolut klare Lösungen. Dieselbe Farbe besitzt ein Argentum proteinicum, welches der S. 63 angegebenen Definition —

„Mischung von Silbernatriumanhydroprotalbinat mit Lysalbinsäure" — entspricht.

Ein derartiges Produkt könnte auch gelb erhalten werden (durch Bleichen seiner Lösung mit Wasserstoffsuperoxyd vor dem Trocknen derselben). Eine Verbesserung seiner therapeutischen Eigenschaften wird durch diese Prozedur jedenfalls nicht erreicht.

Als Vorschriften, welche in der Mehrzahl der Pharmakopöen fehlen, jedoch unbedingt in allen Aufnahme finden sollten, erwähnen wir ferner folgende:

a) Der Glührückstand betrage weniger als 10% bei einem Silbergehalt von 8% (anschließend an die Bestimmung des Glührückstands würde dann logischerweise diejenige des Silbers folgen).

b) Die Ausscheidung, welche durch tropfenweises Versetzen einer 2proz. Lösung von Argentum proteinicum mit Salzsäure entsteht, soll sich nach Zusatz weiterer 7 cm³ Salzsäure D.A.B. VI entweder schon bei Zimmertemperatur oder beim Erwärmen im siedenden Wasserbade wieder lösen.

c) Eine ½proz. Lösung von Argentum proteinicum soll sich auf Zusatz einiger Tropfen alkoholischer Phenolphthaleinlösung nicht rot und auch nicht rosa färben.

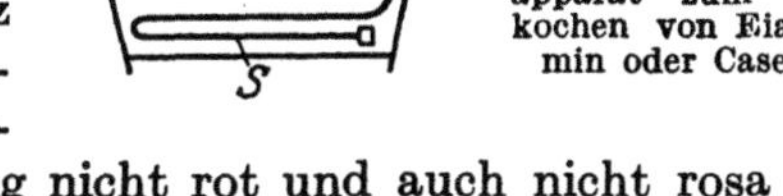

Abb. 18. Betriebsapparat zum Verkochen von Eialbumin oder Casein.

d) Die Lösung des Glührückstands in Salpetersäure sei klar.

Eine wässerige Lösung von Argentum proteinicum erhält man am einfachsten, indem man ein Reagensglas fast vollständig mit Wasser füllt, darauf das Wasser mit Argentum-proteinicum-Pulver überschichtet und nun das Ganze so lange der Ruhe überläßt, bis Lösung eingetreten ist. Dies dauert etwa 10 Minuten.

Es wurde schon im ersten Abschnitt erwähnt, daß neben Eialbumin und Milchcasein, d. h. den daraus gewonnenen Lysalbin- und Protalbinsäuren, die verschiedensten anderen Ausgangsstoffe in der Industrie zur Darstellung von Argentum proteinicum dienen, wie Dextrose, Gelatose u. a.

Die derart gewonnenen Produkte haben alle grobe Qualitätsfehler: viel zu hohen Glührückstand (bis zu 18% bei 8% Silber), starken Gehalt an freiem Ätzkali (der das Pulver manchmal sogar hygroskopisch macht), beträchtlichen Chlorgehalt.

Betriebsverfahren. K und K_1 in Abb. 18 sind Holzbottiche zu je 100 l Inhalt aus Hartholz, entstanden durch Halbieren von amerikanischen Petroleum- oder Ölbarrels und nachheriges mehrmaliges Auskochen derselben mit verdünnter roher Natronlauge. S ist ein Dumpfschatterer aus Eisenrohr in Kreisform längs der Wandung am

Boden von K. Er kann vermittels des Bajonettverschlusses B mit der Dampfleitung verbunden werden und läßt sich nach dem Zuschließen des Dampfventils V jederzeit bequem aus K herausheben. F ist ein Spitzbeutel aus Baumwolle oder Leinen, welcher am Filtergestell G aufgehängt wird. Die Anstöße LL am unteren Teile des Filtergestells dienen zum Aufsetzen desselben auf den Holzbottich, in welchen das Filtrat abfließt.

Man verkocht am Morgen in K unter Verwendung der 100fachen Mengen des Laboratoriumsversuches (eine Ausnahme macht das Kondenswasser, welches zu Beginn nur 40 l — im Laboratorium sind es 500 cm^3 — betragen soll, weil die Wassermenge durch direkt zugeführten Dampf sowieso vermehrt wird). Man hält auch die im Laboratoriumsversuch notierten Zeiten inne. Das Wasser und die Natronlauge werden durch direkten Dampf auf Siedetemperatur gebracht, worauf man mit einer Handschaufel das Casein oder das Eialbumin unter Rühren mit einem harthölzernen Ruder einträgt. Sobald Lösung eingetreten ist, ist kein Rühren mit dem Ruder mehr notwendig; der Dampf aus dem Schnatterer besorgt dies von nun an zur Genüge.

Wenn der anfänglich zähe gelbe Schaum auf der Lösung wasserhell geworden ist, kocht man noch eine halbe Stunde weiter; dann schließt man das Ventil V, öffnet das Bajonett B, hebt den Schnatterer aus der Lösung und füllt die Hälfte der heißen Lösung aus K mit einem Tonkrug in einen zweiten Bottich von demselben Inhalt. Darauf läßt man in den beiden Bottichen bis zum Abend auskühlen und verdünnt dann die Lösung in jedem derselben mit 50 l Kondenswasser.

Am anderen Morgen soll die Lösung auf 15° oder darunter abgekühlt sein, damit alle gallertartigen und anderen in der Kälte unlöslichen Verunreinigungen möglichst ausgeschieden sind. Im Sommer wird deshalb so vorgegangen, daß man am Abend statt 50 l Kondenswasser nur 30 in jeden Bottich nachfüllt und am anderen Morgen noch je 20 kg Eis.

Die Lösung — aus Casein ist sie eher eine dicke, trübe Brühe zu nennen — bringt man mit einem Tonkrug auf einen oder mehrere Spitzbeutel F, welche man vorher — falls sie neu sind — mit Sodalösung ausgekocht hat und welche jedenfalls mit Wasser vollständig durchnäßt worden sind, bevor die zu filtrierende Flüssigkeit hineingeschöpft wird. Die zuerst trübe durchgehenden Anteile fängt man gesondert auf und gibt sie wieder auf die Filter, bis das Filtrat klar abläuft, was nach kurzer Zeit eintreffen wird. Zum vollständigen Abtropfen braucht dann das Filtrat 2—3 Tage.

Die beschriebene Apparatur ist primitiv, aber sie funktioniert anstandslos, liefert ohne Verlust ein einwandfreies Produkt und genügt somit für den Start einer kleinen Fabrikation. Wenn sich nach einiger Zeit herausstellt, daß für die organischen Silberverbindungen laufend Absatz gefunden werden kann, so wird man eine Apparatur von größerem Ausmaß aufstellen.

Die Ausscheidung der Protalbinsäure mit verdünnter Salpetersäure aus der Lösung kann in den Holzbottichen vorgenommen werden, in welche man filtriert hat. Das Einengen der Lösung von roher salpetersaurer Lysalbinsäure erfolgt in flachen Tonschalen auf einem Warmwasserbad mit Abzug.

Die im Betrieb zu dialysierende Lösung soll eine möglichst dünne Flüssigkeitsschicht bilden, höchstens 5 cm, damit die Dialyse — namentlich der Lysalbinsäurelösung — in längstens einer Woche beendet ist, d. h. bevor sie zu schimmeln beginnt. In der heißen Jahreszeit hält man das Schimmeln während des Osmosevorganges durch Zusatz von ganz wenig Formalinlösung zurück. T in Abb. 19 ist ein quadratisches Tongefäß von ungefähr 2 m Seitenlänge und 0,5 m Höhe. Auf dasselbe werden die Dialysierrahmen R von je einer Breite von 35—40 cm aufgesetzt. Das Pergamentpapier kauft man in Rollen von 50—100 m Länge und 1 m Breite. Bei einer Dialysierrahmenlänge von 2 m schneidet

man das Papier in Abschnitte von 3 m Länge, welche man im Reservoir für Kondenswasser einweicht, bevor man die Dialysierrahmen damit garniert. Dies geschieht, indem man einen Abschnitt von Pergamentpapier über einen Rahmen legt, an einer seiner kurzen Seitenlängen zu seiner Verstärkung mehrmals faltet, dann aus dem gefalteten Ende zwei „Ohren" formt, welche man mit starkem Bindfaden an den Vorsprüngen $V V$ gut befestigt. Dann fixiert man die ebenfalls zur Verstärkung des Papiers gefalteten Längsseiten des Abschnitts auf den Längsseiten des Rahmens mit Holzklammern K. Zum Schluß formt man am anderen Rahmenende das

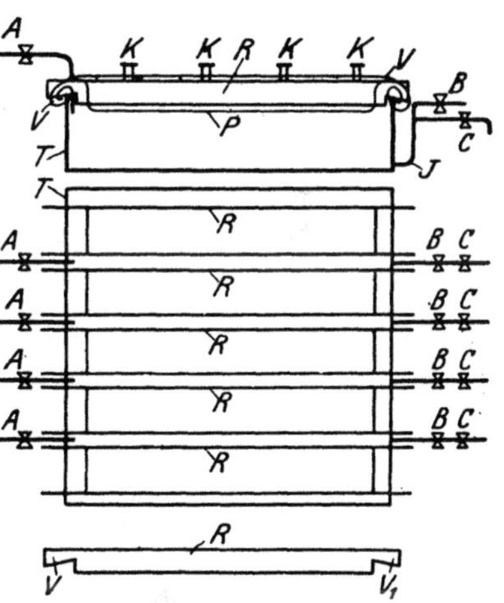

Abb. 19. Dialysiervorrichtung für den Betrieb.

andere Paar „Ohren", welche man an den Vorsprüngen $V_1 V_1$ festbindet. Die zu dialysierende Flüssigkeit auf der so gebildeten Mulde von Pergamentpapier soll überall möglichst genau dieselbe Tiefe haben.

Wenn alle Rahmen mit Papier ausgerüstet sind, gießt man also die Lösung hinein und stellt mit Hilfe der Holzklammern K die Höhe des Papiers auf allen Rahmen so ein, daß die Schicht der Lösung überall ungefähr 3 cm beträgt. Darauf füllt man das Tongefäß T durch die Hähne A mit Kondenswasser, und zwar höchstens auf das Niveau der zu dialysierenden Lösung, eher etwas niedriger. Die Salzlösung, welche sich durch die Osmose unter dem Pergamentpapier bildet, sinkt zu Boden. Man kann diesen Vorgang im Laboratoriumsapparat Abb. 17 sehr gut verfolgen. Man sieht dort, namentlich zu Beginn der Dialyse, die von der zu Boden sinkenden Salzlösung gebildeten Schlieren im Wasser. Deshalb leitet man die Wasserzirkulation im Tongefäß T derart, daß durch die Hähne A beständig Kondenswasser auf die Wasseroberfläche fließt, während die entstandene Salzlösung vom Boden von T durch die Röhren J aufsteigt und durch die Hähne C abgelassen wird. Während der Dialyse nimmt das Volumen der zu dialysierenden Lösung zu, wodurch ihr Niveau allmählich um einige Zentimeter steigt. Dementsprechend erhöhen wir dann auch das Niveau des äußeren Wassers um einige Zentimeter, indem wir die Hähne C schließen und die Hähne B öffnen. Die Dialyse ist nach 5, höchstens 6 Tagen beendet, und zwar sowohl die der Lysalbinsäure als der Silbernatriumanhydroprotalbinatlösung.

Außer dem hier geschilderten gibt es eine Reihe weiterer Systeme für die Dialyse. So werden Osmoseapparate nach Art der Filterpressen gebaut. Die geraden Nummern der Kammern, welche durch Pergamentpapier abgeschlossen sind, werden mit der Lösung, welche man dialysieren will, gefüllt, während in den ungeraden Nummern der Kammern das Wasser zirkuliert. Man erreicht so, daß die Lösung in dünnen Schichten vorhanden ist und dem Osmosevorgang große Berührungsflächen darbietet. Aber durch den Osmosedruck und die dadurch bedingte Verdoppelung und Verdreifachung des Lösungsvolumens wird dieser Vorteil illusorisch, denn der Inhalt der geraden Kammern, welche die Lösung enthalten, schwillt bald so an, daß die aus dem Pergamentpapier geformten Kammertrennungswände sich berühren und in den ungeraden Kammern für das Wasser fast kein Platz mehr übrig bleibt. Ferner sind solche Apparate schwierig dicht zu halten.

Ein ideales System für die Dialyse in der Technik ist meines Wissens bis heute noch nicht gefunden worden.

Wir haben bereits die Gründe erwähnt (S. 67), welche verlangen, daß ausschließlich mit Kondens- oder mit destilliertem Wasser dialysiert wird. Für Silberverbindungen ist besonders darauf zu achten, daß in der Atmosphäre, worin die Vorratsgefäße für Kondenswasser stehen, sich kein Salzsäuregas befindet, welches vom Wasser begierig aufgesogen wird.

Für das Auskneten der Protalbinsäure mit destilliertem Wasser verwendet man einen zylindrischen Steinzeugtopf zu 50 l Inhalt. In demselben löst man auch die gereinigte Protalbinsäure in destilliertem Wasser mit Natronlauge, versetzt die phenolphthaleinneutral eingestellte Lösung mit weiterer NaOH-Lösung, darauf mit Silbernitratlösung und setzt in lösliches Silbernatriumanhydroprotalbinat um. Wo geheizt werden soll, stellt man den Tontopf in einen Apparat Abb. 18. Der Topf ist am Boden von dem Dampfschnatterer S umgeben; in den Bottich K bringt man gewöhnliches Wasser, welches durch Dampf aus dem Schnatterer zum Sieden aufgewärmt wird. So erhalten wir auf einfache Weise ein Heißwasserbad. Das Rühren mit einem dicken Glasstab im Tontopf besorgt die Person, welche auf alle Fälle den Fortgang der Reaktion überwachen muß (meistens ein Laborant).

Die Tontöpfe dürfen, namentlich in der kalten Jahreszeit, nicht zu rasch angeheizt werden. Wer die Ausgabe nicht scheut, kann dieselben durch dünnwandige Porzellantöpfe ersetzen. Die dialysierten Lösungen von Lysalbinsäure und Silbernatriumanhydroprotalbinat mischt man in größeren Tontöpfen, beispielsweise von je 200 l Inhalt. Dort läßt man allfällige Unreinigkeiten absetzen und siphoniert dann die zum Trocknen gehende klare Lösung ab.

Die Art des Trocknens hängt vom Zugang zu Kondenswasser in der Fabrik ab. Es wird wenig Fabriken pharmazeutischer Produkte geben, in welchen Kondenswasser im Überfluß anfällt und aus anderen Betrieben an den der organischen Silberverbindungen abgegeben werden kann, wo dessen Bedarf groß ist. Sollte dies ausnahmsweise der Fall sein, dann kann in Vakuumschränken getrocknet werden. Die Verwendung einer rotierenden Vakuumtrockentrommel lohnt sich für die relativ kleinen Lösungsmengen nicht.

In den meisten Fällen wird man sein Kondenswasser selbst produzieren müssen, womit das Trocknen in einer Trockenstube gegeben ist. Dieselbe sei 2 bis höchstens $2^1/_2$ m hoch und staubfrei. Mehrere kleine Ventilatoren besorgen die Luftzirkulation in dem auf 40—45° geheizten Raum. Man trocknet in dünner Schicht in flachen Porzellanschalen oder, wo das Budget für die Apparatur niedrig bemessen ist, in Porzellantellern. Ausschuß in Porzellantellern, wie sie die Gasthöfe und Restaurants verwenden, erhält man in jeder Porzellanwarenfabrik zu sehr reduziertem Preise. — Das Abkratzen der trockenen Ware — mit Stahlspateln — erfolgt um so leichter, je reiner das Produkt ist. Ein Präparat mit weniger als 10 % Glührückstand bei 8 % Silber bildet fast immer hellbraune, glänzende Lamellen, welche sich beinahe von selbst von der Unterlage trennen. Dieselben werden in einer Porzellankugelmühle zu feinem Pulver gemahlen, welches man nachher durch ein Haarsieb (geschlossenes Trommelsieb) passiert. Der Versand geschieht in braunen Pulvergläsern; größere Quantitäten auch in Blechbüchsen mit Papiereinlage.

Kalkulation des Argentum proteinicum. 1 kg Argentum proteinicum erfordert zu seiner Darstellung:

2 kg Casein oder 1,5 kg Eialbumin.   600 g chlorfreie Salpetersäure spez.
145 g Silbernitrat.   Gew. 1,40.
450 g chlorfreies Natriumhydroxyd.   25 kg Kohlen und 7 Arbeitsstunden.

Argentum colloidale. Definition. Dieses Produkt nimmt den zweiten Rang unter den organischen Silberverbindungen ein und wurde zuerst von der Chemischen Fabrik von Heyden A.-G. in Radebeul-Dresden unter dem Namen „Collargol" in den Handel gebracht.

Allgemein bezeichnet man ja die organischen Silberverbindungen wie Argentum colloidale — proteinicum — nucleinicum und manche andere als Körper, welche „kolloidales" Silber enthalten. Dies trifft für die meisten derselben, wie beispielsweise proteinicum sicher nicht zu, was übrigens bereits dessen Herstellungsart zur Genüge dartut. Es wird nach der Verfahrenbeschreibung besprochen werden, ob die organische Substanz im Argentum colloidale wirklich die Rolle eines Schutzkolloids spielt oder ob auch hier deren weitgehende Anhydrierung für das Entstehen von Argentum „colloidale" der auschlaggebende Faktor ist[1].

Das Produkt ist in verschiedenen Pharmakopöen aufgenommen, doch sind für dieses wie für Argentum proteinicum die Kontrollreaktionen nicht streng genug. In erster Linie sollte exakt auf freies Alkali geprüft werden, was doch bei einem Produkte, dessen Lösungen massenhaft in der Augenheilkunde verwendet werden, von größter Bedeutung ist. Nun ist allerdings die Prüfung mit alkoholischer Phenolphthaleinlösung, wie sie S. 69 beschrieben ist, hier nicht anwendbar, weil selbst sehr verdünnte Lösungen von Argentum colloidale dafür zu dunkel gefärbt sind. Das freie Alkali kann in dieser Substanz jedoch auf folgende Weise recht genau bestimmt werden:

1 g Argentum colloidale wird in einen Porzellantiegel von 20 cm³ Inhalt gewogen und geglüht, wie bereits S. 68 für anhydroprotalbinsaures Silbernatrium beschrieben wurde. Nach dem Abkühlen extrahiert man den silberglänzenden Rückstand drei Male mit je 10 cm³ siedend heißem destilliertem Wasser. Die wäßrigen

---

[1] In Hagers Handbuch der Pharmazeutischen Praxis, 1. Band, S. 531, wird Argentum colloidale als „höchst fein verteiltes Silber mit Eiweißstoffen als Schutzkolloid" definiert. Vergleiche darüber S. 77.

Auszüge gießt man durch einen Trichter in einen „Erlenmeyer" von 10 cm³, spült mit heißem destilliertem Wasser nach, läßt dann im „Erlenmeyer" erkalten, versetzt die kalte Lösung mit 2—3 Tropfen alkoholischer Phenolphthaleinlösung und titriert mit $^1/_{10}$ n-H_2SO_4. Es soll dabei im Maximum 1 cm³ Säure verbraucht werden. Nun finden sich Produkte unter dem Namen Argentum colloidale im Handel, welche für diese Probe 20 und noch mehr Kubikzentimeter Säure verbrauchen. Daß die Lösung derartiger Fabrikate dem Auge nicht wohltut, versteht auch ein Laie in der Augenheilkunde.

Eine zweite Probe, welche ebenfalls unbedingt in jeder Pharmakopöe enthalten sein sollte, ist diejenige auf absolute Löslichkeit des Produktes in Wasser. Sie ist sehr einfach und folgendermaßen durchzuführen:

0,2 g Argentum colloidale löst man in einem Reagensglas im Zeitraum einer Viertelstunde in 5 cm³ destilliertem Wasser, indem man den Inhalt öfters kräftig umschüttelt. Dann läßt man eine Viertelstunde ruhig absetzen und gießt hierauf die Lösung langsam und vorsichtig aus dem Reagensglase ab. Trotzdem die Lösung sehr dunkel gefärbt ist, erkennt man einen unlöslichen Rückstand am Boden des Glases sofort. Um sich völlig zu überzeugen, läßt man auf alle Fälle $^1/_2$ bis 1 cm³ der Lösung im Reagensglas, versetzt mit 20 cm³ destilliertem Wasser, mischt 5 Minuten, läßt 10 Minuten absetzen, und gießt die Lösung wieder ab. Es soll dann keine Spur Unlösliches am Boden abegsetzt sein. Im Handel existieren aber Produkte — und zar zahlreich —, welche bei der beschriebenen Prüfung ein dickes, schwarzes, wasserunlösliches Depot absetzen.

Nun werden wäßrige Lösungen von Argentum colloidale häufig zu intravenösen Injektionen verwendet. Die Benutzung von Lösungen, welche wasserunlösliche Bestandteile enthielten, verussachte denn auch schon oft schwere Komplikationen und sogar Todesfälle.

Beide geschilderten Prüfungen sind in keiner Pharmakopöe enthalten, auch nicht im D.A.B. VI.

Laboratoriumsversuch. Im Apparat Abb. 16 löst man in der Wärme 100 g vorgereinigten Protalbinsäureteig in destilliertem Wasser und chlorfreier Natronlauge, wie bereits S. 66 beschrieben wurde, mit dem einzigen Unterschied, daß wir hier nur die Hälfte der dort angegebenen Wassermenge verwenden. Wir bereiten also eine Lösung mit 20 % Protalbinsäure statt wie dort mit 10 % und stellen diese wie S. 66 beschrieben auf phenolphthaleinneutral und den bereits angegebenen Protalbinsäuregehalt ein.

Es sei bemerkt, daß für die Darstellung von Argentum colloidale die Protalbinsäure aus Eialbumin derjenigen aus Milchcasein weit vorzuziehen ist, denn sie ist bedeutend reiner und einheitlicher. Man verwende Eialbumin garantiert aus Hühnereiern, kein solches aus Enteneiern. Es soll außerdem aus frischen Eiern stammen, was am Geruche leicht festzustellen ist.

Von der 20proz. Protalbinsäurelösung bringen wir kalt 250 g in den Porzellanbecher des Apparates Abb. 16, versetzen kalt und unter Rühren zuerst mit einer Lösung von 47 g chlorfreiem NaOH in 100 cm³ destilliertem Wasser und dann mit einer Lösung von 145 g Silbernitrat in 250 cm³ destilliertem Wasser. Es entsteht ein dicker Brei von ausgeschiedenem Silberprotalbinat. — Nun wird unter fortgesetztem Rühren erwärmt; zugleich stellt man ein Becherglas mit destilliertem Wasser in sofort greifbare Nähe. Den Zweck der letzteren Maßnahme werden wir gleich ersehen. Wenn nämlich die Reaktionsmasse eine Temperatur von 70—78° erreicht hat, tritt spontan eine überaus heftige, stark exotherme Reaktion ein, so daß die Temperatur im Intervall weniger

Sekunden auf 100⁰ steigt, und der Inhalt des Porzellanbechers oft in derart heftiges Sieden gerät, daß alles überzuwallen droht. Man muß dann die Temperatur durch sofortiges Zugießen von etwas destilliertem Wasser wieder etwas unter 100⁰ bringen. — Gleichzeitig zeigt die Reaktionsmasse auch plötzlich Geruch nach Silberammoniak. Nach beendeter Hauptreaktion rührt man noch 10 Minuten bei ungefähr 90⁰ weiter und läßt dann die nun klare Lösung von Argentum colloidale abkühlen.

Wenn wir diese Reaktion vergleichen mit der S. 67 beschriebenen, so ersehen wir, daß dieselbe um so spontaner und heftiger vor sich geht, je größer die Silberoxydmenge im Verhältnis zu derselben der Protalbinsäure ist. Der chemische Vorgang ist dahin zu deuten, daß in der Kälte zuerst eine Silberoxydprotalbinatverbindung gefällt wird. Durch das Rühren in der alkalischen Lösung und das allmähliche Erwärmen geht dann die mit dem Silberoxyd zusammen gefällte Protalbinsäure wieder in Lösung, teilweise als Silbernatriumprotalbinat mit niedrigem Silbergehalt, teilweise auch nur als Natriumprotalbinat, und ein Teil des Silbers wird nun durch diese Rücklösung der Protalbinsäure frei als äußerst fein zerteiltes, überaus reaktionsfähiges Silberoxyd, welches bei einer Temperatur über 70⁰ plötzlich eine weitgehende Anhydrierung der Protalbinsäure bewirkt. Die im Status nascendi entstehende Anhydroprotalbinsäure bindet das fein verteilte Silberoxyd sowie etwas Natriumhydroxyd und wohl auch etwas Ammoniak zu einer komplexen Verbindung, welche wasserlöslich ist. Wir können aus der erkalteten wässerigen Lösung durch Säurezusatz eine Verbindung von Silberoxyd mit Anhydroprotalbinsäure rein und quantitativ fällen, welche durch Zusatz einer sehr geringen Menge Natronlauge wieder als Silbernatriumanhydroprotalbinat in Lösung geht[1].

Dieses Produkt wird oft als kolloidales Silber bezeichnet und als eines seiner typischen Merkmale angegeben, „daß es sich in Wasser in der Durchsicht klar, dagegen in der Aufsicht opalisierend löse".

Wir werden S. 79 zeigen, wie man Silbernatriumanhydroprotalbinat mit 80 und mehr Prozent Silber (oder also Argentum „colloidale") erhalten kann, das sich in Wasser ohne die geringste Opalescenz löst! Wie dort beschrieben ist, setzt der die Opalescenz der Lösung verursachende Anteil des Präparates unter gewissen Umständen aus der Lösung ab, und es zeigt sich dann, daß er aus reinem Silber besteht, welches in ganz geringer Menge, aber äußerst fein verteilt in der Lösung vorhanden war. Diesen kleinen Anteil (höchstens 1%) des Produktes mag man als „kolloidal" ansprechen. Alles andere Silber ist als Silbernatriumanhydroprotalbinat vorhanden und bestreitet wohl ausschließlich die therapeutische Wirkung des käuflichen Argentum colloidale.

Die Weiterverarbeitung der mit Natriumnitrat und überschüssigem NaOH verunreinigten Lösung von Silbernatriumanhydroprotalbinat vollzieht sich in folgender Weise:

---

[1] Vgl. C. Paal: Berliner Berichte **85**, 2206, 2219, 2224, 2236 (1902).

Der Inhalt des Porzellanbechers wird nach dem Erkalten in einen 2-l-Glasstutzen umgefüllt und dort mit destilliertem Wasser auf beinahe 2 l verdünnt. Darauf fällt man die Silberverbindung aus, indem man langsam und unter Rühren mit einem Glasstab 20proz. Essigsäure (statt Essigsäure könnte man auch stark verdünnte Salpetersäure anwenden) bis zur kräftig lackmussauren Reaktion zugießt. Das Silberanhydroprotalbinat scheidet sich quantitativ als sehr fein verteilter dunkelrotbrauner Niederschlag aus und setzt in 1—2 Stunden vollständig ab. Man dekantiert die wasserhelle überstehende Flüssigkeit ab und dekantiert den Niederschlag 5—6mal mit lauwarmem destilliertem Wasser aus. Gegen den Schluß, d. h. wenn keine Säure mehr vorhanden ist, setzt der Niederschlag immer langsamer und zuletzt unvollständig ab. Man ist dann gezwungen, mit dem Wasser zum Dekantieren noch einige Kubikzentimeter verdünnte Essigsäure zuzugeben.

Nach beendigtem Dekantieren bringt man den Niederschlag in eine 1-l-Porzellanschale und erwärmt den Inhalt auf dem Warmwasserbad auf 45—50°, worauf man den Niederschlag durch Zusatz von 6 g 30proz. chlorfreier Natronlauge unter Rühren mit einem Glasstab wieder in Lösung bringt. Die Lösung, welche 500—600 cm^3 beträgt, wird im Apparat Abb. 17 5 Tage mit destilliertem Wasser bei täglich einmaligem Wasserwechsel dialysiert, um das überschüssige NaOH quantitativ zu entfernen. Man läßt dann noch einen Tag in einem glattwandigen Glasstutzen absetzen, zur Entfernung allfälliger Verunreinigungen, von denen man anderen Tags durch Absiphonieren trennt.

Für das Trocknen dieses Produktes ist die Anwendung eines Vakuumtrockenschranks dem Trocknen an der offenen Luft vorzuziehen. Meistens wird auch das letztere Vorgehen ein einwandfreies, vollständig lösliches Produkt ergeben, namentlich wenn man dem Säuregehalt in der Laboratoriumsluft durch Zufügen einiger Tropfen reiner Ammoniaklösung zur Silbersalzlösung begegnet, bevor man dieselbe auf Porzellanschalen oder -tellern zum Trocknen hinstellt. Sicherer geht man immerhin, wenn man bei 30° im Vakuum von 5—8 mm trocknet. — Wer über keinen Vakuumtrockenschrank verfügt, kann die Lösung in einem Jenaoder Pyrexkolben, der im Warmwasserbade steht, im Vakuum zur Trockne verdampfen. Der verbleibende Rückstand an Argentum colloidale ist leicht aus dem Kolben zu entfernen.

Das getrocknete Produkt stellt schöne, graublau metallglänzende kleine Lamellen dar, welche min. 78% Silber enthalten, während der Glührückstand des Produktes höchstens 2% mehr beträgt als der Silbergehalt. Dasselbe ist sofort auf eine dunkelbraune oder noch besser schwarze Pulverflasche abzufüllen und mit paraffiniertem Korkstopfen luftdicht abzuschließen. Durch mehrtägige Berührung mit Luft und Licht verliert das Argentum colloidale seinen Metallglanz und teilweise auch seine Wasserlöslichkeit. Das Originalpräparat von Heyden, das Collargol, gelangt aus diesen Gründen nur in 1-g-Packung (schwarze, luftdicht verschlossene Fläschchen) in den Handel.

Wir erhalten nach dem beschriebenen Verfahren ein Argentum colloidale, welches sich in Wasser in der Aufsicht opalescierend löst.

Dieses Verhalten wird, wie bereits erwähnt wurde, gern als Charakteristi kum dafür angesehen, daß das Silber in diesem Präparat „kolloidal" sei. Wir erhalten jedoch auf folgende Art ein Präparat, welches sich auch in der Aufsicht vollständig klar in Wasser löst. Statt den im Glasstutzen ausdekantierten Niederschlag direkt in Natronlauge zu lösen, bringt man ihn auf ein glattes gehärtetes Filter von Schleicher & Schüll und läßt ihn dort über Nacht restlos abtropfen. Am anderen Morgen bringt man ihn mit einem Porzellanspatel in die Porzellanschale und löst mit Natronlauge wie bereits beschrieben. Die derart erhaltene konzentrierte Lösung läßt man nun 1—2 Tage absetzen. Aus der konzentrierten Lösung setzt der Anteil, welcher ihre Opalescenz verursachte, ab, und man kann von demselben die nun auch in der Aufsicht absolut klare Lösung von reinem Silbernatriumanhydroprotalbinat abgießen. Der auf dem Boden der Porzellanschale verbleibende Rest bildet höchstens 1 % des gesamten Silbergehaltes der Lösung und besteht, wie bereits S. 77 gesagt wurde, aus sehr fein verteiltem Silber.

Der Silbergehalt und das Aussehen des Produktes, welches wir auf die beschriebene Art erhalten haben, können durch die folgende Arbeitsweise noch erheblich verbessert werden:

Statt die Lösung, welche man in der Porzellanschale durch Lösen der ausdekantierten Silberverbindung mit Natronlauge erhielt, zu dialysieren und zu trocknen, kann man sie mit destilliertem Wasser verdünnen und im 2-l-Stutzen erneut mit verdünnter Essigsäure fällen. Man dekantiert wieder mehrmals mit destilliertem Wasser und vollendet das Produkt wie bereits beschrieben. Man erhält dann Lamellen, deren Farbe bereits an die von reinem Silber anlehnt und welche einen Silbergehalt von 86—90 % aufweisen. Durch Wiederholung dieser Operation kann man den Silbergehalt noch mehr erhöhen sowie die Ähnlichkeit der Farbe mit der reinen Silbers. Aber je weiter man damit geht, d. h. je mehr Anhydroprotalbinsäure man aus dem Produkt absprengt, desto empfindlicher und weniger haltbar wird dasselbe.

Betriebsverfahren. Für einen Betriebsansatz multipliziert man die Zahlen des Laboratoriumsversuchs mit 30. — Zur Umsetzung des Silbernitrats mit Protalbinsäurelösung und Natronlauge verwendet man einen 50-l-Ton- oder Porzellantopf in derselben Art, wie S. 74 beschrieben wurde; das ausgefällte Silberanhydroprotalbinat dekantiert man in einem Tontopf von 200 l Inhalt mit seitlichen Tüllen in verschiedener Höhe zum Ablassen der klaren Flüssigkeit; das ausdekantierte Produkt kann auf großen gehärteten Filtern von Schleicher & Schüll abtropfen, wenn man in der Aufsicht nicht opalisierendes Argentum colloidale herstellen will.

Das Trocknen der Lösung soll, wenn immer möglich, im Vakuum vorgenommen werden. Wenn man zum Trocknen an der Luft gezwungen ist, versetze man die Lösung mit etwas reiner Ammoniaklösung, bevor man sie zum Trocknen hinstellt. Die trockenen Lamellen werden durch das Sieb 4 des D.A.B. VI gedrückt und nach Überprüfung aller Reaktionen der Arzneibücher sowie der Supplementsprüfungen (S. 75) noch gleichen Tages abgefüllt, wie bereits beschrieben (S. 78).

Minderwertige Qualitäten Argentum colloidale, die sich in Wasser unvollständig lösen oder viel freies Alkali enthalten, oft auch mit zu schwachem Silbergehalt, werden von verschiedenen Firmen aus Pepton oder Tannin oder anderen unzweckmäßigen Ausgangsprodukten hergestellt.

Kalkulation des Argentum colloidale D.A.B. VI. 1 kg Argentum colloidale D.A.-B. 6 erfordert zu seiner Darstellung:

1,5 kg Eialbumin aus Hühnereiern.   100 g Eisessig.
1,15 kg Silbernitrat.   6 Arbeitsstunden.
800 g chlorfreies Natriumhydroxyd.   20 kg Kohle.
450 g chlorfreie Salpetersäure spez.
   Gew. 1,40.

Als Nebenprodukt entsteht 1 kg Lysalbinsäure in Lösung, welche zur Darstellung von Argentum proteinicum Verwendung finden kann.

Andere Silberverbindungen mit Proteinstoffen. Die Erfolge, welche dem Argentum proteinicum und colloidale im Arzneischatze beschieden waren, reizten zum Aufsuchen anderer Silberverbindungen mit Proteinstoffen. Ihre Zahl ist im Verlaufe der letzten drei Jahrzehnte stark angewachsen. Doch blieben manche dieser Produkte im Handel Eintagsfliegen; auch darf man behaupten, daß die Mehrzahl derselben wenig Anspruch darauf erheben dürfen, die Ergebnisse ernsthafter chemischer Forschung zu sein. — Wir beschreiben nachstehend kurz die bekanntesten dieser Produkte.

Argyrol (Barnes u. Co., Philadelphia). Es bildet schwarze, stark hygroskopische Schuppen mit ungefähr 17 % Silber und mindestens 30 % Glührückstand. — Argyrol wird mehr Schaden als Nutzen gestiftet haben. — Es wird von seinem Fabrikanten als Silberverbindung des Geteideproteids Gliadin bezeichnet; von diversen Autoren ist es als Vitellinsilber, von anderen als nucleinsaures Silber beschrieben worden. Letzteres ist nicht möglich, denn ein Silbersalz mit mehr als 10 % Silber ist aus Nucleinsäure — wenigstens in reinem Zustande — nicht herzustellen. Das Bedenklichste an dem Präparat ist sein großer Gehalt an freiem Ätznatron, welcher auch bewirkt, daß es sehr hygroskopisch ist.

Sein Konsumationsgebiet bilden die anglo-saxonischen Länder. Immerhin verlangen dort die Ärzte und Spitäler schon seit langer Zeit statt des Original-Argyrols ein Ersatzprodukt unter dem Namen „Argentum nucleinicum", mit 20 oder 30 % Silber und garantiert frei von Ätzalkali. Dieses sog. „Argentum nucleinicum" ist nichts anderes als ein in Form von schwarzen glänzenden Lamellen in den Handel gelangendes Silbernatriumanhydroprotalbinat[1].

Sophol (Bayer) wird im D.R.P. 188 435 als formonucleinsaures Silber definiert. Die im Patent beschriebene Vorschrift ist ebenso sibyllisch wie die Bayerschen Protargolpatente. Sophol ist ein gelbliches Pulver mit 20 % Silber und findet in der Augenheilkunde eine beschränkte Verwendung.

Lysargin (Kalle) stellt ein dem Collargol v. Heyden ähnliches Präparat dar, hergestellt — D.R.P. 175 794 — aus einem Gemisch von Protalbin- und Lysalbinsäure nach den Angaben von Paal[2]. — Daß dabei die Lysalbinsäure nicht in Reaktion tritt, sahen wir S. 70. Stahlblaue Lamellen.

Argonin (Höchst). Das Präparat enthielt früher 10 % Silber und war in Wasser trübe und mit alkalischer Reaktion löslich. Ein neueres Präparat desselben Namens enthält nur noch 4,2 % Silber und soll entstehen, indem man eine neutrale Lösung von Caseinkalium mit Silbernitrat und darauf mit Alkohol versetzt, den Niederschlag von Caseinsilber mit verdünntem Alkohol wäscht, trocknet und pulvert. Es bildet ein grauweißes Pulver.

---

[1] Ist dieses sog. „Argentum nucleinicum" aus Protalbinsäure hergestellt, welche aus Milchcasein stammt, dann entfärbt sich seine wäßrige Lösung mit einigen Tropfen Ferrichloridlösung augenblicklich. Ein Produkt, dessen Protalbinsäure aus Eialbumin stammt, braucht viel mehr Ferrichlorid zur Entfärbung seiner Lösung.

[2] Vergleiche The Svedberg: Die Methoden zur Herstellung kolloider Lösungen, S. 115 u. folg. Verlag Th. Steinkopff.

Albargin (Höchst) entsteht durch Mischen von wässeriger Gelatoselösung mit wässeriger Silbernitratlösung und Trocknen dieser Mischung.

Gelbes Pulver mit ungefähr 15 % Silber. Sein Synonymprodukt heißt im Handel eigentümlicherweise Argentum „albuminatum".

Syrgol (A.-G. Sigfried) ist wahrscheinlich eine Mischung von Argentum colloidale mit Argentum proteinicum oder mit Lysalbinsäure.

Schwarze Blättchen mit 20 % Silber. Die wässerige Lösung opalesciert in der Aufsicht.

Solargyl (Lüdy u. Co.). Es ist Silbernatriumanhydroprotalbinat, zu dessen Darstellung Protalbinsäure aus Eialbumin dient, denn seine Lösung entfärbt sich durch Zufügen einiger Tropfen Ferrichloridlösung nicht.

Schwarze Lamellen mit 30 % Silber.

Die Liste solcher als Originalprodukte bezeichneter Silberverbindungen mit Proteinsoffen könnte noch vermehrt werden. Leider muß man sagen, daß so ziemlich alle hier ungenannten Präparate dieser Gattung am besten aus dem Arzneischatze verschwinden würden. Schon unter den vorstehend kurz beschriebenen Produkten finden sich einzelne, deren Nutzen nicht einzusehen ist.

Anhydromethylencitronensäure.

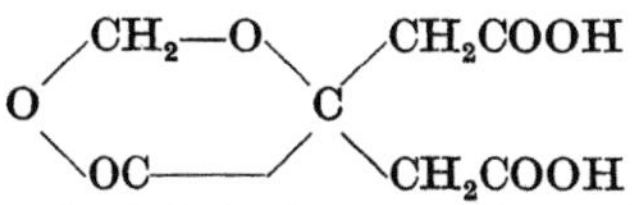

Farblose Kryställchen, löslich in Wasser und Alkohol. Mol.-Gew. 204.

Laboratoriumsversuch. In einer Porzellanschale von 500 cm³ Inhalt mischt man:

200 g reine pulverisierte Citronensäure.	80 g Formaldehyd D.A.B. VI.
	80 g chemisch reine konz. Salzsäure.

Man erwärmt auf dem Dampfbad unter Rühren mit einem Glasstab auf 80—85° (nicht höher als 85°!). Die Citronensäure löst sich rasch. Sobald Lösung erfolgt ist, rührt man nicht mehr, sondern läßt das Gemisch in der Ruhe weiterhin auf 80—85°. Nach 30 Minuten bis höchstens einer Stunde bildet sich auf der Oberfläche allmählich eine Schicht feiner Kryställchen von Anhydromethylencitronensäure. Man läßt jetzt noch höchsten 10 Minuten auf dem Dampfbade, und bringt dann die Porzellanschale in den Eisschrank zum sofortigen Auskühlen. Bis am anderen Morgen erstarrt dort der Inhalt zu einem dicken Krystallbrei, den man auf einer im Eisschrank vorher ausgekühlten Porzellannutsche so gründlich als nur irgend möglich absaugt.

Den Nutschenkuchen bewahrt man zur späteren Weiterverarbeitung auf, die gelblich gefärbten Laugen gießt man in die Porzellanschale zurück, mischt sie dort mit 20 g reiner konzentrierter Salzsäure ,und erwärmt wieder auf dem Dampfbad auf 85°. Die Reaktionsmasse riecht anfänglich noch kräftig nach Formaldehyd, ein Beweis, daß noch nicht alle Citronensäure anhydromethyleniert ist, da man zu Beginn etwas weniger als die theoretisch notwendige Formaldehydmenge zur Citronensäure setzte. Doch nimmt der Geruch nach Formaldehyd jetzt allmählich ab, was man genau beobachten muß. Sobald er nur noch gering ist — er darf nicht völlig verschwinden — fügt man noch genau 5 cm³ Formaldehyd D.A.B. VI zu der Flüssigkeit. Nach einer, höchstens eineinhalb Stunden wird sich wieder eine Decke von Kryställchen bilden.

Man stellt dann die Porzellanschale unverzüglich wieder in den Eisschrank, nutscht am folgenden Morgen den über Nacht entstandenen Krystallkuchen ab, und zwar auch dieses Mal so gründlich als irgend möglich.

Man vereinigt den zweiten Nutschkuchen mit dem ersten und behandelt die nun dunkelgelbe Lauge nochmals, wie bereits beschrieben, unter Zusatz von noch 10 cm³ reiner konzentrierter Salzsäure und 2 cm³ Formaldehyd, wenn der Geruch darnach verschwinden sollte. Die geringe Menge der dunklen Lauge des dritten Nutschkuchens bewahrt man auf.

Die drei vereinigten nutschenfeuchten Partien von Rohanhydromethylencitronensäure werden gewogen, in einem „Erlenmeyer" von 1 l Inhalt in 1,7 T. ihres Gewichtes an destilliertem Wasser heiß gelöst, in der Wärme 3 Minuten mit 2 g bester metallfreier Entfärbungskohle behandelt, rasch durch ein bereitgehaltenes Faltenfilter filtriert und über Nacht in den Eisschrank zur Krystallisation gestellt. Die am anderen Morgen abgenutschten und getrockneten Krystalle von Anhydromethylencitronensäure sind reine schneeweiße Ware.

Die Mutterlauge der Umkrystallisation muß für sich aufgearbeitet werden und darf nicht mit Rohlaugen zusammenkommen. Man engt sie im Vakuum bei max. 40° auf 10—15% ihres ursprünglichen Volumens ein, worauf sie wieder zur Krystallisation in den Eisschrank gelangt. Die am anderen Morgen abgenutschten Krystalle müssen nochmals aus destilliertem Wasser krystallisiert werden und sind dann ebenfalls reine Ware.

Auf diese Art gewinnen wir aus 200 g Citronensäure 150—160 g Anhydromethylencitronensäure. Wir gelangen nur zu dieser verhältnismäßig guten Ausbeute, wenn wir — wie es nach der vorstehenden Beschreibung geschieht — keinen Überschuß an Formaldehyd verwenden, alle Lösungen von roher oder gereinigter Anhydromethylencitronensäure so kurz als möglich erwärmen, keine Mutterlaugen von roher und reiner Ware vereinigen und die letzteren nur im Vakuum einengen.

Bei überschüssigem Formaldehyd oder durch langes Erhitzen der Lösungen entstehen neben der Anhydromethylencitronensäure geringe Mengen harzartiger Substanzen, welche die Krystallisation der Anhydromethylencitronensäure erschweren und damit ihre Ausbeute stark vermindern.

Aus den gesammelten letzten Restlaugen kann man die nicht umgewandelte Citronensäure regenerieren, indem man in der Siedehitze mit gelöschtem Kalk neutralisiert, das Calciumcitrat mit heißem Wasser ausdekantiert, bis dasselbe geruchlos abfließt, darauf mit Schwefelsäure (welche nicht im Überschuß sein darf) zu Gips und Citronensäurelösung umsetzt, filtriert, die Lösung mit metallfreier Entfärbungskohle entfärbt, wieder filtriert und zur Krystallisation einengt.

Im Betriebe verwendet man zum Anhydromethylenieren einen offenen, emaillierten Doppelwänder von beispielsweise 150 l Inhalt, welcher sowohl mit Dampf von höchstens anderthalb Atmosphären geheizt als auch mit Wasser gekühlt werden kann. Man setzt darin die 200fachen Mengen des Laboratoriumsversuchs an und erwärmt vorsichtig auf 85°, bis sich auf der Oberfläche die erste dünne Krystalldecke zu bilden beginnt. Dann kühlt man sofort mit Wasser ab und überläßt über Nacht in der Kälte der Ruhe. Das Abnutschen geschieht auf einer Tonnutsche mit Filterstein, nicht mit Filtertuch. Das Vakuum für die Nutsche erzeugt man mit einer Wasserstrahlpumpe aus Rotguß, denn eine Vakuumpumpe wäre durch die Säuredämpfe bald ruiniert.

Man krystallisiert die Rohware in einem emaillierten Apparat um; beim Trocknen der reinen Krystalle achte man darauf, daß die Temperatur im Trockenraum 35° nicht überschreite.

Anhydromethylencitronensaures Hexamethylentetramin.

$(CH_2)_6N_4 \cdot C_7H_8O_7$. Mol.-Gew. 344. Smp. 170° unter Zersetzung.

Es bildet ein weißes Krystallpulver, löslich in 10 t Wasser; in Weingeist und in Äther ist es fast unlöslich.

Ein Molekül Anhydromethylencitronensäure kombiniert sich in alkoholischer Lösung mit einem Molekül Hexamethylentetramin zu anhydromethylencitronensaurem Hexamethylentetramin.

Zu diesem Zwecke löst man bei 80° gleichzeitig

I. 50 g Anhydromethylencitronensäure in 170 g Alkohol 95%.

II. 33 g Hexamethylentetramin in 280 g Alkohol 95%.

Dann gießt man in der Wärme und unter energischem Rühren die zweite Lösung in die erste. Die Vereinigung und vollständige Durchmischung beider Lösungen muß sich in drei, höchstens vier Sekunden vollziehen! Das anhydromethylencitronensaure Hexamethylentetramin scheidet sich nach dieser Zeit aus der Mischung plötzlich in quantitativer Ausbeute als schneeweiße kleine Krystalle aus, welche nach dem Abkühlen abfiltriert und bei 30—35° getrocknet werden.

Würde die Hexamethylentetraminlösung langsam, beispielsweise im Zeitraum von 1—2 Minuten, zu der von Anhydromethylencitronensäure gegossen, so entstände in sehr schlechter Ausbeute als große Krystalle eine komplexe Verbindung von stark saurer Reaktion, welche mehr als ein Molekül Anhydromethylencitronensäure auf ein Molekül Hexamethylentetramin enthielte.

Um dies im Betriebe zu vermeiden, muß auch dort die Vereinigung und völlige Mischung beider Lösungen in 3—4 Sekunden vollzogen sein. Es ergibt sich daraus, daß die Betriebsansätze nicht groß gewählt werden können. Man löst auf dem Dampfbad:

I. In einer emaillierten Marmite von 50 l Inhalt 2,5 kg der Säure in 8,5 kg Alkohol.

II. In einer emaillierten Schale mit seitlichen Handgriffen und von 25 l Inhalt 1,65 kg Hexa in 17 kg Alkohol.

Dann gießt man II zu I und mischt in der angegebenen Zeit.

Anhydromethylencitronensaures Natrium.

$$\begin{array}{c} CH_2-O \diagdown \qquad \diagup CH_2CO_2Na \\ \qquad\qquad C \\ O-CO \diagup \qquad \diagdown CH_2CO_2Na \end{array}$$

Weißes Pulver von mild salzigem Geschmcak, löslich in anderthalb Teilen Wasser.

In einem kleinen, durch Dampf heizbaren, emaillierten Apparat mit Armrührer löst man bei 60—70⁰ 6,5 kg Anhydromethylencitronensäure in 24 kg Alkohol 96 % und trägt in die Lösung allmählich 5,5 kg reines Natriumbicarbonat. Die allerletzten Bicarbonatanteile gibt man zweckmäßig in konzentrierter wässeriger Lösung zu. Gegen den Schluß entsteht ein dicker Brei, welcher, nachdem er mit dem Rührer energisch durchgearbeitet wurde, auf der Nutsche abgesaugt wird. Von der Nutsche gelangt die Masse in eine Mischmaschine, wo sie zur Entfernung der letzten, nicht umgesetzten Bicarbonatanteile mit einer konzentrierten wässerigen Lösung von 300 g Anhydromethylencitronensäure gründlich durchgemischt wird. Man saugt dann nochmals auf der Nutsche ab, trocknet bei 30—35⁰ und siebt.

Ausbeute: 8,5 kg.

Bismutum aceticum. 1. T. Bismutoxydhydrat wird mit 2,5 T. Essigsäure vom spez. Gew. 1,06 übergossen und bei gelinder Temperatur auf dem Dampfbade zur Trockne gebracht.

Bismutum oxalicum. Seine Darstellung ist analog derjenigen des Subgallats.

Bismutum tartaricum. Auch diese Herstellung ist analog der des Subgallats. 10 T. Nitrat erfordern 5 T. bleifreie Weinsäure.

Bismutum citricum. $C_6H_5O_7Bi$. Mol.-Gew. 397. Es bildet ein weißes, wasser- und alkoholunlösliches Pulver. Dasselbe löst sich in Ammoniak und in den Lösungen der Alkalicitrate. — Man löst Subnitrat in der geringsten Menge Salpetersäure, daneben Citronensäure in Wasser und neutralisiert die letztere Lösung genau mit Ammoniak. Die berechnete Subnitratlösung gießt man unter Umrühren in diejenige von Ammoncitrat. Der Niederschlag wird mit der Fällungsflüssigkeit zusammen einige Zeit auf dem Dampfbade erhitzt, dann auf Beuteln gesammelt oder genutscht, mit destilliertem Wasser gewaschen, bei einer 40⁰ nicht übersteigenden Temperatur getrocknet und gesiebt.

Bismutum ammonium citricum in Lamellis Pharm. britt. Bismutcitrat wird im geringen Überschuß von Ammoniak gelöst, die Lösung filtriert und bei sehr niederer Temperatur zur Sirupkonsistenz eingedampft, mit einem Pinsel auf Glasplatten gestrichen und getrocknet. Man achte auf Staubfreiheit des Arbeitslokals.

Bismutum albuminatum. Grauweißes, in Wasser lösliches Pulver mit einem Gehalt von 10—12 % Bismut.

Man löst einesteils 1 T. bestes Eialbumin in 4 T. Wasser und filtriert die Lösung durch Tuch. — Anderseits löst man 0,2 T. Bismutammoniumcitrat in 0,5 T. Wasser und 0,2 T. Salmiakgeist 0,910, gießt die beiden klaren Lösungen zusammen und filtriert. Dann dampft man bei einer 40⁰ nicht übersteigenden Temperatur ein und pulvert das trockene Produkt in der Kugelmühle.

Bismutum peptonatum. Graubraunes, wasserlösliches, alkoholunlösliches Pulver mit 7—8 % Bi.

10 kg Pepton spissum e carne werden in 15 l Wasser gelöst und mit Sodalösung neutralisiert. Zur Lösung gibt man eine solche von 1 kg Bismutum ammonium citricum in 1 kg Salmiakgeist von 0,910 und 2,5 l Wasser. Die Lösung wird filtriert, m Vakuum zur Trockne eingedampft, gepulvert und gesiebt.

Bromoform.

Tribrommethan. $CHBr_3$. Mol.-Gew. 253. Spez. Gew. bei 15^0 = 2,904. Sdp. 149—150^0. Erstarrungspunkt $7,5^0$, Smp. 9^0. — Es bildet eine farblose Flüssigkeit von chloroformähnlichem Geruch. Das Bromoform des D.A.B. VI ist eine Mischung von 96 T. reinem Bromoform und 4 T. absolutem Alkohol. Nach manchen anderen Pharmakopöen versetzt man es nur mit 1 % absolutem Alkohol.

Die Apparatur für die Darstellung wird gebildet durch einen Porzellantopf von 130 l Inhalt mit Holzrührer, je einem Zulauf für Brom und Kalilauge, einem Thermometer, einem Rohr zur Probenahme und einem Gasentbindungsrohr. In die Zulaufstutzen sind je ein Tropftrichter eingesetzt: Von 300 cc für Brom, 1 l für Kalilauge. — Der Porzellantopf hängt in einem Holzbottich für Eiswasserkühlung.

Am Vorabend der Operation werden 46 l Wasser und 10 kg Bromkalilauge mit dem spez. Gew. 1,300 von der vorherigen Operation in den Topf gebracht und durch Eiswasser im Holzbottich gekühlt. Am nächsten Morgen setzt man 1,26 kg Aceton vom Siedepunkt $56/57^0$ zu, setzt das Rührwerk in Gang und läßt bei max. 8^0 auf je 300 cc Brom je 900 cc Kalilauge zulaufen; entsprechend dem Verhältnis von einem Atom Brom zu einem Molekül Ätzkali. Da aber während der Reaktion Ätzkali zurückgebildet wird, muß von Zeit zu Zeit Brom allein zufließen, damit die Flüssigkeit stets schwach gelblich ist: Kontrolle mit dem Proberohr. Wenn in dieser Weise 9 kg Brom und die entsprechende Menge Kalilauge eingeführt sind, entfärbt man durch Zufuhr von etwas Ätzkali vollständig, setzt wieder 1,26 kg Aceton hinzu und bringt wieder 9 kg Brom mit der entsprechenden Laugenmenge und dem Aceton in Reaktion. Auf diese Weise werden in 8 stündiger Arbeitszeit bequem 18 kg Brom umgesetzt, worauf man für den nächsten Tag neuerdings einkühlt. Am nächsten Tage läßt man nochmals 18 kg Brom mit zusammen 2,52 kg Aceton und Lauge in Reaktion treten, wobei mit fortlaufender Reaktion immer weniger Kalilauge verbraucht wird.

Am dritten Tage wärmt man auf 25^0 an und trennt das Rohbromoform ab. Man wäscht es einmal mit Wasser, dann drei Male mit einem Viertel seines Volumens an konzentrierter Schwefelsäure. Die zweite und dritte Waschsäure bewahrt man auf und verwendet sie bei der nächsten Operation als erste und zweite solche. Man wäscht nochmals mit Wasser, trocknet mit einem Gemisch von wasserfreier Soda und wasserfreiem Natriumsulfat, filtriert und destilliert aus Glaskolben im Vakuum über etwas Soda und einer Spur Zinkstaub in Flaschen, die etwas Soda und Zinkstaub enthalten. Das Destillat stellt man mit absolutem Alkohol auf die jeweilige Pharmakopöedichte ein.

Kalkulation:

Wasser	46 kg	Brom	35,84 kg
KBr-Lauge	10 kg	Kalilauge	43,53 kg
Aceton	5,04 kg		

Rohe Ausbeute 13,8 kg; an reinem Bromoform ohne den absoluten Alkohol 12,9 kg.

Was von den anfallenden Bromkalilaugen nicht für weitere Operationen gebraucht wird, arbeitet man auf KBr cryst. um (s. S. 13 u. f.).

Brommethyl. CH_3Br.

Sdp. $+4{,}5^0$. Brommethylgas wirkt anästesierend. Sein Geruch ist chloroform-ähnlich.

Die technische Darstellung erfolgt durch Umsetzung von Methyl-schwefelsäure mit Bromsalzen:

$$H_2SO_4 + CH_3OH = (CH_3)HSO_4 + H_2O .$$

$$(CH_3)HSO_4 + NaBr = NaHSO_4 + CH_3Br .$$

In den homogen verbleiten Rührkessel A (s. Abb. 20) von 500 l mit Doppelboden für Wasserkühlung füllt man 280 kg reine Schwefel-säure 66^0 Bé und drückt in dieselbe aus dem geschlossenen Kesselchen M durch ein Kupferrohr unter Rühren 109 kg Reinmethylalkohol mit einem

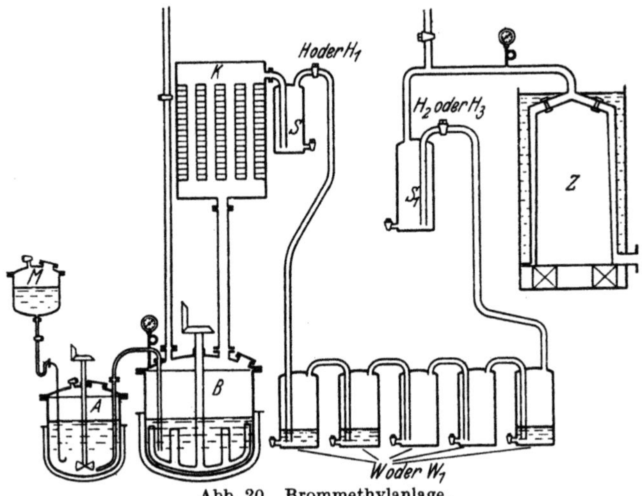

Abb. 20. Brommethylanlage.

Acetongehalt von max. 0,05 %. Die Temperatur soll bei dieser Vereinigung nicht über 35^0 steigen und wird durch den Alkoholzufluß sowie durch Wasserkühlung im Doppelboden des Kessels A reguliert. Über Nacht läßt man die entstandene Methylschwefelsäure vollständig abkühlen.

Am anderen Morgen drückt man dieselbe aus A in den ebenfalls verbleiten Rührkessel B von 1200 l Inhalt, mit Doppelboden für Kühl-wasser und Heizdampf, Manometer und ins Freie führendem Ent-lüftungsrohr aus Blei mit Hahn. In B sind 190 kg Brom, sei es als Brom-natrium, sei es als Bromeisen, vorgelegt. — Bei der Reaktion wird also Methylalkohol bzw. Methylschwefelsäure im Überschuß verwendet, um sicher zu gehen, daß alles Brom in Reaktion tritt.

Die Brommethylentwicklung beginnt schon in der Kälte, und das Gas steigt durch das Steigrohr St von 4 Zoll Durchmesser und 1,5—2 m Länge aus Blei in den Kühler K aus Blei, welcher mit Wasser von 8—10^0 gespeist wird. Die Kühlflächen dieses Kühlers sollen möglichst groß bemessen sein; er ist aus diesem Grunde 1200 mm hoch und hat einen Durchmesser von 800 mm. Von diesem Kühler führt ein Bleirohr zum

„Sammelgefäß" S. Das Abgangsrohr aus S gabelt sich in zwei Leitungen mit zwei Hähnen H und H_1 (In der Abbildung sind aus Gründen der Übersicht nur eine Leitung und ein Hahn gezeichnet.) Über Hahn H führt eine Leitung zu fünf Waschflaschen $W\,W\,W\,W\,W$, über Hahn H_1 eine zweite zu fünf parallelen Flaschen $W_1\,W_1\,W_1\,W_1\,W_1$. Die beiden ersten Flaschen jeder Serie sind mit Schwefelsäure 66° Be beschickt, dann folgen zwei leere, dann nochmals eine mit Schwefelsäure. Von dem Ende der ersten Waschflaschenserie führt eine Leitung zum Hahn H_2, von dem Ende der zweiten zum Hahn H_3. Hinter diesen beiden Hähnen vereinigen sich die Leitungen wieder zu einer einzigen, welche zum „Sammelgefäß" S_1 führt.

Beide „Sammelgefäße" und alle zehn Waschflaschen haben je 50 l Inhalt. Sie bestehen aus homogen verbleitem Eisen, ihre Verbindungsrohre von durchweg 2 Zoll lichter Weite aus Blei. Waschflaschen und „Sammelgefäße" sind mit Bodenhähnchen von $^1/_2$ Zoll aus bestem Rotguß und mit Schaugläsern versehen. Die Rotgußhähne H, H_1, H_2 und H_3 sowie diejenigen in den beiden Entlüftungsrohren sind 2 Zoll. Von S_1 führt eine kupferne 2-Zoll-Leitung nach dem groß dimensionierten Zylinderkühler Z aus Kupfer, welcher mit Sole von —20° bis —25° gespeist wird. Auf der Leitung von S_1 nach Z ist nochmals ein Manometer und ein Entlüftungsrohr ins Freie mit Hahn montiert.

Die beschriebene Art der Kondensationsanlage ist durch die Eigenschaften des Brommethyls bedingt. Dieses ist erstens lichtempfindlich, so daß schon aus diesem Grunde Waschflaschen aus Glas nicht gerne verwendet werden. Außerdem sind Brommethyldämpfe gesundheitschädlich. Die Apparatur muß also absolut dicht sein. Dies ist mit so groß dimensionierten Verbindungen, wie sie hier aus sofort anzugebenden Gründen erforderlich sind, nur in Metall erreichbar. — Brommethyl ist · viel leichter zersetzbar als Chlormethyl. Zu seiner Entsäuerung können wir aus diesem Grunde keine Natronlauge, zu seiner Entwässerung keinen Natronkalk, zur Zerstörung empyreumatischer Substanzen keine Bichromatlösung verwenden, wie dies bei der Reinigung von Chlormethyl und Chloräthyl geschieht (s. S. 98ff.). Wir können nur mit konzentrierter Schwefelsäure entwässern und Methylalkohol nur dadurch entfernen, daß wir die Strömungsgeschwindigkeit des Brommethylgases möglichst verringern, mit anderen Worten, dasselbe durch groß dimensionierte Kondensationsanlagen führen.

Wenn während dem Betriebe die Absorptionsschwefelsäure in der einen Waschflaschenserie gewechselt werden und aus den Waschflaschen ohne Säure sonstiges eventuelles Kondensat abgelassen werden soll, so leitet man durch Umstellen der Hähne H und H_1, H_2 und H_3 den Gasstrom in die zweite Waschflaschenserie.

Der Brommethylstrom, welcher regelmäßig und vor allem nie heftig sein soll, wird durch Dampf- und eventuell auch durch Kühlwasserzufuhr im Doppelboden von B geregelt sowie durch eventuelles Abstellen des Rührers. Das Brommethyl führt durch das Steigrohr St Methylalkohol und Bromwasserstoffgas in den Kühler K. Dort verdichtet sich, vorausgesetzt, daß der Gasstrom ruhig und in gemäßigtem Tempo durchgeht, fast aller Methylalkohol, löst dabei das Bromwasserstoffgas und führt es in B zurück, wo die beiden unter Wasserentzug ebenfalls Brommethyl bilden. Die letzten Reste von Alkohol und Bromwasserstoffgas werden in der Waschapparatur zurückgehalten und dort zu Brommethyl umgebildet. Letzteres ist der Grund, warum in jeder Waschflaschenserie mindestens drei Flaschen mit Schwefelsäure beschickt sind. Dieselbe muß übrigens öfters gewechselt werden. — Gegen das Ende der Reaktion steigert man die Temperatur in B bis auf 90°.

Aus dem Zylinderkühler Z fließt das verflüssigte Brommethyl in ein System von vier hintereinander geschalteten Druckflaschen aus Kupfer von je 100—120 l Inhalt, welche alle durch Sole auf —20° bis —25° gekühlt werden. Mit dieser Anordnung ist man sicher, daß alles Brommethyl bis auf ganz geringe Anteile gewonnen wird.

Von der vierten Druckflasche führt ein Kupferrohr zu einer Waschanlage, welche wie die bereits beschriebenen konstruiert und mit Natronlauge beschickt ist. Es werden darin die letzten Spuren von Brommethyl zerlegt, so daß kein solches aus der Apparatur ins Freie gelangt, wenn dieselbe dicht ist.

Die Ausbeute beträgt dann wenige Prozent unter der Theorie.

Baldriansäure. (Isovaleriansäure.)

$(CH_3)_2CH-CH_2-COOH$. Mol.-Gew. 108,8. Sdp. 175°.

Herstellung aus Gärungsamylalkohol.

In ein Tongefäß von 150 l Inhalt mit Rührwerk bringt man zunächst

12,8 kg technische Natronlauge (33%),

etwa 50 kg Eis und

22,5 kg Permanganat klein cryst.;

dann läßt man langsam in dünnem Strahle

10 kg Amylalkohol vom Siedepunkt 128/132°[1]

zufließen. Dabei muß gut gerührt und scharf darauf geachtet werden, daß die Temperatur 21° nicht überschreitet. Ist aller Amylalkohol eingetragen, so läßt man noch eine Stunde weiterrühren. Die Temperatur von 21° wird durch Hineinwerfen von gemahlenem Eis gehalten.

Nach erledigter Reaktion trennt man auf der Nutsche vom Braunstein und wäscht nach, bis im Waschwasser keine Baldriansäure mehr nachweisbar ist.

Eine Probe mit verdünnter Schwefelsäure versetzt und ausgeäthert darf beim Verdunsten des Äthers keinen nach Baldriansäure riechenden Rückstand hinterlassen.

Die Lösung des valeriansauren Natriums wird in einer Tonschale auf dem Dampfbad auf 30 l eingeengt und nach dem Erkalten mit verdünnter Schwefelsäure versetzt. Man trennt die abgeschiedene Baldriansäure von der Natriumsulfatlösung und äthert die letztere noch aus, bis alle Baldriansäure daraus entfernt ist. In einem Glaskolben destilliert

---

[1] Über Reinigung von käuflichem Gärungsamylalkohol vergleiche S. 242.

man zunächst den Äther ab, vereint dann die zuerst gewonnene, abgehobene Baldriansäure mit der ausgeätherten, trocknet mit entwässertem Glaubersalz und filtriert von diesem ab. — Das Filtrat wird im Ölbade rektifiziert. Der bis 172° übergehende Anteil wird zunächst beiseite gestellt. Es ist dies eine wässerige Baldriansäure. Man äthert auch diese aus, destilliert den Äther ab und verwendet den Rückstand entsprechend. Die bei 172—177° übergehenden Anteile sind reine Baldriansäure.

Ausbeute: 8,5—9,0 kg oder ungefähr 73 % der Theorie.

Kalkulation:

10 kg Amylalkohol Sdp. 128/132°	1 kg Natriumsulfat entwässert
100 kg Eis	6 kg Schwefelsäure 30 %
22,5 kg Permanganat	10 Arbeitsstunden
12,8 kg Natronlauge 33 % technisch	30 kg Kohle.

Isovaleriansäure wird rein oder als Monohydrat gebraucht. Sie findet beispielsweise Anwendung zur Darstellung folgender Ester:

Borneolester
Mentholester
Amylester: Apfelblütenöl.

Bromadditionsprodukte des Sesamöls.

Im Handel befinden sich ein hellgelbes Öl mit 10 % Bromgehalt und ein gelbbraunes mit $33^1/_3$ % Brom.

Als Apparat zu ihrer Darstellung benutzt man einen großen Kolben mit Rührer, Quecksilberverschluß, Tropftrichter und einem Ableitungsrohr für das entstehende Bromwasserstoffgas. Am besten eignet sich dafür ein Kolben mit diversen Stutzen, wie er beispielsweise S. 315, Abb. 75, beschrieben ist.

Darstellung von Öl mit 10proz. Brom. In den Kolben füllt man 3,6 kg Sesamöl und läßt dazu unter Rühren und äußerer Kühlung langsam 800 g Brom zutropfen. Ein Teil desselben lagert sich direkt an, ein anderer substituiert Wasserstoff, so daß Bromwasserstoffentwicklung auftritt. Der Bromwasserstoff wird in einer Vorlage in Wasser aufgefangen. Wenn alles Brom zugesetzt ist, verdrängt man die letzten Reste von Bromwasserstoff, indem man Luft durch das Öl hindurchleitet. Dann bestimmt man den Bromgehalt des Produktes, stellt durch Zugabe von Sesamöl auf 10 % Bromgehalt ein und filtriert.

Die Ausbeute ist quantitativ in bezug auf das Sesamöl.

Darstellung von Öl mit $33^1/_3$ % Brom. Man gibt in der oben beschriebenen Apparatur unter äußerer Kühlung langsam zu 2,28 kg Sesamöl 1,35 kg Brom, wovon der größte Teil angelagert wird, während einige Prozent davon als Bromwasserstoff entweichen und durch Wasser absorbiert werden. Nach beendeter Zugabe des Broms verdrängt man die letzten Reste von Bromwasserstoff und Spuren von Brom durch Luft und filtriert.

Ausbeute: 3,40 kg.

Als Nebenprodukt beider Produkte erhalten wir wässerige Bromwasserstoffsäure, wenn auch in beschränkter Menge. Sobald dieselbe 20proz. ist, wird sie, wie S. 182 angegeben, auf Acidum hydrobromicum D.A.B. VI verarbeitet.

Cellobioseacetat.

Es bildet weiße Nädelchen vom Schmp. 220—222°.

In ein Pulverglas von 1,5 l Inhalt mit Glasstopfen bringt man 800 cc Essigsäureanhydrid und kühlt dasselbe durch Hineinsetzen des Pulverglases in eine Kältemischung auf höchstens 10° ab. Dann fügt man aus einem Tropftrichter 120 cc reine konzentrierte Schwefelsäure so langsam zu, daß die Temperatur nie über 12° steigt. Nach dem Schwefelsäurezusatz erneuert man die Kältemischung und trägt nun in kleinen Portionen 100 g reine hydrophile Verbandwatte ein, wobei man mit

einem Glasstäbchen fortwährend rührt und mit dem Zusatz eines weiteren Watte-
bausches immerzu wartet, bis der vorhergehende gelöst ist. Die entstandene Lösung überläßt man über Nacht sich selbst. — Am anderen Morgen erneuert man die
Kältemischung und trägt in der bereits beschriebenen Weise weitere 100 g Watte
ein, worauf man unter bisweiligem Umrühren 14 Tage stehenläßt.

Der himbeerfarbige Brei wird dann in dünnem Strahle in 20 l kaltes Wasser
eingetragen, wodurch sich ein gelblicher Niederschlag ausscheidet. Dieser wird zunächst auf einem Filterbeutelchen koliert, darin mit Wasser gründlich nachgewaschen, dann auf eine Nutsche gebracht, genutscht und getrocknet. — Das
trockene, zerkleinerte Nutschengut verrührt man mit einem Liter reinem Methylalkohol, läßt damit 24 Stunden stehen und saugt den Methylalkohol ab. Diese Behandlung mit Methylalkohol wird noch einmal wiederholt und das wieder abgesaugte Octoacetat getrocknet.

Nun löst man in so viel Chloroform, als in der Kälte davon benötigt wird,
filtriert dann von den ungelösten Verunreinigungen ab, engt die hellgelbe Lösung
bis zur eben beginnenden Ausscheidung ein und versetzt sie in diesem Zustande
mit siedendem reinem Methylalkohol. Beim Erkalten krystallisiert das Octoacetat
in schneeweißen Nädelchen aus.

Ausbeute: Aus 200 g Watte 110 g Cellobioseoctoacetat.

Chloralhydrat.

$$CCl_3 \cdot CH(OH)_2 \, .$$

Mol.-Gew. 165,40. Farblose luftbeständige Krystalle von etwas stechendem
Geruch, löslich in anderthalb Teilen Wasser, ferner in Weingeist, Äther und Chloroform. Bei 49⁰ beginnt es zusammenzusintern und bei 53⁰ schmilzt es. Zwischen
96 und 98⁰ zerfällt es in Chloral und Wasser, welche sich verflüchtigen.

Die Darstellung des Chloralhydrats zerfällt in folgende Phasen:

1. Darstellung des Chloralalkoholats: $CCl_3 - C \overset{\displaystyle H}{\underset{\displaystyle OC_2H_5}{<}} OH$

2. Verkochung des Alkoholats zu Chloral: $CCl_3 - C \overset{\displaystyle O}{\underset{\displaystyle H}{<}}$

3. Bildung und Krystallisation des Chloralhydrats: $CCl_3 - C \overset{\displaystyle H}{\underset{\displaystyle OH}{<}} OH$.

Darstellung des Alkoholats.

Jede Batterie (s. Abb. 21) besteht aus drei starkwandigen Glasballons von je 60 l Fassungsvermögen mit weitem kurzem Halse. Sie
stehen in einem Holzbottich auf mit Filz umkleideten Holzringen *FFF*.
Durch die Holz- oder Eisenschienen *E* werden sie beim Entleeren am
„Schwimmen" verhindert. In dem Holzbottich kann mit zirkulieren-
dem Wasser gekühlt und durch eine Dampfschlange — keine Schnatterschlange — geheizt werden.

Durch dreifach durchbohrte Gummistopfen auf jedem Glasballon
führen die Rohre *a* von 1 cm lichter innerer Weite bis über den Boden
derselben, ebenfalls die Rohre *b* zur Probeentnahme aus den Ballons.
Die Rohre *b* haben eine lichte Weite von 5 mm, ragen ungefähr 5 cm
über den oberen Rand des Gummistopfens und sind dort mit je einem
Stückchen Gummischlauch versehen, welche durch Quetschhähne *q*
verschlossen werden können. Die Ableitungsrohre *c* tragen auf eine
Länge von 1 m Kühlmäntel für Wasserkühlung; zwischen ihrem Aus-

tritt aus den Ballons und den Kühlmänteln sind sehr gut eingefettete Glashähne von sehr weiter Bohrung angebracht.

Das durch die Reaktion gebildete Salzsäuregas und eventuelles überschüssiges Chlor werden in einen Säureturm aus Ton geleitet. Derselbe ist in seinem unteren Teile mit Raschigkörpern aus Ton und über diesen mit Eisendrehspänen gefüllt. Von den letzteren müssen von Zeit zu Zeit neue nachgefüllt werden. Von oben fließt langsam Wasser in den Säureturm. Sein Einfluß kann durch einen Hahn reguliert und durch einen Glasvorstoß beobachtet werden. Salzsäure und Chlor lösen das Eisen auf; die Lösung von Eisenchlorürchlorid wird von Zeit zu Zeit unten abgezogen. Das Abzugsrohr des Säureturms führt entweder zu einem Säureventilator oder in das Hochkamin. Guter Abzug ist dem Gange der Fabrikation sehr förderlich. — An einen Säureturm können mehrere Batterien von je drei Glasballons angeschlossen werden.

Eine Batterie liefert jeden dritten oder vierten Tag so viel Chloralalkoholat, als etwa 50 kg fertigem Chloralhydrat entspricht. Für eine tägliche Produktion von beispielsweise 50 kg Chloralhydrat müßten also vier Batterien im Betriebe sein.

Die Chlorbomben stellt man in 20 cm hohe Holzbottiche, damit man aus den beinahe leeren Bomben durch Übergießen

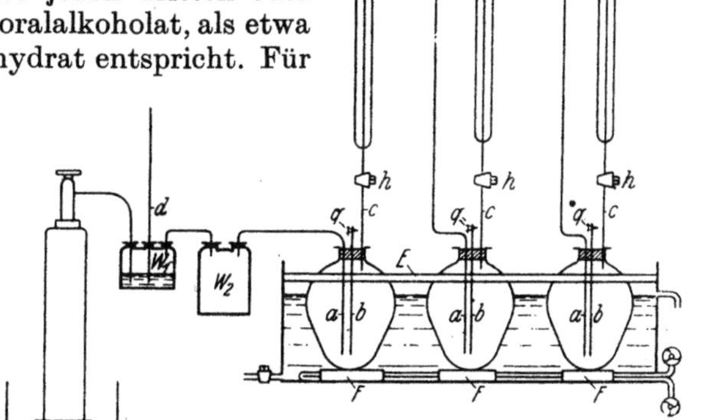

Abb. 21. Chloralalkoholat-Batterie.

mit heißem Wasser die letzten Chlorreste heraustreiben und so verwerten kann. Vor dem Eintritt in die Batterie durchströmt das Chlor die beiden Woulffschen Flaschen W_1 und W_2. W_1 ist dreifach tubuliert, hat 5 l Inhalt und ist zu einem Drittel desselben mit Eisenchlorürlösung gefüllt. Das mittlere Rohr d ragt 1 m aus der Flasche heraus und in der Flasche bis in die Flüssigkeit. Es dient als Anzeiger des Chlordruckes in der Apparatur. W_2 von 10—20 l Inhalt dient lediglich als Sicherheitsflasche, wenn bei fehlendem Druck die Flüssigkeit aus den Ballons zurücksteigen sollte.

Jeden Glasballon der Batterie beschickt man mit
30 kg mit Tieröl denaturiertem Alkohol (96%) und
400 g Eisenchloridlösung 1,280—1,282.
Nun leitet man Chlor in die Batterie, und zwar, indem man
den ersten Tag mit Wasser und Eis kühlt,
den zweiten und dritten Tag mit fließendem Wasser kühlt,
den vierten bis sechsten Tag mit stehendem Wasser kühlt,
den siebenten bis zehnten Tag auf 20—30° anheizt
und dann die Temperatur langsam bis auf 65° steigert.

Diese Temperaturangaben sind für den Neuling in dieser Fabrikation bestimmt und können später dem Bedürfnis entsprechend in gewissen Grenzen variiert werden. Bei „eingelaufener" Batterie merkt ein geübter Arbeiter bald, ob noch gekühlt oder erwärmt werden muß.

Nach einer Einleitungsdauer von 12—14 Tagen — ununterbrochener Tag- und Nachtbetrieb — ist die Chlorierung des ersten Kolbens in der Regel beendet. Zwecks Probeentnahme schließt man den Hahn der Chlorbombe, hernach auch den Glashahn h des ersten Ballons und drückt durch dessen Probierrohr b so viel Flüssigkeit heraus, daß man dieselbe spindeln kann. Sie soll bei 15^0 etwa 50^0 Bé messen (im zweiten Ballon wird sie im gleichen Zeitpunkt 25—30^0, im dritten etwa 15^0 Bé anzeigen).

Wenn diese Grade erreicht sind, wird durch Durchlassen von etwas Luft zunächst das Chlorwasserstoffgas über der Flüssigkeit verjagt, worauf man den Inhalt des ersten Ballons in das Vorratsgefäß für Chloralalkoholat abdrückt, dann den Inhalt des zweiten Ballons in den ersten, den des dritten in den zweiten und den dritten wieder frisch mit Alkohol und Eisenchloridlösung beschickt. Darauf nimmt die Chloreinleitung unter entsprechender Kühlung oder Erwärmung wieder ihren Fortgang.

Verkochen des Chloralalkoholats.

Die Apparatur wird gebildet durch eine sog. Essigsäureanhydridblase der Porzellanmanufaktur in Berlin. Es ist dies eine Porzellanblase von $250\,l$ Inhalt mit einem Mannloch und zwei Stutzen zum Aufsetzen von Kühlern usw. Man setzt die Blase in ein Ölbad, das durch eine Dampfschlange geheizt wird. Man beschickt sie mit $100\,kg$ Alkoholat und setzt langsam und unter stetem Rühren $120\,kg$ rohe, arsenfreie Schwefelsäure 66^0 Bé zu. Darauf verschließt man den einen Stutzen blind; auf den nderen setzt man einen Rückflußkühler von $1\,m$ Länge. Das obere Ende des Rückflußkühlers ist verbunden mit zwei Woullfschen Flaschen, die außerhalb des Fabrikationsraumes auf einer Konsole montiert sind. Die erste derselben ist leer — Sicherheitsflasche —, die zweite zu einem Drittel mit Wasser beschickt.

Man heizt das Ölbad langsam auf 100^0, auf welcher Temperatur man etwa eine Stunde, d. h. so lange hält, als sich noch eine Gasentwicklung bemerkbar macht.

Sobald kein Gas mehr entweicht, stellt man zunächst die Dampfzufuhr ab und läßt etwas abkühlen. Dann legt man den Kühler vom Rückfluß zum Abstieg um und verbindet seinen Ausfluß mit einem doppelttubulierten Tongefäß, das unten einen Abflußstutzen mit Tonhahn hat. Auf den einen Tubus setzt man ein Auspuffrohr, das ins Freie geht. Bei der Destillation des Chlorals entweichen noch immer Gase, welche abgeleitet werden müssen, damit sie die Bedienungsmannschaft nicht belästigen. Ein Tongefäß ist einem Glasballon als Vorlage vorzuziehen, denn aus einem Glasballon wäre das Chloral, das infolge eines geringen Wassergehaltes immer etwas Chloralhydrat auskrystallisieren läßt, oft schwer wieder herauszubekommen.

Man destilliert nun mit langsamer Aufheizung das Chloral restlos ab und drückt den Destillationsrückstand, bestehend aus Schwefelsäure und verharzten Produkten, sofort soweit nur irgend möglich aus der Porzellanblase. Beim Ankühlen würde sich ein Harzkuchen bilden, welcher fest an den Wandungen haften würde, so daß dann seine Entfernung sehr schwer wäre.

Ausbeute: 100 kg Alkoholat geben etwa 70 kg Chloral.

Darstellung von Chloralhydrat.

In dem erhaltenen Chloral stellt man zunächst den noch vorhandenen Säuregehalt fest. Man füllt davon genau 1 kg in einen weithalsigen Glaskolben, setzt langsam 60 g Wasser hinzu und neutralisiert nun in kleinen Portionen unter ständigem Umrühren mit trockener Schlemmkreide, wobei man durch Einstellen des Kolbens in heißes Wasser das Erstarren des Chlorals verhindert. Man neutralisiert auf Lackmuspapier eben etwas rötlich (Tüpfelprobe) und bestimmt so die zur Bindung der Schwefelsäure notwendige Menge Kreidepulver.

In einem homogen verbleiten Doppelwänder bringt man dann eine genau gewogene Menge Chloral, setzt auf jedes Kilogramm davon genau 60 g Wasser und die durch die soeben geschilderte Bestimmung ermittelte Menge Kreidepulver zu, mischt gut um und destilliert. Die Vorlage ist wieder ein Tontourille mit zwei Tuben oben und einem Bodenstutzen. Den einen der oberen Tuben verbindet man durch Vorstoß mit dem Abflußrohre des Kühlers. Auf den anderen setzt man einen kurzen Rückflußkühler zum Zurückhalten der letzten Chloraldämpfe aus der Vorlage. Den Bodenstutzen verschließt man durch einen durchbohrten Gummistopfen; durch die Durchbohrung führt man ein Glasrohr, über das ein Stückchen Gummischlauch gezogen wird. Durch eine Klemmschraube erzielt man einen Verschluß des Gummischlauchs. Weil das Destillat Chloralhydrat enthält und große Neigung zum Erstarren zeigt, umgibt man zweckmäßig die ganze Vorlage mit einer Umkleidung aus Filz als Wärmeschutz.

Nach der Destillation stellt man unter den Ausfluß der Vorlage eine kleine Tafelwaage und auf diese, mit einem Filzüberzug als Wärmeschutz, eine tarierte $12^1/_2$-kg-Kruke aus glasiertem Steingut. In dieser Kruke mischt man:

genau 6,600 kg Chloral aus der Vorlage,
genau 0,400 kg lauwarmes destilliertes Wasser,
genau 2,500 kg über entwässertem Natriumsulfat frisch destilliertes Benzol.

Die so beschickten Kruken werden dann unverzüglich in einen Raum gebracht, wo immer eine Temperatur von 20—22° herrscht. Man versieht die Kruken mit dem Datum des Beschickungstages, impft mit einigen gut ausgebildeten Krystallen von Chloralhydrat und läßt dann, wohlverwahrt vor Erschütterungen, 8—10 Tage stehen. Um schön ausgebildete Krystalle zu erzielen, sind alle im vorstehenden erwähnten Vorschriften auf das genaueste zu befolgen. — Es ist übrigens eine merkwürdige Erscheinung, daß die Lösungen bei Verwendung von ausschließlich frischem Chloral nur schlecht krystallisieren. Setzt man aber Mutterlaugen zu, die schon einmal gute Krystalle ergeben haben, so erhält man von dann an leicht gute Krystalle.

Nachdem die Krystallisierkruken 8—10 Tage gestanden haben, gießt man die Mutterlaugen ab, stößt die Krystalle mit einem Nickelspatel vom Rande und Boden der Kruken, läßt auf einem Abtropfhut abtropfen, deckt mit reinem Benzol und trocknet schließlich auf reinem Fließpapier bei niedriger Temperatur und guter Ventilation.

Die Benzolmutterlaugen verwendet man wieder zur Krystallisation. Dieselben haben in der Regel 20° Bé und darüber. Man stellt sie zunächst durch Benzolzusatz auf 20° Bé ein. Dann macht man die Ansätze in folgender Weise:

Benzol-Chloralhydrat-Mutterlaugen von 20° Bé	6 kg
frisch destilliertes Chloral	3,3 kg
Warmes destilliertes Wasser	0,2 kg.

Wie schon oben erwähnt, geben gerade die schon einmal gebrauchten Laugen wohlausgebildete Krystalle. Natürlich kommt mit der Zeit der Augenblick, wo die Laugen dunkel werden und schließlich gefärbte Krystalle ergeben. Man schaltet dann die Mutterlaugen teilweise aus, nie alle auf einmal!!

Die ausgeschiedenen dunklen Mutterlaugen destilliert man. Benzol und Chloral kommen in zwei getrennten Schichten hinüber, welche in der Vorlage in der Ruhe getrennt bleiben, wenn auch natürlich nicht quantitativ. Die beiden Produkte — Chloral und Benzol — gehen dann wieder in die Fabrikation zurück. In der Praxis destilliert man zuerst etwa die Hälfte der Mutterlaugen ab und gewinnt so einen Teil von Benzol und Chloral getrennt. Wenn man darnach die zweite Hälfte ebenfalls abdestilliert und getrennt von der ersten auffängt, so ergibt diese zweite Hälfte des Destillats nach einigen Tagen der Ruhe meistens recht wohlausgebildete Krystalle.

Anstatt aus Benzol könnte Chloralhydrat auch aus Di- oder aus Trichloräthylen krystallisiert werden.

Die Blasen zum Verkochen des Alkoholats, zur Entsäuerung und zur Reinigung der Mutterlaugen sind nach jedem Gebrauch gründlich zu reinigen. Es bilden sich bei diesen Operationen immer verharzte Produkte, die, einmal hart geworden, schwer zu entfernen sind.

Die Eisenchlorürchloridlaugen aus den Säuretürmen werden nach völliger Chlorierung auf Eisenchlorid flüssig und fest verarbeitet.

Man erhält bei der Chloralhydratfabrikation folgende Produkte:

1. Chloral, das als solches technisch gebraucht wird, z. B. zur Darstellung von Trichloressigsäure.

2. Chloralhydrat puriss. crist., das Produkt der Arzneibücher.

3. Chloralhydrat tabulatum. Diese Form des Chloralhydrats wird in folgender Weise gewonnen: Das frisch destillierte Choral versetzt man mit der bereits früher angegebenen Menge warmem, destilliertem Wasser und rührt bis zur beginnenden Krümelkonsistenz, worauf man auf emaillierte Horden gießt. In diesen erwärmt man zuerst bis zur

klaren Schmelze und läßt dann erkalten. Die derart entstandenen Tafeln klopft man nachher von den Horden ab und zerbricht sie. Die Tabulatumware wird viel in England gebraucht.

Chlorkohlensäureäthylester.

$Cl-CO-OC_2H_5$. Sdp. 93°. Er bildet eine stechend riechende Flüssigkeit (Tränengas), welche unzersetzt siedet.

Seine Darstellung geschieht durch Umsetzung von Äthylalkohol mit Phosgen:

$$COCl_2 + C_2H_5OH = Cl-CO-OC_2H_5 + HCl.$$

Wegen der intensiven Reizwirkung seiner Dämpfe auf die Schleimhäute und vor allem auf die Tränenkanäle der Augen muß dieser Körper in einem für sich abgeschlossenen Raum der Fabrik, der durch einen kräftigen Ventilator ins Freie entlüftet werden kann, hergestellt werden. Noch besser stellt man die Apparatur im Fabrikhofe auf.

Apparatur 1 (s. Abb. 22).

Der homogen verbleite, nicht zu dickwandige Eisenkessel A von 50 l Inhalt steht in einer kleinen Holzbütte für seine äußere Kühlung mit Eiswasser. Der mechanisch bewegte verbleite Rührer macht 45 Touren in der Minute. Der

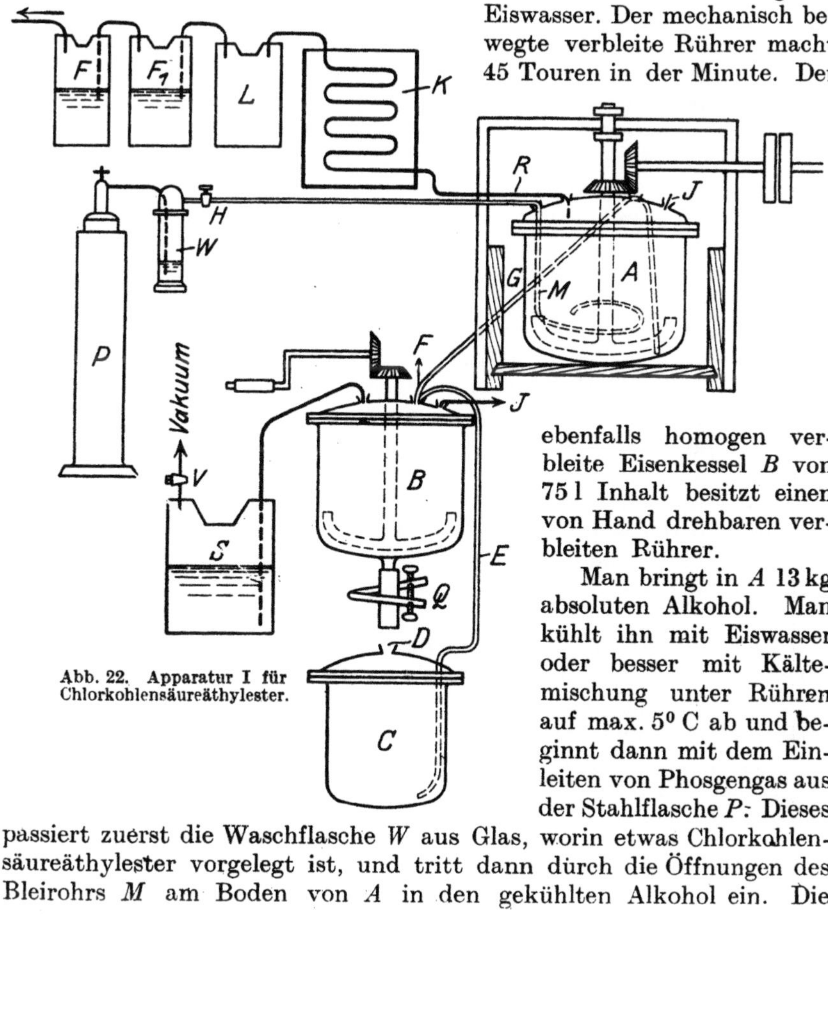

Abb. 22. Apparatur I für Chlorkohlensäureäthylester.

ebenfalls homogen verbleite Eisenkessel B von 75 l Inhalt besitzt einen von Hand drehbaren verbleiten Rührer.

Man bringt in A 13 kg absoluten Alkohol. Man kühlt ihn mit Eiswasser oder besser mit Kältemischung unter Rühren auf max. 5° C ab und beginnt dann mit dem Einleiten von Phosgengas aus der Stahlflasche P. Dieses passiert zuerst die Waschflasche W aus Glas, worin etwas Chlorkohlensäureäthylester vorgelegt ist, und tritt dann durch die Öffnungen des Bleirohrs M am Boden von A in den gekühlten Alkohol ein. Die

Reaktion ist exotherm, und man kann das Phosgen nur langsam zuführen, um eine Temperatursteigerung der Reaktionsmasse über 10^0 C zu vermeiden.

Das Einleiten der benötigten Phosgenmenge, nämlich 24 kg, erfordert deshalb beinahe zwei Tage. Während der Dauer des Einleitens soll fortwährend von außen gekühlt werden. Die Gewichtskontrolle des Phosgens geschieht durch Wägen der Phosgenbombe P.

Das durch die Reaktion freiwerdende Salzsäuregas passiert den Rückflußkühler K mit Kühlschlange aus Blei, die leere Woulffsche Flasche oder Tontourille L von 30 l und die beiden Woulffschen Flaschen oder Tontourilles FF_1 von je 30 l Inhalt, letztere je zur Hälfte mit 5 proz. Natronlauge gefüllt. Die Einleitungsrohre in F und F_1 tauchen höchstens 2 cm in die Flüssigkeit ein. Die verdünnte Natronlauge in F und F_1 muß täglich erneuert werden.

Beim Nachrechnen des Ansatzes wird man beobachten, daß etwas weniger als die theoretische Phosgenmenge in den absoluten Alkohol eingeleitet wird. Dies geschieht, weil am Schluß der Reaktion kein Phosgen im Chlorkohlensäureäther enthalten sein soll, und weil auch bei langsamem Einleiten des Phosgens das entweichende Salzsäuregas immer etwas Alkohol mit sich führt.

Nach beendigtem Einleiten des Phosgens rührt man in A noch zwei Stunden und befördert dann den Rohäther in das Waschgefäß B. Die Reizwirkung der geringsten Mengen Chlorkohlensäureester auf die Schleimhäute, speziell aber auf die Augen ist bekannt. Bei der Manipulation mit größeren Mengen dieses Produkts soll mit größter Vorsicht vorgegangen werden. — Das Abdrücken aus dem Kessel A in B ist deshalb nicht ratsam. Denn durch die Druckluft kann ein Pfropfen oder die Packung einer Stopfbüchse herausgeschleudert werden, Tränengas in das Lokal gelangen und die Mannschaft, welche die Apparatur bedient, zur Flucht zwingen.

Man verfährt deshalb auf folgende Art: Bei B verschließt man die Quetschklammer Q und den Stutzen J, letzteren durch einen Kautschukpfropfen. Man schließt ferner den Hahn H an der Waschflasche W. Dagegen öffnet man den Stutzen J_1 auf dem Deckel von A. — Dann erzeugt man durch leichtes Öffnen des Ventils V zur Vakuumleitung ein schwaches Vakuum in B. Dies bewirkt den Beginn des Abfließens des Rohäthers aus A durch den Bleisiphon G in B. Man konstatiert den Beginn dieses Abfließens an einem Schauglas, bestehend aus einem im Bleisiphon G mit Schlauch eingesetzten kurzen Stück Glasrohr. Sobald das Abfließen des Rohäthers beginnt, entfernt man den Pfropfen des Stutzens J auf B und schließt das Ventil V zum Vakuum. — Der Rohester fließt nun aus A in B. Das Vakuum dient also nur zum „Ansaugen" des Siphons. Die mit verdünnter Sodalösung zu einem Fünftel gefüllte Woulffsche Flasche S hält die Phosgen- und Salzsäuredämpfe von der Vakuumpumpe ab. Es kann vorkommen, daß das Vakuum diese Waschflasche zertrümmert. Sie ist deshalb mit einem Drahtnetz zu umschließen, welches zum Schutze des Personals bei einem allfälligen derartigen Vorkommnis dient.

In *B* wäscht man den Rohester zweimal mit je 30 l Eiswasser.
Letzteres füllt man bei *J* vermittels eines Trichters ein, rührt 10 Minuten
durch und läßt 5 Minuten absetzen, worauf man den Waschkessel
durch den Auslauf am Boden (Bleistutzen, Säureschlauch und hölzerne
Quetschklammer) entleert. Zuerst fließt der Ester ab, den man in
dem homogen verbleiten Kesselchen *C* von 50 l Inhalt auffängt. Auf
den Stutzen *D* setzt man zu diesem Zwecke einen Glastrichter. Man
hüte sich, von dem Produkt auf den Boden zu verschütten. Wenn dies
doch einmal vorkommt, spüle man augenblicklich gründlich mit Wasser
ab. — Im geschlossenen Raum setze man auf alle Fälle während dieser
Operation den Ventilator in Gang.

Nach dem Ester zieht man das Waschwasser in Tonkrüge oder
Woulffsche Flaschen ab, welche man an einem Ort in die Fabrik-

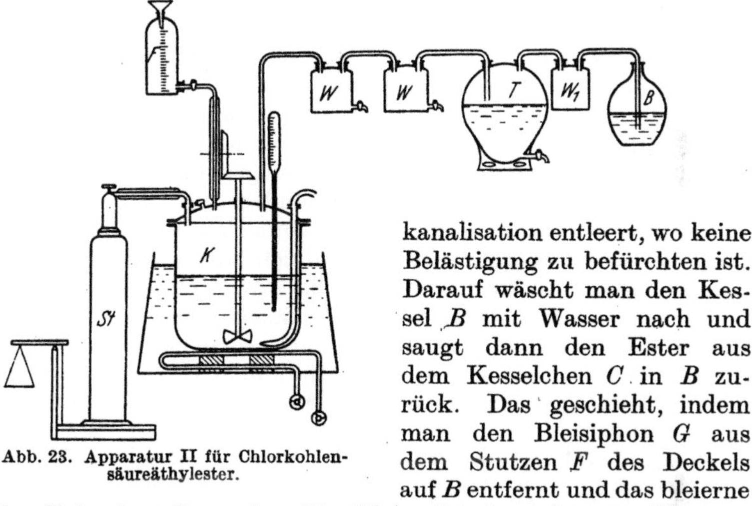

Abb. 23. Apparatur II für Chlorkohlensäureäthylester.

kanalisation entleert, wo keine
Belästigung zu befürchten ist.
Darauf wäscht man den Kessel *B* mit Wasser nach und
saugt dann den Ester aus
dem Kesselchen *C* in *B* zurück. Das geschieht, indem
man den Bleisiphon *G* aus
dem Stutzen *F* des Deckels
auf *B* entfernt und das bleierne
Steigrohr *E* in denselben einpaßt. Man gibt darauf etwas Vakuum
auf *B* und läßt dasselbe anhalten, bis aller Ester von *C* und *B* hinauf-
befördert ist.

Man wiederholt die Operation des Auswaschens mit einer zweiten
Menge von 30 l Eiswasser und füllt dann den Ester auf Glasflaschen
von höchstens 5 l. In diesen trocknet man denselben unter zeitweiligem
Umschütteln mit je 150 g geschmolzenem Chlorcalcium auf 5 kg Ester
und trennt am folgenden Tage durch vorsichtiges Abgießen.

Ausbeute: 24—25 g Chlorkohlensäureester.

Die homogen verbleiten Kesselchen *A*, *B* und *C* sind einem starken
Verschleiß unterworfen, und man tut gut, für jedes eine Reserve zu
halten.

Apparatur 2 (s. Abb. 23).

Sie besteht aus dem 150 l fassenden Kupferkessel *K* mit Rührwerk,
Thermometerrohr, Abdrückrohr, einer Zuleitung für Druckluft, zwei mit
Wasser kühlbaren Zuleitungen je für Phosgen und absoluten Alkohol
und einer Ableitung für das Salzsäuregas. Die Stahlflasche *St* mit Phos-

gen steht auf einer Dezimalwaage. Die graduierte Glasflasche F für den absoluten Alkohol kann 10—20 l Inhalt haben.

Das Salzsäureableitungsrohr führt zunächst zu zwei leeren Woulff-schen Flaschen WW mit Bodenhahn. Diese dienen als Sicherheits-flaschen. Dann folgt ein Tourille T von 150 l Inhalt, gefüllt mit 80 l Wasser, dann wieder eine Sicherheitsflasche W_1 und endlich ein Ballon B, der zum Zurückhalten und Unschädlichmachen restlicher Phosgendämpfe mit dünner Kalkmilch gefüllt ist. — Der Kupferkessel K steht in einer Holzbütte mit Bodenhahn und kleiner Dampfschlange.

In die Kupferblase K werden zunächst 30 kg Chlorkohlensäure-äthylester aus einem früheren Ansatz und in die Holzbütte Kälte-mischung gefüllt. Man setzt das Rührwerk in Bewegung, wartet, bis das Thermometer seinen größtmöglichen Tiefstand erreicht hat und leitet dann etwa eine halbe Stunde Phosgen ein. Erst dann läßt man aus der graduierten Flasche F absoluten Alkohol zufließen unter gleich-zeitigem Einleiten von Phosgen, aber so, daß die Temperatur niemals über 2° steigt.

Bald beginnt auch die Salzsäureentwicklung, welche nach und nach immer stärker wird. Je nach Temperatur und Witterung können täg-lich in 8 Stunden 10—20 kg Alkohol eingeleitet werden; immer muß aber ein Überschuß an Phosgen vorhanden sein. Ist der Alkohol ein-geleitet, so entfernt man die Kältemischung und erwärmt durch Dampf die Blase bis auf höchstens 50°, allmählich ansteigend, und treibt so die Hauptmenge der noch vorhandenen Salzsäuregase und Phosgendämpfe ab.

Nach dem Erkalten wird die Reaktionsflüssigkeit mit Druckluft in Porzellankochtöpfe von 30—50 l Inhalt gedrückt. In diesen wird sie dann auf dem Dampfbade am Rückflußkühler (Kühlwasser 15—20°) voll-ends vom Phosgen befreit und nach dem Erkalten in Ballons abgefüllt.

Kalkulation:

30 kg Chlorkohlensäureäthylester aus einem früheren Ansatz	105 kg Phosgen
43 kg absoluter Alkohol	5 Arbeitsstunden
500 kg Eis	50 kg Kohle
50 kg denaturiertes Salz	3 Kilowatt

Zeitdauer eines Ansatzes etwa 50 Stunden.

Ausbeute: 123 kg Chlorkohlenäthylester, davon abgezogen die 30 kg aus früherer Charge, also 93 kg Ester oder 93 % der Theorie.

Außerdem werden ungefähr 110 kg Salzsäure vom spez. Gew. 1,17 gewonnen.

Der so gewonnene Ester ist nicht ganz so rein wie derjenige aus Apparatur 1, aber er genügt für die meisten Zwecke vollkommen. Die Ausbeute in der zweiten Apparatur ist höher und die Arbeit darin geht rascher voran als in der ersten; ferner gewinnt man in der zweiten als Nebenprodukt eisenfreie Salzsäure.

Chlorkohlensäuremethylester. Er wird vollständig analog dem Äthylester hergestellt. Die Ausbeute beträgt 90 % der Theorie.

Chloräthyl.

Äthylchlorid. C_2H_5Cl. Mol.-Gew. 64,5. Spez. Gew. 0,921 bei 0°. Sdp. 12,5°. Es bildet eine farblose, leicht bewegliche Flüssigkeit, die sich wenig in Wasser löst und mit Weingeist, Äther und Chloroform in jedem Verhältnis mischt. Es brennt mit grün gesäumter Flamme.

Die Herstellung erfolgt nach der Gleichung:

$$C_2H_5OH + HCl = C_2H_5Cl + H_2O.$$

Die beiden Hauptbedingungen für einen regelmäßig und gute Ausbeuten ergebenden Fabrikationsprozeß sind gute Abdichtung der Apparatur und groß dimensionierte Kühlflächen. Ihre Erfüllung ist bei einem Salzsäuregas führenden Gasgemisch nicht allzu leicht.

Der Destillationskessel D (s. Abb. 24) aus Gußeisen sowie der Rührer und Deckel sind homogen verbleit. Im Doppelboden kann sowohl mit Wasser gekühlt als auch mit Dampf angewärmt werden. Der Rührer muß wenig in Funktion treten und wird darum von Hand bedient. Das weite und 1,5 m lange Steigrohr St aus Blei führt zum Rückflußröhrenkühler K mit 8—10 weiten Kühlröhren aus Blei. Es

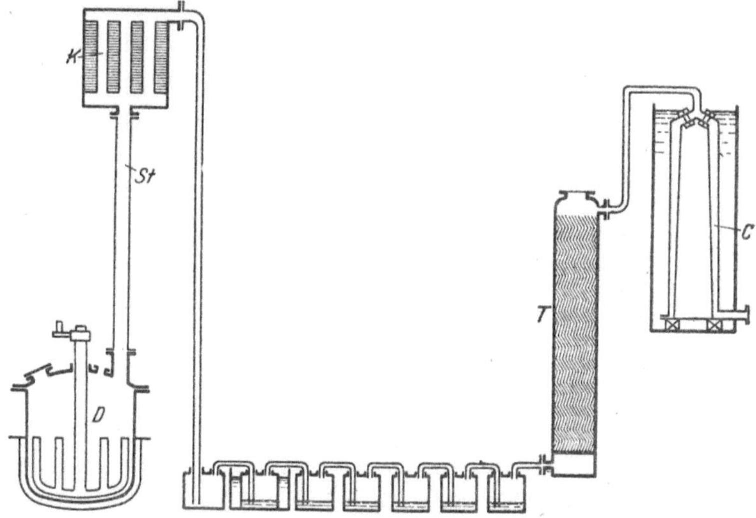

Abb. 24. Anlage für Chloräthylfabrikation.

folgen 7 Woulffsche Waschflaschen von je 25 l Inhalt, wovon die erste als Druckregulator dienende leer ist. Die beiden folgenden enthalten Wasser, die zweite hat außerdem Außenkühlung durch kaltes fließendes oder Eiswasser. Die vierte Flasche enthält 15 % Natronlauge, die fünfte 15 % Natriumbichromatlösung und die letzten Schwefelsäure 66° Bé, welche oft erneuert werden muß, damit konstant stark wasseraufnahmefähige Schwefelsäure vorgelegt ist. Im Tontürmchen T werden die letzten Salzsäuregasreste durch Ätzkalk zurückgehalten. Im mit Sole von —20° gekühlten Zylinderkühler C aus Bleiblech wird das reine Chloräthyl verdichtet. Das Prinzip eines Zylinderkühlers wird S. 206 angegeben. Man wählt mit Vorteil einen Zylinder und keinen Röhrenkühler, weil der Kühlraum und die Kühlflächen eines Zylinderkühlers groß und ausgiebig gestaltet werden können. Aus diesem fließt das Chloräthyl entweder direkt in Versandgefäße oder in zylindrische Vorratsgefäße, welche sowohl die einen wie die anderen während der Füllung gekühlt werden.

7*

Nachdem die ganze Apparatur durch Überprüfung als dicht be-
funden ist, füllt man in D:

> 66 l Alkohol 96 %
> 110 l Salzsäure 22° Bé
> 200 kg 40 % Chlorcalciumlösung,

verschließt und mischt kurze Zeit mit dem Handrührer. Die Gasentwicklung beginnt schon in der Kälte. Je nach Bedarf hilft man
durch sehr sorgfältig dosierte Dampfzufuhr in den Doppelboden
nach. Im Steigrohr St und dem Kühler K wird der Großteil des durch
den C_2H_5Cl-Gasstrom mitgerissenen Wassers, Alkohols und HCl verdichtet und in D zurückgeführt. In den sieben Waschflaschen und dem
Tontürmchen wird das gasförmige Chloräthyl systematisch befreit von
den letzten Spuren an Alkohol, Wasser, HCl und eventuellen empyreu-
matischen Verunreinigungen, um dann aus C verflüssigt und rein in
die Versand- oder Vorratsgefäße zu fließen.

Nach 5—6 Stunden ist die Chloräthylentwicklung beendigt. — Man
neutralisiert dann den Inhalt von D in D selbst mit gelöschtem Kalk,
siphoniert ab, läßt in einem Klärbottich absetzen und verwendet die
so erhaltene klare, ungefähr 40 proz. Chlorcalciumlösung für einen neuen
Ansatz.

Ausbeute: Wenn die Apparatur vollkommen dicht ist, erhält man
aus 100 kg 95 proz. Alkohol 110 kg Chloräthyl.

Chlormethyl.

Methylchlorid. CH_3Cl. Mol.-Gew. 50,5. Farbloses, ätherisches riechendes Gas.
1 Vol. Wasser löst 4 Vol., 1 Vol. Alkohol 35 Vol. des Gases. Sdp. — 21°. Es
brennt mit grün gesäumter Flamme.

Während für die Darstellung des Chloräthyls wässerige Salzsäure
und als wasserentziehendes Mittel Chlorcalcium vollauf genügen, muß
man für das Methylchlorid getrockneten gasförmigen Chlorwasserstoff
und an Stelle von Chlorcalcium das viel stärker wirkende Chlorzink
verwenden.

Die Entwicklung des Chlorwasserstoffgases geschieht in Chlor-
entwicklern aus Ton durch Einfließen von konzentrierter Schwefelsäure in wässerige Salzsäure. 22° Bé. Das HCl-Gas wird in zwei
Woulffschen Flaschen mit konzentrierter Schwefelsäure gewaschen,
bevor es zur Reaktion gelangt.

Der Destillationsapparat D (s. Abb. 24) ist konstruiert wie derjenige für Äthylchlorid. Beim Steigrohr St und dem Kühler K ist in
Betracht zu ziehen, daß Methylalkohol leichter flüchtig ist als Äthylalkohol und vom gebildeten CH_3Cl sowie dem überschüssigen HCl-Gas
zum Teil durch die gesamte Waschapparatur mitgerissen würde, wenn
das Steigrohr nicht von bedeutender lichter Weite und hoch und der
Kühler nicht ein solcher mit groß dimensionierten Kühlflächen wäre.
In dem letzteren verwendet man zur Kühlung hier besser Sole von
—10° bis —15°. — Die Anordnung der sieben Waschflaschen und des
Tontürmchens T ist dieselbe wie für Äthylchlorid. Dagegen ist der

Zylinderkühler C überflüssig. Methylchlorid siedet bei -21^0 und muß
von T aus als Gas in einem Gasometer aufgefangen werden. Vom Gasometer wird das CH_3Cl mittels Aspirations- und Kompressionspumpe
in die Druckbehälter gepumpt.

Man mischt in D 2 T. CH_3OH — Reinmethylalkohol mit max. 0,05 %
Aceton — mit 1 T. geschmolzenem Chlorzink und leitet kalt trockenes
HCl-Gas bis zur Sättigung ein. Nach erreichter Sättigung heizt man
sehr langsam und vorsichtig auf, indem man zugleich mit dem Einleiten von HCl-Gas fortfährt. Die CH_3Cl-Entwicklung dauert mehrere
Stunden. — Nach vollendeter Reaktion wird das Chlorzink wieder
eingeschmolzen und von neuem. verwendet. Die Schwefelsäure aus
dem ·HCl-Gasentwickler kann z. B. für Schwefelwasserstoffabrikation
dienen.

Ausbeute an Chlormethyl mindestens 110 % des verwendeten
Methylalkohols.

Cholesterin.

$C_{27}H_{45}OH + H_2O$. Es bildet farblose, glänzende Krystalle, löslich in 9 T. heißem
Alkohol, auch in Äther, Chloroform und Aceton, unlöslich in Wasser. Es verliert
bei 100^0 sein Krystallwasser, schmilzt in wasserfreiem Zustand bei $148,5^0$, siedet
beinahe unzersetzt gegen 360^0. Mit Säuren bildet es Äther. Es ist lichtempfindlich
und muß deshalb in dunklen Flaschen aufbewahrt werden.

Zur Darstellung wird Pferdehirn in einer Reibschale mit entwässertem Glaubersalz innigst gemischt, bis das Ganze in eine krümelige,
zerreibbare Masse übergegangen ist. Hierzu braucht man auf ein Hirn
von 600 g 1 kg entwässertes Glaubersalz.

Das Gemisch läßt man einige Zeit stehen, bis es erhärtet ist; dann
zerreibt man zu Pulver und extrahiert dieses mit einer Mischung von
einem Teile Alkohol und einem Teile Äther. Man trennt vom Extraktionsgut durch Filtration durch Papier und destilliert aus dem Filtrat
die Lösungsmittel ab. Den Destillationsrückstand kocht man am Rückflußkühler mit seinem eigenen Gewicht an 45 proz. Kalilauge und demselben Gewicht Alkohol 12 Stunden am Rückfluß. In dieser Zeit
wird das Fett vollständig verseift. Die entstandene dunkelbraune
Lösung wird in die fünffache Menge Wasser gegossen und mehrmals
mit Äther vorsichtig extrahiert. Man mischt dabei oft, aber nie heftig,
damit sich keine schwer trennbare Emulsionen bilden. Die ätherische
Lösung ist gebräunt durch darin gelöste Seife, welche durch wiederholtes Schütteln mit Wasser vollständig daraus entfernt wird. Man
muß mit Wasser schütteln, bis auch die geringsten Spuren von Seife
aus der Ätherlösung entfernt sind. Erst dann darf man, nachdem man
sie vorher noch mit geglühtem Glaubersalz entwässert hat, aus derselben
den Äther abtreiben. Den Destillationsrückstand krystallisiert man
zuerst aus Äther und dann aus Aceton um. Endlich löst man ihn am
Rückfluß in seiner doppelten Menge Äther, bringt die Lösung in gut verschließbare Glasstöpselflaschen und läßt im Eisschrank auskrystallisieren. Die erzielten Krystalle läßt man abtropfen, deckt sie mit eiskaltem Äther und trocknet über Filtrierpapier.

Diäthylbarbitursäure. (Diäthylmalonylharnstoff.)

$$\begin{array}{c} C_2H_5 \diagdown \qquad \diagup CO \cdot NH \diagdown \\ C \qquad\qquad CO \\ C_2H_5 \diagup \qquad \diagdown CO \cdot NH \diagup \end{array}$$

Mol.-Gew. 184. Schp. 191°. Sie bildet farblose Krystallblättchen, löslich in 170 T. Wasser von 15° und in 17 T. siedendem Wasser, leicht in Weingeist, Äther, Chloroform und verdünnter Natronlauge.

Diäthylmalonester.

$$H_2C \diagup \overset{COOC_2H_5}{\underset{COOC_2H_5}{}} \qquad K.P.\ 197—198°.$$

Man gelangt in der Technik auf zwei verschiedenen Wegen zu diesem Produkt, welche mit *a* und *b* bezeichnet werden.

Verfahren *a*.

$$2\ CH_2ClCOOH + Na_2CO_3 = 2\ CH_2ClCOONa + H_2O + CO_2.$$

$$CH_2ClCOONa + NaCN = CH_2(CN)COONa + NaCl.$$

$$CH_2(CN)COONa + H_2O + NaOH = CH_2(COONa)_2 + NH_3.$$

$$CH_2(COONa)_2 + CaCl_2 = CH_2 \diagup \overset{COO}{\underset{COO}{}} \diagdown Ca + 2\ NaCl.$$

$$CH_2 \diagup \overset{COO}{\underset{COO}{}} \diagdown Ca + 2\ C_2H_5Cl = C_2H_5 \diagup \overset{COOC_2H_5}{\underset{COOC_2H_5}{}} + CaCl_2.$$

In einem schmiedeeisernen offenen Doppelwänder von 250 l Inhalt mischt man 20 kg Monochloressigsäure mit 30 l kaltem Wasser und so viel gemahlenem Eis, daß die Temperatur der Mischung nicht mehr als 10° beträgt. Diese Mischung wird mit Solvay-Soda in Pulverform bis zur schwach lackmusalkalischen Reaktion neutralisiert, wozu 11,5—12 kg davon erforderlich sind. Man verwendet Soda zur Neutralisation und keine Natronlauge, weil erstere sich im Preise billiger stellt. Die Verkaufspreise für Diäthylbarbitursäure sind seit langem gedrückte, und die Fabrikation des Produktes kann nur dann einen Nutzen ·abwerfen, wenn man für alle Operationen möglichst billige Rohprodukte verwendet.

Zu der kalten Lösung von monochloressigsaurem Natrium setzt man eine solche von 10,4 kg Cyannatrium 100 % (nicht Cyankali, weil teurer) in 30 l Wasser von 45°. Die Temperatur steigt bis auf 70—80°, und es tritt während einiger Sekunden eine heftige Reaktion ein. Man hält deshalb kaltes Wasser bereit, um bei Bedarf durch Zugießen desselben ein Überwallen der Reaktionsmasse zu verhüten. Die Reaktion soll auch nach Vereinigung beider Lösungen lackmusalkalisch sein. Wenn dies nicht der Fall ist, so muß noch etwas Soda zugefügt werden. Man erwärmt eine Stunde auf 95° (nicht zum Kochen) ·und läßt dann abkühlen.

Das fertiggebildete cyanessigsaure Natrium wird nun verseift. Man versetzt die Lösung mit 20 kg 33 proz. Natronlauge und erhitzt eine Stunde zum Sieden, indem man das mit dem gebildeten Ammoniak verdunstende Wasser von Zeit zu Zeit durch frisches ersetzt. Nach einer Stunde versetzt man mit weiteren 14 kg Natronlauge und erhitzt nun unter Ersatz des verdunstenden Wassers bis zum Verschwinden des Ammoniakgeruchs, was 2—3 Stunden beansprucht.

Man kühlt nun durch Kühlwasser im Doppelwänder ab und fällt die Malonsäure als Kalksalz mit 40 kg einer Chlorcalciumlösung von 37° Bé. Am folgenden Tage nutscht oder zentrifugiert man, wäscht mit wenig kaltem Wasser nach und trocknet.

Die Ausbeute beträgt 17—18 kg, also etwas mehr als die Theorie, weil das Produkt nicht rein ist, was jedoch seiner Weiterverarbeitung nicht hinderlich ist.

Die Umwandlung in den Ester (Ester I) wird im Laboratorium nach folgender Vorschrift bewerkstelligt[1].

Man suspendiert 20 g bei 100° getrockneten malonsauren Kalk in 500 g absolutem Alkohol und leitet gasförmige Salzsäure bis zur Auflösung ein; diese Operation wird noch neunmal mit immer neuen Anteilen von je 20 g des malonsauren Kalks wiederholt; schließlich sättigt man die Lösung mit Salzsäuregas. Am anderen Tage neutralisiert man vorsichtig mit Calciumcarbonat, destilliert den größten Teil des Alkohols im Vakuum ab, nimmt den Rückstand in Benzol auf, trocknet die Lösung in Benzol über Chlorcalcium, treibt das Benzol ab und fraktioniert den Malonester.

Dieses Verfahren ist sehr elegant, aber für die Anwendung im Betrieb zu teuer. Der malonsaure Kalk muß zur Eliminierung seines Moleküls Krystallwasser bei 100° getrocknet werden, was im Betriebe keine ganz einfache Manipulation wäre. Ein Teil des überschüssigen absoluten Alkohols geht verloren. Das Austreiben von Salzsäure aus ihrer wässerigen Lösung bedingt den Verbrauch von beträchtlichen Mengen englischer Schwefelsäure, und für die entstehende, noch Salzsäure enthaltende verdünnte Schwefelsäure findet sich in den meisten Betrieben keine geeignete Verwendung.

Man arbeitet im Betriebe in der folgenden Weise:

Man verwendet mit Vorteil einen homogen verbleiten Kessel *A* (s. Abb. 25) mit Doppelboden für Dampf- und Kühlwasseranschluß, Bodenhahn, Mannloch und von Hand bedientem Rührer. Der letztere dient nur zum gelegentlichen Mischen der Reaktionsmasse und kann gut mit einer Kurbel angetrieben werden. In den Kessel bringt man kalt und in der angegebenen Reihenfolge:

32 kg 95proz. Äthylalkohol, 51 kg geschmolzenes Chlorcalcium, 63 kg Salzsäure 1,19, 51 kg malonsauren Kalk und 15 kg Reinbenzol.

Man schließt das Mannloch und mischt mit dem Rührer. Die Chloräthylbildung setzt schon in der Kälte ein. Wenn kein Benzol in dem Apparat wäre, würde ein Teil des Chloräthyls durch den mit Eiswasser gekühlten Röhrenrückflußkühler *K* aus Blei entweichen und der Umsetzung mit dem malonsauren Kalk entgehen. Durch das aufgeschichtete Benzol wird es aber zurückgehalten und gelangt so fast restlos zur

---

[1] Siehe auch **Erneste Fourneau**: Heilmittel der org. Chemie und ihre Herstellung, S. 261. Verlag Fr. Vieweg u. Sohn A.-G.

Reaktion. Nach einiger Zeit wärmt man sehr langsam mit Dampf an, bis nach zwei Stunden das Benzol siedet. Man erwärmt noch drei Stunden am Rückflußkühler und läßt dann abkühlen. Man bringt den Kesselinhalt in einen Dekantiertopf aus Ton, worin man dreimal mit je 25 kg Reinbenzol extrahiert. Den letzten Benzolauszug bewahrt man zur ersten Extraktion des folgenden Ansatzes auf.

Die vereinigten übrigen Auszüge werden zuerst mit Sodalösung vollständig entsäuert, dann mit Wasser gewaschen und hernach über Chlorcalcium getrocknet. Auf das Trocknen der Benzollösung ist große Sorgfalt zu verwenden, damit bei der nachfolgenden Destillation Zer-setzungen vermieden werden.

In primitiveren Betrieben treibt man zuerst in einem mit Dampf geheizten kupfernen Destillationsapparate das Benzol ab und rektifi-ziert nachher den Ester in einem kleineren, durch Gas geheizten Appa-rate aus Kupfer, wobei man bis 175⁰ einen Vorlauf nimmt und dann den Rest einfach als gute Ware übertreibt. Das so erhaltene Produkt ist nicht ganz rein, aber das schadet nichts bei der Weiterverarbeitung. In modern eingerichteten Betrieben wird der Abtrieb des Benzols wie auch die Rektifikation des Esters in ein und demselben V2A-Stahl-apparat mit Frederking-Heizsystem durch überhitzten Dampf aus-geführt. Ein solcher Apparat gestattet nicht nur ein gefahrloseres und bequemeres Arbeiten, sondern man erzielt damit auch etwas höhere Ausbeuten.

Die Ausbeute beträgt 32 kg und wäre also nur 70% der Theorie, wenn der malonsaure Kalk rein gewesen wäre. Dies ist aber, wie be-reits erwäh it wurde, nicht der Fall. Im übrigen ist die Ausbeute ebenso hoch wie bei dem beschriebenen Laboratoriumsverfahren. Es be-schränken sich aber die Ausgaben für verwendete Hilfsprodukte bei dem geschilderten Betriebsverfahren auf das mögliche Minimum. Denn man verwendet nur die theoretisch notwendige Alkoholmenge, und zwar als 95proz., nicht als absolute Ware. Die Verwendung von Schwefel-säure zur HCl-Gasentwicklung fällt weg und wird durch diejenige des billigen Chlorcalciums im Reaktionsapparate selbst ersetzt, welches Chlorcalcium übrigens durch Eindampfen der mit Benzol extrahierten Laugen wiedergewonnen wird. Die Verluste je Ansatz beschränken sich auf einige Kilogramm Benzol. Das beschriebene Verfahren ergibt also gute Ausbeuten und verwendet in sparsamer Weise billige Hilfs-produkte.

In einigen Betrieben hat man die Darstellung des Malonesters noch zu vereinfachen versucht, wie ersichtlich ist aus der Beschreibung von dem

Verfahren b.

$$2\,CH_2ClCOOH + NaOH = 2\,CH_2ClCOONa + H_2O + CO_2.$$

$$CH_2ClCOONa + NaCN = CH_2(CN)COONa + NaCl.$$

$$CH_2(CN)COONa + \frac{C_2H_5OH}{HCl\ oder\ H_2SO_4}\ CH_2(COOC_2H_5)_2.$$

Man stellt das cyanessigsaure Natrium nach der S. 102 enthaltenen Vorschrift her. Dann konzentriert man die Lösung, welche dasselbe

und Kochsalz enthält, bis das Thermometer in derselben 100—102⁰
zeigt. Höher darf man die Temperatur nicht steigern, weil sonst Zersetzungen des cyanessigsauren Natriums eintreten. Das
flüssige Reaktionsgemisch gießt man heiß auf einen kalten
Zementboden, wo es zu harten Platten erstarrt. Diese
werden in einer Mühle zu feinem Pulver gemahlen.

Man füllt dann in den Malonesterapparat Abb. 25:
32 kg 95proz. Alkohol, 53 kg geschmolzenes Chlorcalcium, 65 kg technische Salzsäure spez. Gew. 1,19, 52 kg
des gemahlenen Pulvers von cyanessigsaurem Natrium und
NaCl und 15 kg Reinbenzol. Man arbeitet, wie S. 103 bereits beschrieben wurde, und erhält die dort angegebene
Ausbeute.

Das gemahlene Pulver von cyansaurem Natrium und
Kochsalz kann auch folgendermaßen verarbeitet werden:

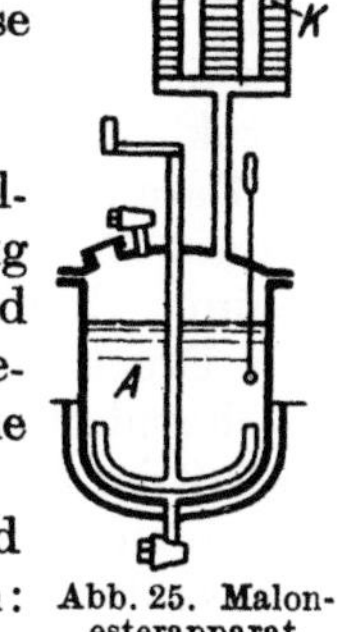

Abb. 25. Malon-
esterapparat.

Man suspendiert es in Alkohol und leitet Schwefelsäure
in die Suspension. Dieselbe verseift einerseits das cyanessigsaure Natrium
zu Malonsäure, anderseits setzt sie sich mit dem Alkohol zu Äthyl-
schwefelsäure um, welche die Malonsäure verestert. Man ist aber bei
diesem Verfahren zur Verwendung eines Alkoholüberschusses gezwungen,
von welchem man den kleinsten Teil wieder zurückgewinnen kann.

Monoäthylmalonester. (Ester II.) K.P. 206 bis 208⁰.

$$H\diagdown\diagup COOC_2H_5 \qquad\qquad Na\diagdown\diagup COOC_2H_5$$
$$\qquad C \qquad + NaOC_2H_5 = \qquad C \qquad + C_2H_5OH\ .$$
$$H\diagup\diagdown COOC_2H_5 \qquad\qquad H\diagup\diagdown COOC_2H_5$$

$$Na\diagdown\diagup COOC_2H_5 \qquad\qquad C_2H_5\diagdown\diagup COOC_2H_5$$
$$\qquad C \qquad + C_2H_5Cl = \qquad C \qquad + NaCl\ .$$
$$H\diagup\diagdown COOC_2H_5 \qquad\qquad H\diagup\diagdown COOC_2H_5$$

Der Apparat Abb. 26 besteht aus einem kupferverzinnten oder eisenemaillierten Autoklaven in einem Holzgefäß mit Wasser, das durch
indirekten Dampf geheizt werden kann.
Als Armaturen trägt derselbe:

Einen Rührer mit Handkurbel,
ein Abdrückrohr mit Hahn,
zwei Hähne für Vakuum und Druckluft,
einen Thermometer,
einen Manometer,
ein Sicherheitsventil,
ein Handloch,
einen Kupferkühler mit Hahn im Zuführungsrohr.

Man bereitet die Natriumäthylatlösung
am besten in einem besonderen Gefäß aus
Zinkblech, wie dies S. 389 beschrieben wird.

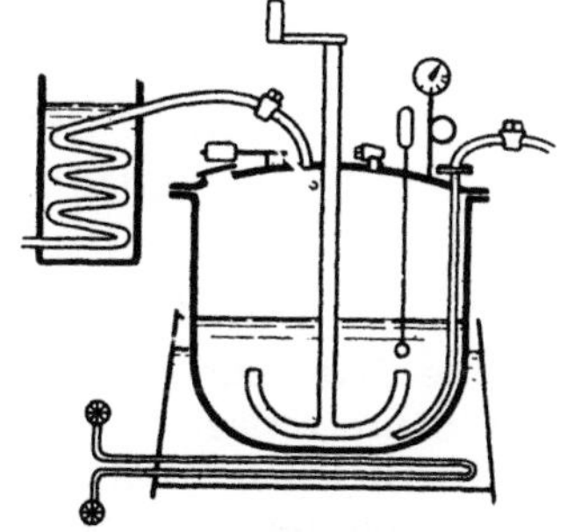

Abb. 26. Apparat für Mono- und
Diäthylmalonester und Diäthylbarbitursäure.

Die Lösung wird durch ein Messingdrahtnetz, welches allfällige kleine,
nicht gelöste Natriumreste zurückhält, in den Autoklaven gegossen.

Man schützt sich so vor unliebsamen Überraschungen beim späteren
Versetzen des fertigen Reaktionsproduktes mit Wasser. Man löst 3,2 kg
Natrium metallicum in 35 kg absolutem Alkohol und gießt die Lösung
durch das Messingdrahtnetz in den Autoklaven, in welchem sich bereits
20 kg Malonester befinden. Man rührt, bis die Mischung fest wird,
was nach wenigen Minuten der Fall ist. Man verschließt darauf den
Autoklaven, evakuiert ihn und füllt 9 kg Chloräthyl hinein[1].

Darauf erwärmt man sehr langsam und unter zeitweiligem Rühren
bis auf 55°, bei welcher Temperatur das Manometer Druck anzuzeigen
beginnt. Sobald dies wahrgenommen wird, erwärmt man nicht mehr.
Der Druck steigt dann von selbst bis auf ungefähr zwei Atmosphären.
Nach anderthalb Stunden wird das Heizwasser im Holzgefäß abgelassen,
so daß der Autoklav abkühlen kann. Wenn dies geschehen ist, destilliert
man den Alkohol ab, nimmt den Rückstand mit 30 kg Wasser auf,
drückt den Autoklaveninhalt kalt in ein tönernes Extraktionsgefäß mit
mehreren seitlichen Tüllen, worin man dreimal mit je 20 kg Reinbenzol
extrahiert. Den letzten Auszug bewahrt man auf für die erste Extraktion der nächsten Operation. Die beiden ersten Auszüge trocknet
man über Chloralcalcium oder über entwässertem Natriumsulfat.
Gutes Trocknen der Benzollösung ist für die Höhe der Ausbeute auch
hier ebenso wichtig wie bei der Malonesterdarstellung. Das Abtreiben
des Benzols und die Rektifikation vollzieht sich wie beim Malonester.
Vorlauf bis 185°.

Ausbeute: 20 kg.

Diäthylmalonester. (Ester III.) K.P. 218°.

Die Arbeitsweise ist analog derselben für den Monoäthylester.
Bei der Rektifikation nimmt man den Vorlauf bis 214°, um ihn bei der
folgenden Operation wieder nachzunehmen. Ausbeute aus 20 kg Ester II
20 kg Ester III.

Diäthylmalonylharnstoff oder Diäthylbarbitursäure.

Die Reaktion vollzieht sich nach der Gleichung:

$$\begin{array}{l} C_2H_5 \\ \diagdown \\ C \\ \diagup \\ C_2H_5 \end{array} \begin{array}{l} COOC_2H_5 \\ \\ \\ COOC_2H_5 \end{array} + \begin{array}{l} NH_2 \\ \diagdown \\ CO + NaOC_2H_5 = \\ \diagup \\ NH_2 \end{array}$$

$$\begin{array}{l} C_2H_5 \\ \diagdown \\ C \\ \diagup \\ C_2H_5 \end{array} \begin{array}{l} CO \cdot NH \\ \diagdown \\ CO + 3\,C_2H_5OH . \\ \diagup \\ CO \cdot NNa \end{array}$$

Die Natriumverbindung des Diäthylmalonylharnstoffs wird dann
mit Säure zerlegt.

Es ist keine leichte Sache, die Diäthylbarbitursäure in einer Ausbeute von auch nur 80% der Theorie zu gewinnen. Meistens ist die
erhaltene Menge sehr viel geringer. Es sind in der chemischen Literatur
viele Mittel angegeben worden, welche die Ausbeute erhöhen sollen,

---

[1] Über das Einfüllen von Chloralkylen in Autoklaven s. Fierz: „Grundlegende
Operationen der Farbenchemie". Berlin: Julius Springer.

aber fast nie das Richtige treffen: **Vollständige Wasserfreiheit aller verwendeten Roh- und Hilfsprodukte.**

Ein in kleinem Maßstab durchgeführter Ansatz setzt sich beispielsweise zusammen aus:

10 kg Diäthylmalonester,	3 kg Harnstoff
50 kg Alcohol absolut.,	1,8 kg Natriummetall.

Die genannte Menge an Alcohol absolutus enthalte nun „nur" 0,5 % und der Harnstoff „nur" 1,5 % Wasser (dies sind Prozentgehalte, welche in käuflicher Ware oft genug überschritten werden). Wir haben also in dem Ansatz 300 g Wasser oder vielmehr 665 g NaOH! Darin liegt der Grund, warum nach den meisten Vorschriften die Anwendung eines bedeutenden Überschusses an Natrium, oft des doppelten der theoretisch notwendigen Menge, vorgeschrieben ist. Das Natriumhydroxyd zersetzt nun aber bei höheren Temperaturen, namentlich bei Anwendung erhöhter Drucke, einen Teil des Harnstoffs, und zwar wird theoretisch durch die beispielsweise genannten 665 g NaOH bereits 1 kg Harnstoff zersetzt nach der Gleichung:

$$NH_2 \cdot C\dot{O} \cdot NH_2 + NaOH = Na_2CO_3 + 2\,NH_3 \,.$$

Deshalb verwendet man nach den meisten Vorschriften auch einen bedeutenden Harnstoffüberschuß. Die durch den Wassergehalt des Alkohols und manchmal auch des Harnstoffs notwendig werdenden Überschüsse an Natrium und Harnstoff bewirken einmal eine Verteuerung des Verfahrens. Doch ist dies das kleinere Übel. Viel schlimmer sind die zerstörenden Wirkungen des NaOH und des daraus mit Harnstoff gebildeten Ammoniaks und Äthylamins auf den noch nicht umgesetzten Diäthylmalonester sowie auf bereits fertiggebildete Diäthylbarbitursäure. Es ist leicht auszurechnen, daß bereits bei den hier angegebenen Prozentsätzen an $\cdot$ NaOH und NH_3 mehr als die Hälfte des Esters oder der Diäthylbarbitursäure zersetzt werden können.

Aus diesen Erwägungen ergibt sich die Notwendigkeit, bei dieser Umsetzung **auch Spuren von Wasser zu vermeiden.**

Als Apparat wird der Abb. 25 beschriebene Autoklav, welcher allerdings noch mit einem Rückflußkühler aus Kupfer verbunden werden muß, verwendet. An Stelle des Warmwasserbades dient außerdem ein Doppelboden mit Dampfzufuhr zum Erwärmen. Der verwendete und vorher nachgeprüfte Alkohol sei mindestens 99,9 %. Es hat auch keinen Sinn, allzu große Mengen Alkohol zu verwenden. Je kleiner dessen Quantität, desto geringer die Gefahr, daß Wasser in den Ansatz gelangt. Der Harnstoff sei chemisch rein, vor allem wasserfrei. Am besten verfährt man, wenn man ihn vor der Anwendung aus Alkohol umkrystallisiert und im Vakuum trocknet.

Man bringt in den — selbstverständlich absolut trockenen — Autoklaven 20 kg Diäthylmalonester und 6,5 kg reinsten wasserfreien Harnstoff. In bereits beschriebener Weise löst man in 35 kg absolutem Alkohol mit höchstens 1 %/$_{00}$ Wasser 2,8 kg Natriummetall, welches von Petroleum sorglich befreit wurde. Das Lösen des Natriums muß in einem **Raum mit sehr trockener Luft** vorgenommen werden, damit während dieser

Zeit weder das Natrium noch der absolute Alkohol Wasser aufnehmen
können. Man gießt die fertige Natriumäthylatlösung rasch durch ein
Messingsieb in den Autoklaven, schließt diesen sofort und erhitzt seinen
Inhalt fünf Stunden unter Rühren am Rückflußkühler, worauf man
auch den Verbindungshahn zum Rückflußkühler schließt und die Temperatur fünf Stunden auf 115° erhöht. Dann läßt man abkühlen und
neutralisiert mit Salzsäure — und zwar mit reiner, eisenfreier — ganz
genau auf Lackmus. Nun treibt man den Alkohol ab, am Schluß unter
langsamer Zugabe von 30 l destilliertem Wasser. Nachher drückt man
den Autoklaveninhalt in eine emaillierte Marmite und wäscht mit 5 l
destilliertem Wasser nach. Die angegebene Wassermenge soll ausreichen, denn die Diäthylbarbitursäure ist im unreinen Zustande beträchtlich wasserlöslicher, als wenn sie rein ist. Der Marmiteninhalt
wird nun durch Außenkühlung mit Eiswasser auf max. 5° abgekühlt und
erst dann mit reiner Salzsäure bis zur kongosauren Reaktion versetzt.
Die rohe Diäthylbarbitursäure fällt aus. Man beläßt fünf Stunden auf
einer Temperatur von höchstens 5°, nutscht dann bei dieser Temperatur
ab und wäscht auf der Nutsche mit 10 l Eiswasser.

In dem nutschenfeuchten, gelb oder hellbraun gefärbten Rohprodukt
bestimmt man den Trockengehalt und krystallisiert dann aus destilliertem Wasser um. Als Apparat dient eine Konstruktion, wie sie Abb. 89
beschrieben ist; jedoch ist für Diäthylbarbitursäure Email dem Reinaluminium vorzuziehen. Man löst je 1 T. Rohware in je 12 T. siedenden
destillierten Wassers, kocht die erhaltene Lösung eine Viertelstunde
am Rückflußkühler mit 1% vom Rohwaregewicht an bester metallfreier Entfärbungskohle und filtriert durch ein Abb. 72 beschriebenes,
geschlossenes, heizbares Beutelfilter aus emailliertem Eisen in Emailmarmiten. In diesen beginnt die Krystallisation sehr schnell. Sie wird
anfänglich, zur Verhinderung von Krustenbildung, durch gelegentliches
Rühren mit einem Glasstab gestört. Nach dem Erkalten stellt man
die Krystallisiermarmiten in Eiswasser und kühlt ihren Inhalt auf
max. 5° ab. Erst wenn derselbe mindestens 4 Stunden auf dieser Temperatur war, nutscht man, wäscht mit wenig Eiswasser nach und trocknet
bei 40—45°. Die mit dem Waschwasser vereinigte Mutterlauge engt
man im Vakuum auf ein Achtel ihres Volumens ein, stellt nochmals
zur Krystallisation und vereinigt die dadurch erhaltenen Krystalle mit
der Rohware der nächsten Operation.

Die Ausbeute an reiner Diäthylbarbitursäure beträgt, wenn alle
angegebenen Vorsichtsmaßregeln befolgt werden, 13,5 kg oder 80%
der Theorie.

Diäthylsulfat.

Dieses Produkt entsteht in gleicher Weise wie das Dimethylsulfat
aus Äthylalkohol und Schwefelsäureanhydrid. Indessen sind die Ausbeuten keine befriedigenden. Viel eleganter und mit beinahe quantitativer Ausbeute verläuft folgende Reaktion zu seiner Darstellung:

$$(C_2H_5)_2O + SO_2(OH)Cl = SO_4(C_2H_5)_2 + HCl.$$

Der Mechanismus dieser interessanten Umsetzung zwischen Schwefeläther und Chlorsulfonsäure ist unseres Wissens wissenschaftlich noch
nicht befriedigend erklärt. Sicher ist, daß zuerst in der Kälte durch
Anlagerung ein labiles Zwischenprodukt entsteht, welches dann bei
Erhöhung der Temperatur sich unter Salzsäureabspaltung zu Diäthylsulfat umlagert.

Der Apparat besteht aus einem Rundkolben von 500 cm³ Inhalt
mit 5 Stutzen, wie wir ihn S. 315 kennenlernen werden. Wir gar-
nieren denselben mit einem Rührer aus Glas, einem Thermometer und
einem Tropftrichter. Die beiden übrigen Stutzen verschließen wir
durch Korkstopfen. In den Kolben bringen wir 74 g gut entwässerten
Schwefeläther vom spez. Gew. 0,720 und umgeben ihn mit einer
Kältemischung aus feinem Eisschliff und Kochsalz. Wenn der Schwefeläther unter Rühren auf eine Temperatur von -8^0 abgekühlt ist,
beginnen wir unter fortgesetztem Rühren mit dem langsamen Zutropfen
von 117 g Chlorsulfonsäure. Deren Zufluß ist so zu regeln, daß
die Temperatur während desselben nie über -4^0 steigt. Nachher rührt
man noch $^1/_2$ Stunde weiter und bringt dann den Kolben auf ein Wasserbad, wo man langsam anwärmt. Das Salzsäuregas entweicht in Strömen
und wird über Wasser in einen Kolben geleitet. Nach Beendigung der
Salzsäuregasentwicklung gießt man den erkalteten Rohester in einen
Scheidetrichter von 750 cm³, in welchen man vorher 150 g zer-
schlagenes Eis gegeben hat. Aus dieser Mischung mit Eis entzieht
man ihn durch Ausschütteln mit Benzol in zwei Chargen, die erste
von 250 und die zweite von 150 g. Die Benzollösung wäscht man
mit Eiswasser säurefrei, was 3—4 Extraktionsoperationen benötigt,
und entwässert sie dann mit entwässertem Kupfersulfat. Darauf
destilliert man das Benzol ab und reinigt den verbleibenden Rohester
durch Destillation im Vakuum von 5—10 mm. Es geht zuerst etwas
Benzol über, welches abgetrennt wird. Bei ungenügendem Vakuum
zersetzt sich der Ester während der Destillation.

Die Ausbeute ist bei exaktem Arbeiten 90—95 % der Theorie.

Dimethylsulfat.

$(CH_3)_2SO_4$. Spez. Gew. 1,027. Siedepunkt 187—188⁰ Farblose, in Wasser
unlösliche Flüssigkeit. Flüssig auf die Haut gebracht, ruft Dimethylsulfat schwer
heilbare Ätzungen hervor, seine Dämpfe greifen zuerst die Schleimhäute und die
Netzhaut der Augen, dann aber auch das ganze Nervensystem an. Beim Mani-
pulieren mit diesem Körper ist also Vorsicht am Platze. Seine Darstellung muß in
einem besonders dafür reservierten, sehr gut entlüfteten Lokal erfolgen.

Sie vollzieht sich nach folgenden Gleichungen:
$$CH_3OH + H_2SO_4 = CH_3HSO_4 + H_2O \, .$$
$$2\,CH_4HSO_4 + H_2O = (CH_3)_2O + 2\,H_2SO_4 \, .$$
$$(CH_3)_2O + SO_3 = (CH_3)_2SO_4 \, .$$

Der hochgestellte „Gasometer" G in Abb. 27 ist mit Reinmethylalkohol von max. 0,05 % Acetongehalt gefüllt, ein dünnes, biegsames
Kupferrohr führt nach sichtbarem Auslauf in einer Glaskapsel zu einer
200 l fassenden homogen verbleiten Blase B mit Dampfschlange und

Thermometerrohr. Sie dient zur Entwicklung des Methyläthers. Es schließt sich ein großer Zinnkühler an; dessen Ausfluß endet in eine leere Woulffsche Flasche mit zwei oberen und einem Bodentubus, durch den der sich verdichtende, vom Methyläther mitgerissene wässerige Methylalkohol abgelassen werden kann. Der Methyläther passiert dann noch eine dreifach tubulierte Woulffsche Flasche von 5 l Inhalt, welche zu zwei Drittel mit Schwefelsäure gefüllt ist. Durch den mittleren Tubus geht ein Steigrohr bis auf ihren Boden. An diesem Rohre beobachtet man die Entwicklung des Methyläthers und den Druck, der im Apparate herrscht. Nunmehr passiert der Methyläther noch eine doppelttubulierte Woulffsche Flasche, die mit gekörntem, entwässertem Chlorcalcium beschickt ist, und tritt dann in eine 150 l fassende Kupferblase B_1 mit Doppelboden für Dampf- und Kühlwasser-

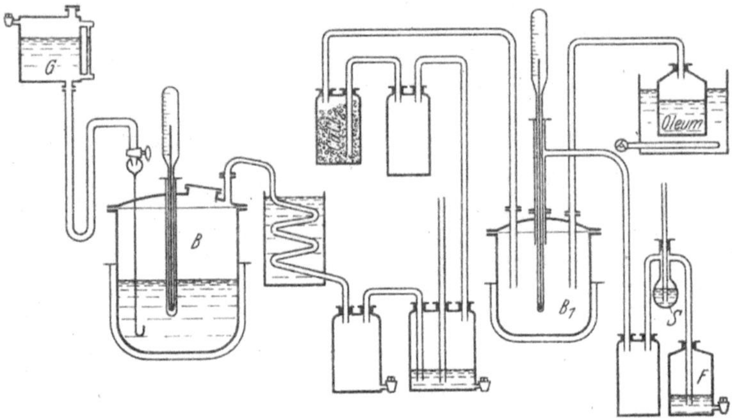

Abb. 27. Dimethylsulfatapparatur.

eintritt. Der Eintritt des Methyläthers in B_1 geschieht durch ein Glasrohr, das zu Beginn tief eintaucht und im Verlaufe der Füllung der Blase zweimal durch ein kürzeres Rohr ersetzt wird, damit kein zu großer Überdruck entsteht. Durch die mittlere Öffnung im Deckel, welche den Eintritt eines Thermometers vermittelt, kann ein eventueller Überschuß von Methyläther entweichen. Er wird nach dem Durchgang einer leeren Woullffschen Flasche in einer mit Schwefelsäure beschickten Flasche F aufgefangen. Vor dieser ist ein Sicherheitsfläschchen S eingeschaltet. Wenn die Schwefelsäure in F aufgesättigt ist, so wird sie bei Gelegenheit der Schwefelsäure der Blase B zugefügt. Auch ein zu großer Überschuß an Methyläther läßt sich dort beobachten. Durch einen weiteren Tubus in B_1 tritt das Schwefelsäureanhydrid ein. Es wird in einem offenen Dampfbottich entweder aus einer 100-kg-Anhydridbüchse oder aus anhydridhaltiger Schwefelsäure entwickelt. Letztere läßt sich bis zu einem Gehalt von 10% freiem Anhydrid ausentwickeln.

Man füllt 250 kg technische Schwefelsäure in B und läßt ungefähr 50 kg Methylalkohol zufließen, wonach dann ein gleichmäßiger Strom

von Methyläther beginnt. Temperatur ungefähr 95⁰. Beim Anstellen
an den folgenden Tagen genügt das Anheizen, um die Methyläther-
entwicklung wieder in Gang zu bringen. Nur bei frischer Schwefelsäure
ist der große Methylalkoholüberschuß erforderlich. Es empfiehlt sich,
von Zeit zu Zeit den Zufluß von Methylalkohol zu sperren und voll
zu heizen. Unter ständiger Erhöhung der Temperatur bis 140⁰ setzt
sich die Entwicklung noch lange fort; gleichzeitig destilliert methyl-
alkoholhaltiges Wasser ab, wodurch die Schwefelsäure wieder verstärkt
wird und lange Zeit nicht erneuert zu werden braucht. Der abdestillierte wässerige Methylalkohol wird in bereits beschriebener Weise
gesammelt und fraktioniert. Er enthält stets nicht unbedeutende Mengen
von Methyläther. Dieser, der bei der Fraktion zuerst übergeht, wird
in einer mit Schwefelsäure beschickten Flasche aufgefangen. Die mit
Methyläther geschwängerte Schwefelsäure geht in die Entwicklungs-
blase B.

Der wiedergewonnene, über Kalk destillierte Methylalkohol ist
zur weiteren Entwicklung von Methyläther geeignet und wird wieder
zu neuen Ansätzen gebraucht.

Gleichzeitig mit der Entwicklung des Methyläthers wird auch die
Destillation des Schwefelsäureanhydrids vorgenommen. Das Ansteigen der Temperatur in der Blase B_1 ist ein Zeichen dafür, daß dort
beide Komponenten zusammentreten. Die Reaktion selbst ist fast
unabhängig von der Temperatur; das Thermometer dient in erster Linie
zur Beobachtung des Reaktionsverlaufes; doch darf zu Beginn die
Temperatur nicht unter 60⁰ sinken, sonst tritt keine Dimethylsulfat-
bildung ein. Man bringt also die Temperatur anfänglich durch Dampfheizung im Doppelboden auf 60—70⁰. Später muß man gegebenenfalls
das Kühlwasser anstellen. Kommen beide Komponenten in äqui-
valenten Mengen zusammen, so gibt sich dieses durch Druckausgleich
zu erkennen.

Wie schon oben erwähnt, wird die Länge des Einleitungsrohres für
den Methyläther der Füllung von B_1 angepaßt und nach Bedarf aus-
gewechselt. Sind 100 kg Schwefelsäureanhydrid ausentwickelt, so ist
zum Schluß meist ein Überschuß an solchem vorhanden. Man prüft
das spezifische Gewicht der Reaktionsmasse in B_1 und setzt das Einleiten des Methyläthers bei abgestelltem SO_3-Zutritt so lange fort, bis
ein spez. Gew. von 1,33 bei 15⁰ erreicht ist. Vorsicht beim Probe-
nehmen!!! Der Blaseninhalt muß völlig abgekühlt sein!

Man zieht in Glasballons ab und läßt mehrere Tage unter zeitweisem
Umschütteln über wasserfreier technischer Soda stehen. Mit dem Rück-
gang des Säuregehaltes geht eine Aufhellung des zunächst gelbbraunen
Dimethylsulfates einher. Nach ungefähr einer Woche beträgt der
Schwefelsäuregehalt nur noch etwa 0,3%.

In der Technik wird das Dimethylsulfat im allgemeinen direkt in
dieser Form verwendet. Um daraus Reinsulfat zu gewinnen, wird es
im Vakuum destilliert. Als Destillierblase dient eine solche aus Krupp-
stahl in einem Ölbade, welches durch Gas oder besser durch überhitzten
Dampf geheizt wird. An den Kupferkühler schließt sich ein Dreiweg-

hahn an, welcher mit zwei abwechselbaren, sehr dickwandigen, vakuum-
geprüften Glasgefäßen als Vorlagen verbunden ist.

Kalkulation:

    309 kg Methylalkohol
    324 kg Schwefelsäureanhydrid
    135 kg rohe technische Schwefelsäure 66° Bé

ergaben:

    481,5 kg technisches Dimethylsulfat
    5,4 kg Methyläther
    19,5 kg Methylalkohol 96 %.

Erythrit und Orcin.

Erythrit. $CH_2OH \cdot CHOH \cdot CHOH \cdot CH_2OH$. Schmelzpunkt 120°. Siedepunkt 330°. Es bildet quadratische, in Wasser leicht, in Alkohol schwer und in
Äther unlösliche Krystalle.

Orcin:

$$CH_3 - C_6H_3(OH)_2 + H_2O.$$

Es bildet farblose, sich leicht rötende Prismen, welche sich in Wasser, Alkohol
und Äther lösen. Schmelpunkt wasserhaltig 56°, wasserfrei 107°, Siedepunkt 290°.

Zur Darstellung mischt man Orseillemoos mit 10 % seines Gewichtes
an gelöschtem Kalk (trocken berechnet) und füllt die Mischung in ein
Holzfaß, das 20 cm über dem Boden einen Siebboden, der mit Sack-
leinen überspannt ist, und unter demselben einen Hahn hat. — Das
Faß mit dem Moos wird mit Wasser gefüllt. Nach 20 Minuten zieht
man die Lauge ab: Lauge I. Auf das Moos gießt man noch zwei Male
Wasser und erhält die Laugen II und III, welche bei weiteren Ansätzen
an Stelle von Wasser zum Ausziehen von frischem Moos dienen.

Die Lauge I wird sofort mit Salzsäure angesäuert. Den entstandenen
Niederschlag sammelt man auf Spitzbeuteln und preßt ihn nachher
langsam immer stärker ab. Die Preßkuchen von Orsellinsäure-Erythrit-
ester werden zur Verseifung mit etwas Kalk und Wasser in einer Kupferblase zwei Stunden am Rückflußkühler gekocht und die entstandene
Lösung schnell durch einen Spitzbeutel filtriert. Das Filtrat wird
zuerst mit Kohlensäure und zuletzt mit etwas Essigsäure angesäuert.

Der sauren Lösung wird das Orcin durch Extraktion mit Äther entzogen. Die ätherische Lösung wird mit entwässertem Glaubersalz
getrocknet, dann eingeengt und aus der konzentrierten Lösung das
Orcin krystallisiert. Die abgenutschten Krystalle destilliert man aus
einer Tubusretorte im Kohlensäurestrome über freiem Feuer.

Die wässerige Lauge wird nach der Ausätherung des Orcins im Vakuum bei niedriger Temperatur eingeengt, alsdann mit Tierkohle entfärbt und nun im Vakuum zur Sirupdicke gebracht. Nach dem Erkalten scheidet sich Erythrit in Krystallen aus. Die Mutterlaugen
ergeben beim weiteren Einengen noch Erythritkrystalle. Die Restlaugen werden mit ihrem eigenen Volumen an Alkohol versetzt und
beiseite gestellt. Es scheidet sich nach einigen Tagen noch einmal
Erythrit aus. — Das Roherythrit wird aus Wasser umkrystallisiert.

Ausbeute: Etwa 3 % des Orseillemooses an Orcin und etwa 1 %
an Erythrit.

Essigsäureäthylester.

Essigäther. $CH_3COOC_2H_5$. Mol.-Gew. 88. Siedepunkt 77°. Spez. Gew. bei 15° = 0,900—0,905. — Er bildet eine farblose Flüssigkeit, welche sich in 18 T. Wasser löst und von welcher 28 T. einen T. Wasser lösen. Mit Weingeist und Äther mischt er sich in jedem Verhältnis.

Seine Darstellung erfolgt nach dem Schema:

$$C_2H_5OH + CH_3COOH \rightleftharpoons CH_3COOC_2H_5 + H_2O.$$

Die scharfe Konkurrenz in diesem Produkt hat dessen Fabrikanten gezwungen, die günstigsten Bedingungen für dessen Gewinnung minutiös zu studieren. — Die Reaktion der Veresterung der Carbonsäuren ist, wie bekannt, umkehrbar. Bei der Anwendung eines Moleküls Äthylalkohol werden nie mehr als $^2/_3$ Moleküle Essigäther gebildet; daneben bilden sich $^2/_3$ Moleküle Wasser, und je $^1/_3$ Molekül Alkohol und Essigsäure verbleiben in ihrem ursprünglichen Zustande. Dies ist der sog. Gleichgewichtszustand zwischen den vier Körpern Essigäther, Wasser, Alkohol und Essigsäure. Nur durch Anwendung eines sehr großen Alkoholüberschusses gelänge die Veresterung sämtlicher Essigsäure und umgekehrt nur durch Anwendung eines starken Essigsäureüberschusses die Überführung alles Alkohols in Essigäther. Weder auf die eine oder auf die andere Art würde man einen praktischen Vorteil erzielen, da Alkohol und Essigsäure im Preise wenig differieren. Auch durch Anwendung von Eisessig, absolutem Alkohol und dem Zusatz von viel Schwefelsäure als wasserbindendes Mittel erzielt man keine quantitativen Ausbeuten. — Zu einem Essigäther mit billigstem Einstand gelangt man aber in der Technik dadurch, daß man aus Graukalk und Schwefelsäure selbst fabrizierte rohe 80 proz. Essigsäure (ihre Darstellung s. S. 442 ff.), welche man vor ihrer Anwendung einmal ohne Kolonne umdestilliert und den gewöhnlichen 96 proz. Äthylalkohol aufeinander reagieren läßt.

In einen kupfernen oder homogen verbleiten Rührwerkapparat mit Rückflußkühler bringt man

    600 l Äthylalkohol 96 proz. und 730 kg 80 proz. Essigsäure

und setzt unter Rühren langsam und sehr vorsichtig 390 kg rohe Schwefelsäure 66° Bé zu. Man heizt dann langsam auf und kocht 5—6 Stunden am Rückfluß. Nach dem Abkühlen befördert man das Reaktionsgemisch durch Druckluft in einen Vakuumdestillierapparat aus Kupfer oder homogen verbleitem Eisen. Hier wird zunächst der gebildete Essigäther unter gewöhnlichem Druck und nachher im Vakuum die Essigsäure abdestilliert. Die in der Blase verbleibende Schwefelsäure wird abgelassen. Dieselbe kann beispielsweise zur Herstellung von Eisensulfat Verwendung finden.

Der abdestillierte Rohäther wird zunächst in einem stehenden Rührzylinder mit calcinierter Soda entsäuert, von der man bis zur schwach lackmussauren Reaktion zusetzt. Man trennt Natriumacetatlösung und Rohäther und destilliert den letzteren. Das Destillat wird in einem gut schließenden stehenden Rührzylinder mit Bodenhahn von Wasser und Alkohol befreit. Man mischt ihn zu diesem Ende mehr-

mals gründlich mit Chlorcalciumlösung von 40° Bé, bis eine mit gekörntem Chlorcalcium geschüttelte Probe mit metallischem
Natrium keine Reaktion mehr gibt. Darauf wird der Äther
mit trockenem, gekörntem Chlorcalcium vollständig entwässert und
rektifiziert, wobei man die Anteile vom spez. Gew. 0,900—0,905 bei
15° als Reinessigäther gesondert auffängt.

Aus den Chlorcalciumlaugen destilliert man den darin enthaltenen
Essigäther und den Alkohol ab und rektifiziert das Destillat, sobald
genügende Mengen davon vorhanden sind. Die erhaltene Natrium-
acetatlauge wird auf Natriumacetat verarbeitet, die zurückgewonnenen
Mengen an unverändertem Äthylalkohol und Essigsäure bei neuen Ansätzen mitverwendet. — Die gebrauchte Chlorcalciumlauge engt man
nach dem Abtrieb des darin enthaltenen Essigäthers und Alkohols
wieder auf 40° Bé ein und verwendet sie bei neuen Ansätzen.

Ausbeute:

19567 l Alkohol von 96 %
23840 kg rohe, einmal umdestillierte Essigsäure von 80 %
12531 kg Schwefelsäure 66° Bé

ergaben in einer gut schließenden Apparatur

20732 kg reinen Essigäther 0,900—0,905 spez. Gew.
 1635 kg technischen Essigäther zu Lösungszwecken
 1375 kg Natriumacetat
15000 kg Schwefelsäure von ungefähr 50° Bé.

Essigätherproduzenten stellen sich die 80proz. Essigsäure selbst aus gekauftem
Graukalk und billiger 60grädiger Schwefelsäure her, welche Fabrikation, wie bereits
gesagt, S. 442 und folgende beschrieben ist. Die so erhaltene rohe 80proz. Säure
wird vor ihrer Veresterung einmal ohne Kolonne umdestilliert. — Die Verwendung solcher technischer Essigsäure setzt voraus, daß billiger Regiesprit zur
Verfügung steht, weil unter diesen Umständen neben dem reinen Essigäther ein
gewisser Prozentsatz seiner Homologen, wie z. B. Propionssäureäthylester, entstehen, wozu natürlich auch Sprit verbraucht wird. Die Äthylester höherer Fettsäuren finden aber als Lösungsmittel willigen Absatz.

Ferrum citricum ammoniatum solutum mit 20 % Fe.

Die Lösung enthält 33,9 % Eisenammoncitrat, welches seinerseits
59 % Fe enthält. Sie eignet sich vorzüglich zur Herstellung von Ferrum
albuminatum solut. und siccum, von Ferrum peptonatum, Ferrum
manganum peptonat., Ferrum acetic. solut. und anderen Ferrisalzen,
weshalb sie auch Eisenurlösung genannt wird.

Aus einer Lösung von 10 kg Eisenchlorid kryst., $Fe_2Cl_6 + 6H_2O$,
fällt man in üblicher Weise das Eisenhydroxyd. Der Hydroxydbrei
muß vollständig chlor- und alkalifrei gewaschen werden, wie dies im
Kapitel über Ferrum saccharat., S. 116, beschrieben ist. — Dann zieht
man von der Fällung das überstehende Wasser weitmöglichst ab und
löst sie in einer Lösung von 1,40 kg bleifreier Citronensäure in 10 l Wasser,
indem man auf dem Heißwasserbad eine Stunde auf 60° erwärmt.
Die entstandene opalescierende Lösung läßt man auf 30° abkühlen
und setzt dann 3 kg Salmiaklösung 10 proz. hinzu, wodurch eine klare
Lösung entsteht, die man filtriert. — Sie wird dann auf dem Heiß-

wasserbade auf einen Gehalt von 20% Eisen, d. h. in unserem Falle auf 10 kg eingedampft. Nach einer analytischen Eisenbestimmung stellt man genau auf 20% Eisen ein.

Die so erhaltene Eisenurlösung hält sich unverändert, und man benutzt sie, wie erwähnt, zur Darstellung einer Reihe von Präparaten, die Eisenoxyd enthalten. Als Beispiel diene die Darstellung von **Ferrum peptonatum siccum mit 20% Eisen.**

Es bildet braune, durchscheinende Blättchen, welche sich langsam in kaltem, schneller in warmem Wasser lösen.

Zu seiner Darstellung löst man 6,6 kg Pepton pulv. in einer Emailleschale auf dem Wasserbade in 10 l destilliertem Wasser. Zur Peptonlösung setzt man unter Rühren portionsweise 10 kg Eisenurlösung mit 20% Eisen. Das gebildete Ferrum peptonat. stellt einen dicken Brei dar, welcher auf Zusatz von 1 kg Salmiakgeist von 10% glatt in Lösung geht. — Man verdampft zur Sirupkonsistenz und stellt auf einen gewünschten Eisengehalt ein.

Das Präparat wird auch in Lamellenform gebracht, indem man es als sehr dicken Sirup auf Glasplatten streicht und bei einer 50.º nicht übersteigenden Temperatur trocknet. Das trockene Eisenpeptonat springt in dünnen Blättchen von den Glasplatten ab.

Ferrum lacticum pur. pulv.

Ferrolactat. $(C_3H_5O_3)_2Fe + 3H_2O$. Mol.-Gew. 288. Es bildet ein grünlichweißes Pulver, langsam in 40 T. destilliertem, kohlensäurefreiem kaltem und in 12 T. siedendem Wasser löslich.

153 kg Eisensulfatlauge 24º Bé = 35%, die vorher durch Behandeln mit Schwefelwasserstoffwasser zink- und schwermetallfrei gemacht wurde, werden in einem Holzbottich von 750 l Inhalt mit 150 l Kondenswasser verdünnt und dann mit einer Lösung von 21 kg Solvaysoda in 100 l Wasser versetzt. Sehr zweckmäßig benutzt man hierzu die Mutterlaugen, welche bei der Herstellung von Natrium carbonicum purum und puriss. abfallen (s. S. 2). Nach erfolgter Fällung bis zur alkalischen Reaktion gegen Lackmus wird das Eisencarbonat mit Kondenswasser schwefelsäurefrei ausdekantiert. Zu dem schwefelsäurefreien Eisencarbonat läßt man unter Rühren langsam 72 kg technische 47 proz. Milchsäure zufließen. Dabei steigt infolge der Kohlensäureentwicklung die Flüssigkeit, so daß der Milchsäurezulauf ab und zu unterbrochen werden muß. Nach dem Milchsäurezusatz rührt man noch 2—3 Stunden weiter und überläßt dann über Nacht der Ruhe. Am nächsten Tage wird der Brei aufgebeutelt, geschleudert, bei 35º getrocknet und gemahlen.

Die Filter- und Waschlaugen engt man in einer Abdampfschale bis zum Brei ein, nutscht sie noch warm ab und deckt sie auf der Tonnutsche zweimal mit Kondenswasser. Das Nutschengut wird getrocknet und mit der ersten Produktion gemischt. Die Restmutterlaugen und die Waschwässer von der Nutsche werden zum Einstellen der Milchsäure bei neuen Ansätzen verwendet.

Ferrum oxydatum saccharatum.

Eisenzucker. Grau- oder rotbraunes, in Wasser sehr leicht lösliches Pulver.

In einem eisernen Zylinder von 3 m³ Inhalt ohne Heizvorrichtung, aber mit einem Rührwerk und mehreren seitlichen Hähnen in verschiedener Höhe über dem Boden mischt man:

120 kg Liquor Ferri sesquichloratum D.A.B. VI mit 1,5 m³ enthärtetem Wasser

und fällt das Eisen als Hydroxyd langsam unter fortgesetztem Rühren durch Zusatz einer filtrierten Lösung von

36 kg Solvaysoda in 350 l enthärtetem Wasser.

Gegen das Ende der Fällung kann spontane Kohlensäureentbindung und Überwallen der Reaktionsmasse erfolgen, so daß man während der letzten Phase des Sodazusatzes nur sehr vorsichtig und langsam vorgehen kann. Nach beendeter Ausfällung dekantiert man den Niederschlag mit enthärtetem Wasser vollständig chlorfrei, wozu ein 6—8facher Wasserwechsel notwendig ist. Dann wird durch eine Filterpresse ohne totale Aussüßung filtriert. — Es sei bemerkt, daß eine restlose Befreiung des Niederschlags vom Chlorgehalt durch Aussüßen in einer Filterpresse unmöglich wäre. Man kann nur durch Dekantieren zu diesem Ziele gelangen.

Die Filterpressekuchen bringt man in einen durch Dampf von 6 bis 7 Atm. heizbaren eisernen Rührkessel, mischt darin durch mehrstündiges Rühren bei gewöhnlicher Temperatur mit 220 kg Zuckerpulver vollständig homogen und heizt dann allmählich auf. Es bildet sich eine Lösung oder Schmelze von Eisensaccharat. Dieser Vorgang wird durch Zusatz von geringen Mengen reiner 15proz. Natronlauge befördert. Man muß von letzterer in kleinen Portionen so viel zusetzen, bis eine Probe des Reaktionsgemisches im Reagensglase mit Wasser stark verdünnt eine blanke Lösung gibt. Der hierfür erforderliche Laugenzusatz beträgt im Maximum 13 kg.

Nach Erzielung der Wasserlöslichkeit dampft man im Rührkessel bis zur dicken Sirupkonsistenz ein und läßt erkalten. Erkaltet hat die Masse die Konsistenz eines festen Honigs. Man trocknet sie in schmiedeeisernen Schalen im Vakuumtrockenschrank, zerschlägt das Trockengut in nußgroße Stücke, bestimmt den Eisengehalt, stellt durch Zuckerzusatz auf den vorgeschriebenen Gehalt von 3% Eisen ein und mahlt in Krupp-Gruson-Mühlen. Das Pulver wird im Dampftrockenschrank nachgetrocknet und gesiebt. — Es hat eine graubraune Färbung. Um es, wie oft gewünscht wird, mehr rostbraun zu erhalten, empfiehlt es sich, das Mahlgut nach dem Zuckerzusatz zu durchfeuchten, wieder zu trocknen, zu pulvern und zu sieben.

Ausbeute: 300 kg Ferrum oxydatum saccharatum D.A.B. VI.

Formaldehyd.

HCOH. Mol.-Gew. 30. Pharmakopoe-Formaldehyd bildet eine klare farblose Flüssigkeit vom spez. Gew. 1,079—1,081 und einem Gehalt von 35% HCOH, welche mit Wasser und Weingeist in jedem Verhältnis mischbar ist. Sie enthält außer Formaldehyd und Wasser 12—15% Methylalkohol.

Die Herstellung erfolgt noch heute nach dem Hoffmannschen Prinzip: Überleiten eines Gemisches von Luft und dampfförmigem Methylalkohol über heißes Platin oder Kupfer[1].

Die Einrichtung einer Formaldehydanlage besteht immer aus drei wesentlichen Abteilungen, nämlich:

a) der Vorrichtung zum Mischen von Luft mit CH_3OH-Dampf, dem „Verdampfer";

b) dem „Oxydierer", in welchem sich die Umwandlung nach der Gleichung $CH_3OH + O = HCOH + H_2O$ vollzieht;

c) der Kondensationsanlage für die den „Oxydierer" verlassenden Produkte.

Der „Verdampfer" Abb. 28 enthält ein explosives Gasgemisch, bestehend aus Luft und Methylalkoholdampf, und wird darum außerhalb des Fabrikationsraumes, am besten im Freien, vor die Feuermauer F aufgestellt, welche durch die verschiedenen Zu- und Ableitungen durchquert wird.

Er besteht aus einem Kupfer- oder Aluminiumzylinder A mit dem Thermometer T, welches vom Fabrikationsraum aus durch das Schaufenster Sch beobachtet werden kann, und dem Sicherheitsventil S. Auf seinem Boden

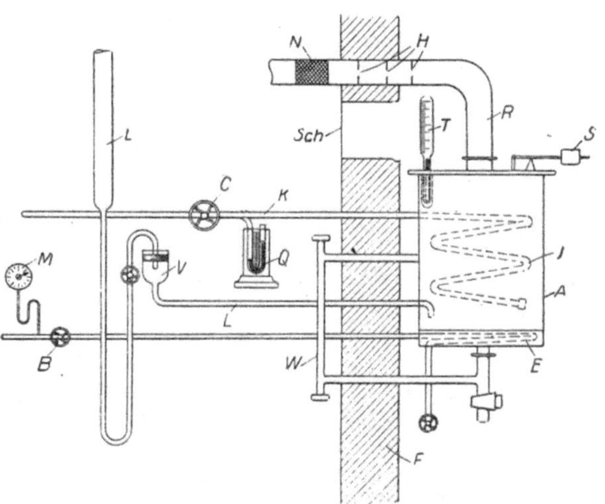

Abb. 28. Der „Verdampfer".

liegt eine kleine Dampfschlange E zum Abdunsten des Methylalkohols. Der Zylinderboden ist nie mehr als ungefähr 3 cm hoch mit CH_3OH-Flüssigkeit bedeckt, was am Wasserstandsglas W im Innern des Fabrikraumes kontrolliert wird. Auch die Präzisionsventile zum Regeln der Zufuhr des Dampfes, des Methylalkohols und der Druckluft sind im Fabrikationsraum angebracht. Der Dampfdruck muß möglichst konstant sein — Schwankungen von mehr als 0,3 Atm. sind nicht erlaubt — und wird am Manometer M periodisch kontrolliert und gebucht. Nur dann hat man die Gewähr, daß in derselben Zeit immer dieselbe Menge Methylalkohol verdunstet. Sein Zufließen

---

[1] Es sind in den letzten Jahren mehrmals Mitteilungen aus den Vereinigten Staaten veröffentlicht worden, „daß dort Formaldehydanlagen errichtet werden in welchen man denselben durch direkte Vereinigung von CO und H_2 erhält". Im Handel hat sich bis heute noch kein nach diesem Verfahren fabrizierter Formaldehyd bemerkbar gemacht, und der bequeme Umweg über Methylalkohol wird wohl noch lange nicht von einem Hochdruckverfahren verdrängt werden.

durch die Leitung L wird im Glasvorstoß V überwacht. Die Zufuhr der Druckluft durch die Leitung K wird durch Ventil C geregelt und durch das Quecksilbermanometer Q, welches immer denselben Überdruck in der Apparatur angeben soll, kontrolliert. Die Druckluft darf nicht dem Druckluftbehälter der Fabrik entnommen werden, denn in demselben kommen immer bedeutende Schwankungen des Vorrates vor. Es existiert vielmehr für die Formaldehydanlage ein besonderer Druckluftkessel, deren Pumpe nicht durch einen Elektromotor, sondern durch Dampf betrieben wird, so daß man den Gang der Pumpe leicht regulieren und den Druck im Kessel fortwährend konstant halten kann.

Die Druckluftleitung K mündet in die vielfach durchbohrte und an ihrem Ende durch einen Pfropfen verschlossene Kupferschlange J im Zylinder A. Durch die Löcher in J tritt die Luft hinaus in das Innere des Zylinders, wo sie sich mit den darin aufsteigenden Methylalkoholdämpfen mischt.

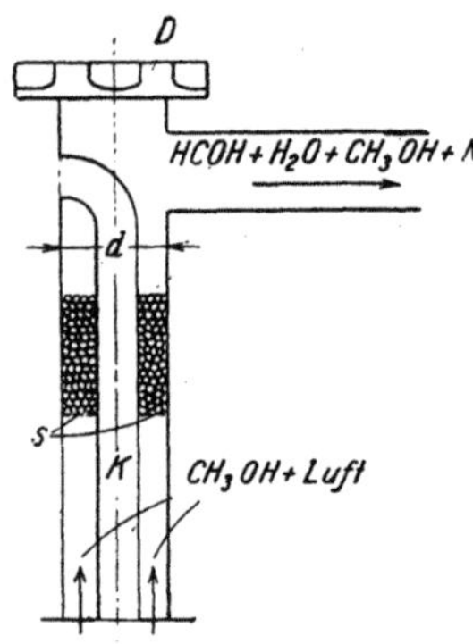

Abb. 29.
„Oxydierer" für Formaldehyd.

Man erreicht so ein konstantes Gasgemisch unter der Bedingung, daß folgende Werte während der Arbeit konstant sind:

a) die am Thermometer T abgelesenen Wärmegrade, welche zwischen den Zahlen 57 und 60 variieren dürfen;

b) der Flüssigkeitsstand des Methylalkohols im Zylinder A, am Wasserstandsglas W abzulesen;

c) der Dampfdruck, am Dampfmanometer M abzulesen;

d) der am Quecksilbermanometer Q ersichtliche Überdruck in der Apparatur, welcher nie mehr als 5—10 mm Quecksilbersäule variieren soll.

Das so erhaltene Gasgemisch wird durch Rohr R dem „Oxydierer" zugeführt. Dasselbe enthält nicht genug Sauerstoff, um allen mitgeführten Methylalkohol in Formaldehyd umwandeln zu können. Ein Alkoholüberschuß in dem Gemisch ist notwendig, damit eine weitergehende Umwandlung in CO und CO_2 möglichst vermieden wird.

Im Ableitungsrohr R sehen wir die eingelöteten, in der Mitte durchlochten Kupferscheibchen HHH. Beim Durchströmen der Durchbohrungen gerät das Gasgemisch in wirbelartige Bewegungen, wodurch dessen Mischung noch homogener wird. — Dann passiert das Gasgemisch noch, vor seinem Eintritt in den Oxydierer, den Filterpfropfen N aus ausgeglühtem und aufgerolltem, feinem Kupferdrahtnetz. Durch dieses Filter werden mitgerissene Staubteilchen zurückgehalten, so daß sie nicht auf die Kontaktsubstanz gelangen.

Die Bezeichnung Oxydierer, welche sich in der Technik des Formaldehyds eingebürgert hat, ist schlecht gewählt, denn die darin vor sich gehende Reaktion ist keine Oxydation, sondern eine Dehydration. Jedes Glied des „Oxydierers" Abb. 29 ist aus bestem Rotguß kon-

struiert, denn Kupferblech wäre dafür zu wenig widerstandsfähig. Auf
dem Sieb *s* ruht eine Schicht Kupferschrot von 10 cm Höhe und einem
Durchmesser von 5 cm. Der dieselbe senkrecht durchquerende Luft-
kanal *K K* verhindert Überhitzungen und schädliche Sinterungen
im Kupferschrot. Der Deckel *D* mit Schraubengewinde, ebenfalls aus
Rotguß, fixiert ein Schauglas aus Glimmer, durch welches man das
Innere der Apparatur beobachten kann. Der „Oxydierer" ist in einem
dunklen Raume aufgestellt, so daß man durch das Glimmerfenster
in *D* die dunkle Rotglut des Kupferschrots eben noch bemerken kann.
Mehr als ganz dunkle Rotglut soll dasselbe nie annehmen.

Zum Inbetriebsetzen der Anlage muß jedes Glied des Oxydierers
von außen durch eine elektrische Wicklung erhitzt werden. Diese
Wicklungen sind abnehmbar und werden von den einzelnen Gliedern
entfernt, sobald die Reaktion im Gang ist. Auf diese Art wird während
des laufenden, oft wochenlang ununterbrochen geführten Betriebes
eine äußere sowie innere Luftkühlung (letztere durch den Kanal *K K*)
jedes einzelnen Gliedes des Oxydierers ermöglicht.

Ein solches Glied kann täglich höchstens 50 kg Formaldehyd produzieren, so daß für eine Tagesleistung von beispielsweise 400 kg die
den Verdampfer verlassende Leitung für die Luft-CH_3OH-Dampf-
Mischung sich auf acht Glieder verteilen muß, von welchen sie sich
wieder in eine Sammelleitung nach der Kondensationsanlage vereinigt.

In dem Verdampfer und dem Oxydierer ist es von Vorteil, daß der
im letzteren zur Reaktion gelangende Sauerstoff mit Stickstoff gemischt
ist. Denn dadurch wird erreicht, daß — im Verhältnis des Sauerstoffes
zum Methylalkoholdampf — aus dem Verdampfer ein Überschuß des
letzteren mitgeführt wird, so daß man sicher ist, daß die Umwandlung
des Methylalkohols im Oxydierer nicht weiter geht als bis zum Formaldehyd.

Was aber dort einen Vorteil bedeutet, ist für die Kondensation
des Reaktionsgemisches aus dem Oxydierer ein erhebliches Hindernis.
Dieses Reaktionsgemisch besteht aus $HCOH$, H_2O, CH_3OH und Stickstoff. $HCOH$ und H_2O scheiden sich bei Lufttemperatur daraus mit
ziemlicher Leichtigkeit ab, sowie auch ein gewisser Teil des Methylalkohols. Aber ein bedeutender Prozentsatz des letzteren wird von
dem Stickstoff durch alle Kondensationsanlagen mitgerissen, in denen
dieser eine gewisse Strömungsgeschwindigkeit behält.

Wir beschreiben als Beispiel eine wirksame Kondensationsanlage für
eine 24-Stunden-Produktion von 400 kg Formaldehyd D.A.B. VI Die
Geschwindigkeit des den Oxydierer verlassenden Gasgemisches betragt
bei der genannten Tagesleistung ungefähr 1,5 m je Sekunde beim Durchströmen eines 2-Zoll-Rohres. Zum Kondensieren könnten wir noch so große
Kühler mit 2- oder auch 3 zölligen Kühlschlangen wählen, der Stickstoff
würde daraus mindestens 30 % des überschüssigen Methylalkohols weg-
führen. Wir verwenden deshalb zum Kondensieren weder Schlangen-
noch Röhrenkühler, sondern die **Kondensationsanlage** Abb. 30.

Aus dem Oxydierer tritt das heiße Gasgemisch in den **Zylinderkühler** *Z*. Er besteht aus den beiden konzentrischen Kupferzylindern

a und b, deren respektive Durchmesser 43 und 37 cm betragen und welche an ihrem unteren Ende miteinander verflanscht sind. Die beiden kurzen Rohrstücke rr vermitteln den Austritt des im Innern des Kühlers aufsteigenden Kühlwassers. Beide Zylinder des Kühlers, zwischen denen sich die Gase verdichten, sind also wassergekühlt. Seine Höhe beträgt 5 m. In ihm vermindert sich die Sekundengeschwindigkeit der durchströmenden Gase von 1,5 m in dem dieselben vom Oxydierer heranführenden 2-Zoll-Rohr auf 8—10 cm, so daß diese zum Durchströmen dieses Kühlers ungefähr eine Minute benötigen.

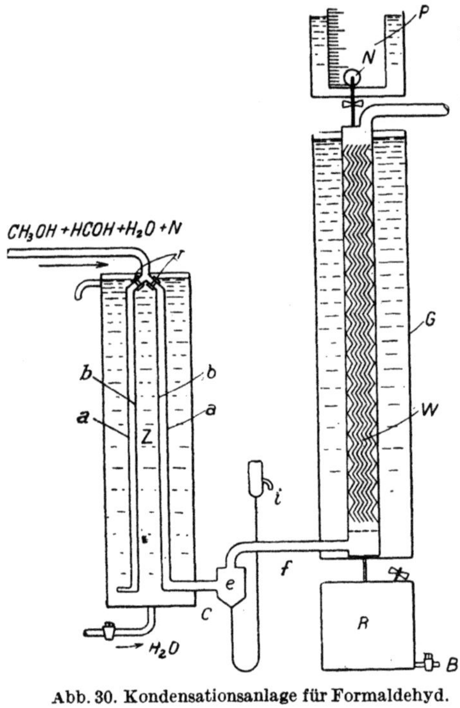

Der Austritt c führt die verflüssigten Kondensate und die Gase in den Abscheider e. Erstere verlassen denselben bei i und fließen von dort in das Sammelgefäß für den Rohformaldehyd; die letzteren, also der mit Methylalkoholdämpfen noch stark beladene Stickstoff, gelangen durch das weite Rohr f in den Waschturm W.

Dieser ist aus Kupferblech gebaut und mit Raschigringen aus Kupfer gefüllt. Seine Höhe beträgt 7 m, sein Durchmesser 50 cm. Letzterer kann nicht größer gewählt werden, wenn die Kühlung durch das Wasser im eisernen Zylinder G sich effektiv gestalten soll. Man kühlt auf eine Temperatur von höchstens 5^0 entweder durch direktes Eintragen von Eis in das Kühlwasser in G oder durch eine Kühlschlange mit Solezirkulation.

P ist das graduierte Gefäß für das Waschwasser, welches die Raschigkörper im Waschturm berieselt.

Abb. 30. Kondensationsanlage für Formaldehyd.

Seine Temperatur soll auch nicht mehr als 5^0 betragen. Seine Quantität darf bei einer Tagesproduktion von 400 kg Formaldehyd nur 110 l sein! Durch Waschen mit mehr Waschwasser würde der fertige Formaldehyd zu verdünnt. Die Ausflußöffnung aus Glas unter dem Hähnchen H darf also nur 0,7 mm betragen. Das Ausflußrohr aus dem Gefäß P erhöht sich in dessen Innern etwas über dem Boden. Um diesen kurzen Rohrstutzen bindet man hermetisch verschließend einen Sack N aus feinstem Messingdrahtnetz, durch welches also das Wasser vor seinem Austritt aus P passieren muß, so daß es die feine Öffnung unter dem Hähnchen H nicht verstopfen kann. Das in R sich ansammelnde Kondensat gelangt durch den Bodenhahn B ebenfalls in das Sammelgefäß für den Rohformaldehyd.

In dem Waschturm verringert sich die Sekundengeschwindigkeit des durchströmenden Stickstoffes von 8—10 cm im Zylinderkühler auf 2 cm; der Stickstoff verbleibt also 6—7 Minuten im Waschturm und kühlt sich dort in beinahe vollkommener Bewegungslosigkeit auf eine Temperatur von höchstens 5° aus, wodurch sich der bis hierher mitgeführte Methylalkoholdampf bis auf Spuren niederschlägt.

Formaldehyd kommt in drei Qualitäten in den Handel:

I. Formaldehyd technisch 30 proz. Volumen = 27,5 proz. Gewicht.

II. Formaldehyd technisch 40 proz. Volumen = 36,5 proz. Gewicht.

III. Pharmazeutischer Formaldehyd, z. B. D.A.B. VI, metall- und säurefrei, 35 proz. Gewicht, spez. Gew. 1,079—1,081.

Für die Darstellung von Nr. I wird aus dem in der beschriebenen Apparatur erhaltenen Rohformaldehyd in einem kupfernen Kolonnenapparat der Methylalkohol restlos herausrektifiziert und die zurückbleibende wässerige HCOH-Lösung mit destilliertem Wasser auf den oben angegebenen HCOH-Gehalt eingestellt. Die zu diesem Zwecke erforderlichen HCOH-Bestimmungen werden nach der Methode des D.A.B. VI ausgeführt. Diese Handelsmarke Formalde-

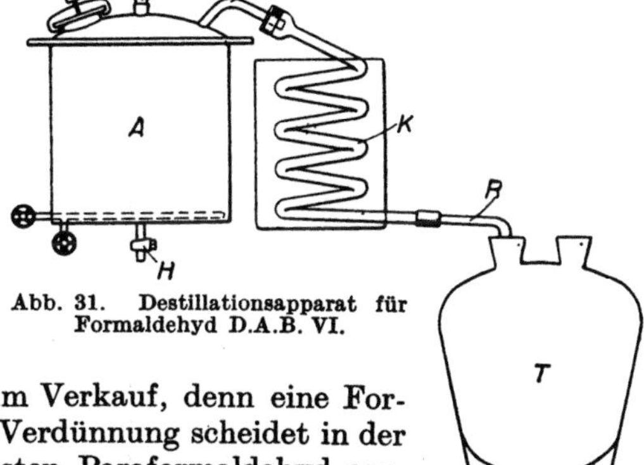

Abb. 31. Destillationsapparat für Formaldehyd D.A.B. VI.

hyd ist die vorteilhafteste im Verkauf, denn eine Formaldehydlösung von dieser Verdünnung scheidet in der kalten Jahreszeit keinen festen Paraformaldehyd aus, auch wenn sie keine Spur von Alkohol enthält.

Anders verhält es sich mit Nr. II. Solcher Formaldehyd würde sich im Winter durch sich ausscheidenden Paraformaldehyd trüben, wenn er keinen Alkohol enthielte. Demgemäß treibt man im kupfernen Kolonnenapparat aus dem Rohformaldehyd nicht ganz allen Methylalkohol ab und stellt dann auf 36,5 proz. Gewicht HCOH und 8—10 proz. Alkohol ein. Der zur Verhinderung von Trübungen zugesetzte Alkohol muß nicht unbedingt Methylalkohol sein, sondern er kann durch Äthylalkohol ersetzt werden, wenn letzterer billiger ist.

Zur Herstellung von pharmazeutischen Formaldehyd treibt man ebenfalls aus dem Rohformaldehyd den Methylalkohol nicht ganz vollständig ab und drückt den Rückstand in die kupferne Blase _A_ des Apparates Abb. 31.

Die Destillierblase _A_ mit einer Bodenheizschlange für Dampf von 4—5 Atm. besteht aus Kupfer. An das Kupferrohr _D_ für die Überleitung der Formaldehyddämpfe ist der Tonkühler _K_ mit Zement angedichtet. Statt des Tonkühlers wäre auch ein eisenemaillierter Linsenkühler verwendbar. Der Kühlerausfluß ist durch ein Stück Kautschukschlauch mit dem Glasrohr _R_ verbunden, durch welches der kondensierte Formaldehyd in das Tontourille _T_ fließt.

Man destilliert Ansätze von 800 kg, welche man mit 8—10 kg gelöschtem Kalk versetzt, zum Zurückhalten bereits vorhandener und
während der Destillation sich noch bildender Ameisensäure. Der zur
Destillation gelangende Formaldehyd soll einen Minimalgehalt von
42% HCOH haben. Es destilliert anfänglich schwacher, gegen den
Schluß sehr starker Formaldehyd über. Das Destillat muß lauwarm
aus dem Tonkühler in das Tourille fließen, damit sich gegen den Schluß
hin kein fester Paraformaldehyd ausscheidet. Man verlegt den Ausfluß
des warmen Destillats und das Tourille gerne in das Freie, um Beläsi-
gungen durch Formaldehydgeruch zu vermeiden. Der Korkpfropfen P
auf A dient als einfaches Sicherheitsventil für den Fall, daß je einmal durch Paraformaldehydabscheidung im Kühler Verstopfung und Überdruck in der Blase entstehen sollten.

Nach Beendigung der Destillation wird der Inhalt des Tourilles mit einem Holzstabe durchgerührt und in einer Probe davon der HCOH-Gehalt und das spezifische Gewicht bei 15° bestimmt. Man stellt dann mit destilliertem Wasser und Alkohol zuerst einige Liter probeweise auf einen Gehalt von 35% und ein spezifisches Gewicht von

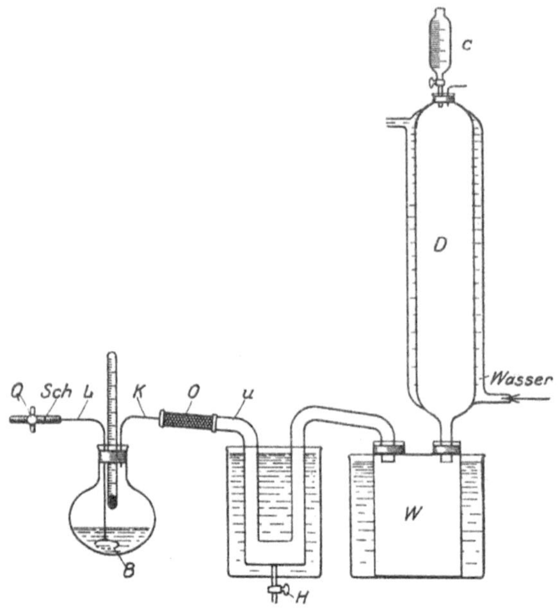

Abb. 32. Formaldehydapparat für das Laboratorium.

1,079—1,081 bei 15° ein. Nach dieser Probemischung stellt man dann
die gesamte Menge ein. Der Rückstand in der Blase wird jedesmal
abgelassen und die Blase reingespült.

Ausbeute: Theoretisch müßte man aus 100 kg Reinmethylalkohol
mit max. 0,1 proz. Aceton 192,5 kg Formaldehyd D.A.B. VI erhalten.
Mit der hier beschriebenen Apparatur soll man bei einiger Übung
eine praktische Ausbeute von 175—180 kg erreichen. Wir setzen dabei
voraus, daß die 15% Alkohol, welche pharmazeutischer Formaldehyd
enthält, ausschließlich Methylalkohol sei.

Aus der Beschreibung des Betriebsverfahrens ergibt sich, daß die Aufstellung
einer Apparatur für Formaldehyd im Laboratorium keine ganz einfache Sache ist.
Das Gasgemisch wird in dem 2-l-Weithalskolben (s. Abb. 32) hergestellt, welcher
auf einem Dampfbad steht und bei Versuchsbeginn 500 g Methylalkohol enthält.
Das $^1/_4$-Zoll-Röhrchen L aus Kupfer führt die Luft in den Kolben, wo sie durch die
kleine Brause B verteilt wird. Ihre Menge kann vermittels des Quetschhahns Q
auf dem Verbindungsschlauche Sch genau geregelt werden. Das Thermometer T

mißt die Temperatur des Gasgemisches und das $^1/_4$-Zoll-Kupferrohr K führt dasselbe aus dem Kolben nach dem $^1/_2$-Zoll-Kupferrohr O, mit dem es durch einen Flansch verbunden ist. In O steckt die Kontaktsubstanz in Form eines ausgeglühten und dann aufgerollten Kupferdrahtnetzes von $1^1/_2$ mm Maschenweite. Das Netz muß möglichst kompakt aufgerollt sein zu einem Pfropfen, welcher satt in das Kupferrohr O hineinpaßt. Von diesem Pfropfen sägt man ein Stück von 7 cm Länge ab und treibt dieses mit einem Hammer in das Rohrstück O. Letzteres wird auf seiner anderen Seite an das mit fließendem Wasser gekühlte U-Rohr U aus Kupfer geflanscht, dessen beide Schenkel 1 Zoll lichte Weite haben, das Bodenstück 2 Zoll. Der zweite Schenkel mündet in die mit Eiswasser gekühlte Wullfsche Flasche W von 4 l Inhalt. Auf den zweiten Tubus von W ist der mit Prym- oder Raschigringen gefüllte und mit möglichst kaltem Wasser gekühlte Deflegmator D aufgesetzt, in welchen das Waschwasser aus dem graduierten Tropftrichter C gelangt.

Zu Beginn des Versuches wird die Kontaktsubstanz im Rohrstück O durch einen Schwalbenschwanzbrenner mit leuchtender Flamme zur schwachen Rotglut erwärmt, welche sich, analog wie im Betrieb, nachher während der Versuchsdauer ohne weitere äußere Erhitzung erhält. Die Temperatur des Gasgemisches im Kolben betrage 57—60°. Der Luftstrom soll ganz schwach sein; dementsprechend darf also auch die CH_3OH-Verdunstung keine kräftige sein, womit erreicht wird, daß die Durchgangsgeschwindigkeit des Gases in U und in D eine geringe ist. Die Versuchsdauer betrage für 500 g CH_3OH 3—4 Stunden und die entsprechende Menge Waschwasser in C 130 g. Durch das Hähnchen H kann man das im U-Rohr verdichtete Kondensat von Zeit zu Zeit ablassen, während man W erst nach Beendigung des Versuches entleert.

Wenn kein Druckluftbehälter zur Verfügung steht, kann man die Luft aus einem Gasometer zuführen. Der Luftdruck muß, wie im Betrieb, möglichst konstant und leicht regulierbar sein.

Glycerophosphate.

Glycerophosphorsäure = $C_3H_5(OH)_2O \cdot PO(OH)_2$. Mol.-Gew. 172. Die zweibasische freie Säure ist nur in wässeriger Lösung bekannt. Im Handel befinden sich Lösungen von 25 und 50 %. Es sind klare, farblose Flüssigkeiten, die sich bei längerer Aufbewahrung oder beim Erwärmen allmählig gelb färben unter teilweiser Spaltung in Glycerin und Phosphorsäure.

Calcium glycerino phosphoric. = $C_3H_5(OH)_2O \cdot POO_2Ca + 2 H_2O$. Mol.-Gew. 246. Weißes Krystallpulver, löslich in ungefähr 40 T. Wasser. Aus der kalt gesättigten Lösung scheidet sich beim Erhitzen ein Teil des Salzes aus, das beim Erkalten wieder in Lösung geht.

Natrium glycerino phosphoric. = $C_3H_5(OH)_2OPO(ONa)_2 + 3 H_2O$. Mol.-Gew. 270. Weiße Krystalle oder Stücke oder Pulver, in Wasser mit lackmusalkalischer Reaktion sehr leicht löslich.

Glycerophosphate des Handels sind:

Das saure Calciumsalz in 50proz. Lösung.

Das neutrale Calciumsalz, ein weißes wasserlösliches Pulver.

Dasselbe Salz, granuliert mit Zucher.

Das neutrale Natriumsalz in Krystallen und in 50 und 75proz. Lösung.

Für die Fabrikation der Glycerophosphate verwende man an Rohmaterialien:

Metaphosphorsäure — acid. phosphoric. glaciale, HPO_3. Man kann die gewöhnliche Handelsware verwenden. Die geringen Unreinigkeiten derselben sind für den Herstellungsprozeß, die Ausbeute und die Qualität des Produktes belanglos. Natrium und Magnesium sollen allerdings höchstens in Spuren in der Säure sein.

Glycerin. Man verwendet farblose Ware vom spez. Gew. 1,260, in der Reinheit den Anforderungen der Arzneibücher entsprechend.

Soda, Natrium carbonic. pur. cryst., in der Reinheit den Anforderungen der Arzneibücher entsprechend.

Zur Herstellung des Phosphorsäureglycerinesters ist vor allem ein sehr hohes Vakuum erforderlich. Von der Höhe des angewendeten Vakuums hängt es ab, ob man den gewünschten Monoester möglichst unvermischt mit den weit schlechter löslichen Di- und Triestern erhält oder nicht. Die Erfahrung hat gelehrt, daß man die Ansätze nicht zu groß wählen soll. Man mache Ansätze von 18—20 kg. Als Apparatur verwendet man entweder eine Porzellanblase im Ölbade oder eine sehr gut emaillierte Doppelwandblase. Das Vakuum erzeugt man entweder mit zwei hintereinander geschalteten zweistufigen oder mit einer dreistufigen Hochvakuumpumpe. Wenn es gelingt, das Vakuum dauernd auf 1, höchstens 2 mm zu halten, so erzielt man qualitativ und quantitativ Höchstausbeuten, welche die als normal angesehenen von 250% an glycerophosphorsaurem Calcium auf Metaphosphorsäure berechnet noch übertreffen. Man vereinigt im Vakuumapparat 8 kg Metaphosphorsäure und 10 kg Glycerin, bringt das Vakuum auf 1 bis 2 mm und heizt bei langsamer Temperatursteigerung auf, bis das Thermometer 115° zeigt und die Masse zu schäumen beginnt. Die Operationsdauer beträgt für einen Ansatz etwa 30 Minuten. Zweckmäßig macht man eine Reihe von Veresterungen hintereinander und bringt die einzelnen Ansätze in einen entsprechend großen, sehr gut emaillierten Doppelwandkessel. Hier verdünnt man die Ausbeute jeden Ansatzes von 18 kg mit 90 kg destilliertem Wasser. Man wähle den Doppelwänder hinreichend groß, weil bei der später folgenden Neutralisation mit kohlensaurem Kalk eine starke Kohlensäureentwicklung entsteht. Die Laugen im Kessel läßt man unter Ersatz des verdampften Wassers eine Viertelstunde aufkochen, indem man so viel metallfreie Entfärbungskohle hinzufügt, bis die Lösung auch in größerer Schicht farblos erscheint, und filtriert dann durch Papier. Das Filtrat neutralisiert man nun mit kohlensaurem Kalk. Dabei scheidet sich Phosphorsäure, die nicht mit dem Glycerin in Reaktion getreten ist, als tertiäres Calciumphosphat aus. Ein kleiner Überschuß von Calciumcarbonat ist ohne Einfluß. Auf 80 kg in die Reaktion gebrachte Metaphosphorsäure braucht man etwa 100 kg Calciumcarbonat. Es empfiehlt sich aus praktischen Gründen, gegen das Ende der Neutralisation das Calciumcarbonat durch Kalkmilch zu ersetzen, mit welcher man viel sicherer arbeitet als mit dem Carbonat. Die neutrale Lösung läßt man noch einige Zeit aufkochen zur Beseitigung der letzten Kohlensäurereste. Das verdampfte Wasser muß man auch hierbei wieder ersetzen.

Dann läßt man die Laugen völlig erkalten. Diesem vollständigen Erkalten kommt große Bedeutung zu, weil das Calciumglycerophosphat sich in heißem Wasser schlechter löst als in kaltem. Aus diesem Grunde läßt man die Lösungen mehrere Tage in der Kälte stehen. Dann siphoniert und filtriert man exakt vom Rückstande ab. Dieser besteht aus Calciumtriphosphat und seine Menge ist im allgemeinen so gering, daß er als wertlos verworfen werden kann. Die klare Lösung dampft man etwas ein, wobei sich ein Teil des Glycerophosphates ausscheidet. Man filtriert heiß auf einer vorgewärmten Nutsche und wäscht das Nutschengut zur Entfernung der Mutterlaugen und eventuellen überschüssigen Glycerins mit Alkohol nach. Die Laugen werden bei möglichst hohem Vakuum auf etwa die Hälfte ihres Volumens eingeengt und dann mit dem gleichen Volumen hochprozentigem Alkohol versetzt, wodurch fast aller glycerophosphorsaurer Kalk gefällt wird. Man läßt unter häufigem Umrühren einige Tage stehen, wobei sich immer noch etwas ausscheidet. Dann nutscht man, saugt vollkommen trocken und wäscht mit Alkohol nach. Der Waschalkohol wird bei der nächsten Operation zum Ausfällen verwendet. Die beiden durch Aufkochen und durch Ausfällen mit Alkohol erhaltenen Partien an Glycerophosphat werden vereinigt und bei einer 50° nicht übersteigenden Temperatur im Dampftrockenschrank getrocknet. Über 50° darf man beim Trocknen nicht gehen, da das Produkt dadurch an Löslichkeit verlieren würde. Es ist das Glycerophosphat, welches der Formel

$$C_3H_5(OH)_2O \cdot POO_2Ca + 2\,H_2O$$

entspricht.

Die einzelnen Ansätze fallen in bezug auf Löslichkeit nicht immer ganz gleichmäßig aus. Dies hängt viel von der Höhe des Vakuums bei der Herstellung der Glycerinphosphorsäure ab. — Zu manchen Nährmitteln wird geradezu ein schwerlösliches Präparat verlangt. Man kann das Normallösliche und das Schwerlösliche voneinander trennen, indem man das Fertigprodukt mit 20 T. kaltem Wasser digeriert und vom Nichtgelösten abfiltriert. Das Filtrat fällt man dann wieder mit Alkohol.

Es gibt im Handel auch ein besonders leicht lösliches Calciumglycerophosphat, das ebenfalls von den Nährmittelfabriken verlangt wird. Zur Herstellung desselben versetzt man die Laugen der normalen Glycerophosphates nach ihrer Konzentration im Vakuum, aber vor der Fällung mit Alkohol, mit 5proz. Citronensäure, berechnet auf die zu erwartende Ausbeute. Es fällt dann ein wesentlich leichter lösliches Produkt.

Das Calcium glycerophosphoricum granulatum stellt man durch Vermischen mit Zucker und Alkohol und Durchreiben durch ein Sieb her.

Endlich gibt es im Handel ein saures Calciumglycerophosphat, allerdings nicht in trockener Form, da dasselbe außerordentlich hygroskopisch ist[1]. Es wird in folgender Weise hergestellt: 456 T. neutrales Calciumglycerophosphat werden mit 500 T. kaltem, destilliertem Wasser sehr gut verrieben, und zwar in einer Tonschale, die man in eine Kältemischung stellt. In diese Mischung gießt man in kleinen Portionen 100 T. reine konzentrierte Schwefelsäure 66° Bé. Noch besser nimmt man 50proz. Schwefelsäure und entsprechend weniger Wasser. Der Zusatz der Schwefelsäure muß auf alle Fälle so geregelt werden, daß keine Erwärmung eintritt. Man überläßt nun das Ganze 24 Stunden der Ruhe. Der Gips setzt sich ab. Man zieht die Laugen soweit wie möglich ab, rührt den Gips mit Wasser an und wäscht ihn auf einer Nutsche glycerophosphatfrei. Die vereinten Laugen werden noch einmal geklärt und dann auf 760 T. eingedampft. Die Lösung enthält dann 50 T. saures Calciumglycerophosphat. Diese Lösung trübt sich leicht durch allmählich sich ausscheidenden Gips. Es ist darum vorzu-

---

[1] Seit einigen Jahren kommt ein saures Calciumglycerophosphat auch als Pulver in den Handel.

ziehen, die direkt erhaltene Glycerophosphorsäure mit nur so viel Calciumcarbonat zu versetzen, als zur Herstellung eines sauren Glycerophosphates erforderlich ist, also direkt, nicht über das neutrale Salz zum sauren zu gelangen.

Natrium glycerophosphoricum wird im allgemeinen nur in 50 proz. Lösung gehandelt. Am einfachsten stellt man sich die Lösung her durch genaue Neutralisation der Glycerophosphorsäure mit reiner Soda an Stelle von Calciumcarbonat. Die neutralisierte Säure dampft man zu einem Gehalt von 50 % ein. Diese Art der Herstellung hat aber den Nachteil, daß überschüssiges Glycerin und Phosphorsäure nicht entfernt werden.

Zur Herstellung eines reinen Natriumglycerophosphates geht man am besten über das neutrale oder saure Calciumglycerophosphat. — Man löst 100 kg von dem ersteren in 3—4 m³ Wasser, filtriert vom Rückstande ab und fällt den Kalk mit Soda, bis eine abfiltrierte Probe mit oxalsaurem Ammonium keine Trübung mehr gibt. Es ist ziemlich schwierig, den richtigen Sodazusatz zu treffen, so daß man gut tut, vor dem Fabrikationsansatz im Laboratorium mit den gleichen Rohmaterialien in aliquoten Teilen einen Vorversuch zu machen. Beim Fabrikationsansatz behält man außerdem einen kleinen Teil der Calciumglycerophosphatlösung zurück, um, wenn nötig, einen Sodaüberschuß regulieren zu können.

Man läßt absetzen, siphoniert, filtriert vom kohlensauren Kalk ab und wäscht diesen glycerophosphorsäurefrei. Die klaren Laugen engt man im Vakuum bis zu einem Gehalt von 50 % Natriumglycerophosphat ein. Man kann die Lösung auch auf 75 % konzentrieren. Diese Lösung krystallisiert bei längerem Stehen in der Kälte. Es bilden sich sehr schöne, wohlausgebildete, farblose Krystalle, welche man benutzt, wenn man ein chemisch reines Glycerophosphat haben muß, z. B. zur Füllung von Ampullen. Die Krystalle sind sehr hygroskopisch und müssen in gut verschlossenen Gefäßen aufbewahrt werden.

Neuerdings ist es gelungen, glycerophosphorsaures Natrium in beinahe theoretischer Ausbeute direkt aus Glycerin und sekundärem Natriumphosphat, HNa_2PO_4, unter Austritt eines Moleküls Wasser herzustellen.

Laboratoriumsversuch:

Als Übungsbeispiel im Laboratorium werden selten Glycerophosphate hergestellt, weil eine Quelle für Hochvakuum von 1 bis höchstens 2 mm meistens nicht zur Verfügung steht. — Mit den Wasserstrahlpumpen aus Glas erzielt man in Hochschullaboratorien ein Vacuum von 7—10 mm; im Sommer oft noch ein minderwertigeres. Der Grund dafür liegt darin, daß an die Wasserleitungen zu viele Hähne und Ventile angeschlossen sind, so daß der Leitungsdruck während der Arbeitszeit nicht nur allgemein herabgesetzt wird, sondern infolge periodischen Öffnens und Schließens anderer Hähne zu stark variiert. Dazu kommt noch, daß in den oft langen Zuleitungen durch geheizte Lokale das Wasser warm wird, so daß seine Dampfdension das mit der Wasserstrahlpumpe hergestellte Vakuum stark beeinträchtigt.

Verhältnismäßig einfach kann man auf folgende Art zu einem konstanten Vakuum von etwa 3 mm gelangen: H (s. Abb. 33) ist der Hauptstrang des Leitungswassers, wie er direkt von der kommunalen Wasserleitung in das Laboratoriumsgebäude gelangt. Z ist die 1-Zoll-Zuleitung vom Hauptstrang zur Pumpe P.

Sie gelangt zuerst von der Decke des Raumes bis über den Laboratoriumstisch, wo sie durch den Hahn H in Kommunikation mit der Pumpe gebracht werden kann, welch letztere wie der Hauptstrang H direkt unter der Decke des Laboratoriums angebracht ist. Die Wasserstrahlpumpe wird aus einer Serie von solchen ausgewählt, denn entgegen den Behauptungen der Lieferanten differiert das erreichte Vakuum bei den einzelnen Exemplaren ganz erheblich. An den Wasserablauf der Pumpe schließt sich hermetisch das $1^1/_2$-Zoll-Rohr A von mindestens 7 m Höhe an, durch welches das der Pumpe entströmende Wasser in den Abwasserkanal im Keller stürzt. Auf diese Weise ist man sicher, daß die Saugwirkung der Pumpe nicht gehemmt, sondern im Gegenteil unterstützt wird. Wenn sich das kommunale Leitungswasser im Sommer über 7^0 erwärmt, kühlt man dasselbe durch Eiswasser im Zylinder B. — Man erreicht bei Anwendung von Wasser von höchstens 6^0 und den genannten Anordnungen in Reaktionsräumen von höchstens 300 cm³ konstant bleibende Druckverminderungen bis auf 3 mm.

Das Volumen des Destillationsapparates muß in vernünftigem Verhältnis zur Leitungsfähigkeit der Pumpe sein. Schon das Verbindungsrohr R von der letzteren zum Destillationsapparat hat aus diesem Grunde einen geringen Durchmesser — höchstens $^1/_4$ Zoll. Der Inhalt der beiden Kölbchen K und K_1 beträgt nur je 50 cc. Ihre Abdichtungen bestehen aus bestem Paragummi. Die voll-

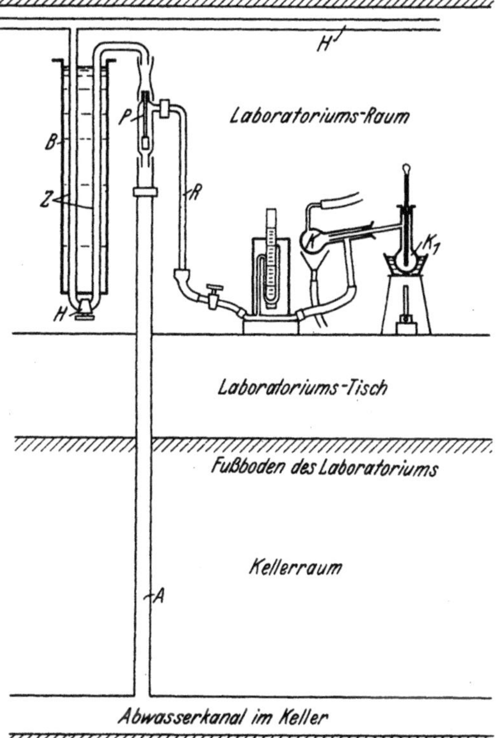

Abb. 33. Glycerophosphatapparatur im Laboratorium.

ständige Abdichtung der Verbindungen soll nämlich nie durch Bestreichen mit Kollodium oder ähnlichen Lösungen, sondern nur durch die Saugwirkung des Hochvakuums erzielt werden, was aber nur möglich ist, wenn das Volumen des Apparates im richtigen Verhältnis zur Saugwirkung der Pumpe gewählt wird.

Man macht Ansätze von je 8 g Metaphosphorsäure und 10 g Glycerin und heizt durch ein kleines Ölbad. Im Laboratorium ist jeder Ansatz in höchstens 20 Minuten beendigt. — Zehn solcher Ansätze vereinigt man in einem Becherglase von 2 l Inhalt mit 900 g destilliertem Wasser und arbeitet dann analog dem Betriebsverfahren.

Die Ausbeuten im Laboratorium sind dem schwächeren Vakuum entsprechend geringer als im Betrieb.

Hämoglobin.

Hämoglobin ist der rote Farbstoff des Blutes. — Es existiert im Handel in drei Formen: Flüssig, krystallinisch und in Lamellen.

a) Flüssiges Hämoglobin im Laboratorium.

Als Apparat verwendet man den in Abb. 34 veranschaulichten Scheidetrichter mit Glasrührer und Siphon. Durch die nicht zu kleine

Öffnung des Scheidetrichters wird der Glasrührer eingeführt. Durch eine Öffnung in der Achse *a* des Rührers geht der Rührarm *s*. Derselbe kann in die zur Achse parallele Lage aufgestellt werden, in welcher Lage der Rührer in den Scheidetrichter eingeführt wird. Im Scheidetrichter fällt dann der Rührarm *s* durch sein eigenes Gewicht in die horizontale Lage, in welcher er in der aus der Abbildung ersichtlichen Weise gehalten wird. Bei großen Scheidetrichtern — man verwendet für größere Ansätze solche von 50 l und mehr Inhalt — bringt man an der Rührerachse zwei oder mehrere solcher flexibler Rührarme an. Der Rührer macht höchstens 7 Umdrehungen in der Minute, damit die Bildung von Emulsionen unbedingt vermieden wird. Ein emulsionierter Ansatz ist verloren.

In einem solchen Scheidetrichter von beispielsweise 2 l Inhalt füllt man durch Öffnung *f* im Korken 1 kg frisches, gut defibriniertes Pferdeblut und 500 cc Äther, verschließt die Öffnung *f* durch einen kleinen Kork, rührt 12 Stunden in der bereits beschriebenen Art und überläßt über Nacht der Ruhe. Am folgenden Morgen entfernt man die Ätherschicht durch den Siphon *H*, indem man zunächst den kleinen Pfropfen auf der Öffnung *f* abhebt, dann den äußeren der beiden durch das Schlauchstück *sch* verbundenen Siphonschenkel in die Höhe hebt, die ätherische Lösung ansaugt, dann die Klammer *k* schließt, den Siphonschenkel senkt und bei wieder geöffneter Klammer *k* abfließen läßt, bis die ätherische Flüssigkeitsschicht möglichst exakt aus dem Scheidetrichter entfernt ist. Man wiederholt dann die Behandlung mit Äther noch zweimal in derselben Weise mit je 400 cc davon. Der Äther entfernt das Fett aus dem Blute.

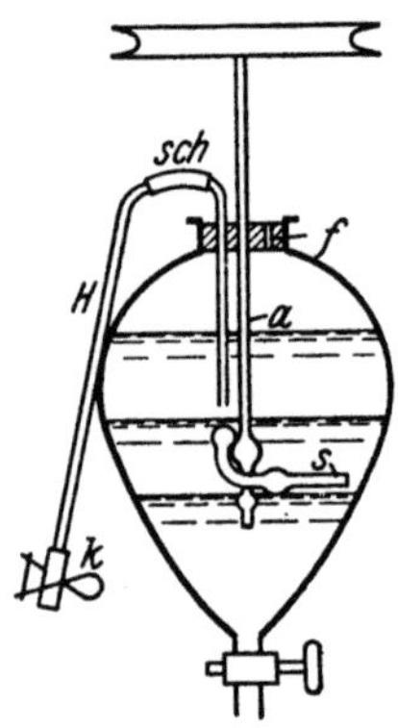

Abb. 34. Scheidetrichter mit Glasrührer und Siphon.

Es entstehen drei Schichten. Nach der dritten Extraktion mit Äther zieht man durch den Bodenhahn des Scheidetrichters zuerst die unterste Schicht ab. Dieselbe wird getrocknet und stellt dann Blutalbumin dar. Vorteilhaft verarbeitet man diese Schicht, ohne sie vorher zu trocknen, direkt auf Tannalbin, s. das Kapitel über Tannalbin aus Blutalbumin, S. 274.

Darauf wird die dritte Ätherschicht abgetrennt und der Äther durch Destillation wiedergewonnen. Die vom Äther befreite Hämoglobinschicht wird mit Ammoniak bis zur schwachalkalischen Reaktion versetzt und filtriert. Auf je 100 cc der Hämoglobinflüssigkeit gibt man dann je 7,5 g reines Glycerin hinzu und engt im Vakuum je 100 cc Hämoglobinflüssigkeit bis zu 15 g ein. — Man erhält so eine rubinrote, durchsichtige Flüssigkeit mit einem Gehalt von 50 % reinem Hämoglobin.

Dieses dient zur Herstellung von Medizinalweinen, Sirupen und sonstigen Hämoglobinpräparaten, besonders von Weinen und Sirupen.

b) **Krystallinisches Hämoglobin.**

Die wie bereits beschrieben aus dem Blute gewonnene Hämoglobinlösung wird nach dem Abtreiben der letzten Ätherreste ohne Glycerinzusatz im Vakuum eingetrocknet. Das Produkt stellt dann ein krystallinisches Pulver dar, welches in Wasser leicht löslich ist. In dieser Form wird das Hämoglobin zu Pulvern und Pillen gebraucht.

c) **Hämoglobin in Lamellen.**

20 l der Hämoglobinlösung versetzt man nach dem Abtreiben der letzten Ätherreste mit einem kolierten Schleim von 1,5 kg arabischem Gummi in 2—3 l Wasser. Man macht wieder mit Ammoniak schwach alkalisch und dickt die Mischung im Vakuum etwas ein. Darauf streicht man sie mit einem breiten Pinsel auf Glasplatten und trocknet bei einer 45⁰ nicht übersteigenden Temperatur. Es entstehen feine, hochrote, durchscheinende Blättchen, die sich leicht von den Glasplatten ablösen. — Dieses Hämoglobin in Blättchen wird als solches oder auch in Pulvermischungen abgegeben. Es ist nicht so gut öslich wie das vorher angeführte reine krystallinische.

Im Betrieb bedient man sich zur Extraktion des Blutes mit Äther großer, ebenfalls gläserner Scheidetrichter von beispielsweise je 50 l Inhalt, worin Glasrührer mit mehreren Rührarmen eingesetzt sind. Man sichert sich so die ununterbrochene Aufsicht über den Fortgang der Extraktion und kann das Rühren sofort unterbrechen, wenn sich eine Neigung zu der gefährlichen Emulsionsbildung zeigen sollte.

Harnstoff.

$CO(NH_2)_2$. Mol.-Gew. 60. F.P. 132⁰. Es bildet farblose Prismen, löslich in 1 T. Wasser, in 5 T. kaltem und 1 T. siedendem Weingeist.

Von den drei Darstellungsverfahren dieses Körpers ist dasjenige aus Kaliumcyanid und Ammoniumsulfat zu teuer, während das Großbetriebsverfahren aus Ammoniak und Kohlendioxyd komplizierte Apparaturen bedingt, welche von Fabrikationsbetrieben mit beschränkter Produktion nicht aufgestellt werden können.

Dagegen kann das rohe Calciumcyanamid mit Vorteil in Harnstoff verwandelt werden, seitdem es in elektrochemischen Werken zur Verwendung als Düngemittel im größten Maßstab und zu billigsten Preisen fabriziert wird.

$$\begin{matrix} CN\cdot NH \\ \\ CN\cdot NH \end{matrix}\Big\rangle Ca + H_2SO_4 = CaSO_4 + 2\,CNNH_2\,.$$

$$CN\cdot NH_2 + H_2O = NH_2\cdot CO\cdot NH_2\,.$$

Als Ausgangsmaterialien werden verwendet:

1. Rohes Calciumcyanamid mit einem Gehalt von 45—47 %.

$$Ca\Big\langle\begin{matrix} NH\cdot CN \\ \\ NH\cdot CH \end{matrix}$$

2. Schwefelsäure von 20,5⁰ Bé, hergestellt durch Mischen von 50- oder 60grädiger billiger Säure mit Wasser. Diese Säure muß im Vorrat hergestellt werden, da sie **kalt** zur Verwendung gelangt.

3. Ätzkalk oder Kreidepulver.

4. Eis.

In dem eisernen Kessel K Abb. 35 mit Rührwerk und Doppelboden mischt man 1500 l Wasser mit 2500 kg Eis und trägt durch einen Schüttelapparat 500 kg rohes Calciumcyanamid im Verlaufe einer Stunde ein. Zu der entstandenen breiigen Masse, deren Temperatur nicht über 8⁰ betragen darf, läßt man aus dem Tonzylinder C unter Rühren und Kühlen mit Sole im Doppelboden von K so lange Schwefelsäure einfließen, bis Phenolphthalein nicht mehr reagiert. Erforderlich sind dafür etwas mehr als 2000 kg Säure. Die Temperatur der Reaktionsmasse darf während dieser Umsetzung nie über 10⁰ steigen.

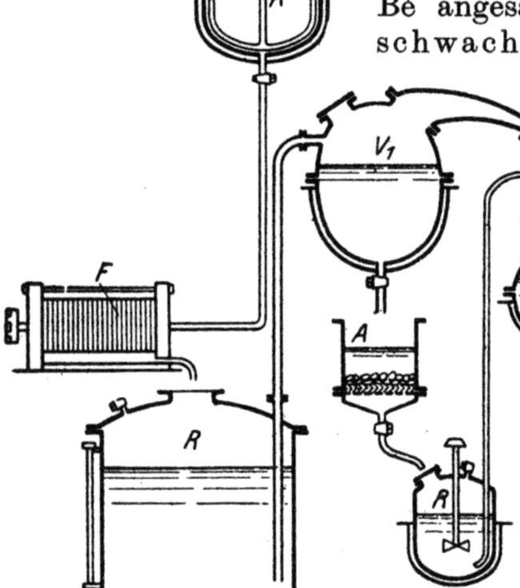

Man trennt die entstandene Cyanamidlösung sofort vom Gips und den unlöslichen Verunreinigungen in der Filterpresse F mit totaler Aussüßung. Die Cyanamidlösung und das Waschwasser fließen in das eiserne Reservoir R, von wo sie in den emaillierten Vakuumapparat V_1 eingesogen und mit 220 kg Schwefelsäure 20,5⁰ Bé angesäuert werden. Dann engt man im schwachen Vakuum bei einer Temperatur von 80—85⁰ (nicht höher als 85⁰, damit sich der gebildete Harnstoff nicht partiell zersetzt) auf ein Drittel des Volumens ein. Das Cyanamid setzt sich mit Wasser unter dem Einfluß der Säure und der Wärme in Harnstoff um, und bei der angegebenen Konzentration von einem Drittel des ursprünglichen Volumens beginnt sich bereits schwefelsaurer Harnstoff auszuscheiden. Man stellt nun die Destillation ab, kühlt durch Wassereinfuhr im Doppelboden, neutralisiert in V_1 selbst

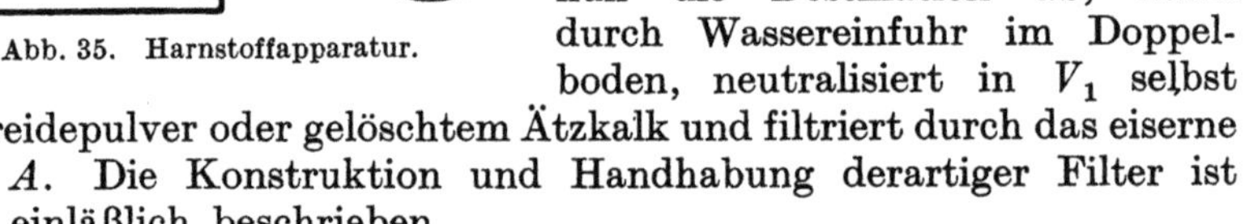

Abb. 35. Harnstoffapparatur.

mit Kreidepulver oder gelöschtem Ätzkalk und filtriert durch das eiserne Filter A. Die Konstruktion und Handhabung derartiger Filter ist S. 270 einläßlich beschrieben.

Im emaillierten Kessel R mit Doppelboden für Warmwasserheizung und mit Rührer versetzt man die filtrierte Lösung zuerst mit etwas Salzsäure, dann mit 3 kg Entfärbungskohle und erwärmt unter Rühren auf 70—80⁰. Dann drückt man durch das emaillierte Linsen- oder Kugelfilter E in den Vakuumdestillierapparat V_2 mit Warmwasserheizung, worin man zur Krystallisation des Harnstoffes verdampft, und zwar hier im hohen Vakuum. Die Harnstofflösung zeigt dabei Neigung zur alkalischen Zersetzung, welche durch niedere Temperatur und zeitweiliges Einziehen von wenig reiner Salzsäure in den Apparat verhindert wird. Man engt ein, bis eine

Probe in glänzenden Nadeln erstarrt, und krystallisiert dann in Emailmarmiten.

Die Ausbeute an technisch reinem Harnstoff beträgt 70 %der Theorie.

Für die Darstellung von Diäthylbarbitursäure und anderen pharmazeutischen Produkten muß derselbe noch umkrystallisiert werden, und zwar, wie dort bereits angeführt, am besten aus Alkohol.

Hexamethylentetramin.

$C_6H_{12}N_4$. Es bildet weiße Krystalle, welche beim Erhitzen ohne zu schmelzen flüchtig sind. Löslich in 10 T. Weingeist, sehr wenig löslich in hochprozentigem Alkohol, an Wasser erfordert es 1,5 T. zur Lösung.

Laboratoriumsversuch. Wir verwenden dafür die verdünnte Formaldehydlösung in der Flasche A, welche wir im Laboratoriumsversuch für Paraformaldehyd (s. S. 141) erhielten. Wir bringen sie in einen mit Wasser gekühlten 2-l-Stutzen mit Glasrührer und leiten aus einer Stahlflasche NH_3-Gas ein, welches vor seinem Eintritt in die Formaldehydlösung zur Entfernung letzter Spuren empyreumatischer Substanzen durch zwei Glasflaschen mit konzentrierter Natronlauge geleitet wird. Die Reaktion

$$6\,HCOH + 4\,NH_3 = (CH_2)_6N_4 + 6\,H_2O$$

ist exotherm, daher ist äußere Kühlung und langsames Einleiten des Ammoniakgases notwendig, um bei einer Temperatur von weniger als 20^0 zu verbleiben. Man setzt das Einleiten des Ammoniaks fort bis zur Reaktion der Lösung auf Phenolphthalein oder Rosolsäure. Dann versetzt man dieselbe mit 3 g bester metallfreier Entfärbungskohle, rührt 6 Stunden bei Zimmertemperatur, filtriert und engt im Vakuum bis zur Krystallisation ein.

Für die letztere Operation kann man den S. 359 Abb. 82 veranschaulichten Vakuumverdampfapparat verwenden. Die Urotropinlösung schäumt nicht stark, so daß man von Beginn an deren gesamte Menge in den Kolben R verbringen kann. Dagegen sind Urotropinlösungen bereits bei geringfügigen Temperaturerhöhungen partiellen Zersetzungen ausgesetzt unter Abspaltung stickstoffhaltiger Körper. Man begegnet diesem Übelstand, indem man jede halbe Stunde aus dem Tropftrichter $5\ cm^3$ reinste Ammoniaklösung in den Kolben R einsaugt. Im übrigen hält man das Vakuum möglichst hoch (im Minimum 740 mm) und die Verdampfungstemperatur möglichst niedrig (höchstens 40^0). Man dampft bis zum dicken Krystallbrei ein, den man nach dem Abkühlen abnutscht und bei $30—35^0$ trocknet. Wenn man alle angegebenen Vorsichtsmaßregeln befolgt hat, sind diese Krystalle schneeweiß und geruchlos. Die Mutterlaugen werden wieder im Vakuum zur Krystallisation eingeengt. Die zweite Krystallisation enthält fast immer etwas übelriechende Aminverbindungen, welche durch Perkolieren der noch wasserfeuchten Krystalle mit Alkohol entfernt werden. Urotropin ist in Alkohol fast unlöslich, und es existiert kein besseres Verfahren zu seiner Desodorierung als das Perkolieren mit Alkohol. Man setzt das Einengen der jeweils erhaltenen wässerigen Mutterlaugen im Vakuum fort, bis alles Urotropin gewonnen ist.

Die Ausbeute ist 95—97 % der Theorie.

Betriebsverfahren. Als Apparat (s. Abb. 36) benutzt man eine in einem Holzküben mit Eiswasser stehende emaillierte Marmite mit Deckel, Rührer, einer Zuleitung für das mit konzentrierter Natronlauge gewaschene Ammoniakgas und einem Abdrückrohr, welches 8 cm über dem Boden mündet. Die im Laboratoriumsversuch beschriebene Arbeitsweise wird beibehalten. Nach Behandlung der Lösung mit Entfärbungskohle läßt man absetzen, drückt die klare Lösung durch einen Spitzbeutel aus Flanell ab und filtriert die abgesetzte Entfärbungskohle durch das emaillierte Kugel- oder Linsenfilter unter dem Bodenhahn. In diesem Filter ist auf einem gelochten Blech ein Filtertuch befestigt, worauf mit gewaschenen Kieselsteinen beschwerte Papierfiltermasse lagert.

Man engt in einem Vakuumverdampfapparat aus Reinaluminium die klare Lösung zur Krystallisation ein. Ein mechanisch bewegter Rührer rührt anfänglich die Lösung und mischt zum Schluß den Krystallbrei in der Blase beständig um, so daß Überhitzungen desselben an der warmen Gefäßwand tunlichst vermieden werden und der Verdampfungsprozeß möglichst beschleunigt wird. Die Vakuumpumpe muß zweistufig sein, damit das Vakuum 750 mm und die Verdampfungstemperatur nicht mehr als 35° beträgt. Auf einem Stutzen sitzt ein Scheidetrichter aus Glas, aus welchem man während des Einengens jede halbe Stunde 500 cm³ reine Ammoniaklösung einsaugt. Mit dem angegebenen hohen Vakuum und der niedrigen Verdampfungstemperatur sowie der Verkürzung der Verdampfungsdauer durch den Rührer erreicht man, daß fast der ganze Ansatz bis auf wenige Prozent direkt als vollständig geruchlose, schneeweiße Ware resultiert. Nur die allerletzten Anteile müssen in einem Perkolator aus Aluminium oder Ton mit Alkohol perkoliert werden.

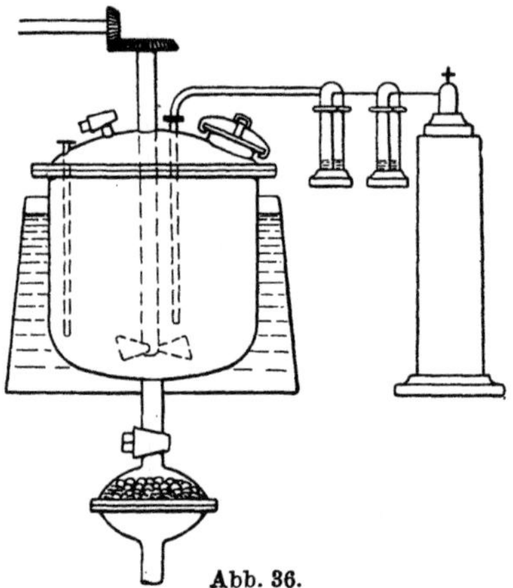

Abb. 36.
Betriebsapparat für Hexamethylentetramin.

Urotropin kann natürlich statt aus Abfallösungen der Paraformaldehydfabrikation ebensogut direkt aus Formaldehyd gewonnen werden, aus welchem vorher der Alkohol abdestilliert wurde. Die kombinierte Darstellung von Paraformaldehyd und Urotropin wurde hier beschrieben, weil dieses Vorgehen ein recht lukratives ist.

Histidin und Histamin.

Histidin.
$$\begin{array}{c} NH-CH \\ | \qquad\quad \diagdown \\ \qquad\qquad\qquad C \cdot CH_3CH(NH_2)COOH. \\ | \qquad\quad \diagup \\ CH==N \end{array}$$

Schmelzpunkt der Base 253°, des Chlorhydrats 251°.

Apparatur für seine Darstellung aus Blutmehl. Emaillierte Doppelwandblase mit Rührwerk und Deckel. Auf den letzteren kann man einen langen emaillierten Rückflußkühler oder einen gläsernen aufsetzen. Ferner muß man im Vakuum abdestillieren können.

In diese Blase, die am besten im Freien oder unter einem Abzug aufgestellt ist, bringt man zunächst

20 l Salzsäure vom spez. Gew. 1,19,

die man auf 35° aufwärmt. Man setzt das Rührwerk in Bewegung und trägt nach und nach 5 kg Blutmehl in kleinen Portionen ein. Die Masse schäumt anfangs stark. Auch nachdem das Blutpulver eingetragen ist, erwärmt man und hält etwa 5 Stunden auf einer Temperatur von 35—40°. Dann setzt man den Rückflußkühler auf und kocht 20 Stunden sehr kräftig auf. In dieser Zeit ist erfahrungsgemäß das Blut hydrolysiert. Die hydrolysierte Blutflüssigkeit wird nun im Vakuum bei 50° zu einer sirupösen Flüssigkeit eingedampft. Der Sirup wird mehrere Male mit Wasser angerührt und wieder im Vakuum eingedampft. Dieses mehrmalige Eindampfen verfolgt den Zweck, die Salzsäure möglichst restlos zu entfernen.

Der so erzielte Sirup wird mit stark verdünnter Natronlauge langsam und vorsichtig beinahe neutralisiert. Dann wird mit Soda genau lackmusneutral gemacht. Während dieser Neutralisation muß stark gerührt und gekühlt werden, um Erhitzung zu vermeiden. Die neutralisierte Blutflüssigkeit wird in eine Abdampfschale gebracht und mit 1 l 5/n Natronlauge unter stetigem Rühren erhitzt, um das Ammoniak zu vertreiben. Dann läßt man einige Stunden im Eisschrank erkalten, wobei geringe Mengen Leucin und Tyrosin auskrystallisierten. Aus dem Filtrat dieser beiden wird das Histidin mit Quecksilberchlorid in folgender Weise gefällt:

Man versetzt abwechselnd mit einer heißgesättigten Quecksilberchlorid- und einer kaltgesättigten Sodalösung, wobei man immer auf eine schwache Lackmusalkalität hält. Das Ausfällen wird so lange fortgesetzt, bis in einer phenolphthaleinalkalischen Probe kein Niederschlag mehr entsteht. — das Ganze bringt man in einen Tontopf und wäscht dort verschiedene Male durch Dekantieren mit gewöhnlichem Wasser aus.

Dann versetzt man den Niederschlag, der in Wasser suspendiert ist, mit Salzsäure bis zur deutlich sauren Reaktion. Es tritt eine teilweise Lösung ein, die man nach halbstündigem Stehenlassen vom schmutziggrünen Niederschlag (Rückstand *A*) abfiltriert. Letzterer enthält große Mengen von Quecksilber, welches man daraus, wie unten angegeben, zurückgewinnt. — Aus dem Filtrat fällt man Histidinquecksilber durch Sodazusatz bis zur Phenolphthaleinreaktion wieder aus. Den Niederschlag wäscht man wieder durch mehrfaches Dekantieren mit Wasser und löst ihn wieder in Salzsäure.

Diese Lösung wird unter Druck mit Schwefelwasserstoff gesättigt, wobei Quecksilbersulfid ausfällt. Man filtriert von diesem ab und engt das Filtrat ein bis zur beginnenden Krystallisation, krystallisiert und dampft die Mutterlaugen wieder zur Krystallisation ein. — Das gewonnene Produkt wird aus der fünffachen Menge Alkohol von 60% umkrystallisiert.

Ausbeute: 150 g Histidinchlorhydrat vom Schmelzpunkt 251°.

Sollte der Schmelzpunkt nicht der richtige sein, so reinigt man das Histidinchlorhydrat über das Pikrat. Zu diesem Zwecke löst man 100 g davon in 2 l destilliertem Wasser und setzt eine warme Lösung von 100 g Pikrinsäure in ebenfalls 2 l Wasser zu. Nach dem Erkalten scheidet sich ein braunes Öl aus: Histidinpikrat, das sich bald in gelbliche Krystalle verwandelt. Abgesaugt und getrocknet haben dieselben den Schmelzpunkt 86⁰. Das Pikrat versetzt man mit dem Achtfachen seines Gewichtes an 5/n Salzsäure und schüttelt längere Zeit kräftig durch, worauf man einige Stunden in den Eisschrank stellt. Die größere Menge Pikrinsäure krystallisiert aus. Den Rest entfernt man aus den filtrierten Laugen durch Ausäthern. Die ausgeätherten Laugen werden wieder zur Krystallisation eingeengt. Aus den Mutterlaugen dieser Krystallisation gewinnt man noch brauchbares Histidinchlorhydrat durch Ausfällen mit starkem Alkohol.

Aus dem schmutziggrünen Rückstande A (s. S. 133) und aus dem Quecksilbersulfid gewinnt man das Quecksilber wieder als Chlorid durch Auflösen in Königswasser und Verdampfen der Salpetersäure.

Laboratoriumsversuch:
Man verwendet einen durch ein Parafinölbad heizbaren Rundkolben von 3 bis 4 l Inhalt mit Stutzen, wie beispielsweise ein solcher in Abb. 82 veranschaulicht ist. Man garniert denselben mit einem Rührer, einem Rückflußkühler, einem Thermometer und 2 Stopfen, bringt 2 l Salzsäure und 500 g Blutmehl hinein und erwärmt, wie bereits beschrieben zuerst auf 35—40⁰ und hernach zum Sieden. Dann ersetzt man den Rückflußkühler durch einen Stopfen, setzt auf einen Tubus einen absteigenden, an das Vakuum angeschlossenen Kühler und in einen anderen eine Capillare zum Aufblasen Luft von auf das Reaktionsgemisch bei allfälliger Gefahr des Überschäumens (vgl. Abb. 82). So dient der Apparat zum Einengen im Vakuum bis zur Sirupdicke. — Auch das Neutralisieren mit Natronlauge und Soda geschieht in diesem Kolben.

Für die übrigen Operationen gebraucht man dann die üblichen Laboratoriumsgeräte.

Histamin.

$$\begin{matrix} NH-CH \\\\ \mid \qquad\quad \diagdown \\\\ CH\!=\!\!=\!N \diagup \end{matrix} C \cdot CH_2 \cdot CH_2 \cdot NH_2$$

β-Imidoazolyläthylamin. Schmelzpunkt des Chlorhydrats 242⁰.

Histamin wird durch Einwirkung gewisser Fäulnisbakterien auf das Histidin erhalten. Die bakterielle Abspaltung der Carboxylgruppe kann durch mehrere Bakterien erfolgen, wovon der wirksamste der Bacillus aminophilus ist.

20 g gut getrocknetes reines Histidinchlorhydrat, 3 g Traubenzucker, 3 g Pepton, 2 dg Magnesiumsulfat, 2 dg sekundäres Natriumphosphat werden in einem Stehkolben in 1,6 l destilliertem Wasser bei Zimmertemperatur gelöst. Dann setzt man 8 g gefällten kohlensauren Kalk hinzu.

Anderseits werden 8 g gehacktet Thymus (Kalbsmilke) oder 8 g Pankreas (Bauchspeicheldrüse) in 50 cc ganz schwach sodaalkalisches destilliertes Wasser gegeben und 24 Stunden im Brutschrank bei 36—37⁰ aufbewahrt. Das Wasser darf bestes Lackmuspapier nur eben bläuen. Es tritt Fäulnis und entsprechender Geruch ein.

Ein Flöckchen von der angefaulten Kalbsmilke oder Bauchspeicheldrüse und 5 cc von der fauligen Flüssigkeit werden in den großen

Histidinkolben, der auch über Nacht im gleichen Brutschrank stand, gebracht und das ganze 6 Tage lang bei 36—37⁰ der Fäulnis überlassen. Die Temperatur darf nie über 37,5⁰ steigen.

Nach 6 Tagen prüft man, ob die Umwandlung beendet ist, indem man 4 cc der filtrierten fauligen Flüssigkeit mit 0,1 g Pikrinsäure in 5 cc siedendem Wasser versetzt. Die Pikrinsäure muß analytisch abgewogen sein! — Nach vierstündigem Stehen werden die Krystalle abgesaugt und auf der analytischen Waage gewogen; es sollen 0,09 g sein: Histaminpikrat, Schmelzpunkt 235⁰. Man wiederholt diesen Versuch an mehreren aufeinanderfolgenden Tagen, bis keine Vermehrung des Gewichtes der Fällung mehr auftritt. Ist dies der Fall, so filtriert man durch ein Faltenfilter, säuert mit Oxalsäure ganz schwach an, wovon 4—5 g notwendig sind, filtriert schnell noch einmal, engt die Flüssigkeit auf etwas weniger als 1 l ein und füllt wieder genau auf 1 l auf. Diesem Liter setzt man 42 g Pikrinsäure gelöst in 1 l heißen Wassers zu. Man läßt langsam erkalten, bewahrt über Nacht auf, saugt den krystallinischen Niederschlag ab und trocknet bei 100⁰. Schmelzpunkt 200—230⁰.

Die Krystalle werden fein gepulvert, in der 16 fachen Menge siedendem 50 proz. Alkohol gelöst, unter Anwendung eines Heißwassertrichters filtriert und in den Eisschrank gestellt. Am anderen Tage werden die Krystalle abgenutscht und getrocknet. Das trockene Pikrat wird fein gepulvert und mit der 10 fachen Menge 5/n Salzsäure geschüttelt; es scheidet sich sofort hellgelbe Pikrinsäure ab, welche nach mehrstündigem Stehen abgesaugt wird. Das Nutschengut wird nochmals mit etwa der Hälfte der ursprünglichen Salzsäure geschüttelt und wieder abgenutscht. Die vereinten Filtrate werden zuerst auf dem Wasserbade auf die Hälfte eingeengt und durch Ausäthern von den letzten Pikrinsäureresten befreit. Dann wird im Vakuum eingedampft. Die entstandenen Krystalle werden mit 12 cc absolutem Alkohol erwärmt, die Lösung in Eiswasser zur Krystallisation gebracht und die Krystalle abgesaugt. — Sie sind Histaminchlorhydrat mit dem Schmelzpunkt 242⁰.

Jodmethyl.

CH_3J. S. P.

$$KJ + (CH_3)_2SO_4 = CH_3J + CH_3KSO_4.$$

Apparatur. Emailliertes Rührkesselchen von 15 l Inhalt mit Vorrichtung zur Destillation; entweder ein Helm oder ein in einen Stutzen eingesetztes weites Glasrohr. Der Kühler soll eine verhältnismäßig sehr große Kühlfläche haben und muß mit Eiswasser gekühlt werden. Eine äußerst effektive Kühlung des Destillates ist eine unerläßliche Bedingung. Das Rührkesselchen kann vermöge eines Doppelbodens durch Dampf oder besser nur durch Warmwasser geheizt werden.

Man bringt in dasselbe zunächst

6 kg Jodkali

und läßt dazu langsam

4,6 kg Dimethylsulfat

hinzufließen, natürlich mit der Vorsicht, welche bei allen Arbeiten mit diesem gefährlichen Körper geboten ist.

Die Reaktion setzt sofort ein. Anfangs genügt die Reaktionstemperatur vollständig zur Destillation; später muß man ganz schwach anwärmen. — Das Jodmethyl destilliert bei 40—45⁰. Wie bereits erwähnt, muß zur Kondensation desselben sehr stark gekühlt werden.

Ausbeute: 4,88 kg oder 95⁰/₀ derTheorie, auf Jodkali bezogen.

Im Laboratorium verwendet man einen Fraktionierungkolben, in welchen man das Jodkali füllt, und setzt einen Tropftrichter für das Dimethylsulfat auf. Der angeschlossene Liebigsche Kühler muß ein sehr langes Kühlrohr haben, welches man mit Wasser von höchstens 10⁰ kühlt.

Jodoform.

CHJ_3. Mol.-Gew. 394. Spez. Gew. 2,0. Citronengelbe, hexagonale Blättchen oder säulenförmige Krystalle von unangenehmem, stark anhaftendem Geruch, löslich in 14000 T. Wasser von 15⁰, in 70 T. Weingeist kalt und in 10 T. von 80⁰, in Äther, Chloroform und Schwefelkohlenstoff. — Mit Wasserdampf unzersetzt flüchtig. Schmilzt bei 120⁰, zersetzt sich aber über dieser Temperatur. — Es muß vor Licht geschützt aufbewahrt werden.

Seine Darstellung verbindet man mit derjenigen von Jodkali. Läßt man Jod, Aceton und Kalilauge aufeinander einwirken, so werden ungefähr 40⁰/₀ des angewendeten Jods als Jodoform gewonnen; der Rest wird zu Jodkali bzw. jodsaurem Kali. Der Mechanismus dieses Vorgangs ist noch nicht einwandfrei erklärt und kann durch keine Gleichung dargestellt werden. Die Rohstoffe der Jodoformfabrikation sind:

Rohjod. Man wähle Sorten, die sich in Kalilauge mit geringem Rückstande lösen und frei sind von Chlorjod. Auf den letzteren Umstand ist besonders bei Japanjod zu achten.

Aceton. Man verwende die Qualität für Pulverfabrikation.

Kalilauge. Man verdünnt die handelsübliche technische Kalilauge von rund 50⁰ Bé auf 25⁰ Bé und klärt sie durch 3—4 wöchentliches Absetzenlassen.

Alkohol. Für einige Jodoformsorten ist bei der Fällung ein Alkoholzusatz erforderlich; derselbe tritt in den eigentlichen Prozeß der Jodoformbildung nicht ein, sondern dient lediglich zur Erzielung gewisser Handelsformen desselben. Entsprechend der Alkoholgesetzgebung der verschiedenen Länder erhält man den Alkohol abgabefrei denaturiert mit Holzgeist oder auch mit Jodoform selbst.

Im Handel befinden sich folgende Jodoformsorten:

1. Jodoform crystallisatum. Harte Krystalle. Man gewinnt dieselben durch Umkrystallisieren des gewöhnlichen Jodoforms aus Alkohol. Besonders verwendet man dazu die Abfälle von der Fabrikation der anderen Sorten, wie Siebrückstände, Fegsel usw. Das krystallisierte Jodoform wird nur selten, am meisten in England und seinen Kolonien, gebraucht.

2. Jodoform pulv. leviss. Es stellt ein Gemisch von feinem Pulver mit zarten blättchenförmigen Krystallen dar. Bei dieser Handelssorte wird das größte Gewicht auf ein möglichst leichtes Pulver gelegt.

3. **Jodoform farinosum.** Feine, sehr leichte, blättchenförmige Krystalle mit wenig Pulver.

4. **Jodoform pulv. subtilis.** Hellgelbes Pulver, beinahe ohne Krystalle. Es ist spezifisch schwerer als die anderen Jodoformsorten und wird hauptsächlich in Verbandstoffabriken zur Fabrikation von Jodoformgaze und -watte verwendet.

Allgemeine Darstellung der Jodoformsorten 2, 3 und 4.

In dem Tonzylinder T (s. Abb. 37) mit einem Abflußstutzen löst man 80 kg Jod in 240 kg Jodkalilauge von 40° Bé. Der Ausfluß des Tonzylinders mündet über einem Filter F — mit Quarzsand beschickter Tontopf. Aus diesem fließt die Lösung durch ein zweites Filter F_1, welches mit noch feinerem Quarzsand als das erste gefüllt ist. Der Ausfluß des zweiten Filters befindet sich über der Fällungsschale S, einer nicht zu tiefen Tonschale von 450 l Inhalt, mit hölzernem Rührwerk, welches durch verschiedene Riemenscheiben von verschiedenen Durchmessern angetrieben werden kann. Weil das Jodoform nicht umkrystallisiert wird, ist auf Reinheit der zu verwendenden Laugen scharf zu achten. Sie müssen frei von allen mechanischen Verunreinigungen sein, weshalb die doppelte Filtration durch Quarzsand von verschiedenen Feinheitsgraden geschieht. Gegenüber dem Zylinder mit der Jodlösung steht ein anderer Tonzylinder T_1, der mit abgesetzter Kalilauge von 25° Bé beschickt ist.

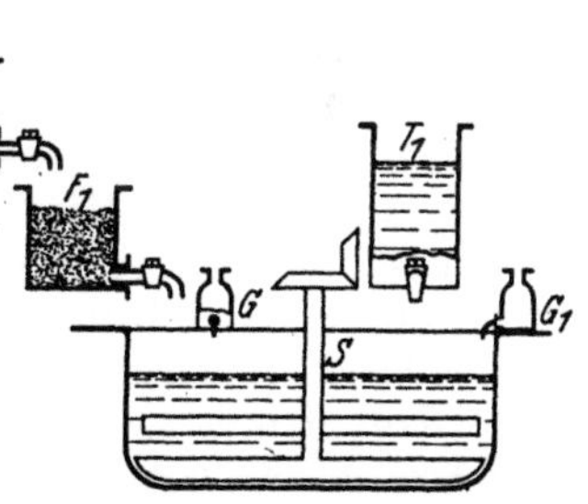

Abb. 37. Jodoformapparatur.

Auf den Rand der Fällungsschale S stellt man 2 Glasflaschen G und G_1 von je 5 l Inhalt. Dieselben haben je 1 Bodenstutzen, in welchen mit Hilfe von Gummistopfen Glashähne angebracht sind. Die Flaschen füllt man mit Aceton und Alkohol. Die Anordnung der Apparatur ist aus der Abb. 37 ersichtlich.

In die Fällungsschale S bringt man zunächst 30 l Wasser; dann läßt man die filtrierte Jodlösung und gleichzeitig die Kalilauge sowie Aceton und Alkohol langsam zufließen. Der Zufluß der einzelnen Ingredienzien wird so reguliert, daß Alkohol und Aceton möglichst gleichzeitig mit der Jodlösung verbraucht sind. Der Kalilaugezufluß hat so zu erfolgen, daß das Reaktionsgemisch in S bis zum Schluß eine rötliche Färbung zeigt. Es muß während der Fällung immer Jod im geringen Überschuß sein. Setzt man zuviel Kalilauge zu, so erhält man weniger Jodoform. Während der Fällung muß ununterbrochen gerührt werden. Die Fällungsdauer und der Verbrauch an Alkohol und Aceton sind bei den einzelnen Sorten verschieden und werden weiter unten noch näher spezifiziert. Nach Beendigung des Jodzuflusses nimmt man zunächst den geringen Überschuß von Jod durch Zusatz von etwas Kalilauge fort und läßt absetzen. Dann zieht man die Laugen ab. Die ersten werden je nach Bedarf zu neuen Ansätzen verwendet oder gehen, wie alle sonstigen Waschwässer, in die Jodkalifabrikation, s. dort, S. 24.

Den Jodoformbrei dekantiert man mit destilliertem Wasser fast völlig jodkalifrei, nutscht ab und wäscht auf der Tonnutsche so lange nach, bis eine Probe des Waschwassers mit Silbernitrat kaum noch eine Opalescenz zeigt. Den Nutschenkuchen bringt man in eine Tonschale, rührt ihn darin mit 25 kg verdünnter Schwefelsäure durch und läßt 24 Stunden stehen. Durch Dekantieren mit destilliertem Wasser wäscht man schwefelsäurefrei und nutscht wieder ab. Die schwefelsäurehaltigen Laugen sind wertlos und werden verworfen. Das Jodoform wird im Dampftrockenschrank bei 35⁰ getrocknet und hierauf je nach Qualität gesiebt oder nur mit einem Porzellanspatel zerdrückt.

Ausbeute: Sie beträgt 32—25 kg Jodoform aus 80 kg Jod.

Bei der Darstellung der verschiedenen Qualitäten sind folgende Einzelheiten zu berücksichtigen:

1. Jodoform pulv. leviss. In die Fällungsschale bringt man 30 l Wasser von gewöhnlicher Temperatur. 5 kg Aceton und 5 kg Alkohol läßt man so zufließen, daß die beiden Quanten gleichzeitig mit der Jodlösung aufgebraucht sind. Fällungsdauer 1 Stunde, 30 Umdrehungen des Rührers in der Minute. Das Endprodukt wird gesiebt.

2. Jodoform farinosum. In die Fällungsschale gibt man eine auf 45⁰ angewärmte Mischung von 30 l Wasser und 5 l Alkohol. Man läßt, wie oben, 5 l Aceton und 5 l Alkohol zufließen. Fällungsdauer $1^1/_2$ Stunden. Der Rührer macht nur 12 Umdrehungen je Minute. Das fertige Produkt wird nur vorsichtig zerdrückt, nicht gesiebt.

3. Jodoform pulv. subtilis. 30 l eisgekühltes Wasser vorlegen. 5 kg Aceton. Kein Alkohol. Fällungsdauer $1/_2$ Stunde. 60 Umdrehungen des Rührers je Minute. Das Endprodukt wird durch ein feines Gazesieb — Müllergaze Nr. 12 — geschlagen.

4. Jodoform absolutum cryst. Alle Jodoformabfälle werden in einem Glaskolben mit Rückflußkühler in Alkohol gelöst. Man filtriert durch ein Faltenfilter in dunkle Weithalsflaschen zur Krystallisation. Die Krystalle sammelt man auf einem Abtropftrichter, deckt sie mit kaltem Alkohol ab und trocknet bei 35—40⁰ im Dampftrockenschranke. Die alkoholischen Mutterlaugen gehen als Alkohol in die Jodoformfabrikation.

Wegen des unangenehmen Jodoformgeruchs arbeitet man in gesonderten Räumen. Die Arbeiter erhalten besondere Betriebskleidung und nach jeder Arbeit mit dem Jodoform ein Bad.

Animalisches Lecithin.

Es besteht vorwiegend aus Glycerin-chinolinphosphorsäure-fettsäuren-ester:

$$CH_3-O-P(OH)-O-CH_2-CH_2-N(CH_3)_4OH$$

$$CH-O-CO-R$$

$$CH_2-O-CO-R_1 .$$

In der Formel bedeuten R und R_1 die Reste folgender höherer Fettsäuren: Stearin-, Palmitin- und Ölsäure. Das Eierlecithin enthält einen Teil Ölsäure auf

1,4 T. Stearin- und Palmitinsäure. Es ist eine wachsartige, gelb bis schwach gelbbraune Masse, die mit Wasser aufquillt. Sie ist in Alkohol löslich, ebenso in Öl. Ihr Gehalt an P_2O_5 beträgt 8—9 %. — Beim Erhitzen zersetzt sich Lecithin, an der Luft wird es durch Oxydation dunkel.

Als Ausgangsmaterial zur Gewinnung von animalischem Lecithin dient vor allem Eigelb, welches meistens aus China importiert ist.

Aus diesem wird zuerst das „Eieröl" extrahiert, und zwar mit Aceton. Man extrahiert so lange, bis eine Probe der ablaufenden Acetonlösung beim Verdunsten keine Fettrückstände mehr zeigt. Schnellprüfung: Auf gutes Filtrierpapier geträufelt und das Aceton verdunstet darf kein Fettfleck zurückbleiben. Von den Acetonauszügen wird das Aceton abgetrieben. Das zurückbleibende Öl ist ein sehr beliebter Rohstoff für die Kosmetik und feinere Seifenfabrikation.

Nach beendigter Extraktion mit Aceton extraktioniert man in demselben Apparat das Lecithin mit 97—98 proz. Alkohol. Dabei hat man Sorge zu tragen, daß der Alkohol, wenn er über die Eigelbrückstände streicht, auf 40⁰ vorgewärmt ist. Dann ist das Eigelb bald erschöpft. Die Destillationsblase des Extraktionsapparates konstruiert man so, daß während der Destillation die Masse durch ein Rührwerk in Bewegung gehalten wird. Um ein Anbrennen des Lecithins an den Wandungen der Destillationsblase zu vermeiden, geschieht das Erwärmen durch Warmwasser, nie durch direkten Dampf; außerdem wird der Alkohol nie vollständig abdestilliert.

Auch nach Beendigung der Extraktion treibt man den Alkohol nur so weit ab, daß das Lecithin in der Blase immer noch dünnflüssig bleibt. In diesem Zustande zieht man aus der Blase in eine Porzellanschale ab und vertreibt die letzten Alkoholreste unter beständigem Rühren durch Erwärmen auf dem Wasser-, nicht Dampfbade! Ein stärkeres Erwärmen ist unter allen Umständen zu vermeiden.

Ausbeute: Ungefähr 14 % des Trockeneigelbs an Lecithin und ungefähr 20 % an Eieröl.

Der Rückstand der Extraktion ist als Hühnerfutter verwertbar.

Methyläthylglykolsäure.

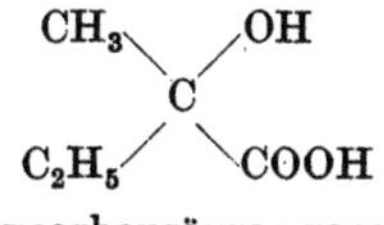

$$\begin{array}{c} CH_3 \diagdown \quad \diagup OH \\ C \\ C_2H_5 \diagup \quad \diagdown COOH \end{array}$$

Synonyma: Methyläthyloxycarbonsäure; racemische Form der aktiven Oxyvaleriansäure; α-Methyl-α-oxybuttersäure; 2 Methyl-, 2 -butanolsäure.

Farblose, bei 71—72⁰ schmelzende Nadeln, sehr leicht löslich in Wasser, Alkohol und Äther.

Die Darstellung erfolgt nach dem durch folgende Gleichungen gegebenen Schema:

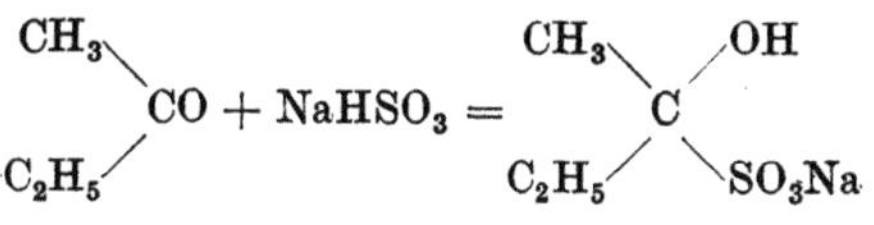

$$\begin{array}{c} CH_3 \diagdown \\ CO + NaHSO_3 = \\ C_2H_5 \diagup \end{array} \quad \begin{array}{c} CH_3 \diagdown \quad \diagup OH \\ C \\ C_2H_5 \diagup \quad \diagdown SO_3Na \end{array}$$

$$\underset{C_2H_5}{\overset{CH_3}{\diagdown}}C\underset{SO_3Na}{\overset{OH}{\diagup}} + KCN = \underset{C_2H_5}{\overset{CH_3}{\diagdown}}C\underset{CN}{\overset{OH}{\diagup}} + SO_3NaK.$$

$$\underset{C_2H_5}{\overset{CH_3}{\diagdown}}C\underset{CN}{\overset{OH}{\diagup}} + H_2O = \underset{C_2H_5}{\overset{CH_3}{\diagdown}}C\underset{CONH_2}{\overset{OH}{\diagup}}$$

$$\underset{C_2H_5}{\overset{CH_3}{\diagdown}}C\underset{CONH_2}{\overset{OH}{\diagup}} + H_2O = \underset{C_2H_5}{\overset{CH_3}{\diagdown}}C\underset{COOH}{\overset{OH}{\diagup}} + NH_3.$$

Die Reaktionen werden ohne Isolierung der Zwischenprodukte durchgeführt. — Man verwendet technisches Methyläthylketon von neutraler Reaktion, spez. Gew. 0,816 bei 18⁰, bei 78—80⁰ gehen davon 79 Vol. °/o über. Der Ketongehalt beträgt 89°/o. In 3 kg dieses Produktes werden 12,4 kg Bisulfitlösung von 34⁰ Bé langsam einlaufen gelassen. Man muß dabei kühlen, um Verluste durch Verflüchtigung des Ketons zu vermeiden, weil das Reaktionsprodukt sich mäßig erwärmt. Das Ganze erstarrt zu einem dicken Brei der Bisulfitverbindung, welchen man nach Beendigung der Reaktion noch $^1/_2$ Stunde durchrührt und dann in eine Kältemischung stellt. Nach der Abkühlung gibt man in 4 Portionen eine Lösung von 2,6 kg Cyankali 98—100proz. in 4 l Wasser hinzu. Die Umsetzung erfolgt rasch unter mäßiger Erwärmung.

Das entstandene Cyanhydrin ist sehr giftig! Es siedet bei etwas über 120⁰. Es scheidet sich auf der konzentrierten Sulfitlösung, in der es nur wenig löslich ist, als wasserklares Öl ab. Dieses Öl trennt man nun von der Sulfitlösung. Da die feinen Krystalle des Sulfits leicht die Abflußhähne verstopfen, setzt man 6 l Wasser zu. Es gelingt dann leicht, die Lösung und das Öl im Scheidetrichter zu trennen.

Das Cyanhydrin läßt man unter kräftigem Rühren in dünnem Strahle in 8 kg Schwefelsäure von 96°/o einfließen. Die Schwefelsäure muß sehr stark gekühlt sein! Als Apparat benutzt man mit Vorteil eine Porzellanbirne mit aufschraubbarem Deckel, wie solche von den Porzellanmanufakturen hergestellt werden. In die Birne bringt man die Schwefelsäure und stellt sie in eine Kältemischung. Durch die Stutzen des fest aufgeschraubten Deckels führt man 1. den Ausfluß des Scheidetrichters mit dem Cyanhydrin, 2. ein Rührwerk, 3. ein ins Freie oder in einen Abzug führendes Glasrohr zur Ableitung der eventuell sich bildenden Blausäure. Bei größeren Ansätzen verwendet man lieber nur 90proz. Schwefelsäure, weil bei dieser die Erwärmung geringer ist. Eine Säure von noch geringerem Prozentgehalt wäre dagegen nicht verwendbar. Nach der Vereinigung des Cyanhydrins und der Schwefelsäure läßt man unter Kühlung 24 Stunden stehen. Innerhalb dieser Zeit ist die Verseifung bis zum Säureamid erfolgt. Die Farbe der Reaktionsmasse soll dann hellgelb, höchstens schwach rötlich sein.

Man läßt nun in 16 l Wasser einlaufen und erhitzt am Rückfluß 3 Stunden auf dem Dampfbade zwecks Verseifung des Säureamids zur

Säure. Der noch warmen Lösung setzt man 8 kg entwässertes Glaubersalz, etwas metallfreie Entfärbungskohle und etwas Kieselgur zu und digeriert damit $^1/_2$ Stunde in der Wärme. Hierauf wird lauwarm abgenutscht und mit etwas lauwarmem Wasser nachgewaschen. Die Lösung muß vollständig blank und farblos sein. Sie darf höchstens einen schwach grünlichen Schein haben. Der Zusatz von Kohle und Kieselgur in diesem Stadium der Herstellung verhindert den scharfen ätzenden Geruch und den rötlichen Glanz der rohen Säure. Beides ist, wie die Erfahrung gelehrt hat, durch Destillation unter Vakuum nur schwer zu beseitigen, während an dieser Stelle die Befreiung davon durch Kohle und Kieselgur leicht gelingt.

Man setzt die Lösung in eine Kältemischung, wobei der größte Teil der erzielten Säure sich ausscheidet. Sie schwimmt auf der Salzlösung und kann durch Abtrennung im Scheidetrichter und nachherige Filtration über Glaswolle gewonnen werden. Die Salzlösung äthert man dann zur Gewinnung der restlichen Mengen aus. Es genügt ein dreimaliges Ausäthern. Die weitaus größte Menge findet man im ersten Auszug; im dritten ist die Säure nur noch in Spuren enthalten. Die ätherischen Auszüge werden mit frisch geglühtem Glaubersalz entwässert und der Äther abdestilliert.

Die rohe Methyläthylglykolsäure ist ein feinkrystallinisches, reinweißes Pulver von schwachem, nicht stechendem Geruch. Die wässerige Lösung 1 : 100 ist leicht getrübt. Sie wird unter vermindertem Druck destilliert. Bei einem Druck von 14 mm siedet sie bei 121°, bei einem solchen von 17—18 mm bei 129—132° unzersetzt als wasserklares, bald strahlig-krystallinisch erstarrendes Öl über. Die destillierte Säure löst sich blank in Wasser.

Ausbeute: Aus 3 kg Methyläthylketon 3,900 kg reine Methyläthylglykolsäure, also aus einem Methyläthylketon von 89% 88% der Theorie.

Paraformaldehyd.

$(HCOH)_x$. Er bildet ein weißes, unscharf zwischen 164—172° schmelzendes Pulver, welches teilweise bereits unter 100° sublimiert. Er ist in Weingeist, Äther und kaltem Wasser fast unlöslich, dagegen in heißem Wasser unter Bildung von Formaldehydlösung löslich.

Laboratoriumsversuch. In einen Stehkolben von 1,5 l Inhalt mit möglichst weitem und kurzem Hals bringt man 1 kg Formaldehyd D.A.B. VI und destilliert davon am absteigenden Liebigschen Kühler 600 g in eine Glasflasche A. Nach dem Erkalten des Rückstandes im Stehkolben baut man in diesen einen langsam rotierenden Glasrührer ein, stellt den Kolben in Kühlwasser von 5—10° und überläßt bei dieser Temperatur unter fortwährendem Rühren 48 Stunden sich selbst. Aus dem allmählich entstandenen dicken weißen Brei wird der ausgeschiedene Paraformaldehyd abgenutscht, mit kaltem, destilliertem Wasser angeteigt und wieder genutscht, bei Zimmertemperatur — am besten im Vakuum — getrocknet und gesiebt. Die Ausbeute beträgt 120—140 g.

Lauge und Waschwasser aus der Nutsche gelangen ebenfalls in die obenerwähnte Flasche *A* für die verdünnte Formalinlösung, woraus man, wie wir S. 131 gesehen haben, Hexamethylentetramin darstellt.

Betriebsverfahren. *D* in Abb. 38 ist ein eisenemaillierter Doppelwänder mit Abdrückrohr und Schwanenhals, welch letzterer nach dem eisenemaillierten Linsenkühler *K* führt. Das Kondensat aus diesem wird in dem eisenemaillierten Behälter *R* mit Abdrückrohr aufgefangen.

Nach Beendigung der Destillation in *D* läßt man dessen Inhalt auf ungefähr 50⁰ abkühlen und drückt ihn dann in das 6—7 m über dem Fabrikboden befindliche eisenemaillierte, eiswassergekühlte Rührgefäß *R* mit einem emaillierten Rührer, welcher 12 Touren in der Minute macht. Der Abfluß für den Paraformaldehydbrei ist an einer Stelle des Bodens angebracht, wo er bei Bedarf vom Mannloch aus mit einem dicken Kupferdraht durchgestoßen werden kann. Er ist nicht durch einen Hahn abgeschlossen, weil ein solcher leicht verstopft werden kann, sondern durch eine Schlauchverbindung mit Quetschhahn. Der Paraformaldehydbrei fließt in die Filterpresse *F* mit Holzkammern und Einrichtung für totale Aussüßung. Filtrat und Waschwässer fließen in den Behälter *R*; der nasse Paraformaldehyd

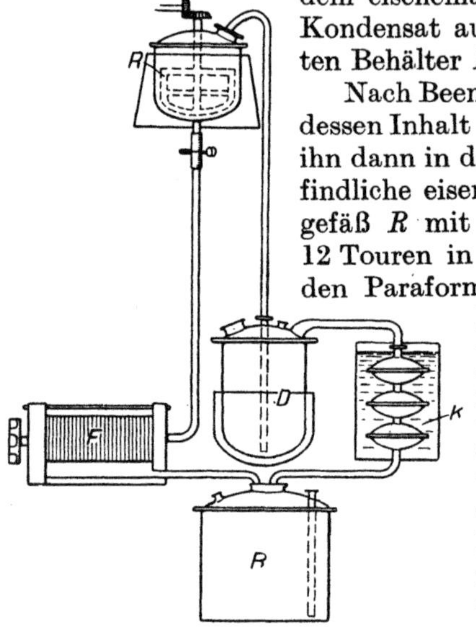

Abb. 38.   Anlage zur Paraformaldehydfabrikation.

aus den Kammern der Filterpresse wird entweder in einer Zentrifuge ausgeschwungen oder in einer Tonnutsche mit Filterstein abgenutscht und dann in einem Vakuumtrockenschrank bei höchstens 30⁰ und hohem Vakuum getrocknet.

Das trockene gesiebte Produkt kommt als Pulver oder in Form von Pastillen in den Handel.

Es sei noch bemerkt, daß im Betrieb zur Fabrikation sowohl von Paraformaldehyd als von Hexamethylentetramin Formaldehydt verwendet wird, aus welchem vorher aller Methylalkohol herausdestilliert wurde.

Oleum ricinum siccum.

Oleum ricinum 10   Teile
Magnesia usta 10   „
Sol. Saccharin 1:100 . . 0,2   „
Sol. Vanillin 1:100   . . 0,2   „

Die Magnesia usta kostet, auch wenn sie Sekundaqualität ist, mehr als das Ricinusöl. Es ist daher notwendig, möglichst voluminöse, prima Magnesia zu verwenden, weil diese viel mehr Öl aufsaugt als Sekundaware. 10 T. von der letzteren könnten höchstens mit 7—8 T. Öl gemischt werden, während prima Magnesia bequem in der oben angegebenen Proportion verwendet werden kann. — Man macht mit Vorteil mit jeder neu eintreffenden Magnesiasendung einen Vorversuch.

Man mischt im oben angegebenen Verhältnis und in möglichst kurzer Zeit entweder in Reibschalen aus Ton in Portionen von je ungefähr 1 kg oder größere

Mengen in einer Mischtrommel. Aus der so entstandenen Paste bereitet man auf Porzellantellern oder Tonschalen mit einem Spatel kleine Häufchen von höchstens 2—3 g, welche man im Trockenschrank einige Stunden bei 60—70⁰ trocknet. Kleine Häufchen vom genannten Gewicht trocknen sehr rasch, was wichtig ist. Denn wenn das Trocknen tagelang dauert, erhält man eine klebrige Masse, welche nicht gepulvert werden kann. Das „Trocknen“ ist übrigens eher ein restloses Aufsaugen des Öls durch die Magnesia. Im Verlaufe von 1—2 Tagen würden aber die Häufchen, wie bereits erwähnt, eine ölige Beschaffenheit annehmen, indem allmählich wieder Scheidung von Magnesia und Öl erfolgt. Aus demselben Grunde soll man auch vor dem Trocknen nicht zu lange — nicht länger als eine Viertelstunde — mischen, namentlich, wenn man dafür eine Mischmaschine verwendet.

Die Häufchen nimmt man nach einigen Stunden aus dem Trockenschrank und zerdrückt sie in Tonmörsern zu Pulver, welches man vorweg durch ein grobmaschiges Sieb in die Versandfässer absiebt. Bei dieser Operation soll, wie gesagt, zerdrückt und nicht gerieben werden, weil im letzteren Falle Klumpen entstünden, welche nicht mehr pulverisierbar wären.

Oleum ricinum siccum ist ein im Balkan (Griechenland), Kleinasien, ferner auch in Südamerika, Japan und Indien stark gefragtes Produkt.

Spiritus Ätheris nitrosi.

Versüßter Salpetergeist. — Farblose oder gelbliche Flüssigkeit von ätherischem Geruch, mit Wasser mischbar. Spez. Gew. nach dem D.A.B. VI 0,840—0,850, der Pharm. Helv. 0,845—0,855, der Brit. 0,838—0,842.

Zu seiner Darstellung überschichtet man in einem Glaskolben von 30 l Inhalt 10 kg Spiritus 96 % vorsichtig mit 6 kg Salpetersäure von 25 %. Dieses geschieht am besten, indem man einen Scheidetrichter, dessen Ausflußrohr so lang ausgezogen ist, daß es gerade auf die Alkoholschicht reicht, zum Einfüllen verwendet. Man läßt die Säure sehr langsam auf die Alkoholschicht fließen, so daß keine Untermischung erfolgt. Nach Beendigung des Säureeinflusses überläßt man 24 Stunden der Ruhe, worauf man den Kolben unter einem Abzug in ein Wasserbad setzt, welches man ganz allmählich auf 40⁰ anheizt. Wenn das Wasserbad diese Temperatur erreicht hat, setzt die Reaktion ein. Man beobachtet im Kolben eine Zirkulation der beiden Flüssigkeiten. Die Reaktion nimmt 8—10 Stunden in Anspruch; sollte sie zu heftig einsetzen, so muß man im Wasserbad kaltes Wasser einfließen lassen. Das Ende der Reaktion erkennt man daran, daß die Zirkulation innerhalb des Kolbens aufhört und die Flüssigkeit ein homogenes Gemisch bildet. Man destilliert dann aus einer Glasretorte im Wasserbade, und zwar so lange, bis rote Dämpfe zu entweichen beginnen. Das Destillat wird mit Magnesiumoxyd durchgeschüttelt und filtriert. Das Filtrat wird rektifiziert. Es darf dabei kein Magnesiumoxyd enthalten, weil dieses in der Wärme verseifend wirken würde. Man versetzt das Rektifikat mit 11 kg Alkohol 96 % und prüft das spez. Gew., welches in der Regel zu niedrig ist und durch Zusatz von destilliertem Wasser korrigiert wird.

Ausbeute: Das Gewicht des erhaltenen versüßten Salpetergeistes ist dasselbe des zu seiner Herstellung verwendeten Alkohols.

Sulfonal.

$C(CH_3)_2(SC_2H_5)_2$. Mol.-Gew. 228. Schmelzpunkt 125—126⁰. Es bildet prismatische Krystalle, löslich in 500 T. kaltem und 15 T. siedendem Wasser, in 65 T. kaltem und 2 T. siedendem Weingeist, in 135 T. Äther.

$$C_2H_5Cl + NaSH = C_2H_5SH + NaCl.$$

$$CH_3-CO-CH_3 + 2\,C_2H_5SH = C\begin{cases} CH_3 & SC_2H_5 \\ CH_3 & SC_2H_5 \end{cases} + H_2O.$$

$$\underset{\text{CH}_3}{\overset{\text{CH}_3}{\diagdown}}\text{C}\underset{\text{SC}_2\text{H}_5}{\overset{\text{SC}_2\text{H}_5}{\diagup}} + 4\,\text{O} = \underset{\text{CH}_3}{\overset{\text{CH}_3}{\diagdown}}\text{C}\underset{\text{SO}_2\text{C}_2\text{H}_5}{\overset{\text{SO}_2\text{C}_2\text{H}_5}{\diagup}}$$

Die Fabrikation zerfällt in folgende Phasen:
Darstellung von Sulfhydratlauge,
Darstellung von Mercaptan und Mercaptol,
Darstellung von Rohsulfonal,
Darstellung von Reinsulfonal.

Sulfhydratlauge. Das Ausgangsmaterial für die Darstellung der Sulfhydratlauge bildete früher der „Sodaschlamm", d. h. die Rückstände der Leblanc-Sodafabrikation. — Heute ist man gezwungen, das Calciumsulfid durch Reduktion von Gips mit Kohlepulver im Flammofen selbst herzustellen.

Von diesem Calciumsulfid löst man in einem eisernen liegenden Rührzylinder mit Schnatterschlange 450 kg mit 600 l Wasser zu Calciumsulfhydratlauge. In einem damit in Verbindung stehenden Zylinder löst man 750 kg Chlormagnesium in 350 l Wasser. Nun leitet man die Chlormagnesiumlösung in gleichmäßigem Strome in die Anreibung der Calciumsulfhydratlauge; man rührt mit Rührwerk und erwärmt durch die Schnatterschlange. Es entwickelt sich Schwefelwasserstoff. Man leitet denselben durch zwei Kühler und dann in Natronlauge, die in verschiedenen tönernen Säureflaschen hintereinander aufgestellt sich befindet.

Ausbeute: Ungefähr 300 kg Sulfhydratlauge von 40—45% NaSH.

Mercaptan und Mercaptol. Zufolge des entsetzlichen Geruches von Mercaptan müssen bei seiner und bei der Fabrikation vom Mercaptol spezielle Vorsichtsmaßregeln ergriffen werden. Der Apparat, welcher zur Vornahme dieser zwei Phasen der Sulfonalfabrikation dient, muß vor allem in einem kleinen, dafür reservierten Gebäude aufgestellt sein, welches nach außen absolut hermetisch verschlossen ist und durch einen Ventilator mit daran anschließender Luftleitung nach dem Hochkamin entlüftet wird. Der Eingang zu dem Gebäude soll durch zwei ebenfalls hermetisch verschließende Doppeltüren vermittelt werden, zwischen welchen ein Abstand von 2 m besteht. Wenn Waren in das oder aus dem Gebäude transportiert werden sollen, darf immer nur eine der Türen offenstehen, damit dasselbe auch dann nicht mit der Außenluft in Verbindung steht.

Der Apparat (s. Abb. 39) muß mit peinlichster Sorgfalt zusammengesetzt sein und soll unbedingt dicht halten. Statt Hähnen sind Präzisionsventile aus bestem Rotguß zu verwenden; auch die Stopfbüchsen sollen aus bestem Material und prima verpackt sein.

Wir setzen voraus, daß bereits mit der Apparatur gearbeitet worden sei. In diesem Falle befindet sich in der Druckblase B Luft, welche Spuren von Mercaptan enthält. Man entfernt den hermetisch schließenden Deckel auf dem Stutzen d und setzt so rasch als möglich das eiserne Siphonrohr S mit einem durchbohrten Kautschukschlauch auf. Durch dieses füllt man bei geschlossenen Hähnen i, i, g und L bei offenem Hahn f 320 kg Natriumsulfhydratlauge von 29% oder 370 kg von 25% und 100 kg Chloräthyl in die 1000 l fassende Druckblase aus Kruppschem V2A-Stahl mit Rührer und Doppelboden für Dampfheizung und Wasserkühlung. Die nach Mercaptan riechende Luft in B entweicht während des Füllens durch die Kolonne K_1, den Zylinderkühler C, den Reaktionstrichter A und die Kolonne K_2 in das Hochkamin.

Nach vollendeter Füllung schließt man auch den Hahn f, entfernt das Siphonrohr S, verschließt den Stutzen d hermetisch, setzt den Rührer in Gang und heizt den Inhalt von B langsam und vorsichtig mit Dampf auf 6 Atm. Druck im Kessel an. Man hält 12 Stunden auf diesem Druck im Kessel und kühlt dann langsam ab. Am anderen Morgen öffnet man das Ventil f und rektifiziert das gebildete Mercaptan ab durch die mit eisernen Raschingringen gefüllte eiserne Kolonne K_1, den Zylinderkühler C in den Reaktionstrichter A. Der Zylinderkühler wird durch Eiswasser gekühlt. Wir haben ungefähr 90 kg Mercaptan zu destillieren

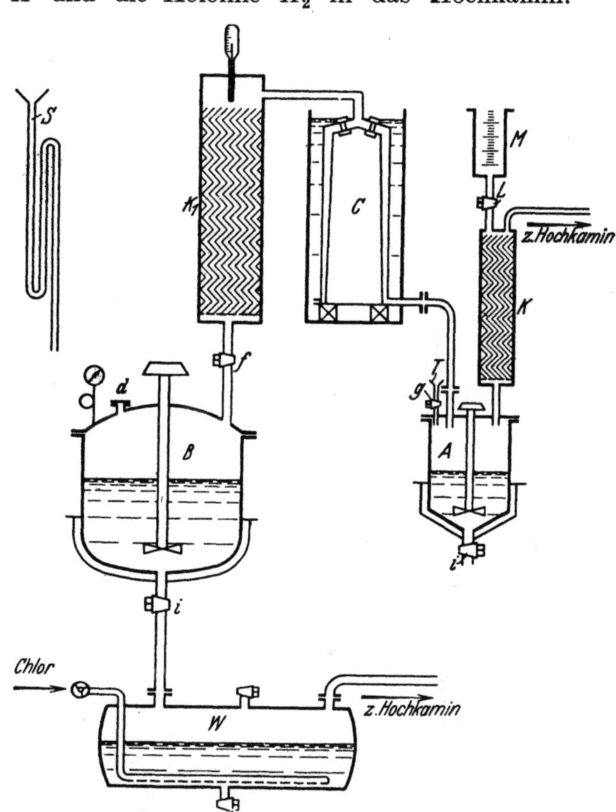

Abb. 39. Mercaptan- und Mercaptolapparatur.

und die Destillation beginnt bei 18°, weil noch etwas überschüssiges Chloräthyl in B vorhanden ist. Man rektifiziert langsam, bis das Thermometer in der Kolonne K_1 42° zeigt. Das Destillat fließt in den Reaktionstrichter A, wo der Rührer in Gang ist, durch Wasser im Doublefond gekühlt wird und bereits 20 kg Aceton vorgelegt sind. Das graduierte Gefäß M hat man mit 30 kg Aceton gefüllt, welche nun während der Destillation des Mercaptans durch den Hahn h und die kleine Kolonne K mit Raschingringen in A hinunterfließen. Auf diesem Wege begegnet das Aceton den aus A aufsteigenden Dämpfen von Mercaptan und setzt sich mit diesen in Mercaptol um, welches mit dem Aceton gemischt in A hinunterfließt. Man regelt den Acetonzufluß so, daß während der gesamten Mercaptandestillation immer etwas Aceton in A hinunterfließt. Wenn alles Mercaptan und Aceton in A vereinigt sind, rührt man noch eine Stunde weiter und läßt dann durch den Trichter T und das Ventil g sehr langsam — in kleinen Portionen — 30 kg englische Schwefelsäure einlaufen. Das Einlaufen derselben hat so langsam zu erfolgen, daß in A absolut keine Erwärmung eintritt. Man kühlt durch Wasser im Doublefond. Man rührt $^1/_2$ Stunde, läßt 1 Stunde absetzen und zieht die Schwefelsäure durch das Ventil i ab. Man wäscht unter einstündigem Rühren mit 12 kg 30proz. Natronlauge, zieht auch ab, wäscht dann zwei Male mit Kondenswasser und zieht das Mercaptol in einen eisernen Zylinder mit Entlüftungsrohr nach dem Hochkamin ab. Aus diesem Zylinder kann es in den Oxydationskessel für Sulfonal abgedrückt werden.

Ausbeute: 100—105 kg Mercaptol.

Der Destillationsrückstand in der Blase B enthält noch geringe Mengen Mercaptan und kann in diesem Zustande nicht entleert werden. Er gelangt vielmehr in die liegende eiserne Blase W mit Schnatterschlange und Abzug nach dem Hochkamin. Dort wird er zunächst mit 30 kg Natronlauge 30 % versetzt und dann mit Chlor durch die Schnatterschlange mit nach unten gerichteten Löchern so lange behandelt, bis der Mercaptongeruch verschwunden ist. Erst wenn dies der Fall ist, kann er weggeleitet werden.

Rohsulfonal. Die Oxydation des Mercaptols geschieht in einem eisernen Zylinder mit Rührwerk und Doppelboden für Wasserkühlung und Dampfheizung. Darin mischt man 800 l Wasser mit 120 kg 25proz. Essigsäure und 100 kg Natriumpermanganat. Unter Rühren und ständiger Wasserkühlung gibt man in auf 6 Stunden verteilten Portionen 50 kg Mercaptol hinzu. Nach der dritten Stunde hält man das Rührwerk vorübergehend an und setzt noch 40 kg 25proz. Essigsäure und 50 kg Permanganat zu. Dann läßt man das Rührwerk noch 12 Stunden in Bewegung. Zur gelungenen Oxydation sind rund 15 Stunden erforderlich. Hierauf kocht man bis zum völligen Verschwinden der roten Färbung und Geruchfreiheit der Lösung. Dann neutralisiert man im Bedarfsfalle mit Solvaysoda, läßt das Reaktionsgemisch in ein Montejus abfließen und drückt es von dort heiß in eine Filterpresse, aus welcher die heiße Sulfonallösung in ausgebleite flache Krystallisierkästen abfließt. Der Inhalt der Filterpresse wird mit heißem Wasser ausgesüßt. Man läßt in den Krystallisierkasten 2 Tage krystallisieren, beutelt dann auf, schleudert, engt die Mutterlaugen auf ein Drittel ihres Volumens ein und stellt nochmals zur Krystallisation. Man gewinnt so noch einige Kilogramm Rohsulfonal. Die Laugen der zweiten Krystallisation enthalten Glaubersalz und verdünnte Essigsäure, doch lohnt sich das Aufarbeiten derselben nicht. Der Mangansuperoxydschlamm aus der Filterpresse wird an die Zündholzindustrie verkauft.

Ausbeute: Aus 50 kg Mercaptol 54 kg Rohsulfonal.

Reinsulfonal. In einem emaillierten Krystallisationsapparat löst man je 3 kg Rohsulfonal in je 100 Wasser und fügt pro Kilogramm Sulfonal je 40 g metallfreie Entfärbungskohle zu der Lösung. Man filtriert durch ein emailliertes Linsen- oder Kugelfilter in emaillierte Marmiten oder Tongefäße. Zur Erzielung schön weißer Krystalle läßt

man während des Hineinfiltrierens in die Krystallisationsgefäße eine
2proz. SO_2-Lösung in dünnem Strahle hinzufließen — ungefähr 100 cc
per 100 l Lauge. Es ist große Vorsicht bei dem SO_2-Zusatz zu gebrauchen,
da ein Zuviel leicht einen gelben Ton verursacht. Man läßt 2 Tage
auskrystallisieren. Dann zentrifugiert man ab und trocknet bei mäßiger
Wärme im Dampftrockenschrank. Die Mutterlauge engt man auf ein
Drittel ihres Volumens ein und läßt wieder krystallisieren. Die zweite
Krystallisation wird zur Tablettenfabrikation verwendet oder wieder
zur ersten Krystallisation.

Ausbeute: 90% des in Arbeit genommenen Rohsulfonals als erste,
10% als zweite Krystallisation.

Trional.

$C(CH_3)(C_2H_5)(SC_2H_5)_2$. Mol.-Gew 242. Tafelförmige Krystalle vom Schmelzpunkt 76°, in 320 T. Wasser löslich, leicht in Weingeist und Äther.

Die Darstellung des Trionals ist vollkommen analog der des Sulfonals selbst:
sie unterscheidet sich nur dadurch, daß man an Stelle von Aceton Methyläthylketon nimmt.

Trional mit drei Äthylgruppen hat noch eine stärkere Schlafwirkung als
das Sulfonal.

Sulfoölsulfosaures Ammoniak.

Der Heilwert dieses Produktes wird seinem Gehalte an organischen Schwefel-
verbindungen zugeschrieben. Es enthält im Minimum 10 % Schwefel; davon etwas
mehr als $^2/_3$ als Ammoniaksalze von Sulfonsäuren von Thiophenverbindungen, den
Rest in der Hauptsache als Ammoniumsalze von Alkylschwefelsäuren. — Sulfoölsulfosaures Ammoniak bildet eine rotbraune, klare sirupdicke Flüssigkeit mit
Geruch nach Juchtenleder und wird aus Ölen gewonnen, welche man gewinnt entweder durch trockene Destillation von Ölschiefern oder Asphalten oder Braunkohlenteerpech oder aus Braunkohlenteeröl mit Ceresin. — Ölschiefer finden sich
in Tyrol, im Tessin (Schweiz), in Italien, Naturasphalte in Limmer und Vorwohle
in Deutschland, in Seyssel in Frankreich, in Syrien und in Trinidad[1].

Es folgt hier eine kurze Beschreibung der Destillation von Öl aus Naturasphalt
oder Braunkohlenteerpech. Man destilliert in schmied- oder gußeisernen ein-
gemauerten Retorten mit direktem Feuer. Das Öl wird in einem Kühler kondensiert
und in einer Vorlage aufgefangen, während die unverdichtbaren Gase in das Hochkamin geleitet werden. Dieselben dürfen nicht in die Luft gelangen, weil sie übelriechend sind und die Nachbarschaft belästigen würden. Sie sind brennbar, und
es läge nahe, sie zur Heizung der Retorten zu verwenden. Doch ist auch dieses
unmöglich, weil dadurch infolge ihres Schwefelgehaltes die Retorten innerhalb
wenigen Tagen zerstört würden.

Man gewinnt aus Naturasphalten in der Regel ungefähr 50 % ihres Gewichtes
an Öl vom Siedepunkt bis 260°, aus Braunkohlenteerpech meistens etwas weniger.
Nach beendeter Destillation bleibt in den Retorten ein Koks zurück, welchen man
mit einem Brecheisen entfernt und zur Heizung der Retorten benützt.

Weil dem organisch gebundenen Schwefel des so gewonnenen Öls der Heilwert
zugeschrieben wird, reichert man den Schwefelgehalt oft noch künstlich an. Das
Öl enthält Doppelbindungen und kann deshalb noch mehrere Prozente seines Gewichtes an Schwefel aufnehmen. Man destilliert es zu diesem Zwecke langsam mit
4—5 % seines Gewichtes an feinstgepulvertem Stangenschwefel — nicht mit
Schwefelblumen. — Es ist nicht ratsam, schon den Asphalt bei seiner Destillation
mit Schwefel zu versetzen, weil die Reaktionsmasse dadurch leicht ins Schäumen
geriete. Auch die Destillation des Öls mit dem Schwefel muß aus diesem Grunde
langsam und vorsichtig erfolgen, namentlich am Anfang derselben.

---

[1] Die Literaturangaben, „daß im Val de Travers im schweizerischen Jura
Naturasphalt vorkomme", sind falsch.

Das geschwefelte Öl wird nun sulfuriert. In den säurefest emaillierten Kessel *H* (s. Abb. 40) bringt man 100 kg davon und versetzt es allmählich mit einer Mischung von 200 kg Schwefelsäure 66° Bé und 150 kg Oleum 25 proz. SO_3. Diese Mischung fließt aus der mit Bleiblech ausgeschlagenen Holzkiste *A* durch ein Bleiröhrchen in den Rührapparat. Im Zuführungsröhrchen für die Schwefelsäure befindet sich kein Hahn. Die Temperatur im Rührkessel soll während der Sulfonierung 40—50° betragen; sie wird je nachdem durch Wasser- oder Dampfzufuhr im Doppelboden reguliert. Das entstehende Schwefeldioxydgas wird in das Hochkamin abgeleitet. Nach dem Zufließen der Schwefelsäure, welches $1^1/_2$—2 Stunden in Anspruch nimmt, rührt man noch 2 Stunden bei 40—50° und kühlt dann den Kesselinhalt auf 10—15°.

Wenn diese Temperatur erreicht ist, verschließt man den Kessel und drückt seinen Inhalt in das mit Bleiblech ausgeschlagene Holzgefäß *G*, in welchem 400 kg Eis vorgelegt sind. Die Sulfoölsulfosäure scheidet sich oben als schwarzer Kuchen aus. Man trennt sie von der wässerigen Schwefelsäure, indem man letztere unten aus dem Gefäße abfließen läßt. Bevor man diese in die Kanalisation abfließen läßt, neutralisiert man sie mit gelöschtem Ätzkalk[1].

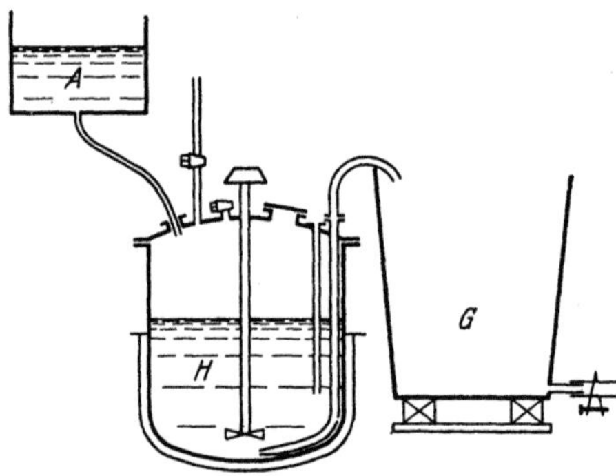

Abb. 40. Apparatur zum Sulfonieren von Sulfoöl.

Der schwarze Sulfoölsulfosäurekuchen wird in ein anderes, nicht mit Bleiblech ausgeschlagenes Holzgefäß gebracht und dort mit Wasser und Ammoniaklösung in eine 15—20 proz. Lösung von sulfoölsulfosaurem Ammonium verwandelt, welche man über Nacht der Ruhe überläßt. Am anderen Morgen schwimmen unsulfuriertes Öl und mechanische Verunreinigungen auf der klaren, braunen Lösung, welche man unten abzieht. Sie wird in einem Destillierapparat auf 40% Trockengehalt eingeengt, wobei die ersten Anteile des Destillates, welche wasserlösliche, aromatisch riechende Öle enthalten, gesondert aufgefangen und zu späterer Verwendung aufbewahrt werden: Vorlauf zum „Aromatisieren". — Die eingeengte Lösung enthält neben dem sulfoölsulfosauren Ammonium noch anorganische Salze, welche man durch Dialyse daraus entfernt. — Über Dialyse unterrichtet das Kapitel über Argentum proteinicum, S. 73ff.

Man dialysiert, bis die anorganischen Bestandteile höchstens noch 1,5% des sulfoölsulfosauren Ammoniums betragen: Glührücktstandsprobe. Wenn dieser Punkt erreicht ist, läßt man die Lösung in einem Holzgefäß sich nochmals klären und engt sie dann im offenen Doppel-

---

[1] Sie ist verunreinigt mit SO_2 und schwarz von verkohlten Bestandteilen und kann evtl. auch an Schwefelsäurefabriken verkauft werden.

wänder auf 60—65 % Trockensubstanz ein, worauf man auf den handelsüblichen Gehalt von 50—55 % Trockensubstanz einstellt. Dies letztere geschieht nicht durch Wasserzusatz, sondern durch Mischen mit dem bereits erwähnten Vorlauf zum „Aromatisieren", welchen man beim Einengen der Lösung vor dem Dialysieren erhielt (s. o.). Auf diese Weise gewinnt man ein Handelsprodukt mit dem spezifischen Geruch nach Juchtenleder.

Ausbeute: Aus 1 kg Naturasphalt oder 500 g daraus destilliertem Öl erhält man ungefähr 1 kg sulfoölsulfosaures Ammoniak.

Das Dialysieren ist eine umständliche Operation. Man ersetzt sie bei dieser Fabrikation oft dadurch, daß man den Sulfoölsulfosäurekuchen mit destilliertem Wasser ausknetet, bis die Schwefelsäure daraus entfernt ist. Die Sulfoölsulfosäure ist in saurem Wasser fast unlöslich. Man knetet mit Wasser in kleinen Portionen so lange durch, bis man bemerkt, daß die Sulfoölsulfosäure sich darin zu lösen beginnt. Man knetet noch zweimal durch und setzt diese letzten, bereits sulfoölsulfosäurehaltigen Wässer der nächsten Operation zu. Dann löst man die Sulfoölsulfosäure in verdünnter Ammoniaklösung und verarbeitet fertig, ohne zu dialysieren. Eine kleine Trübung mit Bariumchlorid wird ein so, d. h. ohne Dialyse erhaltenes sulfoölsulfosaures Ammoniak allerdings immer aufweisen.

Außer dem Ammoniumsalz der Sulfoölsulfosäure werden auch ihre Natrium-, Lithium- und Silberverbindungen verwendet.

Ferner verwendet man ihr Kondensationsprodukt mit Formalhyded, die Anhydromethylensulfoölsulfosäure, sowie dasjenige mit Albumin.

Anhydromethylensulfoölsulfosäure. Schwarzbraunes, in den üblichen Lösungsmitteln unlösliches, fast geruchloses Pulver.

Zu deren Darstellung erwärmt man auf einem Dampfbad unter dem Abzug 10 kg Sulfoölsulfosäure und 30 l Wasser auf 80°, gibt dann je 1 kg Formaldehyd und 1 l rohe Salzsäure zu der Lösung und digeriert 3 Stunden bei 80°. Hierauf fügt man erneut 1 kg Formaldehyd und 1 l Salzsäure zu und digeriert wieder 3 Stunden. Dies wiederholt man noch dreimal, immer bei der angegebenen Temperatur. Die schwarze ausgeschiedene Masse wird allmählich hart und spröde. Wenn dieser Punkt — nach ungefähr 24 Stunden Erwärmung auf 80° — erreicht ist, gießt man die Flüssigkeit ab und zerreibt das Produkt in Portionen in einer Reibschale aus Ton mit Wasser zu einem Pulver, welches man mehrmals ausdekantiert, abnutscht, trocknet und siebt. Die Ausbeute beträgt ungefähr 5 kg.

Sulfoölsulfosaures Albumin. Graubraunes, wasserunlösliches Pulver.

Man löst 20 kg Eialbumin in 150 l Wasser (Lösung A) und 40 kg Sulfoölsulfosäure in 160 l Wasser (Lösung B), und gießt die Lösung B in die Lösung A. Die entstandene Fällung wird von der Flüssigkeit getrennt und wie Tannalbin gehärtet (s. dort, S. 274). Hierauf mahlt man in der Porzellankugelmühle und siebt.

Ausbeute 40—45 kg.

Für die Fabrikation dieses Produktes kann statt Eialbumin auch das billigere Milchcasein verwendet werden. Man erwärmt in diesem Falle eine Mischung von 150 l Wasser und 5 kg Natronlauge 36° Bé auf 35—40° und trägt bei dieser Temperatur unter Rühren allmählig 20 kg Casein ein. Dieses löst sich zu einer trüben Lösung, zu welcher man unter Rühren eine solche von 40 kg Sulfoölsulfosäure in 160 l Wasser gibt. Es entsteht keine Fällung. Man fügt nun 10 kg rohe Salzsäure zu und erwärmt auf 80°. Das nun ausgeschiedene zusammengeballte sulfoölsulfosaure Albumin trennt man von der wässerigen Flüsigkeit und arbeitet dann weiter, wie oben beschrieben wurde.

Tertiärer Trichlorbutylalkohol.

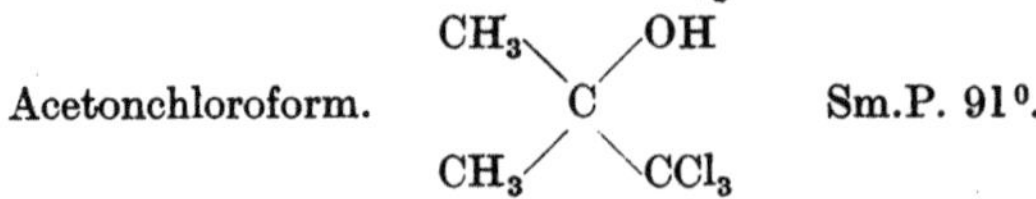

Acetonchloroform.   Sm.P. 91°.

Farblose Krystalle, in Wasser sehr schwer löslich, leicht löslich in Weingeist. Aus Wasser krystallisiert es mit $^1/_2$ % Wasser und schmilzt dann bei 80—81°.

Zu seiner Darstellung verwendet man einen kupfernen Kessel von 30 l Inhalt mit gut schließendem Deckel und einem Schaberrührer, welcher dem S. 443 geschilderten des Graukalkzersetzungsapparates nachgebildet ist. Um vollkommenen Luftabschluß zu erreichen, traversiert die Welle des Rührers eine auf dem Deckel sitzende Stopfbüchse. Auf dem Deckel des Apparates befinden sich ferner: Ein kleines Mannloch, ein Thermometerstutzen, ein Hahnheber für den Einfluß des Aceton-Chloroform-Gemisches und ein weites hohes Steigrohr. Letzteres ist mit dem einen Tubus einer Woullfschen Flasche verbunden, auf deren anderem Tubus ein langes Chlorcalciumrohr sitzt. Der Kessel hängt in einem Holzbottich für Kältemischung und wird am besten im Freien unter einem Dache aufgestellt.

An Rohmaterialien verwendet man:

Aceton, Qualität für Pulverfabrikation, Siedepunkt 56—57°, über Pottasche getrocknet . . . . 2,3 kg
Chloroform D.A.B. VI, über Calciumchlorid getrocknet . . . . 4,3 ,,
Natriumamid, gepulvert und gesiebt . . . . 2,34 ,,
Äther, über Natrium getrocknet . . . . 10,— ,,
Äther 0,722 . . . . 5,— ,,
Schwefelsäure roh 33 % . . . . 20,— ,,

Die Darstellung vollzieht sich nach folgenden Gleichungen:

$$CH_3COCH_3 + CHCl_3 + NaNH_2 = \underset{CH_3}{\overset{CH_3}{C}}\!\!\!\begin{matrix} ONa \\ CCl_3 \end{matrix} + NH_3.$$

$$2\ \underset{CH_3}{\overset{CH_3}{C}}\!\!\!\begin{matrix} ONa \\ CCl_3 \end{matrix} + H_2SO_4 = 2\ \underset{CH_3}{\overset{CH_3}{C}}\!\!\!\begin{matrix} OH \\ CCl_3 \end{matrix} + Na_2SO_4.$$

Das Natriumamid muß gepulvert und gesiebt sein. Das Pulvern desselben ist in kleinen Portionen und mit Vorsicht vorzunehmen; allzu heftiges Stoßen und Reiben kann zu Explosionen Anlaß geben. Gesiebt muß es werden, weil es von seiner Fabrikation herstammendes metallisches Natrium einschließen kann, welches Störungen verursachen würde. — Natriumamid muß in gut verschlossenen Flaschen aufbewahrt werden.

Neun Zehntel des Natriumamids bringt man in den Rührkessel, fügt die 10 kg über Natrium getrockneten Äther hinzu und setzt das Rührwerk in Bewegung, damit das Amid nicht zusammenballt. In den Holzbottich hat man mittlerweile eine Kältemischung gegeben. Sobald die Temperatur auf —8 bis —10° gesunken ist, läßt man die Mischung von Aceton und Chloroform ganz langsam zufließen. Dieser Zufluß ist nach der Temperatur der Reaktionsmasse zu regeln, welche nie über 0° steigen darf. Rascher Zufluß und damit verbundene Über-

schreitung der angegebenen Maximaltemperatur würde zu empfindlicher Ausbeuteeinbuße führen. Wenn drei Viertel der Acetonchloroform-
mischung zugeflossen sind, kann man den Zufluß allmählich etwas beschleunigen. Bevor das letzte Achtel zufließt, bringt man die zurück-
gehaltene Menge Natriumamid hinein. Bei richtig verlaufener Reaktion
wird jetzt kaum mehr eine spürbare Temperaturerhöhung stattfinden.
Nach beendigtem Zufluß wird noch 2 Stunden unter fortgesetzter
guter Kühlung nachgerührt.

Im Kessel befindet sich in Äther suspendiert ein gelber Brei, die
Natriumverbindung des Trichlorbutylalkohols neben geringen Anteilen
überschüssigen Natriumamids. Die 20 kg Schwefelsäure 33 proz. versetzt man in einer Ton- oder einer eisenemaillierten Schale mit Eis-
stücken, und zwar so reichlich, daß ein Schwefelsäureeisbrei entsteht.
In diesen trägt man mittels einer Schöpfkelle das Reaktionsgemisch
ein. Dabei wird jede Kelle voll gut in der Schwefelsäureeismischung
verrührt, bevor eine neue Portion eingetragen wird. Niemals trage
man die gekühlte Schwefelsäure in den Kessel ein. Natriumamid
reagiert mit großen Wassermengen völlig harmlos; mit kleinen ent-
flammt es, was also bei den großen Äthermengen, mit denen gearbeitet
wird, zu übelsten Folgen führen könnte. Den letzten Rest des Reaktionsgemisches entfernt man aus dem Rührkessel durch Nachschwenken
mit Äther. — Es ist während der Umsetzung mit der Schwefelsäure
darauf zu achten, daß immer Eis in der Säure ist, und daß die Masse
stets kongosauer bleibt.

Man bringt dann das Ganze in einen Scheidetrichter, trennt die
Ätherschicht von dem sauren Wasser und äthert dieses noch zwei Male
aus. Die ätherische Lösung wird mit entwässertem Glaubersalz getrocknet und der Äther abgetrieben. Den Rückstand — Trichlorbutylalkohol — treibt man mit Wasserdämpfen über. Wenn er dann noch
einen gelblichen Stich hat, wäscht man ihn mit Leichtbenzin. Er wird
dadurch reinweiß.

Ausbeute: 5 kg tertiärer Trichlorbutylalkohol = 75 % der Theorie.
Man gewinnt 10—11 kg Äther wieder.

Wasserstoffsuperoxyd-Carbamid.

Urea peroxydata. $NH_2 — CO — NH_2O_2$. — Es bildet ein weißes, krümeliges
leicht in Wasser lösliches Pulver von ozonartigem Geruch, das sich beim Erwärmen
über 80^0 unter Schäumen zersetzt.

Die zu seiner Darstellung verwendeten Ausgangs- und Hilfsstoffe sind:

Harnstoff. Chemisch reine und absolut trockene Ware. Man muß
den käuflichen Harnstoff nachtrocknen und durch ein Haarsieb — kein
Metallsieb — sieben, bevor man ihn in Arbeit nimmt.

Wasserstoffsuperoxyd mit 30 Gew. % H_2O_2. Derselbe darf nicht
mehr als 0,15 % Schwefelsäure enthalten.

Citronensäure. Bleifreie Pharmakopöeware.

Alkohol. Mit Holzgeist denaturierter Spiritus oder reiner Methylalkohol.

In einer dünnwandigen Porzellanschale von 30 l Inhalt übergießt man 10 kg des Harnstoffes mit 15 kg des Wasserstoffsuperoxyds und rührt die Mischung $^1/_2$ Stunde andauernd, aber sehr langsam, mit einem Glasstab oder einem Porzellanspatel durch. Dann stellt man die Schale in ein Kältegemisch und bringt die Temperatur ihres Inhaltes auf mindestens 0^0, wenn möglich auf -2 bis -5^0. Damit dieses auch im Sommer leicht gelingt, arbeitet man während dieser Jahreszeit frühmorgens oder während der Nacht. Nach der Abkühlung setzt man das Rühren periodisch fort. Die Reaktion ist beendet, wenn das Thermometer keine Schwankungen mehr zeigt. Man siphoniert dann die Flüssigkeit mit einem Glassiphon ab und bringt die ausgeschiedenen Krystalle mit einem Porzellanlöffel—und ohne sie mit der Hand zu berühren!—auf eine feinporige Porzellannutsche[1] ohne Tuch- oder Papierfilter. Man nutscht sehr scharf ab und wäscht in sehr kleinen Portionen mit einer 1proz. eisgekühlten Lösung von Citronensäure in mit Holzgeist denaturiertem Äthyl- oder in reinem Methylalkohol nach. — Die wässerigen Laugen und die alkoholischen Waschlaugen werden jede für sich aufbewahrt.

Das erzielte Wasserstoffsuperoxydcarbamid bringt man in die Porzellanschale von 30 l Inhalt zurück und verrührt es dort mit einer Lösung von 27 g Citronensäure in 160 g Äthylalkohol. Dann wird es auf Glasplatten dünn verteilt und durch bewegte Luft bei einer 30^0 nicht übersteigenden Temperatur getrocknet. Man wendet häufig um, aber nie mit den Händen, sondern mit einem Porzellanspatel.

Ausbeute: 12—12,5 kg.

Die wässerigen Laugen versetzt man mit einer geringen Menge der alkoholischen Citronensäurelösung und läßt sie in flachen Schalen bei bewegter Luft und einer 30^0 nicht übersteigenden Temperatur eindunsten. Dafür eignet sich die in Abb. 83 veranschaulichte Anordnung, hier natürlich ohne das Heißwasserbad, also nur die Schale mit dem Windflügel. — Man gewinnt so noch eine zweite Krystallisation, welche man analog der ersten behandelt. Sie ist nicht reinweiß und wird am besten zur Herstellung von Tabletten verwendet.

Der Waschalkohol kann mehrere Male gebraucht werden mit der Einschränkung, daß man beim letzten Waschen je etwas frische alkoholische Citronensäurelösung gebraucht. Wird der Alkohol zu sehr gefärbt oder zu wässerig, so destilliert man ihn ab.

Citronensäure.

$C_3H_4(OH)(COOH)_3 + H_2O$. Mol.-Gew. 210. Citronensäure ist dreibasisch. Sie sintert bei 70—75^0 etwas zusammen und schmilzt je nach der Schnelligkeit des weiteren Erhitzens bei 135—152^0 unter Übergehen in wasserfreie Citronensäure. Vorher entwässerte Citronensäure schmilzt bei 153^0. Über 175^0 tritt Zersetzung ein. — 1 T. Citronensäure löst sich in 0,6 T. Wasser, in 1,5 T. Alkohol von 90 %, schwer in Äther.

Ihr Ausgangsprodukt, die Citrone, enthält z w e i wertvolle Produkte, nämlich die im wässerigen Saft enthaltene Citronensäure und das Citronenöl der Schalen. Aus diesem Grunde schält man die Citronen vor ihrer Verarbeitung.

---

[1] Evtl. auch eine Glaspulvernutsche.

Die geschälten Citronen werden (in Spanien) in flache, runde, aus Espartahalmen geflochtene Körbe gefüllt, und diese Körbe in einer hydraulischen Presse aufgeschichtet. Diejenigen Teile der Presse, welche mit dem Citronensaft in Berührung gelangen, sind homogen verbleit. Der Citronensaft fließt in ein verbleites Montejus und wird von dort in einen verbleiten Holzbottich mit hölzernem Rührwerk und Heizschlange aus Blei gedrückt. Darin konzentriert man in der Wärme, wobei sich allmählich eine Reihe Verunreinigungen ausscheiden. Man filtriert von diesen durch Filterbeutel heiß in den Neutralisierbottich ab, worin ebenfalls gerührt und geheizt werden kann. Man neutralisiert meistens mit gelöschtem Kalk. Der verwendete Ätzkalk soll einen Reinheitsgrad von mindestens 98 % haben und frei von Magnesia sein. Die daraus bereitete Kalkmilch wird vor ihrer Verwendung durch ein engmaschiges Metallsieb von Sandpartikeln abfiltriert. Die Kalkmilch soll sich in Salzsäure klar und ohne Bodensatz lösen.

Der Prozeß der Neutralisation in der Wärme dauert 2—3 Stunden, und am Schluß soll die Reaktion auf Lackmus nach einstündigem Rühren nach dem letzten erfolgten Kalkzusatz ganz schwach sauer sein. Man nutscht heiß ab, am besten auf einer homogen verbleiten Nutsche mit Filterstein, und süßt mit heißem Wasser aus.

Die ausgesüßte Fällung von citronensaurem Kalk gelangt nutschenfeucht in den Zersetzungsbottich, worin sie mit ihrem eigenen Gewicht an Wasser verrührt und auf 80° erwärmt wird. Bei dieser Temperatur fällt man das Calcium mit roher Schwefelsäure von 50° Bé, wobei man einen kleinen Überschuß der letzteren verwendet. Man setzt sie unter Rühren in kleinen Quanten zu und prüft mit Methylviolettpapier. Wenn dessen Färbung von Violett in Blau übergeht, verlangsamt man den Schwefelsäurezusatz, und sobald das Papier einen grünlichen Schimmer zeigt, macht der Betriebsleiter oder Vorarbeiter folgende Probe: Er filtriert eine Probe des Bottichinhalts in ein graduiertes Reagensglas von 180 mm Länge bis zu 120 mm Höhe klarem Filtrat. Dieses versetzt er mit 20 mm Chlorcalciumlösung von 25° Bé und erhitzt einen Augenblick zum Sieden. Es soll ein Niederschlag von Gips entstehen, welcher nach dem Absetzen 15 mm Höhe hat. Man setzt so lange Schwefelsäure zu, bis dieser Punkt erreicht ist, nutscht dann den Gips auf einer homogen verbleiten Nutsche mit Filterstein heiß ab und wäscht ihn mit heißem Wasser säurefrei.

Laugen und Waschwässer gelangen in ein ausgebleites Montejus und werden von dort in die Eindampfpfannen gedrückt. Dies sind in kleineren Betrieben flache, mit gewalztem Blei von 5 mm Stärke ausgeschlagene Holzkästen mit eingelegter Heizschlange aus Blei. Gewöhnlich stehen davon zwei größere über zwei kleineren. In Betrieben mit Tagesproduktionen von 500 kg und mehr, d. h. in solchen, wo ein größeres Anlagekapital zur Verfügung steht, bedient man sich homogen verbleiter Vakuumapparate. — In den größeren Pfannen oder Vakuumverdampfapparaten engt man bei einer Temperatur von höchstens 80° auf 30° Bé ein. Diese Temperatur von 80° soll also auch in den offenen Pfannen nicht überschritten werden. Die Lösung von 30° Bé läßt man

1 Tag erkalten, wobei sich der durch das Einengen ausgeschiedene Gips absetzt. Die klare Lösung wird durch einen Siphon aus Kupfer in die kleineren unteren Pfannen befördert und der Rest vom Gips filtriert. In den kleineren Pfannen engt man bei höchstens 75° auf 37° Bé ein und füllt dann in niedrige verbleite Holzkästen zur Krystallisation.

Nach 3—4 Tagen hebert man die Mutterlaugen von den Krystallen ab und engt sie wieder zur Krystallisation ein, wobei man bis zu 40° Bé konzentriert. Die Krystallschichten entfernt man mit breiten Spateln aus Kupfer aus den Krystallisationskästen und bringt sie auf den „Klopftisch", einen verbleiten Tisch in einer verbleiten Unterlage, in welche die Laugen von den Krystallen abfließen können. Auf dem „Klopftisch" zerkleinert man die Krystallkonglomerate mit einem Holzhammer. Die Krystalle werden dann entweder in einer Zentrifuge ausgeschwungen und mit Wasser nachgewaschen oder in Abtropfhüten mit Lauge gedeckt und mit etwas Wasser abgespritzt.

Die so erhaltene Rohcitronensäure gelangt in den Entfärbungsbottich von derselben Konstruktion wie der Zersetzungsbottich. Sie wird mit weichem Wasser in eine Lösung verwandelt, welche bei einer Temperatur von 75° auf 30° Bé spindelt. Diese Lösung behandelt man mit Entfärbungskohle. Die Citronensäureproduzenten bedienen sich meistens einer ziemlich ordinären Kohle, in der sie nur die Abwesenheit von Kalk verlangen. Das darin enthaltene Eisen entfernen sie dadurch, daß sie nach dem Kohlezusatz zu der Citronensäurelösung so viel Ferrocyankali in den Entfärbungsbottich geben, bis eine filtrierte Probe der Citronensäurelösung mit Ferrocyankali eben noch eine geringe Bläuung zeigt. Viel besser und zuverlässiger wäre natürlich die Verwendung einer eisenfreien Entfärbungskohle.

Man filtriert dann meistens durch eine kleine Filterpresse mit Holzklammern. Das Filtrat wird, wenn man technische Citronensäure herstellt, in bereits beschriebenen verbleiten Eindampfkästen bei höchstens 75° auf 37° Bé eingeengt und zum zweiten Male krystallisiert. — Will man Pharmakopöeware herstellen, so fließt die Lösung aus der Filterpresse direkt in Eindampfschalen aus Ton, worin man auf einem Heißwasserbade einengt und nachher in denselben Tonschalen krystallisieren läßt. Zur quantitativen Entfernung von Bleisulfat und Gips muß die Ware noch 1—2 Male aus destilliertem Wasser in Ton umkrystallisiert werden.

Die Mutterlaugen der Reinkrystallisationen können mehrmals statt Wasser zum Umkrystallisieren von Rohware verwendet werden. Wenn sie dafür zu schmutzig werden, fällt man daraus in der Wärme mit Kalkmilch das Calciumcitrat und verarbeitet dieses wie bereits beschrieben.

Die Schalen der Citronen werden auf zwei Arten verarbeitet. Durch Pressung erzielt man ein Öl von sehr feinem Aroma, aber auf Kosten einer Einbuße an der Ausbeute. Preßöl wird denn auch meistens in Gegenden gewonnen, wo sehr billige Citronen und Arbeitskräfte zur Verfügung stehen. — In größeren Citronensäurebetrieben treibt man das Öl mit direktem Dampf aus den Schalen ab. Man erhält so theoretische Ausbeuten, aber das Aroma des Produktes erreicht dasjenige des durch Pressung erzielten Öls nicht.

III. Aromatische Produkte.

Acetanilid.

Antifebrin. $C_6H_5NH(COCH_3)$. Mol.-Gew. 135. Schmelzpunkt 113,5°. Es siedet unzersetzt bei 295°. Farblose Krystalle, löslich in 230 T. kaltem und 22. T. siedendem Wasser, in Weingeist, Benzol, Äther.

Antifebrin wird heute in der Industrie nicht mehr durch Acetylieren von Anilin mit Eisessig, sondern wie viele andere acetylierte Produkte — Acetylsalicylsäure, Phenacetin, Diacetylmorphin u. a. — mit Essigsäureanhydrid in Benzollösung hergestellt.

Man mischt 1 T. frisch umdestilliertes Anilin für Blau mit 1,4 T. Essigsäureanhydrid von mindestens 85 °/o Anhydridgehalt und 2 T. absolut wasserfreiem Benzol und erhitzt das Gemisch 4 Stunden auf dem Dampfbad. Die heiße Lösung wird dann in kleine Emailmarmiten filtriert und dort — anfänglich unter Rühren — erkalten gelassen. Am anderen Morgen stellt man die Marmiten noch mehrere Stunden in Eiswasser, worauf man die Antifebrinkrystalle abnutscht, mit wasserfreiem, reinem Benzol nachwäscht und bei 40° trocknet. — Aus dem Filtrat destilliert man zuerst das Benzol und dann die Essigsäure und das Anhydrid möglichst vollständig ab und krystallisiert den Destillationsrückstand aus 25 T. seines Gewichtes an destilliertem Wasser unter Zusatz von 1 °/o seines Gewichtes an metallfreier Entfärbungskohle um.

Ausbeute: 94—96 °/o der Theorie.

Die abdestillierte Essigsäure arbeit man auf Natriumacetat um.

Acetylmonomethylanilin.

Exalgin.

$$N \Big\langle {}^{CH_3}_{(CH_3CO)}$$

$$2\,C_6H_5NHCH_3 + (CH_3CO)_2O = 2\,C_6H_5NCH_3(CH_3CO) + H_2O\,.$$

$$(CH_3CO)_2O + H_2O = 2\,CH_3COOH\,.$$

Schmelzpunkt 101°, Siedepunkt 253°. Farblose Krystallnadeln, löslich in 60 T. kaltem und in 2 T. siedendem Wasser, in 2 T. Weingeist und 10 T. Äther.

Technisches Monomethylanilin ist immer mit einem mehr oder weniger großen Prozentsatz an Dimethylanilin gemischt. Beide Körper haben denselben Siedepunkt, 193°, und können also nicht durch fraktionierte Destillation getrennt werden.

Zur Darstellung des Exalgins mischt man 1 T. technisches Mono-methylanilin mit 1,05 T. hochprozentigem Essigsäureanhydrid und läßt einige Tage stehen. Es krystallisieren dabei etwa 35 % des in Arbeit genommenen Methylanilins als Exalgin aus, meistens in sehr schönen kräftigen Krystallen, welche man auf Tontrichtern über Glas-wolle sammelt. Das vollständig abgetropfte Filtrat wird in große Kolben aus Jena- oder Pyrexglas gebracht. Aus diesen destilliert man im Sandbad zuerst die Essigsäure und dann das Dimethylanilin ab. Letz-teres siedet bei 193°, das Exalgin bei 253° ohne Zersetzung. Wir können also ruhig bis 205° abtreiben, wobei alles Dimethylanilin übergeht und vom Exalgin höchstens Spuren mit übergerissen werden. Den Destil-lationsrückstand läßt man auf 105° erkalten und gießt ihn dann unter Rühren in seine fünffache Menge kaltes Wasser. Die Reinigung des Rohproduktes geschieht durch Umkrystallisation aus Wasser unter Zusatz von metallfreier Entfärbungskohle.

Die Ausbeute beträgt mindestens 135 % des im technischen Methyl-anilin enthaltenen Reinmonomethylanilins. Technisches Monomethyl-anilin enthält fast immer mindestens 10 % Dimethylanilin, manchmal bedeutend mehr. Dieses befindet sich nach der Acetylierung und der Destillation des dadurch erhaltenen Gemisches bis auf 205° im Destillat. Es wird daraus rein isoliert, indem man das Destillat mit etwas Wasser verdünnt, über Nacht stehen läßt, das Dimethylanilin von der wässerigen Essigsäure trennt, zwei Male mit seinem dreifachen Gewicht an Wasser auskocht und darauf umdestilliert. Man erhält es so rein, namentlich frei von Monomethylanilin, wodurch es zu einem von der Farbstoff-industrie sehr geschätzten Produkt wird.

Wenn das zur Exalgindarstellung verwendete technische Monomethylanilin größere Prozentsätze an Dimethylanilin — beispielsweise 20 oder 30 % — enthält, kann man die zum Acetylieren verwendete Menge an Essigsäureanhydrid verringern. — Den Dimethylanilin-Prozentsatz im Monomethylanilin bestimmt man selbst durch einen im kleinen ausgeführten Exalginansatz.

Acetylsalicylsäure.

$$2\,C_6H_4 \begin{cases} COOH \\ OH \end{cases} + 2 \begin{cases} CH_3CO \\ CH_3CO \end{cases} O = 2\,C_6H_4 \begin{cases} COOH \\ O-COCH_3 \end{cases} + 2\,CH_3COOH .$$

Mol.-Gew. 180. Schmelzpunkt 137°. Weiße Nadeln oder Blättchen, löslich in 300 T. kaltem Wasser, leicht in Alkohol und Äther.

Die Darstellung erfolgt durch Einwirkung von Essigsäureanhydrid auf Salicylsäure unter Zuhilfenahme eines Verflüssigungsmittels. Als solches hat sich Benzol als sehr gut erwiesen (vgl. auch die Kapitel über Diacetylmorphin und Phenacetin). — Man füllt in einen 15-l-Glaskolben 4 kg absolut trockene Salicylsäure pharmakopöe- oder gute tech-nische Ware. Man überzeuge sich, daß sie wirklich trocken ist, durch den Schmelzpunkt. Im Bedarfsfalle trockne man nach.

3,2 kg Essigsäureanhydrid von mindestens 88%.

5 l Benzol, welches keinen Destillationsrückstand enthält und vor dem Gebrauch vollständig entwässert wurde.

Man erhitzt am Steigrohr oder Rückflußkühler unter bisweiligem Umschütteln auf dem Dampfbade 4 Stunden. Erfahrungsgemäß ist nach dieser Zeit die Acetylierung erledigt; jedoch soll man gelegentlich eine herausgenommene Probe auf noch freie Salicylsäure prüfen. Ist keine mehr da, so läßt man etwas erkalten, d. h. so viel, daß der Kolbeninhalt nicht mehr siedet. Dann filtriert man rasch durch ein Faltenfilter in einen Steinguttopf oder besser in eine kleine Emailmarmite. Es beginnt bald eine Krystallisation. Zur Verhinderung von Krustenbildung rührt man gelegentlich mit einem Glasstabe durch. Am anderen Tage verschärft man die Krystallisation durch äußere Abkühlung mit Eiskochsalzmischung. Erst wenn die Masse einige Stunden auf —5 bis —10° war, nutscht man scharf ab, wäscht mit eiskaltem Benzol nach bis zum Verschwinden des Geruchs nach Essigsäure, trocknet bei 35—40°, reibt durch ein weitmaschiges Sieb und trocknet bis zur Geruchlosigkeit nach. — Das Produkt ist beste Pharmakopöeware, wenn die Salicylsäure frei von Cerotinsäure war, und man gewinnt bereits mit dieser ersten Krystallisation 75—80% der theoretischen Ausbeute in vollkommener Reinheit.

Aus den Mutterlaugen destilliert man zuerst das Benzol und dann im Vakuum von mindestens 740 mm die Essigsäure ab, und zwar so viel als nur irgend herauszuholen ist. Der Rückstand wird wieder aus wasserfreiem Benzol krystallisiert, wobei man ebenfalls mehrere Stunden mit Eiskochsalzmischung kühlt, bevor man die Krystalle abnutscht. Durch Einengen und nochmalige Krystallisation der Mutterlaugen kann noch etwas gewonnen werden.

Die Ausbeute beträgt 122—125% der Salicylsäure; sie ist also beinahe theoretisch.

Betriebsverfahren. Man acetyliert heute durchweg in emaillierter Apparatur, denn mit Benzol verdünntes Essigsäureanhydrid und auch so verdünnte Essigsäure schaden der Emaille nicht. Der Apparat ist ein Doppelwänder mit Deckel, Mannloch-, Thermometer- und Abdrückrohr, alles prima emailliert[1]. Der Rückflußkühler besteht entweder aus Ton oder aus emailliertem Eisen (Linsenkühler). Ein Metallkühler kann nicht verwendet werden, weil das darin kondensierte Benzol Essigsäure enthält, welche, wenn auch in geringen Mengen, Metall in das Produkt führen würde. Aus demselben Grunde sind Hähne zu vermeiden; auch das Anbringen eines Bodenhahnes ist ausgeschlossen. Übrigens würden Metallhähne durch die Essigsäure in kürzester Zeit zerstört.

Nach beendigter Acetylierung drückt man in Emailmarmiten, wobei die heiße Lösung vorher einen Spitzbeutel aus starkem Leinentuch passiert. — Zur Destillation der Mutterlauge benutzt man einen emaillierten Vakuumdestillationsapparat, mit welchem auch ohne Vakuum destilliert werden kann und dessen Kühler aus Reinaluminium

---

[1] Noch besser als emailliertes Eisen verwendet man für Acetylsalicylsäure Gefäße aus Porzellan, auch zum Acetylieren.

besteht. Man destilliert darin bis auf eine Temperatur von 95⁰ das Benzol ohne Vakuum, dann setzt man das Vakuum an und treibt die Essigsäure ab. Beide Destillate enthalten Benzol und Essigsäure, das erste natürlich mehr Benzol, das zweite mehr Essigsäure. Man wäscht aus beiden die letztere mit Wasser, mit welchem man sparsam umgeht, heraus und erhält nach einer Umdestillation mit Wegnahme eines Vorlaufs eine Essigsäure von 50 oder 60%, die in der Textilindustrie willige Abnehmer findet.

Das gewaschene Benzol wird noch mit verdünnter Sodalösung restlos entsäuert, dann mit geschmolzenem Chlorcalcium entwässert und für fernere Verwendung rektifiziert.

Die Umkrystallisation des Acetylsalicylsäurerückstandes von der Benzol- und Essigsäuredestillation geschieht in bekannter Weise.

Adrenalin aus Nebennieren.

o-Dioxyphenyläthanol-methylamin.

$$HO\!-\!C_6H_3(OH)\!-\!CHOH \cdot CH_2 \cdot NHCH_3$$

Mol.-Gew. 183. Es schmilzt bei langsamem Erhitzen unter Zersetzung bei etwa 215⁰, bei raschem Erhitzen viel höher. Es bildet ein farbloses, krystallinisches Pulver.

Von großem Einfluß auf die Qualität und Ausbeute des Adrenalins ist die Beschaffenheit der aus den Schlachthäusern gelieferten Nebennieren. Dieselben müssen unbedingt in vollständig frischem Zustande zur Extraktion gelangen. Sie fallen verhältnismäßig rasch der Verwesung anheim und ertragen aus diesem Grunde keine langen Transporte. Namentlich in der warmen Jahreszeit sollen sie in Eiswasser transportiert und bis zur Extraktion in solchem aufbewahrt werden. Das Schmelzwasser des Eises wird dann nachher zur Extraktion mitverwendet. Am besten vermeidet man die Nebennierentransporte im Sommer; überhaupt ist ein direktes Abholen derselben per Kraftwagen dem Bahn- oder Posttransport vorzuziehen. Auch soll ihre Verarbeitung sofort nach der Ankunft in der Fabrik erfolgen.

6 kg vom Fett peinlichst sauber gereinigte, frische Nebennieren· werden in einer Fleischhackmaschine fein zerkleinert und in einen kleinen emaillierten Kippkessel verbracht, welcher mit einem großen Bunsenbrenner oder besser mit Dampf heizbar ist. Dort überstreut man sie mit 60 g Zinkstaub und setzt so viel destilliertes Wasser zu, bis sie davon überdeckt sind. Nachdem man noch 20 g Oxalsäure zugesetzt hat, erwärmt man unter beständigem Rühren mit einem Glasstab langsam auf 50⁰ und digeriert bei dieser Temperatur 1 Stunde. Die Extraktionsflüssigkeit wird dann durch einen Spitzbeutel filtriert, der Rückstand auf ein Filtertuch gebracht und in einer Handpresse ausgepreßt. Man wiederholt die Extraktion — diesmal nur ¹/₂ Stunde, aber bei 60⁰ — filtriert und preßt wieder aus. Darauf wird der Preßrückstand verworfen.

Die erhaltene wässerige Lösung wird im Vakuum eingeengt, und zwar in einem Laboratoriumsvakuumverdampfapparat Abb. 82. Der

Kühler wird mit Vorteil aus Kupfer gewählt und soll ein Kühlrohr von großem, lichtem Durchmesser haben, damit r a s c h destilliert werden kann. Das Vakuum betrage minimum 730 mm und die Temperatur der Lösung während der Destillation nie mehr als 50°. Man engt so bis auf 600 cc ein, mischt den erhaltenen Destillationsrückstand nach dem Erkalten in einem kleinen Tontopf mit 8 l reinstem Methylalkohol, läßt die entstandene Trübung absetzen, siphoniert die klare Lösung ab und filtriert von dem Bodensatz durch ein Faltenfilter.

Die klare alkoholische Lösung wird im geringen Vakuum bei 40—45° wieder auf 600 cc eingeengt, wobei die letzten übergehenden Methylalkoholanteile vorweg durch Einziehen von destilliertem Wasser in den Kolben ersetzt werden, so daß also zum Schluß 600 cc rein wässerige alkoholfreie Lösung resultiert.

Diese bringt man in einen $1^1/_2$-l-Glasstutzen mit sehr rasch gehendem Quirlrührer und stellt 2—3 cc der Lösung als Muster in einem Reagensglas beiseite. Man prüft, ob die Lösung im Stutzen lackmussauer sei und säuert sie im Bedarfsfalle mit Oxalsäure an. Dann fügt man 1 g besten Zinkstaub zu und rührt 3 Stunden bei Zimmertemperatur. Der Rührer soll den Zinkstaub beständig in der Lösung herumwirbeln, und dieselbe muß mit einer weiteren ganz geringen Menge Oxalsäure versetzt werden, wenn sie auf Lackmus neutral reagieren sollte. Nach 3 Stunden filtriert man eine Probe der Lösung und vergleicht mit derselben, welche man vor der Behandlung mit dem Zinkstaub beiseite gestellt hatte. Man wird eine erhebliche Aufhellung konstatieren. Man versetzt dann die Lösung im Stutzen mit einem zweiten Gramm Zinkstaub und rührt wieder 3 Stunden. In dieser Art, also s c h r i t t w e i s e, behandelt man die Lösung mit Zinkstaub und Oxalsäure, bis keine weitere Aufhellung derselben mehr konstatiert werden kann. — Man muß bei Adrenalin wie bei Tannin (s. dort S. 266) die Anwendung von „Überschüssen" an Zinkstaub vermeiden, da solche mehr Schaden als Nutzen stiften. Nach beendeter Aufhellung — es genügen dafür meistens 3 g Zinkstaub — filtriert man, versetzt mit 3 g Fullererde, rührt 1 Stunde, läßt absetzen, dekantiert die klare Lösung ab und filtriert vom Bodensatz.

Durch die aufgehellte klare Lösung in einem „Erlenmeyer" leitet man dann unter äußerer Eiswasserkühlung bei höchstens 10° $1/_4$ Stunde lang Ammoniakgas, welches durch Natronlauge gewaschen ist, und stellt die mit reinem Ammoniak gesättigte Lösung 24 Stunden in den Eisschrank. (Der „Erlenmeyer" wird durch einen Pfropfen geschlossen.)

Nun folgt das Abnutschen und Waschen des ausgeschiedenen Adrenalins. Diese O p e r a t i o n erfordert die g r ö ß t e A u f m e r k s a m k e i t. Das Adrenalin darf dabei nie mit der Luft in Berührung gelangen, bevor es mit Äther fertig ausgewaschen ist! Man gibt Lösung und Niederschlag zusammen auf die Nutsche und saugt so weit ab, bis noch wenig Lösung über dem Adrenalin steht. Dann deckt man mit reiner 10proz. Ammoniaklösung, indem man langsam absaugt. Man wäscht so lange mit NH_3-Lösung nach, bis dieselbe unten farblos abfließt, wobei man das Adrenalin immer mit Flüssigkeit gedeckt hält. Sobald das Filtrat farblos abfließt, unterbricht man das Vakuum einen Moment und entfernt die ammoniakalische Lösung aus der Saugflasche. Auch während dieser Operation soll das Adrenalin mit Flüssigkeit bedeckt bleiben. Man setzt das Porzellanfilter wieder auf die geleerte Saugflasche und verdrängt nun unter schwachem Absaugen die Ammoniakflüssigkeit durch Alkohol und dann diesen durch Äther. Erst wenn dies geschehen ist, saugt man auf der Nutsche rasch trocken.

Wenn derart gearbeitet wird, resultiert das Adrenalin auf der Nutsche farblos. Man bringt es in einer Porzellanschale samt dem Filter rasch in einen Exsiccator, den man mit bestem Vakuum evakuiert, und zwar so lange, bis das Präparat geruchlos ist. Dies erfordert 4—6 Stunden.

Ausbeute 8—12 g.

Auch bei der im größeren Maßstab durchgeführten Darstellung von Adrenalin muß die Berührung dieses Produktes und seiner Lösungen mit Metallen vermieden werden. Man verwende nur Emaille, Ton und Glas oder Porzellan.

Anästesin.   Amidobenzoesäureäthylester.

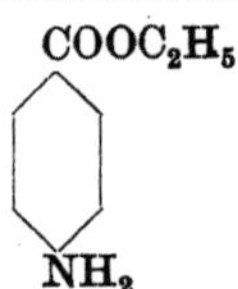

Mol.-Gew. 165. Schmelzpunkt 90—91°. Weißes krystallinisches Pulver, fast unlöslich in kaltem, etwas leichter in siedendem Wasser, leicht in Alkohol, Äther und Benzol.

Als Ausgangsprodukt für die Darstellung dieses Produktes verwendet man am besten p-Nitrotoluol, erstens weil dasselbe leicht und zu billigem Preise käuflich ist, und zweitens, weil die einzelnen Phasen der Darstellung über p-Nitrobenzoesäure den Äthylester derselben bis zum p-Amidoester gute Ausbeuten ergeben und glatt verlaufen, wenn sie auch zum Teil einer ziemlich langen Reaktionsdauer bedürfen.

p-Nitrobenzoesäure aus p-Nitrotoluol. In einem homogen verbleiten Doppelwänder mit Deckel, Rührer, Rückflußkühler und Abdrückrohr von weitem lichtem Durchmesser füllt man 200 l Wasser, zu welchem man unter Rühren und Wasserkühlung langsam 150 kg rohe Schwefelsäure 66° Bé zusetzt. Nach dem Erkalten fügt man 60 kg Kaliumbichromat und 15 kg p-Nitrotoluol zu, schließt den Mannlochdeckel und heizt 24 Stunden unter Rühren am Rückflußkühler zum Sieden. Man rührt, damit die Nitrobenzoesäure kein Nitrotoluol einschließt und der Oxydation entzieht. Das Sieden befördert die Oxydation; bei Temperaturen unter dem Siedepunkt verläuft dieselbe noch langsamer. Das Kühlwasser im Rückflußkühler muß durch direkten oder indirekten Dampf auf 40—45° erwärmt werden, damit das vom Wasserdampf hinaufgeführte p-Nitrotoluol nicht darin erstarrt und Verstopfungen hervorruft.

Nach beendeter Oxydation drückt man die Reaktionsmasse mit einer Temperatur von 60—70° auf eine Nutsche. Dieselbe ist aus homogen verbleitem Schmiedeeisen gebaut; das Filtrieren besorgt ein säurebeständiger Filterstein. — Die heißen Laugen werden sofort in emaillierte Marmiten oder eventuell auch in Tongefäße abgezogen. Aus denselben krystallisiert im Verlaufe einiger Tage der größte Teil des verwendeten Chroms als Kaliumchromalaun. Die Nitrobenzoesäure wird auf der Nutsche mit Wasser schwefelsäurefrei gewaschen, in verdünnter Sodalösung gelöst, die Lösung durch Spitzbeutel filtriert und mit roher Salzsäure gefällt, abgenutscht, mit Wasser gewaschen und bei 40—50° getrocknet.

Die Ausbeute beträgt mindestens 16 kg.

Die chromhaltigen Laugen werden nach den S. 218 unter Hydrochinon gemachten Angaben verwertet.

(Über die Oxydation von p-Nitrotoluol mit Permanganat statt mit Bichromat und Schwefelsäure s. unter Novocain, S. 228).

p-Nitrobenzoesäureäthylester. Zu seiner Darstellung verwendet man denselben Apparat wie für die p-Nitrobenzoesäure, aber außer dem Rückflußkühler ist auch ein absteigender solcher mit ihm verbunden.

In den Apparat füllt man 16 kg trockene p-Nitrobenzoesäure, übergießt sie mit ihrem vierfachen Gewicht an Äthylalkohol 96 proz., löst unter Rühren, fügt dann 8 kg rohe Schwefelsäure 66° Bé zu und erhitzt nun, ohne zu rühren, 16—20 Stunden am Rückflußkühler zum Sieden. — Nach dem Erkalten neutralisiert man bei offenem Mannloch langsam und vorsichtig mit wässeriger Sodalösung; es sind zur Neutralisation 11—12 kg Solvaysoda notwendig. Man treibt dann den Alkohol durch den absteigenden Kühler ab, drückt den Rückstand nach dem Erkalten auf eine Tonnutsche und wäscht auf dieser den Ester mit Wasser aus. — Aus dem Filtrate fällt man die unveresterte Nitrobenzoesäure mit roher Salzsäure, nutscht auch diese, wäscht sie mit Wasser nach und trocknet.

Ausbeute: Man erhält 13,5—14 kg als reinen Ester. Den Rest gewinnt man als unveränderte Säure zurück.

p-Amidobenzoesäureäthylester. Um bereits das rohe Produkt verhältnismäßig rein zu erhalten, reduzierte man den Nitroester früher mit Zinnpulver und Salzsäure. Das erhaltene Reduktionsgemisch wurde dann mit viel Wasser verdünnt, mit Natronlauge genau neutralisiert, zum Sieden erhitzt und die heiße wässerige Lösung der Anästhesinbase vom ausgefällten Zinnhydroxyd durch eine kleine Filterpresse getrennt. Das beim Erkalten der filtrierten Lösung ausgeschiedene Rohanästhesin war verhältnismäßig recht rein; seine Mutterlauge wurde immer statt frischem Wasser bei neuen Operationen verwendet. Derart erhaltenes Rohprodukt konnte ohne weiteres durch eine einzige Umkrystallisation aus 80 proz. Alkohol in reine Base verwandelt werden. Die Zinnhydroxydpaste aus der Filterpresse wurde als solche verkauft oder aber im Cupolofen mit Holzkohle wieder zu Zinnmetall reduziert.

Diese Reduktionsmethode hatte also — vorausgesetzt, daß sie in eisenfreier Apparatur durchgeführt wurde — den Vorteil, daß das Rohprodukt sehr einfach zu reinigen war. Anästhesin wird bei der Berührung mit Eisen rot, wie beispielsweise auch guajacolsulfosaures Kali. Aber die finanzielle Einbuße bei dem Verkauf der Zinnoxydpaste war beträchtlich oder die Zinnregeneration im Cupolofen für die verhältnismäßig kleinen Mengen umständlich.

Deshalb reduziert man jetzt durchwegs mit Eisen und Essigsäure und destilliert das so erhaltene Rohprodukt vor seiner Krystallisation im Vakuum. Man kann Anästhesin schon unter gewöhnlichem Drucke bei 305° destillieren, doch sind dann Zersetzungen am Schlusse der Operation kaum völlig zu vermeiden. Im Vakuum von 10—20 mm erhält man dagegen ein beinahe reines, schwach gelbliches Produkt.

Als Apparat für die Reduktion mit Eisen und Essigsäure verwenden wir den Abb. 50 beschriebenen, für welchen hier ein Volumen von 200 l genügt. Man beschickt ihn mit 20 kg entölten und gesiebten Gußeisenspänen und 10 l Wasser und ätzt bei 70° unter Rühren mit 4 kg 80 proz. Essigsäure an. Dann stellt man die Dampfzufuhr ab und gibt in kleinen Mengen unter fortgesetztem Rühren allmählich 16 kg p-Nitrobenzoesäureäthylester in den Apparat. Die Reaktion ist stark exotherm, und es verdampft Wasser, trotzdem nicht geheizt wird. Dieses wird von Zeit zu Zeit durch etwas frisches Wasser ersetzt. Nach $1\frac{1}{2}$—2 Stunden ist aller Ester eingetragen, und man rührt nun unter leichtem Erwärmen noch 2 Stunden. Die Reduktion ist beendigt, wenn ein mit Sodalösung getränktes Filtrierpapier durch Auftupfen der Reduktionsflüssigkeit nicht mehr gefärbt wird. Man läßt dann erkalten und neutralisiert auf Lackmus mit Sodalösung. Die dadurch freigewordene Anästhesinbase extrahiert man bei 60° drei Male mit je 50 kg Benzol. Den letzten Auszug bewahrt man zur Verwendung anstatt frischem Benzol für die erste Extraktion der folgenden Operation auf.

Aus den beiden ersten mit geschmolzenem Chlorcalcium getrockneten Auszügen treibt man das Benzol ab und destilliert den Rückstand — das stark gefärbte Rohanästhesin — wie bereits erwähnt, im Vakuum. Der dafür dienende kleine Apparat besteht am besten aus Reinaluminium; zur Beobachtung der Destillation dient ein Vorstoß aus Glas oder besser aus geschmolzenem Bergkrystall. Man unterbricht die Destillation, sobald das Destillat nicht mehr farblos fließt. Die Heizung kann durch einen kleinen Gasofen geschehen.

Das Destillat krystallisiert man aus 80proz. Alkohol um. Zur Umwandlung der Base, welche zu diesem Zwecke reinweiß sein muß, in ihr Chlorhydrat löst man sie kalt in absolutem Alkohol und neutralisiert die Lösung auf Kongo vorsichtig und langsam mit 30proz. alkoholischer Salzsäure. Am anderen Tage wird das ausgeschiedene Anästhesinchlorhydrat abgenutscht, mit etwas kaltem absolutem Alkohol nachgewaschen und bei 30—40⁰ getrocknet.

Die Ausbeute nach dem Reduktionsverfahren mit Eisen und Essigsäure beträgt mindestens 80 % der Theorie.

Paramidobenzoesäureäthylester aus p-Toluidin.

Ein anderes Ausgangsprodukt für das Anästesin ist das p-Toluidin. Es wird in Acetparatoluidin und dieses durch Oxydation mit Permanganat in p-Acetaminobenzoesäure übergeführt. Diese wird dann unter gleichzeitiger Bildung von Essigester in den p-Amidobenzoesäureäthylester übergeführt:

$$C_6H_4 \big\langle {}^{CH_3}_{NH_2} \qquad C_6H_4 \big\langle {}^{CH_3}_{NHCOCH_3} \qquad C_6H_4 \big\langle {}^{COOH}_{NHCOCH_3} \qquad C_6H_4 \big\langle {}^{COOC_2H_5}_{NH_2}$$

Die Acetylierung. In einem Schottkolben von 15 l erhitzt man durch ein Ölbad 5 kg Toluidin und 6,5 kg 80proz. Essigsäure 12 Stunden bis auf 140⁰. Auf dem Kolben sitzt ein weites Steigrohr, an welches ein absteigender Kühler angeschlossen ist. Man heizt sehr allmählich auf. Die überschüssige Essigsäure destilliert ab. Wenn man die letzten Stunden auf 135—140⁰ hält, so ist die Acetylierung in 12 Stunden beendigt. Der Kolbeninhalt wird in 25 l Wasser gegossen, das ausgeschiedene Rohacetat am nächsten Tage abgenutscht und getrocknet.

Ausbeute 5,5 kg Acet-p-toluidin.

Eleganter als diese Acetylierungsmethode ist diejenige mit Essigsäureanhydrid in Benzollösung, wie sie in den Kapiteln über Acetylsalicylsäure, Phenacetin und Diacetylmorphin beschrieben ist und auch auf p-Toluidin angewendet werden kann.

Die Oxydation. In einer Holzstande von 600 l Inhalt mit Rührwerk und Heizschlange werden 500 l Wasser und 11 kg feingepulvertes Acet-p-amidotoluidin auf 30⁰ erwärmt und der Lösung zunächst 8 kg zerriebenes Kaliumpermanganat zugeführt. Die Temperatur steigt von selbst auf 40⁰. Durch etwas Dampfzufuhr steigert man dieselbe bis auf 45⁰. Nach 2 Stunden werden wieder 8 kg Kaliumpermanganat zugesetzt und nach 3 weiteren Stunden eine dritte Partie von nochmals 8 kg, so daß insgesamt 24 kg Kaliumpermanganat verbraucht werden. Nachdem alles Permanganat eingetragen ist, läßt man noch einige Zeit nachrühren, stellt dann das Rührwerk ab und läßt den Manganschlamm absetzen. — Die klaren Brühen werden abgezogen, den Manganschlamm bringt man auf Spitzbeutel und wäscht ihn dort frei von Acetyl-p-aminobenzoesäure. Schließlich schleudert man den Schlamm noch aus. Alle Laugen werden vereinigt und noch einmal filtriert. Aus dem Filtrat fällt man durch Zusatz von verdünnter Schwefelsäure bis zur kongosauren Reaktion, filtriert, wäscht nach und trocknet.

Ausbeute 13 kg Acet-p-aminobenzoesäure.

Die Abspaltung der Acetylgruppe und gleichzeitige Veresterung. In einem Schottkolben von 15 l mit Rückflußkühler werden 3 kg Acet-p-amidobenzoesäure mit 6,8 kg Alkohol 96 % und 2,4 kg Schwefelsäure 66⁰ Bé eine Stunde gekocht. Dann wird das ganze in 40 l Wasser gegossen und ganz allmählich mit Pottasche phenolphthaleinalkalisch gemacht. Der rohe Ester wird abgenutscht und getrocknet. Er hat einen gelblichen Stich, der, wenn man das Produkt nicht im Vakuum destillieren will, nur dadurch entfernt werden kann, daß man es mit Hilfe eisenfreier Salzsäure in der zehnfachen Menge Wasser unter Zusatz von etwas schwefliger Säure und metallfreier Entfärbungskohle löst und die Lösung filtriert. Das Filtrat wird wieder mit Pottasche gefällt. Dieser Umlöse- und Fällungsprozeß muß oft nochmals wiederholt werden. — Schließlich wird der so vorgereinigte Ester aus verdünntem Alkohol umkrystallisiert. Man löst 5 kg Rohester in 7 l 50proz. Alkohol. Es krystallisieren 85—90 % des Esters aus. Die Mutterlaugen können 1—2 Male zum Umkrystallisieren benützt werden. Darnach destilliert man daraus den Alkohol ab. Aus dem wässerigen Rückstande scheidet sich Rohester aus, der nach dem Auswaschen getrocknet und wieder umkrystallisiert wird.

Ausbeute 2,5 kg p-Aminobenzoesäureäthhylester.

Arsanilsaures Natron.

$$\mathrm{NH_2}\!\!\left\langle\!\!\begin{array}{c}\end{array}\!\!\right\rangle\!\!-\mathrm{As}\!\!\left\langle\!\!\begin{array}{c}\mathrm{OH}\\ =\mathrm{O}\\ \mathrm{ONa}\end{array}\right. + 4\,\mathrm{H_2O}\,.$$

Para-amidophenylarsinsaures Natrium. Weißes, in Wasser leicht lösliches Pulver.

Um es darzustellen, gibt man 13 kg rohe, ungefähr 75proz. Arsensäure, $\mathrm{AsO_4H_3} + {}^1/_2\mathrm{H_2O}$, in einer sehr gut emaillierten Destillierblase mit Rührwerk mit 10 kg Anilinöl — Anilin für Blau — zusammen. Letzteres setzt man langsam und unter stetem Rühren zu. Wenn dieses geschehen ist, steigert man die Temperatur allmählich auf 160—165° und hält 2 Stunden auf derselben. Überschüssiges Anilin destilliert dabei durch einen absteigenden Kühler ab. Dann setzt man einen eisernen, vorher gut angewärmten Heber ein und drückt mittels Kohlensäure den Kesselinhalt in ein Standgefäß aus Kupfer, - welches 15 l technische Natronlauge und 20 l Wasser enthält.

Nach 2 Stunden trennt man die wässerige alkalische Flüssigkeit mittels Siphon von der blauen Schmiere, säuert in einer emaillierten Abdampfschale mit roher Salzsäure an und filtriert heiß in eine emaillierte Marmite, welche in einem Kühlbottich steht. Ist alles filtriert, so gibt man zum Filtrat so viel Salzsäure, daß die Flüssigkeit auf Kongo schwach sauer reagiert und läßt über Nacht stehen. Am nächsten Tage schleudert man die Roharsanilsäure ab, bringt sie in die Marmite zurück und rührt sie mit wenig Wasser und Sodalösung an, bis alles gelöst ist. Die Lösung soll eine schwach alkalische Reaktion haben. Man versetzt mit Entfärbungskohle und filtriert noch heiß in einen Tonzylinder, worin man abkühlen läßt. Hierauf versetzt man sie mit ihrem eigenen Volumen Alkohol und läßt 2 Tage stehen. — Das arsanilsaure Natron scheidet sich aus. Man nutscht und wäscht mit etwas Alkohol nach. Dann trocknet man vorsichtig bei 30° im Dampftrockenschrank, bis das Präparat noch 22% Krystallwasser enthält.

Die Nutschenlaugen befreit man durch Destillation von Alkohol und übersäuert sie mit Salzsäure. Es wird dabei noch Arsanilsäure wiedergewonnen, die wieder in die Fabrikation· zurückkehrt.

Aus den blauen Schmieren treibt man nach Versetzen derselben mit Natronlauge mit Wasserdampf noch Anilin ab.

Ausbeute: 18—22 kg arsanilsaures Natron.

Antipyrin und Pyramidon.

Antipyrin. Pyrazolonum dimethylphenylicum. Schmelzpunkt 113°. Farbloses Pulver von bitterem Geschmack und glänzendem Aussehen, leicht löslich in Wasser, Alkohol und Chloroform.

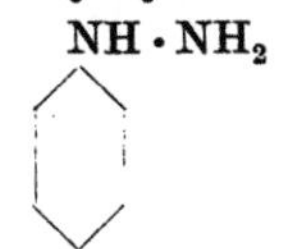

Herstellung von **Phenylhydrazin.**

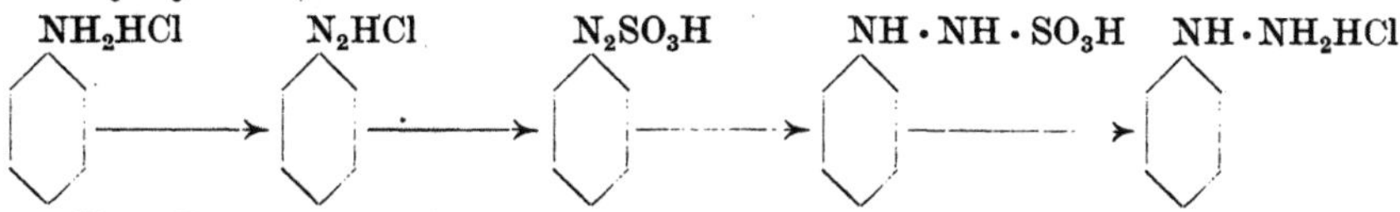

Ich gebe hier eine Beschreibung der Fabrikation von salzsaurem Phenylhydrazin.

Zum Diazotieren des salzsauren Anilins verwendet man einen emaillierten Rührkessel, welcher in einen Kühlbottich gehängt ist. In den Kessel bringt man 375 kg Salzsäure von 33 % und läßt 140 kg technisch reines Anilin dazufließen, worauf man über Nacht abkühlen läßt. Am anderen Morgen füllt man den Kühlbottich mit Eis, bringt auch in den Rührkessel 250 kg davon und wartet, bis die Temperatur auf 3⁰ gefallen ist. Dann diazotiert man möglichst rasch mit einer Lösung von 108,8 kg Natriumnitrit 98—99 proz. in 160 l Wasser, indem man die Temperatur der Reaktionsmasse durch weitere Zugabe von Eis auf weniger als 5⁰ hält. Man kontrolliert die Diazotierung mit Jodkali- und mit Kongopapier.

Während des Diazotierens mischt man in einer verbleiten Rührkufe von 3000 l Inhalt mit einer Heiz- und Kühlschlange aus Blei oder Kupfer 1230 kg Natriumbisulfitlösung von genau 23 % SO₂-Gehalt mit einer Lösung von 127,5 kg Solvaysoda in 180 l Wasser von 50⁰ Die erhaltene Mischung soll neutral auf Kongo, aber sauer auf Lackmus sein. Im Bedarfsfalle fügt man noch

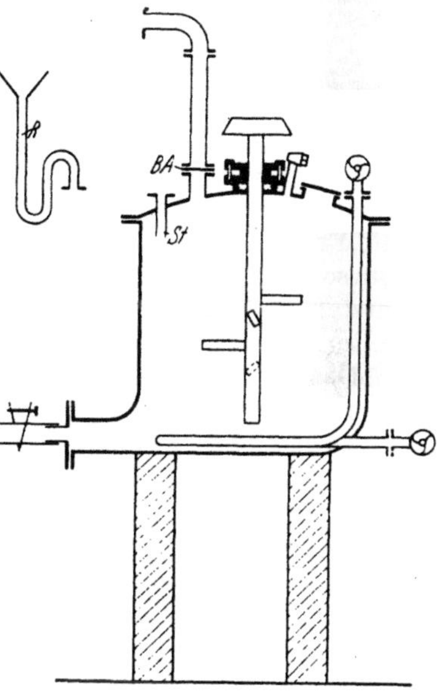

Abb. 41. Zersetzungsapparat für Phenylhydrazinchlorhydrat.

etwas Bisulfit hinzu. Nach Beendigung des Diazotierens läßt man die Diazolösung aus dem emaillierten Rührkessel durch einen Bodenhahn in 3 cm dickem Strahle in das Sulfit in der verbleiten Rührkufe, welche unter dem Rührkessel steht, fließen und erwärmt unter Rühren auf 90⁰, bis das Reaktionsgemisch auf 1700 l eingeengt ist. Dann kühlt man auf

60⁰ und zieht bei dieser Temperatur in den „Zersetzungsapparat"
(s. Abb. 41) ein. Die Lösung soll kaum gelblich, vor allem nicht
rötlich sein.

Im Zersetzungsapparat entfernt man nach dem Einsaugen der
Lösung zuerst den Bleiabschluß BA und setzt auf den Stutzen St, der
mit dem Rohr zum Einsaugen der Lösung verbunden war, das Schenkel-
rohr R. Dann heizt man auf 85⁰ und läßt unter Rühren zuerst 158,5 kg
Schwefelsäure 50⁰ Bé und nachher 263 kg 33 proz. Salzsäure zufließen.
Das entweichende Schwefeldioxyd wird zur erneuten Herstellung von
Bisulfitlösung verwendet. — Man kühlt dann auf 18⁰, läßt den Inhalt
des Apparates auf eine große Steinzeugnutsche mit Filterstein fließen
und nutscht darauf möglichst trocken. In manchen Betrieben schwingt
man nach dem Abnutschen noch in einer Zentrifuge aus.

Man erhält 300—350 kg nutschenfeuchtes Phenylhydrazinchlorhydrat, welches weißgraue bis gelbliche Schuppen bildet.

Herstellung von **1-Phenyl-3-Methylpyrazolon.**

$$\begin{array}{c} C_6H_5 \\[2pt] \underset{\displaystyle CH_3C{=\!=\!=}CH}{HN\diagup \overset{\textstyle N}{}\diagdown CO} \end{array} \qquad \text{Schmelzp. } 127^0$$

Nach dem am meisten bekannten Verfahren versetzt man Acetessigester mit 10 % seines Gewichtes an 80 proz. Alkohol und läßt die
entstandene Mischung unter Rühren und Kühlen in so viel frisch
destilliertes Phenylhydrazin einfließen, daß am Schlusse der Vereinigung
noch ein geringer Überschuß an Phenylhydrazin vorhanden ist (Prüfung
mit Fehlingscher Lösung). Das Zusammenfließen der beiden Körper
soll so langsam vor sich gehen, daß dabei keine Temperaturerhöhung
entsteht. Nach beendigter Vereinigung rührt man noch $^1/_2$ Stunde
weiter, erhitzt dann am Rückfluß 1 Stunde auf 80⁰ und läßt erkalten.

Das Phenylmethylpyrazol scheidet sich aus. Der dicke Krystallbrei
wird zentrifugiert und die schwach gelbe Färbung mit wenig Alkohol
weggewaschen. Bei stärkerer Verunreinigung würde eine Umkrystallisation aus Alkohol notwendig. Man trocknet bei 40⁰.

In der Technik arbeitet man oft in wässeriger Lösung, wodurch
man Vereinfachungen im Verfahren erzielt. Man geht direkt von dem
nutschen- oder zentrifugenfeuchten Phenylhydrazinchlorhydrat aus,
wie man es nach dem oben geschilderten Verfahren erhält. In diesem
Produkt bestimmt man zuerst den Gehalt an reinem Phenylhydrazin,
und zwar in folgender Weise:

Eine abgewogene Probe von 20 g bringt man mit 250 cc Wasser
in einen Rundkolben von 500 cc und filtriert nach entstandener Lösung.
Das Filtrat versetzt man mit verdünnter Natronlauge bis zur phenolphthaleinalkalischen Reaktion und schüttelt es darauf mit 15 cc Benzaldehyd. Sollte die Reaktionsmasse dabei sauer werden, so setzt man
noch etwas Natronlauge zu. Nun erwärmt man langsam und treibt dann
das überschüssige Benzaldehyd mit direktem Dampf ab. Hierauf

filtriert man durch ein trocken gewogenes Filter, trocknet bei 50⁰ und wiegt. 19,6 T. gefundene Benzylidenverbindung entsprechen 10,8 T. reiner Phenylhydrazinbase.

Man geht nun von so viel feuchtem Phenylhydrazinchlorhydrat aus, als 140 kg reiner Base entspricht. Diese Menge versetzt man in einer Holzkufe mit 1000 l Wasser und neutralisiert unter Rühren mit Solvaysoda, wovon man ungefähr 88 kg braucht. Wenn die entstandene Lösung alkalisch reagiert, saugt man sie in einen kupfernen Rührkessel mit Deckel, Mannloch, Heizschlange und absteigendem Kühler. Darin versetzt man zuerst mit weiteren 70 kg Soda, kühlt auf 25⁰ und läßt bei dieser Temperatur unter Rühren langsam 170 kg Acetessigester zufließen. Man bringt dann das Volumen der Reaktionsmasse durch Zusatz von Wasser auf 1800 l und destilliert davon 350 l ab: wässeriger Alkohol. — Diese abdestillierten 350 l ersetzt man durch dasjenige Volumen an Wasser und kühlt auf 45⁰ ab. Bei dieser Temperatur filtriert man durch ein **vorher sehr gut mit Wasser benetztes** Filter in eine Holzkufe. Auf dem Filter bleiben 2—3 l Öl und Schmutz: Wertlose Verunreinigungen.

In der Kufe fällt man das 1-Phenyl-3-Methyl-Pyrazolon mit Schwefelsäure von 50⁰ Bé, wovon man ungefähr 100 kg benötigt. Man filtriert auf einem Wiegenfilter, zentrifugiert, wäscht mit wenig Wasser nach und trocknet bei 50⁰.

Ausbeute: 190 kg oder 85% der Theorie.

Herstellung von Antipyrin. Zur Methylierung des Phenylmethylpyrazolons verwendete man ursprünglich Jodmethyl. Dieses wird in der Technik durch Brom- oder Chlormethyl ersetzt. Die Anwendung des letzteren ist hier wegen der dabei entstehenden hohen Drucke nicht beliebt. Wir beschreiben die Methylierung mit **Brommethyl** (dessen Darstellung s. S. 86ff.).

Als Autoklav verwendet man einen auf 60 Atm. abgeprüften Eisenkessel mit Doppelwandung für Dampfheizung und Wasserkühlung, auswechselbarem, emailliertem Einsatz, homogen verbleitem Deckel, sehr solidem Rührwerk mit kühlbarer Stopfbüchse. Man füllt 1 Mol. trockenes Phenylmethylpyrazolon, 1 Mol. Brommethyl und 3 Mol. Reinmethylalkohol ein und heizt unter Rühren langsam auf 118⁰. In manchen Betrieben geht man auf 145⁰ (Ölbadheizung). Der Druck steigt dann bis auf 18 Atm. Man erhitzt 15 Stunden, und zwar rechnet man diese Zeit von Anbeginn des Heizens an. Aus dem etwas abgekühlten Autoklaven läßt man das gebildete Bromwasserstoffgas samt einem Teile des Methylalkohols abblasen. Die Gase gelangen durch eine Schnatterschlange in einen Behälter, worin 20proz. Natronlauge im Überschuß vorgelegt ist. Die so erhaltene alkalische und methylalkoholhaltige Bromnatriumlauge geht zur Aufarbeitung auf reines Bromnatrium (s. dort). Man erwärmt im Autoklaven nochmals auf 115⁰ und treibt dann nach Zusatz von etwas Wasser den restlichen Methylalkohol ab.

Nun gelangt der Autoklaveninhalt in einen zylindrischen Rührwerkkessel mit Bodenhahn. Dort versetzt man ihn mit 40proz. Natronlauge und der zehnfachen Menge vom verwendeten Phenylmethylpyrazolon an Reinbenzol und rührt 2 Stunden. Das Antipyrin gelangt in das Benzol, die Lauge hält Harzsäuren und andere Verunreinigungen zurück. Die Lauge wird von der Benzollösung abgetrennt und letztere nochmals mit 40proz. Natronlauge extrahiert. Diese zweite Waschlauge dient bei der nächsten Operation als erste solche.

Aus der Benzollösung destilliert man das Benzol bis 90⁰ ab und läßt das geschmolzene Antipyrin erstarren. Dazu bedient man sich einer dickwandigen kupfernen Schale mit Rührwerk. Die Schale hängt in einem Holzküben, worin mit Eiskochsalzmischung oder mit Sole gekühlt werden kann. — Man rührt darin das geschmolzene Antipyrin zuerst 2 Stunden unter Luftkühlung, dann unter Kühlung mit Wasser und zuletzt mit Eiswasser oder Kältemischung, worauf man bei höchstens 6⁰ zentrifugiert.

Das zentrifugenfeuchte Antipyrin versetzt man mit zwei Drittel seines Gewichtes an Wasser und destilliert bis 150⁰. Dadurch werden die letzten Reste Benzol entfernt.

Darauf löst man das Antipyrin in einem emaillierten Apparate in seinem siebenfachen Gewicht an destilliertem Wasser bei 30⁰, setzt 1 % seines Gewichtes an metallfreier Entfärbungskohle zu und rührt 2 Stunden bei 30⁰, drückt durch ein geschlossenes emailliertes Filter, destilliert das Wasser unter Rühren ab, worauf man das flüssige Antipyrin nochmals als solches ein vorgewärmtes emailliertes Druckfilter passieren läßt. Man läßt in bereits beschriebener Weise erstarren — mit dem Unterschied, daß der Rührkessel diesmal nicht aus Kupfer, sondern eisenemailliert ist — und zentrifugiert bei höchstens 4⁰

Das erhaltene Produkt wird zur endgültigen Reinigung noch mit 12—15 % seines Trockengewichtes an destilliertem Wasser umgeschmolzen, die Schmelze durch ein Druckfilter filtriert und nach dem Erstarren unter Rühren und Kühlen wieder zentrifugiert. — Diese Operation wiederholt man nochmals mit 25—30 % Wasser, für ganz feine Ware sogar nochmals mit 30 % Alkohol. — Das erhaltene Produkt wird dann getrocknet und gesiebt.

Zur Aufarbeitung der von den diversen Reinigungsoperationen herrührenden vereinigten Laugen mischt man dieselben mit ihrem eigenen Gewicht destillierten Wassers, dann mit demselben Gewicht Benzol und ganz wenig Schwefelsäure. Man rührt die Mischung 2 Stunden, läßt die Schichten sich trennen und separiert sie. Die Benzolschicht enthält neben Harzkörpern und anderen Verunreinigungen auch Antipyrin. Letzteres wird daraus durch mehrmalige Extraktion mit warmem, destilliertem Wasser entfernt, worauf man das Benzol destilliert und den wertlosen Destillationsrückstand verwirft.

Aus den vereinigten wässerigen Antipyrinauszügen treibt man das Wasser ab und destilliert das Antipyrin im Vakuum. Das so erhaltene Antipyrin geht wieder in den Betrieb zurück.

Ausbeute an ganz reiner Ware mindestens 93 % der Theorie.

In manchen Betrieben verarbeitet man den Autoklaveninhalt in folgender Weise: Man drückt ihn insgesamt, d. h. ohne vorher den Druck abzublasen, bei einer Temperatur von 60⁰ in einen Holzbottich, worin man 200 l warmes Wasser vorgelegt hat und in welches das Abdrückrohr aus dem Autoklaven hineintaucht. Man löst unter Rühren und neutralisiert mit Solvaysoda, wovon man 20 kg benötigt. Hierauf verdünnt man auf 300 l und filtriert durch Spitzbeutel mit Filtrierpapiermasse. Das Filtrat und die Waschwässer destilliert man in einem kupfernen, dampfgeheizten Destillationsapparat bis zum trockenen Rückstand. Aus diesem extrahiert man das Rohantipyrin mit Toluol (Toluol löst weniger Verunreinigungen mit dem Antipyrin als Benzol) und trennt so vom Bromnatrium. Aus der Toluollösung treibt man das Toluol ab und destilliert das Rohantipyrin im Vakuumapparat Abb. 42. Das Vakuum soll 4—5 mm betragen. Man destilliert den rötlichen Vorlauf bis 200⁰ in eine kleinere Vorlage, dann stellt man, sobald das Destillat wasserhell fließt, den Zweiweghahn Z auf die große Vorlage um. Bis ungefähr 205⁰ destilliert dann reine Ware (Herzdestillat). Sobald dasselbe rötlich oder rot fließt, stellt man den Zweiweghahn wieder auf die kleinere Vorlage um und destilliert den Nachlauf dorthin. Das Herzdestillat, welches etwa 90 % der Gesamtmenge bildet, verarbeitet man in bereits beschriebener Weise weiter. — Die Vor- und Nachläufe sammelt man von einer Reihe von Destillationen und destilliert sie zusammen aufs neue.

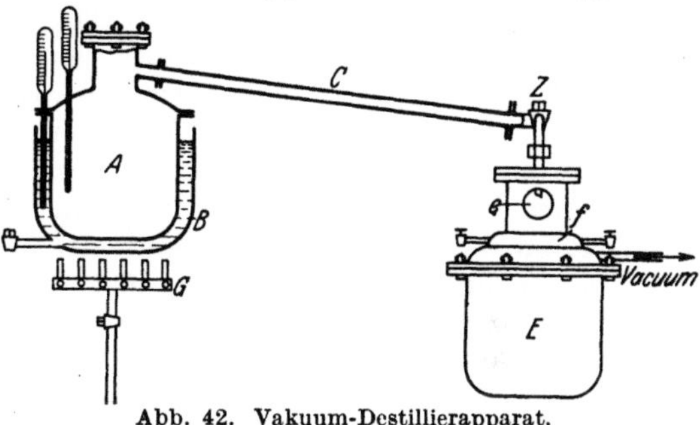

Abb. 42. Vakuum-Destillierapparat.

A Destillierblase aus emailliertem Eisen oder versilbertem Kupfer. — B Ölbad aus Eisen. — C Kühlrohr aus Feinsilber. — Z Zweiweghahn. — E zwei Vorlagen aus emailliertem Eisen oder Feinsilber, welche hintereinander aufgestellt sind, so daß nur die eine davon sichtbar ist. Je die eine davon kann durch den Zweiweghahn Z mit dem Kühlrohr C verbunden werden. — e Schauglas. — f Wärmeleitung um den Dom der Vorlage. — G Gasbrenner.

Pyramidon.

Dimethylamidoantipyrin.

$$\begin{array}{c} C_6H_5 \\ | \\ N \\ CH_3N \diagup \quad \diagdown CO \\ | \qquad\qquad | \\ CH_3C =\!=\!=\!= C - N(CH_3)_2 \end{array}$$

Farbloses, krystallinisches Pulver, Schmelzpunkt 108⁰, löslich in 18 T. Wasser von 15⁰, leicht in Alkohol.

Darstellung von **Aminoantipyrin.** Man verwandelt Antipyrin in schwefelsaurer Lösung auf Eis (bei 4⁰) durch Zugabe von Natriumnitritlösung in Isonitrosoantipyrin. Die erhaltene kalte Lösung läßt man in eine Mischung von Zinkstaub, viel Eis und von Natriumbisulfitlösung fließen und rührt die entstandene Mischung bei 3—5⁰ 3 Stunden. Dann erhöht man die Temperatur auf 20⁰, versetzt mit Kochsalz und läßt über Nacht stehen. Am anderen Morgen versetzt man mit einem Überschuß an 40proz. Natronlauge und der 15fachen Menge vom verwendeten Antipyrin an Reinbenzol, rührt 2 Stunden und läßt die Schichten sich trennen. Die abgetrennte Benzollösung wird durch eine weitere Menge 40proz. Natronlauge von letzten Beimengungen an Harzsäuren und anderen Verunreinigungen befreit. Man destilliert das Benzol bis 115⁰ ab, kühlt den Destillationsrückstand in einem kupfernen Rührkessel in derselben Weise wie bereits unter Antipyrin beschrieben wurde, allmählich auf 3—4⁰, zentrifugiert, wäscht in der Zentrifuge zuerst mit 7% vom verwendeten Antipyrin an Reinbenzol und dann noch mit etwas Äther. Das erhaltene Produkt ist Aminoantipyrin, bereit zur Methylierung. Ausbeute an Aminoverbindung 105% des verwendeten Antipyrins. — Die genannte Ausbeute erhält man aber nur, wenn die beim Waschen des Aminoantipyrins auf der Nutsche erhaltenen Benzol- und Ätherlaugen in zweckmäßiger Weise auf reines Produkt verarbeitet werden. — Diese Laugen werden von einer Reihe von Operationen gesammelt. Man treibt dann aus denselben den Äther und das Benzol ab, löst die beiden nachher vereinigten Destillationsrückstände in Alkohol und versetzt die alkoholische Lösung mit 25% des Gewichts der Laugen vor ihrem Einengen an Benzaldehyd.

Diese Mischung rührt man in dem bereits mehrfach erwähnten kupfernen Rührkessel mit Kühlbottich 3 Stunden bei 3—4⁰. Die Benzylidenverbindung des Aminoantipyrins:

$$\text{C}_6\text{H}_5$$

$$\begin{array}{c} \text{C}_6\text{H}_5 \\ | \\ \text{N} \\ \diagup \quad \diagdown \\ \text{CH}_3\text{N} \qquad \text{CO} \qquad\qquad \text{H} \\ | \qquad\qquad | \qquad\quad\diagup\text{H} \\ \text{CH}_3\text{C}\!=\!=\!=\!\text{C}-\text{N}\!\!<\!\!\begin{array}{c}\text{C}_6\text{H}_5\\ \text{OH}\end{array} \end{array}$$

scheidet sich aus. Dieselbe wird scharf abgenutscht, mit wenig eiskaltem Alkohol nachgewaschen und getrocknet. Sie wird mit zwei Drittel ihres Gewichtes an salzsaurem Wasser wieder aufgespalten, worauf man mit Benzol extrahiert. In der von der Benzolschicht getrennten und nachher filtrierten wässerigen Lösung befindet sich das gereinigte salzsaure Aminoantipyrin, welches an geeigneter Stelle in den Betrieb zurückgeführt wird. Aus der Benzollösung entfernt man zuerst durch verdünnte Natronlauge die darin noch enthaltene Säure, destilliert das Benzol ab, versetzt den Destillationsrückstand mit Wasser und treibt daraus mit direktem Dampf den Benzaldehyd ab.

Die bei der Reduktion des Nitrosoantipyrins erhaltene Zinklauge wird mit verdünnter Schwefelsäure genau neutralisiert und der Zinkschlamm abgenutscht.

Darstellung des **Dimethylaminoantipyrins (Pyramidons).** Man verwendet denselben Autoklaven wie für die Antipyrindarstellung (s. S. 167). Darin versetzt man 40 kg vollständig trockenes Aminoantipyrin mit 11,5 kg Brommethyl und 12 kg Methylalkohol, wobei die Temperatur von selbst bis auf 80⁰ steigt. Man wartet ihren Rückgang

ab, kühlt dann noch mit Wasser im Doppelboden ganz aus und bringt
weitere 10 kg Brommethyl sowie wieder 12 kg Methylalkohol in den
Autoklaven. Nun heizt man langsam auf 80^0 und stellt dann die Dampfzufuhr ab. Die Temperatur steigt nun von selbst auf 120^0, bei welcher
Temperatur 5 Stunden gehalten wird. Nach dem Abkühlen bläst man
den Überdruck (HBr und CH_3OH) wie bei der Antipyrindarstellung in
verdünnte Natronlauge ab.

Im Autoklaven befindet sich ein Gemisch von mehr als $90\,^0/_0$ brom-
wasserstoffsaurem Pyramidon und weniger als $10\,^0/_0$ Pyramidonbrommethylat:

$$
\begin{array}{c}
C_6H_5 \\
| \\
N \\
CH_3N \diagdown \diagup \diagdown CO \\
| \qquad\qquad | \qquad\qquad Br \\
CH_3C =\!\!= C - N \diagup CH_3 \\
\diagdown CH_3 \\
\diagdown CH_3
\end{array}
$$

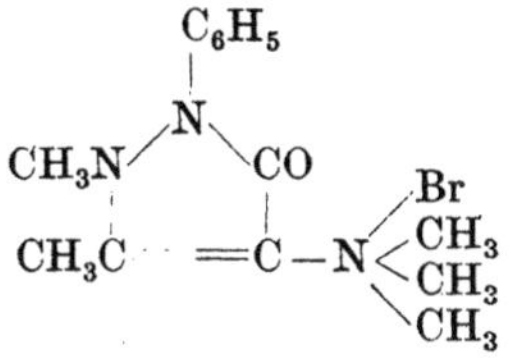

Dieses Gemisch wird mit 10 l destilliertem Wasser versetzt, auf 50^0
erwärmt und bei dieser Temperatur mit 60 kg 40 proz. Natronlauge
und 200 kg Reinbenzol gerührt. Nach dem Absetzen trennt man die
wässerige Lauge ab und behandelt die Benzollösung nochmals bei
$40—50^0$ mit 60 kg 40 proz. Natronlauge. Die wässerigen Laugen enthalten neben überschüssigem NaOH Bromnatrium und sind außerdem
durch das unlösliche Pyramidonbrommethylat getrübt, welches durch
Ätznatron nicht zerlegt wird. Man filtriert durch eine Nutsche mit
Filterstein; die Laugen gehen in die Bromnatriumfabrikation.

Das abgenutschte und mit Wasser nachgewaschene Pyramidonbrommethylat wird im Autoklaven mit zwei Drittel seines Gewichtes an
Ammoniaklösung 0,888 aufgespalten zu Pyramidon,. Bromammonium
und Methylalkohol.

Die mit Natronlauge entharzte Benzollösung enthält die Hauptmenge des Pyramidons. Man destilliert aus derselben nach Filtration
das Benzol bis 105^0 ab und läßt den Destillationsrückstand im kupfernen
Rührkessel unter Kühlen erstarren. Es entsteht ein dicker, dunkel-
braunroter Brei, welcher scharf zentrifugiert und mit etwas Benzol
nachgewaschen wird: Rohpyramidon.

Aus den vereinigten ausgeschwungenen, dunkelbraunroten Laugen
und dem Waschbenzol treibt man zuerst das Benzol vollständig ab.
Den Destillationsrückstand kocht man mit direktem Dampf auf, schöpft
ihn dann vom Wasser und Schlamm ab, koliert ihn durch ein Tuch
und kocht ihn so lange mit Wasser aus, bis dieses farblos bleibt. Die
vereinigten wässerigen Auszüge engt man ein und fügt den Destillationsrückstand zu dem Rohpyramidon aus der Zentrifuge. Darauf trocknet
man die gesamte Menge und unterwirft sie nun zweimal der folgenden
Operation: Mischen des Rohpyramidons mit $30\,^0/_0$ seines Gewichtes an
92 proz. Alkohol, Schmelzen der Mischung, Filtrieren durch Druckfilter, in einem emaillierten Rührkessel unter Kühlen erstarren lassen,
bei $3—4^0$ zentrifugieren. Man trocknet dann und siebt.

Die alkoholischen Mutterlaugen der beiden beschriebenen Reinigungsoperationen werden getrennt zur Krystallisation eingeengt. Aus den
nach erneutem Zentrifugieren erhaltenen, wieder dunklen Laugen wird
der Alkohol restlos abgetrieben und die Rückstände mit Wasser ausgekocht, wie bereits beschrieben.

Ausbeute: 92—96% der Theorie.

Benzaldehyd.

C_6H_5CHO. Mol.-Gew. 106. Spez. Gew. 1,050. Siedepunkt 179—180°. Farblose oder schwach gelbliche Flüssigkeit, löslich in 300 T. Wasser, mischbar mit
Alkohol und Äther.

Benzaldehyd stellt man dar durch Chlorieren von Toluol und Verseifen des chlorierten Produktes. Die Arbeit zerfällt in folgende Phasen:

1. Möglichst rasche Chlorierung des Toluols bei einer Temperatur
von 100—150° und bis zum spez. Gew. 1,283 = 32—32,5° Bé bei 15° C.

2. Verseifen des chlorierten Toluols
   a) durch Alkali,
   b) durch Säure.

3. Reinigung des Rohaldehyds.

Die Chlorierung.

Die Apparatur ist ein homogen verbleiter Doppelwandkessel mit einem
Einleitungsrohr für das Chlor, einem Thermometerstutzen zum Einsetzen
eines Stabthermometers und einem großflächigen Rückflußkühler, wie er
S. 99, Abb. 24 beschrieben ist, durch den man das entstandene Salzsäure-
gas in Tourills und einen Absorptionsturm leitet. Zur Vermeidung der
Chlorierung im Kern vermeide man Eisen in der Chlorierungsapparatur.

Das Toluol muß mit frisch geglühter Pottasche sorgfältig getrocknet
sein. Auf trockenes Toluol ist großer Wert zu legen. Ebenso
muß das Chlor durch Hindurchleiten durch konzentrierte
Schwefelsäure getrocknet sein.

Zweckmäßig mischt man das Chlor mit etwa 1% Luft, welche ebenfalls durch Schwefelsäure vollständig getrocknet ist.

Wenn das Toluol gut getrocknet ist, setzt man ihm als Katalyt
2% seines Gewichtes Phosphortri- oder -pentoxyd zu, erwärmt dasselbe auf 100° und leitet das getrocknete Chlorgas in kräftigem Strome
ein. Je schneller man chloriert, um so weniger Trichlorid und kern-
gechlorte Produkte bilden sich. Die Temperatur steigt rasch auf 150°
und muß ungefähr auf dieser gehalten werden. Jedenfalls lasse man
sie nicht über 160° gehen.

Man leitet so lange Chlor ein, bis eine Probe bei 15° ein spez. Gew.
von 1,283 oder 32—32,5° Bé zeigt. — Das erhaltene Produkt, zum größten
Teil $C_6H_5CHCl_2$, ist ölig und von hellbrauner Färbung. Wenn es dunkel-
schwarz wäre, würde dies auf schlecht geleitete Chlorierung deuten,
und man hätte eine schlechte Ausbeute zu erwarten.

Bei der Chlorierung entstehen große Mengen von Chlorwasserstoff,
der aber eine große Menge Verunreinigungen, wie Toluol und mitgerissene Zwischenprodukte, enthält. Gerade dieser Verunreinigungen
wegen wird er von Beizereien gerne gekauft.

Die alkalische Verseifung.

In einen Tontopf oder einen ausgebleiten Holzbottich mit Rührwerk bringt man 300 l Wasser und 20 kg des chlorierten Produktes und rührt durch. Dann trägt man nach und nach 40 kg feinstgemahlenen kohlensauren Kalk ein, wobei man natürlich darauf achten muß, daß durch die entbundene Kohlensäure die Masse nicht überschäumt. Am Schlusse verseift man mit feingepulvertem Ätzkalk. Wenn alles Benzalchlorid verseift ist, bringt man das Ganze in einen Absetzzylinder. Der Aldehyd sammelt sich auf der wässerigen Lösung. Man zieht den wässerigen Teil ab und befreit das abgezogene Benzaldehyd im Scheidetrichter von den letzten Wasserresten. Den wässerigen Teil filtriert man durch Filterbeutel in eine Destillationsanlage und destilliert in dieser, so lange mit den Wasserdämpfen Benzaldehyd übergeht, das durch eine vorgelegte Florentinerflasche in üblicher Weise vom Wasser getrennt wird. — Das direkt von der wässerigen Lösung getrennte Benzaldehyd wird ebenfalls durch Destillation mit Wasserdämpfen gereinigt und dann das Gesamtdestillat an Benzaldehyd durch frisch geglühtes Glaubersalz getrocknet.

Im wässerigen Teil bleibt Calciumbenzoat, welches durch Salzsäure zerlegt wird. Man gewinnt so als Nebenprodukt eine gewisse Menge Benzoesäure, die man über das Natriumsalz reinigt.

Die saure Verseifung.

In einen verbleiten Kessel mit Rührwerk bringt man 70 kg Schwefelsäure von genau 80 % und läßt in diese langsam 50 kg des chlorierten Produktes einlaufen. Es entsteht eine heftige Chlorwasserstoffentwicklung und wesentliche Temperaturerhöhung. Letztere reguliert man durch rascheres oder langsameres Zulaufenlassen des Benzalchlorids. Die Temperatur darf nie 45° überschreiten. Zum Zersetzen der genannten Menge sind 4—5 Stunden erforderlich. Nach erfolgtem Zulauf läßt man noch 1 Stunde nachrühren und dann im Apparat selbst erkalten, worauf man das Ganze in einen Absetzzylinder bringt. Benzaldehyd und Benzoesäure trennt und reinigt man in bereits beschriebener Weise.

Reinigung des Benzaldehyds über die SO_2-Verbindung.

Benzaldehyd geht mit Schwefligsäure eine in Wasser lösliche Verbindung ein, während die im Kern chlorierten Produkte unlöslich zurückbleiben. Man schaltet eine Reihe von Glasballons so hintereinander, daß das nicht absorbierte Gas des einen Ballons in den folgenden geleitet wird. Die Ballons stellt man in eine Kältemischung. In dieselben bringt man nun Mischungen von 1 T. Benzaldehyd mit 15 T. kaltem Wasser und leitet so lange schweflige Säure durch, bis das Wasser deutlich nach derselben riecht. Jeden gesättigten Ballon schaltet man aus und fügt dafür hinten an der Kolonne einen neuen an.

Man läßt einige Tage unter bisweiligem Umschütteln stehen. Die im Kern chlorierten Produkte setzen sich zu Boden. Man siphoniert vom Niederschlag ab und filtriert den Rest durch Papier. Die Lösung der Benzaldehydverbindung zersetzt man in einer Blase zum größten Teil durch indirekten Dampf, wobei man bis zu 20 % von der Schwefligsäure wiedergewinnen kann.

Die restierende wässerige Lösung neutralisiert man haarscharf mit Natriumbicarbonat, treibt das Benzaldehyd mit Wasserdämpfen über und trocknet es mit frisch geglühtem Glaubersalz. Das Benzaldehyd wird im Hochvakuum destilliert. Bei guter Arbeit resultiert ein solches mit 0,02 % Chlor.

Ausbeute 100 kg Toluol, 2 kg Phosphortrichlorid oder -pentachlorid, 113 kg Chlor, 135 kg Schwefelsäure oder 35 kg Schwefelsäure und 100 kg kohlensaurer Kalk und 10 kg Ätzkalk, 30 kg Schwefligsäure ergeben bei einem Verbrauch von 500 kg Kohle:

80 kg reines Benzaldehyd,
20—22 kg Benzoesäure,
600 kg Salzsäure 20° Bé
und verdünnte Schwefelsäure 40° Bé.

Benzonaphthol.

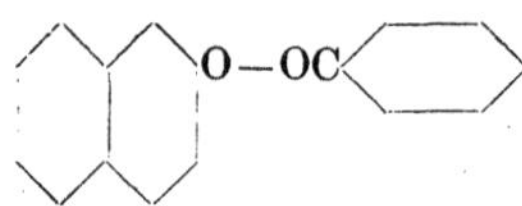

Mol.-Gew. 248. Schmelzpunkt 108—110°. Leichtes weißes, wasserunlösliches Pulver, löslich in Alkohol und Benzol.

$$3\,C_6H_5COOH + POCl_3 = 3\,C_6H_5COCl + H_3PO_4 \,.$$
$$3\,C_6H_5COCl + 3\,C_{10}H_7OH = 3\,C_6H_5CO-OC_{10}H_7 + 3\,HCl.$$

Benzonaphthol oder Benzoesäure-β-Naphtholester wurde früher aus Benzoylchlorid und β-Naphthol hergestellt. Heute spart man sich die separate Herstellung von Benzoylchlorid und behandelt ein inniges Gemisch von Benzoesäure und β-Naphthol direkt mit Phosphoroxychlorid, wobei dann intermediär Benzoylchlorid entsteht, welches sich sofort mit dem β-Naphthol zu Benzonaphthol umsetzt.

Man bringt in die Birne B (s. Abb. 43) ein inniges in einer Porzellankugelmühle hergestelltes Gemisch von 20 kg Benzoesäure und 23,5 kg β-Naphthol. Die erwähnte Birne besteht aus zwei miteinander durch eine Asbestdichtung verbundenen Halbkugeln aus emailliertem Gußeisen, von denen die obere eine Öffnung für den dreifach durchbohrten Korkpfropfen K trägt. Durch die eine der Bohrungen führt ein Hahntrichter, durch die zweite ein Thermometer von 0—150°, durch die dritte ein Glasrohr, welches das gebildete Chlorwasserstoffgas über in einem Glasballon befindliches Wasser führt. — Ein Rührer ist überflüssig. Die Birne steht in einem Ölbade, welches durch direktes Feuer oder durch Hochdruckdampf geheizt wird.

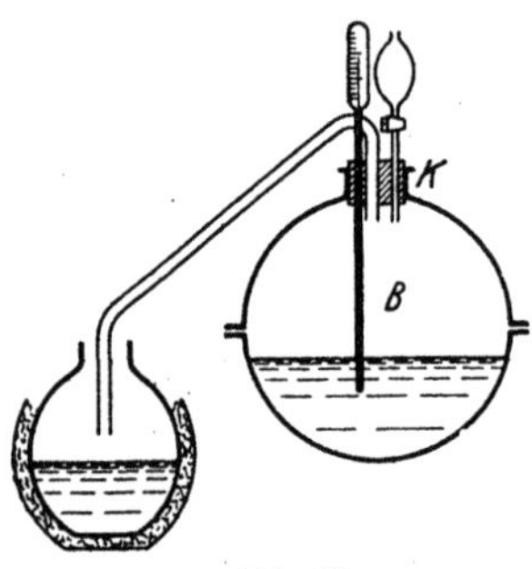

Abb. 43.
Benzonaphtholapparatur.

Man erwärmt auf 130° Innentemperatur, bei welcher das Benzoesäurenaphtholgemisch erfahrungsgemäß geschmolzen ist. Bei der genannten Temperatur leitet man dann im Verlaufe von 3—4 Stunden

11 kg Phosporoxychlorid durch den Hahntrichter in die Birne. Die
Schnelligkeit des $POCl_3$-Zuflusses regelt sich übrigens nach dem ent-
strömenden HCl-Gas. Der Inhalt der Birne soll auf 130^0 verbleiben,
bis aller Chlorwasserstoff entwichen ist. Es dauert, dies im ganzen
4—5 Stunden.

Hierauf läßt man in der Ruhe langsam auf 90^0 erkalten. Dies ist
sehr wichtig! Denn während dieser Zeit setzen sich die dunklen, violett-
roten Harze, die sich immer als Verunreinigung bilden, zu Boden. Wenn
die — immer noch flüssige — Reaktionsmasse in der Birne eine Temperatur von 90^0 erreicht hat, entfernt man den Pfropfen K und ersetzt
ihn rasch durch einen zweifach durchbohrten aus Kautschuk. Durch
die eine der Bohrungen führt ein Glasrohr, welches 6—7 cm über dem
Boden der Birne mündet, durch die zweite Durchbohrung stellen wir
eine Verbindung mit der Druckluftleitung her. Das Produkt, welches
nun im flüssigen Zustande herausgedrückt wird, ist blaßgelb oder
schwach rötlich. Die Ausbeute ist viel höher, wenn man die Harze
aus der flüssigen Schmelze durch Absetzen entfernt, statt erst
nachher durch Krystallisation, welche durch die Anwesenheit der Harze
sehr stark erschwert würde.

Man drückt die harzfreie Schmelze aus der Birne in 300 l kalte
3 proz. Sodalösung, worin gerührt wird. Das ausgeschiedene hellfarbige
Rohprodukt mahlt man naß zusammen mit verdünnter Sodalösung
in der Porzellankugelmühle zu einem feinen Brei, dekantiert denselben
in einem großen Holzgefäß mehrmals mit Wasser aus, nutscht und trocknet bei $30—40^0$.

Das in der Birne verbleibende Harz, welches noch mit Benzonaphthol
vermischt ist, drückt man, nachdem man das Abdrückrohr tiefer gesetzt
hat, in eine kleine Emailmarmite, wo man in der Ruhe erkalten läßt.
Die erstarrte Masse besteht aus 2 Schichten. Die untere derselben ist
Harz, welches verworfen wird. Die obere ist mit Harz ziemlich stark
verunreinigtes Benzonaphthol, welches separat gereinigt und umkrystallisiert wird.

Die Krystallisation des Benzonaphthols kann aus Alkohol allein
(1 T. aus 8 T. Alkohol) oder aus einem Gemisch von gleichen Teilen
Alkohol und Benzol (1 T. aus 5 T. Alkoholbenzol) geschehen. Aus dem
zweiten Lösungsmittel krystallisiert auch Benzonaphthol wie Salophen
(s. dort) schöner als aus dem ersten. Aber die Benzolverluste sind viel
größer als die des Alkohols, und die Entscheidung für eines der Lösungsmittel beruht auf den Preisen für Alkohol und Reinbenzol.

Ausbeute 38 kg Reinbenzolnaphthol.

Laboratoriumsversuch.

Die Herstellung von Benzonaphthol wie auch die des β-Naphthol-Salicylates
stellen ein lehrreiches Schulbeispiel im Laboratorium dar.

Auf dem 1-Liter-Kolben K (s. Abb. 44) sitzt ein zweifach durchbohrter Kork mit
einem Tropftrichter von 200 cc und einem Glasrohr r, welches in dem offenen
1-Liter-Kolben K_1 über 600 cc Wasser mündet. Der Kolben K wird durch ein
Ölbad geheizt und die Temperatur in letzterem gemessen.

In K füllt man ein inniges Gemisch — bereitet durch Zusammenreiben in einer
Porzellanreibschale — von 200 g Benzoesäure und 235 g β-Naphthol und erwärmt
das Ölbad auf 130^0. Sobald die Reaktionsmasse eine homogene Schmelze bildet, läßt

man aus dem Tropftrichter langsam 110 g Phosphoroxychlorid zutropfen. Das gebildete Chlorwasserstoffgas entweicht in Strömen und wird durch das in K_1 vorgelegte Wasser absorbiert. Nach vollständiger Beendigung der Chlorwasserstoffentwicklung senkt man die Temperatur des Ölbades auf 110^0 und überläßt den Inhalt des Kolbens K bei dieser Temperatur eine Stunde der Ruhe. Dann entfernt man den Pfropfen auf K samt Tropftrichter und Rohr r, umwickelt den Kolben-

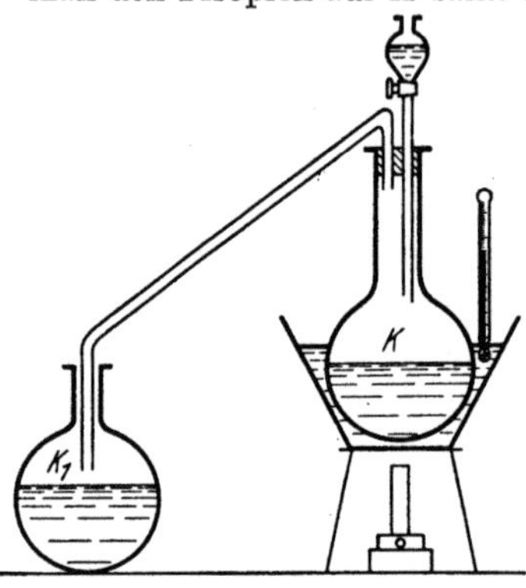

Abb. 44.   Benzonaphtholapparat im Laboratorium.

hals mit einem Tuch, hebt den Kolben aus dem Ölbad von 110^0 und reinigt ihn mit einem Tuch oder mit trockenem Sägemehl vom anhaftenden Öl. Man bemerkt dabei, daß der heiße flüssige Inhalt des Kolbens aus 2 Schichten besteht: 1. Aus einer oberen, klaren, fast wasserhellen, welche 80—90 % des Gesamtinhaltes bildet und 2. aus einer dunkelrotbraunen am Boden, welche die suspendierten Harze enthält. Die obere klare Schicht gießt man vorsichtig in eine Porzellan- oder Tonschale mit 5 l 3proz. Sodalösung ab und erhält so 80—90 % des Rohprodukts harzfrei. Die im Kolben verbliebene untere Schicht gießt man in eine leere Porzellanschale von 300 cc und läßt sie dort über Nacht in der Ruhe erstarren.

Die harzfreie hellgelbe Menge der Rohware trennt man von der wässerigen Flüssigkeit und verreibt sie in einer großen Reibschale naß zu einem möglichst feinen Pulver. Wenn während des Verreibens die Reaktion wieder sauer wird, gibt man noch etwas verdünnte Sodalösung zu. Das feingemahlene nasse Produkt wird in einem 5-l-Stutzen viermal mit destilliertem Wasser ausdekantiert, abgenutscht und bei 35—40^0 getrocknet.

Das harzhaltige Rohprodukt in der 300 cc-Porzellanschale bildet nach dem Erstarren in der Ruhe am anderen Morgen 2 Schichten. Die obere, aus ziemlich gefärbtem Benzonaphthol bestehende kann von der unteren, aus klebrigem Harz bestehenden abgehoben werden. Sie wird in der Reibschale separat mit verdünnter Sodalösung gepulvert, mit destilliertem Wasser ausdekantiert und getrocknet. — Sie muß auch zuerst einmal separat aus Alkohol oder Benzolalkohol umkrystallisiert werden, bevor sie mit der Hauptmenge des Rohprodukts vereinigt werden kann. Dann wird das Ganze in bekannter Weise reinkrystallisiert.

Man gewinnt so auch im Laboratorium über 90 % der Theorie an reiner Ware.

β-Naphthol-Salicylat.

$1,2\,C_6H_4(OH)CO \cdot CO_{10}H_7$.   Mol.-Gew. 264.   Schmelzpunkt 95^0.

Seine Darstellung geschieht vollständig analog derjenigen von Benzonaphthol, indem man statt 20 kg Benzoesäure 22,7 kg Salicylsäure verwendet. Grundbedingung eines tadellosen Produktes in guter Ausbeute ist die gänzliche Abwesenheit von Eisen, sowohl in den Roh- und Hilfsprodukten als auch in den Apparaten.

Benzylbenzoat.

$C_6H_5COOCH_2C_6H_5$.   Mol.-Gew. 212.   Spez. Gew. 1,211—1,225 bei 15^0. Farblose, ölige Flüssigkeit, in der Kälte weiße Krystalle. Schmelzpunkt 21^0. Siedepunkt 323—324^0. Löslich in 2 T. Weingeist von 90 Vol.-% und in 10 T. Weingeist von 80 Vol.-%.

Die Umlagerung des Benzaldehyds in Benzylbenzoat gemäß der Gleichung

$$2\,C_6H_5CHO = C_6H_5COOCH_2C_6H_5$$

erfolgt durch Einwirkung von Aluminiumäthylat auf Benzaldehyd.

Das Aluminiumäthylat stellt man dar durch Einwirkung von aktiviertem Aluminium auf hochprozentigen Alkohol. Man verwendet das käufliche Aluminiumband, wie es für chemiscde Zwecke im Handel zu haben ist. Zur Umlagerung von 20 kg Benzaldehyd genügen 50 g Aluminiumband. Erfahrungsgemäß geht aber bei der Aktivierung immer etwas Aluminium verloren, weswegen man von vornherein 55—60 g in Arbeit nimmt.

Die Aktivierung des Aluminiums.

Die einzelnen Operationen derselben haben schnell hintereinander zu erfolgen. Um dieser Bedingung gerecht zu werden, stellt man 16 kleine Ton- oder Porzellanzylinder nebeneinander auf und beschickt dieselben mit den weiter unten angegebenen Flüssigkeiten. Das Aluminiumband zerschneidet man in Stücke von 2—3 cm und bringt es in ein kleines Porzellansieb. Die Größe der Ton- oder Porzellanzylinder und des Siebes müssen so gewählt werden, daß das Aluminium beim Eintauchen des Siebes vollkommen von den betreffenden Flüssigkeiten bedeckt ist. Auf sorgfältiges Arbeiten bei der Aktivierung ist allergrößte Sorgfalt zu legen, denn hiervon hängt der Erfolg der Arbeit ab. In erster Linie darf das Aluminium zwischen den einzelnen Operationen niemals längere Zeit mit der Luft in Berührung kommen.

Man bringt das Aluminium im Siebe

1. in verdünnte Salzsäure bis zur eben beginnenden Gasentwicklung:

2. in destilliertes Wasser, das man mehrere Male rasch erneuert. Die Säure muß völlig abgewaschen werden;

3. in verdünnte Natronlauge bis zur beginnenden Gasentwicklung;

4. in destilliertes Wasser mit mehrmaligem Wasserwechsel, wie unter Nr. 2 erwähnt;

5. in $^1/_2$ proz. wässerige Sublimatlösung bis zur guten Amalgamierung. Dauer ungefähr $^1/_4$ Stunde;

6. in destilliertes Wasser mit mehrmaligem Wasserwechsel. Hier ist auf gutes Waschen ganz besonders zu achten:

7. noch einmal in verdünnte Natronlauge:

8. wieder in destilliertes Wasser;

9. in Alkohol von 94%;

10. in $^1/_2$ proz. alkoholische Sublimatlösung bis zur guten Amalgamierung, wie unter Nr. 5;

11. in 94 proz. Alkohol;

12. in 94 proz. Alkohol;

13. in 99,8 proz. Alkohol;

14. in 99,8 proz. Alkohol;

15. in 99,8 proz. Alkohol;

16. in 99,8 proz. Alkohol.

Herstellung von Aluminiumäthylat.

Nach der letzten Waschung mit absolutem Alkohol bringt man das noch alkoholnasse Aluminium schnell in einen Glaskolben, auf welchen man einen Rückflußkühler mit Chlorcalciumverschluß setzt. Der Rückflußkühler muß sich leicht in einen absteigenden umlegen lassen. In dem Kolben befindet sich so viel absoluter Alkohol 99,8 proz., als zum völligen Bedecken des Aluminiumbleches erforderlich ist. Man bringt den Kolben auf ein Dampfbad und erhitzt bis zum leichten

Sieden. Die Reaktion setzt sehr unregelmäßig ein, oft sofort, oft erst nach langem Sieden. Es kommt auch vor, daß stundenlang scheinbar vergeblich erhitzt wurde und dann plötzlich die ganze Masse beim Stehenlassen in das Äthylat verwandelt wird. Befördern kann man den Prozeß dadurch, daß man ein Körnchen metallisches Jod in absolutem Alkohol gelöst in den Kolben bringt. Unerläßlich ist, daß Feuchtigkeit streng dem Kolbeninhalt ferngehalten wird.

Wenn sich das Aluminiumäthylat — eine blumenkohlartig aufgeblähte Masse — gebildet hat, setzt man noch einmal Alkohol zu, schüttelt durch und erhitzt noch einige Zeit. Das Äthylat schließt leicht Aluminium ein, das der Reaktion entzogen wird.

Der Kühler wird nun umgelegt und der überschüssige Alkohol abdestilliert. Zum Schluß hängt man den Kolben an ein Vakuum und zieht durch eine Capillare so lange Wasserstoff durch, bis das Aluminiumäthylat vollkommen trocken ist.

Dieses wird nun in 20 kg kurz vorher unter Vakuum destilliertes Benzaldehyd gebracht. Das Aldehyd muß vollkommen benzoesäurefrei sein. Der Kolben wird durch einen Pfropfen verschlossen, durch den ein Glasrohr geht, das am oberen Ende in eine gebogene Capillare endet. — Man erwärmt auf 30—40°, nicht höher, indem man häufig umschüttelt. Bisweilen genügt schon das erste gelinde Anwärmen, um die Reaktion einzuleiten. Die Masse erhitzt sich dann von selbst weiter auf 50—60°, und der erst graue Kolbeninhalt färbt sich dunkelgrün. Sollte nach kurzem Anwärmen die Temperatur nicht weiter steigen, so schadet das nichts. Die nur einmal kurz angewärmte Lösung läßt man ohne weiteres Anheizen 24 Stunden unter zeitweisem Umrühren stehen. Nach dieser Zeit setzt man auf ein Warmwasserbad und erwärmt zeitweise noch 8 Stunden. Normalerweise ist dann der Benzaldehydgeruch verschwunden; die Masse riecht jetzt nach benzoesaurem Äthyl.

Das Ganze wird in eine Eisenblase gebracht und im Vakuum destilliert. Bis ungefähr 176° fängt man einen Vorlauf auf, der etwa 10 % der Gesamtausbeute ausmacht. Darauf destilliert man den reinen Benzoesäurebenzylester über.

Man läßt sowohl die Vorläufe als auch die Rückstände von einer Reihe von Operationen zusammenkommen, um dieselben dann erst aufzuarbeiten. — Die vereinigten Rückstände filtriert man und fällt mit Salzsäure die darin befindliche Benzoesäure aus. Viel von der letzteren wird dabei freilich nicht gewonnen. — Die gesammelten Vorläufe destilliert man nochmals unter gewöhnlichem Drucke bis auf 280°, dann setzt man das Vakuum an. Es destilliert von dann an reines Benzylbenzoat über. Die durch Destillation unter gewöhnlichem Druck erhaltenen Anteile des Vorlaufes rektifiziert man wieder unter gewöhnlichem Drucke und gewinnt dabei benzoesaures Äthyl und Benzylalkohol.

Ausbeute. Aus 20 kg Benzaldehyd 18,5 kg Benzylbenzoat oder 92 % der Theorie.

Benzoylsuperoxyd.

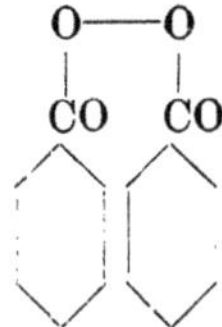

Mol.-Gew. 42. Schmelzpunkt 103,5⁰. Farblose, in Wasser wenig lösliche Prismen, löslich in Alkohol und fetten Ölen.

$$2\,C_6H_5COCl + Na_2O_2 = C_6H_5CO-O-O-COC_6H_5 + 2\,NaCl.$$

Die Apparatur besteht aus einem emaillierten gedeckten Kessel mit Rührwerk. In diesen füllt man 116 kg Benzoylchlorid, welches man mit gemahlenem Eis auf 8—10⁰ abkühlt. Darauf trägt man 35 kg Natriumsuperoxyd so langsam ein, daß die Temperatur nie über 12⁰ steigt. Höhere Temperaturen beeinträchtigen die Ausbeute und die Qualität des Produktes. Nach dem Eintragen des Natriumsuperoxydes rührt man noch 12 Stunden bei max. 12⁰ weiter unter periodischer Überwachung, ob die Reaktionsmasse alkalisch reagiere. Sollte dies nicht der Fall sein, so gibt man noch etwas Natriumsuperoxyd zu.

Nach dem zwölfstündigen Rühren nutscht man das ausgeschiedene Benzoylsuperoxyd ab, wäscht es auf der Nutsche zuerst mit Wasser, dann mit 10 % Sodalösung und dann wieder mit Wasser bis zur neutralen Reaktion. Hierauf trocknet man bei 20—25⁰.

Ausbeute 88—90 % der Theorie.

Das Benzoylsuperoxyd ist ein beliebtes Bleichmittel für Speiseöle und -fette.

Bismutum β-naphtholicum.

$C_{10}H_7OBi_2O_2OH$. Mol.-Gew. 608. Bi-Gehalt 68,1 % Hellbraunes, in Wasser und Alkohol unlösliches Pulver.

Man löst β-Naphthol in Ammoniak oder Ätznatron und trägt diese Lösung in eine solche von Bismutsubnitrat, welche in der schon mehrfach beschriebenen Weise bereitet ist, ein. Es wird mit einem geringen Überschuß von β-Naphthol gearbeitet, der nachher durch Auswaschen mit Alkohol wieder entfernt wird. Der anfänglich weiße Niederschlag geht beim Trocknen in Hellbraun über. Im Handel existieren Präparate von sehr wechselnder Zusammensetzung.

Bismutum resorcinicum, ein braunes Pulver, wird analog dem Naphtholicum hergestellt.

Bismutum Natrium benzoicum. Es ist ein mechanisches Gemenge von Bismut- und von Natriumbenzoat im molekularen Verhältnis.

Bismutum subgallicum. Dermatol. $C_6H_2(OH)_3COOBi(OH)_2$. Mol.-Gew. 411. Citronengelbes, amorphes Pulver, unlöslich in Wasser, Weingeist und Äther.

In der Beschreibung der Verwertung der Subnitratlaugen (s. S. 8) ist erwähnt, wie man dieselben sehr gut zur Herstellung von Subgallat verwenden kann. Wenn keine Subnitratlaugen für die Subgallatproduktion disponibel sind, löst man 10 T. Subnitrat in 15 T. Salpetersäure vom spez. Gew. 1,3 und verdünnt mit Wasser bis zur beginnenden Trübung, welche man mit etwas Säure wieder wegnimmt. In die klare, auf 70⁰ erwärmte Lösung trägt man in dünnem Strahle eine heiße konzentrierte Lösung von 2,2 T. reiner Gallussäure ein. Der abgesetzte Niederschlag wird mehrmals mit heißem Wasser ausdekantiert und auf der Nutsche salpeter- und gallussäurefrei gewaschen. Man trocknet bei 33—40⁰, pulvert und siebt.

Bismutum tannicum. Ein gelbes oder hellbräunlichgelbes, in Wasser. Alkohol und Äther unlösliches Pulver mit einem Wismutgehalt von ungefähr 36 %,

Aus 12,6 kg Subnitrat bereitet man sich eine Lösung wie unter Subgallat beschrieben und filtriert dieselbe in eine Mischung von 10 kg Salmiakgeist 0,910 mit 50 l Wasser. Durch mehrfaches Dekantieren wäscht man die Oxydfällung ammoniumnitratfrei und reibt sie zu einem dünnen Brei an. Dem Brei setzt man unter

Rühren eine Lösung von 6 kg Acidum tannicum D.A.B. VI oder von 12 kg „extrait de galles" (s. S. 273) in 20 l Wasser zu. Die Mischung erwärmt man auf dem Wasserbade und rührt, bis der anfänglich dünnflüssige Brei dick und schwer durcharbeitbar wird. Dies ist das Zeichen, daß die Tannatbildung erfolgt ist. Man rührt mit Wasser an, bringt auf Beutel und wäscht aus. Hierauf trocknet man auf Glasplatten, pulvert und siebt.

Bismutum oxy-tribromphenylicum.

$(C_6H_2Br_3O)_2 \cdot Bi(OH), Bi_2O_3$. Es bildet ein feines leuchtendgelbes Pulver, unlöslich in Wasser und organischen Lösungsmitteln.

Tribromphenol.

$$C_6H_5OH + 6\,Br = C_6H_2Br_3OH + 3\,HBr\,.$$

Schmelzp. 95°.

Man bromierte früher das Phenol in alkoholischer Lösung. Es wurde in einer großen emaillierten Marmite in seinem 4—5fachen Gewicht an 95proz. Alkohol gelöst, worauf man das Brom unter Rühren langsam einfließen ließ. Man verdünnte dann mit viel Wasser und nutschte das dadurch ausgeschiedene Tribromphenol ab. Das Filtrat wurde mit Natron- oder Kalilauge neutralisiert und daraus der Alkohol rektifiziert. Aus dem wässerigen Rückstand der Alkoholdestillation gewann man das Rohbromid durch Verdampfen zur Trockene und reinigte dieses dann durch Erhitzen auf 400—500° und Umkrystallisieren aus seiner wässerigen Lösung.

Dieses Verfahren bedingte eine Menge Arbeit, und man erhielt das Tribromphenol in einem wenig reinen Zustande, so daß man dasselbe noch umkrystallisieren mußte, um daraus ein rein gelbes Bismutum oxy-tribromphenylicum zu gewinnen.

Das im folgenden beschriebene moderne Verfahren ergibt viel bessere Resultate.

In die Birne B (Abb. 45) aus möglichst dünnwandigem Ton und von 200 l Inhalt füllt man 40 kg Eisessig und 11,8 kg geschmolzenes Phenol. In diese Mischung trägt man 60 kg Brom ein, und zwar direkt aus den Versandflaschen. Man stellt eine solche auf das Wandbrett W, entfernt den Glasstopfen und setzt einen doppelt durchbohrten Gummipfropfen auf. Durch die eine Bohrung desselben führt der Siphon S aus Glasrohr bis auf den Boden der Bromflasche, während durch die andere Bohrung das Röhrchen R über der Oberfläche des Broms mündet. Dieses Röhrchen R trägt an seinem anderen Ende den Gummiballon G, wie solche bei Parfümzerstäubern verwendet werden. Wenn die Aufstellung in der beschriebenen Weise geschehen ist, drückt man vermittels G das Brom in den Siphon S und lüftet dann den Gummistopfen auf der Bromflasche. Das Brom fließt nun durch S in B. Die Ausflußöffnung von S ist etwas ausgezogen, so daß der Bromzufluß aus jeder Bromflasche einige Minuten in Anspruch nimmt. Man rührt während des Einflusses des Broms mit einem harthölzernen Stab, den man durch

den Stutzen *b* einführt. Mit dieser Anordnung kann Brom ohne nennenswerte Belästigung der Bedienungsmannschaft eingefüllt werden. Die
entleerten Bromversandflaschen werden mit wenig Eisessig nachgespült
und die erhaltene Bromlösung auch in die Tonbirne gegeben. Man
notiert das Nettogewicht jeder einzelnen Bromflasche,
deren Inhalt man in *B* einfüllt.

Man füllt so — im Sommer unter Wasserkühlung von außen —
6 Flaschen in einem Tempo von je einer Flasche je $^1/_2$ Stunde in die
Tonbirne. Dann verschließt man den Stutzen *a* auf derselben durch
einen Kautschukpfropfen und setzt in *b* vermittels eines durchbohrten
Pfropfens das Glasrohr *D* luftdicht ein, welches ungefähr 10 cm über
dem Boden des Tontopfes *T* mündet. In diesem befinden sich bei der
ersten Tribromphenoloperation 40 l destilliertes Wasser. Für die nachfolgenden Operationen verwendet man jeweils den Vorlauf der Rein-
destillation der Bromwasser-
stofflösung von der vorgehenden
Operation. — Man erwärmt nun
das die Tonbirne umgebende
Wasser durch die Schnatterschlange *Sch* ganz allmählich
bis zum Sieden und erhitzt so
lange, bis fast aller Bromwasserstoff übergetrieben ist.

Nachher kühlt man den
Inhalt der Tonbirne wieder
durch kaltes Wasser ab, ver-

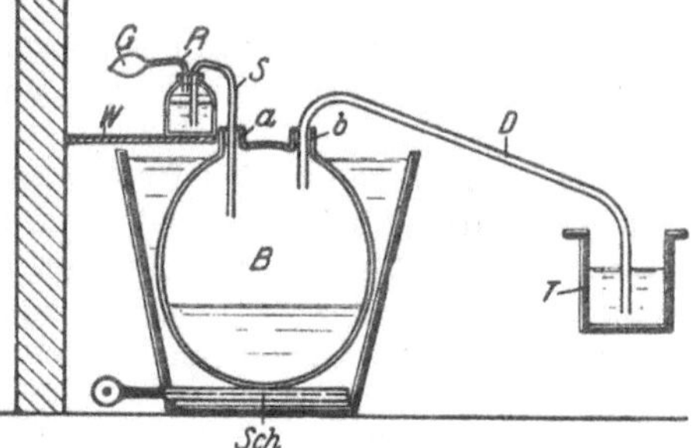

Abb. 45. Apparatur für Tribromphenol.

setzt darauf wieder unter Rühren mit einer zweiten Serie von
6 Flaschen Brom und treibt den Bromwasserstoff wieder aus. Man
berechnet darauf den Rest des noch zuzufügenden Broms — im
ganzen sollen es, wie bereits erwähnt, 60 kg sein —, gibt ihn in der
beschriebenen Weise zu und beobachtet dann, ob 1 Stunde nach dem
Einfluß des letzten Broms noch freies solches im Reaktionsgemisch sei.
Wenn dies der Fall ist, so beseitigt man dasselbe durch Zugabe einer
kleinen Dosis geschmolzenen Phenols, worauf man noch den letzten
Teil des Bromwasserstoffes gründlich austreibt.

Es mag auffallen, daß das Brom in drei Rationen zugefügt und
zwischenhinein der gebildete Bromwasserstoff immer wieder abgetrieben wird. Die Ursache dafür liegt in der Tatsache, daß der Bromwasserstoff die fernere Bromierung sehr zurückhalten, ja gegen den
Schluß der Reaktion, wenn annähernd alles Phenol in Dibromphenol
übergeführt ist, beinahe verhindern würde. Das Abtreiben von Bromwasserstoff vor dem Ende der Operation ist also unumgänglich. Wenn
dies vernachlässigt wird, bringt man nicht mehr als 90% des
Broms zur Reaktion; das fertige Produkt ist mit viel Dibromphenol
durchsetzt und wird in schlechter Ausbeute und stark gefärbt
erhalten.

Nach beendigter Operation ersetzt man das Glasrohr *D* durch ein
anderes, welches bis auf den Boden der Tonbirne reicht, verbindet

den Stutzen *a* mit der Druckluftleitung und drückt den Inhalt der
Birne heiß (bei mindestens 80⁰) in einen vorgelegten Tontopf, worin
man, anfänglich unter Rühren unter dem Abzug, krystallisieren läßt.
Über Nacht läßt man dann fertigkrystallisieren, im Sommer unter
äußerer Wasserkühlung auf höchstens 10⁰.

Am folgenden Tage nutscht man auf einer Tonnutsche mit Filterstein so scharf als nur irgend möglich ab. Die abfließende Mutterlauge ist dunkelbraun bis schwarz gefärbt. Die Krystalle werden
zweimal mit je 8 l Eisessig angeteigt und jedesmal wieder sehr scharf
abgesaugt. Dann wäscht man mit Wasser vollständig essigsäurefrei
und trocknet bei 40—45⁰. Das so erhaltene Tribromphenol gibt mit
Natronlauge wasserhelle Lösungen und ist auch sonst recht rein. Man
erhält daraus ein Bismutum oxy-tribromphenylicum von prächtiger
Farbe. Der durch Destillation aus den Mutterlaugen erhaltene Eisessig
ist nicht rein. Eine umständlichere Aufarbeitung lohnt sich wegen der
billigen Essigsäurepreise kaum. Eventuell kann man daraus Natriumacetat herstellen. Die Ausbeute an Tribromphenol beträgt 90—95 %
der Theorie.

NB. Früher wurde das Reaktionsgemisch aus der Tonbirne in vor-
gelegtes kaltes Wasser gedrückt und das ausgeschiedene Tribromphenol
abgenutscht. Das derart gewonnene Produkt mußte aber aus Alkohol
umkrystallisiert werden, wenn daraus ein reingelbes Bismutum oxy-
tribromphenylicum erhalten werden sollte.

Bromwasserstoffsäure 42⁰ Bé. Man erhält eine rohe Säure von
17—22⁰ Bé. Dieselbe muß durch Umdestillation in großen Glaskolben
oder in emaillierten Apparaten gereinigt und auf 42⁰ Bé getrieben
werden, welches die handelsübliche Konzentration ist. Man ist übrigens
gezwungen, auf eine Säure von dem angegebenen Gehalt zu verarbeiten,
we l alles, was schwächer überdestilliert, essigsäurehaltig ist, was sich
schon durch den Geruch verrät.

Die Verwendung des Vorlaufes wurde bereits mitgeteilt.

Bismutum oxy-tribromphenylicum. Man löst 620 g Natrium hydricum
depuratum in 6 l destilliertem Wasser und in der entstandenen Lauge
bei 40⁰ 1,2 kg Tribromphenol. Eine allfällige Trübung läßt man absetzen, siphoniert die klare Lösung ab und filtriert vom Bodensatz.
Die Lösung darf höchstens ganz schwach gelblich sein. Tribromphenol,
welches dunklere Lösungen ergibt, muß vor seiner Verwendung umkrystallisiert werden.

Die klare, beinahe wasserhelle Tribromphenollösung wird nun in
einer Emailmarmite von 50 l Inhalt in kleinen Portionen (von je 50 bis
100 g) mit 2,6 kg Bismutum nitricum cryst. versetzt. Jede einzelne
kleine Portion des Wismutnitrats wird in der Tribromphenollösung
mit einem harthölzernen Pistill bis zur vollkommenen Homogenität
verrieben. Dieses Zufügen in ganz kleinen Rationen und das jeweilige
gründliche Verreiben ist unerläßlich.

Wenn dies exakt gemacht wird, bleibt die Reaktion bis zum Schlusse
des Eintragens und Zerreibens der 2,6 kg Wismutnitrat lackmusalkalisch. Nun wird mit noch kleineren Portionen Wismutnitrat und unter

fortgesetztem Zerreiben genau auf neutral eingestellt. Dies ist nur möglich, wenn man sehr langsam vorgeht und vorweg absolut homogen verreibt. Zur genauen Neutralisation benötigt man im ganzen 2,7 bis höchstens 2,75 kg Wismutnitrat. Man erhält so einen dünnflüssigen, völlig homogenen weißen Brei, der oft schon gegen den Schluß der Operation gelb zu werden beginnt. Über Nacht geht nun seine Färbung ohne jedes Erwärmen in ein reines feuriges Gelb über. Durch schwaches Erwärmen im Wasserbad (nicht über 50°) kann das Entstehen der Färbung beschleunigt werden; doch ist dies nicht notwendig.

Es ist unerläßlich, daß diese Reaktion genau nach der obigen Vorschrift und mit äußerster Sorgfalt durchgeführt wird. Das Wismutnitrat wird am besten in kleinkrystallinischer, durch gestörte Krystallisation erhaltener Form angewendet. — Der gelbe Brei von Wismutoxytribromphenolat wird mit kaltem Wasser vermischt und auf einer Tonnutsche abgenutscht. Man teigt dann den Nutschenkuchen zwei Male mit 96proz. Alkohol an und nutscht beide Male wieder ab. — Das so vom freien Tribromphenol befreite Produkt könnte nun bei niederer Temperatur getrocknet werden, doch ist es derart empfindlich, daß die Gefahr einer — wenn auch beschränkten — hydrolytischen Abspaltung von freiem Tribromphenol schon durch den Alkohl besteht. (Ein wasserhaltiges Produkt kann überhaupt nicht ohne partielle Abspaltung von Tribromphenol getrocknet werden.) — Man tut daher viel besser, nach dem Absaugen des zweiten Waschalkohols noch zwei Male mit Reinbenzol anzuteigen und abzusaugen, bevor man trocknet. Auch dann trocknet man am besten im Vakuumtrockenschrank bei möglichst niedriger Temperatur. — Die Prüfung der Pharmakopöen auf Tribromphenol ist sehr empfindlich.

Ausbeute. Aus 34 kg Tribromphenol und 77 kg Bism. nitric. gewinnt man ungefähr 60 kg Bismutum oxy-tribromphenylicum.

Die Ph.H. IV bezeichnet die Farbe dieses Produktes als „gelb bis schmutzigbraun". Dies ist nicht richtig. Eine schöne reingelbe Färbung des Wismutoxytribromphenolates ist für das Präparat charakteristisch. Allerdings existieren im Handel Produkte, welche ihre Färbung nur dem Gehalt an Wismutoxyd verdanken. Sie sind dann orangegelb. Kommen zu der Verunreinigung durch Wismutoxyd noch solche aus schmutzigem Tribromphenol, dann wird das Produkt schmutziggrünlichgelb. — Eine reingelbe, leuchtende Farbe des Produktes ist deswegen, wie bereits erwähnt, ein Charakteristikum für reines Bismutoxytribromphenolat.

Die Herstellung von Bismutum oxy-tribromphenylicum ist ziemlich oft Gegenstand von Laboratoriumsversuchen, wobei meistens nur ein blaßgrünlichgelbes Produkt von zu hohem Bismutoxydgehalt erhalten wird. — Zwei Fehler bilden dafür die Ursache:

Für das erste wird der Darstellung des Tribromphenols nicht die notwendige Sorgfalt gewidmet. Dieses muß auch im Laboratorium rein, d. h. auch frei von Mono- und Dibromphenol sein. Solches Tribromphenol wird nur erhalten, wenn man den Laboratoriumsversuch genau dem vorstehenden Betriebsverfahren anpaßt: Bromierung in essigsaurer Lösung, nach je einem Drittel der Bromzugabe Abtreiben des entstandenen Bromwasserstoffs, Krystallisation des entstandenen Tribromphenols aus dem Eisessig, gründliches Nachwaschen der Tribromphenolnadeln auf der Nutsche mit Eisessig. — Man darf dann überzeugt sein, ein nicht nur von mechanischen Verunreinigungen und Harzen, sondern auch von Mono- und Dibromphenol freies Produkt vor sich zu haben.

Ferner dürfen die Ansätze für das Bismutoxytribromphenolat aus wasserheller Lösung von Tribromphenolnatrium und Bismutnitrat im Laboratorium nicht gar zu klein gewählt werden. Man gehe wenigstens von 100 g Tribromphenol und den entsprechenden Mengen Bismutnitrat und Natriumhydroxyd aus, wobei man ebenso vorsichtig und langsam wie im Betrieb arbeitet. Man erhält dann unbedingt ein leuchtend gelbes Produkt, welches man analog dem Betriebsverfahren von Spuren freien Tribromphenols befreit.

Synthetisches Borneol und synthetischer Campher.

Synthetisches Borneol.

$$
\begin{array}{ccc}
& CH_3 & \\
& | & \\
CH_2 —— C ———— CHOH \\
& | & | \\
& CH_3 \cdot C \cdot CH_3 & | \\
& | & \\
CH_2 ———— CH —— CH_2 \\
\end{array}
$$

Mol.-Gew. 154. Schmelzpunkt 206—209°. Siedepunkt 212°. Es bildet farblose, große Schuppen, welche in Wasser unlöslich, leicht löslich in Weingeist, Äther, Chloroform, fetten und ätherischen Ölen sind.

Synthetischer Campher.

$$
\begin{array}{ccc}
& CH_3 & \\
& | & \\
CH_2 ———— C ———— CO \\
| & | & | \\
& CH_3 \cdot C \cdot CH_3 & \\
| & | & | \\
CH_2 ———— CH —— CH_2 \\
\end{array}
$$

Mol.-Gew. 152. Schmelzpunkt 175°, schon unter dieser Temperatur beginnende Sublimation. Siedepunkt 204°. Synthetischer Campher ist optisch inaktiv. Er bildet farblose Krystalle, welche sich leicht in Äther, Chloroform, Alkohol, fetten und ätherischen Ölen lösen.

Es wird die Fabrikation dieser beiden Körper nach folgendem Schema beschrieben:

$$
\begin{array}{ccc}
& CH_3 & \\
& | & \\
CH_2 —— C ———— CH \\
| & | & | \\
& CH_3 \cdot C \cdot CH_3 & \quad + COOH(OH)C_6H_4 = \\
| & | & | \\
CH_2 ———— CH —— CH_2 \\
\end{array}
$$

Pinen

$$
\begin{array}{ccc}
& CH_3 & \\
& | & \\
CH_2 ———— C ———— CH \cdot OOC(OH)C_6H_4 \\
| & | & | \\
& CH_3 \cdot C \cdot CH_3 & \\
| & | & | \\
CH_2 ———— CH —— CH_2 \\
\end{array}
$$

Bornylsalicylat.

$$
\begin{array}{c}
CH_3 \\
| \\
CH_2 \text{——} C \text{——} CH \cdot OOC(OH)C_6H_4 \\
| \quad\quad CH_3 \cdot C \cdot CH_3 \quad\quad | \\
| \quad\quad\quad | \quad\quad\quad\quad | \\
CH_2 \text{——} CH \text{——} CH_2 \\
\end{array}
\quad + NaOH =
$$

$$
\begin{array}{c}
CH_3 \\
| \\
CH_2 \text{——} C \text{——} CHOH \\
| \quad\quad CH_3 \cdot C \cdot CH_3 \quad\quad | \\
| \quad\quad\quad | \quad\quad\quad\quad | \\
CH_2 \text{——} CH \text{——} CH_2 \\
\end{array}
\quad + C_6H_4(OH)COONa .
$$

Borneol.

$$
\begin{array}{c}
CH_3 \\
| \\
CH_2 \text{——} C \text{——} CHOH \\
| \quad CH_3 \cdot C \cdot CH_3 \quad | \\
| \quad\quad | \quad\quad\quad | \\
CH_2 \text{——} CH \text{——} CH_2 \\
\end{array}
\xrightarrow[\text{Katalyt}]{\text{Kupfer als}}
\begin{array}{c}
CH_3 \\
| \\
CH_2 \text{——} C \text{——} CO \\
| \quad CH_3 \cdot C \cdot CH_3 \quad | \\
| \quad\quad | \quad\quad\quad | \\
CH_2 \text{——} CH \text{——} CH_2 \\
\end{array}
\quad + 2 H .
$$

Campher.

Durch Erhitzen auf seine Siedetemperatur zusammen mit manchen Säuren lagert sich Alphapinen zum Bornyläther der verwendeten Säure um. Sehr rasch — in ungefähr 1 Stunde — ist diese Reaktion mit Oxalsäure beendigt, während sie beispielsweise mit Salicylsäure mehrere Stunden in Anspruch nimmt. Neben dem Bornylester entstehen leider diverse Körper der Limonen- und Dipentengruppe, so beispielsweise mit Oxalsäure 70 % des entstandenen Borneols. Am beschränktesten sind diese Nebenreaktionen bei der Behandlung des Pinens mit einer Mischung von Eisessig und Borsäureanhydrid. Die entstandenen Nebenprodukte betragen dann nur 15—20 % des erhaltenen Borneols. — Für die industrielle Verwertung dieser Umlagerung dient denn auch in neuester Zeit eine Eisessigborsäureanhydridmischung, vor allem aus dem bereits erwähnten Grunde der geringen Bildung von Nebenprodukten, dann auch wegen des niedrigen Preises der beiden erwähnten Säuren. — Da mir nur praktische Erfahrungen mit Salicylsäure zur Verfügung stehen, beschreibe ich im folgenden die Umlagerung von Alphapinen in Bornylsalicylat.

Für ihre Durchführung im Laboratorium verwendet man einen Kolben mit 5 Stutzen nach Abb. 75. Man rührt mit einem Glasrührer mit Quecksilberverschluß. Die übrigen Stutzen dienen zum Einfüllen der verschiedenen Ausgangsprodukte, zum Einsetzen eines Thermometers, zum Aufsetzen eines Rückflusses und später eines absteigenden Kühlers. — In den Kolben bringt man 700 g Alphapinen und erhitzt auf 150°. Bei dieser Temperatur trägt man unter Rühren 138 g trockene Salicylsäure ein. Dieselbe löst sich in dem Pinen. Man setzt das Erhitzen auf 150° unter Rühren 4 Stunden fort und bemerkt dabei die allmähliche Bildung von Bornylsalicylat, von welchem sich im Halse des Kolbens oder im Rückflußkühler geringe Krusten absetzen. Nach vierstündigem Erhitzen und Rühren treibt man durch einen absteigenden Kühler das überschüssige Pinen und die entstandenen Nebenprodukte bis zu einer Temperatur von 185° ab. Man erhält als Destillat ein Gemisch von unverändertem Pinen, den gebildeten Nebenprodukten und etwas mitgerissenem Bornylsalicylat.

Dieses Gemisch wird fraktioniert, wobei man erhält:

500—520 g unverändertes Pinen.
40— 50 g Nebenprodukte, in der Hauptsache bestehend aus Limonen, daneben aus Fenchen und anderen Körpern.
10— 15 g Bornylsalicylat.

Das Bornylsalicylat wird mit der Hauptmenge desselben im 5-Stutzen-Kolben vereinigt und mit 10proz. Natronlauge in der Siedehitze verseift. Das Borneol scheidet sich als wachsartiger Körper aus und wird — nur im Laboratorium — von der Natriumsalicylatlösung mit direktem Wasserdampf getrennt. Es dauert mehrere Stunden, bis es vollständig übergetrieben ist. Das erhaltene Produkt hat im getrockneten Zustande einen Schmelzpunkt, der etwa 10° unter dem der reinen Ware = 206—209° liegt. Durch 1—2 Umkrystallisationen aus Alkohol wird es für die nachfolgende Dehydrierung zu Campher auf seinen richtigen Schmelzpunkt gebracht und bildet dann glänzende Schuppen.

Die Ausbeute an reinem Borneol beträgt 95—100 g.

Aus dem wässerigen, ziemlich gefärbten Rückstand der Wasserdampfdestillation gewinnt man durch Ausfällen mit Mineralsäure und Umkrystallisation aus Wasser im max. 90% der verwendeten Salicylsäure zurück.

Das erhaltene Borneol kann durch verdünnte Salpetersäure oder durch Chlor oder durch Bichromat und Schwefelsäure dehydriert werden. Dabei sind aber Verluste durch teilweise Verharzung unvermeidlich. Viel bessere Resultate ergibt die Dehydrierung des Borneols in Reinxylollösung durch feinverteiltes Kupfer als Katalyt.

100 g trockenes Reinborneol vom Schmelzpunkt 206—209° werden in einem Kolben mit Rührer und Rückflußkühler in 300 g wasserhellem Reinxylol bei 120—130° gelöst. Man gibt 10 g feinverteiltes Kupferoxyd in die Lösung und verbindet das obere Ende des Rückflußkühlers durch ein Glasrohr mit einem gläsernen graduierten Gasometer von 20 l Inhalt. Man hält die Temperatur anfänglich unter beständigem Rühren zwischen 120 und 130°; es entwickelt sich ein regelmäßiger Strom von Wasserstoffgas, welches man in dem Gasometer auffängt. Nach und nach steigert man die Temperatur des Reaktionsgemisches so hoch als möglich, also auf 145—150°. Nach 2—3 Stunden ist die Entwicklung des Wasserstoffes beendigt, und sein Volumen im Gasometer beträgt dann 13,2—13,7 l. Man trennt nun durch Filtration der heißen Xylollösung vom Kupferpulver, destilliert aus dem wasserhellen Filtrat das Xylol ab und krystallisiert den Campher aus Alkohol um. Beim Entleeren des Gasometers vom Wasserstoffgas vermeide man

die Nähe offener Gasflammen, um so mehr, als dasselbe etwas Luft
aus dem Reaktionskolben enthält.

Die Ausbeute beträgt 92—94 g Reincampher aus 100 g Reinborneol. — Voraussetzungen für dieses ausgezeichnete Resultat sind:

1. Ein sehr reines und trockenes Borneol als Ausgangsprodukt.
2. Wasserhelles, trockenes Xylol als Lösungsmittel.
3. Hochaktives Kupferpulver als Katalyt.

Zur Darstellung des letzteren fällt man eine Lösung von reinem
Kupfersulfat mit mindestens 6 Wochen abgesetzter 10proz. Natronlauge, dekantiert das Kupferhydroxyd mit destilliertem Wasser schwefelsäurefrei, filtriert auf Spitzbeuteln möglichst vollständig, trocknet in
Porzellanschalen im Vakuum bei 35—40° und reduziert dann im Wasser-
stoffstrom zu aktivem Kupferpulver. Auf die Reduktion ist ganz be-
sondere Sorgfalt zu verwenden. Man füllt von dem Kupferhydroxyd-
pulver in ein Quarzrohr, legt dieses in einen Verbrennungsofen und verbindet ihr eines Ende mit einer Wasserstoffquelle, das andere in einiger
Entfernung von dem Verbrennungsofen mit dem einen Schenkel eines
U-Rohres, welches an seiner tiefsten Stelle einen kleinen Hahn trägt.
Von dem anderen Schenkel des U-Rohres führt man den überschüssigen
Wasserstoff zuerst durch eine Kontrollwaschflasche, worin man den
Durchgang des Wasserstoffes beobachtet, und dann ins Freie. — Man
verdrängt in dem System zuerst die Luft vollständig durch Wasserstoff
und heizt dann den Inhalt des Quarzrohres im fortgesetzten Wasser-
stoffstrom sehr langsam auf 160°. Bei dieser Temperatur beginnt
bereits die Reduktion, und man steigert die Temperatur erst allmählich
auf 170° und schließlich auf 180°, wenn die Wasserbildung nachzulassen
beginnt. Über 180° soll die Temperatur während der gesamten
Reduktionsdauer nie gesteigert werden! Je niedriger die Temperatur während der Reduktion bleibt, desto aktiver wird das Kupferpulver. — Nach 2—3 Stunden ist die Reduktion beendigt. Das gebildete
Wasser hat man während derselben von Zeit zu Zeit durch den kleinen
Hahn am Boden des U-Rohres abgezapft. Man läßt im Wasserstoff-
strom erkalten und füllt das Kupferrohr sofort in gut verschlossene
Gläser.

Im Betriebe wird das Pinen aus dem Terpentinöl durch fraktionierte Destillation aus eisernen Blasen durch hohe, mit eisernen
Raschigringen gefüllte Kolonnen gewonnen. In denselben wird auch
das von der Umlagerung zu Bornylester herstammende Returpinen
von seinen Begleitkörpern — Limonen, Fenchen, Bornylester — getrennt.

Für die Kondensation des Pinens mit Säure (neuerdings ist dies
aus bereits erwähnten Gründen im Betrieb ein Eisessig-
borsäureanhydridgemisch!!) benutzt man mit Dampf heizbare
Kessel aus Kupfer mit Rührwerk, Manometer und absteigendem Kühler,
aber ohne Rückflußkühler. Man erhitzt nämlich im Betriebe
dieses Reaktionsgemisch nicht wie im Laboratorium am Rückfluß,
sondern in einem geschlossenen Apparate unter einem Überdrucke von
$^1/_4$ bis höchstens $^1/_2$ Atm. Mit dieser Maßnahme spart man nicht nur

an Apparaturkosten — der Rückfluß fällt weg —, sondern, was viel wichtiger ist, an Kühlwasser und an Heizdampf. Bei langen Operationsdauern und großen zu erwärmenden Reaktionsmassen fällt diese Sparmaßnahme ganz erheblich ins Gewicht.

Nach beendigter Kondensation destilliert man das überschüssige Pinen samt den durch die Nebenreaktionen gebildeten Produkten ohne Kolonne durch den absteigenden Kühler, welcher mit dem Reaktionskessel durch einen Hahn verbunden ist, ab und fraktioniert sie erst nachher in den bereits erwähnten eisernen Kolonnenapparaten. Hierauf verseift man — wieder unter schwachem Druck — in den Kesseln aus Kupfer den Bornylester unter Rühren mit verdünnter Natronlauge.

Das ausgeschiedene Rohborneol wird im Betriebe nicht mit Wasserdampf abgetrieben, da es mit diesem nur langsam flüchtig ist, sondern in der wässerigen Flüssigkeit kaltgerührt, wodurch es fein zerteilt wird, und dann filtriert. Man benutzt dazu große Abtropfschiffe aus Kupfer. Die Filter dieser Abtropfschiffe werden durch mehrere Lagen von sehr feinem Messingdrahtnetz gebildet. Man deckt darin das Borneol so lange mit Wasser, bis das Waschwasser acetat- und boratfrei abfließt. Hierauf zentrifugiert man das Rohborneol und krystallisiert es zentrifugenfeucht aus Alkohol zu Reinborneol um. Aus den wässerigen Laugen gewinnt man die Säuren zurück.

Man dehydriert in einer emaillierten Rührblase mit einem Rückflußkühler und einem Abdrückrohr, welches nicht ganz auf den Boden des Kessels reicht. Nach erfolgter Dehydrierung läßt man das Kupferpulver absetzen und drückt die klare Campherlösung davon ab. Der Kupferpulverschlamm wird nicht aus dem Kessel entfernt, sondern darin mit neuem Xylol übergossen, worin man wieder Borneol löst und sofort eine neue Operation beginnt. Der Katalyt bleibt oft lange wirksam und wird erst durch einen neuen ersetzt, wenn er ermüdet ist. — Den gebildeten Wasserstoff leitet man in eihen Gasometer und füllt ihn von dort nach Abtrennung der letzten Xylolreste mit einem Kompressor auf Druckflaschen. Einen Teil des Wasserstoffes verwendet man zur Herstellung von Kupferpulver.

Der Bedarf an Kupferpulver ist, wie aus dem oben Gesagten hervorgeht, relativ gering. — Man fällt das Kupferhydroxyd in einem kupfernen Rührkessel, dekantiert es darin mit destilliertem Wasser aus, filtriert auf einer Reihe von Spitzbeuteln, trocknet bei 30—40° im Vakuumtrockenschrank und reduziert in einer Röhrenbatterie aus Kupfer, welche in einem Gasofen erwärmt wird.

Die hauptsächlichsten Konsumenten für künstlichen Campher sind die Film- und die Kunstseideindustrie, Tagesproduktionen von mehreren tausend Kilogramm könnten leicht abgesetzt werden. Aber die Fabrikation ist im großen Maßstabe wenig lukrativ. Als erste Ursache dafür ist der sehr stark variierende Preis für das Terpntinöl zu nennen. Derselbe wird durch die amerikanischen Terpentinölbörsen diktiert, deren Notierungen die europäischen Produzenten automatisch nachfolgen. Während einer ungünstigen Konjunktur kann es vorkommen, daß der Preis für das Terpentinöl fast zwei Drittel des Verkaufspreises von Campher beträgt. Vom Ankaufspreis für das Terpentin erhält man dann allerdings nicht ganz ein Viertel als Erlös für die erhaltenen Nebenprodukte zurück. Für die Fabrikation von 1 kg Campher benötigt man 1,8—2,0 kg Terpentinöl. Davon erhält man als Nebenprodukte erstens die im gekauften Terpentinöl neben dem Pinen enthaltenen Körper, welche zu ungefähr 60 % des für das Terpentinöl angelegten Preises an Bohnerwachs- und Schuhcremeproduzenten abgesetzt werden können. Der größere Teil der Nebenprodukte besteht aber aus den Körpern, welche bei der Umsetzung des Pinens mit Eisessig-Borsäureanhydrid-Gemisch entstehen. Diese haben einen Beigeruch, der sehr schwer zu entfernen ist, und müssen deshalb als Lösungsmittel verkauft werden. Man erzielt für diese Produkte im besten Falle einen Preis, der etwas mehr als die Hälfte desjenigen für das gekaufte Terpentinöl beträgt. — Man hat versucht, den Hauptbestandteil dieser Nebenprodukte, das Limonen, auf Terpineol zu verarbeiten, aber diese Umwandlung erwies sich als nicht lukrativ. Das Fenchen ist darin in zu geringem Prozentsatz enthalten, als daß seine Verwertung in Betracht fallen könnte.

Für die zahlreichen Fraktionierungen braucht man viel Dampf. Wie aus der Beschreibung der Apparatur ersichtlich ist, sind auch die Anlagekosten für dieselbe sehr hohe.

Aus den angegebenen Gründen könnte eine Campheranlage erst rentabel arbeiten, wenn der Preis für reinen synthetischen Campher mindestens das $4^1/_2$ fache des Terpentinölpreises betragen würde. Meistens stellt er sich nicht viel höher als das Dreifache. — Vorteilhafter gestaltet sich das Preisverhältnis zwischen Terpentinöl und Borneol, denn letzteres wird im Handel beträchtlich höher bewertet als der Campher. Borneol wird hauptsächlich in Form seiner Säureester verwendet, vor allem als Bornylazetat, $CH_3COOC_{10}H_{17}$.

Carbaminsäure-m-tolylhydrazid.

Metatolylsemicarbazid. $C_6H_4(CH_3)NH \cdot NH \cdot CONH_2$. Mol.-Gew. 165. Schmelzpunkt 184⁰. — Es bildet ein weißes Krystallpulver, welches sich in 1000 T. kaltem und 50 T. siedendem Wasser oder in 100 T. Alkohol löst. In Äther und Chloroform ist es unlöslich.

Seine Darstellung erfolgt nach der Gleichung:

$$C_6H_4(CH_3)NH \cdot NHH \cdot HCl + KCON = KCl + C_6H_4(CH_3)NH \cdot NHH \cdot HCON$$
$$\longrightarrow C_6H_4(CH_3)NH \cdot NH \cdot CONH_2 .$$

Das salzsaure m-Tolylhydrazin kann analog wie das salzsaure Phenylhydrazin hergestellt werden (darüber s. S. 165ff.). Vor seiner Verwendung durch die Reaktion nach obiger Gleichung wird das Rohprodukt zunächst ein- oder zweimal aus warmem destilliertem Wasser unter Anwendung metallfreier Entfärbungskohle umkrystallisiert.

Von diesem reinen Produkt löst man in einer tadellos emaillierten Marmite von 100 l Inhalt 5,2 kg in 40 l destilliertem Wasser, gibt 20 kg Eis zu der Lösung und rührt, bis die Temperatur auf höchstens 5⁰ gesunken ist. Dann gibt man unter Rühren eine filtrierte Lösung von 2,8 kg Kaliumcyanat in 10 l destilliertem Wasser hinzu. Die Reaktion ist exotherm; bei eventuellem Anstieg der Temperatur über 6⁰ fügt man noch mehr Eis zu. Man wäscht das ausgefallene Rohtolylsemicarbazid auf der Tonnutsche mit eiskaltem, destilliertem Wasser chlorkalifrei, saugt dann möglichst trocken und krystallisiert die nutschenfeuchte Ware aus der 7—8fachen Menge Alkohol. Die erhaltenen Krystalle wäscht man auf der Nutsche zuerst mit Alkohol und zuletzt mit Äther. Das Krystallisieren muß entweder in einem sehr gut emaillierten Krystallisierapparat (Abb. 89) oder in großen Glaskolben vorgenommen werden. — Die Mutterlaugen engt man in Email oder in Glas auf ein Drittel ihres Volumens ein und läßt wieder krystallisieren. Dies kann noch 1—2 mal wiederholt werden, d. h. bis man beim Erkalten der alkoholischen Lösung nur noch wertlose Harze erhält.

Ausbeute 3,8 kg.

Anmerkung: Statt des Tolylsemicarbazids wendet man oft auch Phenylsemicarbazid an, da beide Körper dieselben therapeutischen Wirkungen haben sollen. Die Darstellung des letzteren aus Phenylhydrazin ist analog der hier beschriebenen.

Chlorophyll.

$$C_{55}H_{72}O_5N_4Mg(MgN_4C_{32}H_{30}O){<}{\begin{array}{l}COOCH_3\\COOC_{20}H_{39}\end{array}}$$

$$+ 3\,C_{55}H_{70}O_6N_4Mg(MgN_4C_{32}H_{28}O_2){<}{\begin{array}{l}COOCH_3\\COOC_{20}H_{39}\end{array}}$$

Chlorophyll bildet eine salbenartige, grünschwarze, in Benzol, Fetten und ätherischen Ölen lösliche Masse.

Chlorophyll hat, namentlich zum „Schönen" der Fette und Seifen, in Anilinfarbstoffen, wie Säuregrün und Alizarin-Cyaningrün, gefährliche Konkurrenz erhalten, was bewirkte, daß die Ansprüche an die Qualität der verschiedenen Handelsarten von Chlorophyll sehr in die Höhe stiegen.

Seine Konstitution haben R. Willstätter und A. Stoll[1] aufgeklärt und mit ihren Arbeiten auch einen Weg gewiesen, wie Chlorophyll und Chlorophyllin rein darzustellen sind. — Für die industrielle Gewinnung der verschiedenen Chlorophyllhandelssorten müssen die von den erwähnten Verfassern zum Isolieren von Chlorophyll und Chlorophyllin ausgearbeiteten Verfahren entsprechend modifiziert werden.

Das Ausgangsprodukt wird durch getrocknete und gemahlene Brennesseln gebildet. Das Zerkleinern der Brennesseln ist unerläßlich; denn damit das Extraktionsmittel gut in dieselben eindringen kann, müssen deren Epidermisteile möglichst aufgerissen werden.

Zur Extraktion verwendet man einen Perkolator P aus Kupfer (s. Abb. 46). Soxlethapparate sind ausgeschlossen, weil das Erwärmen aller Chlorophyllösungen infolge seiner hohen Empfindlichkeit für erhöhte Temperaturen unbedingt vermieden werden muß. Man perkoliert mit 80 proz. Aceton (also einer Mischung von Aceton mit Wasser), welchem 1 % einer 5 proz. Kupfersulfatlösung beigemischt ist. Kupfer erhöht die Haltbarkeit der Chlorophyllfärbung am Licht. Alle seine Handelssorten enthalten geringe Kupfermengen. Aus demselben Grunde verwendet man zu seiner Herstellung Apparate aus Kupfer, wo dies irgend angeht.

Man verwendet für je 100 kg Brennesseln 300—400 l Acetonwassermischung von der genannten Stärke. Solange die Lösung grün gefärbt abfließt, wird weiterperkoliert und die Lösung im Dekantierzylinder D aufgefangen. Wenn ihre Farbe in Gelbgrün übergeht, wird der Rest der acetonhaltigen Lösung in P durch Wasser verdrängt und in einen Rektifikationsapparat geleitet, in welchem das Aceton zurückgewonnen wird. — Die Brennesseln müssen wohl gemahlen sein, um das rasche Eindringen des Extraktionsmittels zu ermöglichen; doch darf beim

---

[1] Willstätter, R., und A. Stoll: Untersuchungen über Chlorrophyll. Berlin: Julius Springer.

Mahlen kein Staub entstehen, weil durch diesen die Zirkulation des Extraktionsmittels zu stark verzögert würde.

Die Lösung in D wird ,mit 10 kg Talkpulver je 100 kg extrahierte Brennesseln versetzt und mit dem Quirl- oder Taifunrührer gründlich gemischt, indem man gleichzeitig je 100 l Lösung langsam 22 l Wasser einfließen läßt. Der Talk nimmt allen Chlorophyllfarbstoff auf, und die Lösung wird gelbgrün. — Man läßt absetzen, zieht die Flüssigkeit durch einen der Seitenhähne in den Rektifikationsapparat ab und gewinnt dort das Aceton zurück. Das Talkchlorophyllgemisch wird zwei Male mit je 100 l 60proz. Aceton je 100 kg extrahierte Brennesseln ausdekantiert, wodurch gelber Farbstoff entfernt wird. Dann dekantiert man mit Wasser das Aceton heraus und gewinnt auch aus diesen Lösungen das Aceton zurück. Das Talkchlorophyllgemisch wird schließlich abgenutscht, mit Wasser absolut acetonfrei gewaschen und auf der Nutsche möglichst trockengesaugt, aber nicht in einem Trockenschrank getrocknet. Das Trocknen, auch im Vakuum, schadet dem Chlorophyll. — Bei der gesamten Extraktionsarbeit und namentlich auch bei der Anordnung der Apparatur ist Bedacht darauf zu nehmen, daß möglichst wenig Aceton, von welchem man im Verhältnis zum extrahierten Chlorophyll große Mengen braucht, verlorengeht.

Das Talkchlorophyllgemisch wird auf verschiedene Weise verarbeitet, je nach der Qualität und dem Verwendungszweck des Chlorophylls. — Man stellt gewöhnlich eine technische und eine reine Sorte Chlorophyll zum

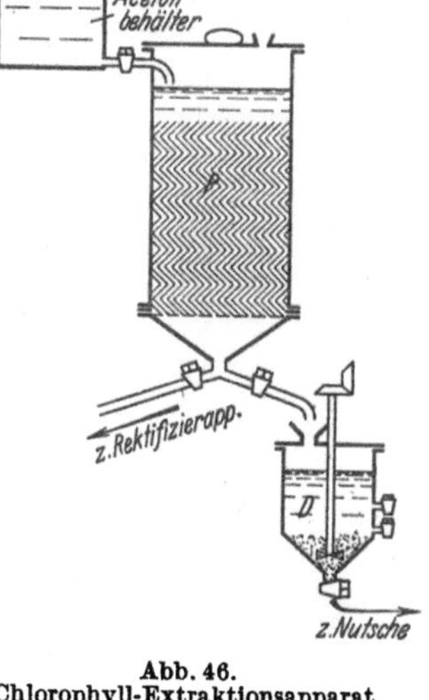

Abb. 46.
Chlorophyll-Extraktionsapparat.

Färben oder „Schönen" von Seifen, Ölen usw. her, ferner zwei „flüssige" Sorten, die erste löslich in Wasser und verdünntem Alkohol bis zu 70 % Gehalt und die zweite löslich in hochprozentigem Alkohol.

1. Technisches Chlorophyll zum Färben oder „Schönen" von Seilen, Ölen usw. Zur Extraktion des Chlorophylls aus dem Talkchlorophyllgemisch verwendet man einen kupfernen Dekantierapparat von derselben Konstruktion, aber entsprechend kleiner wie D in Abb. 46. Darin extrahiert man das nutschenfeuchte Talkchlorophyllgemisch mit Benzol, welches bei der Destillation keinen Rückstand hinterläßt, unter Zusatz von entwässertem Natriumsulfat. Aus dem Auszug destilliert man das Benzol bei höchstens 50⁰ im schwachen Vakuum ab (Heißwasser-, keine Dampfheizung).

Die Ausbeute ist verhältnismäßig hoch — 1,0—1,4 kg je 100 kg Brennesseln —, aber der Gehalt an reinem Chlorophyll beträgt nicht mehr als 70—80 %, und die Farbe des Produktes ist gelbstichig. Es wird mit Fett gemischt und auf das gewünschte Färbevermögen eingestellt (darüber s. das Nähere unter 2).

2. **Reines Chlorophyll zum Färben und „Schönen" von Seifen, Ölen usw.** Das auf der Nutsche möglichst lufttrocken gesaugte Talkchlorophyllgemisch wird im unter 1 erwähnten kupfernen Dekantierapparat mit seinem halben Gewicht an entwässertem Natriumsulfat vermischt und zwei Male mit seinem vierfachen Gewicht an leichtflüchtigem Petroläther ausdekantiert. Derselbe extrahiert gelbe Farbstoffe, aber auch etwas Chlorophyll, und es ist Sache des Fabrikanten, zu bestimmen, wie weit er mit dieser Operation gehen will. Sie erhöht wohl die schöne blaustichige Färbung des fabrizierten Chlorophylls, aber sie vermindert auch die Ausbeute, je ausgedehnter sie praktiziert wird. Nach der Petrolätherextraktion nutscht man ab und saugt am Schluß trocken, was leicht vonstatten geht, wenn der Petroläther leichtflüchtig war. Hierauf extrahiert man das Chlorophyll mit reinem Schwefeläther, trocknet die ätherische Lösung nochmals mit entwässertem Natriumsulfat, treibt den Äther ab und mischt das Chlorophyll mit Fett.

Ausbeute an unvermischtem Chlorophyll 700—800 g aus 100 kg Brennesseln.

Das Mischen mit Fett geschieht in einem kupfernen Mörser oder einer kleinen Knetmaschine aus demselben Metall. Temperaturerhöhungen sind auch bei dieser Operation nicht ratsam. — Das Fett sei reinste Ware, und zwar verwendet man meistens Adeps suillus. Die Lichtechtheit der Anreibungen des Chlorophylls mit Fett hängt sehr stark von der Reinheit des letzteren ab.

3. **„Flüssiges" Chlorophyll, löslich in Wasser und in Alkohol bis 70% Volumen.** Das Talkchlorophyllgemisch wird mit absolutem Alkohol ausdekantiert. Mit dem Alkohol geht man sparsam um, damit man eine möglichst konzentrierte Lösung erhält. Die beiden letzten, verdünnten Auszüge bewahrt man aus demselben Grunde für die ersten Extraktionen der nächsten Operation auf. Die beiden ersten konzentrierten Auszüge verseift man mit 35proz. alkoholischer Lösung von Kaliumhydroxyd — je 5 l je 100 kg extrahierte Brennesseln — in der Kälte. Man nimmt einen erheblichen Alkaliüberschuß, weil man dann das schädliche Erwärmen der Lösung umgehen kann. Man läßt über Nacht stehen. Das Chlorophyllinkalium scheidet sich als körniges, blauschwarzes Pulver aus. Es wird am anderen Tage abfiltriert und in destilliertem Wasser in der gewünschten Stärke gelöst.

Ausbeute an 85—90proz. Chlorophyllinkalium aus 100 kg Blattmehl ungefähr 500 g.

4. **„Flüssiges" Chlorophyll, löslich in hochprozentigem Alkohol.** Chlorophyllinkalium wird in wenig destilliertem Wasser gelöst, das Chlorophyllin mit verdünnter Essigsäure oder einer Lösung von primärem Phosphat genau gefällt, abgenutscht, im Exsiccator bei Zimmertemperatur getrocknet und mit reinstem Olivenöl „vierge" oder Medizinalricinusöl auf die gewünschte Farbstärke gebracht.

Cumarin.

$$C_6H_4 \Big\langle {}^{O-CO}_{CH=CH} $$

Mol.-Gew. 146. Schmelzpunkt 67⁰. Siedepunkt 291⁰. Es sublimiert schon auf dem Wasserbade und siedet unzersetzt. Es bildet farblose Blättchen oder Säulen, welche sich in 400 T. kaltem und 50 T. siedendem Wasser, leicht in Alkohol und Äther lösen.

Die klassische Cumarinsynthese verwendet o-Oxysalicylaldehyd und Essigsäureanhydrid als Ausgangsprodukte:

$$C_6H_4 \Big\langle {}^{OH}_{CHO} + {}^{CH_3CO}_{CH_3CO}\!\Big\rangle O = C_6H_4 \Big\langle {}^{O-CO}_{CH=CH} + CH_3COOH + H_2O .$$

Dieselbe bereitet keine technischen Schwierigkeiten, wohl aber die Fabrikation des verwendeten o-Oxysalicylaldehyds. Der von F. Raschig gefundene Umweg[1], welcher von o-Dichlorkresolestern und Natriumacetat ausgeht, wird heute in der Technik wohl allgemein beschritten. Er kann durch folgende Gleichungen veranschaulicht werden:

[Strukturformeln:]

$$\ldots CHCl_2 / O / CO + 4\,CH_3COONa = \ldots CHO / O / CO + 2\,(CH_3CO)_2O + 4\,NaCl .$$

$$\ldots CHO / O / CO + (CH_3CO)_2O = 2\,C_6H_4 \Big\langle {}^{O-CO}_{CH=CH} + CO_2 + 2\,H_2O .$$

Aus dem Dichlorkresolcarbonat und dem essigsauren Salz bildet sich zuerst das Carbonat des o-Oxysalicylaldehyd, welches sich im status nascendi mit dem durch die Reduktion entstandenen Essigsäureanhydrid zu Cumarin, Kohlensäure und Wasser umsetzt. Das Wasser wird durch überschüssiges Essigsäureanhydrid gebunden.

Die Herstellung von o-Kresolcarbonat verläuft nach der Gleichung:

$$2 \ldots {}^{CH_3}_{OH} + COCl_2 = \ldots CO \ldots + 2\,HCl .$$

<hr>

[1] DRP. 223, 684.

Man löst 60 kg o-Kresol warm in 150 l Wasser und 100 kg 25 proz. Natronlauge in einem eisernen Rührapparat mit Doppelboden für Wasserkühlung. Wenn die entstandene Lösung auf 20° abgekühlt ist, beginnt man mit dem langsamen Einleiten des Phosgens bis beinahe zum neutralen Punkt. Der Phosgenverbrauch beträgt etwas mehr als 30 kg. Die Temperatur während des Einleitens soll 25° nicht überschreiten, so daß das Kresolcarbonat körnig ausfällt. Man beutelt es auf und verwirft die Lauge. Hierauf versetzt man es in einem heizbaren Rührkessel mit 50 l Wasser und 10 kg Natronlauge, wärmt mit Dampf an, bis das Rohkresolcarbonat geschmolzen ist, rührt dann 1 Stunde, setzt kaltes Wasser zu, bis das Kresolcarbonat wieder körnig erstarrt ist und beutelt wieder auf. Diese Waschoperation wird noch einmal wiederholt, aber ohne Laugenzusatz.

Das feuchte Produkt wird getrocknet, indem man es in einen durch Heißwasser heizbaren Kessel mit Rührwerk bringt, woraus man unter Erwärmen und Rühren das Wasser mit Vakuum restlos absaugt.

Ausbeute 60 kg o-Kresolcarbonat.

Zur Chlorierung dient der im Artikel über Benzaldehyd S. 172 beschriebene Apparat. Als Katalyt verwendet man auch hier Phosphortrichlorid, jedoch in größerem Prozentsatz als bei der Benzalchloriddarstellung. Man leitet bei 170—185° (letzteres ist das Maximum der Temperatur) im Zeitraum von höchstens 30 Stunden in 50 kg absolut trockenes o-Kresolcarbonat 60 kg durch Schwefelsäure getrocknetes Chlorgas ein. Dann destilliert man das Phosphortrichlorid ab und läßt die Temperatur des Dichlorkresolcarbonats auf 120° zurückgehen.

Bei dieser Temperatur werden die 80 kg erhaltenes Dichlorkresolcarbonat in den sog. Kondensationskessel gedrückt: Offener emaillierter Rührkessel von 300 l Inhalt, mit Ölbadheizung. — Man trägt unter Rühren bei einer Anfangstemperatur von 115° 120 kg geschmolzenes Natriumacetat in das Dichlorkresolcarbonat ein. Die Temperatur steigt von selbst, soll aber nicht über 175° gehen. Wenn alles Acetat zugesetzt ist, wird die Temperatur noch 4 Stunden auf 175° gehalten, worauf man auf 120° abkühlen läßt. Bei dieser Temperatur füllt man den Kondensationskessel mit kaltem Wasser auf und läßt vollständig erkalten. — Das Rohcumarin hat sich zu Boden gesetzt. Es wird drei Male mit kaltem Wasser ausdekantiert und abgenutscht: Rohcumarin.

Die Reinigung des Rohcumarins erfordert je nach dem verlangten Reinheitsgrade eine Reihe verschiedener Operationen. Man rektifiziert zuerst im hohen Vakuum — zweistufige Pumpe — unter Abtrennung eines Vor- und Nachlaufs. Das destillierte Cumarin läßt man in emaillierten Schalen mit Rührwerk und Außenkühlung in derselben Weise erstarren, wie im Kapitel über Antipyrin, S. 168, beschrieben wurde. Die entstandenen Kuchen zerreibt man mit einem Holzpistill vollständig homogen und zentrifugiert vom Öl ab. Das Öl wird zum zweiten Male im Hochvakuum rektifiziert.

Es folgt dann eine Reinigung durch mehrmaliges Umschmelzen mit Weinsprit, welche Art der Reinigung ganz analog derjenigen des Antipyrins ist (S. 168). Man schmilzt das Cumarin jeweils mit seinem Gewicht an Weinsprit, versetzt mit metallfreier Entfärbungskohle, filtriert durch ein verzinntes Druckfilter und verarbeitet weiter, wie für Antipyrin beschrieben. Auch die Aufarbeitung der hierbei erhaltenen alkoholischen Laugen deckt sich mit der der alkoholischen Antipyrinlaugen.

Man gelangt auf diese Weise entsprechend der Anzahl der Umreinigungsoperationen zu einem Produkt von annehmbarem bis sehr reinem Geruch und zu einer

Ausbeute, welche von 75—90 % der Theorie variieren kann.

Die Cumarinkrystalle werden je nach Wunsch in grober oder feiner Körnung verkauft.

1·2·4-Diamidophenol.

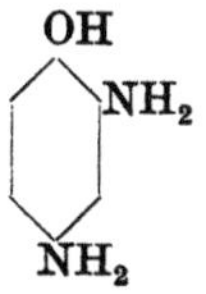

Es bildet farblose Blättchen, welche unter Zersetzung bei 78—80° schmelzen und sich an der Luft rasch braunschwarz färben. Die Lösung der Base in Wasser färbt sich mit Natronlauge intensiv blau.

Schema der Herstellung:

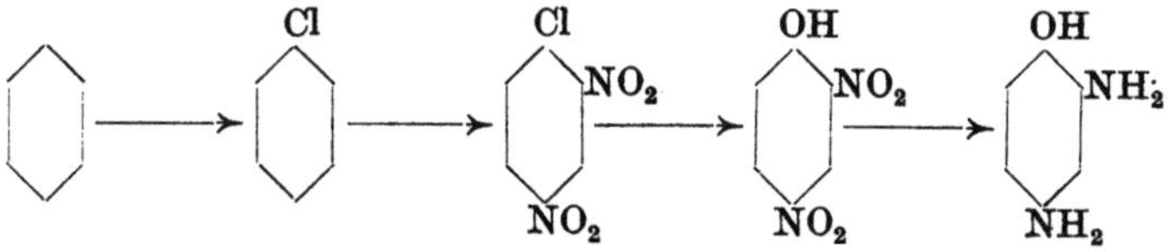

Die Herstellung von Chlorbenzol beschrieb H. E. Fierz in seinem Buche „Grundlegende Operationen der Farbenchemie"[1], sowie die Überführung desselben in Dinitrochlorbenzol. Dieses wird durch Behandlung mit Barythydrat unter Druck in Dinitrophenol übergeführt. Genaue Angaben über den Ersatz von Chlor durch das Hydroxyl im Benzolkern finden sich S. 282.

Die Reduktion des Dinitrophenols stellt ein Beispiel dafür dar, wie in der Technik im großen mit salzsauren Lösungen gearbeitet wird.

Der Reduzierbottich R von 4000 l Inhalt (s. Abb. 47) ist eine runde oder viereckige schmiedeiserne Zisterne, welche inwendig mit säurebeständigen Klinkern unter Anwendung von säurebeständigem Zement ausgemauert ist. Eine solche Bekleidung hält, wenn sie sachverständig ausgeführt ist, bei ununterbrochenem Betriebe 1—1¹/₂ Jahre. Tongefäße wären schneller abgenutzt und sind auch ihrer geringen Bruchsicherheit wegen für solche Dimensionen und für die hohen Temperaturen, welche bei dieser Reduktion zur Anwendung gelangen, nicht empfehlenswert. Auch Holz wird durch stark salzsaure Flüssigkeiten bei hohen Temperaturen zu rasch zerstört. Der Reduzierbottich ist mit Holz gedeckt und wird durch einen hölzernen Schornstein nach einem Abzug entlüftet.

---

[1] Verlag von Julius Springer, Berlin.

Man füllt durch den kleinen Holzdeckel D_1 zuerst die vereinigten Krystallisationslaugen und Waschsäuren von der vorhergehenden Operation[1] im Gesamtvolumen von ungefähr 1800 l ein und heizt durch direkten Dampf auf 60°. — Die Rohrstücke r, durch das der Dampf eingeleitet wird, sowie r_1, durch welches man nach beendeter Reduktion die sauren Laugen absiphoniert, sind aus Hartgummi. — Sobald die Temperatur in R 60—62° erreicht hat, beginnt man unter Rühren mit einem Ruder aus Hartholz mit dem Eintragen von Weißblechabfällen und von Dinitrophenol. Die ersteren bezieht man von Blechemballagefabriken. Für eine Operation benötigt man davon ungefähr 400 kg. Das Dinitrophenol gelangt in 55 proz. Pastenform, in welcher es auch käuflich ist, zur Anwendung. Je Ansatz reduziert man 180 kg Dinitrophenol oder 327 kg von der erwähnten Paste.

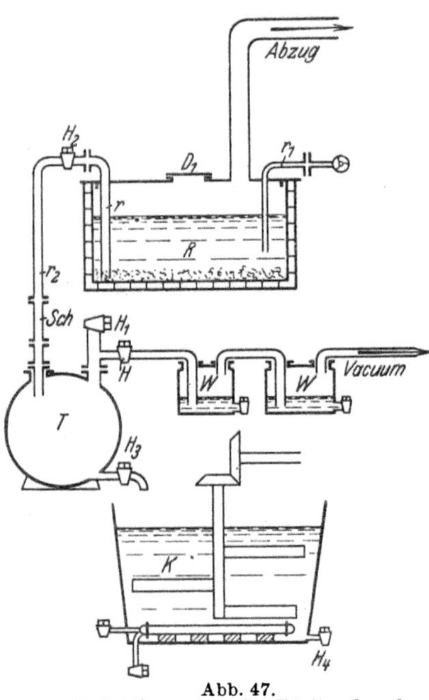

Abb. 47.
Reduktionsanlage für Dinitrophenol.

Durch die Reduktion steigt nun die Temperatur von selbst, und das Eintragen der Weißblechabfälle und des Dinitrophenols wird so geleitet, daß sie bald bei 90° anlangt und bis gegen Ende des Eintragens dort verbleibt. — Die Reaktionsmasse muß bis zum Schlusse kongosauer verbleiben. Man läßt deshalb langsam Salzsäure zufließen und verbraucht bis zum Schlusse der Reduktion davon ungefähr 600 kg. Nach 4—5 Stunden ist das Eintragen der verschiedenen Substanzen beendigt, und man steigert nun die Temperatur noch $^1/_2$ Stunde durch Dampfzufuhr auf 100°, wobei man noch Weißblech in geringen Mengen zugibt, bis die Flüssigkeit hell geworden ist. Eine filtrierte Probe muß beim Abkühlen ein reinweißes Diamidophenol ergeben.

Wenn dies erreicht ist, läßt man auf 80° abkühlen und befördert die Lösung bei dieser Temperatur aus dem Reduktionsbottich R in den Krystallisierbottich K. Dies kann durch eine Zentrifugalpumpe aus Ton geschehen. — Billiger stellt sich dafür die Tonbirne T (s. Abb. 47). Diese war während der Reduktion mit Wasser von 50—50° gefüllt, welches man nun daraus abfließen läßt. Die so vorgewärmte Tonbirne wird jetzt bei offenem Hahn H und geschlossenen Hähnen H_1, H_2

---

[1] Für die erste Operation, bei welcher noch keine Krystallisationslaugen und Waschsäuren von einer früheren solchen disponibel sind, ersetzt man dieselben durch 600 kg Salzsäure 20° Bé und 600 l Wasser, d. h. man verwendet bei der ersten Operation im ganzen 1200 kg frische Salzsäure statt 600 kg solche bei allen folgenden Operationen.

und H_3 evakuiert. Dann schließt man Hahn H und öffnet H_2. Sobald man im Schauglas *Sch* die Lösung aus R übersteigen sieht, öffnet man auch H_1. Das Tonrohr r_2 bildet nun einen Siphon, durch welchen die Lösung aus R in T abfließt. — Die mit Kalkmilch beschickten Woullfschen Flaschen WW schützen die Vakuumpumpe beim Evakuieren von T vor Salzsäuredämpfen. Aus der Tonbirne läßt man die heiße Lösung durch den Hahn H_3 in den Krystallisierbottich K aus Pitschpineholz abfließen. Über Nacht läßt man in K abkühlen, wobei durch das hölzerne Rührwerk gerührt wird. Dann beginnt das verstärkte Abkühlen durch ein System von U-Rohren aus Ton, welche mit Holz unterlegt und durch Bleirohre mittels Gummischlauch verbunden sind. Man kühlt 1 Tag und 1 Nacht mit Wasser und dann noch so lange mit Sole, bis die Lösung auf 0^0 abgekühlt und das Amidol möglichst vollständig auskrystallisiert ist.

Bei 0^0 läßt man den entstandenen Krystallbrei durch Hahn H_4 auf eine große oder besser mehrere kleinere Nutschen aus Ton mit Filterstein abfließen. Diese Tonnutschen können nicht direkt von der Vakuumpumpe aus evakuiert werden, weil diese durch die Säuredämpfe in kürzester Zeit gebrauchsunfähig würde. Sie sind vielmehr mit Tonbirnen, wie T in Abb. 47, verbunden. Diese werden durch die Vakuumpumpe, zwischen welcher und den Tonbirnen ebenfalls Woullfsche Flaschen mit Kalkmilch, wie WW in Abb. 47, eingeschaltet sind, evakuiert, worauf man von den Tonbirnen aus Vakuum auf die Nutschen gibt[1].

Die abgesaugte rohe Mutterlauge wird verworfen. Die Krystalle wäscht man auf den Nutschen mit einer Mischung von insgesamt 90 kg Salzsäure 20^0 Bé und 90 l enthärtetem Wasser. Die Waschsäure wird für die nächste Operation aufgehoben.

Das Rohamidol wird nun in einem Tontopf in 320 l enthärtetem Wasser von 80^0 gelöst, die Lösung mit 2 kg Entfärbungskohle behandelt, durch Filzhüte in eine Tonschale filtriert, dort mit 600 kg Salzsäure 20^0 Bé versetzt und 3 Tage der Ruhe überlassen. Darauf nutscht man in der bereits beschriebenen Weise und wäscht mit einer Mischung von 90 kg eisenfreier Salzsäure und 90 l enthärtetem Wasser. Die Krystallisationslauge sowie die Waschsäure hebt man wieder für die nächste Operation auf. — Diese Umkrystallisation wiederholt man nochmals unter Verwendung derselben Gewichtsmengen an Säure, Wasser und Entfärbungskohle, jedoch mit dem Unterschiede, daß man nun durchweg metallfreie Säure, destilliertes Wasser und metallfreie Entfärbungskohle verwendet. Auch diese Krystallisierlauge und Waschsäure werden für die nächste Operation aufbewahrt.

Die so gewonnenen reinweißen Amidolkrystalle legt man über Nacht in 50 kg Reinmethylalkohol ein, nutscht am anderen Morgen gründlich ab und trocknet auf Holzhürdchen bei 40—45^0.

Ausbeute mindestens 140 kg Reinamidol.

---

[1] Wer die Auslage nicht scheut, wird die Tonbirnen hinter den Nutschen — nicht diejenigen zwischen R und K — durch einen großen, homogen verbleiten Zylinder aus Eisen ersetzen.

Dijoddithymol.

$$C_6H_2(CH_3)(C_3H_7)OJ$$

$$C_6H_2(CH_3)(C_3H_7)OJ$$

Mol.-Gew. 550. Jodgehalt 42—45 %. Rotbraunes, gewürzig riechendes Pulver, wasserunlöslich, löslich in Weingeist, Äther und fetten Ölen.

Man zerreibt 3 kg Thymol zu einem groben Pulver, löst es in 8 kg technischer Kalilauge von 50° Bé und füllt mit Wasser zu 50 l auf. In einem anderen Gefäß löst man 12 kg zerriebenes Jod in konzentrierter Jodkalilösung und verdünnt ebenfalls auf 50 l. Die Jodlösung läßt man unter Rühren in dünnem Strahle in die Thymollösung fließen, wobei sich Dijoddithymol als kaffeebrauner Niederschlag ausscheidet.

Man dekantiert so lange aus, bis die Waschlaugen mit Silbernitratlösung nur eine ganz schwache Opalescenz geben, nutscht, trocknet bei 40—50° im Dampftrockenschrank, pulvert und siebt durch ein feines Sieb. Getrocknet wird so lange, bis eine Feuchtigkeitsbestimmung nur einen Wassergehalt von 1—2 % ergibt. Diese Bestimmung ist unerläßlich, weil scheinbar trockenes Pulver, welches sich staubfein pulvern läßt, bis zu 25 % Feuchtigkeit einschließen kann. Die Waschlaugen gehen in die Jodkalifabrikation. Sie enthalten viel Jod, da von den angewendeten 12 kg nur 2,6 kg in die Verbindung treten.

Ausbeute 5,4 kg Dijoddithymol.

Diacetyltannin.

Aus technischem Tannin oder auch aus Pharmakopöeware bildet es ein grauweißes oder gelblichweißes, aus Ätherschaumtannin ein schneeweißes Pulver, welches schwer in Wasser, etwas leichter in Weingeist löslich ist.

Laboratoriumsversuch.

100 g wasserlösliches Tannin werden mit 120 g Essigsäureanhydrid gründlich gemischt. Nach 1 Stunde erwärmt man auf dem Wasserbade langsam auf 90°, welche Temperatur man $^1/_2$ Stunde innehält, worauf man sie auf ungefähr 30° zurückgehen läßt. Bei dieser Temperatur gießt man die Reaktionsmasse in dünnem Strahl in 2 l kaltes Wasser, in welchem gerührt wird. Das Rohdiacetyltannin erstarrt darin zu einer krümeligen Masse. Das essigsaure Wasser wird davon abgegossen, worauf man auf der Nutsche absaugt, den Nutschenkuchen mit Wasser zusammen in einer Reibschale zu einem möglichst feinen nassen Brei zerreibt und diesen mit destilliertem Wasser so lange ausdekantiert, bis das Wasser lackmusneutral ist. Dann nutscht man sehr gründlich ab und trocknet bei gewöhnlicher Temperatur an der freien Luft so lange, bis jeglicher Geruch nach Essigsäure verschwunden ist. Erst dann wird gemahlen und gesiebt.

Zwei Regeln sind unbedingt zu befolgen, wenn man ein Produkt erhalten will, welches in den Versandgefäßen nicht zu einer braunen Masse zusammensintert: 1. Gewissenhaftestes Ausdekantieren des feinstgemahlenen Rohproduktes, 2. Trocknen desselben bei gewöhnlicher Temperatur an der freien Luft, bis jede Spur von Geruch nach Essigsäure verschwunden ist.

Ausbeute 100—105 g.

Im Betrieb wird das Rohdiacetyltannin vor dem Ausdekantieren mit Wasser nicht in einer Reibschale gepulvert, sondern entweder mit einer Bürste naß durch ein feines Messingsieb gerieben oder in einer Porzellankugelmühle zusammen mit Wasser fein gemahlen.

Gallussäure.

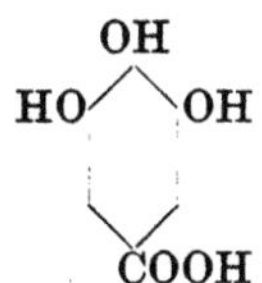

Trioxybenzoesäure. Mol.-Gew. 170. Sie beginnt bei 220° zu schmelzen und zerfällt bei weiterem Erhitzen in CO_2 und Pyrogallol. Sie bildet farblose, seidenglänzende Nadeln, löslich in 85 T. kaltem und leicht in siedendem Wasser, in 6 T. Weingeist, 40 T. Äther. Sie enthält 9,6 % Krystallwasser.

Unter Tannin, S. 269 u. 270, wird erwähnt, daß zur Gallussäurefabrikation in erster Linie die zweiten, mit heißem Wasser erhaltenen Tanninlaugen verwendet werden. Indessen wird man natürlich auch die ersten, mit kaltem Wasser erhaltenen, zu dieser Fabrikation heranziehen, wenn die zweiten nicht genügen.

Laboratoriumsversuch.

Im Laboratorium erhielten wir keine zweiten Extraktionslaugen der Gallen mit warmem Wasser; wir sind also gezwungen, von den kalt extrahierten Gebrauch zu machen. Dieselben müssen für die Gallussäureherstellung nicht aufgehellt, aber entharzt und auf 28° Bé eingeengt sein. (Vergleiche darüber das Kapitel über Tannin.) In einem Porzellanbecher von 1 l Inhalt mischt man:

250 g entharzte Tanninlösung 28° Bé,

225 g nicht elektrolytische Natronlauge 40° Bé.

Die Verseifung setzt sofort ein, denn die Temperatur steigt von selbst auf 65°. Man fügt 2 cm³ Bisulfitlösung von 36° Bé zu und hält den Inhalt des Bechers im Heißwasserbad 4 Stunden auf 70°, indem man jede Stunde 1 cm³ Bisulfitlösung zufügt.

Nach dem Erkalten versetzt man mit 150 cm³ kaltem Wasser, worauf man langsam mit roher Salzsäure mischt bis zur sauren Reaktion auf Lackmuspapier. — Die rohe Gallussäure scheidet sich aus. Man überläßt die Masse über Nacht sich selbst.

Am anderen Morgen nutscht man sehr gut ab und verwirft die dunkel gefärbte Lauge. Man teigt die rohe Gallussäure zweimal mit je 100 cm³ kaltem Wasser an, saugt beide Male gründlich ab und trocknet bei 40°. — Das rohe gelbe Produkt wiegt 85—90 g. Es ist bereits ziemlich rein, enthält kein Tannin und 0,6 % Glührückstand.

Man löst es heiß in seiner zehnfachen Menge destilliertem Wasser und filtriert die noch immer gefärbte Lösung in einen „Erlenmeyer", wo man über Nacht krystallisieren läßt. Am anderen Morgen nutscht man ab, wäscht mit 100 g kaltem, destilliertem Wasser nach, löst heiß im 7—8fachen Gewicht der nutschenfeuchten Ware an destilliertem Wasser, digeriert die heiße Lösung $^1/_4$ Stunde mit 1 g einer guten, vollständig metallfreien Entfärbungskohle, filtriert und läßt wieder über Nacht krystallisieren. Die abgenutschten, reinweißen Krystalle werden bei 40° getrocknet. Höher soll man mit der Temperatur beim Trocknen nicht gehen, weil sich sonst die Spitzen der Krystalle leicht gelb färben[1].

Die Aufarbeitung der Mutterlaugen im Laboratorium würde beträchtliche Mühe verursachen. Sie wäre übrigens als Übungsbeispiel zwecklos, denn im Betrieb dienen die Mutterlaugen fortlaufend zur ersten Krystallisation neuer Ansätze von Rohware.

Betriebsverfahren.

Zum Verseifen des Tannins bedient man sich eines großen zylindrischen Tongefäßes, das in einem Holzküben steht, welches durch eine Dampfschnatterschlange zum Sieden erhitztes Wasser enthält. Die Mengenverhältnisse und die Reaktionszeiten des Laboratoriumsversuchs werden genau eingehalten.

Man saugt auf einer großen Tonnutsche nicht durch Tuch, sondern durch einen Filterstein ab. Am Schluß preßt man die Masse durch Stampfen mit einer harthölzernen Keule zusammen. Die erste, sehr dunkel gefärbte Lauge verwirft man. Man teigt mit 40% vom Gewicht der angewendeten Tanninlösung an destilliertem Wasser an und saugt wieder ab. Die erhaltene Lauge bewahrt man auf zum Verdünnen einer neuen Operation nach dem Verseifen, d. h. vor dem Ansäuern mit Salzsäure. — Man teigt nochmals mit derselben Menge destillierten Wassers an und nutscht wieder ab. Die zweite Waschflüssigkeit hebt man zum ersten Anteigen des nächsten Ansatzes auf. Das bei 40° getrocknete Produkt enthält max. 0,5% Glührückstand, und seine Ausbeute ist beinahe theoretisch. — Es ist genügend rein zur Weiterverarbeitung auf Pyrogallol (siehe Seite 243).

Die Krystallisation zur reinen Gallussäure kann im kupfernen oder im emaillierten Doppelwänder vorgenommen werden, die Filtration der heißen Lösungen durch Flanellbeutel in emaillierte Marmiten. Die erste Mutterlauge dient statt destillierten Wassers zum zweiten Anteigen der Rohgallussäure auf der Tonnutsche, die zweite zur ersten Krystallisation.

Gallussäureherstellung nach dem Gärungsverfahren: Nach diesem Verfahren kann man Gallussäure direkt aus den Gallen gewinnen. — Der Fabrikationsgang ist folgender:

Die gebrochenen Gallen werden in zementierten Gruben bei 38° mit einer Anschlämmung von Bäckerhefe in wenig Wasser unter häufigem Umschaufeln der Masse vergoren. Der vergorene Brei wird im Zirkulationsapparat mit Ätheralkohol extrahiert. Aus der erhaltenen Lösung werden Äther und Alkohol abgetrieben, am Schluß unter allmählichem Ersatz des abgetriebenen Alkohols durch Wasser. Aus der derart erhaltenen wässerigen Lösung krystallisiert die rohe Gallussäure aus. Diese enthält viele Harze, welche daraus entfernt werden, indem man sie lauwarm in destilliertem Wasser löst, dann Eiweißlösung zusetzt und auf 70 bis

---

[1] Diese Darstellung der Gallussäure wurde zum ersten Male kurz angegeben on H. E. Fierz in seinem Buche: Grundlegende Operationen der Farbenchemie, S. 216.

80^0 erwärmt. Das geronnene Eiweiß hüllt die Harze ein, so daß man diese durch Filtration der Lösung entfernen kann. Die Entfärbung der harzfreien Lösung geschieht mit Zinkstaub und schwefliger Säure, nachher noch mit Entfärbungskohle, und man gelangt dann schließlich zu reiner Gallussäure.

Dieses Verfahren hat die Erwartungen nicht erfüllt, die viele für dasselbe hegten. Die Verluste an Äther und Alkohol sind groß; das erhaltene Rohprodukt ist sehr unrein, weshalb seine Umarbeitung in purum-Ware sich umständlich und verlustbringend gestaltet. Ob das Verfahren heute noch praktisch durchgeführt wird, entgeht unserer Kenntnis.

Guajacol und Phenacetin aus Phenol.

$$\text{OH,NO}_2 \longrightarrow \text{OCH}_3,\text{NO}_2 \longrightarrow \text{OCH}_3,\text{NH}_2 \xrightarrow{\text{H}_2\text{SO}_4 + \text{NaNO}_2} \text{OCH}_3,\text{N}=\text{N}-\text{SO}_4\text{H} \longrightarrow \text{OCH}_3,\text{OH}$$

$$\text{OH} \nearrow$$

$$\text{OH,NO}_2 \longrightarrow \text{OC}_2\text{H}_5,\text{NO}_2 \longrightarrow \text{OC}_2\text{H}_5,\text{NH}_2 \longrightarrow \text{OC}_2\text{H}_5,\text{N}-\text{H}(\text{COCH}_3)$$

o- und p-Nitrophenol. Deren Darstellung sowie diejenige ihrer Alkyläther hat H. E. Fierz in seinem Buche „Grundlegende Operationen der Farbenchemie" beschrieben. Die dort enthaltenen Angaben über die Mengenverhältnisse der verwendeten Substanzen, also Phenol, Wasser, Natronsalpeter und Schwefelsäure, stimmen auch für den Betrieb. Die für die Nitrierung verwendete Zeit beträgt dort für 100 kg Phenol 4—6 Stunden.

Man kann in homogen verbleiten Eisenkesseln mit Doppelboden für Dampf- und Kühlwasseranschluß, verbleitem Rührer, verbleitem Deckel auf einem Mannloch, diversen Stutzen und Abdrückrohr aus Blei nitrieren. Ansätze von 100 kg Phenol erfordern Kessel von 1300—1400 l Inhalt. Eine tägliche Verarbeitung von nur 300—500 kg Phenol verlangt also bereits Nitrierkessel von erheblichem Volumen, welche das Apparatekonto ziemlich belasten.

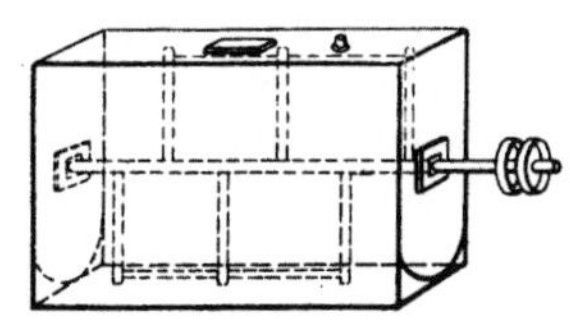

Abb. 48. Nitrierkasten.

Deshalb werden auch heute noch teilweise hölzerne, verbleite Nitrierkasten oder -bütten verwendet (s. Abb. 48).

Eine Nitrierbütte besteht aus einer Holzkiste, deren unterer Teil mit Brettern derart ausgeschlagen ist, daß ihr Boden einen Halbzylinder formt. Sie ist mit Bleiblech ausgeschlagen sowie auch ihr Holzdeckel. Die horizontale verbleite Rührwelle trägt um 90^0 alternierende Rührstäbe aus verbleitem Gasrohr. Die Öffnungen der Seitenwände für den Durchgang der Rührwelle sind durch Schieber aus Bleiblech abgeschlossen. Ein von oben hinein- und herausgeführtes Bleirohr, in welchem Wasser zirkuliert, sorgt für Kühlung der Reaktionsmasse.

Mit Salpeter, Wasser und Schwefelsäure wird durch eine Öffnung im Deckel geladen, die man nachher durch ein mit Bleiblech ausgeschlagenes Holzbrettchen verschließt. Das durch Wasserzusatz verflüssigte Phenol fließt aus einem Tongefäß zu; die Nitrierbütte wird nach beendigter Operation durch einen Siphon aus Ton oder Bleirohr entleert.

Die Anlage hat in die Augen springende Nachteile, ihr Vorteil gegenüber homogen verbleiten Eisenkesseln besteht in den niedrigen Gestehungskosten.

Für die Abtrennung und das Entsäuern des Rohnitrophenolgemisches mit Wasser und Kreidepulver dient ein Trichter aus Walzblei mit Bodenhahn.

Die Destillationsanlage für direkten Dampf zur Trennung von ortho und para hat folgende Besonderheiten:

Das Wasser um den Kühler wird zur Verhinderung des Ausfrierens von ortho mit direktem Dampf auf 45 bis höchstens 60° gehalten. Diese Temperatur genügt. Wenn man damit höher geht, verdunstet beim Kühleraustritt mit dem Wasser auch Nitrophenol, wodurch nicht nur Verluste, sondern auch Gesundheitschädigung des Personals entstehen. Die Vorlage für das Kondensat ist in ihrem oberen Teile mit einer Kühlschlange und an ihrem Boden mit einer Heizschlange versehen. Während der Destillation wird gekühlt. Nach Abschluß derselben läßt man zuerst das kalte Kondenswasser über dem o-Nitrophenol abfließen. Dann schmilzt man dieses durch Erwärmen mit der Heizschlange und zapft es durch den Bodenhahn ab. Das Kondenswasser enthält noch Nitrophenol gelöst. Es wird bei der nächsten Nitrieroperation statt frischen Wassers nachgenommen. — Um möglichst wenig Kondenswasser zu erhalten, trennt man die beiden Nitrophenole am besten durch schwach überhitzten Dampf, von dem verhältnismäßig wenig nötig ist, um das ortho überzutreiben.

Zur Reinigung des p-Nitrophenols wird dieses in geschmolzenem Zustande mit Sägemehl gemischt, bis die Mischung ein trockenes Pulver darstellt. Man bringt sie in einen großen Holzbottich mit Rührer. In einem darüberstehenden Bottich ohne Rührer heizt man das erste mal Wasser, die weiteren Male p-Nitrophenolmutterlaugen mit 2 proz. Salz- oder Schwefelsäure so stark an, daß sie, wenn sie nachher auf das Sägemehlgemisch im Rührbottich abfließen, in diesem noch ungefähr 70° C messen. Man rührt einige Zeit, läßt dann in der Ruhe absetzen und auf 38—40° abkühlen. Bei dieser Temperatur zieht man die klare Lösung durch einen seitlichen Hahn jeweils in verbleite Holz- oder Eisenkästen ab, worin man mit Holzkrücken von Zeit zu Zeit umrührt. Man erhält aus je 1000 l Lauge entsprechend der Jahreszeit über Nacht je 12—15 kg Ware in beinahe weißen Krystallen, welche man auf wollenen Spitzbeuteln sammelt und in einer verbleiten Zentrifuge ausschwingt. — Die Mutterlaugen fließen stets in dasselbe große, im Boden versenkte Reservoir, aus welchem sie wieder hochgepumpt, erwärmt und zu weiteren Krystallisationen verwendet werden. Sie können mindestens

1 Jahr ununterbrochen verwendet werden, bevor sie aufgearbeitet und durch frisches Wasser ersetzt werden müssen.

Wenn eine Partie Sägemehlgemisch im Rührbottich erschöpft ist, zieht man dasselbe durch den Bodenhahn ab, beutelt auf, schleudert und verwirft das Sägemehl. — Sägemehl hält alle Harze und Farbstoffe aus dem Roh-p-Nitrophenol zurück.

Für den Versand bestimmtes p-Nitrophenol muß getrocknet werden, und zwar bei 40—45⁰ auf Hurden mit Glasböden.

Ausbeute. Man gewinnt aus 100 kg Phenol 47—50 kg ortho- und 48—51 kg p - Nitrophenol.

o-Anisol und p-Phenetol. Das Alkylieren der Monochlornitrophenole wurde, wie bereits bemerkt, ebenfalls von H. E. Fierz in seinen „Grundlegenden Operationen der Farbenchemie" beschrieben. — Diese Operation ist, mit Ausnahme vom Einfüllen des Chloralkyls in den Autoklaven, so einfach, daß den dortigen Ausführungen wenig beizufügen ist. Das Chloräthyl kann auch im Betrieb der genannten Beschreibung konform aus kleinen Bomben eingefüllt werden. Für das Chlormethyl zieht man es vor, eine Druckflasche mit der für eine Operation erforderlichen Menge durch eine Kupferrohrschleife an den Autoklaven anzuschließen, sie durch heißes Wasser — in einem Holzkübel mit Schnatterschlange — anzuwärmen und dann den Hahn des evakuierten Autoklaven zu öffnen, ohne das CH_3Cl-Gefäß umzudrehen.

Sehr wichtig ist es, daß das Chloralkyl unter Aufsicht des Betriebsleiters gewogen wird, bevor es in den Autoklaven gelangt. Auf diese Weise schützt man sich vor zu großem Chloralkylüberschuß.

Ausbeute an Anisol und Phenetol 80—85⁰/₀ der Theorie.

Früher — und vielleicht noch jetzt — wurde viel mit Dimethylsulfat methyliert. Es bietet einige Vorteile; einmal ist es infolge seines Agregatzustandes leichter zu handhaben als Chlormethyl, dann sind bei seiner Verwendung im Autoklaven keine hohen Drucke zu befürchten. Sein Hauptnachteil besteht darin, daß nur die eine seiner beiden Methylgruppen in Reaktion tritt. Die Inkonvenienzen, welche durch seine Giftigkeit bedingt sind, können leicht überwunden werden.

o-Anisidin. Der gußeiserne Reduktionskessel R (s. Abb. 49) mit weitem Bodenstutzen kann durch einen Doppelboden mit Dampf geheizt und mit Wasser gekühlt werden. Sein Inhalt wird durch einen mit 15 Touren pro Minute sich drehenden, sehr stark konstruierten Armrührer gemischt. Während der Reduktion ist das T-Rohrstück T nur mit dem bleiernen Rückflußkühler K in Kommunikation. Bei I ist dasselbe durch einen Bindflansch aus Blei verschlossen.

Man läßt 80 l Wasser in R einfließen und gibt durch das Mannloch 200 kg entölte und auf 2—4 mm Korngröße gesiebte Drehspäne zu, welche man bei 80⁰ mit 15 kg Salzsäure unter Rühren anätzt. Dann läßt man aus der Marmite M unter fortgesetztem Rühren im Zeitraum von 6 Stunden 160 kg Nitranisol einfließen. Der Zufluß wird am Glasvorstoß V beobachtet und entsprechend reguliert. Die Temperatur steigt von selbst auf 98⁰. Nach dem beendigten Nitranisolzufluß rührt man noch 5—6 Stunden bei Siedetemperatur weiter und prüft dann auf das Ende der Reduktion, indem man einige Tropfen der Reaktionsflüssigkeit zu verdünnter Schwefelsäure gibt, in der sie sich klar lösen sollen.

Nach beendigter Reduktion wird der Kesselinhalt mit 150 l Wasser
verdünnt und mit verdünnter Natronlauge — Soda schäumt zu stark —
neutralisiert. Man entfernt dann den Blindflansch bei *i*, während
man bei *h* einen solchen einsetzt, so daß die Verbindung mit dem absteigenden niedrig konstruierten, eisernen oder kupfernen Kühler *K*
von großem Krümmungsdurchmesser und der Vorlage *B* offen ist.
Nun wird *R* unter Rühren langsam und vorsichtig wieder erwärmt,
bis daraus die Entwicklung von Wasserdampf beginnt, welcher das
Anisidin in die Vorlage überführt. Durch Schaugläser im Deckel *R*
beobachtet man den Beginn der Destillation, so
daß man dieselbe einstellen kann, ohne daß
die Reaktionsmasse überschäumt. Man öffnet
dann das kleine Dampfventil *C* ein wenig.
Der dadurch über der Oberfläche der Reaktionsmasse einströmende Dampf zerstört erstens eventuell aufsteigende Schaumblasen
und beschleunigt außerdem die
Überführung der Anisidindämpfe
in den Kühler und in die Vorlage. — Letztere hat ein Volumen von nur 120 l und dient zugleich als Scheidetrichter. Das
Kondensat fließt aus dem Kühler K_1 in das Trichterrohr R_1,
wodurch man eine reinliche
Scheidung von Anisidin und
Wasser in der Vorlage erreicht.

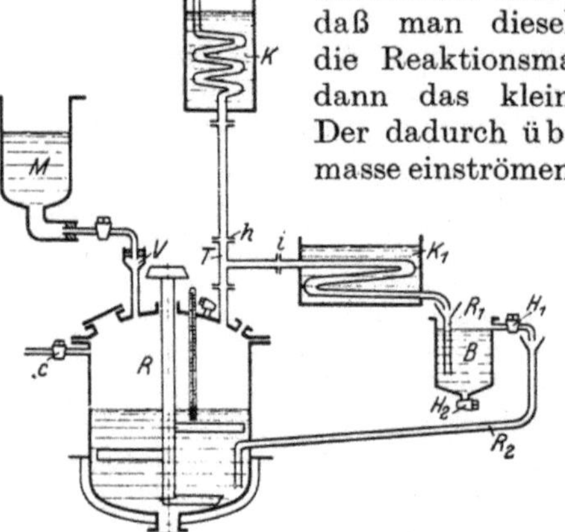

Abb. 49. Reduktionsanlage für o-Nitranisol.

Das erstere, vom spez. Gew. 1,08, sammelt sich am Boden derselben
und wird von Zeit zu Zeit durch den Bodenhahn H_2 abgelassen.
Das Kondenswasser fließt kontinuierlich durch den seitlichen Hahn
H_1 in das Trichterrohr R_2 und gelangt durch dieses auf den Boden
des Reduzierkessels *R* zurück. Man erreicht mit dieser Anordnung
der Apparatur, daß mit denselben 200 l Wasser alles Anisidin abgetrieben wird. Letzteres soll öfters durch den Hahn H_2 abgezapft
werden, so daß nicht viel verdorben ist, wenn zufällig einmal durch
Unvorsichtigkeit die Reaktionsmasse aus dem Reduktionskessel doch
übersteigen sollte. Das nach beendigtem Abtrieb des Anisidins in
der Vorlage verbleibende Wasser behält man für die nächste Operation
zum Verdünnen anstatt mit reinem Wasser zurück, denn es enthält
noch etwas Anisidin.

Ausbeute: 116—118 kg Anisidin aus 160 kg Nitranisol.

N. B.: Es existieren auch Anisidinanlagen, in welchen dasselbe in einem speziellen flachen Destillationsapparat aus dem Brei der Drehspäne mit Vakuum
isoliert wird.

p-Phenetidin. Der Apparat aus starkwandigem Gußeisen (s. Abb. 50)
besteht in einem Doppelboden mit Kühlwasser- und Dampfzufuhr, auf
welchen ein Zylinder und auf diesen ein Deckel aufgesetzt sind. In
den Zylinder bringt man durch das Mannloch im Deckel zuerst 200 l

Wasser, erwärmt unter Rühren mit dem stark gebauten Armrührer auf 60° und trägt dann unter fortgesetztem Rühren mit einer Schaufel allmählich ein Gemisch aus 100 kg p-Nitrophenol und 100 kg entölten und gesiebten Eisendrehspänen ein, während gleichzeitig 14 kg rohe Salzsäure langsam zufließen. Die Reduktion wird durch Zugabe einiger Liter frisch bereiteter Eisenchlorürlösung belebt. Die Temperatur soll zwischen 60 und 70° variieren und wird durch Einführung von Wasser oder Dampf reguliert. Die Reaktionsdauer beträgt 6—10 Stunden. Sie ist beendigt, wenn ein mit der Reaktionsflüssigkeit getränkter Filtrierpapierstreifen mit Ferrocyankaliumlösung betupft nicht mehr blau wird.

Nach beendigter Reduktion neutralisiert man auf Phenolphthalein mit verdünnter Natronlauge, stellt den Rührer ab und läßt absetzen. Die geklärte wässerige Flüssigkeit zieht man aus einem der seitlichen Hähne H ab und verwendet sie für eine neue Operation. Den Drehspänephenetidinschlamm mischt man im Apparat gründlich mit Sägespänen und extrahiert den so erhaltenen Brei bis zur Erschöpfung an Phenetidin mit Mengen von je 150 l Benzol oder Toluol. Die erhaltenen Lösungen werden in ein Sammelgefäß abgezapft. Die letzte derselben, welche fast kein Phenetidin mehr enthält, wird separat aufgefangen und dient beim nächsten Ansatz wieder zur ersten Extraktion anstatt frischem Benzol oder Toluol. — Die Phenetidinlösung wird aus dem Sammelgefäß durch ein geschlossenes Linsen- oder Kugelfilter in einen Vakuumdestillationsapparat geleitet, aus welchem man zuerst unter gewöhnlichem Druck das Lösungsmittel abtreibt und darauf im Vakuum das Phenetidin destilliert.

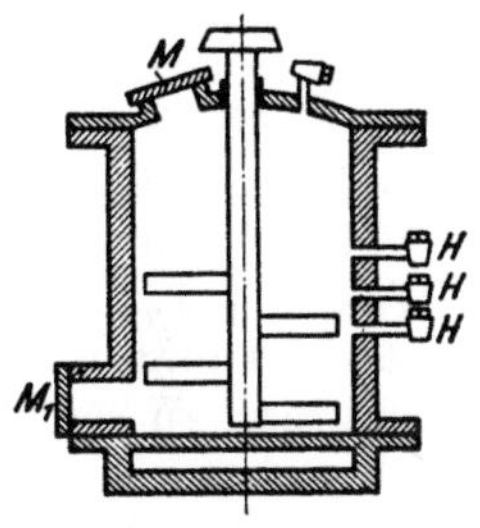

Abb. 50.
Reduktionsapparat für
p-Nitrophenetol.

Ausbeute: 65—68 kg Phenetidin aus 100 kg Nitrophenetol.

Guajacol.

Mol.-Gew. 124. Schmelzpunkt 33°. Siedepunkt 205°. Große farblose, prismatische Kystalle, schwer löslich in Wasser, leicht in Alkohol und Äther.

Das Diazotieren des schwefelsauren o-Anisidins wird nach dem üblichen Verfahren ausgeführt. Viel schwieriger ist es, durch Verkochen der erhaltenen Diazolösung das Guajacol in der gewünschten Ausbeute zu gewinnen. Das Gelingen dieser Operation ist viel mehr eine Apparaturfrage als eine chemische.

Das Diazotieren soll rasch und exakt erfolgen. Um dieses zu ermöglichen, müssen die drei dafür verwendeten Ausgangsprodukte in gehöriger Weise vorbereitet werden. Das Anisidin muß durch Destillation im Vakuum gereinigt sein. Dann bereitet man sich einen Vorrat an Schwefelsäure von 41° Bé = 50% H_2SO_4, welche man erkalten läßt. Von solcher Mischsäure hält man sich immer einen Vorrat von 500 bis 1000 kg, je nach der Größe der täglichen Produktion. Der Vorteil der Anwendung verdünnter Schwefelsäure gegenüber konzentrierter besteht darin, daß sie sich bei weiterem Verdünnen nicht mehr erwärmt. —

Ferner stellt man einen Vorrat an Natriumnitritlösung her, welche durch Titrieren mit Normalsulfanilsäurelösung genau auf 20% Gehalt an $NaNO_2$ eingestellt ist. (Das Nähere darüber ist in den „Grundlegenden Operationen der Farbenchemie" von H. E. Fierz, S. 290ff. zu ersehen.) Man erzielt damit eine große Ersparnis an Zeit und Mühe sowie namentlich höhere Ausbeuten.

In jede der beiden emaillierten Marmiten (s. Abb. 51) M_1 und M_2 von je 150 l Inhalt bringt man am Abend je 21 kg kalte Schwefelsäure 41° Bé und löst darin unter Rühren je 10 kg reines Anisidin. Diese Lösung läßt man über Nacht auskühlen. — Am anderen Morgen kühlt man die Lösung in M_1 durch Eintragen von zerstoßenem Eis auf 5° ab, fügt noch eine Partie überschüssiges Eis hinzu und läßt unter Rühren im Verlaufe von 15—20 Minuten 28,3 kg 20proz. Natriumnitritlösung von genau eingestelltem Titer zufließen. Der Rührer sei ein gut wirkender Quirlrührer. Die Reaktion wird gegen ihr Ende hin nicht nur mit Jodkaliumstärkepapier, sondern auch mit Kongo überwacht.

Der Spaltkessel Sp wurde am Abend vorher unter Rühren mit 200 l Wasser + 172 kg $CuSO_4$, 5 aq geladen. Er wird am folgenden Morgen, während man in M_1 diazotiert, durch indirekten Dampf geheizt, nachdem man zu seinem Inhalt vorher noch 6 kg Schwefelsäure 66° Bé zugefügt hat.

Vor der Beschreibung der Spaltoperation soll die dafür dienende Apparatur beschrieben werden. Der hochgestellte Spaltkessel Sp von 500 l Inhalt besteht am besten aus Kupfer, da seine ziemlich komplizierte Konstruktion in diesem Metall am wenigsten Schwierigkeiten bereitet. Sein Durchmesser ist größer als seine Höhe, wodurch eine große Verdampfungsoberfläche entsteht. Er kann indirekt durch einen Doppelboden und direkt durch eine Schnatterschlange mit nach unten gerichteten Löchern geheizt werden. Ein Quirlrührer besorgt eine gute Zirkulation der Spaltflüssigkeit und wird noch unterstützt durch die Wirkung des direkten Dampfes aus der Schnatterschlange. Der Deckel des Spaltapparates sowie der von ihm ausmündende Schwanenhals Sch sind dubliert, so daß Deckel und Schwanenhals mit Dampf geheizt werden können. Auf diese Weise wirken sie nicht als Kühlflächen für den aus dem Apparat abziehenden Dampf. Der Schwanenhals verläßt den Deckel mit sehr weiter lichter Öffnung, damit der guajacolbeladene Dampf so prompt als möglich aus dem Spaltapparate abziehen kann. Diese Wirkung wird durch einen sehr großräumigen Kühler C unterstützt, in welchen der in Sp entstehende Dampf sozusagen hineinstürzen muß. Die wirksamste Art großräumiger Kühler ist die der Zylinderkühler. Die Dämpfe, welche verdichtet werden sollen, gelangen aus dem Schwanenhals zwischen zwei konzentrische Zylinder a und b aus Kupfer (s. Abb. 51), welche beide durch Wasser gekühlt werden. Die beiden Röhrchen ii vermitteln den Austritt des Kühlwassers aus dem durch den inneren Kupferzylinder eingeschlossenen Raum nach außen. Der Abstand der Kühlzylinder a und b sei oben 3,5 und unten noch 2 cm. Mit Zylinderkühlern erreicht man die intensivste Kühlung bei Kühlräumen von großem Volumen.

Die erwähnten konstruktiven Eigenheiten des Spaltapparates verfolgen alle dasselbe Ziel:

Möglichst rasche Wegführung des gebildeten Guajacols aus demselben.

Dies ist für die Ausbeute von grundlegender Bedeutung. Die Umwandlung des Diazoanisols in Guajacol erfolgt bei seinem Eintritt in die Spaltflüssigkeit augenblicklich, das entstandene Guajacol aber wird um so mehr verharzt, je länger es mit der heißen mineralsauren Flüssigkeit in Berührung bleibt. Das Rühren der Spaltflüssigkeit, deren große Oberfläche, deren Durchströmung mit direktem Dampf, die Verhinderung der Abkühlung der wegziehenden Brüden an Deckel und Schwanenhals, der sehr großräumige, als Abzugskanal für die Brüden wirkende Zylinderkühler verfolgen alle dasselbe Ziel.

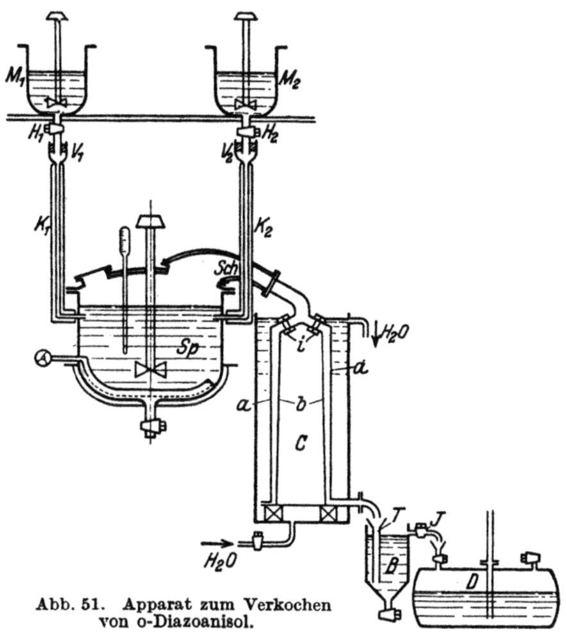

Abb. 51. Apparat zum Verkochen von o-Diazoanisol.

Die Diazolösung gelangt durch einen der beiden Kühler K_1 oder K_2 kalt in die Spaltflüssigkeit. Diese Kühler münden knapp über derselben und werden durch Wasser von höchstens 5^0 gespeist. Man verhindert mit dieser Anordnung eine partielle Zersetzung der Diazolösung, bevor sie mit der Spaltflüssigkeit in Berührung gelangt. — Mit den Hähnen H_1 und H_2 regelt und durch die Glasvorstöße V_1 und V_2 beobachtet man den Zufluß der Diazolösung.

Die Diazolösung aus der Marmite M_1 fließt im Verlaufe von $1^1/_2$ bis 2 Stunden mit einer Temperatur von 5^0 in die Spaltflüssigkeit, wobei die Temperatur der letzteren 102—105^0 beträgt. Das Kondensat aus dem Kühler gelangt in den Abscheider B, in dem sich das rohe Guajacol unten flüssig abscheidet und von Zeit zu Zeit abgezapft wird, während das Guajacolwasser durch den seitlichen Hahn J in den liegenden Zylinder D aus Kupfer abfließt.

Das Niveau der Spaltflüssigkeit soll möglichst konstant bleiben und wird durch zwei Schaugläser im Deckel des Spaltapparates, welche in der Skizze aus Übersichtsgründen nicht angegeben sind, beobachtet.

Erst wenn aus M_1 alle Diazolösung zugeflossen ist, diazotiert man in M_2 und bereitet zugleich in M_1 wieder schwefelsaure Anisidinlösung.

Während dieser Zeit treibt man aus dem Spaltkessel die letzten Spuren Guajacol ab. Dann läßt man Diazolösung aus M_2 zufließen. Während des Zuflusses derselben kühlt sich in M_1 unter Rühren die neue schwefelsaure Anisidinlösung ab.

In dieser Weise werden 5—6 Partien von Diazolösung aus je 10 kg Anisidin kontinuierlich gespalten. Dann muß das Kupfersulfat wieder aufgearbeitet werden. Man läßt die Spaltflüssigkeit in kupferne Krystallisatoren abfließen, wobei man von dem Harz (Hauptverlustquelle) abtrennt. Durch Krystallisation gewinnt man direkt 130 kg reines Kupfersulfat zurück. Die Mutterlauge wird mit Soda neutralisiert, das Kupfer mit Natronlauge als Oxyd gefällt, mit Wasser ausdekantiert und wieder in verdünnter Schwefelsäure gelöst. Man verbraucht bei diesem Regenerierverfahren wohl etwas Soda und Lauge, aber man hat keine Kupferverluste.

Der Spaltkessel enthält noch Harzreste und muß gut gereinigt werden, bevor eine neue Operation beginnt. Er wird mit 10 l Lauge ausgekocht und nachher mit heißem Wasser rein gespült.

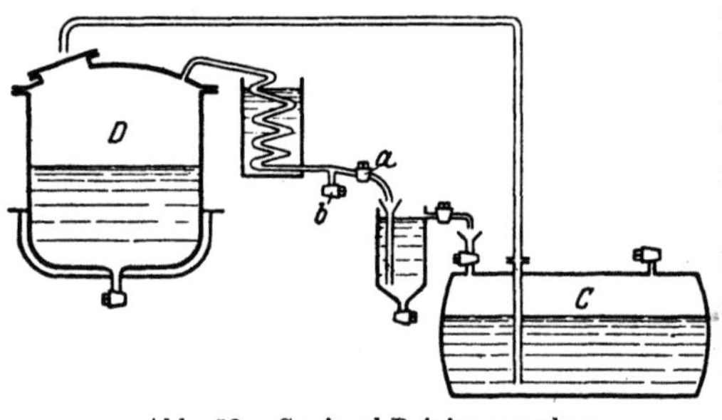

Abb. 52. Guajacol-Reinigungsanlage.

Das gewonnene Rohguajacol enthält als Hauptverunreinigung Nichtphenole, woraus sich die Art seiner Weiterverarbeitung von selbst ergibt. Das aus dem Apparat (Abb. 51) erhaltene Rohguajacol sowie das Guajacolwasser aus der Vorlage D desselben Apparates wird in die kupferne Destillationsblase D der Abb. 52 verbracht und dort mit Natronlauge 36° Bé auf Lackmus neutralisiert. Wenn dieser Punkt erreicht ist, fügt man noch einen Überschuß von 4 kg Natronlauge hinzu und beginnt dann mit indirektem Dampf zu destillieren, indem man bei geschlossenem Hahn a am Auslaufe des Kühlers das wertlose Kondensat durch den Hahn b weglaufen läßt. Der Wasserdampf entführt alle Nichtphenole aus der Lösung des Guajacolnatriums, welche mit Absicht stark alkalisch gehalten wird. Die Destillation wird so lange fortgesetzt, als das Kondensat trübe fließt, was 2—3 Stunden beansprucht. Man unterbricht dann die Destillation und läßt den Blaseninhalt etwas erkalten. Hierauf neutralisiert man auf Kongo mit verdünnter Schwefelsäure oder, was noch billiger ist, mit Bisulfatlösung. Man fügt — nur das erstemal — noch 150 l Wasser bei und treibt nun bei offenem Hahn a und geschlossenem Hahn b das Guajacol mit Dampf ab. Es kann in der Vorlage aus Kupfer mit Tauchtrichter vermittels des Bodenhahns von Guajacolwasser getrennt werden. Letzteres fließt durch den seitlichen Hahn in die liegende Zisterne C aus Kupfer.

Bei den Reinigungsoperationen der folgenden Ansätze wird der Blaseninhalt in D nach dem Neutralisieren mit Schwefelsäure nicht mehr mit frischem Wasser verdünnt, sondern man drückt statt dessen aus der Zisterne C mit Druckluft das Guajacolwasser in D zurück.

Es spielt sich somit von nun an ein periodischer Kreislauf des Guajacolwassers in dem Reinigungssystem ab.

Das vorgereinigte Guajacol wird in einem komplett silbernen Vakuumdestillationsapparat umdestilliert, wobei ein wasserhaltiger Vorlauf genommen wird, und in emaillierten Marmiten in einen Raum von ungefähr 20⁰ gestellt, wo es zu großen Krystallen erstarrt.

Die Ausbeute beträgt mindestens 90 kg Guajacol aus 100 kg Anisidin.

Laboratoriumsversuch.

Nitrierungs-, Alkylierungs- und Reduktionsoperationen im Laboratorium sind von H. E. Fierz in seinen „Grundlegenden Operationen der Farbenchemie"[1] ausführlich beschrieben worden. Es verbleibt uns die Aufgabe der Beschreibung einer Laboratoriumsapparatur für die Umwandlung eines Amids über den Diazokörper in das entsprechende Phenol (s. Abb. 53).

Den Spaltkessel im Betrieb ersetzt man am vorteilhaftesten durch eine tubulierte Retorte R, welche über einem asbestierten Drahtnetz durch einen Gasbrenner geheizt wird. Wenn die Tubulatur der Retorte es möglich macht, kann man außer dem Rührer und dem Zuleitungsröhrchen für die Diazolösung noch einen Thermometer ein

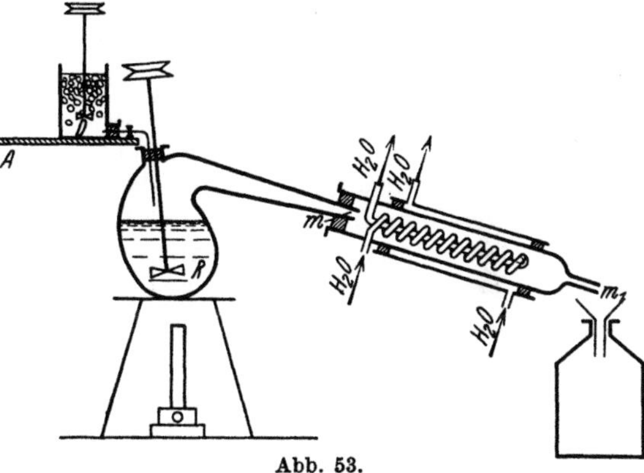

Abb. 53.
Laboratoriumsapparat zum Verkochen von o-Diazoanisol.

setzen. Im anderen Falle genügt es, daß das Flüssigkeitsniveau in der Retorte konstant bleibe, und daß die Reaktionsmasse beständig flott siede. — Der Diazotierstutzen D mit Bodenhahn steht auf der dicken Asbestplatte A und ist möglichst nahe bei der Retorte aufgestellt, damit sich die Diazolösung vor ihrem Zusammentreffen mit der Spaltflüssigkeit nicht erwärmen kann. — Als großräumigen Kühler mit intensiver Kühlwirkung verwendet man einen Schleifenkühler, dessen äußerer Kühlmantel seinerseits in der Art eines Liebigschen Kühlers wassergekühlt ist. Die Ausflußöffnung m_1 des Kühlers muß von viel geringerem Durchmesser sein als die Mündung der Retorte m, wodurch die gewünschte Saugwirkung auf die Dämpfe in der Retorte erzielt wird.

Zur Reinigung des Rohprodukts von Nichtphenolen und Harzresten verwendet man einen Apparat zur Destillation mit Wasserdampf.

Mit der beschriebenen Apparatur erreicht man im Laboratorium eine Ausbeute von über 80 % der Theorie.

Mit derselben Apparatur kann man auch andere Amide über den Diazokörper in Phenole verwandeln, z. B. p-Amidophenol in Hydrochinon (s. dort).

Phenacetin. Mol.-Gew. 177. Schmelzpunkt 134—135⁰. Farblose Blättchen, löslich in 1400 T. kaltem und 80 T. heißem Wasser, in 16 T. kaltem und 2 T. heißem Weingeist, in Benzol.

Phenetidin wurde jahrzehntelang mit Eisessig acetyliert. Man acetylierte in inwendig mit Silberblech dublierten Kupfer- oder Eisenkesseln, auf welche ein Steigrohr aus Aluminium aufgesetzt war, während 12—15 Stunden bei 115—118⁰ 100 T. p-Phenetidin mit 95—100 T. Eisessig und drückte dann das Reaktionsgemisch in kaltes Wasser, wo sich das Rohphenacetin ausschied. Es wurde aus Alkohol oder Wasser umkrystallisiert.

---

[1] Verlag von Julius Springer, Berlin.

Das Verfahren, das wohl auch heute noch zur Anwendung gelangt, hat eine Reihe Nachteile. Die Apparatur ist kostspielig und die Dauer der Reaktion lang. Für die Krystallisation des Rohproduktes ist eine große und ebenfalls teure Apparatur notwendig. Denn wenn das Produkt auch in Alkohol ziemlich löslich ist, so bedarf es zur vollständigen Reinigung aus diesem Lösungsmittel zweier Krystallisationen. Aus Wasser erhält man Phenacetin in einer Krystallisation rein; dafür ist es darin nur wenig löslich.

In neuerer Zeit erhitzt man in einem emaillierten Kessel mit Doppelboden für Dampfheizung, emaillierten Deckel und Rückflußkühler aus Aluminium eine Mischung von:

100 T. frisch destilliertem p-Phenetidin,

280 T. vollständig wasserfreiem Benzol,

85 T. Essigsäureanhydrid von mindestens 90 % Anhydridgehalt.

Man erwärmt am Rückflußkühler 3—4 Stunden zum Sieden des Benzols, läßt dann abkühlen und zieht die Lösung in bedeckte emaillierte Marmiten ab, wo bald die Krystallisation des Phenacetins in schönen weißen Krystallen beginnt. Zur Verhinderung von Krustenbildung rührt man gelegentlich mit einem Glasstab langsam durch. Am anderen Tage verschärft man die Krystallisation durch äußere Abkühlung mit Eiskochsalzmischung. Erst wenn der Marmiteninhalt einige Stunden auf einer Temperatur von 0° war, nutscht man ab und wäscht mit eiskaltem Benzol bis zum Verschwinden des Essigsäuregeruches. Man trocknet bei mäßiger Temperatur, reibt durch ein weitmaschiges Sieb und trocknet bis zur Geruchlosigkeit nochmals nach. — Man gewinnt so direkt ungefähr 80 % des Phenacetins als reine Pharmakopöeware.

Aus den vereinigten Mutterlaugen und dem Waschbenzol destilliert man im emallierten Vakuumapparat zuerst ohne Vakuum das Benzol ab, dann im Vakuum die Essigsäure und die letzten Reste von Essigsäureanhydrid, und zwar so vollständig als möglich. — Den Destillationsrückstand krystallisiert man aus wasserfreiem Benzol um.

Ausbeute mindestens 95 % der Theorie.

Das Verfahren bietet große Vorteile gegenüber dem Eisessigverfahren: Die Reaktionstemperatur ist nur 80—85° und erlaubt das Arbeiten in Email; den größten Teil der Ware erhält man direkt pharmakopöerein; die Dimensionen der Apparatur sind kleine; die Ausbeute ist beinahe theoretisch.

Guajacol und Phenacetin aus Chlorbenzol.

Chlorbenzol. Seine Darstellung wurde von H. E. Fierz in seinen „Grundlegenden Operationen der Farbenchemie", S. 105ff., beschrieben. — Unreines Produkt enthält Begleitkörper, die zwar bei der Guajacoldarstellung einflußlos sind, aber bei derjenigen des Phenetidins, wo sie hartnäckig alle Zwischenphasen begleiten, lästig werden, da aus solchem Chlorbenzol hergestelltes Phenacetin Vergiftungen hervorrufen kann. — Es ist deshalb unerläßlich, daß für diese Fabrikation verwendetes Chlorbenzol rein sei. Zu seiner Darstellung muß reinstes Benzol und durch mehrfache Verflüssigung gereinigtes Chlor verwendet werden, ferner ist jede Spur von Feuchtigkeit zu vermeiden. Die Rektifikation des fertigen Produktes in hohen Raschingkolonnen muß unter Überwachung mit kontrollierten Thermometern peinlich genau erfolgen.

o- und p-Nitrochlorbenzol. In einen gußeisernen Doppelwänder mit Taifunrührer und Deckel bringt man 100 kg Chlorbenzol und läßt dazu bei 25—35⁰ im Verlaufe von 3 Stunden ein Gemisch von 62 kg Salpetersäure vom spez. Gew. 1,5 und 125 kg Schwefelsäure 66⁰ Bé fließen. Hierauf erhöht man die Temperatur unter fortgesetztem Rühren während 2 Stunden auf 50⁰ und läßt dann abkühlen. — Das erkaltete Reaktionsgemisch wird zu gleichen Teilen auf zwei große Tonnutschen gedrückt, von denen jede in ihrem oberen Teile 250 kg zerstoßenes Eis enthält. Das p-Nitrobenzol fällt als blaßgelbe feste Masse aus; das ortho-Produkt bildet, mit para verunreinigt, ein Öl. Man nutscht ab, wäscht mit Wasser neutral und bringt dann den Nutschenkuchen in eine emaillierte Marmite, wo er mit Wasser von 60⁰ gut durchgerührt wird. Nach dem Erkalten nutscht man erneut und wiederholt die Operation des Waschens mit warmem Wasser noch einmal.

Aus dem Öl entfernt man die letzten Reste des p-Nitrochlorbenzols durch wiederholtes Ausfrieren und erhält so ein ziemlich reines Produkt.

Ausbeute 87 kg para und 50,5 kg ortho.

NB. Die beiden Nitrochlorobenzole sind sehr giftig. Die zu beobachtenden Vorsichtsmaßregeln bei ihrer Handhabung hat H. E. Fierz in seinem Buche „Grundlegende Operationen der Farbenchemie" bereits angegeben, denn sie gelten so gut für Nitrochlorbenzol als für das dort beschriebene Dinitrobenzol.

o-Nitranisol aus o-Nitrochlorbenzol. Man löst im Destillierkessel aus Guß mit Rührer und absteigendem Kühler 52 kg reines Ätzkali in 400 l Methylalkohol mit max. 0,05 % Aceton und läßt langsam 100 kg o-Nitrochlorbenzol in die Lösung fließen. Hierauf schließt man den Apparat und erhitzt 5 Stunden auf einen Druck von 2—4 Atm. Dann destilliert man den überschüssigen Methylalkohol ab nnd wäscht das Reaktionsprodukt mit Wasser. Dann entfernt man daraus die letzten Spuren von para-Produkt, indem man es mit einer kurzen Kolonne rektifiziert.

Ausbeute 88 kg Nitroanisol.

p-Nitrophenetol aus p-Nitrochlorbenzol. Das Verfahren besteht darin, daß man p-Nitrochlorbenzol bei Gegenwart von Sulfiten mit alkoholischem Kali bei 50—80⁰ behandelt.

Es ist bekannt, daß p-Nitrochlorbenzol beim Erhitzen mit alkoholischem Kali nur wenig Nitrophenetol gibt; sobald man aber Sulfite der Alkalien oder Erdalkalien zusetzt, bildet sich nur Nitrophenetol, und alle anderen Reaktionen treten zurück. Das beste Resultat ergibt das Kaliumsalz, das man in gepulverter Form anwendet. — Von großem Einfluß auf die Ausbeute ist ferner die während der Reaktion herrschende Temperatur und soll dieselbe von 50⁰ graduell sehr langsam bis auf 80⁰ gesteigert werden.

Ein mit mechanischem Rührwerk und mit der üblichen Armatur versehener Doppelwandkessel aus Eisen mit Wasserbad-, nicht mit Dampfheizung, von 1600—1700 l Inhalt wird mit 1000 l Alkohol von 95 % geladen, und darin werden bei 45⁰ 63 kg 94 proz. KOH unter Rühren gelöst. Hierauf gibt man 5 kg Kaliumsulfit gepulvert und 157 kg p-Nitrochlorbenzol zu und steigert die Temperatur unter Rühren auf 50⁰, wo die Reaktion ihren Anfang nimmt.

Man beläßt nun die Reaktionsmasse unter Rühren

$$
\begin{array}{lll}
 & 6 \text{ Stunden auf} & 50^0 \\
\text{dann } 6 & ,, \quad ,, & 55^0 \\
6 & ,, \quad ,, & 60^0 \\
6 & ,, \quad ,, & 65^0 \\
6 & ,, \quad ,, & 70^0 \\
6 & ,, \quad ,, & 75^0 \\
\text{und } 12 & ,, \quad ,, & 80^0,
\end{array}
$$

wobei man bei jeder Temperaturerhöhung wieder 1 kg frisches Kaliumsulfit beifügt. Nach der angegebenen Operationsdauer soll die Alkalinität der filtrierten Lösung konstant geworden sein. Es sind dann etwa 95 % des Chlornitrobenzols in Phenetol umgewandelt worden. Man filtriert nun die Lösung durch ein Druckfilter und wiederholt die Operation mit auf je 3 Stunden reduzierten Zeitdauern auf derselben Temperatur und einmalige Zugabe von 7 kg Kaliumsulfit. Diese zweite Operation ist notwendig, weil das viele Kaliumchlorid während der ersten den Katalyten stark verschmiert und dessen Wirkung beeinträchtigt.

Nach der zweiten Operation soll die Umwandlung vollständig sein. Man destilliert dann den Alkohol ohne Kolonne ab. Sein Verlust beschränkt sich auf wenige Liter. Er kann immer wieder verwendet werden, solange sein Titer mehr als 85 % beträgt.

Aus dem Rückstand des abgetriebenen Alkohols isoliert man das Nitrophenetol in gewohnter Weise.

Die **Ausbeute** ist fast theoretisch.

Guajacolcarbonat. Mol.-Gew. 274. Schmelzpunkt 86—88⁰. Weißes, krystallinisches Pulver, unlöslich in Wasser, schwer in kaltem und leicht in heißem Weingeist.

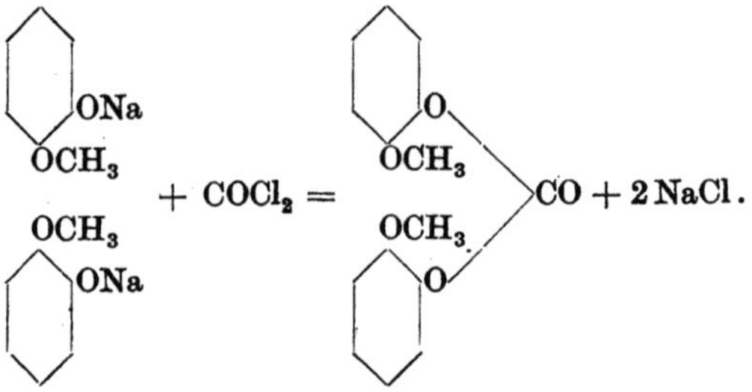

Da, wie bekannt, Phosgen für Produzenten von Guajacolcarbonat nicht käuflich ist, wird hier ein Weg angegeben, auf welchem man sich selbst mit verhältnismäßig einfacher Apparatur, wenn auch mit etwas teureren Ausgangsmaterialien als Chlor und Kohlenmonoxyd Phosgen herstellen kann.

Diese Herstellung vollzieht sich nach der Gleichung:

$$CCl_4 + 2\,SO_3 = COCl_2 + S_2O_5Cl_2\,.$$

Der Apparat (Abb. 54) besteht aus einer Blase B aus säurefestem Gußeisen, mit Doppelboden für Dampfheizung und Bodenhahn zum Entleeren des gebildeten Pyrosulfochlorids in eine im Boden versenkte Zysterne. Vom Deckel der Blase führt ein Rohr zum Rückflußkühler K aus säurebeständigem Eisen, welcher mit der Kolonne K mit Raschigkörpern in Verbindung steht.

Wir verwenden auf 100 kg Tetrachlorkohlenstoff 95 kg 66 % Oleum. Ersteres wird in der Blase B auf 40—45⁰ angewärmt. Dann läßt man das Oleum, welches vorher in den Kannen angewärmt wurde, langsam durch die Kolonne und den Rückflußkühler auf den Tetrachlorkohlenstoff fließen. Unter Selbsterwärmung, welche nicht über 65⁰ betragen soll und durch stärkeren oder schwächeren Oleumzufluß geregelt wird, beginnt die Phosgenentwicklung. Das entweichende Phosgen führt beträchtliche Mengen Tetrachlorkohlenstoff mit sich in den Kühler und die Kolonne, wo er nun jedoch bis auf geringe Spuren durch das herunterfließende Oleum in Phosgen verwandelt wird. Die Kolonne, welche während des Betriebes eine Temperatur von 30—40⁰ haben soll, ist also unentbehrlich, denn ohne dieselbe würde das Phosgen, mit Tetrachlorkohlenstoff beladen, entweichen, und die Ausbeute wäre kaum 60 % der Theorie, abgesehen von der Verunreinigung durch den beigemischten Tetrachlorkohlenstoff. Mit einer Kolonne erzielt man dagegen fast reines Phosgen in Ausbeuten von über 90 % der Theorie.

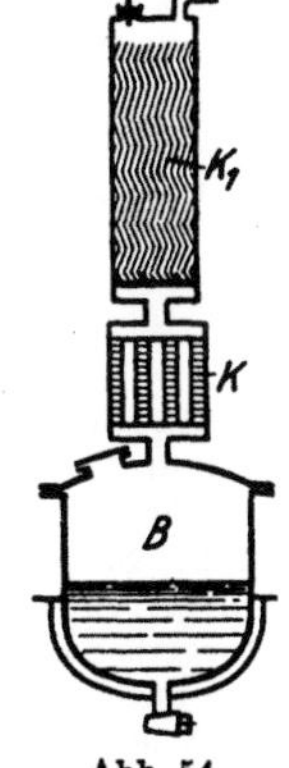

Abb. 54.
Phosgenapparat.

Das in wässeriger Lösung befindliche Guajacolnatrium wird oft in eisernen Apparaten mit dem Phosgen zur Reaktion gebracht. Eisen färbt aber Guajacolcarbonat, und man ist dann gezwungen, diese Produkte umzudestillieren, bevor man sie durch Krystallisation farblos erhalten kann. Nun verlangt Guajacolcarbonat für seine Destillation ohne Zersetzung ein Vakuum von mindestens 12 mm. (Das Guajacolphosphat sogar ein solches von mindestens 4 mm.) Das Carbonat destilliert dann bei 250⁰, das Phosphat bei 280—300⁰. Apparaturen, in welchen man unter derart heiklen Bedingungen destilliert, verlangen peinlichste Aufsicht. Auch wenn dies der Fall ist, sind die Destillationsverluste oft empfindlich, und die Destillate können geringe Mengen Zersetzungsprodukte enthalten, welche die weitere Reinigung wieder erschweren.

Aus diesen Gründen ist es vorteilhafter, bei der Darstellung des Rohproduktes den Kontakt mit Eisen, auch mit anderen Metallen zu vermeiden, womit sich dessen Vakuumdestillation erübrigt.

Als Apparat zum Einleiten des Phosgens in die Guajacolnatriumlösung verwenden wir ein Tourille aus weißem Ton von 500 l, welches in einem Holzgefäß steht, worin Wasser durch direkten Dampf erwärmt werden kann. In dieses Tourille füllt man 200 kg Natronlauge 18⁰ Bé, welche vollständig eisenfrei ist. Solche Lauge erhält man, wenn man Lauge von der angegebenen Konzentration mindestens 6 Wochen lang in Standgefäßen aus Ton absetzen läßt, worauf man die geklärte Flüssigkeit durch seitliche Hähne abzieht. Man überzeugt sich vor der Verwendung der Lauge durch die Berlinerblaureaktion, daß dieselbe wirklich eisenfrei ist. Man erwärmt sie im Tourille unter zeitweisem Umrühren mit einem Stabe aus Hartholz oder Glas auf 35⁰, löst darin 50 kg reines Guajacol und leitet unter öfterem Umrühren mit dem Stab bei 35⁰ im Zeitraum von 6—7 Stunden 20 kg Phosgen ein. Dann fügt man noch 100 kg eisenfreie Lauge 18⁰ Bé zu und leitet weitere 8 kg Phosgen ein. Es ist dann meistens alles Guajacol als Carbonat ausgefällt, was daran erkennbar ist, daß eine filtrierte, mit Salzsäure angesäuerte Probe der Lösung mit einigen Tropfen einer 3 proz. Nitritlösung keine Blau- oder Violettfärbung mehr zeigt.

Nach Beendigung der Reaktion siphoniert man die Flüssigkeit samt dem Niederschlage vermittels eines Hebers aus weitem Glas- oder Tonrohr ab und nutscht auf einer Tonnutsche. Die nutschenfeuchte Ware mahlt man nach Zufügen von 20 l Wasser in einer Porzellankugelmühle möglichst fein und entleert nachher die Mühle durch ein großes Sieb aus Messing, welches die Flintsteine zurückhält, in eine große Holzstande, worin man mit Wasser bis zur vollständig neutralen Reaktion desselben ausdekantiert. Dann nutscht man erneut und trocknet bei 35—40°..

Man krystalliert am besten in einem Apparat aus Reinaluminium (s. Abb. 89). Man löst bei 80° 50 kg Carbonat in 120 kg Alkohol 95 %, gibt 100 g metallfreie Entfärbungskohle hinzu filtriert durch ein geschlossenes Linsen- oder Kugelfilter in Emailmarmiten, welche durch Wasser in Holzgefäßen gekühlt werden. Zur Verhinderung von Krustenbildung rührt man während der Krystallisation anfänglich in der Lösung. Eine allfällige rötliche Färbung der alkoholischen Lösung behebt man durch Zugabe von etwas wässeriger SO_2-Lösung. Die Krystalle werden abgenutscht, mit etwas Alkohol nachgewaschen und bei 35—40° getrocknet. Ihr Gewicht beträgt 46—47 kg. Der Rest bleibt in der Mutterlauge gelöst und wird daraus entfernt, indem man diese mit Wasser und etwas Natronlauge versetzt und das ausgefällte Carbonat abfiltriert. Sein Gewicht beträgt ungefähr 3 kg. Der verdünnte Alkohol wird im Kolonnenapparat rektifiziert.

Ausbeute 50—51 kg Carbonat kryst. aus 50 kg Guajacol.

Guajacolphosphat. Mol.-Gew. 416. Schmelzp. 98°. Es löst sich wie Carbonat.

$$PO \begin{cases} OC_6H_5OCH_3 \\ OC_6H_5OCH_3 \\ OC_6H_5OCH_3 \end{cases}$$

Zu seiner Darstellung verwendet man denselben Apparat wie für das Guajacolcarbonat. Man löst bei 18° 40 kg reines Guajacol in 200 kg eisenfreier Natronlauge 18° Bé und läßt bei der aufgegebenen Temperatur im Verlaufe eines Tages durch einen Scheidetrichter 15 kg Phosphoroxychlorid dazutropfen. Am anderen Morgen fügt man 50 kg weitere eisenfreie Natronlauge hinzu, sowie im Verlaufe des Morgens 8 kg Phosphoroxychlorid. Am Nachmittag desselben Tages wiederholt man, was man am Morgen schon vorgenommen hat. Dann siphoniert man die Lösung samt dem Niederschlag ab und nutscht. Die Lösung enthält noch beträchtliche Mengen Guajacol, welches daraus mit Phosgen ausgefällt wird. Die weitere Verarbeitung des Rohphosphates ist analog derjenigen des Carbonates.

Ausbeute 30—35 kg Phosphat; der Rest als Carbonat.

Guajacolbenzoat. Mol.-Gew. 228. Schmelzpunk 61°. Löst sich wie Carbonat.

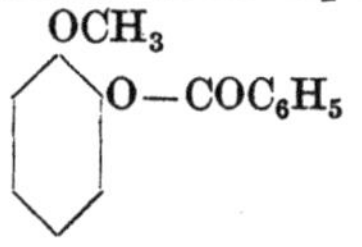

$$\begin{array}{c} OCH_3 \\ \bigcirc\!\!-O-COC_6H_5 \end{array}$$

Man erhitzt im Apparat (Abb. 43) ein inniges Gemisch molekülarer Mengen von Guajacol und Benzoesäure auf 110—115° und leitet die berechnete Menge Phosphoroxychlorid in die Mischung. Nach beendigter HCl-Gasentwicklung drückt man die heiße Schmelze in kalte, verdünnte Sodalösung, wo sich das rohe Guajacolbenzoat ausscheidet. Dieses wird wie das Carbonat oder Phosphat in das reine Produkt übergeführt.

Ausbeute 90—95% der Theorie.

Kalium sulfoguajacolum.

Mol.-Gew. 242. Weißes Pulver, löslich in 7,5 T. Wasser, unlöslich in Alkohol und Äther.

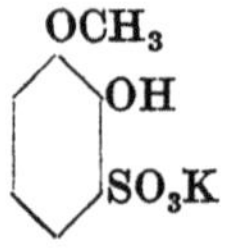

$$\begin{array}{c} OCH_3 \\ \bigcirc\!\!-OH \\ SO_3K \end{array}$$

Dieses Produkt ist ungemein empfindlich gegen Eisen. Selbst Spuren von Roststaub in der Luft färben dasselbe rot. Alle Rohrleitungen und alle übrigen Apparate aus Eisen in dem Lokale, wo Kalium guajacolum fabriziert wird, sollen zweimal mit bestem Eisenlack gestrichen sein. Außerdem ist prompte reinlichste Arbeit geboten, und das fertige Produkt im Lokale, indem es fabriziert wurde, zu trocknen. Jede Berührung desselben mit Eisen, Rost oder staubiger Luft ist peinlich zu vermeiden.

Die emaillierte Marmite M (s. Abb. 55) mit Mannloch, Rührer und Abdrückrohr steht in einem Holzgefäßt mit Wasser und Dampfschnatterschlange. In der Marmite bringt man 50 kg Guajacol zum Schmelzen und sulfuriert es unter Rühren bei 70—75° mit 64 kg chemisch reiner Schwefelsäure 66° Bé. Man kühlt dann unter fortgesetztem Rühren auf 10—15°, indem man Eis in das Wasser des Holzgefäßes einträgt. Sobald diese Temperatur erreicht ist, drückt man die Reaktionsmasse langsam in das Tourille T_1 aus weißem Ton, in welchem 180 l Wasser vorgelegt sind. In T_1 neutralisiert man die überschüssige Schwefelsäure — nicht die Guajacolsulfosäure — mit eisenfreiem Bariumcarbonat. Man gibt also so

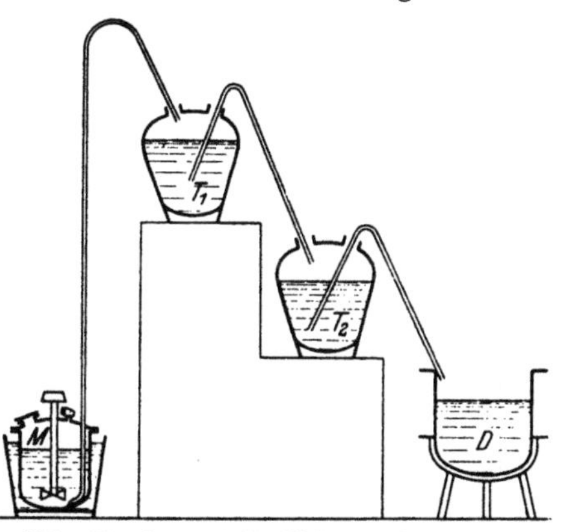

Abb. 55. Apparat für Kalium sulfoguajacolum.

lange $BaCO_3$ hinzu, als eine filtrierte Probe noch mit $BaCl_2$ eine Fällung oder Trübung ergibt. Man benötigt ungefähr 38 kg $BaCO_3$. Über Nacht läßt man absetzen und siphoniert am anderen Morgen die klare Guajacolsulfosäurelösung in das Tourille T_2 aus weißem Ton. Den Bariumsulfatniederschlag dekantiert man mit destilliertem Wasser aus und nutscht ihn nachher ab. Beim Dekantieren geht man sparsam mit Wasser um, damit die Guajacolsulfosäurelösung in T_2 nicht zu stark verdünnt wird. Von letzterer stellt man 3—4 l beiseite und neutralisiert dann die Hauptmasse mit eisenfreiem Pottaschepulver bis zur schwach Rosareaktion auf Phenolphthaleïnlösung, nicht Papier. Die schwache, alkalische Reaktion wird dann wieder aufgehoben durch Zusetzen von der vor der Neutralisation beiseite gestellten sauren Lösung. Die Endreaktion soll schwach sauer sein. Man verbraucht ungefähr 30 kg Pottasche.

Man läßt eine allfällige Trübung wieder über Nacht absetzen und siphoniert am anderen Morgen die klare Lösung durch einen Spitzbeutel aus dickem Flanell in den emaillierten Doppelwänder D, welcher mit Dampf von höchstens 1,5 Atm. geheizt wird. Darin dampft man bis zur Bildung einer Krystallhaut ein und kühlt dann, unter Rühren mit einem Glasstab und Einleiten von Kühlwasser in den Doppelboden ab, wobei sich kleine Krystalle ausscheiden. Diese wachsen über Nacht und nehmen den Aspekt der Handelsware an. Man trennt auf der Tonnutsche aus weißem Ton, wäscht mit wenig destilliertem Wasser und trocknet in einem Holztrockenschrank, zu dessen Konstruktion Nägel oder Schrauben aus Messing — nicht aus Eisen — verwendet wurden. Die Mutterlauge und das Waschwasser werden erneut zur Krystallhaut eingeengt, und man gewinnt eine zweite, meistens noch weiße Krystallisation.

Die letzten Krystallisationen sind trotz aller Vorsicht und der Behandlung der Laugen mit Zinkstaub und SO_2-Lösung rosa bis rot. Sie werden meistens zur Fabrikation von Husten- und Tuberkulosesirupen verwendet, wie Sirolin „Roche" und andere.

Ausbeute. Aus 50 kg Guajacol mindestens 65 kg Kalium sulfoguajacolum weiß und 20—25 kg rosa bis rot zur Herstellung sog. Sir. sulfoguajacolici oder Sirolin.

Um die Ausbeute an farblosem Kalium sulfoguajacolum zu vergrößern, respektive die Anteile an rot gefärbter Ware zu verringern, kann man das beschriebene Verfahren in folgender Weise modifizieren.

Die emaillierte Marmite M wird ersetzt durch einen emaillierten Doppelwänder, mit Mannloch, Abdrückrohr, Rührer, einem Abzugsrohr nach dem Hochkamin oder besser in eine große Woulffsche Flasche mit Natronlauge. Zwischen die Woulffsche Flasche und den Doppelwänder ist dann noch eine Leerflasche eingeschaltet.

Man schmilzt im Doppelwänder wieder 50 kg Guajacol kryst. und leitet dann aus einer Bombe langsam 15 kg schweflige Säure ein. Hierauf sulfuriert man in der bereits beschriebenen Weise, indem man während des Zuleitens der Schwefelsäure die oben angegebene Temperatur innehält. Nach der Beendigung des Schwefelsäurezusatzes erwärmt man jedoch hier bis auf 115° und läßt erst dann über Nacht abkühlen. — Die weitere Verarbeitung gleicht der bereits beschriebenen. — Wegen der Belästigung durch schweflige Säure muü das Lokal gut entlüftet sein.

Die Ausbeute an weißer, reiner, als solche direkt verkäuflicher Ware steigt durch die beschriebene Abänderung des Verfahren auf 83—84 kg.

Einstand Guajacol.

Für 100 kg Guajacol benötigt man:

169 kg Phenol	360 kg Salzsäure 22° Bé
860 kg engl. Schwefelsäure	64 kg Methylalkohol mit max. 6,1 % Aceton
900 kg Eis	10 kg Natronkalk
666 kg Natriumnitrit 100 %	165 kg Natronsalpeter
230 kg Natronlauge 36° Bé	80 Arbeitsstunden
120 kg Solvay-Soda	1,5 t Kohle
175 kg Drehspäne	30 M. für elektrischen Strom.

Einstand Phenacetin.

Für 100 kg Phenacetin benötigt man:

133 kg Phenol	280 kg engl. Schwefelsäure
88 kg Essigsäureanhydrid	120 kg Soda
50 kg Benzol	20 kg Ätzkalk
150 kg Drehspäne	160 kg Natronsalpeter
150 kg Salzsäure 22° Bé	50 kg Sägespäne
170 kg Natronlauge 36° Bé	70 Arbeitsstunden
772 kg Äthylalkohol 95 %	1,2 t Kohle
500 kg Eis	30 M. für elektrischen Strom.

Heliotropin.   Piperonal.   Protocatechualdehydmethylenäther.

$$CH_2 \diagdown\diagup \begin{matrix} O \\ O \end{matrix} C_6H_3 \cdot COH$$

Farblose, nach Heliotrop riechende Krystalle. Schmelzpunkt 37°. Siedepunkt 263°. Mol.-Gew. 150. Löslich in 600 T. kaltem Wasser, leicht in Alkohol, Äther und Benzol.

Die Darstellung aus Safrol über Isosafrol erfolgt nach den Gleichungen:

$$CH_2-O_2-C_6H_3CH_2CH:CH_3 \xrightarrow{\text{alkoholisches Kali}} CH_2-O_2-C_6H_3CH:CHCH_3.$$

$$CH_2-O_2-C_6H_3CH:CHCH_3 \xrightarrow{2\,O} CH_2-O_2-C_6H_3COH + CH_3OH.$$

Zur Umwandlung des Safrols in Isosafrol beschickt man einen Autoklaven aus V2A-Stahl, welcher durch ein mit Dampf geheiztes Ölbad, nicht mit direktem Dampf, geheizt wird, mit 15 T. Safrol und 50 T. 20proz. alkoholischem Ätzkali und mischt um. Dann bringt man das Gemisch durch Erwärmen 6 Stunden lang auf einen Druck von 4 Atm. und läßt über Nacht abkühlen. Das Erhitzen kann auch ohne Druck am Rückflußkühler ausgeführt werden, nur dauert dann die restlose Umwandlung in Isosafrol viel länger. Am anderen Morgen verdünnt man den Autoklaveninhalt mit 70 T. Wasser und treibt den Alkohol ab. Den Destillationsrückstand drückt man in einen Hahntrichter aus Ton und scheidet darin das Isosafrol mit 30proz. Schwefelsäure aus. Man trennt die wässerige von der Ölschicht, wäscht das warme Isosafrol dreimal mit je 10 T. warmem Wasser und trocknet es mit entwässertem Glaubersalz. Man läßt 24 Stunden absetzen, filtriert das geklärte Isosafrol noch durch ein dickes Flanelltuch und gewinnt aus dem Bodensatz durch Auspressen die letzten Isosafrolreste. — Diese Art der Trennung des Isosafrols von der Kaliumsulfatlösung, d. h. ohne Aufnahme desselben in einem organischen Lösungsmittel hat Beweggründe, welche weiter unten besprochen werden.

Man destilliert das getrocknete Rohisosafrol im Hochvakuum von 2—4 mm, also an einer dreistufigen Vakuumpumpe. Als Heizmittel benützt man ein dampfgeheiztes Ölbad, nie direkten Dampf oder gar direktes Feuer, wodurch man die sehr schädlichen lokalen Überhitzungen vermeidet. Man nimmt einen Vorlauf bis zu dem Punkte, wo das Produkt bei konstanter Temperatur zu sieden beginnt, und einen Nachlauf von dem Punkte an, wo der Siedepunkt wieder deutlich ansteigt. Große Reinheit des Isosafrols ist für die Darstellung eines Heliotropins von tadellosem Geruch unerläßlich.

Ausbeute 90—92 % der Theorie.

Die Oxydation des Isosafrols erfolgt durch Bichromat und Schwefelsäure. Die Reaktion soll durch Zugabe von Sulfanilsäure als Katalyt gefördert werden; doch ist dieser Zusatz nicht empfehlenswert, denn das gleichzeitig mit Heliotropin entstehende Chinon beeinflußt dessen Geruch sehr ungünstig. Als Apparat dient ein emaillierter, durch Heißwasser, nicht durch Dampf heizbarer Rührkessel mit Deckel, absteigendem Kupferkühler und großer kupferner Vorlage, an welche das Vakuum einer einstufigen Vakuumpumpe angeschlossen werden kann. Die Vorlage verjüngt sich an ihrem Boden trichterförmig in einen Bodenhahn. Sie kann vermöge einer Doppelwandung entweder gekühlt oder aber durch Warmwasser erwärmt werden.

In den emaillierten Kessel füllt man unter Rühren 400 l Wasser, 37 kg Schwefelsäure 66⁰ Bé, 14 kg reines Isosafrol und läßt zu der entstandenen warmen Mischung aus einem Tontopf langsam unter fortgesetztem Rühren eine Lösung von 28 kg Natriumbichromat in 50 l Wasser einfließen. Man rührt dann am offenen Mannloch 15 Stunden bei 55—60⁰. Darauf wird das Heliotropin bei höchstens 70⁰ durch Wasserdampfdestillation unter vermindertem Druck in die Vorlage übergetrieben. Das im emaillierten Kessel verdampfende Wasser ersetzt man durch frisches Wasser, nicht durch Dampf. Es braucht 200—300 l Wasser, um in dieser Weise alles Heliotropin überzutreiben. Das Wasser um den Kühler wird auf 35⁰ gehalten, dagegen die Vorlage mit kaltem Wasser auf eine Temperatur von höchstens 5⁰ gekühlt. Nach beendeter Destillation erwärmt man den Inhalt der Vorlage bei abgestelltem Vakuum auf ungefähr 40⁰, wobei das Heliotropin schmilzt. Man trennt dann die wässerige von der Heliotropinschicht und verwendet das heliotropinhaltige Kondenswasser bei der nächsten Operation statt frischem Wasser.

Aus dem warmen flüssigen Rohheliotropin wäscht man zuerst mit Wasser von 40⁰ die letzten Anteile von Äthylaldehyd durch mehrmaliges Ausschütteln heraus. Dann stellt man es 12 Stunden in den Eisschrank, wo es zu einer Krystallmasse erstarrt. Diese wird in einer großen Handpresse von wenig flüssigen Anteilen getrennt. Man könnte sie dann aus Quarzkolben — evtl. auch aus einer verzinnten Kupferblase — im Kohlensäurestrom destillieren. Dabei wären aber immer lokale Überhitzungen und somit Schädigungen des Geruchs des Produktes zu befürchten. Viel besser reinigt man auch hier durch Destillation im Hochvakuum von 2—4 mm an einer dreistufigen Vakuumpumpe. Zur Heizung kann auch hier nur ein dampfgeheiztes Ölbad verwendet werden. Man heizt sehr langsam an und nimmt so lange einen Vorlauf, bis Destillation bei ganz konstanter Temperatur eintritt. Wenn gegen den Schluß der Destillation die Temperatur zu steigen beginnt, nimmt man einen Nachlauf. Man leitet Vor- und Nachlauf zusammen in eine besondere Vorlage und das reine wasserhelle Heliotropin (Umstellen der Zuleitung mit Dreiweghahn) in eine andere, geruchlose.

Das reine Heliotropin wird bei 40—50⁰, also in noch flüssigem Zustande in seine anderthalbfache Menge reinsten Weinsprites gegossen und 24 Stunden der Krystallisation überlassen. Dann nutscht man ab und trocknet bei Lufttemperatur.

Die Ausbeute beträgt 10—10,5 kg. — Über die Aufarbeitung der chromhaltigen Laugen siehe unter Hydrochinon.

Für die Fabrikation von Heliotropin gelten, wie für diejenige aller Riechstoffe, die im Kapitel über Vanillindarstellung näher ausgeführten Regeln (s. dort). Ausgangs- und Hilfsprodukte sollen rein sein; gewalttätige Operationen sind tunlichst zu vermeiden; auch umgeht man, wenn irgend möglich, das Ausäthern oder Ausbenzolen eines Riechstoffes aus wässerigen Reaktionsgemischen. Denn ganz geringe Verunreinigungen können den Geruch eines solchen so ungünstig beeinflussen, daß er kaum mehr verkäuflich ist[1]; und es wäre eitle Mühe, den verdorbenen Geruch fertiger Riechstoffe durch Umkrystallisation oder Umdestillieren verbessern zu wollen. Es ist übrigens anzunehmen, daß die im Kapitel über Vanillindarstellung geschilderte Oxydation mit Ozon heute auch bei der Heliotropinfabrikation zur Anwendung gelangt.

Hydrochinon.

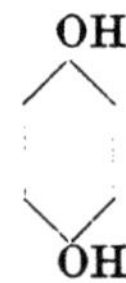

Schmelzpunkt 170⁰. Löslich in 20 T. kaltem, leicht in heißem Wasser, in Alkohol und Äther. Die wässerige Lösung färbt sich an der Luft, besonders wenn sie mit Alkali versetzt ist.

Die Darstellung beruhte früher auf der bekannten Oxydation von Anilin durch Chromsäuremischung zu Chinon bzw. Chinhydron über Anilinschwarz, Reduktion des Chinons bzw. des Chinhydrons mit schwefliger Säure zu Hydrochinon und Trennung des letzteren von Chromalaungemisch durch wiederholte systematische Extraktion mit Äther. Aus dem Chromalaungemisch wurde dann die größte Menge der überschüssigen und der gebundenen Schwefelsäure der Billigkeit wegen durch Kalk ausgefällt bis zur Bildung von basischem Chromalaun, und aus diesem durch Soda Chromoxydhydrat gefällt, welches als solches verkauft oder durch Flußsäure in Flußchrom verwandelt, an Färbereien abgesetzt werden konnte. Wegen des hohen Wertstandes des Chromoxydes und seiner Salze war diese Verarbeitung der Chromablauge wesentlich für eine günstige Kalkulation. Für die Oxydation war es wichtig, daß sie langsam und möglichst bei 0⁰ verlief, weil nur dann eine hohe Ausbeute — bis zu 90 % des Anilins — erreicht werden konnte. Man gebrauchte deshalb zur Oxydation viel Eis, besonders im Sommer, während in den Wintermonaten bei praktischer Ausnutzung der Kälte mit wenig davon auszukommen war. In einzelnen Fabriken wurde bei der Oxydation eine geringe Menge Vanadiumsäure zugesetzt, welcher eine katalytische Wirkung auf diese Reaktion zugeschrieben wurde. Die Extraktion mit Äther erforderte gut konstruierte Schüttel- oder Rührapparate mit maschinellem Antrieb, weil das Hydrochinon in Wasser ziemlich leicht löslich ist und sich daher aus der Chromalaunmischung bis auf die letzten Reste nur schwierig entfernen ließ.

Dieses Verfahren hatte große Unannehmlichkeiten. Man mußte mit großen, eisgekühlten Flüssigkeitsmengen arbeiten, aus welchen die Entfernung des Hydrochinons durch Schwefeläther namentlich in der heißen Jahreszeit eine schwierige Operation war; und die Aufarbeitung der Chromrückstände erforderte viel Arbeit.

Eine Weile führte man dann p-Dichlorbenzol oder p-Chlorphenol mit Ätznatron und Wasser unter Druck in Hydrochinon über. Diese Reaktionen gehen aber nur unter sehr hohen Drucken vor sich und sind in der Technik wieder verlassen worden.

---

[1] Heliotropin mit reinem Heliotropgeruch erzielt den doppelten Preis von ordinärer Ware, welche zum Parfümieren von Seifen usw. dient.

Heute produziert man Hydrochinon wohl ausschließlich nach folgendem Vorgang:

$$\text{Phenol-NO}_2 \longrightarrow \text{Phenol-NH}_2$$

$$\text{Phenol-NH}_2 \longrightarrow \text{Phenol-N}{=}\text{N}{-}\text{SO}_4\text{H}$$

$$\text{Phenol-N}{=}\text{N}{-}\text{SO}_4\text{H} \longrightarrow \text{Phenol-OH}$$

Die Beschreibung der p-Nitrophenolfabrikation findet sich S. 201 und folgende, diejenige seiner Reduktion zu p-Amidophenol mit Eisen und Salzsäure S. 259 und folgende. In großen chemischen Werken reduziert man aber nicht mehr mit Eisen und Salzsäure, sondern elektrolytisch. Wo billiger Strom zur Verfügung steht, kostet diese Operation nur noch wenige Pfennige pro Kilogramm. — Die Herstellung einer Diazolösung und das Verkochen derselben zum entsprechenden Phenolkörper wird S. 205 u. folg. beschrieben.

Kresot und Kresotcarbonat.

Es bildet ein Gemisch von Phenolen und Monomethyläthern zweiwertiger Phenole. Die Hauptbestandteile sind Guajakol und Kreosol. Klare, stark lichtbrechende, ölige Flüssigkeit von scharfem Geruch, größtenteils zwischen 200 bis 220° siedend, löslich in 120 T. siedendem Wasser, in Äther und Weingeist. — Das Carbonat ist eine dicke, farblose Flüssigkeit.

Medizinalkreosot gewinnt man aus dem Kreosotöl der Laubholzdestillation (s. S. 446). In der Literatur wird es meistens als Buchenholzkreosot bezeichnet; doch gelangt auch Birkenholzkreosot (aus den nordischen Staaten und Kanada) und selbst Nadelholzkreosot als Medizinalkreosot in den Handel. Das Birkenholzkreosot ist demjenigen aus Buchenholz beinahe ebenbürtig, während dasjenige aus Nadelholz infolge geringen Guajacolgehaltes ein niedriges spez. Gew. (1,070 bis 1,078) hat und sich am Licht bald gelb bis braun färbt.

Man isoliert das Kreosot bei 60—70° aus dem vorher umdestillierten Kreosotöl mit einer nicht vollständig genügenden Menge technischer Natronlauge vom spez. Gew. 1.12. In der wässerigen Lösung sind viele Nichtphenole gelöst oder auch nur suspendiert. Sie werden daraus mit Wasserdampf abgetrieben. Das Destillat enthält zu Beginn etwas Kreosot und wird bei der nächsten Operation nachgenommen. Man soll die Kreosotlauge nicht alkalisch machen, in der Absicht der Verhinderung des anfänglichen Übergehens von Kreosotspuren mit dem Dampf. Alkalische Kreosotlaugen schäumen viel zu stark, als daß eine Behandlung derselben mit Wasserdampf überhaupt möglich wäre. Die Lösung wird mit dem Dampf behandelt, bis das Destillat auch in der Kälte klar bleibt. Dann filtriert man sie durch eine Filterpresse und setzt das Rohkreosot mit verdünnter Schwefelsäure oder, was billiger ist, mit Bisulfatlösung in Freiheit. Darauf destilliert man es mit hochgespanntem Dampf im Vakuum. Trotz dieser schonenden Form der Destillation bilden sich dabei durch Zersetzung dennoch wieder etwas wasserunlösliche Nichtphenole, welche bewirken, daß eine Lösung des Destillates sich in der von den Pharmakopöen vorgeschriebenen Menge Natronlauge beim Verdünnen mit Wasser trübt. Man löst es daher erneut in Natronlauge und treibt wieder Dampf durch die Lösung, bis das Destillat in der Kälte klar bleibt, fällt das Kreosot mit Säure oder Bisulfat und destilliert. Das doppelt gereinigte Produkt entspricht dann den Pharmakopöen.

Die Überführung in Carbonat ist analog derselben des Guajacols in das seine. Man kann aber für Kreosotcarbonat einen eisernen Rührapparat zum Carbonisieren verwenden, weil hier zur Reinigung eine Destillation im Vakuum nicht zu umgehen ist. Nach beendeter Carbonisierung extrahiert man — meistens in einem Tongefäß — das Carbonat mit Benzol. Die Benzollösung wäscht man mit Wasser neutral, filtriert sie und läßt sie zur Entfernung der letzten Wasserreste erneut absetzen. Die letzten Wasserteile scheiden sich aus klaren, filtrierten Benzollösungen viel besser ab. Statt dessen kann man natürlich auch mit geschmolzenem Chlorcalcium trocknen. Man treibt dann das Benzol ab und destilliert das Kreosotcarbonat im Vakuum von 5—8 mm, wobei man bis 210⁰ einen Vorlauf nimmt. Auf diese Weise erhält man das Kreosotcarbonat als dickflüssiges, wasserhelles Öl.

Aus den nach der Extraktion mit Benzol zurückbleibenden wässerigen Laugen fällt man das nicht carbonisierte Kreosot mit Säure und destilliert es um. Dieses hat meistens ein höheres spez. Gew. als das Ausgangsprodukt. Als solches verwendet man oft billiges Kreosot Ph. G. III und erhält aus ihm neben dem Kreosotcarbonat ein Returkreosot vom spez. Gew. 1,076—1,080, d. h. wertvollere Ware als diejenige, von welcher man ausging.

Ausbeute. Aus 100 kg Kreosot 72 kg Carbonat und ungefähr 20 kg Returkreosot.

Der Konsum von Medizinalkreosot und der seines Carbonats sind stark zurückgegangen. Statt dieser Produkte, deren Zusammensetzung nicht einheitlich ist, verwendet man heute lieber das synthetische Guajacol und seine diversen Verbindungen.

Lactophenetidin.

$$OC_2H_5$$

$$NH \cdot CO \cdot CH(OH) \cdot CH_3$$

Schmelzpunkt 118⁰. Krystallinisches, weißes Pulver von schwach bitterlichem Geschmack.

Zu seiner Darstellung erhitzte man früher gleiche Teile p-Phenetidin und 80proz. technische Milchsäure in einer Tonbirne, welche durch ein Ölbad geheizt wurde, im Verlaufe von 10—12 Stunden bis auf 180⁰ und goß dann die heiße Schmelze unter Rühren in kaltes Wasser. Das rotviolette Rohprodukt erforderte eine sehr umständliche Reinigung. Man löste es zu diesem Zwecke in seinem 55fachen Gewicht heißen Wassers, trennte die heiße Lösung von den in der Ruhe an die Oberfläche derselben gelangenden Ölen und anderen Verunreinigungen und krystallisierte in großen verbleiten Gefäßen. Die erhaltenen, noch immer roten Krystalle erhielt man erst nach 2—3 weiteren Krystallisationen, unter Zuhilfenahme von Entfärbungskohle und Schwefligsäurelösung farblos. Diese umständlichen Arbeiten mit sehr verdünnten Lösungen verlangten eine große Apparatur und bedingten einen starken Dampfverbrauch. Auch war die Ausbeute gering; man gewann aus 10 kg Phenetidin höchstens 10 kg Lactophenetidin.

Die genannten Arbeitserschwerungen und daraus herzuleitenden unbefriedigenden Resultate sind nicht erstaunlich, wenn man in Betracht zieht, daß technische Milchsäure die verschiedensten Verunreinigungen, wie Kupfer, Blei, Arsen, Gips, Dextrin und als für die Lactophenetidinherstellung besonders schädlichen Eisen und Farbstoffe enthält. — Nun ist auch die Darstellung reiner Milchsäure keine ganz einfache Operation, doch ist sie den Reinigungsarbeiten von Lactophenetidin weit vorzuziehen. Statt gereinigter Milchsäure kann übrigens der reine Milchsäureäthylester ebensogut verwendet werden.

Man stellt sich also aus technischer Milchsäure durch Extraktion mit Äther, welcher keinen Destillationsrückstand enthält, reine Milchsäure dar; oder aber durch Umsetzung von Calciumlactat mit absolutem Alkohol unter Zusatz von konzentrierter Schwefelsäure Milchsäureäthylester, welchen man im Vakuum fraktioniert.

Man mischt dann in einem Emailkessel entweder 50 T. reine Milchsäure oder 66 T. reinen Milchsäureäthylester mit 72 T. frisch destilliertem p-Phenetidin und 300 T. reinem Xylol. Letzteres darf keinen Destillationsrückstand enthalten. Man erwärmt am absteigenden Kühler ganz allmählich, bis man nach 3—4 Stunden zum Sieden des Xylols gelangt, und treibt von diesem so lange langsam über, als dasselbe noch Wasser oder Alkohol mit sich führt. Man kann den Reaktionskessel mit Dampf von 7—8 Atm. heizen, doch ist die Erwärmung mit einem dampfgeheizten Ölbad vorzuziehen. Das Xylol siedet bei 137⁰ und führt das durch die Reaktion gebildete Wasser oder den Alkohol vorweg mit sich fort. Wenn 150 T. Xylol abgetrieben sind und das Destillat immer noch Wasser oder Alkohol enthält, muß man von nun an das aus dem Reaktionskessel abgetriebene Xylol durch Zugabe gleicher Mengen frischen Xylols ersetzen. Wir erhalten auf diese Weise am Schlusse der Reaktion eine Lösung von Lactophenetidin in Xylol, welche man heiß durch ein emailliertes Linsen oder Kugelfilter in eine emaillierte Marmite drückt, worin man, anfänglich unter Rühren, krystallisieren läßt. Das erhaltene Produkt ist reines Lactophenetidin. Aus den Mutterlaugen gewinnt man durch Einengen eine zweite und eine dritte Krystallisation, welche nach einer Umkrystallisation aus Toluol oder Alkohol ebenfalls reines Lactophenetidin ergeben.

Die Ausbeute beträgt mindestens 90 % der Theorie.

Methylenditannin.

Schmelzpunkt etwa 230⁰ unter Zersetzung. Es bildet ein schwach rötlichbraunes oder zinnoberrotes Pulver, unlöslich in Wasser, leicht löslich in Weingeist.

Laboratoriumsversuch:

Man trägt im Zeitraum von 4—5 Stunden bei 10—15⁰ in eine Mischung von 180 g Formaldehyd 40proz. Vol. und 3 g konz. H_2SO_4 250 g alkohollösliches Tannin unter häufigem Umrühren ein und überläßt die innige Mischung über Nacht der Ruhe[1].

Am anderen Morgen versetzt man mit 200 g roher Salzsäure, wobei sich das Rohmethylenditannin als sandige gelbe Masse ausscheidet. Eine Stunde nachher erwärmt man langsam auf höchstens 45⁰, wodurch die Farbe des Methylenditannins allmählich, d. h. im Zeitraum von ungefähr zwei Stunden, in ein helles Zinnoberrot übergeht. Dies ist die Farbe des Handelsproduktes.

Man verdünnt dann mit kaltem Wasser, dekantiert mit solchem bis zur neutralen Reaktion, nutscht ab, trocknet und pulverisiert.

Ausbeute 230—240 g.

Man ist gezwungen, für die Fabrikation von Methylenditannin alkohollösliches Tannin zu verwenden, weil das Methylenditannin in Alkohol klar löslich sein soll.

Mentholum valerianicum.

Es besteht aus einem Gemisch von Menthol und Menthylvalerianat von der Formel: $(CH_3)_2CHCH_2COOC_{10}H_{19}$ von angenehm ätherischem Geruch. Es ist löslich in Weingeist, Äther und Chloroform. Spez. Gew. 0,906—0,908.

Baldriansäure-Mentholester stellt man dar durch Hindurchleiten von trockenem Chlorwasserstoff durch ein Gemenge von Baldriansäuremonohydrat und Menthol.

---

[1] Formaldehyd anhydriert und methyleniert nur bei Zusatz geringer Mengen einer Mineralsäure. Diese Regel gilt für alle Operationen genannter Art mit Formaldehyd, wobei manchmal die H_2SO_4 und manchmal die HCl besser wirkt.

In einen entsprechend großen Rundkolben aus Jena- oder Pyrexglas, der auf einem Dampfbade steht, bringt man

　　5,1 kg Baldriansäuremonohydrat und
　　7,8 kg Menthol

und leitet trockenes Chlorwasserstoffgas — Herstellung von solchem s. S. 373 — in die Mischung, zunächst 4 Stunden, ohne das Dampfbad anzuheizen. Dann beginnt man mit langsamem, allmählich sich steigerndem Aufheizen, indem man fortgesetzt Salzsäuregas einleitet. An gelegentlichen Proben, die man in Wasser schüttet und durch Soda entsäuert, stellt man den Fortgang der Veresterung fest.

Ist dieselbe erledigt (nach ungefähr 7 Stunden Gesamtzeit zum Salzsäureeinleiten), so wäscht man in einer oder mehreren Flaschen mit Bodentubus (Abb. 78) zunächst gründlich mit Wasser, bis das Waschwasser mit Silbernitratlösung beinahe keine Reaktion mehr zeigt. Erst dann folgt ein Waschen mit sehr verdünnter Natronlauge, nicht mit Sodalösung, denn letztere ist wegen Kohlensäureentwicklung, also Erzeugung von Überdruck in den Flaschen gefährlich und führt fast unvermeidlich zu Verlusten. Man schüttelt eine halbe, höchstens eine ganze Minute mit einem kleinen Überschuß an Lauge, trennt darauf schnellstens und wäscht nochmals mit Wasser. — Verdünnte Lauge und selbst Wasser verseifen den Ester vorweg, wenn auch langsam. Das Schütteln und Trennen der beiden Schichten hat deshalb möglichst prompt zu erfolgen.

Das Entsäuern und auch das nachfolgende Trocknen mit entwässertem Glaubersalz soll direkt mit dem Ester selbst erfolgen, nicht mit einer Lösung desselben in Äther, Benzol oder einem anderen organischen Lösungsmittel, weil solche den Geruch des Esters in ungünstigem Sinne verändern würden.

Der Ester muß dann unbedingt im Hochvakuum von 3—5 mm umdestilliert werden. Diese Operation ist unumgänglich, sonst ist keine Gewähr vorhanden, daß das fertige Produkt am Lichte farblos bleibe. Es siedet im angegebenen Vakuum bei ungefähr 165—170⁰ und soll nicht mit direktem Gas oder durch ein Sandbad geheizt werden, sondern durch ein Ölbad, wodurch lokale Überhitzungen, welche dem Geruche des Produktes schädlich wären, vermieden werden.

Nach der Vakuumdestillation stellt man die Köttstorfersche Verseifungszahl[1] fest. Dieselbe ist beim reinen Ester 233. Man beachte, daß eine entgültige Verseifung sehr lange dauert, etwa 4 Stunden. Das Mentholum valerianicum des Handels hat eine Verseifungszahl von 162, da es bis zu 30 % freies Menthol enthält. Durch Auflösen von Menthol stellt man den Ester auf diese Verseifungszahl ein, wozu in der Regel 25—30 % des Esters an Menthol erforderlich sind.

Die Ausbeute aus obiger Charge an reinem Ester ist 11—11,5 kg, an Mentholum valerianicum 14—14,5 kg.

Damit das Menthol valerianic. am Lichte farblos bleibe und einen reinen Geruch besitze, müssen auch seine beiden Ausgangsprodukte möglichst rein sein. Das Menthol sei Pharmakopöeware. — Die Baldriansäure in reinem Zustande ist sehr teuer. Man reinigt sich meistens die technische Ware selbst[2]. Zu diesem Ende rektifiziert man sie aus großen Quarz- oder Glaskolben durch eine Kolonne mit Glasperlen oder Raschigkörpern, und zwar, indem man je nach der Reinheit des Rohprodukts (Vorversuch) dasselbe im Destillationskolben mit 3—6 % seines Gewichts an Natriumbichromat und der entsprechenden Menge Schwefelsäure versetzt. Oft ist das technische Produkt so unrein, d. h. noch mit teerigen Bestandteilen versetzt, daß man dasselbe zuerst ohne Kolonne umdestillieren muß, bevor man zur Behandlung mit Bichromat und Schwefelsäure und der gleichzeitigen Rektifikation schreiten kann.

Die beschriebene Reinigung von Baldriansäure muß im Freien unter einem kleinen Dache vorgenommen werden, wegen dem unangenehmen und ungemein anhaftenden Baldriansäuregeruch.

---

[1] Über die Bestimmung der Köttstorferschen Verseifungszahl s. Hagers Handbuch der Pharm. Praxis.

[2] Siehe auch unter Baldriansäure dessen Darstellung aus Gärungsamylalkohol und die dort beschriebene Reinigung des Rohprodukts.

Metamidoparaoxybenzoesäuremethylester.

$$COOCH_3$$

$$NH_2$$

$$OH$$

Schmelzpunkt 143°. Zur medizinischen Verwendung dient die Base. Weißes krystallinisches, wasserunlösliches, alkohollösliches Pulver.

1. **p-Oxybenzoesäure aus Salicylsäure.** Aus der letzteren stellt man ihr Kaliumsalz in Form eines feinen Pulvers dar. Dann heizt man einen offenen Kessel aus Kupfer mit Rührwerk durch ein Ölbad auf 220° an und gibt erst, wenn diese Temperatur erreicht ist, das salicylsaure Kalium auf einmal in den Kessel. Man erhitzt unter Rühren auf genau 220°, bis eine in Wasser gelöste Probe mit Eisenchloridlösung keine Violettfärbung mehr gibt. Darauf löst man in Wasser, fällt die p-Oxybenzoesäure mit reiner Salzsäure, nutscht, wäscht salzsäurefrei und trocknet bei 35—40°.

2. **p-Oxybenzoesäuremethylester.** Man erhitzt am Rückfluß 20 T. p-Oxybenzoesäure mit 80 T. Alkohol 96 % und 15 T. Schwefelsäure 66° Bé während 6 Stunden. Hierauf neutralisiert man die Säure mit Soda und treibt den überschüssigen Alkohol ab, worauf der Ester durch Zugabe von 75 T. Wasser in Form von derben Krystallen ausgeschieden wird. Diese werden abgenutscht und getrocknet. Sie können ohne Reinigung weiterverarbeitet werden.

Ausbeute 95 % der Theorie.

3. **m-Nitro-p-oxybenzoesäuremethylester.** Man erwärmt unter Rühren während anderthalb Stunden:

20 T. p-Oxybenzoesäuremethylester.
14 T. Salpetersäure 1,40 spez. Gew.
36 T. Wasser.

Man läßt dann unter weiterem Rühren erkalten, nutscht den Nitroester auf einer Tonnutsche mit säurebeständigem Filterstein ab und trocknet bei 30—35°.

Die Ausbeute an Rohware beträgt 92 % der Theorie.

Sie wird zweimal aus Alkohol 96 % in folgender Weise umkrystallisiert: Man löst 1 T. Nitroester in 1 T. Alkohol, gibt 1 % des Nitroesters an metallfreier Entfärbungskohle zu, filtriert, engt das Filtrat auf zwei Drittel seines Volumens ein und läßt im Eisschrank krystallisieren. Die Mutterlauge der zweiten Krystallisation dient zum Lösen der Rohware für die erste. Der Schmelzpunk des gereinigten Produktes soll 75—76° betragen.

4. **m-Amido-p-oxybenzoesäuremethylester.** Die Reduktion des Nitrokörpers kann nur mit Zinn und eisenfreier Salzsäure vorgenommen werden. Man reduziert analog der S. 234 für die Reduktion zu Novocain beschriebenen Methode, doch halte man die Reduktionstemperatur eher noch tiefer als dort angegeben ist. Dann entzinnt man ebenfalls in derselben Weise, wie an der genannten Stelle beschrieben wird, verdampft die entzinnte Lösung im Vakuum zur Trockene und krystallisiert die salzsaure Verbindung unter Zugabe von metallfreier Entfärbungskohle aus Alkohol. Das gereinigte salzsaure Produkt löst man in Wasser, fällt aus der Lösung die Base mit filtrierter Sodalösung, nutscht, trocknet und krystallisiert die Base nochmals aus Alkohol.

Ausbeute mindestens 80 % der Theorie.

Schwefelsaures Methylparamidophenol.

$CH_3NHC_6H_5OH)_2H_2SO_4$.   Mol.-Gew. 346.   Schmelzpunkt = 250—260°. — Weiße Nädelchen, löslich in 20 T. kaltem und 6 T. siedendem Wasser.

Man methyliert das p-Amidophenol mit Dimethylsulfat nach der Gleichung:

$$NH_2C_6H_4OH + (CH_3)_2SO_4 = CH_3NHC_6H_4OH + CH_3HSO_4 .$$

In einem homogen verbleiten Rührkessel mit Doppelboden für Dampfheizung und Wasserkühlung mischt man:

100 kg p-Amidophenol technisch rein.
44 kg eisenfreie Salzsäure 21⁰ Bé.
42 kg destilliertes Wasser

und erwärmt unter Rühren auf 90⁰. Bei dieser Temperatur läßt man unter fortgesetztem Rühren im Zeitraum von höchstens $^1/_2$ Stunde 32 kg reines schwefelsäurefreies Dimethylsulfat einfließen, also eine Menge an Methylierungsmittel, welche nicht ganz 30⁰/₀ des p-Amidophenols methylieren kann, denn es tritt, wie bekannt, nur eine Methylgruppe des Dimethylsulfates in Reaktion. Es ist nicht ratsam, den Dimethylsulfatzusatz weiterzutreiben, da sich sonst in zunehmendem Maßstabe zwischen dem Gemisch der verschiedenen gebildeten Körper eine Reihe schädlicher Nebenreaktionen abspielen würde.

Um dieselben möglichst auszuschalten, verwendet man auch neben dem salzsauren p-Amidophenol einen Überschuß von Amidophenolbase, welche dazu dient, die durch die Reaktion mit dem Dimethylsulfat gebildete Methylschwefelsäure sowie Schwefelsäure sofort abzustumpfen.

Man fügt nach dem Zufluß des Dimethylsulfats prompt 66 kg Natronlauge 36⁰ Bé zu. Diese Laugenmenge ist nicht genügend, um alle in dem Reaktionsgemisch enthaltene Salzsäure und Schwefelsäure abzubinden. Erfahrungsgemäß spaltet sie zuerst den Methylalkohol aus der Methylschwefelsäure ab und setzt die Amidophenolbase in Freiheit, wofür die genannte Laugenmenge beinahe ausreicht. Das Methyl-p-amidophenol bleibt als mineralsaures Salz in Lösung. Der in Freiheit gesetzte Methylalkohol verflüchtigt sich, und man ist gezwungen, den Natronlaugezusatz so zu regeln, daß kein Überwallen der Reaktionsmasse stattfindet. Nach beendigtem Laugenzusatz kühlt man durch Kühlwasser rasch auf 15⁰ ab, nutscht das ausgeschiedene p-Amidophenol auf einer Tonnutsche mit Filterstein ab, wäscht mit genau 85 l destilliertem Wasser nach und verwendet es für weitere Operationen.

Durch das teilweise Neutralisieren mit Natronlauge haben wir in der Reaktionsmasse ein Gemisch von Kochsalz und Glaubersalz erhalten. Man könnte sich fragen, warum man nicht am Anfang Schwefelsäure statt Salzsäure zum Amidophenol zusetzt, um zu einem einheitlichen anorganischen Salz, d. h. nur zu Glaubersalz zu gelangen. Der Grund dafür ist, daß Kochsalz wasserlöslicher ist als Glaubersalz und wir also mit einer geringeren Flüssigkeitsmenge ausreichen. Dies ist für das nachfolgende Ausäthern von Vorteil.

Man bestimmt nun das Volumen der vereinigten Mutterlaugen und Waschwässer, welches etwa 275 l betragen wird. Für ein eingearbeitetes Personal erübrigt sich übrigens diese Bestimmung, weil es das Volumen aus Erfahrung kennt. Da man dasselbe kennen muß, wäscht man auf der Nutsche mit einer genau bestimmten Wassermenge. — Die Flüssigkeitsmenge enthält noch etwas p-Amidophenol und alles Methylamidophenol als Chlorhydrat und Sulfat gelöst. Die letzten Amidophenolreste sollen nun aus der Lösung entfernt werden. Das

Prinzip dieser Abtrennung beruht auf der Tatsache, daß Amidophenol sich mit Benzaldehyd zu unlöslichem Benzyliden-p-Amidophenol:

$$\mathrm{HO}\langle\ \rangle\mathrm{NH}\!\diagdown\!\!{}_{\diagdown}\atop\mathrm{HO}\langle\ \rangle\mathrm{NH}\!\diagup\!\!{}^{\diagup}\ \mathrm{CHC_6H_5}$$

kondensiert, während Methylamidophenol als solches in Lösung bleibt.

Man nimmt einen aliquoten Teil, z. B. 1 l der Lösung und macht einen Vorversuch: Versetzen mit Natriumacetatlösung und hernach mit Benzaldehyd, bis nichts mehr sich ausscheidet. Dann behandelt man die Gesamtmenge der Lösung mit Natriumacetatlösung, mit welcher man sparsam umgeht, und der ausgerechneten Menge Benzaldehyd, läßt absetzen, dekantiert die klare Flüssigkeit ab, nutscht das abgesetzte Kondensationsprodukt, wäscht mit 15 l destilliertem Wasser nach und bewahrt den Nutschenkuchen für die Aufarbeitung, deren Beschreibung weiter unten erfolgt, auf.

Aus der mit dem Waschwasser vereinigten Lösung scheidet man durch Versetzen derselben mit filtrierter Lösung von Solvaysoda in destilliertem Wasser bis zur phenolphthaleinalkalischen Reaktion die Methylamidophenolbase aus und extrahiert dann dieselbe mit Äther, welcher frei von Destillationsrückstand ist. Dabei geht man so vor, daß man das erstemal 100 l und die drei folgenden Male noch je 50 l Äther verwendet, worauf man die vereinigten ätherischen Auszüge mit entwässertem Glaubersalz trocknet und nach Filtration den Äther restlos abtreibt. Der Destillationsrückstand ist rohe Methylamidophenolbase.

Diese versetzt man in einem Krystallisierapparat aus emailliertem Eisen nach Abb. 89 mit 170 l destilliertem Wasser von 50° und löst unter Rühren durch Zusatz von reiner Schwefelsäure von 50° Bé, wovon man ungefähr 17 kg benötigt, bis zur ganz schwach sauren Reaktion. Man heizt zum Sieden, versetzt mit 300 g metallfreier Entfärbungskohle, rührt bei Siedetemperatur $^1\!/_2$ Stunde, filtriert heiß durch ein Druckfilter in emaillierte Marmiten von 50 l Inhalt, entfärbt die Lösung in diesen durch etwas wässerige Schwefligsäurelösung und läßt unter beständigem Rühren erkalten. Am anderen Morgen ist das schwefelsaure Methyl-p-amidophenol in kleinen weißen Nadeln ausgeschieden. Man stellt die Marmiten noch in Eiswasser, bis ihr Inhalt auf höchstens 5° abgekühlt ist, beläßt 3—4 Stunden auf dieser Temperatur, schwingt scharf aus, mischt die Krystalle mit 15 l Alkohol von mindestens 90 %, schwingt möglichst trocken und trocknet bei 20—25° fertig.

Aus den alkoholischen Laugen gewinnt man durch Destillation den Alkohol zurück. Die wässerigen Laugen engt man im Vakuum auf ein Fünftel ihres Volumens ein und gewinnt daraus eine zweite Krystallisation, welche man der ersten Krystallisierlauge der nächsten Operation zusetzt.

Die Ausbeute an reinem schwefelsaurem Methylamidophenol beträgt, berechnet auf das verwendete Dimethylsulfat, höchstens 28 kg oder 64 % der Theorie. Wenn man zu den 100 kg Amidophenol, von welchen man ausging, mehr als 32 kg Dimethylsulfat zusetzen würde, also mit anderen Worten mehr Amidophenol methylieren wollte, wäre die Ausbeute noch schlechter.

Um das Benzyliden-p-amidophenol aufzuarbeiten, versetzt man dasselbe mit seinem eigenen Trockengewicht an Wasser und der Hälfte seines Gewichtes an Schwefelsäure 50° Bé, wodurch Spaltung eintritt. Den Benzaldehyd treibt man mit direktem Wasserdampf ab und gewinnt so etwa 90% der davon ursprünglich verwendeten Menge zurück.

Aus dem Rückstand der Wasserdampfdestillation fällt man die Amidophenolbase mit Sodalösung und vereinigt sie mit der Hauptmenge des überschüssigen Amidophenols, welches man bereits nach dem Dimethylsulfatzusatz durch Versetzen mit Natronlauge bis zur schwach sauren Reaktion regeneriert hat. Im ganzen gewinnt man aus einem Ansatz von 100 kg Amidophenol mindestens 65 kg davon unverändert zurück.

Andere für die Fabrikation von Metol vorgeschlagene Darstellungsarten ergeben noch weniger gute Resultate; so dasjenige aus Hydrochinon und Methylamin.

Monobromcampher.

Camphora monobromata. $C_{10}H_{15}BrO$. Mol.-Gew. 231. Farblose Nadeln vom Schmelzpunkt 76°, von campherartigem Geruch, unlöslich in Wasser, löslich in 15 T. kaltem Weingeist, leicht löslich in Äther, Chloroform und fetten Ölen.

Monobromcampher ist wie Tribomphenol eines jener Produkte, deren Fabrikation dadurch rentabel wird, daß man als Nebenprodukt die stark gefragte und deshalb gut bewertete Bromwasserstoffsäure erhält.

Die Apparatur zur Bromierung ist analog derselben für Tribromphenol, S. 181, Abb. 45. Indem man jedoch kaum größere Ansätze als von je 10 kg Campher ausgehend bereitet, genügt hier eine Tonbirne von 50 l Inhalt und ein entsprechend kleinerer Tontopf zum Auffangen des Bromwasserstoffs. Die Tonbirne wird außerdem vorteilhaft durch eine solche aus Porzellan ersetzt und muß statt mit heißem Wasser durch ein dampfgeheiztes Ölbad erwärmt werden.

Als Ausgangsprodukt verwende man reinen natürlichen Campher und keinen synthetischen. Letzterer ergibt, auch wenn er relativ recht rein ist, immer schlechtere Ausbeuten als natürliche Ware.

In die Porzellanbirne bringt man 10 kg pulverisierten Campher und läßt dazu unter häufigem Umrühren mit einem dicken Glasstab im Verlaufe von drei Stunden genau 10,45 kg Brom zufließen. Infolge des langsamen Bromzuflusses erfolgt derselbe hier aus einem kleinen Scheidetrichter.

Man erwärmt dann das Gemisch im Verlaufe von 3 Stunden bis auf 80°, worauf man die Temperatur noch 3 Stunden bis auf 100° steigert. Das entweichende Bromwasserstoffgas wird in destilliertem Wasser aufgefangen und die wässerige Bromwasserstoffsäure in Arzneibuchware umgearbeitet, wie im Kapitel über Tribromphenol beschrieben ist.

Nach beendigter Bromwasserstoffentwicklung drückt man die Schmelze aus der Porzellanbirne in einen Tontopf mit vorgelegter, filtrierter 5proz. Sodalösung. Man rührt durch, bis der obenauf schwimmende Rohbromcampher krümelig erstarrt. Diesen nutscht man ab und wäscht ihn mit kaltem destilliertem Wasser nach, bis das Waschwasser mit Silbernitrat nicht mehr reagiert. Die wässerigen Laugen gehen in die Bromnatriumfabrikation; der Rohbromcampher wird bei 35° getrocknet.

Von demselben löst man 3 T. in trockenem Zustande heiß in 4 T. Alkohol 95%, versetzt die heiße Lösung mit etwas metallfreier Entfärbungskohle und filtriert nach 10 Minuten durch Faltenfilter in große „Erlenmeyer" zur Krystallisation. Schon bei gewöhnlicher Temperatur krystallisieren ungefähr 50% des Bromcamphers in farblosen Nadeln aus. Man stellt die „Erlenmeyer" zur Verstärkung der Krystallisation für einige Stunden in Eiskochsalzmischung, nutscht die Krystalle, spült sie mit etwas Alkohol und trocknet bei 35⁰. Die mit dem wenigen Waschalkohol vereinigten Mutterlaugen werden im Heißwasserbad auf ein Viertel ihres Volumens eingeengt und wieder krystallisiert. Dieses wird noch einmal wiederholt. — Die letzten, ziemlich dunkeln Laugen sammelt man von verschiedenen Operationen und arbeitet sie zusammen auf. Man verdünnt sie mit der anderthalbfachen Menge ihres Gewichtes an destilliertem Wasser, wodurch sich eine Schmiere ausscheidet. Von dieser trennt man die klare Lösung und destilliert aus derselben den Alkohol ab. Aus dem erkalteten Destillationsrückstand ist Rohbromcampher ausgeschieden, welchen man in trockenem Zustande mit frischem Rohbromcampher zur Krystallisation vereinigt.

Die Schmieren werden getrocknet und ihr Schmelzpunkt bestimmt. Er ist meistens infolge Beimengung von etwas nicht bromierten Campher zu hoch. Man bromiert dann das gepulverte Produkt mit 4—5 % seines Gewichtes an Brom nach und prüft den Schmelzpunkt wieder. Sobald er stimmt, gibt man das Produkt wieder zum Rohbromcampher zur Krystallisation. — Ist der Schmelzpunkt der Schmieren zu niedrig, so enthalten dieselben Dibromcampher. Sie werden dann mit 10 % ihres Gewichtes an Ätzkali eine halbe Stunde am Rückflußkühler ausgekocht, die Schmelze in Wasser gegossen, filtriert, alkalifrei gewaschen und nach dem Trocknen wieder auf den Schmelzpunkt geprüft.

Ausbeute 122 % des in Arbeit genommenen Camphers, wenn derselbe reiner Naturcampher war. Aus synthetischem Campher ist sie um so niedriger, je geringer der Reinheitsgrad desselben ist.

Natrium Benzoicum.

$C_6H_5COONa + H_2O$. Mol.-Gew. 162. Weißes Pulver oder kleine granulierte Stückchen. Löslich in 1,5 T. Wasser und 45 T. Äther.

In einen emaillierten Doppelwänder von 200 l Fassungsvermögen bringt man 25 kg Benzoesäure und verreibt sie mit 100 l Kondenswasser. Darauf neutralisiert man mit Soda bis zur schwach sauren Reaktion. Zur Herstellung der technischen Ware für Konservierungszwecke nimmt man die gewöhnliche calcinierte Soda, zur Herstellung des offizinellen Präparates eine Lösung von Krystallsoda, die in bezug auf Reinheit den Anforderungen der Arzneibücher entspricht. Die ganz schwachsaure Lösung wird durch Flanellspitzbeutel, die mit etwas Filtrierpapierbrei beschickt sind, filtriert und dann eingedampft. Will man die sog. granulierte Ware — Natrium benzoic. granulatum — darstellen, so reibt man die Masse zum halbtrockenen Brei an, der zur Herstellung des granulatum durch ein großes Haarsieb gerieben wird. Das Granulatum wird im Dampftrockenschrank getrocknet und auf dem Sieb von Pulver befreit. Die technische Ware für Konservierungszwecke wird im Doppelwandkessel selbst weitmöglichst getrocknet. Die entstandenen Krusten werden mit Holzspateln aus dem Kessel entfernt, im Trockenschrank nachgetrocknet und gesiebt.

Natrium salicylicum.

COONa
OH

Mol.-Gew. 160. Aus alkoholischer Lösung gewonnen bildet es farblose, geruchlose, seidenglänzende Schüppchen, von denen sich 1 T. in 1 T. Wasser oder in 6 T. Weingeist löst.

Die Herstellung eines in jeder Beziehung einwandfreien Natriumsalicylates verlangt unbedingt erstens eine tadellose emaillierte Apparatur, zweitens reinste, den Pharmakopöen absolut konforme Ausgangsprodukte und drittens das Arbeiten in alkoholischer, nicht in wässeriger Lösung.

In einem emaillierten Doppelwänder mit Deckel, Rührer, Rückfluß- und absteigendem Kühler und großem Bodenhahn löst man in 60 l Alkohol von 97 %

unter Rühren 16,5 kg Acidum salicylicum D.D.B. VI bei 60—70⁰ und gibt bei dieser Temperatur im Zeitraum von 3—4 Stunden unter fortgesetztem Rühren in kleinen Portionen 10,0 kg Natrium bicarbonatum D.A.B. VI hinzu. Aus der entstandenen Lösung, welche noch sauer reagieren soll, destilliert man 35 l Alkohol ab, läßt dann den resultierenden Brei vollständig erkalten, bringt ihn durch den Bodenhahn auf eine Nutsche und saugt die Mutterlaugen scharf ab. Das erhaltene schneeweiße Krystallpulver wird bei 35—40⁰ getrocknet und gesiebt. — Die Mutterlaugen entfärbt man mit 70 g metallfreier Entfärbungskohle, engt sie nach Filtration auf $^1/_4$ ihres Volumens ein und läßt nochmals krystallisieren.

Ausbeute 19 kg.

Novocain. p-Amidobenzoyldiäthylaminoäthylester.

Mol.-Gew. = 238. Schmelzpunkt des Chlorhydrats = 156⁰, sein Mol.-Gew. 272,5. Das Chlorhydrat bildet kleine farblose Nadeln, löslich in 1 T. Wasser und 30 T. Weingeist.

Die zur Fabrikation des Novocains erforderlichen Ausgangsmaterialien sind:

Die p-Nitrobenzoesäure.

$$\text{COOH} - C_6H_4 - NO_2$$

Das Äthylenmonochlorhydrin. CH_2ClCH_2OH.

Das Diäthylamin. $NH{<}^{C_2H_5}_{C_2H_5}$

Die Darstellung von p-Nitrobenzoesäure durch Oxydation von p-Nitrotoluol mit Bichromat und Schwefelsäure wurde bereits in der Beschreibung der Anästesinherstellung behandelt (s. S. 161). — Der Vollständigkeit halber sei hier noch das Oxydationsverfahren mit Permanganat beschrieben. Dieses letztere ist in der Anwendung etwas teuerer als das Bichromat; dafür ist die Oxydationsdauer eine kürzere und die Ausbeute eher etwas höher.

Als Apparatur dient ein Kessel von 650 l Inhalt mit Dampfmantel, Rührwerk, Thermometerstutzen und Rückflußkühler.

Darin werden 10 kg p-Nitrotoluol mittels des Rührwerks in 400 l Wasser suspendiert und bei 80⁰ 30 kg Kaliumpermanganat in Portionen von ungefähr $1^1/_2$ bis 2 kg im Verlaufe von 4 Stunden eingetragen. Während der Operation hält sich die Temperatur auch bei abgestelltem Dampf etwa auf der angegebenen Höhe. Beginnt sie zum Schluß zu sinken, so erhitzt man auf 100⁰ und rührt bis zur eingetretenen Entfärbung der Mischung, was nun nach ungefähr $1^1/_2$—2 Stunden der Fall ist. Nach beendeter Reaktion drückt man in hochstehende Blechbehälter von 1 m³ Inhalt, läßt absetzen, zieht die klare Flüssgikeit mittels Schwenkhahnes in genügend große Holzbottiche ab und fällt in diesen die p-Nitrobenzoesäure durch Zusatz von Salz- oder Schwefelsäure. Der zurückgebliebene Braunstein wird abgenutscht, mit Wasser ausgewaschen und die erhaltenen Wässer mit der obigen Lösung zur Fällung vereinigt. Der Braunstein wird entweder als solcher verkauft oder auf Manganat-Permanganat-Gemisch oder auf reines Permanganat verarbeitet. Die Nitrobenzoesäure, die bei gewöhnlicher Temperatur so gut als quantitativ ausfällt, wird abgesaugt, ausgewaschen und in Dampfkosten getrocknet.

Ausbeute: 12 kg p-Nitrobenzoesäure aus 10 kg p-Nitrotoluol.

Das Äthylenchlorhydrin wird industriell aus Äthylen dargestellt, sei es durch Anlagerung von aus Chlorkalk und Kohlensäure im status nascendi gebildeter unterchloriger Säure, sei es durch Anlagerung von ebenfalls im status nascendi gebildetem Sauerstoff und Salzsäure.

Im ersten Falle stellt sich der Vorgang dar nach den Gleichungen:

$$Ca\begin{smallmatrix}OCl\\[2pt]OCl\end{smallmatrix} + CO_2 + H_2O = CaCO_3 + 2\,\underset{\substack{\text{im status}\\\text{nascendi.}}}{HOCl}$$

$$\underset{\substack{\text{im status}\\\text{nascendi}}}{HOCl} + \begin{smallmatrix}CH_2\\[2pt]\parallel\\[2pt]CH_2\end{smallmatrix} = \begin{smallmatrix}CH_2Cl\\[2pt]CH_2OH\end{smallmatrix}$$

Im zweiten Falle spielt sich die Reaktion folgendermaßen ab:

$$Cl_2 + H_2O = \underset{\substack{\text{im status}\\\text{nascendi.}}}{2\,HCl + O}$$

$$\underset{\substack{\text{im status}\\\text{nascendi}}}{O} + \begin{smallmatrix}CH_2\\[2pt]\parallel\\[2pt]CH_2\end{smallmatrix} = \begin{smallmatrix}CH_2\\[2pt]CH_2\end{smallmatrix}\!\!>\!O$$

$$\begin{smallmatrix}CH_2\\[2pt]CH_2\end{smallmatrix}\!\!>\!O + \underset{\substack{\text{im status}\\\text{nascendi}}}{HCl} = \begin{smallmatrix}CH_2Cl\\[2pt]CH_2OH\end{smallmatrix}$$

Diese Reaktionen spielen sich nur ab, wenn bei der ersten die unterchlorige Säure und bei der zweiten der Sauerstoff und der Chlorwasserstoff im status nascendi mit Äthylen zusammentreffen! Eine fertigbereitete Lösung von unterchloriger Säure reagiert, entgegen den Angaben der Literatur, fast nicht auf das Äthylen. — Diese Tatsachen erklären die Anordnungen der in der Praxis benutzten Apparaturen.

Bevor dieselben beschrieben werden, sei die Herstellung des Äthylens kurz besprochen. Für Betriebe mit kleinem Bedarf an diesem Gase, wie dies bei der Novocainfabrikation der Fall ist, kommt nur die Spaltung von Äthylalkohol durch erhitzte Phosphorsäure in Betracht. — Im Laboratorium erhitzt man in einem Kolben von 3 l aus Jena- oder Pyrexglas durch ein Sandbad 1 kg konzentrierte Phosphorsäure auf 200—220° und leitet dann aus einem Tropftrichter Alkohol in den Kolben. Das entweichende Äthylen wird in einem Gasometer aus Metall aufgefangen. — Im Betriebe tränkt man Koks oder Bimsstein mit konzentrierter Phosphorsäure, füllt damit einen Turm und leitet bei 200—220° Alkoholdämpfe in denselben. Die Regeneration von Phosphorsäure wurde S. 55 beschrieben. Hier wird man natürlich statt Bariumsuperoxyd Hydroxyd verwenden und als Nebenprodukt der gereinigten Phosphorsäure Blanc fixe erhalten.

Für die Umsetzung des Äthylens mit unterchloriger Säure preßt man dasselbe durch ein Sandsteinfilter in eine eisgekühlte (max. 5°) Suspension von Chlorkalk in Wasser, in welche man gleichzeitig Kohlensäuregas einleitet. Durch das Einpressen des Äthylens durch ein Filter erreicht man eine sehr feine Verteilung desselben, wodurch es fast vollständig zur Umsetzung mit der im status nascendi gebildeten unterchlorigen Säure gelangt. Nach beendeter Reaktion wird von dem

Calciumcarbonat abgenutscht und das Äthylenchlorhydrin aus der wässerigen Lösung isoliert. Seine Herstellung nach diesem Prozeß eignet sich in erster Linie für den Großbetrieb.

Die Umsetzung des Äthylens mit Sauerstoff und Salzsäure im status nascendi bedarf einer langen Reaktionsdauer. Im Laboratorium wird sie in einer Standflasche von 8 l Inhalt vorgenommen, welche von außen mit Eiswasser gekühlt ist. In die Flasche bringt man 4 l kaltes Wasser und 1 kg gemahlenes Eis. Wenn die Temperatur unter 5⁰ gesunken ist, leitet man durch zwei Tauchrohre auf je 1 l Äthylen aus dem Gasometer aus Metall je 1 l Chlorgas aus einem Gasometer aus Glas so langsam in die Eiswassermischung, daß die Temperatur nie 5⁰ überschreitet. Man rührt während des Einleitens mit einem Quirlrührer aus Glas so energisch als nur irgend möglich.

Da, wie bekannt, die Umsetzung des Cl_2 mit Wasser zu $2 HCl$ und Sauerstoff nur allmählich vor sich geht, können Chlor und Äthylen nur langsam eingeleitet werden; höchstens 2 l Chlor und ebensoviel Äthylen je Stunde. Die Reaktion wird durch Belichtung befördert. Nach 5 bis 6 Stunden werden die Gase allmählich schlechter absorbiert. Man stellt dann die Chlorzufuhr ab und leitet noch so lange Äthylen in schwachem Strome durch, bis mit Jodkaliumstärkepapier kein Chlor mehr in die Flüssigkeit nachzuweisen ist. Dann extrahiert man zwei Male mit je 300 cc Schwefeläther. Die ätherische Lösung schüttelt man zwei Male mit je 100 cc Wasser aus, trocknet sie mit geglühtem Natriumsulfat, treibt den Äther ab und destilliert das Äthylenmonochlorhydrin im Vakuum.

Die Ausbeute beträgt 30—40 g.

Im Betriebe drückt man das Äthylen wie beim Chlorkalkverfahren durch ein Sandsteinfilter in das Chlorwasser. Das Chlor soll immer im schwachen Überschuß sein. Die Temperatur darf nie mehr als 5⁰ betragen. Die Reaktion kann natürlich nicht forciert werden, denn sie spielt sich nur im Rahmen der Umsetzung des Chlors mit dem Wasser zu Sauerstoff und Salzsäure ab. Man kann aber die Reaktion im Betriebe besser regulieren als im Laboratorium und gelangt mit einiger Übung leicht zu mehreren Prozenten des Wassergewichtes an Äthylenchlorhydrin. Die nicht in Reaktion tretende Salzsäure verlangsamt mit zunehmender Konzentration den Fortgang der Reaktion. Das Isolieren des Äthylenchlorhydrins geschieht analog dem Laboratoriumsversuch.

Wenn man nach dem zweiten Verfahren nur verhältnismäßig verdünnte wässerige Lösungen von Äthylenchlorhydrin erhält, die Reaktion lange Zeit beansprucht und für die Herstellung kleiner Quanten große Flüssigkeitsmengen gekühlt werden müssen, so verwendet man dafür das Chlor direkt als solches, ohne den Umweg über Chlorkalk und Kohlensäure anzutreten, außerdem vermeidet man auch ein Filtrieren der wässerigen Lösung vor ihrer Extraktion mit Äther. Immerhin ist das zweite Verfahren nur für keine Produktion geeignet; für die Fabrikation größerer Mengen kann nur das erste in Betracht fallen.

Das Diäthylamin gewinnt man industriell aus Chloräthyl und Ammoniak·

$$2 C_2H_5Cl + 3 NH_3 = 2 NH_4Cl + NH (C_2H_5)_2 .$$

Die Fabrikation von Chloräthyl wurde S. 98ff. beschrieben. Zur Umsetzung desselben mit Ammoniak verwendet man einen auf 60 Atm. geprüften Autoklaven aus V2A-Stahl von 500 l Inhalt, mit Mantel zum

Kühlen und Heizen, den vorgeschriebenen Sicherheitsvorrichtungen, ferner einem Thermometerrohr, einem Tauchrohr und einem Abdrückrohr. Letzteres wird erst eingehängt, wenn die gleich zu beschreibende Druckoperation beendigt ist. Während derselben ist sein Stutzen durch einen Blindflansch verschlossen.

Es sei gleich bemerkt, daß für die Novocaindarstellung verwendetes Diathylamin unbedingt rein sein muß. Aus diesem Grunde soll den nachstehend angeführten Reinheitsbedingungen an seine Ausgangsprodukte unbedingt Folge gegeben werden.

In den Autoklaven bringt man 50 kg absoluten Alkohol, kühlt denselben durch Sole auf —15° ab und leitet durch das Tauchrohr aus einer Bombe 10 kg reines Ammoniakgas ein. Damit dasselbe auch von Spuren empyreumatischer Substanzen befreit sei, läßt man es vor seinem Eintritt in den Autoklaven durch drei Woulffsche Flaschen mit konzentrierter Natronlauge passieren. Dann füllt man, ebenfalls durch das Tauchrohr, 26 kg reines Chloräthyl ein, entfernt das Tauchrohr, gibt durch seinen offenen Stutzen noch 100 g gemahlenen Braunstein zu und verschließt ihn durch einen Blindflansch. Der Braunstein wirkt als guter Katalyt.

Man wärmt nun den Autoklaven langsam und äußerst vorsichtig mit Dampf an. Es entsteht ein Druck von 10—15 Atm., der aber, wenn die Reaktion sich zu spontan auslöst, viel höher steigen kann! Aus diesem Grund wähle man, namentlich mit noch nicht eingeübter Bedienungsmannschaft, die Ansätze klein im Verhältnis zum Autoklaveninhalt! Der Druck geht gegen das Ende der Reaktion von selbst wieder zurück, und man kann die Temperatur zum Schluß auf 95—100° steigern. Nach beendigter Reaktion, d. h. wenn der Druck bei derselben Temperatur konstant bleibt, kühlt man das Reaktionsgemisch auf 0° ab, setzt dann das Abdrückrohr ein und drückt durch ein geschlossenes Filter in den Rektifikationsapparat. — Dieser besteht aus einer Blase von 150 l Inhalt, einer Kolonne von mindestens 5 m Höhe, gefüllt mit Guttmannschen Hohlkugeln oder mit Raschigringen und aus einem Kühler, in welchem mit Sole gekühlt werden kann. Mit Ausnahme der Füllkörper wird auch dieser Apparat am besten aus V2A-Stahl gebaut. Die Kolonne muß mindestens die angegebene Höhe haben, damit sie eine quantitative Trennung ermöglicht.

Im Reaktionsgemisch befinden sich außer dem Chlorammonium und Spuren von Chloräthyl:

$C_2H_5NH_2$ vom Siedepunkt 18°.
$(C_2H_5)_2NH$ vom Siedepunkt 56°.
Alkohol   vom Siedepunkt 80°.
$(C_2H_5)_3N$ vom Siedepunkt 89°.

Diese werden durch fraktionierte Destillation quantitativ getrennt.

Die Ausbeute an Diäthylamin variiert zwischen 7 und 10 kg. Der Rest wird aus Mono- und Triäthylamin gebildet. Man setzt das erstere bei der nächsten Operation zu; das Triäthylamin wird, wenn möglich, verkauft. Man kann es aber auch in absolutem Alkohol lösen, durch Einleiten von HCl-Gas sein Chlorhydrat fällen, dieses abnutschen, trocknen und durch trockene Destillation in Chloräthyl und Diäthylamin zerlegen.

Seit man:

1. Legierungen für den Apparatebau fand, welche der Ammoniakeinwirkung standhalten,

2. zuverlässige Druckgefäße in jeder Größe fabriziert,

3. Fraktionskolonnen von früher nie geahnter Wirkung baut,

stellt man die Äthylamine überall in der beschriebenen Weise her.

Die Umwandlung der p-Nitrobenzoesäure in p-Nitrobenzoesäure-diäthylaminoäthylester kann nach zwei verschiedenen Arbeitsmethoden vorgenommen werden.

Das Schema der ersteren ist wie folgt:

$$C_6H_4(COOH)(NO_2) + CH_2OHCH_2Cl = C_6H_4(COO \cdot CH_2 \cdot CH_2Cl)(NO_2) + H_2O \; .$$

$$C_6H_4(COO \cdot CH_2CH_2Cl)(NO_2) + 2\,NH(C_2H_5)_2 = C_6H_4(COO \cdot CH_2 \cdot CH_2N(C_2H_5)_2)(NO_2)$$
$$+ (C_2H_5)_2NH \cdot HCl.$$

Der Apparat für die erste Phase besteht aus einer Birne aus Porzellan oder Ton mit Deckel, Rückflußkühler und Rührer, von ungefähr 100 l Inhalt. Die Heizung erfolgt durch ein Öl- oder Glycerinbad.

In ein Gemisch von 50 kg Äthylenchlorhydrin vom Siedepunkt 128—130° und 2 kg konzentrierte Schwefelsäure werden unter Rühren allmählich, d. h. im Verlaufe von 1—2 Stunden, 10 kg p-Nitrobenzoesäure eingetragen und bereits während des Eintragens auf 100° erwärmt. Ist vollständige Lösung eingetreten, so wird noch 3 Stunden auf dieser Temperatur erhalten, alsdann der Kühler umgestellt und im Vakuum ungefähr 40—42 kg Äthylenchlorhydrin abdestilliert. Dieses wird mit Kaliumcarbonat getrocknet, destilliert und wieder für einen neuen Ansatz verwendet. Der ölige Rückstand wird noch warm mit warmer 20proz. Sodalösung durchgerührt (alkalische Reaktion des Waschwassers!) und einige Stunden bei gewöhnlicher Temperatur unter fortgesetztem Rühren stehengelassen. Hierbei erstarrt er zu einer körnigen Masse, die leicht abgesaugt und durch Waschen mit Wasser völlig von Soda usw. befreit werden kann.

Die Ausbeute beträgt 13,3—13,5 kg; sie ist also fast quantitativ.

Zur völligen Reinigung wird das p-Nitrobenzoylchloräthanol in der 8—10fachen Menge an 70proz. Alkohol heiß gelöst und unter Rühren erkalten gelassen. Hierbei kommt der Ester in feinen Nädelchen heraus, die nach dem Trocknen (Schmelzpunkt 54—55°) ohne weiteres für die folgende Umsetzung verwendet werden können.

1 T. p-Nitrobenzoylchloräthanol wird mit 0,9 T. Diäthylamin vom Siedepunkt 56—58° in einem Autoklaven, der mit emailliertem Rührwerk und eingekittetem Steinzeugeinsatz versehen ist, sonst aber aus

Eisen besteht, 12 Stunden unter Rühren auf 108—112° erhitzt. Die genaue Innehaltung dieser Temperatur ist sehr wichtig. Der Autoklav besitzt ein mit Gas heizbares Ölbad. Nach der angegebenen Zeit läßt man unter Rühren auf 75° erkalten, dann nach Abstellen des Rührwerkes vollständig. Der aus einem Brei von Krystallmasse und Öl bestehende Inhalt wird, am besten gleich im Autoklaven selbst, mit 2 T. Wasser und $^1/_2$ T. Benzol einige Minuten ausgerührt und die Schichten getrennt. Die wässerige Lösung wird nach nochmaligem Ausbenzolen auf Monoäthylamin und Chloräthyl verarbeitet. Den vereinigten Benzollösungen wird durch Rühren mit überschüssiger 10proz. Salzsäure die Base entzogen. Die wässerige Lösung wird mit Natronlauge übersättigt und der p-Nitrobenzoesäurediäthylaminoäthylester durch zweimaliges Ausrühren mit Benzol extrahiert. Die verunreinigten Benzollösungen werden im Vakuum bei 50° in Apparaturen aus Porzellan, Emaille oder verzinntem Kupfer vom Benzol befreit.

Ausbeute 0,9 T.

Das Schema der zweiten Arbeitsweise ist das folgende:

$$CH_2ClCH_2OH + NH(C_2H_5)_2 = (C_2H_5)_2NCH_2CH_2OH + HCl \cdot NH(C_2H_5)_2.$$

$$+ HOCH_2CH_2N(C_2H_5)_2HCl.$$

1 Molekül p-Nitrobenzoesäure und 5 Moleküle Thionylchlorid werden in einem emaillierten Apparate am Rückflußkühler während ungefähr 3 Stunden erhitzt, bis alles in Lösung ist. Das obere Ende des Rückflußkühlers ist mit zwei hintereinander geschalteten Woullfschen Flaschen verbunden, von denen die erste Wasser und die zweite Natronlauge enthält. Das Einleitungsrohr in der ersten Flasche, wo das HCl-Gas zurückgehalten wird, mündet über dem Wasser, dasjenige in der zweiten Flasche, in welcher die schweflige Säure absorbiert wird, taucht in die Lauge hinein. Nach dreistündigem Kochen treibt man das überschüssige Thionylchlorid ab und destilliert den Rückstand im Vakuum von 12—14 mm bei 155°. Er erstarrt in der Vorlage bei 57° und wird einmal aus wasserfreiem Benzol umkrystallisiert.

Zur Überführung des Äthylenchlorhydrins in Diäthylaminoäthylalkohol wird 1 Molekül Äthylenchlorhydrin am Rückflußkühler mit seinem doppelten Gewicht wasserfreiem, reinstem Schwefeläther vom spez. Gew. 0,720 gemischt. Dann läßt man unter äußerer Kühlung langsam 2 Moleküle Diäthylamin zufließen. Die Reaktion verläuft prompt.

Nach dem Zufließen des Diäthylamins erwärmt man noch 1 Stunde am Rückflußkühler zum Sieden des Äthers. Nach dem Erkalten nutscht man das krystallisierte Diäthylaminochlorhydrat ab und wäscht mit trockenem Äther aus. Im Filtrat ist der Diäthylaminoäthylalkohol, der nach dem Abtreiben des Äthers durch Vakuumdestillation rein gewonnen wird.

Das Chlorhydrat des Diäthylamins wird durch alkoholisches Ammoniak unter Druck wieder zerlegt.

Zur Veresterung werden 1 Molekül p-Nitrobenzoesäurechlorid und 2 Moleküle Diäthylaminoäthylalkohol in 5 Molekülen wasserfreiem Benzol gelöst und während 3 Stunden am Rückfluß erwärmt. Die Veresterung geht glatt vor sich. Es entstehen dabei:

1 Molekül Chlorhydrat des Diäthylaminoäthylalkohols,
1 Molekül p-Nitrobenzoesäurediäthylaminoäthylester.

Ersteres ist unlöslich im Benzol und wird abgenutscht und mit Benzol nachgewaschen. Der Ester wird darauf durch Abtreiben des Benzols gewonnen.

Das Chlorhydrat des Diäthylaminoäthylalkohols wird unter Druck durch alkoholisches Ammoniak zerlegt.

Die zweite Arbeitsweise ist umständlicher als die erste, aber die Reaktionen verlaufen ohne Ausnahme sehr glatt, und die entstehenden Nebenprodukte — die Chlorhydrate des Diäthylamins und des Diäthylaminoäthylalkohols — können wieder in die Basen zurückverwandelt werden.

Für die Reduktion zum Novocain benutzt man als Apparatur ein säurefest emailliertes Gefäß von ungefähr 100 l Inhalt mit Rührwerk. Darin werden 2,6 kg Nitrokörper in 30 kg 25proz., reiner, eisenfreier Salzsäure unter Rühren und Kühlen gelöst. Die Temperatur steige nicht über 45—50⁰. In diese Lösung werden, ebenfalls unter Rühren und Kühlen, 3,6 kg granuliertes Zinn eingetragen. Die Temperatur steige dabei nie über 50⁰. Nach dem Abkühlen wird die stark salzsaure Flüssigkeit in einer Entzinnungsanlage (Siemens & Schuckert) bei einer Stromstärke von 0,5 Amp. und einer Spannung von 10—12 Volt unter guter Kühlung entzinnt. Die Kathode besteht aus Blei, die Anode aus Kohle. Die Entzinnung ist nach einigen Stunden beendet. Alsdann wird die filtrierte salzsaure Flüssigkeit in einem mit Steinzeugeinsatz versehenen Vakuumverdampfer bei 40—45⁰ zur Trockene gebracht. Der Rückstand ist fast weiß und stellt das rohe Novocain dar.

Je 10 kg desselben werden in Porzellangefäßen mit 40 kg Alkohol von 96⁰/₀ unter Zugabe von 100—150 g guter, metallfreier Entfärbungskohle, deren Wirkung vorher ausprobiert werden muß, in der Siedehitze gelöst, heiß durch ein Druckfilter filtriert und die Lösung unter Rühren erkalten gelassen.

Das am anderen Tage abgesaugte, reinweiße Produkt wird mit wenig Alkohol gewaschen und getrocknet.

Ausbeute aus 10 kg Rohprodukt an chemisch reinem Novocain vom Siedepunkt 156⁰: 8,5 kg.

Aus den Mutterlaugen wird durch Einengen im Vakuum auf ungefähr ein Viertel bis auf ein Fünftel des ursprünglichen Volumens noch 1—1,2 kg weniger reinen Salzes gewonnen.

Wer über keine Entzinnungsanlage verfügt, kann mit Eisen und Essigsäure reduzieren. Die Reduktion wird ganz analog vorgenommen, wie für das Anästesin beschrieben wurde (s. S. 168). Dann wird mit Sodalösung alkalisch gemacht, darauf aber nicht mit Benzol extrahiert, wie dies beim Anästesin geschieht, sondern zur Trockene verdampft. Die vollständig trockene Masse wird mit absolutem Alkohol extrahiert, die filtrierte Lösung mit alkoholischer Salzsäure genau kongosauer gemacht, mit metallfreier Entfärbungskohle behandelt und zur Krystallisation gebracht wie bereits oben beschrieben. Das erhaltene Rohprodukt muß nochmals aus Alkohol umkrystallisiert werden.

Phenolphthalein.

$C_{20}H_{14}O_4$. Mol.-Gew. 318. Schmelpunkt 250. Es bildet ein weißes krystallinisches Pulver, welches sich in wässerigen Alkalien mit fuchsinroter Farbe löst. In Wasser ist es fast unlöslich, löslich in Alkohol.

Es wird hergestellt durch Kondensation von Phthalsäureanhydrid und Phenol unter Zugabe von Zinkchlorid als wasserentziehendes Mittel:

$$C_6H_4\begin{cases} CO \\ CO-O \end{cases}\!O \;+\; \begin{matrix} H\,C_6H_4OH \\ H\,C_6H_4OH \end{matrix} \;=\; H_2O \;+\; C_6H_4\begin{cases} C\begin{matrix} C_6H_4OH \\ C_6H_4OH \end{matrix} \\ CO \end{cases}\!O$$

In einem emaillierten Rührkessel mit Deckel, Thermometer- und Abdrückrohr verflüssigt man bei ungefähr 105° 198 kg Phenol und fügt dann unter Rühren 138,6 kg Phthalsäureanhydrid und — in kleinen Portionen — 132 kg Chlorzink hinzu. Die Temperatur des Reaktionsgemisches soll während dieses Vorgangs nicht über 125° steigen. Nach Beendigung des langsamen Eintragens von Chlorzink rührt man 36 Stunden bei 105—110°. Dieses Rühren bei der genannten Temperatur kann ohne Schaden über Nacht unterbrochen werden. Nach der angegebenen Reaktionszeit arbeitet man im Rührkessel mit heißem Wasser zu einem homogenen, dünnflüssigen Brei durch, welchen man in eine große Holzstande abdrückt. In dieser dekantiert man aus dem gebildeten Phenolphthalein das überschüssige Phenol, nicht umgesetztes Phthalsäureanhydrid und das Chlorzink mit heißem Wasser aus. — Aus den ersten filtrierten heißen Dekantierlaugen scheidet sich beim Erkalten Phthalsäureanhydrid aus. Dieses wird aufgebeutelt und dem Filtrat mit Benzol das Phenol entzogen. Die Benzollösung des Phenols extrahiert man mit Natronlauge und zersetzt das Phenolnatrium mit Mineralsäure. Aus der mit Benzol extrahierten wässerigen Lauge fällt man das Zink mit Soda und verwandelt das basische Zinkcarbonat mit Salzsäure erneut in Zinkchlorid.

Das in dem Holzbottich verbliebene Rohphenolphthalein wird nochmals mit Wasser verrührt und scharf genutscht oder zentrifugiert. Man löst es dann in einer Mischung von 300 l Wasser und 120 kg Natronlauge 36° Bé, filtriert die Lösung von dem als Nebenprodukt entstandenen Dioxydiphenylphthalidanhydrid in eine emaillierte Marmite ab, worin man das Phenolphthalein mit metallfreier Salzsäure bis zur kongosauren Reaktion wieder ausfällt. Man dekantiert mit kaltem Wasser chlorfrei (Prüfung mit Silbernitrat), schleudert und trocknet im Dampftrockenschrank bei 40—45⁰.

Darauf krystallisiert man aus 96 proz. Alkohol. In einem emaillierten Krystallisierapparat nach Abb. 89, der hier mit Vorteil auch mit einem Rührer ausgestattet ist, löst man 150 kg Rohphenolphthalein in 700 kg Alkohol, setzt 500 g Zinkstaub und 3 kg metallfreie Entfärbungskohle zu, kocht 1 Stunde unter Rühren am Rückfluß, destilliert dann 500 kg Alkohol am absteigenden Kühler ab, läßt den Inhalt der Blase auf 50 bis 55⁰ erkalten und drückt ihn durch ein Linsen- oder Kugelfilter (Abb. 69) in kleine emaillierte Marmiten zur Krystallisation. Diese erfolgt nur langsam — im Verlaufe mehrerer Tage — und wird anfänglich durch zeitweiliges Rühren und Kratzen befördert. Die entstandenen Krystalle werden genutscht und nochmals krystallisiert. — Die Laugen der ersten Krystallisation übersättigt man mit Natronlauge, destilliert den Alkohol ab, fällt aus dem Destillationsrückstand mit metallfreier Salzsäure das Phenolphthalein, welches an geeigneter Stelle in den Betrieb zurückgeht. Die Laugen der zweiten Krystallisation dienen für die erste Krystallisation der folgenden Operation.

Ausbeute 300 kg oder 93% der Theorie.

Phenylchinolincarbonsäure.

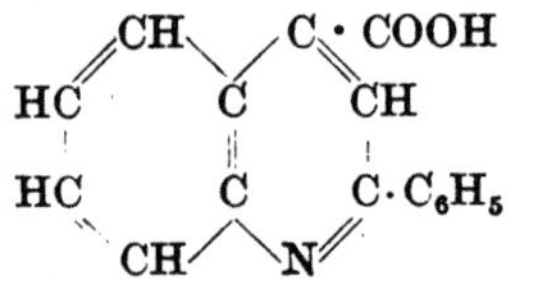

$$\begin{array}{c} \text{CH} \quad\quad \text{C} \cdot \text{COOH} \\ \text{HC} \quad\quad \text{C} \quad\quad \text{CH} \\ \text{HC} \quad\quad \text{C} \quad\quad \text{C} \cdot \text{C}_6\text{H}_5 \\ \text{CH} \quad\quad \text{N} \end{array}$$

Mol.-Gew. 249. Schmelzpunkt 208—213⁰. Sie bildet ein gelblichweißes, wasserunlösliches Pulver. 1 T. löst sich in 30 T. siedendem Weingeist, ferner in Aceton und in Essigäther.

Das Schema ihrer Darstellung nach **Doebner** und **Giesecke** wird durch folgende Gleichungen veranschaulicht:

$$\begin{array}{ccc} \text{CH} \cdot \text{OH} \cdot \text{COOH} & \xrightarrow[\;-\text{CO}_2\;\;-\text{H}_2\text{O}\;]{} & \text{C(OH)} \cdot \text{CO}_2\text{H} & \longrightarrow & \text{COCO}_2\text{H} \\ \text{CH} \cdot \text{OH} \cdot \text{COOH} & & \text{CH}_2 & & \text{CH}_3 \end{array}$$

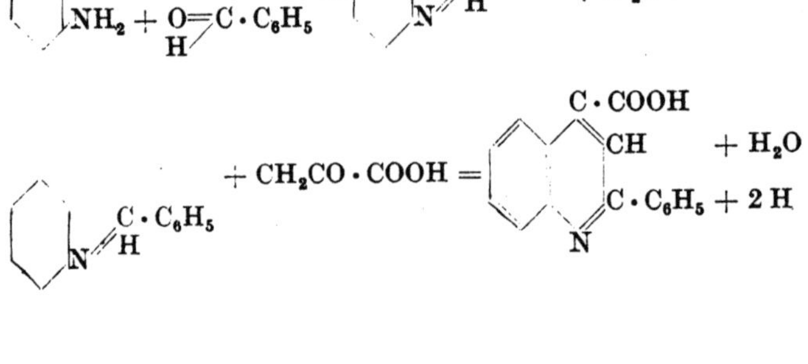

Der bei der Umsetzung von Benzylidenanilin und Brenztraubensäure entstehende Wasserstoff entweicht nicht, sondern er lagert sich
an einen Teil des Reaktionsproduktes an unter Bildung eines Tetrahydroderivates. Infolge dieser Nebenreaktion beträgt die Ausbeute
bei dieser Umsetzung nur etwa 42% der Theorie.

Darstellung der **Brenztraubensäure.** Es werden Retorten aus
Schmiedeeisen verwendet, deren Form aus der Abb. 56 ersichtlich ist.
Sie werden in der eigenen Schlosserei angefertigt und stets in größerer
Zahl vorrätig gehalten. Die Größe für Ansätze von je 2 kg hat sich
als zweckmäßig erwiesen. Versuche mit größeren Retorten ergaben
weniger gute Resultate. Es kommt darauf an, möglichst schnell zu
destillieren, was bei kleineren Retorten leichter durchzuführen ist.

Sie werden gefüllt mit je 2 kg einer Mischung von
32 kg pulverisierter Weinsäure und 50 kg grob pulverisiertem Kaliumbisulfat. Man erhitzt die Retorten
mit je zwei starken Gasbrennern, und zwar sofort
mit voller Flamme. In 40—50 Minuten soll eine Retorte abgetrieben
sein. Sobald keine
Flüssigkeit mehr
übergeht oder
doch nur noch
spärliche Tropfen,
wird das Gas abgedreht, die Retorte entfernt und

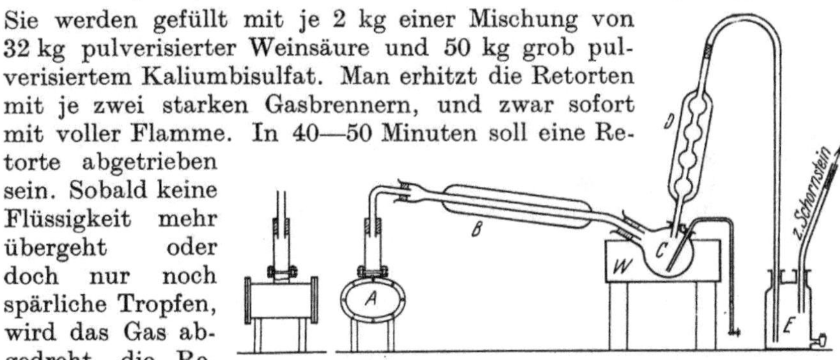

Abb. 56. Brenztraubensäureapparatur.

sofort durch eine frische ersetzt. Man kann also mit einem Apparat
8—10 Retorten täglich abtreiben oder mit einer Batterie von 4 Apparaten täglich 32—40 Retorten gleich 64—80 kg Mischung entsprechend
25—30 kg Weinsäure. Da man ungefähr 34—35% der Weinsäure an
reiner Brenztraubensäure erhält, so genügt eine Batterie von 4 Retorten zur täglichen Darstellung von 8,5—10 kg Brenztraubensäure.

Da immer eine Anzahl Retorten frisch gefüllt vorrätig gehalten
werden muß und die abgetriebenen erst abkühlen müssen, bevor sie
entleert und gereinigt werden können, so gebraucht man mindestens
3—4 Garnituren. Außerdem muß man noch einige Retorten in Reserve
halten, da dieselben nach einer gewissen Anzahl von Destillationen
durchbrennen und repariert werden müssen. Um mit einer Batterie
von 4 Apparaten ununterbrochen arbeiten zu können, braucht man
daher 20 Retorten. Da schnell destilliert werden muß und bei der
Destillation eine sehr starke Gasentwicklung stattfindet, muß für sehr
gute Kühlung gesorgt werden. Die Dämpfe passieren einen Liebigschen Kühler b, die Hauptmenge kondensiert sich in der Vorlage c,
die mit Eiswasser gekühlt wird. Die Vorlagen liegen in einem gemeinschaftlichen Kasten aus Holz, der mit Blech ausgeschlagen ist. In den
Kasten wird von Zeit zu Zeit Eis nachgefüllt, während das überschüssige
Wasser durch einen am oberen Rande des Kastens befindlichen Abflußstutzen abläuft. Aus der Vorlage c gehen die Dämpfe durch den Rück-

flußkühler *d* weiter und gelangen in die dreifache tubulierte Flasche *e*. Von hier aus werden die recht unangenehm riechenden Abgase in den Schornstein geleitet.

Man erhält durchschnittlich 275 g reine Brenztraubensäure = 35 % der Weinsäure = 60 % der Theorie.

Das in den Vorlagen sich ansammelnde Destillat wird von Zeit zu Zeit durch den Heber abgezogen. Man darf das Rohdestillat nicht längere Zeit stehenlassen, sondern muß es möglichst bald durch fraktionierte Destillation reinigen.

Zu dieser Umdestillation benutzt man Gefäße aus Porzellan oder emailliertem Eisen oder Rundkolben aus Jenaglas. Man soll keine zu großen Gefäße nehmen, damit die Erhitzung nicht zu lange dauert. Die Destillation soll bei sehr gutem Vakuum ausgeführt werden; je besser das Vakuum, um so geringer ist die Zersetzung und um so besser die Ausbeute. Man arbeitet zweckmäßig so, daß man zunächst aus einem größeren Porzellangefäß mit aufgesetztem Destillationsrohr bei sehr gutem Vakuum im Wasserbade (Temperatur nicht über 70°) etwa die Hälfte abdestilliert und den Rückstand in einem kleineren Kolben weiterfraktioniert. Man bestimmt den Gehalt der einzelnen Fraktionen durch Titration. Die für die Darstellung der Phenylchinolinarbonsäure verwendete Brenztraubensäure soll ungefähr 95 % enthalten.

Es ist bei der Zusammensetzung des Apparates zur Herstellung der Rohbrenztraubensäure darauf zu achten, daß die Kühl- und Verbindungsröhren nicht zu eng sind, da bei der starken Gasentwicklung sonst Druck in der Apparatur entstehen könnte. Die Retorten werden nach einer gewissen Anzahl von Destillationen schadhaft. Durchschnittlich halten sie 20 Destillationen aus. Dann muß der Boden durch Aufnieten eines Stückes Eisenblechs repariert werden. Die Dichtungsringe aus Asbest werden mit Graphit eingerieben, damit sie beim Öffnen des Deckels leichter abgelöst werden können. Wenn das Einreiben mit Graphit nicht vorgenommen wird, so kleben die Asbestringe so fest an, daß sie fast bei jedem Öffnen der Retorten beschädigt werden. Bei richtiger Behandlung halten die Ringe etwa 10 Destillationen aus. Natürlich muß man immer eine größere Anzahl von Ringen vorrätig halten.

Versuche zum Ersatz der Weinsäure durch Kaliumbitrartrat: 400 g technisches Kaliumbisulfat wurden mit 470 g konzentrierter Schwefelsäure gemischt, und in die größtenteils flüssige Mischung wurden 917 g pulverisierter Weinstein 95 % = 694 g Weinsäure eingerührt. Es bildet sich zunächst eine sehr zähe, schwer knetbare Masse, die aber nach einiger Zeit wieder zu einem Pulver zerfällt. — Die Destillation wurde in gewöhnlicher Weise ausgeführt und zeigte keinen Unterschied gegenüber der Verarbeitung der Weinsäure. Wo die Weinsäure im Weinstein wesentlich billiger ist als reine Weinsäure, ist dieser Ansatz vorzuziehen. — Versuche, an Stelle von Kaliumbisulfat das billige Natriumbisulfat zu verwenden, verliefen ergebnislos.

Darstellung von **Benzylidenanilin.** Benzaldehyd und Anilin verbinden sich beim Mischen unter Abscheiden von Wasser zu Benzylidenanilin. Es ist vorteilhaft, nicht genau molekulare Mengen zu nehmen, sondern einen kleinen Überschuß (2—3%) von Benzaldehyd.

Zur Darstellung kann man denselben emaillierten Kessel benutzen, der zur Darstellung von Phenylchiolincarbonsäure dient. Man füllt zunächst 18,6 kg Anilin in den Kessel und läßt unter Rühren 21,650 kg Benzaldehyd (theoretisch 21,200) ziemlich schnell einlaufen. Es findet eine ziemlich starke Erwärmung statt, und die Lösung wird trübe durch ausgeschiedenes Wasser. Man hält nach Einlaufen des Benzaldehyds und nach Abstellen des Rührwerkes die Temperatur noch so lange auf ungefähr 60°, bis die Flüssigkeit völlig klar geworden ist und das Wasser sich oben abgesetzt hat. Dann zieht man das geschmolzene Produkt durch den Hahn am Boden des Kessels ab und bewahrt es in Gefäßen aus Weißblech auf, in denen es schnell zu einer harten Krystallmasse erstarrt. In dieser Form kann das Produkt direkt zur Darstellung von Phenylchiolincarbonsäure gebraucht werden. Eine weitere Reinigung ist überflüssig. Man könnte höchstens das geschmolzene Produkt im Vakuum erwärmen, um die letzten Spuren Wasser zu entfernen. Im allgemeinen ist das aber nicht notwendig; nur muß man beim Abziehen des Produktes aus dem Kessel darauf achten, daß der letzte wasserhaltige Teil scharf abgetrennt wird. Diese letzten wasserhaltigen Anteile läßt man erkalten, gießt dann das Wasser von den Krystallen ab und setzt diese der nächsten Partie zu.

Ausbeute beinahe quantitativ.

Herstellung von **Phenylchinolincarbonsäure.** In einen emaillierten Kessel von 100 l Inhalt, der mit einem Rührwerk versehen ist, bringt man 30 l Methylalkohol und 13,1 kg Benzylidenanilin und erwärmt die Lösung auf 60°. Der Kessel steht in einem Wasserbade, welches durch eine Dampfschlange erwärmt und durch Kaltwasserzulauf gekühlt werden kann. Der Kessel hat ferner einen Rückflußkühler mit Kühlschlange aus Kupfer, Zinn oder Steinzeug.

In die auf 60° erwärmte Lösung läßt man durch einen Scheidetrichter im Laufe 1 Stunde 6 kg Brenztraubensäure einlaufen. Durch die Reaktion steigt die Temperatur erheblich, man muß durch Kühlung dafür sorgen, daß dieselbe nicht bis zum Siedepunkte steigt. Sie soll aber auch keineswegs unter 60° sinken. Wenn die Brenztraubensäure vollständig eingelaufen ist, erhöht man die Temperatur bis zum Siedepunkt und läßt noch 3 Stunden am Rückflußkühler kochen. Nach 1—2 Stunden beginnt die Abscheidung von Krystallen, die sich rasch vermehren. Mitunter kommt es vor, daß die Abscheidung verzögert wird. In diesem Falle wirft man einige Gramm krystallisierter Phenylchinolincarbonsäure in den Kessel, worauf sofort eine üppige Krystallisation einsetzt.

Nach dreistündigem Kochen wird der Inhalt des Kessels noch heiß durch das Ablaßventil abgezogen. Nach vollständigem Erkalten wird der dicke Krystallbrei auf einer Tonnutsche abgesaugt, mit kaltem Alkohol nachgewaschen, bis die dunkel gefärbten Laugen verdrängt sind. Dann wird durch Nachwaschen mit destilliertem Wasser der Alkohol verdrängt.

Die Krystallmasse wird nun mit Wasser verührt und mit 10proz. Natronlauge ganz schwach alkalisch gemacht (Phenolphthalein). Man muß längere Zeit rühren und scharf darauf achten, daß keine ungelösten Klümpchen bleiben. Wenn die Lösung auch nach längerer Rührzeit alkalisch bleibt, so filtriert man sie von dem in Alkali unlöslichen Rückstand ab.

Die Lösung wird dann auf 60° erwärmt und bei dieser Temperatur mit so viel Kochsalz versetzt, daß der Kochsalzgehalt derselben 18—19% ist. Während des Kochsalzeintragens muß sehr gut gerührt werden, damit alles Kochsalz in Lösung geht. Beim Erkalten der Lösung krystallisiert das in der Kochsalzlösung fast unlösliche Natriumsalz der Phenylchinolincarbonsäure aus. Man läßt über Nacht vollständig auskühlen, nutscht am anderen Morgen und wäscht mit 18proz. Kochsalzlösung nach.

Das Natronsalz wird dann in Wasser gelöst und die schwach alkalische Lösung fast bis zum Sieden erhitzt, worauf man mit reiner Salzsäure von ungefähr 10% ausfällt. Man muß dieselbe zunächst sehr langsam zusetzen, damit sich die Phenylchinolincarbonsäure nicht in Tröpfchen ausscheidet, die zu harzartigen Körpern erstarren. Erst wenn die Säure sich als nahezu weißer Niederschlag abscheidet, kann man die Säure etwas schneller zugeben. Es ist vorteilhaft, wenn man beim Ausfällen etwas krystallisierte Phenylchinolincarbonsäure zusetzt. Die Bildung von Harztropfen wird dadurch verhindert oder doch sehr eingeschränkt. Man setzt so lange Säure zu, bis Kongopapier schwach blau gefärbt wird, also ein kleiner Überschuß von Salzsäure vorhanden ist. Ein größerer Überschuß verringert die Ausbeute. Während der ganzen Dauer des Ausfällens muß sehr gut gerührt werden.

Wenn fertig ausgefällt ist, kocht man die Reaktionsmasse auf und läßt sie dann erkalten. Man nutscht ab, wäscht mit kaltem Wasser nach, schleudert und trocknet.

Ausbeute 7—7,5 kg Phenylchinolincarbonsäure.

Primärer Phenyläthylalkohol.

$C_6H_5CH_2CH_2OH$. Er bildet eine Flüssigkeit vom Siedepunkt 212° und vom spez. Gew. 0,99 bei 15°.

Die Darstellung des primären Phenyläthylalkohols wird durch folgende Gleichungen veranschaulicht:

$C_6H_5CH_2Cl + NaCN = C_6H_5CH_2CN + NaCl$.

$C_6H_5CH_2CN + 2 H_2O = C_6H_5CH_2COOH + NH_3$.

$C_6H_5CH_2COOH + C_2H_5OH = C_2H_5CH_2COOC_2H_5 + H_2O$.

$(CH_3)_2CHCH_2CH_2OH + Na = (CH_3)_2CHCH_2CH_2ONa + H$.

$C_6H_5CH_2COOC_2H_5 + 4 H$ (im status nascendi) $= C_6H_5CH_2CH_2OH + C_2H_5OH$.

Darstellung der **Phenylessigsäure**, $C_6H_5CH_2COOH$, im Laboratorium.

Man erhitzt eine Mischung von 180 g Benzylchlorid mit 260 g 95proz. Alkohol rückfließend zum Sieden und trägt im Zeitraum von

1 Stunde 110 g 98—100proz. Kaliumcyanid ein. Das Kochen am Rückfluß wird darauf 3 Stunden fortgesetzt und dann der Alkohol bis 95⁰ abgetrieben. — Den Destillationsrückstand versetzt man kalt mit 250 g technischer 33proz. Natronlauge und kocht 6 Stunden am Rückfluß, worauf man überschüssiges Benzylchlorid, etwas unverseiftes Benzylcyanid und eine Spur Benzylalkohol mit direktem Dampf abtreibt. Die übergetriebene Ölmenge ist sehr gering. Man verdünnt die Reaktionsmasse mit 130 cc Wasser, kocht mit 2 g Entfärbungskohle auf und filtriert. Nach dem Erkalten versetzt man mit 6 g 3proz. Wasserstoffsuperoxyd und säuert unter dem Abzug langsam mit konzentrierter Salzsäure auf Kongo an. Durch den Wasserstoffsuperoxydzusatz zerstört man bei der nachfolgenden Ansäuerung freiwerdende Spuren von Cyanwasserstoff. Man nutscht kalt, wäscht mit Eiswasser salzfrei und trocknet bei 30—35⁰.

Ausbeute im Laboratorium bis zu 90 % der Theorie. Das Produkt ist meistens durch etwas Berlinerblau blaugrün gefärbt.

Im Betrieb verwendet man einen eisernen Rührapparat mit Schleifenrückfluß, absteigendem Kühler, Doppelboden für Heizdampf und Kühlwasser, Tauchrohr für direkten Dampf und Thermometerrohr. Das obere Ende des Schleifenrückflusses ist verbunden mit einer Batterie von Woullfschen Flaschen mit destilliertem Wasser, womit man das Ammoniak abfängt. Die Salzsäure zum Ansäuern ersetzt man im Betrieb teilweise durch rohe 33proz. Schwefelsäure, welche in chemischen Fabriken immer als Nebenprodukt anfällt.

Für 100 kg gefällte Phenylessigsäure benötigt man:

112 kg Benzylchlorid.
20 kg Alkohol 95 %.
69 kg Natriumcyanid 100 %.
140 kg Natronlauge techn. 33 %.
4 kg Wasserstoffsuperoxyd 3 %.
66 kg Schwefelsäure roh 33 %.
50 kg Salzsäure roh.

Die Betriebsausbeute ist etwas geringer als diejenige des Laboratoriums.

Darstellung von phenylessigsaurem Äthyl. Dieselbe wird am besten nicht in Metall ausgeführt, weil dadurch die Qualität und die Ausbeute des Produktes vermindert würde. — Man verwendet einen Porzellantopf von der Berliner Porzellanmanufaktur im dampfgeheizten Ölbad; auf dem Porzellantopf sitzt ein Schleifenrückflußkühler.

Im Topf mischt man kalt gründlich 12 kg vollständig trockene, gefällte Phenylessigsäure, 6 kg 96proz. Alkohol und 0,72 kg rohe Schwefelsäure 66⁰ Bé. — Man kocht 8 Stunden am Rückfluß und läßt über Nacht im Extraktionsapparat aus Ton (Abb. 92) absetzen. Am anderen Morgen trennt man die geringe untere Schicht von wässeriger Schwefelsäure ab, worauf man mit 15proz. filtrierter Sodalösung so lange extrahiert, bis dieselbe auch nach längerem Rühren gegen Lackmus deutlich alkalisch bleibt. Man rührt langsam wegen der Emulsionsgefahr; sollte dennoch sich eine solche bilden, so verdünnt man mit etwas destilliertem Wasser.

Man trennt, trocknet die Ölschicht über Calciumchlorid, gießt von diesem ab und destilliert im Vakuum aus Glaskolben, welche aus gelbem Glas bestehen. Bei 10 mm und 110° gehen 11,7 kg über; daneben erhält man einen minimalen Vorlauf und Nachlauf.

Die Sodalösung wird auf ein Drittel ihres Volumens eingeengt und in kaltem Zustande sehr langsam mit konzentrierter Salzsäure bis zur kongosauren Reaktion versetzt. Die nicht äthylierte Phenylessigsäure fällt aus. Man nutscht sie in der Kälte ab, wäscht mit Eiswasser salzfrei und trocknet bei 30—35°. Man erhält 1,8 kg Retourphenylessigsäure.

Reinigung von käuflichem **Gärungsamylalkohol.** Durch Schütteln mit wenig verdünnter Schwefelsäure befreit man ihn von Spuren an Pyridinbasen. Dann bringt man 100 kg in eine Kupferblase auf gespanntem Dampf, an welche ein absteigender Kühler angeschlossen ist. Man destilliert bis 127° und erhält 0,8—1 kg Vorlauf. Man läßt erkalten, gibt 1 kg Natriummetall zu und destilliert erneut bis 127° einen Vorlauf ab. Dieses Mal erhält man davon 0,6—0,7 kg. Nun destilliert man von 128—132° Reinamylalkohol in doppelt tubulierte Flaschen, deren einer Tubus mit dem Kühlerausfluß, der andere mit einem Chlorcalciumrohr verbunden ist. Man erhält 85 kg Reinamylalkohol.

Der Rückstand — zum Teil Natriumamylat — wird mit Wasserdampf zersetzt und destilliert, wodurch man nicht ganz 15 kg feuchten Amylalkohol erhält.

Darstellung von **Phenyläthylalkohol.** Der Apparat wird durch eine Kupferblase von 130 l Inhalt mit Rührwerk, Bodenhahn und Schleifenrückflußkühler gebildet. — In denselben füllt man 69 kg reinen, über Natriummetall destillierten Amylalkohol und 9,9 kg phenylessigsaures Äthyl, erhitzt auf 120° und stellt dann den Dampf ab. Man trägt dann im Zeitraum von 2,5 Stunden unter Rühren 6,9 kg Natriummetall Stück um Stück ein, am Anfang langsam, später rascher. Das Gemisch gerät von selbst in lebhaftes Sieden. Später muß man wieder mit Dampf heizen. Nach Beendigung des Eintragens von Natrium kocht man 1,5 Stunden unter Rühren weiter und drückt dann noch heiß durch ein Bronzesieb. Auf diesem bleiben höchstens 5 g Natrium zurück.

Man bringt das Reaktionsgemisch in die Blase zurück, läßt darin auf 20° abkühlen, versetzt sehr langsam, ohne daß Temperaturerhöhung eintritt, unter Rühren mit 40 l Wasser und überläßt über Nacht der Ruhe. Am anderen Morgen trennt man 40 l wässerige Lauge — Lauge I — ab, versetzt die amylalkoholische Lösung, in der sich noch 5 l wässerige Lauge befinden, mit 15 l destilliertem Wasser und treibt aus der Mischung etwa 50 l Amylalkohol mit direktem Dampf ab. Die 5 l Lauge plus 15 l Wasser genügen erfahrungsgemäß zur Verseifung des nicht reduzierten Phenylessigsäureäthylesters. Die Verwendung einer stärkeren oder von mehr Lauge ist zu vermeiden, denn der Phenyläthylalkohol ist alkali- sowie auch säureempfindlich. — Die Operation des Abtreibens der 50 l Amylalkohol mit Dampf soll langsam vor sich gehen, d. h. im Zeitraum von ungefähr 12 Stunden, um die Verseifung des unveränderten Esters vollständig zu gestalten. Die wässerige Schicht soll bis zum Schluß der Destillation deutlich alkalisch sein. — Man trennt die Schichten, wäscht die ölige einmal mit destilliertem Wasser. Das Waschwasser vereinigt man mit der wässerigen Schicht: Lauge II. — In der Berührungszone der beiden Schichten findet sich gewöhnlich etwas Kupferschlamm aus der Blase, welcher durch Filtration abgetrennt wird.

Aus der amylalkoholischen Lösung fraktioniert man, ohne sie zu trocknen, aus einer Kupfer- oder Aluminiumblase durch eine gut wirkende Kolonne den Amylalkohol bis 135° heraus. Den Rückstand fraktioniert man im Vakuum von 9 mm und erhält von

60—102°: 400 g Amylalkohol und Phenyläthylalkohol.
102—103°: 3370 g Phenyläthylalkohol rein.
103—130°: 375 g Phenyläthylalkohol zweiter Qualität.

Der Destillationsrückstand — ungefähr 800 g Schmutz — wird noch heiß durch Auskochen mit Sodalösung aus der Blase entfernt. Nach dem Erkalten wäre er viel schwieriger zu beseitigen.

Bei allen beschriebenen Operationen ist zu vermeiden, daß das Produkt in Form von Dampf oder als Flüssigkeit mit Gummi in Berührung gelangt. Ferner müssen alle Gefäße geruchsrein sein. Zur Heizung verwende man durchweg Dampf von 5 Atm. Höherer Druck, d. h. höhere Temperatur und dadurch bewirkte Überhitzungen sind der Qualität des Produktes schädlich.

Aufarbeitung der Laugen I und II.

In der Lauge I ist bei normal verlaufender Reaktion Phenylessigsäure nur in Spuren vorhanden. Zur Kontrolle wird eine Probe eingedampft und mit konzentrierter Salzsäure bis kongoblau versetzt. — Nach Einstellen auf die gewünschte Konzentration kehrt diese Lauge zur Verseifung des Benzylcyanides in den Betrieb zurück.

Die Lauge II wird eingedampft und die Phenylessigsäure wie beim phenylessigsauren Äthyl zurückgewonnen: 1,5 kg. Sie kann nach dem Trocknen ohne weiteres wieder verestert werden.

Für 1 kg Phenyläthylalkohol benötigt man:
2,3 kg Phenylessigsäure gefällt.
1,7 kg Alkohol 96%, mit Toluol denaturiert.
0,3 kg Schwefelsäure 66° Bé roh.
4,0 kg Solvaysoda.
2,0 kg Natriummetall.
1,5 kg Amylalkohol.
6,0 kg Salzsäure roh.

Pyrogallol.

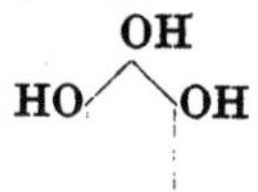

Mol.-Gew. 125. Schmelzpunkt 131—132°. Siedepunkt 210°. Es bildet weiße, glänzende Nadeln oder Blätter, welche sich in 1,7 T. Wasser, 1 T. Weingeist

und 1,5 T. Äther lösen. Die wässerige Lösung wird durch Oxydation des Pyrogallols an der Luft gebräunt, noch schneller eine alkalische Lösung.

Die Herstellung muß in Autoklaven aus Kupfer geschehen.

Die rohe Gallussäure, deren Herstellung aus Tanninlösung S. 199 beschrieben ist, bildet das Ausgangsmaterial. Die Reaktion vollzieht sich nach der Gleichung:

$$C_6H_2(OH)_3COOH = C_6H_3(OH)_3 + CO_2 .$$

Das Ölbad der Blase A aus Kupfer (s. Abb. 57) kann durch direkte Feuerung oder durch überhitzten Dampf geheizt werden. Man erwärmt darin 100 kg rohe Gallussäure mit 60 kg Wasser, bis das Thermometer 175° zeigt, bei welcher Temperatur die Aufspaltung der Gallussäure vor sich geht. Wenn der Druck auf 10—12 Atm. gestiegen ist, öffnet man den Entlüftungshahn C so weit, daß der Druck im Autoklaven nicht über 12 Atm. ansteigt, aber auch nicht unter 10 Atm. sinkt. Die Kohlensäure entweicht durch Rohr R und Kühler K, zusammen mit mitgerissenem Wasserdampf, welcher im Kühler kondensiert und in der graduierten Glasflasche F aufgefangen wird.

Dieses kondensierte Wasser ist der Gradmesser für den Fortgang der Reaktion in der Blase. Wenn sein Volumen auf 20 l angestiegen ist, kann die Reaktion als beendigt angesehen werden.

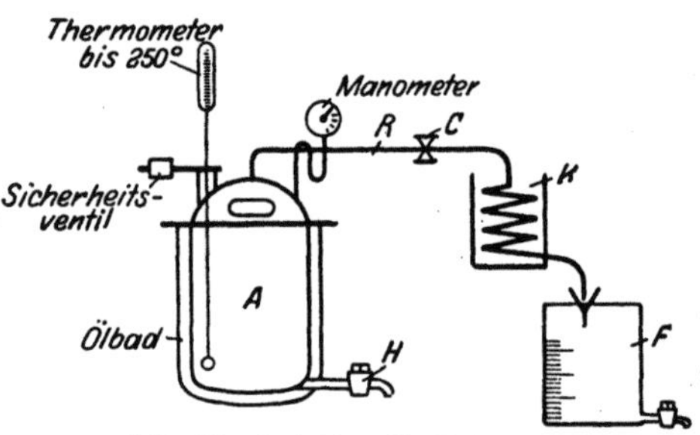

Abb. 57. Autoklav für Rohpyrogallol.

Man stellt dann die Heizung ab und läßt den Druck in der Blase rasch auf gewöhnlichen Druck zurückgehen, worauf man durch den Bodenhahn H die rohe Pyrogallolschmelze abzapft. Sie wird in einem flachen kupfernen Doppelwänder entwässert und dann in dünner Schicht auf eiserne Platten gegossen, wo sie schnell erstarrt und nach dem Erkalten in Stücke zerbrochen wird. Diese, von violettbrauner Farbe und etwas klebriger Beschaffenheit, sind bereits rein genug für technische Anwendungen des Pyrogallols.

Für pharmazeutische und wissenschaftliche Zwecke wird die Rohware im Vakuum destilliert oder sublimiert.

Ich beschreibe eine Pyrogallolvakuumdestillationsanlage, und zwar eine solche, wie sie in kleineren Betrieben benützt wird.

Die eingemauerte Kupferblase I (s. Abb. 58) wird durch Gas beheizt. Der Deckel derselben aus Kupfer sowie das weite Übersteigrohr A aus reinstem Aluminium sind eng umwunden von Kupferrohr, welches einerseits durch Dampf von mindestens 4 Atm. geheizt und anderseits durch Wasser gekühlt werden kann. In der Blase II aus Reinaluminium, welche von siedendem Wasser umgeben ist, wird das Destillat aufgefangen. In der Blase III aus Reinaluminium werden die aus Blase II wegsublimierenden Pyrogallolteile in der Weise zurückgehalten, daß die abziehenden Gase durch die Scheidewand Sch gezwungen werden, in Wasser zu barbotieren, in welches die Scheidewand leicht eintaucht. Die doppelstufige Vakuumpumpe muß so groß gewählt werden, daß sie in dem Destillationssystem mit Leichtigkeit ein Vakuum von 730—740 mm erzeugt. Alle drei Blasen tragen Vakuummeter, so daß man jederzeit eventuelle Verstopfungen in den Rohrverbindungen konstatieren kann, welche durch Heizen mit einem Gasbrenner beseitigt werden.

In einem Vakuum von 740 mm destilliert das Pyrogallol bei 175 bis 180°. Der Vorgang kann an der Lünette L aus geschmolzenem Bergkrystall und an den Schaugläsern der Blasen II und III kontrolliert werden. Das Destillat soll wasserhell fließen. Dadurch, daß die Blase II mit siedendem Wasser geheizt wird, erstarrt das Pyrogallol darin langsam, wodurch es nachher in krystallförmigen Bruchstücken erhalten wird. Bei zu schneller Abkühlung würden die Bruchstücke glasig amorph.

Gegen das Ende der Destillation wird das Destillat gelb, und die Destillation muß dann so rasch als möglich abgebrochen werden. Man schließt die Gasheizung, läßt den Heizdampf im Kupferrohr abströmen

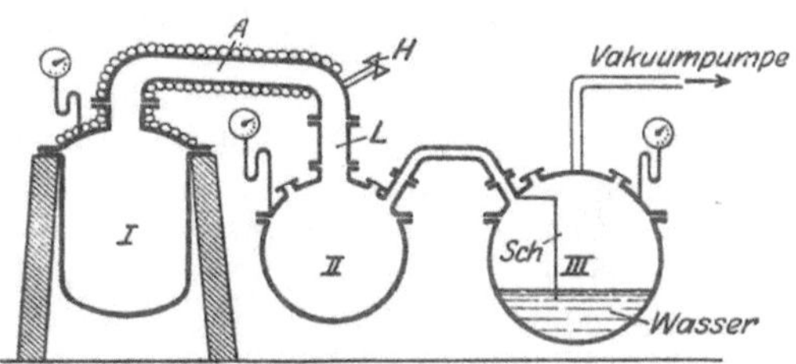

Abb. 58. Vakuumdestillationsanlage für Pyrogallol.

und füllt dasselbe mit Kühlwasser. Dann schließt man das Vakuum, füllt aber den Apparat nicht mit Luft, sondern durch H mit Kohlensäure aus einer bereit gehaltenen Druckflasche, wodurch man rasche Abkühlung und damit den prompten Abschluß der Destillation erreicht.

Die beschriebene Apparatur eignet sich nur für kleinere Ansätze von max. 30 kg. Größere Apparaturen dieser Art werden nicht mit Gas, sondern mit überhitztem Dampf nach dem Frederkingsystem geheizt.

Das Destillat in Blase II wird abgekühlt, dann daraus entfernt und die gefärbten Stellen davon abgekratzt. Man zerstößt die Masse in Tonreibschalen, siebt durch ein 3-mm-Sieb, trocknet mindestens 1 Woche in Exsiccatoren aus Ton über Schwefelsäure oder Chlorcalcium nach und füllt in gut verschlossene Weithalsflaschen.

Saccharin.

$$CO-NH$$
$$SO_2$$

Mol.-Gew. 183. Schmelzpunkt 224. Weißes krystallinisches Pulver von saurer Reaktion. Davon ist 1 T. löslich in 400 T. kaltem und 28 T. siedendem Wasser, in 40 T. Weingeist und in 100 T. Äther.

Die Fabrikation teilt sich in folgende Phasen:
1. Herstellung von Toluolsulfochlorid,
2. Herstellung von Rohtoluolsulfamid,

3. Herstellung von Reintoluolsulfamid,
4. Oxydation des Reinamids zu Saccharin.

$$C_6H_5 \cdot CH_3 \longrightarrow C_6H_4 \Big\langle {}^{SO_2Cl\ 1}_{CH_3\ 2} \longrightarrow C_6H_4 \Big\langle {}^{SO_2NH_2}_{CH_3} \longrightarrow$$

$$\longrightarrow C_6H_4 \Big\langle {}^{SO_2NH_2}_{COOH} \longrightarrow C_6H_4 \Big\langle {}^{SO_2}_{CO} \Big\rangle NH.$$

Toluolsulfochlorid. Als Apparat für die Sulfochlorierung dient ein geschlossener, stehender Zylinder von 1200 l aus säurefestem Eisen, mit einem Propellerrührer und einer Kühlschlange für Solezirkulation. — In diesem Apparat kühlt man 450 kg Chlorsulfonsäure auf —5° und läßt dann aus einem hochstehenden Eisenfasse unter Rühren 120 kg Toluol so langsam zufließen, daß die Temperatur des Reaktionsgemisches nie über 3° steigt. Die Dauer der Vereinigung beträgt deshalb 11—12 Stunden. Am anderen Tage drückt man das Reaktionsgemisch in einen verbleiten Holzbottich von 1500 l Inhalt, worin 400 kg Eis vorgelegt sind, rührt mit einer Krüke durch und läßt dann 24 Stunden stehen. Dann siphoniert man das überstehende, wertlose Säurewasser ab und trennt das feste para- vom flüssigen ortho-Toluolsulfochlorid in einer Hartgummizentrifuge. Der in der Zentrifuge mit kaltem Wasser nachgewaschene para-Körper bildet das Ausgangsprodukt von p-Toluolsulfochloramidnatrium (dessen Darstellung s. S. 275ff.), daneben auch einer Reihe wertvoller Farbstoffe und ist heute das wichtigere Zwischenprodukt als der o-Körper. Letzterer befindet sich im Zentrifugat und wird in einem Absetzzylinder mit wenig Eiswasser ausdekantiert.

Ausbeute 120 kg ortho- und 70 kg para-Toluolsulfochlorid.

Anmerkung. Man arbeitet bei den angegebenen tiefen Temperaturen, wenn man auf einen hohen Prozentgehalt an ortho-Produkt hinzielt, d. h. wenn das Hauptgewicht wirklich auf die Saccharingewinnung verlegt wird. Dies ist heute meistens nicht mehr der Fall, und man kann das Toluol rascher und bei höherer Temperatur zu der Chlorsulfonsäure fließen lassen, wodurch der Prozentsatz an para-Produkt erhöht wird.

Rohes Toluolsulfamid. In den Reaktionskessel, welcher bereits für Sulfochloriddarstellung diente, füllt man 400 kg Ammoniaklösung 0,910 spez. Gew. und läßt dazu im Verlaufe von 10 Stunden 400 kg ortho-Toluolsulfochlorid fließen. Am anderen Tage drückt man auf ein Filter mit Holzrahmen über einem Holzbottich, in welchen die Chlorammonlösung abfließt. Diese wird an einen Ammoniakbetrieb verkauft.

Das Rohamid schöpft man aus dem Filter in eine eiserne Zentrifuge, wäscht darin nach dem Schleudern $^1/_2$ Stunde mit Wasser und bestimmt den Trockengehalt der zentrifugenfeuchten Ware.

Reines Toluolsulfamid. Das rohe ortho-Toluolsulfamid enthält para-Sulfamid und etwas ölige Körper als Verunreinigungen und wird durch fraktionierte Fällung mit Salzsäure aus seiner alkalischen wässerigen Lösung gereinigt.

In den großen Oxydationskessel, welcher auch zur Oxydation des Reinamids zu Saccharin (s. weiter unten) dient, füllt man unter Rühren

2500 l Wasser und 750 kg 33 proz. Natronlauge. Darin löst man bei 40—50⁰ unter fortgesetztem Rühren 1000 kg trockenes Rohamid in zentrifugenfeuchtem Zustande. Es soll eine klare Lösung entstehen. Wenn dies nicht der Fall wäre, so wäre die Laugenmenge zu gering, und man müßte noch etwas von derselben zusetzen.

Sobald klare Lösung eingetreten ist, kühlt man auf 20⁰ ab und läßt dann unter fortgesetztem Rühren sehr langsam 70 kg rohe arsenfreie Salzsäure 22⁰ Bé zufließen. Es fallen ölige Verunreinigungen, aber noch kein Amid. Über Nacht läßt man absetzen und siphoniert am anderen Morgen die klare Lösung in den Rührwerkbottich *I*. Den Rückstand bringt man auf nasse Spitzbeutel über dem Holzbottich *I* und verwirft die in den Spitzbeuteln verbleibenden Verunreinigungen. Dieselben könnten auch in einer Zentrifuge ausgeschwungen werden, doch verlangt dies infolge ihrer öligen Beschaffenheit eine geraume Zeit.

Die wässerige alkalische Lösung in dem Rührwerkbottich *I* bringt man durch direkten Dampf auf 25⁰ und fällt dann unter kräftigem Rühren sehr langsam mit 375 kg Salzsäure 22⁰ Bé. Diese Fällungsoperation dauert 6 Stunden, welche Zeit schon dadurch bedingt ist, daß die Temperatur während derselben 33⁰ nicht überschreiten darf. Es muß auch deswegen langsam gefällt werden, damit keine Knollenbildung auftritt. — Nach dem Zufügen der genannten Säuremenge schleudert man in einer Zentrifuge mit Kupferkorb bei einer Temperatur von mindestens 28⁰ das ausgefällte Amid wasserfrei und wäscht es mit Wasser. Man gewinnt auf diese Weise 600—620 kg der angesetzten 1000 kg Rohamid als Reinamid.

Das Zentrifugat fließt in einen Rührwerkbottich *II*, worin dasselbe bei 28—30⁰ langsam mit weiteren 100 kg roher arsenfreier Salzsäure 22⁰ Bé versetzt wird. Es fällt dadurch ein stark mit para-Amid verunreinigtes ortho-Amid, welches zentrifugiert und bei der nächsten Reinigungsoperation wieder mitverwendet wird.

Das hier erhaltene Zentrifugat fließt in den Rührwerkbottich *I*. Es enthält nur noch para-Amid, welches bei 28—30⁰ mit verdünnter Schwefelsäure gefällt und zentrifugiert wird.

Oxydation des Reinamids zu Saccharin. Als Apparat dient ein, wie bereits erwähnt, auch zur Herstellung des Reinamids verwendeter stehender Rührwerkzylinder von 7000 l Inhalt mit einer Kühl- resp. Heizschlange von großem Durchmesser. In diesen Apparat füllt man nacheinander und in der folgenden Reihenfolge unter Rühren:

3400 l Wasser,
400 kg Natronlauge 30 %,
500 kg Reinamid trocken berechnet in zentrifugenfeuchtem Zustande.

Man bringt die Temperatur auf 45⁰ und rührt etwa 5 Stunden, d. h. bis alles Amid klar in Lösung gegangen ist. Eine klare Lösung zu Beginn der Oxydation ist unerläßlich, weil ungelöste Amidteile durch die nachfolgende Behandlung mit Permanganat zerstört, „verbrannt" würden. Man müßte in kleinen Portionen noch mehr Natronlauge zu dem Reaktionsgemisch geben, wenn nach fünfstündigem Rühren noch keine klare Lösung erzielt wäre. — Am anderen Tage wird oxydiert, indem man unter Rühren bei 32—35⁰ im Verlaufe von 3—4 Stunden schaufelweise 810 kg Kaliumpermanganat einfüllt. Nach beendigter Permanganatzugabe rührt man 8 Stunden bei 35⁰ weiter, kühlt dann auf 20⁰ und entfärbt mit 75 kg einer 33 proz. Bisulfitlösung. Eine filtrierte Probe des Reaktionsgemisches soll dann wasserhell sein.

Den Manganoxydschlamm läßt man über Nacht absetzen und zieht anderen Morgens die darüberstehende klare Lösung durch einen am Rührzylinder seitlich angebrachten Hahn in dem bereits im Abschnitt über Reinamid erwähnten Rührwerkbottich *I*, dann setzt man das Rührwerk des Rührzylinders in Gang, pumpt dessen Inhalt in die Zentrifuge und wäscht darin den Manganschlamm so lange mit heißem Wasser nach, bis das Zentrifugat mit Salzsäure keine Fällung mehr gibt.

Die im Rührwerkbottich *I* vereinigten Laugen und Waschwässer enthalten das gebildete Saccharin und unverändertes Amid, welche wieder durch fraktionierte Fällung mit Salzsäure getrennt werden. Man versetzt bei 30⁰ unter stetem Rühren langsam mit roher, arsenfreier Salzsäure.22⁰ Bé bis zur kongoneutralen Reaktion. Man rührt $^1/_2$ Stunde weiter und prüft erneut mit Kongo auf Neutral. Dann setzt man unter fortgesetztem Rühren Solvaysoda bis zur schwach phenolphthaleinsauren Reaktion hinzu. Man benötigt ungefähr 60 kg Soda. Nach dreistündigem fortgesetzten Rühren nutscht man das ausgeschiedene Amid auf einer Holz- oder Tonnutsche ab, wäscht es mit eiskaltem Wasser nach und gibt es in den Oxydationsbetrieb zurück.

Die vereinigten Laugen und Waschwässer des Amids fällt man im Rührwerkholzbottich *II* restlos mit Salzsäure 22⁰ Bé, wovon etwa 500 kg verbraucht werden. Eine filtrierte Probe der Lösung soll am Schluß der Fällung durch Zusatz von Salzsäure und Kochsalz keine weitere Fällung ergeben. Das Saccharin wird zentrifugiert, mit Wasser salzsäurefrei gewaschen und im Dampftrockenschrank bei 30—40⁰ getrocknet.

Ausbeute aus 500 kg trocken berechnetem ortho-Amid: 390 kg 100 proz. Saccharin und 75 kg Retouramin.

Krystallsaccharin. Krystallose. Mol.-Gew. 241. Es bildet große,

$$C_6H_4\!\!\begin{array}{c} \diagup CO \diagdown \\ \diagdown SO_2 \diagup \end{array}\!\!NNa + 2\,H_2O\,.$$

farblose, in Wasser sehr leicht lösliche Krystalle, welche an der Luft Krystallwasser verlieren. — Krystallsaccharin bietet, wenn die Krystalle vollständig klar, d. h. frei von einem weißen Überzug sind, größere Gewähr für absolute Reinheit als Saccharin und wird deshalb im Handel oft verlangt.

Zu seiner Herstellung löst man in einem kupfernen Doppelwänder Saccharin in Natronlauge bis zur nur schwach phenolphthaleinalkalischen Reaktion der Lösung. Man verwendet zentrifugenfeuchtes Saccharin und 30 proz. Natronlauge. 200 kg trocken berechnetes Saccharin lösen sich in ungefähr 140 kg Lauge von der genannten Konzentration. Man stellt fest, wieviel Lauge zur Lösung verbraucht wurden und setzt die Differenz zum Saccharingewicht an destilliertem

Wasser zu. — Es soll beispielsweise aus 258 kg Saccharinpulver mit 10% Wasser ein Ansatz gemacht werden. Darin sind also 26 l Wasser enthalten, oder der Trockengehalt beträgt 232 kg. Wenn zum Lösen 156 kg Lauge verwendet wurden, sind der Lösung noch 232—156 oder 76 l destilliertes Wasser zuzufügen. Diese eingestellte Lösung wird auf 80⁰ erwärmt und durch Beutel aus dickem Baumwollfilz in den Krystallisator filtriert.

Der Krystallisator besteht aus einer emaillierten Marmite, welche in einem Holzbottich steht. Zwischen Marmite und Holzbottich stopft man eine isolierende Schicht, z. B. trockenes Sägemehl. In die klare, in der emaillierten Marmite befindliche Saccharatlösung hängt man eine Menge mit Bleistücken beschwerte Schnüre und bedeckt dann die Marmite mit einem reinen dicken Holzdeckel, auf welchen man noch zur Isolierung eine Lage Säcke legt. Nun läßt man 10 Tage in absoluter Ruhe krystallisieren. — Die erhaltenen großen Krystalle sollen sich leicht von den Schnüren trennen und vollständig klar sein. Wenn das verwendete Saccharin durch para-Verbindung verunreinigt war, so setzt sich diese wie weiße Pilze auf die Oberfläche der Krystalle, kann aber davon abgewaschen werden. — Die gewaschenen Krystalle werden zur Schonung ihrer Form in kleinen Säcken zentrifugiert, nachher gesiebt, aber nicht getrocknet.

Ausbeute an Krystallen 70% des Saccharins.

Die Krystallmutterlauge wird mit ihrer vierfachen Menge an destilliertem Wasser versetzt, die Lösung auf 40⁰ erwärmt und mit 300 g metallfreier Entfärbungskohle und so viel reiner Salzsäure versetzt, bis Kongopapier eine schwache Veränderung zeigt, aber noch nicht blau wird. Man braucht dazu 10—15 kg Salzsäure 22⁰ Bé. Nach $^1/_2$ Stunde filtriert man und fällt nun das Saccharin mit Salzsäure aus, bis eine filtrierte Probe der Lösung auch nach 2 Stunden keine Ausfällung mehr ergibt. — Das Saccharin wird zentrifugiert, mit destilliertem Wasser salzsäurefrei gewaschen und, wie bereits beschrieben, getrocknet.

Salicylsäure.

o-Oxybenzoesäure

Schmelzpunkt 159⁰. Mol.-Gew. 138. Weiße, nadelförmige Krystalle, löslich in 500 T. Wasser von 15⁰ und in 15 T. siedendem Wasser, in 2,5 T. Weingeist, in 2 T. Äther, in 80 T. Chloroform und viel leichter in heißem Chloroform. Flüchtig mit Wasserdämpfen.

Der Vorgang der Salicylsäurefabrikation folgt der von Kolbe und Schmitt entdeckten Synthese:

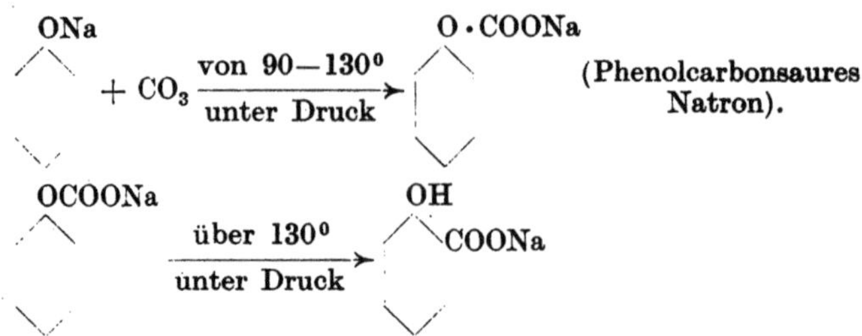

Der Hauptbestandteil der Apparatur ist der Salicylsäureautoklav (Abb. 59). — Die erste Bedingung für eine zufriedenstellende Ausbeute an einwandfreier Ware ist die peinlich genaue Ausführung dieses Autoklaven und seiner gesamten Armatur. Zur Verarbeitung von je 100 kg Reinphenol muß der Inhalt des Druckgefäßes A 650 l

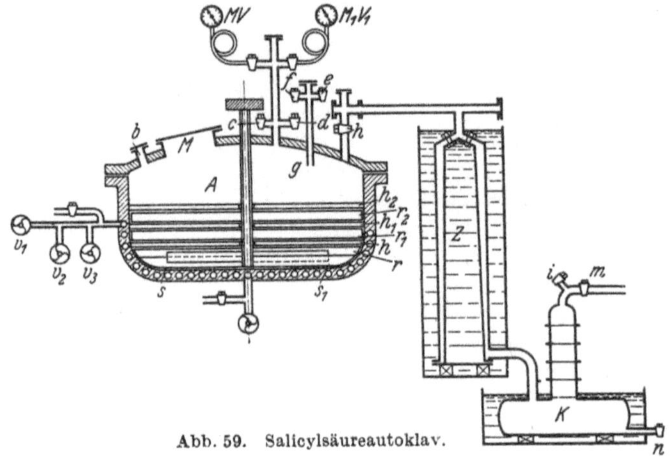

Abb. 59. Salicylsäureautoklav.

betragen. Man wird — aus Gründen, welche später erwähnt werden — in den wenigsten Fällen über dieses Volumen hinausgehen, so daß in Salicylsäurefabriken mit großer Produktion ganze Batterien solcher Autoklaven aufgestellt sind. Der Druckkessel kann aus einem homogen geschweißten Gefäß mit Dampfmantel bestehen. Jetzt wird zum Heizen desselben fast durchweg das Frederkingsystem angewendet.

In dem Kessel muß nicht nur gerührt, sondern auch zerkleinert werden. Die Schaber s und s_1 sind genau konstruiert wie diejenigen des Schaberrührers im Graukalkzersetzungsapparat, Abb. 100, S. 443. Sie schaben den Boden und einen Teil der Seitenfläche des Autoklaven vorweg rein und wirken also wenig als Rührer. Infolge ihrer starken Abnutzung müssen sie auch hier wie im Graukalkzersetzungsapparat nach jeder Operation von neuem so eingesetzt werden, daß sie wieder scharf gegen die Bodenfläche angepaßt sind. Damit ist die erste Erklärung gegeben, warum die Autoklaven nicht in sehr großen Dimensionen und vor allem nicht sehr hoch konstruiert sein dürfen, denn das jeweilige Wiedereinpassen der Schaber ist eine ziemlich beschwerliche Arbeit.

Gegen die Schaberrührer um 90° verstellt, also in der Abbildung aus Übersichtsgründen unrichtig gezeichnet, sind die 3 Rührer r, r_1 und r_2. Diese führen die Reaktionsmasse langsam, aber kontinuierlich im Kreise herum. Damit der Inhalt während des Trocknens zu einem feinen gleichmäßigen Pulver gemahlen wird, sind 3 Hindernisse h, h_1 und h_2 eingebaut. Sie lagern in der Mitte um die Welle, während ihre seitlichen Enden in an der inneren Wandung des Autoklaven angeschweißten Zapfen mit Schrauben befestigt sind. Die Funktion der Rührer und Hindernisse wird durch Abb. 60, welche den Querschnitt derselben zeigt, erläutert. Die sich in der Pfeilrichtung drehenden Rührer bewegen die Masse vor sich her und gehen zwischen den als Messer oder Brecher von Knollen und Knötchen wirkenden festsitzenden Hindernissen exakt durch. — Es ist leicht verständlich, daß die gesamte Rühr- und Zerkleinerungsvorrichtung nicht nur sehr exakt, sondern auch solid konstruiert sein soll. Die Rührwelle aus bestem Stahlguß macht 4 Umdrehungen in der Minute und wird durch eine Schnecke angetrieben. Ihr unteres Ende ruht in einem an den Kesselboden angeschweißten Spurzapfen mit Messingfutter. Die Dichtung der solid und exakt gebauten Stopfbüchse besteht in einer unteren Lage Asbestschnur, auf welche oben Baumwollschnur mit Gummikern folgt. Die Schmierung besorgt Graphitpulver mit ganz wenig Konsistenzfett. Es darf kein Öl in den Autoklaven gesaugt werden, wenn er unter Vakuum steht.

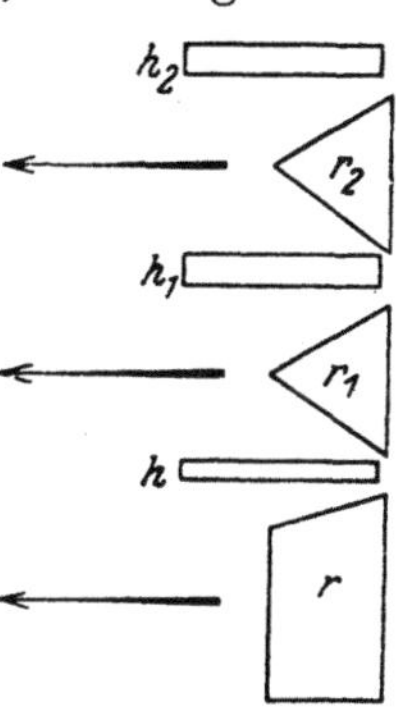

Abb. 60. Querschnitt durch die Rührer und Hindernisse des Salicylsäureautoklaven.

Der Autoklav kann durch 3 Arten Dampf geheizt werden. Das Ventil v_1 vermittelt den Eintritt von solchem, welcher auf 2—2,5 Atm. reduziert ist, v_2 von Dampf auf 5—6 Atm. und v_3 von schwach überhitztem Dampf von 8—9 Atm. Im ferneren kann der Autoklav durch Wasser gekühlt werden.

Der Stutzen b auf dem schwach gewölbten Autoklavendeckel ist während der Reaktion blind verflanscht. Nach Beendigung der Umsetzung setzt man in diesen Stutzen ein kupfernes Tauchrohr mit kurzer Gummischlauchverlängerung. Durch dieses Tauchrohr drückt man die wässerige Lösung der Rohsalicylsäure und die Waschwässer ab. Das Deckelchen auf b wird durch einen jederzeit rasch abnehmbaren Bügelverschluß angepreßt, so daß man durch diesen Stutzen während der Arbeit jederzeit Proben der Reaktionsmasse ziehen kann. Damit man sich bei dieser Manipulation nicht am Deckelchen die Finger verbrennt, trägt dasselbe einen kurzen Holzstiel.

Durch den Hahn c leitet man Kohlensäure, durch d Druckluft ein. Das Manovakuummeter MV und das Kontrollmanovakuummeter M_1V_1 können durch Hähne vom Autoklaven abgeschlossen werden. Der Hahn e vermittelt die Verbindung mit der Saugleitung zum Einziehen der Phenolnatriumlösung, f des Einspritzwassers und des Wassers zum Lösen der Rohsalicylsäure. Das Einflußrohr g reicht 5 cm in das Innere des Autoklaven hinein, damit das Wasser beim Einziehen direkt auf das Schmelzgut trifft und nicht längs der Wandung herunterfließt.

Der Hahn h vermittelt die Verbindung mit dem Zylinderkühler Z aus Schmiedeeisen oder Kupfer. Das System der Zylinderkühler ist in den Kapiteln über Holzdestillation (S. 432 u. 433), Formaldehyd (S. 120) und Guajacol (S. 206) erläutert. Auch für die Salicylsäurefabrikation eignen sich Zylinderkühler weitaus am besten. Das Kondensat wird im Behälter K aufgefangen. Die Wandungen des Kühlers und des Kondensatbehälters müssen einem Druck von 3,5 Atm. standhalten. Das Kühlwasser um beide kann durch Dampfschnatterer bei Bedarf erwärmt werden.

Man ersieht aus der Abbildung, daß alle Leitungen auf dem Druckkesseldeckel gerade sind, so daß durch Öffnen der Hähne, Entfernen der Blindflanschen und Durchstoßen eines Drahtes allfällige Verstopfungen bequem beseitigt werden können.

Zum Abdichten können nur Asbestschnüre und Klingerit verwendet werden. Asbestpappe würde sich mit Phenol vollsaugen und dadurch in kurzer Zeit brüchig werden. Der Autoklavendeckel ist mit zwei Reihen Schrauben aufgesetzt.

Das ganze System kann durch eine speziell dafür reservierte Trockenluftpumpe evakuiert werden. Das Auspuffrohr der Vakuumpumpe verbindet man mit einem kleinen Koksturm zum Zurückhalten eventueller Phenolspuren in den Auspuffgasen. Die Koksstücke von Eigröße befinden sich in einem Einsatz mit gelochtem Boden, welcher Einsatz zum Erneuern des Kokses herausgezogen werden kann.

Die übrigen Teile der Apparatur werden in der Beschreibung des Arbeitsganges erwähnt werden.

Phenolnatrium. Bei seiner Darstellung ist auf folgende Punkte zu achten:

1. Genauestes Einhalten des richtigen Verhältnisses von Phenol und Ätznatron.

2. Vermeiden von Oxydation des Phenolnatriums durch gewissenhaftes Fernhalten von Luft bei der Vereinigung der Komponenten und während des Trocknens des Phenolnatriums.

Zum Neutralisieren von 100 T. C_6H_5OH benötigt man 42,55 T. NaOH. Der Gehalt der verwendeten Carbolsäure an reinem C_6H_5OH und der verwendeten Natronlauge an NaOH muß genau bekannt sein. Die Gehalte der käuflichen Carbolsäure sind folgende:

Carbolsäure mit Schmelzpunkt 35°:	97,0 %	C_6H_5OH
36°:	97,7 %	C_6H_5OH
37°:	97,3 %	C_6H_5OH
38°:	98,8 %	C_6H_5OH
39°:	99,2 %	C_6H_5OH
40°:	99,6 %	C_6H_5OH
40,5°:	99,8 %	C_6H_5OH.

Es lohnt sich, nur bestes, durch Rektifikation in hohen Raschigkolonnen gereinigtes Phenol von mindestens 99,5 % Reinphenolgehalt zu verwenden.

Die Natronlauge stellt man durch Auflösen von technisch möglichst reinem Ätznatron her. Am besten löst man zu einer Konzentration von höchstens 25° Bé und läßt die Lauge vor ihrer Verwendung mehrere Wochen absetzen (s. darüber das Kapitel über Ätzalkalien in fester Form, S. 1). Erst dann bestimmt man ihren NaOH-Gehalt titrimetrisch, d. h. unmittelbar vor ihrer Verwendung.

Ein Phenolüberschuß im Phenolnatrium stört beim Entfernen der letzten Wasserspuren. Ein Natriumhydroxydüberschuß wirkt noch nachteiliger, vor allem durch Beförderung schädlicher Oxydationserscheinungen. Ferner würde beim Vorhandensein von NaOH beim Einleiten von Kohlensäure schädlich wirkendes Wasser frei.

In einem Rührkessel, welcher in einem Warmwasserbad steht, mischt man 100 kg auf 50° erwärmtes Reinphenol mit der berechnéten Menge Natronlauge und einer Lösung von 1 kg Natriumsulfit — $Na_2SO_3 + 7H_2O$ — in 2 l Wasser. Zu gleicher Zeit evakuiert man den Autoklaven, verbindet dessen Hahn e durch einen Holländer und ein Rohr mit dem Rührkessel, so daß man die Phenolnatriumlösung rasch einsaugen kann. Man trägt Sorge, daß keine Luft nachgesaugt wird. Den Rührkessel spült man nach dem Einsaugen mit einer Lösung von 3 kg Natriumsulfit in 6 l Wasser und saugt diese Spüllauge auch in den Autoklaven. — Hierauf evakuiert man den Autoklaven möglichst vollständig — mindestens 700 mm — und gibt dann sehr vorsichtig durch Ventil v_1 Dampf von 2—2,5 Atm. in die Heizschlange, bis die Destillation beginnt. Mit einiger Übung kann man ein Übersteigen leicht vermeiden; wenn dies doch einmal vorkommt, muß zuerst gründlich abgekühlt werden, bevor man Luft eintreten läßt und den Inhalt des Kondensatbehälters wieder in den Druckkessel zurückbringt.

Das Rührwerk wird von Anbeginn des Verdampfens in Bewegung gesetzt. Man destilliert nun so lange mit Dampf von 2—2,5 Atm. im Vakuum, bis sich in K kaum mehr nennenswerte Wassermengen ansammeln. Erst wenn dieser Punkt erreicht ist, ersetzt man den Dampf von 2—2,5 Atm. durch solchen von 5—6 Atm., welcher durch Ventil v_2 eintritt. Man rührt, evakuiert und erhitzt nun weiter, bis die Temperatur des Phenolnatriumpulvers im Autoklaven eine Temperatur von 160° erreicht hat, was meistens nur dadurch möglich ist, daß man am Schlusse durch Ventil v_3 schwach überhitzten Dampf von 8 bis 8,5 Atm. einleitet. Die Schlußtemperatur von 160° beim Trocknen muß erreicht werden. Es ist durchaus nicht notwendig, daß die Vakuumpumpe immer in Gang ist. Die Apparatur muß ja außergewöhnlich dicht sein, damit nachher darin mit Kohlensäure unter hohem Druck gearbeitet werden kann. Man kann also von Zeit zu Zeit den Hahn m hinter K schließen und die Vakuumpumpe abstellen, bis das Vakuum in der Apparatur so weit — um 50—75 mm — gesunken ist, daß man es wieder erhöhen muß. Derart wird auch weniger Phenolnatriumpulver in die Kondensationsanlage gesaugt.

Nach 6—8 Stunden ist die Temperatur von 160° im Autoklaven erreicht, d. h. das C_6H_5ONa-Pulver vollständig trocken. Man kühlt nun unter fortgesetztem Rühren und unter Vakuum durch langsame Eingabe von Kühlwasser in die Schlange des Autoklaven auf 90—100°. Dazu verwendet man 4—5 Stunden, meistens die zweite Hälfte der

Nacht. Tiefer als 90⁰ soll nicht abgekühlt werden, weil sonst die nachfolgende Kondensation mit der Kohlensäure schwierig in Gang kommt. Auch während des Abkühlens hält man aus bereits erwähnten Gründen das Vakuum nur durch zeitweiliges kurzes Ingangsetzen der Vakuumpumpe.

Salicylsäure. An den Hahn c kuppelt man durch einen Holländer ein Kupferrohr. Durch dieses leitet man aus einer Druckflasche, an welche ein Reduzierventil angeschlossen ist, Kohlensäure in den Autoklaven. Die Kohlensäuredruckflasche steht auf einer Dezimalwaage. Damit die Waage geschont wird, stellt man die Flasche nicht direkt auf dieselbe, sondern in ein Blechgefäß mit Überlauf. Denn die letzten Reste der Kohlensäure müssen durch Übergießen der Druckflasche mit heißem Wasser aus dieser ausgetrieben werden. Hin und wieder kommt es auch vor, daß durch kräftigen Kohlensäureausfluß aus der Druckflasche die Leitungen durch feste Kohlensäure verstopft werden, was auch durch Übergießen mit warmem Wasser korrigiert werden muß. Kohlensäurereste aus fast geleerten Flaschen verwendet man am Anfang einer Operation, wenn noch Vakuum im Autoklaven ist, so daß die letzten Kohlensäureanteile aus den Druckflaschen herausgesaugt werden. — Das Reduzierventil an der Kohlensäureflasche soll nur zum Reduzieren des Druckes und nicht zum Regulieren der durchströmenden Kohlensäuremengen verwendet werden. Würde man ein Reduzierventil für den zweiten Zweck gebrauchen, so wäre es in kurzer Zeit ruiniert. Man öffnet zuerst das Reduzierventil vollständig, erst dann das Ventil der Druckflasche ganz wenig und reguliert den Gasdurchgang mit dem letzteren, nie mit dem Reduzierventil.

Vor dem Einleiten der Kohlensäure bringt man das Vakuum auf seinen höchsten Stand und schließt dann den Hahn h zwischen dem Autoklaven und dem Zylinderkühler. Die Temperatur des Phenolnatriumpulvers sei dann, wie bereits erwähnt, zwischen 90 und 100⁰. Das Einleiten der Kohlensäure hat langsam zu geschehen, damit sich keine Klumpen von phenylkohlensaurem Natron bilden, was nicht nur die Ausbeute verringern, sondern auch zu Betriebsstörungen führen würde: Stehenbleiben des Rührers und Beschädigung desselben. — Die Reaktion ist exotherm, so daß die Temperatur ohne äußere Wärmezufuhr steigt. In der ersten Phase der Reaktion hält man den Druck im Autoklaven nicht höher als 2 Atm. Die Temperatur darf, bevor beinahe alle Kohlensäure eingeleitet ist, nicht höher als 135⁰ steigen. Beim Überschreiten dieser Temperatur, bevor die Umsetzung mit Kohlensäure beinahe beendigt ist, würde das schon gebildete Monosalicylat sich mit noch nicht umgewandeltem Phenolnatrium zu Dinatriumsalicylat und freiem Phenol umsetzen nach der Gleichung:

$$\mathrm{C_6H_5ONa} + \mathrm{C_6H_4}\!\!\begin{array}{l}\diagup \mathrm{OH}\\ \diagdown \mathrm{COONa}\end{array} = \mathrm{C_6H_5OH} = \mathrm{C_6H_4}\!\!\begin{array}{l}\diagup \mathrm{ONa}\\ \diagdown \mathrm{COONa}\end{array}$$

Die Salicylsäureausbeute wäre dann sehr schlecht, indem ein großer Teil des Phenolnatriums wieder als Phenol zurückgewonnen würde. — Es sei hervorgehoben, daß diese schädliche Nebenreaktion nicht mehr aufzuhalten ist, wenn die Temperatur von 135° einmal zu früh überschritten würde, auch dadurch nicht, daß man mit Wasser wieder kühlt. Es soll übrigens gleich schon hier eingeschaltet werden, daß die Rückbildung von etwas Phenol nie ganz verhindert werden kann, und man immer etwa 8—10% des in die Reaktion eingeführten Phenols unverändert zurückerhält.

Bevor mindestens 32 kg Kohlensäure eingeleitet sind, soll also die Temperatur von 135° unter keinen Umständen überschritten werden. Dagegen kann man den Druck allmählich auf 4 Atm. steigern. Wenn unter diesen Bedingungen 30—32 kg Kohlensäure in den Druckkessel eingeführt worden sind, prüft man den Stand der Reaktion in folgender Weise: Man stellt den Kohlensäurezutritt an der Kohlensäureflasche — nicht am Hahn c — ab und beobachtet, wie rasch das Manometer am Autoklaven zurückgeht. Geht es noch ziemlich schnell zurück, dann tritt noch Kohlensäure in Reaktion, und man muß das Einleiten derselben fortsetzen. Man kann dabei den Druck bis auf 6 Atm. steigern, während die Temperatur unter 135° verbleiben muß, bis der Druck im Autoklaven auch bei abgestellter Kohlensäurezufuhr beinahe konstant bleibt. Dieses wird eintreffen, wenn 32 bis höchstens 35 kg Kohlensäuregas in den Autoklaven eingeführt sind. Es befinden sich dann nur noch unwesentliche Mengen noch nicht in Reaktion getretenes Phenolnatrium im Kessel, so daß die Bildung von Dinatriumsalicylat und Retourphenol nun auch bei Temperaturen über 135° auf ein Minimum beschränkt bleiben wird.

Die im folgenden beschriebenen Manipulationen verfolgen den Zweck, einerseits die letzten Spuren des Phenolnatriums noch mit Kohlensäure in Reaktion zu bringen und hauptsächlich rückgebildetes Phenol, welches trotz aller Vorsicht beim Arbeiten immer in geringem Prozentsatz entsteht, abzublasen. — Die Temperatur wird nun durch Zufuhr von schwach überhitztem Dampf von 8—8,5 Atm. durch das Ventil v_3 in die Heizschlange im Zeitraume von $1^1/_2$ Stunden auf 175° gesteigert. Der Druck im Autoklaven steigt dabei, ohne daß neue Kohlensäure zugeführt wird, in den meisten Fällen auf 7—8 Atm. — Er wird nun sehr langsam und vorsichtig durch den Zylinderkühler und den Kondensatbehälter abgeblasen, indem man zuerst den Hahn i ganz und dann Hahn h nur ein wenig öffnet. Die langsam entweichende Kohlensäure reißt rückgebildetes Phenol mit sich, welches sich im Kühler und im Kondensator verdichtet. Damit das Phenol dort nicht erstarrt und Verstopfungen der Leitungen bewirkt, hält man die Temperatur des Kühlwassers um Z und K während dieser Manipulation auf 40°. Am Schlusse saugt man die letzten Kohlensäurereste samt Phenoldämpfen mit Vakuum aus dem Autoklaven, wobei man natürlich Hahn i schließt und m öffnet. Man zapft das Phenol durch den Hahn k in flüssigem Zustande ab. Dann leitet man nochmals CO_2 in den Autoklaven, bis der Druck darin 2 Atm. erreicht hat, heizt nun diesmal bis auf 182° auf, worauf man zum zweiten Male Kohlensäure und noch vorhandenes Phenol in bereits beschriebener Weise abbläst, den Autoklaven evakuiert und das Phenol auffängt.

Aus dem evakuierten Autoklaven entfernt man die letzten Phenolreste in folgender Weise: Man saugt in denselben durch Hahn *f* aus einem Eimer 8 l Wasser ein, wobei man Sorge trägt, daß keine Luft nachgesaugt wird. In dem heißen Autoklaven, worin man rührt, verschwindet das Vakuum, und es entsteht durch Verdampfen des Wassers Druck von $1^1/_2$—2 Atm. Der entstandene Wasserdampf wird dann wie vorher die Kohlensäure bei geöffneten Hähnen *h* und *i* langsam abgeblasen, wobei er Phenolreste aus dem Reaktionsgemisch mit sich reißt, wenn auch noch nicht quantitativ. Vielmehr muß diese Entfernung letzter Phenolreste mit Wasserdampf noch 3—4 Male in der beschriebenen Weise wiederholt werden.

Reinigung der Rohsalicylsäure. Das Reaktionsgemisch im Autoklaven wird darin mit Wasser gelöst. Man saugt langsam unter Rühren durch Hahn *f* 300 l warme Umlöselauge von der vorhergehenden Operation ein. Nach $^1/_2$ Stunde stellt man das Rührwerk ab, setzt das kupferne Tauchrohr mit Gummischlauch-Ende in den Stutzen *b* und drückt die Lösung des rohen Natriumsalicylats in den Vorreinigungsbottich. Nach dem Leerdrücken des Autoklaven füllt man ihn mit 300 l reinem Wasser, rührt um und drückt ebenfalls in den Vorreinigungsbottich. Diese Spüloperation wiederholt man nochmals mit reinem Wasser, worauf man den Autoklaven durch Evakuieren und leichtes Anheizen sofort trocknet.

Die Lösung des rohen Natriumsalicylats versetzt man im Vorreinigungsbottich — offener Holzbottich von 2000 l Inhalt, mit Schnatterschlange aus Aluminium und Bodenhahn aus Bronze — mit 1 kg Entfärbungskohle und etwas Salzsäure bis zur schwachsauren Reaktion auf Lackmus und kocht sie dann bis zum Verschwinden des Phenolgeruches auf. — Sollte man infolge irgendwelcher Umstände die Natriumsalicylatlösung erst am folgenden Tage weiterreinigen, so darf das Ansäuern und Aufkochen gleich nach dem Entleeren des Autoklaven doch nie unterlassen werden, weil sonst über Nacht oder gar über Sonntag Veränderungen durch Oxydation eintreten würden, welche die nachfolgende Raffination außerordentlich erschweren.

Nach dem Verschwinden des Phenolgeruches filtriert man aus dem Vorreinigungsbottich in den „Zinnsalzbottich": Holzbottich von 7000 l Inhalt, mit Schnatterschlange aus Zinn, hölzernem Rührwerk, welches 20 Umdrehungen in der Minute macht, und Bodenstutzen mit 2 Metallhähnen. Der Bodenstutzen kann durch einen Zinnpfropfen *P* an einer Führungsstange *St* verschlossen werden. Letztere wird durch eine Eisenstange gebildet, welche durch ein Zinnrohr hermetisch eingehüllt ist. Bei der Schmiervorrichtung für die Rührwelle ist Bedacht darauf zu nehmen, daß kein Schmiermittel in den Bottich tropfen soll (s. Abb. 61).

Im Zinnsalzbottich verdünnt man mit Wasser auf 4500 l, säuert mit 7 kg roher Salicylsäure aus den Mutterlaugen der vorhergegangenen Operation noch stärker an und erwärmt zum Sieden, worauf man die Dampfzufuhr abstellt. — Dann beginnt die Aufhellung der Lösung mit Zinnsalz. Diese wird in Etappen vorgenommen, wie beispielsweise auch die Aufhellung von Tanninlösungen mit Zinkstaub (s. S. 266). Es werden, während das Rührwerk in Tätigkeit ist, zuerst 2 kg $SnCl_2$

und nach 4 Minuten nochmals 1,5 kg in die heiße Lösung eingestreut. 15 Minuten nach dem ersten Einstreuen prüft man die Wirkung, wofür am besten in nächster Nähe des Zinnsalzbottichs eine kleine Vorrichtung besteht. Man neutralisiert eine Probe der Lösung mit Schlämmkreide oder Marmormehl, filtriert, kühlt das Reagensglas unter fließendem Wasser und fällt mit Salzsäure im Überschuß. Wenn die Salicylsäurefällung noch einen gelblichen Stich zeigt, streut man noch 0,5 kg $SnCl_2$ in den Zinnsalzbottich, rührt und macht nach 4 Minuten von neuem eine Probe. In dieser Weise fährt man fort, bis die Salicylsäurefällung in der Probe weiß wird. Die Temperatur der Lösung darf während der Behandlung mit Zinnsalz nicht unter 93° sinken. Bei den Proben soll immer mit Salzsäure im Überschuß gefällt werden, damit die anfänglich auftretende violette Färbung wieder verschwindet. Mehr als 8 kg Zinnsalz soll zur Behandlung eines Ansatzes nicht gebraucht werden. Hier wie bei der Aufhellung von Tanninlösung mit Zinkstaub wirken „Überschüsse" nur schädlich.

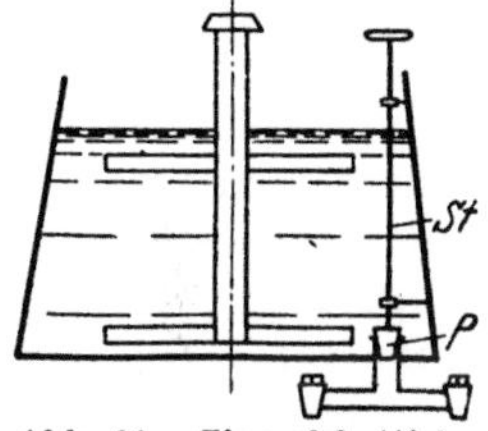

Abb. 61. Zinnsalzbottich.

Nach der Behandlung mit Zinnsalz bringt man die Temperatur wieder auf Siedetemperatur und neutralisiert mit Schlämmkreide oder feinstgemahlenem Marmor, welche man das eine oder das andere vorher mit Wasser zu einem dünnen Brei anrührt. Man benötigt zur Neutralisation der freien Säure und zum Ausfällen des Zinnoxyds etwa 20 kg Schlämmkreide. Durch das Neutralisieren wird die Lösung rötlichgelb bis bräunlich. Man muß neutralisieren und rühren, bis das Filtrat einer heiß filtrierten Probe auch nach dem Abkühlen mit fließendem Wasser absolut klar bleibt.

Sobald dies der Fall ist, wird filtriert. Dies kann in einer Filterpresse mit Holzkammern und totaler Aussüßung geschehen. Will man aber eine Pumpe, deren innere Teile sämtlich aus Bronze bestehen müssen, zum Füllen der Presse umgehen, so muß man den Zinnsalzbottich hoch stellen. Einfacher und billiger als eine Filterpresse ist auf alle Fälle ein Filter, wie es in Abb. 65, S. 270 im Kapitel über Tannin samt seiner Anwendung genau beschrieben ist. Ein solches Filter wird für Natriumsalicylatlösungen aus Reinaluminium oder noch besser aus Zinn gebaut.

Laugen und Waschwässer aus dem Filter fließen durch eine 50—60 m lange Kühlschlange aus Zinn, welche durch fließendes oder durch Eiswasser in einem schmiedeeisernen Reservoir gekühlt wird, in den Fällungsbottich: Holzbottich von 7000 l Inhalt, mit hölzernem Rührwerk und Abflußvorrichtung wie beim Zinnsalzbottich, ohne Heizvorrichtung. Von der klaren kalten Lösung im Fällungsbottich — Temperatur nicht über 15° — nimmt man eine Probe von 100 cc und titriert diese mit gewöhnlicher Salzsäure, bis nicht nur vollständige Ausfällung entstanden, sondern auch die anfänglich aufgetretene Violettfärbung wieder verschwunden ist. Aus dem Resultat dieser Probe berechnet man die zur Fällung der Gesamtlösung notwendige Salzsäure und gibt sie aus einem Salzsäurereservoir unter Rühren im Fällungsbottich zu.

Darauf filtriert man sofort auf einer Tonnutsche mit Filterstein. Sehr wichtig ist nun die Operation des Auswaschens der Salicylsäure auf der Nutsche. Die Salicylsäure darf nicht mit der Luft in Berührung gelangen, bevor die eisenhaltige Lauge quantitativ daraus entfernt ist. Man saugt mit ganz schwachem Vakuum ab, bis nur noch eine Flüssigkeitsschicht von 3—5 cm über der Salicylsäureschicht steht. Dann stellt man das Vakuum ab und läßt die Laugen aus dem unteren Teil der Nutsche in den Eindampfbottich fließen. — Nun beginnt das Aussüßen auf der Nutsche. Man saugt wieder mit schwachem Vakuum ab, aber indem die über der Salicylsäureschicht stehende Flüssigkeitsschicht so lange durch Zufluß einer 1proz. eisenfreien Lösung von Natriumsulfit aufrechterhalten wird, bis unten vollständig eisenfreie Flüssigkeit abfließt. Man muß dafür ungefähr 600 l Natriumsulfitlösung verwenden und läßt die erhaltene Lauge ebenfalls in den Eindampfbottich fließen. Nun wird die Salicylsäureschicht noch mit 600 l destilliertem Wasser ausgesüßt. Erst wenn auch dieses geschehen ist, darf die Flüssigkeit von der Salicylsäure abgesaugt werden, d. h. der Nutschenkuchen mit Luft in Berührung gelangen. Vorher soll er also ununterbrochen unter Flüssigkeit stehen, und zwar, wie gesagt, von dem Momente an, wo der Inhalt des Fällungsbottichs auf die Nutsche fließt. — Die durch das Aussüßen mit destilliertem Wasser erhaltene Lauge dient bei der nächsten Operation statt Wasser zum Lösen der im Autoklaven erhaltenen Rohsalicylsäure.

Für feinere, namentlich leichte Qualitäten Salicylsäure gelangt sie von der Nutsche weg noch in eine Zentrifuge mit verbleitem Mantel und verzinntem Korb. Im letzteren befindet sich eine Einlage von 8—10 aufeinandergehefteten, sehr feinmaschigen verzinnten Messinggeweben. Die Zentrifuge wird durch eine direkt an sie angekuppelte kleine Dampfmaschine getrieben, damit man die Tourenzahl genau regeln kann. In den Korb der Zentrifuge bringt man von dem Salicylsäurenutschenkuchen, teigt ihn darin mit destilliertem Wasser zu einem dünnen Brei an, und setzt den Korb in sehr langsame Umdrehung, bis der größte Teil der Lauge durch das Drahtgewebe geflossen ist. Erst dann geht man allmählich zur großen Tourenzahl über, wodurch nun die letzten Reste der Lauge nicht durch Pressen, sondern durch Durchlüftung aus der Salicylsäure entfernt werden. Die Art dieser Arbeit wird im Kapitel über Chininsulfat, S. 308ff., genau beschrieben. Wie das Chininsulfat kann man auf diese Weise auch die Salicylsäure leicht und flockig erhalten. Namentlich aus Wasser umkrystallisierte Salicylsäure wird sehr oft in dieser Weise in leichte, flockige Ware verwandelt.

Man trocknet in einer Trockenstube auf Holzhürdchen mit Tüchern, wie dies ebenfalls im Kapitel über Chininsulfat, S. 309, beschrieben ist.

Es muß noch die Beschreibung der Aufarbeitung der gefärbten Laugen im „Eindampfbottich" nachgeholt werden. Der Eindampfbottich ist ein Holzbottich mit kupferner Dampfschlange und Bodenhahn. Darin neutralisiert man die gefärbten Laugen kochend mit Sodalösung, bis sie nur noch wenig sauer reagieren. Bei starker Acidität ginge beim Eindampfen ein Teil der Salicylsäure mit den Wasserdämpfen in die Luft; durch Alkaliüberschuß würden die Laugen zu dunkel. Man dampft auf 30⁰ Bé ein. In modernen Betrieben wird dieses Eindampfen im Vakuum vorgenommen. Die heiße Lauge von 30⁰ Bé filtriert man in einen Holzbottich von 2000 l Inhalt und läßt sie dort auf 15⁰ erkalten. Bei dieser Temperatur fällt man die Salicylsäure mit Salzsäure, nutscht und wäscht mit wenig Wasser nach. Die Laugen verwirft man. Die ziemlich gefärbte Rohsalicylsäure verwendet man teilweise im Zinnsalzbottich vor dem Zinnsalzzusatz statt Salzsäure zum Ansäuern. Den Rest sammelt man, bis man beispielsweise 100 kg davon beisammen hat. Diese werden dann separat gereinigt. Man bringt sie in den Zinnsalzbottich mit 3500 l Wasser und soviel Soda, daß 90 % davon neutralisiert werden, und behandelt die Lösung wie eine solche von Rohsalicylsäure aus dem Autoklaven.

Der bei der Reinigung mit Zinnsalz erhaltene Zinnschlamm wird durch mehrmaliges Auskochen mit Wasser von salicylsaurem Natron befreit und verkauft.

Aufarbeitung gelbstichiger Salicylsäure. Man löst sie in ihrem 14fachen Gewicht siedenden destillierten Wassers. Dann läßt man, während man die siedendheiße Lösung ohne weitere Wärmezufuhr rührt, in starkem Strahle soviel eiskaltes destilliertes Wasser in dieselbe einfließen, bis die Temperatur der Lösung auf 65—60⁰ zurückgegangen ist und nutscht die ausgeschiedene Salicylsäure bei dieser Temperatur sofort ab. Auf diese Weise scheidet sich farblose Salicylsäure aus, während der gelbe Farbstoff mit dem Rest der Säure in Lösung bleibt.

Salophen. Salicylsäureacetylparamidophenylester.

$$\text{C}_6\text{H}_4\!\!\begin{array}{c}\text{OH}\\\text{CO}\cdot\text{O}\end{array}\!\!-\!\!\langle\;\rangle\!\!-\text{NH}\cdot\text{COCH}_3 .$$

Schmelzpunkt 187—188⁰. Es bildet in heißem Wasser wenig, in Alkohol und Äther leicht lösliche Blättchen.

Das eine seiner Ausgangsmaterialien bildet das

Acet-p-amidophenol. Die Darstellung und die Reinigung des p-Nitrophenols wurde im Kapitel „Guajacol und Phenacetin", S. 201 ff., geschildert.

In den Farbstoffwerken reduziert man die Nitrophenole im größten Maßstabe durch im status nascendi gebildeten elektrolytischen Wasserstoff. Der Einstand des so erhaltenen p-Amidophenols stellt sich äußerst niedrig, aber dieses Produkt der Farbstoffwerke ist nicht käuflich. Das von anderer Seite fabrizierte und in den Handel gebrachte p-Amidophenol ist verhältnismäßig teuer und oft sehr unrein, so daß es sich lohnt, dieses selbst darzustellen.

Zur Reduktion von p-Nitrophenol nach Béchamp verwendet man einen gußeisernen Doppelwänder mit Deckel, Quirlrührer und Abdruckrohr. In diesen bringt man 400 l Wasser und 75 kg entölte, gesiebte Gußeisendrehspäne, erwärmt auf 80⁰ und ätzt bei dieser Temperatur mit 3 kg roher Salzsäure an. Unter kräftigem Rühren — die Eisenspäne sollen herumgeschleudert werden — und Erhitzen bis fast zum

Sieden füllt man durch das Mannloch 50 kg gereinigtes p-Nitrophenol ein. Die Reduktion dauert 6—7 Stunden und ist beendigt, wenn ein mit Sodalösung getränktes Filtrierpapier beim Auftupfen der Reduktionsflüssigkeit keine Gelbfärbung mehr zeigt. Man verdünnt dann auf 1500 l Flüssigkeit, kocht auf und drückt die heiße Lösung über Beutelfilter in flache eiserne oder hölzerne Krystallisiergefäße, worin man 2 Tage bei möglichst niedriger Temperatur krystallisieren läßt. — Die Mutterlaugen des ausgeschwungenen Roh-p-amidophenols benutzt man beim nächsten Ansatz anstatt Wasser zum Verdünnen.

Für die Verarbeitung auf Salophen muß das p-Amidophenol unbedingt vollständig eisenfrei sein. Man löst 20 kg der Rohbase in einem durch ein Ölbad heizbaren Porzellantopf in 20 kg reiner eisenfreier Salzsäure, verdünnt die Lösung mit 60 kg destilliertem Wasser, kocht 10 Minuten mit 200 g metallfreier Entfärbungskohle, läßt absetzen, siphoniert die geklärte Lösung und filtriert den Bodensatz durch Flanellbeutel dazu in einen zweiten Porzellantopf. Die klare Lösung wird mit Schwefligsäurelösung noch weiter entfärbt und nach dem Erkalten daraus die nun hellgelbe Base mit filtrierter Sodalösung ausgefällt und abgenutscht. Diese Operation ist zu wiederholen, wenn das Produkt noch nicht gänzlich eisenfrei ist.

Um dasselbe zu acetylieren, erhitzte man es früher im trockenen Zustande mit einem Überschuß an Essigsäureanhydrid auf 80° oder höher und goß die Schmelze in Wasser. Die Ausbeute und Qualität des erhaltenen Produktes waren aber unbefriedigend. — Später erkannte man, daß Amidophenol in Wasser suspendiert acetyliert werden kann. Die nutschenfeuchte Ware wurde mit Wasser verrührt, und in diese Suspension goß man unter energischem Rühren auf einmal die ganze Essigsäureanhydridmenge. Unter starker Selbsterwärmung acetyliert dieses die Base, bevor es mit dem Wasser in Reaktion treten kann. — Das Verfahren wurde dann weiter abgeändert durch Lösen der Base in verdünnter Essigsäure und Verrühren dieser Lösung mit Essigsäureanhydrid. Aber die erhaltenen Ausbeuten blieben ungenügend.

In den Kapiteln über Acetylsalicylsäure, Phenacetin, Diacetylmorphin und anderen wird beschrieben, wie bei der Darstellung derselben die Acetylierung ihrer Ausgangsprodukte durch Verdünnen mit Benzol nicht nur erleichtert wird, sondern sich auch quantitativ gestaltet. Leider löst sich Amidophenol nicht in Benzol und in Toluol nur sehr wenig. Dagegen kann man als Verdünnungsmittel für das Essigsäureanhydrid Eisessig verwenden. Als Apparat dient ein Porzellantopf mit aufschraubbarem Tubusdeckel von der Porzellanmanufaktur in Berlin. Die Heizung des Porzellantopfes besorgt ein durch Dampf erwärmtes Ölbad. An den Tubus im Deckel des Topfes ist ein absteigender Aluminiumkühler angeschlossen, welcher seinerseits über einen Glasvorstoß mit einer Vorlage und dem Vakuum verbunden werden kann. In dem Topf mischt man:

20 kg eisenfreie, absolut trockene p-Amidophenolbase,
25 kg Essigsäureanhydrid von mindestens 90% Anhydridgehalt,
35 kg 100proz. Eisessig

und erhitzt 4 Stunden auf 110—115°, wobei etwas Eisessig überdestilliert. Dann setzt man das Vakuum an und destilliert den als Verdünnungsmittel zugesetzten und durch die Reaktion gebildeten Eisessig restlos ab, indem man am Schluß bei angesetztem Vakuum bis auf 140° erhitzt. — Den Destillationsrückstand krystallisiert man unter Zusatz von 250 g metallfreier Entfärbungskohle aus destilliertem Wasser um.

Ausbeute 26,5 kg Reinacetyl-p-amidophenol, also beinahe die Theorie. — Daneben gewinnt man nicht nur den Verdünnungseisessig, sondern auch den Teil des Essigsäureanhydrids, welcher nicht an das Amidophenol angelagert wird, als Eisessig zurück.

Salophen. Seine Herstellung kann analog derjenigen von Benzonaphthol durchgeführt werden, also nach dem Schema:

$$3\ C_6H_4OHCOOH + POCl_3 = 3\ C_6H_4OHCOCl + PO(OH)_3\,.$$

$$3\,C_6H_4OHCOCl + 3\ HO \cdot C_6H_4 \cdot NH \cdot COCH_3$$
$$= 3\ C_6H_4OH \cdot CO - O \cdot C_6H_4 \cdot NHCOCH_3 + 3\ HCl\,.$$

Diese Umsetzung gestaltet sich in der Technik schwierig, hauptsächlich infolge des hohen Schmelzpunktes von Salophen. Die Temperatur während der Reaktion des Phosphoroxychlorids mit Salicylsäure und Acetyl-p-amidophenol darf 130° nicht überschreiten, und das entstehende Salophen bildet deshalb Klumpen, deren weitere Verarbeitung apparative Schwierigkeiten verursacht. Eine reinweiße Ware in guter Ausbeute ist auf diesem Wege nicht erhältlich.

Man kann aber auch durch Umsetzen des Acetyl-p-amidophenols mit Salol zu Salophen gelangen:

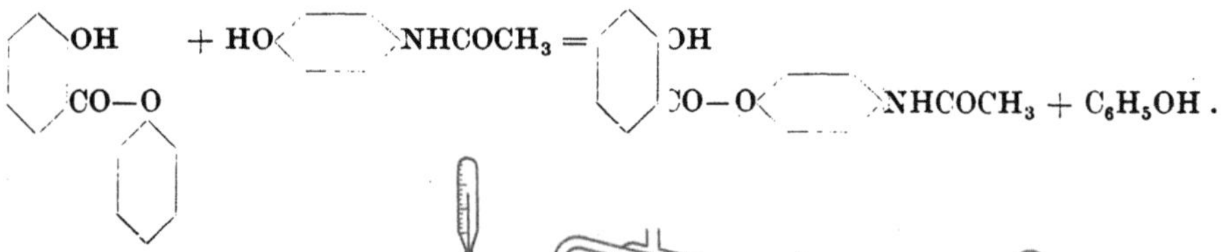

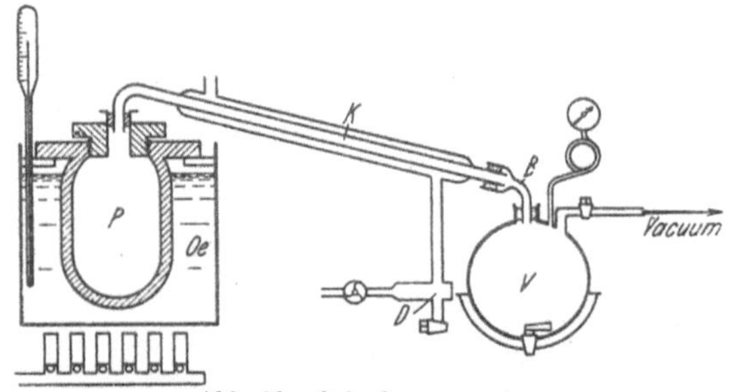

In einem durch ein Ölbad heizbaren Porzellantopf von 50 l Inhalt mit aufschraubbarem Tubusdeckel (s. Abb. 62) mischt man innig

13,4 kg reines, vollständig eisenfreies Acetp-Amidophenol mit

19,0 kg krystallweißem Salol

Abb. 62. Salophenapparatur.

P Porzellantopf mit aufschraubbarem Tubusdeckel. — *Oe* Ölbad, heizbar durch Gas oder durch überhitzten Dampf. — *K* Kühler aus Reinkupfer. — *B* Vorstoß aus Glas. — *V* durch Dampf heizbare Vacuumvorlage aus Reinkupfer. — *D* Dampfmischventil zum Erwärmen des Kühlwassers vor seinem Eintritt in den Kühler.

und destilliert im Vakuum von 20 mm bei 210—225° das Phenol ab. Die Temperatur des Kühlwassers um den Kühler muß 45—50° betragen. Es destillieren mindestens 6,7 kg Phenol ab. Nach Beendigung der Phenoldestillation

läßt man den Inhalt des Porzellantopfes erkalten, zerteilt seinen krystallinischen Inhalt mit einem Spatel aus Reinnickel und krystallisiert
ihn unter Zuhilfenahme von 200 g metallfreier Entfärbungskohle in
einem Abb. 89 veranschaulichten Krystallisierapparat, bestehend aus
Reinkupfer aus 200 l 96proz. Alkohol um.

Ausbeute: 21—22 kg Reinsalophen.

Das destillierte Phenol wird mit einer molekularen Menge Salicylsäure gemischt, und das Gemisch in derselben Weise, wie in dem Kapitel
über Benzonaphthol beschrieben ist, durch Zusatz von Phosphoroxychlorid in Salol verwandelt:

$$3\,C_6H_5OH + 3\,C_6H_4COOH(OH) + POCl_3$$
$$= 3\,OHC_6H_4CO-OC_6H_5 + H_3PO_4 + 3\,HCl.$$

Dieses Salol wird für neue Salophenansätze verwendet.

Der Umweg über Salol bietet große Vorteile: Vor allem vermeidet
er nennenswerte apparative Schwierigkeiten; ferner liegt die auf demselben erhaltene Ausbeute sehr nahe der Theorie.

Santonin.

Santonin, $C_{15}H_{18}O_3$, ist das innere Anhydrid (Lacton) der Santoninsäure,
$C_{15}H_{20}O_4$. Es bildet farblose, glänzende Blättchen vom Schmelzpunkt 170°, die sich
am Licht gelb färben. Es löst sich in 5000 T. kaltem und in 250 T. siedendem
Wasser, in 44 T. kaltem und 3 T. siedendem Weingeist, in 75 T. Äther und in 4 T.
Chloroform, leicht in Di- und Trichloräthylen.

In dem Ausgangsmaterial des Santonins, den Wurmsamenblüten,
wird dasselbe vor seiner Extraktion mit Kalk frei gemacht. 15 T.
Ätzkalk werden zu Hydrat gelöscht, mit 100 T. vorher gekollertem
Wurmsamen schichtweise gemischt und sofort in die Diffuseure gebracht, damit nicht vorher ein Eintrocknen der Substanz eintreten kann,
denn in eingetrocknetem Zustande würde dieselbe sehr schwer von
Flüssigkeit durchdrungen. Wäre man einmal aus apparativen Gründen
gezwungen, das Wurmsamenkalkgemisch länger liegen zu lassen, so
müßte man dasselbe stärker durchfeuchten. In halbtrockenem Zustande
erhitzt sich die Masse leicht sehr stark, eventuell bis zur Selbstent-
zündung.

Man extrahiert nach dem Gegenstromprinzip in Diffuseuren nach
Abb. 64, S. 270 im Kapitel über Tanninextraktion. Der gewölbte und
gut abgestützte Siebboden S_1 muß mit Filtertuch überspannt sein,
welches so zusammengenäht ist, daß es sich genau der Siebwölbung
anpaßt. Unter diesem Sieb befindet sich eine Heizschlange für indirekten
Dampf. Man kann die Lösung nicht mit direktem Dampf erwärmen,
weil solcher Störungen in der Diffusion verursachen könnte. Die Temperatur während der Diffusion soll 60—70° betragen. Man füllt zuerst
bis über ein Drittel des Rauminhalts mit heißem Wasser oder mit
heißer Lauge aus dem vorgeschalteten Diffuseur und trägt erst dann
Wurmsamenblüten ein, so daß Lufträume im Extraktionsgut sicher
vermieden werden. Während der Extraktion hält man die Temperatur
durch indirekten Dampf in den bereits erwähnten Heizschlangen unter
den Sieben S_1 auf 60—70°. Mit fünf hintereinandergeschalteten Diffu-

seuren kann man die Wurmsamenblüten erschöpfen. Die aus dem letzten Diffuseur fließende Brühe soll 11—12° Bé spindeln. Würde diese Spindelzahl aus irgendeinem Grunde nicht erreicht, so müßte man die Laugen im Vakuum auf die genannte Stärke eindampfen. Es sei aber darauf hingewiesen, daß die Brühen im Vakuum sehr stark schäumen, so daß man, wenn immer möglich, durch Extraktion zur genannten Konzentration gelangen und so die Vakuumverdampfung vermeiden soll.

In den Brühen ist das Santonin als santoninsaurer Kalk, der leicht in Wasser löslich ist, enthalten; daneben ist aber auch viel Harz gelöst. Durch Salzsäurezusatz wird die Santoninsäure frei gemacht, die rasch in ihr inneres Anhydrid, das Santonin, übergeht. — Die Praxis hat gezeigt, daß dasselbe am besten aus Brühen krystallisiert, welche kalt gemessen 11—12° Bé spindeln. Ferner müssen die Brühen bei der Fällung eine Temperatur von 65—70° haben. Sollten sie mit einer niedrigeren Temperatur aus dem letzten Diffuseur fließen, so müßte man sie unbedingt auf diese Temperatur von 65—70° bringen, bevor man Salzsäure zusetzt, denn nur bei dieser Temperatur gelingt die Trennung von Santonin und Harz gut.

Die Fällung nimmt man in Holzbottichen vor. Es wird zunächst unter Umrühren soviel rohe Salzsäure zugesetzt, bis die Brühe deutlich kongosauer ist, darauf wird noch einmal genau die gleiche Menge Salzsäure zugesetzt. Es scheidet sich fast augenblicklich Harz aus, welches man mit einer durchlöcherten Schöpfkelle aus der Brühe entfernt, soviel dies nur irgend möglich ist. Dasselbe schließt nicht unbeträchtliche Mengen von Santonin ein und muß aus diesem Grunde gesammelt und bei 35—40° getrocknet werden. Seine Aufarbeitung wird am Schlusse des Kapitels beschrieben.

Die übersäuerten, möglichst harzfreien Brühen werden nun etwa 6 Tage stehen gelassen, nach welcher Zeit alles Santonin auskrystallisiert ist. Im Sommer läßt man eventuell noch einige Tage länger stehen. Man siphoniert die Brühen ab und koliert das Rohsantonin durch Spitzbeutel. Ob noch Santonin in den Laugen ist, stellt man durch Ausschütteln von einigen Litern derselben mit Chloroform und Verdunsten der Chloroformlösung fest. Bei dem hohen Wertstande des Santonins empfiehlt es sich meistens, die Mutterlaugen des Rohsantonins mit Di- oder Trichloräthylen zu extrahieren, bevor man dieselben verwirft.

Das noch mit Harz verunreinigte Rohsantonin bringt man zunächst in einen Tontopf und bedeckt es darin mit 8 proz. Sodalösung. Unter bisweiligem Umrühren läßt man einige Tage stehen, worauf man die Sodalösung abnutscht. Das Nutschengut digeriert man noch mit einer 1 proz. Salzsäurelösung, nutscht wieder und wäscht mit Wasser säurefrei.

Das so vorgereinigte Rohsantonin wird nunmehr umkrystallisiert. Man löst es zunächst in der Wärme in seiner achtfachen Menge Alkohol von 75—85 Gewichtsprozent, setzt 1 % seines Gewichtes metallfreie Entfärbungskohle hinzu und filtriert durch geschlossene Heißwasserfilter (Abb. 69) in ebenfalls verschließbare Krystallisationszylinder. Nach zweitägigem Stehen, am Schluß unter äußerer Eiswasserkühlung, nutscht man die Krystalle ab und trocknet sie. Die Mutterlaugen können unter Ersatz der Spiritusverluste mehrmals wiederverwendet werden. Wenn sie zu dunkel werden, schaltet man sie aus und arbeitet sie auf, wie weiter unten beschrieben wird. Das einmal umkrystallisierte Santonin wird zum zweitenmal krystallisiert, und zwar diesmal aus Alkohol von 42—43 Gewichtsprozent und ohne Anwendung von Entfärbungskohle. — In der Regel wird das zweimal umkrystallisierte Produkt allen Anforderungen entsprechen; eventuell kann eine dritte Krystallisation erforderlich werden.

Santonin wird bei der Einwirkung von direktem Lichte leicht gelblich. — Ferner ist beim Arbeiten mit diesem Produkte eine gewisse Vorsicht am Platze, denn dasselbe hat schon zu Erblindungen geführt. Bei Leuten, welche viel mit Santonin arbeiten, ist die Pupille des Augapfels oft gelblich gefärbt, ähnlich wie bei der Gelbsucht; auch sehen diese Leute alles in einem gelblichen Lichte.

Wie oben erwähnt, muß das Harz, welches sich bei der Fällung des Santonins mit Salzsäure aus den Extraktionsbrühen ausscheidet, gesammelt und getrocknet werden, da es immer nicht unbeträchtliche Mengen Santonin einschließt. Das getrocknete Harz wird mit Di- oder Trichloräthylen ausgekocht. Santonin löst sich in diesen Lösungsmitteln sehr leicht, während das Harz nur in geringen Mengen in Lösung geht. Es erfolgt also schon hier eine gewisse Trennung. Aus der filtrierten Lösung gewinnt man das Santonin durch Ausschütteln mit verdünnter Natronlauge und aus dieser wieder durch Zersetzung des entstandenen santoninsauren Natrons mit roher Salzsäure. Das gewonnene Rohprodukt wird, wie bereits angegeben, durch Umkrystallisationen aus Alkohol gereinigt.

Die Krystallisationslaugen werden nach mehrfachem Gebrauch dunkel. Man verdünnt sie dann mit Wasser, destilliert den Alkohol ab, extrahiert den Destillationsrückstand mit Di- oder Trichloräthylen und behandelt die erhaltene Lösung, wie im vorstehenden Abschnitt über die Harzreinigung bereits angegeben wurde.

Die Ausbeute beträgt bei sorgfältiger Arbeit 98—99 % des Analysenresultates.

Tannin.

$C_{14}H_{10}O_9 + 2H_2O$. Mol.-Gew. 470. Die Pharmakopöeware bildet ein gelbliches Pulver oder bräunlichgelbe Schüppchen, löslich in 1 T Wasser, 2 T. Weingeist von 90 % Vol., unlöslich in Chloroform, Schwefelkohlenstoff, Benzin, Benzol.

Als Ausgangsprodukte kommen Gallen, Myrobalanen und Sumach in Betracht. Da ich ausschließlich das erste und hauptsächlichste derselben, also Gallen, und zwar chinesische, bearbeitete, werde ich mich in meiner Beschreibung an diesen von mir praktisch ausgeübten Fabrikationsprozeß halten.

Für den Einkauf der Gallen verkehrt man mit einer Hamburger oder mit einer englischen Importfirma. Die Ware wird in soliden eichenen, mit Eisenbändern verstärkten Kisten nach Europa verschifft. Chinesische Gallen enthalten 75—78 % Tannin, neben einigen Prozenten anderer Gerbstoffe, wenig Gallussäure, Fetten, Harzen, Farbstoffen und anorganischen Substanzen. Sie sind den türkischen Gallen vorzuziehen, denn letztere enthalten als unangenehmen Begleiter des Tannins die Ellagsäure.

Man kauft die Gallen mit Begleitanalyse eines Handelslaboratoriums, wie Gilbert in Hamburg oder Harryson in London. Die Tanninbestimmung in den gemahlenen Gallen wird mit chromiertem Hautpulver, dessen Titer mit reinstem Tannin vorher festgestellt wurde, durchgeführt. Die Methode (Internationales Verfahren) ist kompliziert und verlangt große Übung und äußerste Genauigkeit bei der Arbeit. Dies ist wohl der Grund, warum sie in den Pharmakopöen nicht aufgenommen ist. Dagegen ist sie in Hagers Handbuch der pharmazeutischen Praxis beschrieben[1].

Laboratoriumsversuch.

Es soll hier in Kürze die Darstellung der drei Sorten Tannin: wasser-, alkohol- und ätherlösliches, besprochen werden, wie sie im Laboratorium als Übungsbeispiel durchgeführt werden kann.

Die Gallen werden in einem Bronze- oder Tonmörser auf eine Korngröße von 5—10 mm gebrochen, hierauf auf einem Drahtsieb aus Messing oder Kupfer von Staub und grobem Pulver befreit. Zur Extraktion kann man sich einer Batterie von 6 Gefäßen — entweder dickwandige Glasstutzen oder kupferne, eventuell auch Steinzeuggefäße mit Bodenhahn und Deckel — zu je 1,5 l Inhalt bedienen, worin die Gallen nach dem Gegenstromprinzip ausgezogen werden. Der Gang einer solchen Extraktion im Laboratorium wird S. 357 ff. beschrieben.

In jedes Extraktionsgefäß bringe man 200 g vorgebrochene und gesiebte Gallen und 600 g destilliertes Wasser. Die Lösungen werden nicht auf der Nutsche abgesogen wie bei der Opiumextraktion, sondern durch die Bodenhähne abgelassen. Damit sich die Abläufe nicht durch die aufgequollenen Gallen verstopfen, schützt man ihr inneres Ende durch kleine Siebe aus zurechtgebogenem durchlochten Kupferblech. Die Extraktionsgefäße sollen möglichst gut schließende Deckel tragen, damit die Gefahr des Schimmelns der Lösungen vermindert wird. Aus demselben Grunde extrahiert man an einem kühlen Ort, mit Vorzug in der kalten Jahreszeit. An dem Schema, welches S. 358 beschrieben wird, ist dann für unsere Zwecke nur noch zu ändern, daß man die konzentrierte Lösung nicht in einem offenen Gefäß, sondern in einer gut verschlossenen Flasche *A* von 5 l Inhalt sammelt.

Man erhält nach elftägiger Extraktion:

a) die kalt ausgelaugten Gallen,

b) ungefähr 2,5 l konzentrierte, dunkle Tanninlaugen von 15—18° Bé in der Flasche *A*,

c) etwa 2,5 l helle, verdünnte Tanninlaugen.

Die kalt ausgelaugten Gallen enthalten noch 5—10 % des ursprünglich darin enthaltenen Tannins, welches durch Extraktion mit heißem, destilliertem Wasser (von 60—70°) vollständig extrahiert werden kann. Aber dieses heiß extrahierte Tannin enthält einen sehr hohen Prozentsatz Verunreinigungen: Harze, organische Säuren, Farbstoffe, deren Entfernung schwierig und umständlich ist. Es wäre daher verkehrt, die heiß extrahierten Laugen mit den kalt erhaltenen zu vereinigen, weil dadurch nur auch die Reinigung der letzteren erschwert würde.

Im Laboratorium verwirft man daher die Gallen, nachdem man sie kalt extrahiert hat. Im Betriebe werden sie immer zuerst kalt und

---

[1] Hagers Handbuch der pharmazeutischen Praxis 1, 235. 1925.

dann noch warm extrahiert, wobei man die bei niederer und bei hoher Temperatur erhaltenen Laugen streng auseinander hält. Erstere werden für sich auf reine Tannine weiterverarbeitet, während die letzteren vorwiegend zur Herstellung von Gallussäure und Pyrogallol dienen.

Die dunklen Tanninlaugen von 15—18° Bé in der Flasche A werden zuerst darauf geprüft, wie weit dieselben zu verdünnen sind, bis sie sich durch weiteres Verdünnen mit destilliertem Wasser oder mit heller verdünnter Tanninlauge in C nicht mehr trüben. Es ist meistens notwendig, bis auf 6—7° Bé zu verdünnen, was durch einen Vorversuch im Meßzylinder festzustellen ist. Durch das Verdünnen fallen Harzkörper in beträchtlicher Menge aus.

Bevor man zur folgenden Operation, dem Aufhellen der Lösung, übergeht, muß man sicher gehen, daß man eine Lösung vor sich hat, welche durch Verdünnen mit destilliertem Wasser klar bleibt. Die dunkle Lösung in A wird also mit der hellen verdünnten und, wenn nötig, noch mit destilliertem Wasser auf den durch den Vorversuch im Reagensglas festgestellten Punkt verdünnt und darauf filtriert.

Es folgt das Aufhellen der Lösung. Manche Tanninfabriken nehmen diese Operation mit Blankit vor. Indessen kann man beobachten, daß mit Blankit aufgehellte Tanninlösungen nachher wieder nachdunkeln, weshalb der Aufhellung mit Zinkstaub und Oxalsäure der Vorzug zu geben ist.

Wir haben 6—8 l klare (und beim Verdünnen klarbleibende) Tanninlösung zu entfärben. Dieselbe verbringen wir in einen Tontopf von 12 l Inhalt, in welchen wir einen sehr gut wirkenden Quirlrührer aus Glas einbauen. Eine Probe der noch nicht aufgehellten Lösung bewahren wir als Muster in einem Reagensglas auf. Zu der Lösung im Tontopf fügen wir je Liter derselben 0,15 g Oxalsäure und 0,20 g Zinkstaub und rühren 2 Stunden energisch, worauf wir eine Probe der Lösung abfiltrieren, um sie mit der ursprünglichen zu vergleichen. Wir bemerken eine starke Aufhellung. Nun geben wir noch die Hälfte der vorhin angegebenen Mengen an Oxalsäure und Zinkstaub in den Tontopf, rühren wieder 2 Stunden und filtrieren eine Probe zum Vergleich mit der vorigen ab. Ist die Aufhellung noch immer beträchtlich, so werden die letzterwähnten Quanten an Oxalsäure und Zinkstaub noch einmal beigefügt und 2 Stunden damit gerührt. Bei nur noch schwacher Aufhellung dagegen begnügt man sich mit den bisherigen Zusätzen. Übertriebene Behandlung der Lösung mit Zinkstaub hat nämlich zur Folge, daß dieselbe nach den Filtrierem beim Verdünnen mit Wasser sich wieder trübt. Man muß mit dem Zinkstaubzusatz vorsichtig umgehen und lieber länger und kräftiger rühren als mehr Zinkstaub zusetzen.

Nach beendigter Aufhellung wird die Lösung mit 10 g Kaolin versetzt und wieder 1 Stunde gerührt. Das Kaolin reißt beim Absetzen fein suspendierte Harzteilchen zu Boden. Man läßt 24 Stunden gut bedeckt absetzen, siphoniert dann die klare Lösung ab und filtriert den Rest der Lösung von dem Bodensatze.

Es folgt das Einengen und Trocknen der aufgehellten verdünnten Lösung. Vorher überzeuge man sich nochmals, ob dieselbe sich durch Zusatz von destilliertem Wasser nicht trübt. Sowohl Einengen als Trocknen sollen bei niederer Temperatur und im hohen Vakuum geschehen, um ein in Wasser blank und mit heller Farbe lösliches Tannin zu erhalten. Die Temperatur betrage nicht über 50°, das Vakuum im Minimum 730 mm. Der Apparat, Abb. 82, S. 359, eignet sich gut. Der Rundkolben R aus Jena- oder Pyrexglas sei dickwandig und sein Hals nicht länger, als daß ein Pfropfen darin fixiert werden kann. Richtig aufgehellte und entharzte Tanninlösung wird wenig schäumen, so daß man die Capillare c wenig in Anspruch nehmen muß.

Man engt die Lösung zuerst auf 20° Bé (kalt gemessen) oder 50 % Tanningehalt ein und teilt sie dann in zwei Hälften. Die eine derselben dient nachher zur Herstellung von Alkohol- und Äthertannin. Die andere wird in dem bereits erwähnten Vakuumdestillierapparate zur Trockne eingedampft, bei der bereits genannten Temperatur und Luftverdünnung. Wenn der Rundkolben R die angegebene Kürze des Halses und Stärke der Wandung hat, kann man davon mit einem scharfen Nickel- oder Kupferspatel das trockene Tannin bequem lostrennen. Es wird zu grobem Pulver zerrieben und noch im Dampftrockenschrank bei nicht über 50° nachgetrocknet.

Das Produkt, wasserlösliches Tannin, ist hellbraun, in Wasser in jedem Verhältnis blank löslich.

Die zweite Hälfte der auf 28° Bé eingeengten Lösung verarbeiten wir auf alkohollösliches oder Tannin D.A.B. VI. Wir engen sie im bereits benutzten Vakuumverdampfapparat zu einer sirupdicken Lösung von 64—68 % Trockensubstanz ein. Dieselbe vermischen wir, ohne sie aus dem Rundkolben R des Apparates herauszunehmen, dort in der Kälte gründlich mit je 180 g absolutem Alkohol auf 100 g Lösung und gießen die Mischung auf ein Faltenfilter. Den Rundkolben spülen wir mit je 20 g 90 proz. Alkohol auf 100 g Tanninlösung in zwei Malen rein und geben den Spülalkohol auch auf das Filter. Die klare weingeistige Lösung gießt man in den gereinigten trockenen Kolben R zurück und destilliert den Alkohol bei einer Temperatur von weniger als 50° mit leichtem Vakuum ab, indem man die Vorlage mit Eiswasser umgibt. Nachdem aller Alkohol zurückgewonnen ist, entnimmt man ihn der Vorlage, dampft nun im hohen Vakuum unter 50° zur Trockne, entfernt das trockene Alkoholtannin aus dem Destillationsgefäß und pulvert es in der Porzellanreibschale. Es entspricht dem D.A.B. VI.

Aus dem im Hochvakuum bei 70° vorgetrockneten alkohol- oder auch aus dem ebenso behandelten wasserlöslichen Tannin kann man Äthertannin gewinnen durch Extraktion mit Äther im Soxhlet aus Glas oder Kupfer. Aus dem erhaltenen Auszuge treibt man ohne Vakuum den Äther so weit ab, bis im Kolben eine dickflüssige Brühe von ätherischer Tanninlösung verbleibt. Diese und das sie umgebende Warmwasserbad läßt man nun vollständig auskühlen. In der Kälte setzt man dann langsam Vakuum auf den Destillationskolben. Dadurch, d. h. durch das Heraussaugen der letzten Ätherreste aus dem

Tannin, bläht sich dieses zu einem leichten Schaum auf, und wir erhalten das sog. Schaumtannin, welches nach dem Entfernen aus dem Rundkolben nicht gemahlen wird, denn die Handelsform des ätherlöslichen Schaumtannins stellt die hier erhaltenen größeren und kleineren, sehr leichten, schaumartigen Stücke dar.

Betriebsverfahren.

Das Zerkleinern der Gallen auf die bereits im Laboratoriumsversuch genannte Korngröße geschieht durch mechanisch bewegte, gegeneinander verstellbare, geriffelte Walzen aus Bronze. Die gebrochenen Gallen gelangen auf ein mechanisch bewegtes Sieb aus Messingdrahtnetz, über welches sie in die Vorratsgefäße geführt werden. Um allfällige Eisenteile — in erster Linie Nägel, herrührend von den Gallenkisten — zu entfernen, könnte man die gebrochenen und gesiebten Gallen noch über einen Elektromagneten führen. Der damit verbundene erhebliche Stromkonsum verteuert aber die Vorbereitung der Gallen, so daß in manchen Tanninfabriken der Elektromagnet durch das überwachende Auge des die Brechwalzen und das Sieb bedienenden Arbeiters ersetzt wird.

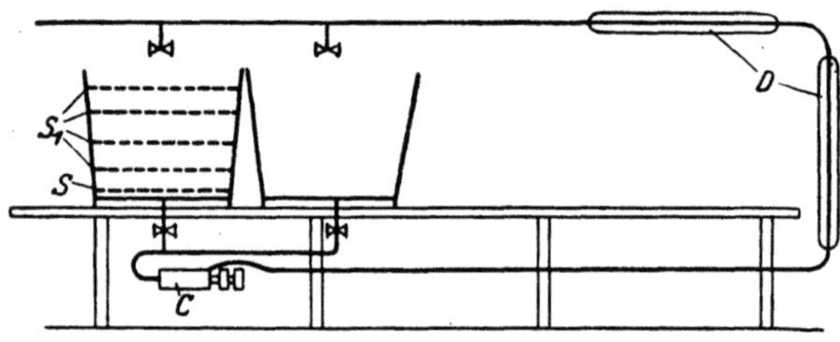

Abb. 63. Extraktionsbatterie für Gallen mit Holzküben.

Die Extraktion (Diffusion) der Gallen mit Wasser wurde — und wird in kleineren Fabriken wohl noch heute — in Behältern aus Holz ausgeführt (s. Abb. 63).

Die Zahl der Küben aus Pitchpine- oder Eichenholz beträgt meist sieben. Die vorbehandelten Gallen kommen auf den untersten, gut abgestützten Siebboden S aus Kupfer zu liegen. Auf je eine Schicht Gallen von ungefähr 50 cm Höhe legt man wieder ein Kupfersieb S_1, so daß in einem gefüllten Küben auf eine Extraktionshöhe von 2 m fünf Kupfersiebe eingelegt sind. Diese Maßnahme verhindert Verstopfungen während der Extraktion. Aus demselben Grunde ist der Durchmesser der Diffuseure nicht größer als ihre Höhe. Alle beschriebenen Maßnahmen: Großes, gut gestütztes Bodensieb S, eingelegte Zwischensiebe S_1, geringe Extraktionshöhe im Verhältnis zum Bodensiebdurchmesser sind unerläßlich, wenn man sich vor Verstopfung der eingeweichten und in diesem Zustand schleimigen Gallenschichten bewahren will.

Alle Teile der Zentrifugalpumpe C sowie alle Hähne, welche mit der Tanninlauge in Berührung kommen, bestehen aus Bronze, die Leitungen für die Lauge aus Kupfer. Die Dampfheizung D erwärmt während der zweiten heißen Extraktion die zirkulierende Lauge und ist für alle Diffuseure gemeinsam.

Eine wichtige Frage für die Tanninextraktion ist die Beschaffenheit des dafür verwendeten Wassers. Die Bicarbonate des Calciums und

Magnesiums müssen unbedingt entfernt werden, damit beim Aufhellen der Tanninlösung mit Zinkstaub und Oxalsäure die letztere nicht als Calcium- und Magnesiumoxalate ausgefällt wird, so daß sie gar nicht zur Wirkung kommen kann.

Manche Fabriken begnügen sich, das Wasser in großen, mit prima Eisenschutzlack gestrichenen hochgestellten Zisternen durch Dampfschlangen auf 70—80⁰ zu erwärmen und dann dieses Wasser nach dem Erkalten und mehrtägigem Absetzen zu verwenden. Darin ist wohl die vorübergehende Härte entfernt, aber es verbleiben der Gips und das Magnesiumchlorid, eventuell auch Kieselsäure.

Ein Tannin erster Qualität erhält man nur durch Extraktion mit destilliertem Wasser.

Holzküben als Diffuseure haben zwei Nachteile. Erstens kann man sie nicht luftdicht verschließen, und die darin stehenden Lösungen schimmeln namentlich in der heißen Jahreszeit leicht. Zweitens kann man die ausgelaugten Gallen nicht bequem daraus entfernen. Sie müssen herausgeschaufelt werden, denn eine Entfernung durch Mannlöcher am Boden der Diffuseure ist wegen der eingelegten Siebe S_1 unmöglich.

Das Volumen eines Holzdiffuseurs soll nicht mehr als 4 m³ betragen, und mit einer Batterie von sieben derartigen Diffuseuren wird man eine Tagesproduktion von 600—700 kg wasserlöslichem Tannin erzielen.

Moderne Tanninextraktionsanlagen bestehen aus einer Anzahl, meistens sieben Diffuseuren aus Kupfer, wie Abb. 64 einen solchen veranschaulicht.

Aufbauend auf den Erfahrungen, welche man mit Diffuseuren aus Holz gemacht hat, beträgt auch die Höhe eines solchen aus Kupfer nur wenig mehr als sein Durchmesser, und das untere gewölbte, gut abgestützte Sieb S_1 hat eine möglichst große Oberfläche. Durch den hermetisch verschließenden Scharnierdeckel A werden die Gallen oben eingefüllt und nach beendigter Extraktion durch das Mannloch M unten entleert. Zwischen je zwei Diffuseuren befindet sich eine Dampfheizung H. Das kleine Sieb s schützt die Laugenleitung L_1 vor Verstopfungen. Die Laugen werden durch Druckluft befördert, welche durch D über dem demontierbaren Sieb S, unter welchem die Gallen gelagert sind, eintritt. Durch Rohr L treten die Laugen und am Schluß das Wasser ein.

In diesen Diffuseuren ist die Handhabung der Laugenzirkulation und der Entleerung von den ausgelaugten Gallen weit bequemer als in den Holzgefäßen. Außerdem schimmeln die Tanninlaugen, weil von der Außenluft abgetrennt, wenig oder gar nicht.

Wie bereits im Laboratoriumsversuch beschrieben wurde, wird zuerst mit kaltem Wasser extrahiert. Es werden damit 85—90 % des in den Gallen enthaltenen Tannins in Lösung gebracht, welche neben dem Tannin verhältnismäßig wenig Verunreinigungen enthält. Einmaliger Laugenwechsel je 24 Stunden ist Regel bei der kalten Extraktion, und Durchgang von sechs Laugen und einem Wasser in jedem Diffuseur. Dann folgt die warme Extraktion bei 60—70⁰, mit zweimal Laugen-

wechsel je 24 Stunden und Durchgang von drei Laugen und einem
Wasser in jedem Diffuseur. Diese dunkel gefärbten Laugen enthalten
eine Menge Verunreinigungen. Ihre Verarbeitung auf Tannin ist wohl
möglich, aber unrentabel. Sie werden deshalb auf Gallussäure und
Pyrogallol verarbeitet (s. dort). Sie enthalten übrigens bereits einen
geringen Prozentsatz an Gallussäure. Manchmal ist der Bedarf an
dieser und an Pyrogallol so groß, daß auch ein Teil der kalt extrahierten
Laugen zu deren Fabrikation herangezogen werden muß.

In der Hauptsache dienen diese jedoch der Tanninproduktion.
Man drückt sie zu diesem Zweck aus dem Diffuseur in ein Pitchpineküben mit möglichst luftdicht verschließendem Deckel, einem Bodenhahn und mehreren seitlich in verschiedener Höhe angebrachten Hähnen
aus Rotguß. Man verdünnt hier die Lösung so lange mit destilliertem
oder zum mindesten mit enthärtetem Wasser, bis sie bei weiterem Verdünnen klar bleibt. Nachdem dieser Punkt erreicht ist, läßt man die
entstandene Ausscheidung über Nacht absetzen.

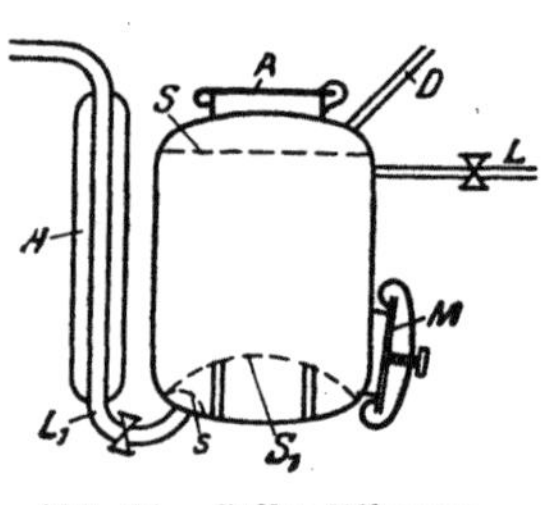

Abb. 64. Gallendiffuseur
aus Kupfer

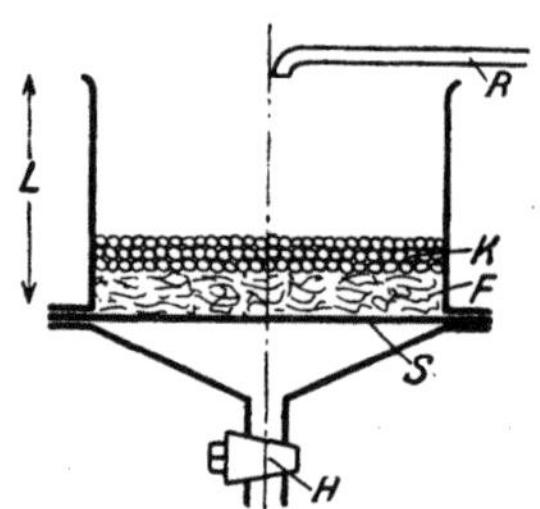

Abb. 65. Filter für Tanninlösungen.

Am anderen Morgen befördert man die klare Lösung durch eine
kleine Zentrifugalpumpe und Kupferleitungen aus einem der seitlichen
Hähne in das Küben zur Aufhellung der Lösung. Der dicke Bodensatz
wird durch den Bodenhahn dem Küben ·entnommen und dieses mit
Wasser gründlich ausgespritzt. Der Bodensatz wird meistens durch
eine Filterpresse mit totaler Aussüßung filtriert, worauf auch diese
klaren Laugen in das Küben zur Aufhellung gelangen. In manchen
Tanninbetrieben verwendet man noch heute zum Filtrieren von Tanninlösungen einfache Filter folgender Konstruktion (Abb. 65).

Der Apparat ist aus Kupfer gebaut. Über den Siedboden S spannt
man ein solides Filtertuch, und auf dieses legt man eine Schicht F aus
Papierfiltermasse (nicht etwa Holzwolle od. dgl.). Damit die Filtermasse durch das Auffließen der zu filtrierenden Tanninlösung nicht
aufgerührt wird, ist sie mit einer Schicht K aus sehr gut gewaschenen
Kieseln beschwert. Der Durchmesser des Apparates soll erheblich größer
sein als seine Höhe L, damit die Filterfläche möglichst groß ist.

Wenn das Filter in Betrieb gesetzt werden soll, wird sein Boden-
hahn H geschlossen, worauf man die trübe Tanninlösung durch das
Kupferrohr R zuerst langsam und nach einiger Zeit schneller auf die
Kieselschicht fließen läßt. — Erst wenn alle zu filtrierende Lösung

im Apparat ist, öffnet man den Hahn *H*. Durch diesen läßt man die klare Lösung abfließen, bis nur noch eine Flüssigkeitsschicht von 1—2 cm über der Kieselschicht *K* steht. Dann beginnt das Aussüßen, indem diese Flüssigkeitsschicht von 1—2 cm so lange durch langsamen Wasserzufluß aufrechterhalten wird, bis durch den Hahn *H* nur noch Wasser abfließt. Wenn diese Arbeitsweise genau befolgt wird, süßt man mit diesem Filter ebenso rasch und ebenso exakt aus wie mit einer Filterpresse. Solche Filter bedingen geringe Anlagekosten, erfordern wenig Aufsicht, und der Verschleiß an Filtermasse in denselben ist nicht teurer als der von Filtertüchern in einer Filterpresse. Außerdem halten diese Kupferfilter viele Betriebsjahre ohne wesentliche Reparaturen aus, was bei Filterpressen nicht der Fall ist.

Das Pitchpineküben zum Aufhellen der Lösung ist gebaut wie dasjenige zum Verdünnen derselben, mit dem Unterschiede, daß hier ein Taifunrührer aus Holz eingebaut ist, welcher die Lösung in derart scharfe Bewegung versetzt, daß der Zinkstaub fortwährend darin herumgewirbelt wird. — Das Aufhellen mit Zinkstaub und Oxalsäure und die nachfolgende Behandlung mit Kaolin wurde bereits beschrieben. Die dort angegebenen Gewichtsverhältnisse und Behandlungszeiten sind auch im großen innezuhalten.

Beim Einengen der Lösung müssen die folgenden drei Bedingungen strikte befolgt werden:

Vakuum von mindestens 720 mm,
Temperatur nicht über 50°,
Heizung durch Warmwasser, nicht durch Dampf.

Jedes System aus Kupfer für Vakuumverdampfung, welches diesen Bedingungen genügt, ist verwendbar, denn eine klare Tanninlösung zeigt wenig Neigung zum Überschäumen.

Eine 50proz. reine Tanninlösung von 28° Bé stellt bereits einen kuranten Handelsartikel dar, welcher vor allem in Frankreich, aber auch in allen anderen Industrieländern unter der Bezeichnung „extrait de galles" bedeutenden Absatz hat. Ich werde S. 273 darauf zurückkommen.

Aus dieser konzentrierten Lösung gewinnt man das trockene Tannin im Vakuumtrockenschrank. In Beziehung auf Temperatur und Art der Heizung gelten dafür dieselben Bedingungen wie für den Apparat zum Einengen im Vakuum, während ein Vakuum von 720 mm hier genügt. Man trocknet in Kupferschalen (Cuvetten) mit flachen Böden. Damit sich das getrocknete Produkt leicht vom Metall löst, wird das Innere der Schalen vor dem Einfüllen der Tanninlösung oft mit Öl oder Fett eingeschmiert, was freilich der Qualität des Tannins nicht zuträglich ist.

Man mahlt das getrocknete Produkt in Kugelmühlen, System Krupp-Cruson, zu feinem Pulver und versendet es meistens in Holzfässern.

In der heißen Jahreszeit zeigen verdünnte Tanninlösungen (nicht 50proz. extrait de galles) starke Neigung zum Schimmeln. Dieser Unannehmlichkeit begegnet man durch geringe Zusätze bactericider Substanzen, wie Ameisensäure, wovon man aber verhältnismäßig viel benötigt, oder besser durch Sublimat, womit man mit ganz geringen Zusätzen gute Resultate erzielt.

Das alkohollösliche oder das Tannin D.A.B. VI kann nach dem bereits beschriebenen Prinzip in folgender Apparatur hergestellt werden. Man engt die wässerige Tanninlösung auf 64—68% Trockensubstanz ein, läßt sie im Vakuumverdampfapparat auf ungefähr 35⁰ abkühlen und mischt dann dort in dem früher angegebenen Verhältnis gründlich mit absolutem Alkohol, indem man durch das Mannloch des Apparates umrührt, und zwar mit einem Vertikalrührer aus Hartholz.

Er besteht aus einem langen Holzstiel, auf dessen einem Ende eine mehrfach durchlochte Holzscheibe solid befestigt ist. Durch energisches Auf- und Abwärtsbewegen in der im Apparat befindlichen Flüssigkeit erzielt man nach 15—20 Minuten eine homogene Durchmischung. Man läßt im geschlossenen Apparat über Nacht absetzen, siphoniert am anderen Morgen die klare Lösung ab und filtriert den Bodensatz durch ein Druckfilter aus Kupfer. Die klare alkoholische Lösung wird in einen kleinen kupfernen Vakuumdestillierapparat mit Kühler und Vorlage gefüllt, wo man den Alkohol bei 50⁰ mit schwachem Vakuum abtreibt. Kühler und Vorlage werden nicht durch Wasser, sondern durch Sole von —20⁰ gekühlt. Gegen Ende der Destillation ersetzt man den abgetriebenen Alkohol vorweg durch Einziehen von so viel destilliertem Wasser, als Alkohol abdestilliert. — Man leitet die Operation so, daß am Schluß in der Blase des Apparates eine ungefähr 50proz. wässerige Lösung resultiert.

Dieselbe wird im Vakuumtrockenschrank unter den früher für Wassertannin bereits beschriebenen Bedingungen getrocknet, wobei erwähnt sei, daß für dieses Produkt ein Bestreichen der Cuvetten mit Öl oder Fett vor dem Aufgießen der Tanninlösung ausgeschlossen ist.

Die getrocknete und gepulverte Ware stellt alkohollösliches oder Tannin D.A.B. VI dar.

In vielen Fällen wird man das alkohollösliche Tannin auf andere Weise gewinnen, nämlich überall da, wo man neben alkohollöslichem auch ätherlösliches Tannin fabriziert. — Das scharf getrocknete wasserlösliche Tannin wird dann in einem geschlossenen Zirkulationsextraktionsapparat zuerst mit Äther und dann mit 90proz. Alkohol extrahiert. Der Rückstand geht in die Fabrikation von wasserlöslichem Tannin zurück.

Der Ätherauszug wird unter gewöhnlichem Druck durch Destillation vom Äther so weit befreit, bis eine dicke Brühe von Tannin mit wenig Äther verbleibt. Sie wird kalt auf Kupfercuvetten gegossen, welche man in den kalten Vakuumtrockenschrank stellt, um nach dem Schließen desselben langsam das Vakuum auf denselben zu öffnen. Es ergibt sich der bereits beschriebene Effekt im großen, d. h. wir erhalten das ätherlösliche Schaumtannin, welches man in großen Stücken von den Cuvetten trennt und so zum Versand bringt.

Im allgemeinen gruppieren sich die Tanninfabriken in zwei Gruppen, von denen sich die eine fast ausschließlich mit der Herstellung von wasserlöslichem und höchstens nebenbei von etwas alkohollöslichem Tannin befaßt, während die andere in erster Linie äther- und alkohollösliches Tannin produziert und das wasserlösliche nur als Nebenprodukt erhält. Im zweiten Fall wird die Extraktion der Gallen in anderer Reihenfolge vorgenommen als im ersten.

Die Anwendung von Tannin ist ausgedehnt. Die größten und ältesten Konsumenten sind Färbereien und Druckereien, im geringeren Maße die Weinproduzenten. Die Farbstoffabriken stellen daraus die Gallussäure, das Gallamid und das Pyrogallol her. Seit einigen Dezennien verwendet es ferner die Industrie pharmazeutischer Produkte zur Fabrikation der mannigfaltigsten Verbindungen: mit Metallen, mit organischen Basen und Alkaloiden, mit Eiweiß, mit Formaldehyd, mit der Acetylgruppe usw.

Fast überall gelangt vorzugsweise wasserlösliches Tannin zur Anwendung. Diese Bezeichnung ist aber — wenigstens in den Augen skrupelloser Produzenten und Zwischenhändler — ein dehnbarer Begriff. Die Beimischung von Myrobalanen- und Sumachtannin mag für manche Verwendung nicht schädlich sein. Viele Tannin-„Marken" sind aber direkt mit Zusätzen von Dextrin, Glykose und anderen Surrogaten verfälscht. Die Verwendung von Pharmakopöetannin verbietet sich in den meisten Fällen des hohen Preises wegen. Übrigens gibt auch keine Pharmakopöe eine quantitative Bestimmung des wirklichen Tanningehaltes an, denn die Durchführung derselben ist sehr umständlich, wie bereits betont wurde.

Diese analytischen Schwierigkeiten führten dazu, daß Tannin ein Vertrauensartikel ist. — Schöne Bezeichnungen, wie etwa Nadeltannin F 00 und viele andere, geben keine Garantie für Reinheit der Ware. Die französische Bezeichnung „extrait de galles" ist alt, vielleicht so alt wie die französischen Seidenfärbereien. Seidenfärbereien sind wohl die heikelsten Tanninkonsumenten. Ein zuverlässiges Haus für Tanninfabrikation garantiert mit der Bezeichnung „extrait de galles" vor allem, daß zu dessen Herstellung nur Gallen und keine anderen Rohstoffe verwendet wurden, und daß das extrahierte Produkt auch nach der Extraktion mit keinem Surrogat gestreckt wurde. Außerdem wird es aber auch alle in der vorstehenden Fabrikationsvorschrift ausführlich beschriebenen Grundsätze beobachten. — Noch heute bevorzugen manche Färbereitechniker den „extrait de galles" gegenüber dem getrockneten Tannin, denn das Trocknen ist zweifellos eine Operation, welche diesem hochempfindlichen Produkt schädlich werden kann: durch lokale Überhitzungen und manchmal durch das bereits erwähnte Bestreichen der Cuvetten mit Öl oder Fett.

Auffallenderweise waren früher manche Hersteller pharmazeutischer Produkte weniger anspruchsvoll als die Färbereien. Dies hat sich mit der Erfahrung ziemlich geändert und heute verlangen die eingeweihten dieser Tanninkonsumenten vom Produzenten auch Garantie für Reinheit.

Tanninalbuminat.

Es bildet sich bräunliches, amorphes Pulver, welches sich in kaltem Wasser und in Weingeist nur sehr wenig löst.

1. Aus Hühnereiweiß.

21 kg Hühner- oder auch Enteneiweiß löst man in

210 l Wasser bei einer Temperatur von nicht mehr als 35°, ferner

16 kg Tannin D.A.B. VI in

24 l destilliertem Wasser

und läßt die beiden Lösungen gleichzeitig in eine Holzbütte mit Heizschlange fließen. Nach der Fällung erhitzt man $^1/_2$ Stunde auf 60°, beutelt auf, wäscht 1 Stunde mit Wasser und schleudert.

Man trocknet zunächst bei 35°, später bei 60°, pulverisiert und härtet durch anderthalbstündiges Erhitzen auf 120°, wodurch die teilweise Unlöslichkeit im Magen erzielt wird.

Man hat versucht, das Tanninalbuminat auf billigere Weise in möglichst ebenso guter Qualität herzustellen. Statt Tannin D.A.B. VI verwenden manche Fabrikanten 50proz. Lösung von reinem Tannin — sog. „extrait de galles" — (s. S. 273), welchen sie von einem absolut vertrauenswürdigen Tanninproduzenten beziehen. — Statt Hühner- oder Enteneiweiß verwendet man, insbesondere für den Veterinärgebrauch bestimmte Sorten von Tanninalbuminat, gebleichtes Blutalbumin oder aber Protalbinsäure aus Milchcasein.

2. Aus Blutalbumin.

20 kg Blutalbumin werden in einem Holzbottich von 1000 l Inhalt in 600 l Wasser von 40° und 3 kg technischer Natronlauge 40° Bé gelöst. Die Anfertigung der Lösung dauert 10—15 Stunden und es muß oft darin gerührt werden. Die Temperatur wird durch zeitweises Einleiten von indirektem Dampf auf 40° gehalten. Es soll eine vollständige Lösung erzielt werden. Bei Vorhandensein von Schmutzteilchen gibt man nach Beendigung der Auflösung durch ein Haarsieb.

Die Lösung wird nunmehr entfärbt. Man setzt unter stetigem Rühren literweise 100proz. Wasserstoffsuperoxyd zu. Dieses Zusetzen muß langsam geschehen und wird sofort unterbrochen, wenn Schäumen auftritt. Man wartet dann ab, bis der Schaum wieder zurückgegangen ist. Die Entfärbungsdauer beträgt etwa 10 Stunden und der Wasserstoffsuperoxydverbrauch je nach Farbe und Qualität des Bluteiweißes 4—10 l. Die Entfärbung ist beendet, wenn die Lösung hell wie eine solche von Hühnereiweiß ist. Man neutralisiert dieselbe nunmehr genau — gegen empfindliches Lackmuspapier — mit verdünnter reiner Schwefelsäure und koliert durch ein Tuch.

Dann läßt man unter Rühren in eine Mischung von 28 kg „extrait de galles" 50 % und 50 l Wasser einfließen. Man erwärmt durch direkten Dampf so lange auf 40°, bis sich der Niederschlag zu Boden setzt. Die wertlose überstehende Lauge wird abgezogen und die Fällung abgenutscht. Den Nutschkuchen verrührt man mit Wasser zu einem dünnen Brei, fügt 0,8 kg reine 96proz. Schwefelsäure, 2 l einer wässerigen 4proz. Schwefligsäurelösung, 1,8 kg Formaldehyd 40 % Vol. hinzu und erwärmt mit direktem Dampfe auf 85°, nicht höher und auch nicht länger als $^1/_2$ Stunde, weil das Produkt sonst zu unverdaulich würde. — Man beobachtet eine deutliche Aufhellung des Präparates bei diesem Erwärmen.

Nach dem Erwärmen wäscht man auf der Nutsche schwefelsäurefrei, trocknet bei 40°, mahlt und siebt.

Das Produkt entspricht den Arzneibüchern.

Kalkulation.

20 kg dunkles Bluteiweiß	2,0 kg 4proz. Schwefligsäurelösung
28 kg „extrait de galles"	4—10 l 100proz. Wasserstoffsuperoxyd
1,8 kg Formaldehyd 40 % Vol.	2,5 kg rein 96proz. Schwefelsäure.

Ausbeute 33,5 kg Tanninalbuminat.

3. Aus Milchcasein bzw. aus Protalbinsäure.

Die Beschreibung der Aufschließung des Caseins zu Lysalbin- und Protalbinsäure und die Reindarstellung der letzteren findet sich S. 63 ff. Die Protalbinsäure wird auch hier mit Wasser durchgeknetet, bis dasselbe fast neutral abfließt. Man gießt das Knetwasser immer weg und ersetzt es durch frisches, bis es keine saure Reaktion mehr zeigt. Auf das Auskneten ist Sorgfalt zu legen, denn im Knetwasser sind Salpeter und Salpetersäure vorhanden, welche, wenn sie in der Protalbinsäure bleiben, außer sonstigen schädlichen Einflüssen den Aschengehalt über das Erlaubte erhöhen.

Für die Darstellung von Tanninalbuminat ist deshalb noch folgende Reinigung einzuschalten: Man verteilt den Protalbinsäurekuchen in ungefähr der dreifachen Menge lauwarmen Wassers und setzt soviel Salmiakgeist 0,910 hinzu, bis klare Lösung erfolgt. Diese filtriert man, zersetzt das gebildete protalbinsaure Ammon durch erneuten Zusatz von Salpetersäure 1,13 und wäscht den ausfallenden Kuchen wieder aus wie oben angegeben. Man hat nunmehr eine gelbliche, perlmutterglänzende Masse, deren Glührückstand beinahe Null ist. Von derselben trocknet man ein Durchschnittsmuster bei 102° im Trockenschrank bis zur Konstante und erhält so ihren Gehalt an trockener Protalbinsäure.

Berechnungsbeispiel. Angenommen, die gereinigte Protalbinsäure — die „gelbe perlmutterglänzende Masse" — hätte, so wie sie ist, 15 kg gewogen. 5 g davon bei 102° getrocknet hätte 2,5 g Trockenrückstand ergeben, so hätte man im ganzen

7,5 kg trockene Protalbinsäure, der man feucht wie sie ist

12,0 kg „extrait de galles" 50 % zusetzt. Da das nach obiger Vorschrift erhaltene Präparat außerordentlich hell ausfällt, so schadet ein dunklerer, ungebleichter „extrait de galles" durchaus nicht.

Man knetet, am besten in einer emaillierten Marmite auf dem Dampfbade so lange durch, bis eine herausgenommene Probe mit kaltem Wasser verrührt nur sehr wenig Lösliches abgibt. Noch ungebundenes Tannin würde sich durch bräunliche Färbung des Wassers bemerkbar machen.

Die „Härtung", d. h. die teilweise Unverdaulichmachung des Produktes kann man analog wie beim Tanninalbuminat aus Bluteiweiß entweder dadurch erzielen, daß man den erhaltenen Brei mit 50 l Wasser unter Zusatz von 1,5 kg Formaldehyd $\frac{1}{2}$ Stunde auf 70° erhitzt, oder daß man das 35—40° getrocknete Tanninalbumin, wie bei solchem aus Hühnereiweiß angegeben, $1^1/$ Stunden auf 120° erhitzt.

Das Trocknen soll bei etwa 40° erfolgen. Eine schöne, schaumige, leichte Ware erzielt man durch Trocknen im Vakuumtrockenschrank. Unbedingt notwendig ist derselbe aber nicht.

p-Toluolsulfonchloramidnatrium.

Chloramin. (Mianin). $CH_3C_6H_4SO_2NClNa + 3H_2O$. Mol.-Gew. 281,6. — Es bildet ein weißes oder nur schwach gelbliches Pulver von schwach chlorartigem Geruch, leicht löslich in Wasser und Weingeist. Sein Gehalt an wirksamem Chlor soll mindestens 25 % betragen.

Mit p-Toluolsulfonchloramidnatrium wurde zum erstenmal ein Hypochlorit organischen Ursprungs in den offiziellen Text des deutschen Arzneibuches aufgenommen. Alle anorganischen Hypochlorite haben bei guter Wirksamkeit den Nachteil geringer Beständigkeit und der alkalischen Reaktion. Erst mit dem p-Toluolsulfonchloramidnatrium hatte man ein Hypochlorit von hohem Gehalt an aktivem Chlor bei praktisch unbegrenzter Haltbarkeit.

Bei der Einwirkung von Chlorsulfonsäure auf Toluol zwecks Darstellung von Saccharin entsteht zunächst Toluolsulfonchlorid, und zwar hauptsächlich die o- und p-Verbindungen, neben geringen Mengen der m-Verbindung. Das Verhältnis, in welchem sich die beiden Verbindungen bilden, ist schwankend und von der Reaktionstemperatur abhängig. Man kann unter günstigen Bedingungen bis zu 65 % der Orthoverbindung erhalten, auf die es in der Saccharinfabrikation ankam[1].

---

[1] Vergleiche auch das Kapitel über Saccharinfabrikation.

Das Paratoluolsulfonchlorid war bis vor kurzem eine Crux der Saccharinfabrikation, ein äußerst übelriechender, stark ätzender krystallinischer Körper, mit dem man nichts anzufangen wußte. Man hat mit mehr oder weniger großem Erfolge versucht, das Toluol wieder aus diesem Abfallprodukt wiederzugewinnen. Auch als Unkrautvertilgungsmittel und zum Vertreiben von Hunden hat man es gebraucht. Inzwischen haben sich die Verhältnisse total verschoben. Das Orthoprodukt ist fast Abfallprodukt geworden, weil der Saccharinverbrauch stark zurückgegangen ist, während die Paraverbindung außer zur Darstellung des Chloramins auch in der Farbstoffindustrie vielfach Anwendung findet[1].

Die Darstellung des p-Toluolsulfonchloramidnatriums geschieht nach dem Schema:

$$\underset{SO_2Cl}{\overset{CH_3}{\bigcirc}} \xrightarrow{NH_3} \underset{SO_2NH_2}{\overset{CH_3}{\bigcirc}} \xrightarrow{NaOCl} \underset{SO_2NClNa}{\overset{CH_3}{\bigcirc}}$$

Das p-Toluolsulfochlorid des Handels enthält immer größere Mengen von Mineral- und auch Sulfosäuren als Verunreinigungen, welche bei der Überführung desselben in das Amid den Ammoniakverbrauch wesentlich erhöhen würden, weshalb es vor seiner Verwendung gereinigt werden muß. In einem Holzbottich mit Rührwerk bringt man Wasser durch einen Schnatterer bis fast zum Sieden und trägt dann das p-Toluolsulfochlorid unter Rühren ein. Dasselbe schmilzt, wodurch es gut vom Wasser durchdringbar wird. Nun läßt man vollständig erkalten, zieht das Wasser ab und wiederholt die Prozedur noch einmal.

Das so gereinigte Parachlorid wird in dem gleichen Bottich mit der dreifachen Menge Wasser bedeckt, hierauf auf 30° angewärmt und durchgerührt. Man fügt nun langsam 90% des in Arbeit genommenen Parachlorids an Salmiakgeist vom spez. Gew. 0,910 hinzu. Die Reaktion setzt träge ein, einmal im Gang wird sie aber recht stürmisch, so daß man mit der Ammoniakzufuhr sehr vorsichtig sein muß. Eventuell muß man einen zu stürmischen Reaktionsverlauf durch Zugabe von Eisschliff zügeln. Während der Amidbildung ist auch beständig zu rühren, denn das gebildete Amid schließt gern etwas unverändertes Chlorid ein. Sobald ein bleibender Geruch nach Ammoniak obwaltet, läßt man noch 1—2 Stunden nachrühren und überläßt dann 24 Stunden der Ruhe. Auch nach dieser Zeit muß noch ein deutlicher Geruch nach Ammoniak wahrnehmbar sein.

Das erhaltene p-Toluolsulfonamid bildet weiche, hellgelbe, blättrige Krystalle. Die Ausbeute ist fast theoretisch, lediglich die Verunreinigungen des Sulfonchlorids beeinträchtigen dieselbe. Dieses Paramid ist in der Regel zur Darstellung von p-Toluolsulfonchloramid wegen seines Gehaltes an Eisen nicht ohne weiteres verwertbar, denn bei der Behandlung von eisenhaltigem Paramid mit Natriumhypochloritlösung sind schon ganze Ansätze durch äußerst heftige Reaktionen zerstört worden. — Man löst das Paramid in einer möglichst geringen Menge auf 20° Bé verdünnten technischen Natronlauge,

---

[1] Vgl. darüber auch Fierz, Farbenchemie, S. 193. Berlin: Julius Springer.

wovon das doppelte Gewicht des Amids notwendig ist. Die Paramid-natriumlösung filtriert man unter gutem Rühren in eine fünfprozentige, rohe arsenfreie Salzsäure. Es ist alles gefällt, wenn auf Kongopapier deutliche saure Reaktion besteht und eine abfiltrierte Flüssigkeits-probe auf weiteren Säurezusatz keine Fällung mehr ergibt. — Nach einigen Stunden zieht man die Laugen von der Fällung ab und dekan-tiert die letztere bis zum Verschwinden der sauren Reaktion mit Wasser aus. Man schleudert dann ab, bestimmt in einem Muster des Schleuder-gutes den Feuchtigkeitsgehalt und verwendet dieses Produkt, so wie es ist, zur Behandlung mit Hypochloridlösung.

220 kg Natronlauge mit 37 proz. NaOH werden mit 420 kg Wasser verdünnt und in diese Mischung im Zeitraum von mindestens 24 Stunden 70 kg Chlor eingeleitet. — Bekanntlich sind die Einwirkungen des Chlors auf Ätzalkalien sehr von der Temperatur abhängig, bei denen sie erfolgen, und man erzielt je nachdem Produkte vom Hypochlorit bis zum Chlorat. Durch gute Kühlung kann man es zu einer Lösung bringen, welche 10 % aktiven Chlors enthält. Gegen den Schluß der Operation leitet man das Chlor sehr langsam ein und trägt von Beginn derselben an Sorge, daß die Temperatur 15° nie übersteigt. — Zur Bestimmung des Chlorgehaltes verdünnt man 10 cm³ Hypochloritlösung mit 90 cm³ Wasser, versetzt 10 cm³ dieser verdünnten Lösung mit 20 cm³ einer 10 proz. Jodkalilösung, säuert mit verdünnter Essigsäure an und titriert das ausgeschiedene Jod mit $^1/_{10}$ n Thiosulfatlösung, wovon mindestens 32 cm³ verbraucht werden sollen.

Die erzielte Hypochloridlösung mit etwa 10 % aktivem Chlor bringt man in einen emaillierten Doppelwandkessel und trägt nach und nach 28 % der Hypochloridlauge an Paramid ein, also von dem oben er-wähnten Schleudergut auf Trockensubstanz berechnet. Während dieses Eintragens in kleinen Portionen soll gut gerührt werden. Nach be-endigter Mischung heizt man den Kesselinhalt auf 60, allerhöchstens 65° an. Eine stärkere Erhitzung führt leicht zur Zersetzung und dem Verluste des gesamten Kesselinhalts. Bei diesem Erwärmen ist also größte Sorgfalt anzuwenden.

Nach vollständiger Lösung filtriert man durch eine heizbare Filter-presse und leitet die Laugen direkt in die Krystallisationskessel: Email-lierte Marmiten oder Tontöpfe. Ausgebleite Holzkästen sind nicht zu empfehlen, weil die immer vorhandene freie Natronlauge Blei löst, wodurch Oxyde dieses Metalls in das fertige Produkt gelangen würden. In Marmiten oder Tontöpfen von einigen hundert Liter Inhalt bedarf das Toluolsulfochloramidnatrium einer Woche zur einigermaßen quan-titativen Krystallisation. Dieselbe soll auch in möglichst absoluter Ruhe erfolgen, weil nur so eine Krystallmasse erzielt wird, die sich glatt von den Mutterlaugen trennen läßt. Rührt man während der Krystallisation, so erhält man einen Brei, der sich weder nutschen noch schleudern läßt. — Man trennt die Krystalle durch sehr scharfes Zentrifugieren möglichst von der anhaftenden Flüssigkeit und bringt in sehr dünnen Schichten in den Dampftrockenschrank. Bei dem Trocknen ist ganz besondere Sorgfalt auf eine dünne Schichtung und

Einhaltung einer niedrigen Temperatur zu legen, denn p-Toluolsulfo-chloramidnatrium neigt im angefeuchteten Zustande sehr zur Selbst-zersetzung, und diese allmähliche Verkohlung geht dann unter Ent-wicklung eines bestialischen, zu Tränen reizenden Geruchs vor sich. Erst das fertig getrocknete Produkt ist haltbar.

Die Mutterlaugen enthalten noch etwa 10 % Chloramin. Man ver-setzt sie mit Kochsalz so, daß eine 10 proz. Lösung davon entsteht. In kurzer Zeit fällt dann der noch gelöste Rest des Produktes aus, welches wie das Erstprodukt behandelt wird. — In den nun verbleibenden Laugen befindet sich noch eine gewisse Menge von Paramidnatrium, entstanden dadurch, daß die Hypochloridlauge immer noch freies Ätznatron enthält, welches einen kleinen Teil des Paramids in Lösung zurückhält und so der Bildung der Chlorverbindung entzieht. Man fällt dasselbe mit verdünnter Salzsäure wieder aus und gewinnt so 5 % des in Arbeit genommenen Paramids zurück.

Die Ausbeute an Chloramin beträgt ungefähr 80 % der Theorie.

Das erhaltene Produkt ist technisches p-Toluolsulfochloramid-natrium. Es besteht aus fast reinweißen Krystallen mit dem geforderten Mindestgehalt von 25 % an aktivem Chlor. Es wird im großen Maß-stabe als Bleichmittel in der Papierindustrie gebraucht. Unter dem Namen „Aktivin" dient es zum Löslichmachen von Stärke. — Ferner ist es ein ganz hervorragendes Desinfektionsmittel; es tötet Strepto-kokken in Verdünnung von 1 : 34000, Diphtheriebacillen 1 : 30000, Typhusbacillen 1 : 20000, Staphylokokken 1 : 16000 innerhalb 10 Mi-nuten. Dabei hat es den Vorzug der Ungiftigkeit, doch soll oft sein Geruch nach Chlor oder unterchloriger Säure seiner allgemeinen An-wendung hinderlich sein. — Die unter dem Namen „Gynochlorina" bekannten Tabletten sollen als wirksame Substanz Chloramin enthalten.

Von der deutschen Arzneibuchware unterscheidet sich das nach dem beschriebenen Verfahren erhaltene technische Produkt in den meisten Fällen nur durch die nicht hinreichend klare Lösung. — Es ist schwer, ein vollständig klar lösliches Produkt zu erzielen, worauf ja auch das D.A.B. VI Rücksicht nimmt. Um zu einem solchen zu ge-langen, muß das Paramid vor seiner Behandlung mit Hypochloridlauge durch mehrmaliges Umkrystallisieren vollständig rein gewonnen werden. Die verwendete Hypochloridlauge muß aus lange geklärter Lauge hergestellt und möglichst frei von freiem Ätznatron, also bei sehr niedriger Temperatur durch sehr langsames Chloreinleiten her-gestellt sein. Zum Schluß muß nach Vereinigung des Paramids und der Hypochloridlösung und Anwärmen durch direkten Zusatz von Kochsalz zur frisch bereiteten, noch warmen Chloramin-lösung die Isolierung des letzteren beschleunigt werden!

Für die Gewinnung von Arzneibuchware arbeitet man also in der folgenden Weise:

5,1 kg reines umkrystallisiertes Paramid werden in 30 kg Natrium-hypochloritlauge mit 9,5 % aktivem Chlor unter Rühren eingetragen und durch Erwärmen auf 60° Lösung erzielt. Die warme Lösung wird filtriert und mit 20 kg gesättigter filtrierter Kochsalzlösung versetzt.

Nach 2 Tagen wird genutscht und mit konzentrierter Kochsalzlösung gewaschen.

Die Ausbeute an klarlöslichem Produkt beträgt dann 8 kg Chloramin mit einem Gehalt von 25 % aktivem Chlor.

Paratoluolsulfonsäureäthylester.

Das im Handel erhältliche Paratoluolsulfochlorid wird gereinigt, indem man dasselbe in einer Porzellanschale mehrmals unter Wasser umschmilzt, wobei man kräftig umrührt und die verschiedenen Waschwässer jeweils wieder abgießt. Dann trennt man sorgfältig von den letzten Wasserresten und mischt 100 g des derart vorgereinigten Produkts in einem Becherglas von 300 cm³ Inhalt mit 45 g 95proz. Äthylalkohol. Der Inhalt des Becherglases wird mit einer Kältemischung von außen auf — 5⁰ abgekühlt. Erst wenn diese Temperatur erreicht ist, läßt man aus einem Tropftrichter langsam Natronlauge von 45—50 % NaOH zutropfen, indem man mit einem Glasstab oder dem Thermometer rührt:

$$C_2H_5OH + NaOH = NaOC_2H_5 + H_2O$$

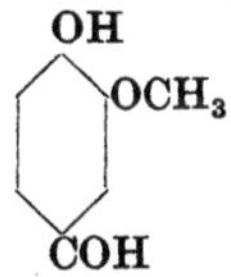

Die Temperatur des Reaktionsgemisches soll nie über 0⁰ steigen, was nur durch gute Kühlung und sehr langsames Zutropfen der konzentrierten Natronlauge erreichbar ist. Man setzt den Natronlaugezusatz fort, bis eine Spur freies Alkali vorhanden ist. Die Prüfung auf solches, erfolgt mit Curcuma- oder Thiazolpapier.

Nach beendigter Reaktion gießt man die Reaktionsmasse in einen Scheidetrichter von 0,5 l Inhalt, in welchem sich 200 g Eiswasser befinden. Mit diesem schüttelt man aus, trennt nach einigen Minuten der Ruhe den Rohester ab und schüttelt ihn noch ein- bis zweimal mit Eiswasser aus, worauf man ihn 24 Stunden mit geschmolzenem Chlorcalcium trocknet. Zum Schluß wird er im Vakuum von 10 mm umdestilliert.

Vanillin. m-Methyloxy-p-oxybenzaldehyd.

Schmelzpunkt 80⁰. Mol.-Gew. 152. Es löst sich in 100 T. kaltem Wasser und in 20 T. solchem von 75—80⁰. In Weingeist, Äther und Chloroform ist es leicht löslich. An der Luft erleidet es allmählich eine Oxydation zu Vanillinsäure.

Das klassische Ausgangsprodukt für die Vanillinfabrikation ist das Nelkenöl oder vielmehr das in demselben zu ungefähr 80 % enthaltene Eugenol. Letzteres wird zuerst in Isoeugenol, dann dieses in Acetisoeugenol verwandelt, worauf man mit diversen Oxydationsmitteln zu Vanillin gelangt. Diese Arbeitsweise wird weiter unten besprochen werden.

Der große Konsum, den Vanillin aufweist, mußte zum Aufsuchen anderer Darstellungsverfahren, aus billigeren Rohprodukten als Nelkenöl, anspornen. Das Prinzip aller dieser Verfahren beruht auf der Einführung der Aldehydgruppe, sei es in den Kern von Brenzcatechin und der nachfolgenden Methylierung des dadurch entstandenen Protocatechualdehyds, sei es in den Kern von Guajacol. Statt von Brenzcatechin über Protocatechualdehyd auszugehen, kann man auch den Weg von Piperonal über Protocatechualdehyd wählen.

Man kann somit die Darstellungsverfahren für Vanillin in vier Gruppen einteilen:

Gruppe I. Aus Brenzcatechin über Protocatechualdehyd:

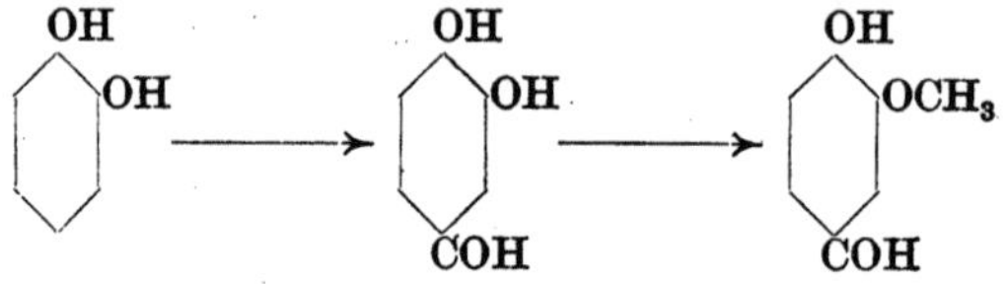

Gruppe II. Aus Piperonal (Heliotropin) über Protocatechualdehyd:

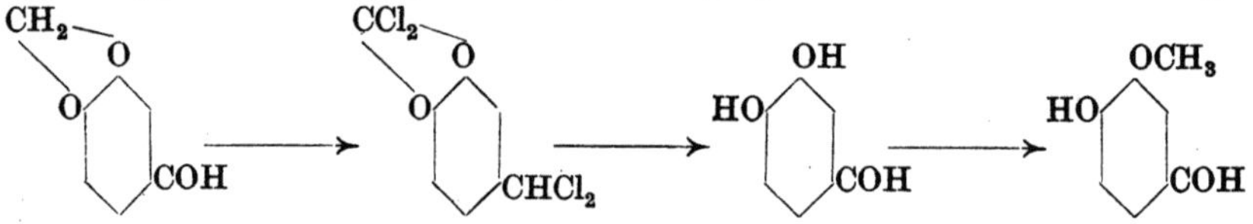

Gruppe III. Aus Guajacol:

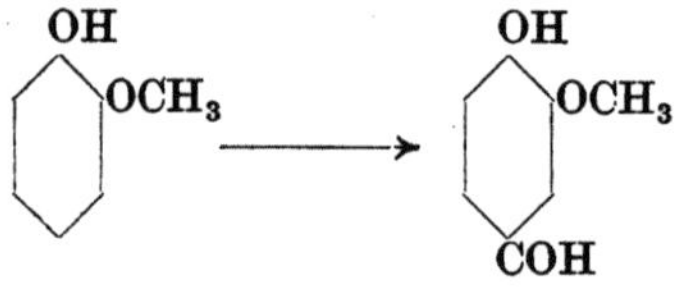

Gruppe IV. Aus dem aus Nelkenöl gewonnenen Eugenol:

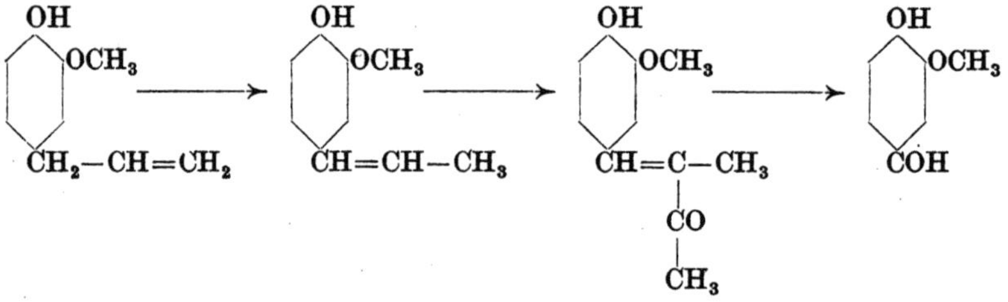

Gruppe I. Protocatechualdehyd aus Brenzcatechin.

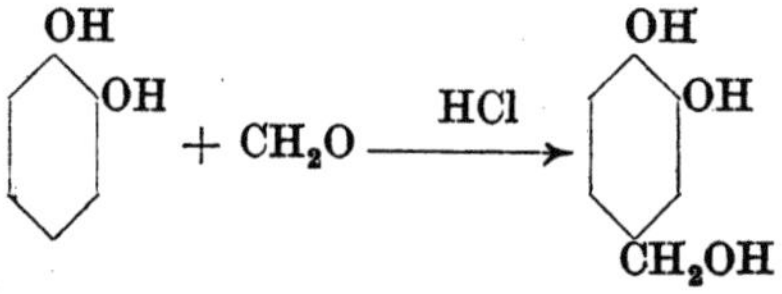

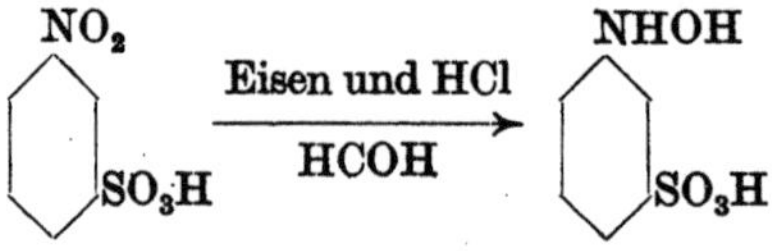

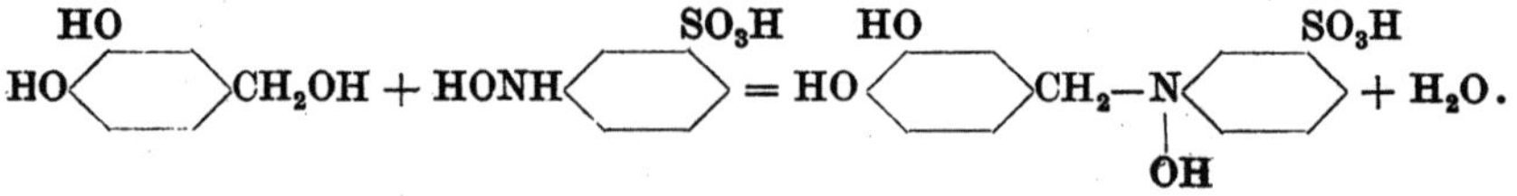

$$HO\text{-}C_6H_3(HO)\text{-}CHH\text{-}N(OH)\text{-}C_6H_4\text{-}SO_3H\ +\ =\ HO\text{-}C_6H_3(HO)\text{-}CH=N\text{-}C_6H_4\text{-}SO_3H\ +\ H_2O\,.$$

$$HO\text{-}C_6H_3(HO)\text{-}CH=N\text{-}C_6H_4\text{-}SO_3H\ +\ H_2O\ =\ HO\text{-}C_6H_3(HO)\text{-}COH\ +\ H_2N\text{-}C_6H_4\text{-}SO_3H$$

Aus dem Brenzcatechin entsteht in stark mit Salzsäure übersättigter Lösung unter direkter Anlagerung von Formaldehyd der Protocatechualkohol. Aus der Nitrobenzolsulfosäure[1] wird durch die reduzierende Wirkung von Formaldehyd und aus Eisen und Salzsäure gebildetem Ferrochlorid Hydroxylaminbenzosulfosäure gebildet. Diese beiden neugebildeten Körper kondensieren sich unter dem Salzsäureeinfluß durch zweimalige Wasserabspaltung zur Benzylidenverbindung, welche dann durch die hydrolisierende Säurewirkung zu Protocatechualdehyd und Amidobenzosulfosäure aufgespalten wird.

Man löst in einem Holzküben mit Rührwerk und Heizschlange 11 kg Brenzcatechin und 30 kg nitrobenzolsulfosaures Natron in der Siedehitze in 600 l Wasser, läßt erkalten, versetzt langsam mit 75 kg roher Salzsäure 21° Bé, dann ebenfalls langsam gleichzeitig mit 8 kg Formaldehyd 40 % Vol. und 24 kg Gußeisenspänen (je 1 kg Formaldehyd auf 3 kg Gußeisenspäne). Nach Beendigung dieser Zusätze rührt man noch 8—10 Stunden, läßt 12 Stunden stehen, trennt von dem Eisenschlamm, salzt mit 200 kg Kochsalz aus, nimmt den Protocatechualdehyd in Äther auf, entzieht ihn der Ätherlösung mit Bisulfitlösung, scheidet ihn daraus durch Neutralisation mit Schwefelsäure aus, nutscht und trocknet bei 50°.

Ausbeute 8 kg Protocatechualdehyd.

Vanillin aus Protocatechualdehyd.

$$C_6H_3(OH)(OH)(COH)\ +\ NaOC_2H_5\ +\ (CH_3)_2SO_4\ =\ C_6H_3(OH)(OCH_3)(COH)\ +\ C_2H_5OH\ +\ NaCH_3SO_4\,.$$

In einen Rührkessel gibt man bei max. 10° eine Lösung von 4 kg Natrium in 75 kg absolutem Alkohol und 15 kg Protocatechualdehyd. Dazu läßt man unter Rühren langsam eine Lösung von 15 kg Dimethylsulfat in 20 kg absolutem Alkohol fließen. Man erhitzt 4—5 Stunden auf 50°, läßt erkalten, säuert mit Salzsäure auf Kongo an, destilliert den Alkohol ab, nimmt in 50 l Wasser auf, extrahiert zweimal mit je 50 kg Chloroform, treibt dieses aus der Chloroformlösung ab und reinigt das so gewonnene Rohvanillin. Die Ausbeute davon beträgt ungefähr 8 kg.

Die Darstellung von Brenzcatechin vollzieht sich nach den Gleichungen:

$$C_6H_5(OH)\ +\ Cl_2\ =\ C_6H_4(OH)(Cl)\ +\ HCl\,.$$

$$2\,C_6H_4(OH)(Cl)\ +\ Ba(OH)_2\ =\ 2\,C_6H_4(OH)(OH)\ +\ BaCl_2\,.$$

In einen homogen verbleiten Druckkessel mit Rührwerk und absteigendem Kühler aus Blei bringt man 95 kg Phenol und heizt geschlossen auf 160—170°. Bei dieser Temperatur leitet man unter Rühren 75 kg Chlorgas ein und führt das gebildete Salzsäuregas in Wasser, welches in Tontourilles vorgelegt ist. Der Druck

---

[1] Über die Darstellung von Nitrobenzolsulfosäure s. Gruppe III..

beträgt bei dieser Operation 9 Atm., die Temperatur ist die bereits angegebene.
Nach dem beendigten Einleiten des Chlors läßt man erkalten, wäscht das Rohprodukt mit 25 kg Natronlauge 36° Bé und treibt es mit Wasserdampf ab.

Ausbeute 100 kg o-Chlorphenol.

In demselben Druckkessel mischt man 65 kg o-Chlorphenol mit 400 kg geschmolzenem Barythydrat und und 250 l Wasser, erhitzt den geschlossenen Kessel
unter Rühren 9 Stunden auf 170° und läßt dann abkühlen. Hierauf fällt man das
Braium als Sulfat, filtriert durch eine Filterpresse, engt die Brenzcatechinlauge
auf die Hälfte ihres Volumens ein, extrahiert mit Äther, treibt diesen ab und reinigt
das Rohbrenzcatechin durch Destillation im Vakuum.

Ausbeute 50 kg Brenzcatechin.

Gruppe II.

Man kann den Protocatechualdehyd statt aus Brenzcatechin auch aus Piperronal (Heliotsopin) gewinnen, denn dieses steht im Preise niedriger als Vanillin.

$$\text{Piperonal} + 3\,PCl_5 = \text{Dichlormethylenbenzalchlorid} + POCl_3 + 2\,PCl_3 + 2\,HCl\,.$$

$$\text{Dioxydichlormethylenbenzalchlorid} + 3\,H_2O = \text{Protocatechualdehyd} + 4\,HCl + CO_2\,.$$

Als Apparat für die erste Reaktion benützt man eine Porzellanbirne mit
2 Stutzen in einem durch Dampf geheizten Ölbad. Darin mischt man 10 kg Piperonal gründlich mit 45 kg Phosphorpentachlorid durch Rühren mit einem Glasstab.
Man setzt dann einen langen Rückflußkühler aus Glas auf und erhitzt 10 Stunden
auf 110° Innentemperatur. Am anderen Tage stellt man den Rührer um und destilliert Phosphortrichlorid und Phosphoroxychlorid bis zu 115° ab. Das Destillat wird
durch eine Kältemischung auf — 10° abgekühlt, bei welcher Temperatur sich das
Oxychlorid fest ausscheidet. Es wird vom Trichlorid getrennt und letzteres wieder
auf Pentachlorid verarbeitet.

Den Destillationsrückstand aus der Porzellanbirne bringt man in einen emaillierten Doppelwänder, welcher unter einem guten Abzug aufgestellt ist. Man
mischt darin mit 500 l Wasser und dampft auf 150 l ein. Dabei setzt sich das
Dioxydichlormethylenbenzalchlorid mit dem Wasser zu Protocatechualdehyd,
Salzsäure und Kohlensäure um. Über Nacht scheidet sich der erstere krystallinisch aus. Man nutscht ihn ab, wäscht mit kaltem Wasser und trocknet. Die
Mutterlauge und die Waschwässer werden bei dem nächsten Ansatz wieder statt
frischem Wasser zum Umkochen benutzt.

Ausbeute 7 kg Protocatechualdehyd. — Dieser wird auf Vanillin verarbeitet,
wie bereits unter Gruppe I beschrieben wurde.

Gruppe III.

Die Anlagerung des Aldehydradikals an das Guajacol wird durch verschiedene
Verfahren bewerkstelligt.

a) Herstellung einer Benzylidenverbindung durch Anlagerung von Hydroxylaminbenzosulfosäure an das Guajacol und Spaltung der Benzylidenverbindung.
Das Prinzip des Verfahrens ist also analog demselben der Protocatechualdehyddarstellung aus Brenzcatechin (s. unter Gruppe I).

Zwei Variationen dieses Verfahrens werden im folgenden beschrieben.

Man stellt die Nitrobenzosulfosäure selbst dar, um nachher die überschüssige
Schwefelsäure zur Kondensation mit dem Guajacol anstatt Salzsäure (wie bei der
Protocatechualdehyddarstellung) verwenden zu können. — 300 kg 30 proz. Oleum

werden in einem heizbaren Rührkessel langsam unter Rühren während 4—5 Stunden bei 40—60° allmählich mit 124 kg Nitrobenzol versetzt. Dann heizt man das Gemisch noch so lange auf 110°, bis eine mit Wasser verdünnte und zum Sieden gebrachte Probe keinen Geruch nach Nitrobenzol mehr aufweist. Man soll die Temperatur von 110° nicht überschreiten, denn über derselben treten explosionsartig verlaufende Zersetzungen auf. Nach dem Abkühlen drückt man in ein verbleites Holzgefäß, worin 1500 kg Eis und 1500 l Wasser vorgelegt sind, mischt und filtriert durch ein Wollfilter in einen großen verbleiten Rührkessel, wo man mit Wasser auf 9500 l verdünnt.

Diese verdünnte Lösung wird elektrolytisch reduziert: Dazu dienen 10 Tonzellen, jede von einem Kupfersiebe als Elektrodenkorb umgeben. Ein Kupferrohr, mit je zwei Windungen je Zelle, dient als Kühlschlange, welche zugleich mit den 10 Kupfersieben verbunden wird. Man leitet 11—13 Amperestunden durch und kontrolliert das Voranschreiten des Reduktionsvorgangs durch Vermischen einer Durchschnittsprobe mit normaler Silbernitratlösung und Titration mit nn-Rhodanammoniumlösung. Wenn ein Gemisch von 10 cc durchschnittlicher Bäderlösung mit 23 cc n-Silbernitratlösung und 3 cc n-Ammoniaklösung nach dem genauen Ansäuern mit Salpetersäure 10—12 cc n-Rhodanammoniumlösung verbraucht, ist die Reduktion beendigt. Als Indicator dient Ferrisulfatlösung.

Man entleert dann die Zellen in einen großen verbleiten Rührapparat und versetzt die Lösung darin zuerst mit 36 kg geschmolzenem Guajcaol und nachher langsam mit einer Lösung von 150 kg Eisenvitriol und 27 kg Formaldheyd 40 % Vol. in 300 l Wasser. Man rührt einige Stunden und überläßt die Reaktionsmasse 24 Stunden sich selbst. Dann extrahiert man das Rohvanillin in einem Intensivextraktionsapparat mit Benzol und verarbeitet auf Reinvanillin.

Nach einem anderen Verfahren neutralisiert man nach dem Sulfurieren des Nitrobenzols die überschüssige Schwefelsäure mit Kalkmilch und reduziert die von dem Kalksulfat getrennte wässerige Nitrobenzolsulfosäure bei tiefer Temperatur — bei höchstens — 8° — mit Zinkspänen und Salzsäure zu Hydroxylaminbenzosulfosäure. Die nachfolgende Umsetzung mit Guajacol und Formaldehyd vollzieht sich — ebenfalls bei tiefer Temperatur — unter weiterem Zusatz von Zinkspänen.

Die Kondensation zur Benzylidenverbindung mit Nitrobenzosulfosäure hat — neben vielen anderen, später zu beschreibenden — den Nachteil des geringen Wertes der als Nebenprodukt entstehenden Metanilsulfosäure, so daß sich deren Aufarbeitung nicht lohnt.

b) Um diesem Übelstande abzuhelfen, wurde durch die AGFA ein Verfahren ausgearbeitet, bei welchem die Nitrobenzosulfosäure durch Nitrosodimethylanilin ersetzt wird. Man erhält dann als Nebenprodukt des Vanillins das p-Amidodimethylanilin, welches ein gesuchtes Ausgangsprodukt für wertvolle Pelzfarbstoffe bildet.

$$\text{CH}_3\text{O}\diagup\!\!\!\langle\ \rangle\diagup\text{HO} + \text{CH}_2\text{O} = \text{CH}_3\text{O}\diagup\!\!\!\langle\ \rangle\text{CH}_2\text{OH}\diagup\text{HO}\,.$$

$$\text{CH}_3\text{O},\,\text{HO}\langle\ \rangle\text{CH}_2\text{OH} + \text{ON}\langle\ \rangle\text{N(CH}_3)_2 + \text{HCOH}$$

$$= \text{CH}_3\text{O},\,\text{HO}\langle\ \rangle\text{CH}_2-\underset{\text{OH}}{\text{N}}\langle\ \rangle\text{N(CH}_3)_2 + \text{HCOOH}\,.$$

$$\text{CH}_3\text{O},\,\text{HO}\langle\ \rangle\text{CHH}-\underset{\text{OH}}{\text{N}}\langle\ \rangle\text{N(CH}_3)_2 = \text{CH}_3\text{O},\,\text{HO}\langle\ \rangle\text{CH}=\text{N}\langle\ \rangle\text{N(CH}_3)_2 + \text{H}_2\text{O}\,.$$

$$\text{CH}_3\text{O},\,\text{HO}\langle\ \rangle\text{CH}=\text{N}\langle\ \rangle\text{N(CH}_3)_2 + \text{H}_2\text{O} = \text{CH}_3\text{O},\,\text{HO}\langle\ \rangle\text{COH} + \text{H}_2\text{N}\langle\ \rangle\text{N(CH}_3)_2\,.$$

Man sättigt Reinmethylalkohol kalt mit Salzsäuregas und verdünnt die gesättigte Lösung mit ihrem eigenen Gewicht Reinmethylalkohol. Dieses Gemisch versetzt man mit Nitrosodimethylanilin und leitet unter Rühren gleichzeitig methylalkoholische Lösungen von Guajacol und Formaldehyd ein. Am Schluß müssen in der Lösung auf 1 Mol. Guajacol mindestens 1,8 Mol. Nitrosodimethylanilin vorhanden sein. Wenn alles zugegeben ist, beginnt man wieder mit dem Einleiten von Salzsäuregas und erhöht gleichzeitig allmählich unter Rühren die Temperatur bis auf 70⁰. Nach 1¹/₂—2 Stunden ist die Umsetzung zu Ende. Man läßt dann erkalten, verdünnt mit Wasser, treibt den Methylalkohol ab, extrahiert das Vanillin mit Reinbenzol und fällt aus dem sauren wässerigen Rückstand das p-Amidodimethylanilin mit verdünnter Natronlauge.

Die Ausbeute an Vanillin beträgt bis 85% der Theorie. — Neben dem ersten Vorteil dieses Verfahrens, nämlich daß das Nebenprodukt einen relativ hohen Wert hat, besteht der zweite, daß neben dem Vanillin, d. h. dem p-Aldehyd, sehr wenig wertloser gelber o-Aldehyd und kein Isovanillin entsteht.

c) Die Anlagerung der Aldehydgruppe an das Guajacol kann auch durch Vermittlung des Alloxans erfolgen. — Man extrahiert zu diesem Zwecke aus Guano zuerst mit 50proz. Essigsäure eine Reihe Unreinigkeiten, alsdann mit Natronlauge die Harnsäure:

$$
\begin{array}{c}
\mathrm{NH-CO} \\
\diagup \qquad \vert \\
\mathrm{CO} \qquad \mathrm{C-NH} \diagdown \\
\diagdown \qquad \Vert \qquad \mathrm{CO} \; . \\
\mathrm{NH-C-NH} \diagup
\end{array}
$$

Diese wird mit Wasser angeschlämmt und durch Einleiten von Chlor in Alloxan aufgespalten:

$$
\mathrm{CO} \Big\langle {\mathrm{NH-CO} \atop \mathrm{NH-CO}} \Big\rangle \mathrm{CO} \; .
$$

Zu dem erhaltenen Reaktionsgemisch fügt man geschmolzenes Guajacol und Schwefelsäure. Unter starker Temperatursteigerung entsteht Guajacolalloxan: $C_{11}H_{10}O_6N_2$, welches plötzlich ausfällt und nach dem Abkühlen abgenutscht wird. Das Guajacolalloxan wird mit verdünnter Natronlauge bei 90⁰ verseift, worauf man nach der Neutralisation mit verdünnter Schwefelsäure auf Lackmus (nicht auf Kongo) durch Einleiten von schwefliger Säure bei einem Drucke von einer Atmosphäre Kohlensäure abspaltet und zu Vanilloylcarbonsäure

$$
\begin{array}{c}
\mathrm{OH} \\
\diagup\diagdown \!\!\!\mathrm{OCH_3} \\
\vert \quad \vert \qquad\qquad \text{gelangt.} \\
\diagdown\diagup \\
\mathrm{COCOOH} \; ,
\end{array}
$$

Diese wird aus der noch heißen, vom Schwefel filtrierten Lösung mit p-Toluidin als Vanilloylcarbonsäuretoluidin ausgefällt, abgenutscht und getrocknet. Das trockene Produkt mischt man mit weiterem p-Toluidin und mit Toluol und kocht am Rückfluß bis zur Beendigung der Kohlensäureabspaltung. Hierauf kocht man die Toluollösung mit verdünnter Natronlauge aus und trennt nach dem Stehen die Toluoltoluidinschicht von der wässerigen, welches das Vanillin als Vanillinnatrium enthält. Letztere dampft man zum Krystallbrei ein, den man nach der Abkühlung schleudert. Aus der wässerigen Lösung des derart vorgereinigten Vanillinnatriums setzt man das Vanillin durch verdünnte Schwefelsäure in Freiheit und reinigt es weiter.

Das nach sämtlichen bisher beschriebenen Verfahren erhaltene Rohvanillin enthält — mit einer Ausnahme — eine ziemliche Anzahl von Verunreinigungen, nämlich:

Nicht umgesetztes Guajacol, Orthovanillin, Isovanillin, etwas Farbstoff, Harze und andere Zersetzungsprodukte. — Deren Entfernung erfordert umständliche Reinigungsoperationen, welche nachstehend beschrieben werden.

Zur Trennung von nicht umgesetztem Guajacol erwärmt man das Rohvanillin in einem emaillierten oder kupfernen Kessel auf 103° und bläst daraus das Guajacol durch direkten Dampf in eine Vorlage ab. Mit dem Guajacol gehen auch Nichtphenole über, so daß es vor seiner Wiederverwendung gereinigt werden muß, wie auf S. 208 beschrieben ist.

Es folgt die Trennung vom Ortho- und vom Isovanillin. In einer Emailmarmite oder einem verbleiten Rührapparat erwärmt man das Vanillin mit seiner zehnfachen Menge Wasser auf 75—80° und gibt so lange gelöschten Kalk zu, als eine filtrierte Probe mit klarem Kalkwasser noch eine Trübung ergibt. Man läßt dann auf 60° abkühlen und fügt bei dieser Temperatur noch $^1/_2$% des Vanillins an Bariumhydrat zu, worauf man unter fortgesetztem Abkühlen bis auf 35° allmählich 25proz. Natronlauge zusetzt, und zwar exakt bis zur Reaktion mit Phenolphthaleinlösung, nicht Papier! Einen eventuellen geringen Laugenüberschuß nimmt man durch sehr vorsichtigen Salzsäurezusatz wieder weg. Der neutrale Punkt auf Phenolphthalein soll genau getroffen werden. Man trennt die Lösung durch Filtration von der unlöslichen Ortho-Vanillin-Calciumverbindung und extrahiert sie mit Benzol, wodurch man das Isovanillin entfernt. Hierauf wird sie mit Säure bis schwach kongosauer versetzt, wobei das Vanillin ausfällt. Es wird am anderen Tage abgenutscht, mit möglichst wenig kaltem Wasser nachgewaschen und bei 35—40° getrocknet.

Die Trennung von Harzkörpern und Farbstoffen erfolgt durch Destillation im Vakuum. Der Apparat wird durch ein Ölbad geheizt und trägt zwei kleine Kühler, welche mit zwei Vorlagen verbunden sind. Das Vakuum betrage mindestens 5 mm; es wird durch eine dreistufige Vakuumpumpe erzeugt. Man destilliert folgende Fraktionen:

Bis 40° Reste von Lösungsmitteln.

Bis 110° eventuell kleine Reste von Guajacol und Nichtphenolen.

110—125° Vanillin unrein.

125—155° Vanillin.

Über 155° rotgelb gefärbter Nachlauf.

Etwa 90% des Gesamtdestillates besteht aus bei 125—155° übergehendem Vanillin. Man läßt diese Fraktion auf 100—80° auskühlen und bei dieser Temperatur in emaillierte Marmiten zum Auskühlen ausfließen. Man erhält Kuchen aus weißer krystallinischer Ware, welche in einem emaillierten Knetapparate zu einer feinen Paste durchgearbeitet werden. Diese Paste wird zuerst ausgeschleudert und hernach noch ausgepreßt.

Das ausgepreßte Produkt ist nun recht rein und kann direkt umkrystallisiert werden. Oft schaltet man jedoch vor der Schlußkrystallisation noch eine Reinigung durch Alkohol und eine weitere durch Wasserdampfdestillation ein. Bei der ersteren wird das Vanillin in einem emaillierten Doppelwänder mit 15% seines Gewichtes an 50proz. Alkohol verschmolzen, worauf man abkühlen läßt und die erhaltenen Krystalle zentrifugiert und auspreßt. — Für die Wasserdampfdestillation erwärmt man das Vanillin auf 105° und treibt zuerst mit Dampf von 110—120° die letzten Alkoholreste ab. Dann erhöht man die Temperatur des Vanillins und gleichzeitig die des zugeleiteten Dampfes graduell bis auf 180°, und destilliert, bis das Destillat gelb wird.

Es folgt die Krystallisation und das Trocknen. Man löst 1 T. Vanillin in 20 T. Wasser von 65°, behandelt unter Rühren bei dieser Temperatur $^1/_2$ Stunde mit 1% vom Vanillin an prima metallfreier Entfärbungskohle, filtriert durch ein Druckfilter, behandelt bei Bedarf die filtrierte warme Lösung noch mit SO_2-Lösung, und läßt in der Kälte krystallisieren. Die Krystalle werden zentrifugiert, nicht genutscht, damit sie ihren Glanz voll behalten. Zum Trocknen verwendet man einen Dampftrockenschrank mit sehr guter Luftzirkulation, keinen Vakuumtrockenschrank. Die Krystalle bleiben darin 3—4 Tage bei 40⁰. Die energische Lufterneuerung ist dabei, wie bereits erwähnt, von Wichtigkeit.

Man ersieht aus der notwendigerweise langen Beschreibung der Reinigung von Rohvanillin, welches aus Protocatechualdehyd oder aus Guajacol erhalten worden ist, daß dies eine recht umständliche Operation ist. Es sind eine beträchtliche Anzahl der verschiedensten Körper, welche alle den Geruch und den Geschmack von Vanillin sehr ungünstig beeinflussen, möglichst vollständig daraus zu entfernen. Dies gelingt nie ganz. Wichtig ist daher die Anwendung von Verfahren, bei welchen von vornherein wenig schädliche Verunreinigungen entstehen.

Ein aus Protocatechualdehyd oder Guajacol mit Nitrobenzolsulfosäure erhaltenes Vanillin wird immer nur ein Produkt von sekundärer Güte sein, welches als Geschmackskorrigens für Blockschokolade oder zu ganz vulgären Parfümmischungen Verwendung findet. — Dagegen wurde der Fabrikationsprozeß aus Guajacol und Nitrosodimethylanilin[1] so gut ausgebildet, daß das auf diesem Wege erhaltene Vanillin einen reinen, wenn auch etwas matten Geruch und Geschmack besitzt und für beinahe alle Zwecke, beispielsweise auch in der Hausküche, zugezogen wird. Es wurde bereits erwähnt (S. 284), daß bei diesem Verfahren fast kein Ortho- und kein Isovanillin entsteht. Ferner kann bei demselben erreicht werden, daß alles Guajacol in Reaktion tritt, indem man einen bedeutenden Überschuß an Nitrosodimethylanilin verwendet. Denn dieser Überschuß bedeutet keinen ökonomischen Verlust, weil das fast quantitativ anfallende Amidodimethylanilin mindestens denselben Wert besitzt wie das Nitrosodimethylanilin. Auch die übrigen Produkte, der Methylalkohol und die Salzsäure, können fast quantitativ regeneriert werden. Eine Ausnahme macht natürlich der Formaldehyd. — Sehr erheblich fällt ferner ins Gewicht, daß dieses Verfahren eine einfache Apparatur von verhältnismäßig geringem Volumen erfordert und die Ausbeute bis auf 85 % der Theorie gebracht werden kann.

Nach Angaben von Professor Ullmann werden als beste, d. h. als lukrativste Verfahren für europäische Verhältnisse zur Zeit betrachtet:

Aus Guajacol: Das Verfahren der I.G. DRP. 475918, wonach das Kondensationsprodukt von Guajacol und Chloral mit Kupfersalzen in wässeriger Lösung verseift wird.

Aus Eugenol: Das Nitrobenzolverfahren nach den Patenten EP. 285451 und EP. 271818.

Gruppe IV.

$$\text{Nelkenöl} \xrightarrow{\text{Kalilauge}} \begin{array}{c} OK \\ \diagup \diagdown OCH_3 \\ | \quad | \\ \diagdown \diagup \\ CH_2CH:CH_2 \end{array} + \text{Terpen}.$$

---

[1] In Deutschland von der AGFA, in Frankreich von den Usines du Rhône.

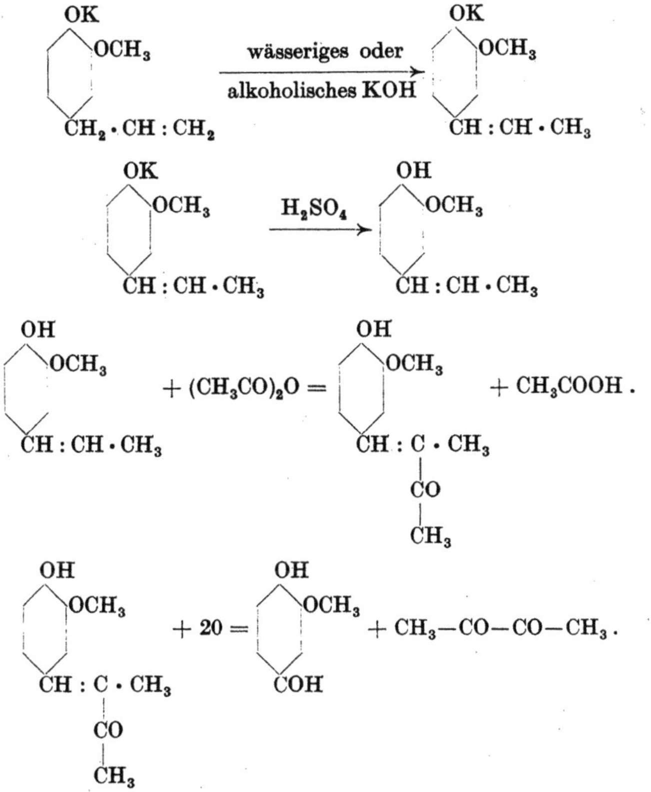

$$\text{Eugenol (OK, OCH}_3\text{, CH}_2\cdot\text{CH}:\text{CH}_2) \xrightarrow[\text{alkoholisches KOH}]{\text{wässeriges oder}} \text{Isoeugenol (OK, OCH}_3\text{, CH}:\text{CH}\cdot\text{CH}_3)$$

$$\text{(OK, OCH}_3\text{, CH}:\text{CH}\cdot\text{CH}_3) \xrightarrow{\text{H}_2\text{SO}_4} \text{(OH, OCH}_3\text{, CH}:\text{CH}\cdot\text{CH}_3)$$

$$\text{(OH, OCH}_3\text{, CH}:\text{CH}\cdot\text{CH}_3) + (\text{CH}_3\text{CO})_2\text{O} = \text{(OH, OCH}_3\text{, CH}:\text{C}\cdot\text{CH}_3, \text{CO}, \text{CH}_3) + \text{CH}_3\text{COOH}.$$

$$\text{(OH, OCH}_3\text{, CH}:\text{C}\cdot\text{CH}_3, \text{CO}, \text{CH}_3) + 2\text{O} = \text{(OH, OCH}_3\text{, COH)} + \text{CH}_3-\text{CO}-\text{CO}-\text{CH}_3.$$

Man versetzt 50 kg Nelkenöl in einem kupfernen, durch Dampf heizbaren Destillationsapparat mit 40 kg Ätzkali und 80 l Wasser und destilliert das Wasser ab. Dieses führt das Terpen mit sich in die Vorlage über. Man destilliert, bis alles Wasser abgetrieben ist und zieht dann das Kaliumeugenat in heißem Zustande durch den Bodenhahn ab.

Das Eugenat wurde früher bei 220—230⁰ durch eine Mischung von 70 kg Ätzkali und 40 l Wasser in Isoeugenat übergeführt. Heute zieht man dieser ziemlich rohen Behandlung diejenige durch alkoholisches Kali unter Druck vor (s. unter Heliotropin, S. 216).

Das Isoeugenat wird nach dem Abtreiben des Alkohols in 700 l Wasser, welchem 200 kg Eis zugesetzt wurden, gelöst und bei höchstens 3⁰ allmählich mit 3proz. Schwefelsäure zerlegt. Man extrahiert mit reinstem Benzol, treibt dasselbe in einem Apparate aus Kupfer ab und destilliert das Isoeugenol im Vakuum. Es geht bei 15 mm zwischen 175—180⁰ über. — Reines Isoeugenol ist eine unerläßliche Bedingung für das gute Gelingen der Oxydation zu Vanillin.

Ausbeute: Aus 50 kg Nelkenöl erhält man im Mittel 36 kg Isoeugenol und 6 kg Terpen.

Entgegen den in der Literatur oft enthaltenen Angaben konnte das Isoeugenol bis vor kurzem nicht als solches zu Vanillin oxydiert werden, weil es dabei zu einem großen Teile verharzte. Es mußte vielmehr und muß auch meistens heute noch vorher in Acetylisoeugenol übergeführt werden. Zu diesem Zwecke mischt man 40 kg Isoeugenol mit 60 kg wasserfreiem Reinbenzol und 35 kg mindestens 85proz. Essigsäureanhydrid in einem emaillierten Apparat und erhitzt 4 Stunden am Rückfluß zum Sieden des Benzols, worauf man in emaillierte Marmiten abdrückt und dort krystallisieren läßt. Die fernere Verarbeitung der Acetylisoeugenolkrystalle ist analog derjenigen von Acetylsalicylsäure (s. dort, S. 157).

Die Oxydation mit Bichromat und Schwefelsäure entspricht derjenigen von Isosafrol zu Heliotropin (s. dort, S. 217).

Eleganter als dieser Oxydationsvorgang ist derjenige mit Ozon. — Die erste Bedingung für ein gutes Gelingen dieser Reaktion ist ein Ozonapparat, welcher ein möglichst hochprozentiges Ozon liefert (von Siemens-Schuchardt). Die Oxydation von Eugenol oder Isoeugenol in einem organischen Lösungsmittel, wie Benzol oder Toluol, gelingt nicht; es entstehen dabei zu viele Harzkörper. Dagegen ergibt Acetylisoeugenol reines Vanillin, aber auch dieses nur in einem hochsiedenden Lösungsmittel, wie z. B. Reinxylol. Ein niedriger siedendes Lösungsmittel wird durch den Ozonstrom mitgerissen; die Konzentration der Lösung bleibt nicht konstant, und es besteht wieder die Gefahr der Verharzung.

Aus der Xylollösung wird das Vanillin in verdünnter wässeriger Bisulfitlösung aufgenommen und aus dieser durch Zusatz von verdünnter Schwefelsäure in der Wärme in Freiheit gesetzt. Man gewinnt ein sehr reines Rohprodukt, welches durch direkte Krystallisation ein Vanillin von hervorragender Qualität liefert.

Neuerdings ist es in den USA. gelungen, durch Behandlung von Acetylisoeugenol und sogar von Isoeugenol selbst in sehr feiner Verteilung in Wasser mit Ozon bei niedrigen Temperaturen Reinvanillin direkt in fast quantitativer Ausbeute zu gewinnen.

Man erhält auf keine Art ein Produkt von so reinem kräftigen Geruch und Geschmack wie durch die Ozonbehandlung von Acetisoeugenol oder, wie bereits erwähnt, heute wohl auch von Isoeugenol. — Die Ausarbeitung des Ozonverfahrens und seine Einführung in die Praxis sind vor allem das Verdienst Nordamerikas, welches Land allerdings auch die günstigsten Voraussetzungen dafür — billigen elektrischen Strom und eigenes Nelkenöl — aufweist.

Der Nachteil dieses Verfahrens wird immer der sein, daß die Oxydation durch das Ozon recht träge verläuft, so daß seine Anwendung nur in Ländern in Frage kommen kann, wo elektrischer Strom zu ganz außergewöhnlich niedrigem Preis erhältlich ist. — Nach Privatmitteilungen von Herrn Professor Dr. Fr. Ullmann mußte die technische Verwendung dieses Verfahrens z. B. in Deutschland wieder aufgegeben werden, wohl aus dem Grunde, daß der Stromverbrauch die Kalkulation zu stark belastete.

IV. Alkaloide.

Arecolin.

$$\begin{array}{c}\text{CH}\\ \text{H}_2\text{C} \diagup\!\!\!\diagdown \text{C}\cdot\text{COOCH}_3\\ \text{H}_2\text{C} \diagdown\!\!\!\diagup \text{CH}_2\\ \text{NCH}_3\end{array}$$

Mol.-Gew. 155. Farblose, ölige, alkalisch reagierende Flüssigkeit. Siedepunkt gegen 220⁰. Mit Wasser, Weingeist, Äther und Chloroform in jedem Verhältnis mischbar, mit Wasserdämpfen flüchtig.

Zu seiner Darstellung werden Betelnußsamen — Semen Arecae — in einer Schlagkreuzmühle auf 1 mm Korngröße zerkleinert. Die Analyse der Samen schließt sich ganz dem Fabrikationsgang an. Damit die Verarbeitung derselben lohnend sei, muß die Ware mindestens 0,3 % Arecolin enthalten. — Die zerkleinerten Samen werden mit der Hälfte ihres Gewichtes an 10proz. Pottaschelösung durchfeuchtet und dann 3—4mal mit Äther 0,722 extrahiert. Die vereinigten ätherischen Auszüge werden stark eingeengt und dann auf Ballons gefüllt, in welchen man die Lösung einige Zeit stehen läßt. Das Wasser setzt sich darin zu Boden und wird sorgfältig von der Ätherlösung getrennt. Man bewahrt dasselbe auf und arbeitet es zusammen mit den Endlaugen der Arecolinbromhydratherstellung später auf.

Den Ätherauszug versetzt man so lange mit 50proz. Essigsäure, als dadurch noch eine Trübung entsteht. Man schüttelt kräftig durch und setzt noch etwas Wasser zu. Dann destilliert man den Äther in Glaskolben ab, wobei man Siedesteinchen zufügt, da das Reaktionsgemisch arg stößt. Den Destillationsrückstand bringt man in eine flache Porzellanschale und vertreibt auf dem Wasserbade die letzten Äthermengen. Beim Erkalten bildet sich auf der essigsauren Alkaloidlösung eine Fettschicht, welche man abtrennt und verschiedene Male mit essigsaurem Wasser auswäscht. Das Fett bildet eine vorzügliche Salbengrundlage.

Die saure wässerige Lösung schüttelt man nun zur Entfernung der Farbharze so lange mit Äther aus, bis dieser farblos bleibt. Dann überschichtet man die Lösung wieder mit Äther und setzt in Portionen eine wässerige, filtrierte Pottaschelösung hinzu, bis dieselbe in starkem Überschusse ist. Natürlich muß man, wie in allen solchen Fällen, mit dem Pottaschezusatz vorsichtig sein, damit nicht durch die Kohlensäureentwicklung der Äther aus dem Gefäß getrieben wird. Nach beendigter Übersättigung mit Pottaschelösung trennt man die ätherische Schicht ab und trocknet sie mit entwässertem Glaubersalz, worauf man den Äther vollständig abtreibt. Der Destillationsrückstand ist reine Arecolinbase, aus der die Salze hergestellt werden.

Arecolin hydrobromicum. $C_8H_{13}O_2N \cdot HBr$. Mol.-Gew. 236. Schmelzpunkt 170—171°. Weiße Nadeln.

Die Arecolinbase wird in absolutem Alkohol gelöst und die Lösung durch ein mit Alkohol befeuchtetes Filter in einen „Erlenmeyer" filtriert, dessen Volumen das 6—7fache von demjenigen der hineinfiltrierten Arecolinlösung beträgt. Das Filter wird mit absolutem Alkohol nachgespült und so viel von demselben nachgegossen, daß im „Erlenmeyer" eine 35proz. Arecolinlösung in absolutem Alkohol vorhanden ist. Man stellt den „Erlenmeyer" zum vollständigen Abkühlen seines Inhaltes in kaltes Wasser und fügt langsam 50proz. Bromwasserstoffsäure bis exakt zur kongosauren Reaktion zu. Dann versetzt man mit absolutem Äther 0,720 bis zur eben beginnenden Trübung, entfernt diese schwache Trübung durch Spuren absoluten Alkohols, gibt ein kleines Kryställchen fertigen Salzes hinzu und setzt zur Krystallisation in den Eisschrank. Das gebildete Bromhydrat kann nach 24 Stunden abfiltriert werden. Vor der Filtration zerstört man die gebildeten Krystallkonglomerate im „Erlenmeyer". Auf dém Filter wäscht man mit absolutem Äther nach und trocknet im Dampftrockenschrank.

Wie S. 289 erwähnt, wurde vom ätherischen Auszug der Betelnußsamen nach dem Einengen und Klären derselben ein wässeriger Teil entfernt, der auch Arecolin enthält, wenn auch in ziemlich unreinem Zustande. Diese schwarz gefärbte Flüssigkeit wird mit Essigsäure angesäuert, durch einen leinenen Spitzbeutel filtriert und mit Äther bis zur Farblosigkeit desselben extrahiert. Dann wird mit Pottasche alkalisch gemacht und die Arecolinbase durch 3—4malige Extraktion mit Äther aufgenommen. Man darf dabei nicht zu stark rühren, weil dadurch schwer trennbare Emulsionen entstehen würden. Aus der entwässerten Ätherlösung wird der Äther abgetrieben und die Arecolinbase, wie bereits beschrieben, in Bromhydrat verwandelt.

Dieses Bromhydrat ist noch nicht verkaufsrein. Es muß umgearbeitet werden. Zu diesem Zwecke vereinigt man es mit den ätheralkoholischen Mutterlaugen von verschiedenen Bromhydratansätzen, destilliert die Lösungsmittel ab und nimmt den Rückstand in Wasser auf. Die wässerige Lösung wird wieder mit Äther so lange ausgewaschen, bis dieser farblos abfließt. Dann alkalisiert man mit Pottaschelösung, äthert die Arecolinbase in bereits bekannter Weise aus und verarbeitet wieder auf Bromhydrat.

Das aus Rückständen erhaltene Hydrobromicum muß einmal, oft zweimal, aus absolutem Alkohol umkrystallisiert werden.

Atropin und Homatropin.

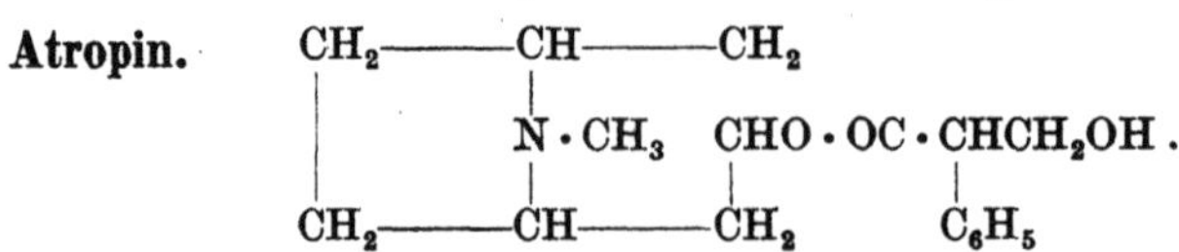

Mol.-Gew. 229. Schmelzpunkt 115,5°. Es bildet farblose, glänzende Nadeln, welche in 600 T. kaltem, leichter in heißem Wasser löslich sind. Aus der heiß gesättigten wässerigen Lösung scheidet es sich beim Erkalten wieder aus. Die wässerige Lösung reagiert auf Lackmus und Phenolphthalein alkalisch. Leichtlöslich ist Atropin in Weingeist, Chloroform und Amylalkohol, ferner in 50 T. Äther und in Benzol.

Chemisch ist Atropin der Tropasäureester des Tropins. Es bildet die optisch inaktive Form des Hyoscyamins, ist also $d + 1$ Hyoscyamin. In der Belladonna findet es sich jedoch nicht in dieser Form, sondern entsteht erst während der Gewinnung aus dem darin enthaltenen 1-Hyoscyamin.

Für die industrielle Atropindarstellung verwendet man in der Hauptsache getrocknete und auf der Kreuzschlagmühle sehr feingemahlene Belladonnawurzel (über die Ausgangsprodukte vgl. auch S. 295 unter Ausbeute). Die im Kapitel über Chinin S. 300 aufgeführten Vorsichtsmaßregeln beim Mahlen von Drogen sind hier in Anbetracht der außerordentlichen Giftigkeit des Materials ganz besonders scharf zu beobachten. Das feine Mahlen, d. h. das Aufreißen aller inkrustierten Gefäßwände der Wurzel, ist notwendig für die Erzielung einer guten Ausbeute. — Das Wurzelpulver wird vermittels einer Gießkanne mit 7 proz. Sodalösung befeuchtet und während der Befeuchtung mit Schaufeln durchgemischt. Der Grad der Befeuchtung soll ein solcher sein, daß eine Probe des Pulvers sich durch den Druck der Hand wohl zusammenballt, aber beim Öffnen derselben wieder auseinanderfällt. — 24 Stunden nach der Behandlung mit Soda beginnt man mit der Extraktion, wozu man am besten Äther verwendet. Man extrahiert in dem Abb. 76, S. 327 veranschaulichten Extraktionsapparat für Drogen, wobei auch hier hervorgehoben sei, daß die emaillierte Destillationsblase D nur mit Heißwasser, nicht mit gespanntem Dampf erwärmt werden darf. In D legt man verdünnte Essigsäure oder eine verdünnte Oxalsäurelösung vor und extrahiert im übrigen den S. 327 ff. angegebenen Grundsätzen getreu.

Nach dem letzten Abtreiben des Äthers hat man in D eine saure wässerige Lösung der Rohbasen der Belladonna, welche man nach dem Erkalten zunächst filtriert. Man neutralisiert dann mit Ammoniaklösung und übersättigt mit Pottasche in fester Form. Man trägt so lange von derselben ein, bis sich keine mehr löst, wodurch man erreicht, daß alle Belladonnabasen ausgeschieden werden. Diese filtriert man ab und wäscht sie mit wenig eiskaltem Wasser nach.

Die nutschenfeuchten Rohbasen löst man in 20 proz. Essigsäure, und zwar jetzt in möglichst wenig von derselben. Die erhaltene konzentrierte Lösung filtriert man wieder und äthert nun aus derselben die Farbstoffe vollständig aus, was in einer oder in mehreren Flaschen mit Bodentubus (Abb. 78, S. 329) geschehen kann. Wenn der Äther nicht mehr gefärbt wird, überschichtet man die saure wässerige Lösung wieder mit solchem und nimmt nun darin durch allmähliche Zugabe von Pottaschelösung und sehr vorsichtiges Ausschütteln die Belladonnabasen auf.

Es mag auffallen, daß man nicht schon die ersterhaltene (aus der Destillationsblase des Extraktionsapparates) saure wässerige Lösung der Belladonnabasen behandelt wie die zweite. Der Grund dafür ist die meistens erhebliche Verdünnung, also das verhältnismäßig große und unhandliche Volumen der ersterhaltenen Lösung, welche beim Einengen im Vakuum stark schäumen würde. Aus diesem Grunde zieht man es vor, die Basen aus der ersterhaltenen verdünnten Lösung auszufällen und dann ein zweites Mal konzentriert zu lösen.

Die wie oben beschrieben erhaltene ätherische Lösung der Basen trocknet man scharf mit entwässertem Glaubersalz und engt sie dann in einem großen Kolben auf dem Heißwasserbade ein. Sind die darin enthaltenen Belladonnabasen nicht sehr unrein, so scheiden sie sich bei einer gewissen Konzentration als gefärbte Krystalle, in sehr unreinem Zustande aber als Öl aus. Sobald dieser Punkt erreicht ist, gießt man in weithalsige „Erlenmeyer" um und stellt in diesen 24 Stunden im Eisschrank zur Krystallisation. Dann nutscht man rasch ab, wäscht mit eiskaltem Äther nach und bewahrt die Krystalle in braunen Pulverflaschen bis zur weiteren Verarbeitung auf. Wenn man auf der Nutsche rasch arbeitet, erhält man ein ziemlich hellfarbiges Krystallmehl. Die mit dem Waschäther vereinigten Mutterlaugen engt man wieder zur Krystallisation ein und behandelt die zweite Krystallmenge wie die erste. — Durch die dritte Konzentration der Mutterlaugen wird man meistens keine Krystalle mehr, sondern nur noch Schmieren erhalten, welche man separat aufbewahrt. Dieselben bilden das hauptsächliche Ausgangsprodukt für das Homatropin.

Die aus dem Äther erhaltenen Krystalle bestehen aus einem Gemisch von rohem Atropin und rohem Hyoscyamin. Um das letztere in Atropin zu verwandeln, wird das Krystallmehl mit einem Viertel seines Gewichtes an Chloroform versetzt und in einem „Erlenmeyer" mit Steigrohr und eingesetztem Thermometer im Paraffinbad im Zeitraum von $1^1/_2$ Stunden auf 116^0 erwärmt. Darauf hält man die Temperatur 1 Stunde genau auf dem Temperaturintervall von 116—120^0. Unter 116^0 würde die Umbildung Hyoscyamin-Atropin nicht erfolgen, über 120^0 beginnt die Zersetzung. — Man verdünnt dann das erhaltene Rohatropin in dem „Erlenmeyer" mit seinem eigenen Gewicht an reinem Aceton oder Methyläthylketon und kühlt durch Eiskochsalz auf —10 bis —12^0 ab. Durch Kratzen mit einem Glasstab, eventuell unterstützt durch Impfen mit einigen Atropinkryställchen, setzt bei dieser Temperatur bald eine üppige Atropinausscheidung in kleinen, derben Krystallen ein. Man hält den „Erlenmeyer"-Inhalt 3—4 Stunden auf —10 bis —12^0, nutscht dann rasch auf einer im Eisschrank mindestens 12 Stunden ausgekühlten Nutsche ab, wäscht mit Reinaceton oder Methyläthylketon von —10 bis —12^0 nach und trocknet im Vakuumexsiccator. — In den Mutterlaugen ist neben Atropin noch nicht umgelagertes Hyoscyamin enthalten. Man destilliert daraus das Lösungsmittel ab und behandelt den Rückstand, wie bereits beschrieben, zur Umwandlung von Hyoscyamin in Atropin.

Atropinsulfat. $(C_{17}H_{23}NO_3)_2H_2SO_4 + H_2O$. Mol.-Gew. 694,5. — Es bildet ein weißes, krystallinisches, aus feinen Nädelchen bestehendes Pulver, welches sich in 1 T. Wasser und in 3 T. Weingeist löst. In Äther und in Chloroform ist es fast unlöslich. Bei 100^0 wird es wasserfrei und schmilzt dann unter Zersetzung bei ungefähr 183^0. Absolut reine Präparate schmelzen übrigens bei sehr langsamer Temperatursteigerung um mehrere Grade höher.

Der größte Teil des Atropins wird als Sulfat konsumiert. Zu seiner Darstellung löst man 1 kg reine Atropinbase in der Wärme in $^5/_4$ Liter absolutem Alkohol von mindestens 99,8%. Daneben mischt man 170 g reinste Schwefelsäure vom spez. Gew. 1,84 mit 170 g absolutem Alkohol langsam bei einer Temperatur von höchstens 2°. Diese Mischung vereinigt man in kleinen Portionen mit der etwas abgekühlten Lösung der Atropinbase. Man fügt also die Säure zur Alkaloidbase, nie umgekehrt. Am Schluß der Vereinigung der beiden Flüssigkeiten soll die Reaktion unbedingt noch deutlich lackmusalkalisch sein. Wenn dieselbe durch ein Versehen im Wägen sauer geworden wäre, so ist durch Zugabe freier Atropinbase wieder auf lackmusalkalisch einzustellen. Die entstandene alkalische Atropinsulfatlösung wird nach dem Abkühlen langsam mit absolutem Äther bis zur beginnenden Trübung versetzt, worauf man den Rest des absoluten Äthers schneller zugibt, bis auf 1 kg verwendete Atropinbase 10 l Äther zugesetzt sind. Nach 2—3 Stunden nutscht man und wäscht mit absolutem Äther nach, bis derselbe farblos abläuft. Der ätherfeuchte Atropinsulfatkuchen wird schnell durch ein weitmaschiges Haarsieb gesiebt und bei 30—40° getrocknet. — Wenn auf der Nutsche gewissenhaft ausgewaschen wurde, dann enthält das Produkt weder Apoatropin noch andere Nebenalkaloide, d. h. es hält die Ammoniakreaktion der Pharmakopöen: „Die Lösung von 0,1 g Atropinsulfat in 6 cm³ Wasser darf durch 2 cm³ Ammoniakflüssigkeit nicht sofort verändert werden." (Bei dieser Prüfung darf übrigens nicht übersehen werden, daß beim Zusatz der ersten Tropfen Ammoniakflüssigkeit auch bei reinem Atropinsulfat eine schwache, aber rasch wieder verschwindende Trübung auftritt.) — Beim Auftreten einer sofort bleibenden Trübung muß das Produkt aus einem Gemisch von gleichen Teilen absolutem Alkohol und Reinaceton oder Methyläthylketon umkrystallisiert und dann im Vakuumexsiccator getrocknet werden.

Über die Ausbeute s. unter Homatropin, S. 295.

Homatropin.

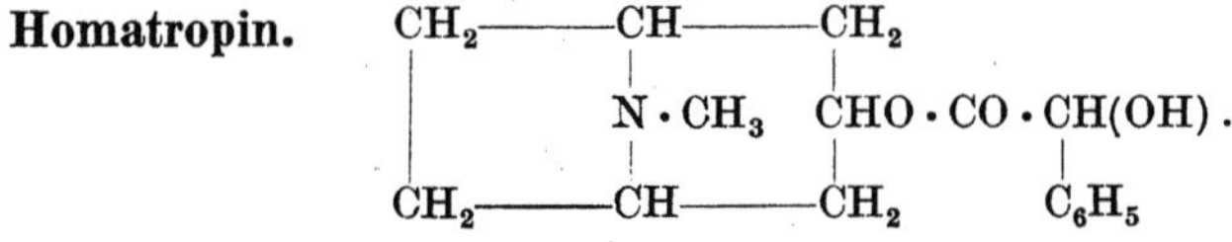

Mol.-Gew. 275. Schmelzpunkt 98°. Es bildet farblose Krystalle, welche hygroskopisch, doch trotzdem in Wasser fast unlöslich sind. In Alkohol, Chloroform und Äther löst es sich leicht.

Homatropin ist der Tropinester der Mandelsäure, $C_6H_5CH(OH)COOH$, und wird aus Tropin und Mandelsäure synthetisch gewonnen, da es nicht natürlich vorkommt.

Für seine Fabrikation kommen in erster Linie die Restschmieren der Atropingewinnung in Betracht. Dieselben enthalten in der Hauptsache Atropin und Hyoscyamin, welche man vorerst zu Tropin und Tropasäure verseift. Man erhitzt die Schmieren zu diesem Zwecke 15—20 Stunden im offenen Kolben auf dem Dampfbad mit überschüssiger Salzsäure, unter Ersatz der entweichenden Säure.

Gegen den Schluß der Verseifung setzt man keine neue Salzsäure
mehr zu, sondern sorgt im Gegenteil durch mehrstündiges Kochen
dafür, daß nun der größere Teil der Salzsäure entweicht. — Nach dem
Erkalten äthert man zuerst die gebildete Tropasäure aus. Hierauf
neutralisiert man genau mit Ammoniaklösung und fällt dann durch
Zusatz von Pottaschelösung allfällig noch unverseiftes Atropin und
Apoatropin aus, welche man wieder ausäthert. Nun versetzt man
stark mit Natronlauge und schüttelt das damit ausgeschiedene Tropin
in Chloroform. Man muß mehrere Chloroformauszüge aus der stark
alkalischen wässerigen Lauge machen. Die vereinigten Chloroformauszüge werden mit gekörntem Chlorcalcium getrocknet und dann das
Chloroform abgetrieben. Der Destillationsrückstand ist Tropin:

$$
\begin{array}{ccc}
CH_2\!-\!\!-\!\!-CH\!-\!\!-\!\!-CH_2 & & \\
\mid & \mid & \mid \\
 & N\cdot CH_3 & CH\cdot OH. \\
\mid & \mid & \mid \\
CH_2\!-\!\!-\!\!-CH\!-\!\!-\!\!-CH_2 & &
\end{array}
$$

Zur Überführung des Tropins in seinen Mandelsäureester werden
500 g Tropin mit 1000 g Mandelsäure und 20 l 10 proz. Salzsäure 30 Stunden unter Ersatz der verdunstenden Salzsäure auf dem Dampfbad
erhitzt. Dem erkalteten Reaktionsgemisch entzieht man zunächst die
überschüssige Mandelsäure durch Ausäthern, fällt dann das Homatropin durch Pottasche und äthert auch dieses aus. In wässeriger
Lösung bleibt dann etwas nicht verestertes Tropin, welches durch
Versetzen mit einem Natronlaugeüberschuß und Extraktion gewonnen
werden kann.

Die ätherische Homatropinlösung wird mit entwässertem Natriumsulfat getrocknet, filtriert und dann daraus der Äther abgetrieben. Der
Destillationsrückstand, Homatropinrohbase, wird in der eben notwendigen Menge absoluten Alkohols gelöst, die Lösung mit konzentrierter Bromwasserstoffsäure auf das genaueste mit Kongo als
Indicator neutralisiert, die erhaltene Homatropinhydrobromidlösung
mit Eiskochsalz auf —10 bis —12⁰ abgekühlt und bei dieser Temperatur geimpft. Nach 2—3 stündiger fortgesetzter Abkühlung auf
—10 bis —12⁰ nutscht man auf einer im Eisschrank ausgekühlten
Nutsche, wäscht mit absolutem Alkohol von —10 bis —12⁰ nach
und krystallisiert nochmals aus absolutem Alkohol um.

Aus dem derart reingewonnenen Bromhydrat gewinnt man die
Base durch Lösen des ersteren in Wasser und Fällen der Base mit
Ammoniaklösung.

Homatropinhydrobromid. $C_{17}H_{21}NO_3\cdot HBr$. Mol.-Gew. 356.
Schmelzpunkt annähernd 214⁰. Es bildet ein weißes Krystallpulver,
löslich in 4 T. Wasser und in 18 T. Weingeist, noch schwerer in absolutem Alkohol, fast unlöslich in Äther und Chloroform. — Seine Herstellung wurde bereits im vorstehenden beschrieben.

Homatropin hat eine große Anwendung gefunden, so daß zu seiner
Darstellung außer den Restschmieren der Atropinfabrikation längst
auch reines Atropin zur Verwendung gelangt.

Ausbeute: Aus den Belladonnawurzeln gewinnt man je nach ihrem Gehalt 0,25—0,4% Atropin und 0,1—0,2% Schmieren für die Homatropinfabrikation. — Man ist übrigens in der Praxis oft gezwungen, neben den Wurzeln auch Blätter und Samen der Belladonna zu kaufen. Die Ausbeute aus diesen Teilen der Pflanze ist geringer als aus den Wurzeln.

Berberin.

$C_{20}H_{18}O_4N{-}OH$. Mol.-Gew. 355.

Berberin ist eine quartiäre Base mit Farbstoffeigenschaften (gelb). Es wird in Form seines Sulfates bei Gebärmutterblutungen, gegen Malaria und als Herzmittel verwendet.

Sein Ausgangsmaterial ist die Berberrinde, Cortex Berberidis radicis, welche in fast ganz Europa und im westlichen Asien heimisch ist. — Beim Einkauf derselben achte man darauf, daß man wirklich reine Rinde erhält. Es gibt Lieferanten, welche statt solcher Holz liefern, dessen Verarbeitung in Anbetracht seines geringen Alkaloidgehalts kein Interesse bietet. Auch Wurzelholz enthält weniger Alkaloid als Rinde.

Diese wird in der Kreuzschlagmühle gemahlen, in dem S. 327 beschriebenen Extraktionsapparat mit absolutem Alkohol extrahiert und der Auszug aus 200 kg Berberidis auf 50 l eingeengt. Er enthält neben dem Alkaloid viel harzige Bestandteile. — Man trennt durch Ausfällen des ersteren mit alkoholischer Salzsäure. Dabei gehe man mit dem Säurezusatz sehr langsam vor und rühre nach dem Eingießen jeder kleinen Säuremenge einige Zeit um, indem man mit Kongopapier prüft. Auf diese Weise lösen sich die vorübergehend mitausfallenden Harzkörper vorweg wieder im Alkohol. Geht man dagegen mit dem Säurezusatz zu schnell voran, so hüllen sie das ausgefällte Berberinhydrochlorid allmählich ein, und die fernere Trennung gestaltet sich umständlich und verlustreich. — Man fährt mit dem Säurezusatz in der beschriebenen Weise fort bis zur kongosauren Reaktion, überläßt bis zum folgenden Morgen der Ruhe und nutscht dann ab. Den abgenutschten Krystallen haften meistens immer noch harzige Bestandteile aus der Rinde an. Man füllt deshalb den Nutschkuchen, nachdem man ihn aus der Nutsche entfernt und gewogen hat, in eine Porzellankugelmühle zusammen mit seinem eigenen Gewicht an absolutem Alkohol und mahlt das Ganze einige Stunden. Darauf nutscht man wieder und teigt dann auf der Nutsche noch so oft mit absolutem Alkohol an, bis der abgesaugte Waschalkohol wasserhell ist.

Das erhaltene Rohhydrochlorid krystallisiert man aus seiner 15fachen Menge destillierten Wassers unter Zusatz von metallfreier Entfärbungskohle um.

Berberinsulfat. $C_{20}H_{17}NO_4{-}H_2SO_4$. Mol.-Gew. 433. Schwer löslich in Wasser und Alkohol.

Um es darzustellen, löst man Berberinbase in absolutem Alkohol und versetzt die Lösung mit einer Mischung von 1 T. reiner Schwefelsäure mit 2 T. absolutem Alkohol bis zur kongosauren Reaktion. Das Berberinsulfat scheidet dabei in gelben Kryställchen aus.

Chinin.

$C_{20}H_{24}N_2O_2$. Mol.-Gew. 324. Schmelzpunkt wasserfrei 177°.

Die einwandfrei festgestellte Konstitutionsformel ist die folgende:

$$CH_2{=}CH{-}CH{-}CH{-}CH_2 \qquad\qquad OCH_3$$

Aus derselben geht hervor, daß Chinin eine zweisäurige Base ist. — Die Chininbase fällt aus den wässerigen Lösungen ihrer Salze mit Alkalien als weißer Niederschlag, welcher nach einigen Stunden durch Aufnahme dreier Wassermoleküle in
die krystallinische Form übergeht.

Noch heute ist Chinin eines der wichtigsten Arzneimittel. Es wird
in beschränkten Mengen als Base und in größtem Maßstab in Form
seiner zahlreichen anorganischen und organischen Salze verwendet.
Sein einziges Ausgangsprodukt ist immer noch die Chinarinde. Das
synthetisch hergestellte Chinin hat nicht dieselben physiologischen
Eigenschaften wie das aus der Chinarinde gewonnene und kann dieses
im Arzneischatz nicht ersetzen. Diese Tatsache erlaubt übrigens den
Zweifel, ob die bisher publizierten Verfahren für synthetisches Chinin
einwandfrei richtig sind.

Als Rinden für die Chininfabrikation werden heute ausschließlich
die sog. „Fabrikrinden" verwendet, herrührend von den Chinabaum-
plantagen auf Java und Ceylon, von wo sie in gepreßten Ballen von
40—50 kg Gewicht in den Handel gelangen. Sie bestehen zum Teil
aus Röhren und Halbröhren, welche außen weißgrau und innen rot-
oder gelbbraun erscheinen, oft aber auch aus flachen beidseitig braunen
Platten, herrührend von den Stämmen der Bäume.

Diese Fabrikrinden, welche seit etwa 40 Jahren in großen Mengen
auf Java und Ceylon kultiviert werden, enthalten einen hohen Prozentsatz an Chinin — im Mittel 5—8% als Sulfat berechnet — neben
relativ wenig Nebenalkaloiden 2—5%. Für die Chininfabrikation haben
sie daher die zentral- und südamerikanischen Rinden völlig verdrängt,
welche relativ wenig Chinin und viel Nebenalkaloide enthalten. Diese
Verhältnisse haben zur Folge, daß zur Zeit England und die Niederlande
als die Eigner der Produktionsgebiete von „Fabrikrinde" ein förm-
liches Monopol für die Extraktion von Chinarinde besitzen und die
Preise auf dem Weltmarkt diktieren.

Märkte für Fabrikrinden sind London und Amsterdam, doch wird
viel Rinde direkt auf Java extrahiert.

**Extraktion des Chinins aus Fabrikrinden und Umwandlung in Chinin-
sulfat. Laboratoriumsversuch.** Wir legen den nachfolgenden Zahlen
eine Fabrikrinde mit 6% Chinin, als Sulfat berechnet, zugrunde. 250 g
Rinde werden in einer guten Kaffeemühle fein gemahlen und durch
Sieb 7 (Ph.H. IV) gesiebt, wobei Verluste durch Verstäuben möglichst

zu vermeiden sind. Dem offenen ist deshalb ein Trommelsieb vorzuziehen. Der Siebrückstand wird im Porzellanmörser zerrieben, bis der letzte Rest der Rinde durch das Sieb passiert. Eine gute Chininausbeute bedingt ein feines Rindenpulver.

Daneben bereitet man in einem Jena- oder Pyrexkolben (A) von 3,5 l Inhalt und mit kurzem Hals aus 60 g gutem Ätzkalk durch allmähliches Zufügen von 600 g gewöhnlichem Wasser eine Kalkmilch, zu welcher man hernach noch 30 g 30proz. Natronlauge beifügt. Dann gibt man die gemahlene Rinde zu der Kalkmilch im Kolben und mischt darin mit einem Holzspatel vorsichtig, aber so homogen als irgend möglich durch zu einem dicken Brei.

Die Chinaalkaloide, welche in der Rinde hauptsächlich an Chinagerbsäure, daneben an Chinova- und an Kaffeegerbsäure gebunden sind, werden durch die Kalkmilch frei gemacht. Calciumhydroxyd allein würde genügen, wenn es sich um frische, noch nicht eingetrocknete Rinde handelte. Bei trockener Rinde sind dagegen die Zellwände zum Teil für den Kalk schwer durchdringbar geworden, was den Zusatz des Ätznatrons zur Kalkmilch bedingt.

Das Rindenkalkgemisch überläßt man nun 24 Stunden sich selbst. Dann übergießt man dasselbe mit 1,5 l (messen, nicht wägen!) Benzol und erwärmt das Ganze auf dem Dampfbad auf 60—65° C. Höher soll man mit der Temperatur nicht gehen. Nachher setzt man auf den Kolben einen gut schließenden durchbohrten Korkstopfen von bester Qualität mit eingesetztem Glasrohr von ca. 40 cm Länge und schüttelt den erwärmten Inhalt während 20 Minuten durch, indem man darauf achtet, daß sich das Glasrohr nicht durch Rindenkalkpulver verstopft. In den Ruhepausen erwärmt man von neuem etwas auf dem Dampfbad, jedoch nicht über 65° C. Nach 20 Minuten läßt man absetzen, wobei sich das Rindenkalkgemisch zu Boden setzt und die durch Chinarot gefärbte Lösung des Chinins im Benzol obenauf schwimmt.

Nach 10 Minuten wird die letztere noch warm vom Rindenkalkgemisch abgegossen, und zwar durch ein vorher mit Benzol getränktes Papierfilter auf einem Glastrichter in einen Scheidetrichter (B) von 2 l Inhalt. Sollte durch Unvorsichtigkeit etwas Rindenkalkgemisch auf das benzolgetränkte Papierfilter gelangen, so wird es in den Kolben A zurückgegeben, nachdem alle Benzolflüssigkeit durch das Filter passiert ist.

In den Scheidetrichter B hat man schon vor dem Eingießen der Benzollösung 500 g destilliertes Wasser plus 7 g reine, metallfreie Schwefelsäure gegeben. Damit wird nun das Chinin aus dem Benzol während 10 Minuten ausgeschüttelt. Nach dem Absetzen zieht man die wässerige Flüssigkeit in ein Becherglas C ab und läßt das Benzol wieder in den Kolben A mit dem Rindenkalkgemisch zurücklaufen. Die wässerige Chininlösung im Becherglas C gießt man in den Scheidetrichter B zurück, ohne C nachzuspülen.

Der Inhalt des Kolbens wird nun von neuem auf max. 65° C angewärmt, darauf der durchbohrte Korkstopfen mit dem Glasrohr aufgesetzt, der Inhalt 15 Minuten durchgeschüttelt unter zeitweiligem Anwärmen. Man läßt wieder absetzen, gießt die Benzolschicht durch das erneut mit Benzol befeuchtete Filter in den Scheidetrichter *B*, schüttelt dort mit der schwefelsauren wässerigen Lösung aus usw.

Die Extraktionen werden in gleicher Weise so lange fortgesetzt, als noch nennwerte Mengen Chininbase im Rindenkalkgemisch vorhanden sind. Dafür sind bei aufmerksamem Arbeiten mindestens 5 und höchstens 7 Extraktionen erforderlich. — Die qualitative Prüfung der Benzolauszüge geschieht in folgender Weise: In ein Reagensglas bringt man ein Viertel seines Volumens von dem zu prüfenden Benzolauszug, sodann dasselbe Volumen destilliertes Wasser und 3—4 Tropfen verdünnter Schwefelsäure (1:10) aus einem Tropffläschchen, verschließt das Reagensglas mit einem guten Korkstopfen, schüttelt energisch durch und läßt die beiden Schichten sich in der Ruhe trennen. Hierauf zieht man das saure Wasser mit einer Pipette ab und bringt dasselbe in ein anderes Reagensglas, worin man mit einigen Tropfen verdünnter Natronlauge (1:10) die Chininbase ausfällt. Solange noch eine deutliche milchige Trübung entsteht, muß weiter extrahiert werden.

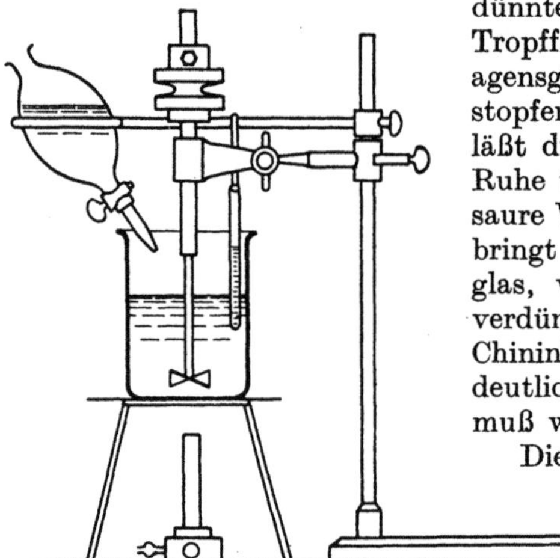

Abb. 66. Neutralisierapparat für Chininbisulfatlösung.

Die beschriebene Prüfung ist genügend empfindlich zur Überwachung der Extraktion. Es geht nicht an, die Natronlauge als Fällungsmittel durch Meyers- oder ein anderes Alkaloidreagens zu ersetzen, weil diese noch geringste Spuren an Alkaloid anzeigen, deren Extraktion praktisch nicht nur keinen Wert hätte, sondern sogar ganz unnötige Verluste an Extraktionsmittel und Arbeit verursachen würde.

Die geschilderte Prüfung der Benzolauszüge beginnt man erst bei der vierten Extraktion, um überflüssige Substanzverluste zu vermeiden.

Im Becherglas *C* befindet sich nun nach beendigter Extraktion das gesamte Chinin und die übrigen Alkaloide in Form ihrer Bisulfatlösung plus einem kleinen Überschuß an freier Schwefelsäure. Sie sollen in die neutralen Sulfate übergeführt und dann das reine Chininsulfat isoliert werden.

Zu diesem Zwecke stellt man das Becherglas auf einen Dreifuß mit Drahtnetz, welches durch einen Bunsenbrenner geheizt werden kann. Noch vorteilhafter als Heizung mit Gas ist ein Warmwasserbad. Im Becherglas montiert man einen Glasrührer. In dem Tropftrichter befindet sich 5proz. Lösung von metallfreier Soda, und ein in die Flüssigkeit eingehängtes Thermometer kontrolliert die Temperatur (Abb. 66).

Man heizt unter Rühren auf 88—90⁰ C (nicht zum Sieden!) und läßt dann aus dem Tropftrichter langsam Sodalösung eintropfen, bis die heiße Lösung auf Lackmuspapier genau neutral reagiert. Die vorher klare rotgelbe Flüssigkeit trübt sich während der Neutralisation meistens durch die Ausscheidung von Harzteilchen. Man säuert sie nun mit 1—2 Tropfen verdünnter reiner Schwefelsäure schwach an (Lackmuspapier als Indicator), versetzt sie mit 0,5 g metallfreier Entfärbungskohle und rührt bei 88—90⁰ C $^1/_4$ Stunde weiter, indem man das verdampfende Wasser durch etwas destilliertes Wasser ersetzt.

Unterdessen heizt man einen Heißwassertrichter an, in welchem sich ein Faltenfilter befindet. Durch dieses filtriert man die heiße Lösung möglichst rasch bei 90⁰ C in ein anderes Becherglas und wäscht das Filter mit genau 100 cm³ siedendheißem destilliertem Wasser nach.

Im Filtrat beginnt das Chininsulfat schon in der Wärme in schönen Nadeln anzuschießen. Man rührt langsam mit einem Glasstabe, bis die Krystallisation etwas zugenommen hat, und läßt dann über Nacht mit einer Glasscheibe bedeckt an einem kühlen Orte stehen. Am anderen Morgen stellt man das Becherglas noch $1^1/_2$—2 Stunden in Eiswasser und bringt seinen Inhalt auf eine Porzellannutsche. Man nutscht die hellgelben Krystalle gründlich ab und trägt Sorge, daß nichts vom Filtrat verlorengeht. Dann bringt man die Krystalle in eine Porzellanschale und teigt sie dort mit 25—30 cm³ eiskaltem destilliertem Wasser gleichmäßig an, worauf man sie von neuem absaugt und bei 30—35⁰ C trocknet.

Das Waschwasser vereinigt man mit der Mutterlauge in einem Becherglas von 1 l Inhalt und fällt daraus in der Kälte die Basen des Chinins und der übrigen Chinaalkaloide durch langsames Zufügen einer 5 proz. Lösung von metallfreier Solvaysoda. Nach 3—4 Stunden, d. h. wenn die Fällung krystallinisch geworden ist, nutscht man sie auf einer kleinen Porzellannutsche ab und wäscht sie gründlich mit kaltem destilliertem Wasser nach, worauf man bei 30—35⁰ trocknet. Das Filtrat und das Waschwasser werden verworfen.

Das getrocknete Nutschgut besteht, wie bereits erwähnt wurde, aus den Basen von Chinin und den übrigen Chinabasen, wie Cinchonidin, Chinidin und Cinchonin. Es handelt sich darum, aus diesem Gemisch das Chinin rein zu isolieren. Dies geschieht durch Überführung sämtlicher Basen in die Bisulfate und Krystallisation ihrer Lösung, wobei nur das Bisulfat des Chinins und etwas Chinidin herauskrystallisiert.

Man löst drei Gewichtsteile des trockenen Basengemisches in einem Raumteil reiner Schwefelsäure von 50⁰ Bé. Je nach dem Gehalt der extrahierten Rinde wird das Gewicht des Basengemisches 5—10 g betragen. Wir nehmen an, dasselbe betrage 6,3 g, um ein Beispiel zu geben. Wir bringen das Basengemisch in ein Porzellanschälchen von 30—50 cm³ Inhalt und lassen aus einer Bürette genau 2,1 cm³ reine Schwefelsäure von 50⁰ Bé dazufließen. Dann erwärmt man das Schälchen auf dem Dampfbad, bis Lösung erfolgt ist. Nachher läßt man erkalten, bis eine Krystallhaut sich eben zu bilden beginnt, worauf man einmal mit einem Glasstäbchen durchrührt und über Nacht stehen läßt. Am anderen Morgen bringt man den Krystallkuchen auf eine kleine Nutsche, saugt gründlich ab, ohne mit Wasser nachzuwaschen und trocknet bei einer 35⁰ C nicht übersteigenden Temperatur. Würde man mit der Temperatur höher gehen, so erhielte man verwitterte Krystalle.

Die Mutterlaugen enthalten außer den Nebenalkaloiden und Verunreinigungen noch Spuren von Chinin, welche wir im Laboratoriumsversuch vernachlässigen können.

Wir erhalten also die Hauptmenge des Chinins als Sulfat und den Rest als Bisulfat. Für die Berechnung der Ausbeute sei bemerkt, daß 1 T. Bisulfat 0,8 T. Sulfat entspricht. — **Die Ausbeute soll im Laboratorium 92—95 % der Rindenanalyse betragen. Im Betrieb darf sie nicht mehr als 2—3 % von derselben differieren.**

Wie das Chinin, welches als Bisulfat isoliert wurde, in Sulfat übergeführt wird, soll in der Beschreibung des Betriebsverfahrens erläutert

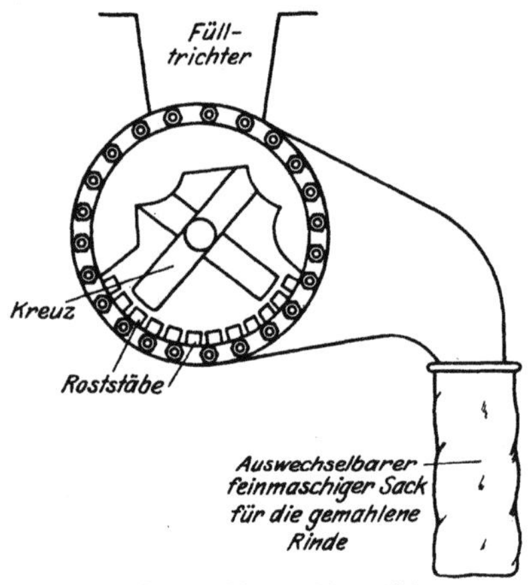

Abb. 67. Kreuzschlagmühle.

werden. Das Chininsulfat, das man auf die beschriebene Art im Laboratorium erhält, ist noch nicht reinweiß und entspricht noch nicht dem D.A.B. VI oder der Ph.H. IV. Zu diesem Zwecke müßte es nochmals aus destilliertem Wasser unter Zusatz von Entfärbungskohle umkristallisiert werden. Diese Operation ist S. 307 ff. genau beschrieben.

Betriebsverfahren. Die Apparatur für das Betriebsverfahren ist so bemessen, daß man hinter die Zahlen im Laboratoriumsversuch anstatt Gramme einfach Kilogramme zu setzen hat.

Die Kaffeemühle des Laboratoriums wird ersetzt durch eine **Kreuzschlagmühle** (Abb. 67).

Vier vierkantige Stahlstäbe — das Kreuz —, welches sich mit 1500—2000 Touren in der Minute dreht, schleudern das Mahlgut gegen einen zylinderförmigen Rost, bestehend aus einer großen Anzahl scharfkantiger Stahlstäbe. Eine auf der Abbildung nicht sichtbare mechanische Siebung besorgt die Trennung des feinen Pulvers von Fasern, welche die Mühle noch einmal und oft noch zweimal passieren müssen. Die Stäbe, sowohl des Rostes als des Kreuzes, werden enorm abgenutzt und müssen oft erneuert werden. Überhaupt soll man die Mühle regelmäßig revidieren, und ihre rationelle Bedienung kann nur durch einen gelernten Müller erfolgen. Sie steht in einem für sich abgeschlossenen Raum mit Zementboden und Ventilation in das Freie.

Die Chinarinde ist verhältnismäßig leicht zu mahlen, da sie wenig zähe Fasern enthält. Es gibt andere Drogen, die einer feinen Pulverung viel mehr Widerstand leisten und von denen wir bei der Fabrikationsbeschreibung weiterer Alkaloide antreffen werden.

Die Bereitung der Kalkmilch erfolgt gewöhnlich in einer schmiedeeisernen, über dem Boden der Fabrik erhöht postierten Zisterne mit einem Auslaufhahn am Boden. Wir vermeiden auf diese Art, daß Steine, welche sich oft im Kalk befinden, mit der Kalkmilch in den Extraktor (Abb. 68) gelangen, wo sie das Rührwerk ruinieren würden.

Das Mischen der Kalkmilch mit der gemahlenen Chinarinde kann in Ermangelung einer Mischmaschine auf dem Zementboden der Fabrik erfolgen durch allmähliches Aufgießen der Kalkmilch auf die Rinde

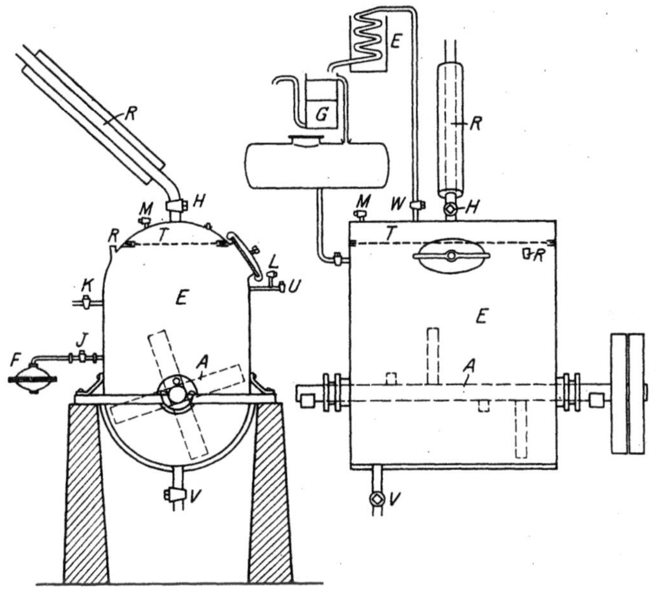

Abb. 68. Chininextraktionsapparat.

und Umschaufeln. Doch ist die Arbeit sehr unangenehm und die Verwendung einer Mischmaschine mit mechanischer Füllung und Entleerung, wie solche beispielsweise von der Firma Seemann in Berlin und Paris geliefert werden, anzuraten.

Der Extraktor von 3500 l Inhalt, welcher zur Extraktion des Rindenkalkgemisches mit Benzol dient, ist auf Abb. 68 im Längs- und im Querschnitt wiedergegeben. Er besteht aus starkem Schmiedeeisenblech und ist am Boden und an den Stützpfeilern des Gebäudes gut verankert, da er einer starken mechanischen Inanspruchnahme ausgesetzt ist. Die sehr kräftige Welle A trägt 4 Rührarme, welche vermittels Rohrschellen aufgesetzt sind. Auf diese Weise sind sie leicht ersetzbar, denn ihr Verschleiß ist kein geringer, und es kommt sogar vor, daß sie beim Rühren abbrechen. Das feine auswechselbare Messingdrahtsieb T schützt die Kühler vor Verstopfung mit Rindenpulver. Der Doublefond am Unterteil des Extraktors dient zum Anwärmen des Inhalts mit Dampf. Am Austritt des Dampfes aus dem Doublefond ist kein Ventil zum Drosseln angebracht. Man wärmt also nur mit

strömendem Dampf, der sozusagen keinen Druck im Doublefond erzeugt.
Derart ist man versichert, daß der Inhalt des Extraktors niemals überhitzt werden kann. Man kann den Extraktor anstatt mit Frischdampf
auch mit Abdampf erwärmen, z. B. von einer Dampfmaschine. Die
Funktionen des Filters F, der Kühler und der verschiedenen Stutzen
und Hähne wird in der Beschreibung des Arbeitsganges besprochen
werden.

Man pumpt zuerst in den Extraktor 400 l Benzol und trägt dann
durch das Mannloch unter Bewegung des Rührwerks die am vorhergehenden Tage bereitete Rindenkalkmischung ein. Nach dem Einfüllen der Mischung schließt man den Mannlochdeckel, öffnet Hahn H,
stellt das Rührwerk ab und pumpt den Rest des nötigen Benzols in
den Extraktor. Die Kontrolle der Füllung mit Benzol geschieht mittels
des Hähnchens K, welches man von Zeit zu Zeit öffnet, bis das Benzol
dort herausfließt. Man versichere sich durch Durchstoßen eines Eisen-
drahtes, daß das Hähnchen nicht verstopft ist. So-
bald sein Niveau erreicht ist, wird der Benzolzufluß
abgestellt, das Rührwerk in Bewegung gesetzt und
aufgeheizt, bis die beiden Rohre, welche zu den
Kühlern über dem Extraktor führen, sich zu erwärmen beginnen. Dann stellt man den Dampf ab
und läßt das Rührwerk noch weitere 20 Minuten im
Gang, worauf auch dieses abgestellt wird.

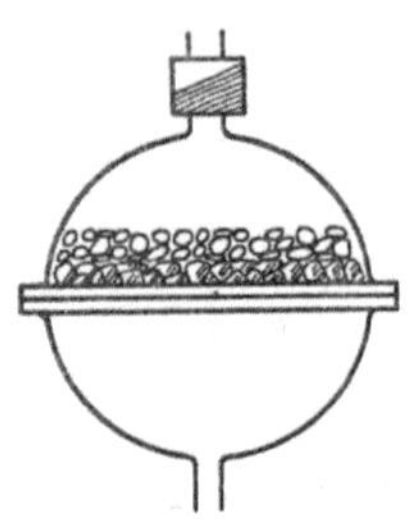

Abb. 69. Geschlos-
senes Filter (Linsen-
oder Kugelfilter).

Man überläßt $^1/_4$ Stunde der Ruhe und zieht
dann die geklärte Benzollösung durch Hahn J und
Filter F in den weiter unten besprochenen Waschzylinder ab. Das geschlossene Filter F ist ge-
wöhnlich aus Kupfer konstruiert, doch könnte es hier auch aus Schmiedeeisen oder Aluminium bestehen. Es besteht (Abb. 69) aus 2 Halbkugeln,
zwischen denen mit Klemmschrauben ein durchlochtes Blech angebracht
ist. Auf letzteren ist ein Filtertuch fixiert und auf diesem lagert eine
mit Benzol getränkte Schicht Papierfiltermasse, welche man mit
gewaschenen trockenen Kieselsteinen beschwert hat, damit sie durch
die durchströmende Flüssigkeit nicht aufgewühlt werden kann.

Nach dem Auswaschen der Benzollösung mit Schwefelsäurewasser
im Waschzylinder wird das von Chinin befreite Benzol von dort in das
Benzolreservoir abgezogen und von dort in den Extraktor zurück-
gepumpt, wo man das Rührwerk erneut in Gang versetzt und mit Dampf
anwärmt, bis die Rohre zu den Kühlern sich zu erwärmen beginnen.
Dann wird der Dampf abgestellt, 20 Minuten weiter gerührt, darauf
das Rührwerk abgestellt und nach 10 Minuten Ruhe die geklärte Benzollösung wieder in den Rührzylinder abgelassen. Derart wiederholt man
die Extraktionen, bis die bereits im Laboratoriumsversuch beschriebene
Kontrolle ihre Beendigung anzeigt.

Nach dem Abziehen des letzten Benzolauszuges ist das Rindenkalkgemisch von den in ihm noch enthaltenen Restteilen von Benzol
zu befreien. Zu diesem Zwecke öffnet man das Mannloch und läßt
500—600 l Wasser in den Extraktor fließen. Darauf schließt man den

Mannlochdeckel und den Hahn H zu dem Rückflußkühler R, öffnet den Hahn W, setzt das Rührwerk in Gang und heizt an. Nach einiger Zeit beginnt das Abtreiben des Benzols, welches sich im Kühler E kondensiert, im Abscheider G von dem mitgerissenen Wasser trennt und endlich in das Benzolreservoir fließt.

Das Abtreiben der letzten Benzolanteile ist ziemlich langwierig. Es wird soviel als möglich beschleunigt durch Einleiten von direktem Dampf über dem Niveau des Rindenkalkgemisches, welcher Wasserdampf die Benzoldämpfe in den Kühler mitreißt. Ein Einleiten des Dampfes direkt in das Rindenkalkgemisch ist unmöglich, da letzteres dadurch in unangenehmster Weise aufschäumen würde. Der direkte Dampf tritt durch Ventil L ein. Wenn sein Eintritt durch emporgeschleudertes Rindenkalkpulver verstopft ist, wird der Hahn U geöffnet und mit einem Eisendraht die Eintrittsöffnung frei gemacht.

Die Kontrolle, ob alles Benzol abgetrieben ist, geschieht durch zeitweiliges Öffnen des Kontrollhähnchens M auf dem Extraktor. Wenn der entweichende Dampf noch nach Benzol riecht, muß das Abtreiben fortgesetzt werden. Ein vollständiges Abtreiben des Benzols ist unerläßlich aus Gründen, die wir gleich besprechen werden.

Der Benzolverlust je Kilogramm produziertes Chininsulfat soll nicht mehr als 2,5 bis höchstens 3 kg Benzol betragen.

Nach dem beendigten Abtreiben des Benzols werden die Dampfzufuhr und das Rührwerk abgestellt, das Mannloch geöffnet und das noch heiße Rindenkalkgemisch durch den 3-Zoll-Hahn V am Boden des Extraktors in Rollwagen abgelassen und weggeführt. Es ist wertlos.

Es folgt das „Ausspritzen", d. h. die Reinigung des Extraktors. Ein Arbeiter steigt in den Extraktor und reinigt die Wände durch Abspritzen mit dem Wasserschlauch, den Rührer und das Sieb T mit der Wurzelbürste. Er verifiziert außerdem, ob das Sieb keinen Riß und kein Loch aufweise, in welchem Falle das betreffende Stück zu ersetzen wäre. — Während der ganzen Zeit des „Ausspritzens" steht ein anderer Arbeiter am Mannloch Wache. Die Mannlochwache soll ihren Posten unter keinen Umständen verlassen, bevor der im Extraktor befindliche Mann denselben wieder verlassen hat. Denn durch Unachtsamkeit oder Nachlässigkeit kann es vorkommen, daß das Benzol nicht völlig abgetrieben wurde und sich im Extraktor noch Benzolgase befinden. Der Arbeiter im Extraktor würde, wenn er lange darin stationierte, dem Benzolrausch, einer Art Delirium, verfallen und wäre in diesem Zustande sehr schwer aus dem Extraktor herauszuholen. Außerdem haben Benzolräusche schwere Gesundheitsschädigungen und sogar den Tod zur Folge. Deshalb soll die Mannlochwache dem Manne im Extraktor sofort beim Verlassen desselben behilflich sein, sobald derselbe Anzeichen von Unwohlsein verspürt. Auch halte man eine Bombe mit Sauerstoff zur Verfügung.

Es bleibt noch übrig, den Zweck des Korkpfropfens R zu besprechen, der in einem kurzen Stutzen auf dem Extraktor sitzt. — Derselbe ist das einfachste Sicherheitsventil, das man sich denken kann und wird als solches unfehlbar funktionieren, vorausgesetzt, daß der Stutzen, in welchem er sitzt, möglichst kurz ist, so daß unter dem Pfropfen kein Platz für Verstopfungen durch Rindenkalkpulver besteht. — Rinden- und Drogenpulver haben die sehr unangenehme Fähigkeit, in den Kühlern Verstopfungen zu bilden, welche den höchsten Drucken standhalten. Dadurch können in Extraktionsapparaten gefährlichste Explosionen entstehen. Ein Manometer böte nur Sicherheit, wenn es sozusagen fortwährend beobachtet würde; ein Sicherheitsventil kann sich durch feines Rinden- oder Drogenpulver so gut verstopfen als ein Kühler und würde dann im Augenblicke der Gefahr nicht funktionieren. — Darum gehört auf jeden Apparat, an dem Verstopfungen der Leitungen und Kühler zu befürchten sind, ein Stutzen von höchstens 3 cm Länge, verschlossen durch einen Pfropfen aus Kork oder, wenn es der Inhalt des Apparates erlaubt, aus Kautschuk.

Es wurde bereits erwähnt, daß die Benzollösung des Chinins jeweils aus dem Extraktor in den Waschzylinder abfließt, um dort ihr Chinin an das Schwefelsäurewasser abzugeben. Der in Abb. 70 veranschaulichte Apparat faßt 2000—2200 l und besteht aus emailliertem Gußeisen. Seine Füllung erfolgt durch das Mannloch, die Mischung der Benzol- und der wässerigen Schicht durch einen Taifunrührer. Die Hähne H, H_1, H_2 aus Hartblei dienen zum Ablassen des ausgewaschenen Benzols, der eine Rotgußhahn auf dem Deckel zum Entlüften, der andere zum Einführen der Druckluft, endlich das Abdrückrohr zum Hinausdrücken der Chininbisulfatlösung in den Neutralisationskessel.

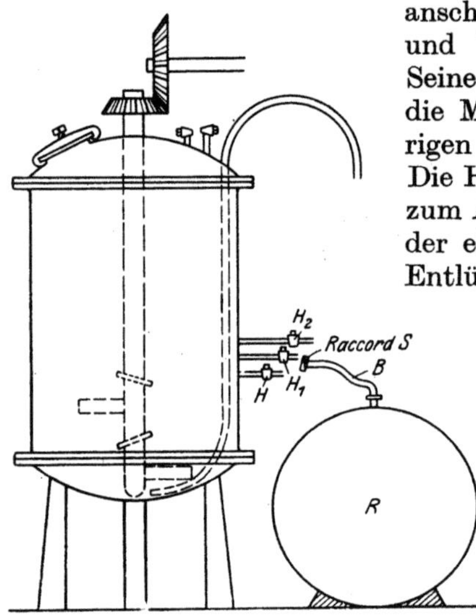

Abb. 70. Waschzylinder für Chinin.

Im Waschzylinder befinden sich das destillierte Wasser und die reine Schwefelsäure (s. S. 297). Dazu fließt aus dem Extraktor die erste Benzollösung des Ansatzes. Wenn dies geschehen ist, schließt man den Mannlochdeckel, ohne ihn festzuschrauben, öffnet den Entlüftungshahn und versetzt den Rührer für 15 Minuten in Gang. Darauf überläßt man 10 Minuten der Ruhe und überzeugt sich während dieser Zeit, daß alles Chinin aus dem Benzol entfernt ist, wofür man sich der S. 298 im Laboratoriumsversuch beschriebenen Probe bedient. Dann kontrolliert man, welches der tiefliegendste der Hähne H, H_1, H_2 ist, aus welchem das Benzol klar abfließt. Diesen verbindet man durch den Raccord S mit dem Bleirohr B auf dem Benzolreservoir R, von wo man das Benzol wieder in den Extraktor zurückpumpt zur Vornahme der zweiten Extraktion.

Auf diese Weise wäscht man mit ein und derselben Menge Schwefelsäurewasser im Waschzylinder die sämtlichen Benzolauszüge ein und desselben Ansatzes von Rindenkalkgemisch chininfrei. Nach der letzten Auswaschung muß die Trennung der beiden Schichten ganz genau erfolgen. Man läßt durch einen tiefer angebrachten Hahn etwas wässerige Flüssigkeit mit dem Benzol abfließen, welche Mischung beider

Schichten man aufhebt, um sie beim folgenden Ansatz wieder in den Waschzylinder zuzugeben. — Dieses ist angenehmer, als wenn Benzol auf der wässerigen Chininlösung verbleiben und damit in die fernere Verarbeitung derselben gelangen würde. Nach dieser letzten Trennung wird die Chininbisulfatlösung in dem Neutralisationskessel gedrückt.

Das Benzolreservoir, wohin das Benzol aus dem Waschzylinder und auch aus dem Abscheider über dem Extraktor (s. Abb. 68) beim „Abtreiben" abfließt, ist ein schmiedeeiserner liegender Zylinder von mehreren Kubikmetern Inhalt. Eine kleine Zentrifugalpumpe befördert dasselbe von dort in den Extraktor. Solche Pumpen arbeiten mit sehr wenig Kraftaufwand, werden aber meistens bald undicht. Man montiert also die Pumpe derart, daß das Benzol, welches dieselbe nach einiger Zeit des Gebrauchs verlieren wird, ohne Verlust in das Reservoir R zurückfließen kann. — Die Beförderung von feuergefährlichen Flüssigkeiten, wie Benzol, mit Druckluft oder Vakuum ist ausgeschlossen wegen der Gefahr der Bildung explosiver Gasmischungen mit Luft. Der Kreislauf des Benzols spielt sich infolge analoger Gründe durchweg in einem geschlossenen Apparatesystem ab.

Der Neutralisationskessel, skizziert in Abb. 71, hat 1000 l Inhalt und ist wie der Waschzylinder eisenemailliert. Das Rührwerk macht 35—40 Touren in der Minute. Vermittels eines durch eine Dampfspirale erwärmten Wasserbades kann geheizt werden. Das Abdrückrohr mündet 20 cm über dem Boden. Der vom Boden des Kessels ausmündende Ablaufstutzen trägt ein Stück

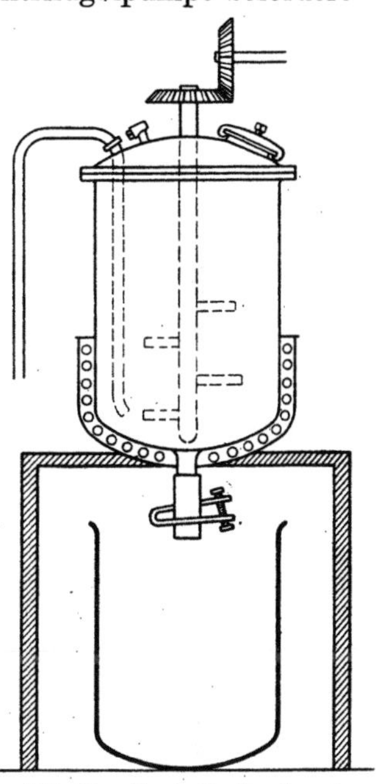

Abb. 71. Neutralisationskessel.

Schlauch aus bestem weichem Kautschuk ohne Einlage, welches durch eine Klemmschraube verschlossen ist. Der Hahn auf dem Deckel dient zur Einführung der Druckluft. — Unter dem hochgestellten Neutralisationskessel steht beständig eine leere emaillierte Marmite oder eventuell auch eine Holzstaude von demselben Inhalt wie der Neutralisationskessel. Derart ist man vor Substanzverlusten geschützt, wenn mit dem Schlauch oder der Klemmschraube einmal ein Unfall vorkommen sollte.

Aus dem Waschzylinder drückt man nach dort beendigter Operation die Chininbisulfatlösung in den Neutralisationskessel, setzt das Rührwerk in Gang, wärmt auf 88—90° C an und neutralisiert mit metallfreier Sodalösung, wie bereits S. 298 u. 299 beschrieben. Ist der lackmusneutrale Punkt erreicht, so säuert man wie im Laboratorium mit verdünnter reiner Schwefelsäure wieder eben lackmussauer an, setzt

200 g Entfärbungskohle zu, rührt 20 Minuten bei 88—90⁰ und läßt dann bei derselben Temperatur absetzen.

Während des Absetzens schraubt man den Mannlochdeckel fest und drückt dann den klaren Teil der Lösung in den Krystallisator ab. Der im Neutralisationskessel verbliebene Rest wird durch den Bodenstutzen auf das Filter, Abb. 72, abgelassen.

Dieses Filter erlaubt, rasch und heiß zu filtrieren. Es ist eisenemailliert. Der mit Klemmschrauben auf dem Unterteil fixierte Aufsatz *A* trägt eine Anzahl von Stutzen *B B*, um welche feste Flanellbeutel *F F* gebunden sind. Die zu filtrierende Lösung fließt in den Aufsatz *A* und gelangt von dort durch die Stutzen *B B* auf die Flanellbeutel *F F*. Diese sind ihrerseits von dem durch eine Dampfspirale geheizten Warmwasserbad *C* umgeben, so daß die durch die Flanellbeutel filtrierte klare Lösung heiß aus *D* abfließt.

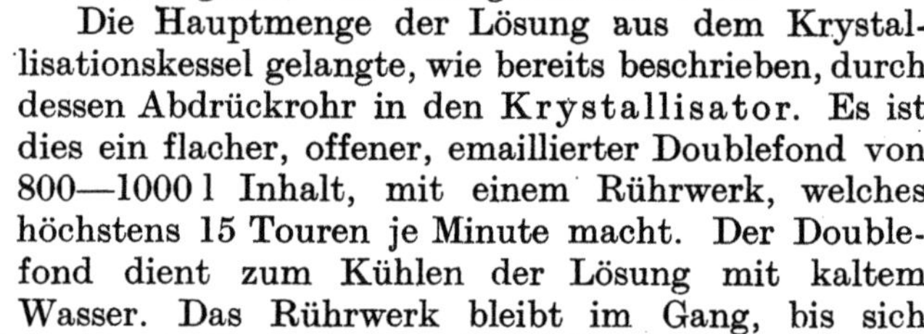

Abb. 72. Geschlossenes Beutelfilter.

Von dort gelangt sie in eine emaillierte Marmite von 100 l Inhalt, wo sie für sich krystallisiert. Man rührt darin mit einem dicken Glasstab, bis die Krystallisation beginnt, was bald geschehen wird.

Die Hauptmenge der Lösung aus dem Krystallisationskessel gelangte, wie bereits beschrieben, durch dessen Abdrückrohr in den Krystallisator. Es ist dies ein flacher, offener, emaillierter Doublefond von 800—1000 l Inhalt, mit einem Rührwerk, welches höchstens 15 Touren je Minute macht. Der Doublefond dient zum Kühlen der Lösung mit kaltem Wasser. Das Rührwerk bleibt im Gang, bis sich ein ziemlich dicker Krystallbrei gebildet hat. Dann läßt man die Krystallisation sich über Nacht vollenden.

Am anderen Morgen erfolgt die Trennung der Krystalle von der Mutterlauge, was entweder in einer verbleiten Zentrifuge mit elektrischem Antrieb oder durch eine Tonnutsche geschehen kann. Die Tonnutsche ist vorzuziehen, weil in dieser die Mutterlaugen nicht mit Metallen in Berührung gelangen. Die gut abgenutschten oder ausgeschwungenen Krystalle werden in einer tarierten Emailmarmite gewogen, darauf in derselben mit ihrem eigenen Gewicht an eisgekühltem destilliertem Wasser mit den Händen vollständig homogen angeteigt und sofort aufs neue abgenutscht oder ausgeschwungen.

Wir erhalten auf diese Art das „Rohsulfat" des Chinins.

Die Mutterlaugen des Rohsulfats vereinigt man mit dem Waschwasser in einer Emailmarmite und fällt mit verdünnter Sodalösung langsam und vorsichtig die Basen aus. Nachdem nichts mehr ausfällt — was mit einer filtrierten Probe im Reagensglas kontrolliert wird, überläßt man einige Stunden der Ruhe. Dann beutelt man die nunmehr krystallinischen Basen auf, bringt den gut abgetropften Brei auf die Nutsche oder in die Zentrifuge und trocknet im Trockenschrank bei 30—35⁰ C[1].

---

[1] Unter „Aufbeuteln" versteht der Techniker die Trennung eines Niederschlages von einer Flüssigkeit durch leinene oder baumwollene, auf Holzrahmen fixierte, lange, schmale sackartige Filter, sog. „Spitzbeutel".

Die trockenen Basen werden zur Isolierung des Chinins in ihre Bisulfate übergeführt und daraus das Chininbisulfat krystallisiert, wie bereits im Laboratoriumsversuch (s. S. 299) beschrieben wurde, mit dem Unterschied, daß man statt einer Porzellanschale sich einer Emailmarmite bedient. Ferner führt man die Operation im Betrieb zweimal aus, d. h. man fällt die Mutterlaugen der ersten Bisulfatkrystallisation wieder mit Soda aus, beutelt auf, nutscht oder zentrifugiert und trocknet, worauf man diese zum zweiten Male gefällten Basen wieder in Bisulfatlösung überführt, aber für sich allein, nie zusammen mit nur einmal gefällten, an Chinin reichhaltigeren Basen. Man erzielt meistens noch eine Krystallisation von Chininbisulfat. Dann ist alles Chinin isoliert.

Die Mutterlaugen aus der zweiten Bisulfatkrystallisation kann man auf Cinchonidin, Chinidin und Cinchonin verarbeiten. — Derartige Rückstände sowie eventuell abfallende Chinaharze finden vielfach auch Verwendung in der Fabrikation „hygienischer" Liköre und Aperitife.

Das gewonnene Chininbisulfat wird im zentrifugen- oder nutschenfeuchtem Zustande zu einem späteren Ansatz von Chininbisulfatlösung in den Neutralisierkessel (Abb. 71) gegeben, bevor man dort mit Dampf aufwärmt und neutralisiert.

Es bleibt die Beschreibung der Überführung des Rohchininsulfats in Reinsulfat übrig. — Von dem nutschen- oder zentrifugenfeuchten Rohsulfat nimmt man ein Durchschnittsmuster und bestimmt darin im Laboratorium den Trockengehalt. Dann löst man im 30 fachen Gewicht an destilliertem Wasser, berechnet auf den Trockengehalt des Rohsulfats. Die Lösung bereitet man unter Rühren bei 88—90° C in einem emaillierten Kessel von genau derselben Konstruktion wie der Neutralisierkessel (Abb. 71). Sobald Lösung erfolgt ist, gibt man 1 % vom Trockengewicht des Chininsulfats an metallfreier Entfärbungskohle zu, rührt 20 Minuten bei 90° C weiter (Lösung schwach lackmussauer!) und läßt $^1/_4$ Stunde absitzen. Man drückt dann die geklärte Lösung in die Krystallisatoren ab. Um aber absolut sicher zu gehen, daß sie von allen Unreinigkeiten befreit ist, läßt man beim Reinsulfat auch die abgedrückte Lösung durch das Filter nach Abb. 69 passieren, wie nachher das vom Boden durch den Kautschukschlauch abfließende „Depot".

Die klare filtrierte Lösung von Reinchininsulfat soll wasserhell oder höchstens schwach gelb sein. Es ist dies nur zu erreichen, indem man, wie wir gesehen haben, überall den Kontakt der Bisulfat- sowie der Sulfatlösungen mit Metallen vermeidet. Das „Bläuen" von zu stark gefärbten Chinin- und ganz allgemein von Alkaloidlösungen vor deren Krystallisation ist unbedingt verwerflich.

Die Krystallisation des Reinsulfats geschieht im Krystallisierraum, einem für sich abgeschlossenen, gut entlüfteter Lokale, zu welchem weder die Fabrikluft noch diejenige aus dem Mühlenraum Zutritt hat. In dem Krystallisierraum befindet sich eine flache schmiedeeiserne Zisterne, „das Kühlschiff", von 40 cm Höhe und ungefähr 5 m Länge auf 2 m Breite in welcher das Kühlwasser um die darin eingesetzten Krystallisiermarmiten zirkuliert. Diese **Krystallisier-marmiten** sind gußeisenemailliert, von je 25—30 l Inhalt. und ihre Form entspricht der Abb. 73.

Neben dem Kühlschiff ist eine Zentrifuge montiert.

Die heiße klare Reinsulfatlösung, welche aus dem Filter abfließt, gelangt durch die Mauer des Krystallisierraumes in die Krystallisier-gefäße. In der Mauer dieses Raumes gegen den Fabrikraum ist ein kleines Fenster angebracht, damit sich die Bedienungsmannschaft des Krystallisierraumes mit der des Filters verständigen kann. Man rührt in jeder einzelnen der Emailmarmiten mit einem Glasstab von Hand, bis die Krystallisation beginnt. Sobald ein dünner Brei von Krystallen entstanden ist, rührt man nicht mehr. Auf diese Weise füllt man eine Marmite nach der anderen und rührt bis zur beginnenden Krystalli-sation. — Dann läßt man dieselbe sich über Nacht vollenden, während das Wasser im „Kühlschiff" um die Marmiten zirkuliert.

Am anderen Morgen wird das Reinsulfat zentrifugiert. Es handelt sich dabei darum, ihm seine Form der Handelsware zu geben. Chinin-sulfat des Handels besteht aus weißen, sehr leichten und luf-tigen Büscheln von feinen, nadel-förmigen Krystallen, welche manchmal einen ganz schwa-chen Stich ins Gelbliche haben.

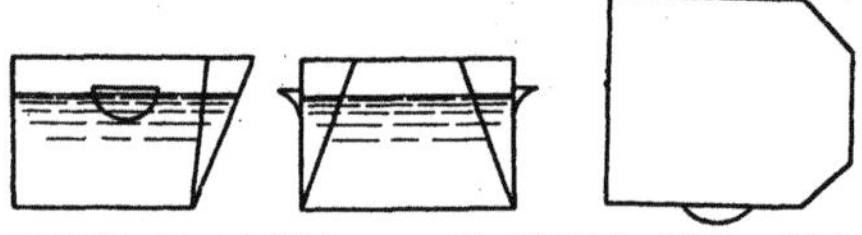

Abb. 73. Krystallisiermarmite für Reinchininsulfat.

Die **Zentrifuge für das Reinsulfat** wird mit einer kleinen Dampfmaschine betrieben, damit ihre Geschwindigkeit genau geregelt werden kann[1]. Der Mantel der Zentrifuge ist verbleit, ihr Ablauf aus Bleirohr und ihr Korb aus Kupfer. Im Zentrifugenkorb befindet sich eine Einlage von 8—10 aneinandergehefteten, sehr feinmaschigen Messinggeweben. Die abgeschleuderte Lauge passiert in dieser Zentri-fuge kein Stoffilter, sondern nur diese elastische Einlage aus fein-maschigen Messinggeweben. — Man setzt den Korb in sehr langsamen Umlauf; höchstens 50 Touren je Minute. Während er sich in dieser langsamen Drehung befindet, gießt man in denselben den Inhalt von 3—6 Krystallisiermarmiten, je nach der Größe der Zentrifuge. Vor dem Eingießen des Inhalts jeder einzelnen Marmite lockert man den Krystall-brei mit einem Holzspatel oder einem dicken Glasstab und verrührt zu einem Brei, der sich dann bequem in die sich langsam drehende Zentri-fuge eingießen läßt. Durch das feine Gewebe aus Messing passiert die Mutterlauge auch mit der angegebenen sehr geringen Tourenzahl mit der größten Leichtigkeit, ohne daß die Krystalle zusammengepreßt werden, da die entwickelte Zentrifugalkraft zu gering ist, um eine pressende Wirkung auf die Krystalle auszuüben. Man schwingt nun mit der angegebenen Tourenzahl aus, bis keine Mutterlauge mehr ab-fließt. Dann steigert man die Geschwindigkeit langsam, bis man zuletzt beim Maximum derselben angelangt ist. Indem die Krystalle bereits vom allergrößten Teil der Mutterlauge befreit sind, existieren nunmehr

---

[1] In großen Werken hat man Gleichstrom zur Verfügung, womit die Tourenzahl von Zentrifugen ebenfalls genau geregelt werden kann.

zuviele Lufträume zwischen denselben, als daß die Zentrifugalkraft der großen Geschwindigkeit noch eine Preßwirkung auf sie ausüben könnte. Sie werden also mit der hohen Tourenzahl nun nicht durch Pressung, sondern durch „Durchlüftung" von der letzten Mutterlauge befreit.

Nach dem Abstellen der Zentrifuge kann man das Chininsulfat in federleichten großen, weißen Stücken aus verfilzten Krystallnadeln von dem Drahtgewebe wegheben. Man legt dieselben in dem Krystallisationsraum auf die Trockenhürdchen aus Holz, welche man schon vorher aus dem Trockenraum herbeigeschafft und in dem Krystallisierraum aufgestapelt hat. Auf jedem Trockenhürdchen liegt ein baumwollenes oder leinenes Tuch von der einfachen Breite und der doppelten Länge des Hürdchens. Man legt die Chininsulfatkuchen auf die eine Hürdchenlänge des Tuches und schlägt die andere Hürdchenlänge desselben über die Kuchen. Die derart beschickten Hürdchen schafft man in den Trockenraum, wo bei einer 35° C nicht übersteigenden Temperatur getrocknet wird.

Die Tücher werden von Zeit zu Zeit mit warmem destilliertem Wasser, welchem etwas reine Schwefelsäure zugefügt ist, ausgelaugt, um das ihnen anhaftende Chinin zurückzugewinnen. Sie könnten auch durch Filtrierpapier ersetzt werden; doch ist die Anwendung von Tuch ökonomischer.

Das Chininsulfat enthält 8 Moleküle Krystallwasser, und die Pharmakopöen schreiben einen Wassergehalt von 15—16% vor. — Es ist Sache der Übung, beim Trocknen diesen Punkt zu treffen. Man soll auch nicht zu stark trocknen, weil dann die Krystalle zu verwittern beginnen.

Die getrockneten Kuchen werden von Hand in kleinere Stückchen von verfilzten Krystallen zerteilt und danach entweder in Weißblechkanister mit Papiereinlage oder in Gläser verpackt. Sie sollen in allen Teilen den Vorschriften der Pharmakopöen entsprechen. Es kann vorkommen, daß das Chininsulfat nach einer einzigen Reinkrystallisation die Prüfung auf Nebenalkaloide noch nicht aushält. In diesem Falle ist es ein zweites Mal umzukrystallisieren, und zwar aus schwach mineralsaurer Lösung und nicht neutral. Derart krystallisiert etwas weniger, aber das Sulfat ist rein, weil fast alle Nebenalkaloide in der Mutterlauge bleiben.

Die Mutterlaugen der Reinkrystallisation enthalten Metallspuren, herrührend von der Zentrifuge, deren Verwendung leider nicht umgangen werden kann. Man fällt die Base in bereits beschriebener Weise aus, reinigt über das Bisulfat und gibt dasselbe im Neutralisierkessel wieder in den Betrieb zurück.

Aus der vorstehenden Beschreibung ersehen wir, daß für eine Produktion von ca. 15 kg Chininsulfat je Ansatz schon eine recht ansehnliche Anlage erforderlich ist. Durch den ausschließlichen Einkauf von hochprozentiger Rinde mit 8 und mehr Prozent Chininsulfat kann die Ausbeute je Ansatz ohne wesentliche Arbeitsvermehrung gesteigert werden. Doch ist der Ankauf nur hochprozentiger Rinden mit Schwierigkeiten verbunden.

Die Chininfabriken arbeiten mit einer Reihe von Extraktoren, mit welchen nach dem Gegenstromprinzip extrahiert wird, so daß das Benzol mit zwei oder mehreren Rindenkalkgemischen in Berührung gelangt, bevor es in den Waschzylinder abgelassen wird. Eine wesentliche Vergrößerung der Extraktoren ist nicht ratsam. Dagegen kann das Volumen der übrigen Apparatur ohne Risiko verdoppelt werden.

Im Durchschnitt verbrauchen 1000 Einwohner eines Landes jährlich etwa 1 kg Chininsalze, als Sulfat gerechnet. In Fieberländern ist der Konsum viel größer, in gesunden Gegenden aber bedeutend geringer. — Zur Verarbeitung eines Ansatzes mit den beschriebenen Extraktoren benötigt man wenigstens 2 Arbeitstage, vorausgesetzt, daß nur am Tage gearbeitet wird. Eine der beschriebenen Anlagen würde somit eine durchschnittliche Tagesproduktion von 8 kg und eine jährliche von 2400 kg Chininsulfat bewältigen. Für den durchschnittlichen Jahreskonsum eines Landes von 40 Millionen würde man folglich im Minimum 17 Extraktoren benötigen. Die übrige Apparatur wäre dementsprechend eine sehr beträchtliche.

Wünschbar wäre vor allem, daß noch andere Kulturländer, außer England und Holland, in den Kolonien Chinarinde kultivieren würden zur Erstrebung ihrer Unabhängigkeit von dem englisch-holländischen Fabrikrindemonopol.

In der Fabrikation des Chinins hat man mit einem Faktor zu rechnen, der das Unkostenkonto erheblich belastet. Es ist dies der Chininausschlag; eine Krankheit, welche einen relativ hohen Prozentsatz der Angestellten und Arbeiter eines Chininbetriebs früher oder später befällt. Sie besteht in einer schmerzhaft juckenden Entzündung der Schleimhäute der Augen, der Nase, der Geschlechtsorgane und verbreitet sich von dort oft auch über andere empfindliche Hautstellen, wie die Achselhöhlen und Kniekehlen. Die Heilung ist manchmal langwierig und geschieht natürlich auf Kosten der Fabrik. — Die Disposition für den Chininausschlag ist ganz individuell und befällt oft gerade Personen von strotzender Gesundheit. Solche Leute sind für immer aus dem Chininbetrieb zu entfernen. Ihre Empfindlichkeit für den Einfluß des Chinins ist bisweilen erstaunlich. Selbst in beträchtlicher Distanz von einem Chininbetrieb und ohne je mit Chininlösungen oder Chinarinde in körperliche Berührung zu kommen, werden sie bisweilen von dem Ausschlag befallen.

Wir schließen das Kapitel über Chininextraktion mit einigen Begründungen des beschriebenen Betriebsverfahrens.

Das Rühren bei der Extraktion des Rindenkalkgemischs mit Benzol ist unerläßlich. Dies bedingt eine kostspielige, kräftig gebaute Apparatur und verbraucht viel mechanische Kraft. Aber es ist eine Erfahrungstatsache, daß nur relativ kleine Ansatzmengen sich mit einer guten Ausbeute ohne Rühren verarbeiten lassen. Bei großen Mengen ist man ohne zu rühren nie sicher, daß das Extraktionsmittel jeweils überall eindringt, besonders in eine schlammartige Masse wie das Rindenkalkgemisch.

Das Auswaschen des Chinins aus seiner Benzollösung muß auf dem Umwege über sein Bisulfat und nachherige Neutralisation der Bisulfatlösung mit Soda erfolgen. Das Auswaschen unter Anwendung von nur der Hälfte Säure und in der Wärme ist allerdings möglich. Aber die Temperatur müßte bei der Schwerlöslichkeit des Chininsulfats in Wasser 90° C sein. Dies wäre dann kein Auswaschen, sondern ein jeweiliges Abdestillieren des Benzols von der wässerigen Chininlösung, und in dieselbe würde dann nicht nur alles Chinin, sondern auch alle Harze und alles Chinarot, welches das Benzol aus der Rinde löst, gelangen. Außerdem würde die wässerige Chininlösung mehrmals längere Zeit geheizt, was eine teilweise Verharzung des Chinins zur Folge hätte. Jedes Aufheizen von Chinin — wie überhaupt der meisten Alkaloidlösungen — schadet der Qualität und der Ausbeute des Produkts. Man heize nur, wo dies unumgänglich ist und auch dort so kurze Zeit als möglich. Die zahlreichen Benzoldestillationen hätten außerdem beträchtliche Benzolverluste im Gefolge.

Man könnte auch versuchen, die Trennung von Chinin und Nebenalkaloiden in den Mutterlaugen zu umgehen oder doch zu vereinfachen. Zum ersten könnte man vorschlagen, die Mutterlaugen wenigstens für einige Zeit einfach in den Betrieb zurückzunehmen. Damit würde man aber die Nebenalkaloide derart anreichern, daß man wahrscheinlich schon aus dem zweiten und sicher aus dem dritten Betriebsansatz keine Pharmakopöeware mehr erhielte. — Ferner könnte man das Einengen der Mutterlaugen vorschlagen, um auf diese Weise direkt eine nochmalige Krystallisation von Chininsulfat zu erzielen, anstatt den Umweg über das Bisulfat zu wählen. Jedoch zum Einengen dieser verdünnten Lösungen muß man lange Zeit heizen, was wieder die bereits erwähnten Verharzungen im Gefolge hätte. Selbst beim Eindampfen im Vakuum verharzen Chininlösungen, wenn auch langsamer als an der offenen Luft.

In der Literatur, und zwar noch in der neuesten, werden als in der Technik angewendete Extraktionsmittel für Chinin immer wieder Petroleum und Leichtöle angegeben. Daß diese früher angewendet wurden, ist richtig. Heute wird dies zum mindesten in Europa nirgends mehr der Fall sein. — Wohl sind diese Extraktionsmittel billiger als Benzol. Aber während das letztere durch Abtreiben quantitativ vom Rindenkalkgemisch getrennt werden kann, war man einstmals genötigt, das mit Petrol oder Leichtölen extrahierte Rindenkalkgemisch nach beendigter Extraktion noch wochenlang aufzubewahren, sei es in riesigen Holzbottichen oder in Gruben, wo dann das Petroleum oder das Leichtöl allmählich obenauf schwamm und abgeschöpft werden konnte. Alles Extraktionsmittel war jedoch derart nie aus dem Rindenkalkgemisch zurückzugewinnen und stellten sich diese Extraktionsmittel in Wirklichkeit teurer im Gebrauch als Benzol. Fabrizierte man in der Nähe einer großen Ortschaft, so machte die Abfuhr solcher petrol- und ölhaltiger Rückstände Schwierigkeiten.

Kalkulation.

100 kg Chininsulfat erfordern:

102 % der theoretisch notwendigen Rinde,	25 kg Solvaysoda,
2000 kg Kohle,	200 Arbeitsstunden,
200 kg Benzol,	50 Goldfranken für elektrische Kraft,
4 kg metallfreie Entfärbungskohle,	150 Goldfranken für allgemeine Spesen.
40 kg reine Schwefelsäure,	

Chininsulfat hat die Formel $(C_{20}H_{24}N_2O_2)H_2SO_4 + 8H_2O$. Das Mol.-Gew. ist 890 und der Schmelzpunkt 205°. Der Gehalt an Chinin beträgt 72,8 %, an Krystallwasser 16,2 %. Es löst sich in 800 T. Wasser von 15° C und in 25 T. von 100° C.

Es bildet Konglomerate von feinen weißen, leicht verwitternden, nadelförmigen Krystallen von stark bitterm Geschmack.

Chininhydrochlorid. Laboratoriumsversuch. In eine Porzellan- oder Emailleschale von 3 l Inhalt bringt man:

> 1,5 l destilliertes Wasser,
> 57 g Bariumchlorid,
> 20 g reines Kochsalz.

Der Zusatz von Kochsalz erhöht die Krystallisationsfähigkeit des Chininhydrochlorids.

Man erwärmt auf dem Dampfbad auf 60—70° C und rührt bis zur Lösung. Sobald diese erfolgt ist, trägt man allmählich 200 g Chininsulfat D.A.B. V ein, rührt einige Zeit um und läßt dann 5 Minuten absetzen. Danach filtriert man 2 Proben der abgesetzten Lösung in 2 Reagensgläser und versetzt die eine mit verdünnter Schwefelsäure, die andere mit Bariumchloridlösung. Die Pharmakopöen erlauben mit Schwefelsäure gar keine Fällung oder Trübung, mit Bariumchloridlösung höchstens eine schwache Opalescenz. Sollte die eine der Proben nicht stimmen, so korrigiert man je nachdem durch Zusatz von etwas Bariumchloridlösung oder von Chininsulfat.

Sobald die Prüfung stimmt, fügt man 2 g metallfreie Entfärbungskohle zu, erwärmt auf 80° C und rührt bei dieser Temperatur 20 Minuten durch. Unterdessen hat man einen Heißwassertrichter mit einem Faltenfilter angeheizt, durch welches man die heiße Hydrochloricumlösung in eine zweite Porzellanschale filtriert und das Filter am Schluß mit 100 cm^3 heißem destilliertem Wasser nachwäscht.

Das klare heiße Filtrat wird mit verdünnter reiner Salzsäure auf Lackmuspapier schwach sauer eingestellt und dann mit einem Glasstab darin gerührt, bis die Krystallisation eben beginnt, worauf man über Nacht der Ruhe überläßt. Am anderen Morgen ist das Chininhydrochlorid in schön ausgebildeten seidenglänzenden Nadeln ausgeschieden, welche abgenutscht werden, ohne daß man sie dabei zu stark preßt. Man trocknet bei 35° C.

Die Ausbeute beträgt 150 g, wenn die Krystallisation in der Kälte erfolgte.

Im Betrieb kann diese Operation in einem Apparat ausgeführt werden, der in seiner Konstruktion dem Neutralisierkessel Abb. 71 plus dem Filter Abb. 72 entspricht. Aus den Mutterlaugen wird die Base mit verdünnter Sodalösung gefällt und in den Sulfatbetrieb zurückgegeben.

Formel des Chininhydrochlorids $C_{20}H_{24}N_2O_2 - HCl + 2H_2O$. Mol.-Gew. 396,5. Schmelzpunkt etwa 156° C. Löslich in 34 T. kaltem, sehr leicht in siedendem Wasser. Die Chininhydrochloridkrystalle sind größer als diejenigen des Sulfats und nehmen deshalb ein kleineres Volumen ein. Der Konsum dieses Produkts ist sehr groß.

Chininum hydrobromicum. Der Laboratoriumsansatz besteht aus:

2 l destilliertem Wasser,
56 g Bariumbromid,
7 g reinem Kochsalz

Dazu gibt man:

150 g Chininsulfat,
1,5 g metallfreie Entfärbungskohle.

Die Arbeit, sowohl im Laboratorium als im Betrieb, entspricht genau derselben beim Chininhydrochlorid.

Im Aspekt gleichen die beiden Salze einander genau. Formel des Chininhydrobromids $C_{20}H_{24}N_2O_2 - HBr + H_2O$. Mol.-Gew. 423. Schmelzpunkt 152° C. Löslich in 50 T. kaltem und 1 T. siedendem Wasser.

Chininbisulfat. $C_{20}H_{24}N_2O_2 - H_2SO_4 + 7H_2O$. Mol.-Gew. 548. Wir sahen bereits, wie dieses Salz aus dem Basengemisch entsteht, das man durch Fällung der Chininsulfatmutterlaugen gewinnt (s. S. 299). Man trocknet ein bestimmtes Quantum derart aus den Mutterlaugen des Reinsulfats gewonnenen Bisulfat und hält dasselbe für den Verkauf bereit.

Ist man gezwungen, fertiges Reinsulfat in Bisulfat überzuführen, so löst man 10 T. Chininsulfat in 10 T. destilliertem Wasser plus 6,85 T. Schwefelsäure vom spez. Gew. 1,11 (16 % H_2SO_4) bei 70° C und krystallisiert wie bereits früher beschrieben.

Chininbisulfat stellt ein weißes Pulver von mehr oder weniger grobkörnigen Krystallen dar.

Chininvalerianat. $C_{20}H_{24}N_2O_2 - C_5H_{10}O_2 + H_2O$. Mol.-Gew. 444. Weingelbe, rhombische, tafelförmige, gut ausgebildete Krystalle mit Geruch nach Baldriansäure, löslich in 100 T. kaltem Wasser und 5 T. Alkohol. Schmelzpunkt des krystallwasserfreien Salzes 90° C.

Laboratoriumsversuch. Man stellt sich zuerst Chininbase her, ausgehend von Chininsulfat D.A.B. VI, welches möglichst wenig Nebenalkaloide enthält, weil diese die Krystallisation des Chininvalerianats stören oder gar verunmöglichen würden. Besitzt man kein sehr reines Chininsulfat, so stellt man sich solches her durch Überführen von Sulfat in Bisulfat.

Zur Herstellung der Base löst man in einer Porzellanschale oder Emailmarmite von 5 l Inhalt 100 g Chininsulfat in 1,5 l destilliertem Wasser durch Zusatz von 26 g reiner Schwefelsäure 66° Bé und Umrühren. Zu dieser Lösung läßt man unter Rühren allmählich eine Lösung von 230 g reiner Ammoniumlösung 22° Bé in 1,5 l destilliertem Wasser zufließen. — Reine Ammoniaklösung kann man sich bequem selbst herstellen durch Einleiten von Ammoniakgas aus Stahlflaschen mit komprimiertem Ammoniak in destilliertes Wasser.

Die ausgefällte Chininbase wird nachmindestens 4 Stunden abgenutscht und nachgewaschen bis zur neutralen Reaktion des Waschwassers auf Lackmuspapier. Darauf trocknet man bei 30° C.

Die verwendete Baldriansäure soll wie die Chininbase ebenfalls möglichst rein sein. Reine Baldriansäure ist im Handel schwer erhältlich, und wenn dies der Fall ist, nur zu relativ hohem Preise. Man rektifiziert sich deshalb seine Baldriansäure vor der Anwendung selbst genau in einem Glaskolben mit aufgesetztem Glasperlenaufsatz, indem man die Säure vor dem Beginn der Rektifikation mit 2 % ihres Gewichtes an Bichromat und der entsprechenden Menge konzentrierter

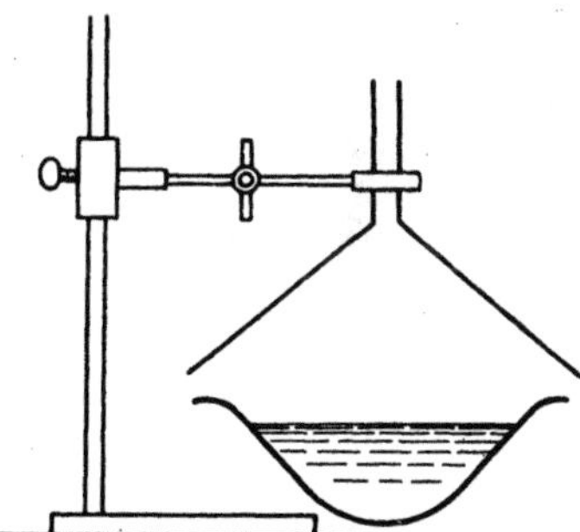

Abb. 74. Krystallisiervorrichtung für Chininvalerianat.

Schwefelsäure versetzt. Wenn nötig, ist diese Rektifikation mit Bichromat und Schwefelsäure zu wiederholen. Denn man soll nur ein Produkt vom absolut richtigen Siedepunkt verwenden, welches wasserhell ist, am Licht wasserhell bleibt und destilliert werden kann ohne Hinterlassung von teerigen Bestandteilen. Wegen des sehr unangenehmen und lange anhaftenden Geruchs kann diese Säure weder im Laboratorium noch im Fabriklokal destilliert werden, weil sonst alle Produkte ihren Geruch annehmen würden. — Man konstruiert sich eine Destillationsanlage für dieses Produkt am besten im Freien unter einem kleinen Dach[1].

Die Lösung der Chininbase und darauffolgende Krystallisation nimmt man in einem besonderen dafür reservierten kleinen Lokal von möglichst gleichmäßiger Temperatur vor, welches auch staubfrei ist, z. B. ein Keller. Man löst die Base in 100 cm³ reinem Alkohol von 95 % und neutralisiert sie genau mit einer 14,5proz. Lösung von Baldriansäure in destilliertem Wasser. Dazu benötigt man ungefähr 175 g Lösung von 25 g Säure in 150 g Wasser. Die Verhältnisse sind genau einzuhalten. Man filtriert durch ein Faltenfilter in

---

[1] Über die Herstellung von Baldriansäure vgl. auch S. 88 ff.

eine Porzellanschale von 500 cm³ und stellt nun in dieser zur Krystallisation, indem man mit einer Glasglocke überdeckt, welche die Lösung vor Staub schützt, aber die Luft doch nicht abhält, damit der Alkohol langsam verdunsten kann (Abb. 74).

Der Alkohol verdunstet mit einem Teil des Wassers ganz allmählich und in ungefähr einem Monat hat man Krystalle. Etwa 14 Tage nach dem Hinstellen der Lösung wird sie mit einem wohlausgebildeten Krystall von Chininvalerianat geimpft.

Im Betrieb ersetzt man die Porzellanschalen des Laboratoriums durch größere Emailmarmiten oder Tonschalen, rektifiziert die Baldriansäure aus einer kupfernen Blase mit Glasperlenkolonne und absteigendem Liebigkühler aus Glas. Die Krystallisationsmarmiten bedeckt man statt mit der Glasglocke mit Holzdeckeln, welche mit dicken Holzleisten unterlegt sind, damit auch hier der Alkohol allmählich abdunsten kann.

Die Fabrikation erfordert in allen Teilen peinliche Genauigkeit und Übung, und das Produkt erzielt darum im Handel Preise, welche einen guten Gewinn abwerfen.

Ausbeute 30 T. Valerianat aus 40 T. Sulfat. Aus den Endmutterlaugen gewinnt man das Chinin in bekannter Weise zurück.

Chininäthylcarbonat, Euchinin. $C_2H_5OCO — OC_{20}H_{23}ON_2$. Mol.-Gew. 396. Schmelzpunkt 91—92⁰ C, nach der japanischen Pharmakopöe 95⁰ C. — Perlmutterglänzende Büschel und Plättchen bestehend aus langen, feinen, verfilzten, weißen Krystallnadeln. Löslich in Alkohol, Äther, Benzol, Chloroform.

Viele Fieberpatienten ertragen auf die Dauer schwierig den bittern Nachgeschmack der Chininsalze. Diesem Übelstande kann durch die Darreichung von geschmacklosen Chininverbindungen abgeholfen werden. Die beiden hauptsächlichsten Vertreter dieser Körper sind das Chininäthylcarbonat (Euchinin) und das Dichinincarbonat (Aristochin).

Das Äthylcarbonat des Chinins entsteht durch Umsetzung von Chininbase mit Chlorkohlensäureäthylester, nach der Gleichung:

$$C_{20}H_{23}N_2O(OH) + CO\diagup_{Cl}^{OC_2H_5} = CO\diagup_{O\cdot OC_{20}H_{23}N_2}^{OC_2H_5} + HCl\,.$$

Die Darstellung der Chininbase wurde bereits im Abschnitt über Chininvalerianat beschrieben. Sie ist hier dieselbe mit dem Unterschied, daß man das erhaltene Produkt nachher entwässert, bis sein Feuchtigkeitsgehalt noch im Maximum 0,5 % beträgt. Das gefällte Chininhydrat wird zuerst bei 50—60⁰ und dann schließlich bei 100—125⁰ C getrocknet, was im Laboratorium im Trockenschrank, im Betrieb zum Schluß in einem mit Dampf geheizten emaillierten Doublefond geschehen kann. — Aus 5 T. Chininsulfat erhält man 3,5 T. entwässerte Base.

Die Veresterung der Base vollzieht sich, wie viele andere Reaktionen dieser Art, am besten in einer Lösung von Benzol.

Im Laboratorium dient dazu der in Abb. 75 skizzierte Apparat: Ein Rundkolben A von 2 l Inhalt trägt 5 Stutzen, wovon der eine oben in der Mitte 3 cm, die vier übrigen rund um den mittleren gruppierten je 1,5 cm Durchmesser haben. Durch den ersteren führt man einen Glasrührer mit Quecksilberverschluß ein; die übrigen vier tragen je einen Rückflußkühler, einen Tropftrichter, einen Thermometer und einen Korkstopfen. Die Heizung des Apparats geschieht durch ein Wasserbad.

In dem Kolben löst man 60 g entwässerte Chininbase in 600 g Benzol. Erstere sei möglichst frei von Nebenalkaloiden, letzteres destilliere in einem Temperaturintervall von höchstens 4⁰ und hinterlasse beim Abdestillieren absolut keine teerigen Bestandteile.

Man erwärmt unter Rühren auf 70⁰ C. Wenn Lösung erfolgt ist, läßt man bei 70⁰ C unter Rühren aus dem Tropftrichter langsam 12 g Chlorkohlensäureäthylester zufließen und rührt nachher noch $^1/_2$ Stunde weiter. Darauf neutralisiert man unter Rühren die durch die Reaktion gebildete Salzsäure durch Eintragen von trockenem, staubförmigem, gelöschtem Kalk, hergestellt durch vorsichtiges Zuträufeln von Wasser zu Marmorätzkalk und nachherigem Trocknen des Pulvers. Man benötigt 6—8 g des Kalkpulvers. Die Neutralisation ist beendigt, sobald ein Tropfen der Benzollösung auf feuchtes Lackmuspapier nicht mehr sauer reagiert.

Man läßt nun, immer unter Rühren bei 70⁰ C, weitere 12 g Ester zufließen, rührt wieder $^1/_2$ Stunde und neutralisiert die gebildete Salzsäure wieder mit trockenem Pulver von gelöschtem Kalk.

Man läßt darauf unter denselben Konditionen weitere 12 g Ester zufließen, rührt aber dieses Mal nachher eine ganze Stunde und neutra-

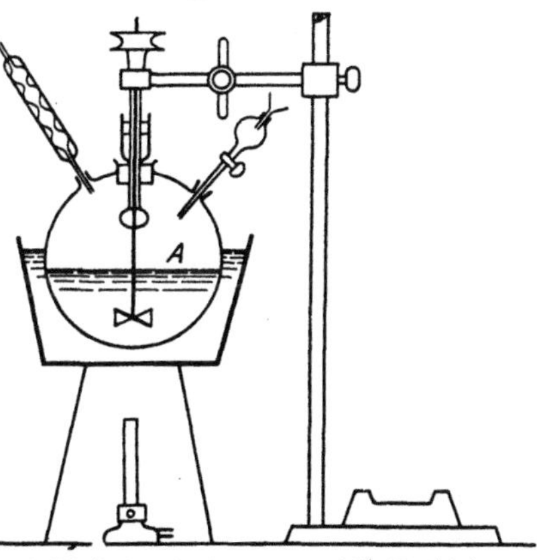

Abb. 75. Laboratoriumsapparat für Euchinin.

lisiert nicht mehr. Man filtriert die Benzollösung vom Calciumchlorid durch ein Faltenfilter in einen Scheidetrichter von 2,5 l Inhalt ab, worin man sie 10 Minuten mit 1 l einer 2proz. Sodalösung ausschüttelt. Am Anfang des Ausschüttelns ist Vorsicht geboten wegen der Kohlensäureentwicklung. Nach der Trennung der wässerigen und der Benzollösung läßt man die erstere abfließen und prüft, ob sie noch deutlich alkalisch sei. Ist dies nicht der Fall, so muß die Operation wiederholt werden.

In der hellgelben Benzollösung befindet sich nun gelöst das Chininäthylcarbonat und eventuell etwas nicht umgesetzte Chininbase. Letztere entfernt man durch Ausschütteln mit 2proz. Essigsäure und wiederholt dieses, bis eine Probe beim Versetzen mit verdünnter Ätznatronlauge kein Chinin mehr anzeigt. Aus der so erhaltenen verdünnten essigsauren Chininlösung wird die Chininbase durch Ausfällen mit verdünnter Sodalösung zurückgewonnen.

Die Benzollösung schüttelt man nach dem Ausschütteln mit Essigsäure noch einmal mit 2proz. Sodalösung und dann einmal mit destilliertem Wasser aus. Dann entwässert man dieselbe mit 10 g reinem Calciumchlorid während 24 Stunden und filtriert. Zur Entfärbung schüttelt man sie kalt während 2 Stunden in einem Schüttelapparat mit 2 g metallfreier Entfärbungskohle und filtriert wieder.

Aus dem höchstens schwach weingelben Filtrat destilliert man in einem 2-l-Kolben vier Fünftel des Benzols im Wasserbad ab, das letzte Fünftel im Vakuum bei 40⁰ C. Das Chininäthylcarbonat verbleibt als gelber Rückstand und wird nun in die Form der Handelsware übergeführt. Man löst es in demselben 2-l-Kolben in 1,2 kg reinem Alkohol von 95%, gießt die alkoholische Lösung in eine Emailschale oder einen Tontopf von 10 l Inhalt und verdünnt sie dort mit 1 l destilliertem Wasser von 60⁰. Darauf gießt man in die Emailmarmite oder den Tontopf in einem Male so schnell als möglich 5,5 l destilliertes Wasser von 60⁰, rührt mit einem Glasstab höchstens 5 Sekunden durch, bringt mit dem Glasstab ebenso schnell die bewegte, schwach milchige Flüssigkeit zur Ruhe und überläßt dann über Nacht bedeckt der Ruhe. Das Chininäthylcarbonat hat sich bis am anderen Morgen in langen, fadenartigen, weißen verfilzten Nadeln ausgeschieden, welche die gesamte Flüssigkeit anfüllen. — Es kann vorkommen, daß sich auf der Flüssigkeit etwas Chininäthylcarbonat als hellgelbe Kruste abgeschieden hat. Dies kann folgende Gründe haben: Zu niedrige Temperatur des Wassers zum Verdünnen der alkoholischen Lösung, zu langsames Eingießen des Wassers, zu langes Umrühren nach dem Verdünnen mit Wasser.

Allfällig gebildete Kruste wird von der Flüssigkeit abgehoben, für sich abgenutscht, getrocknet und gewogen. Im Betrieb wird sie beim nächsten Ansatz wieder nachgenommen. Es sei jedoch bemerkt, daß sich bei richtigem Arbeiten keine Krusten bilden.

Die Krystallfäden werden auf einer Porzellannutsche von mindestens 0,5 l Inhalt von der Flüssigkeit getrennt, wobei man ein federleichtes Produkt erhalten soll. Zu diesem Zwecke öffnet man das Vakuum während des Aufgießens auf die Nutsche nur eine Spur und presse absolut nie auf der Nutsche. Wenn bei schwachem Vakuum keine Flüssigkeit mehr abtropft, verstärkt man dasselbe progressiv und „durchlüftet" den Nutschkuchen am Schluß 2—3 Stunden mit hohem Vakuum, aber auch dann ohne ihn je zu pressen. Natürlich bildet sich zwischen dem Nutschenkuchen und dem Rand der Nutsche ein Luftraum, der aber nicht durch Pressen ausgefüllt werden soll. Durch mehrstündiges Absaugen ohne Pressen gelangen wir doch zur fast gänzlichen Entfernung der Flüssigkeit.

Ist dies erreicht, so zerlegen wir den Nutschenkuchen in dünne Scheibchen, die wie Perlmutter glänzen. Sie werden bei höchstens 35⁰ C getrocknet. Höhere Temperatur würde Rotfärbung des Produkts zur Folge haben. Die getrockneten federleichten Scheibchen von schönem Aspekt werden, wie sie sind, in Weißblechbüchsen mit Papiereinlage oder in Weithalsflaschen verpackt.

Aus der abgenutschten Flüssigkeit wird der Alkohol rektifiziert.

Die Ausbeute beträgt 66 g Chininäthylcarbonat.

Das Hauptmerkmal für seine Reinheit ist sein Schmelzpunkt. Derjenige von 95⁰, wie ihn die japanische Pharmakopöe verlangt, wird nur aus einem möglichst nebenalkaloidfreien Chinin als Ausgangsprodukt erlangt. Das Chininäthylcarbonat sei geschmacklos. Es hat einen bedeutenden Konsum erreicht, sowohl in Europa, Amerika als namentlich in Japan.

Betriebsverfahren. Für einen Betriebsansatz kann man alle in der Beschreibung des Laboratoriumverfahrens angegebenen Mengen mit hundert multiplizieren.

Zur Umsetzung der Chininbase mit dem Chlorkohlensäureester verwendet man einen hochgestellten emaillierten Rührkessel von 200 l Inhalt mit Doublefond und Deckel. Die Heizung im Doublefond erfolgt nicht durch direkten Dampf, sondern durch ein vermittels Dampfschlange geheiztes Wasserbad. Auf dem Deckel sind angebracht: Ein Mannloch, ein Stutzen zur Aufnahme eines zweilitrigen Tropftrichters, ein Thermometerstutzen, ein anderer zum Einfüllen des gelöschten Kalkes und ein letzter zum Einführen von Druckluft. Ein kleiner Rückflußkühler mit Kühlrohr aus Blei ist über dem Apparat montiert, und ein emailliertes Abdrückrohr dient zum Entleeren des Apparates. Als Filter für die Benzollösung dient das System Abb. 72 (s. S. 306), aber ohne Doublefond.

Die verschiedenen Waschoperationen mit Sodalösung, verdünnter Essigsäure, Wasser sowie die Entwässerung und die Entfärbung mit Kohle nimmt man in einem zweiten emaillierten Rührapparat mit Warmwasserbad vor. Anstatt des Rückflußkühlers trägt dieser Apparat einen absteigenden mit Kupferschlange, dessen Vorlage an das Vakuum angeschlossen werden kann. Anstatt des Abdrückrohres haben wir einen Ablaufstutzen am Boden mit Korkpfropfen und Glasröhren wie in Abb. 88 (s. S. 381). Zu den Filtrationen dient ein ebensolches Filter, wie bereits oben erwähnt. Die filtrierte und abgetrennte Benzollösung fängt man in einem emaillierten Druckgefäß auf, von wo sie zur weiteren Behandlung jeweils in den Rührapparat zurückgedrückt wird.

Das Mischen der alkoholischen Lösung des Chininäthylcarbonats mit Wasser von 60° C erfolgt in 2 Emailmarmiten von je 500 l Inhalt. Zuerst verdünnt man wie im Laboratorium mit derselben Menge Wasser von 60° C wie die alkoholische Lösung. Dann gießt man die Hauptmenge desselben in einem Male zu. Sie beträgt für jede der beiden Emailmarmiten 275 l. Man stellt diese Menge in je 4 Tontöpfen zu je 70—80 l Inhalt für jede der beiden Emailmarmiten bereit. Auf Kommando gießen dann 8 Arbeiter (je 2 einen Tontopf) das Wasser auf einen Schlag in eine der Emailmarmiten. Darauf mischt man einige Sekunden mit einem Holzruder, bringt dann sofort die Flüssigkeit mit dem Ruder zur Ruhe und überläßt über Nacht der Ruhe.

Die Tonnutsche für das Chininäthylcarbonat hat einen oberen Inhalt von 100 l.

Aus der abgenutschten Flüssigkeit wird der Alkohol in der Kolonne rektifiziert.

Der Benzolverlust je Kilogramm Chininäthylcarbonat beträgt im Betrieb 3,5—4 kg, der Alkoholverlust 1—1,4 kg.

Dichininkohlensäureester.

$$CO \begin{cases} O - OC_{20}H_{23}N_2 \\ O - OC_{20}H_{23}N_2 \end{cases}$$

Mol.-Gew. 674. Schmelzpunkt 187—188°. Er enthält 96,1 % Chinin. Er bildet ein weißes, geschmackloses Pulver, unlöslich in Wasser, schwer in kaltem, leichter in warmem Alkohol und in Chloroform. Er formt mit Säuren Salze und wird bei längerer Einwirkung von Säuren oder Alkalien unter Chininrückbildung zerlegt.

Die Darstellung erfolgt in folgenden Phasen:
1. Überführen des Chinins aus dem Sulfat als Base in das Chloroform.
2. Entwässern der Basenlösung.
3. Darstellung der Phosgenlösung in Chloroform.
4. Eigentliche Carbonisierung.
5. Trennung von nicht carbonisierter Chininbase.
6. Gewinnung des Rohesters.
7. Krystallisation des Esters.

1. und 2. Phase. Als Apparat verwendet man einen Rührzylinder aus weißem Ton oder aus Porzellan mit einem Bodenstutzen und mehreren seitlichen solchen. Die Stutzen verschließt man mit einfach durchbohrten Korkstopfen. Durch die Durchbohrungen führt man Glasrohre von 8—10 mm lichter Weite, welche ihrerseits durch kleine Korkstopfen verschlossen sind.

In den Rührzylinder füllt man 50 l Wasser, 50 kg Chloroform und 20 kg Chinin sulfuric. D.A.B. VI. — Das Chininsulfat muß reinste D.A.B.-VI-Ware sein, denn nur aus solchem hergestelltes Dichinin-carbonat bereitet bei seiner Krystallisation keine Schwierigkeiten und hat den richtigen Schmelzpunkt. — Man setzt den Rührer in Bewegung und gibt zunächst langsam in sehr dünnem Strahle neun Zehntel der zur Ausfällung der Chininbase theoretisch benötigten Menge an filtrierter Lösung von reinem Natriumcarbonat zu. Dann prüft man und setzt in kleinen Mengen noch so lange Sodalösung zu, bis die wässerige Lösung auf Phenolphthaleinlösung (nicht Papier) reagiert.

Ist die Alkalität erreicht, so läßt man noch etwas nachrühren, stellt dann das Rührwerk ab und läßt absetzen. Man prüft noch einmal nach, ob alles Chinin aus dem Wasser entfernt ist — Ausschütteln einer kleinen Menge mit Äther und Verdunsten des Äthers, wobei kein Rückstand bleiben soll. Wenn dies der Fall ist, zieht man das klare Chloroform ab und wäscht das Wasser nochmals mit 10 kg Chloroform aus. Die beiden Chloroformauszüge werden nunmehr entwässert. Ein Faktor von allergrößter Wichtigkeit ist das Arbeiten mit vollständig entwässerten Chloroformlösungen! Es ist dies schon bei der Basenlösung von Wichtigkeit, wichtiger aber noch bei der im folgenden Kapitel behandelten Phosgenchloroformlösung. — Man bringt die Chloroformbasenlösung in S. 329 beschriebene Flaschen mit Bodentubus. Diese Bodentubus verschließt man mit einfach durchbohrten prima Korkstopfen und führt durch deren Öffnungen kurze gläserne Hahnrohre. In die Flaschen bringt man Chlorcalcium in bohnengroßen Stücken, dann die Chloroformbasenlösung und schüttelt durch.

Man erkennt leicht, ob die Lösung fertig entwässert ist, und zwar daran, daß Teile des Chlorcalciums den trockenen Eindruck bewahren. Die fertiggetrocknete Chloroformbasenlösung zieht man ab und bringt sie durch Nachfüllen mit ebenfalls vollständig trockenem Chloroform auf das Gesamtgewicht von 70 kg.

3. Phase. Zur Darstellung der Phosgenchloroformlösung ist zunächst absolut trockenes Chloroform erforderlich. Man schüttelt, um solches zu erhalten, Pharmakopöeware mit konzentrierter Schwefelsäure aus, entsäuert mit Solvaysoda, bringt das entsäuerte Produkt mit trockenem Chlorcalcium in eine Blase und destilliert das Chloroform ab. Mit dem Kühlerauslauf verbindet man den einen Tubus einer doppelt tubulierten, absolut trockenen Flasche. Auf den zweiten Tubus derselben setzt man luftdicht einen Scheidetrichter, der mit Chlorcalciumstücken beschickt ist. Dieser Scheidetrichter hat den Zweck, die Luftfeuchtigkeit vom Destillat abzuhalten.

In 20 kg des völlig trockenen Chloroforms gibt man nun 2,25 kg Phosgen. Hat man flüssiges Phosgen zur Verfügung, so ist die Sache relativ einfach. Auf das Ausflußventil der Phosgenbombe setzt man ein Glasrohr, welches fast bis auf den Boden der Chloroformflasche reicht. Man setzt nun die Chloroformflasche auf eine Waage, tariert sie und läßt aus der auf den Kopf gestülpten Phosgenbombe die nötige Menge zufließen. Schaltet man in das Zuleitungsrohr einen Glashahn ein, so gelingt die Operation mühelos. Natürlich nimmt man dazu kleine handliche Bomben von etwa 10 kg Inhalt.

Muß man mit gasförmigem Phosgen arbeiten, z. B. direkt an dem Phosgenerzeuger, so muß man einerseits dafür sorgen, daß das Phosgen vor seiner Absorption vollständig trocken ist und anderseits, daß aus der Luft keine Feuchtigkeit zum Chloroform tritt. Das erste erreicht man dadurch, daß man das Gas durch zwei mit konzentrierter Schwefelsäure beschickte Woullfsche Flaschen schickt, das zweite, indem man, wie oben erwähnt, das trockene Chloroform in einer zweifach tubulierten Woullfschen Flasche hat, durch deren einen Tubus man luftdicht das Phosgenrohrgas führt und auf den anderen einen mit trockenen Chlorcalciumstücken beschickten Scheidetrichter setzt zur Abhaltung der Luftfeuchtigkeit.

4. Phase. Man bringt nun die Chininbase mit dem Phosgen im sog. „Carbonisator" zur Reaktion. Dies ist ein sehr stark verzinntes Kupferkesselchen mit ebenfalls stark verzinntem Deckel, welcher mit mehreren Stutzen versehen ist. Ein eisenemaillierter Taifunrührer mit Stopfbüchse besorgt das Mischen. Kräftigstes Rühren ist bei der Reaktion unerläßlich. Das Kesselchen muß aus Metall bestehen, damit man den Inhalt desselben gut kühlen kann. Auf die verschiedenen Stutzen des Deckels setzt man ein Thermometer, einen Lufthahn und ein gläsernes Hahnrohr zur Verbindung mit der Phosgenchloroformflasche. Ein vierter Stutzen dient zum Einfüllen der Chininchloroformlösung sowie von gelöschtem Kalk und von Chlorcalcium. Am Boden des Kesselchens befindet sich ebenfalls ein Stutzen. Über diesen ist ein Stück Gummischlauch aus bestem Material gezogen, welches mit

einer Quetschklammer geschlossen werden kann. Sein anderes Ende ist verbunden mit einem emaillierten Druckfilterchen, das auf einem eisenemaillierten Druckgefäß von demselben Inhalt wie der „Carbonisator" sitzt.

Den „Carbonisator" umgibt man in allen Teilen mit Sole oder mit einer Kältemischung. Im letzteren Falle achte man besonders darauf, daß auch am Boden des die Kältemischung enthaltenden Holzbottichs gehörige Mengen derselben vorhanden sind. Dann füllt man die Chininchloroformlösung ein, stellt das Rührwerk an und wartet, bis das Thermometer mindestens —10⁰ zeigt. Ist diese Temperatur erreicht, so verbindet man das bereits erwähnte Hahnrohr auf einem der Stutzen durch ein Stückchen guten Gummischlauchs mit der Aufbewahrungsflasche der Phosgenlösung. Nun läßt man ein Drittel der Phosgenlösung so langsam unter gutem Rühren in die Basenlösung eintreten, daß die Temperatur nie über 0⁰ steigt. Je langsamer dies geschieht, je besser wird die Ausbeute. Der Thermometer ist der Regulator des Einfließenlassens. Nach dem Einlaufen des ersten Drittels der Phosgenchloroformlösung unterbricht man den Zufluß und neutralisiert das gebildete Salzsäuregas genau durch Zufügen der dafür nötigen Menge an absolut trockenem Ätzkalk. Dieser ist aus Marmorkalk hergestellt und soll, wie bereits gesagt, vollständig trocken und nicht gelöscht sein. — Wenn alles Salzsäuregas neutralisiert ist (Prüfung mit Lackmuspapier, das nach dem Auftupfen der Chloroformlösung mit Wasser genetzt wird), gibt man 2 kg feinstgekörntes, entwässertes Chlorcalcium in den Apparat, rührt $^1/_4$ Stunde weiter, filtriert durch das emaillierte Druckfilterchen in das emaillierte Druckgefäß und drückt aus diesem die klare Lösung wieder in den „Carbonisator".

Dann kühlt man erneut auf —10⁰, läßt das zweite Drittel der Phosgenlösung langsam zufließen, neutralisiert wieder mit Marmorkalk, gibt 2 kg feingekörntes Chlorcalcium hinzu, rührt $^1/_4$ Stunde, filtriert, drückt die klare Lösung in den „Carbonisator" zurück, kühlt und gibt das letzte Drittel der Phosgenlösung langsam zu.

Die zweimalige Entfernung des gebildeten Salzsäuregases während der Operation ist unerläßlich, denn die HCl beeinträchtigt mit steigender Konzentration den Fortgang der Carbonisierung immer mehr. (Die gleiche Erscheinung beobachtet man, wie bereits erwähnt, bei der Darstellung von Chininäthylcarbonat ebenfalls.)

Das durch den Zusatz des letzten Phosgendrittels entstandene Salzsäuregas entfernt man nicht mehr durch Marmorkalk.

5. Phase. Man rührt vielmehr nach Beendigung des letzten Phosgenzusatzes unter fortgesetztem Kühlen noch 1 Stunde und läßt dann die tiefgekühlte Lösung in einen eisenemaillierten Rührzylinder von 250 l Inhalt fließen. Derselbe hat einen Boden- und mehrere seitliche Stutzen, verschlossen durch durchbohrte Stopfen mit Glasröhrchen, welche auf bereits beschriebene Weise verschlossen werden können. In diesem Rührzylinder extrahiert man die Chloroformlösung mit 5 proz. filtrierter, eisgekühlter Sodalösung, wodurch die letzten Reste von Salzsäuregas aus derselben entfernt werden. Die wässerige Ex-

traktionslauge darf nur im lackmusalkalischen Zustande von der Chloroformlösung getrennt werden. Enthielte sie nämlich auch noch freie Salzsäure, so wäre darin nicht nur Chinin, sondern auch Dichinincarbonat als Hydrochloricum enthalten.

Nach dem Abtrennen der alkalischen wässerigen Lösung verbleibt eine Chloroformlösung, welche neben Dichininkohlensäureester einen gewissen Prozentsatz nicht mit Phosgen in Reaktion getretene freie Chininbase enthält. Letztere wird herausgeholt durch 3—4maliges Waschen mit je 30 l eisgekühlter 3proz. Essigsäurelösung, d. h. bis die essigsauren wässerigen Laugen mit Sodalösung keine Fällung mehr ergeben. — Nun wäscht man die Chloroformlösung zweimal mit je 20 l eisgekühlter 2proz. Sodalösung und dann noch zweimal mit Eiswasser, worauf sie mit Chlorcalcium getrocknet wird.

6. Phase. Aus der trockenen, filtrierten Chloroformlösung destilliert man das Chloroform bei Zimmertemperatur im Vakuum ab und verdichtet die Chloroformdämpfe in einer kleinen Tubizeanlage. — Der Dichininkohlensäureester bleibt als hellgelbe Masse zurück und geht bald in den krystallinischen Zustand über: Rohdichinincarbonat.

7. Phase. Die Krystallisation muß unter strenger Beobachtung einer Reihe spezieller Vorsichtsmaßregeln geschehen.

Man krystallisiert in kleinen Ansätzen. Als Lösungsapparat dient ein emailliertes geschlossenes Rührkesselchen von 25—30 l Inhalt, aus welchem man durch ein emailliertes Druckfilterchen in kleine emaillierte Marmiten abdrücken kann. Das Rührkesselchen hängt in einem Holzbottich, worin Wasser durch eine Dampfschlange erwärmt werden kann. Der Inhalt des Rührkesselchens darf nur durch Dampf erwärmt werden.

Im Rührkesselchen mischt man 1 kg rohes Dichinincarbonat mit 12 kg Alkohol 96—98proz. und erwärmt unter Rühren vorsichtig auf 50⁰. Sowohl im Rührkesselchen als im Warmwasserbottich wird die Temperatur überwacht. Im Warmwasserbottich soll sie 60⁰ nicht überschreiten! — Dichinincarbonat ist äußerst empfindlich gegen erhöhte Temperaturen und muß in dieser Beziehung mit großer Vorsicht behandelt werden. Deshalb muß sogar die Erwärmung seiner alkoholischen Lösung auf nur 50⁰ auf möglichst kurze Zeit beschränkt werden, was der Grund ist, warum man in kleinen Portionen löst, so daß Erwärmung und nachherige Abkühlung nur kurze Zeit beanspruchen. — Wenn die Lösung 50⁰ erreicht hat, rührt man bei dieser Temperatur 10 Minuten und drückt dann durch das Druckfilterchen rasch in eine emaillierte Marmite von 25 l Inhalt, welche man sofort in ein Bassin stellt, worin Sole von —20⁰ zirkuliert.

Dieselbe Operation des Lösens von 1 kg Rohware bei max. 50⁰ und Filtrieren in Marmiten von je 25 l Inhalt wiederholt man entsprechend der Menge Rohware, welche man krystallisieren will. In den kleinen Marmiten kühlt nun die Lösung rasch auf —15⁰ ab, und durch Kratzen mit einem Glasstab an den Marmitenwandungen erreicht man meistens, daß bald die Krystallisation beginnt. Wenn dieses auch nach mehreren Stunden nicht eintrifft, so kann man darin den Beweis er-

<table>
<tr><td>Schwyzer, Produkte.</td><td align="right">21</td></tr>
</table>

blicken, daß nicht während allen Phasen der Darstellung die angegebenen Vorsichtsmaßregeln mit der nötigen Peinlichkeit befolgt wurden.

Man muß dann die Lösung impfen wie folgt: Man nimmt etwa 100 cc der erkalteten Lösung und versetzt unter Umrühren mit einem Glasstab tropfenweise mit Wasser bis zur eben beginnenden Trübung. Diese geringe Trübung entfernt man wieder durch ganz leichtes Anwärmen. Gleichzeitig hat man 1—2 g fertiges Dicarbonat mit 10 cc der alkoholischen Lösung in einer Reibschale verrieben. Der Anreibung setzt man unter stetem Rühren die erwähnten 100 cc zu und rührt unter Kühlen auf —15⁰ so lange fort, bis eine namhafte Menge von Krystallen erscheint. Dies kann 1—2 Stunden dauern. Ist eine namhafte Menge von Krystallen in der Impfflüssigkeit erzielt, so setzt man diese der Lösung in den Marmiten zu. Man läßt die so geimpfte Lösung 10—12 Stunden bei —15⁰ stehen und rührt alle halben Stunden einmal durch. Die ausgeschiedenen Krystalle schleudert man aus, wäscht sie mit Alkohol von 70%, welcher auf —15⁰ abgekühlt ist, nach und trocknet bei Zimmertemperatur.

Die vereinigten Mutterlaugen und Waschlaugen engt man bei Zimmertemperatur im Vakuum auf ein Fürftel ihres Volumens ein, wobei man die Alkoholdämpfe in der bereits erwähnten kleinen Tubizeanlage verdichtet. Die nun ziemlich gefärbte, eingeengte Lauge wird in der bereits beschriebenen Weise erneut zur Krystallisation gebracht, wobei das Impfen und meistens auch das Verdünnen der Lösung mit einem gewissen Prozentsatz an destilliertem Wasser zu Hilfe gezogen werden muß. Die dadurch erhaltenen Krystalle haben in den wenigsten Fällen den richtigen Schmelzpunkt und müssen nochmals krystallisiert werden.

Die Endlaugen, welche nicht mehr krystallisieren, versetzt man mit destilliertem Wasser, säuert mit reiner Schwefelsäure auf Kongo an, erwärmt durch Warmwasser 8—10 Stunden auf 60⁰, läßt erkalten, fällt nach 24 Stunden die Chininbase mit Sodalösung und reinigt das Chinin über das Bisulfat wie S. 299 beschrieben.

Ausbeute: 80—90% der Theorie an Dichinincarbonat und 10—15% des angewandten Chininsulfats als Returchinin. — Auf 1 kg fertiges Produkt muß man einen Verlust von 5—7 kg Chloroform und 4—6 kg Alkohol rechnen.

Die Fabrikation von Dichinincarbonat verlangt eine vollendete und deshalb ziemlich kostspielige Anlage. Wer nicht in der Lage ist, die beschriebenen Apparate aufzustellen, lasse sich nicht durch den verhältnismäßig hohen Preis des Dichinincarbonats verleiten, dasselbe mit unzureichenden mechanischen Hilfsmitteln fabrizieren zu wollen.

Chininum ferrocitricum.

Es bildet ein Gemisch von Chinincitrat und Ferro- und Ferrocitrat in verschiedenen Mengenverhältnissen je nach der Pharmakopöe, der es entsprechen soll. Glänzende, durchscheinende, dunkelrotbraune Blättchen, löslich (langsam) in 1 T. Wasser, wenig in Weingeist.

9 kg Ferrum pulveratum D.A.B. VI werden mit 20 kg Acid. citricum D.A.B.VI gut gemischt und in einem emaillierten Doppelwandkessel mit völlig intakter

Emaille mit ungefähr 100 l destilliertem Wasser verrührt. Dann wärmt man langsam auf. Unter Entwicklung von Wasserstoff löst sich das Ferrum allmählich in der Citronensäurelösung auf. Bei zu raschem Aufheizen besteht die Gefahr des Überschäumens. Wird die Reaktion weniger stürmisch, so heizt man stärker auf, schließlich bis zum Sieden, und kocht so lange weiter, bis alles Eisen restlos gelöst ist. Die Zeitdauer des Lösens beträgt etwa eine Stunde. Man trägt dann in die Lösung 3,4 kg Chinin purum ein und kocht bis zur vollkommenen Lösung weiter. Diese wird heiß filtriert, die Filterbeutel heiß nachgewaschen, das Filtrat mit den Waschwässern zur Sirupdicke eingedampft und auf Glasplatten gestrichen. Die Glasplatten werden in einem auf 30° geheizten Raume 4 Stunden stehengelassen, d. h. bis die Masse Sprünge zeigt. Dann wird bei künstlichem Luftzuge — geöffnetem Fenster — fertiggetrocknet, bis die trockenen Lamellen von der Glasplatte abspringen.

Das Präparat stellt grünlichdunkelbraune Lamellen dar, welche den Anforderungen aller Arzneibücher, auch der Pharm. suecia, entsprechen, welche 10 % Chinin fordert. Ausbeute 33 kg, Chiningehalt 10 %, Eisengehalt 25 %.

Die vorstehende Vorschrift weicht etwas von den sonst üblichen der Arzneibücher ab, und zwar in erster Linie darin, daß wesentlich weniger Wasser zum Lösen der Citronensäure genommen wird, als sonst allgemein üblich ist. Durch die geringere Wassermenge wird aber eine bedeutend raschere Lösung des Eisens erreicht, was wiederum zur Folge hat, daß sich nur Ferro- und kein Ferrisalz bzw. Ferroferrisalz bildet. Ferroferrisalz ist viel schwerer löslich als reines Ferrosalz. In bezug auf die Lamellenbildung ist die Vorschrift genau einzuhalten. Trocknet man bei zu hoher Temperatur, so erhält man nur kleine unscheinbare Lamellen, die noch dazu leicht in ein feines Pulver zerfallen.

Ferner hat sich gezeigt, daß sich die Löslichkeit des Präparates bei längerem Lagern etwas verändert. Man kann das vermeiden, wenn man während des Eindampfens tropfenweise 0,320 g Salmiakgeist 0,910 hinzugibt. Dieser Zusatz hat aber mit größter Vorsicht zu erfolgen, da sonst leicht Chininbase ausgeschieden wird. Den Zusatz gibt man zur streichfertigen Masse. Den gleichen Zweck erreicht man, wenn man der einzudampfenden Lösung eine gewisse Menge Ammoniumcitrat zusetzt. Hierbei ist aber darauf zu achten, daß dieser Zusatz in größerer Menge den Chiningehalt heruntersetzt. Würde man z. B. auf obige Menge 3,2 kg Ammoncitrat zusetzen, so würde der Chiningehalt um ungefähr 10 % reduziert. Man kann sich aber helfen, wenn man eine der hinzugefügten Menge Ammoncitrat proportionale Menge Eisencitrat = Eisen und Citronensäure weniger nimmt. Dann bleibt der Chiningehalt unberührt, und der Eisengehalt hält sich in den gewünschten Grenzen. Es muß aber hervorgehoben werden, daß durch den Zusatz von Ammoncitrat immerhin in das Präparat ein wenn auch entschuldbarer Fremdkörper hineinkommt.

Bei der Darstellung der Chininbase muß mit großer Sorgfalt gearbeitet werden. Erstens darf die Fällung mit Alkali nicht bei höherer Temperatur vorgenommen werden. Die gefällte Base ballt in diesem Falle zu einem harten, äußerst schwer zu zerteilenden Kuchen zusammen, ganz abgesehen davon, daß beim Erwärmen das Chinin leicht verharzt. Chinin ist in Wasser praktisch unlöslich, dagegen löst es sich nicht unbeträchtlich in Lösungen der Alkalichloride, besonders des Ammonchlorids.

Man verfahre zur Darstellung der Chininbase wie folgt: Je 1 kg Chininsulfat oder -chlorhydrat löst man in je 10 l Wasser unter Zusatz der betreffenden Säuren und fällt unter beständigem Rühren durch langsamen Zusatz der Alkalien, wobei ein Überschuß der letzteren zu vermeiden ist. Man läßt absetzen und wäscht sulfat- bzw. chloridfrei. Die ausgewaschene Base wird dann, feucht wie sie ist, in die Eisencitratlösung eingetragen, nachdem man in einem aliquoten Teile den Chiningehalt genau bestimmt hat. — Wie erwähnt, bleiben in den wässerigen Laugen nicht unbeträchtliche Mengen Chinin. Man schüttelt die Laugen mit Chloroform oder Trichloräthylen oder Äther aus. Das Chinin geht in diese Lösungsmittel, aus denen es dann durch Auswaschen mit verdünnter Schwefelsäure und Fällen mit Sodalösung als basisches Sulfat wiedergewonnen wird.

Cocain.

$C_{17}H_{21}NO_4$. Mol.-Gew. 303. Schmelzpunkt 98⁰.

Cocain ist eine einsäurige Base, welche sich schon beim Erwärmen mit Wasser und noch mehr mit Säuren oder Basen in Methylalkohol, Benzoesäure und l-Ecgonin zersetzt. Aus Alkohol krystallisiert es in großen farblosen, monoklinen Prismen von bitterem Geschmack. Es löst sich in 700 T. kaltem Wasser, in 10 T. kaltem Alkohol, in 4 T. Äther, 0,5 T. Chloroform und ferner in Aceton, Essigäther und Benzol.

Cocain wird entweder aus den Cocablättern oder aus dem in den Kolonien gewonnenen Rohcocain dargestellt. — Die Heimat des Cocastrauches ist Peru, doch wird er seit langem auch in Bolivien kultiviert, sowie seit einigen Dezennien in Westindien, auf Ceylon, Java und in Kamerun. Junge Blätter enthalten bis zu 2 % Alkaloide, alte höchstens 1 %. Vor dem Versand müssen sie auf das beste getrocknet werden, denn durch darin enthaltene Feuchtigkeit sind sie zu sehr dem Verderben ausgesetzt.

Sie werden nach Uniten (Preis für 0,5 kg) und Analyse auf Alkaloide gehandelt, Rohcocain nach Analyse Harrison in London oder Gilbert in Hamburg. Es ist hervorzuheben, daß bei diesen Analysen nicht nur das Cocain oder Benzoylmethylecgonin bestimmt wird, sondern auch das Isatropylecgonin, so daß der Fabrikant das letztere als Cocain zu bezahlen hat. Dies ist soweit berechtigt, als man Isatropylecgonin in Cocain umarbeiten kann.

Doch erfordert diese Umwandlung Arbeit und Hilfsstoffe, und man wählt gerne Cocablätter oder Rohcocain mit möglichst hohem Cocain- und geringem Isatropylecgoningehalt. Das Javarohcocain enthält viel Nebenbasen und verhältnismäßig wenig natürliches Cocain. Dieses Rohcocain wird in Holland insgesamt zuerst direkt auf Ecgonin abgebaut, welches man dann synthetisch in Cocain, wie unten beschrieben, überführt.

Laboratoriumsversuch. Die Extraktion von Cocablättern eignet sich wenig als Laboratoriumsbeispiel. Sie wird im Betriebsverfahren beschrieben werden.

In einem Glasstutzen löst man 100 g käufliches Rohcocain in reiner Schwefelsäure von 5⁰/₀. Die Lösung muß vollständig sein; wenn dieselbe nach längerem Umrühren nicht eintritt, füge man noch etwas Säure zu.

Die klare Lösung wird dann durch Außenkühlung mit Eiswasser auf 5⁰ oder weniger abgekühlt. Bei dieser Temperatur erfolgt die Zerstörung der Verunreinigungen des Rohcocains durch Oxydation mit Permanganatlösung. Es sei hervorgehoben, daß die Temperatur während dieser ganzen Operation nie 5⁰ überschreiten darf. Durch Oxydation bei höherer Temperatur zerstört man nicht nur die Verunreinigungen, sondern auch die Alkaloide selbst. — Man läßt die konzentrierte Permanganatlösung langsam aus einem Tropftrichter zutropfen unter beständiger Überwachung der Temperatur und Umrühren. Dies ist so lange fortzusetzen, bis die Lösung mindestens 5 Minuten hellrot bleibt. Dann neutralisiert man mit verdünnter Ammoniaklösung und fällt darauf die Base mit einer 5 proz. filtrierten Lösung von Solvaysoda. Dieselbe hat, schon mit Rücksicht auf die Kohlensäureentwicklung, langsam zu erfolgen. Die Fällung ballt sich zu einem Kuchen zusammen, welcher allmählich sehr hart wird.

Den fertig ausgefällten Kuchen bringt man in eine geräumige Reibschale aus Porzellan und zerkleinert ihn dort naß zu einem möglichst feinen Pulver. Man prüft dabei von Zeit zu Zeit das Wasser, in dem der Niederschlag angerieben wird, auf seine Alkalinität. Es kann vorkommen, daß dieselbe durch das Zerkleinern des Kuchens verschwindet. Man fügt dann noch etwas filtrierte Sodalösung zu. Der zerriebene braunschwarze-Niederschlag wird abgenutscht und mit wenig eiskaltem, destilliertem Wasser gewaschen. — Die vereinigten Mutterlaugen und das Waschwasser schüttelt man einmal mit reinem Äther aus, um sie von den letzten Cocainresten zu befreien.

Mit demselben Äther schüttelt man darauf den getrockneten Niederschlag aus und setzt dies mit weiteren Äthermengen fort, bis eine abfiltrierte Probe kein Alkaloid enthält (Abdunsten auf dem Uhrglas).

Man filtriert von dem Manganoxydul ab und engt die Lösung auf 400 cm³ ein. Dies soll am frühen Morgen geschehen. Man hat sich vorher bereits einen Krystallisierapparat mit Rührer hergestellt, indem man in einen inwendig möglichst glattwandigen Glasstutzen einen Glasrührer einbaute und den Apparat in eine Schale mit Kältemischung gestellt hat. In den Glasstutzen bringt man nun die 400 cm³ der am selben Morgen eingeengten Ätherlösung und läßt darin unter Rühren und äußerer Kühlung krystallisieren. Auf diese Weise bilden sich kleine Krystalle, welche man bequem abnutschen und nachwaschen kann. Beim Krystallisieren in der Ruhe würden sich an der Gefäßwandung enorm harte Krystalle ansetzen, deren Entfernung nur unter Gefahr der Zertrümmerung des Krystallisiergefäßes möglich wäre. — Man stellt über Nacht in den Eisschrank, nutscht am anderen Morgen, deckt einmal mit etwas eiskaltem reinem Äther und trocknet bei 25—30⁰.

Die Mutterlaugen und den Waschäther engt man auf 100—150 cm³ ein und krystallisiert in derselben Weise wie oben. Man setzt dies fort, als noch Krystalle sich bilden.

Alle so gewonnenen Cocainkrystalle werden nochmals, wie bereits beschrieben, oxydiert, ausgeäthert und krystallisiert. Man erhält so 80—90 % des Cocains als reine Base.

Aus den schmierigen, nicht mehr krystallisierenden Endlaugen sämtlicher Ätherkrystallisationen destilliert man in einem kleinen „Erlenmeyer" den Äther ab und entfernt die letzten Reste desselben mit Vakuum. Die verbleibenden Schmieren enthalten den Rest des Cocains und das gesamte Isatropylecgonin. Man gießt 50 cm³ Petroläther in den „Erlenmeyer" und schwenkt diesen um bis zur völligen Mischung des Petroläthers mit den Schmieren. Es löst sich das Cocain, während Isatropylecgonin ungelöst bleibt. Man filtriert und wäscht mit Petroläther nach. Aus dem Petroläther fällt man das Cocain mit konzentrierter alkoholischer Salzsäure vorsichtig und langsam aus, nimmt das gebildete Chlorhydrat aus dem Petroläther direkt mit destilliertem Wasser auf, fällt aus der wässerigen Lösung durch langsamen und vorsichtigen Ammoniakzusatz (Neutralisieren) und filtrierter Sodalösung. Dann behandelt man wie das Rohcocain.

Umwandlung des·Isatropylecgonins in Cocain: 1 T. der aus der Petrolätherlösung abfiltrierten Schmieren wird in einem kleinen Jena- oder Pyrexkolben mit 5 T. Wasser und 1,5 T. **konzentrierter reiner Salzsäure** übergossen. Auf den Kolben setzt man ein langes weites Kühlrohr und erhitzt ihn dann im Ölbad unter dem Abzug so lange, bis eine nach dem Erkalten filtrierte Probe mit Ammoniak keine Fällung mehr gibt. Die **Verseifung** des Isatropylecgonins nimmt manchmal bis zu 20 Stunden in Anspruch. Nach ihrer Vollendung läßt man auf ungefähr 50⁰ abkühlen und gießt dann — immer unter dem Abzug — das Gemisch in eine Porzellanschale, worin man erkalten läßt. Die bisher als Öl obenauf schwimmende **Isatropasäure** erstarrt zu einem Krystallkuchen und wird von der wässerigen Lösung des Ecgonin-chlorhydrats abgehoben. Letztere wird nach Filtration durch Glas-wolle in der Porzellanschale auf dem Heißwasserbad bis zu Krystalli-sation eingeengt. Man läßt über Nacht fertig krystallisieren, nutscht am anderen Morgen ab und wäscht mit etwas eiskaltem destilliertem Wasser nach. Die mit dem Waschwasser vereinigte Mutterlauge engt man weiter ein bis zum dicken Krystallbrei. Dieser wird, so wie er ist, d. h. ohne ihn vorher zu filtrieren, nach dem Erkalten mit seinem vierfachen Gewicht an **absolutem Alkohol** versetzt und über Nacht in den Eisschrank gebracht. Am anderen Morgen nutscht man wieder ab und wäscht mit etwas eiskaltem absolutem Alkohol nach.

Derart hat man das **Ecgonin** bis auf wenige Prozente als **Chlor-hydrat** isoliert. Man trocknet die Krystalle und führt sie dann in folgender Weise in das **Methylecgonin** über: In einer enghalsigen Flasche versetzt man 1 T. trockenes Methylecgonin mit 2 T. reinstem **Methylalkohol** (max. $1^0/_{00}$ Acetongehalt) und leitet unter dem Abzug oder im Freien einen lebhaften Strom von getrocknetem **Salz-säuregas** durch die Mischung. Unter starker Selbsterwärmung erfolgt die Lösung. Man läßt im Salzsäurestrom erkalten und destilliert dann den Methylalkohol ab. Der Rückstand wird aus **absolutem Alkohol** krystallisiert.

Die Benzoylierung des Methylecgonins kann entweder direkt durch **Benzoylchlorid** oder durch **Benzoesäure und Phosphoroxy-chlorid** erfolgen. Der zweite Weg liefert ebenso gute Resultate als der erste und ist billiger[1].

Auf die erste Art erhitzt man in einem Jena- oder Pyrexkölbchen im Ölbad eine innige Mischung von gleichen Teilen Methylecgonin und Benzoylchlorid auf 120⁰. Rühren ist überflüssig. Das in Strömen entweichende Salzsäuregas wird in einer Vorlage über Wasser auf-gefangen. Man hält die Temperatur auf 120⁰, bis die Salzsäureent-wicklung völlig beendet ist, was im Laboratorium $^1/_2$ Stunde dauert, im Betrieb bedeutend länger. In dem flüssigen Cocain schwimmen Harze und andere Verunreinigungen. Man läßt diese bei 100⁰ im Ölbad während 5 Minuten ruhig absetzen. Dann gießt man das über-stehende klarflüssige **Cocain** unter Rühren in 1 l einer 5proz. fil-

---

[1] Neuerdings benzoyliert man Methylecgonin auch mit Benzoesäureanhydrid·

trierten Sodalösung. Das Cocain fällt als krümelige gelbe Masse aus. Den kleinen Bodensatz gießt man in eine kleinere Menge Sodalösung, woraus sie braun und oft schmierig ausfällt. Ihre Reinigung muß getrennt erfolgen.

Die gelbe Ausfällung reibt man in einer Reibschale mit destilliertem Wasser zu einem möglichst feinen Pulver an und prüft, ob das Wasser nach dem Abreiben noch alkalisch reagiert. Ist dies nicht der Fall, so fügt man noch etwas Sodalösung zu. Dann nutscht man, wäscht auf der Nutsche chlorfrei, trocknet und krystallisiert in bekannter Weise aus Alkohol — ebenso verfährt man mit der braunen Ausfällung.

Doch wird diese im Betriebe wieder mit frischem Rohcocain zur Oxydation nachgenommen.

Bei der zweiten Art der Benzoylierung erhitzt man eine in der Reibschale bereitete Mischung von 1 T. Methylecgonin mit 0,8 T. Benzoesäure auf 120° und läßt zu dem Gemisch bei dieser Temperatur 0,3 T. Phosphoroxychlorid langsam zutropfen, indem man auch hier das entweichende Salzsäuregas über Wasser auffängt.

Betriebsverfahren. Wir besprechen zuerst die Extraktion der Cocablätter. Man verwandelt dieselben in der Kreuzschlagmühle in ein grobes Pulver, welches man mit Kalkmilch befeuchtet. Als Extraktor verwenden wir einen von der Form Abb. 76.

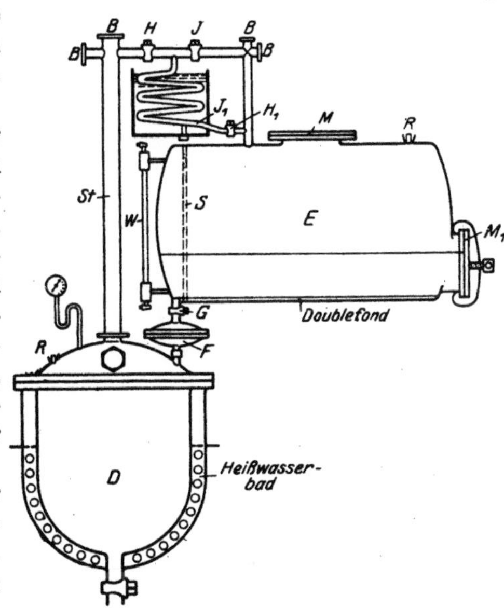

Abb. 76. Extraktionsapparat für Drogen.

Der schmiedeeiserne liegende Zylinder E dient zur Aufnahme der zu extrahierenden Droge, welche durch das Mannloch M eingefüllt wird und durch M_1 nach beendigter Extraktion bequem und rasch wieder daraus entfernt werden kann. Die Lösung passiert nach jeweiliger Extraktion das durchlochte Blech S, welches mit einem feinen Messingdrahtsieb versehen ist. Das Wasserstandsglas W zeigt die Höhe des in ihr befindlichen Extraktionsmittels an, und der am Boden von E aufgeschweißte Doublefond ermöglicht die Abtreibung der letzten Reste des Extraktionsmittels nach beendigter Extraktion. — Das geschlossene Filter F aus Kupfer oder Aluminium entspricht in seiner Konstruktion der Abb. 69, S. 302.

Die Destillierblase D sei unbedingt eisenemailliert. Für die Cocainextraktion wäre dies nicht unbedingt erforderlich, auch Kupfer oder Aluminium wäre dafür verwendbar. Aber dieser Extraktionsapparat dient oft zur Extraktion zahlreicher verschiedener Alkaloide, unter denen sich äußerst empfindliche, wie z. B. Eserin, Yohimbin, Berberin, Atropin, befinden können. Solche ertragen in der Form ihrer Salze — selbst schwacher organischer Säuren — die Berührung mit keinem unedlen Metall. Die Destillierblase soll mit Warmwasser und nie mit direktem Dampf geheizt werden. Meist werden darin Extraktionen mit Äther ausgeführt. Wenn man mit höher siedenden Extraktionsmitteln, wie beispielsweise Benzol, extrahiert, ist das Steigrohr *St* zu isolieren. Damit dessen Steighöhe nicht zu lang wird, konstruiert man den Kühler *K* aus Schmiedeeisen oder Kupfer niedrig und dafür mit relativ großem Durchmesser. Die Revision der Rohre, durch welche das Extraktionsmittel destilliert, muß rasch und bequem erfolgen können. Sie sind deshalb durchweg geradlinig. In regelmäßigen Zeiträumen werden die Blindflanschen *B B* geöffnet, und durch Durchstoßen mit einem Kupferdraht stellt man fest, ob der Durchgang der Rohre frei ist. *D* und *E* tragen die bereits früher beschriebenen Stutzen mit guten Korkstopfen als Sicherheitsventile. Eine Unterlassung dieser Vorsichtsmaßregel kann bei Verstopfung der Rohrleitungen mit Drogenpulver zu schwersten Unglücksfällen Veranlassung geben.

Der liegende Extraktionszylinder *E* eignet sich besonders für Extraktionen, wo das Alkaloid aus einer verhältnismäßig großen Menge Droge durch ein so leicht verdunstendes Extraktionsmittel wie Schwefeläther extrahiert wird. Cocablätter nehmen beispielsweise im Verhältnis zum extrahierten Alkaloid ein großes Volumen ein. Dies ist oft bei anderen teuren Alkaloiden, beispielsweise Yohimbin oder Eserin, noch viel mehr der Fall. — Extraktionsapparate für derartige Produkte müssen zwei Hauptbedingungen erfüllen:

1. Geringer Verlust an Extraktionsmittel durch möglichst kleinkalibrige Dichtungen.

2. Die Möglichkeit rascher Destillation des Extraktionsmittels und rascher Einfüllung sowie hauptsächlich Entleerung der extrahierten Droge.

Der skizzierte Apparat erfüllt beide Bedingungen, so gut dies im Bereiche der Möglichkeit liegt. Die Mannlochdeckel haben einen geringen Durchmesser, höchstens 40 cm in der Längsachse. Daß M_1 gegen das flüssige Extraktionsmittel dicht sein muß, bildet keine Unannehmlichkeit. Äther passiert durch undichte Stellen, sei es in flüssiger oder in Dampfform. Das Entleeren der extrahierten Droge kann bequem direkt in einen Rollwagen erfolgen, und der Extraktor kann sehr leicht gereinigt werden.

Für stehende Extraktionszylinder würden die zwei vorstehenden Konstruktionsmöglichkeiten bestehen. (Vergleiche Abb. 77.)

Das kleine Mannloch der Form *a* vermeidet allerdings ebenfalls größere Verluste an Extraktionsmittel, aber das Entleeren eines derart konstruierten Extraktionszylinders von der Droge ist höchst unangenehm. — Diesem Übelstand hilft freilich die Form *b* ab: Mechanisch heraushebbarer Einsatz, in dem die extrahierte Droge sehr bequem entfernt werden kann. Infolge des großen Mannlochumfangs, der hier

eher ein Deckel ist, sind aber die Verluste an Extraktionsmittel sehr
groß; ja beispielsweise für Schwefeläther unerträglich. Diesem Übelstand könnte abgeholfen werden, indem man den Extraktionszylinder
hoch und mit möglichst geringem Durchmesser baut. Aber dann dringt
wieder das Extraktionsmittel nicht in alle Teile der Droge ein.

Ein Fachmann in Extraktionen wird darum für Soxhletoperationen
die liegende Form des Extraktionszylinders vorziehen.

Bei Extraktionen mit Äther oder Ligroin muß man in der warmen
Jahreszeit sowohl im Kühler K als im Doublefond
des Zylinders E mit Eiswasser kühlen.

Das Abtreiben des nach vollendeter Extraktion
in der Droge verbleibenden Extraktionsmittels geschieht durch Füllen des Extraktionszylinders mit Wasser und Anheizen mit dem Doublefond, wobei
die Hähne HH_1 und JJ_1 von und
zu dem Kühler entsprechend um-
zustellen sind.

Cocain wird mit Äther extrahiert.
Als Vorlage in der Blase D ver-

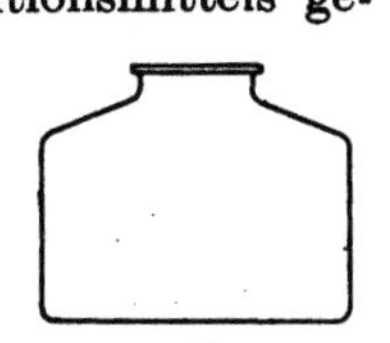
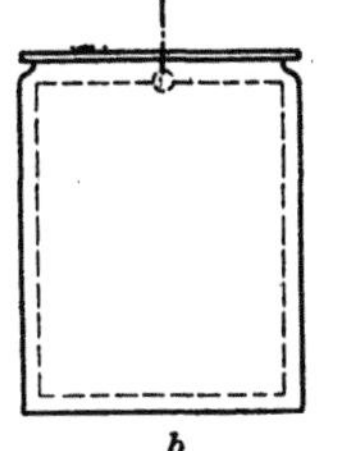

Abb. 77. Verschiedene Formen von Extraktionsgefäßen.

wendet man verdünnte Essigsäure. Man vermeidet jedes unnütze
Erhitzen und entfernt am besten nach 2—3 Abtreibungen des Äthers
die gewonnene essigsaure Cocainlösung aus der Destillationsblase, damit
sie nicht länger erwärmt wird als eben nötig ist. — Nach 6—8 Extraktionen sind in der Regel die Cocablätter erschöpft.

Aus der gewonnenen essigsauren Cocainlösung fällt man das Rohcocain mit filtrierter Sodalösung. Die weitere Verarbeitung der gefällten Base ist dann gleich der von Rohcocain.

Zu Betriebsansätzen eignen sich 10—15 kg Rohcocain.
Die Oxydation mit Permanganat und die nachfolgende Ausfällung nimmt man in einem emaillierten Rührkessel
vor, welcher in eine Holzbütte zur Aufnahme des Eis-
wassers oder noch besser Kältemischung gestellt ist. Beim
Ausfällen entferne man die gebildeten Fällungskuchen vorweg aus der Lösung. Sie werden zuerst in einer kleinen
Holzbütte mit glatten inneren Wandungen mit einem
Hammer in kleine Stücke zerschlagen. Diese werden dann zusammen
mit Wasser in eine solid gebaute Porzellankugelmühle geladen
und darin naß zu einem feinen Pulver gemahlen.

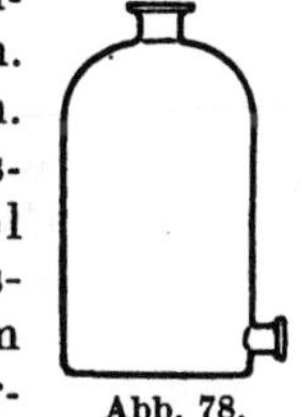

Abb. 78.
Flasche mit
Bodenstutzen.

Das Ausäthern geschieht vorteilhaft in mehreren Flaschen mit
Bodenstutzen von 12—15 l Inhalt.

Solche Flaschen sind handlicher als Scheidetrichter und weniger
zerbrechlich. Für einen Ansatz genügen 4—5 Flaschen.

Zum Einengen der ätherischen Cocainlösung verwendet man zweckmäßig den Apparat Abb. 93. In demselben Apparat krystallisiert
man nach dem Einengen unter Rühren und Außenkühlung. Dabei
trachtet man auch im großen unbedingt danach, daß unter Rühren
fertigkrystallisiert wird, so daß sich keine Krystalle an der Emaille

festsetzen können, von wo sie nur unter Beschädigung derselben abgesprengt werden könnten, wenn man nicht ihre Wiederauflösung in Äther vorzieht. Die Emaille muß für diese Krystallisationen eine möglichst glatte Oberfläche haben.

Die Umwandlung des Isatropylecgonins in Cocain ist der Laboratoriumsversuch in vergrößertem Maßstab, ausgeführt in großen Kolben aus Jena- oder Pyrexglas.

Die arzneiliche Verwendung des Cocains geschieht beinahe ausschließlich in Form des

Cocainhydrochlorid. Schmelzpunkt 183°, bei langsamem Erwärmen von reinstem Produkt. Löslich in 0,75 T. kaltem Wasser, unlöslich in absolutem Alkohol und in Äther. Aus konzentrierter wässeriger Lösung krystallisiert es mit 2 Molekülen Krystallwasser in Nadeln, welche das Wasser leicht wieder verlieren. Aus Alkohol krystallisiert die Substanz wasserfrei.

Es kommt in zwei Krystallformen in den Handel:

1. Cocain hydrochloric D.A.B. VI, glänzende Blättchen, welche hergestellt werden, indem man reine Cocainbase in der vierfachen Menge reinstem Äther löst und die Lösung langsam und sehr vorsichtig mit konzentrierter alkoholischer Salzsäure bis exakt kongosauer neutralisiert, auf —15° abkühlt, 2—3 Stunden auf dieser Temperatur beläßt, durch ausgekühlte Nutsche filtriert und bei 40° trocknet.

2. Cocain hydrochloric in Krystallform. Man löst die Base in Alkohol von 90% und verfährt dann wie oben. — Diese Form wird hauptsächlich in angelsächsischen Staaten verwendet.

Anmerkung. Um die behördlichen Vorschriften gegen Cocainmißbrauch zu umgehen, verwendet man in Likören anstatt Cocainzusätzen solche von Auszügen von Cocablättern. So ist beispielsweise der „Mariani“-Likör (vin Mariani) nichts anderes als ein aromatisierter Cocablätterextrakt.

Indem das Cocain aus Javacocablättern fortwährend an Bedeutung zunimmt, sei die Behandlung der letzteren noch speziell beschrieben. Sie enthalten im Gegenteil zu der in Südamerika vorkommenden Coca das Cocain nur zum geringsten Teile fertiggebildet, sondern in der Hauptsache die verschiedenen Derivate des Ecgonins. Bei der Herstellung des Cocains aus den Javablättern isoliert man nun, wie bereits erwähnt, nicht diese einzelnen verschiedenen Derivate für sich, sondern man gewinnt zunächst durch Extraktion ein Gemisch der Ecgoninderivate, wie fertiggebildetes Cocain, Benzoylecgonin, Cynamylecgonin, Isatropylecgonin u. a. Sie werden insgesamt zum Ecgonin ab- und in derselben Operation wieder zum Methylecgonin aufgebaut. Dieses wird dann durch Behandeln mit Benzoesäureanhydrid in Benzollösung in Benzoylmethylecgonin übergeführt.

Die Javablätter werden zunächst zerkleinert, d. h. etwa gevierteilt, weil die unzerkleinerten Blätter nur schwer von den Extraktionsmitteln durchdrungen werden.

Die Extraktion selbst nimmt man in gewissen Betrieben mit saurem Wasser vor. Die Blätter werden in Perkolatoren mit 1 proz. Schwefelsäure erschöpft. Der erhaltene Auszug wird mit Sodalösung genau neutralisiert und im Vakuumverdampfer bei niedriger Temperatur und möglichst hohem Vakuum eingeengt, wobei man aus 100 kg

Blättern etwa 5 kg Extrakt als sirupöse Flüssigkeit gewinnt. Diesen Extrakt bringt man zusammen mit Benzol in einen Schüttelapparat und setzt unter Rühren Sodalösung zu, bis die Masse gut alkalisch ist. Die Ecgoninderivate sind in Benzol alle löslich, was für Ecgonin selbst nicht der Fall wäre. Deshalb wird der Auszug vor dem Einengen im Vakuum genau neutralisiert, womit man vermeidet, daß überschüssige Säure die Ecgoninabkömmlinge bis zum Ecgonin abbaut. Man wäscht so lange aus, bis das Benzol nichts mehr aufnimmt. Die Benzolauszüge werden vereint, mit Soda getrocknet, im Vakuum konzentriert und mit saurem Wasser ausgewaschen, in das die Ecgoninderivate als Chlorhydrate gehen. Aus der wässerigen Lösung fällt man die Basen als Chlorhydrate aus.

Statt die Blätter mit saurem Wasser zu extrahieren, behandelt man dieselben auch mit Kalkmilch und extrahiert dann mit Benzol, wobei man allerdings keine Perkolatoren verwenden kann, sondern mit S. 327 beschriebenen Extraktoren arbeiten muß. Man muß beim Alkalischmachen darauf achten, daß die Blätter nicht gar zu feucht werden. Als Regel für solche Fälle beobachtet man auch hier, daß die angefeuchteten Blätter durch den Druck der Hand sich zwar anfänglich zusammenballen, aber bald wieder auseinanderfallen. Die alkalisierten Blätter werden in bereits angedeuteter Weise mit Benzol erschöpft. Die Benzolauszüge trocknet man mit Soda oder Kochsalz, filtriert, engt im Vakuum ein, erschöpft sie mit saurem Wasser und fällt aus der sauren wässerigen Lösung die Basen mit Soda.

Die Fällung bildet in beiden Fällen ein schmieriges Gemisch von Krystallen und öligen, nach und nach erstarrenden Körpern und besteht aus den verschiedenen Ecgoninderivaten. — Man kocht dieses Gemisch ohne Rücksicht auf die Zusammensetzung im Einzelfalle in Kolben 3—4 Stunden am Rückflußkühler mit einer Lösung von Methylschwefelsäure in Methylalkohol, und zwar versetzt man 5 kg Alkaloide mit einer Mischung von 10 kg konzentrierter Schwefelsäure und 30 kg Methylalkohol. — Durch diese Behandlung werden die Nebenalkaloide ab- und zugleich wieder in Methylecgonin aufgebaut. Nach 3—4 stündigem Kochen am Rückfluß destilliert man den überschüssigen Methylalkohol ab und gießt den Rückstand in seine doppelte Menge Wasser. Hierbei scheiden sich schon eine ganze Reihe von Abbauprodukten aus. Man filtriert die saure Lösung und schüttelt sie dann noch mit Äther aus, hauptsächlich zur Entfernung von Benzoesäure und einigen Estern, die in Wasser etwas löslich sind. In der sauren Lösung bleibt schließlich Methylecgoninsulfat. Man übersättigt mit Pottaschelösung und nimmt das freigewordene Methylecgonin in Chloroform, Dichloräthylen, Chlormethylen oder ähnlichen Lösungsmitteln auf; auch Äther kann verwendet werden. Nach dem Abtreiben des Lösungsmittels hinterbleibt ein ziemlich reines Methylecgonin.

Ein Molekül desselben und ein Molekül Benzoesäureanhydrid mit 10 % Überschuß kocht man in einem Glaskolben mit der fünffachen Menge Benzol 4 Stunden am Rückflußkühler. Erfahrungsgemäß ist in dieser Zeit alles Methylecgonin in Cocain übergeführt. Die erkaltete

Benzollösung wäscht man mit saurem Wasser aus und fällt aus der sauren wässerigen Lösung das Alkaloid durch Sodalösung. Die Fällung wird getrocknet und aus Äther krystallisiert, um es von den Resten unveränderten Methylecgonins zu befreien.

Coffein.

$N_8H_{10}N_4O_2 + H_2O$. Mol.-Gew. 212. Schmelzpunkt 225°.

Das Coffein oder Trimethylxanthin hat die Konstitutionsformel:

$$CH_3-N-C=N{>}CO$$
$$CO \quad C-N{<}CH_3$$
$$CH_3-N-CH$$

Es bildet lange, weiße, biegsame, zu wolligen Stücken verfilzte Nadeln, verliert an der Luft unter schwacher Verwitterung einen Teil seines Krystallwassers und wird bei 100° wasserfrei. Löslich in 80 T. kaltem und 2 T. siedendem Wasser, in Alkohol, 9 T. Chloroform, 1300 T. Äther.

Coffein wird schon seit langem aus Teeflaum, der beim Rösten des Tees entsteht, ferner aus dem beim Sieben des Tees abfallenden Teestaub fabriziert. Indem aber das letztere Produkt im fernen Osten auch zur Fabrikation von „Ziegeltee" dient, so genügen die genannten Ausgangsmaterialien nicht mehr für die bedeutende Konsumation des Coffeins. — Ich verfüge über keine praktische Erfahrung in der Verarbeitung von Teeabfällen. Nach Schmidts Pharmazeutischer Chemie mischt man dieselben mit Wasser und Kalkmilch, laugt nach dem von mir unter Theobromin beschriebenen Verfahren mit kaltem Wasser aus, engt die Lösung im Vakuum ein, kühlt sie gut aus zur Abscheidung diverser Verunreinigungen, filtriert, engt weiter ein zur Krystallisation und reinigt durch Umkrystallisation aus Wasser.

Ein Teil des Coffeinkonsums wird durch die Fabriken von coffeinfreiem Kaffee gedeckt[1].

Vor etwa einem Jahrzehnt entdeckte man, daß im Kaffeeruß der Kaffeeröstereien Coffein bis zu 20%, im Mittel 8—12%, enthalten ist. Zur analytischen Bestimmung desselben eignet sich gut die im Codex français angegebene Methode zur Coffeinbestimmung in den Colanüssen. — Reiner Kaffeeruß, gewonnen aus guten Kaffeesorten ohne Zusätze, vor allem in elektrisch betriebenen Röstereien, ist leicht zu extrahieren. In hölzernen Extraktionsstanden kann man daraus mit lauwarmem Wasser das Rohalkaloid als relativ helle Lösung herausziehen, deren Weiterverarbeitung keine Schwierigkeiten bereitet. Leider sind viele Kaffeeruße, herrührend aus geringen Kaffeesorten oder mit Zusätzen gerösteter, durch wasserlösliche Harze verschmiert. Die wässerigen Extraktionslaugen sind dann sehr dunkel und die darin gelösten Verunreinigungen erschweren die Isolierung des reinen Alkaloids. Solche verschmierte Ruße müssen in eisernen Soxhletapparaten mit Benzol oder noch besser mit einer Mischung, bestehend aus 80%

---

[1] Eine kürze Beschreibung der Fabrikation von coffeinfreiem Kaffee findet sich S. 333 ff.

Benzol und 20% Alkohol, extrahiert und das erstemal daraus krystallisiert werden.

Die Coffeinbase läßt sich aus heißem Wasser in Aluminiumapparaten in prachtvollen Nadeln krystallisieren. Sie kommt als federleichte, aus verfilzten Nadeln bestehende Stücke von 6—10 cm Kantenlänge in den Handel.

Bei dem stets zunehmenden Konsum dieses Alkaloids wäre nicht ausgeschlossen, daß seine bereits unter Theobromin erwähnte Fabrikation aus demselben, bzw. also aus Kakaoschalen in Zukunft eine größere Bedeutung erlangte. Durch Behandlung einer alkoholischen Lösung von Theobrominnatrium mit Dimethylsulfat gelangt man leicht zu Coffein.

Coffein wird in der Therapie angewendet als Base, ferner in großem Maßstabe als Coffeinnatriumbenzoat, außerdem auch als Coffeinnatriumsalicylat und Coffeincitrat. Die Darstellung dieser Salze ist analog derjenigen von Diuretin (s. S. 412).

Coffeinfreier Kaffee.

Der Konsum von coffeinfreiem Kaffee nimmt allmählich so große Dimensionen an, daß eine orientierende Beschreibung der Fabrikation dieses Produktes von Interesse erscheint. — Die Arbeit teilt sich in folgende Gruppen:

1. Vorbereitung der Kaffeebohnen für die Extraktion.

2. Extraktion des Coffeins und des Aromaöls durch ein gechlortes Alkyl.

3. Extraktion des Coffeins aus der Chloralkyllösung durch heißes Wasser.

4. Wiedervereinigung der extrahierten Kaffeebohnen mit dem Aromaöl, Abtreiben des Lösungsmittels, Entlüften und Rösten der Kaffeebohnen.

Die Operation 1, d. h. die Vorbereitung der Kaffeebohnen für die Extraktion ist sehr wesentlich für das Gelingen der gesamten Prozedur.— Aus gemahlenen Bohnen würde die Extraktion ohne Schwierigkeiten gelingen. Anders verhält es sich mit der restlosen Entfernung des Coffeins aus ungemahlenen Bohnen. Diese sind, so wie dieselben aus ihren Produktionsländern zu uns gelangen, für alle Extraktionsmittel fast undurchdringlich. Ihre dichtgelagerten, sehr harten, inkrustierten Gewebe müssen erst gelockert werden, bevor man zu ihrer Behandlung mit Extraktionsmittel schreiten kann.

Man nimmt diese Gewebelockerung im „Vorbereitungs- und Extraktionsapparat für Kaffeebohnen" (Abb. 79) vor. Dessen Bodenstück B aus Stahl oder Schmiedeeisen mit planebenem Grund kann durch Dampf in einem Doppelboden oder besser durch Gas geheizt werden. Letztere Art der Heizung hat sich hier bewährt, da sie sehr gut reguliert werden kann und weil der Apparat nach dem Abstellen der Heizung verhältnismäßig rasch auskühlt. Der gewölbte Deckel D aus Kupfer oder Aluminium ist durch Klemmschrauben, welche aus Übersichtsgründen in der Zeichnung fehlen, luftdicht mit dem Bodenstücke verbunden. Er kann nach beendeter Operation samt dem Rührer R, der Präzisionsstopfbüchse und den diversen anderen, auf ihm angebrachten Armaturen in die Höhe gehoben werden.

Man bringt, bei gehobenem Deckel D und geschlossenen Hähnen 1, 2 und 3 in B Kaffeebohnen bis wenig unter den Eintritt des Rohres R, senkt dann den Deckel und verflanscht ihn mit dem Bodenstück. Darauf setzt man den Rührer in Gang (6—8 Touren je Minute) und heizt sehr langsam an. Der Rührer wendet eher die Bohnen als daß er rührt. Durch einen in der Zeichnung aus Übersichtsgründen weggelassenen Thermometer beobachtet man die Temperatur in der Bohnenschicht. Dieselbe soll ganz allmählich bis auf 120° steigen. Die Bohnen werden durch diese Behandlung noch nicht geröstet, aber vollständig getrocknet. Durch das Entweichen der letzten Wasserteilchen in Dampfform aus den inkrustierenden Substanzen werden diese aufgesprengt. Dies ist die „Vorbereitung der Bohnen für die Extraktion". Von bloßem Auge kann man an so behandelten Bohnen nichts beobachten, wohl aber unter dem Mikroskop, wo man eine Menge feiner Risse und Poren erkennt, in welche das Extraktionsmittel nun eindringen kann. — Die während der „Vorbereitung" entstehenden Gase werden durch Rohr R_1 nach dem Hoch-

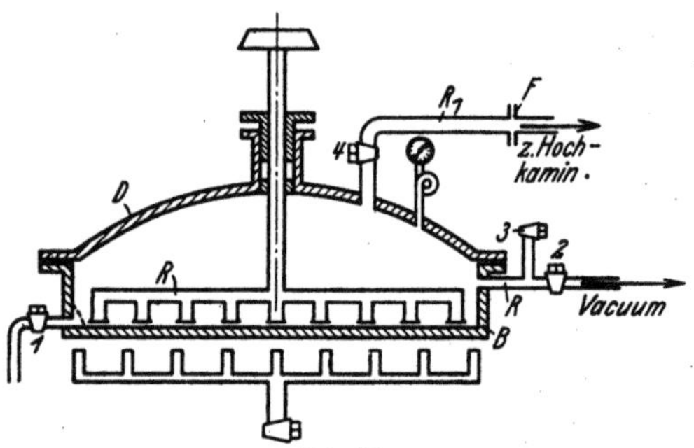

Abb. 79.
Vorbereitungs- und Extraktionsapparat für Kaffeebohnen.

kamin abgeleitet. Wenn sich bei 120° keine solchen mehr entwickeln, stellt man die Heizung ab und schließt auch Hahn 4, so daß nun, namentlich bei der raschen Abkühlung, die sich bei abgestellter Gasheizung produziert, im Apparat ein Vakuum entsteht. Die haarfeinen Poren und Risse in den Bohnen, welche durch die „Vorbereitung" derselben erzeugt wurden, sind also präpariert, daß ein Extraktionsmittel gut in dieselben eindringen kann. Das entstandene Vakuum kann durch Öffnen des Hahnes 2 nach einer Vakuumpumpe noch erhöht werden, doch ist dies nicht unbedingt erforderlich.

Als Extraktionsmittel verwendete man ursprünglich Chloroform, welches jetzt durch billigere und weniger gesundheitsgefährliche gechlorte Alkyle, wie das Trichloräthylen (das „Tri") oder auch das Dichlormethylen, ersetzt wird. Es ist leicht verständlich, daß ein angenehmer Geschmack des coffeinfreien Kaffees ein möglichst reines Extraktionsmittel bedingt. — Nach der „Vorbereitung" der Bohnen läßt man in den nicht ganz erkalteten Apparat, der, wie bereits erwähnt, jetzt unter vermindertem Druck steht, durch Hahn 3 Extraktionsmittel eintreten, welches in die Bohnen um so mehr eindringt, als sich durch gleichzeitiges Vergasen desselben in dem warmen Apparat nun Druck statt Vakuum bildet. Der Druck soll bis zu

1,5 Atm. steigen, was im Bedarfsfalle durch erneutes leichtes Anheizen bewirkt wird.

Nach einiger Zeit läßt man bis zum Druckausgleich abkühlen und zieht dann die erhaltene Lösung durch den Hahn 1 in den „Coffeinextraktor" (Abb. 80) ab. Diese Lösung enthält neben Coffein das schwach grüngelbe Aromaöl. Man extrahiert nun im Apparate (Abb. 79) das Coffein, indem man jeweils Druck von 1,5—2 Atm. auf den Apparat gibt, bis zur Erschöpfung und vereinigt alle erhaltenen Auszüge im Coffeinextraktor (Abb. 80). Dieser ist ein Waschzylinder aus Aluminium mit Dampfheizung, Bodenhahn und Quirlrührer. Darin entzieht man der Lösung das Coffein mit destilliertem heißem Wasser (15 l je 100 kg extrahierte Bohnen und zweimal 15 l zum Nachwaschen). — Die Beschreibung der Verarbeitung von Roh- auf Reincoffein findet sich S. 333.

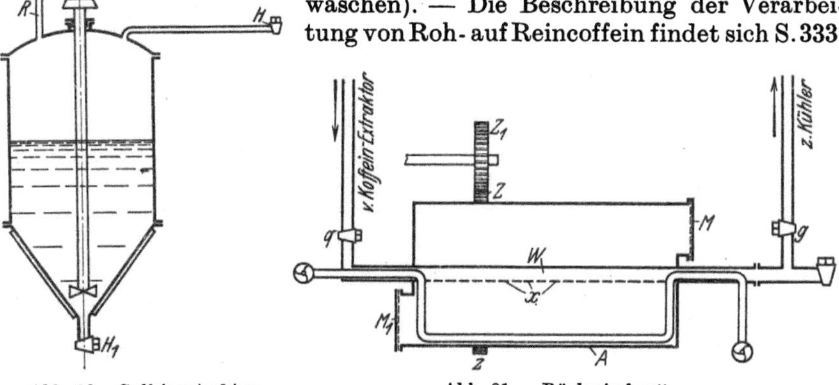

Abb. 80. Coffeinextraktor.　　　　　　Abb. 81. „Rückmischer".

Es verbleibt die **Wiedervereinigung des extrahierten Kaffees mit dem ihm zusammen mit dem Coffein entzogenen Aromaöl.** Sie vollzieht sich im „Rückmischer" (Abb. 81), einem horizontalen Zylinder A aus Aluminium, welcher durch ein Zahnradgetriebe Z und Z_1 langsam um die Welle W rotieren kann. Die übrigen Armaturen des Apparates werden in der Schilderung ihrer Verwendung zur Erwähnung gelangen.

Nach dem Abfluß des letzten Auszuges von einem Ansatz Kaffeebohnen im Apparate (Abb. 79) werden an demselben nach vollständigem Auskühlen der Flansch F sowie die Klemmschrauben geöffnet, der Deckel gehoben und der mit Lösungsmittel getränkte Kaffee raschmöglichst in den „Rückmischer" (Abb. 81) verbracht. Für diese Arbeit sind die Arbeiter mit Schutzmasken auszurüsten und alle Fenster des 12—15 m hohen Lokales, welche vom Fußboden bis zur Decke desselben reichen sollen, zu öffnen (zur Zeit, da man noch mit Chloroform extrahierte, kamen bei dieser Umlademanipulation der chloroformgetränkten Bohnen oft Unfälle vor).

Im „Rückmischer" (Abb. 81) sollen der Kaffee von einem Ansatz und die mit ihm zu vereinigende entcoffeinierte Aromaöllösung zusammen nicht ganz bis zur Welle W reichen. Diese Welle ist hohl und trägt eine große Zahl feiner, nach unten gerichteter Öffnungen $x\,x\,x$.

Wenn die Bohnen in den Zylinder des „Rückmischers" geladen sind, wird dieser Zylinder in langsame Rotation versetzt. Gleichzeitig öffnet man den Hahn H_1 im Coffeinextraktor (Abb. 80). Durch diesen fließt die Lösung des Aromaöls zuerst durch ein Kugelfilter nach Abb. 69 zur Klärung und dann in die Welle W des „Rückmischers" (Abb. 81). Aus der Welle W gelangt sie durch die Öffnungen $x\,x\,x$ auf die Bohnen, welche durch die langsame Rotation des Zylinders A vorweg umgewendet werden. So erzielt man eine homogene Rückmischung von Bohnen und Aromaöl. Nachdem alle Lösung des letzteren auf die Bohnen gespritzt ist, heizt man unter fortgesetztem Rotieren des Zylinders A vermittels der Dampfschlange Sch, wodurch das gechlorte Alkyl durch die Welle W, den offenen Hahn g in einen Kühler abdestilliert, aus dem es in den Sammelbehälter für das Lösungsmittel fließt. Dadurch, daß die Bohnen auch während dem Abtrieb des Extraktionsmittels beständig gewendet werden, erreicht man, daß dasselbe bis auf wenige Prozente zurückgewonnen werden kann. Denn es ist ausgeschlossen, daß die letzten Reste des Lösungsmittels durch direkten Wasserdampf abgetrieben und so wiedergewonnen werden können, weil durch den Wasserdampf die Bohnen deformiert und unverkäuflich würden.

Man muß vielmehr die letzten Anteile des Lösungsmittels durch Durchlüftung der Bohnen entfernen. Zu diesem Zwecke öffnet man das Mannloch M, ohne das darunterliegende Sieb zu entfernen, und verbindet durch ein weites Rohrstück mit einem gewaltigen Ventilator. Die Öffnung des Mannloches M_1 verbindet man, indem man dort ebenfalls das Sieb angeflanscht läßt, mit einem weiten Einzugskanal für Frischluft. Beim nun folgenden Entlüften des Zylinders A strömen ganze Schwaden aus dem Auspuffrohr des Ventilators in das Freie. Erst nach längerer Durchlüftung des Zylinders A darf derselbe geöffnet und von den Bohnen entleert werden. — Dieselben werden dann geröstet, wobei man nicht elektrisch, sondern mit Gas heizt, damit die Temperatur, namentlich anfänglich während des Austreibens der letzten Reste des Extraktionsmittels, genau geregelt werden kann. Die Röstgase riechen sehr unangenehm und müssen deshalb in ein Hochkamin geleitet werden.

Digitalispräparat.

Das Digitalispräparat ist ein weißes Pulver. Es wird angewendet in den Formen von Lösung, von Ampullen, von Verreibung und von Tabletten.

Um es darzustellen, werden 20 kg Digitalisblätter in fein geschnittenem Zustande in einem Tontopfe mit 100 l Wasser von 40—50⁰ 12 Stunden maceriert. Man koliert von den Trestern ab und schleudert diese. Dann maceriert man sie noch zweimal mit je 30 l Wasser. Die vereinigten Kolaturen werden mit einer heißen Lösung von 4 kg Bleiacetat in 8 l Wasser versetzt, worauf man 24 Stunden absetzen läßt. Man zieht die Laugen vom Niederschlage ab und filtriert sie. Der Bleischlamm wird noch einmal mit Wasser nachgewaschen und das Filtrat mit dem ersten vereinigt.

Die vereinigten Filtrate werden im Apparat (Abb. 92) dreimal mit je 20 l technischem Chloroform ausgewaschen. Statt Chloroform wären auch Trichloräthylen oder Tetrachlorkohlenstoff verwendbar. Es sei hervorgehoben, daß die genannten Extraktionsmittel leicht zur Bildung schwer trennbarer Emulsionen neigen, weswegen man sehr langsam durchrührt. Besser als die Verwendung des Apparates (Abb. 92) ist aus diesem Grunde diejenige von sehr großen Scheidetrichtern, worin sich gläserne Rührer sehr langsam bewegen. Auf diese Weise kann man den Vorgang der Extraktion vorweg beobachten (vgl. darüber auch den Abschnitt über Hämoglobin, S. 128 ff.).

Die von der wässerigen Schicht getrennte Digitalislösung wäscht man zweimal mit 1proz. Sodalösung aus, filtriert und engt auf 3 l ein. Diese 3 l werden mit entwässertem Glaubersalz getrocknet und dann auf $^1/_2$ l eingeengt, welcher nun sehr langsam und unter stetem Rühren in 5 l reinen, vor der Operation noch einmal fraktionierten Petroläther gegossen werden. Es scheidet sich eine flockige, weiße Masse aus: das Digitalispräparat. — Man überläßt 1 Stunde der Ruhe, filtriert ab, wäscht auf dem Filter mit reinem Petroläther nach, trocknet bei 35—40°, pulvert und füllt in ein dunkles Pulverglas ab.

Die Ausbeute schwankt zwischen 20—30 g.

Herstellung einer Lösung, von der 1 cm³ 0,1 g Digitalisblättern entspricht. 1,2 g des Präparates und 50 g Acetonchloroform = Chloreton werden mit 2 l 96proz. Alkohol gemischt. Die entstandene Lösung verdünnt man mit Wasser auf annähernd 10 l und setzt 90 g NaCl hinzu. Man läßt 4 Wochen stehen und filtriert dann durch ein Berkefeldfilter. Um eine schnellere Klärung zu erzielen, empfiehlt es sich, mit 100 g frischgefälltem Aluminiumhydroxyd durchzuschütteln und dann zu filtrieren. Das Filtrat füllt man genau auf 10 l auf.

Herstellung von Ampullen. 6 g Präparat löst man in 500 g Acetonchloroform, füllt mit sterilem Wasser auf 10 l auf und versetzt mit 90 g sterilem NaCl. Diese Lösung wird in sterilen Gefäßen bereitet, dann durch ein Berkefeldfilter filtriert und auf Froschherz eingestellt.

Herstellung einer Verreibung. 6 g Präparat werden in 100 g Chloroform gelöst und die Lösung mit 500 g Milchzucker verrieben. Dann läßt man das Chloroform bei gewöhnlicher Temperatur verdunsten.

Herstellung von Tabletten. 6 g des Präparates werden in 100 g Chloroform gelöst und mit 950 g Milchzucker plus 45 g Weizenstärke verrieben. Aus dieser Mischung formt man 10000 Tabletten zu 0,1 g.

Digitoxin.

$C_{34}H_{54}O_{11}$. Mol.-Gew. 638. Der Schmelzpunkt des wasserfreien Präparates ist 238—240°; krystallwasserfreies Digitoxin schmilzt bei 145° und wird dann wieder fest. Es bildet ein weißes, krystallinisches Pulver, in Äther fast unlöslich, schwer löslich in kaltem, leicht in heißem Weingeist.

10 kg fol. Digitalis werden mit 30 l Wasser angesetzt und durcheinandergearbeitet. Am nächsten Tage wird abgepreßt und diese

Operation noch einmal mit 20 l und dann nochmals mit 15 l Wasser wiederholt. Durch das Wasser werden eine Reihe Fremdstoffe und kein Digitoxin aus den Blättern entfernt.

Alsdann werden die Blätter mit 15 l 50proz. Alkohol durchgeknetet und abgepreßt; diese Operation wird noch zweimal wiederholt. Die alkoholischen Auszüge werden in einer Schale gesammelt, darin mit 1,1 kg basisch essigsaurem Blei versetzt und durch mehrere Glastrichter mit Faltenfiltern filtriert. Das Filtrat wird zusammen mit 15 g $CaCO_3$ im Vakuum bei niedriger Temperatur auf ein Drittel seines Volumens eingeengt, wobei sich das Rohdigitoxin ausscheidet.

Man fügt dem Destillationsrückstand etwas 2proz. Sodalösung hinzu und läßt absetzen, siphoniert die Flüssigkeit ab und schüttelt das Rohdigitoxin so lange mit Sodalösung, bis sich diese nicht mehr färbt. Hierauf nutscht man das Rohdigitoxin ab, trocknet auf Tontellern oder bei niedriger Temperatur im Vakuum und zerreibt zu einem feinen Pulver. — Dieses kocht man unter jeweiligem Zusatz von metallfreier Entfärbungskohle viermal mit Chloroform aus, behandelt die vereinigten Chloroformauszüge nochmals mit Kohle, filtriert und destilliert das Chloroform bei mäßiger Temperatur bis auf einen kleinen Teil ab. Alsdann gibt man zu der Lösung $^1/_2$ l absoluten Äther und läßt über Nacht stehen. Das ausgeschiedene Digitoxin wird abgenutscht und bei Bedarf noch aus 90proz. Alkohol umkrystallisiert.

Ausbeute: 6 g.

Eserin. — Physostigmin.

$C_{15}H_{21}N_3O_2$. Mol.-Gew. 275. Schmelzpunkt 102^0.

Es bildet weiße, oft zu Klümpchen vereinigte Blättchen, welche sich schwer in Wasser, leicht in Alkohol, Äther und Chloroform lösen. Durch Licht- und Luftzutritt erfolgt bald Rotfärbung sowohl der Base als auch der Eserinsalze. Das beständigste der Salze ist das Salicylat. — Eserin wird gewonnen aus
Calabarbohnen, Physostigma, heimisch in Westafrika. Dieselben enthalten ungefähr 0,1 % Alkaloid.

In Anbetracht der hohen Giftigkeit derselben sind beim Mahlen in der Kreuzschlagmühle alle für ähnliche Fälle bereits erwähnten Vorsichtsmaßregeln doppelt peinlich zu beobachten.

Die gemahlenen Bohnen mischt man zu gleichen Gewichtsteilen mit Strohhäcksel und besprengt dieses Gemisch mit 10proz. Lösung von metallfreiem Natriumbicarbonat, jedoch nur so weit, daß eine Handvoll Pulver auf den Druck der Hand zwar zusammenballt, beim Loslassen dieses Druckes aber sofort wieder zerfällt.

Man extrahiert mit Äther im Apparat (Abb. 76, S. 327). Dabei ist in Betracht zu ziehen, daß Eserin nicht nur äußerst licht- und luftempfindlich ist, sondern ebensowenig erhöhte Temperaturen oder Kontakt mit Metallen, vor allem Eisen, erträgt. Alle S. 327 u. 328 erwähnten Vorsichtsmaßregeln sind für dieses Alkaloid Evangelium. Man nimmt auch jeden einzelnen Auszug nach dem Einengen auf einige Liter aus der Blase, damit das Alkaloid die geringst mögliche Zeit angewärmt wird. Wer oft Eserin fabriziert, läßt sich für dieses

Alkaloid mit Vorteil einen speziellen Extraktionsapparat konstruieren, an dem außer der eisenemaillierten Destillationsblase alle übrigen mit der Alkaloidlösung in Berührung kommenden Teile aus völlig eisenfreiem 99,8proz. Aluminium gebaut sind.

Die vereinigten Auszüge engt man im Warmwasserbad bis zur Schlierenbildung in der Lösung ein. Dann stellt man die Destillation ab, verdünnt nach dem Erkalten wieder mit etwas Äther bis zur klaren Lösung und trennt von möglichem Wassergehalt ab.

Darauf schüttelt man das Alkaloid mit 10proz. reiner Essigsäurelösung bis zur Erschöpfung aus. Auf 100 kg Calabarbohnen genügen davon 1—2 l. — Die essigsaure, wässerige Lösung bringt man in eine Glasflasche mit durchbohrtem Korkstopfen und Glasrührer, mischt darin mit metallfreier Entfärbungskohle (2 g auf 100 kg extrahierte Calabarbohnen) und rührt den Inhalt der Flasche kalt während 2 bis 3 Stunden um. Man filtriert durch ein Faltenfilter und versetzt das Filtrat mit Lösung von schwefliger Säure zur ferneren Aufhellung.

Ist die Lösung trotz dieser Operationen noch gefärbt, so wird sie in einer Schüttelflasche mit Bodentubus mit allerreinstem Äther, welcher nicht den geringsten Destillationsrückstand enthält, überschichtet. Man fällt das Alkaloid mit einer Lösung von chemisch reinem Natriumbicarbonat, schüttelt es in den Äther und trennt die wässerige Flüssigkeit von der Ätherlösung. Aus der letzteren entfernt man das Eserin erneut mit 10proz. Essigsäure und dekoloriert die essigsaure wässerige Lösung noch einmal wie bereits beschrieben. Sie wird dann nur noch schwach gelb gefärbt sein, und man kann aus derselben das Eserin mit chemisch reinem Bicarbonat fällen, abnutschen, mit destilliertem Wasser nachwaschen und in Vakuumexsiccatoren aus braunem Glas über Schwefelsäure absolut vollständig trocknen.

Das Produkt ist noch nicht reinweiß. Seine weitere Reinigung erfolgt über das Sulfat. — 100 g absolut trockene Eserinrohbase werden mit 50 cm³ absolutem Alkohol von mindestens 99,9 % Alkoholgehalt unter Außenkühlung auf —15⁰ gemischt. Wenn keine vollständige Lösung eintritt, setzt man noch etwas absoluten Alkohol zu. Die Lösung von —15⁰ versetzt man mit einem bei —15⁰ bereitetem Gemisch von etwas weniger als der zur Neutralisation der Eserinbase notwendigen Menge H_2SO_4 reinst + 2 T. absoluten Alkohol. Zu der entstandenen Eserinsulfatlösung fügt man ihr sechsfaches Volumen allerreinsten, vollständig acetonöl- und wasserfreien Acetons von —15⁰ und impft mit einigen Krystallen von Eserinsulfat, indem man die Temperatur fortwährend auf —15⁰ hält. Die Krystallisation gelingt so beinahe quantitativ. — Bedingungen für das Gelingen der Operation sind, daß man mit möglichst wenig absolutem Alkohol auskommt, denn er stört die Krystallisation, ferner daß man bei möglichst tiefer Temperatur arbeitet, weil bei gewöhnlicher Temperatur fast nichts krystallisiert. Man überläßt 2—3 Stunden bei —15⁰ sich selbst, nutscht dann ab auf einer Porzellannutsche, welche vorher 1 Tag lang im Eisschrank ausgekühlt wurde, wäscht mit Aceton von —15⁰ nach und trocknet in den bereits beschriebenen gläsernen Vakuumexsiccatoren aus braunem Glas. So erhält man ein reinweißes Eserinsulfat in beinahe quantitativer Ausbeute. — Die Mutterlaugen destilliert man, indem man gegen den Schluß der Destillation destilliertes Wasser zufügt und im übrigen Aceton und Alkohol durch Rektifikation exakt trennt. Aus dem verbleibenden, dunkeln wässerigen Destillationsrückstand isoliert und reinigt man das Alkaloid wie bereits beschrieben.

Reines Eserinsulfat verwandelt man in reine Krystalle der Eserinbase, indem man vorerst aus einer wässerigen Lösung des ersteren die Base in bekannter Weise ausfällt, nutscht, gründlich nachwäscht und vollständig trocknet. — Darauf löst man bei 30⁰ in der eben notwendigen Menge reinstem Äther. Auch dieser Äther soll nicht die Spur von Destillationsrückstand enthalten und über Natriummetall frisch destilliert sein. Man kühlt die ätherische Lösung in einer flachen Glasschale auf —15⁰ ab, überdeckt die Schale mit einem Glastrichter zum Schutze vor Staub, wie im Laboratoriumsversuch für Chininvalerianat beschrieben (s. S. 313), impft nach 2—3 Stunden mit einigen Eserinkrystallen, welche — immer bei —15⁰ — unter langsamem Verdunsten des Äthers sich allmählich vermehren und wachsen.

Eserinsalicylat. Löslich in 150 T. kaltem Wasser und 12 T. kaltem Alkohol. Schmelzpunkt 179⁰. — Darstellung durch Vereinigung der ätherischen Lösungen (bereitet mit absolutem Äther) von Eserinbase und Salicylsäure zur lackmussauren Reaktion, Abnutschen der ausgeschiedenen Nadeln und Trocknen im bereits erwähnten braunen Vakuumexsiccator.

Es sei nochmals betont, daß Eserin enorm empfindlich ist gegen höhere Temperaturen, Lichteinfluß und Berührung mit Metallspuren, vor allem Eisen (Rotfärbung). Außer allen bereits angegebenen Vorsichtsmaßregeln vermeide man deshalb auch grelles Tageslicht im Arbeitsraum für dieses Alkaloid, der ferner äußerst rein gehalten und gut entlüftet sein soll.

Die Eserinsalze gelangen in zugeschmolzenen, dunkel gefärbten Glasröhrchen in den Handel.

Hydrastin.

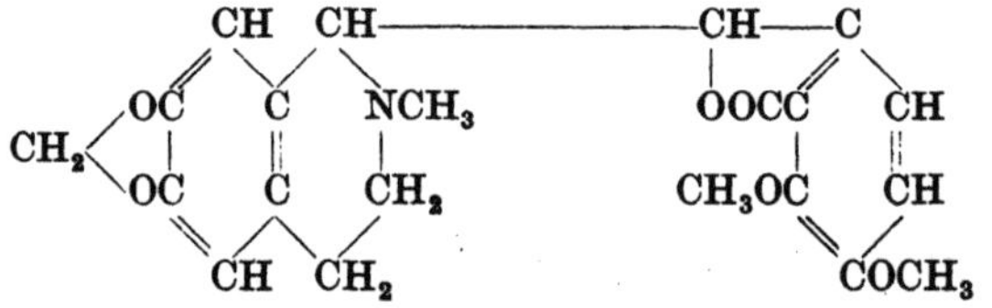

$$\text{Mol.-Gew. 383}$$

Mol.-Gew. 383. Schmelzpunkt 132⁰. Farblose, in Wasser unlösliche Prismen, löslich in Alkohol, Chloroform und Äther. — Das Hydrochloricum vom Mol.-Gew. 419,5 ist ein weißes Krystallpulver, sehr leicht löslich in Wasser und Weingeist.

Da der Alkaloidgehalt der im Handel vorkommenden Droge Rhizoma Hydrastis Canadensis stark variierend ist, je nachdem die Wurzel von Frühjahrs- oder Herbstgrabungen herrührt, und oft auch Ware angeboten wird, die übermäßig viel oberirdische Pflanzenteile sowie Schmutz und Erde enthält, so ist bei derselben nicht nur die Analyse von Wichtigkeit, sondern auch die äußere Beschaffenheit. Die Hydrastiswurzel muß einen grünlichgelben Bruch zeigen, welchen sie nur besitzt, solange sie noch frisch ist. Sie soll ferner frei von oberirdischen Stengeln sein und einen ausgeprägten narkotischen Geruch haben, der nicht dumpfig sein soll.

Zur Untersuchung auf den Hydrastingehalt — den Gehalt an Berberin kann man unberücksichtigt lassen — wird die Droge in ein mittelfeines Pulver übergeführt, mit Ammoniak 0,960 gründlich durchfeuchtet und sofort im Soxhlet durch Äther erschöpft. Infolge der Schwerlöslichkeit des Hydrastins muß man die Extraktion mehrfach wiederholen. In der Regel hat man durch 3—4 stündiges Extrahieren alles Hydrastin in Lösung gebracht. In den weitaus meisten Fällen wird sich im Kolben das extrahierte Alkaloid bereits zum großen Teil krystallinisch ausgeschieden haben; man destilliert aber zum Schlusse der Operation den Kolbeninhalt so wie er ist vollständig zur Trockene und löst dann den Rückstand im Kolben mit verdünnter Essigsäure. Man fügt eine Spur geschmolzenes Paraffin vom Schmelzpunkt 40—42° hinzu, läßt erkalten und filtriert in ein Bechergläschen. In diesem fällt man mit Ammoniak vorsichtig aus, sammelt den Niederschlag auf einer kleinen Nutsche, wäscht mit wenig Wasser nach und trocknet im Vakuumexsiccator bis zur Gewichtskonstanz.

Eine Hydrastiswurzel, welche sich zur Alkaloidgewinnung eignen soll, muß wenigstens 2,75—3 % Hydrastin ergeben. Gefunden werden manchmal bis zu 4 %. Bei der Auswahl der Droge sprechen Fragen kalkulatorischer Art stark mit; die Verhältniszahlen zwischen Droge und Alkaloidpreis geben den Ausschlag. Nur darf man auch bei scheinbarer Billigkeit keine allzu arme Droge kaufen, da solche im Verhältnis zum Alkaloidgehalt zu große Aufarbeitungskosten verursacht.

Die Wurzel wird unter Beobachtung weitgehendster Vorsichtsmaßregeln gegen mechanische Verluste in ein mittelfeines Pulver zermahlen und weiterverarbeitet wie folgt:

In Posten von nicht mehr als 150 kg für einen Extraktionsapparat von 1200 l Inhalt wird das Pulver vorher mit 10 proz. Sodalösung kräftig durchfeuchtet. Hat es die Lösung gut aufgesogen, so wird vor dem Einfüllen in den Extraktor noch mit etwas Ammoniaklösung 0,960 nachgefeuchtet, wodurch man sicher geht, daß alle Alkaloidbasen in Freiheit gesetzt sind. In den Extraktor gibt man zunächst Äther, hierauf in Portionen die feuchte Droge bis zum ebenen Niveau von Äther und Droge, dann wieder Äther und wieder Droge, bis die ganze Menge eingefüllt ist. Ob bei der Extraktion Erschöpfung eingetreten ist, wird durch Probeentnahme in folgender Weise festgestellt: Man destilliert $^1/_2$ l Auszug über Säure ab und versetzt den wässerigen Rückstand mit Ammoniak, wobei keine Fällung mehr entstehen soll. Es sind in der Regel 8—10 Auszüge erforderlich. Nach der Erschöpfung der Droge werden 50 kg 5 proz. Essigsäure in den Apparat gefüllt und über dieser der Äther abdestilliert. Die wässerige Flüssigkeit wird zum Schlusse bis 100° erhitzt.

Es ist hier einzuschalten, daß nach dem Abtreiben des Äthers die Droge nicht verworfen werden soll; vielmehr wird diese gesammelt, getrocknet und entweder auf Berberin verarbeitet oder zur Bereitung von Fluidextrakt verwendet bzw. zum Ausgleich des Alkaloidgehaltes eines solchen aus ursprünglichem Rhizom.

Die saure Lösung im Apparate wird in einen Tontopf abgelassen und mit 1 kg geschmolzenem Paraffin verrührt. Alsdann filtriert man nach dem Erkalten und fällt vorsichtig unter Vermeidung unnötigen Überschusses mit Ammoniaklösung 0,960 die Hydrastinbase aus. Nachdem diese durch tüchtiges Rühren krystallinisch geworden ist, sammelt man auf Beuteln, zentrifugiert und wäscht gut aus. Man trocknet bei einer 30° nicht übersteigenden Temperatur und erhält so ein gelb bis leicht braun gefärbtes **Hydrastinum crudum** als Ausgangsmaterial für alle seine Verbindungen.

Um zur reinen Base zu gelangen, löst man die gepulverte, trockene Rohbase unter Zusatz von wenig Tierkohle in trockenem kaltem Chloroform. Hierbei bleibt fast alles Berberin ungelöst; die Chloroformlösung wird filtriert und, nachdem durch Nachwaschen auch die letzten Anteile des Hydrastins in das Chloroform übergegangen sind, letzteres abdestilliert. Man muß am Ende der Destillation gut aufpassen, daß das Hydrastin im Kolben nicht fest wird. Dasselbe soll vielmehr noch heißflüssig in seine etwa dreifache Menge kalten, absoluten Alkohols gegossen und der Kolben mit warmem absolutem Alkohol nachgespült werden. Sofort beginnt die krystallinische Ausscheidung des Alkaloids. Um den Vorgang zu beschleunigen, rührt man mit einem Glasstab energisch um. Dann stellt man über Nacht in den Eisschrank. Am anderen Morgen nutscht man ab, wäscht mit kaltem absolutem Alkohol nach und trocknet bei 50°. Aus der Mutterlauge destilliert man den Alkohol ab und nimmt den Rückstand mit verdünnter Essigsäure auf. Die saure Lösung ergibt nach Klärung und Filtration von dem Bodensatze beim Ausfällen eine Hydrastinbase, welche mit der Rohbase der nächsten Extraktion vereinigt werden kann.

Zur Darstellung des sauren Hydrastintartrats wird die Base zuerst aus der wässerigen Lösung des Hydrochlorids mit Ammoniak gefällt, genutscht, mit kaltem Wasser nachgewaschen und nutschenfeucht in eine warme Lösung der äquimolekularen Menge Weinsäure in der dreifachen Menge Wasser — auf Weinsäure berechnet — eingetragen und hierauf weiter erhitzt bis zur vollkommenen Lösung. Dieselbe liefert beim Erkalten einen festen Kuchen sauren weinsauren Hydrastins. Der Kuchen wird in der Reibschale zerrieben, der entstandene Krystallbrei abgesogen, mit wenig Eiswasser nachgewaschen und nutschenfeucht in der geringst erforderlichen Menge Wassers wiederum heiß gelöst. Nach dem Auskrystallisieren im Eisschrank wird wiederum abgenutscht und nachgewaschen. Man erhält auf diese Weise eine fast reinweiße Krystallmasse, welche auf die Base verarbeitet wird wie folgt:

Der nutschenfeuchte Krystallkuchen wird in möglichst wenig heißem Wasser gelöst, und die heiße Lösung mit Ammoniak 0,960 unter Vermeidung jeden Überschusses so vorsichtig ausgefällt, daß keine Klumpenbildung stattfinden kann, dann heiß abgenutscht und mit warmem Wasser gewaschen. Die abgelaufene Lauge ist wertlos, sofern sie bei der Prüfung mit Ammoniak weder einen Niederschlag noch eine Trübung ergibt. Die Hydrastinbase wird im Vakuum getrocknet. — Die Mutterlaugen des Hydrastintartrats werden bis zur Sirupkonsistenz eingedampft. Beim Stehen im Eisschrank liefern sie noch etwas festes Salz.

Zur Darstellung des Hydrastinum crist. aus der reinen amorphen Base erhitzt man zunächst 2,5 kg absoluten Alkohol zum Sieden und trägt so rasch als möglich 500 g trockene gefällte reine Base ein, fügt eine Messerspitze Talkum zu und erhitzt zum Sieden, bis das Hydrastin gelöst ist. Nun wird schnellmöglichst durch ein Faltenfilter bester Qualität in einen 5-l-Erlenmeyer aus braunem Glas filtriert und darauf der Erlenmeyer samt Inhalt in folgender Weise abgekühlt: Man stellt ihn in eine Kupferwanne von 15 l Inhalt mit Überlauf und füllt diese

mit Wasser von 60° Durch Zugießen von kaltem Wasser in die Kupferwanne wird allmählich die Temperatur erniedrigt, bis man durch Eiskühlung den Inhalt des Erlenmeyers vollständig ausgekühlt hat. Dann
ist auch die Krystallisation des Hydrastins beendet. Man gießt die Mutterlauge ab und spült die Krystalle mit wenig absolutem Alkohol auf die
Nutsche, wäscht dort zuerst mit absolutem Alkohol und dann mit Äther
(Wechsel der Vorlage), und trocknet im braunen Vakuumexsiccator. Man
erhält so das Hydrastinum puriss. crist. als reine weiße glänzende
Krystalle vom richtigen Schmelzpunkt und in chemischer Reinheit.

Die alkoholische Mutterlauge wird zur erneuten Krystallisation eingeengt. Sie gibt noch kleinere Mengen Base, die entweder durch Umkrystallisieren gereinigt oder als solche zur Darstellung von Salzen verwendet werden.

Wenn man dasjenige Hydrastin, welches man aus der Chloroform-
extraktion durch Eingießen derselben in absoluten Alkohol erhalten
hat (s. S. 342), nach dem Trocknen fein pulvert und durch Sieb 6
D.A.B. VI gibt, erhält man ein Produkt, das im Ausland (Frankreich)
gefordert wird unter dem Namen Hydrastinum purum amorph.
Von den Salzen des reinen Hydrastins wird häufig das salzsaure, weniger
das schwefelsaure verlangt.

Hydrastinum hydrochloric. puriss. 250 g reines weißes
Hydrastin werden heiß in 500 g absolutem Alkohol gelöst und die Lösung
bei 60—65° sehr langsam und unter Beobachtung aller S. 373 angegebenen Vorsichtsmaßregeln mit alkoholischer Salzsäure absolut genau
auf Kongo neutralisiert. Dann wird unter beständigem Umschwenken
unter laufendem kaltem Wasser abgekühlt. Das salzsaure Salz scheidet
sich dabei zu einem großen Teil in Krystallen aus. Über Nacht stellt
man dann zur Vervollständigung der Krystallisation in den Eisschrank.
Am anderen Tage nutscht man ab, wäscht zuerst mit etwas absolutem
Alkohol und dann mit reinstem Äther nach und trocknet im Vakuumexsiccator. In der alkoholischen Mutterlauge und dem Waschalkohol
befinden sich noch beträchtliche Mengen Substanz. Dieselben werden
nun langsam in reinsten Äther gegossen. Durch Kitzeln mit einem Glasstab und Zufügen einiger Krystalle von Hydrastin hydrochloricum
beginnt eine zweite Krystallisation. Sollte die Krystallausscheidung
zusammenballen, so fügt man weitere Äthermengen zu. Nach Beendigung der Vereinigung der Lösung mit dem Äther läßt man eine Stunde
stehen und trennt dann die Krystalle von der Lösung in der bereits
beschriebenen Weise. Das erhaltene Hydrastinum hydrochloric. puriss.
ist ein weißes, wenig hygroskopisches Pulver, das sich ohne Zersetzung
lange Zeit hält.

Um zum Hydrastinum sulfuric. puriss. zu gelangen, verfährt
man in analoger Weise, nur daß man eben so genau auf Kongo mit
reinster Schwefelsäure, welche man zunächst in alkoholische solche vom
Verhältnis 1 : 1 verwandelt hat, neutralisiert. Auch das Hydrastinsulfat
ist ein reinweißes Pulver, welches nicht hygroskopisch ist.

Die alkoholisch-ätherischen Mutterlaugen der Salzbereitung sind
nur schwach alkaloidhaltig. Das darin in geringen Mengen enthaltene

Hydrastin wird durch Abdestillieren des Äthers und des Alkohols, Aufnehmen des Rückstandes in Wasser, Filtrieren der wässerigen Lösung und Ausfällen mit Ammoniak in der bereits beschriebenen Weise gewonnen.

Hydrastinin.

$$
\begin{array}{ccc}
 & \text{CH}\quad\text{CH}:\text{O} & \\
\text{CH}_2\!\!<\!\!\begin{array}{c}\text{OC}\\[1ex]\text{OC}\end{array} & \begin{array}{c}\text{C}\\[1ex]\text{C}\end{array} & \begin{array}{c}\text{NH}\cdot\text{CH}_3\\[1ex]\text{CH}_2\end{array} \\
 & \text{CH}\quad\text{CH}_2 &
\end{array}
$$

Mol.-Gew. 207. Es bildet farblose oder schwach gelbliche Krystalle vom Schmelzpunkt 116—117°, in Wasser sehr schwer, leicht löslich in Alkohol, Äther und Chloroform.

Die Oxydation des Hydrastins zu Hydrastinin durch Salpetersäure geschieht analog derselben von Narkotin zu Kotarnin.

In einem dünnwandigen Porzellantopf von 20 l Inhalt mit Glas- oder Tonrührer werden 7,5 kg einer 22 proz. Salpetersäure chemisch rein (Acid. nitric. D.A.B. VI mit 10 % Aqua dest.) im Warmwasserbad auf 35° erwärmt und dann unter Rühren langsam 750 g fein gepulvertes reines Hydrastin eingetragen. Wenn alles gelöst ist, steigert man die Temperatur langsam auf 38°. Während dieser Temperatursteigerung ist große Vorsicht am Platze, denn die Reaktion ist exotherm. Sollte die Temperatur über 40 oder gar 45° steigen, so muß durch kräftige Außenkühlung und im Notfalle durch Eintragen von etwas Eis in die Reaktionsmasse die Temperatur wieder auf 38—40° zurückgetrieben werden. Man muß bald nach eingetretener Reaktion mit der Entnahme von Proben beginnen, indem man mittels eines Glasstabes einen Tropfen auf ein Uhrglas gibt und mit Ammoniak prüft, ob noch ein Niederschlag oder eine Trübung eintritt. Bleibt die Flüssigkeit nach dem Ammoniakzusatz klar, so wird sofort durch energische äußere Eiswasserkühlung die Temperatur des Reaktionsgemisches so rasch als irgend möglich erniedrigt. Man hat zum Schluß eine gelblichgrün gefärbte Lösung, welche man in zwei Flaschen mit Bodenstutzen (s. S. 329) von je 12 l füllt.

Alsdann schüttelt man mit Äther 0,720 die gebildete Opiansäure (3—4 facher Ätherwechsel) aus. Die erhaltene ätherische Lösung wird über Wasser abdestilliert und zwar so, daß zum Schluß noch eine Spur Äther übrigbleibt. Über Nacht krystallisiert die Opiansäure aus und wird durch Abnutschen und Trocknen bei gewöhnlicher Temperatur gewonnen.

Nach dem Ausschütteln der sauren Lösung gießt man den Inhalt der beiden Flaschen mit Bodenstutzen in einen großen dünnwandigen Glas- oder Porzellanstutzen und kühlt den Inhalt durch Außenkühlung auf höchstens 5°. Bei dieser Temperatur neutralisiert man genau mit Ammoniak. Die ursprünglich gelbliche Farbe der Lösung schlägt dabei in eine dunkle, blaufluorescierende um. Man filtriert wieder in die beiden Flaschen mit Bodenstutzen zurück. Durch erneutes 2—4 maliges Schütteln mit Äther entzieht man der Lösung eventuell noch vorhandene Spuren unzersetzten Hydrastins. Dann kühlt man mit Eiskochsalzmischung auf 1—2°, gibt Natronlauge 40° Bé im Überschuß hinzu und schüttelt mit reinstem Äther so lange aus, bis alles Hydrastinin darin aufgenommen ist. Diese Manipulation erfordert die äußerste Geschwindigkeit im Arbeiten: Das Abtrennen der Ätherlösung von der alkalischen wässerigen muß a Tempo erfolgen, sofort muß die erstere getrocknet und sofort in einen großen Kolben filtriert werden. Oftmals schon während der Filtration beginnt die Ausscheidung von Hydrastininkrystallen, welche durch Zugabe von noch mehr Äther in Lösung gebracht werden müssen. Durch 6—8faches, eventuell noch mehrmaliges Schütteln mit Äther ist die Extraktion beendet, und man beginnt abzudestillieren. Nach kurzer Zeit fängt der Kolbeninhalt zu stoßen an durch ausgeschiedene Krystalle von Hydrastinin purum.

Man engt auf ungefähr $^3/_4$ l ein und sammelt die ausgeschiedenen Krystalle auf einem glatten Filter. Die Mutterlauge wird tropfenweise mit ätherischer Salzsäure versetzt, wobei das sich bildende salzsaure Salz pulverig ausfällt. Man versetzt mit der ätherischen Salzsäure bis genau zur kongosauren Reaktion, nutscht, wäscht mit Äther nach und trocknet bei 40°.

Zerreibt man die oben erhaltenen Krystalle von Hydrastininum purum zu feinem Pulver, bringt dieses in eine große Flasche, fügt 1 % metallfreie Entfärbungskohle hinzu und gibt alsdann absolut reinen Äther 0,720 dazu, so löst sich nach einiger Zeit beim Umschwenken in der Kälte das Hydrastinin. Die Lösung wird in einen großen Kolben (der Vorlauf der Filtration muß oft mehrfach auf das Filter zurückgegossen werden) filtriert und wieder eingeengt. Wenn dieses erneut bis auf $^3/_4$ l geschehen ist, sammelt man die Krystalle in der bereits beschriebenen Weise und fällt aus der Mutterlauge das salzsaure Salz wieder mit ätherischer Salzsäure.

Das durch zweifache Krystallisation gewonnene Hydrastininum puriss. crist. bildet farblose glänzende Krystalle von vollkommener chemischer Reinheit. Seine Haltbarkeit ist infolge seiner chemischen Konstitution (Aldehydcharakter) eine begrenzte. Am besten hält es sich in braunen gut schließenden Flaschen. Es empfiehlt sich, immer nur einen kleinen Vorrat zu halten und größere verlangte Mengen erst herzustellen, wenn sie bestellt werden — eventuell aus fertigem reinem salzsauren Salz.

Hydrastininum purum amorph., welches zuweilen verlangt wird, stellt man dar, indem man das salzsaure Salz in der fünffachen Menge kalten Wassers löst, Natronlauge D.A.B. VI tropfenweise bis zur beginnenden Trübung zusetzt und alsdann mit einem Glasstab rührt, bis die Ausscheidung beginnt. Nach einiger Zeit überzeugt man sich, ob durch weiteren Natronlaugezusatz nichts mehr gefällt wird, und nutscht, wenn dies wirklich nicht mehr der Fall ist, auf einem Hartfilter ab, wäscht mit Eiswasser neutral und trocknet auf porösen Tontellern, und zwar bei gewöhnlicher Temperatur. Das gepulverte und gesiebte Produkt ist Hydrastininum purum amorphum.

Hydrastininum hydrochloric. puriss. $C_{11}H_{13}O_3NCl$. Mol.-Gew. 225,5. Schwach gelbliche Nadeln oder krystallinisches Pulver, leicht löslich in Wasser und Weingeist, schwer in Äther und Chloroform. Der Schmelzpunkt liegt nach mehrtägigem Trocknen über konzentrierter Schwefelsäure bei 210°.

Hydrastininhydrochlorid ist das hauptsächlich verlangte Salz des Hydrastinins. Man löst die aus den Mutterlaugen der Basendarstellung (s. S. 345) mittels ätherischer Salzsäure abgeschiedenen Salzmengen von Hydrastinin hydrochloric. crudum in ihrer vierfachen Menge absoluten Alkohols unter Zusatz von 1 % ihres Gewichts an metallfreier Entfärbungskohle auf dem Heißwasserbade und filtriert nach $^1/_2$ Stunde Erhitzen am Rückflußkühler in einen Erlenmeyer. Die Krystallisation kann durch Zugabe einer gewissen Dosis reinsten Äthers 0,720 zum Filtrat beschleunigt werden. Über Nacht stellt man in den Eisschrank, um anderen Morgens abzunutschen, mit reinem Äther nachzuwaschen und bei 45° zu trocknen. Entspricht das Salz noch jetzt nicht vollständig den Anforderungen der Arzneibücher, so wird diese Umkrystallisation noch einmal wiederholt. Man erhält dann ein hellgelbes, glänzendes nadelförmig krystallisiertes Produkt, welches weder mit Ammoniak eine Trübung gibt, noch bei der Natronlaugeprobe Färbung zeigt. — Beim Einengen der ätherischen Mutterlaugen des Hydrochloricum erhält man keine nennenswerten Rückstände, wenn exakt gearbeitet wurde.

Man erhält durch die beschriebene Art der Verarbeitung der Rohhydrastininbase mehr Purissimumbase, als man gewöhnlich sofort verkaufen kann, und verhältnismäßig wenig des am meisten geforderten Produktes, des Hydrochloricums. Aus bereits erwähnten Gründen führt man die reine Purumbase, welche man nicht sofort verkaufen kann, zur Aufbewahrung in das Hydrochlorid über.

Hydrastininum sulfuric. puriss. Man löst die Base in absolutem Alkohol im Verhältnis 1 : 3 und versetzt diese Lösung mit einer Mischung von reinster konzentrierter Schwefelsäure 1 : 1 mit absolutem Alkohol bis genau zur kongosauren Reaktion. Die weitere Behandlung vollzieht sich genau wie beim salzsauren Salz.

Alle anderen Salze des Hydrastinins stellt man von der erstgewonnenen Base ausgehend in analoger Weise dar.

Berberin. In der Droge, die wie vorstehend angegeben auf Hydrastinin verarbeitet wurde, befindet sich noch der ganze Gehalt an Berberin, da dieses in Äther absolut unlöslich ist. Man extrahiert die Droge nach der Befreiung vom Äther mit 96 proz. Alkohol und engt den alkoholischen Auszug ein, so daß aus 150 kg Wurzeln ungefähr 50 l Auszug verbleiben. Man stellt diesen in einem Tontopfe einige Tage beiseite. Der Tontopf wird während dieser Zeit mit glyceringetränktem Pergamentpapier bedeckt, um Alkoholverluste zu vermeiden. Nach einigen Tagen hat sich ein Krystallbrei ausgeschieden. Diesen bringt man auf die Nutsche. Nach dem Abnutschen wäscht man mit Äther nach und trocknet das Berberin bei 30—40°. Zur Erzielung größerer Reinheit krystallisiert man es noch einmal aus Alkohol aus.

Der abgenutschte Alkohol wird zu neuen Extraktionen beiseite gestellt. Es krystallisieren daraus bei längerem Stehen noch kleine Mengen Berberin aus.

Über Berberinsalze s. S. 295.

Hydrastinin aus Narkotin.

Synthetisches Hydrastinin gewinnt man aus Narkotin über Kotarnin, Hydrocotarnin, Hydrohydrastinin, aus welchem man durch Oxydation zu Hydrastin gelangt.

Kotarnin aus Narkotin. Die Herstellung von Kotarnin aus Narkotin wird S. 370ff. genau beschrieben.

Hydrokotarnin aus Kotarnin.

$$
\begin{array}{ccc}
CH_3OC & CH & OH \\
 & & \\
OC & C & N-CH_3 \\
CH_2\Big\langle & & \\
OC & C & CH_2 \\
 & & \\
CH & CH_2 &
\end{array}
\quad\longrightarrow\quad
\begin{array}{ccc}
CH_3OC & & CH_2 \\
 & & \\
OC & C & N-CH_3 \\
CH_2\Big\langle & & \\
OC & C & CH_2 \\
 & & \\
CH & CH_2 &
\end{array}
$$

Für diese Reaktion kann nur vollständig reines, über Stypticin umgearbeitetes Kotarnin verwendet werden.

Der Kathodenraum eines elektrolytischen Apparates wird gefüllt mit der Lösung von 4—5 kg Kotarnin in 25 kg 20proz. Schwefelsäure. Die Zellen der Anoden sind mit 20proz. Schwefelsäure gefüllt. Es werden zuerst 24 Stunden 35—40 Amp. hindurchgeschickt; nach dieser Zeit geht man mit der Stromstärke auf 20—25 zurück und zum Schlusse noch weiter, je nach der Menge des sich entwickelnden Wasserstoffs. Die Temperatur wird durch Wasserkühlung auf 20—25° gehalten. Die Anodenzellen werden je nach Bedarf mit Wasser nachgefüllt. Nach etwa 1600 Amperestunden, d. h. nach ungefähr 48 Zeitstunden ist die Reduktion beendet. Die Lösung des Hydrokotarnins soll dann farblos oder höchstens schwach gelblich sein. Das ist nur der Fall, wenn das in Arbeit genommene Kotarnin vollständig rein war. Man siphoniert ab, fällt unter Eiskühlung bei 8—10° mit verdünnter Ammoniaklösung, nutscht ab, wäscht mit eiskaltem destilliertem Wasser bis zur neutralen Reaktion nach und trocknet bei Zimmertemperatur im Vakuum.

Hydrohydrastinin aus Hydrokotarnin.

$$
\begin{array}{ccc}
CH_3OC & & CH_2 \\
 & & \\
OC & C & N-CH_3 \\
CH_2\Big\langle & & \\
OC & C & CH_2 \\
 & & \\
CH & CH_2 &
\end{array}
\quad\longrightarrow\quad
\begin{array}{ccc}
CH & & CH_2 \\
 & & \\
OC & C & NCH_3 \\
CH_2\Big\langle & & \\
OC & C & CH_2 \\
 & & \\
CH & CH_2 &
\end{array}
$$

Als Apparat dient der S. 315, Abb. 75 beschriebene, mit dem Unterschiede, daß hier der Glaskolben A 20 l Inhalt hat und durch ein Öl- oder Paraffinbad geheizt wird. Der Quirlrührer muß sehr gut wirken und demgemäß eine hohe Tourenzahl haben. In den Kolben bringt man 3 kg Paraffinöl und 1 kg Natriummetall in Drahtform aus der Natriumpresse. Man heizt auf 115° und läßt nun bei dieser Temperatur im Zeitraum von $2^1/_2$—3 Stunden eine Lösung von 1 kg Hydrokotarnin in 10 kg Gärungsamylalkohol in den Kolben fließen[1]. — Der Amylalkohol soll vor seiner Anwendung mit 2% seines Gewichts an Per-

---

[1] Über Reinigung von käuflichem Gärungsamylalkohol s. S. 242.

manganat rektifiziert sein und den exakten Siedepunkt 129—132⁰
haben[1]. — Die Reaktion im Kolben *A* ist exotherm und die Temperatur
115⁰ der Gradmesser für den Zufluß der amylalkoholischen Hydro-
kotarninlösung. Nach beendigtem Zufluß hält man die Temperatur
im Kolben unter fortgesetztem Rühren weitere 6 Stunden auf 115⁰,
worauf man abkühlen läßt.

Am anderen Tage gießt man den Kolbeninhalt in eine Mischung
von 10 l Wasser und 10 kg Eis. Diese Mischung befindet sich in einem
S. 386, Abb. 92 beschriebenen Extraktionsapparat aus Ton. Um allfällig nicht umgesetztes Natriummetall zurückzuhalten, gießt man
den Kolbeninhalt durch einen mit Glaswolle garnierten Trichter.
Im Extraktionsapparat rührt man 5 Minuten, läßt absetzen, trennt
die wässerige Schicht ab und extrahiert dieselbe noch mit 4 kg Amylalkohol, bevor man sie verwirft. Darauf entzieht man den beiden
vereinigten Lösungen in Amylalkohol im Extraktionsapparat das
Alkaloid mit Schwefelsäure, eine Operation, welche große Vorsicht
verlangt und etappenweise vorgenommen werden muß. Man versetzt
die Amylalkohollösung mit 10 l Wasser und 200 cc Akkumulatorensäure und rührt. Dann prüft man die wässerige Lösung mit Kongopapier, auf welches sie noch nicht reagieren wird. Man versetzt weiter
mit Akkumulatorensäure in immer kleiner werdenden Portionen,
mischt nach jedem Säurezusatz gründlich und macht nie einen neuen,
bevor man konstatiert hat, daß die wässerige Lösung noch nicht kongosauer ist. Derart bewahrt man sich vor einem schädlichen Säureüberschuß in der wässerigen Alkaloidlösung. Wenn sie auch nach längerem
Mischen kongosauer bleibt, trennt man sehr genau vom Amylalkohol.
Die letzten Reste desselben und andere Verunreinigungen extrahiert
man aus der wässerigen schwefelsauren Hydrohydrastininlösung im
Extraktionsapparat aus Ton mit Äther. Dann neutralisiert man mit
filtrierter Sodalösung und extrahiert nun das Alkaloid mit Äther. Zu
den Ätherextraktionen ist reinster Äther von 0,720 spez. Gew. und
ohne den geringsten Destillationsrückstand zu verwenden. Die ätherische
Lösung wird mit entwässertem Glaubersalz 24 Stunden in Flaschen
mit Bodenstutzen nach Abb. 78 getrocknet. Dann destilliert man den
Äther vollständig ab. Den Destillationsrückstand stellt man 2 Tage
in den Eisschrank. Der größte Teil des Hydrohydrastinins scheidet
sich krystallinisch aus und wird nach Durchreiben mit einem Pistill
auf einer im Eisschrank 1 Tag lang ausgekühlten Nutsche gründlich
abgenutscht von einem Öl, bestehend aus einem Gemisch von Hydrohydrastinin und nicht in Reaktion getretenem Hydrokotarnin.

Dieses Öl wird noch 2—3 Tage in den Eisschrank gestellt. Oft scheidet
sich dann noch eine Partie Hydrohydrastinin in krystallinischem Zustande aus. Das davon abgetrennte Öl bewahrt man auf, bis von verschiedenen Operationen eine größere Menge vereinigt ist. Diese wird
se pa ra t nochmals in amylalkoholischer Lösung mit Natriummetall

---

[1] Eine durchgreifende Reinigung von Amylalkohol, deren Ausführung auch
hier dringend zu empfehlen ist, wird im Kapitel über Phenyläthylalkohol S. 242
beschrieben.

in der bereits beschriebenen Weise behandelt. Man gewinnt dadurch noch eine Partie Hydrohydrastinin.

Die vom Öl getrennte krystallinische Masse löst man in einem „Erlenmeyer“ bei höchstens 40⁰ in absolutem Alkohol, wovon ungefähr das Dreifache ihres eigenen Gewichtes notwendig ist, und versetzt die alkoholische Lösung bei Zimmertemperatur sehr langsam und vorsichtig mit alkoholischer Salzsäure bis genau zur kongosauren Reaktion. Es ist unerläßlich, daß dieser Punkt genau getroffen wird. Die Reaktion ist exotherm, aus welchem Grunde man den „Erlenmeyer“ während derselben mit Eiswasser kühlt. Nach beendeter Neutralisation kühlt man mit Eiskochsalzmischung auf —10 bis —15⁰ ab und beläßt mindestens 3 Stunden bei dieser Temperatur. Dann nutscht man auf einer im Eisschrank ausgekühlten Nutsche rasch ab und wäscht mit absolutem Alkohol von —15⁰ nach, bis die gefärbte Lauge verdrängt ist.

Das nutschenfeuchte Hydrohydrastinin hydrochloricum löst man kalt in destilliertem Wasser, kühlt die Lösung auf 3—4⁰ ab, fällt mit Natronlauge die Alkaloidbase, nutscht, wäscht mit eiskaltem destilliertem Wasser vollständig neutral und trocknet bei Zimmertemperatur im Vakuum.

Oxydation von Hydrohydrastinin zu Hydrastinin.

$$CH_2\!\!\left\langle\begin{array}{l}O\!C\\O\!C\end{array}\right.\ \ \begin{array}{c}CH\ \ CH_2\\C\ \ \ \ NCH_3\\C\ \ \ \ CH_2\\CH\ \ CH_2\end{array}\ \ \longrightarrow\ \ CH_2\!\!\left\langle\begin{array}{l}O\!C\\O\!C\end{array}\right.\ \ \begin{array}{c}CH\ \ CH:O\\C\ \ \ \ NH\cdot CH_3\\C\ \ \ \ CH_2\\CH\ \ CH_2\end{array}$$

In einem Glasstutzen mit Glasrührer löst man 1,080 kg Natriumbichromat in 7 l destilliertem Wasser und läßt bei 40⁰ unter Rühren in diese Lösung eine solche von 500 g Hydrohydrastinin in 3,5 kg 20 proz. Schwefelsäure so langsam einfließen, daß die Temperatur nie über 40⁰ steigt. Das Einfließen dauert 1,5—2 Stunden; nachher rührt man noch 2 Stunden bei max. 40⁰ weiter, kühlt dann auf 10⁰ ab und filtriert. Die filtrierte Lösung neutralisiert man bei 10⁰ mit verdünnter Ammoniaklösung genau auf Lackmus und filtriert wieder. Nun kühlt man mit Eiskochsalzmischung auf 1—2⁰, gibt 40 proz. Natronlauge im Überschusse zu und schüttelt das Hydrastinin mit reinstem Äther aus.

Diese Operation und der Schluß der Verarbeitung auf Hydrastininum purum ist vollständig analog der S. 345 ff. beschriebenen von aus Hydrastin erhaltenem Hydrastinin.

Nicotin.

$$\begin{array}{c}CH_2\!-\!CH_2\\ \big|\ \ \ \ \ \ \big|\\ \cdot CH\ \ \ CH_2\cdot\\ \diagdown\ \ \diagup\\ NCH_3\end{array}$$

Siedepunkt 283—240⁰. Spez. Gew. bei 15⁰ = 1,01. Es bildet eine farblose oder schwach gelbe Flüssigkeit, welche sich an der Luft bräunt und deshalb in gut verschlossenen, vollständig gefüllten Flaschen aufbewahrt werden muß. Es ist in Wasser und fast allen organischen Lösungsmitteln löslich.

Nicotin gilt heute mit Recht als ein Körper, welcher in hervorragender Weise gleichermaßen als Fraß- und Atmungsgift gegen Pflanzenschädlinge wirkt. Seiner allgemeinen Anwendung steht der verhältnismäßig hohe Preis entgegen. Derselbe wird zum Teil hervorgerufen durch die Engherzigkeit des Steuerfiskus in den verschiedenen Ländern. Der Tabak, das Ausgangsmaterial der Nicotinfabrikation, ist in fast allen Kulturstaaten hohen Abgaben unterworfen. Viele derselben haben ein sog. Tabakmonopol, das immer eine der wichtigsten Einnahmequellen der betreffenden Staaten bildet. — Es wird nun befürchtet, daß die Abfälle der verschiedenen Tabakfabrikate noch zu Genußzwecken verwendet werden können. Aus diesem Grunde unterliegt die Verarbeitung dieser Tabakabfälle auf Nicotin einer die Fabrikation sehr erschwerenden und verteuernden Kontrolle. Die Denaturierung des Tabaks muß oft mit Mitteln vorgenommen werden, welche das sehr leicht zersetzbare Alkaloid angreifen.

Der Gehalt der einzelnen Tabaksorten an Nicotin ist außerordentlich verschieden; er variiert von 0,3—5%. Die Blätter sind wesentlich gehaltreicher als die Stengel. Aus finanziellen Gründen werden zur Nicotinfabrikation fast immer nur Abfälle aus den Zigarren-, Zigaretten- und den Pfeifentabakfabriken verwendet. Diese Tabake sind mehr oder weniger einer Behandlung unterworfen gewesen, die den Gehalt an Nicotin vermindernd beeinflußt. Im allgemeinen sind die Zigarrenabfälle gehaltreicher als die der Zigaretten- und der Pfeifentabake. In Amerika, wo sowohl der Kautabakverbrauch wie auch der des Nicotins weit verbreiteter ist als in den übrigen Staaten, entzieht man bei der Kautabakfabrikation dem Tabake einen Teil des Nicotins.

Die Nicotinbestimmung in dem Tabak wird in den Nicotinfabriken am besten nach der Bestimmungsmethode von Toth ausgeführt. Die Resultate sind nicht ganz unbedingt richtig, genügen aber für die Fabrikationszwecke. Man verreibt 6 g Tabakpulver innig mit 20 cm³ einer 20proz. Natronlauge in einem Mörser, den man dann mit einer Glasplatte bedeckt ¼ Stunde stehen läßt. Nach dieser Zeit setzt man rasch so viel gepulverten Gips hinzu, daß ein trockenes Pulver entsteht. Dieses wird in eine Flasche gebracht und mit einem Gemisch von je 50 cm³ Äther und 50 cm³ Petroläther übergossen. Man schüttelt im Zeitraum von 1 Stunde mindestens 50mal durch, filtriert 20 cm³ ab, versetzt diese mit 50 cm³ Wasser und 5 cm³ $^1/_{10}$ n Schwefelsäure. Die überschüssige Säure titriert man mit $^1/_{10}$ n Alkali zurück: Jodeosin als Indicator. 1 cm³ $^1/_{10}$ n Schwefelsäure entspricht 0,0162 g Nicotin.

Diese Methode gibt gute Zahlen, wenn man den erforderlichen Gips rasch hinzugibt. Die Reaktionswärme ist dann so groß, daß das Ammoniak, das ein steter Begleiter des Nicotins im Tabak ist und die Analysenfehler hervorbringt, sich verflüchtigt. Außerdem müssen Äther und Petroläther sehr trocken sein, weil Ammoniak dann in dem Gemische derselben kaum löslich ist. Aus diesem Grunde bewahrt man Äther und Petroläther für diese Bestimmung immer über Pottasche oder entwässertem Glaubersalz auf.

Genauer, aber wesentlich umständlicher, ist die Methode von Bertrand und Javillier. Diese beruht darauf, daß aus einem sauren Auszuge des Tabaks das Nicotin mit Silicowolframsäure oder mit dessen Kaliumsalz als Silicowolframat gefällt wird. Aus dem Silicowolframat treibt man das Nicotin nach Zersetzung mit Magnesiumoxyd mit Wasserdämpfen in eine Vorlage, die eine bestimmte Anzahl von Kubikzentimetern an $^1/_{10}$ n Schwefelsäure enthält. Den Säureüberschuß titriert man mit $^1/_{10}$ n Natronlauge zurück.

Die Ausführung ist folgende: Man erhitzt 10 g der zerkleinerten Substanz mit der zehnfachen Gewichtsmenge 5 proz. Salzsäure 20 Minuten auf dem Wasserbade, filtriert und behandelt den Rückstand noch dreimal auf die gleiche Weise. Aus der erhaltenen stark sauren Lösung fällt man das Nicotin durch eine 10 proz. Lösung von Kaliumsilicowolframat und läßt die Fällung 24 Stunden stehen, worauf man filtriert. Den Niederschlag verteilt man in Wasser, das etwas silicowolframsaures Kalium und Salzsäure enthält und nutscht den Niederschlag ab. Diesen verteilt man wieder in Wasser, setzt Magnesiumoxyd hinzu und destilliert das freigewordene Nicotin in eine Vorlage, welche $^1/_{10}$ n Schwefelsäure enthält. Die überschüssige Schwefelsäure titriert man in der oben beschriebenen Weise zurück. — Man kann das Silicowolframat des Nicotins auch auf einem aschefreien Filter sammeln und dieses veraschen. Die Asche mit 0,119 multipliziert ergibt das Gewicht des Nicotins. — Bei dieser Bestimmungsmethode wird der Ammoniakfehler vermieden; die Arbeitsweise ist aber umständlich.

Für die Herstellung des Nicotins sind eine Reihe von Verfahren im Gebrauch, deren Wert nicht stark differiert. Die Natur des zur Verfügung stehenden Rohmaterials entscheidet über die zu wählende Methode.

Man kann die Blätter mit saurem Wasser — 1 g Schwefelsäure auf 1 l Wasser — ausziehen. Den Auszug dampft man nach dem Abstumpfen der überschüssigen Säure bis zur schwach lackmussauren Reaktion zur Sirupdicke ein. Der Sirup wird mit Kalkmilch unter Zusatz von etwas Ätznatron alkalisch gemacht und daraus mit einem Gemische von Äther und Petroläther das Alkaloid aufgenommen. Der ätherischen Lösung entzieht man das Nicotin wieder mit Schwefelsäure. Zur weiteren Reinigung des Nicotins wird dasselbe mit Natronlauge gefällt und gleichzeitig in einem Gemisch von Äther und Petroläther aufgenommen. Die Lösung wird, nachdem sie mit entwässertem Glaubersalz vollständig wasserfrei gemacht ist, durch Destillation von dem Ätherpetroläthergemisch befreit. Der Rückstand bildet dann ein für technische Zwecke hinreichend reines Nicotin von 98—99%. Eine weitere Reinigung kann durch Vakuumdestillation erfolgen. In einem Vakuum von 10 mm geht das Nicotin zwischen 135 und 138° über.

Diese Methode der Nicotinherstellung ist nur da zu gebrauchen, wo Tabak — nicht Abfälle — zur Verfügung stehen. Sie hat den Vorteil, daß man mit wenig kostspieliger Apparatur arbeiten kann. Zur Auslaugung können Holzfässer dienen, wie Abb. 112, S. 447 dies veranschaulicht. Der dort sichtbare Doppelwänder ist nicht notwendig, dafür verwendet man statt drei Extraktionsfässern fünf solche und bringt durch ein eingeschaltetes Druckfaß die verdünnten Laugen von dem letzten Faß wieder auf ein solches mit frischem Tabak. Die Neutralisierung bis auf schwach lackmussauer nimmt man in einem hölzernen Rührbottich mit Kalkmilch vor. Es ist darauf zu achten, daß nur bis zur schwach sauren Reaktion neutralisiert wird; eine Alkalisierung würde starken Alkaloidverlust verursachen. Der sirupöse Extrakt wird in einem Vakuumverdampfapparat hergestellt, weil zu hohe Temperaturen die vielen Extraktivstoffe des Tabaks aufeinander einwirken lassen und ebenfalls zu Nicotinverlusten führen. Die Extraktion des Sirups nimmt man in gut verschlossenen homogen verbleiten Rührkesseln vor, die außer einem Einlaufrohr für den Extrakt und die Natronlauge ein dünnes Rohr zur Ableitung des Ammoniaks haben. Seitlich, an der zu berechnenden Trennungsstelle von Extrakt und den Lösungsmitteln, hat der Rührkessel Ablaßhähne für die Nicotinlösungen, am Boden einen solchen für die nicotinfreien Laugen und an den Seitenwänden in verschiedener Höhe Schaugläser. — Die ätherische Nicotinlösung wird in einem Destillierapparat eingeengt und dann mit verdünnter Schwefelsäure ausgewaschen. Aus der Sulfatlösung gewinnt man das Alkaloid wieder durch Übersättigen mit Natronlauge und Extrahieren mit Äther. Die mit entwässertem Glaubersalz getrocknete Nicotinlösung wird nun durch Destillation vom Äther vollständig befreit. Das Nicotin ist jetzt für die meisten Ansprüche rein genug. Chemisch reines erhält man, wie bereits beschrieben, durch Vakuumdestillation, wobei Überhitzungen streng vermieden werden müssen.

An Stelle des Gemisches von Äther und Petroläther kann man zum Auswaschen des alkalisierten Extraktes Dichlor- oder Trichloräthylen verwenden. Beides sind sehr gute Lösungsmittel für Nicotin. Als spezifisch schwere Körper sammeln sie sich unter den wässerigen Extraktlösungen an, so daß der Abzug aus dem Rührzylinder umgekehrt erfolgen muß.

Die bisher beschriebenen Methoden sind nur anwendbar, wenn es sich um Tabak in Form von Blättern und Stengeln handelt. Dagegen sind die meistens zur Verfügung stehenden Tabakabfälle, die fast immer ein feines Pulver bilden, dafür nicht brauchbar, weil bei deren Extraktion mit saurem Wasser sich in den Diffuseuren Verstopfungen bilden würden. — Man hat versucht, aus dem alkalisierten Tabakpulver das Nicotin mit Wasserdämpfen auszutreiben und in einer Vorlage in verdünnter Schwefelsäure aufzufangen. Dieselbe wird dann in bereits beschriebener Weise auf Nicotin verarbeitet. Die Methode ist einer Nicotinbestimmung von Henry und Boutron-Chalard nachgebildet. Aber während die Analysenmethode gute Resultate ergibt, sind die fabrikatorischen Erfolge nicht befriedigend. An sich ist es schon schwierig, Extraktionszylinder von größerem Ausmaß so einzurichten, daß die Dampfmengen gleichmäßig das Gemisch von Tabak und Ätzkalk durchstreichen. Es bilden sich immer Wege und damit Nester von nicht von Alkaloid befreitem Tabak. Die Hauptverluste werden aber durch die mehrere Stunden andauernde Einwirkung des Dampfes auf den alkalisierten Tabak bewirkt.

Nach einem deutschen Reichspatent aus dem Jahre 1928 wird der alkalisierte Tabak mit Wasser zu einem dünnen Brei verrieben. Dieser Brei fließt in einer Kolonne hinunter, die denjenigen nachgebildet ist, welche in der Spiritusindustrie zum Abtreiben der letzten Alkoholreste aus der Schlempe gebraucht werden. In der Kolonne kommt dem von oben eintretenden Tabakbrei von unten ein Dampfstrom entgegen, der Ammoniak und Nicotin mitnimmt. Der Dampfstrom wird in verdünnte Schwefelsäure geleitet. — Das Verfahren hat den Vorzug, daß die unbequeme Beschickung großer Extraktionsbottiche fortfällt. Besonders die Entleerung von solchen ist sehr unangenehm. Das extrahierte Gut bewahrt die Wärme lange und verbreitet einen heftigen atemraubenden Gestank von schädlicher Einwirkung auf den Organismus des Menschen. Bei der Kolonnenarbeit dagegen geschehen Beschickung und Entleerung automatisch und die nicotinfreien Trester können ohne Belästigung durch Leitungen in das Freie geführt werden. Daneben hat das Verfahren alle Nachteile der Extraktion mit Wasserdämpfen.

Die beste Herstellungsweise des Nicotins aus Tabakabfällen ist die nachfolgend beschriebene Extraktion des halbtrocken alkalisierten Tabaks mit Trichloräthylen, dem sog. „Tri". Als Extraktoren gebraucht man in Abb. 64, S. 270 im Kapitel über Tanninextraktion veranschaulichte Diffuseure. Alles, was dort über Diffuseure gesagt ist, gilt auch hier: Breite, nicht hohe Form, möglichst großes gewölbtes, gut abgestütztes Sieb S_1. Letzteres ist hier mit einem Filtertuch überzogen, welches so zusammengenäht ist, daß es sich ganz genau der Siebform anpaßt. Zum Unterschied von den Gallendiffuseuren kann bei den Nicotindiffuseuren unter dem großen Sieb S_1 direkter und indirekter Dampf eingeführt werden, und ein Rohr über dem Sieb S führt zu einem absteigenden Kühler. Die Größe der Nicotindiffuseure beträgt 1000 l, so daß je Diffuseur 750 kg Tabakabfälle eingefüllt werden können. Die Tabakabfälle enthalten im Durchschnitt etwa 1 % Nicotin; zu deren Extraktion genügen fünf solcher Diffuseure.

Die Tabakabfälle werden mit einer nicht zu dünnen Kalkmilch der etwa 5 % Natronlauge zugefügt sind, befeuchtet. Die Mischung soll nicht zu naß sein, sondern etwa so, daß eine Probe unter dem Druck der Hand zusammenballt, aber beim Nachlassen des Druckes bald wieder auseinanderfällt. In eine allzu nasse Mischung könnte das Extraktionsmittel nicht genug eindringen. Man läßt die Mischung möglichst kurze Zeit stehen, weil sonst das freigewordene und mit Wasser leicht flüchtige Alkaloid teilweise entweichen würde.

In den Diffuseur Nr. 1 hat man inzwischen bis zu einem Drittel seines Rauminhaltes von dem „Tri" gebracht. Dann beschickt man den Diffuseur mit alkalisiertem Tabakpulver und läßt Extraktionsmittel zufließen. Man beschickt den zweiten und die nachfolgenden Diffuseure in derselben Weise, d. h. indem man mit der Füllung beginnt, wenn der Boden des Diffuseurs mit dem aus dem vorherigen Diffuseur übergelaufenen Auszuge bedeckt ist. Durch Probierhähnchen überzeugt man sich, daß in dem Auszuge Nicotin höchstens noch in Spuren vorhanden ist. Der Auszug wird zu diesem Zwecke im Reagensglase mit etwas verdünnter Schwefelsäure ausgeschüttelt, der wässerige saure Teil mit Natronlauge übersättigt und etwas erhitzt: es darf kein Geruch nach Nicotin auftreten. Die Reagenzien auf Alkaloide, wie z. B. Maiers und Frödes Reagens, geben in zu großer Verdünnung noch Reaktionen, z. B. Maiers Reagens noch in einer Verdünnung 1 : 27 000.

Nach beendigter Extraktion läßt man aus dem betreffenden Diffuseur das „Tri" durch ein Rohr mit Schauglas in ein Montejus fließen, und aus diesem drückt man dasselbe wieder in das Vorratsgefäß für „Tri". Fließt nichts mehr ab, so destilliert man mit direktem und indirektem Dampf die letzten „Tri"reste durch einen Zylinderkühler und einen Wasserabscheider in ein Montejus, von wo man es in den „Tri"behälter zurückdrückt. Auf „Tri" in einem Diffuseur prüft man, indem man durch einen Probierhahn im Deckel desselben etwas Dampf in eine Blechmensur strömen läßt. Auch Spuren von „Tri" machen sich durch den Geruch bemerkbar. — „Tri" hat neben vielen Vorzügen einige Nachteile. Einer ist sein hohes spezifisches Gewicht, infolgedessen man große Gewichtsmengen im Umlauf hat. Ferner übt „Tri" in Dampfform eine berauschende und narkotische Wirkung aus, wenn auch nicht in demselben Maße wie Benzol und Chloroform. Man muß besonders bei seiner Destillation auf gute Verbindung der Apparaturteile achten. — Die Tabaktrester sind ihres hohen Gehaltes an humusbildenden Substanzen wegen ein gutes Düngemittel für sandreiche Böden.

Aus dem letzten der Diffuseure leitet man den angereicherten Auszug in eine Destillationsblase und engt ihn darin auf den fünften Teil ein. Im Interesse der Qualität des Nicotins nimmt man die Destillation im Vakuum vor. „Tri" siedet bei einer Druckverminderung auf 35 bis 40 mm bei 45⁰. Als Vorlage bedient man sich nach Zwischenschaltung eines Zylinderkühlers wieder eines Montejus.

Der eingeengte Auszug wird in einem verbleiten Rührzylinder mit sehr langsam gehendem Rührer, seitlichen Schaugläsern, Bodenhahn und seitlichen Hähnen extrahiert. Zur Extraktion von 200 l „Tri"auszug nimmt man dreimal je 50 l 10proz. Schwefelsäure. Die Auszüge füllt man durch die seitlichen Hähne getrennt in Ballons und signiert sie Auszug Nr. I, Nr. II und Nr. III. — Der mit dem sauren Wasser behandelte „Tri"auszug I wird in einem Absetzzylinder von den letzten wässerigen Resten befreit, worauf man daraus das „Tri" zurückdestilliert. Den wässerigen sauren Auszug II benutzt man bei dem nächsten Ansatz für den Auszug I, den Auszug III zu Auszug II und frisches Wasser mit dem nötigen Säurezusatz zu Auszug III der „Tri"lösung aus den Diffuseuren. — Der wässerige Auszug I wird nach Sammlung einer hinreichenden Menge in dem verbleiten Rührzylinder mit einem Gemisch von Äther und Petroläther überschichtet und dann mit Natronlauge stark alkalisiert. Durch Rühren geht das Nicotin in das Äthergemisch. Auch hier macht man drei Auszüge, die man getrennt auffängt und entsprechend signiert aufbewahrt.

Vom ätherischen Auszug I destilliert man nach Ansammlung hinreichender Mengen den Äther ab, am besten unter einer Stickstoffatmosphäre. Bemerkt sei, daß der ätherische Auszug vor der Destillation mit entwässertem Glaubersalz sorgfältig getrocknet werden muß, weil Nicotin mit Wasserdämpfen sehr flüchtig ist.

Das erhaltene Nicotin hat einen Gehalt von 96—98%.

Wegen seiner leichten Zersetzbarkeit verwendet man in der Praxis, besonders zur Schädlingsbekämpfung, an Stelle der freien Base das Sulfat oder ein Oleinat, die sog. Nicotinseife. — Als Handelsprodukte existieren zwei Sulfate; das eine enthält an Schwefelsäure gebunden 400 g, das andere 600 g Nicotin im Liter: Nicotinsulfat 40—60%. — Die Nicotinseifen werden durch Vermischen von Nicotin mit Olein im molekularen Verhältnis hergestellt. — Durch Vermischen mit neutralen Schmierseifen stellt man ein Produkt mit 10% Nicotin her.

Opiumalkaloide.

Opium ist der eingetrocknete Milchsaft der unreifen Mohnkapseln. Es enthält mehr als 20 verschiedene Alkaloide, wovon die hauptsächlichsten sind das Morphium, das Kodein, das Narkotin, das Papaverin, das Thebain und das Narcein. Das Morphium ist von allen im größten Prozentsatz enthalten, und der Handelswert des Opiums richtet sich in erster Linie nach seinem Morphiumgehalt. Außer den Alkaloiden enthält das Opium ein Gemisch der verschiedensten Stoffe: Kautschuk, Fette, Harze, Farbstoffe, Gummi, Zucker, Eiweißstoffe, anorganische Salze, organische Säuren und Wasser in wechselnden Mengen.

Produktionsländer dieses Handelsartikels von großer Bedeutung sind Mazedonien, Kleinasien, Persien und Indien. Die Mohnpflanze gedeiht freilich auch in vielen anderen Gegenden, doch ist die Opiumkultur nur in Ländern mit außergewöhnlich niedrigen Arbeitslöhnen rentabel.

Als Fabrikationsware kommt das Opium als Brote von unregelmäßiger Form und in Gewichten von 0,150—1,5 kg in den Handel. Diese Opiumbrote sind in Mohnblätter eingewickelt und werden aus ihren Ursprungsländern in flachen Kisten aus Holz mit zugelötetem Einsatz aus Zinkblech versandt, worin sie in Rumexfrüchten liegen. Das Nettogewicht je Kiste beträgt 70—75 kg.

Handelsplätze für Opium sind Saloniki, Konstantinopel, Smyrna und seit dem Kriege auch Sofia. Der nach morgenländischen Geschäftsprinzipien betriebene Handel mit diesem Produkte erfordert vorsichtige und erfahrene Einkäufer. In erster Linie kaufe man nie anders als nach Analyse vom natürlichen Gewicht, d. h. nach dem Morphiumgehalt der Ware wie sie ist, ohne die Feuchtigkeit derselben in Berücksichtigung zu ziehen. Viele Händler proponieren den Verkauf auf Grund der Bestimmung des Morphins in bei 60° C getrocknetem Opium, wie es ältere und auch Pharmakopöen neueren Datums angeben. Eine derartige Vereinbarung ist jedoch für den Fabrikanten unannehmbar, indem der Feuchtigkeitsgehalt des Opiums mit jeder Kiste wechselt. Seriöse Händler verkaufen auf Grund der Analyse „Harrison" im natürlichen Gewicht der Ware. Doch findet das Laboratorium Harrison in London immer um 0,5—1 % Morphium höhere Resultate als man nach den Pharmakopöen erhält. Die Methode der Analyse „Harrison" ist nicht bekannt.

Das Musterziehen des Opiums, vor allem in seinen Ursprungsländern, hat durch unbedingt zuverlässige Personen zu geschehen und wird am besten mit einem Röhrchen, wie dieselben beim Musterziehen der Schweizerkäse üblich sind, vorgenommen. Das gezogene Durchschnittsmuster wird energisch durcheinandergeknetet, in Pergamentpapier verpackt und nachher noch mit Stanniol umwickelt. Oft zieht man vor, das Muster und die beiden Gegenmuster in kleine Pulverfläschchen abzufüllen, welche man verkorkt und versiegelt. Eine Fabrik, welche Opium verarbeitet, hat viele Morphiumbestimmungen auszuführen. Zur Beschleunigung der Arbeit nimmt man dort zum Anreiben das Doppelte der Opiummenge, welche in den Pharmakopöen angegeben ist, und natürlich auch die doppelte Menge Wasser, und man macht darauf die erste Fällung mit dem Anderthalbfachen des geforderten Fällungsmittels. So erhält man rasch die gewünschte Filtratmenge für die zweite Fällung.

Es sei ferner darauf hingewiesen, daß der Opiumeinkauf ein Saisongeschäft ist. Gleich nach der Ernte, im August und September, kaufen die Händler die Ware zusammen. Dann ist sie am billigsten. Sie kann dann schon im Oktober oder November um 20—80 % im Preise steigen und sich bis zum Herannahen der nächsten Ernte dort halten, während die Preise der Opiumalkaloide dieser Hausse nur teilweise und zögernd nachfolgen. Der Grund für diese Tatsache liegt darin, daß die Fabriken für Opiumalkaloide sich ebenso wie die Opiumhändler im August und September bis zur folgenden Ernte eindecken. Es ergibt sich hieraus, daß eine derartige Industrie ein beträchtliches Betriebskapital benötigt, um prosperieren zu können.

Im offenen Handel befindet sich nur kleinasiatisches und mazedonisches Opium, dessen Morphiumgehalt zwischen 9 und 14 % vom natürlichen Opiumgewicht beträgt. Das persische und namentlich das indische Opium, welches nur einen Morphiumgehalt von 6—8 % zeigt, ist für nichtenglische Firmen praktisch nicht käuflich. Es handelt sich übrigens hier immer um Ware, wie dieselbe von den Fabriken zur Alkaloidgewinnung gekauft wird. Das Opium, welches der Apotheker im Handverkauf verwendet, ist durch Mischen meistens schon in den Ursprungsländern auf den von den Pharmakopöen verlangten Morphiumgehalt eingestellt.

Man kaufe immer frische Ernte und nie alte harte ausgetrocknete Ware. Solche ist inwendig oft verschimmelt. Außerdem läßt sich hartes Opium sehr schwer extrahieren. Beide Umstände führen Verluste in der Fabrikation herbei.

Als Verfälschungen des Opiums sind anzugeben Steine, Bleischrot, Eisenstücke, welche im Kern der Brote eingeschlossen sind.

Morphin. $C_{17}H_{17}NO(OH)_2 + H_2O$. Mol.-Gew. 303. Mit einem Molekül Krystallwasser bildet das Morphin farblose durchscheinende Nadeln oder rhombische Prismen, welche bei 110° ihr Krystallwasser verlieren und bei 230° schmelzen. Löslich in 5000 T. kaltem und 500 T. Wasser von 100°, in 30 T. kaltem und 13 T. siedendem absolutem Alkohol. Die Konstitutionsformel des Morphiums ist bis heute noch strittig. Infolge seiner $\begin{array}{c}-N- \\ | \\ CH_3\end{array}$ -Gruppe ist es eine starke Base und bildet mit Säuren gut ausgebildete Salze. Es enthält ferner eine Phenolhydroxylgruppe, welche sich alkylieren läßt, und außerdem eine Alkoholhydroxylgruppe, die man, sowohl als das Phenolhydroxyl, acetylieren kann.

Nach dem Chinin ist das Morphin das wichtigste Alkaloid. In Form seiner Salze und als Base wird es in großem Maßstabe verwendet. Obenan steht das **Morphiumhydrochlorid**, welchem in bezug auf Konsum in beträchtlichen Abständen das Sulfat, das Acetat, andere Salze und seine Base folgen.

Noch größere industrielle Bedeutung hat es als Ausgangsprodukt für die Fabrikation seiner Derivate, vor allem für die Synthese seines Methyläthers, des Kodeins, dessen Konsumation heute mehr als das Doppelte des Morphins selbst beträgt, ferner des Äthylmorphins, des Diacetylmorphins, des Apomorphins und einer Reihe weniger wichtiger Produkte.

Die Extraktion des Morphins und seine Überführung in Würfel von Morphinhydrochlorid. Laboratoriumsversuch. 1 kg Opium letzter Ernte wird mit einem Messer aus nichtrostendem Stahl, beispielsweise „Apollo"-Stahl, in Stücke von ungefähr 50 g zerschnitten und diese dann durch eine kleine Fleischhackmaschine geschickt, nachdem man sie vorher mit Wasser befeuchtet hat.

Dann stellt man sich sechs dickwandige Glasstutzen von je 1,5 l Inhalt in einer Reihe auf, sozusagen als improvisierte Extraktionsbatterie, und numeriert die Stutzen mit Etiketten oder mit einem Ölstift von 1—6.

In die Stutzen 1 und 2 bringt man je 167 g von dem aus der Fleischhackmaschine erhaltenen Opiumbrei und rührt dort mit je 500 g Wasser von 25—30° gründlich an. Die Temperatur im Raume, wo extrahiert wird, sollte auch 25—30° C betragen. Dies wird im Laboratorium oft schwer durchführbar sein. Man achte darauf, daß die Lufttemperatur wenigstens nicht erheblich unter 20° betrage. — Man rührt während des Tages noch von Zeit zu Zeit mit einem Glasstab um und überläßt über Nacht der Ruhe.

Am anderen, also am zweiten Morgen der Extraktion trennt man die Lösungen von den Rückständen auf zwei Porzellannutschen a und b. Die Lösung schäumt leicht; man hüte sich vor Verlusten beim Absaugen. Die dunkelbraune Lösung aus beiden Nutschen gießt man in eine Emailmarmite A von 5 l Inhalt.

Die Rückstände der beiden Nutschen bringt man in die Stutzen 1 und 2 zurück, mischt darin erneut mit je 500 g Wasser von 25—30° C und rührt tagsüber einige Male durch.

Am dritten Morgen der Extraktion nutscht man die Inhalte der Stutzen 1 und 2 wieder ab. Unterdessen bringt man in die Stutzen 3 und 4 je 167 g des Opiumbreies. Aus der Nutsche a kommt nun die bereits viel hellere Lösung in Stutzen 3 und aus der Nutsche b in Stutzen 4 zu den frischen Opiummengen. Die Rückstände von den Nutschen kommen zurück in die Stutzen 1 und 2, wo dieselben zum dritten Male mit je 500 g warmem Wasser angerührt werden. Man setzt die Extraktion nach folgendem Schema fort, wobei zu bemerken ist, daß mit B ein Glasstutzen von 5 l, mit C ein solcher von 3 l Inhalt gemeint ist:

	Stutzen	Abgesaugte Lösung	Rückstände
4. Morgen:	3 u. 4:	in A,	in 3 u. 4
,,	1 u. 2:	in 3 u. 4,	in 1 u. 2 mit frisch. Wasser.
5. ,,	3 u. 4:	in 5 u. 6, zu neuem Opium,	Rückstände in 3 u. 4
,,	1 u. 2:	in 3 u. 4,	Rückstände in 1 u. 2 mit frisch. Wasser.
6. ,,	5 u. 6:	in A,	Rückstände in 5 u. 6
,,	3 u. 4:	in 5 u. 6,	in 3 u. 4
,,	1 u. 2:	in 3 u. 4,	in 1 u. 2 mit frisch. Wasser.
7. ,,	5 u. 6:	in C,	Rückstände in 5 u. 6
,,	3 u. 4:	in 5 u. 6,	in 3 u. 4
,,	1 u. 2:	in 3 u. 4,	in B.
8. ,,	5 u. 6:	in C,	in 5 u. 6
,,	3 u. 4:	in 5 u. 6,	in 3 u. 4 mit frisch. Wasser
9. ,,	5 u. 6:	in C,	Rückstände in 5 u. 6
,,	3 u. 4:	in 5 u. 6,	in B.
10. ,,	5 u. 6:	in C,	in 5 u. 6 mit frisch. Wasser
11. ,,	5 u. 6:	in C,	Rückstände in B.

Man wird sich fragen, warum man im Laboratorium die Extraktion auf die beschriebene, etwas komplizierte Art vornehmen soll, indem man doch anstatt dessen das ganze Kilogramm Opiumbrei einfach sechsmal mit je 3 l Wasser ausziehen könnte. Gewiß wäre die Extraktion derart ebensogut, aber das Volumen der Lösung würde 14—15 l betragen. Das Volumen der Extraktionslauge aus 1 kg Opium soll aber für ihre weitere Verarbeitung 2, höchstens 2,5 l betragen. Nun ist das Einengen größerer Mengen von Opiumlauge im Laboratorium keine einfache Manipulation, wie wir uns gleich überzeugen können. Es ist also von Wichtigkeit, die Lauge von vornherein in möglichst konzentriertem Zustande zu erhalten, was nur nach dem Gegenstromprinzip möglich ist.

Im ferneren ist es eine ausgezeichnete praktische Übung für den Studierenden, einmal auch im Laboratorium das Gegenstromprinzip folgerichtig durchzuführen. Es finden sich in Fabrikbetrieben nicht nur Meister und Arbeiter, welche sich darin zu wenig auskennen, sondern auch Chemiker, welche heillose Verwirrung in Systemen des Gegenstromprinzips anstellen und dadurch bösartige Verluste an Zeit und Material verursachen.

Bevor wir zur Beschreibung der Weiterverarbeitung der Opiumlaugen übergehen, soll angegeben werden, was mit den ausgelaugten Opiumrückständen im Stutzen B (s. Schema) geschieht. Diese Rückstände enthalten den größeren Teil des Narkotins und sollen für die Gewinnung des letzteren aufbewahrt werden. Feuchte ausgelaugte Opiumrückstände haben den Übelstand, daß sie an der Luft leicht schimmeln. Aus diesem Grunde versetzt man jedesmal sofort die Rückstände von je 334 g Opium, welche während des Verlaufs der Extraktion in B gelangen, mit je 800 g 8 proz. Essigsäure. Die weitere Verarbeitung der derart vor Schimmelbildung geschützten Rückstände wird im Kapitel über Narkotin besprochen werden.

Als Opiumlaugen besitzen wir ungefähr 2 l der konzentrierten dunkelbraunen, in der Marmite A und etwa 2 l der viel helleren verdünnten im Stutzen C. Es wurde bereits erwähnt, daß das Volumen der Gesamtlauge von 1 kg Opium für ihre fernere Verarbeitung 2, höchstens 2,5 l betragen soll. Die Lauge aus C muß folglich auf 200—300 cm³ ein-geengt werden, und zwar bei niedriger Temperatur. Nun schäumen gerade verdünnte Opium-laugen im Vakuum sehr unangenehm. Wir verfahren des-halb auf folgende Art:

Der Rundkol-ben R aus Jena- oder Pyrexglas von 750 cm³ Inhalt (s. Abb. 82) mit fünf Stutzen trägt oben

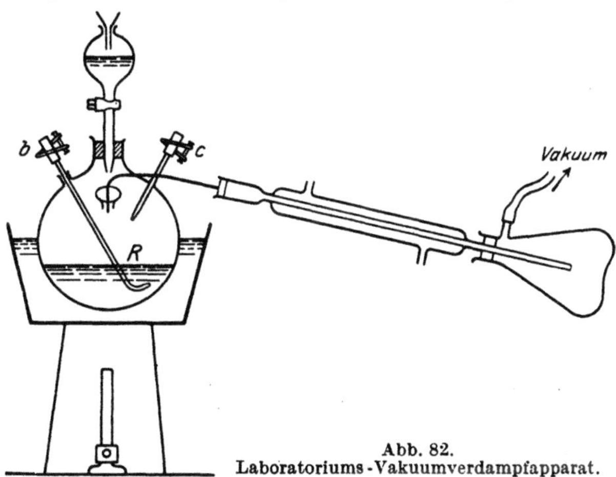

Abb. 82.
Laboratoriums-Vakuumverdampfapparat.

einen Tropftrichter von 0,5 l. Durch den ersten der vier kleinen Seiten-stutzen führt das Capillarrohr b mit umgebogener Spitze auf den Boden des Kolbens, so daß die dort eingezogene Luft die zu verdampfende Lösung passiert. Durch den zweiten Seitenstutzen führt Capillarrohr c, welches über dem Niveau der Flüssigkeit mündet und dessen Spitze nicht umgebogen ist. Die beiden anderen Seitenstutzen tragen ein Thermometer und das Abzugsrohr zu Kühler und Vorlage. Die Heizung erfolgt durch ein Warmwasserbad.

In R bringen wir ca. 300 cm³ der verdünnten Opiumlauge aus dem Stutzen C, setzen das Vakuum an und wärmen auf 55—60°. Die namentlich am Anfang der Verdampfung aufsteigenden Blasen zer-stören wir vorweg durch Aufblasen von etwas Luft durch die Capillare c, wodurch natürlich ein guter Teil des Effekts vom Vakuum verloren-geht, was aber zu Beginn der Destillation unvermeidlich ist. Mit zu-nehmender Konzentration der Lösung nimmt das Aufschäumen der-selben ab und hört allmählich ganz auf. Das abdampfende Wasser wird von nun an vorweg durch langsamen Zufluß von Lösung aus dem Tropftrichter ersetzt, bis die gesamte Flüssigkeit aus dem Stutzen C

im Rundkolben R auf ungefähr 300 cm³ reduziert ist. Sie wird dann zu der Hauptmenge der Lauge in der Emailmarmite A zugefügt.

Wer keine Übung im Vakuumabdampfen von schäumenden Flüssigkeiten im Laboratorium hat, kann sich auf folgende Weise helfen: Die einzuengende Lauge wird in der Porzellanschale P (Abb. 83) durch ein sie außen umschließendes Warmwasserbad bei max. 60° an der offenen Luft abgedampft, wobei der Windflügel W aus Aluminium die Operation sehr befördert.

In der Emailmarmite A sind nun alle Auszüge aus 1 kg Opium als 2—2,5 l dunkelbraune Lösung vereinigt. Man stellt A auf ein Wasserbad, erwärmt seinen Inhalt auf 70—75° und versetzt ihn bei dieser Temperatur mit 100 g geschmolzenem Chlorcalcium gelöst in 100 g Wasser. Man rührt gut um und läßt dann 48 Stunden ruhig in der Kälte stehen. Die Calciumsalze der Mekon-, Milch- und Schwefelsäure, an welche die Opiumalkaloide gebunden sind, fallen aus und setzen sich, zusammen mit einigen anderen Körpern, zu Boden. Die in der Literatur verschiedentlich vorkommende Behauptung, daß beim Versetzen der Opiumlaugen mit Chlorcalciumlösung größere Mengen der die Weiterverarbeitung störenden harzigen Produkte mit ausfallen, ist falsch. Fast alle Harze und anderen unangenehmen Verunreinigungen bleiben in der Lösung, zusammen mit dem gebildeten Doppelsalz der Chlorhydrate von Morphin und Kodein, dem Gregoryschen Salz.

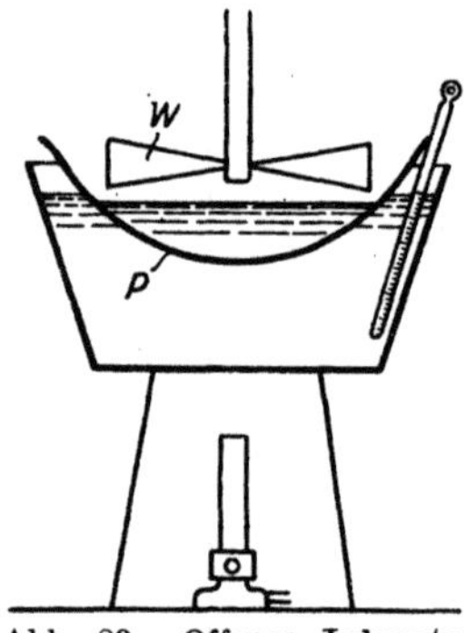

Abb. 83.   Offener Laboratoriums-Verdampfapparat.

Nach 48 Stunden gießt man die klare Lösung sorgfältig vom Niederschlag ab, bringt letzteren auf die Nutsche und wäscht ihn dort mit möglichst wenig Wasser (im max. 400 cm³) alkaloidfrei. Die Prüfung erfolgt mit verdünntem Ammoniak, welches im Waschwasser noch höchstens eine schwache Opalescenz hervorrufen soll.

Die mit den Waschwässern vereinigte Lösung — zusammen 2,5—3 l — wird nun bei max. 60° auf 500 cm³ eingeengt, sei es im Vakuum oder an der offenen Luft im Apparat Abb. 83. Darauf stellt man in der Kälte 2 Tage zur Krystallisation. Das Gregorysche Salz ist auskrystallisiert. Der feinkörnige Krystallbrei wird, wenn möglich, nicht genutscht, sondern in einer kleinen Laboratoriumszentrifuge ausgeschleudert, wo die möglichst gute Trennung der feinkörnigen Krystalle von der ziemlich zähflüssigen dunkeln Mutterlauge besser gelingt als auf einer Nutsche. Wo keine Laboratoriumszentrifuge zur Verfügung steht, bleibt keine andere Wahl, als sich der Nutsche zu bedienen. Die Trennung von der Mutterlauge erfolge auf jedem Fall so gewissenhaft und vollständig als nur irgend möglich, sei es auf die eine oder andere Art. Der feuchte Nutsch- oder Zentrifugenkuchen, dessen Gewicht ungefähr 100 g betragen wird, wird mit drei Viertel seines eigenen Gewichtes an eiskaltem destilliertem Wasser

absolut homogen angeteigt — man nehme den Nutschkuchen zu diesem
Zwecke aus der Nutsche in eine Porzellanschale und teige dort an, —
während man in der Zentrifuge direkt anteigen kann, im Falle, daß man
mit einer solchen arbeitet —, worauf man wieder ausschwingt oder abnutscht, was nun bedeutend leichter gelingt als das erstemal, und wieder
möglichst vollständig zu geschehen hat. Diese Operation des Anteigens
mit Eiswasser und Ausschwingen oder Nutschen wird noch einmal
wiederholt, wobei das zweite Waschwasser nicht mehr braun, sondern
höchstens weingelb abfließen soll.

Die vereinigten Mutterlaugen und Waschwässer werden zusammen
nach einer der bereits geschilderten Methoden weiter eingeengt, und
zwar dieses Mal auf ein Volumen von 300 cm³, worauf man 4 Tage an
einem kühlen Orte der Krystallisation überläßt. Es krystallisiert noch
einmal eine ansehnliche Menge von Gregoryschem Salz aus, jedoch
sehr feinkrystallinisch. Das Ausschwingen oder Nutschen sowie das
Ansteigen mit Eiswasser usw. erfolgt gleich wie oben und soll ebenso
exakt durchgeführt werden, so daß auch dieses Mal das zweite Waschwasser mit gelber und nicht mehr mit brauner Farbe abfließt.

Die Mutterlaugen der zweiten Krystallisation des Gregoryschen
Salzes sind eine zähflüssige braunschwarze Brühe. Sie enthalten noch
ungefähr 20 % des aus dem Opium extrahierten Morphiums und
Kodeins, ferner einen Teil des Narkotins und Papaverins und die
Gesamtmenge der übrigen Alkaloide. Wir vereinigen sie in einer Liter-
flasche mit den Waschwässern der zweiten Krystallisation und etiket-
tieren sie mit M.S.G. Deren weitere Verarbeitung soll weiter unten
besprochen werden.

Das isolierte Gregorysche Salz stellt ein feuchtes hellgelbes Krystallpulver dar, welches auf je 10 T. Morphin ¹/₂—1 T. Kodein enthält.
Die Trennung der beiden Alkaloide erfolgt durch Lösen des feuchten
Salzes, dessen Gewicht 120—150 g beträgt, in seinem zehnfachen Gewicht an destilliertem Wasser in einer Porzellanschale von 3 l Inhalt.
Letztere ist durch ein Warmwasserbad heizbar und ihr Inhalt kann
durch einen Rührer aus Glas mit 60 Touren je Minute umgerührt werden.
— Man erwärmt unter Rühren auf 60° C. Wenn Lösung erfolgt ist,
läßt man unter weiterem Rühren bei 60° aus einem Tropftrichter
langsam 5proz. reine Ammoniaklösung zufließen, indem man immer
mit Phenolphthalein prüft, bis die Rotfärbung bleibt. Dieser
Punkt ist unbedingt genau zu treffen. Schon ein geringer Ammoniaküberschuß löst von der ausgefällten Morphinbase wieder auf; ferner
erleidet sie infolge Aufnahme von Sauerstoff unter Braunfärbung eine
Veränderung. — Man benötigt 100—150 cm³ Ammoniaklösung. Der
mechanisch bewegte Rührer erzeugt keinen lästigen Schaum auf der
Flüssigkeit, im Gegensatz zu einem von Hand bewegten. Die Temperatur von 60° wird gewählt, weil bei derselben die Morphinbase
gut krystallinisch herauskommt. Das langsame Zutropfen der verdünnten Ammoniaklösung und regelmäßige Prüfen mit Phenolphthaleinpapier (Tupfen mit Glasstab) ermöglicht eine exakte,
quantitative Ausfällung. Vor allen Dingen ersetze man niemals die

Prüfung mit Phenolphthalein durch diejenige mit der Nase. Wenn man das Ammoniak in der Fällungsflüssigkeit riechen kann, hat man zuviel Ammoniak zugesetzt.

Nach dem Ausfällen mit dem Ammoniak läßt man erkalten. Gefällt ist alles Morphium als hellgelbe krystallinische Base, während das **Kodein als Ammoniumkodeinchlorid in Lösung** bleibt. Das Morphium wird abgenutscht und mit destilliertem Wasser nachgewaschen. Das Filtrat wird vereinigt mit den Waschwässern aufbewahrt (C.L.) zur Verarbeitung auf Kodein, welche weiter unten beschrieben werden soll.

Die feuchte Morphinbase wird in einer Porzellanschale von 0,5 l in ihrem doppelten Gewicht an destilliertem Wasser unter allmählichem Zusatz von **reiner eisenfreier Salzsäure** auf dem Dampfbade bei 90⁰ C in Lösung gebracht. Die Lösung reagiere schwach kongosauer. Man versetzt sie mit 1,5 g metallfreier Entfärbungskohle, digeriert $^1/_2$ Stunde bei 90—95⁰ und filtriert durch ein Faltenfilter auf einem gut geheizten Heißwassertrichter in einen Porzellanbecher, wo aus der hellgelben Lösung das **Morphiumhydrochlorid** alsobald in Büscheln von weißen Nadeln anzuschießen beginnt. Das Filter wäscht man mit 50 cm³ heißem destilliertem Wasser nach, rührt 1—2 Minuten in dem Porzellanbecher um und läßt die Krystallisation sich in der Kälte über Nacht vollenden. Am anderen Morgen nutscht man ab, teigt den Nutschkuchen mit seinem eigenen Gewicht an eiskaltem destilliertem Wasser an, nutscht wieder und trocknet im Trockenschrank bei 35⁰.

Das derart gewonnene Morphiumhydrochlorid ist reinweiß und eignet sich zur direkten Überführung in seine handelsübliche Form der Würfel. Wir füllen es einstweilen in ein Weithalsglas mit der Etikette M.C.W. Dann isolieren und reinigen wir sowohl das Morphin, welches in seinen hellen Mutterlaugen und Waschwässern verblieben ist, als jenes in den mit M.S.G. (s. S. 361) bezeichneten braunschwarzen des Gregoryschen Salzes und führen diese gereinigte Base gleichfalls in reines Morphiumhydrochlorid über.

Das Prinzip dieser Isolierung und Reinigung ist folgendes: Die Morphinbase wird ausgefällt, abgenutscht und mit kaltem Wasser ausgewaschen. Diese Base, namentlich jene aus den braunschwarzen Laugen des Gregoryschen Salzes, ist vermischt mit einer Reihe von organischen und anorganischen Körpern. Erstere bestehen aus Harzen, Fetten, Farbstoffen, Alkaloiden, wie Narkotin, Thebain und Papaverin, letztere aus diversen Salzen und Calciumhydroxyd. Dieses Gemisch wird mehrmals mit kaltem Aceton ausgelaugt, worin Morphiumbase beinahe unlöslich ist. Das Aceton löst die meisten organischen Stoffe und zurück bleiben die Morphiumbase und daneben in der Mehrzahl anorganische Stoffe. Wenn ein gutes organisches Lösungsmittel für Morphiumbase existieren würde, so wäre nun die Trennung relativ einfach. Dies ist jedoch nicht der Fall. Wohl kann Morphinbase in 13 T. siedendem absolutem Alkohol gelöst werden und aus der Lösung krystallisiert beim Erkalten die Hälfte des Morphins. Eine technisch verwendbare Methode ist dies erfahrungsgemäß nicht. In allen übrigen organischen Lösungsmitteln ist Morphinbase noch viel weniger löslich als in Alkohol. Man macht deshalb einen Umweg. Man führt das Morphin in ein Derivat über, welches sich in organischen Lösungsmitteln bequem löst und daraus krystallisiert werden kann. Das so gereinigte Derivat wird dann wieder in Morphium zurückverwandelt. Dieses Derivat ist das Diacetylmorphin, welches durch Krystallisation aus Aceton bequem gereinigt werden kann, worauf man durch Abspaltung der beiden Acetylgruppen daraus reines Morphin gewinnt.

Wir besprechen zuerst die Isolierung und Reinigung der Morphinbase aus den braunschwarzen Mutterlaugen (M.G.S.) des Gregoryschen Salzes. Man verdünnt dieselben mit ihrem vierfachen Volumen an Wasser, filtriert von ausgeschiedenen Harzteilchen ab, wäscht auf dem Filter nach und fällt aus dem mit dem Waschwasser vereinigten Filtrat die Morphinbase nach der auf S. 361 beschriebenen Vorschrift[1]. Dieselbe scheidet sich, zusammen mit bedeutenden Mengen anderer Stoffe, als brauner Niederschlag aus. Man läßt über Nacht absetzen, gießt am folgenden Morgen die klare braune Lösung ab und bringt den Niederschlag auf die Nutsche. Man saugt so vollständig als möglich ab, was einen halben Tag beansprucht. Dann wird der Nutschkuchen in einer Porzellanschale mit seinem doppelten Gewicht an Wasser gewissenhaft angeteigt und von neuem abgenutscht. Diese Operation wird wiederholt, bis das Waschwasser hellgelb abläuft, wozu 2—3 Anteigungen und Trennungen und eine Zeit von einem halben bis zu einem ganzen Tag nötig sind.

Darauf folgt die Reinigung mit Aceton. Dieses sei rein, zum mindesten von der Qualität für Pulverfabrikation. Es enthalte vor allem keine Acetonöle, auf welche unbedingt vor seiner Verwendung geprüft werden soll. Statt Aceton kann man auch Methyläthylketon verwenden, welches reiner, etwas billiger und viel angenehmer im Geruch ist als Aceton.

Der möglichst trockengesaugte Nutschkuchen wird im nutschtrockenen Zustand in einer Porzellanschale mit seinem doppelten Gewicht Aceton oder Methyläthylketon absolut homogen angeteigt und darauf erneut auf der Nutsche evakuiert, was verblüffend rasch geht. Die abgesogenen schwarzen Laugen enthalten gewaltige Mengen von Harzen und anderen Verunreinigungen. Man wiederholt die Operation und gibt die beiden ersten Acetonlaugen in eine Flasche, gezeichnet „Acetonlaugen I". — Es folgen noch 3—4 weitere Reinigungen mit kleineren Acetonmengen. Die daraus resultierenden Laugen sind viel heller als die beiden ersten und gelangen in eine Flasche, gezeichnet „Acetonlaugen II". Von der vierten Reinigung an prüft man die abfließende Acetonlauge auf ihren Gehalt an gelösten Stoffen. 5 cm^3 davon werden auf einem gewogenen Uhrglas verdunstet. Solange der Rückstand noch mehr als 0,1 g beträgt, ist die Reinigung fortzusetzen. — Die Aufarbeitung der Acetonlaugen I und II wird im Kapitel über Narkotin besprochen werden.

---

[1] Vergleiche darüber auch das Kapitel „Neues Trennungsverfahren der Opiumalkaloide", S. 394.

Man sauge bei der Reinigung mit Aceton den Nutschkuchen nie zu trocken ab (mit Ausnahme des letzten Males), weil er sonst sehr hart und seine erneute Anteigung schwierig wird. Von dem gründlichen jeweiligen Anteigen hängt das gute Gelingen der Reinigung mit Aceton ab. Die Farbe des Nutschkuchens geht dabei von Braun in ein helles Grau über. Man trocknet ihn bei 35—40⁰ im Trockenschrank.

Die Reinigung des Morphins in den hellen Mutterlaugen des bereits gewonnenen Morphiumhydrochlorids für Würfel (s. S. 362) geschieht in derselben Art. Zum Fällen mit Ammoniak verdünnt man jedoch nicht vorher mit Wasser. Eine einzige Auswaschung des Nutschkuchens mit Wasser genügt sowie eine bis zwei solche mit Aceton oder Methyläthylketon. Das Wasser entfernt etwas Farbstoff, das Aceton eine Spur Harz und etwas Narkotin und Papaverin. — Dann wird auch diese Base getrocknet. Die Reinigung ist also hier einfach, aber dennoch notwendig. — Zur Umwandlung in Diacetylmorphin können wir im Laboratoriumsversuch die aus den hellen und die aus den dunklen Morphiumlaugen erhaltenen Basen vereinigen. Wohl enthalten die letzteren viel mehr anorganische Substanz als die ersteren, aber das schadet nicht viel.

Die vereinigten getrockneten Rohbasen, welche ziemlich harte hellgraue Stückchen bilden, werden in der Porzellanreibschale zu einem feinen Pulver zermahlen. Ihr Gewicht wird 40—60 g betragen: Wir mischen in einem Jena- oder Pyrexkolben von 750 cm³.

> 1 T. Rohmorphin pulv. sicc.,
> 2¹/₂ T. Essigsäureanhydrid von min. 85 % Anhydridgehalt,
> 3 T. wasserfreies Benzol.

Es tritt starke Selbsterwärmung ein. Man erhitzt auf einem Babottrichter 3 Stunden am Rückflußkühler zum Sieden des Benzols und läßt dann erkalten. Durch die Verdünnung des Essigsäureanhydrids mit wasserfreiem Benzol erreicht man eine rasche und vollkommene Acetylierung. Ohne den Benzolzusatz würde man riskieren, daß ein Teil des Morphiums sich nur an einer Hydroxylgruppe acetyliert. Man würde ein Gemisch von Mono- und Diacetylmorphin erhalten, welches sich nur mit größter Mühe umkrystallisieren ließe. — **Allgemein darf man sagen, daß die Verdünnung mit Benzol (wasserfreiem!) bei fast allen Acetylierungen die Reaktion nicht nur fördert, sondern vor allem quantitativ gestaltet.**

Nach dem Erkalten filtriert man die ziemlich dunkle Lösung durch ein glattes Filter und wäscht den Rückstand gründlich mit wasserfreiem Benzol nach. Er besteht aus den anorganischen Substanzen, mit welchen die Morphiumbase gemischt war.

Man vereinigt die Lösung und das Waschbenzol in einem Destillationskolben und destilliert daraus das Benzol mit dem Thermometer ab, bis dieses 110—112⁰ zeigt, worauf man erkalten läßt. Unterdessen montiert man in einem Glasstutzen oder Tontopf von 6 l Inhalt einen mechanischen Rührer aus Glas und bringt in das Gefäß 2 l gewöhnliches Wasser, zu welchem man nach dem Erkalten die Reaktionsmasse aus dem Destillationskolben gießt und diesen zweimal mit je 100 g Wasser nachspült.

Unter Rühren fällt man nun die Diacetylmorphinbase mit Solvay-soda aus. Zuerst trägt man dieselbe in Pulverform ein, bis zu dem Punkte, wo die Kohlensäureentwicklung nachläßt. Dann gießt man langsam Sodalösung zu, bis das ausgefallene Diacetylmorphin sich nicht mehr zu lösen beginnt. Diese ersten Anteile der Fällung bilden eine bräunliche klebrige Masse, welche man durch ein Filter von der Lösung trennt und darauf nachwäscht, für sich allein bei 35° trocknet und separat aus Aceton oder Methyläthylketon umkrystallisiert. Das Gewicht dieses erstgefällten schmutzigen Diacetylmorphins beträgt 5—6 g. Aus seinem hellen wässerigen Filtrat fällt man nun den gesamten Rest mit Sodalösung unter Rühren als hellgelbe, krümelige Masse, welche genutscht, auf der Nutsche soda- und essigsäurefrei gewaschen und getrocknet wird. Zur Reinigung dieses hellgelben Rohdiacetyl-morphins benötigen wir höchstens 2 Krystallisationen aus etwas mehr als 3 Teilen seines Gewichts an Aceton oder Methyläthylketon, während für diejenige der 5—6 g an vorgefällter Ware 3 Krystallisationen nötig sind.

Man krystallisiert zuerst diese 5—6 g einmal. Deren schwarze Mutterlauge verwirft man. Die erhaltenen Krystalle vereinigt man mit der Hauptmenge des Rohproduktes und krystallisiert nun alles zusammen. Das erhaltene Produkt ist bereits hellgelb, muß aber noch einmal krystallisiert werden, um ganz rein zu sein. Die Mutterlaugen muß man im Laboratorium einengen (je auf ein Drittel ihres Volumens), wieder zur Krystallisation stellen und dieses wiederholen, solange man noch Krystallisationen erhält. Im Betrieb ist diese Arbeit einfacher und quantitativer, weil dort aus den letzten Mutterlaugen immer wieder frische Ansätze krystallisiert werden können.

Die Umwandlung des Diacetylmorphins in sein Chlorhydrat, welches unter dem Namen Heroin eine beträchtliche Bedeutung erlangt hat, soll in einem besonderen Kapitel behandelt werden (s. S. 372 ff.).

Das reine Diacetylmorphin von reinem Gewicht von 40 bis 50 g wird nun in reines Morphiumhydrochlorid übergeführt. Man versetzt dasselbe in einer tarierten Porzellanschale von 1 l Inhalt mit seinem zehnfachen Gewicht an destilliertem Wasser, erwärmt auf dem Dampfbad auf 90° und löst bei dieser Temperatur durch Zusatz von reiner eisenfreier Salzsäure bis zur stark kongosauren Reaktion. Die Lösung hält man dann 10—12 Stunden auf einer Temperatur von 85—90° C, indem man das verdunstete Wasser von Zeit zu Zeit durch frisches destilliertes Wasser ersetzt. Die Acetylgruppen werden durch die hydrolysierende Wirkung der Salzsäure verseift, die gebildete Essigsäure sowie die überschüssige Salzsäure verdunsten allmählich mit den Wasserdämpfen und zurück bleibt eine hellgelbe Lösung von reinem Morphiumchlorid. Man versetzt sie mit 0,5 g metallfreier Entfärbungskohle, reduziert ihr Gewicht durch Einengen auf dem Dampfbad auf das $2^{1}/_{2}$fache des verarbeiteten Diacetylmorphins und filtriert heiß durch einen Faltenfilter auf einem Heißwassertrichter in einem Porzellanbecher. Das Faltenfilter wäscht man mit 30 cm³ heißem destilliertem Wasser nach. In dem Porzellanbecher krystallisiert weißes reines Morphiumhydrochlorid aus, welches anderen Morgens abgenutscht, mit seinem eigenen Gewicht an eiskaltem destilliertem Wasser angeteigt, von neuem abgenutscht und getrocknet wird.

Die Mutterlauge, vereinigt mit den Waschwässern, versetzt man mit einigen Tropfen reiner Salzsäure bis zur deutlich sauren Reaktion auf Kongopapier, danach mit 0,5 g metallfreier Entfärbungskohle, engt auf dem Dampfbad bei 90° auf ein Fünftel des Volumens ein, filtriert, krystallisiert, nutscht, teigt mit eiskaltem destilliertem Wasser an, nutscht wieder und trocknet. Es sei bemerkt, daß dieses Einengen der Mutterlaugen nur im Laboratorium vorgenommen wird mit Rücksicht auf die Ausbeuteberechnung.

Im Betrieb werden diese Laugen statt Wasser zum Lösen weiterer Ansätze von Gregoryschem Salz vor dem Ausfällen der Morphiumbase verwendet. — Um auch im Laboratorium eine annehmbare Ausbeute zu erzielen, haben wir keine andere Wahl als sie einzuengen und nochmals zur Krystallisation zu bringen.

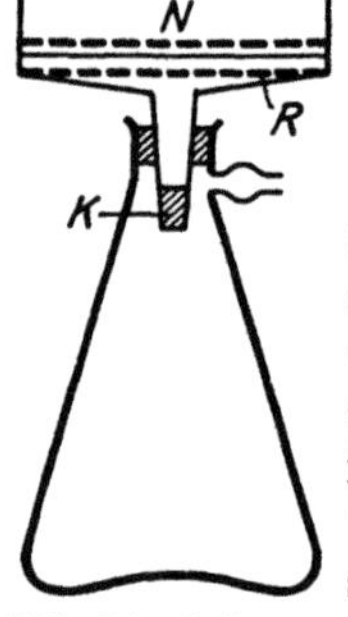
Abb. 84. Laboratoriumsapparat für Morphiumwürfel.

Umwandlung in Würfel. Wir haben nun 92—95% alles im Opium enthaltenen Morphins als reines Hydrochloricum isoliert, bestehend einerseits aus der Partie im Glase bezeichnet M.C.W. (s. S. 362) und anderseits aus der wie soeben beschrieben erhaltenen. Je nach dem Morphiumgehalt des angewendeten Opiums werden dies 100—140 g sein. Wir lösen die gesamte Menge in einer Porzellanschale in ihrem vierfachen Gewicht an destilliertem Wasser auf dem Dampfbad, stellen die heiße Lösung durch Zusatz einiger Tropfen reiner Salzsäure auf kongosauer ein und digerieren sie bei 90° $1/_2$ Stunde mit 1—1,5 g metallfreier Entfärbungskohle.

Unterdessen montiert man einen Würfelapparat, wie ihn Abb. 84 wiedergibt.

Die Porzellannutsche N hat einen Inhalt von 750—800 cm³. Ihr Ausfluß ist durch einen Kautschukpfropfen K^1 luftdicht verschlossen. Man wähle eine Nutsche, bei welcher der Raum R unter dem Siebboden von möglichst geringem Volumen ist, denn dies ist für unseren Versuch verlorener Raum. Den Siebboden belegen wir, wie üblich, mit einem runden Stück Baumwolltuch. Dieses beschweren wir mit einem groben runden Drahtnetz aus reinstem Aluminium oder einem runden durchlochten Aluminiumblech. Aluminium ist allerdings nicht gerade günstig für Operationen mit mineralsaurem Morphium. Wer über eine dünnwandige durchlochte Porzellanplatte verfügt, verwendet besser diese.

Die Nutsche N wird nur leicht auf die Saugflasche aufgesetzt, so daß sie ohne Kraftanstrengung aus derselben herausgehoben werden kann.

Wir filtrieren unsere Morphinhydrochloridlösung von der Entfärbungskohle bei einer Temperatur von 85—90° durch ein Faltenfilter in die Nutsche und waschen mit 50 cm³ heißem destilliertem

---

[1] Anstatt eines durchlochten Pfropfens zum Einsetzen der Nutsche N verwendet man besser eine durchlochte Platte aus Kautschuk.

Wasser nach. Die Lösung kann nicht abfließen und wird nach einiger
Zeit auf der Nutsche krystallisieren. Man rührt mit einem Glasstab in
Form einer 8 langsam und vorsichtig darin bis zur beginnenden Krystallisation, wobei man Sorge trägt, daß das Filtriertuch und das darauf
ruhende Beschwerungsmittel nicht berührt werden. Dann stellt man
über Nacht an einen kühlen Ort zur Vollendung der Krystallisation.

Am anderen Morgen hebt man die Nutsche vorsichtig aus der Saugflasche, entfernt den Kautschukpfropfen K, verbindet Nutsche und
Saugflasche nunmehr luftdicht und gibt auf die letztere ein Vakuum
von höchstens 30 cm, welches man nach 1—2 Stunden verstärken kann.
Man evakuiert einen vollen Tag, und zwar ohne je den Kuchen
auf der Nutsche zu berühren!! Natürlich trennt er sich von dem
Rand der Nutsche, und es wird dem Anfänger der Operation gelüsten,
ihn wenigstens dort leicht anzupressen. Dies wäre ein grober Fehler.
Der Nutschkuchen soll
absolut kompakt blei-
ben, und deshalb be-
rühre man ihn nie! —
Gewiß benötigt das
Absaugen auf diese
Weise eine geraume
Zeit — einen Tag, wie
bereits erwähnt —,
aber dies tut nichts zur
Sache. Man evakuiert,
bis kein Tropfen Lö-
sung mehr abfließt.
Der schneeweiße

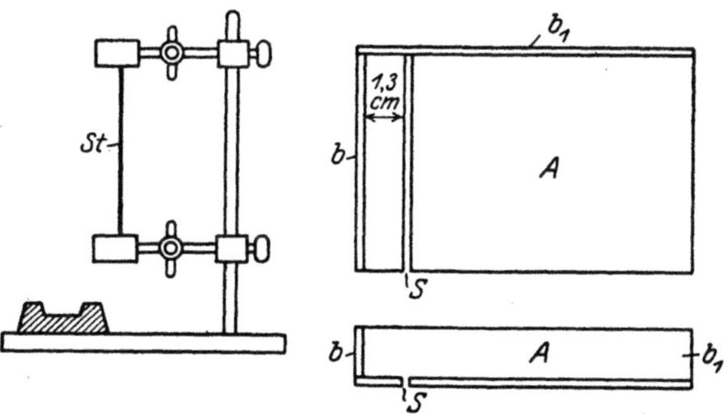

Abb. 85. Laboratoriumsapparat zum Schneiden der Morphiumwürfel.

Nutschkuchen zeigt keine Risse, wenn richtig gearbeitet wurde. Nach
vollendetem Absaugen und Durchlüften hebt man die Nutsche aus der
Saugflasche und stellt sie umgekehrt auf ein Blatt Filtrierpapier auf den
Tisch, so daß der Kuchen darauf zu liegen kommt. Man zerschneidet ihn
mit einem Messer aus nichtrostendem Stahl in Riegel von ungefähr 1,5 cm
Dicke, welche man bei 35° C trocknet. Dies dauert 2—3 Tage, und die
Riegel bedecken sich während dieser Zeit mit einer ganz leichten Aus-
witterung von gelber oder rosa Farbe, welche nach dem Trocknen mit
dem Messer aus nichtrostendem Stahl abgeschabt wird.

Es folgt das Zerschneiden der Riegel in Würfel vermittels
des Apparates (Abb. 85).

Das Aluminiumblech A von 12 cm Länge und 10 cm Breite
trägt auf zwei Seiten die Borde bb von 2 cm Höhe. Der Schlitz S hat
einen Abstand von 1,3 cm von Bord b.

Man spannt ferner die Stahlsaite St (z. B. eine Violinsaite E) in
zwei Klammern eines Stativs und beschwert den Stativfuß mit einem
Gewicht.

Man legt einen reingeschabten Morphiumriegel auf A, indem man
eine Länge und eine Breite des Riegels an die Borde b und b_1 anlehnt.
Vermittels der Stahlsaite St schneidet man nun durch den Schlitz S

die Riegel zuerst in vierkantige Stäbe und diese ihrerseits in Würfel von 1—1,2 cm Kantenlänge. Man gleite mit *A* gegen die Stahlsaite von unten nach oben und drücke nur ganz leicht. Die Saite schneidet dann das Morphiumhydrochlorid wie Butter.

Die erhaltenen Würfel sind federleicht, schneeweiß und entsprechen allen Pharmakopöevorschriften.

Im Laboratorium erhält man in einer Operation ungefähr 40% der angewandten Menge Morphinhydrochlorid **als Würfel**. Im Betrieb gelangt man zu 50—60%. Die Abfälle könnten aufs neue gelöst und wieder auf Würfel verarbeitet werden. Im Betrieb werden sie oft in Derivate des Morphiums verwandelt.

Bei der **Ausbeuteberechnung** für den Laboratoriumsversuch addieren wir folgende Werte:

1. Das Gewicht des reinen Morphinhydrochlorids, aus dem wir die Würfel bereiten.

2. Das in den letzten Mutterlaugen der Umkrystallisationen verbliebene Morphin, natürlich mit Ausnahme der Würfellauge.

3. Der kleine Rückstand von den Umkrystallisationen des Diacetylmorphins.

Im Laboratorium soll man 92—94% des im Opium nachgewiesenen Morphiums als **Hydrochloricum** gewinnen. Gutgeleitete Fabriken erreichen **im Betrieb** 97—98%.

Reinigung des naturellen Kodeins. 75—80% des im Opium enthaltenen Kodeins stellten wir unter der Bezeichnung CL als Lösung des rohen Ammoniumkodeinhydrochlorids beiseite (s. S. 362), 20—25% verblieben in den letzten Mutterlaugen des Gregoryschen Salzes, woraus die Gewinnung des Kodeins zu umständlich und nicht lohnend wäre. Man dampft die Lauge CL auf 80 cm³ ein, sei es im Vakuum oder bei 70—80° C im Apparat (Abb. 83). Darauf versetzt man sie bei 80° C mit 25 g **reiner 30proz. Natronlauge.** Das Ammoniumkodeindoppelsalz wird zersetzt unter Entwicklung von Ammoniakdämpfen[1].

Nach dem Erkalten gießt man in einen Scheidetrichter von 0,5 l Inhalt und schüttelt darin das Kodein **dreimal** mit je 50 g **Chloroform** aus. Hier zeigt es sich, ob das **Gregorysche Salz** gut abgenutscht oder zentrifugiert und nachher mit Wasser gut angeteigt wurde, nämlich an der Farbe des ersten Chloroformauszuges, welcher dunkelgelb oder höchstens hellbraun sein soll.

Die vereinigten Chloroformauszüge gießt man wieder in den leeren Scheidetrichter zurück und schüttelt sie darin mit 40 cm³ **verdünnter reiner Schwefelsäure** (1 : 10) aus. Die darauf erfolgende Trennung der beiden Schichten soll möglichst rasch erfolgen, denn das Kodeinsulfat ist schwer löslich und scheidet sich bald aus. Eventuell verdünnt man noch mit destilliertem Wasser. Die Kodeinlösung wird bei 90° C ¹/₂ Stunde mit 0,2 g metallfreier Entfärbungskohle digeriert und dann durch ein kleines Faltenfilter filtriert.

---

[1] Vergleiche darüber auch Seite 397 im Kapitel: „Neues Trennungsverfahren der Opiumalkaloide".

Ist die derart erhaltene Kodeinsulfatlösung hellgelb, so fällt man daraus mit 10proz. reinster eisenfreier Natronlauge bei 40—50°, läßt erkalten, nutscht, wäscht nach und trocknet bei 30—40°.

Ist dagegen die mit Entfärbungskohle behandelte Kodeinsulfatlösung noch dunkelgelb oder gar braun gefärbt, so gibt man sie bei ca. 50° in einen Scheidetrichter von 200 cm³, überschichtet sie mit 40 g Benzol, macht mit reiner Natronlauge alkalisch, schüttelt aus, trennt die wässerige Flüssigkeit ab und verwirft sie, schüttelt die Benzollösung mit 40 cm³ verdünnter Schwefelsäure 1 : 10 aus und behandelt dieselbe wieder wie oben mit Entfärbungskohle. Sie wird dann hell genug sein, um daraus die Kodeinbase ausfällen zu können.

Der Gehalt an naturellem Kodein variiert stark in den verschiedenen Opiumqualitäten; von 0,5—1,2 %. Die Kodeinausbeute ist demgemäß auch sehr verschieden. Es wurde bereits erwähnt, daß wir im höchsten Falle 80 % des naturellen Kodeins auf lukrative Weise gewinnen können.

Die Umwandlung der gefällten Kodeinbase in die handelsübliche Form ihrer Krystalle und in die der therapeutisch verwendeten Kodeinsalze soll im Kapitel über synthetisches Kodein besprochen werden.

Narkotin. $C_{19}H_{14}(OCH_3)_3NO_4$. Mol.-Gew. 413. Schmelzpunkt 176. Lange farblose glänzende Nadeln, löslich in Alkohol, Aceton, Benzol.

Das Narkotin ist das dritte Opiumalkaloid, welches isoliert werden muß, um die Opiumverarbeitung rentabel zu gestalten. Dasselbe hat fast gar keine therapeutische Verwendung, aber es bildet das wertvolle Ausgangsprodukt für die Darstellungen des Kotarnins, Stypticins, Hydrastinins und des synthetischen Narceins.

Sein Gehalt im Opium variiert zwischen 5 und 8 %, im Mittel etwa 6 %. Als tertiäre Base bildet es mit den meisten Säuren nur wenig charakteristische Salze, aus welchem Grunde höchstens ein Drittel dieses Alkaloids im wässerigen Opiumauszug enthalten ist. Diese Partie wurde bei der Reinigung der Laugen des Gregoryschen Salzes zurückgehalten, und zwar in den „Acetonlaugen I und II" (s. S. 363).

Unsere Acetonlaugen II werden bis auf 60 cm³ abdestilliert. Man filtriert dann heiß durch ein kleines Faltenfilter in einen Erlenmeyerkolben, wo man über Nacht krystallisieren läßt. Andern Tages nutschte man die dunkelgelben Rohnarkotinkrystalle ab und reinigt dieselben durch Umkrystallisieren aus dem Vierfachen ihres Gewichtes an Aceton. Nach zwei Krystallisationen sind sie reinweiß und vom Schmelzpunkt 175—176°.

Auch aus den schwarzen Acetonlaugen I kann man noch beträchtliche Mengen Narkotin gewinnen. Man versetzt sie mit Salzsäure bis zur kongosauren Reaktion und destilliert dann das Aceton vollständig ab. Die zurückbleibende, stark harzhaltige Brühe wird mit Wasser auf das Doppelte oder das Dreifache ihres Volumens verdünnt und mit Kochsalz versetzt. Es scheiden sich schwarze Harze aus, welche man als wertlos verwirft. Aus der klaren Brühe scheiden sich durch langsames Neutralisieren mit Sodalösung weitere Harzmengen aus. Diese enthalten bereits Narkotin in beträchtlicher Menge. Im Betrieb werden sie bei der Reinigung einer ferneren Menge von Acetonlaugen I wieder mitgenommen; im Laboratorium können sie verworfen werden.

Nach dem Ausscheiden dieser zweiten Harzmenge verbleibt eine ziemlich helle Lösung, aus welcher nun mit mehr Sodalösung ein pulveriges Gemisch gefällt, genutscht, getrocknet und aus Aceton zu reinem Narkotin umkrystallisiert wird.

Der größere Teil des Narkotins verbleibt in den Opiumrückständen nach der wässerigen Auslaugung. Diese befinden sich, bereits mit 8proz. Essigsäure angerührt, im Stutzen B (s. S. 358). Man nutscht die Lösung ab und laugt die Rückstände zum zweiten Male mit 5 T. ihres Gewichtes an 8proz. Essigsäure aus, und zwar während 24 Stunden. Man nutscht wieder ab und macht noch eine dritte Extraktion mit essigsaurem Wasser. Die vereinigten Extraktionslaugen werden bei max. 70° C auf ein Sechstel ihres Volumens eingeengt, entweder im Vakuum oder mit dem Apparat (Abb. 83). Aus der nunmehr hellbraunen Lösung fällt man das Alkaloid mit Solvaysoda in einem Glasstutzen mit mechanischem Rührer. — Ein von Hand geführter Glasstab als Rührer erzeugt zuviel Schaum. Man gibt die Soda zuerst als feines Pulver zu, erst gegen Ende der Reaktion als Lösung.

Über Nacht läßt man den Niederschlag absetzen. Er setzt nur ab, wenn er aus verhältnismäßig konzentrierter Lösung gefällt ist. Aus verdünnten Lösungen fällt er so fein, daß er mehrere Tage zum Absetzen braucht. Dies ist der Grund für das Einengen der Narkotinlösung vor dem Ausfällen.

Der Niederschlag wird 4—5mal mit Wasser abdekantiert, d. h. bis die Waschwässer wasserhell sind. Darauf nutscht man das Rohnarkotin ab und trocknet bei 40—50°. Es wird, entsprechend seiner Reinheit, 2- oder 3mal aus Aceton krystallisiert in der bereits beschriebenen Art.

Die Gesamtausbeute des reinweißen Narkotins vom Schmelzpunkt 175—176° variiert natürlich mit dem Narkotingehalt des Opiums. Sie beträgt im Mittel 4% desselben[1].

Kotarnin, $C_{12}H_{13}O_3N$, und Stypticin. Es ist ein Spaltungsprodukt des Narkotins und entsteht daraus unter dem Einfluß oxydierender Körper:

$$C_{22}H_{23}O_7N = C_{12}H_{13}O_3N + C_{10}H_{10}O_4$$

Narkotin   Kotarnin   Mekonsäureanhydrid.

Als oxydierendes Agens verwendet man des Preises halber die verdünnte Salpetersäure. Sie könnte aber auch durch Bichromat oder andere Sauerstoffträger ersetzt werden.

Die Aufspaltung des Narkotins erfolgt in einem Becherglas von 750 cm³, worin mit einem Glasrührer an der Turbine gerührt wird. Das Becherglas steht in einem Warmwasserbad, und wir erwärmen darin ein Gemisch von 265 g destilliertem Wasser und 89 g reiner Salpetersäure auf 46—48°. Bei dieser Temperatur tragen wir allmählich und unter Rühren 40 g reines Narkotin ein. Jede ein-

---

[1] Neben Narkotin kann aus den Opiumtrestern auch Papaverin gewonnen werden. Vergleiche darüber S. 395 im Kapitel: „Neues Trennungsverfahren der Opiumalkaloide".

getragene kleine Partie soll zuerst in Lösung gegangen sein, bevor man eine fernere zugibt, so daß das Eintragen des Alkaloids 1 bis $1^{1}/_{2}$ Stunden in Anspruch nimmt. Nachher rührt man noch 3 Stunden bei 46—48⁰ weiter. Die Reaktionsmasse stellt dann eine gelbbraune Lösung dar, in welcher einige wenige ungelöste Flocken herumschwimmen. Man kühlt nun von außen mit kaltem Wasser und überläßt über Nacht unter Kühlung mit Eiswasser der Ruhe.

Am anderen Morgen kühlt man mit Eiswasser auf 5—6⁰ und filtriert bei dieser Temperatur durch ein Filter aus gehärtetem Papier oder durch Asbestpapier oder auch durch Glaswolle. Das Filtrat neutralisiert man bei 5—6⁰ mit reinstem, völlig eisenfreiem Natriumcarbonat (Lackmus) und filtriert wieder.

Das Filtrat kühlt man mittels einer Eiskochsalzmischung auf 2—3⁰ und fällt dann daraus das **Rohkotarnin** durch Zusatz von 95 g 25proz. **reinster eisenfreier Natronlauge**, worauf man 2—3 Stunden bei 2—3⁰ der Ruhe überläßt. Aus der durch den Zusatz der Natronlauge dunkler gefärbten Lösung scheidet sich das Kotarnin allmählich mit gelber Farbe aus und setzt sich schwer zu Boden.

Nach der angegebenen Zeit nutscht man mit einer Temperatur von 2—3⁰ durch eine Scheibe gehärtetes Filtrierpapier ab, wäscht mit eiskaltem destilliertem Wasser sehr gewissenhaft frei von Spuren der Natronlauge und **trocknet das gelbe Rohkotarnin bei Zimmertemperatur, unter keinen Umständen bei erhöhter Temperatur.**

Die Ausbeute an Rohkotarnin beträgt 19—20 g.

Aus der Beschreibung der Herstellung des Rohkotarnins ersieht man, daß die einzelnen Phasen derselben bei relativ **tiefen Temperaturen** erfolgen, weil bereits eine mittlere Temperatur schädliche Veränderungen dieses Produktes bewirkt. Leider ist die Erwärmung bei der Spaltung des Narkotins unumgänglich.

Die Empfindlichkeit des Kotarnins gegenüber den Einflüssen der Wärme hat ferner zur Folge, daß eine Reinigung von Rohkotarnin durch Krystallisation aus irgendwelchem Lösungsmittel ausgeschlossen ist, denn bei vorsichtigster Erwärmung von Kotarninlösungen gehen 70—80% der Ware verloren. **Ihre Reinigung kann nur über ihr Chlorhydrat, das Stypticin, erfolgen.**

Man mischt in einem Erlenmeyerkolben von 300 cm³ 20 g **Rohkotarnin** mit 25 g **absolutem Alkohol.** Es erfolgt keine vollständige Lösung, doch versuche man keineswegs, dieselbe durch Erwärmen herbeizuführen. Man kühlt im Gegenteil durch Außenkühlung des Erlenmeyerkolbens das Gemisch mit Eiswasser ab und gibt zu der gekühlten Lösung unter fortgesetzter äußerer Kühlung sehr langsam und vorsichtig in einzelnen Tropfen aus einem Tropfenfläschchen 30proz. **alkoholische Salzsäure**, indem man nach dem Zufügen jedes einzelnen Tropfens und Umschwenken des Kotarnin-Alkoholgemisches durch Auftupfen auf Kongopapier prüft. Nur ein langsames, vorsichtiges Arbeiten in der Kälte verbürgt den Erfolg der Operation. Durch den Zusatz von alkoholischer Salzsäure tritt Selbsterwärmung ein, welche durch die äußere Eiswasserkühlung vorweg aufgehoben werden muß. Die Darstellung der alkoholischen Salzsäure wird im Kapitel über Diacetylmorphinchlorhydrat (Heroin) beschrieben werden (s. S. 373).

Der Punkt der Neutralisation soll genau getroffen werden. Sowohl ein Überschuß als ein Zuwenig an Säure ist zu vermeiden. Ist die Reaktion auf Kongopapier als bleibend festgestellt, so soll alles in Lösung sein. Wenn dieses nicht der Fall wäre, fügt man noch absoluten Alkohol zu bis zur Lösung, prüft nochmals auf Kongopapier und gibt, wenn die saure Reaktion durch den Alkoholzusatz verschwunden ist, noch etwas alkoholische Salzsäure zu.

Dann mischt man den Inhalt im Erlenmeyerkolben kalt mit 125 g reinstem eiskaltem Aceton und kratzt mit einem Glasstab. Es krystallisieren ziemlich rasch prächtige Nadeln von Stypticin aus. Man kühlt darauf mit Hilfe eines Eiskochsalzgemisches den Inhalt des Erlenmeyers auf —10° ab und erhält 2 Stunden auf dieser Temperatur. Unterdessen kühlt man eine kleine Porzellannutsche im Eisschrank gut ab. Auf derselben nutscht man die Stypticinkrystalle nach 2 Stunden von der Lösung von —10° ab und wäscht sie mit Aceton von —10° nach. Wenn man bei dieser Temperatur arbeitet, so ist die Ausbeute sozusagen quantitativ. Bei Zimmertemperatur erreicht sie dagegen kaum ein Drittel der Theorie.

Die hellgelben Nadeln werden bei Zimmertemperatur getrocknet. Aus denselben kann man durch Lösen in kaltem destilliertem Wasser, Abkühlen der Lösung auf 2—3° und Fällen mit reinster eisenfreier Natronlauge ein beinahe weißes Kotarnin gewinnen und daraus auf die oben beschriebene Art ein beinahe reinweißes Stypticin herstellen.

Das Stypticin ist in Wasser leicht löslich und hat sich als wirksames blutstillendes Mittel einen beträchtlichen Konsum gesichert.

Das reine Kotarnin bildet das Ausgangsprodukt des synthetischen Hydrastinins (dessen Fabrikation s. S. 347ff.).

Diacetylmorphinchlorhydrat (Heroin). $C_{17}H_{17}(C_2H_3O)_2NO_3$, HCl. Schmelzpunkt 230°. Farblose Nadeln oder weißes krystallinisches Pulver. Leicht löslich in Wasser.

Die Darstellung der Base des Diacetylmorphins wurde bereits im Kapitel der Reinigung der aus den Mutterlaugen des Gregoryschen Salzes gefällten Morphinbase (s. S. 364) besprochen. Ihre Darstellung aus reiner Base, gefällt aus reinem Morphinchlorhydrat, gestaltet sich insofern einfacher, als eine einzige Krystallisation aus Aceton zu ihrer Reinigung genügt.

Es bleibt uns übrig, ihre Umwandlung in ihr wasserlösliches Chlorhydrat zu beschreiben. 40 g reine Diacetylmorphinbase werden in 120 g reinem Aceton oder Methyläthylketon auf dem Dampfbad gelöst, die Lösung durch ein kleines Faltenfilter heiß in einen Erlenmeyerkolben von 300 cm³ filtriert, wo man bei einer Temperatur von weniger als 10° über Nacht in völliger Ruhe krystallisieren läßt. Das Diacetylmorphin setzt sich in großen Krystallen an den Wandungen des Erlenmeyerkolbens fest an. Am anderen Morgen gießt man die noch schwach gelbe Mutterlauge (L.H.) von den Krystallen ab. Letztere bleiben dabei an den Wandungen des Erlenmeyerkolbens fest haften. Man übergießt sie in demselben Erlenmeyerkolben mit 60 g reinem Aceton und stellt auf das Dampfbad. Es lösen sich nicht alle Krystalle, aber dies ist gerade, was man bezweckt. Es soll ungelöstes Diacetylmorphin in der siedenden Lösung vorhanden sein, damit die Ausbeute an Chlorhydrat quantitativ werde. Man entfernt den „Erlenmeyer" vom Dampfbad und läßt seinen Inhalt auf 50⁰ abkühlen. Bei dieser Temperatur geschieht die Zugabe von möglichst konzentrierter (30—35% HCl) alkoholischer Salzsäure, und zwar auch hier wie bei Stypticin aus einem Tropffläschchen langsam und äußerst vorsichtig, indem man den „Erlenmeyer" immer umschwenkt und die Reaktion durch Auftupfen auf Kongopapier überwacht. Der Punkt der Neutralisation ist erreicht, sobald dieses blau wird. Er soll exakt getroffen werden. Deshalb kann die Operation der Neutralisation $^{1}/_{2}$ Stunde und noch mehr in Anspruch nehmen. Sie kann übrigens schon darum nicht beschleunigt werden, weil die Reaktion stark exotherm ist und die Temperatur der Lösung während derselben immer etwas unter der Siedehitze des Acetons bleiben soll. Sie soll aber auch nicht unter 50⁰ sinken. Die Diacetylmorphinbase, welche beim Beginn der Neutralisation ungelöst war, löst sich mit zunehmendem Säurezusatz klar auf. Gegen den Schluß der Operation scheiden sich dann bereits in der Wärme weiße, ziemlich schwere Krystalle von Chlorhydrat aus.

Wenn der Punkt der Neutralisation erreicht ist, kühlt man unter Umschwenken des Erlenmeyers unter dem fließenden Wasser ab und läßt dann über Nacht an einem kühlen Ort in Ruhe. Am anderen Morgen wird abgenutscht, mit Aceton nachgewaschen, bei 35⁰ getrocknet, pulverisiert und fein gesiebt.

Die Ausbeute ist im Laboratorium etwa 90% der Theorie. Im Betrieb differiert sie dagegen nur 2—3% von derselben, denn die Mutterlauge L.H. von den Krystallen der Base wird dort zur Krystallisation neuer Base verwendet, und die Mutterlaugen des Chlorhydrats verdünnt man mit der Hälfte ihres Gewichtes an destilliertem Wasser, destilliert das Aceton ab und verarbeitet den wässerigen Rückstand auf Morphiumhydrochlorid, wie dies S. 365 beschrieben ist.

Eine kurze Angabe der Herstellung der alkoholischen Salzsäure dürfte angezeigt sein. In einen Kolben bringt man rohe konzentrierte Salzsäure und läßt aus einem Tropftrichter konzentrierte rohe Schwefelsäure dazutropfen. (Nie umgekehrt, denn jenes würde namentlich im Betrieb gefährliche Unfälle zur Folge haben!!) Das entwickelte Salzsäuregas leitet man zuerst durch zwei Waschflaschen mit konzentrierter Schwefelsäure und hernach in absoluten Alkohol. Die Absorption erfolgt unter starker Wärmeentwicklung, und der Kolben, in welchem sich der absolute Alkohol befindet, wird deshalb fortwährend mit Eiswasser gekühlt. Die Säuregaseinleitung geschehe so langsam, daß die Abkühlung des absoluten Alkohols vorweg gesichert ist. Die Operation dauert deshalb auch im Laboratorium für 200—300 cm³ alkoholische Salzsäure mehrere Stunden.

Die Manipulation mit 30—35proz. alkoholischer Salzsäure erfordert Vorsichtsmaßregeln. Auf der Haut erzeugt sie schmerzhafte Ätzwunden, und ihre Dämpfe reizen die Schleimhäute. Man bereite sich nie zu große Mengen davon auf einmal und hebe sie an einem kühlen Orte in Glasstöpselflaschen von nicht allzu großem Inhalt auf.

Die große Salzsäurekonzentration ist notwendig, weil Alkohol bei der Darstellung von Diacetylmorphiumchlorhydrat die Krystallisation aus Aceton empfindlich stört. Deshalb verwende man auch bei dieser Umwandlung von Base in Chlorhydrat frisches Aceton oder dann durch Rektifikation von allfälligem Alkoholgehalt befreites.

Diacetylmorphinchlorhydrat hat unter dem Namen Heroin eine bedeutende Verwendung als Cocainersatz und spielt außerdem als Berauschungsmittel im ungesetzlichen Handel eine berüchtigte Rolle.

Die Ergänzungen mehrerer Pharmakopöen geben seinen Schmelzpunkt mit 230° und noch höher an. Ein Heroin von solcher Reinheit ist nur aus allerreinster Morphiumbase, welche gar keine Nebenalkaloide enthält, zu erlangen[1].

Kodein, Methylmorphin.

$$C_{17}H_{17}NO\begin{cases}OH\\OCH_3\end{cases} + H_2O \ . \ \ \text{Mol.-Gew. } 317.$$

Farblose, rhombische, oft große Krystalle. Löslich in 118 T. kaltem und in 15 T. siedendem Wasser. Auch löslich in wässerigem NH_3, dagegen fast unlöslich in Kali- oder Natronlauge, durch welche Flüssigkeiten es daher aus seinen Salzlösungen abgeschieden wird.

Es wurde bereits erwähnt, daß der Konsum des Kodeins denjenigen des Morphiums als Therapeuticum längst weit überflügelt hat und heute mindestens das Zweieinhalbfache des Morphiumkonsums betragen wird. Wie wir gesehen, findet es sich in geringem Prozentsatz im Opium. Fast alles im Handel befindliche Kodein ist deshalb ein aus Morphin fabriziertes synthetisches Produkt.

Die Anzahl der Methylierungsmittel, welche sich zur Methylierung der Morphiumbase eignen, ist eine auffallend beschränkte. Von Methylestern der Mineralsäuren geben nur diejenigen der Schwefelsäure greifbare Resultate. Als wirklich gutes Methylierungsmittel hat sich bis heute nur das Trimethylphenylammoniumchlorid erwiesen, und dieses wird wohl heute in allen Kodeinbetrieben verwendet.

Es wird kein Laboratoriumsversuch für die Kodeindarstellung beschrieben. Trotz der heiklen Operation im emaillierten Rührautoklav, zum Teil bei hohem Druck, ist ihre Durchführung im Laboratorium selbstverständlich möglich. Aber als Übungsbeispiel für Studierende eignet sich der Versuch nicht. Die Darstellung im Betrieb wird an gegebener Stelle geschildert werden.

Äthylmorphinchlorhydrat, Dionin. $C_{17}H_{17}NO(OH)OC_2H_5$, $HCl + 2H_2O$. **Unscharfer Schmelzpunkt 120°. Weißes krystallinisches Pulver.**

Das Äthylmorphin wird in der Form seines Chlorhydrats schon seit einer Reihe von Jahren in der Arzneikunde verwendet, doch hat es nicht die Bedeutung des Kodeins erlangt.

Als Äthylierungsmittel der Morphinbase verwendet man entweder den Äthylester einer Sulfonsäure, z. B. der Paratoluolsulfonsäure (s. S. 279) oder aber noch besser den Diäthylester der Schwefelsäure (s. S. 108).

---

[1] Neuerdings soll Heroin für den illegitimen Handel auch aus Kodein hergestellt werden, weil Kodein bis heute (Beginn 1931) von der Opiumkommission des Völkerbundes noch nicht auf die Liste der Betäubungsmittel gesetzt wurde.

Die Äthylierung der Morphiumbase vollzieht sich nach folgender Gleichung:

$$C_{17}H_{17}(OH)_2NO + NaOC_2H_5 + (C_2H_5)_2SO_4$$
$$= C_{17}H_{17}(OC_2H_5)(OH)NO + Na(C_2H_5)SO_4 + C_2H_5OH .$$

Die Herstellung des Natriumäthylats geschieht durch Auflösen von Natriummetall, welches man vorweg in dünne Streifen schneidet, in Alkohol. In einem Literkolben mit langem Hals wägen wir 400 g 96proz. Alkohol und lösen darin allmählich 23 g Natriummetall. Während des Umschwenkens des Kolbens setzen wir ein Kühlrohr auf. Die Temperatur der Lösung soll 50⁰ nicht überschreiten. Im Bedarfsfalle wird von außen mit Wasser gekühlt. Wenn alles Natrium gelöst ist, kühlt man die Lösung auf 20⁰ ab und titriert 25 cm³ davon mit normaler Salzsäure. 25 cm³ der Lösung sollen mit 60 cm³ n Salzsäure neutralisiert werden. Ist es weniger Säure, so löst man noch die berechnete Menge Natrium in der Lösung, ist es mehr Säure, so verdünnt man mit der nötigen Alkoholmenge.

Der Apparat für die Äthylierung des Morphins besteht aus einem Literkolben mit 5 Stutzen, welcher mit einem Glasrührer mit Quecksilberabschluß am Rührer, einem Rückflußkühler, einem Thermometer, einem Tropftrichter und einem Korkpfropfen garniert ist. Der Kolben wird durch ein Warmwasserbad geheizt. In denselben füllt man:

100,3 g trockene reine Morphiumbase,
75 g 95proz. Alkohol,
140 cm³ titrierte Natriumäthylatlösung.

Man erwärmt auf 70—80⁰ und läßt dann unter Rühren aus dem Tropftrichter langsam eine Lösung von 54 g Diäthylsulfat in 110 g Alkohol zufließen. Nachher wird das Rühren während 1¹/₂—2 Stunden bei 70—80⁰ fortgesetzt.

Dann ersetzt man den Rückflußkühler durch einen absteigenden, verdünnt das Reaktionsgemisch mit 300 g destilliertem Wasser und destilliert den Alkohol ab. Den erkalteten Destillationsrückstand macht man mit reiner eisenfreier Natronlauge alkalisch, wobei das Dionin ausfällt, während das unveränderte Morphin in Lösung bleibt. Man spült die Reaktionsmasse in einen Scheidetrichter von 1,5—2 l und schüttelt darin die Dioninbase dreimal mit je 350 g Benzol aus.

Aus der wässerigen Lösung gewinnt man das unveränderte Morphin zurück, indem man mit reiner Salzsäure ansäuert und die Morphinbase mit reiner verdünnter Ammoniaklösung in bekannter Weise ausfällt.

Die vereinigten Benzolauszüge schüttelt man mit 400 cm³ verdünnter reiner Schwefelsäure (1 : 10) aus und trennt die beiden Schichten, bevor sich das Dioninsulfat auszuscheiden beginnt. Wenn nötig verdünnt man mit destilliertem Wasser. Die Dioninsulfatlösung digeriert man ¹/₂ Stunde bei 90⁰ mit 1,5 g metallfreier Entfärbungskohle, filtriert durch ein kleines Faltenfilter und wäscht mit 30 cm³ heißem destilliertem Wasser nach. Die hellgelbe Lösung samt dem Waschwasser läßt man auf 50⁰ erkalten und fällt dann die weiße Dioninbase mit verdünnter Lösung von reinem eisenfreiem Kaliumcarbonat. — Nach dem Erkalten wird abgenutscht, mit destilliertem

Wasser gründlich ausgewaschen und bei 40⁰ getrocknet. Die Ausbeute ist 85—90% der Theorie. Der Rest wird als unverändertes Morphium zurückgewonnen. Statt mit Diäthylsulfat könnte man in derselben Art mit Toluolsulfosäureäthylester äthylieren. Doch vollzieht sich die Reaktion mit Diäthylsulfat glatter.

Um Dioninbase in ihr Chlorhydrat überzuführen, löst man 1 T. Base in 3 T. heißem absolutem Alkohol und neutralisiert in der Wärme genau mit konzentrierter alkoholischer Salzsäure (vgl. Heroin). Auch hier soll man langsam und vorsichtig arbeiten, damit man den neutralen Punkt genau trifft. Es scheiden sich bald feine weiße Krystalle aus.

Die Betriebsverfahren der Opiumalkaloide. Opiumextraktion. Das Zerkleinern des Opiums geschieht nach demselben Prinzip wie im Laboratorium. Das Messer aus nichtrostendem Stahl zum Zerschneiden ist ein großes Käsemesser. Die entsprechend größere Fleischhackmaschine hat mechanischen Antrieb.

Die Extraktion vollzieht sich in 6 Extraktoren. Es müssen sechs solche sein, damit der Extraktionsverlust des teuren Ausgangsmaterials max. 2⁰/₀₀ sei.

Das Extraktionsgefäß A aus Aluminiumblech (s. Abb. 86) faßt 400 l. Seine Randhöhe betrage nicht über 50 cm, damit man mit den Händen bequem bis zum Boden gelangen kann. Es hat einen Siebboden aus Aluminium, welcher mit einem sehr feinmaschigen Drahtnetz aus Messing bedeckt ist. Der für die Extraktion tote Raum R unter dem Siebboden sei von so geringem Volumen als möglich. Ein Aluminiumrohr mit einem Hahn H aus Bronze vermittelt die Verbindung mit dem Vakuum- und Druckgefäß B von 320 l Inhalt aus starkwandigem Aluminiumblech. Der Deckel desselben trägt ein kleines Mannloch, ein Manometer für Vakuum und Druckluft, einen Stutzen mit einem Kautschukpfropfen, welcher als Sicherheitsventil dient, und je einen Hahn für Vakuum und Druckluft. Ein Abdrückrohr führt bis auf den Boden des Gefäßes. Oben an der Seitenwandung befindet sich ein Entlüftungshahn E.

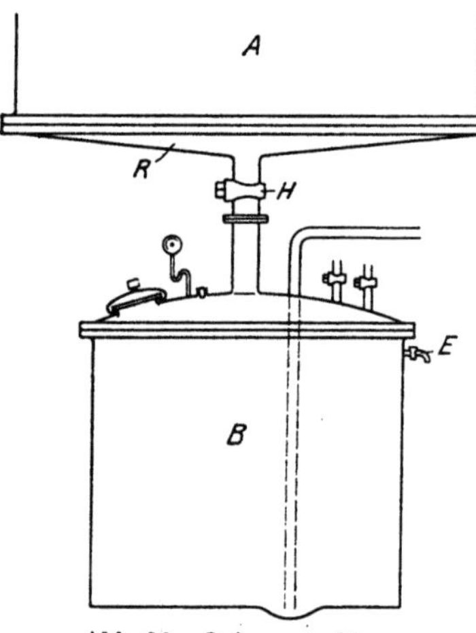

Abb. 86. Opiumextraktor.

Die maximale Charge eines Extraktors beträgt 80 kg Opium, welches nach der Zerkleinerung in der Fleischhackmaschine in A gelangt und dort von Hand mit dem Wasser oder der Lösung angeteigt wird. Der Hahn H ist natürlich geschlossen. Verharzte Knötchen in dem frischen Opiumbrei werden mit den Händen gründlich zerkleinert. Frisches Opium soll überhaupt längere Zeit mit der Flüssigkeit gut durchgemischt werden. Letztere füllt das Gefäß bis fast zum Rand.

Am anderen Morgen öffnet man die Hähne H und E und läßt die Lösung in B abfließen. Wenn fast nichts mehr abfließt, schließt man den Hahn E und evakuiert nun noch den Rest der Lösung mehrere Stunden aus A in B. Dann schließt man auch den Hahn H und drückt die Lösung aus B ab.

Die Extraktorenbatterie soll, wenn möglich, in einem speziellen Raum montiert sein, in welchem die Temperatur auch in der kalten Jahreszeit nicht weniger als 25° beträgt. Es wurde schon früher erwähnt, daß die Extraktion in der Kälte schwierig vor sich geht.

Nebenstehend geben wir zuerst ein Schema der Inbetriebsetzung der Extraktionsanlage und danach ein zweites für den kontinuierlichen Betrieb. I, II, III, IV, V, VI sind die Nummern der Extraktoren. NO bedeutet Einfüllen von neuem Opium. $\downarrow$ H$_2$O bedeutet Anteigen mit frischem Wasser, $\llcorner$ Herausnehmen von konzentrierter Lauge aus der Zirkulation. Die horizontalen Pfeilbogen bezeichnen den Weg der Lösungen.

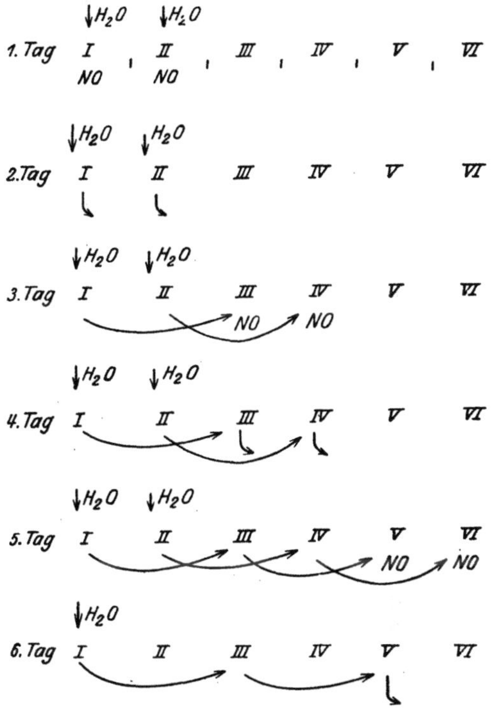

Der durch Druckluft bewirkte Transport der Laugen geschieht am besten durch einen langen Schlauch aus Kautschuk, welcher an das Abdrückrohr des jeweiligen Extraktors angeflanscht werden kann. Die Anlage verbraucht viel Vakuum, doch ist dieser Umstand einem Verlust an der Ausbeute der teuren Opiumalkaloide bei weitem vorzuziehen. — Nach der beendigten Extraktion wird das Opium noch in einer starken Presse mit Differentialhebelpreßwerk ausgepreßt. Die abgepreßte Lauge geht in die Extraktoren zurück.

Schema des Inbetriebsetzens.
Vom 7. Tage an beginnt der kontinuierliche Betrieb.

Wir erhalten also täglich eine Charge konzentrierter Opiumlauge für die Weiterverarbeitung. Dieselbe wird in eine erhöht plazierte Emailmarmite von 300 l Inhalt gedrückt, wo man sie über die Nacht absetzen läßt. Am anderen Morgen siphoniert man die klare dunkle Lauge in einen emaillierten Doublefond von 300 l Inhalt von dem geringen Depot von Opiumteilchen, welche durch die Maschen des Drahtsiebes des jeweiligen Extraktors mitgegangen sind. Dieses kleine Depot wird auf einem Beutel aus Baumwollstoff gegeben, die abfließende

Lösung mit der Hauptmenge derselben vereinigt; und den Rückstand gibt man auf den Extraktor mit der konzentrierten Lauge zurück.

Die Opiumlösung ist genügend konzentriert, um deren Morphin- und Kodeinverbindungen direkt mit Chlorcalcium in das Gregorysche Salz umsetzen zu können. Dies ist das Argument für die beschriebene Art der Opiumextraktion, welche mit möglichst geringen Wassermengen direkt, d. h. ohne Einengen eine konzentrierte Lösung zu erreichen sucht, ohne daß deshalb die Ausbeute leidet. Mit größeren Wassermengen für die Extraktion könnte man freilich leichter zu quantitativer Ausbeute gelangen. Dies würde aber eine Konzentration der Lösung während längerer Zeit erfordern. Eine teilweise Verharzung der Alkaloide und daraus resultierende Ausbeuteverminderung wäre dadurch unvermeidlich. Auch im Laboratorium sucht man aus demselben Grunde möglichst direkt, d. h. ohne Eindampfen, zur konzentrierten Opiumlösung zu gelangen, indem man sich so einrichtet, daß man wenigstens nur die letzten verdünnten Laugen konzentrieren muß. Im kontinuierlichen Extraktionsverfahren des Betriebes erhält man keine verdünnten Laugen, was von großem Vorteil ist.

Allerdings müssen wir nun für die Umsetzung mit dem Chlorcalcium auch erwärmen, aber dies dauert

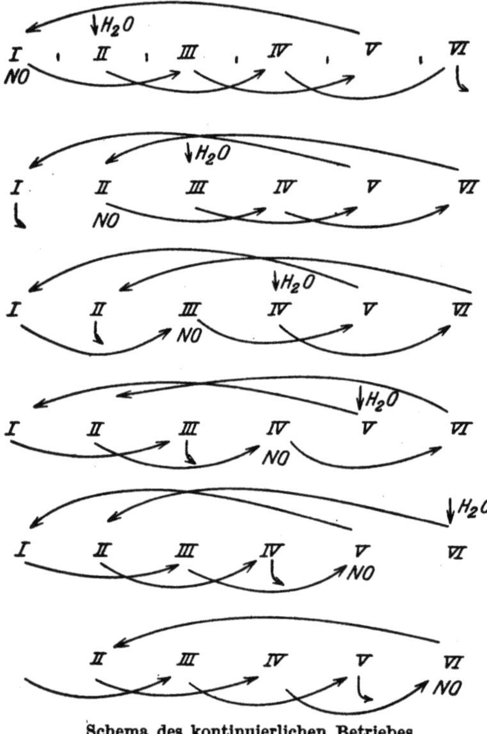

Schema des kontinuierlichen Betriebes.

wenigstens nur kurze Zeit. — Der Inhalt des Doublefonds wird auf 60—65⁰ erwärmt, mit einer Lösung von 8 kg geschmolzenem Chlorcalcium in 8—10 l heißem Wasser versetzt, mit einem Holzruder umgerührt und darauf durch Wasserkühlung im Doublefond möglichst rasch wieder auf 20⁰ abgekühlt. Man bedeckt mit einem Holzdeckel und läßt 2 Tage absetzen. Dann wird die klare Lösung absiphoniert, die abgesetzte Fällung auf einer Tonnutsche abgesaugt, mit Wasser alkaloidfrei gewaschen und nachher verworfen.

Die vereinigten Laugen und Waschwässer dampft man auf 40 l ein. Diese Operation des Eindampfens, also der Erwärmung, ist naturgemäß nicht zu umgehen. Aus bereits erwähntem Grunde wird sie in einem möglichst hohen Vakuum von max. 30 mm bei einer Tempera-

tur von max. 50⁰ vorgenommen und überdies in einem emaillierten
Apparate. Das Gregorysche Salz ist dasjenige einer anorganischen
Säure. Nun sind aber die Salze anorganischer Säuren von Morphin
und Kodein so empfindlich gegen den Einfluß aller Metalle (außer den
Edelmetallen), daß wir von nun an bis zum Schluß der Verarbeitung
dieser beiden Alkaloide nur noch in Email, Ton und Glas arbeiten können.

Abb. 87 veranschaulicht den verwendeten emaillierten Vakuumverdampfapparat:

Die Blase A enthält die einzuengende Lösung. Sie ist heizbar durch
ein Wasserbad mit Dampfschlange ohne Vorrichtung zum Drosseln des
Dampfes, damit das Wasserbad nicht überhitzt werden kann. Es soll
nie über 60⁰ und die Lösung
nie über 50⁰ zeigen. Durch
Hahn E aus Bronze wird
die zu verdampfende Lösung
durch einen Kautschuk-
schlauch eingezogen. V ist
das Vakuummeter. H ist
ein Hähnchen aus Bronze,
durch welches Luft auf den
Schaum aufgeblasen werden
kann, im Falle, daß dieser
überzusteigen droht. L und
L_1 sind die Schaugläser zur
Beobachtung der Destilla-
tion. Durch das hintere
Schauglas, auf der anderen
Seite der Blase, wird das
Innere derselben durch eine
elektrische Lampe beleuch-
tet. Die konzentrierte Lösung
wird durch Ausziehen des

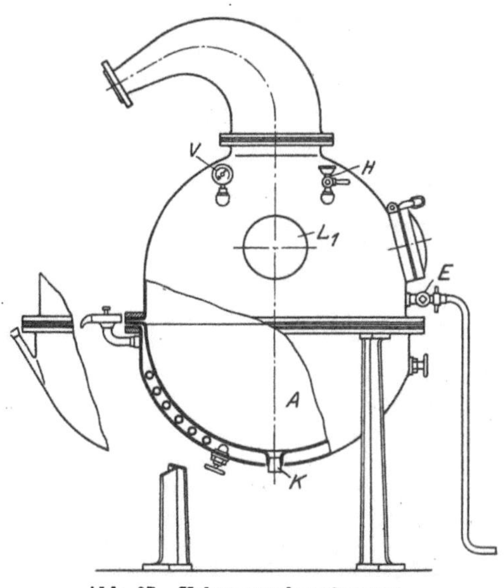

Abb. 87. Vakuumverdampfapparat.

Kautschukpfropfens K am Boden der Blasen abgelassen. Das Vakuum
wird durch eine kleine Rotationspumpe erzeugt. Die Blase sowie ihre
Verbindungsröhre sind aus emailliertem Gußeisen.

Man beginnt das Eindampfen mit höchstens 100 l Lösung. Sie
schäumt heftig, bis sie eine gewisse Konzentration erreicht hat, worauf
das Schäumen abnimmt und das Operieren mit dem Hähnchen H
überflüssig wird. Von nun an ersetzt man das abgedampfte Wasser
im gleichen Verhältnis durch leichtes Einziehen frischer Lösung. Das
Hähnchen H soll von nun an nicht mehr in Funktion treten, damit
man fortlaufend das volle Vakuum ausnützen kann. Das Wasserbad
um A herum sei nur „handwarm". — Ein in der Vakuumdestillation
geübter Arbeiter engt die Lösung aus 80 kg Opium in 3—4 Stunden
auf 40 l ein.

Die Krystallisation des Gregoryschen Salzes aus diesen 40 l
sirupdicker Lösung erfolgt während 2 Tagen an einem kühlen Ort.
Für die Trennung der Krystalle von der dickflüssigen Lauge soll man

sich im Betrieb unbedingt nicht einer Nutsche, sondern einer Zentrifuge bedienen. Dieselbe muß eine möglichst hohe Tourenzahl haben. Der Zentrifugenkorb mit 1 m Durchmesser sei aus Ebonit, der Mantel homogen verbleit und das Ablaufrohr für die Mutterlauge aus Blei oder Aluminium. Noch vorsichtiger ist es, den Zentrifugenmantel aus Ton zu wählen und das Ablaufrohr auch aus Ton oder dann aus Silber. Zu vermeiden sind unbedingt Eisen oder Kupfer, aber auch Blei oder Aluminium sind schädlich. Der Krystallkuchen wird auf der Zentrifuge mit einer Holzkeule zuerst zu einem homogenen Brei angerieben und dann so lange ausgeschwungen, bis keine Lauge mehr abtropft. Dann teigt man das ausgeschwungene Krystallmehl in der Zentrifuge mit 4 l eiskaltem Wasser so homogen als nur möglich an und schwingt wieder aus. Diese Operation wiederholt man nochmals, jedoch nur mit 3 l Wasser. Die zweite Waschlauge soll gelb und nicht mehr braun abfließen; sonst ist noch eine dritte Waschoperation vorzunehmen.

Die vereinigten Laugen und Waschwässer werden für eine zweite Krystallisation eingeengt. Man nimmt dafür mehrere Operationen zusammen und dampft beispielsweise Laugen und Waschwässer von 3 Opiumextraktionen, d. h. aus 240 kg Opium auf 70—75 l ein. Diese dunkeln zähflüssigen Laugen läßt man 3—4 Tage krystallisieren, während der letzten Nacht der Krystallisation am besten unter äußerer Kühlung mit Wasser und Eis. Zur Abtrennung und zum Nachwaschen des daraus resultierenden sehr feinen Krystallmehls verfährt man wie oben und verarbeitet die zweite Krystallisation separat weiter.

Die Trennung des Morphins von Kodein durch Fällen des ersteren mit Ammoniak aus der Lösung von Gregoryschem Salz (s. S. 361 ff. im Laboratoriumsversuch) geschieht in einem offenen emaillierten Doublefond mit emailliertem Rührwerk, welches 45 Touren in der Minute macht. Man verarbeitet am besten eine Menge von 25—30 kg auf einmal, und zwar genau in der Weise, wie im Laboratoriumsversuch beschrieben wurde.

Das Abnutschen und Nachwaschen der Morphinbase mit destilliertem Wasser geschieht auf einer Tonnutsche, das Lösen der feuchten Morphinbase in destilliertem Wasser und reiner metallfreier Salzsäure, das Entfärben der heißen Lösung mit metallfreier Entfärbungskohle, die Filtration der heißen Lösung und die Krystallisation des Hydrochlorids kann in einem Apparat nach Abb. 89 (s. S. 383) und in einem emaillierten Filter (Abb. 69, s. S. 302) vorgenommen werden. Der Apparat hat einen Inhalt von 100—150 l.

Man läßt das Morphinhydrochlorid in einer Emailmarmite krystallisieren und nutscht auf einer Tonnutsche ab. Das Anteigen des abgenutschten Produktes auf der Nutsche mit Wasser kann im Betrieb auf der Nutsche selbst mit den Händen erfolgen, also ohne den Nutschkuchen aus der Nutsche zu entfernen. Während des Anteigens soll natürlich das Vakuum auf die Nutsche abgestellt sein.

Aus den Mutterlaugen und Waschwässern des Morphinhydrochlorids fällt man die Base und wäscht sie auf der Nutsche mit Wasser und Aceton. wie S. 363 beschrieben wurde.

Das Ausfällen der Morphinbase aus den dunkeln Laugen des Gregoryschen Salzes nach Verdünnung mit Wasser und eventueller Filtration von ausgeschiedenen Harzen erfolgt in demselben offenen emaillierten Doublefond mit emailliertem Rührwerk, der zur Fällung der Morphinbase aus der Lösung des Gregoryschen Salzes selbst dient. Das Abnutschen und Anteigen mit Wasser und Aceton geschieht auf Tonnutschen. Die Anwendung von Methyläthylketon ist im Betrieb sehr zu empfehlen, weil die Gase desselben beim Anteigen auf der Nutsche den Arbeiter nicht belästigen, was beim Aceton stattfindet. Die jeweiligen Anteigungen mit den Händen nehmen jedesmal mehrere Stunden in Anspruch. Sie sind unbedingt gewissenhaft durchzuführen. Das Evakuieren der ersten wässerigen Laugen dauert 1—1 $^1/_2$ Tage. Die Acetonlaugen I und II bewahrt man in Korbflaschen auf.— Das Pulverisieren der entharzten und sehr gut getrockneten Base besorgt eine Porzellankugelmühle.

Bei der Umwandlung in Diacetylmorphin werden im Betrieb die beinahe reine Morphinbase aus den Mutterlaugen des Morphiumhydrochlorids und die sehr stark mit anorganischen Substanzen vermischte aus den dunklen Laugen vom Gregoryschen Salz getrennt acetyliert, zum Unterschied von der Vorschrift für das Laboratorium.

Die Acetylierung vollzieht sich im emaillierten Apparat (Abb. 88):

Die Retorte A von 300 l Inhalt trägt auf ihrem Deckel das Mann-

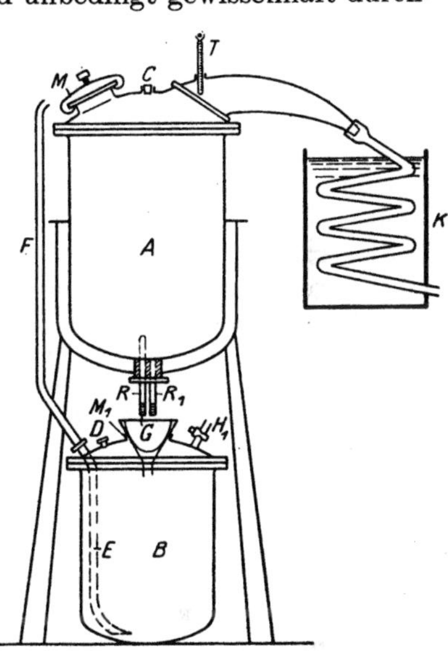

Abb. 88. Apparat zum Acetylieren.

loch M, den Stutzen C mit einem Kautschukpfropfen und den Thermometer T, welcher bis 150 oder 200° anzeigt. Der Kühler K besteht aus Ton und ist mit dem Ausfluß der Retorte durch Zement verkittet. Er könnte auch aus reinem Aluminium (99,8% Aluminiummetall) bestehen. Im Stutzen am Boden der Retorte befindet sich ein doppelt durchbohrter Kautschukpfropfen, durch dessen Öffnungen die beiden Glasröhren R und R_1 nach dem Inneren der Retorte führen. Diese Röhren haben einen inneren Durchmesser von 8—10 mm und sind an ihren äußeren Enden durch 2 Zäpfchen aus Kautschuk oder bestem Kork verschlossen. R endigt in der Retorte 4—5 cm über dem Boden, R_1 möglichst eben mit dem Retortenboden. Das Druckgefäß B von 250 l Inhalt trägt das runde Mannloch M_1 von 15 cm Durchmesser, den Hahn H_1 zur Einführung von Druckluft, den Stutzen D mit einem Kautschukpfropfen und das Druckrohr E Dieses ist außen durch das Rohr F verlängert, welches aus reinem Aluminium bestehen kann.

Anstatt eines emaillierten Apparates könnte man sich zum Arbeiten mit Essigsäureanhydrid auch eines solchen aus Siliciumeisenlegierung bedienen. Solche Apparate stehen jedoch hoch im Preise und sind infolge der Sprödigkeit der Legierung äußerst heikel in der Handhabung.

In den Apparat ladet man durch das Mannloch:

30 kg feingemahlene, absolut trockene Morphinbase,
75 kg Essigsäureanhydrid,
120 kg wasserfreies Benzol.

Man rührt 3—5 Minuten mit einem Holzruder. Es tritt kräftige Selbsterwärmung ein, welche bis zum Sieden des Benzols führen kann. Man schließt den Mannlochdeckel M auf dem Kessel, läßt dagegen M_1 auf B offen.

Man wird beobachten, daß wir im Betrieb mehr Benzol zusetzen als im Laboratorium. Die Ursache davon wird gleich verständlich werden. — Wir erwärmen nun die Retorte bis zur Siedehitze des Benzols und destillieren in einer Zeitspanne von 3 Stunden 30—40 l Benzol in eine Korbflasche. Dies repräsentiert den Überschuß an Benzol, den wir im Betrieb zusetzen. Denn man setzt keinen Rückflußkühler auf den Apparat, weil wir bei der Verwendung eines Rückfluß und eines absteigenden Kühlers 2 Hähne benötigen würden. Hähne aus Bronze oder aus einem anderen Metall werden aber durch Essigsäureanhydrid (sowohl als auch durch Essigsäure) in wenigen Wochen zerstört; und armierte Tonhähne sind an einem solchen Apparate schwierig zu befestigen. Man hilft sich deshalb am einfachsten auf die angegebene Art.

Man läßt während der Nacht in der Ruhe erkalten und absitzen. Am anderen Morgen öffnet man den Mannlochdeckel M auf A, setzt den gerippten Glastrichter G auf M_1 und entfernt den Pfropfen am unteren Ende des Röhrchens R. Die klare Lösung fließt in den Montejus B ab. Wenn dies geschehen ist, legt man auf den Rippentrichter G einen Flanellbeutel, welcher nicht über den Rand des Trichters herausragen soll. Darauf entfernt man das Zäpfchen im Glasrohr R_1, so daß das abgesetzte Depot in A auf den Flanellbeutel abfließt und filtriert wird. Am Schluß spült man die Retorte A mit einem Teile des abdestillierten Benzols nach und damit auch den Rückstand auf dem Flanellbeutel. Nach beendigter Filtration und Auswaschung auf dem Flanellbeutel mit Benzol setzt man die Zäpfchen wieder in die Glasröhren R und R_1, verschließt das Mannloch M_1 auf dem Montejus B und den Stutzen D, verlängert F durch ein Stück Kautschukschlauch und drückt die klare Lösung aus B in A zurück.

Man schließt das Mannloch M auf A von neuem und destilliert nun aus A das Benzol ab, bis das Thermometer T 110—112° zeigt, worauf man von neuem über Nacht erkalten läßt. — Das abdestillierte Benzol wird mit Sodalösung entsäuert, rektifiziert und entwässert.

Am anderen Morgen zieht man die kalte Lösung durch das Glasrohr R_1 aus A in B ab, spült A mit Wasser gründlich nach und trocknet das Innere von A vollständig durch leichtes Anwärmen mit Dampf im Doublefond.

Aus dem Montejus *B* drückt man die Lösung in eine emaillierte Marmite von 700 l Inhalt mit einem emaillierten Rührwerk von 35—40 Umdrehungen in der Minute. In dieser Rührmarmite hat man bereits vor dem Ausdrücken der Diacetylmorphinlösung 300 l kaltes Wasser vorgelegt. Das Ausfällen der Diacetylmorphinbase in der großen Rührmarmite erfolgt analog dem Laboratoriumsversuch, worauf auf einer Tonnutsche genutscht und hernach getrocknet wird.

Die Krystallisation des Diacetylmorphins aus Aceton oder Methyläthylketon kann in einem Krystallisierapparat aus Aluminium vorgenommen werden (s. Abb. 89). Durch Erwärmen mit Dampf in einem Doublefond oder Heizrohr löst man in *A* das umzukrystallisierende Produkt im Lösungsmittel am offenen Rückflußkühler. Dieses Lösen des Rohproduktes ist eine einfache Operation. Sehr viel schwieriger ist oft das Filtrieren der heißen Lösung. Manchmal enthält sie, namentlich bei zweiten und dritten Krystallisationen, wenig Verunreinigungen und geht leicht durch das Filter.

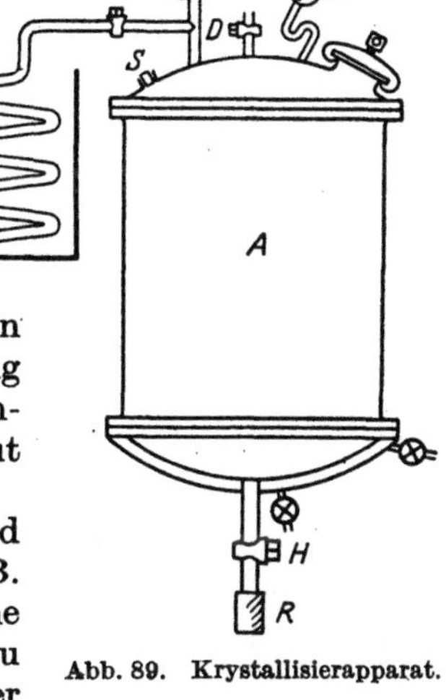

Abb. 89. Krystallisierapparat.

Man fixiert dann vermittels des Raccords *R* an *A* ein geschlossenes Filter nach Abb. 69 (S. 302). Wenn nötig, kann ein solches Filter durch Dampf heizbar sein. Gibt man durch Hahn *D* noch etwas Druck auf den Apparat, so filtriert eine relativ klare Lösung beinahe spielend. Man hat nur darauf zu achten, daß die Klemmschrauben des Filters gut schließen.

Enthält hingegen die Lösung viele und unangenehme Verunreinigungen, wie z. B. klebrige Harze, dann ist die relativ kleine Filterfläche eines derartigen Filters allzu rasch verstopft, und man ist nach kurzer Zeit genötigt, dasselbe loszuschrauben, zu leeren, zu reinigen und mit frischem Filterstoff zu versehen, was bei organischen Lösungsmitteln eine unangenehme und Verluste herbeiführende Operation ist. Die Vergrößerung der Filterfläche durch Vergrößerung des Filterdurchmessers ist nicht tunlich, weil das Abdichten des Filters schwer würde.

Für solche Fälle hat sich das Filter nach Abb. 72 (S. 306) noch am besten bewährt. Man verwende ein Filter mit 8—10 Flanellbeuteln, welche lang und schmal sind, damit die Filterfläche relativ groß werde.

Ein Beispiel dafür ist die Filtration einer Lösung von rohem Diacetylmorphin in Aceton, welche bedeutende Mengen von schwarzen Harzkörperchen in feiner Suspension enthält. Für unsere Zwecke genügt ein Apparat wie Abb. 89 mit einem Lösungskessel von 160 l Inhalt. Darin lösen wir 25 kg rohes Diacetylmorphin in 85 kg Aceton oder Methyläthylketon unter Zusatz von 250 g Entfärbungskohle. Letztere dient hier nicht zum Entfärben der Lösung, sondern zum Binden der suspendierten Harzteilchen. Man filtriert durch ein Beutelfilter aus Aluminium nach Abb. 72, wobei man den Aufsatz A des Filters jeweils nach dem Auffließen der Lösung bedeckt und das Filter vorsichtig mit Warmwasser anwärmt. Derart gelingt diese Filtration, welche durch ein Filter mit kleiner Filterfläche unmöglich zu Ende geführt werden könnte. Der Apparat und das Filter werden am Schluß mit 8 l heißem Aceton nachgespült.

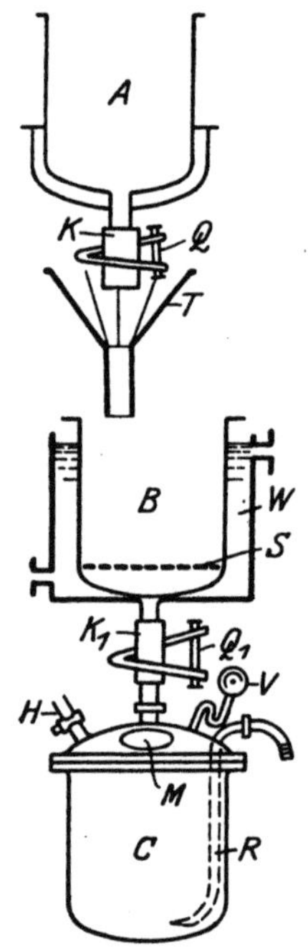

Abb. 90. Betriebsapparat für Morphiumwürfel.

Die Laugen der zweiten Krystallisation, bei welcher die Filtration der heißen Lösung leicht gelingt, verwendet man wieder zur Krystallisation von Rohprodukt und die Laugen der dritten Krystallisation zum Umkrystallisieren der zweiten Krystallisation. Aus den dunklen Laugen der ersten Krystallisation destilliert man zwei Drittel des Acetons im Krystallisationsapparat am absteigenden Kühler ab und krystallisiert wieder. Dieses wird noch mehrmals wiederholt, bis kein Diacetylmorphin mehr krystallisiert. Dann verdünnt man die nun beinahe schwarzen Laugen mit ihrem eigenen Gewicht an Wasser, rektifiziert das letzte Aceton ab und verwirft den Rückstand.

Das Diacetylmorphin läßt man in bedeckten Emailmarmiten auskrystallisieren; abgenutscht, mit Aceton angeteigt usw. wird auf Tonnutschen.

Zur Rückverwandlung des gereinigten Diacetylmorphins in Morphium als Hydrochloricum (s. S. 365) ist zu betonen, daß auch im Betrieb ausschließlich destilliertes Wasser verwendet werden muß. Bei Anwendung von gewöhnlichem Wasser würde der Glührückstand des Morphiumhydrochlorids zu groß. Als Apparat dient ein emaillierter Doublefond mit unterem Auslauf, welcher durch ein Stück Kautschukschlauch mit Quetschklammer verschlossen ist. Die Filtration der am Schluß erhaltenen Morphiumhydrochloridlösung von der Entfärbungskohle geschieht durch ein Beutelfilter nach Abb. 72, die Krystallisation in einer Emailmarmite. Wie bereits erwähnt wurde, werden die Mutterlaugen und Waschwässer dieser Krystallisation im Betrieb zum Auflösen frischer Partien von Gregoryschem Salz vor dem Ausfällen der Morphiumbase verwendet.

Zur Würfelherstellung im Betrieb dient der emaillierte Apparat Abb. 90.

Im emaillierten Doublefond A von 30 l Inhalt löst man in der Wärme 5 kg Morphiumhydrochlorid in 20 l destilliertem Wasser, macht die heiße Lösung mit reiner Salzsäure schwach kongosauer und digeriert sie $^1/_4$ Stunde mit 30 g metallfreier Entfärbungskohle.

Dann filtriert man sie in den Emailkessel B von 30 l durch das Faltenfilter auf dem geräumigen Glastrichter T, indem man den Quetschhahn Q am Kautschukschlauch K entsprechend weit öffnet.

Der emaillierte Siebboden S in B ist mit einem Filtertuch versehen, welches hier, im Gegensatz zum Laboratorium, ohne Beschwerung durch einen fremden Gegenstand bequem befestigt werden kann. Das Kesselchen B wird durch das Wasserbad W, in welchem kaltes Wasser zirkuliert, gekühlt. In B wird die wasserhelle Lösung krystallisiert.

Das Absaugen der Mutterlauge in den Emailkessel C von 25 l geschieht durch Öffnen der Quetschklammer Q_1 am Kautschukschlauch K_1, indem man das Mannloch M schließt sowie das emaillierte Abdrückrohr R, letzteres durch einen Pfropfen aus Kautschuk. Das Vakuum wird sehr behutsam geöffnet und erst nach etwa 2 Stunden allmählich verstärkt.

Man wähle den Apparat nicht größer als hier angegeben ist, damit er leicht zu handhaben ist. Für eine größere Produktion braucht man mehrere solcher Vorrichtungen.

Man arbeitet analog dem Laboratoriumsverfahren. Das Evakuieren der Lösung von dem schneeweißen Nutschkuchen dauert hier noch länger als dort, nämlich $1^1/_2$—2 Tage. Es sei hier nochmals hervorgehoben, daß man den Nutschkuchen während des Evakuierens nie berühren soll!! — Ist dieser nach der angegebenen Zeit beinahe trocken, so löst man das Kesselchen B aus dem Kautschukschlauch K_1 und dem Wasserbad W und stellt es umgekehrt auf einen Tisch, welcher mit einem sauberen Tuche bedeckt ist, so daß der Nutschkuchen darauf zu liegen kommt. Zum Zerschneiden desselben bedient man sich eines großen Käsemessers aus nichtrostendem Stahl. Das Trocknen der Morphiumriegel geschieht auf Hürdchen, belegt mit Tüchern von der doppelten Hürdchenlänge, wie beim Chininsulfat (s. S. 309).

Die evakuierte Mutterlauge wird aus dem Kesselchen C abgedrückt und zur Lösung der aus dem Gregoryschen Salz gefällten Morphinbase zu Hydrochloricum und Krystallisation desselben anstatt destilliertem Wasser verwendet. Durch die lange Evakuierung und dadurch bewirkte Konzentration der Mutterlauge ist übrigens in C eine ziemlich beträchtliche Menge von Morphiumchlorhydrat krystallisiert. Dasselbe wird jeweils mit einigen Litern heißem destilliertem Wasser aufgelöst, und auch diese Lösung abgedrückt.

Die trockenen Morphiumriegel werden mit einem großen Messer abgeschabt und darauf in dem in Abb. 91 skizzierten Apparat in Würfel zerschnitten.

A ist ein viereckiges Gehäuse aus nichtrostendem Stahl oder Aluminium, welches auf der Seite a offen ist. An seinem Deckel c sind in Abständen von 1,2 cm neun haarscharfe Stahlschneiden fixiert. Zwischen denselben und dem Boden b des Gehäuses ist ein Abstand von 1,5 mm, so daß man mit dem quadratischen Stahlblech B eben unter den Stahlschneiden durchfahren kann. Man schneidet die Riegel auf die Größe des Bleches B, legt sie auf dasselbe, indem man sie an die Borde d und e anlehnt und fährt dann mit den beiden offenen Seiten von B unter den Stahlschneiden durch, wobei die Riegel das erstemal in vierkantige

Stangen und dieselben das zweitemal in Würfel zerschnitten werden. *A* muß gut fixiert sein. Die Verpackung der Würfel geschieht in mit Papier ausgelegten Weißblechbüchsen oder (besonders in England) in Pulvergläser.

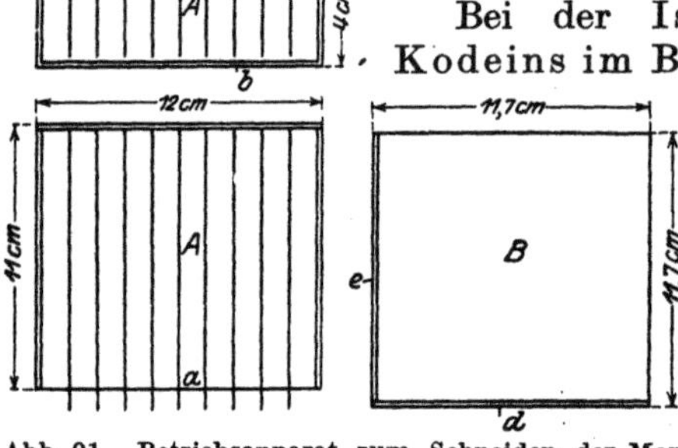

Abb. 91. Betriebsapparat zum Schneiden der Morphiumwürfel.

Bei der Isolierung des natürlichen Kodeins im Betrieb nehmen wir an, daß wir jedesmal eine 400 kg Opium entsprechende Lösung von Ammoniumkodeindoppelsalz verarbeiten. Man engt im emaillierten Vakuumverdampfapparat (Abb. 87) auf 30—32 l ein, erwärmt dann in einer Tonschale auf dem Dampfbad auf 70—80° und übersättigt bei dieser Temperatur mit 10 kg reiner 30proz. Natronlauge. Für die entweichenden Ammoniakdämpfe ist ein Abzug von Vorteil[1].

Am anderen Tage wird die erkaltete Reaktionsmasse im Extraktionsapparat (Abb. 92) dreimal mit je 25 kg Chloroform ausgezogen. Man prüft den Gehalt des dritten Chloroformauszuges durch Abdampfen einer Probe auf dem Uhrglas und macht bei Bedarf eine vierte Extraktion. Die extrahierte alkalische Lauge wird verworfen und der Apparat rein gespült.

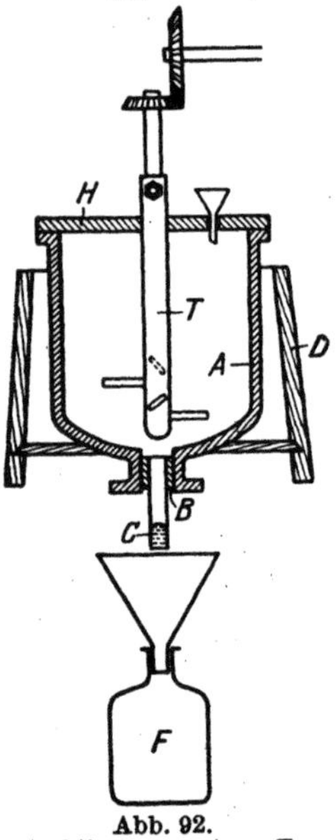

Derselbe besteht aus dem Tongefäß *A*, in dessen Auslaufstutzen am Boden ein durchbohrter Pfropfen aus Kork sitzt. Durch die Öffnung desselben führt ein Glasrohr mit einem Korkzäpfchen *C* an seinem unteren Ende. — Die Holzbütte *D* schützt das Tongefäß. Der Taifunrührer *T* aus Pitchpineholz macht 250 Touren je Minute. Der Holzdeckel *H* trägt den Einfülltrichter aus Ton oder Glas.

Die wie oben beschrieben erhaltenen Chloroformauszüge gibt man in den reingespülten Tontopf *A* zurück und extrahiert sie dort mit 16 l verdünnter reiner Schwefelsäure (1 : 10). Die schwefelsaure Kodeinlösung digeriert man in einer Emailmarmite auf dem Dampfbad $\frac{1}{2}$ Stunde bei 90° mit 30 g metallfreier Entfärbungskohle, filtriert durch ein geräumiges Faltenfilter in eine andere Emailmarmite und läßt dort — im Gegensatz zum Laboratoriumsversuch — das Kodeinsulfat über Nacht in der Kälte krystallisieren. Das Produkt soll reinweiß sein, was auch zutrifft, wenn das Gregorysche Salz auf der Zentrifuge sorgfältig gereinigt wurde.

Abb. 92. Extraktionsapparat aus Ton.

---

[1] Über die Isolierung des natürlichen Kodeins vergleiche auch S. 397 im Kapitel über „Neues Trennungsverfahren der Opiumalkaloide".

Aus den meistens noch gelb gefärbten Mutterlaugen wird die Base mit verdünnter reiner Natronlauge gefällt, mit Benzol extrahiert und nochmals über das Sulfat mit Entfärbungskohle gereinigt.

Im allgemeinen wird man aus 100 kg Opium kaum viel mehr als 500 g Kodeinbase isolieren. Dennoch macht sich die Arbeit bezahlt durch den relativ hohen Preis dieses Produktes.

Isolierung und Reinigung des Narkotins im Betrieb. Man destilliert das Aceton oder das Methyläthylketon aus den Acetonlaugen I und II in einem mit Dampf geheizten emaillierten Destillationsapparat ab; die Harze scheidet man in Emailmarmiten aus. Zu den Umkrystallisationen aus Aceton dient der Krystallisationsapparat nach Abb. 89 aus Aluminium. Jedoch kann hier statt eines heizbaren Beutelfilters nach Abb. 72 ein geschlossenes Filter nach Abb. 69 verwendet werden.

Die Opiumrückstände werden mit essigsaurem Wasser in einer 6—7 m über dem Fußboden der Fabrik montierten Holzstande angeteigt. Die Menge des Wassers soll gerade genügen, um einen dünnflüssigen Brei zu erzielen, wofür 3—4 T. auf 1 T. ausgelaugtes und abgepreßtes Opium hinreichend sind. Man säuert auf Kongo kräftig an und überläßt die Mischung unter zeitweiligem Umrühren mit einem Holzruder 2 Tage sich selbst. Dann läßt man sie durch einen Bronzehahn am Fuße der Stande und eine Ebonitleitung in eine auf dem Fabrikboden aufgestellte große Filterpresse mit Holzkammern und totaler Aussüßung fließen. — Der Opiumbrei soll homogen und dünnflüssig sein, um Verstopfungen möglichst zu vermeiden. Das System der hochgestellten Holzkufe zur Füllung einer Filterpresse ist der Füllung mittels einer Pumpe vorzuziehen, weil die Kammern der Presse sich homogener und ohne Luftzwischenräume füllen, so daß man nachher wirklich total aussüßen kann.

Die Filtertücher der Presse nutzen sich stark ab. Um sie in Anbetracht ihres hohen Preises möglichst zu schonen, legt man über dieselben oft Jutetücher. Eine derartig ausgerüstete Filterpresse kann nicht den Anspruch auf Eleganz erheben; doch ist die Ersparnis eine erhebliche.

Zum Aussüßen geht man sparsam mit dem Wasser um, damit die Rohnarkotinlauge möglichst konzentriert werde. — Von den vereinigten Laugen und Waschwässern nimmt man eine Durchschnittsprobe von 1 l, fällt dieselbe im Laboratorium mit Soda und beobachtet, ob der Narkotinniederschlag gut absetze. Wenn dies nicht der Fall sein sollte, engt man die Laugen mit den Waschwässern vor dem Ausfällen im Betrieb im emaillierten Vakuumverdampfapparat (Abb. 87) ein.

Man fällt in einer Holzstande aus und dekantiert den Niederschlag mit destilliertem Wasser aus. Zum Schluß wird er aufgebeutelt, abgenutscht, getrocknet und, wie bereits beschrieben, durch 2—3 Krystallisationen aus Aceton gereinigt.

Für die Fabrikation des Kotarnins multiplizieren wir die in der Beschreibung des Laboratoriumsversuchs angegebenen Mengen mit 100. Das Narkotin wird in einem dünnwandigen Porzellantopf von 100 l mit Rührer aus Glas oder Ton aufgespalten. Der Porzellantopf ist in einem kleinen Holzbottich fixiert, worin mit Eiswasser oder Kältemischung gekühlt werden kann. Die Filtration der salpetersauren Lösung erfolgt durch Glaswolle in einem großen Glastrichter. Auch die Neutralisation mit Bicarbonat und das Ausfällen mit Natronlauge wird in dem dünnwandigen Porzellantopf vorgenommen. Ton eignet sich hier nicht, weil Tongefäße für eine wirksame Außenkühlung nicht dünnwandig genug hergestellt werden können.

Die fabrikatorische Umwandlung von Kotarnin in Stypticin spielt sich ausschließlich im Laboratorium ab. Statt des „Erlenmeyers" von 300 cm^3 verwenden wir starkwandige Jena- oder Pyrexkolben von je 5 l Inhalt. Man kann je Kolben bequem 500 g Kotarnin ansetzen und erreicht also mit vier derartigen Ansätzen je Tag eine tägliche Produktion von ungefähr 2 kg Stypticin, was bereits eine recht ansehnliche Menge dieses Alkaloids darstellt. Bei solchem Arbeiten in mehreren relativ kleinen Reaktionsgefäßen ist auch die Abkühlung — sowohl mit Eiswasser als mit Kältemischung — leicht zu erreichen. Das im kleinen Versuch verwendete Tropffläschchen mit der alkoholischen Salzsäure wird durch eine größere Flasche mit Glasstöpsel ersetzt. Abgenutscht wird auf einer Laboratoriumsnutsche aus Ton, welche vorher 12 Stunden im Eisschrank abgekühlt wurde.

Auch bei der Umwandlung von Diacetylmorphin in sein Chlorhydrat verfährt man in ähnlicher Weise. Im 5-l-Kolben löst man 800 g reine Diacetylmorphinbase in 2,5 kg reinem Aceton, filtriert heiß durch ein kleines Faltenfilter in einen zweiten Kolben und läßt darin über Nacht kalt und in völliger Ruhe auskrystallisieren. Man macht jedesmal 2 oder 4 oder 6 solcher Krystallisationen. Das Diacetylmorphin setzt sich in großen, beinahe weißen Krystallen an den Kolbenwandungen fest und derb an.

Am anderen Morgen gießt man die Mutterlauge von den Krystallen ab, ohne diese aus den Kolben zu entfernen. Nun versetzt man die Krystalle in einem der Kolben mit 2,5 kg Aceton und löst auf dem Dampfbad. Die Lösung ist beinahe wasserhell. Man gießt sie heiß in einen zweiten Kolben mit Krystallen und erhitzt wieder zum Sieden. Es lösen sich nicht mehr alle Krystalle, was aber beabsichtigt ist, wie im Laboratoriumsversuch (s. S. 373) bereits erläutert wurde, um die Ausbeute möglichst quantitativ zu gestalten.

Man läßt auf 50^0 abkühlen und setzt die alkoholische Salzsäure langsam zu, auch hier nicht aus einem Tropffläschchen wie im Lehrversuch, sondern aus einer Glasstöpselflasche. Die Neutralisation nimmt je 5-l-Kolben 1—1^1/$_2$ Stunden in Anspruch. Forcieren schadet sowohl der Ausbeute als der Qualität des Produktes sehr.

Der Rest der Arbeit deckt sich mit dem Lehrversuch.

Bevor wir zur Beschreibung der Fabrikation des synthetischen Kodeins übergehen, haben wir uns mit der Herstellung des zur Methylierung der Morphiumbase verwendeten Trimethylphenylammoniumchlorids zu befassen. Dasselbe entsteht beim Erwärmen von Dimethylanilin mit Chlormethyl unter Druck.

$$C_6H_5N(CH_3)_2 + CH_3Cl = N{\equiv}{<}^{Cl}_{C_6H_5}(CH_3)_3 \, .$$

Man verwendet einen auf 40 Atm. geprüften Rührautoklaven mit einem emaillierten Einsatz von 100 l Inhalt. Über die Konstruktion und Verwendung von Autoklaven hat H. E. Fierz in seinem Buche über Farbenchemie so erschöpfende Angaben gemacht, daß eine detaillierte Beschreibung der Installation und Inbetriebsetzung eines solchen hier eine unnütze Wiederholung wäre, um so mehr als die Anwendung erhöhter Drucke in der Fabrikation der Alkaloide zu den Ausnahmen gehört. Es soll nur erwähnt werden, daß man Sorge zu tragen hat, daß kein Schmiermittel aus der Stopfbüchse die Ware im Autoklaven verunreinigen kann.

Man füllt in den Autoklaven:

> 10 kg Dimethylanilin,
> 4 „ absoluten Alkohol,
> 4,5 „ Chlormethyl[1],

verschließt und heizt allmählich auf 100—120° an. Der Druck steigt bis auf 25 Atm., hauptsächlich bei etwas überschüssigem Chlormethyl. Man läßt das Rührwerk $^1/_2$ Tag im Gang. Mit fortschreitender Reaktion geht der Druck von selbst wieder zurück. Man läßt dann den Autoklaven erkalten.

Am folgenden Morgen öffnet man ihn. Sein Inhalt bildet einen Brei von schönen, weißen Krystallen, welche man auf einem Spitzbeutel abtropfen läßt und hernach auf der Zentrifuge ausschwingt. Man trocknet sie sofort bei 50—60° und füllt sie noch warm in gut schließende Flaschen. Es haben sich dafür weithalsige Deckelflaschen mit Gummidichtung bewährt, wie sie zum Abfüllen von Konserven und Fruchtsäften dienen. Die Krystalle sind sehr hygroskopisch, und es ist ein rasches Abfüllen derselben geboten. Die Ausbeute beträgt 12,5—13 kg.

Die Herstellung des Natriumäthylats und seine Titrierung wurde bereits im Laboratoriumsversuch für Dionin beschrieben (s. S. 375). Als Lösungsgefäß verwendet man im größeren Maßstab eine zylindrische Flasche von 20 l Inhalt aus starkem Zinkblech mit 2 Tuben, wovon der eine zum Einfüllen von Alkohol und Natrium dient, während in den anderen ein Kühlrohr aus Glas eingesetzt wird.

Die Herstellung der trockenen Morphinbase ist bekannt, so daß uns nur noch die Besprechung ihrer Methylierung nötig ist. Diese vollzieht sich nach folgender Gleichung:

$$C_{17}H_{17}(OH)_2NO + NaOC_2H_5 + N{\equiv}(CH_3)_3\begin{smallmatrix}Cl\\\\C_6H_5\end{smallmatrix}$$

$$= C_{17}H_{18}OH(OCH_3)NO + C_2H_5OH + C_6H_5N(CH_3)_2 + NaCl.$$

Wir beschicken den Autoklaven mit:

> 10 kg Morphinbase,
> 7 „ Alkohol,
> 14,6 l einer Natriumäthylatlösung, von der 25 ccm mit 60 ccm norm. Salzsäure neutralisiert werden.

und mischen mit einem Glasstab gut durch, indem wir vorsichtig etwas anwärmen. Dann fügen wir 6,5 kg Trimethylphenylammonium-

---

[1] Über das Einfüllen von CH_3Cl in Reaktionsgefäße s. Fierz S. 94 u. 95.

chlorid zu, schließen den Autoklaven und erwärmen langsam bis zu einem Druck von 4 Atm. Dann stellt man den Dampf ab, rührt noch 1 Stunde und läßt über Nacht erkalten.

Am folgenden Morgen öffnet man das Druckgefäß, versetzt seinen ziemlich dunkel gefärbten Inhalt mit 20 l destilliertem Wasser und bringt die ganze Reaktionsmasse in einen emaillierten Destillationsapparat, worin man zunächst den Alkohol abtreibt. Nachher säuert man mit verdünnter Schwefelsäure bis zur lackmussauren Reaktion an, gibt noch 60 l Wasser zu und destilliert so lange, bis eine Probe des Destillats sich mit Wasser klar mischt. Die Abtrennung des Dimethylanilins geschieht in einem großen Scheidetrichter aus Glas.

Der Destillierapparat enthält das Kodein mit einer kleinen Menge unveränderten Morphins. Sein Inhalt wird in den Apparat (Abb. 92) gebracht, mit 40 l Benzol versetzt und mit eisenfreier Natronlauge alkalisch gemacht. Man extrahiert das Kodein und trennt die beiden Schichten nach längerem Absetzen. Die Extraktion mit Benzol wird noch dreimal mit stets geringer werdenden Mengen desselben wiederholt. In der wässerigen Schicht bleibt das unveränderte Morphin. Man säuert mit reiner Salzsäure an und fällt das Morphin mit Ammoniaklösung. Die Morphinmenge beträgt 500—700 g.

Die vereinigten Benzolauszüge gießt man in den Extraktionsapparat zurück und extrahiert sie dort ihrerseits mit 40 l verdünnter reiner Schwefelsäure (1 : 10). Die schwefelsaure Kodeinlösung digeriert man bei 90° in einem emaillierten Doublefond mit 100 g metallfreier Entfärbungskohle $^1/_2$ Stunde und filtriert durch ein großes Faltenfilter in eine Emailmarmite zur Krystallisation. Die weitere Reinigung bis zu reinem Codeinum praecipitatum wurde bereits im Kapitel über die Isolierung des natürlichen Kodeins aus dem Opium beschrieben (s. S. 368).

Die Ausbeute beträgt 91—93% des in Arbeit genommenen Morphins. Der Rest wird fast vollständig als unverändertes Morphin zurückgewonnen.

Man verwendet das Kodein entweder als Base in Form von Krystallen oder als Phosphat oder endlich als Hydrochlorid.

Umwandlung in Codein cryst. 3 kg Codein purum praecipitatum, 1 l 95proz. Alkohol und 5 cm³ SO_2-Lösung werden in einen Jena- oder Pyrexkolben von 6—7 l Inhalt gegeben. — Darin wird durch langsames Anwärmen auf dem Dampfbad gelöst. Alsdann wird, nachdem man ihn vorher energisch umgeschwenkt hat, durch einen Trichter in die Mitte des Kolbens 1,2 l warmes Wasser eingegossen. Man läßt 10 Minuten stehen und gießt dann die Lösung in flache Porzellanschalen, welche man in einen auf 40° geheizten Trockenschrank stellt. Darin verbleiben sie 1 Tag bei dieser Temperatur, worauf man sie abkühlen läßt. Am anderen Tage gießt man die Alkoholwasserlösung ab und fällt daraus das nicht krystallisierte Kodein durch Wasserzusatz. Man filtriert und trocknet dieses und verwendet es wieder zur Krystallisation. Der größte Teil des verwendeten Kodeins ist in den Porzellanschalen in harten festen Krystallen auskrystallisiert. Diese stößt man mit einem Porzellanspatel ab, wäscht sie mit etwas

Alkohol und trocknet bei 30—40⁰. Die Waschlaugen verwendet man für einen neuen Ansatz.

Kodeinphosphat $C_{18}H_{21}NO_3$, $H_3PO_4 + 2H_2O$. Mol.-Gew. 433. Weißes krystallinisches Pulver.

Zu seiner Darstellung löst man 1 kg Codein purum praecipitatum kalt in 4 l 95proz. Alkohol und gießt dann in diese Lösung eine gut abgekühlte Mischung von 650 g H_3PO_4 50proz. und 550 cm³ destilliertem Wasser. Fast augenblicklich scheiden sich feine weiße Krystalle aus.

Kodeinhydrochlorid $C_{18}H_{21}$, NO_3, $HCl + 2H_2O$. Weiße nadelförmige Krystalle.

Es wird erhalten durch genaue Neutralisation einer Lösung von 1 kg Codein purum praecipitatum in 3 l 95proz. Alkohol mit einer alkoholischen Salzsäurelösung, wobei es sich als feine weiße Krystalle ausscheidet.

Das Dionin ist, wie Heroin, Stypticin und andere, ein Alkaloid mit relativ geringer Konsumation, so daß große und teure Installationen zur Fabrikation dieses Produktes im Betrieb sich nicht bezahlt machen. Es wird, desgleichen wie der zu seiner Darstellung verwendete Äthylester, meistens im Laboratorium produziert. Ansätze von 2 kg Dionin sind schon ganz ansehnlich. Wo es angeht, bedient man sich zu seiner Herstellung einzelner Teile der Kodeinapparatur.

In der Hauptsache verwendet man den Apparat (Abb. 93) von

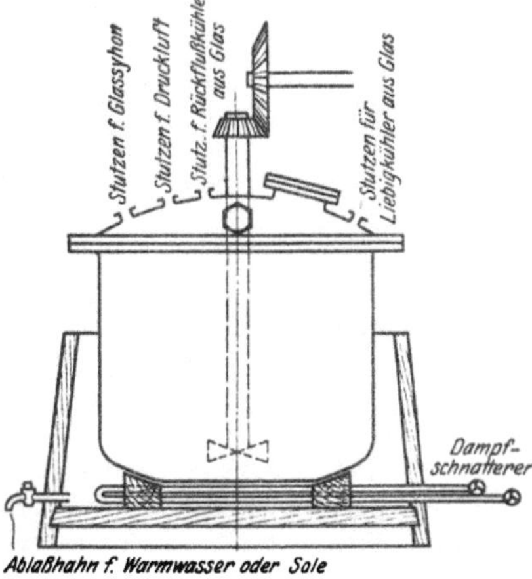

Abb. 93. Emaillierter Reaktionsapparat.

30 l Inhalt. Dieser Inhalt soll das Maximum sein. Denn je größer er ist, desto schwieriger wird die Abkühlung auf tiefe Temperaturen. Bei Bedarf bestelle man lieber zwei oder mehrere von diesem Inhalt als einen einzigen von größerem. Der emaillierte Kessel ist mit einem Mannloch und einer Reihe Stutzen versehen; der Quirlrührer macht 150 Touren. — Als Kühler bedient man sich solcher aus Glas für Rückfluß und Destillation. 2 Schaugläser dienen zur Beobachtung der Destillation. — Die Holzstande um den Apparat mit Heizschlange und Entleerungshahn dient entweder zum Heizen oder zum Kühlen des Apparates. Derselbe kann dienen zum Abtreiben organischer Lösungsmittel, zur Extraktion mit solchen, zum Waschen mit Wasser. Zur Trennung von 2 Schichten bedient man sich eines Siphons mit Schlauchstück und Quetschhahn am Ende des Auslaufes, welcher mit Druckluft in Funktion versetzt wird. Dieser Siphon dient natürlich auch zum Entleeren des Apparates nach erfolgter Reaktion.

In diesem Apparat können Ansätze von 6—8 kg Paratoluolsulfosäureester hergestellt werden. Die Vorreinigung des Paratoluolsulfochlorids geschieht in einer Tonschale auf dem Dampfbad.

Für die Vakuumdestillation bedient man sich des Glasapparates, wie
ihn Fierz, S. 243 seines Buches über Farbenchemie, beschrieben hat.
Damit destilliert ein Laborant bequem 6—8 kg Ester je Tag.

Für Ansätze von 5 kg Diäthylsulfat verwendet man ebenfalls
den kleinen Apparat (Abb. 93) und einen Vakuumdestillationsapparat
aus Glas. Über den Apparat zur Herstellung von Natriumäthylat
wurde bereits im Kapitel über Kodein gesprochen (s. S. 389). Mit
Ausnahme der Überführung der Base in Chlorhydrat, wofür man in
bekannter Weise große Ballons verwendet, vollzieht sich die ganze
Äthylierung des Morphins und der nachfolgende Waschprozeß in dem
Apparat (Abb. 93).

Das Schema der Opiumverarbeitung stellt sich wie folgt dar:

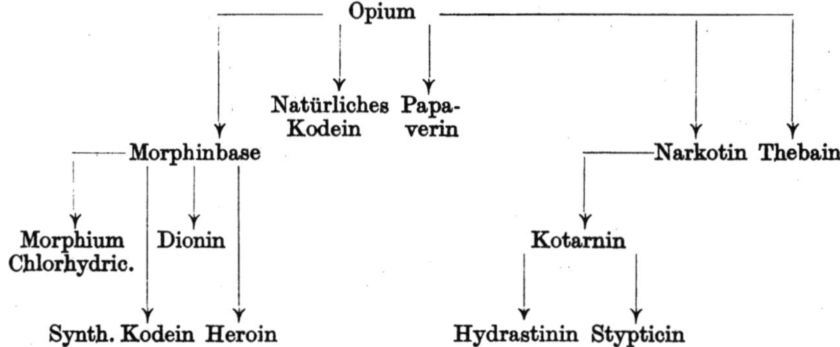

Die Darstellung von Papaverin und Thebain wird S. 393 ff. beschrieben. Die Fabrikation aller übrigen in diesem Schema aufgeführten Opiumalkaloide ist bereits geschildert worden.

Die Betrachtung der Einstandspreise einiger Opiumalkaloide
ist instruktiv, und ich führe deshalb zwei davon an, wie sie sich in
der Mitte des Jahres 1924 nach der Methode über das Gregorysche
Salz darstellten:

Verarbeitung von 100 kg Opium mit 11% Morphinbase auf
Morphiumhydrochlorid, naturelles Kodein und Narkotin.

100	kg	Opium mit 11% Morphinbase	à Fr. 52,—	Fr. 5200,—
10	„	reine Salzsäure	„ „ —,35	„ 3,50
20	„	rohe „	„ „ —,05	„ 1,—
100	„	20/22 proz. Ammoniaklösung	„ „ —,35	„ 3,50
3	„	Acetonverlust	„ „ 3,50	„ 10,50
80	„	Eis	„ „ —,08	„ 6,40
10	„	geschmolzenes Chlorcalcium	„ „ —,60	„ 6,—
20	„	Solvaysoda	„ „ —,18	„ 3,60
3	„	reine Natronlauge 36° Bé	„ „ 1,20	„ 3,60
5	„	Essigsäureanhydrid	„ „ 3,—	„ 15,—
0,5	„	Chloroformverlust	„ „ 6,—	„ 3,—
1	„	Benzolverlust	„ „ 1,—	„ 1,—
250 g		Entfärbungskohle	„ „ 4,—	„ 1,—
100		Arbeitsstunden	„ „ 1,20	„ 120,—
500 kg		Kohle	„ „ 6,50	„ 32,50
		Elektrische Kraft		„ 20,—

Roher Einstand Fr. 5430,60

Man erhielt:

12,8 kg Morphinhydrochlorid	à Fr. 550,—	Fr. 7040,—
0,5 „ naturelles Kodein.	„ „ 738,—	„ 369,—
4,0 „ Narkotin	„ „ 120,—	„ 480,—

Summa Verkaufspreis	Fr. 7889,—
Summa roher Einstand	„ 5430,60
Bruttogewinn	**Fr. 2458,40**

Verarbeitung von 100 kg Opium mit 11 % Morphinbase auf synthetisches Kodein und Kotarnin oder Stypticin.

100 kg Opium mit 11 % Morphinbase	à Fr. 52,—	Fr. 5200,—
10 „ reine Salzsäure	„ „ —,35	„ 3,50
20 „ rohe „	„ „ —,05	„ 1,—
20 „ 20/22 proz. Ammoniaklösung	„ „ —,35	„ 3,50
4 „ Acetonverlust	„ „ 3,50	„ 14,—
120 „ Eis.	„ „ —,08	„ 9,60
10 „ geschmolzenes Chlorcalcium	„ „ —,60	„ 6,—
20 „ Solvaysoda.	„ „ —,10	„ 3,60
5 „ reine Soda	„ „ 1,—	„ 5,—
10 „ reine Natronlauge 36⁰ Bé	„ „ 1,20	„ 12,—
5 „ Essigsäureanhydrid	„ „ 3,—	„ 15,—
0,5 „ Chloroformverlust	„ „ 6,—	„ 3,—
0,5 „ Entfärbungskohle	„ „ 4,—	„ 2,—
3,5 „ Chlormethyl	„ „ 7,—	„ 24,50
1 „ Natrium	„ „ 3,—	„ 3,—
10 „ Benzolverlust	„ „ 1,—	„ 10,—
10 „ Alkoholverlust	„ „ 2,—	„ 20,—
140 Arbeitsstunden.	„ „ 1,20	„ 168,—
500 kg Kohle	„ „ 6,50	„ 32,50
Elektrische Kraft		„ 20,—

Roher Einstand	Fr. 5556,20

Man erhielt:

11,3 kg Kodeinbase	à Fr. 738,—	Fr. 8339,40
2,0 „ Kotarnin oder Stypticin . .	„ „ 380,—	„ 760,—

Summa Verkaufspreis	Fr. 9099,40
Roher Einstand	„ 5556,20
Bruttogewinn	**Fr. 3543,20**

Neues Trennungsverfahren der Opiumalkaloide.

Die bisherigen Verfahren zur Verarbeitung des Opiums zielten, wie wir aus dem Vorstehenden ersehen, hauptsächlich auf die Gewinnung des Morphins und des Kodeins hin; die übrigen Alkaloide wurden vernachlässigt, weil der therapeutische Wert derselben gering eingeschätzt wurde. — In jüngster Zeit hat sich in dieser Beziehung ein tiefgreifender Wandel vollzogen; besonders Papaverin und Thebain sind um ein Vielfaches vom Werte, den sie vor wenigen Jahren hatten, im Preise gestiegen.

Dieser Sachlage wird ein neues Trennungsverfahren der Opiumalkaloide gerecht, welches der Verfasser in jüngster Zeit ausgearbeitet hat, allerdings bis heute nur im Laboratorium.

1 kg Opium wird in der bereits beschriebenen Weise mit Wasser extrahiert. Die Gesamtlösung aus 1 kg Opium soll nach beendeter

Extraktion 2,5—3 l betragen. Dieselbe wird 48 Stunden auf 0—2° abgekühlt, wodurch sich am Boden des Gefäßes eine beträchtliche Menge violettschwarzer Harze ausscheidet. Es ist zwecklos, tiefer als 0° zu kühlen, denn dadurch würden sich nicht mehr Harze, sondern nur auch Eis ausscheiden. Die klare Lösung wird, ohne dieselbe zu filtrieren, kalt von den Harzen abgegossen. Hierauf wäscht man das halbflüssige Harz zweimal mit je 200 cm³ eiskaltem Wasser, wodurch Spuren von Alkaloiden, aber kein Harz gelöst werden.

Man mischt die von den Harzen abgegossene Lösung mit den erhaltenen Waschwässern des Harzes und verdünnt dann weiter so lange mit Wasser, als ein weiterer Wasserzusatz noch eine Trübung in einer filtrierten Probe des Auszuges bewirkt. Man gelangt auf diese Weise zu 6—8 l Auszug. Wenn eine filtrierte Probe desselben durch weiteren Wasserzusatz über Nacht klar bleibt, versetzt man ihn mit 5 g Entfärbungskohle, rührt $^1/_2$ Stunde und läßt dann wieder über Nacht in der Ruhe stehen. Die Trübung setzt während der zweiten Nacht samt der Entfärbungskohle ab, und am anderen Morgen erhält man durch Dekantieren und Filtrieren vom Bodensatz durch ein gehärtetes Filter einen klaren, bereits ziemlich hellen Auszug. Die Lösung muß im ganzen 2 Tage stehen, damit sie sich vollständig klärt und blank filtriert werden kann.

Der blanke Auszug wird durch mehrstündiges kräftiges Rühren mit 12 g Zinkstaub + 10 g Eisessig weiter aufgehellt. Nach 48stündigem Stehen wird die in dieser Zeit zusammengeballte Trübung filtrierbar und durch ein gehärtetes Filter entfernt. Diese Reinigung mit Zinkstaub und Eisessig wird nochmals durchgeführt, aber nur noch mit je 5 g der beiden. Auch das zweitemal muß der Auszug nach dem Rühren mit den erwähnten Zusätzen 2 Tage stehen, bevor filtriert wird, damit die Lösung nach der Filtration klar bleibt. Das blanke Filtrat trübt sich dann auch nach längerem Stehen nicht mehr, auch nicht durch Verdünnen mit Wasser; ferner fällt der Schaum auf einer geschüttelten Probe der Lösung prompt wieder zusammen, ein Beweis, daß die Flüssigkeit nun beinahe harzfrei ist.

Damit ist sie für die nun folgende Trennung der darin enthaltenen Alkaloide genügend vorgereinigt. — Man versetzt sie in der Kälte langsam mit 2 proz. Ammoniaklösung bis zur bleibenden ersten geringen Fällung. Die Lösung reagiert dann auf Lackmus neutral oder eher noch ganz schwach sauer. Wenn man die Ammoniaklösung langsam genug zutropfen läßt, scheiden sich durch diese Vorfällung, zu welcher etwa 150 cm³ 2 proz. Ammoniaklösung notwendig sind, fast ausschließlich Unreinigkeiten und nur Spuren Alkaloide aus. Man überläßt nun während der Nacht der Ruhe und filtriert am anderen Morgen durch ein gehärtetes Filter.

Aus der blanken, nun sehr reinen Lösung fällt man in der Kälte mit 6 proz. Ammoniaklösung die Alkaloide. Eine Prüfung mit Indicatoren ist hier ausgeschlossen; man muß so lange Ammoniaklösung zusetzen, bis aus einer filtrierten Probe nichts mehr ausfällt, wozu ungefähr 200—250 cm³ 6 proz. Ammoniaklösung erforderlich sind. Nach beendeter Fällung läßt man 3 Tage offen stehen, nutscht dann den Niederschlag ab und wäscht ihn mit kaltem Wasser nach, bis dasselbe fast farblos abfließt. — Der Niederschlag enthält neben Verunreinigungen die Hauptmenge des Morphiums, ferner auch Narkotin und Papaverin (A).

Die mit den Waschwässern vereinigte Mutterlauge von A wird mehrmals mit Reinbenzol extrahiert. Man rührt dabei langsam mit einem mechanischen Rührer (vgl. Abb. 128). Durch Schütteln mit dem Benzol würden Emulsionen entstehen, welche untrennbar wären. Auch nach dem Rühren mit einem langsam sich drehenden Rührer muß man die Schichten sich über Nacht unbedingt vollständig trennen lassen. Nach der ersten Extraktion mit Benzol bemerkt man in der wässerigen Schicht eine Trübung, welche um so stärker wäre, je weniger lang man den Ammoniakniederschlag (A) vor seinem Abnutschen hätte absetzen lassen. Diese Trübung aus der wässerigen Lösung nutscht man nach dem Absetzen derselben ab und wäscht sie mit Wasser nach. Sie besteht in der Hauptsache aus Morphin, daneben enthält sie Narkotin und Papaverin. Sie wird mit A vereinigt. — In der Benzollösung sind Schmutzkörper suspendiert, welche keine Alkaloide enthalten und nach der Filtration der Benzollösung verworfen werden.

Ich erwähne, daß die Benzollösung nur filtriert werden kann, wenn die letzten wässerigen Anteile durch längeres Absetzen daraus vollständig entfernt sind. — Man setzt die Extraktion mit Benzol fort, bis dasselbe nichts mehr löst. Aus diesen vereinigten Benzolauszügen destilliert man das Lösungsmittel ab. Der Destillationsrückstand enthält das Kodein und das Thebain (B).

Sobald das Benzol aus der von der erwähnten Trübung getrennten wässerigen Lösung nichts mehr aufnimmt, wird dieselbe bis zur schwach lackmussauren Reaktion mit verdünnter Essigsäure versetzt und mit Äther extrahiert. Dadurch gewinnt man das Narcein (es wäre übrigens möglich, daß schon bei der Reinigung des Opiumauszuges mit Zinkstaub und Essigsäure Narcein ausgeschieden würde).

Die nach der wässerigen Opiumextraktion verbleibenden Trester extrahiert man zweimal mit je 3 l 6proz. Essigsäure. Aus der derart ziemlich konzentriert erhaltenen essigsauren Lösung fällt man die darin noch enthaltenen Alkaloide mit 6proz. Ammoniaklösung. Durch Abnutschen und Nachwaschen des ziemlich hellen Niederschlages erhält man eine zweite, sehr ansehnliche Partie an Narkotin und Papaverin (C). — Aus ihrem Filtrat kann man vielleicht durch Ansäuern mit Essigsäure und Ausäthern noch Narcein gewinnen. (Es wäre verfehlt, bei der sauren Extraktion der Opiumtrester zwecks vollständiger Papaveringewinnung die Essigsäure durch Salzsäure zu ersetzen, denn die letztere würde neben den Alkaloiden auch beträchtliche Mengen von Farbharzen lösen, welche die Reinigung der Alkaloide sehr erschweren würden.)

Weiterverarbeitung von A und C. A wird mit reinem Benzol von 60° extrahiert, bis dasselbe nichts mehr löst (danach können mit kaltem Aceton noch eine geringe Menge Verunreinigungen herausgelöst werden sowie eine krystallisierbare Substanz, deren Zusammensetzung noch festzustellen bleibt).

C wird in reinem heißem Benzol gelöst und die Lösung filtriert. Hierauf engt man die vereinigten Benzolauszüge von A und die Benzollösung von C zur Krystallisation ein. Es krystallisieren Narkotin und Papaverin. Die Mutterlauge der abgenutschten und mit etwas Benzol nachgewaschenen Krystalle engt man zur Trockne ein, extrahiert den Trockenrückstand mit 5proz. Essigsäure und filtriert die entstandene Lösung. Auf dem Filter verbleibt ein geringer wachsartiger Rückstand, den man verwirft. Die essigsaure, wässerige Lösung behandelt man in der Wärme 1 Stunde mit 0,5 g metallfreier Entfärbungskohle, filtriert sie erneut und fällt dann daraus mit 6proz. Ammoniaklösung in der Kälte die Alkaloidbasen, welche man nach dem Trocknen nochmals aus Reinbenzol umkrystallisiert.

Aus den vereinigten Mengen an gereinigtem Narkotin und Papaverin trennt man das erstere als Narkotinsäure. Man löst in einem Scheidetrichter von 4 l Inhalt in 1 l Reinbenzol und versetzt die Lösung mit 200 cm³ alkoholischer Kalilauge (1 cm³ = 0,15 g KOH). Nach halbstündigem Stehen schüttelt man dreimal mit je 1,7 l 3proz. Natronlauge aus, wobei man die wässerigen Auszüge in einem zweiten Scheidetrichter auffängt. Die dort vereinigten wässerigen Auszüge extrahiert man zweimal mit je 1000 cm³ Chloroform und bewahrt die beiden Chloroformauszüge auf.

Die wässerigen Auszüge neutralisiert man in einem emaillierten Doppelwänder von 25—30 l Inhalt mit Dampfheizung und Wasserkühlung durch Zusatz von reiner Salzsäure, verdünnt dann mit 15 l destilliertem Wasser, versetzt mit 600 cm³ 36proz. reiner Salzsäure, erwärmt 20 Minuten auf 80—90° (genau!), kühlt sofort durch Wasserzufuhr ab, fällt das Narkotin mit Soda und krystallisiert es nach dem Trocknen aus Alkohol oder Aceton.

Zur Gewinnung des Papaverins destilliert man aus der mit 3proz. Natronlauge extrahierten Benzollösung das Lösungsmittel bis zur Krystallisation des Alkaloids ab. (Die oben erhaltene Chloroformlösung enthält Harze und etwas Papaverin, welches nach dem Abtreiben des Chloroforms aus dem Destillationsrückstand ziemlich schwierig zu isolieren ist.)

Nach der Extraktion von A (s. S. 395) mit heißem Benzol und kaltem Aceton verbleibt das Rohmorphin. Dieses enthält neben beträchtlichen Mengen anorganischer Körper auch immer noch etwas organische Verunreinigungen. Es muß daher auf dem Umwege über Diacetylmorphin in reines Morphinchlorhydrat umgewandelt werden, wie S. 364 ff. genau beschrieben ist.

B (s. S. 395) besteht, wie bereits beschrieben, aus Kodein und Thebain. Man löst B eben kongosauer in 10proz. reiner Salzsäure, behandelt die Lösung kalt 24 Stunden mit 0,5 g metallfreier Entfärbungskohle, filtriert und setzt die Lösung in den Vakuumexsiccator bis zur Krystallisation. Die Krystalle nutscht man ab, wäscht sie mit etwas eiskaltem destilliertem Wasser nach und setzt die vereinigten Mutter-

laugen und Waschwässer wieder zur Krystallisation in den Vakuumexsiccator. Man muß die gesamte Menge von B in Form der Chlorhydrate krystallisieren, bevor man zur Trennung und Reinigung des
Thebains und Kodeins schreiten kann. Würde man die salzsaure Lösung
von B ohne vorherige Krystallisation mit Ammoniak behandeln, so
erhielte man das Rohthebain als schmierige Masse, deren Reinigung
über das Tartrat sehr schlechte Ausbeuten ergäbe. — Die durch Krystallisation im Vakuumexsiccator gewonnenen Krystalle dagegen ergeben nach Lösen in 3 T. ihres Gewichtes an destilliertem Wasser durch
Ammoniakzusatz eine pulverige, leicht abnutschbare Thebainfällung.

Dieses Rohthebain löst man in der eben nötigen Menge an 10proz.
Essigsäure und versetzt diese Lösung mit dem dreifachen Thebain-
gewicht an gepulverter Weinsäure. Nach 24stündigem Abkühlen auf
0—2° wird das ausgeschiedene Thebaintartrat abgenutscht, aus wenig
heißem Wasser umkrystallisiert, die Base wieder durch Ammoniak
gefällt und aus Alkohol umkrystallisiert.

Nach der Abtrennung des Thebains aus der wässerigen Lösung der
im Vakuumexsiccator gewonnenen Thebain- + Kodeinkrystalle verbleibt das letztere als Kodeinammoniumdoppelsalz in recht reiner
Form. Es wurde von Professor Eder schon vor einiger Zeit gefunden,
daß eine Aufspaltung des Kodeinammoniumdoppelsalzes mit Lauge
vor der Extraktion mit organischen Lösungsmitteln nicht notwendig
ist, sondern daß Benzol oder Äther direkt aus der wässerigen
Lösung des Kodeinammoniumdoppelsalzes die Kodeinbase
quantitativ, und zwar in sehr reiner Form, extrahiert. —
Über die Weiterverarbeitung der so gewonnenen Kodeinbase vgl. S. 368.

Opium concentratum.

Es bildet ein hellgraues krystallinisches, teilweise amorphes Pulver, löslich in Wasser, wenig löslich in Weingeist. Der Gehalt an Alkaloiden ist ungefähr 90 %, der Rest ist Chlorwasserstoff und Krystallwasser. Der Glührückstand soll höchstens 0,1 % betragen.

Zu seiner Darstellung wird 1 kg Opium in der bereits beschriebenen
Art mit Wasser extrahiert. Der Gedanke, von Beginn an durch kongosaure Extraktion in einer Operation gleich alle Alkaloide auszuziehen,
ist nicht durchführbar, weil das Extrakt auf diese Weise stark farb-
harzhaltig und die Ausbeute sowie Qualität des gewonnenen Opium
concentratum schlecht ausfallen würden.

Der wässerige Auszug ist genau so zu reinigen, wie S. 394ff. be-
schrieben ist: Harzausscheidung durch Kälte, Ausscheiden weiterer
Verunreinigungen durch Verdünnen der Lösung mit Wasser und Fil-
trieren, Aufhellen mit Zinkstaub und Essigsäure, Ausscheiden weiterer
Verunreinigungen durch langsames Versetzen der Lösung mit 2proz.
Ammoniaklösung.

Dann fällt man mit 6proz. Ammoniaklösung, wie S. 394 beschrieben
ist, nutscht nach 2 Tagen ab, wäscht mit Wasser nach und trocknet (A).

Die Mutterlaugen + Waschwässer von A extrahiert man in der S. 395
beschriebenen Art bis zur Erschöpfung mit Benzol (Lösung 1). — Die

durch die Extraktion mit Benzol in der wässerigen Schicht ausgeschiedene Alkaloidtrübung läßt man absetzen, nutscht und wäscht sie und vereinigt sie mit A.

Nachdem die Mutterlauge + Waschwässer durch die Extraktion mit Benzol erschöpft sind, neutralisiert man sie mit Essigsäure und extrahiert sie mit Äther (Lösung 2). Hernach verwirft man die wässerige Flüssigkeit.

Die mit Wasser extrahierten Opiumtrester extrahiert man unter genauer Beobachtung der S. 395 angegebenen Vorsichtsmaßregeln mit 6 proz. Essigsäure, fällt aus der Lösung die Alkaloide und trocknet (B).

A wird, wie S. 395 beschrieben, mit heißem Benzol und kaltem Aceton extrahiert und die Lösungen aufbewahrt (Lösungen 3). — Der Rückstand dieser beiden Extraktionen von A ist Rohmorphin. Um ein Opium concentratum mit dem verlangten geringen Glührückstand zu erhalten, müssen aus dem Rohmorphin die darin enthaltenen anorganischen Bestandteile entfernt werden. Man ist also gezwungen, das Rohmorphin in 2 T. seines Gewichtes an destilliertem Wasser und reiner Salzsäure bis zur schwach kongosauren Reaktion auf dem Heißwasserbade zu lösen, die entstandene Lösung, ohne sie vorher mit Entfärbungskohle zu behandeln, durch einen Heißwassertrichter in einen Porzellan- oder Hartglasbecher zu filtrieren und dort das Morphium hydrochloricum auskrystallisieren zu lassen, zuletzt unter äußerer Eiswasserkühlung. Man nutscht auf einer im Eisschrank ausgekühlten Nutsche, teigt den Krystallkuchen zweimal mit seinem halben Gewicht an eiskaltem destilliertem Wasser an und nutscht jedesmal wieder. In einer Probe der auf diese Weise erhaltenen getrockneten hellgrauen Morphiumhydrochloridkrystalle bestimmt man den Glührückstand. Derselbe soll 0,15 % ihres Gewichtes nicht überschreiten, andernfalls wäre eine weitere Krystallisation notwendig. — Das in Mutterlaugen und in den Waschwässern verbleibende Morphium muß über das Diacetylmorphin gereinigt werden (vgl. darüber S. 364 ff.). Man erhält so einen geringen Prozentsatz Pharmakopöemorphiumhydrochlorid, welches man nachher zum Einstellen der Lösung von Opium concentratum auf den verlangten Morphiumgehalt vor ihrem Einengen zur Trockne verwendet.

B wird in heißem Benzol gelöst und die Lösung filtriert (Lösung 4). — Die Lösungen 3 und Lösung 4 werden in demselben Kolben zur Krystallisation eingeengt. Die Mutterlauge der zweiten Krystallisation verdampft man zur Trockne, laugt den Trockenrückstand mit 6 proz. Essigsäure aus und verwirft den verbleibenden wachsartigen Rückstand. Die Beseitigung dieses Wachses ist unerläßlich, weil dasselbe beim späteren Ansäuern mit Salzsäure die Lösung des Opium concentratum dunkelviolett färben würde. Aus der essigsauren Lösung fällt man die Alkaloidbasen mit Sodalösung, nutscht, trocknet, krystallisiert diese geringe Alkaloidmenge nochmals aus Benzol um und vereinigt sie mit der Hauptmenge der Krystalle aus den Lösungen 3 und 4.

Aus der Lösung 1 treibt man das Benzol ab, nimmt den Rückstand in eben der notwendigen Menge an 10 proz. HCl auf, behandelt diese

Lösung 24 Stunden in der Kälte mit 1 g metallfreier Entfärbungskohle, filtriert und krystallisiert im Vakuumexsiccator (darüber wurde S. 396 ausführlich berichtet, s. dort). — Die Lösung 2 wird mit alkoholischer Salzsäure schwach sauer gemacht und dann der Äther abgetrieben.

Die bereits salzsauren, gereinigten Rückstände aus den Lösungen 1 und 2 vereinigt man mit den aus den Lösungen 3 und 4 gewonnenen gereinigten Alkaloidbasen, übergießt das Ganze mit 600 cm³ destilliertem Wasser und bringt mit reiner 10 proz. Salzsäure in Lösung. Dabei gehe man äußerst vorsichtig um, indem man die Säure nur sehr langsam und unbedingt nur bis zur ganz schwach kongosauren Reaktion der Lösung zusetzt. — In der filtrierten Lösung löst man die berechnete Menge von dem Morphiumhydrochlorid, welches man, wie oben beschrieben, gewonnen hat.

Die derart erhaltene Lösung des Opium concentratum engt man entweder im Vakuumexsiccator oder — in Cuvetten aus Glas oder Porzellan — im Vakuumtrockenschrank zur Trockne ein.

Die Ausbeute ist beinahe theoretisch.

Pelletierin.

$$
\begin{array}{c}
CH_2 \\
H_2C \quad\ CH_2 \\
H_2C \quad\ CH \cdot CH_2CH_2CHO \\
NH
\end{array}
$$

Mol.-Gew. 141. Spez. Gew. bei 21° = 0,985. Siedepunkt 195°. Pelletierin ist ein Aldehyd und bildet eine farblose, ölige, an der Luft sich bräunende Flüssigkeit. Das Tannat ist ein hellgelbes amorphes Pulver, löslich in 700 T. Wasser und in 80 T. Weingeist.

Mittelfein gepulverte Granatwurzelrinde wird vor der Verarbeitung zur Analyse gebracht, wobei man analog der technischen Darstellung verfährt. Der Alkaloidgehalt der Rinde soll im Minimum 0,3 % betragen, wenn sich die Arbeit rentabel gestalten soll.

Nachdem man die Auswahl getroffen hat, wird die Rinde in der Schlagkreuzmühle in ein mittelfeines Pulver verwandelt und in nicht allzu großen Anteilen — etwa 15 kg auf einmal — mit 10 proz. Natronlauge alkalisch gemacht. Diese Operation wird vorteilhaft in Tonschalen von 150 l Inhalt vorgenommen. Zunächst gibt man etwa die Hälfte des Drogengewichtes Natronlauge hinzu, mischt gründlich durch und läßt zur Abbindung stehen. Sie vollzieht sich unter sehr starker Erwärmung wegen der großen Menge vorhandener Gerbsäure. Nach etwa 1 Stunde fügt man weitere Mengen Natronlauge zu, bis vollständige Durchfeuchtung eingetreten ist, keine weitere Erhöhung der Temperatur zu konstatieren und vor allem der charakteristische süßliche Geruch nach Pelletierin stark wahrnehmbar ist. Nach dem vollständigen Auskühlen wird in den Extraktionsapparat gefüllt. Man extrahiert mit einer Mischung von 1 T. Chloroform und 3 T. Äther, bis in einer Spur der verdampften Extraktionsflüssigkeit der Geruch nach Pelletierin kaum mehr zu bemerken ist. 5—6 maliges Extrahieren genügt in den meisten Fällen. Die alkalisierte Granatwurzelrinde ballt sich gerne zu kompakten Klumpen zusammen und läßt die Extraktionsflüssigkeit schwer eindringen. Die Extraktionen erfolgen deshalb am besten in kleinen Apparaten und Ansätzen von höchstens je 20 kg Droge.

Nach Beendigung der Extraktion werden die vereinigten Auszüge in einen großen Glaskolben filtriert und zunächst auf $1^1/_2$ l eingeengt.

Pelletierinum tannicum medicinale. Die soeben erwähnten $1^1/_2$ l eingeengte Lösung werden in einem starkwandigen „Erlenmeyer" zur Trockene verdampft und der Rückstand in einer Porzellanreibschale mit seinem fünffachen Gewicht Acidum tannicum D.A.B. VI versetzt. Man zerreibt zu einem Brei, eventuell unter Zuhilfenahme von etwas Äther 0,720 und trocknet auf Emaillehorden bei 40⁰, suspendiert in Äther, um mitgelöstes Drogenfett herauszulösen, nutscht ab, wäscht mit Äther gut nach, verjagt auf dem Heißwasserbade die letzten Ätherreste. Das so erhaltene Pelletierinum tannicum medicinale ist ein hellgelbes, nur schwach aromatisch riechendes Pulver.

Um zu den übrigen Verbindungen des Pelletierins zu gelangen, geht man jeweils von der $1^1/_2$ l Chloroformlösung einer Extraktionsoperation aus, wie unter Pelletierinum tannicum bereits beschrieben wurde. Man gießt dieselbe in einen Scheidetrichter und entzieht ihr darin mit zuerst 300, dann 200 und nochmals 100 cc 10proz. wässeriger Schwefelsäure die Alkaloide. Die vereinigten schwefelsauren Lösungen werden durch ein genäßtes Filter in einen anderen Scheidetrichter filtriert und mit Natronlauge übersättigt, worauf man mit reinstem Äther 0,720 die Alkaloide extrahiert, die ätherische Lösung trocknet und den Äther abtreibt. Es hinterbleibt ein hellbraun gefärbter Sirup von intensiv süßlichem Geruch, bekannt unter der Bezeichnung „Pelletierinum purum medicinale". Das am häufigsten verwendete Salz dieses Alkaloidgemisches ist das

Pelletierinum sulfuricum purum medicinale. Um zu diesem zu gelangen, wird das Basengemisch mit 10proz. reinster Schwefelsäure auf Kongo sehr genau neutralisiert. Die erhaltene Lösung wird filtriert und in einer Porzellanschale auf dem Heißwasserbad unter fortwährendem Rühren konzentriert, bis ein Tropfen davon auf einer kalten Glasplatte nach dem Erkalten nicht mehr fließt. Man füllt dann die Lösung in weithalsige Glasgefäße und überläßt sie darin der Ruhe. Das so gewonnene Pelletierinum sulfuricum purum medicinale ist ein brauner dickflüssiger Sirup, der bald durch Ausscheidung von Krystallen aus Isopelletierinsulfat halbfest wird. Man kann einen Teil auf der Nutsche gründlich absaugen (ohne Nachwaschen), den gewonnenen Sirup mit dem nicht abgesaugten Krystallbrei mengen, während man die gewonnenen Krystalle auf reines

Isopelletierin sulfuricum verarbeitet durch Umkrystallisieren aus destilliertem Wasser.

Die übrigen Pelletierinsalze werden analog dem eben beschriebenen erhalten.

Pilocarpin.

$C_{11}H_{16}N_2O_2$. Mol.-Gew. 208. Farblose, dickflüssige Masse, löslich in Wasser, Weingeist und Chloroform. Es ist ein tertiäres Diamin.

Gemahlene Jaborandiblätter werden ohne Zusätze im Soxhletapparat (Abb. 76) mit Alkohol extrahiert[1]. Nach dem Abtreiben des letzten Alkohols wird der zurückbleibende, sehr fetthaltige Extrakt noch warm abgezogen und sofort in den Extraktionsapparat aus Ton (Abb. 92) umgefüllt, worin man ihn mit essigsaurem Wasser erschöpft. Die essigsaure wässerige Lösung kühlt man durch Außenkühlung auf höchstens 3° ab, filtriert bei dieser Temperatur durch einen Spitzbeutel und fällt aus dem Filtrat — wieder im Extraktionsapparat aus Ton (Abb. 92) — die Pilocarpinbase mit reiner 5proz. Ammoniaklösung. Ammoniaküberschüsse sind zu vermeiden. Die ausgefällte Base nimmt man in Chloroform auf, filtriert die entstandene Lösung durch Faltenfilter und destilliert das Chloroform ab. Das Alkaloid bleibt als honigähnlicher Sirup, welcher sofort in möglichst wenig essigsaurem Wasser gelöst wird. Diese Lösung wird 6—8 Stunden mit metallfreier Entfärbungskohle behandelt, filtriert, darauf noch mit einer dosierten Menge an Schwefligsäurelösung entfärbt und nun zum zweiten Male, wie bereits beschrieben, mit 5proz. Ammoniaklösung gefällt. Die erhaltene Base kann nicht als solche durch Umkrystallisation gereinigt werden.

Pilocarpin hydrochloric. $C_{11}H_{16}N_2O_2HCl$. Mol.-Gew. 244,5. Man mischt in einem Erlenmeyer von entsprechendem Volumen die Pilocarpinbase bei Zimmertemperatur mit ihrem anderthalbfachen Gewicht an reinstem Methylalkohol und kühlt das Gemisch durch äußere Kühlung mit Eiswasser auf 5—7° ab. Es tritt keine vollständige Lösung ein, aber dies ist belanglos. Man versetzt sehr langsam und vorsichtig mit 30proz. alkoholischer Salzsäure bis exakt zur kongosauren Reaktion. Die Temperatur soll sich dabei nicht erhöhen, wodurch bereits ein sehr langsamer Säurezusatz bedingt ist. Man kühlt im übrigen vorweg mit Eiswasser wieder auf 5—7° ab. Wenn die kongosaure Reaktion der Lösung eben erreicht ist, wird noch nicht alles gelöst sein. Man führt nun durch Zusatz von etwas weiterem Methylalkohol — unter keinen Umständen durch Erwärmen — vollständige Lösung herbei und prüft, ob die Lösung noch kongosauer sei. Wenn dies nicht der Fall ist, setzt man vorsichtig noch etwas alkoholische Salzsäure zu bis eben zur bleibenden kongosauren Reaktion. Darauf mischt man die Lösung mit ihrer achtfachen Menge an reinem eiskaltem Aceton oder an reinem eiskaltem Schwefeläther 0,720 und kratzt mit einem Glasstab, bis die ersten Krystalle anschießen. Dann stellt man den „Erlenmeyer" in eine Eiskochsalzmischung und kühlt auf —12 bis —15°, auf welcher Temperatur man mindestens 2 Stunden beläßt.

---

[1] Es kann vorkommen, daß — vielleicht infolge künstlicher Düngung — sich Fremdkörper in den Blättern befinden, welche eine Reindarstellung des Pilocarpins verunmöglichen, wenn sie in den alkoholischen Auszug gelangen. In diesem Falle behandelt man die Blätter zuerst in natürlichem Zustande mit Benzol, alkalisiert sie dann und extrahiert das Pilocarpin erst jetzt mit Alkohol.

Das Pilocarpin hydrochloricum krystallisiert in quantitativer Ausbeute in prächtigen Prismen. Man nutscht auf einer vorher im Eisschrank 6—8 Stunden ausgekühlten Nutsche und wäscht mit wenig Aceton oder Äther von —12 bis —15⁰.

Das erhaltene Produkt ist oft noch gelb gefärbt. Es wird wieder bei Zimmertemperatur in Methylalkohol gelöst, die Lösung in bereits beschriebener Art mit Aceton oder Schwefeläther verdünnt und krystallisiert. Die zweite Krystallisation ist dann sicher farblos. Man trocknet bei Zimmertemperatur — nicht höher — im luftverdünnten Raume.

Pilocarpin sulfuric. Man löst die Base bei Zimmertemperatur in absolutem Alkohol und versetzt die Lösung langsam und unter äußerer Eiswasserkühlung mit der berechneten Menge reinster H_2SO_4, welche vorher mit ihrem sechsfachen Gewicht an absolutem Alkohol verdünnt wurde. Darauf mischt man diese Lösung mit ihrer achtfachen Menge an reinem Schwefeläther 0,720 und kühlt die Mischung auf —12 bis —15⁰. Es scheidet sich eine Schmiere aus, von der man die Lösung abgießt. Man spült mit etwas Äther nach und löst die Schmiere bei 25—30⁰ in der dafür notwendigen Menge reinem Aceton. Man kühlt dann von außen mit Eiswasser und reibt mit einem Glasstab, bis die Krystallbildung beginnt, worauf man in Eiskochsalzmischung stellt und genau arbeitet wie bei Pilocarpin hydrochloric. Das schwefelsaure Salz bildet ein Pulver von feinen weißen Krystallen.

Pilocarpin nitric. Man löst die Base in absolutem Alkohol, wie bereits beschrieben, und neutralisiert die Lösung mit 96proz. Salpetersäure unter äußerer Eiskühlung langsam und vorsichtig auf Kongo. Dann kühlt man wieder auf —12 bis —15⁰, nutscht und trocknet bei Zimmertemperatur im Vakuum.

Will man ein Pilocarpinsalz aus irgendeinem Grunde wieder in Base verwandeln, so löst man von vornherein in Ammoniakwasser.

Strychnosbasen.

Strychnin $C_{21}H_{22}N_2O_2$. Mol.-Gew. 334. Schmelzpunkt 260⁰ unter Zersetzung. — Rhombische Säulen, löslich in 7000 T. kaltem und 2500 T. siedendem Wasser zu alkalisch reagierenden Flüssigkeiten, in 150 T. kaltem oder 12 T. siedendem Alkohol von 90 %, beinahe unlöslich in Äther, 100 T. Benzol lösen 0,6 T., 100 T. Chloroform, 15 T. der freien Base.

Brucin $C_{23}H_{26}N_2O_4 + 4H_2O$. Mol.-Gew. 466. Schmelzpunkt der wasserfreien Base 178⁰. Bitter schmeckende, monokline Tafeln von alkalischer Reaktion, löslich in 320 T. kaltem oder 150 T. siedendem Wasser, leicht löslich in Alkohol und Chloroform. — Brucin ist bedeutend weniger giftig als Strychnin.

Das Ausgangsprodukt dieser beiden Alkaloide sind die

Brechnüsse, Strychnos Nux vomica, heimisch von Vorderindien durch Hinterindien bis nach Australien. Ihr Durchmesser beträgt ungefähr 2 cm und ihre Dicke bis zu 6 mm. Außer den Alkaloiden enthalten sie 3—4 % Fette und bis zu 10 % Eiweißkörper und Zucker.

Betriebsverfahren. Wie bereits erwähnt, sind die Strychnosbasen nicht absolut unlöslich in Wasser. Daher müssen alle Lösungen und Waschwässer wieder in den Fabrikationsprozeß zurückgeführt werden.

Bevor die hornartig beschaffenen Brechnüsse zerkleinert und extrahiert werden, muß man sie einweichen. Man bereitet sich Kalkmilch, versetzt die Brechnüsse damit in einer schmiedeeisernen Zisterne, welche mit einer Dampfheizschlange versehen ist, und wärmt auf 80 bis 90⁰. Man erhält einen Tag bei dieser Temperatur, wodurch die Nüsse allmählich aufquellen. Dann zieht man das Kalkwasser möglichst vollkommen ab und verwendet es zum Löschen von frischem Ätzkalk für einen weiteren Ansatz.

Die aufgeweichten Nüsse werden in einer Exzelsiormühle oder noch besser zwischen gerippten Walzen auf eine Korngröße von ungefähr 5 mm zerkleinert und darauf in dem folgenden Apparat extrahiert (Abb. 94). Als Extraktionsmittel verwendet man Benzol oder Toluol.

Der schmiedeeiserne Extraktionskörper E wird bei geschlossenem Ventil V bis etwas über den Siebboden G mit Extraktionsmittel gefüllt. Der Siebboden ist mit einem feinmaschigen Sieb aus Messingdraht versehen, auf welchem außerdem noch eine Schicht entfetteter Drehspäne lagert, um die Sicherheit für eine vollständige Filtration zu erhöhen. Die Benzollösung soll blank durch dieses Filter fließen. — Man schraubt die Brause B ab und füllt nun weiter Benzol in E ein, zu gleicher Zeit aber auch die eingeweichten Nüsse, in der

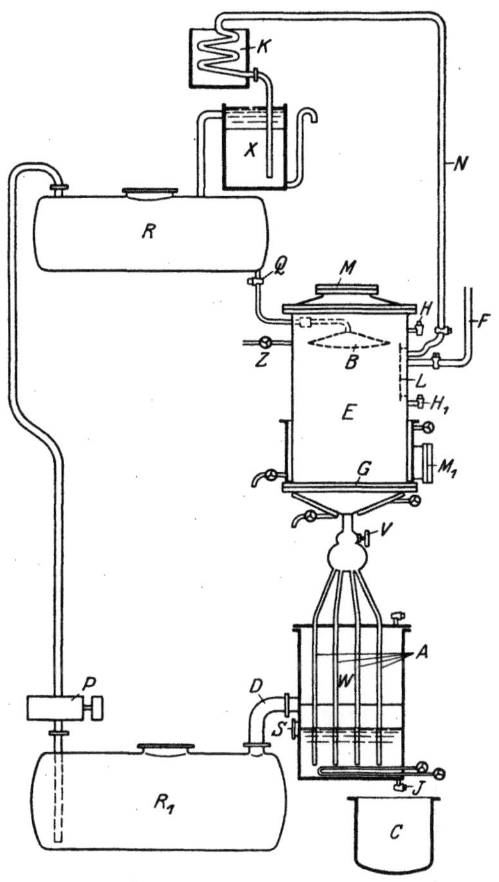

Abb. 94. Extraktionsapparat für Brechnüsse.

Weise, daß das Niveau des Benzols schon während des Einfüllens immer etwas über den Brechnüssen bleibt. Nach dem Einfüllen auf das bestimmte Niveau wird die Brause wieder eingesetzt und der Mannlochdeckel M aufgesetzt.

In den homogen verbleiten Wäscher W bringt man die berechnete Menge an 3—4proz. Schwefelsäure, d. h. auf je 100 kg Nüsse 1—1,2 kg H_2SO_4. Das Niveau derselben soll im großen Schauglas S sichtbar sein.

Man läßt in E das Extraktionsmittel zuerst einige Zeit mit den Brechnüssen in Berührung kommen. Alsdann beginnt die Zirkulation desselben. Das Ventil V trägt an seinem unteren Ende einen kugelförmigen Ansatz, worin eine Anzahl Bleiröhrchen, mindestens 4, eingelötet sind. Diese Bleiröhrchen führen in den Waschzylinder, über dessen Boden sie münden. Wenn man V öffnet, fließt die Extraktionslösung durch diese Röhrchen nach unten und steigt aus denselben durch die verdünnte Schwefelsäure hindurch an die Oberfläche derselben, wobei sie ihren Alkaloidgehalt an sie abgibt. — Das vom Alkaloid befreite Benzol oder Toluol fließt durch das weite Rohr D in das Reservoir R_1, wird daraus durch die kleine Zentrifugalpumpe in R befördert, von wo es durch die Brause B wieder auf die Brechnüsse in E gelangt.

Das Extraktionsmittel soll in E immer etwas über den Nüssen stehen. Das Schauglas F, in welches die Lösung durch das Siebfilter L im Innern des Extraktors eintritt, ermöglicht diese Kontrolle, nach der sich die Regelung des Zuflusses des Extraktionsmittels durch die Brause B richtet.

Damit sich im Wascher W die Schichten gut trennen — was durch das Schauglas S beobachtet wird —, kann man durch die Bleischlange am Boden mit indirektem Dampf etwas anwärmen. Doch soll man nicht höher als 50^0 gehen. Erfolgt die Trennung auch dann nur langsam, so muß die Zirkulation des Extraktionsmittels verlangsamt, eventuell auch für einige Zeit ganz unterbrochen werden.

Nach 24stündiger Extraktion sind die Brechnüsse in der Regel ausgelaugt. Um dieses festzustellen, schüttelt man eine Probe des Extraktionsmittels mit verdünnter Schwefelsäure aus und versetzt die abgetrennte saure Lösung mit verdünnter Ammoniaklösung, wodurch nur noch eine Opalescenz, keine deutliche Fällung mehr entstehen soll. — Ist dieser Punkt erreicht, so läßt man die saure wässerige Lösung durch Hahn J und einen Spitzbeutel in die emaillierte Marmite C abfließen. — Darauf füllt man den Wascher wieder mit derselben Menge verdünnter Schwefelsäure wie das erstemal und setzt den Kreislauf des Extraktionsmittels noch einen vollen Tag fort. Dieses geschieht weniger mit Rücksicht auf die Ausbeuteerhöhung, welche dadurch minimal ist, als der Giftigkeit des Rohmaterials, welches erst verworfen werden kann, wenn es restlos von den Alkaloiden befreit ist. — Die so erhaltene zweite wässerige Alkaloidlösung dient anstatt frischer Säurelösung für einen weiteren Ansatz.

Wenn die Brechnüsse alkaloidfrei sind, schließt man den Hahn Q zur Brause, entfernt diese und läßt alles Benzol aus dem Extraktor E abfließen. Dann füllt man ihn mit Wasser, heizt durch den Dampfdoublefond auf und treibt derart die letzten Benzolreste durch das Sieb L, den Kühler K und den Wasserabscheider in das Reservoir R. Zur Beschleunigung dieser Operation leitet man durch das kleine Ventil Z über dem Niveau des Wassers und der Brechnüsse direkten Dampf ein, welcher die entwickelten Dämpfe des Extraktionsmittels mitreißt. Nachher entfernt man die ausgelaugten Brechnüsse durch das seitliche Mannloch M_1 des Extraktors. NB. Im Extraktionsmittel sammeln sich Fette und andere Bestandteile aus den Brechnüssen an und dasselbe muß von Zeit zu Zeit destilliert werden.

Aus der wässerigen Lösung in der Emailmarmite *C* fällt man die Alkaloide mit 3proz. filtrierter Sodalösung und läßt die Fällung über Nacht absetzen. Am anderen Tage siphoniert man die klare Flüssigkeit ab, beutelt den Niederschlag auf, nutscht oder zentrifugiert und trocknet bei 30—40⁰. Alle vom Niederschlag getrennte Flüssigkeit wird anstatt Wasser zum Einweichen eines neuen Ansatzes von Brechnüssen verwendet. Hat man einen Überschuß an Laugen, so müssen sie eingeengt werden.

Das getrocknete Gemisch der Rohalkaloide besteht aus harten Stückchen und könnte in diesem Zustande schwer wieder in Lösung gebracht werden. Deshalb macht man das Produkt in einer Kugelmühle aus Porzellan zu einem feinen Pulver. Die Mühle steht in einem kleinen, für sich abgeschlossenen, sehr gut entlüfteten Raum; und beim Entleeren derselben soll die Bedienungsmannschaft unbedingt Schutzmasken tragen.

1 T. des Pulvers wird in $1^1/_2$ T. 50proz. Alkohol in dem Aluminiumapparat (Abb. 89, S. 383) gelöst und durch ein Filter wie Abb. 69 (S. 302) in Emailmarmiten von je 25—30 l Inhalt filtriert. Wer vor dem Mahlen der Alkaloide in trockenem Zustande im Hinblick auf ihre außergewöhnliche Giftigkeit zurückschreckt, kann dieses umgehen, indem er den Aluminiumapparat zum Lösen mit einem Gitterrührer ausrüsten läßt und einige in ihrem Zentrum mit Blei ausgegossene Hartholzkugeln in den Aluminiumapparat zu dem Alkohol und den zu lösenden Stückchen der Rohalkaloide gibt. Der Gitterrührer schiebt die beschwerten Holzkugeln vor sich her und diese mahlen die Stückchen naß in dem Alkohol, welcher das entstandene Pulver vorweg löst.

In den kleinen Emailmarmiten wird krystallisiert, und zwar in einem Raume, dessen Temperatur nicht unter 25⁰ fällt. Derart krystallisiert alle Strychninbase und fast kein Brucin.

Am anderen Tage nutscht man in demselben Raume das Rohstrychnin auf einer Tonnutsche ab, nimmt den Nutschkuchen, ohne ihn nachzuwaschen, schnell heraus und preßt ihn in einer Differentialhebelpresse gründlich aus.

Die Mutterlaugen bringt man in einen emaillierten Destillierapparat, säuert sie darin mit verdünnter reiner Schwefelsäure an, destilliert den Alkohol ab und läßt aus dem Destillationsrückstand in einer Emailmarmite das Sulfat des Rohbrucins krystallisieren.

Das Rohstrychnin führt man in das Sulfat über. Dafür eignet sich gut ein Apparat wie derjenige für die Morphiumwürfel (Abb. 90, S. 384) mit dem Unterschied, daß die einzelnen Rezipienten statt je 30 l je 50—80 l fassen. In *A* versetzt man 1 T. Rohstrychninbase mit 4 T. destilliertem Wasser und unter Erwärmen mit so viel verdünnter reiner Schwefelsäure, bis eine kongosaure klare Lösung entsteht. Diese versetzt man mit 1 % des Alkaloidgewichts an metallfreier Entfärbungskohle und filtriert nach einiger Zeit des Umrührens bei 80—90⁰ durch das Faltenfilter in *B*, wo man, anfänglich unter Rühren und Außenkühlung, krystallisieren läßt. Am andern Morgen setzt man das Vakuum auf *C* und saugt ab, indem man den Nutschkuchen preßt (im Gegensatz zum Morphiumhydrochlorid) und am Schluß mit eiskaltem destilliertem Wasser nachwäscht. Aus den aus *C* abgedrückten Mutterlaugen wird die Base mit filtrierter verdünnter Sodalösung gefällt, aufgebeutelt, genutscht, getrocknet und aufbewahrt, bis ein gewisses Quantum solcher gefällter Restbasen beisammen ist. Diese enthalten noch Brucinreste und müssen davon nochmals durch Krystallisation aus verdünntem Alkohol getrennt werden.

Der Nutschkuchen von Strychninsulfat wird, wenn nötig, nochmals aus 5 T. destilliertem Wasser umkrystallisiert. Die Mutterlaugen dieser Krystallisation werden an Stelle von Wasser zum Lösen der Preßkuchen des Rohstrychnins aus der Differentialhebelpresse verwendet. Nach der zweiten Krystallisation ist das Strychninsulfat meistens brucinfrei. Im gegenteiligen Falle ist es nochmals umzukrystallisieren. Zur Bestimmung des Brucingehaltes im Strychnin fällt man die Base mit Sodalösung, filtriert und zerreibt den filtrierten Niederschlag mit Salpetersäure. Reines Strychnin gibt eine gelblich gefärbte Lösung, brucinhaltiges eine rote.

Die Umwandlung des brucinfreien Strychninsulfats in die reine Base und in die handelsüblichen Strychninsalze sowie die Reinigung des Rohbrucinsulfats erfolgt durchweg in dem bereits erwähnten Apparate analog demjenigen für Morphiumwürfel.

Strychnin purum praecipitatum. In *A* löst man Strychninsulfat heiß in der zehnfachen Menge destillierten Wassers, neutralisiert mit verdünnter filtrierter Sodalösung bis zur schwach lackmussauren Reaktion, kocht mit etwas metallfreier Entfärbungskohle auf, filtriert durch das Faltenfilter in *B*, fällt mit verdünnter filtrierter Sodalösung unter Außenkühlung, kühlt vollständig ab, nutscht und trocknet.

Strychnin purum cryst. In *A* löst man Strychninsulfat in 8 T. 30proz. Alkohol heiß, gibt etwas Entfärbungskohle zu, neutralisiert $^1/_4$ Stunde nachher mit reiner Ammoniaklösung zur schwach lackmussauren Reaktion, filtriert in *B*, macht dort unter Außenkühlung mit Ammoniak stark alkalisch, versetzt mit etwas Bisulfitlösung und läßt krystallisieren. Am folgenden Tage trennt man die Krystalle von der Mutterlauge, säuert letztere mit Schwefelsäure an, destilliert den Alkohol ab und fällt das Strychnin aus dem Destillationsrückstand.

Strychninnitrat. $C_{21}H_{22}N_2O_2-HNO_3$. Mol.-Gew. 397. In *A* versetzt man 1 T. Strychninbase mit 5 T. destilliertem Wasser und darauf sehr langsam mit 90% der berechneten Menge 15proz. Salpetersäure, fügt Weinsäurelösung zu bis zur schwach lackmussauren Reaktion, darauf 1% an metallfreier Entfärbungskohle vom Alkaloidgewicht, kocht auf und filtriert in *B*, wo man krystallisieren läßt. Dies soll bei einer Temperatur nicht unter 30° geschehen. Darauf erfolgt Trennung der Krystalle von der Mutterlauge durch Vakuum. — Das Wesentliche bei dieser Umwandlung ist, daß die Laugen freie Base und keine freie Salpetersäure enthalten, weil in letzterem Falle die Krystalle braun würden.

Strychninnitrat ist in kleinen Gaben ein Anregungsmittel; es wird auch zu subcutanen Injektionen und äußerlich als Salben und Einreibungen verwendet. — Zur Ungeziefervertilgung ist ein brucinhaltiges Strychninnitrat im Handel, welches ein Gemisch von gleichen Teilen Strychninnitrat und Brucinsulfat bildet[1].

Strychnin bisulfuricum. Man löst in *A* 2 kg Strychninsulfat in 12 kg destilliertem Wasser, macht mit reiner Ammoniaklösung ganz schwach lackmusalkalisch, setzt 280 g konzentrierte reine Schwefelsäure, verdünnt mit 820 g destilliertem Wasser, zu, darauf 10 g metallfreie Entfärbungskohle, kocht auf, filtriert in *B*, krystallisiert dort unter Außenkühlung, anfänglich unter Rühren mit einem Glasstab. Nach 2 Tagen saugt man ab, trocknet und siebt. Aus den Mutterlaugen fällt man die Base wieder aus.

Strychnin sulfuricum neutrale. In *A* löst man Strychninsulfat in 6 T. destillierten Wassers, macht die Lösung mit reinem Ammoniak schwach sauer, versetzt mit metallfreier Entfärbungskohle, kocht auf, filtriert in *B* und läßt 2 Tage krystallisieren. — Die Schlußbehandlung der Krystalle und der Lauge ist dieselbe wie oben.

Brucin sulfuric. purum. Rohes Brucinsulfat wird in *A* in 8 T. destilliertem Wasser gelöst, mit filtrierter Sodalösung schwach lackmusalkalisch neutralisiert, mit verdünnter reiner Schwefelsäure bis zur kongosauren Reaktion versetzt, mit metallfreier Entfärbungskohle aufgekocht, in *B* filtriert, mit etwas Bisulfitlösung versetzt und zur Krystallisation gebracht.

Ausbeute. Aus 1000 kg Brechnüssen gewinnt man ungefähr 15 kg Brucin und 9 kg Strychnin, jedoch schwankt das Verhältnis.

Theobromin.

$C_5H_2(CH_3)_2N_4O_2$. Schmelzpunkt 290—295^0. Mol.-Gew. 180.

Es hat als Dimethylxantin die Konstitutionsformel:

$$CH_3-N-C=N$$

Es bildet ein aus rhombischen Nadeln bestehendes farbloses Krystallpulver von bitterem Geschmack, welches sich in 1700 T. kaltem und 150 T. heißem Wasser, in 4300 T. kaltem und 430 T. heißem absolutem Alkohol sowie in 105 T. heißem Chloroform löst. In wässerigem Alkohol löst es sich ziemlich leicht. Es verbindet sich schwer mit Säuren und leicht mit Basen.

Das Ausgangsprodukt dieses Alkaloids sind in erster Linie die Kakaoschalen, welche davon 0,7—1,2 % enthalten, sodann die Preßkuchen der holländischen Kakaofabriken, wo verschiedenen Kakaoabfällen die Kakaobutter in hydraulischen Pressen entzogen wird. Die restierenden Preßkuchen enthalten den gesamten Alkaloidgehalt.

Die Kakaoschalen nehmen ein großes Volumen ein, und der Gedanke, dieselben vor dem Einfüllen in die Extraktoren zu Pulver zu mahlen, liegt nahe. In einer Krupp-Gruson-Mühle — nicht in einer Kreuzschlagmühle — ist dies auch

---

[1] Strychnin findet sich auch in gewissen Apperitiven und Likören, wie z. B. in „Fernet Branca".

gut möglich, und das Volumen der Schalen verringert sich dabei auf ein Drittel des ursprünglichen. Doch erweist sich dies als nutzlos, denn die gemahlenen Schalen quellen beim Befeuchten mit der Extraktionsflüssigkeit wieder beinahe zum ursprünglichen Volumen auf. Ferner geht die Extraktion viel schneller mit ungemahlenen Schalen, indem das gemahlene Schalenpulver die Filter verstopft.

Laboratoriumsversuch. Als Rohmaterial verwenden wir Kakaoschalen, wie sie in Schokolade- und Kakaofabriken in großen Mengen abfallen.

Die Extraktionsbatterie besteht aus 6 Stutzen aus Glas oder Ton von je 6 l Inhalt, von denen jeder mit 1 kg Kakaoschalen beschickt wird. Zu den Schalen in den beiden ersten Stutzen gießt man je 3,5 l gewöhnliches Wasser und Kalkmilch aus je 100 g Ätzkalk je Stutzen, rührt mit einem dicken Glas- oder Holzstab gut durch und überläßt während der Nacht der Ruhe. Am anderen Morgen filtriert man auf 2 Laboratoriumstonnutschen. Die Filtrate bewahrt man in einem Tontopf von 50 l Inhalt auf. Die Rückstände bringt man in die Stutzen 1 und 2 zurück, wo man sie erneut mit je 3,5 l Wasser versetzt, jedoch mit je einer Kalkmilch aus nur noch 10 g Ätzkalk je Stutzen. Man rührt wieder gut durch und überläßt über Nacht sich selbst. Am zweiten Tag filtriert man wieder. Die Rückstände gibt man von neuem in die Stutzen 1 und 2 zurück und versetzt sie wieder mit je 3,5 l Wasser und Kalkmilch aus je 10 g Ätzkalk. Die Filtrate gelangen auf die frischen Schalen in den Stutzen 3 und 4, wo man mit Kalkmilch aus je 100 g Ätzkalk versetzt, umrührt und über Nacht stehen läßt. Derart wird die Extraktion weitergeführt, wobei das S. 358 beschriebene Schema befolgt wird, mit dem Unterschied, daß frische Schalen immer mit Kalkmilch aus je 100 g Ätzkalk je 1 kg Schalen und in der Folge nur noch mit solcher aus je 10 g Ätzkalk je 1 kg Schalen versetzt werden.

Derart erhalten wir ungefähr 40 l einer braunen Lösung, welche neben Harzen und violettbraunem Farbstoff das Theobromin in Form seiner wasserlöslichen Calciumverbindung gelöst enthält. Diese Lösung ist auf 2,5 l einzuengen, und zwar unbedingt im Vakuum, denn beim Eindampfen an offener Luft würde deren Ätzkalkgehalt unwillkommene Zersetzungen unter Abspaltung organischer Amine bewirken. Der Vakuumverdampfapparat muß nicht aus Glas sein; er kann ebensogut aus Kupfer, Aluminium oder Schmiedeeisen bestehen. In modern ausgerüsteten Laboratorien wird man über einen entsprechenden Apparat aus Metall verfügen können. Wo dies nicht der Fall ist, muß man sich einen solchen aus Glas konstruieren, wie er S. 359, Abb. 82 beschrieben ist. Der Kolbeninhalt sollte mindestens 5 l Inhalt haben. Die anfänglich bestehende Gefahr des Überschäumens vermindert sich mit zunehmender Konzentration der Lösung.

Die erhaltenen 2,5 l von violettbraunschwarzer Lösung läßt man erkalten. Unterdessen löscht man 450 g Ätzkalk mit 1,25 l Wasser und mischt dann den gelöschten Kalk innig mit der eingeengten Rohtheobrominlösung. Der Kalk fällt die darin enthaltenen Harze und den Farbstoff aus. Die innige Mischung wird auf einer Laboratoriumstonnutsche auf das gründlichste abgesaugt. Auf der Nutsche verbleibt ein Kuchen, bestehend aus Verunreinigungen und Ätzkalk, im Filtrat ist das Theobromincalcium gelöst. Der Nutschkuchen wird in einer großen Reibschale aus Porzellan oder Ton mit 1,25 l Wasser homogen angeteigt und wieder filtriert. Diese Operation wird noch einmal mit derselben Wassermenge wiederholt und dann der Nutschkuchen verworfen.

Das mit den Waschwässern vereinigte Filtrat wird im Vakuum auf 800 cm³ eingeengt und dann in einem Glasstutzen durch äußere Eiswasserkühlung auf 8—10⁰ abgekühlt. Bei dieser Temperatur fällt man das Theobromin durch langsamen Zusatz von roher Salzsäure aus und läßt über Nacht im Eiskasten stehen. Anderen Tages nutscht man das hellbraune Rohtheobromin ab und wäscht es mit eiskaltem destilliertem Wasser bis zur vollständigen Abwesenheit von Chlor und Calcium im Waschwasser aus. — Filtrat und Waschwässer kann man im Vakuum auf 300 cm³ einengen und daraus nochmals etwas Theobromin fällen. Im Betrieb gibt man sie in die Extraktoren für die Kakaoschalen zurück.

Das gewonnene Rohtheobromin muß nun gereinigt werden. Dies könnte durch Sublimation desselben geschehen; doch verlangt eine solche Operation eine ziemlich umständliche Apparatur, schon in Anbetracht der relativ hoch liegenden Sublimationstemperatur von ungefähr 290⁰.

Eine früher und vielleicht noch jetzt angewendete Reinigungsmethode ist die folgende:

50 g Rohtheobromin werden in einer Porzellanschale mit 50 g Wasser versetzt, und die Mischung auf dem Wasserbad durch allmählichen Zusatz von Kalkmilch in Lösung gebracht. Ein Überschuß von Kalkmilch muß vermieden werden. Dazu gießt man unter dem Anzug oder im Freien eine Anreibung von 10 g Chlorkalk zu, mischt und überläßt über Nacht der Ruhe. Am andern Morgen wird wieder erwärmt, mit 5 g Entfärbungskohle digeriert, durch ein Heißwasserfilter filtriert und mit heißem Wasser nachgewaschen. Aus dem erkalteten Filtrat fällt man das Theobromin mit chemisch reiner Salzsäure.

Heute kennt man eine viel elegantere Reinigungsmethode, nach welcher wir arbeiten wollen. Versucht man nämlich das Theobromin in Natronlauge zu lösen und dasselbe dann durch Fällung mit Mineral- oder organischen Säuren rein zu fällen, so macht man die Beobachtung, daß die Verunreinigungen immer wieder mit dem Alkaloid zusammen ausfallen. Man suchte nun nach einer Säure, welche noch stark genug ist, daß das Theobromin mit ihr ausscheidet, welche dagegen die Verunreinigungen in Lösung beläßt. Als solche hat sich die Kohlensäure erwiesen. Wir rühren das Rohtheobromin mit seinem siebenfachen Gewicht an destilliertem kaltem Wasser an und bringen es unter Rühren durch langsamen und vorsichtigen Zusatz der berechneten Menge an reinster Natronlauge in Lösung. Ein Überschuß an Alkali ist zu vermeiden, weil ein solcher die Ausfällung empfindlich erschweren würde. — Aus einer Stahlflasche leitet man Kohlensäuregas bis zur vollständigen Ausfällung des hellgelben Theobromins aus der Lösung ein. Am anderen Morgen nutscht man ab und wäscht mit eiskaltem destilliertem Wasser nach, bis das Waschwasser klar abfließt.

Diese Reinigung wird wiederholt. Allfällige Spuren von Calciumcarbonat in der zweiten hellgelben Lösung werden durch Filtration derselben entfernt, bevor noch einmal mit Kohlensäuregas das nunmehr reinweiße Theobromin gefällt wird. Man trocknet bei mäßiger Temperatur, pulverisiert und passiert durch das Sieb VI des D.A.B. VI. — Das schneeweiße Produkt entspricht allen Pharmakopöevorschriften. Die Ausbeute variiert mit dem Alkaloidgehalt der verwendeten Kakaoschalen; im Mittel beträgt sie 0,8—1 % derselben.

Betriebsverfahren. Wir multiplizieren die Zahlen des Laboratoriumsversuchs je Extraktor mit 1000.

Als Extraktoren verwendet man schmiedeeiserne oder hölzerne offene Schiffe von je 6000 l Inhalt mit horizontalem Rührwerk und Siebboden, wie sie Abb. 95 zeigt.

Die Schiffe sind schwach nach der Seite des Ablaufhahns zu geneigt. Bei ihrer Ausführung aus Holz tragen sie 10—15 cm über dem gewölbten Boden ein Gitterwerk aus Holz, welches mit starker Sackleinwand überzogen ist. Das Rührwerk macht je Minute 40 Touren. — Solider als hölzerne Schiffe sind solche aus Schmiedeeisen mit Doppelboden aus gelochtem Blech, welches mit Messingdrahtnetz bekleidet wird.

Wir haben bereits bei der Chininfabrikation bemerkt, daß für die Mischung von Drogenkalkgemischen Rührer mit horizontaler Rührwelle solchen mit vertikalen vorzuziehen sind, indem ein steifer und schwer zu bewegender Brei zu bearbeiten ist.

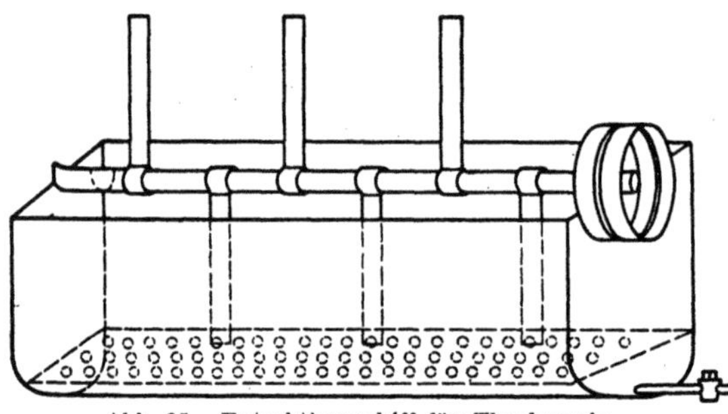

Abb. 95. Extraktionsschiff für Theobromin.

Zuerst läßt man das Wasser in das Extraktionsschiff einfließen. Danach setzt man das Rührwerk in Gang und gießt die Kalkmilch in den Behälter. Diese wird in einer über den Extraktionsschiffen erhöht aufgestellten schmiedeeisernen Zisterne bereitet und durch einen Schlauch in das jeweilige Schiff geleitet. Nach der Mischung von Wasser und Kalkmilch erfolgt unter fortgesetztem Rühren das Einschaufeln der Kakaoschalen.

Die Lösung wird in schmiedeeiserne Montejus abgelassen. Die konzentrierte Lösung, welche im Vakuum eingeengt werden soll, befördert man mit Druckluft in eine als Reservoir dienende Holzkufe, von wo sie nach Bedarf in den Vakuumverdampfapparat eingezogen wird. Die verdünnten Lösungen gelangen aus den Montejus in die jeweiligen Extraktionsschiffe zu weiterer Anreicherung ihres Gehaltes.

Es sei bemerkt, daß die Rührwerke der Extraktionsschiffe nur zum Anrühren mit frischen trockenen Schalen in Bewegung gesetzt werden. Das Mischen der nassen Schalen mit verdünnten Laugen vermöge des Rührwerks ist weder nötig noch leicht zu bewerkstelligen. Auf bereits extrahierte nasse Schalen gießt man jeweils zuerst die aus 10 kg Ätzkalk bereitete Kalkmilch obenauf und füllt dann das

Schiff mit der entsprechenden Lauge oder am Schluß mit frischem Wasser.

Der Modus eines kontinuierlichen Extraktionsbetriebes im allgemeinen wurde S. 378 erläutert. — Das Auspressen der fertig extrahierten Schalen lohnt sich nicht. Sie werden direkt aus den Schiffen als wertlos abgeführt.

Wir haben täglich ungefähr 3000 l Lauge aus den Extraktoren auf 400 l und ebenso ca. 1000 l Lösung von Rohtheobromin (nach der Vorreinigung mit Kalkmilch) auf 150 l einzudampfen. Ein schmiedeeiserner Vakuumverdampfapparat von 1500—2000 l Inhalt kann diese Aufgabe bewältigen. Seine Konstruktion entspricht der S. 379, Abb. 87 besprochenen, jedoch ist Emaille hier überflüssig.

Das Mischen der das erstemal eingeengten Laugen mit der Kalkmilch geschieht in einer Holzbütte von 1000 l Inhalt mit Rührwerk. Dieselbe ist ungefähr 7 m über dem Fabrikboden aufgestellt. Ihr Inhalt fließt in eine Filterpresse von 200—300 l Kammerinhalt, totaler Aus-

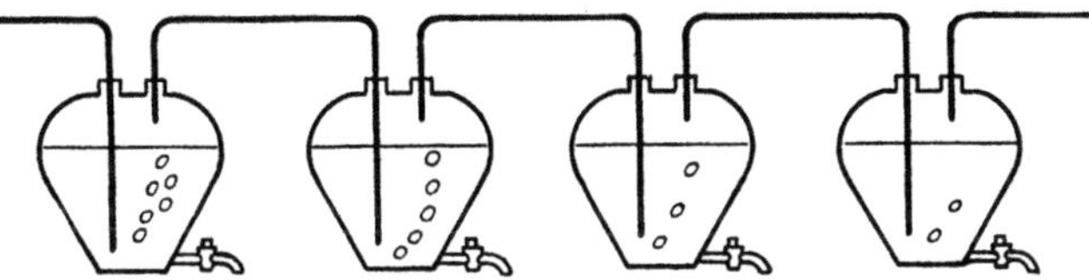

Abb. 96. Batterie zum Ausfällen mit Kohlensäure.

süßung und Kammern aus Holz oder Gußeisen. Man süßt mit einem Minimum an Wasser aus und engt dann das Filtrat von neuem ein; diesmal auf 150 l.

Die eingeengte Lösung kühlt man in einer Emailmarmite auf 8—10° ab, fällt darin das Rohtheobromin mit der rohen Salzsäure und nutscht und wäscht andern Tages auf einer Tonnutsche calciumfrei.

Zu der Fällung mit Kohlensäure bedient man sich einer Batterie von kleinen Tontourilles mit unterem Auslaufstutzen (Abb. 96).

In die Tourilles bringt man die Lösung des Theobrominnatriums, wo dieselbe der Reihe nach von dem Kohlensäuregas durchstrichen wird. Derart spart man Kohlensäure. Anstatt Tontourilles kann man mit Vorteil schmiedeeiserne Gefäße von analoger Konstruktion dazu verwenden.

Das Theobromin wird im Dampftrockenschrank getrocknet, und die Filtrate der jeweiligen Fällungen gibt man in die Extraktionsschiffe zurück.

Die beschriebene Apparatur würde einer Tagesproduktion von 8—10 kg Theobromin genügen. Dies wäre sehr wenig und würde einen minimalen Nutzen abwerfen. Die meisten Theobrominproduzenten fabrizieren ein Mehrfaches dieser Menge.

Als Beispiel dafür, welche Preisänderungen eine einzige Verbesserung in einer Fabrikation provozieren kann, diene folgende Angabe:

Im Jahre 1912 variierte der Preis je Kilogramm Theobromin noch zwischen 65 und 75 Fr. Man extrahierte damals noch allgemein mit 70—80 proz. Alkohol und benötigte davon ansehnliche Mengen. Dann sank der Theobrominpreis innerhalb weniger Wochen unter die Hälfte des bisherigen. — Man hatte entdeckt, daß der Alkohol zur Extraktion ganz überflüssig ist und durch wassergelöschtem Kalk ersetzt werden kann.

Der rohe Einstand je 100 kg Theobromin stellte sich 1924 wie folgt dar[1]:

12 Tonnen Kakaoschalen	à Fr. 75,—	Fr.	900.—
2,5 „ Ätzkalk	„ „ 60,—	„	150,—
80 kg reine Natronlauge 36⁰ Bé	„ „ 1,20	„	96,—
70 „ Kohlensäuregas	„ „ —,80	„	56,—
150 „ rohe Salzsäure	„ „ —,05	„	7,50
200 „ Eis	„ „ —,08	„	16,—
220 Arbeitsstunden	„ „ 1,20	„	264,—
3 Tonnen Kohle	„ „ 65,—	„	195,—
Elektrische Kraft		„	50,—

Roher Einstand Fr. 1734,50

Preis für 100 kg Theobromin . . . . Fr. 3600,—
Roher Einstand . . . . „ 1734,50

Bruttogewinn Fr. 1865,50

Seine größte Bedeutung hat das Theobromin in Form seiner Doppelsalze mit diversen organischen Säuren erlangt, in erster Linie als Theobrominnatriumsalicylat, welches unter dem Namen Diuretin eine große Anwendung findet.

Theobrominnatriumsalicylat bildet ein weißes, geruchloses, amorphes Pulver, welches sich beim Erwärmen in noch nicht der Hälfte seines Gewichtes an Wasser auflöst. Diese konzentrierte Lösung bleibt auch nach dem Erkalten klar. Theoretisch enthält es 44,2 % Natriumsalicylat und 55,8 % Theobrominnatrium oder 49,7 % Theobromin.

Zu seiner Darstellung löst man in einem emaillierten Doublefond 40 T. reinstes Natriumhydroxyd (Natrium hydricum depurat. alcohol.) in 200 T. destilliertem Wasser, fügt 180 T. Theobromin zu und löst durch Erwärmen; zu dieser Lösung mischt man eine zweite von 160 T. Natriumsalicylat in 150 .T. Wasser. Es sei bemerkt, daß alle Ausgangsprodukte, namentlich auch das Natriumhydroxyd, unbedingt rein sein müssen, damit das Diuretin nicht gefärbt wird, denn gefärbtes Diuretin kann man nicht mehr farblos erhalten.

Die entstandene Lösung, welche wasserhell sein muß, wird zuerst in dem emaillierten Doublefond auf 550—600 T. eingeengt und kann dann auf 2 Arten fertig getrocknet werden:

1. In einem Vakuumtrockenschrank mit wenigstens 700 mm Vakuum bei 60—70⁰ in Glas- oder Porzellanschalen mit möglichst glatter Oberfläche. Das Heraustrennen der entstehenden weißen Diuretinkrusten aus den Schalen und ihre Pulverisierung ist keine bequeme Arbeit.

2. In einem Trockentürmchen nach Abb. 97. Man gießt die Lösung in das Tongefäß A. Von dort passiert sie eine Reihe Düsen von je 1—1,5 mm lichter Weite am Boden von A und fällt dann in dünnen Fäden durch die ganze Länge des Türmchens von 6—8 m Höhe und

---

[1] Derselbe hat sich seither stark verändert. 1 Tonne Kakaoschalen kostet noch 17—20 Fr. 1 kg Theobromin etwa 15 Fr.

40—50 cm Durchmesser, bestehend aus außen isolierten Tonröhren, durch welche heiße Luft von unten nach oben der niederfallenden Lösung entgegenströmt. Das derart getrocknete, aus Fäden bestehende Produkt wird unten aus dem Türmchen entfernt, eventuell im Trockenschrank nachgetrocknet und kann dann leicht in Pulver verwandelt werden.

Auf einfachere Art gelangt man folgendermaßen zum Theobromin Natrium salicylicum: 10 kg Theobromin werden in einer Tonschale von 30 l Inhalt mit der berechneten Menge chemisch reiner, absolut eisenfreier Natronlauge 36⁰ Bé = 30 % gründlich zu einem Brei durchgemischt. Der Brei wird in Porzellan- oder Glasschalen im Vakuumtrockenschrank bei hohem Vakuum und einer Temperatur von nicht über 40⁰ getrocknet. Während des Trocknens zerdrückt man mehrmals das Trockengut mit einem Porzellanspatel. Der Trockenprozeß dauert 6—8 Stunden. Man pulvert das Trockengut in einer Porzellankugelmühle, trocknet dasselbe nach und mischt dann mit der berechneten Menge Natrium salicylicum 1 Stunde in der Porzellankugelmühle unter Vermeidung jeglicher Berührung der Reaktionsmasse mit Eisenteilen der Apparatur.

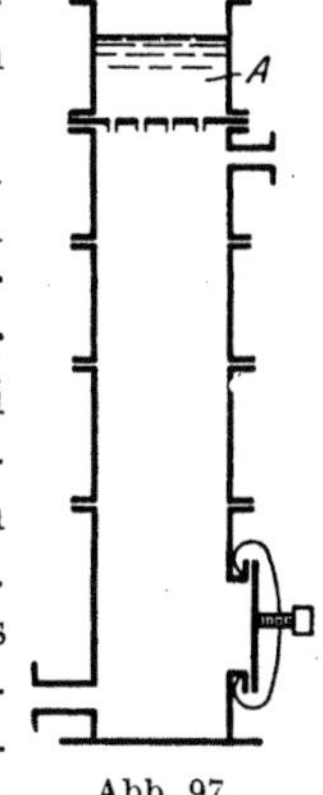
Abb. 97.
Trockenturm.

In neuerer Zeit soll das Theobromin zur Fabrikation von Coffein verwendet werden: Methylierung mit Dimethylsulfat. Bei den großen Mengen von Kakaoschalen, die sich im Handel befinden, wäre dies nicht unbegreiflich, indem einerseits die Verwendung des Theobromins nicht in das Unbegrenzte geht, während anderseits die Rohstoffe für die Coffeinfabrikation nicht im Überschuß vorhanden sind.

Veratrin.

Veratrin besteht aus einem Gemisch verschiedener Basen. Die weiße amorphe Masse hat darum keinen scharfen Schmelzpunkt, sondern derselbe variiert zwischen 145—155⁰. Sein Staub reizt schon in geringen Mengen die Schleimhäute und die Augen heftig, und man versäume deshalb beim Umgehen mit trockenem Veratrinpulver niemals, sich mit Gummihandschuhen, Brille und Schutzmaske zu schützen. — Dasselbe gilt beim Arbeiten mit seinem Ausgangsmaterial, den

Sabadillsamen. Dieselben sind glänzend schwarzbraun, kantig, mit runzeliger Oberfläche, 10×2 mm. Ihr Staub reizt wie Veratrin. — Sie werden gemahlen oder besser nur zwischen rotierenden Walzen gequetscht, mit Sodalösung befeuchtet und wie Cocain oder Eserin mit Äther extrahiert. Die vereinigten Auszüge enthalten neben dem Veratrin vor allem beträchtliche Mengen Fette und Öle, daneben Schleimkörper und Farbstoffe, letztere teilweise wasser-, teilweise ätherlöslich. Dies bedingt die Art der Weiterverarbeitung.

Die Ätherlösung wird im Extraktionsapparat (Abb. 92, S. 386) mit kalter 5 proz. reiner Schwefelsäure extrahiert. Der Taifunrührer wird durch einen gewöhnlichen Armrührer von höchstens 10 Touren je Minute ersetzt. Würde man zu energisch rühren oder gar schütteln, so entständen schwer trennbare Emulsionen. Fette und Öle sowie ein Teil der Farbstoffe verbleiben im Äther, während die Schwefelsäure neben dem Veratrin die Schleimstoffe und einen anderen Teil der Farbstoffe aufnimmt.

Man trennt die beiden Schichten nach mehrstündigem Stehen und behandelt darauf die wässerige in demselben Apparat zuerst verschiedene Male mit reinem Äther, bis derselbe farblos bleibt, also keine Farbstoffe mehr aufnimmt, hierauf mehrere Stunden mit $1\,^0/_{00}$ vom Gewicht der extrahierten Sabadillsamen an metallfreier Entfärbungskohle, worauf man durch ein großes Faltenfilter filtriert. — Die filtrierte Lösung gibt man wieder in den Extraktionsapparat zurück, überschichtet mit reinem Äther und fällt unter Rühren in der Kälte mit reiner verdünnter Ammoniaklösung die Alkaloide, welche vom Äther vorweg aufgenommen werden. Diese Operation soll sehr langsam vor sich gehen. Man setzt die verdünnte Ammoniaklösung in kleinen Rationen zu und prüft nach jedem Zusatz, ob alle Alkaloide aus der wässerigen Lösung entfernt sind. Ein Ammoniaküberschuß oder eine überstürzte Zugabe desselben hat Braunfärbung des Veratrins zur Folge, welche nicht mehr zu entfernen ist. Aus demselben Grunde soll auch die zugesetzte Ammoniaklösung verdünnt sein, etwa 3—4 proz.

Man trennt die Schichten und wiederholt die Reinigung, indem man die Ätherlösung wieder mit schwefelsaurem Wasser behandelt, die saure wässerige Lösung nochmals mit reinem Äther entfettet, mit Entfärbungskohle entfärbt, filtriert, mit Äther überschichtet und durch Ammoniakzusatz die Alkaloide wieder in den Äther überführt.

Die nunmehr klare helle Ätherlösung von Veratrin wird im Warmwasserbad eingeengt und dann in offenen flachen Glasschalen zur Krystallisation gestellt. Mit zunehmendem Verdunsten des Lösungsmittels scheidet sich das Produkt in weißen Flocken aus. Man nutscht zuletzt ab, trocknet bei höchstens 40^0 und erhält das handelsübliche Produkt. In Form seiner Salze wird Veratrin selten verwendet.

Die Ausbeute beträgt 4—5 % der Sabadillsamen. Zum Abfüllen des Produktes verwendet man, seiner Reizwirkung wegen, oft die gläsernen Abfüllkasten nach Robert, bei deren Anwendung der bedienende Arbeiter nicht mit dem Produkt in Berührung kommt.

Yohimbin.

$C_{22}H_{28}N_2O_3$. Schmelzpunkt 234^0.

Weiße Nadeln, löslich in Alkohol, Äther und Chloroform, wenig in Benzol. Es ist eine tertiäre Base.

Seine Anwendung geschieht in Form des

Yohimbinhydrochlorid; $C_{22}H_{28}N_2O_3$—HCl. Schmelzpunkt gegen 300^0. Es löst sich schwer in kaltem Wasser und kaltem Alkohol, leichter beim Erwärmen.

Sein Ausgangsprodukt bildet die Yohimberinde, welche in Westafrika heimisch ist.

Laboratoriumsversuch. kg Yohimbinrinde wird in einer Kaffeemühle möglichst fein gemahlen, welche in Anbetracht der zähfaserigen Beschaffenheit dieser Droge solid gebaut sein muß. Um das Alkaloid in dem Rindenpulver frei zu machen, besprengt man dasselbe — am besten vermittels einer kleinen Gießkanne — mit einer 7 proz.

Sodalösung, indem man während des Besprengens mit einem Holzspatel mischt. Die Mischung soll nur so feucht sein, daß sie beim Zusammenpressen einer Probe in der Hand beim Öffnen der Hand wieder auseinanderfällt. Man bemerkt bei der Operation des Mischens eine deutliche Selbsterwärmung der feuchten Masse.

Die Extraktion des Alkaloids kann mit Benzol oder Schwefeläther vorgenommen werden; doch ist letzterer vorzuziehen. Wer über keinen Laboratoriumssoxhlet von den erforderlichen Dimensionen verfügt, kann ihn in folgender Weise ersetzen. Man füllt — analog der Chininextraktion im Laboratorium — das Rindenpulver am Tage nach der Befeuchtung mit der Sodalösung in einen Kolben von 3 l Inhalt und übergießt es darin mit 1,5 l Äther. Nach 1—2 Stunden trennt man die gelbe Lösung von der Rinde durch vorsichtiges Abgießen und destilliert dann daraus den Äther im Warmwasserbad ab in einem Glasballon von 1,5 l, in dem man 40 g Oxalsäure in 400 g Wasser gelöst vorgelegt hat. Während der Destillation des Äthers bereitet man einen frischen zweiten ätherischen Auszug der Rinde. Man wiederholt die Extraktionen bis zur völligen Farblosigkeit der Lösung mit den zurückdestillierten Äthermengen. Als Vorlage dient die anfänglich gelöste Oxalsäuremenge immer von neuem. 6 bis höchstens 7 Extraktionen sind genügend. — Der Apparat zur Extraktion soll aus Glas bestehen, ganz abgesehen von der Art seiner Konstruktion. Yohimbin ist ein äußerst empfindliches Alkaloid, welches schon in Form seines Oxalates durch Berührung mit Metall einen gelbbraunen Stich erhält, der nicht mehr zu entfernen ist.

Wir erhalten die Gesamtheit der in der Yohimbinrinde enthaltenen Alkaloide in Form ihrer Oxalate als eine dunkelgelbe wässerige Lösung, welche durch ein Faltenfilter filtriert wird. Die klare Lösung behandelt man in einem Glasstutzen mit Rührer 2—3 Stunden bei gewöhnlicher Temperatur mit 10 g Zinkstaub, wobei die Reaktion der Lösung immer deutlich sauer bleiben soll. Der Rührer sei ein rasch drehender Quirlrührer, damit der Zinkstaub energisch herumgewirbelt wird. Nach der angegebenen Zeit filtriert man durch ein Faltenfilter in einen Scheidetrichter und bemerkt eine bedeutende Aufhellung der Lösung durch die Zinkstaubbehandlung. In dem Scheidetrichter überschichtet man mit 200 cm³ reinem Äther, fällt darauf die Alkaloide mit filtrierter Sodalösung und schüttelt sie in den Äther. Nach der bald erfolgten Trennung der beiden Schichten trennt man die wässerige ab und verwirft sie.

Aus der ätherischen Lösung sollen nun die Yohimbealkaloide mit alkoholischer Salzsäure gefällt werden. Es ist dies eine Operation, welche mit aller Vorsicht vorzunehmen ist. Für den Beginn kann man 1—1,5 cm³ Säure auf einmal zufügen. Es entsteht jedesmal eine Trübung, welche sich beim Umschütteln des Scheidetrichters zu einer harzigen Masse zusammenballt. Je geringer die Trübung wird, desto weniger Säure füge man das nächste Mal zu. Denn man muß den Punkt der vollständigen Ausfällung genau treffen. Wenn man darüber wegschießt, also überschüssige alkoholische Salzsäure zufügt, ist der größere Teil des Yohimbins verloren. Man nehme sich also Zeit zu dieser Operation. Wenn sie vollendet ist, so kleben die salzsauren Yohimbealkaloide als hellbraunes Harz an den Wandungen des Scheidetrichters und der davon befreite Äther ist hellgelb und klar.

Man läßt den letzteren möglichst vollständig abfließen und versetzt das zurückbleibende Harz im Scheidetrichter mit 200 cm³ reinem Aceton oder Methyläthylketon. Man schüttelt energisch durch. Die Nebenalkaloide sind in dem Lösungsmittel mit gelber oder bräunlicher Farbe löslich, während das reine Yohimbinchlorhydrat als weißes Pulver ungelöst bleibt. — Zur völligen Trennung ist im Laboratorium ein 1—2stündiges Durchschütteln notwendig. Das an den Wandungen klebende Harz trennt sich also dabei in eine im Lösungsmittel mit bräunlicher Farbe gelöste Partie der Unreinigkeiten und eine andere des in der Lösung als weißes Pulver schwimmenden von reinem Yohimbinchlorhydrat. Letzteres wird nach vollendeter Operation abgenutscht, mit Aceton oder Methyläthylketon gründlich nachgewaschen und bei 30—40° getrocknet. Die Ausbeute des schneeweißen Produktes beträgt 0,8—1,0% der Rinde.

Betriebsverfahren. Man mahlt die Rinde in der Kreuzschlagmühle so fein wie die Chinarinde. Dies ist bei der bastartigen Beschaffenheit und Giftigkeit des Materials eine ziemlich beschwerliche Arbeit.

Der unter Cocain S. 327 beschriebene Extraktionsapparat dient zur Extraktion mit Benzol oder Äther unter Beobachtung aller dort bereits erwähnten Vorsichtsmaßregeln für die Extraktion empfindlicher Alkaloide. Die Destillierblase D sei unbedingt emailliert und durch Warmwasser — nicht durch gespannten Dampf — geheizt.

Zur Entfärbung der oxalsauren Lösung mit Zinkstaub verwendet man den emaillierten Apparat (Abb. 93, S. 391). Der Quirlrührer wird dabei von 150 auf 250 Touren umgestellt. Das Ausfällen mit Sodalösung und Ausschütteln mit Äther bewerkstelligt man in Glasflaschen mit Bodentubus wie beim Cocain (s. S. 329). In eben diesen Flaschen fällt man nachher mit alkoholischer Salzsäure und schüttelt mit Aceton oder Methyläthylketon aus. Letzteres dauert im Betrieb länger als im Laboratorium, 5—8 Stunden, weshalb man einen Schüttelapparat zur Aufnahme mehrerer solcher Flaschen verwendet.

Ein Betriebsansatz umfaßt die Verarbeitung von 50—100 kg Yohimberinde.

V. Diverse Produkte.

Absorptionskohlen.

Carbo animale medicinalae. Als Rohmaterial dienen Blutfuttermehl oder eventuell Hornmehl.

Das erstere wird aus Blut, welches nicht defibriniert wurde, durch Trocknen auf dampfgeheizten, rotierenden Walzen hergestellt. Heute fabrizieren manche größere Schlachthäuser dieses Produkt selbst; sein Preis stellt sich ungefähr auf 30 RM. die 100 kg. Wer Blutkohle fabrizieren will, stellt am besten eine eigene Anlage zum Trocknen von Blut auf und kauft das Rohmaterial aus kleinen Schlachthäusern, welche zu wenig Blut erhalten, um dasselbe selbst verwerten zu können. Für die Herstellung von Blutkohle eignen sich nämlich auch Blutmehle, welche aus saurem, bereits in Gärung übergegangenem Blute herstammen und nicht als Futtermittel verwendet werden könnten. Derart gelangt man zu einem billigen Ausgangsmaterial, welches für die Verarbeitung auf Entfärbungskohle vollständig genügend ist.

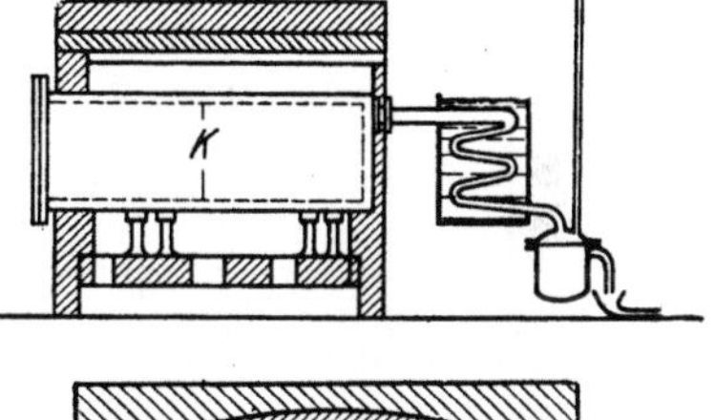

Man verkohlt in zwei zylindrischen liegenden Retorten, welche in einem gemeinsamen Ofen (s. Abb. 98) mit Kohle oder besser mit Generatorgas geheizt werden.

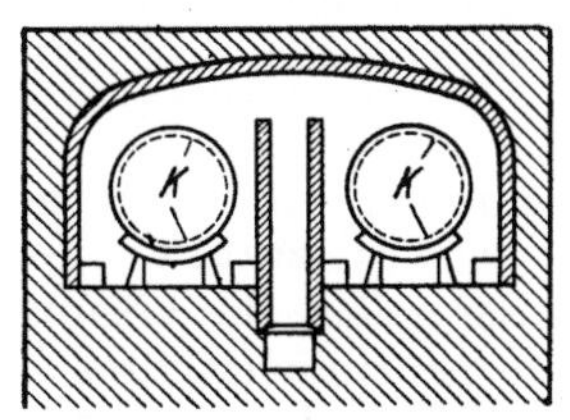

Abb. 98. Retorte zum Verkohlen von Blut- oder Hornmehl.

Ein Kühler verdichtet die flüssigen Destillationsprodukte, aus welchen man Pyridin, Furol und andere Körper gewinnt. Das gasförmige Destillat wird in das Hochkamin geleitet, denn seine Reinigung wäre bei den geringen Mengen zu kompliziert, um es auf Heizgas zu verarbeiten.

Das Blutmehl wird vor seiner Verkohlung mit seinem eigenen Gewicht an Ätzkali in Pulverform gemischt. Das Gemisch gelangt dann in die „Verkohlungskästen". Dieses sind aus altem Kessel- oder aus anderem Abfallblech hergestellte flache, eiserne, oben offene Kästen, am handlichsten in folgenden Dimensionen: 70 cm Länge, 40 cm Breite und 15 cm Höhe. In dieselben füllt man das Blutmehl-Ätzkaligemisch in einer Schicht von 10 cm Höhe und setzt dann die „Wärmeverteiler" ein. Es sind dies Streifen aus Eisenblech von 69 cm Länge und 14 cm Breite. Sie werden in Abständen von 5—7 cm der Länge nach aufrecht in das in den Kästen befindliche Blutmehl-Ätzkaligemisch gesteckt (s. Abb. 99) und bewirken eine gesteigerte Übertragung der Hitze auf die Reaktionsmasse.

15—25 derart ausgerüstete Kästen gelangen dann in den Korb *K* jeder Retorte. Man schichtet sie darin verschoben auf, so daß aus allen die Destillationsprodukte bequem entweichen können.

Die Verkohlungstemperatur muß mindestens 800° betragen, was durch Einsatz von Segerkegeln kontrolliert wird. Die Dauer der Verkohlung beträgt 6—8 Stunden.

Nach Beendigung derselben zieht man den Korb *K* samt den Verkohlungskästen aus der heißen Retorte heraus, entfernt aus den letzteren die „Wärmeverteiler" mit Zangen und entleert den glühenden Inhalt der Kasten in einen eisernen Behälter, welcher das Doppelte des verarbeiteten Blutmehl-Ätzkaligemisches an Wasser enthält. Beim Entleeren der Kästen ist Vorsicht geboten, denn die Reaktionsmasse kann etwas Carbid enthalten („Schießen"). In den Korb der Retorte schichtet man sofort andere Kästen, welche man schon vorher mit Blutätzkaligemisch und „Wärmeverteilern" beschickt hat, schiebt den Korb in die heiße Retorte und beginnt eine neue Verkohlungsoperation.

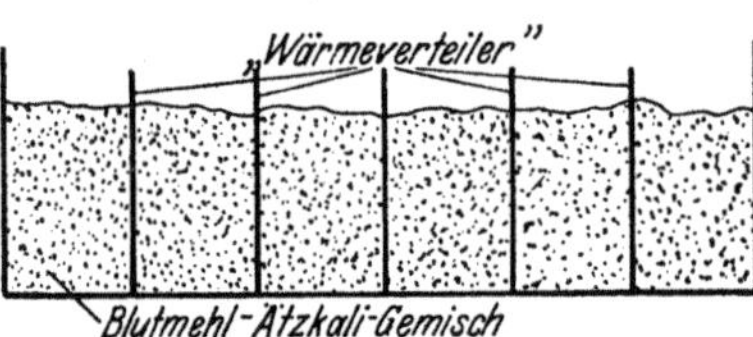

Abb. 99. Querschnitt durch die Breite eines „Verkohlungskastens".

Die Kohle wird auf einer Nutsche aus Schmiedeeisen abgenutscht und mit heißem Wasser mehrmals nachgewaschen. Das Filtrat und die Waschwässer enthalten Ätzkali, Kaliumsulfid, Ferrocyankali. Man dampft sie zur Trockene ein und schmilzt in eisernen Schmelztiegeln, wie S. 3ff. beschrieben ist. Man gewinnt etwa 70% vom verwendeten Ätzkali als solches zurück. Der Bodensatz der Ätzkalischmelze wird in Wasser gelöst, die Lösung unter einem sehr guten Abzug mit Schwefelsäure neutralisiert und auf Kaliumsulfat verarbeitet.

Die Kohle wird nutschenfeucht in eisernen Kugelmühlen gemahlen und dann raffiniert. Zu diesem Zwecke kocht man sie zuerst mit doppeltnormaler technischer Natronlauge aus, wozu man einen eisernen Kessel mit Schnatterschlange, deren Löcher nach unten gerichtet sind, benutzt. Durch die Anwendung einer Schnatterschlange spart man sich einen Rührer, denn der durchströmende Dampf rührt genügend. Das Auskochen dauert 4—5 Stunden. Man nutscht wieder auf einer eisernen Nutsche und wäscht mit heißem Wasser neutral. — Es folgt eine Auskochung mit doppeltnormaler arsenfreier Salzsäure. Diese ist in einem großen Holzküben mit Holzrührer vorzunehmen; der Dampf wird durch ein Tonrohr eingeleitet. Man muß darauf achten, daß die Konzentration der Salzsäure ungefähr auf derselben Höhe bleibt. Ein beträchtlicher Teil der Säure wird nämlich durch Alkali und Eisen aus der Kohle verbraucht und muß nach Maßgabe von Kontrolltitrationen durch frische Säure ersetzt werden. Nach sechsstündigem Auskochen nutscht man auf einer Steinzeugnutsche mit Filterstein und wäscht zuerst mit gewöhnlichem heißem, am Schluß mit destilliertem heißem Wasser nach bis zum Verschwinden jeglicher Reaktion auf Salzsäure und auch auf Eisen im Waschwasser.

Die Kohle wird nunmehr auf Absorptionsfähigkeit hin untersucht. — 0,1 g bei 100⁰ getrockneter Kohle soll mindestens 30 cc methylenblaue Lösung in einer Minute entfärben.

„Methylenblaue Lösung" stellt eine solche von 1,5 g Methylenblau je Analyse Merk in 1 l destilliertem Wasser dar.

Man verfährt derart, daß man 0,1 g getrocknete Kohle in einem „Erlenmeyer" von 150 cc einträgt, hierauf 20 cc destilliertes Wasser und 20 cc methylenblaue Lösung zusetzt und mit einer Stoppuhr 1 Minute schüttelt. Nun hält man den Kolben gegen das Licht und sieht sofort, ob sein Inhalt entfärbt ist. Ist die Entfärbung innerhalb einer Minute eingetreten, so wird eine gleiche Probe mit 25, dann 30, 35, 40 cc Methylenblau wiederholt. — Der Normaltiter muß über 30 liegen.

Außer dem Normaltiter soll die Kohle die Probe auf Abwesenheit von Eisen halten: 0,5 g derselben werden mit 10 cc Normalsalzsäure ausgekocht, worauf man filtriert. Das Filtrat versetzt man mit einigen Tropfen reinster Salpetersäure. Es soll dann mit Kaliumferrocyanidlösung keine Spur von Blaufärbung ergeben.

Die Kohle wird bei 60—70⁰ unter guter Luftzirkulation rasch getrocknet, wobei jegliche Berührung mit Metallen, vor allem mit Eisen, zu vermeiden ist, und auf luftdichte Kanister aus Holz oder Pappe gefüllt.

Die Ausbeute schwankt, je nach Qualität des Ausgangsmaterials, zwischen 8 und 10 %ₒ des Blutmehls.

Statt Blutmehl kann auch Hornmehl zur Herstellung von Carbo animale medicinalae verwendet werden. Die daraus gewonnene Kohle ist mitunter sogar von noch besserer Qualität als diejenige aus Blutmehl, hingegen ist die Ausbeute wegen des starken Aschengehaltes etwas schlechter.

Gasabsorptionskohle. Ein gutes Ausgangsmaterial für dieses Produkt bildet die Braunkohle, vornehmlich die rheinische, weil diese erstens einen kleinen Glührückstand (4—5 %) und zweitens ein sehr geringes spezifisches Gewicht hat. Sie wird auf die gewünschte Korngröße zerkleinert, gesiebt und mit verdünnter Natron- oder Kalilauge durchfeuchtet. Es dauert mehrere Tage, bis die Kohlestückchen bis in das Innerste mit Lauge imprägniert sind. Es ist aus nachher ersichtlichen Gründen unerläßlich, daß dies geschehe.

Die vollständig durchfeuchtete Braunkohle wird in einem der zahlreichen bekannten Schwelsysteme destilliert, die Destillationsprodukte aufgefangen und weiter verarbeitet. Zum Schluß wird die Kohle in den Retorten möglichst hoch erhitzt, um auch die letzten Spuren der Destillate auszutreiben. Dies geschieht nicht wegen der Ausbeute der Destillate, sondern wegen der Qualität der Absorptionskohle.

Letztere wird dann in einem kontinuierlichen Extraktionssystem mit heißem Wasser bis zur neutralen Reaktion des letzteren ausgelaugt. Als Extraktionssystem kann man ein ähnliches, wie S. 268ff. beschrieben, verwenden. Nach beendigter Extraktion mit heißem Wasser kann für feinere Sorten eine solche mit doppeltnormaler Salzsäure und darauf nochmals eine solche mit heißem Wasser erfolgen, worauf man die Kohle in den Extraktoren durch Durchblasen von warmer Luft trocknet.

Durch das Herauslösen des Ätzalkalis und der Salze erhält man Kohlekörner mit unzähligen Poren, also mit einer großen Absorptionsoberfläche. Auch sind die Kohlekörner spezifisch sehr leicht.

Sie werden auf die handelsüblichen Korngrößen gesiebt und in Weißblechkanister verpackt.

Carbo animalis depuratus und purus.

Depuratus. In Bottiche von je 2000 l Inhalt mit hölzernem Rührwerk bringt man je einige 100 kg Ebur ust.-Präparat[1] und darauf je die 5—6fache Menge Abfallsalzsäure von ungefähr 18° Bé. Man läßt das Rührwerk einen Tag im Gang, dann erwärmt man unter fortgesetztem Rühren durch hineingelegte Bleischlangen. Nach dem Absetzen zieht man die Laugen ab, fügt neue Abfallsäure hinzu und wiederholt den Prozeß. Nach dem zweiten Salzsäureauszug zieht man das Ganze in eine Filterpresse ein und wäscht bis zur Chlorfreiheit aus. Die wässerigen Laugen fängt man auf und verarbeitet sie, wie dort (S. 19) angegeben, auf Calciumphosphat. Die ausgesüßten Preßkuchen trocknet und siebt man. Vor dem Gebrauche zur Entfärbung soll die Kohle bei 100° nachgetrocknet werden.

Prüfung von Depuratum.

Die Trübung eines wässerigen Auszuges mit Silbernitrat und mit Bariumchlorid ist gestattet.

Die Feuchtigkeit betrage nicht über 10%, der Aschegehalt nicht mehr als 25%.

1 g soll mindestens 10 cc Normalcouleur entfärben.

Purum. Statt zweimal zieht man mindestens dreimal mit Abfallsalzsäure aus.

Prüfung von Purum.

Der Feuchtigkeitsgehalt betrage nicht über 7,5%, derjenige der Asche nicht über 5%.

Eine Aufkochung von 1 g mit 50 g destilliertem Wasser darf nach der Filtration durch Silbernitrat und Bariumchlorid nicht verändert werden, noch Reaktionen auf Eisen, Kalk oder Magnesia ergeben.

1 g soll mindestens 15 cc Normalcouleur entfärben.

Aromatisierungskörper.

Fleischextrakt.

    50 kg mageres Ochsenfleisch (wenn möglich Gefrierfleisch),
    50 „   mageres Hammelfleisch (wenn möglich Gefrierfleisch),
    20 „   frische unausgewaschene Schweinemagen,
    10 „   reine Salzsäure,
  100 l destilliertes Wasser.

---

[1] Ebur ust.-Präparat, besteht aus den bei der Gewinnung der gekörnten Knochenkohle entstehenden Abfällen, die vor ihrer Reinigung fein gepulvert werden.

Das Fleisch und die Magen zerkleinert man im Fleischwolf und digeriert die Mischung 4—5 Stunden in einer Holzkufe unter häufigem Umrühren bei 35—40°. Es bildet sich allmählich eine durchscheinende Lösung. Sollte dieselbe nach 5 Stunden noch nicht erreicht sein, so fügt man einige weitere Kilogramm Salzsäure hinzu und digeriert nochmals weiter. Dann bringt man in einen emaillierten Doppelwandkessel von 500 l Inhalt, kocht zunächst $^1/_4$ Stunde auf und neutralisiert dann mit Solvaysoda. Nach dem Erkalten filtriert man durch Leinwand- oder Flanellbeutel und dampft im Vakuum zur Konsistenz eines dicken Extraktes ein.

Die Ausbeute beträgt 60—90 kg mit einem Kochsalzgehalt von ungefähr 20%, je nach der Qualität des angewandten Fleisches.

Küchenkräuterextrakt Nr. I.

50 kg frische reife Tomaten,	70 g Knoblauch,
50 „ angefaulte Tomaten,	20 „ Salbei,
0,5 „ etwas angeröstete Zwiebeln,	20 „ Lorbeerblätter,
1,8 „ Sellerie, ebenfalls etwas angeröstet,	5 kg Spargel

digeriert man mit 15 kg reinster Bierhefe 5—6 Tage unter bisweiligem Umrühren bei 30—40°; dann gibt man 14 kg reine Salzsäure 19° Bé zu und kocht 1 Stunde auf. Man neutralisiert mit Solvaysoda, läßt abkühlen, filtriert durch Leinwand- oder Flanellfilter und dampft im Vakuum zur Sirupkonsistenz ein.

Ausbeute: 40—50 kg.

Küchenkräuterextrakt Nr. II.

50 kg Blumenkohl,	30 kg reife Tomaten,
50 „ frischer Sellerie,	3 „ frische Zwiebeln,
30 „ Spargel,	

etwas Lorbeerblätter, Knoblauch, Karotten, Muskatnüsse, Petersilie werden zerkleinert und im Doppelwänder mit 30 kg reiner Salzsäure von 22—23° Bé mehrere Stunden langsam erhitzt, bis die Masse sich zu bräunen beginnt. Dann stellt man den Dampf ab und digeriert unter Rühren noch einige Stunden weiter. Darauf fügt man 70 l Wasser hinzu, kocht rasch einmal auf, neutralisiert mit Solvaysoda, filtriert und dampft im Vakuum zur Konsistenz eines dicken Extraktes ein.

Ausbeute: 40—60 kg mit einem Kochsalzgehalt von 24—27%.

Pilzextrakt.

60 kg frische Eßpilze oder 6 kg getrocknete Pilze,	
1 „ Trüffeln,	
1,5 „ reine Salzsäure 19° Bé	

digeriert man mit 50 l destilliertem Wasser 8—10 Stunden bei mäßiger Temperatur und häufigem Umrühren. Die Pilze werden vor der Digestion mit dem Fleischwolf zerkleinert. Nach der Digestion kocht man 2 Stunden langsam unter Umrühren auf, bis sich ein gleichmäßiger gelatinöser Sirup gebildet hat; man neutralisiert mit Solvaysoda, filtriert heiß durch Flanell und dampft im Vakuum auf die Hälfte des Volumens ein. Es resultiert eine Gelatine, die man in gut gefüllten und wohlverschlossenen Gefäßen aufbewahrt.

Ausbeute: 40—50 kg.

Alle Aromatisierungskörper gewinnen durch längere Lagerung — zum mindesten einige Monate — sehr an Feinheit des Aromas.

Extractum Filicis mas.

Wurmfarnextrakt.

Er bildet einen dünnflüssigen, bräunlichgrünen, mit Wasser nicht mischbaren Sirup.

Die im Spätsommer und Herbst gesammelten Wurzelstöcke mit den daran sitzenden Blattbasen von Aspidium filix mas werden bei gewöhnlicher Temperatur getrocknet. Am vorteilhaftesten ist ein Trocknen auf sonnigen Flächen, ähnlich dem des Heues. Man breitet die Wurzeln, welche oberflächlich von den anhaftenden Erdklumpen befreit sind, auf sonnigen Wiesen aus, wendet sie oft um, wobei sie weitere Erdmassen verlieren, häufelt auf, wenn Regengefahr droht, arbeitet also ganz genau wie beim Heu. Bei Sonnenschein und Wind gelingt es so, innerhalb von 8 Tagen die Wurzeln lufttrocken und damit extraktionsfähig zu machen. Unter je günstigeren Umständen die Trocknung erfolgt ist, um so besser ist die grüne Färbung und der Filicingehalt des Extraktes.

Die lufttrockenen Wurzelstöcke werden zu einem groben Pulver geschnitten und in einem Extraktor (Abb. 76) mit Äther erschöpft. Die ätherischen Auszüge befreit man dann im Extraktionsapparate selbst weitmöglichst vom Äther. — Eine vollständige Befreiung vom Äther, wie dies durch die Arzneibücher vorgeschrieben ist, ist im Extraktor selbst nicht möglich. Man bringt deshalb zum Schluß das Extrakt in große Porzellan- oder emaillierte Eisenschalen und erwärmt es darin längere Zeit auf dem Heißwasserbade unter häufigem Umrühren auf 45°. Hierbei verliert das Extrakt allerdings nur sehr allmählich die letzten Ätherspuren. Dieselben werden vielerorts auch durch Durchblasen von Luft beseitigt. Die dadurch verursachten Verluste an Äther sind unvermeidlich, da, wie erwähnt, die letzten Ätherspuren auf andere Weise nicht zu entfernen sind. Ebenso schwierig wie aus dem Extrakte ist der Äther aus den extrahierten Wurzelstöcken abzutreiben. Trotz seines niedrigen Siedepunktes hält er sich sehr hartnäckig in den extrahierten Wurzelstöcken. Man destilliert ihn zunächst weitmöglichst ab. Dann füllt man kaltes Wasser in den Extraktor und läßt einige Zeit stehen, worauf man langsam nicht über 50° aufheizt. Auf diese Weise gelingt es, die Ätherverluste zu beschränken, wobei eine hinreichende Kühlung Voraussetzung ist.

Die Ausbeute an Farnextrakt beträgt bei sachgemäßer Sammlung und Trocknung der Wurzelstöcke etwa 10% derselben.

Der Gehalt des Extraktes an Rohfilicin soll mindestens 25% betragen. Bei richtig behandelten Wurzelstöcken ist er oft wesentlich höher, bis zu 35%.

Der Ätherverlust beträgt, selbst bei Anwendung aller Vorsichtsmaßregeln, etwa 5% der in Arbeit genommenen Wurzelstöcke.

Extractum Filicis concentratum. Unter verschiedenen Phantasienamen sind im Handel Präparate bekannt, die lediglich von Ballaststoffen befreite und auf einen festen Gehalt eingestellte Öllösungen des Rohfilicins darstellen. Zu deren Herstellung verdünnt man zunächst das Extrakt mit gleichen Teilen Äther. Diese Ätherlösung schüttelt man mit dem 20fachen des in Arbeit genommenen Extraktes an konzentrierter Ätzbarytlösung längere Zeit sehr kräftig durch. Dann läßt man absetzen und trennt die ätherische Ölschicht im Scheidetrichter von der wässerigen. Aus der Ölschicht gewinnt man durch Destillation den Äther wieder; der Destillationsrückstand des Äthers ist wertlos. Die wässerige braune Schicht wird zunächst im Dampfbade vom Äther befreit, filtriert und nun mit Salzsäure übersäuert. An der Oberfläche der Flüssigkeit scheidet sich eine braune Harzschicht aus, welche man sammelt und wieder in Äther löst. Man trocknet diese ätherische Lösung mit entwässertem Glaubersalz, filtriert und destilliert den Äther ab. Der Rückstand ist das sog. konzentrierte Wurmfarnextrakt, welches zu bestimmten Gehalten —10 bzw. 15% — in Oliven- oder Ricinusöl gelöst wird. Durch die genaue Dosierung hofft man gleichmäßige Erfolge zu erzielen.

Aufarbeitung von Filmrückständen.

Die Filmrückstände, die in großer Menge am Markte sind, bestehen in den meisten Fällen aus Acetylcellulose, Gelatine, etwas Campher und Chlorsilber. Das Silber und die Acetylcellulose sind die beiden Bestandteile, deren Gewinnung vor allem im Dauerbetriebe lohnend ist.

Die Gewinnung des Silbers. Die Filmabfälle werden mit einer Lösung von Natriumthiosulfat unter häufigem Umrühren 24 Stunden kalt digeriert, wobei man je 1 kg Filmabfälle mit $^1/_4$ kg Thiosulfat in 2 l Wasser gelöst versetzt. Die Digestion hat kalt zu erfolgen, weil in der Wärme Gelatine in Lösung ginge, was die Gewinnung des Silbers erschweren würde. Man filtriert durch Filterbeutel und nutscht ab. Den Nutschenkuchen wäscht man mit kaltem Wasser nach, bis im Waschwasser kein Silber mehr nachzuweisen ist. Der Auszug und die Waschwässer werden in einem emaillierten Doppelwandkessel unter Zusatz von 10 g konzentrierter Schwefelsäure je Kilogramm Filmabfälle $^1/_4$ Stunde aufgekocht. Das Silber scheidet sich als Schwefelsilber, Ag_2S, aus. Man sammelt den Niederschlag auf einer Nutsche und wäscht ihn dort aus. Dann bringt man denselben **noch feucht** in einen Glaskolben oder eine Porzellanschale im Wasser- oder Sandbad und übergießt mit Salpetersäure von 25%. Der Schwefel ballt sich dabei zusammen und kann aus der entstandenen Silbernitratlösung durch Filtration leicht entfernt werden. Das Filtrat wird in üblicher Weise auf Argentum nitricum cryst. verarbeitet.

Man kann das Silber auch durch Digestion der Filmabfälle mit Ammoniak gewinnen. In einen bedeckten Tontopf bringt man 100 kg Filmabfälle und 200 l 25proz. Ammoniaklösung. Unter öfterem Umrühren läßt man 2 Tage stehen. Durch Nutschen und Nachwaschen wird dann von den Rückständen getrennt. Aus der ammoniakalischen Lösung fällt man durch Übersäuern mit reiner Salzsäure das Silber als Chlorsilber. Dieses ist anfänglich so fein verteilt, daß die Flüssigkeit milchig erscheint. Nach mehrtägigem Stehenlassen unter bisweiligem Umrühren ballt sich aber das Chlorsilber in käsigen Flocken zusammen. Nach dem Absetzen zieht man die klare Lauge möglichst vollkommen ab und dekantiert das Chlorsilber 2—3mal mit destilliertem Wasser aus. Zum Rückstande, dem in Wasser verteilten Silberchlorid, gibt man auf in Arbeit genommene 100 kg Filmrückstände 3 kg reines granuliertes Zink und so viel Salzsäure, daß die Lösung deutlich kongosauer ist. Das Zink geht in Lösung; durch den nascierenden Wasserstoff wird das Chlorsilber zu Silber reduziert und setzt sich als braunschwarzer Niederschlag ab. Hat die Wasserstoffentwicklung aufgehört, so prüft man, ob alles Chlorsilber reduziert ist und setzt im Bedarfsfalle noch etwas Zink und Salzsäure zu. Vom abgesetzten Niederschlag zieht man die Laugen ab, die man bei der Herstellung von Chlorzink mitverwerten kann, wäscht auf der Nutsche absolut chlorfrei, siebt vom ungelösten Zink ab und trocknet im Dampftrockenschrank. Das braunschwarze Pulver wird dann im Schamottetiegel eingeschmolzen.

Statt der Reduktion des Chlorsilbers mit Zink und Salzsäure kann man dasselbe auch mit Borax mischen und durch Schmelzen im Graphittiegel auf Silberregulus verarbeiten.

Endlich kann man den wässerigen Silberchloridbrei durch Reduktion mit Traubenzucker und Natronlauge in metallisches Silber verwandeln. Derselbe wird zuerst, zum Zwecke der Zerstörung letzter organischer Substanzreste, in einer Porzellanschale mit einer Mischung von 6 T. konzentrierter Salpetersäure und 1 T. konzentrierter Salzsäure versetzt und mehrere Stunden auf einem Dampfbad unter dem Abzuge erhitzt. Dann verdünnt man mit Wasser und dekantiert den Niederschlag so lange mit lauwarmem destilliertem Wasser aus, bis dasselbe neutral reagiert. Den reinen grobkörnigen Niederschlag mischt man naß wie er ist mit 2—3 T. seines Gewichtes an 30proz. Natronlauge, erwärmt wieder auf dem Dampfbade und trägt unter Rühren mit einem Glasstab in der Wärme rohen Traubenzucker in kleinen Portionen ein, bis die Reduktion des Silberchlorids zu Silber vollendet ist. Man konstatiert dies daran, daß eine abfiltrierte und mit heißem Wasser gründlich ausgewaschene Probe sich in Salpetersäure klar auflöst. Dann siphoniert man die braune Brühe von dem Silberpulver ab und dekantiert dieses so lange mit heißem destilliertem Wasser aus, bis eine mit salzsäurefreier Salpetersäure versetzte Probe des Waschwassers mit Silbernitratlösung keine Trübung mehr gibt. Wenn dies der Fall ist, kann man überzeugt sein, daß das Silberpulver frei ist nicht nur von Chlor, sondern auch von übrigen Verunreinigungen. — Sein Auflösen in verdünnter Salpetersäure muß unter sehr langsamer Säurezugabe erfolgen, denn zufolge der feinen Verteilung des Silberpulvers neigt die Reaktionsmasse zum Überschäumen.

Die letztbeschriebene Methode ist die beste zur Aufarbeitung von Chlorsilber in kleineren Quantitäten.

Die Verwertung der Acetylcellulose. Die entsilberten Filmrückstände werden durch Kochen mit Wasser entleimt. Nach dem Kochen filtriert man und wäscht mit Wasser, bis dieses mit Tannin keine Fällung mehr gibt. Die entsilberten und entleimten Abfälle werden bei 35—50⁰ getrocknet und auf eines der folgenden Produkte verarbeitet:

Streichlack für Holz und Metall. Man löst 30 T. Filmrückstände in 30 T. Amylacetat und 40 T. Aceton.

Tauchlack für Isolationszwecke. 10 T. Filmrückstände werden in 10 T. Amylacetat und 80 T. Aceton gelöst.

Schuhversteifungslack. 10 T. Filmrückstände mischt man mit 10 T. Amylacetat, 79 T. Aceton und 1 T. Ricinus- oder Leinöl. — Ricinus- und Leinöl erhöhen die Viscosität der Lacke.

Formpuder.
(Ersatz von Lycopodium für Gießereizwecke.)

Man mischt 25 kg feingepulverten Kalkstein mit 750 g gepulvertem rohem Montanwachs und 12,5 g Sudangelb, angerührt mit 200 g Kalkstein. Die Mischung bringt man in einen eisernen Kessel über einen Gasrundbrenner und erhitzt unter Umrühren mit einer Schaufel so lange auf 140⁰, bis eine gleichmäßige Mischung erzielt ist. Die erkaltete Mischung wird fein gemahlen und durch Müllergaze Nr. 15 gesiebt. — Zur Schonung der kostspieligen Müllergaze empfiehlt es sich, vor der Gazesiebung eine solche durch ein feines Drahtschüttelsieb einzuschalten, damit die kleinen Steinchen, die im Kalkstein immer vorhanden sind, beseitigt werden, bevor die Masse auf die Müllergaze gelangt.

Der Wert eines guten Formpuders beruht in der feinen Siebung. — Der Gießer bringt denselben in ein Leinwandsäckchen und pudert die Formen aus, indem er mit einem Stab an das Säckchen schlägt, wodurch das Pulver aus dem Säckchen herausstäubt und alle Teile der Form einkleidet.

Goldfarben für die Glas- und Porzellanmalerei.

Unter Goldfarben für die Glas- und Porzellanmalerei versteht man goldhaltige Präparate, die auf Porzellan aufgetragen werden zur Erzielung der echten Vergoldungen. Dieselben müssen haltbar sein und eine Konsistenz haben, die dem Porzellanmaler mit dem Pinsel genügt, ferner müssen sie hinreichend schnell trocknen, feuerbeständig sein, beim Brennen eine glänzende Vergoldung ergeben und endlich auf Porzellan festhaften.

Es muß eine Goldverbindung hergestellt werden, die in Ölen, wenn auch nur kolloidal, löslich ist, und die durch die übrigen Zusätze nicht reduziert wird. Eine solche Verbindung ist das Schwefelgold, wenn es mit Hilfe von Schwefelbalsam hergestellt ist. Im nachstehenden ist dasselbe als Goldharz bezeichnet. Zur Erzielung der Feuerbeständigkeit setzt man dem Goldharz, d. h. also der kolloidalen Lösung von Schwefelgold in Schwefelbalsam etwas Rhodium, und zwar ebenfalls in Form einer kolloidal gelösten Schwefelverbindung, die analog dem Schwefelgold hergestellt wird, zu. — Die Haftbarkeit auf Porzellan wird durch die Beimischung von Bismut- und Chromresinaten wesentlich unterstützt. Die Verdickung der Massen erfolgt durch Zusätze von Asphalt- und Kolophoniumlösungen, die Verdünnung durch Spiköl, Fenchelöl und Nelkenöl.

Goldkaliumchlorid. $KAuCl_4$. Man löst 0,5 kg Gold in einem Gemisch von 3,7 kg reiner Salzsäure vom spez. Gew. 1,19 und 1,860 kg raffinierter Salpetersäure 36° Bé und setzt 200 g reines Kaliumchlorid hinzu. Das Ganze wird unter einem Abzug zur Trockne eingedampft. Das Trockengut wird mit Methylalkohol aufgenommen, filtriert und mit weiterem Methylalkohol auf 2 l aufgefüllt.

Signatur: Methylalkoholische Goldkaliumchloridlösung, 1 cc = 0,25 g Gold.

Schwefelbalsam. 375 g Schwefelblumen werden in 1,5 kg Lärchenterpentin auf 165° erhitzt, bei welcher Temperatur sich der Schwefelbalsam bildet. Dann setzt man 2,66 kg echtes französisches Terpentinöl hinzu und dampft das Reaktionsgemisch auf 3,5 kg ein. — Der Feuersgefahr wegen wird diese Operation am besten in einem kleinen emaillierten Doppelwänder vorgenommen. Wenn kein solcher zur Verfügung steht und auf einem Ölbad mit Gasheizung oder mit elektrischer Heizung gearbeitet werden muß, ist in einem geschlossenen Apparate mit einem Abzugsrohr für die Dämpfe nach einem Ventilator zu heizen. Bei Gas- oder elektrischer Heizung ist außerdem ein Feuerlöscher in nächster Bereitschaft zu halten.

Goldharz. Das Goldharz ist der wichtigste Körper bei der Darstellung des Glanzgoldes. In eine Porzellanschale von mindestens 5 l Inhalt, die auf einem Dampfbade steht, gibt man 1,75 kg Schwefelbalsam. In diesen gießt man langsam und unter stetem Rühren die methylalkoholische Goldkaliumchloridlösung ein. Es entsteht zunächst eine Fällung von Schwefelgold, die sich in der methylalkoholischen Lösung wieder löst. Die Lösung wird bei 60° eingedampft, bis der Methylalkohol verschwunden ist. Der Rückstand wird in Chloroform aufgenommen und die Lösung filtriert. Dann neutralisiert man mit Pottasche auf Lackmus, trocknet mit calcinierter Soda, versetzt mit Methylalkohol, filtriert wieder und dampft die Lösungsmittel im Vakuum ab. Chloroform wird von Balsamkörpern hartnäckig festgehalten, weshalb man noch einmal mit Methylalkohol anrührt und diesen wieder verdampft. Selbstverständlich müssen, um Verluste zu vermeiden, alle Filter mit Chloroform nachgewaschen werden, das man dem Eindampfgut zufügt.

Rhodiumharzlösung. 100 g Natriumrhodiumchlorid, Na_3RhCl_6, werden in 1 l Wasser gelöst und aus der Lösung mit einer Lösung von Ätzbaryt in Wasser das Rhodiumhydrat, $Rh_2(OH)_6$, daraus gefällt. Die Fällung wird ausgewaschen und abgenutscht. Das Rhodiumhydrat löst man in konzentrierter Salzsäure und verdampft zur Trockne. Das Trockengut wird in Methylalkohol gelöst und die Lösung filtriert, das Filtrat in 160 g Schwefelbalsam eingetragen und dann analog dem Goldharz behandelt. Man verbraucht für die genannte Menge ungefähr 400 g Methylalkohol und 600 g Chloroform. Die Rhodiumlösung wird mit Spiköl auf einen Rhodiumgehalt von 3,5 % eingestellt.

Bismutlösung. 0,5 kg Bismutoxyd werden bei 165⁰ 5 Stunden mit 1 kg Schwefelbalsam gekocht. Man läßt dann erkalten, nimmt mit 500 g Chloroform auf, filtriert von einer eventuellen Trübung, versetzt das Filtrat mit Methylalkohol, filtriert wieder und vertreibt dann die Lösungsmittel. Darauf stellt man mit Spiköl auf 6 % Bismutoxyd ein.

Chromlösung. 375 g Chromoxyd (Chromsäureanhydrid), CrO_3, werden in 300 g Wasser gelöst. Dann setzt man sehr vorsichtig 1200 g Schwefelbalsam hinzu und wärmt ganz langsam auf, bis das Wasser verschwunden ist. Die weitere Reinigung erfolgt mit Chloroform und Methylalkohol wie diejenige des Goldharzes. Mit Spiköl stellt man die fertige Lösung auf 8 % Chromsesquioxyd, Cr_2O_3, ein.

Asphaltlösung. 100 g syrischen Asphalt löst man in 100 g Nitrobenzol und 500 g Toluol bei 55⁰. Nach dem Erkalten wird die Lösung filtriert und auf 200 g eingedampft.

Kolophoniumlösung. Man löst 200 g möglichst helles Kolophonium unter Erwärmen in 200 g Fenchelöl und läßt absetzen. Die klare Lösung gießt man vom Bodensatze ab; dieselbe kann nicht filtriert werden.

Spiköl = Oleum Lavandulae spicae.

Fenchelöl = Oleum Föniculi.

Nelkenöl = Oleum Caryophyllorum.

Die Mischvorschriften:

Glanzgold von 12 % Gehalt.

267 g Goldharz 45 % = 120 g Gold,	14 g Rhodiumlösung,
260 ,, Spiköl,	70 ,, Bismuthlösung,
111 ,, Fenchelöl,	6 ,, Chromlösung,
15 ,, Nelkenöl,	140 ,, Asphaltlösung.

Man bringt auf 1 kg mit 117 g einer Mischung aus $^1/_3$ Asphaltlösung und $^2/_3$ Kolophoniumlösung.

Stempelgold.

Man stellt auf 15 % Gold ein und verdickt nur mit Asphaltlösung an Stelle der Mischung von Asphalt- und Kolophoniumlösung.

Grüngold 11,5 %.

255 g Goldharz 45 % = 115 g Gold.

83 ,, Silberbenzoat, Argent. benzoic. von Merck in Darmstadt.

200 ,, Spiköl.

Das Silberbenzoat wird in den 260 g Spiköl gelöst und das Ganze wie Glanzgold 12 % weiterbehandelt.

Kresolseifenlösungen.

Liquor Kresoli saponatus bereitet mit Harznatronseife. — Kreolinersatz.
In einem 600 l fassenden Doppelwandkessel erhitzt man 150 l Wasser und versetzt mit 50 kg Kolophonium von der Säurezahl 165—180. Sobald dieses geschmolzen ist, fügt man unter Umrühren nach und nach 25 kg Natronlauge 40⁰ Bé hinzu und hält so lange im Kochen, bis vollständige Verseifung eingetreten ist, d. h. bis eine Probe sich in Wasser klar löst. — Der Harzseife setzt man nach und nach vorher angewärmtes Rohkresol zu, und zwar je nach der Qualität der Seifenlösung verschiedene Mengen:

Für 20 proz. Ware 100 kg Rohkresol

,, 30 ,, ,, 150 ,, ,,

,, 50 ,, ,, 250 ,, ,,

Man kocht noch 1 Stunde unter Rühren. — Wenn man ein reines Produkt herstellen will, muß die heiße Lösung filtriert werden und vor dem Versand etwa 8 Tage stehen, damit sich das Naphthalin, von welchem immer gewisse Prozentsätze dem Rohkresol beigemischt sind, ausscheiden kann.

Liquor Kresoli saponatus, 30 proz. Handelsware. 40 kg Extraktionstran werden mit 24 kg Kalilauge 50⁰ Bé und 30 l Kondenswasser in einem Doppelwandkessel von 500 l Inhalt verseift. Die erhaltene Seife muß in Wasser klar löslich sein. — Man löst dieselbe in der Wärme in 125 kg Kondenswasser. Nach dem Erkalten fügt man noch 80 kg Kondenswasser und darauf 120 kg rohe Carbolsäure, Qualität D.A.B. IV, hinzu. Um die Ware blank löslich zu machen, versetzt man zum Schlusse mit 45,5 kg Natronlauge von 42⁰ Bé. Über Nacht läßt man absetzen.

Sollte der Tran sich schlecht verseifen, so fügt man bei der Verseifung auf die genannte Menge 2 l denaturierten Alkohol zu.

Ausbeute 455 kg.

Sparvorschrift für Liquor saponatus D.A.B. VI. In einem Doppelwandkessel von 1000 l Inhalt werden 90 kg Leinöl mit 62 kg Kalilauge von 40⁰ Bé = 23 kg KOH unter Zusatz von 98 kg Kondenswasser und 10 kg Kresol crudum D.A.B. VI verseift. — Nach dem Erkalten werden 250 kg Kresol crud. D.A.B. VI zugesetzt, wonach man über Nacht absetzen läßt.

Ausbeute 500 kg.

Kunstharze und Kunststoffe.

Auch heute noch, trotz der Unzahl von vorgeschlagenen und hergestellten Ersatzprodukten, ist das wichtigste Kunstharz der **Bakelit**. — Kunstharz entsteht aus Phenolen durch Kondensation mit Formaldehyd. — In physikalischer Hinsicht unterscheidet man drei verschiedene „Zustände" des Kunstharzes, die man allgemein als A, B und C bezeichnet.

Zustand A. Feste, aber meist ziemlich niedrig schmelzende, gelbe bis hellbraune, durchsichtige, harzartige Masse, in ihrem eigenen Gewicht Alkohol leicht löslich. Der Zustand A ist derjenige, in welchem Kunstharz im Handel ist.

Zustand B. Durch längere Wärmeeinwirkung, ohne gleichzeitige Druckerhöhung auf Bakelit im Zustand A hervorgerufen. Kunstharz im Zustand B ist bereits in Alkohol vollständig unlöslich und unverkäuflich.

Zustand C. Er wird durch starken Druck und hohe Temperaturen auf Kunstharz im Zustande A oder B erreicht. Solcher Bakelit ist sehr hart und mechanisch bearbeitbar.

Bevor die Darstellung von Kunstharz im Zustand A besprochen wird, ist es notwendig, daß seine Verwendungsarten geschildert werden, und vor allem die Eigenschaften, welche es für die verschiedenen Anwendungen besitzen muß.

Ein ansehnlicher Teil der Kunstharzproduktion wird von der Industrie für Gebrauchs- und Luxusgegenstände — für Knöpfe, Zigarrenspitzen, Schirm- und Stockgriffe usw. — aufgenommen. Für diese Verwendung kommt ziemlich ausschließlich das äußere Aussehen des Kunstharzes in Betracht. Es soll vor allem klar durchscheinend sein; durch Zusätze erreicht man auch verschiedene Färbungen, z. B. eine rubinrote durch Chlorschwefelzusatz und nachheriges Behandeln mit Ammoniakflüssigkeit.

Ganz andere Anforderungen werden an ein Kunstharz gestellt, welches seiner hauptsächlichsten Verwendung, der **Fabrikation von elektrischem Isoliermaterial**, zugeführt werden soll. Solches

Material hat die mannigfaltigsten Anwendungen — für elektrische Schalttafeln, Isoliergriffe, Schalter, Bürstenhalter, Spulenträger, Wände und Einsätze von elektrischen Wärme- und Kühlschränken, Teile von Radioapparaten, Telephongriffe, -trichter, -muscheln und vieles andere. Es ist um so preiswürdiger, je besser es dem Durchschlag des elektrischen Stromes widersteht, und zu seiner Fabrikation kann nur reinstes Kunstharz verwendet werden.

Solches entsteht durch längere Behandlung von Phenolen mit Formaldehydlösung bei 60—65°, oft unter Zuhilfenahme eines Katalyten. Als solche wurden die verschiedensten Substanzen vorgeschlagen, und die Zahl der Herstellungsvorschriften für Kunstharz, welche zum Patent angemeldet wurden, ist beinahe Legion. Sicher ist, daß absolut reines Phenol durch reinen wässerigen Formaldehyd von 35—36%, wie er im Handel ist, ohne weitere Zusätze nur langsam in Kunstharz verwandelt wird. Oft vorgeschlagene Zusätze sind Ammoniaklösung oder dann bereits fertig gebildetes Hexamethylentetramin. Doch verursachen sie, wie alle anderen Zusätze, Nebenreaktionen und damit die Anwesenheit von Verunreinigungen im Endprodukt, welche dessen elektrische Leitfähigkeit erhöhen. — Ein unschädliches Anregungsmittel der Kondensation ist die Verminderung des Wassergehaltes im Reaktionsgemisch. Man verwendet, auf andere Weise ausgedrückt, mit Vorteil nicht die handelsüblichen wässerigen Formaldehydlösungen, sondern durch darin gelösten Paraformaldehyd an HCOH angereicherte Lösung. Auch dann kann sich die Kondensation verzögern, namentlich wenn das Phenol außergewöhnlich rein ist. — Man setzt dann einige Prozente vom Phenol an technischem Rohkresol zu. Solches ist ein Gemisch aller drei Kresole und enthält in geringer Menge Verunreinigungen, welche eigentümlicherweise die Kunstharzbildung sehr befördern. Jedoch hat bereits ein solcher Zusatz eine Erhöhung der elektrischen Leitfähigkeit zur Folge. Andere Zusätze als Paraformaldehyd und eventuell Rohkresol sind nicht ratsam. Über die Höhe des Rohkresolzusatzes entscheidet letzten Endes nicht der Kunstharzproduzent, sondern — wenigstens indirekt — der das Kunstharz verarbeitende Isoliermaterialfabrikant. Denn der Kunstharzproduzent hat keine andere Wahl als die Verminderung oder gänzliche Ausschaltung seines Rohkresolzusatzes, wenn der Isoliermaterialfabrikant sein Produkt wegen zu geringem Widerstand gegen elektrischen Durchschlag ablehnt.

Als Apparat dient ein emaillierter Vakuumverdampfer von beispielsweise 800 l Inhalt, mit Rührer, Mannloch, Thermometerrohr und Bodenhahn. Die Heizung wird durch Warmwasser, nicht durch direkten Dampf, besorgt. In den Apparat füllt man 190 kg Formaldehyd D.A.B. VI. Es ist vorzuziehen, reine Pharmakopöeware statt technischer zu verwenden. Letztere enthält geringe Mengen Metalle und auch organische Verunreinigungen, welche die elektrische Leitfähigkeit des Kunstharzes erhöhen würden. Der Preisunterschied zwischen technischem und Pharmakopöeformaldehyd ist übrigens gering. — Der Formaldehyd wird im Apparate auf 70—80° angewärmt. Dabei destilliert etwas Methylalkohol ab, was der nachfolgenden Kondensation mit Phenol nicht schädlich ist (Pharmakopöeformaldehyd enthält 15% Alkohol, welcher manchmal reiner Methylalkohol, manchmal ein Gemisch von Methyl- und Äthylalkohol ist, s. S. 121). Sobald im Apparate die Temperatur von 70—80° erreicht ist, löst man im wässerigen Formaldehyd 38 kg Paraformaldehyd. Wenn dann vollständige Lösung eingetreten ist, füllt man 390 kg reines Phenol ein, stellt die Temperatur auf 65° und rührt nun bei dieser Temperatur 30—33 Stunden ununterbrochen. Die anfänglich homogene Mischung trennt sich allmählich in zwei Schichten, nämlich eine solche von Bakelit und eine wässerige. Wenn während der ersten 20 Stunden der Operation nur geringe oder gar keine Kunstharzausscheidung erfolgen sollte, so hilft man der Reaktion durch Zusatz von 10 kg Rohkresol nach. Ein solcher Zusatz ist aber als Notbehelf aufzufassen und wird nur bewerkstelligt, wenn sich die Kunstharzabscheidung ohne denselben wirklich zu lange verzögert. Denn länger als 33 Stunden darf die Erwärmung unter keinen Umständen ausgedehnt werden, indem bei Überschreitung dieser Zeit das Kunstharz plötzlich in den alkoholunlöslichen, nicht mehr verkäuflichen Zustand B überginge.

Nach höchstens 33stündigem Erwärmen verdünnt man die Reaktionsmasse mit 250 l kaltem Wasser, rührt damit 10 Minuten um, läßt absetzen, siphoniert die wässerige Flüssigkeit ab, gibt 400 l Wasser von 30° zu, rührt ½ Stunde, läßt absetzen, siphoniert die wässerige Flüssigkeit erneut ab und setzt das Ausdekantieren mit Wasser von 30° so lange fort, bis alles nicht kondensierte Phenol und aller Formaldehyd entfernt sind.

Die letzten wässerigen Anteile im Kunstharz werden dann bei 35 bis höchstens 38° unter Rühren im Vakuum abgetrieben, worauf man die fertige Ware bei 30—35° auf Versandgefäße aus Schwarzblech oder Aluminium abfüllt, wo sie bald erstarrt.

Die Ausbeute beträgt 460—470 kg.

Die Preise für Kunstharz sind meistens gedrückt, so daß sich dessen Fabrikation im allgemeinen nur für Formaldehyd- und Paraformaldehydproduzenten lohnt.

In den Fabriken für Isolierkörper wird das Kunstharz in seinem eigenen Gewicht an Alkohol gelöst, die Lösung mit Füllmitteln, als welche Asbestpulver, Graphit, Kaolin und andere dienen, gemischt und diese Mischung bei Temperaturen von 180—250° und hohem Druck geformt. Im fertigen Isoliermaterial befinden sich im allgemeinen nur etwa 6% Kunstharz.

Der Vorwurf, den man dem Kunstharz aus Phenolen macht, ist sein Carbolgeruch, was bei manchen Verwendungen desselben, wie beispielsweise für elektrisch betriebene Heiz- und Kühlschränke, aber auch für andere wirklich eine unangenehme Eigenschaft ist. — Es hat denn auch nicht an gewaltigen Anstrengungen gefehlt, Kunstharz aus Phenolen durch geruchlose Kunststoffe aus anderen Rohmaterialien zu ersetzen. Zu diesen sind beispielsweise die von der Gesellschaft für chemische Industrie in Basel aus Anilin dargestellten zu zählen.

Kunststoff aus Anilin bildet ein gelbes, vollständig geruchloses Pulver, welches bei Temperaturen von 150—200⁰ und unter sehr hohen Drucken zu durchscheinenden Formstücken zusammenfließt. Die elektrische Leitfähigkeit solcher Formstücke ist äußerst gering; dagegen ist ihre absolute Homogenität in anderen physikalischen Eigenschaften vorläufig noch schwierig zu erreichen. Wenn diese Schwierigkeiten, welche physikalischer und nicht chemischer Natur sind, überwunden sein werden, so ist zu erwarten, daß Kunststoff aus Anilin eine ernsthafte Konkurrenz für Kunstharz aus Phenol bilden wird. — Formstücke, welche aus geflossenem Anilinkunststoff bestehen, bilden eine chemisch einheitliche Substanz, da bei ihrer Fabrikation keine Füllkörper und auch keine Lösungsmittel verwendet werden. Indem sie außerdem bruchfest sind, scheint die Möglichkeit der Verwendung solcher Kunststoffe auch für Grammophonplatten gewährleistet.

Die Entscheidung aber, ob Kunstharze aus Phenolen oder Kunststoffe aus Anilin den endgültigen Sieg davontragen werden oder ob jeder der beiden Gattungen spezielle Anwendungsgebiete reserviert bleiben, wäre heute verfrüht.

Zum Schlusse seien noch die Kunststoffe aus Harnstoff erwähnt, welche glashell sind und infolge ihres starken Brechungsindex für Lichtstrahlen zu optischen Prismen usw. verarbeitet werden können.

Laubholzdestillation.

Destillation in großräumigen stehenden Retorten.

Solcher Retorten sind für eine jährliche Verarbeitung von 200000 dz 10 von je 175 m³ Inhalt oder von je 600 dz Fassungsraum notwendig.

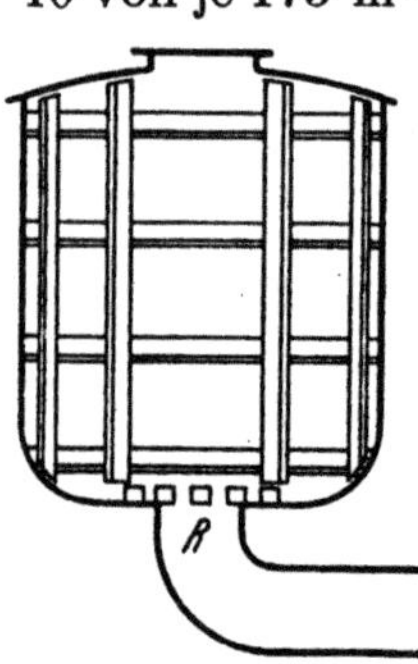

Abb. 100. Großräumige stehende Retorte für Laubholzdestillation.

Sie sind 6,5 m hoch und 6 m im Durchmesser (Abb. 100). Der Rost R aus lose aufgelegten Eisenstäben von 4 cm Durchmesser schützt das in der Mitte des Bodens ausmündende Abzugsrohr vor Beschädigungen beim Einwerfen des Holzes durch die obere Öffnung. Wo die Flammen direkt auf die Retortenwände aufschlagen, bestehen diese aus Schmiedeeisen von 2,5 cm Blechstärke, sonst ist dieselbe 1,5 cm. Ihre Stabilität erhält die Retorte durch ein Netz von 2 m Maschenweite aus Winkeleisen rings an der Innenseite der Wandungen. Die Retortenwände sind fortlaufend mit diesem Gerüst aus Winkeleisen vernietet, so daß ein Werfen derselben durch die Einwirkung der Hitze verhindert wird.

Das Entleeren der Holzkohle geschieht durch eine am Fuße der Retorte angebrachte rechteckige Öffnung von 2 m Höhe und 1,4 m Breite, welche durch eine mit Lehm abzudichtende Gußeisentüre verschlossen werden kann.

Abb. 101 zeigt die Einmauerung dieser Retorten. Jede ist separat eingemauert und ruht auf einem Viereck von I-Eisen. Durch Öffnungen A in der Ummauerung wird das Generatorgas vermittels

15 Düsen zugeführt. Die Wulste W auf der Innenseite der Ummauerung lassen einen Durchgang von nur 5 cm zwischen Retortenwand und Mauer, damit die Flamme gegen den Rost angepreßt wird. Ohne diese Wulste erreicht man die notwendige Wärmeübertragung in das Innere der Retorte nicht. — In der ersteren, bedeutend längeren Destillationsphase, d. h. bis in erheblicher Menge Teer destilliert, steigen die Heizgase nach oben und von dort durch den Kanal B nach D, von dort durch den Kanal E nach dem Hochkamin. Von dem Zeitpunkte an, wo die Destillationsprodukte Teer in größerer Menge mitführen, wird bei B durch einen Schieber geschlossen und von nun an in erster Linie der untere Teil der Retorte geheizt, indem die Heizgase durch C abgeleitet werden. E ist ein zu ebener Erde in das Hochkamin führender Kanal von ungefähr 100 m Länge, in welchem auf Etagenwagen von 2 m Höhe, 2 m Länge und 1,4 m Breite der Graukalk nachgetrocknet wird (s. das Kapitel über „Filtrieren und Eindampfen der Graukalklösung"). Die Retortendecke und der Deckel über der Einfüllöffnung für das Holz werden während der Destillation durch abhebbare schmiedeeiserne Schutzbleche isoliert, ebenso die Türe am Fuße

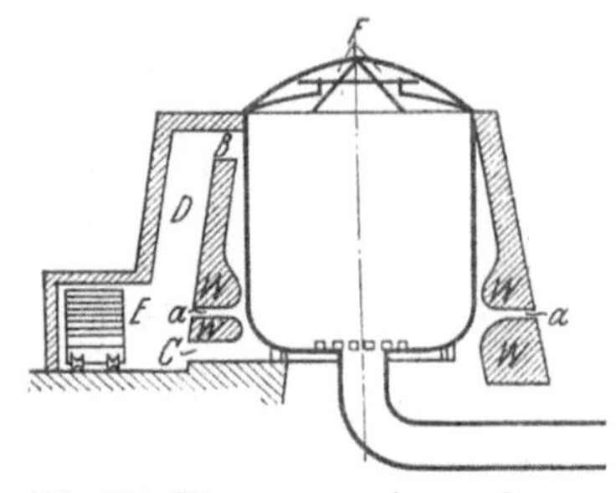

Abb. 101. Einmauerung einer großen stehenden Retorte.

zum Entleeren der Holzkohle durch eine zweite Türe über dieselbe, welche sich nach der entgegengesetzten Seite wie die eigentliche Retortentüre öffnet und im Mauerwerk verangelt ist.

Die Retortenbeheizung geschieht durch Gas aus einem Generator, in welchem in 24 Stunden 6—8 t Kohle vergast werden können und von wo das Gas den Retorten in gemauerten Kanälen zugeführt wird.

Arbeitsweise. In die ausgekühlte Retorte werden durch die obere Öffnung 600 dz Holz eingeworfen, und zwar nimmt man die gröbsten Klötze in den obersten Teil derselben, weil dort am besten verkohlt wird. Längs der ganzen Reihe der 10 Retorten führt ein Geleise, auf welchem das Holz mit Rollwagen zu der zu füllenden Retorte herangeführt wird. Der Transport desselben von der Erde zu diesen Rollwagen kann durch ein endloses Band geschehen, welches aber einem starken Verschleiß ausgesetzt ist und auf welchem der Transport von groben Holzstücken ein ziemlich schwieriger ist. Besser ist es, die mit Holz gefüllten Wagen von der Erde mit einem Aufzug auf die Höhe des Geleises über den Retorten zu heben und von dort direkt zu der Retorte zu führen, welche gefüllt werden soll. Das Füllen einer Retorte dauert $1^1/_2$ Tage. Nach Beendigung dieser Arbeit wird oben der Deckel aufgesetzt und mit Lehm abgedichtet sowie die Schutzbleche FFF für Luftisolation aufgelegt. Der Schieber bei C (s. Abb. 101) wird geschlossen und das Anheizen der Retorte beginnt, wobei die Heizgase längs der Retortenwandung in die Höhe steigen und durch B, wo der Schieber geöffnet ist, D und die Kalkdarre E nach dem Hochkamin abziehen. Die heißen Reaktionsgase in der Retorte steigen den inneren

Wandungen entlang in die Höhe, geben dort einen Teil ihrer Hitze an das Holz ab und sinken in der Mitte der Retorte zu Boden, von wo sie zu den Kühlern abziehen. Man erreicht so eine ausgezeichnete Ausnützung der äußerlich zugeführten sowie der Reaktionswärme. In der zweiten Phase der Destillation, also wenn nach ungefähr $2^{1}/_{2}$ Tagen der Teer zu fließen beginnt, heizt man den unteren Teil der Retorte, der bis jetzt am wenigsten Wärme erhielt, noch energisch, indem man den Schieber bei B schließt und denjenigen bei C öffnet. Nach insgesamt $3^{1}/_{2}$—4 Tagen ist die Destillation beendigt.

Man entfernt dann die Schutzbleche FFF für Luftisolation über der Retortendecke und dem Deckel und öffnet die Schutztüre über der eigentlichen Retortentüre am Fuße der Retorte. Das Auskühlen

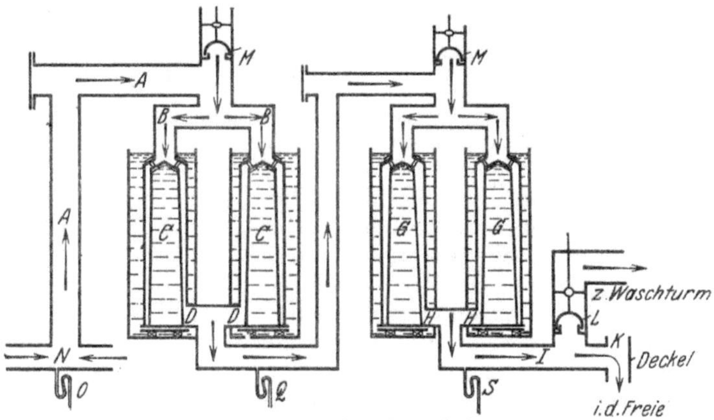

Abb. 102. Kühlanlage für Retortengase.

wird durch Öffnen von zwei schmiedeeisernen Türen am Fuße der Retortenummauerung erreicht. Diese Türen sind auf Abb. 101 aus Gründen der Übersichtlichkeit weggelassen. Die Luft zur Abkühlung umspült die Retorte von unten nach oben und setzt dann seinen Weg durch Kanal B nach D, E und nach dem Hochkamin fort, so daß die Hitze der Retorte und des Mauerwerks auch während ihrer Abkühlung zum Nachtrocknen von Graukalk Verwendung findet. Erst 2 Tage nach Beginn der Abkühlung öffnet man auch zwei weitere Eisentüren im oberen Teile der Retortenummauerung zur völligen Auskühlung. Die gesamte Auskühlungsdauer beträgt 3—$3^{1}/_{2}$ Tage. Nach ihrer Beendigung öffnet man die Türe am Fuße der Retorte und füllt die Holzkohle auf Säcke ab, worin sie zur Kohlensiebanlage transportiert wird. Das Entleeren der Retorte dauert ungefähr $1^{1}/_{2}$ Tage.

Kühlanlagen. Je zwei Retorten sind an eine gemeinsame Kühlanlage angeschlossen (Abb. 102). Bei NN münden die Abzugsrohre von zwei benachbarten Retorten in das aufsteigende Rohr A, welches sich oben in die beiden Rohre BB verteilt, von wo die Destillationsprodukte in den beiden Zylinderkühlern CC niedersteigen, aus denselben bei DD austreten, durch das Sammelrohr wieder nach oben und in die Kühler GG geführt werden, welche sie bei HH verlassen. — Während der ersten 10—12 Stunden der Destillation werden die wenigen, sich während dieser Zeit entwickelnden nicht kondensierbaren Gase über J durch K in das Freie geleitet, denn am Anfang der Operation ist der Heizwert der Gase sowie ihr Gehalt an Essigsäure und Methylalkohol praktisch gleich Null; außerdem ist ihr Druck noch so gering, daß die Gefahr eines Eindringens der Generatorgase durch den Waschturm in die Kühler und Retorten bestände, wenn die Ableitung für die Retortengase schon jetzt mit der Generatorgasleitung in Kommunikation gebracht würde. Erst wenn sich in erheblicher Menge Retortengase entwickeln, wird die Gasglocke L geöffnet, der Deckel K aufgeschraubt; und die Gase strömen nun durch ein weites Sammelrohr, welches sie nach dem Waschturm führt.

Die Gasglocken MM dienen sozusagen als Sicherheitsventil für den Fall, daß durch irgendeine Ursache Überdruck im ganzen Destillationssystem entstehen sollte. — Das Siphonrohr O führt das wenige Kondensat von NN und A nach einer besonderen kleinen Zisterne zur Klärung. Führt man nämlich das aus diesem Rohr abfließende Kondensat in die großen Sammelbehälter für Rohessig und Teer, so trennen sich eigentümlicherweise dort die Schichten sehr schlecht. Die Siphonrohre Q und S führen die Hauptmengen der Destillate nach den großen Sammelzisternen.

Die geschilderten Zylinderkühler haben sich nach langen praktischen Versuchen mit verschiedenen Kühlsystemen als die besten bewährt. Ihre Fabrikation und ihre Reinigung gestalten sich einfach; und indem die Destillationsprodukte zwischen zwei nahe beieinander stehenden Kühlflächen passieren müssen, deren Abstand mit fortschreitender Kondensation und daraus resultierender Verminderung der gasförmigen Produkte sich auch vermindert, ist die Kühlung aller Schichten der Dämpfe gewährleistet, was in der Holzdestillation von Wichtigkeit ist, weil die kondensierbaren Destillationsprodukte mit verhältnismäßig sehr vielen nicht kondensierbaren Gasen gemischt sind. Der letztere Umstand erheischt auch eine geringe Strömungsgeschwindigkeit längs der Kühlflächen, also Kühlräume von großem Volumen, welche Bedingungen kein Kühlsystem so gut erfüllt wie das der Zylinderkühler.

Es ist für die Explosionssicherheit der Gesamtanlage von Wichtigkeit, daß die Gase aus den Retorten und auch die Generatorgase ihre Wege unter möglichst geringem Druck zurücklegen, also nirgends Hindernissen begegnen. Deshalb soll auch das Waschen der Retortengase nicht etwa in einer Waschkolonne, sondern nur in einem Skrubber oder Waschturm geschehen (Abb. 103). Ein weites kupfernes Rohr führt die Gase in dem schmiedeeisernen Waschturm unter einen Siebboden, auf welchen kubische Holzstücke geschichtet sind. Die den Waschturm verlassenden Gase gelangen durch eine schmiedeeiserne Leitung in die Generatorgaskanäle. Die alkalische Waschflüssigkeit wird durch eine Pumpe aus einem bedeckten Bottich in der Erde hochgepumpt und durch eine Brause im Turm verteilt, um daraus wieder

in den Bottich zurückzufließen. Wenn sie nach längerem Kreislaufe
neutral oder schwach sauer geworden ist, wird sie durch neue ersetzt.
Sie dient, gemischt mit Kalksolution, im Dreiblasensystem als Vorlege-
flüssigkeit beim Abtrieb von Rohholzgeist (s. dort). Man verwendet
als Waschflüssigkeit die rückständigen alkalischen Laugen vom Verseifen des Methylacetats im Rohaceton mit Kalksolution (s. Verarbeitung des Rohmethylalkohols).

Nach- und Vorteile großräumiger Retorten. Der einzige
Nachteil besteht im größeren Anlagekapital gegenüber kleinen Retorten aller Systeme. Für eine Anlage von der bereits öfters genannten
Kapazität wird der Unterschied ungefähr 80 000 RM. betragen. Er wird
durch große Vorteile in einem Jahr amortisiert.

In erster Linie gewinnt man mit großräumigen Retorten eine der
Meilerkohle in jeder Beziehung ebenbürtige, großstückige, harte, spezifisch schwere und im Aufschlag metallisch klingende Kohle. Eine solche verkauft
sich im Durchschnitt um 20 % höher als eine Holzkohle aus kleinen Retorten mit
kurzer Abtriebszeit. Sie wird in normalen Zeiten immer mehr einbringen, als
für das destillierte Holz bezahlt wurde. Daß sie mindestens den für das destillierte
Holz bezahlten Betrag einbringt, ist Grundbedingung für die Rentabilität
einer derartigen Anlage. In Zeiten mit schlechter industrieller Konjunktur ist
die Herstellung einer der Meilerkohle ebenbürtigen Ware geradezu unerläßlich,
indem dann eine minderwertige Holzkohle kaum zu annehmbaren Preisen

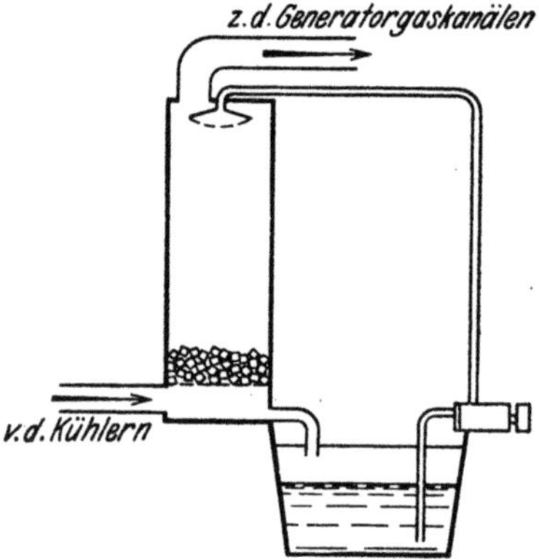

Abb. 103. Waschturm für Retortengase.

Absatz findet. — Allerdings arbeiten manche Destillationsanlagen
dennoch mit kleinen liegenden Retorten oder auch mit wenig größeren nach dem amerikanischen System, in welchen, wie bekannt, das
Holz auf Wagen destilliert wird. Nach beendigter Destillation wird
der Wagen mit der Kohle sofort aus der heißen Retorte gerollt, die
Kohlen mit Wasser abgeschreckt und der Wagen in einen Kühlraum
gebracht. In die heiße Retorte rollt man unverzüglich einen anderen
Wagen mit Holz zu promptem Beginn einer weiteren Destillation.
Keine Kohle aus Retorten mit abgekürzter Abtriebszeit und Beginn
der Destillation in bereits heißer Retorte erreicht aber die Qualität
der Meilerkohle. Dies spielt keine Rolle bei Produzenten, welche ihre
erzeugte Holzkohle selbst verwenden, z. B. Eisen- und Stahlwerke.
Eine Destillationsanlage dagegen, welche ihre Holzkohle verkauft
und also mit der wählerischen Kritik der Abnehmer zu rechnen hat,
muß ein der Meilerkohle gleichwertiges Produkt erzeugen oder also,
wie oben besprochen wurde, in großräumigen Retorten mit langer
Abtriebsdauer und Destillationsbeginn bei gewöhnlicher Temperatur
destillieren.

Der zweite Vorteil dieser Retorten gegenüber kleinen liegenden oder solchen nach dem amerikanischen System sind die um 10—15% größeren Ausbeuten an Essigsäure und Methylalkohol.

Der dritte Vorteil ist die bessere Ausnützung sowohl der äußerlich zugeführten als der durch die exotherme Reaktion im Inneren der Retorte gebildeten Wärme, indem die Destillationsprodukte in heißem Zustande zuerst im Retortenraum in die Höhe steigen, dort einen Teil ihrer Wärme abgeben, dann erst zu Boden sinken und die Retorte dort verlassen.

Der vierte Vorteil ist die Ersparnis an Arbeitslöhnen. Während die Destillation von 200000 dz Holz bei Anwendung von kleinen liegenden Retorten für Füllen und Entleeren derselben, Besorgung der Feuerungen, der Kühler und des Waschturms 50 Mann bedarf, bedingt dieselbe Arbeit mit stehenden großräumigen Retorten deren 25. Das Laden und Entladen der letzteren kann außerdem ausschließlich am Tage vor sich gehen und im Akkord vergeben werden, was bei kleinen liegenden ausgeschlossen ist.

Ein kleinerer fünfter Vorteil besteht in dem geringen Gehalt an Kohlenklein und Staub der in großräumigen Retorten erzeugten Kohle.

Die Klärzisternen für die Retortendestillate. Dieselben müssen groß — zwei von je 350 m³ oder drei von je 230 m³ Inhalt — gewählt werden, damit der Klärungsprozeß während wenigstens 15 Tagen vor sich gehen kann. Man vermehrt durch ausgiebige Klärung die Ausbeute an Kreosot- sowie an Leicht- und Schwer-

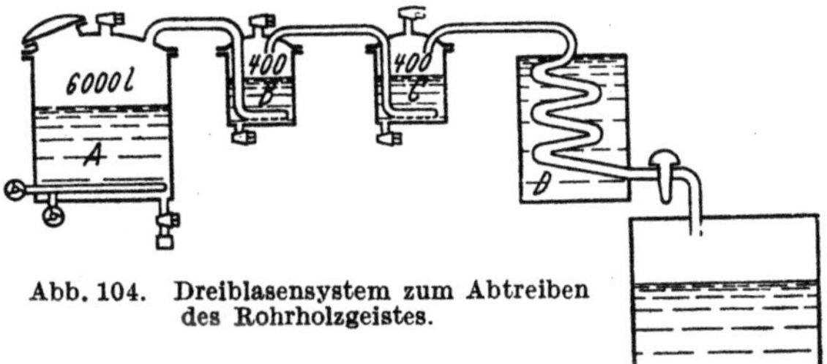

Abb. 104. Dreiblasensystem zum Abtreiben des Rohrholzgeistes.

ölen, denn der noch nicht abgesetzte Teer, welcher mit dem Rohholzessig in die Dreiblasensysteme gelangt, ergibt kein Kreosot- und keine Leicht- und Schweröle mehr. Er verschmiert im Gegenteil nur den Graukalk und den Rohholzgeist mit Ölen und Harzsäuren, was eine nichts weniger als angenehme Beigabe ist.

Die Dreiblasensysteme. Man bedarf dreier Dreiblasensysteme zum Abtreiben des Rohholzgeistes und dreier anderer zum Abtreiben der Essigsäure aus dem Rohholzessig. Jedes der ersteren ist über einem der zweiten aufgestellt.

Ein Dreiblasensystem zum Abtreiben des Rohholzgeistes (s. Abb. 104) besteht aus einer Destillationsblase von 6000 l Inhalt aus Kupfer, heizbar durch eine kupferne Schlange, mit einem Ablaßhahn und Bajonettverschluß am Boden, einem Mannloch und einem Entlüftungshahn im Deckel. An dieselbe sind die Essigsäureabsorptionsgefäße B und C von je 400 l Inhalt aus Kupfer angeschlossen, deren jedes mit einer kupfernen Schnatterschlange mit nach unten gerichteten Löchern, einem Mannloch und einem Entlüftungshahn im Deckel ausgestattet ist. Von C führt ein Kupfer- oder auch nur ein Eisenrohr zu dem Kühler D, aus welchem der Rohholzgeist nach einer von drei bedeckten eisernen Zisternen von je 15000 l Inhalt abfließt.

Die Blase A aus Kupfer des Essigsäuredreiblasensystems (Abb. 105) hat dieselben Armaturen wie die Destillationsblase des Dreiblasensystems für Rohholzgeist, aber nur einen Inhalt von 3600 l. Von ihr aus führt ein Rohr aus Kupfer nach dem Absorptionsgefäß B aus Kupfer, konstruiert wie die Absorptionsgefäße B und C des Dreiblasensystems für Rohholzgeist, aber von einem Inhalt von 2100 l. In der unteren Hälfte seiner Seitenwand ist ein Hähnchen zur Entnahme von Flüssigkeitsproben angebracht. Von B führt das Kupferrohr E nach dem Absorptionsgefäß C und endigt dort in einer kupfernen Schnatterschlange. C hat 2100 l Inhalt und besteht aus Schmiedeeisen. Es ist nur noch ein oben offenes Gefäß, welches mit B durch den Hahn D in Verbindung gebracht werden kann.

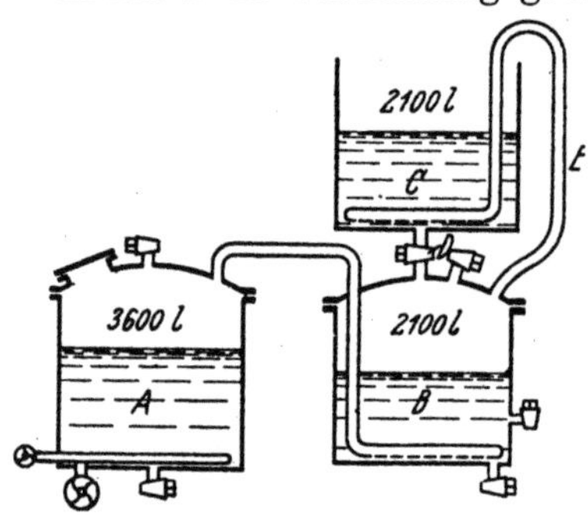

Abb. 105. Essigsäure-Dreiblasensystem.

Arbeitsweise im Dreiblasensystem zum Abtreiben des Rohholzgeistes. Man mischt in einer kleinen Zisterne gelöschten Kalk, welcher 15 kg CaO enthält, mit so viel von der aus dem Waschturm für die Retortengase erhaltenenMethylalkoholkalkacetatlösung, daß das Volumen der Mischung 200 l beträgt und verteilt diese Menge mit einem Elevator zu gleichen Teilen auf die Absorptionsgefäße B und C. Gleichzeitig fördert man mit einer Plungerpumpe aus einer der großen Sammelzisternen für die Retortendestillate 4500 l Rohessig in die Blase A. Man destilliert nun den Rohholzgeist ab, wobei seine Dämpfe die Kalksolution in den beiden Absorptionsgefäßen durchströmen und im Kühler D kondensiert werden. Die Destillation muß langsam und vorsichtig geschehen wegen der Gefahr des Überschäumens. Aus demselben Grunde darf auch die 6000-l-Blase bei Beginn der Destillation nicht mehr als 4500 l Flüssigkeit enthalten. Nach 8—10 Stunden zeigt das Aräometer am Ausfluß des Kühlers D keinen Methylalkohol mehr an. Man stellt dann die Destillation ab und öffnet sofort die Lufthähne von A, B und C, um ein Zurücksteigen der Flüssigkeit aus den Waschgefäßen in die Blase A zu verhindern. Die Flüssigkeit aus dem Absorptionsgefäß B läßt man in die bereits erwähnte kleine Zisterne abfließen. Wenn dieselbe nicht zufällig neutral ist, wird sie mit Essigsäure oder mit Kalksolution neutralisiert, je nachdem sie schwach alkalisch oder schwach sauer ist, worauf sie in die Zisterne für Graukalklauge gelangt. Man läßt dann die Flüssigkeit aus C in die kleine Zisterne abfließen, versetzt sie darin mit gelöschtem Kalk entsprechend 8 kg CaO, ergänzt sie mit Waschflüssigkeit vom Waschturm für die Retortengase auf 200 l und verteilt wieder zu gleichen Teilen auf B und C. — Der in A verbleibende Rückstand, bestehend aus entgeistetem Rohessig, ist unterdessen durch den Bodenhahn in die Blase *A* des korrespondierenden Dreiblasensystems zum Abtreiben der Rohessigsäure abgelassen und durch neuen Rohholzessig aus einer der Sammelzisternen für die Retortendestillate ersetzt worden, worauf der Abtrieb des Rohholzgeistes von neuem beginnt.

Arbeitsweise im Dreiblasensystem zum Abtreiben der Rohessigsäure. Wir haben gesehen, wie Blase *A* von 3600 l Inhalt mit entgeistetem Rohessig, dessen Volumen ungefähr 3200 l beträgt, aus Blase *A* vom korrespondierenden Dreiblasensystem zum Abtrieb des Rohholzgeistes gefüllt wurde. Die Absorptionsgefäße *B* und *C* werden vermittels Elevators aus einer Zisterne mit je 600 l einer Kalksolution beschickt, welche 8 % CaO enthält. Dann setzt man die Destillation in Gang. Diese kann in ziemlich raschem Tempo vor sich gehen, denn eine Gefahr des Überschäumens besteht jetzt, nach Entfernung des Methylalkohols und Acetons, kaum mehr. In 8—10 Stunden ist eine Charge abgetrieben, also in derselben Zeit wie im korrespondierenden System der Abtrieb des Rohholzgeistes. Aus dem Hähnchen in der Seitenwandung des Absorptionsgefäßes *B* entnimmt der Arbeiter von Zeit zu Zeit Proben zur Prüfung mit Phenolphthaleinpapier. Sobald dieses sich nicht mehr rötet, stellt er die Destillation ab, öffnet die Entlüftungshähne in den Deckeln von *A* und *B*, entleert den Inhalt von *B* durch den Bodenhahn in die Sammelzisterne für die Graukalklösung und läßt bei wieder verschlossenem Bodenhahn von *B* den Inhalt von *C* in *B* hinunterfließen. Dann beschickt er *C* mit ebensoviel Kalksolution und von derselben Stärke wie das erstemal. Erst jetzt schließt er wieder die Entlüftungshähne von *A* und *B* und setzt die Destillation fort. Nach Abschluß eines Essigsäureabtriebes, welcher, wie bereits gesagt, in 8—10 Stunden durchgeführt ist, öffnet man wieder die Entlüftungshähne von *A* und *B* und entleert den in der Blase *A* verbleibenden Teer in die Blase des Vakuumdestillationssystems für den Teer aus den Dreiblasensystemen.

Es ist nun auszuführen, warum hier der Abtrieb des Rohholzgeistes und der Rohessigsäure nicht in ein und demselben Dreiblasensystem vorgenommen wird, wie dies in Holzdestillationsanlagen doch meistens geschieht. Es muß darauf hingewiesen werden, daß bei einer Jahresverarbeitung von 200 000 dz Laubholz sowohl die drei Systeme für den Abtrieb von Rohholzgeist als die anderen drei den Abtrieb von Rohessigsäure kontinuierlich im Betriebe sind, indem der Abtrieb des Holzgeistes, bei welchem aus bereits angegebenen Gründen nur langsam destilliert werden kann, gerade so viel Zeit in Anspruch nimmt wie derjenige der Rohessigsäure. Wir benötigen also auf alle Fälle sechs Dreiblasensysteme, ob wir die beiden Destillationen in ein und demselben oder in zwei verschiedenen Systemen ausführen. Wollten wir beide Destillationen im gleichen System vornehmen, so müßten wir die drei Destillationsblasen *A* von je 3600 l Inhalt für den Abtrieb von Essigsäure durch ebensolche wie beim Abtrieb des Holzgeistes, d. h. solche vom Inhalt von 6000 l ersetzen, ferner die kleinen Absorptionsgefäße *B* und *C* von je 400 l Inhalt für den Abtrieb des Holzgeistes durch große von je 2100 l Inhalt für den Abtrieb der Essigsäure. Auch würden wir statt drei Kühlern D sechs solche brauchen. Wir erzielen also durch die getrennte Vornahme des Holzgeist- und des Essigsäureabtriebs in verschiedenen, jeweils angepaßten Systemen erstmals eine Verminderung der Anlagekosten. Wichtiger ist aber, daß die verschiedenen Bestandteile der Dreiblasensysteme, welche mit den Essigsäuredämpfen in ständiger Berührung sind, einer starken Abnützung unterworfen sind und alle 2—3 Jahre ersetzt werden müssen sowie auch sonst das Reparaturkonto stark belasten. Indem wir Blasen und Absorptionsgefäße so klein als möglich in ihren Dimensionen wählen, erzielen wir also nicht nur eine einmalige Ersparnis, sondern vermindern jedes Betriebsjahr die Kosten für Neuanschaffungen um eine ganz erhebliche Summe. — Die einfachere Arbeitsweise mit dem System zum Abtrieb der Rohessigsäure — statt sie auch im System zum Holzgeistabtrieb vorzunehmen — sei nur nebenbei erwähnt.

Vakuumdestillation der letzten Säureanteile aus dem rückständigen Teer der Rohessigdreiblasensysteme. Die dafür verwendete Apparatur besteht aus einer liegenden, kupfernen, zylindrischen, durch eine Kupferschlange heizbaren Destillationsblase mit stark gewölbten Seitenflächen, verbunden mit einem Schlangenkühler und einer geschlossenen Vorlage aus Kupfer. Das System wird durch eine kleine Vakuumpumpe evakuiert. Das gewonnene Destillat besteht aus Essigsäure und aus ihren höheren Homologen. Es wird nicht mit der aus den Dreiblasensystemen erhaltenen Rohessigsäure oder Graukalk gemischt, sondern für sich verarbeitet. Man destilliert dasselbe zuerst über Natriumbichromat und konzentrierter Schwefelsäure um, worauf man es mit einer hohen Raschigkolonne langsam rektifiziert. Man gewinnt so die pharmazeutisch wertvollen höheren Homologen wie Valerian und Isovaleriansäure.

Filtrieren und Eindampfen der Graukalklösung. Dieselbe wird in eine 6—7 m über dem Fabrikboden stehende Zisterne gepumpt. Von dort fließt sie in eine Filterpresse mit totaler Aussüßung, in welcher man täglich ungefähr 20000 l Lösung, welche 500—1000 kg Verunreinigungen enthält, filtrieren kann. Das Eindampfen der filtrierten Lösung soll ein schmiedeeiserner Vakuumverdampfapparat mit Schaberrührwerk besorgen, in welchem je 24 Stunden 15000 l Wasser verdampft werden können und welcher mit dem Abdampf der Dreiblasensysteme geheizt wird. Das Eindampfen in diesem Apparat erfolgt nur bis zur breiigen Beschaffenheit seines Inhalts, den beim Eindampfen zur Trockne würde man steinharte Massen erhalten, deren Entfernen aus dem Apparat ein Ding der Unmöglichkeit wäre. Die breiige graue Masse wird dann auf den bereits beschriebenen Etagenwagen im Trockenkanal von den Retorten nach dem Kamin fertig getrocknet.

Verarbeitung von Holzgeist auf Methylalkohol und Aceton.

Es wurde erwähnt, daß der Rohholzgeist aus den Kühlern D der Dreiblasensysteme für den Rohholzgeistabtrieb in bedeckte Zisternen von je 15000 l Inhalt fließt. In der Zeit von 2 Tagen ist eine solche jeweils beinahe voll, und es beginnt das Entsäuern und Vorreinigen ihres Inhalts. Man versetzt mit 500 l 20proz. Kalkmilch und rührt mit einem hölzernen auf- und abgehenden Handrührer mindestens $^1/_4$ Stunde gründlich um, worauf man einige Stunden absetzen läßt. Ist dann der geklärte Rohholzgeist deutlich alkalisch, so läßt man über Nacht völlig absetzen. Ist dagegen der Inhalt der Zisterne während des Absetzens wieder sauer geworden, so versetzt man ihn mit weiterer Kalksolution, rührt wieder gründlich und läßt zum zweitenmal absetzen. Der geklärte Rohholzgeist muß alkalisch sein und bleiben, bevor er destilliert werden darf. Wenn dies nicht der Fall wäre, würde der daraus gewonnene Reinmethylalkohol oft nach vielen Umdestillationen immer wieder gelb. — Ist die Reinigung mit Kalksolution gründlich durchgeführt worden, so wird das abgeschiedene Aceton farblos und nicht rötlich, wenn 1 T. des geklärten Holzgeistes mit 2 T. Natronlauge vom spez. Gew. 1,3 geschüttelt werden, und die untere Lauge-methylalkoholschicht wird auch bei längerem Stehen nicht gelb. In so vorgereinigtem Holzgeist haben wir neben Wasser als wertvolle Produkte ungefähr 15 % CH_3OH, ungefähr 2 $^0/_{00}$ Methylacetat, ungefähr 2 % Aceton, einige Promille Allylalkohol, außerdem als Verunreinigungen letzte Reste von Teerölen und Harzsäuren.

Der in den Zisternen vorgereinigte Holzgeist wird im Apparat (Abb. 106) im groben rektifiziert und vor allem vollständig entölt und entharzt. Die Apparatur besteht aus zwei eisernen, isolierten Destillationskesseln A und B von je 15000 l Inhalt (alte Dampfkessel, alte Kessel aus Zuckerfabriken usw.) mit kupfer-

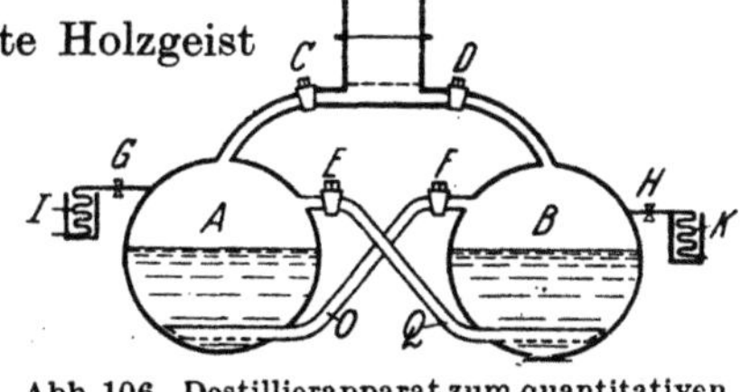

Abb. 106. Destillierapparat zum quantitativen Entölen und Entharzen von Rohholzgeist.

nen oder eisernen Heizschlangen; die Kessel sind verbunden durch die kupfernen oder eisernen Rohre Q und O mit Hähnen E und F. Die Rohre münden über dem Boden der Destillationskessel in Schnatterschlangen mit Öffnungen nach unten. J und K sind Kühlerchen zur Entnahme von Destillationsproben. Sie sind durch die Hähnchen G und H mit den Blasen A und B verbunden. N ist die Kolonne, für beide Blasen gemeinsam, mit Kupferböden oder Raschigringen, zur stündlichen Rektifikation von 80—100 l ausfließendem Destillat, verbunden mit A und B durch weite kupferne oder eiserne Rohre mit Hähnen C und D. Die Kühler und der Abscheider unterscheiden sich in ihrer Konstruktion nicht von denen gewöhnlicher Rektifikationsapparate.

Man bringt 10000 l vorgereinigten Holzgeist und 800 l 20proz. Kalksolution in Blase A und beginnt bei geschlossenen Hähnen D, E, F, H, G und bei offenem Hahn C die Rektifikation. Es destilliert 90proz. mit Wasser klar mischbarer Holzgeist, dann ebensolcher 80-, 70- und eventuell noch 60proz., welcher mit Wasser klar mischbar ist. Zeigt das Destillat weniger als 60 %, so mischt es sich trübe mit

Wasser. Nun stellt man die Destillation in *A* ab. — Unterdessen hat man Blase *B* in gleicher Weise gefüllt wie vorher Blase *A*. Man schließt nun Hahn *C*, öffnet die Hähne *E* und *D* und beginnt dann mit der Destillation aus *B*. Gleichzeitig heizt man aber auch wieder in *A*, so daß die Dämpfe von dort durch Rohr *Q* in den Inhalt der Blase *B* geleitet werden. Aus *B* destilliert nun wieder durch Kolonne *N* hochprozentiges, mit Wasser klar mischbares Destillat. Man destilliert durch Kühlerchen *J* von Zeit zu Zeit Proben, um zu kontrollieren, ob noch wertvolle Bestandteile in der Blase *A* vorhanden seien. Ist dies nicht mehr der Fall, so schließt man das Dampfventil der Heizschlange von *A* und den Hahn *E*, worauf man den Rückstand in den Bach

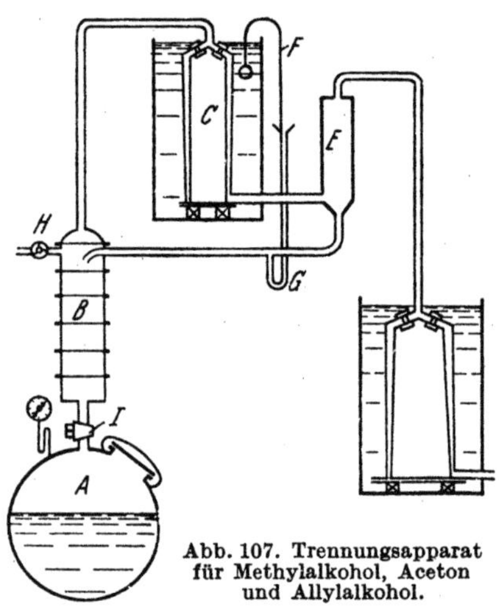

Abb. 107. Trennungsapparat für Methylalkohol, Aceton und Allylalkohol.

oder Fluß, an welchem die Fabrik liegt, entleert. *A* wird wieder mit vorgereinigtem Holzgeist und Kalksolution gefüllt. Unterdessen hat man aus *B* weiterdestilliert, bis das Destillat sich mit Wasser zu trüben begann, worauf man Hahn *D* schloß und Hähne *C* und *F* öffnete. Es beginnt wieder die Destillation aus *A*, während die Dämpfe aus *B* nun durch Rohr *O* in seinen Inhalt geleitet werden.

Man erhält also mit dieser Anordnung der Apparatur sämtliche Anteile des Destillates in einer einzigen Operation frei von Teerölen und Harzsäuren, während man sich bei Verwendung der sonst üblichen Rektifizierapparate mit endlosen Rektifikationen der Nachläufe plagen müßte.

Zur Aufbewahrung der Destillate sind vier bedeckte Zisternen von je 20 000 l Inhalt aufgestellt. So lange die Destillate, mit dem Doppelten ihres eigenen Volumens an 30 proz. Natronlauge geschüttelt, noch Aceton abscheiden, fließen sie in die erste derselben; nachdem dieser Punkt überschritten ist, gelangen sie in eine zweite. Man hat so eine Zisterne, deren Inhalt etwa 25 proz. Aceton und alles Methylacetat enthält, und eine mit ungefähr 2 proz. Aceton und allem Allylalkohol. Die Verwendung der beiden anderen Zisternen wird weiter unten angegeben werden.

Trennung des Methylalkohols von Aceton und Allylalkohol. Wir benötigen drei solcher in Abb. 107 skizzierter Apparate. Ein jeder besteht aus einem schmiedeeisernen Destillationsgefäß *A* von 25 000 l Inhalt (alter Dampfkessel od. dgl.), welcher ein Manometer und ein Mannloch trägt und durch den Dreizollhahn *J* mit der Kolonne *B* mit Kupferböden oder kupfernen Raschigringen verbunden ist. Durch Ventil *H* kann am obersten Ende der Kolonne Dampf in dieselbe eingeführt werden. *C* ist ein Zylinderkühler aus

Kupfer von anderthalbmal so großer Kühlfläche, als sonst für eine Kolonne von den Dimensionen der Kolonne *B* verwendet würde. Der Abscheider *E* aus Kupfer oder Schmiedeeisen hat 1,7 m Höhe und 70 cm Durchmesser und ist mit Glasscherben oder Raschigringen aus Kupfer gefüllt. *D* ist ein schmiedeeiserner oder kupferner Zylinderkühler. — *F* ist ein Siphon aus Glas. Sein im Wasser des Kühlers *C* befindliches Ende ist mit einem Sack von sehr feinem Messinggewebe umgeben, wodurch eine Verstopfung des Siphons während des Betriebes verhindert wird. Dieser Sack muß von Zeit zu Zeit gereinigt werden. Das andere Ende des Siphons mündet in eine Öffnung von 2 mm Durchmesser, so daß in 24 Stunden 800 l Wasser durch den Siphon fließen. Es fließt in das Trichterrohr *G* und damit in das oberste Ende der Kolonne, also an dieselbe Stelle, wo auch durch Ventil *H* Dampf einströmt.

Wir füllen in Blase *A* 10000 l Methylalkohol mit ungefähr 2proz. Aceton und destillieren sehr langsam, indem wir oben in die Kolonne durch die beschriebenen Vorrichtungen Wasser und Dampf einführen. In den ersten Stunden wird der Dampf nur wenig geöffnet, später etwas mehr. Man destilliert auf diese Art, bis eine Probe des Destillates durch Titrieren mit Jodlösung nur noch 0,3proz. Acetongehalt anzeigt. Dies dauert ungefähr 10 Tage. Wenn dieser Punkt erreicht ist, stellt man die Wasser- und Dampfzufuhr in die Kolonne ab und destilliert den Methylalkohol mit einer Stundenleistung von 80—100 l über. Derselbe enthält 99proz. CH_3OH und max. 0,05proz. Aceton. Wir gewinnen nach dieser Arbeitsweise aus 10000 l Methylalkohol mit ungefähr 2% Aceton in einer Operation mindestens 7000 l Methylalkohol mit max. 0,05% Aceton, während wir bei Destillation ohne Wasser- und Dampfzufluß in die Kolonne auch bei noch so langsamer und vorsichtiger Rektifikation in einer Operation höchstens 2000 l Methylalkohol mit max. 0,05% Aceton gewinnen könnten[1].

Deshalb gewinnen die meisten Holzdestillationsanlagen nur einen Teil des im Rohholzgeist enthaltenen Reinmethylalkohols und Reinacetons für sich und mischen die großen Mengen an Vor- und Mittelläufen, die sie bei gewöhnlicher Destillation, d. h. ohne Wasser- und Dampfzufuhr in die Kolonne erhalten, zu Denaturierungsholzgeist. Die Trennung von Methylalkohol und Aceton nach der hier beschriebenen Art, vermittels welcher eine quantitative Scheidung und Reindarstellung der beiden leicht erreichbar ist, bedeutet einen beträchtlichen finanziellen Vorsprung vor Destillationsanlagen, welche ohne H_2O-Zufuhr in die Kolonne rektifizieren und also gezwungen sind, mehr als die Hälfte ihres Methylalkohols als Denaturierungsholzgeist zu verkaufen.

---

[1] Die Erscheinung, daß die Methylalkohol- und Acetondämpfe sich durch Einführung von H_2O als Dampf und Flüssigkeit in die Kolonne trennen, kann nur dadurch erklärt werden, daß CH_3OH, wenn auch weniger als C_2H_5OH, so doch viel hygroskopischer ist als CH_3OCH_3. Aus einer Mischung von Methylalkohol und Wasser wird ersterer durch Lösen von Salzen darin nicht abgeschieden, wohl aber Aceton aus einer Mischung von Aceton und Wasser.

Die acetonhaltigen Destillate werden während ihres Abtriebes wieder mit Lauge auf den Acetongehalt geprüft und entsprechend dem Reaktionsergebnis entweder in die Vorratszisterne mit ungefähr 25% oder in diejenige mit ungefähr 2% Aceton geleitet. — Der Methylalkohol mit max. 0,05% Aceton fließt in eine weitere der vier schon früher erwähnten Vorratszisternen von je 20000 l Inhalt. Ist aller Methylalkohol abgetrieben, so folgt der Allylalkohol, von dem sich schon Spuren am Geruche des Destillates kenntlich machen. Man fängt ihn in Korbflaschen oder in Eisenfässern auf und destilliert ihn nochmals mit 1% seines Gewichtes an Permanganat um, damit er farblos wird.

Wenn genügende Vorräte an Vorlauf mit 25% Acetongehalt vorhanden sind, werden davon 7000 l in eine der Blasen A gedrückt und mit 7000 l 20proz. Kalksolution gemischt. Hahn J wird geschlossen und der Blaseninhalt vermittels Dampfzufuhr unter einen Druck von höchstens 2 Atm. gesetzt, um das Methylacetat zu verseifen. Nach einer Stunde stellt man den Dampf ab und läßt abkühlen, bis kein Druck mehr in der Blase ist. Nachher wird unter Wasser- und Dampfzutritt in die Kolonne nach der schon beschriebenen Weise rektifiziert, wobei die Fraktionen mit 50% und mehr Acetongehalt wieder in eine besondere Vorratszisterne fließen. Ist genügend von dieser Fraktion beisammen, so wird sie wieder rektifiziert, und man erhält daraus einen Vorlauf von 90% Aceton. Aus diesem gewinnt man dann Aceton von 98%, und zwar ohne Einleiten von Wasser und Dampf in die Kolonne, denn 90proz. Aceton enthält nur noch Aceton und Wasser.

Der Methylalkohol mit max. 0,05% Aceton muß nochmals umdestilliert werden, und zwar dieses Mal mit 1‰ seines Gewichtes an Permanganat, welches vor der Mischung in möglichst wenig Wasser gelöst wird. — Man kann den Methylalkohol erst in konzentriertem Zustande erfolgreich mit Permanganat behandeln, so daß er nach der Destillation die Permanganatprobe hält. Deshalb ist diese Umdestillation nicht zu umgehen. Man destilliert auch hier mit Kolonne.

Darstellung von Essigsäure aus Graukalk.

Der dazu dienende Apparat ist in Abb. 108 skizziert.

Die starkwandige, weil starker Abnützung ausgesetzte Blase A hat 3,5 m im Durchmesser, 500 cm Höhe und einen Inhalt von ungefähr 4000 l. Ihr Deckel ist gewölbt, damit sie das Vakuum gut aushält. Ihr gegen Wärmeausstrahlung isolierter Boden wird nach dem Frederkingsystem durch eine eingegossene Schlange geheizt. Im Deckel befinden sich auf beiden Seiten der Rührwelle je ein Mannloch zum Einfüllen des Graukalkes und zur Herausnahme des Gipses. Während des Betriebes sind sie durch Gußeisendeckel verschlossen, welche man mit Zement abgedichtet und mit alten Zahnrädern od. dgl. beschwert hat. Die Abdichtung mit Zement genügt, da in der Apparatur Vakuum ist und keine Essigsäuredämpfe austreten können. Man spart auf diese Weise erhebliche Beträge für Packungsmaterial.

K ist ein Kühler mit weiter Kupferschlange von 10 Windungen zu 1 m Krümmungsdurchmesser. Die kupferne Vorlage *V* von 7 mm Blechstärke hat 1,7 m Länge und 70 cm Durchmesser. Damit sie das Vakuum gut aushält, sind ihre Seitenwände gewölbt. Direkt auf sie aufgesetzt ist eine Kolonne aus Kupfer von 5 mm Blechstärke, 35 cm Durchmesser und 2,5 m Höhe, welche mit Glasscherben gefüllt ist.

Der große Ejektor *E* aus säurebeständigem Metall evakuiert das ganze System auf 55 cm. Der Antrieb des Schaberrührers *S* kann nicht durch Riemen erfolgen, sondern muß direkt von der Hauptwelle aus durch Zahnräder geschehen. Das Prinzip dieses Schaberrührers wird durch Abb. 109 erläutert. Die Welle *D* und die Schaberträger $D_1 D_1$ sind aus Gußeisen, während die Schaber *S*

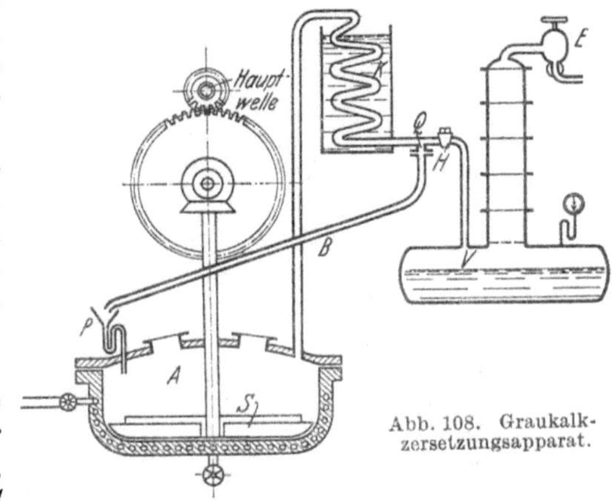

Abb. 108. Graukalkzersetzungsapparat.

selbst aus Stahl bestehen. Ihre Neigung gegen die Bodenfläche der Blase ist etwas weniger als 30°, so daß sie die Bodenfläche vorweg wieder blank schaben und nicht etwa nur das ganze Reaktionsgemisch vor sich her schieben. Die Schaber nützen sich stark ab und müssen nach jeder Operation durch Tieferschrauben in den Ösen *X* von neuem so eingesetzt werden, daß sie wieder scharf gegen die Bodenfläche angepaßt sind. — Der Rührer macht 8 Umdrehungen in der Minute.

Durch das bleierne Trichterrohr *P* (s. Abb. 108) fließt die Schwefelsäure in den Umsetzungsapparat. Ihre Förderung und ihr Einfüllen in die Schwefelsäuremeßgefäße erläutert die Abb. 110. Sie gelangt vom Bahnwagen in die eiserne Zisterne *A* mit Mannlochdeckel, Entlüftungshahn *S* aus Messing und Druckluftanschluß *D*. Durch die eiserne Leitung *B*, an welche bei *C* das Bleirohr *E* angeflanscht ist, wird sie in die Höhe gedrückt. *K* und K_1 sind mit Bleiblech

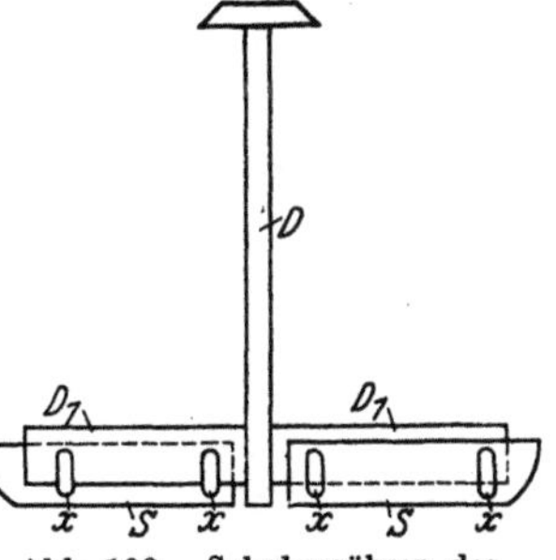

Abb. 109. Schaberrührer des Graukalkzersetzungsapparates.

ausgekleidete Holzbottiche, von denen jeder mit einer Marke versehen ist für das Maß der zu einer Umsetzungsoperation notwendigen Schwefelsäuremenge. Will man nun beispielsweise *K* mit der für eine Umsetzungsoperation notwendige Schwefelsäuremenge füllen, so legt man das Bleirohr *E* über seinen Rand und drückt Schwefelsäure hinein bis zur Marke. Wenn dieselbe erreicht ist, legt man das Bleirohr über den Rand von K_1, wobei das Schutzblech *X* vor Verlusten schützt, stellt die Druckluft auf die Zisterne A ab und öffnet den Entlüftungshahn S. Was während dieser Periode noch durch das Bleirohr passiert, fließt also dann in K_1. Ist der Inhalt von K für eine Umsetzung aufgebraucht, füllt man das nächste Mal K_1 bis zur Marke und läßt den nachfließenden Rest in K fließen. Die Tonhähnchen H und H_1 vermitteln den Ausfluß der Schwefelsäure durch je eine Bleiröhre nach dem Umsetzungsapparat. Leider sind diese Hähnchen nicht zu umgehen.

Die Arbeit beginnt, indem man die Blase A (s. Abb. 108), deren Boden vorher rein gescheuert wurde, durch die beiden Mannlöcher aus Säcken mit 800 kg Graukalk beschickt. Dann schließt man die Mannlöcher in der bereits beschriebenen Weise und setzt den Rührer bei geschlossenem Hahn H in Gang. Nun läßt man langsam durch das bleierne Trichterrohr P die Schwefelsäure zufließen, und zwar eine Menge entsprechend 550 kg Monohydrat oder 5% mehr als die Theorie verlangt. Die Schwefelsäure muß nicht unbedingt 66° Bé haben.

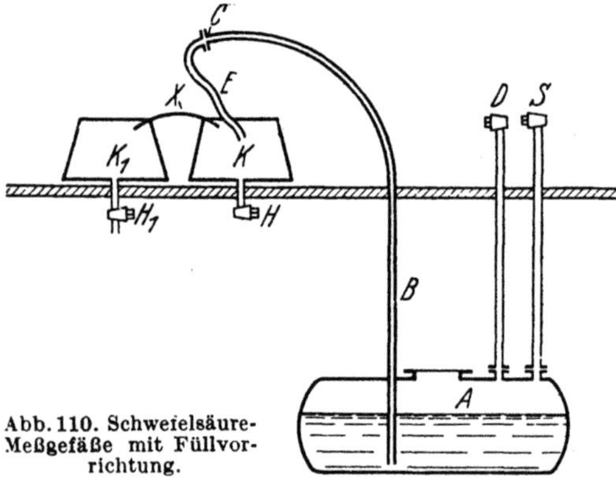

Abb. 110. Schwefelsäure-Meßgefäße mit Füllvorrichtung.

60 grädige Säure, auch Abfallschwefelsäure von dieser Stärke aus anderen Industrien, genügt. Man kann durch Verwendung von Abfallschwefelsäure ansehnliche Beträge ersparen. Daß die so gewonnene Rohessigsäure einige Prozent mehr Wasser enthält als mit 66 grädiger Schwefelsäure erhältliche, spielt bei der Weiterverarbeitung der Essigsäure keine Rolle. —

Der Zufluß der Schwefelsäure soll, wie gesagt, langsam, d. h. im Verlaufe von etwa 2 Stunden, erfolgen. Die Essigsäureausbeute bei langsamem Zufluß der Schwefelsäure zum Graukalk ist 5% größer als bei raschem. Infolge der Reaktionswärme destilliert ein bedeutender Teil der Essigsäure durch den Kühler K, fließt jedoch, weil der Hahn H geschlossen ist, durch das Kupferrohr B wieder in die Blase A zurück. Dieser Essigsäurerückfluß während des Schwefelsäurezusatzes muß deshalb geschehen, weil sich sonst in A große, Essigsäure in beträchtlicher Menge einschließende Gipskugeln bilden würden, welche die Essigsäure selbst durch Destillation in sehr hohem Vakuum nicht mehr vollständig abgeben würden.

Nach Beendigung des Schwefelsäurezuflusses flanscht man das Rohr B bei Q los, verschließt dort mit einem kupfernen Blindflansch, öffnet Hahn H und verschließt das bleierne Trichterrohr P mit einem Korkpfropfen. Der Ejektor E tritt in Funktion; auch wird die Blase nun mit gespanntem Dampf von 5—6 Atm. geheizt, so daß die Destillation der Essigsäure ihren Verlauf nimmt. Nach Abschluß derselben verbleiben bei richtigem Arbeiten in der Blase A bräunliche, höchstens erbsengroße Gipskügelchen von sehr schwachem Essigsäuregeruch. Sie

werden durch die beiden Mannlöcher entfernt und als wertloses Abfallprodukt weggeführt.

Der Boden der Blase wird sauber gescheuert, die Schaber des
Rührers tiefer gesetzt, so daß sie wieder exakt am Boden anliegen;
Rohr B wird wieder bei Q angeflanscht, und man beginnt mit einer
neuen Operation.

Bei Tag- und Nachtbetrieb können in einem Apparat täglich drei
Ansätze gemacht werden, so daß zur Umsetzung von jährlich 1400 t
Graukalk zwei solche Systeme notwendig wären. — Die gewonnene
Rohessigsäure ist ungefähr 80 proz.

Die Ausbeute aus 100 kg 80 proz. Graukalk beträgt in einer solchen
Anlage 56 kg CH_3COOH statt der Theorie von 60,5 kg CH_3COOH. —
Der Schwefelsäureverbrauch ist ein möglichst geringer, ebenso derjenige an Dampf und Packmaterial. Auch der Apparaturverschleiß ist
möglichst reduziert, schon weil nur ein einziger Hahn, nämlich H, vorhanden ist, welcher mit Essigsäuredämpfen in Berührung gelangt
und welcher leider nicht umgangen werden kann. Essigsäuredämpfe
zerfressen Rotgußhähne in 3—4 Wochen zur Unbrauchbarkeit. Deshalb wird oft auch noch Hahn H umgangen durch Benutzung eines
Blindflansches aus Blei, welcher nach der Schwefelsäurezugabe jeweils
aus der Leitung entfernt wird.

Die Destillation des Teeres.

A in Abb. 111 ist eine kugelförmige Destillationsblase von 6000 l
Inhalt aus Kupfer, heizbar durch eine Heizschlange mit Dampf von
bis zu 15 Atm., so daß
ihr Inhalt bis auf 190°
erhitzt werden kann.
B ist ein Kühler aus
weitem Kupferrohr mit
4—5 Windungen von
1 m Krümmungsdurch-
messer. C und C_1 sind
liegende zylindrische
Vorlagen aus Kupfer
von je 1000 l Inhalt,
mit je einem Siphon-
rohr, welche durch die
Hähne F und F_1 ver-
schlossen werden kön-
nen. Die Hähne E
und E_1 dienen zum
Entlüften der beiden

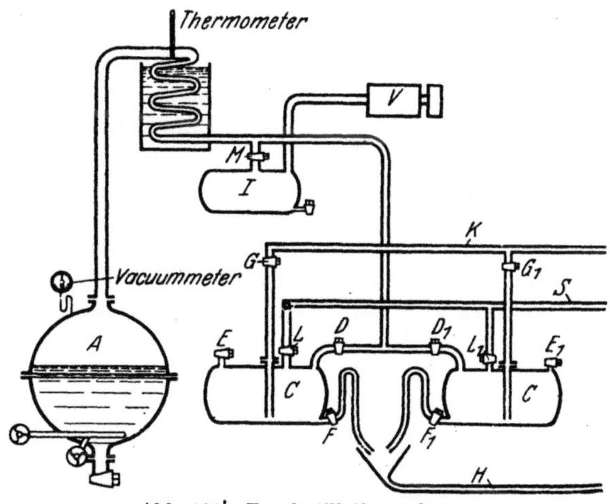

Abb. 111. Teerdestillationsanlage.

Vorlagen. H ist eine kupferne Leitung mit Einfalltrichter nach den
großen Sammelzisternen der Retortendestillate, K eine eiserne Leitung
für die Leichtöle nach deren Vorratszisterne, S die Leitung für Druckluft. J ist die schmiedeeiserne Vorlage von 600 l Inhalt für das Kreosotöl und V eine Vakuumpumpe.

In Blase A werden aus den großen Sammelzisternen für die Retortendestillate 3000 l Teer eingesogen und, vorläufig ohne Vakuum, destilliert unter genauer Überwachung der Destillationstemperatur. Man gehe mit dieser nicht höher als 175⁰ und destilliere gegen den Schluß hin möglichst langsam, damit kein Guajacol mit übergeht. Während dieses Teiles der Destillation ist Hahn M geschlossen, Hahn D oder D_1 nach einer der Vorlagen C oder C_1 offen, desgleichen einer der Entlüftungshähne E oder E_1 und einer der Hähne F oder F_1, d. h. die mit der Vorlage kommunizierenden Hähne, in welche destilliert wird. Die Hähne G und G_1 sowie die Drucklufthähne L und L_1 sind geschlossen. Es destilliert ein Gemisch von Rohessig und Leichtöl nach einer der beiden Vorlagen C oder C_1, wo es sich in eine ölige obere und eine wässerige untere Schicht scheidet. Ist die Vorlage, in welche destilliert wird, mit Destillat gefüllt, dann beginnt durch ihr Siphonrohr der ölfreie Rohessig in das Trichterrohr H und durch dieses zurück nach den Sammelzisternen für die Retortendestillate zu fließen. Ist eine Vorlage mit Leichtöl gefüllt, z. B. C, dann schließt man die Hähne D, F und E, öffnet die Hähne G und L und drückt das Leichtöl nach der Vorratszisterne für dasselbe. — Unterdessen destilliert man in die Vorlage C_1, bei offenen Hähnen D_1, E_1 und F_1. Sobald die Destillationstemperatur 175⁰ erreicht hat, schließt man die Hähne D und D_1, öffnet Hahn M und destilliert das Kreosotöl mit Vakuum in die Vorlage J.

Durch die Destillation trennen wir also den Teer:

a) in Rohessig, welcher in die Sammelzisternen für die Retortendestillate zurückfließt,

b) in Leichtöl,

c) in Kreosotöl,

d) in den in der Blase verbleibenden Teer, den sog. Dickteer.

Das Leichtöl wird mit konzentrierter Schwefelsäure entharzt, mit verdünnter Natronlauge und mit Wasser neutral gewaschen und rektifiziert, indem man das Destillat in eine erste Fraktion bis 150⁰ und eine zweite von 150—175⁰ scheidet. Die erste findet als Leichtbenzin, die zweite als „Terpentinölersatz" willigen Absatz.

Aus dem Kreosotöl isoliert man das Medizinalkreosot (s. S. 219). Als Rückstand erhält man Schweröl, dessen Verarbeitung weiter unten besprochen wird.

Der Dickteer wurde früher in eine im Kesselhaus vor den Kesseln aufgestellte Zisterne mit Heizschlange und Bodenhahn gedrückt. Er floß daraus warm und dünnflüssig in Sägespäne, mit welchen man ihn mischte und unter den Kesseln verfeuerte.

In der modernen Zeit der Motoren kann man ihn besser verwenden. Man treibt ihn in großräumigen Retorten, welche man direkt mit Kohle oder mit Generatorgas beheizt, auf Pech ab. Das Pech findet mannigfaltige Verwendung: für die Black-Varnish-Herstellung, für Asphaltmischungen usw. Das Destillat ist ein hochsiedendes Schweröl.

Schweröl, gewonnen als Destillat des Dickteeres oder als Rückstand der Kreosotgewinnung, kann verwendet werden:

1. Im rohen Zustande in der Kienrußfabrikation (s. dort).

2. Mit Schwefelsäure entharzt und mit verdünnter Natronlauge und Wasser neutral gewaschen entweder als Dieselmotorenöl oder zum Kracken in Leichtöle und Benzine.

Malzextrakt.

Ein gelbbraunes, in Wasser fast klar lösliches Extrakt. Durchschnittliche Zusammensetzung: 20—25 % Wasser, 40—70 % Maltose, 2—16 % Dextrin, 0,25—1,5 % Milchsäure, 1,1—2,1 % Asche, 0,3—0,4 % Phosphorsäure als P_2O_5 berechnet.

Bei der Herstellung von Malzextrakt ist Hauptsache, daß die Arbeit an einem Tage bis zum Schlusse durchgeführt wird. Bei längerem Stehen nimmt angefeuchtetes Malz bald einen fauligen Geruch und Geschmack an; auch die verdünnten Auszüge verderben sehr rasch. Man muß also so disponieren, daß die Arbeit frühmorgens begonnen am Abend so weit erledigt ist, daß alles gewonnene Extrakt bereits bis zur Sirupkonsistenz eingedampft ist.

Man extrahiert das geschrotete Malz am besten auf dem Perkolationswege, wofür man drei Stückfässer von je 600 l Inhalt verwendet (vgl. Abb. 112). In

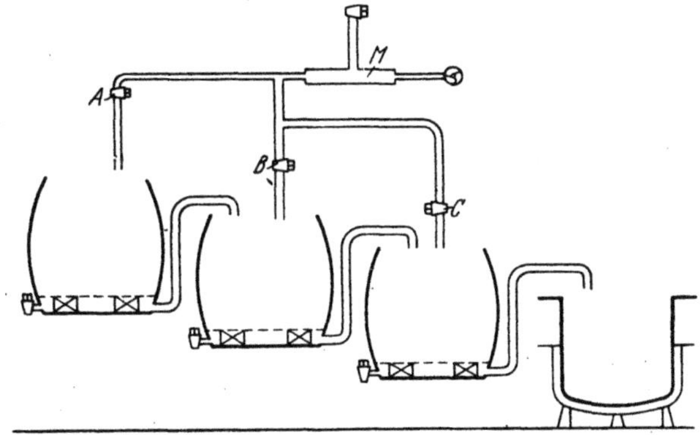

Abb. 112. Malzextraktionsanlage für den Betrieb.

jedem derselben ist in einer Höhe von 10 cm über dem Boden ein durchlochter Siebboden aus Holz angebracht, welcher mit Sackleinwand überzogen ist. Die drei Fässer sind durch kommunizierende Röhren miteinander verbunden. Am Boden eines jeden Fasses ist ein Holzhahn angebracht. — Auf die Beschickung der Fässer ist große Sorgfalt zu verwenden. Einerseits können störende Luftwege leicht zu einer schlechten Extraktion führen, anderseits besteht die Gefahr der Verstopfung, wodurch sich noch unangenehmere Folgen ergeben. Zunächst bedeckt man das Tuch auf dem Siebboden mit einer Schicht Stroh, dann mit einer 10 cm hohen Schicht vorher angefeuchtetem geschrotetem Malz, dann abwechselnd mit Stroh und vorher angefeuchtetem Malz bis an den oberen Rand des Fasses. Obenauf legt man einen durchlochten Holzdeckel, der mit einem Steine beschwert wird, damit er nicht schwimmt. Schon während des Beschickens läßt man aus dem Mischventil M durch den Hahn A auf 60⁰ angewärmtes Wasser in das erste Faß fließen. Durch den Überlauf fließt die Brühe aus dem ersten Faß auf den Inhalt des zweiten und von dort auf denjenigen des dritten. Das Schrot ist, wie schon erwähnt, beim Einfüllen in die Fässer bereits gut durchfeuchtet. Vom dritten Fasse fließen die Brühen in einen emaillierten Doppelwandkessel, worin sie kurze Zeit aufgekocht werden. Dabei koagulieren die im Malz erhaltenen Eiweißstoffe und schlagen die Verunreinigungen nieder, so daß nach dem Abfiltrieren des koagulierten Eiweißes eine klare Lösung bleibt. Man filtriert also die aufgekochten Brühen und dampft sie im Vakuum ein. Der Vakuumverdampfer darf, ebenso wie der Doppelwandkessel, nicht aus Kupfer bestehen, weil dann durch im Malz vorhandene Säuren, vor allem Milchsäure, Kupfer in das Extrakt gelangen würde. Man nimmt eisenemaillierte Apparate oder solche aus Aluminium.

Die Extraktion setzt man so lange fort, als die Brühen für Auge und Zunge noch deutlich wahrnehmbare Extraktionsmengen zeigen. Wenn das erste Faß erschöpft ist, leitet man das angewärmte Wasser aus dem Mischventil durch den Hahn B direkt auf den Inhalt des zweiten Fasses, und wenn dessen Inhalt erschöpft ist, auf das dritte. Es empfiehlt sich, die ausgezogenen Malzmengen immer sofort zu beseitigen, da dieselben schon nach kurzer Zeit einen fauligen, ekelhaften Geruch annehmen. Mit steigender Verdünnung der Extraktionslaugen nehmen auch die Eiweißstoffe, welche durch ihre Koagulierung die Verunreinigungen niederschlagen, ab. Man erkennt das daran, daß beim Kochen kein sich zusammenballender Schaum mehr entsteht. Man setzt dann jeder Aufkochung einige Liter geschlagenes Hühnereiweiß zu. Das Malzextrakt wird noch am gleichen Tage im Vakuum zu einem dicken Sirup eingeengt.

Die Ausbeute beträgt ungefähr 70% des in Arbeit genommenen Malzes, der Wasserverbrauch ungefähr das Fünffache der Malzmenge.

Aus dem dicken Extrakt gewinnt man durch Eintrocknen im Vakuumtrockenschrank das trockene Malzextrakt, das um so beliebter ist, je leichter und schaumiger es anfällt. Um zu einem solchen Produkt zu gelangen, dickt man den Extrakt im Vakuumverdampfapparat sehr stark ein, streicht den dickflüssigen Sirup in die Cuvetten des Vakuumtrockenschrankes, heizt dort ohne Vakuum auf 65—70° an und gibt erst dann mit einem Male möglichst rasch das höchstmögliche Vakuum auf den Trockenschrank. Man erzielt auf diese Weise den gleichen Effekt wie beim Schaumtannin, s. dort S. 272.

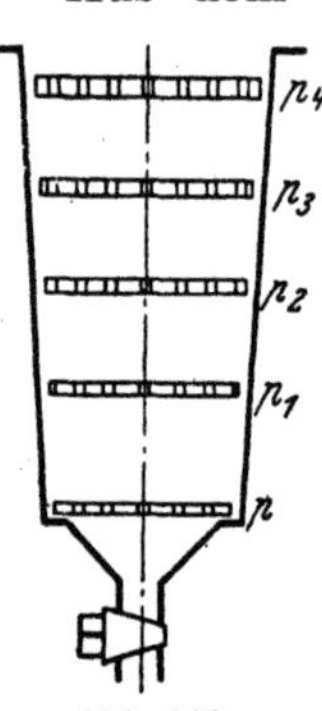

Abb. 113.
Perkolator für Malzextrakt.

Laboratoriumsversuch. Im Laboratorium verwendet man der Einfachheit halber statt einer Extraktionsbatterie einen Perkolator aus Porzellan oder emailliertem Eisen (siehe Abb. 113).

Ein Perkolator aus Kupfer oder aus Eisen ist aus bereits genanntem Grunde für diese Verwendung ausgeschlossen. — In den Perkolator von beispielsweise 3 l Inhalt legt man am frühen Morgen die unterste gelochte Platte p ein, dann eine 3-cm-Schicht grobes Strohhäcksel, dann eine 5-cm-Schicht in einer Kaffeemühle grob geschrotetes, von Staub abgesiebtes und bereits durchfeuchtetes Malz, dann die durchlochte Platte p_1, dann füllt man mit Wasser von 60° bis zur Höhe der Platte p_1, auf diese kommt wieder eine Strohhäckselschicht, darauf eine neue Malzschicht, dann die Platte p_2, dann wieder Wasser von 60⁰ bis zur Höhe der Platte p_2 usf., bis der Perkolator gefüllt ist. Man führt die Perkolation mit Wasser von 60⁰ in 2—3 Stunden zu Ende. Die in einer emaillierten Marmite von 10 l Inhalt gesammelten Laugen versetzt man bei einer Temperatur von höchstens 35⁰ unter Umrühren mit dem Eiweiß eines Hühnereis, kocht auf einem großen Gasbrenner kurz auf und filtriert noch heiß durch ein Faltenfilter, wobei man unverzüglich mit dem Einengen des abfließenden Filtrats in einem Abb. 82 veranschaulichten Vakuumverdampfapparat bis zur Sirupdicke beginnt. Das Volumen des Rundkolbens R soll nicht mehr als 2 l betragen. Man engt zunächst einen Teil der Lösung zur Sirupdicke ein und fügt erst dann weitere Lösung aus dem Tropftrichter zu, und zwar nur immer im Verhältnis, wie das Wasser abdestilliert. Auch Malzektrakt schäumt nämlich wie manche andere Lösung beim Erhitzen im konzentrierten Zustande weit weniger als im verdünnten. — Über die Gewinnung des trockenen Extraktes aus dem erhaltenen Sirup wird auf das bereits Gesagte verwiesen.

Molkereihilfsstoffe.

Laab. Unter Laab versteht man ein glykosidartiges Enzym aus den Kälbermagen, das in Form des flüssigen oder festen Laabes ein zur Abscheidung des Caseins aus der Milch zum Zwecke der Käsebereitung viel gebrauchter Hilfsstoff ist. Ursprünglich bediente sich die Käserei der Kälbermagen selbst. Der Laabgehalt der Kälbermagen ist naturgemäß ein verschiedener, was den Käser nicht leicht in den Stand stellt, dem gefällten Casein eine immer gleiche Konsistenz zu geben, ferner sind die Magen fast immer übelriechend, von Maden durchsetzt und dürfen nicht gewaschen werden, weil dadurch das Enzym herausgespült würde. Diese unsichere und hygienisch nicht einwandfreie Anwendung der Kälbermagen selbst hat dazu geführt, das Enzym zu isolieren und ein Produkt herzustellen, das von stets gleicher Wirkung dem Käser die erwünschte Gleichmäßigkeit seines Produktes ermöglicht. Heute werden große Mengen von Laab fabrikmäßig dargestellt.

Das Ausgangsprodukt sind die getrockneten Kälbermagen, und zwar, weil am reichsten an Laabenzym, diejenigen der sog. Saugkälber, d. h. solcher, die nur durch die Muttermilch genährt wurden. Die Magen von Freßkälbern sind viel weniger enzymhaltig. Man kann bei einiger Übung leicht Magen von Saug- und Freßkälbern in getrocknetem Zustande unterscheiden. Die letzteren sind viel größer und fühlen sich in der Struktur viel fester an. Die kleinen Magen der Saugkälber fühlen sich seidenweich an. Diese Magen sind selbst große Handelsartikel.

Apparatur.

1. Eine Häckselschneidemaschine oder ein Fleischwolf zum Schneiden der trockenen Magen. Die Magen müssen nur so zerschnitten werden, daß sie den Auszugslaugen möglichst großen Zutritt gewähren. Man schneidet sie erst in Streifen und dann in Blättchen von etwa 1 cm im Quadrat.

2. Ein 3000 l fassender Bottich aus Pitchpine mit kräftigem Rührwerk aus Holz.

3. Ein Saugfilter oder eine Filterpresse nach Art der zum Filtrieren des Bieres verwendeten, ohne Auslaugung.

4. Ein Bottich zur Aufnahme des Filtrates aus 3, mit Skala von 50 l zu 50 l.

5. Ein Bottich mit Rührwerk zur Darstellung von festem Laab. Das Rührwerk ist so konstruiert, daß es während des Absetzens des Inhaltes des Rührwerkbottichs hochgehoben werden kann.

6. Eine Presse. Für größere Betriebe eine hydraulische Presse.

7. Einige Nutschen, am besten Eddanutschen.

8. Eine Trockenkammer mit einer Einrichtung — Thermostat oder Absaugventilator —, die ein Überschreiten der Temperatur von 35⁰ darin verhindert. In dieser Trockenkammer befinden sich Hördchen aus Holzleisten mit darunter gehefteter Leinwand.

9. Für Laab in Pastillenform eine Pastillenkomprimiermaschine.

10. Eine Porzellankugelmühle und einige mittelfeine Haarsiebe.

Rohmaterialien.

1. Die Kälbermagen, besonders von Saugkälbern. Dieselben werden stückweise gehandelt. Bisweilen kann man auch frische Magen bekommen, z. B. von benachbarten Schlachthöfen, welche dann natürlich direkt in diesem Zustande extrahiert werden. — 50 trockene Magen wiegen durchschnittlich 1,5 kg, 50 frische 15 kg.

2. Kochsalz. Dasselbe wird in den meisten laabproduzierenden Ländern nach Denaturierung mit Laablauge steuerfrei abgegeben.

3. Technisch reine Borsäure.

Arbeitsgang.

Den Rührbottich Nr. 2 beschickt man mit 2000 l einer durch Leinwandbeutel filtrierten Kochsalzlösung von 10—12° Bé, wärmt mit einer hineingelegten Dampfschlange auf 25—30° an, gibt 175 kg zerschnittene Kälbermagen hinzu und läßt das Rührwerk 3mal 24 Stunden im Gang, nach welcher Zeit die Magen extrahiert sind. Man läßt $^1/_2$ Tag absetzen und zieht dann die an sich schon ziemlich blanke Lösung durch eine Filterpresse oder durch ein Saugfilter. Das Filtrat sammelt man in Nr. 4 mit Maßeinteilung von 50 zu 50 l. Die im Rührbottich Nr. 2 verbliebenen Magen mischt man mit Häcksel und preßt die entstandenen Kuchen aus. Dies wiederholt man noch zweimal, so daß die Preßkuchen vom größten Teil der Salzlauge befreit sind. In diesem Zustande, d. h. von der Salzlauge möglichst befreit, stellen sie in gut getrocknetem Zustande ein gutes Geflügelfutter dar. Der Preßsaft der ersten Pressung wird noch nachfiltriert und dann mit der Hauptmenge der Lösung vereinigt, die von der zweiten und dritten Pressung erhaltenen Waschwässer verwendet man zum Einstellen der Laablösung auf 1 : 10000 oder statt Wasser bei einem neuen Ansatz.

Die erhaltene gelbbraune Flüssigkeit ist Laablösung, welche gewöhnlich eine Stärke von 14000—16000 hat. Die Erklärung dieses Begriffes 14000—16000 findet sich weiter unten im Abschnitt über Laabeinstellung. Man stellt sie, nachdem man durch die unten beschriebene Prüfungsmethode die Stärke festgestellt hat, durch Vermischen mit 4proz. Borsäurelösung auf Laab, flüssig, in der Stärke von 1 : 10000, ein. Dies erklärt, warum der Bottich Nr. 4 graduiert ist. Es empfiehlt sich, das flüssige Laab immer etwas stärker als 1 : 10000 einzustellen, da die Wirksamkeit abnimmt. — Die eingestellte Lösung füllt man auf Literflaschen von grünem Glas, die die Etikette tragen: „Laab flüssig 1 : 10000“.

1 l dieses flüssigen Laabes legt 10000 l Milch innerhalb 40 Minuten dick.

Aus der mit Kochsalzlösung extrahierten Originalflüssigkeit, d. h. der noch nicht mit Borsäure versetzten, stellt man das Pulverlaab in folgender Weise dar: In den unter Nr. 5 der Apparaturangaben erwähnten Rührbottich gibt man die Originallauge und übersättigt sie unter beständigem Rühren mit Kochsalz. Man setzt das Kochsalz in kleinen Portionen zu, bis es sich nicht mehr löst und die Lösung 28° Bé spindelt, und fügt dann noch einige Schaufeln Kochsalz zu, die ungelöst bleiben. Darauf rührt man 4 Stunden durch, zieht dann das Rührwerk hoch und läßt 24 Stunden absetzen. — Laab ist in dünner Kochsalzlösung von 10—12° Bé löslich, scheidet sich aber in konzentrierter vollständig aus. Nach 24stündigem Absetzen zieht man die Laugen ab und läßt den Rückstand auf Filterbeuteln abtropfen. Dann bringt man in die Zentrifuge oder auf die Nutsche und trocknet schließlich im Dampftrockenschrank bei einer 35° nicht übersteigenden Temperatur. Man mahlt in der Porzellankugelmühle, siebt durch ein Haarsieb und stellt das erhaltene Pulver nach der untenstehenden Methode auf die Stärke von 1 : 100000 ein. Die von der Laabfällung herstammende Salzlauge kann man entsprechend verdünnt wieder zum Neuansatz von flüssigem Laab verwenden. Natürlich kommt einmal der Zeitpunkt, wo diese Laugen zu dunkel werden und nur teilweise verwendet werden können oder ganz ausgeschaltet werden müssen.

Prüfung bzw. Einstellung des Laabes oder der Laabflüssigkeit.

Aufgabe. Es gilt festzustellen, wieviel Teile Milch von 35° innerhalb 40 Minuten „dickgelegt“ werden.

Ausführung. Man verdünnt 10 cm³ flüssiges Laab mit destilliertem Wasser auf 100 cm³ oder löst 10 g Laabpulver in 1 l destillierten Wassers. In einer Porzellanschale erwärmt man 200 cm³ frische Milch von nicht mehr als 7 Säuregraden auf 35⁰ und läßt 10 cm³ einer der obigen Flüssigkeiten rasch und unter Umrühren mit einem Thermometer hinzufließen. Die Zeit vom Eintritt des letzten Tropfens der Laablösung bis zur Ausscheidung des ersten Laabgerinnsels ist die Zeit, die zur Laablegung erforderlich ist und dient als Grundlage zur Berechnung der Laabkraft. Sie wird mit Hilfe einer Arretieruhr bestimmt. An Stelle eines Thermometers zum Umrühren lassen viele Praktikanten die mit der Laablösung gemischte Milch über den Daumen der rechten Hand fließen, indem sie mit dem Zeigefinger leicht über den Daumen streichen. Sie sehen den Moment als Eintritt der Laablegung an, in welchem sich auf der Innenseite des Daumens das erste Gerinnsel zeigt. Die ganze Prüfung ist nach einiger Übung sehr einfach. Es ist höchstens ratsam, daß immer zwei Leute die Probe machen, wobei der eine dieselbe ausführt, während der andere die Uhr beobachtet. Man macht mit demselben Laab mehrere Prüfungen und stellt das Mittel fest, aus welchem man die Mischungsverhältnisse für „Flüssiglaab" (mit Borsäurelösung) oder für „festes Laab" (Laabpulver mit Milchzucker, Kochsalz oder Salpeter) berechnet.

Die Bestimmung der Stärke berechnet sich nach folgendem Beispiel:

Angenommen, es hätte 20 Sekunden gedauert, um bei der obigen Prüfung 200 cm³ Milch dick zu legen. Dann würden, da die Laabkraft sich proportional der angewandten Zeit auswirkt, in 1 Minute 600 cm³ dick gelegt werden und in 40 Minuten 24 l. Es legen also 0,1 g Laab 24 l, 1 g 240 l Milch innerhalb 40 Minuten dick, oder 1 T. 240000 T. Wir müßten also ein Laab von 1 : 240000 durch Vermischen mit trockenem Kochsalz, Milchzucker oder Salpeter auf die gewünschte Stärke von 1 : 100000 einstellen. — Flüssiges, direkt aus der Extraktionsarbeit erhaltenes Laab von einer durchschnittlichen Stärke von 14000 bis 16000 wird durch Borsäurelösung auf die Stärke von 10000—11000 eingestellt. — Nach der Einstellung des festen, trockenen Laabs, zu der man möglichst reines, chlorcalcium- und chlormagnesiumfreies Kochsalz verwendet, trocknet man noch einmal bei einer 35⁰ nicht übersteigenden Temperatur nach und siebt. — Das Laabpulver kommt in Papierbeutelchen in den Handel, die in Blechdosen mit der Aufschrift „Laabpulver 1 : 100000" versendet werden. 1 T. dieses Laabpulvers legt 100000 T. Milch innerhalb 40 Minuten bei 35⁰ dick.

Es existiert im Handel auch noch ein Laabpulver 1 : 200000. Bei dessen Darstellung vermeidet man den Überschuß von Kochsalz bei der Laabfällung, der ja, wie aus dem bereits Gesagten ersichtlich ist, mit in das Laabpulver gelangt und durch dessen Vermeidung die Stärke des Laabes von selbst steigt. Man wird in diesem Falle bei der Prüfung, bei der man auf die zur Prüfung benötigten 10 g zur besseren Lösung 10 g Kochsalz zufügt, auf eine Stärke von ungefähr 240000 stoßen und entsprechend einstellen. Übrigens ist Laabpulver 1 : 200000 mehr Reklameartikel.

Aus dem Laabpulver macht man heute auch Tabletten und Pastillen von 0,5 bis 1 g Gewicht. Die Komprimierung erfolgt ohne Zusätze mit den üblichen Tablettenmaschinen.

Im Kleinhandel für den Haushalt in Gegenden, wo sog. süße Dickmilch konsumiert wird, wird auch eine sog. Laabessenz verkauft. Seine Herstellung besteht in der Mischung von:

Laabpulver 1 : 100000 . . 0,200 kg   Weißwein . . . . 18,260 kg
Kochsalz . . . . 0,740 „   Spiritus 92 % . . . . . 1,000 „

Butterfarbe. In einem kupfernen oder emaillierten Doppelwandkessel erhitzt man 77 kg Orleans, 11 kg Curcuma und 177 kg Rüböl mehrere Stunden unter kräftigem Umrühren mit einem Holzspatel. Nach dem Erkalten wird ausgepreßt und dann durch einen Heißwassertrichter filtriert. Durch Zusatz von weiterem Rüböl stellt man auf eine bestimmte Farbstärke ein, die durch Vergleich mit einem Standardmuster festgestellt wird. Hauptsache bei der Butter- wie auch bei der im folgenden zu besprechenden Käsefarbe ist, daß das Produkt immer dieselbe Färbekraft hat. Dieselbe prüft man durch Vergleich recht dünner Lösungen, wie 1 : 10 oder besser 1 : 100, in farblosem Paraffinöl.

Käsefarbe. 10 kg Orleans, 1,4 kg Kali caust. dep. und 0,5 kg Borax werden mit Wasser aufgekocht und nach erzielter Lösung auf 25 kg aufgefüllt und filtriert. Dann stellt man mit destilliertem Wasser auf eine bestimmte Stärke ein (vgl. Butterfarbe).

Butteraroma. Man löst 2,5 kg Gärungsbuttersäure in 25 kg Glycerin und neutralisiert mit Natriumbicarbonat, wovon man ungefähr 1,25 kg benötigt. Ferner löst man 30 g Cumarin in Feinsprit von 96 % und setzt 35 g Aether butyricus hinzu. Endlich digeriert man 50 g Safran mit 500 g heißem Wasser und 2 kg Glycerin und filtriert nach einigen Tagen. — Dann gibt man alle drei Lösungen zusammen.

1 T. dieses Butteraromas gibt 1000 T. Margarine den Geruch und Geschmack frischer Butter.

Vegetabilisches Laab. Die Blüten von Cynara cardmukulus, einer in Südamerika, vor allem Brasilien heimischen Composite enthalten ein Ferment, das wie das Laabferment des Kälbermagens wirkt. Die Blüten kommen unter dem Namen Flores de Cardo in den Handel.

Dieselben werden zur Herstellung des vegetabilischen Laabes mit Kochsalzlösung digeriert, und zwar übergießt man 17,5 kg Flores de Cardo, die fein geschnitten sind, mit 200 l 10proz. Kochsalzlösung und digeriert 8 Tage unter öfterem Umrühren. Dann koliert man von dem Rückstande und preßt diesen aus. Die Kolatur mit den Preßsäften wird auf neue 17,5 kg Blüten gegossen und mit diesen wieder 8 Tage digeriert. Diesen Prozeß wiederholt man mit der Brühe noch zweimal, so daß schließlich 70 kg Blüten mit der gleichen Brühe ausgelaugt sind. Man verreibt 0,4 kg Thymol zu feinem Pulver und mischt dasselbe unter die Brühen. Das Ganze füllt man mit Wasser auf 200 Liter, nicht Kilogramm. — Auf den Wirkungswert wird wie beim Laab aus Kälbermagen geprüft und eingestellt.

Vegetabilisches Laab wird an Stelle von Laab aus Kälbermagen gebraucht für die Abscheidung von Casein aus Milch, wenn die Konsumenten des ausgeschiedenen Quarks und Käses Vegetarianer strenger Observanz sind, oder wenn eine gewisse Strenggläubigkeit die Verwendung von Tierteilen verbietet, die nicht nach besonderem Ritus getötet sind.

Pepsin.

Pepsin ist ein Verdauungsenzym des Schweinemagens, und diese dienen als Ausgangsmaterial der Pepsingewinnung. Man entfernt aus denselben mit scharfen Messern die Schleimhäute und wäscht sie, wenn sie in gesalzenem Zustande geliefert wurden, einmal mit kaltem Wasser ab. 60 kg der im Fleischwolf zerkleinerten Schleimhäute werden mit 90 l einer wässerigen Lösung, welche 15 g Borsäure und 100 g Kochsalz im Liter enthält, in einem Tontopf 24 Stunden digeriert. — Nach dieser Zeit mischt man so viel geschnittenes Stroh, Häcksel oder Reisspelzen unter die Masse, daß diese plastisch wird. Die Masse schlägt man in Tücher ein und preßt sie in einer hydraulischen oder in einer Spindelpresse aus. Die Preßrückstände werden noch einmal mit Wasser durchgemischt und wieder ausgepreßt.

Die Preßsäfte, welche schon leidlich klar sind, versetzt man mit 3,3 % ihres Gewichtes an Chlorcalcium. Wenn dieses gelöst ist, fügt man 7 % vom Preßsaftgewicht an krystallisiertem Glaubersalz hinzu. Es scheidet sich Gips aus, der den Saft klärt. Erfahrungsgemäß wird dabei nur wenig Enzym mitgerissen; immerhin wird der Gipsbrei nach der Filtration noch einmal mit Wasser angeteigt und filtriert. Das Waschwasser des Gipsbreies wird bei der folgenden Operation verwendet.

Den durch die Gipsfällung geklärten Saft filtriert man durch Spitzbeutel und gibt dann auf 90 l Saft 22,5 kg Kochsalz hinzu. Ein Teil des Enzyms scheidet sich schon infolge des Kochsalzzusatzes aus.

Vollendet wird die Ausscheidung durch Zusatz von chemisch reiner Salzsäure vom spez. Gew. 1,124, und zwar von 5 g je Liter Lösung. Die Fällung nimmt man am besten in weithalsigen Flaschen von 12,5—15 l Inhalt vor.

Das flockig ausgeschiedene Enzym wird auf Kolierrahmen gesammelt, wo man die Flüssigkeit gut abtropfen läßt. Dann preßt man das Enzym zwischen Preßtüchern mit langsam steigendem Druck aus. Die Preßkuchen werden mit ihrem eigenen Gewichte an Milchzucker innigst verrieben und im Dampftrockenschrank bei einer 35⁰ nicht übersteigenden Temperatur getrocknet. — Das Trockengut wird in einer Porzellankugelmühle feinst gemahlen und dann eingestellt.

Die Prüfungen der verschiedenen Arzneibücher bestimmen alle die eiweißlösende Kraft einer bestimmten Menge Pepsin, welche an einer bestimmten Menge koagulierten Eiweißes in einer bestimmten Zeit gemessen wird. Alle bisher bekannten Pepsinbestimmungsmethoden sind also nicht im Sinne strenger quantitativer Analysen zu verwerten. Wenn auch die sorgfältige Beobachtung einer Reihe von Punkten vorgeschrieben ist, bleibt dennoch dem subjektiven Empfinden ein recht großer Spielraum.

Vor allem muß das zur Bestimmung dienende Ei frisch sein. Alte Eier geben ungenaue Resultate, Kalkeier sind gar nicht zu gebrauchen. — Man legt zunächst die Eier 10 Minuten in warmes Wasser, damit beim Kochen die Schalen nicht platzen. Dann kocht man 10 Minuten, trennt das Weiße vom Gelben, reibt das Weiße durch ein Sieb, welches 10 Maschen auf den Quadratzentimeter hat, bringt 10 g dieses gekochten zerkleinerten Eiweißes in einen „Erlenmeyer", gießt 100 cm³ Wasser und 0,5 cm³ Salzsäure vom spez. Gew. 1,124 darauf und setzt 0,1 g Pepsin dazu. Nach der Vorschrift des D.A.B. VI soll das Eiweiß bei 40⁰ innerhalb von 3 Stunden gelöst sein.

Bei der Einstellung von höherprozentigem Pepsin, wie es das nach der obenstehenden Vorschrift bereitete ist, muß man mehr auf die gelöste Menge als auf die Zeit achten. Man setzt eine Reihe von Versuchen an, bei denen das Verhältnis von Pepsin und Eiweiß variiert. Aus den Resultaten findet man approximativ den Grad der Wirksamkeit des Pepsins. — Eine andere Methode ist die der Vergleichskontrolle mit dem bekannten Pepsin Armour 1 : 3000, welches man also gleichsam als Standart zu Rate zieht. 1 T. desselben wird mit 4 T. Milchzucker innigst gemischt. Das gleiche geschieht mit dem zu untersuchenden Rohpepsin. Beide aus je 0,1 g bereiteten Muster läßt man unter gleichen Kautelen auf 10 g Eiweiß bei 40⁰ einwirken, filtriert durch ein Tuch das unverdaute Eiweiß ab, preßt beide gleichmäßig stark zwischen Leinwand und wägt. Man kann auf diese Weise die Stärke des Rohpepsins gegen Armour ziemlich genau abmessen. Da das Pepsin des D.A.B. VI etwa 12—15% Armour entspricht, so kann man berechnen, wieviel dem Arzneibuch entsprechendes Pepsin aus dem vorliegenden Rohpepsin hergestellt werden kann. Eine Nachprüfung ist natürlich unerläßlich.

Das D.A.B. VI und die Pharmakopoea Rossica lassen mit einer Mischung von 4 T. Rohrzucker und 1 T. Milchzucker einstellen. — Die übrigen Pharmakopöen gebrauchen nur Milchzucker.

Präparat für kochsalzarme Diät.

Für die Durchführung einer kochsalzarmen Diät der Epileptiker und Neurastheniker werden Präparate verwendet, worin das Kochsalz durch Bromnatrium ersetzt ist. Der restlose Kochsalzersatz ist unmöglich, da das Bromnatrium immerhin wesentlich weniger salzig schmeckt als das Kochsalz. Die Präparate werden in Form von Pastillen verabreicht. Eine solche besteht meistens aus 0,5 g NaBr, 0,1 g NaCl, welches frei von Magnesium- und von Calciumchlorid sein muß, und 0,4 g einer auf Bouillongeschmack aromatisierten sog. Grundsubstanz.

Zur Darstellung dieser „Grundsubstanz" schließt man Speisegelatine, sog. Speiseleim, im Autoklaven auf. Man bringt 100 kg solchen und 400 l destilliertes Wasser in einen Autoklaven und erhitzt durch Dampf 4 Stunden auf 4 Atm. In dieser Zeit wird die Gelatine vollständig aufgeschlossen. Man läßt abkühlen und filtriert durch einen Filterbeutel. Das Filtrat engt man im Vakuum zu einem weichen Extrakt ein. Die derart erhaltene „Grundsubstanz" aromatisiert man. Hat man Maggiwürze oder einen ähnlichen Aromatisierungskörper zur Verfügung, so benützt man diesen. Im anderen Falle bereitet man sich seinen Aromatisierungskörper selbst nach einem der S. 420ff. angegebenen Rezepte. Wieviel Maggiwürze oder Aromaextrakt zuzufügen sind, muß ausprobiert werden. Man legt sich einen Typus fest. Den aromatisierten Grundkörper dampft man im Vakuumtrockenschrank bei hohem Vakuum und niedriger Temperatur zur Trockne ein und mahlt das Trockengut in einer Kugelmühle zu feinem Pulver. In diesem Pulver bestimmt man den Chlornatriumgehalt und mischt mit trockenem Bromnatrium im obengenannten Verhältnis. Dann formt man in einer Pastillenpresse Pastillen, meistens in Würfelform. Diese Pastillen müssen, weil sie sehr hygroskopisch sind, sofort nach ihrer Bildung durch besondere Maschinen in dünnes Pergamentpapier eingeschlagen und in die gut verschließenden Döschen verpackt werden.

In welchem Verhältnis die Aromatisierungskörper zur Darstellung der Pastillen genommen werden sollen, ist erstens Geschmacksfrage, dann eine solche der Kalkulation und endlich noch Gesetzesfrage, da in verschiedenen Staaten das Gesetz den Gehalt an Keratinen und an Kochsalz vorschreibt. Für medizinisch verwendete Pastillen kommen allerdings diese Gesetzesvorschriften weniger in Frage. Jedenfalls befleiße man sich einer sorgfältigen Geschmacksprüfung; denn je mehr die aus den Pastillen bereitete Bouillon auch einer feinen Zunge zusagt, um so mehr werden sich die Patienten, die, was Neurastheniker anbetrifft, durchweg den besseren Kreisen angehören, mit der Kur befreunden. — Es sei auch hier darauf aufmerksam gemacht, daß alle Aromatisierungskörper durch längere Lagerung — zum mindesten einige Monate — sehr an Feinheit des Aromas gewinnen.

Präparat zur reizlosen Proteinkörpertherapie.

Je 10 kg Hefe werden mit je 1 l Toluol durchfeuchtet und in der Knetmaschine vermischt. Der erhaltene Teig wird in weithalsige Flaschen von 15 l gefüllt, deren Boden eben mit Toluol bedeckt ist. Nach dem Einfüllen wird noch $^{1}/_{4}$ l Toluol gleichmäßig auf die Masse gegossen. Eine Reihe solcher Flaschen gelangt mit lose aufgesetzten Stopfen in den Brutraum, wo sie bei 30—35° sich selber überlassen werden. Nach einigen Stunden beginnt die Masse sich zu verflüssigen, und nach 3—4 Tagen zeigt sich in den Flaschen über dem Boden eine dunkelbraune Flüssigkeitsschicht, deren Höhe mit der Zeit zunimmt. Darüber schwimmt eine lichtbraune Masse. Nach etwa 12 Tagen hat die dunkelbraune Schicht ihr maximales Volumen erreicht und der Prozeß ist dann beendigt.

Der Flascheninhalt wird unter Zusatz von 250 g Kieselgur und 750 cm³ einer 20proz. Eiweißlösung durchgeschüttelt. (Die Eiweißlösung wird durch

Lösen in der Kälte von getrocknetem chinesischem Eiweiß in destilliertem Wasser hergestellt.) Nach gründlicher Durchmischung wird der Inhalt der Flaschen in einem emaillierten Doppelwandkessel 25 Minuten im Kochen gehalten, worauf man in einer abfiltrierten Probe auf das Vorhandensein der Biuretreaktion prüft. Das Kochen im Doppelwänder muß fortgesetzt werden, bis die Biuretreaktion verschwindet. — Nach dem Kochen wird noch möglichst warm über Faltenfilter filtriert. Die Filtration einer Flasche von 10 l dauert bei Verwendung von 4 Trichtern etwa 14 Stunden. Die Filterrückstände werden zweimal mit heißem Wasser nachgewaschen. Hierauf gibt man die Filter samt ihrem weichen Inhalt, zusammen mit ihrem halben Gewicht an Wasser, in den Doppelwandkessel zurück, erwärmt und gießt sofort wieder heiß auf Faltenfilter. Die zweite Filtration vollzieht sich bedeutend schneller als die erste. Von den beiden vereinigten Filtraten macht man bei 100—104° eine Trockenbestimmung. In der Regel findet man einen Trockenrückstand von 16—17 %, der durch Zusatz von destilliertem Wasser auf 10,5—10,75 % eingestellt wird. — Diese Lösung wird in Flaschen oder Ballons aufbewahrt. Die Flaschen sollen bis zum Halse gefüllt und mit einer dünnen Schicht Toluol überdeckt sein. Die Lösung stellt eine braune, trübe, sauer reagierende Flüssigkeit dar, in der die Trübung mit der Zeit absetzt.

Ampullenfüllung.

Von den Vorratsflaschen entnommene Lösung wird ohne Rücksicht auf eventuell etwas mitgeflossenes Toluol im Doppelwandkessel zum Kochen erhitzt. Während des Kochens wird so lange pulverisierte reine Soda zugesetzt, bis die Lösung nur noch ganz schwach sauer reagiert. Man kocht 15 Minuten, um alles Koagulierbare auszufällen und einen eventuellen Toluolgehalt zu entfernen, und gibt zum Schluß auf 10 l Lösung 250 g Kieselgur hinzu. Man filtriert abermals über 4 Faltenfilter, ermittelt im Filtrat den Trockengehalt bei 100 bis 104° und stellt mit destilliertem Wasser auf 10,5—10,75 % ein.

Vor dem Einfüllen in die Ampullen wird die so erhaltene vollständig klare Lösung noch einmal rasch aufgekocht, wobei der Kolben, in welchem dies geschieht, mit einem Wattebausch verschlossen wird. Der ausgekühlten Lösung wird 1°/₀₀ Phenol zugesetzt.

Die fertigen Ampullen werden bei 60° in Zeitabständen von 24 Stunden je 1 Stunde tyndalisiert.

Reagenspapiere.

Die Herstellung der Reagenspapiere bedarf in Anbetracht der hohen Ansprüche, die man an dieselben stellt, großer Sorgfalt.

Es wird Papier mit den eingestellten Lösungen bestrichen oder getränkt. Verwendet werden Postpapier oder Filtrierpapier; von dem letzteren werden die glatten, nicht grobporösen Sorten bevorzugt. Die Frage, ob Postpapier oder Filtrierpapier zu wählen ist, kann nicht a priori entschieden werden. Filtrierpapier hat den Vorzug, daß die Reaktion deutlicher beobachtet werden kann. Sie entwickelt sich langsamer und kann deswegen besser verfolgt werden, was besonders bei der Tüpfelmethode wertvoll ist.

Jedes Papier, das man zur Herstellung von Reagenspapier verwendet, muß vor der Tränkung entsäuert sein. Man bringt es zu diesem Zwecke in eine 1 proz. Ammoniaklösung und hängt es danach in einer Windkammer auf, wo es bei 15—20° getrocknet wird.

Nach der Trocknung erfolgt die Tränkung des Filtrierpapiers, bei Postpapier die beidseitige Einpinselung. Das mit Reagenslösung versehene Papier wird erneut in der Windkammer bei der gleichen Temperatur getrocknet. — Alle Reagenspapiere sollen also bei einer 20° nicht übersteigenden Temperatur getrocknet werden. Die Atmosphäre, in der getrocknet wird, muß natürlich von sauren, ammoniakalischen und schwefelwasserstoffhaltigen Gasen sorgfältig frei gehalten werden.

Im nachstehenden sind einige erprobte Vorschriften für die Herstellung der gebräuchlichsten Reagenspapiere aufgeführt.

1. Stärkepapier. Man rührt gute Weizenstärke mit ihrem eigenen Gewicht Wasser an, gießt dann die 50 fache Menge an kochendem Wasser darauf und

rührt gut durch, bis ein streichfertiger Brei entstanden ist. Mit diesem bepinselt man dann das Papier; Tränken durch Tauchen ist in diesem Falle nicht angebracht.

Man trocknet in der Windkammer.

Empfindlichkeit: 1 : 25000.

2. Kongopapier. 0,2 g Kongorot löst man in $^3/_4$ l reinem Alkohol von 90 % und $^1/_4$ l destilliertem Wasser. Mit dieser Lösung wird das Papier getränkt. Empfindlichkeit gegen SO_3 1 : 2500, gegen HCl 1 : 3000.

3. Blaues Lackmuspapier. 100 g guten Lackmus zieht man dreimal mit je $^1/_2$ l siedendem Alkohol von 90 % aus, filtriert vom Rückstand ab, digeriert diesen 24 Stunden lang bei Zimmertemperatur mit 1 l Wasser und filtriert wieder.

Das wässerige Filtrat wird nun auf freiem Feuer zum Sieden erhitzt und tropfenweise vorsichtig mit verdünnter Schwefelsäure versetzt, bis 1 cc, mit 100 cc destilliertem Wasser versetzt, violettblau gefärbt ist. Man verdünnt dann die Lösung mit ihrem eigenen Gewicht Wasser. Mit dieser Lösung tränkt man das Papier.

Empfindlichkeit: 1 Tropfen einer Mischung von 1 cc $^1/_{10}$ n Salzsäure mit 99 cc Wasser muß das blaue Lackmuspapier sofort und deutlich röten.

NB. Die spirituose Lösung hat dem Lackmus nur die reaktionsschädlichen Harze entzogen. — Man gewinnt daraus den Alkohol durch Destillation zurück.

4. Rotes Lackmuspapier. Die vorstehende Originallösung wird weiter mit verdünnter Schwefelsäure versetzt, bis 1 cc davon mit 99 cc destilliertem Wasser versetzt blaßrot ist. Nachdem diese Färbung der Lösung erreicht ist, verdünnt man sie mit ihrem eigenen Gewicht Wasser und tränkt damit das Papier.

Empfindlichkeit gegen KOH 1 : 15000, gegen NH_3 1 : 45000.

Beide Lackmuspapiere müssen vor Licht geschützt, am besten in geschlossenen Glasflaschen aufbewahrt werden.

5. Jodkaliumstärkepapier. Aus 30 g Weizenstärke macht man, wie unter Stärkepapier beschrieben, einen Stärkekleister im Gewichte von 1 kg. In diesem löst man 4 g Jodkali, gießt durch ein Tuch und trägt auf das Papier auf.

6. Bleipapier. Mit einer 10proz. Lösung von essigsaurem Blei tränkt man, wie vorstehend angegeben, das Papier.

Ruß.

Das weitaus größte Anwendungsgebiet für Ruß ist die Fabrikation von Druckfarben. Im großen Abstand folgen als weitere Konsumenten die Gummiartikelindustrie, namentlich die der Galoschen, und die der Grammophonschallplatten.

Quantitativ spielt der Rohöl- oder Rohnaphthalinruß, der fast ausschließlich für die Herstellung von Zeitungsfarben verwendet wird, die Hauptrolle. Er wird entweder durch Verbrennen von Rohnaphthalin oder von Rohölen der Kohlen- und Holzdestillation, sehr oft auch von Gemischen von Naphthalin und Ölen unter beschränktem Luftzutritt hergestellt. — Feinere Sorten Ruß (Lampenruß) erhält man aus raffiniertem Petroleum und Solaröl, feinste Sorten aus Leucht- oder Naturgas.

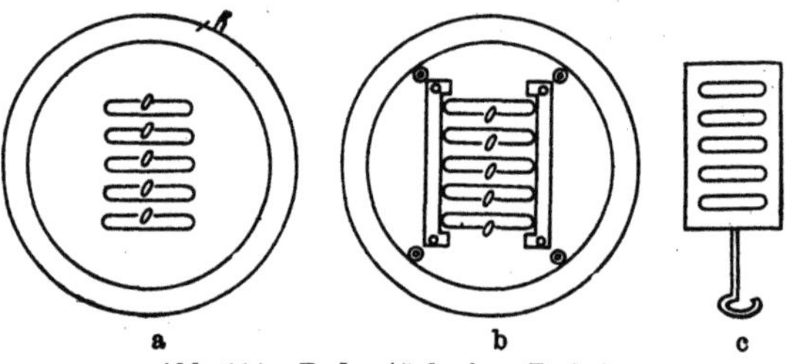

Abb. 114. Bodenstück eines Rußofens.
a = Ansicht von oben; b = von unten; c = Schieber.

Eine Rußanlage besteht aus 2 Hauptteilen:

1. Dem Verbrennungsraum mit den Rußöfen oder -lampen.

2. Den Kammern, worin der Ruß absetzt. — Diese Kammern nehmen ein sehr großes Volumen ein, da trotz der geringen Gasbewegung in denselben der spezifisch sehr leichte Ruß nur langsam absetzt.

Es versteht sich von selbst, daß die Baumaterialien einer Rußfabrik nur in Eisen, Steinen und Zement bestehen können.

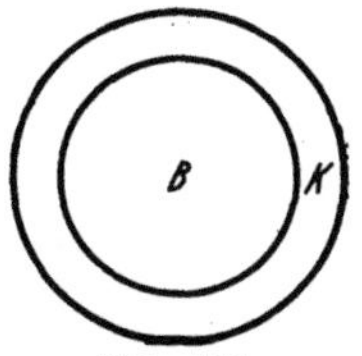

Ein Ofen für Rohöl- oder Rohnaphthalinruß ist aus folgenden Teilen zusammengesetzt:

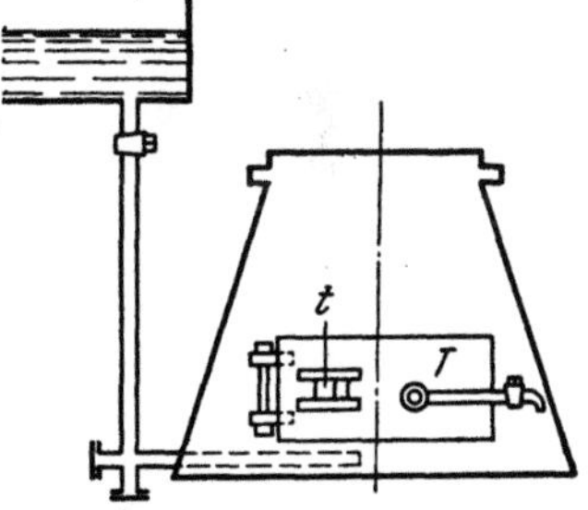

Abb. 115.
Verbrennungspfanne
eines Rußofens.

a) Dem Bodenstück nach Abb. 114, aus feuerfestem Gußeisen von 1,5 cm Dicke. Dasselbe bildet einen Teller von 1 m Durchmesser und 25 cm Tiefe. Im 8 cm breiten Rand des Tellers ist eine Rinne R von 3 cm Tiefe, in welcher der „Helm" (s. Abb. 116) sitzt. Die Schlitze ooo im Bodenstück vermitteln den Luftzutritt, welcher durch den in Abb. 114c veranschaulichten Schieber aus ebenfalls 1,5 cm starkem feuerfestem Gußeisen reguliert werden kann. — Das Bodenstück steht auf 4 Füßen von 12—15 cm Höhe.

b) Der wirklichen Verbrennungspfanne (Abb. 115). — Dieselbe steht mit 3 Füßen auf dem Bodenstück und besteht aus 2 cm dickem feuerfestem Gußeisen. Sie hat eine Tiefe von 15 cm, einen flachen Boden von 50 cm Durchmesser und eine konische Seitenfläche K. Der Durchmesser der ganzen Pfanne beträgt 75 cm.

c) Dem „Helm" (Abb. 116) aus feuerfestem Gußeisen von 2,5 cm Dicke und 1 m Höhe. Derselbe sitzt in der Rinne R

Abb. 116. „Helm" eines Rußofens.

des Bodenstückes. Die große Türe T dient zum Einfüllen von Teeröl oder Rohnaphthalin und ist kräftig und solid nach Art der Türen von Dampfkesselfeuerungen mit innerem Schutzblech gebaut; durch die kleine Schiebertüre t beobachtet man den Vorgang der Verbrennung.

Eine Anzahl solcher Rußöfen, meistens fünf, sind im Ofenraum D (s. Abb. 117) in regelmäßigen Abständen auf zementierten Fundamenten vor der Mauer c aufgestellt. Der Ofenraum besteht aus gewöhnlichen Backsteinmauern mit diversen Eingängen und Fenstern

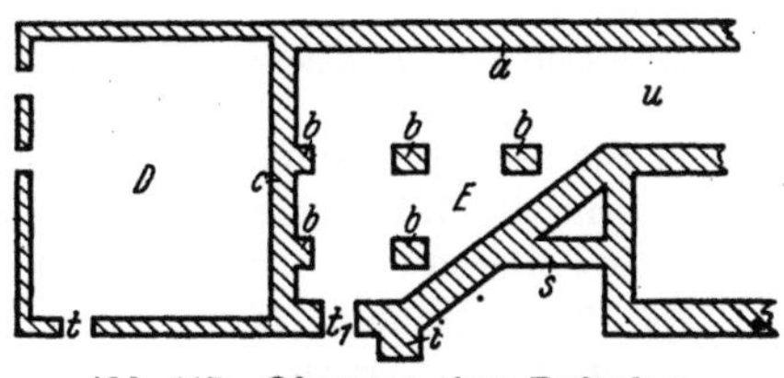

Abb. 117. Ofenraum einer Rußanlage.

und einem Wellblechdache, welches der Hitze halber mindestens 7 m über dem Fußboden liegt. Die Waschvorrichtungen für die Bedienungsmannschaft der Rußanlage befinden sich meistens ebenfalls im Ofenraum.

Auf dem Helm jedes Ofens sitzt ein Rohr aus gestanztem Schmiedeeisen. Diese Rohre führen im stumpfen Winkel zu runden Öffnungen von je 40 cm Durchmesser in der Mauer C, durch welche Öffnungen die Verbrennungsgase samt dem Ruß in den Vorraum E gelangen. Die „Kränze" um diese Maueröffnungen sind aus feuerfesten Steinen mit Kalkpaste als Mörtel, also ohne Sand oder Zement, gemauert. Die Schmiedeeisenrohre reichen nur 2 cm in die Maueröffnungen hinein, denn wenn sie dieselben durchqueren würden, wären sie in kürzester Zeit durch die Mauerhitze zerstört. Damit in ihnen Verstopfungen durch Rußablagerung besser vermieden werden, führen sie, wie bereits erwähnt, im stumpfen, nicht im senkrechten Winkel in die Maueröffnungen. — Die Dichtungen der Rußöfen und der Rohre in den Maueröffnungen bestehen aus Eisenkitt und müssen täglich erneuert werden.

Abb. 118. Senkrechter Schnitt durch den Vorraum.

Im Raum E herrscht während der Rußerzeugung die größte Hitze und die größte Druckgefahr in der ganzen Anlage. Seine Ummauerung ist dementsprechend stark bemessen und durch den äußeren Stützpfeiler i und die Quermauer s verstärkt. Am geringsten ist die Hitze über dem Boden, weswegen die Seitenwände auch auf ihrer Innenseite sowie die Gewölbestützpfeiler bbb bis zu 1 m Höhe aus gewöhnlichen Backsteinen bestehen. Über dieser Höhe ist der ganze Innenraum von E aus feuerfesten Steinen mit feuerfestem Mörtel gemauert. — Die Stützpfeiler bbb von je 1,4 m Höhe müssen tief und solid fundamentiert sein, ebenso die Seitenwände.

Über den inneren Hälften der Stützmauern und über den Stützpfeilern liegen $\perp$-Eisen (Abb. 118), auf welchen halbkreisförmige Gewölbe von 2,2 m Durchmesser in der ersichtlichen Weise aufgeführt sind. Der Boden des Vorraumes besteht aus Zement. Die Öffnung t_1 (Abb. 117) ist durch eine schmale, doppelte Eisentüre verschlossen.

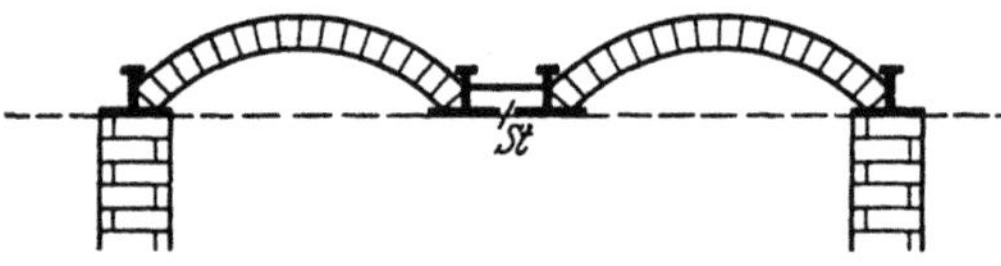

Abb. 119. Schnitt durch die Gewölbe des großen Gewölbebaus.

Aus dem Vorraume E treten die Verbrennungsgase mit dem Ruß in den großen Gewölbebau, worin die Hauptmenge des Rußes sich langsam absetzt. Dieser große Gewölbebau hat im Verhältnis zur produzierten Rußmenge gewaltige Proportionen. Mit 5 Rußöfen von den beschriebenen Dimensionen produziert man je nach dem verwendeten Ausgangsmaterial täglich 500—800 kg Ruß, und um diese Mengen aus den Verbrennungsgasen absetzen zu lassen, ist ein zweistöckiger Gewölbebau von 28 m Länge, 8,5 m Breite und 8 m Höhe notwendig. Jedes seiner beiden Stockwerke enthält drei kommunizierende Gewölbegänge von 3,5 m innerer Höhe. Die Gewölbebogen sind im großen Gewölbebau der billigeren Konstruktion halber nicht halbkreisförmig wie über dem Vorraum E, sondern oval. Diese Gewölbe ruhen auf $\mathbf{I}$-Eisen, wie in der Abb. 119 veranschaulicht wird. An den Stellen, wo diese I-Eisen nicht direkt auf Mauern aufliegen wie über den Durchgängen f und f_1 im ersten und zweiten Stockwerk (Abb. 120 u. 121), befindet sich zwischen den zwei I-Eisen als Abschluß eine Steinreihe St (Abb. 119).

Die Stützmauern und vor allem die beiden Längswände des großen Gewölbebaues müssen sehr stark fundamentiert sein, die Böden desselben sind, wie derjenige des Vorraumes E, zementiert. Über dem Gewölbe des unteren Stockwerkes werden die Vertiefungen mit Schlacke ausgefüllt, und auf diese Schlackenfüllung wird der Zement-

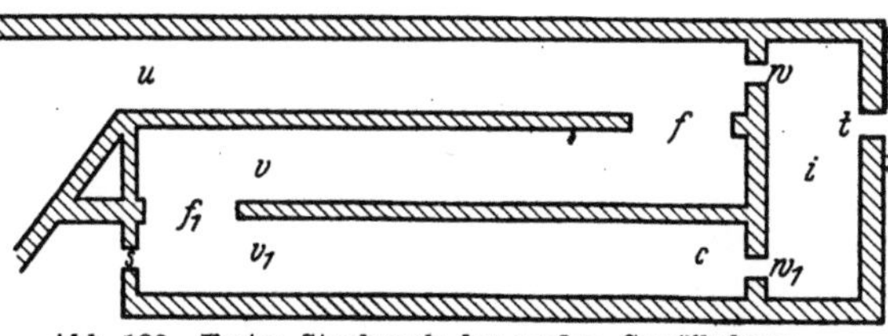

Abb. 120. Erstes Stockwerk des großen Gewölbebaus.

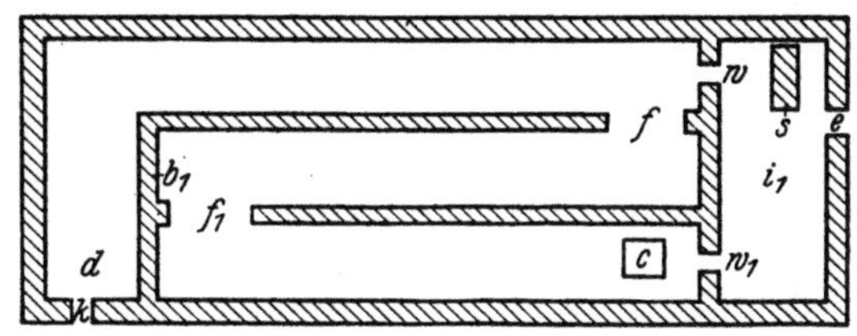

Abb. 121. Zweites Stockwerk des großen Gewölbebaus.

boden des zweiten Stockwerkes gegossen. — Die Quermauer b_1 (s. Abb. 121) des oberen Stockwerkes ruht frei auf dem Gewölbe des unteren Stockwerkes. Dasselbe ist deshalb in der in Abb. 122 veranschaulichten Weise verstärkt.

Im Gewölbe jeden Ganges des oberen Stockwerkes sitzen je zwei eiserne Scharnierdeckel von 60 cm Quadratlänge, welche nicht nur zum Entlüften der Anlage während der Nacht, sondern eventuell auch als Sicherheitsventile dienen.

Der ganze Gewölbebau wird von außen durch ein System von I-Eisen und eisernen Querstangen zusammengehalten. Auf jeder

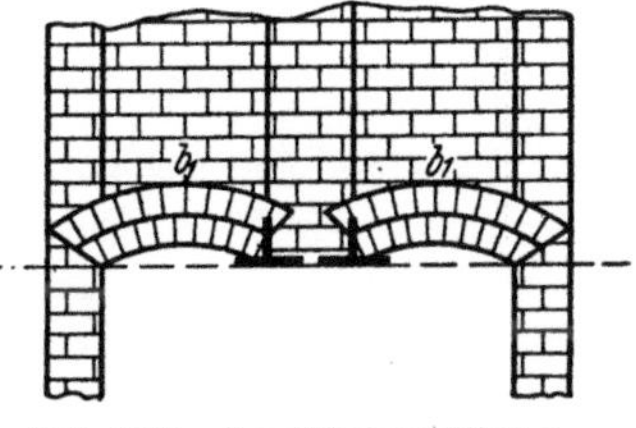

Abb. 122. Gewölbeverstärkung.

Längsseite sind sieben I-Eisen senkrecht im Boden fundamentiert, welche verbunden sind mit zwei Paar einander gegenüberliegenden horizontal laufenden Schienen. Jedes dieser beiden Längsschienenpaare ist in der in Abb. 123 dargestellten Weise durch sieben Paare ineinander gehakte Eisenstangen EE verankert.

Die sieben unteren Paare dieser Eisenstangen EE durchqueren den

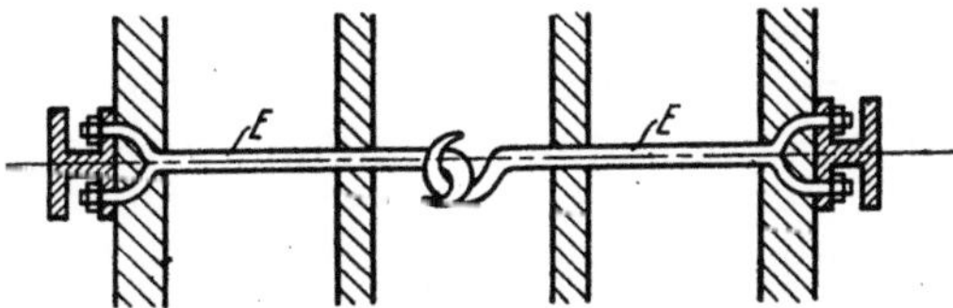

Abb. 123. Verankerung der Längsseitenschienen.

Bau über dem Gewölbe des unteren Stockwerkes und liegen also im Zementboden des zweiten Stockwerkes; die sieben oberen Paare verbinden die Längsmauern wenig unter den Gewölben des oberen

Stockwerkes. — Der gesamte Gewölbebau sowie der Vorraum E sind durch ein Wellblechdach vor Witterungseinflüssen geschützt.

Die entrußten Gase ziehen aus dem Gewölbebau entweder durch ein spezielles kleines Kamin für kleinen Zug oder durch das Hochkamin für starken Zug ab. — Mit starkem Zug erhält man öligen Ruß, mit geringem Zug höher bewerteten, trockenen. — Die Gase gelangen bei d (Abb. 121) 1,7 m über dem Fußboden des oberen Stockwerkes in einen (Abb. 124) veranschaulichten Schacht A.

Der Schacht A mündet in der Erde in einen Querschacht, welcher nach dem Hochkamin führt und durch einen eisernen Schieber geöffnet oder geschlossen werden kann. Wenn dieser Schieber geschlossen ist, so müssen die entrußten Rauchgase durch ein kleines Kamin, welches direkt auf dem senkrechten Schacht A in der Abb. 124 sitzt, mit kleinem Zug abziehen. — Die mit geringerem Zug erhaltene trockene Rußsorte ist, wie bereits erwähnt, die wertvollere, doch erzielt man davon in derselben Zeit eine erheblich geringere Menge als — mit starkem Zug — an öligem Ruß.

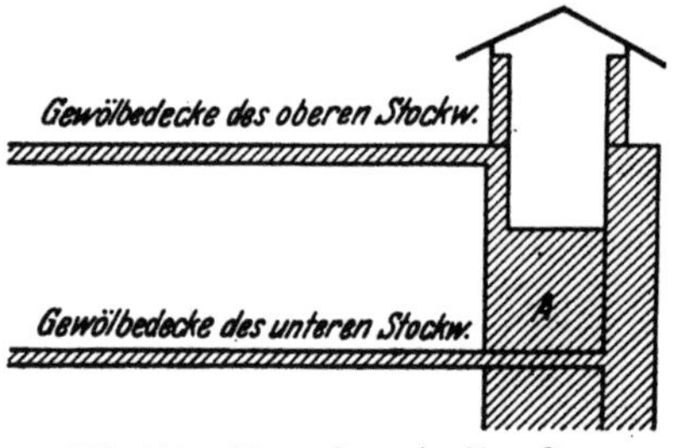

Abb. 124. Abzug der entrußten Gase.

Alle Fugen der Wände und Gewölbe des großen Gewölbebaues und des Vorraumes E sind mit reinem Zementbrei sauber ausgestrichen, ebenso besteht die oberste Schicht der Fußböden aus reinstem Zement, so daß sie absolut glatt sind.

Arbeitsgang. Man arbeitet in zwei Schichten, die erste von 4—12 Uhr, die zweite von 12—20 Uhr. — Über Nacht läßt man die Anlage auskühlen, indem man die eisernen Doppeltüren bei t_1 im Vorraum E (Abb. 117), bei s im unteren und bei k im oberen Stockwerk des großen Gewölbebaues (Abb. 120 u. 121) sowie die Scharnierdeckel im Gewölbe des oberen Stockwerkes etwas öffnet.

Die erste Mannschaft betritt morgens 4 Uhr entsprechend ausgerüstet — ohne Schuhe! — durch die Türe t (Abb. 120) den Raum i des unteren Stockwerkes, steigt (Abb. 121) durch die Holztreppe s in den Raum i_1 des oberen Stockwerkes und öffnet die Eisentüren w und w_1, durch welche sie die mit Ruß belegten Gänge des oberen Stockwerkes betritt. Mit in geneigtem Winkel an Holzstielen befestigten Brettern, also Schneeschippen, bringt sie den Ruß auf Haufen und füllt ihn mit Schaufeln in Säcke, welche sie durch die Türe bei e in den Packraum wirft. Darauf schließt sie die Scharnierdeckel in den Gewölben sowie die Türen bei k, bei w und w_1 und bei e und begibt sich in das untere Stockwerk und den Vorraum E, wo der Ruß in gleicher Weise gesammelt und durch die Türe bei t (Abb. 120) in den Packraum befördert wird. — Der spezifisch sehr leichte Ruß bedeckt die Böden in einer Schicht von 1—2 dm; die Temperatur in den Rußgängen beträgt auch im Winter am Morgen noch 35—40°, im Sommer noch mehr.

Nachdem auch im unteren Stockwerk des großen Gewölbebaues und im Vorraum *E* die Türen geschlossen sind, zündet man die Rußöfen an. — Das Rohnaphthalin, welches mit großen Schaufeln in die Öfen eingetragen wird, bildet beim Verbrennen schwer verbrennliche Rückstände, die von Zeit zu Zeit mit Brecheisen aus den Pfannen entfernt werden müssen. Es liefert Ruß von der ordinärsten Qualität, der seine Herkunft schon durch seinen Geruch verrät; doch ist dessen Ausbeute eine verhältnismäßig hohe, d. h. etwa 20% vom Gewicht des verwendeten Rohnaphthalins. — Angenehmer ist die Rußproduktion aus Rohöl, namentlich aus Leichtöl. Öl kann durch ein Rohr aus einer hochgestellten Zisterne in die Rußpfannen geleitet werden, wobei das Rohr für die Ölzufuhr zum gelegentlichen Durchstoßen eines Drahtes eingerichtet sein muß (vgl. Abb. 116). Schweröle müssen in der Zisterne durch eine Dampfschlange vorgewärmt werden. — Öle hinterlassen sehr wenig Verbrennungsrückstände, aber die Rußausbeute ist geringer als aus Rohnaphthalin, welch letzteres außerdem billiger und leichter zu beschaffen ist als Rohöle. Oft verbrennt man Gemische von Rohnaphthalin und Rohöl in wechselnden Verhältnissen. Man verbrennt z. B. in den Öfen so lange Rohnaphthalin, bis die Verbrennungsrückstände in den Pfannen sich unangenehm bemerkbar machen. Dann läßt man eine Weile Rohöl in die Pfannen fließen. Es verbrennt nun nicht nur dieses in den Pfannen, sondern durch den Ölzusatz werden auch die Verbrennungsrückstände des Rohnaphthalins bis auf geringe Anteile mit verbrannt und verrußt. Durch den Ölzusatz erzielt man also nicht nur eine Verbesserung der Rußqualität, sondern auch eine Verminderung der unbrauchbaren Verbrennungsrückstände und der durch diese verursachten Unannehmlichkeiten während der Arbeit.

Die rußbeladenen Verbrennungsgase gelangen von den Verbrennungsöfen in den Vorraum *E* (Abb. 117), von dort bei *u* in das untere Stockwerk des großen Gewölbebaues; sie durchstreichen die drei Gänge des unteren Stockwerkes, steigen bei *c* in das obere Stockwerk, welches sie nach Durchstreichen der drei Gänge desselben bei *d* fast rußfrei verlassen, sei es durch das kleine, sei es durch das Hochkamin[1].

Die zweite Tagesschicht setzt die Arbeit in den Rußöfen bis 20 Uhr fort und öffnet dann die bereits erwähnten Türen und Scharnierdeckel zur Auskühlung von Vorraum und Gewölbebau bis anderen Morgens um 4 Uhr.

Die Qualität eines Rußes hängt von zwei Faktoren ab, nämlich:

1. Der Qualität des Rohmaterials. Vor allem Rohnaphthalin, aber auch Rohöle werden nur Ruße ergeben, welche zur Herstellung von Zeitungsfarben, Galoschen usw. geeignet sind. Zur Fabrikation feinerer Rußsorten dienen vorgereinigte Öle, am besten Leichtöle, dann auch reine und reinste Petroleumsorten, und endlich Natur-

---

[1] Bei starkem Zug gehen erhebliche Anteile der Gesamtausbeute durch das Kamin verloren. Sie sind mit gewöhnlichen Mitteln schwierig zurückzuhalten. Bei großer Rußproduktion würde vielleicht die Einschaltung einer Lurgianlage vor dem Hochkamin sich bezahlt machen.

oder Leuchtgas. Die letzteren Ausgangsprodukte werden nicht in
Rußöfen, sondern in Lampen mit beschränktem Luftzutritt verrußt.

2. Der Stärke des Zuges bei der Verbrennung. Bei starkem
Zuge werden verhältnismäßig viel unverbrannte Anteile des Rohmaterials sowie auch Asche als den Ruß verunreinigende Beimengungen
mitgerissen, bei sehr schwachem Zuge durch das kleine Kamin fast keine.

Die gewöhnlichen Rußsorten gelangen entweder direkt in den Säcken,
in welche sie im Vorraum E und im Gewölbebau abgefüllt wurden,
zum Versand oder dann eingestampft in hölzerne Fässer mit einer Einlage von starkem Papier. — Feinere Ruße werden in Kanister aus
Weißblech oder Pappe verpackt.

Da bei der bis heute ausgeführten, wie oben beschriebenen Art
der Rußproduktion die Bildung desselben auf Kosten der Oxydation
des größten Teiles des in den Rohstoffen enthaltenen Kohlenstoffes zu
Kohlenoxyd und -dioxyd geschieht, so erhält man den Ruß im Verhältnis zum Kohlenstoffgehalt der Ausgangsprodukte in sehr geringen
Ausbeuten. — Es scheint nicht ausgeschlossen, daß man bei Vervoll-
kommnung der Technik später einmal Ruß nach folgendem Prinzip
gewinnen wird:

Das Rohmaterial — zerstäubtes Rohöl oder auch nur Kohlenstaub —
wird in einer Wasserstoffatmosphäre durch die helle elektrische
Entladung behandelt. Man kann diesen Vorgang so leiten, daß durch
die Einwirkung der elektrischen Entladung neben dem Sauerstoff des
Rohmaterials nur sehr wenig Kohlenstoff mit dem Wasserstoff in
Reaktion tritt, so daß der größte Teil des Kohlenstoffes sich als fein
verteilter Ruß ausscheidet.

Schwärze.

Naphthalin- oder Ölruß kann nicht direkt zur Herstellung von
Wasserfarben verwendet werden, weil er sich damit nicht mischt.
Diesem Übelstande kann allerdings durch Calcinieren des Rußes bei
hohen Temperaturen unter Luftabschluß abgeholfen werden.

Gewöhnlich verwendet man aber Kohlenschwärze zur Fabrikation
der schwarzen Wasserfarben, und zwar oft aus Holzkohlenklein gewonnene. Holzkohlenklein wird, gemischt mit seinem eigenen oder
seinem doppelten Gewicht an Wasser, in eisernen Trommelmühlen
durch Stahlkugeln gemahlen. — Man stellt gewöhnlich drei Qualitäten her:

Qualität I: 24 Stunden naß gemahlen
   „   II: 48   „   „   „
   „ III: 72   „   „   „

Der Kohlenschwärzebrei wird dann naß, wie er ist, in die Versand-
umschläge aus Papier gefüllt und in diesen getrocknet. Für Pakete von
beispielsweise 1 kg netto trockener Schwärze füllt man also je nach dem
Wassergehalt derselben in der Trommelmühle 2 oder 3 kg nassen Brei
je Papierumschlag ein und trocknet in diesen Versandumschlägen bei
gelinder Temperatur im Vakuumtrockenschrank.

72 Stunden naß gemahlenes und, wie beschrieben, getrocknetes Holzkohlenklein ist ein beliebter Exportartikel zur Fabrikation „chinesischer" Tusche.

Selentoner.

Unter dem Namen „Selentoner" versteht man ein trockenes Gemisch von Natriumselenosulfat, $SO_3Na \cdot SeNa$, mit Natriumsulfit.

Ein gebräuchlicher Ansatz zu dessen Darstellung besteht aus:

8,8 kg technischem krystallisiertem Natriumsulfit $+$ 3 kg Wasser
oder aus 3,09 „ „ wasserfreiem „ $+$ 6 „ „
und aus 0,396 kg käuflichem Selen.

Diesen Ansatz bringt man in einem Porzellantopfe auf dem Dampfbade in Lösung. Der Lösung setzt man 10 g Magnesiumoxyd zu (der Magnesiumoxydzusatz hat den Zweck, die nachfolgende Filtration zu erleichtern) und digeriert noch 3 Stunden im Dampfbade. Man filtriert und dampft das Filtrat im Vakuumverdampfer ein, bis kein Wasser mehr übergeht.

Die trockene Masse wird auf kupfernen Horden, die mit 3 mm starkem Silberblech ausgeschlagen sind, im Vakuumtrockenschrank nachgetrocknet. Hierauf wird in einer Porzellanmühle fein gemahlen und erneut im Vakuumtrockenschrank nachgetrocknet.

Endlich wird in Einschmelzröhrchen eingeschmolzen. — Letztere Arbeit hat an einem sehr trockenen Orte und raschmöglichst zu erfolgen, da sich das Pulver bei Luft- und Feuchtigkeitszutritt leicht unter starker Wärmeentwicklung oxydiert.

Es empfiehlt sich, die einzelnen Ansätze nicht größer als hier angegeben zu wählen. Man macht mehrere Ansätze hintereinander und pulverisiert dann gemeinsam.

Die Ausbeute aus einem wie oben angegebenen Ansatze beträgt 3 kg.

Anmerkung. In Natriumsulfitlösung kann nicht mehr als die hier angegebene Menge Selen zur Lösung gebracht werden. Während die Verwendung von Ammonium- und Lithiumsulfit für die Auflösung von Selen gegenüber der Verwendung von Natriumsulfit keinen Vorteil bietet, löst das sehr leicht wasserlösliche Kaliumsulfit in konzentrierter wässeriger Lösung Selen bis zur Herstellung von reinem $SO_3K \cdot SeK$, was mit Hilfe des Natriumsulfits nicht erreicht werden kann. Aber das reine Kaliumselenosulfat ist nur in sehr konzentrierter Lösung beständig; in verdünnter Lösung wird es unter Selenabscheidung hydrolytisch gespalten. Ein Zusatz von Alkalisulfitlösung verhindert die hydrolytische Spaltung. — Ein Gehalt von überschüssigem Alkalisulfit ist also in einem Selentoner unumgänglich, derselbe sei aus Natrium- oder aus Kaliumsulfit bereitet! In einem Produkte, welches durch Lösen von Selen in Kaliumsulfit bereitet ist, müßte allerdings dieser Überschuß an Alkalisulfit sehr gering sein.

Die Schädlingsbekämpfung in der Garten-, Forst- und Feldwirtschaft.

Zu den wichtigsten Gebieten der modernen Landwirtschaft eines jeden Landes gehört heute zweifelsohne die Bekämpfung der vielen Schädlinge der Pflanzenwelt, deren Einwirkung wir mit Recht als Pflanzenkrankheiten bezeichnen. Der Schaden, der durch diese Schädlinge jährlich dem einzelnen Lande zugefügt wird, geht ins Ungeheure, und oft ist der landwirtschaftliche Erwerb ganzer Distrikte durch die Schädlinge ernstlich bedroht, wie z. B. durch die Reblaus in den Weinbezirken von Bordeaux in den siebziger Jahren des vorigen Jahrhunderts und durch die Forleule in den bayerischen und schlesischen Wäldern in jüngerer Zeit. — Die Heuschrecken sind die gefürchtetsten Feinde der Kulturen weiter Distrikte. Deren erfolgreiche Bekämpfung ist heute noch eine offene Frage.

Die Schädlinge sind zum Teil Insekten, wie z. B. die vorgenannte Forleule, die Reblaus, der Maikäfer, die Heuschrecke u. a., zum Teil sind es Bakterien, wie z. B. der Steinbrand: Trilletia tritici, der Haferflugbrand: Ustilago avenae, der Schneeschimmel: Fusarium nivale, der Stengelbrand des Roggens: Urocystis occulta, der Gerstenhartbrand: Ustilago hordei, die Federbuschkrankheit: Dilosspora graminis und der Rübenwurzelbrand: Poma betai. — Gerade die letztgenannten Krankheitserreger bakteriellen Ursprungs erfordern die größte Aufmerksamkeit der beteiligten Kreise.

Am augenfälligsten sind natürlich die Schäden, die durch Insekten hervorgerufen werden. Die Verwüstungen, die der Maikäfer, die Larve des Kohlweißlings oder die Reblaus hervorrufen, hat wohl fast ein jeder Mensch zu beobachten Gelegenheit gehabt. — Die Einwirkungen der Bakterien sind weniger augenfällig, aber zum Teil weit schädigender als die der Insekten.

Der Kampf gegen die Schädlinge ist sehr alt. Schon im alten Griechenland wurden Kupferverbindungen gebraucht, um die Brandsporen der verschiedenen Getreidesorten zu bekämpfen. Leider sind die Bekämpfungsmethoden nachher in Vergessenheit geraten, so daß wir noch aus dem Mittelalter von einer Kribbelkrankheit, hervorgerufen durch das Mycelium von Sphacelia segetum, Kenntnis haben. Friedrich Kühne rief zuerst ernstlich zum Kampfe gegen die Schädlinge auf. Ihm verdanken wir die Anwendung des Kupfersulfats sowohl in Form der sog. Bordeleser Brühe als auch zum Beizen des Getreides zur Bekämpfung der bakteriellen Schädlinge. Der Kampf gegen die Schädlinge wird heute fast ausschließlich mit chemischen Mitteln geführt. Die sog. biologische Bekämpfung hat bis heute noch keine Erfolge gezeitigt. — Man unterscheidet zwischen insektiziden und bakteriziden Schädlingsbekämpfungsmitteln.

Insektizide Schädlingsbekämpfungsmittel.

Nicotin[1] ist als eines der besten insektiziden Schädlingsbekämpfungsmittel anzusprechen. Fast alle Insekten werden durch kleinste Dosen und in fast allen Lebenslagen, sei es als flügges Insekt, sei es als Larve oder Ei, abgetötet. Infolge seiner Flüchtigkeit ist es leicht mit Wasserdämpfen zu verteilen und bildet so ein unschätzbares Schutzmittel für kostspielige Treibhauskulturen. Im Wein- und Obstbau zeitigt es beste Erfolge und würde auch im Gemüsebau mehr angewendet werden, wenn es nicht so hoch im Preise stände. Der Preis könnte vielleicht eine bedeutende Senkung erfahren, wenn die schon im Kapitel über Nicotinfabrikation S. 350 erwähnte fiskalische Engherzigkeit fortfiele. Viele Tabakfabriken, in deren Betrieben große Mengen von Abfällen entstehen, verbrennen diese, um den Beschwerlichkeiten der zoll- und steueramtlichen Behandlung zu entgehen,

---

[1] Extraktion und Reindarstellung von Nicotin s. S. 351 ff.

wodurch ein für die Landwirtschaft sehr wertvolles Produkt vernichtet wird.

Nicotin ist leicht zersetzlich. Dies erschwert seinen Gebrauch überall dort, wo die Brut nicht in einer Zeit mit dem Insekt vernichtet werden kann. Eine Dauerwirkung kann vom Nicotin aus dem angegebenen Grund, d. h. wegen seiner leichten Zersetzlichkeit, nicht erwartet werden.

Man verwendet deswegen bei vielen Kulturen andere Mischungen, und zwar teils als Spritz-, teils als Verstäubungs- und teils als Streichmittel. Die wirksamen Bestandteile derselben sind in der Mehrzahl der Fälle Arsen, Schwefel, Kalk, Kupfer, Phenole und Kresole.

Bordeleser Brühe. In eine erkaltete 4 proz. Kupfersulfatlösung bringt man unter Rühren eine 4 proz. Kalkmilch. Die Mischung muß jedesmal frisch bereitet werden, wenn sie ihre volle Wirksamkeit entfalten soll. — Anwendung findet die Bordeleser Brühe gegen die Pilzkrankheiten, besonders im Wein- und Obstbau.

Kalifornische Brühe. In eine Kalkmilch aus 13 kg Ätzkalk und 150 l Wasser, die in einem eisernen Kessel ins Kochen gebracht wird, trägt man nach und nach 22 kg Schwefel ein und kocht unter Rühren und Ersatz des verdampften Wassers, bis vollständige Lösung erfolgt ist. Nach dem Erkalten gießt man die Brühe durch ein grobes Tuch und stellt sie mit Wasser auf 20° Bé ein. Ihre Anwendung deckt sich ziemlich mit derjenigen der Bordeleser Brühe.

Spritzbrühe gegen fressenhe Insekten. In einem Glaskolben neutralisiert man 100 g Arsenik mit einer heißen Lösung von 100 g calcinierter Soda. Dann verdünnt man auf etwa 90 l, setzt eine Lösung von 1 kg Kupfersulfat hinzu und die aus 1 kg Ätzkalk erhaltene Kalkmilch. Das Ganze wird auf 100 l verdünnt.

Spritzbrühe gegen Blut- und Blattläuse. Unter der Bezeichnung „schwedisches Harz" ist ein gelblichweißes salbenartiges Produkt im Handel, ein Abfallprodukt der Cellulosefabrikation. Dasselbe hat eine Säurezahl von etwa 165 und eine sehr niedrige, sehr oft gar keine Esterzahl. Dieses sog. „Schwedenharz" ist sehr billig, und die daraus herstellbare Seife eignet sich deswegen vorzüglich in der Schädlingsbekämpfung.

Vor der Herstellung der Seife stellt man die Säurezahl des zur Verfügung stehenden Schwedenharzes fest. Angenommen, diese betrage 165, so verdünnt man 13,4 kg Natronlauge von 40° Bé mit 15 l Wasser und erwärmt auf 90—100°. Man setzt dann 30 kg von dem „schwedischen Harz" zu und kocht bis zur Verseifung, die sehr rasch eintritt. Zur erkalteten Seifenlösung gibt man 8 l denaturierten Alkohol, 15 kg Terpentinölersatz, Sangajol oder Tetralin, 20 kg Petroleum und 5 kg Chinolinbase.

An Stelle der Chinolinbase kann man mit bestem Erfolge 5 kg 10 proz. Nicotinseife hinzufügen, was besonders zu empfehlen ist, wenn die Blutlaus vernichtet werden soll.

Anwendung der Spritzbrühe. Durch Verdünnen mit Wasser stellt man eine 5 proz. Brühe her, mit welcher die befallenen Bäume und

Sträucher besprengt werden. Bei Rosenkulturen, die oft von den grünen Blattläusen befallen sind, kommt man am besten zum Ziele, wenn man die Stämme und Blätter mit der Brühe abpinselt.

Spritzbrühe gegen die rote Spinne. 1 kg roher Schwefel und 5,4 kg Schwefelleber werden durch Kochen in 7 l Wasser gelöst. In der noch heißen Lösung verteilt man 20 kg Schmierseife, fügt 10 l denaturierten Alkohol, 3 l Terpentinölersatz, Sangajol oder Tetralin, 3 l Anilin für Blau hinzu und verdünnt das Ganze auf 50 l.

Anwendung: In 1—2proz. Verdünnung mit gewöhnlichem Wasser.

Spritzbrühe zur Nematodenvertilgung. 300 kg „schwedisches Harz" werden mit 280—290 kg roher Natronlauge von 20° Bé verseift. Die Verseifung kann man durch Zusatz von denaturiertem Alkohol beschleunigen. — Der Seife setzt man eine Auflösung von 250 kg technischem Schwefelkohlenstoff in 250 kg Terpentinölersatz zu.

Die von Nematoden befallenen Felder werden im Herbst nach der Ernte vor dem Umpflügen mit einer 1—2proz. Lösung der Brühe getränkt. — Auch zur Bodendesinfektion im Weinbau, zum Zwecke der Reblausbekämpfung, hat sich diese Brühe sehr bewährt.

Obstbaumkarbolineum. Sehr wichtige Mittel zur Bekämpfung des Ungeziefers speziell in der Obstkultur sind die Obstbaumkarbolineen, die sich von dem Karbolineum, welches zum Schutze des Holzes gegen Fäulnis verwendet wird, wesentlich unterscheiden. Die Rinde des lebenden Baumes hat, ähnlich denen der menschlichen Haut, besondere Funktionen, welche durch die Karbolineen nicht gestört werden dürfen. Aus diesem Grund muß man auch zwischen einem Karbolineum für die Vegetationsperiode und einem solchen für die Ruheperiode unterscheiden. Die Rinde des Baumes, besonders an Rißstellen und Verletzungen, ist sehr oft die Zufluchtsstätte der Schädlinge, vor allem Ablageort für die Eier und Überwinterungsort der Larven.

Zur Herstellung des Obstbaumkarbolineums für die Ruheperiode verseift man 300 kg gewöhnliches Kolophonium und 60 kg technisches Olein mit Natronlauge. Die Seife verrührt man mit 1000 l Wasser und setzt 1200 kg Teeröl — Mittelöl — hinzu. — Statt des Kolophoniums kann man 300 kg „schwedisches Harz" mit 280—290 kg technischer Natronlauge von 20° Bé verseifen und dieser Seife 1200 kg Teeröl — Mittelöl — und 200 kg rohes Paraffinöl zusetzen.

Die Herstellung von Obstbaumkarbolineum für die Vegetationsperiode geschieht folgendermaßen: 140 kg Kolophonium werden mit 80 kg Kalilauge von 50° Bé und 200 l Wasser verseift. Man fügt 80 kg Olein und 4 kg 96—98proz. Nicotin hinzu. Die Mischung wird gut durchgerührt und einige Tage stehengelassen. Dann setzt man 40 kg Obstbaumkarbolineum für die Ruheperiode, 60 kg Schwefelkalkbrühe und 100 l denaturierten Alkohol hinzu.

Mit den Obstbaumkarbolineen werden die Stämme und Äste der Obstbäume gründlich eingepinselt.

Raupenleim. Ein großer Teil der Baumschädlinge überwintert in der Erde. Im Frühjahr wandern dann die Raupen an den Baumstämmen in die Höhe, um in das Blätterrevier zu gelangen, wo sie durch ihre Gefräßigkeit großen Schaden stiften. Aufgabe des Raupenleims ist es, das Aufsteigen der Raupen an den Baumstämmen zu verhindern. — Es geschieht dies durch Leimringe, d. h. Kränzen aus Ölpapier und Werg, die mit Raupenleim bestrichen sind. An diesen bleiben die Insekten kleben und kommen um. — Ein guter Raupenleim muß witterungsbeständig sein, d. h. er darf in der Hitze nicht abfließen und sich im Regen nicht auflösen; natürlich darf er auch nicht eintrocknen und muß seine Klebkraft behalten.

In einem Kessel mit Rührwerk mischt man zunächst 220 kg „schwedisches Harz" mit 440 kg Mineralöl. In diese Mischung bringt man 100 kg feingepulverte, gesiebte Kreide und 80 kg ebenso feingepulverten und gesiebten Ätzkalk. Nach beendeter Mischung fügt man 100 kg 50 proz. Chlorzinklauge hinzu und mischt noch einmal gründlich durch. — Der Raupenleim wird in Eichenfässern oder Blechtrommeln aufbewahrt.

An Stelle von Spritzbrühen benutzt man auch Streupulver, mit denen die Pflanzenteile bestäubt werden. Vor den Spritzbrühen haben die Streumittel den Vorzug besserer Haftbarkeit an den Pflanzenteilen, aber auch den Nachteil, daß durch dieselben leicht die Atmungswege des Blattes verstopft werden. Ein Streumittel muß ein sehr feines Pulver und, falls es aus mehreren Komponenten besteht, gut gemischt sein. Wasserlösliche Körper sind in den Streumitteln fast nie vorhanden. Ferner dürfen stark ätzende Körper nicht für dieselben verwendet werden.

Streumittel gegen echten und falschen Meltau. 2 T. Schwefel und 1 T. Ätzkalk werden staubfein gemahlen und sehr innig gemischt. — Die Aufbewahrung hat in gut verschlossenen Büchsen zu erfolgen.

Arsenstreumittel. 40 kg Arsenkalk mit 40—44 % As_2O_5 werden mit 35 kg Talkum, 5 kg Kupfercarbonat mit etwa 56 % Kupfer und 20 kg Bolus innigst gemischt und gesiebt. — Talkum und Bolus sind vorher durch eine Lösung von Metanilgelb und Neptunblau grasgrün gefärbt worden. Das Arsenstreumittel wird auf einen Gehalt von 17—17,5 % As_2O_5 und einen Kupfergehalt von etwa 2,5 % eingestellt.

Das Streumittel in der vorstehenden Zusammensetzung hat sich hervorragend dort bewährt, wo es gilt, fressende Insekten in großen Kulturen zu vernichten; z. B. wurde die Forleule in den bayerischen und schlesischen Wäldern durch Bestäuben mit dem Pulver, zum Teil von Flugzeugen aus, erfolgreich bekämpft. Besonders gute Dienste hat es gegen den Rübenaaskäfer, die Silpha obscura sowie die Blitophage opaca, geleistet. Auch der Schildkäfer, der Rübenzensler und die Rübenblattwespe sind dadurch leicht zu vernichten. — Der wenn auch nur geringe Kupfergehalt beeinflußt sehr die verschiedenen Blattpilze.

Bei Gemüsesorten, deren oberirdische Teile Genußzwecken dienen, wie bei den verschiedenen Kohlarten und dem Kopfsalat, sind Arsenstreumittel nicht angebracht, es sei denn in einer Vegetationsperiode, wo Regenfälle ein vollständiges Abspülen des giftigen Streumittels

30*

erwarten lassen. Gegen die zahlreichen fressenden Schädlinge der Gemüsepflanzen, z. B. den Kohlweißling, wendet man mit Vorteil nicotinhaltige Streumittel an. Eine bewährte Vorschrift ist die folgende:

5 kg Bertramswurzel — rad. Pyrethri pulv. sbt. — werden mit 5 kg Kieselgur innig gemischt und diese Mischung mit 3 kg 40 proz. Nicotinsulfat getränkt. Darauf setzt man 25 kg Kupfercarbonat mit etwa 56 % Kupfer hinzu und bringt mit einer Mischung von gleichen Teilen gewöhnlichem Bolus und Talkum auf das Gesamtgewicht von 100 kg.

Nicht nur Insekten und Bakterien sind Schädlinge der Pflanzenwelt; auch unter den Warmblütlern gibt es eine ganze Anzahl. Zunächst wird die Saat selbst von den verschiedensten Tieren bedroht. Maulwürfe, Wühlmäuse, Tauben, Krähen, Sperlinge sind bekanntlich arge Saaträuber. — Einen gewissen und wenig kostspieligen Schutz der Felder bietet ein dünnes Verstreuen der nachstehenden Mischung auf die frisch bestellten Felder:

Man mischt 300 kg Rohnaphthalin, 200 kg Portlandzement und 600 kg Kreide. Die Mischung wird dünn auf den Feldern verteilt.

Gegen Feldmäuse gebraucht man mit Vorteil Weizen, der mit arsensaurem Kali oder mit Strychninnitrat vergiftet ist.

Arsenweizen. In 5 l heißem Wasser löst man 500 g arsensaures Kalium, fügt zur Lösung 50 g Fuchsin, 5 g Saccharin und tränkt mit der Lösung 10 kg vorher angefeuchteten Weizen. Das so behandelte Getreide wird bei 40—50° getrocknet.

Strychninweizen. Derselbe wird analog dem Arsenweizen hergestellt. An Stelle des arsensauren Kaliums nimmt man 20 g Strychninnitrat auf 10 kg Weizen und färbt mit 5 g Methylviolett.

Ein Schädling ist auch der Hamster, welchen man ausräuchert mit sog. Hamsterpatronen. Man mischt 50 g Salpeter, 35 g Schwefelblüten, 10 g gemahlenen Asphalt und 5 g Sägespäne. — Mit dieser Mischung füllt man Patronen, die innen aus Salpeterpapier, außen aus Packpapier bestehen. Dieselben werden in die Hamstergänge gelegt und dann angezündet.

Das eigentliche Jagdwild fügt durch Annagen der Rinde den Bäumen oft nicht unbeträchtlichen Schaden zu, vor allem in schneereichen und kalten Wintern. Man braucht dagegen eine Verbißsalbe gegen Wildschaden: 50 kg gewöhnlicher Fischtran — Robbentran — und 50 kg Steinkohlenteer werden über Dampf. miteinander gemischt. Mit dieser Mischung werden die Bäume bestrichen.

Zum Verkleben von Rindenverletzungen, Schnitt- und Sägewunden und bei Veredlungen gebraucht man Baumwachs. Man schmilzt 18 kg Kolophonium und 0,7 kg Ceresin zusammen und fügt der halberkalteten Masse 14 kg wasserfreies Wollfett und dann 4 l denaturierten Alkohol zu.

Nicht eigentlich der Schädlingsbekämpfung dient das Karbolineum zur Holzkonservierung. Es ist hier deswegen mitangeführt, weil die Landwirte häufig in die Lage kommen, Pfähle und Latten, die zum Stützen junger Bäume dienen, vor Fäulnis zu schützen.

Karbolineum zur Holzkonservierung. Man schmilzt 10 kg Kolophonium und setzt der geschmolzenen Masse 50 kg Anthracenöl und 50 kg Kreosotöl zu. In die Mischung trägt man dann noch eine konzentrierte Lösung 1 : 1 von Zinkchlorid ein.

Bakterizide Schädlingsbekämpfungsmittel.

Ein wichtiger Zweig der Schädlingsbekämpfung mit chemischen Mitteln ist die der pilzlichen Schädlinge, welche äußerlich dem Getreidesaatgut anhaften oder die Keimlingspflanzen befallen.

Außer dem Getreidesaatgut behandelt man mit **Saatgutbeizen**: Gemüsesamen, Zwiebeln, Kartoffeln und andere Knollen, und zwar meistens mit denselben Mitteln wie die Getreidesorten.

Die Bekämpfung auf chemischem Wege ist nur bei denjenigen Brandkrankheiten möglich, bei denen die Erreger als Sporen den Getreidekörnern außen anhaften, wie beim Weizensteinbrand und Gerstenhartbrand, oder als Dauermycele zwischen Spelzen und Frucht und in den Zellschichten der Fruchtwand ruhen, wie beim Schneeschimmel des Roggens und Weizens, der Streifenkrankheit der Gerste, des Haferflugbrandes. Dagegen ist die Bekämpfung des Weizenflugbrandes und des Gerstenflugbrandes mit chemischen Mitteln nicht möglich, da die Sporen im Inneren der Getreidekörner ruhen. Hier muß die Heißwasserbehandlung angewendet werden.

Die Saatgutbeizen enthalten fast alle Quecksilber als wirksame Grundlage, wobei bemerkt sei, daß Sublimat, das sonst so stark bakterizid wirkt, in Saatgutbeizen nur geringen Wert hat, weil es die Keimkraft des Getreides schädigt. Man benutzt deswegen Quecksilberkomplexverbindungen, wie z. B. Uspulum: Chlorphenolquecksilber, Germisan: Mercuricyankresolnatrium, Feldhoffsche Beize: Quecksilbergelatose.

Als Beispiel der Herstellung einer Saatgutbeize sei hier die der Mercuricyankresolnatrium enthaltenden angegeben:

Man löst 25 kg Cyannatrium in 300 l Wasser. In diese Lösung trägt man in kleinen Portionen 115 kg Sublimat in Pulverform ein. Anderseits löst man 40 kg Kresol in 120 kg Natronlauge von 40° Bé. Die beiden Lösungen zieht man mit Vakuum in eine Trommel mit kräftigem Rührwerk, Dampfmantel und Anschluß an eine Vakuumpumpe ein. Die Mischung wird im Vakuum einmal aufgekocht. Dann zieht man 260 kg Steinsalz in den Apparat, färbt mit einer Lösung von 2 kg Ponceaurot und dampft das Ganze zur Trockne. Das Trockengut wird auf der Schlagkreuzmühle feinst gemahlen und gesiebt. Da es sehr hygroskopisch ist, muß es in trockenen Räumen gut verschlossen aufbewahrt werden.

Die gleiche Verbindung wird unter Zusatz von Kupfercarbonat, Talkum und Bolus an Stelle des Steinsalzzusatzes als sog. Trockenbeize gebraucht. — Die erhaltene Saatgutbeize wird folgendermaßen geprüft: 10 g sollen sich in 200 cm³ Wasser von Zimmertemperatur innerhalb von 3 Minuten bis auf eine geringe Trübung lösen. Beim Versetzen der Lösung mit einigen Tropfen verdünnter Salzsäure entsteht eine rötliche Fällung. — Die wässerige Lösung 1 : 100 in einen Zylinder von 38 mm lichter Weite filtriert, soll in der Farbe einer gleichen Schicht einer Ponceaurotlösung (4 R.B.-Agfa) entsprechen, die 1,25 g im Liter enthält. — Zur Bestimmung des Quecksilbergehaltes wird 1 g der Saatgutbeize mit 1 g Kaliumnitrat und 20 g konzentrierter Schwefelsäure in einem Rundkolben mit eingeschliffenem Steigrohre $1^1/_2$ Stunden gelinde erhitzt. Die Flüssigkeit, die nach dem Erkalten farblos sein muß, gießt man in ein Becherglas mit 200 cm³ Wasser, fügt 5 cm³ konzentrierte Salzsäure hinzu, fällt das Quecksilber mit Schwefelwasserstoff und trocknet das Quecksilbersulfid im Goochtiegel bei 110° bis zur Gewichtskonstanz. — Der verlangte Mindestgehalt an Quecksilber ist 17,5%.

Die **Saatgutbeizen** werden angewendet:

1. Im Tauchverfahren. Das Getreide wird in eine Beizenlösung von bestimmter Konzentration — 0,2—0,5% — eine bestimmte Zeit — etwa $1/_2$ Stunde — eingetaucht.

Das Verfahren hat den Vorteil der gründlichen Wirkung, den Nachteil, daß das Getreide sehr durchnäßt wird, wodurch oft die Drillfähigkeit leidet. Auf jeden Fall muß das so gebeizte Saatgut baldmöglichst verbraucht oder dann aber einem Trockenprozeß unterworfen werden.

2. Im Benetzungsverfahren. Hier wird das Saatgut mit der Beizelösung besprengt. Die Einwirkung ist keine so gründliche wie bei dem Tauchverfahren, dafür ist die Feuchtigkeitsaufnahme eine geringere.

3. Im Kurzbeizverfahren. In einer Spezialapparatur wird das Saatgut der Behandlung einer konzentrierten Beizenlösung unterworfen.

4. Als Trockenbeize. Das Saatgut wird mit Pulvern bestreut, die die Mittel in entsprechender Verdünnung durch Talkum und Bolus, aber ohne Kochsalz, enthalten. — Das Ziel der Trockenbeizung ist die Umhüllung der Körner mit dem verdünnten Beizmittel. Die Bodenfeuchtigkeit bringt dann davon so viel in Lösung, als zur Abtötung der Bakterien nötig ist. Die eigentliche Abtötung geschieht also erst während des Keimungsprozesses.

Die Trockenbeize hat vor der Naßbeizung große Vorzüge; vor allem wird die so lästige Durchfeuchtung des Saatgutes vermieden.

Der Nachteil der Trockenbeize besteht in den schweren Gesundheitsstörungen, welchen die Arbeiter bei ihrer Anwendung ausgesetzt sind. Infolge der unerläßlichen Staubfeinheit der Trockenbeizmittel ist das Einatmen derselben während der Saatbeizung durch die Bedienungsmannschaft schwer zu vermeiden, was zu schwersten Vergiftungsfällen geführt hat.

Entsprechend der großen wirtschaftlichen Bedeutung einer rationellen Schädlingsbekämpfung unterstehen die dazu dienenden Mittel in den meisten Ländern der staatlichen Kontrolle. Für die einzelnen Gattungen der Mittel sind bestimmte, zum Teil sehr strenge Prüfungen vorgeschrieben, die sich auf die Wirksamkeit derselben sowie die Schädigungen, welche sie bewirken können, erstrecken.

Vaselin adust. saponatus.

Es bildet eine dunkelbraungrüne Salbengrundlage, ähnlich dem Naphthalan und dem Naphalan. Es ist unlöslich in Wasser und Alkohol, löslich in Äther und Chloroform, mit Fetten aller Art mischbar.

Die Herstellung geschieht in einem eisernen Kessel mit Deckel, welcher in einem Herd aus Eisen oder feuerfesten Steinen hängt und durch Kohlen geheizt wird. Die Operation muß entweder im Freien oder unter einem Abzug vorgenommen werden.

Im Reaktionskessel mischt man: 26 kg helles Maschinenöl mit 5 kg dunklem Zylinderöl und erwärmt auf 250—280°. Die letztere Temperatur soll nie überschritten werden wegen der Gefahr des Feuerfangens. Wenn die angegebene Temperatur erreicht ist, setzt man 8 kg gelbe 50proz. Schmierseife zu, in Portionen von je ungefähr 200 g. — Man muß Sorge tragen, wegen der Gefahr des Überschäumens und nach Zugabe jeder einzelnen Portion von Seife warten, bis dieselbe sich vollständig im Öl gelöst hat, was jeweils 3—4 Minuten in Anspruch nimmt. Zeitweiliges Rühren befördert die Reaktion. Nach der Beendigung der Zugabe der Seife bleibt die Temperatur noch 1—2 Stunden auf 250—280°. Dann gießt man heiß in die Versandbüchsen.

Allgemeiner Teil.

Ich enthalte mich, in diesem Abschnitt alles allgemein Bekannte zu
behandeln, sondern gebe eine kurze Übersicht von Verfahreneinzel-
heiten, welche nicht zum überall beschriebenen Rüstzeug des Chemikers
gerechnet werden, welche aber mancher gerne rasch konsultieren wird,
um das eine oder andere der angegebenen Charakteristica auf ein Verfahren zu übertragen, das er im Laboratorium ausarbeitet oder bereits
im Betriebe durchführt. — Der allgemeine Teil soll also dem Kollegen
die Mühe ersparen, das ganze Buch nach einer ihm eventuell nützlichen
Anregung durchstöbern zu müssen.

Einzelheiten in Herstellungsverfahren und an Apparaturen.

Herstellung sehr feiner Pulver. Manchmal genügt selbst die Feinheit von durch engmaschige Müllergaze gesiebten Pulvern den gestellten
Anforderungen nicht. Man erreicht die verlangte Feinheit durch Zusatz
von Carragheenschleim zu den Lösungen vor der Ausfällung. Beispiele:
Quecksilberoxyd für Schiffsbodenanstriche, S. 40, Hydrargyrum
arsenicum, S. 49, Bariumsulfat für Röntgenkontrastmittel, S. 53.

**Kondensation von Körpern mit hoher Dampftension aus ihren Gas-
gemischen mit indifferenten Gasen.** Die mit indifferenten Gasen, wie
Luft, Stickstoff u. a., gemischten Dämpfe von Körpern mit hoher
Dampftension, wie beispielsweise Alkohole und Äther, werden bei erheblicher Strömungsgeschwindigkeit durch alle Kondensationsanlagen
mitgerissen und ins Freie fortgeführt. In manchen Fällen kann durch
Waschen der Gasgemische mit indifferenten Lösungsmitteln die Trennung
bewirkt werden (Tubizeanlagen); doch gibt es Fälle, wo dieses Hilfsmittel nicht angewendet werden kann. Es helfen dann nur sehr großräumige Kühlanlagen, bestehend aus Zylinderkühlern und mit Raschigringen gefüllten Kolonnen, **worin die Strömungsgeschwindigkeit
des durchstreichenden Gasgemisches auf ein Minimum erniedrigt wird.** Beispiele: Formaldehyd, S. 119 ff., Laubholzdestillation, S. 433.

**Abscheidung wärmeempfindlicher Substanzen aus ihren Lösungen
durch Einengen unter Rühren.** Manche Körper sind in ihren
Lösungen gegen den Einfluß der Wärme so empfindlich, daß selbst
Einengen im Hochvakuum unter Erwärmen nur durch Heißwasser,
nicht durch gespannten Dampf, zu schädlichen Zersetzungen Anlaß
gibt. Man verhindert dann die längere Berührung der Substanz mit
den warmen Wandungen der Destillationsblase und beschleunigt zu-

gleich den Vorgang der Verdampfung durch einen Rührer in der Destillationsblase. Beispiele: Hexamethylentetramin, S. 132, Lecithin, S. 139.

Verstärkung der hydrolytischen Wirkung des Wassers durch Sodazusatz. Die Ausscheidung wasserunlöslicher basischer Salze aus den Lösungen mancher neutraler Metallsalze verlangt oft den Zusatz sehr großer Wassermengen, was in der Technik die Anwendung sehr großvolumiger Reaktionsgefäße bedingen würde. Man ersetzt die großen Wassermengen durch viel kleinere von Sodalösung und erreicht damit dieselben Qualitäten der basischen Salze. Beispiel: Bismutum subnitricum, S. 7.

Lösungskessel mit Rost zum Lösen von Metallabfällen. Metallsalze werden oft aus Altmetallen (Alteisen, Altkupfer) hergestellt. Dazu verwendet man mit Vorteil Lösungskessel mit einem Rost, unter dem sich die mechanischen Verunreinigungen gleich schon aus der Rohsalzlösung absetzen können. Beispiele: Ferrum sulfuricum, S. 20, Liquor ferri sesquichloratum, S. 21.

Herstellung schön ausgebildeter Krystalle. Durch Einhängen in die Salzlösung von Bleistreifen (Brechweinstein, S. 12), von rostfreien Eisendrähten (Eisenvitriol, S. 21), von Schnüren (Saccharin, S. 249) oder durch Einschichten von Tonstäben (Brom- und Jodkali, S. 15 und 27). Bei manchen schwer krystallisierenden Produkten sind genauest dosierte minimale Zusätze von beispielsweise Kalilauge, Pottasche, Leinsamenabkochung zu den Lösungen erforderlich (Jodkali, S. 26 u. 27), und manche bilden erst schön ausgebildete Krystalle bei fortgesetzter Krystallisation aus den Mutterlaugen der vorhergehenden Ansätze (Jodkali, S. 28, Chloralhydrat, S. 94).

Verwendung geklärter Ätzlaugen. Durch Verwendung verdünnter Ätzlaugen, welche durch wochenlanges Klären in Klärzylindern nach Abb. 1 von ihrem Gehalt an sedimentierter Tonerde, Kieselsäure, Eisenoxyd und anderen darin schwebenden Verunreinigungen vollständig befreit wurden, erzielt man eine viel größere Reinheit und einen schöneren Aspekt seiner Produkte. Bei der Herstellung mancher Brom- und Jodsalze, vor allem aber von Quecksilbersalzen, ist die Verwendung lange geklärter Laugen überhaupt unerläßlich.

Eintragen von Brom in Reaktionsgemische direkt aus den blauen Versandflaschen für Brom. Diese Manipulation ist S. 181, Abb. 45 veranschaulicht.

Vermehrung der Reaktionsoberfläche eines geschmolzenen Körpers durch Vermischen desselben mit Glaspulver oder Quarzsand. Beispiel: Calcium hypophosphorosum, S. 19.

Beförderung der Wärmeübertragung in pulverförmigem Material durch eingesetzte „Wärmeverteiler". Beispiel: Carbo animale medicinale, S. 418, Abb. 99.

Herstellung spezifisch leichter Krystallkonglomerate durch Ausschwingen und „Durchlüftung" in Zentrifugen mit Metallsiebeinlage statt Filtertuch. Beispiele: Chininsulfat, S. 308, Salicylsäure, S. 258.

Arbeits- und Materialersparnis durch Anteigen eines Nutschen- oder Zentrifugenkuchens mit wenig Wasser und wieder nutschen oder zentrifugieren. Mehrmaliges Umkrystallisieren eines Körpers hat nicht nur Substanzverluste, sondern auch Unkosten für vermehrte Arbeit, Dampfverbrauch und Apparatur zur Folge. Oft kann eine Zwischenkrystallisation durch die oben angegebene einfache Manipulation ersetzt werden. Beispiel: Chininsulfat, S. 306.

Reinigung von Produkten durch Umschmelzen derselben mit wenig Wasser oder Alkohol. Die Löslichkeit mancher Körper in den diversen Lösungsmitteln ist bei gewöhnlicher Temperatur nicht viel geringer als in der Siedehitze, und ihre Reinigung durch Krystallisation verursacht dann viel Aufwand an Arbeit sowie Verluste an Substanz und Lösungsmittel. Man umgeht diesen Übelstand durch ein- oder mehrmaliges Schmelzen der Substanz mit wenig Wasser oder Alkohol, langsames, unter Rühren stattfindendes Erkaltenlassen der Schmelze bis zu tiefen Temperaturen und Ausschwingen des dadurch entstandenen Krystallbreies bei tiefer Temperatur. Beispiele: Antipyrin, S. 168, Pyramidon, S. 171, Vanillin, S. 285, Cumarin, S. 194.

Luftabschluß durch die Waschflüssigkeit über luft- und lichtempfindlichen Substanzen auf der Nutsche bis zu dem Punkte der gänzlichen Entfernung aller Verunreinigungen aus der Substanz. Gewisse Körper färben sich im unreinen Zustand bei ihrer Berührung mit Luft und Licht sehr rasch und können nur farblos erhalten werden, nachdem alle Verunreinigungen unter Luftabschluß aus ihnen entfernt worden sind. Beispiele: Entfernung von Eisenspuren aus der Salicylsäure, S. 258, Entfernung von Verunreinigungen aus dem Adrenalin, S. 159.

Stroheinlagen beim Extrahieren von Rohmaterialien, welche im eingeweichten Zustande schleimig und schwammig werden. Beispiel: Malzextrakt, S. 447.

Lukrativgestaltung einer Fabrikation durch ihre Kombination mit einer zweiten. Es gibt Produkte, deren Fabrikation für sich allein keinen Nutzen mehr abwirft. Durch Verbindung mit der Darstellung eines zweiten Produktes, zu dessen willkommenem Nebenprodukt sie dann werden, kann man ihre Fabrikation manchmal nutzbringend gestalten. Beispiele: Jodoform und Jodkali, S. 136 und 24, Acetylmonomethylanilin und reines Dimethylanilin, S. 155, Paraformaldehyd und Hexamethylentetramin, S. 141 und 131.

Quantitatives Entölen und Entharzen von Rohdestillaten durch eine einzige Rektifikation. Beispiel: Mit Wasser klar sich mischender Methylalkohol aus Rohholzgeist, S. 439, Abb. 106.

Klären von Lösungen durch in der Lösung ausgefällten Gips. Beispiel: Pepsin, S. 452.

Jodide aliphatischer Radikale über das neutrale Sulfat derselben. Beispiel: Jodmethyl aus Dimethylsulfat und Jodkali, S. 135.

Oxydation von Metallen mit durch heißes Mauerwerk erhitzter Luft. Beispiel: Zinnoxyd, S. 58.

Vernichtung letzter Spuren empyreumatischer Substanzen in Flüssigkeiten durch Behandlung derselben mit alkalischer Permanganatlösung. Beispiele: Darstellung von unbeschränkt haltbarem Äther je Narkosi, S. 61, Reinmethylalkohol, S. 442.

Vorreinigung von Drogen durch Behandlung mit Lösungsmitteln, welche wohl gewisse Verunreinigungen der Droge, nicht aber das in derselben enthaltene Alkaloid lösen, vor der eigentlichen Extraktion des Alkaloids. Beispiele: Pilocarpin, S. 401, Anm. 1, Digitoxin, S. 337.

Reaktionsbeförderung beim Acetylieren mit Essigsäureanhydrid durch Benzolzusatz zum Reaktionsgemisch. Beispiele: Acetanilid, S. 155, Acetylsalicylsäure, S. 156, Diacetylmorphin, S. 372, Phenacetin, S. 210.

Tiefkühlen der Lösungen von Alkaloidsalzen zur Beförderung der Krystallisation. Beispiele: Stypticin, S. 372, Eserinsalze, S. 339, Pilocarpin hydrochloric., S. 401. (Man beachte auch die übrigen Angaben dieser Kapitel über Maßnahmen zur Herbeiführung der Krystallisation von Alkaloidsalzen: Genaueste Neutralisation der Base mit der alkoholischen Säure, langsame Zugabe der letzteren, weil rascher Säurezusatz Harzbildung und somit Verzögerung oder gar Verhinderung der Krystallisation zur Folge hätte.)

Reinigung warmer wässeriger Salzlösungen von rohen Alkaloiden durch Verrühren solcher Lösungen mit geschmolzenem Paraffin. Beispiel: Hydrastin, S. 341.

Reinigung eines als Schmiere ausgefällten rohen Alkaloidsalzes durch Ausschütteln der Schmiere mit Reinaceton. Beispiel: Yohimbinchlorhydrat, S. 416.

Reinigung von Xanthinbasen durch Ausfällen derselben aus ihren alkalischen wässerigen Lösungen mit Kohlensäure. Beispiel: Theobromin, S. 409.

Abspaltung einer Carboxylgruppe durch Einwirkung von Fäulnisbakterien. Beispiel: Histamin, S. 134.

Vermeidung der Bildung von krystallisationshindernden Harzen durch Verkürzung der Reaktionsdauer. Beispiel: Anhydromethylencitronensäure, S. 82.

Verhinderung der nicht gewünschten Vereinigung eines Moleküls der einen Substanz mit mehreren der anderen durch Beschleunigung der Zusammengabe der beiden Substanzlösungen. Beispiel: Anhydromethylencitronensaures Hexamethylentetramin, S. 83.

Konzentration einer wässerigen Lösung mit entwässertem Glaubersalz vor der Vakuumdestillation eines in der wässerigen Lösung enthaltenen Produktes. Beispiel: Wasserstoffsuperoxyd 30% Gewicht = 100% Volumen, S. 56.

Steigerung der Ausbeute durch Vermeidung auch geringer Feuchtigkeitsgehalte im Reaktionsgemisch. Beispiel: Diäthylbarbitursäure, S. 107.

Bildung von Phenolestern direkt aus Säuren und Phenolen unter Zuhilfenahme von Phosphoroxychlorid. Beispiele: Benzonaphthol, S. 174, salicylsaures Naphthol, S. 176, Salol, S. 262.

Verhinderung von Schimmelbildung in Lösungen durch Flußsäurezusatz zu denselben. Beispiel: Brechweinstein, S. 12.

Entfernung von harzigen Verunreinigungen aus einem festen Rohprodukt durch Schmelzen des letzteren und Absetzenlassen im geschmolzenen Zustande. Beispiel: Benzonaphthol, S. 175.

Harzausscheidung aus Lösungen durch Kälte. Beispiele: Neues Trennungsverfahren der Opiumalkaloide, S. 394 und Opium concentratum, S. 397.

Zerstörung von frei werdendem Cyanwasserstoff durch vorhergehenden Zusatz von Wasserstoffsuperoxyd zum Reaktionsgemisch. Beispiel: Phenylessigsäure im Kapitel über primären Phenyläthylalkohol, S. 241.

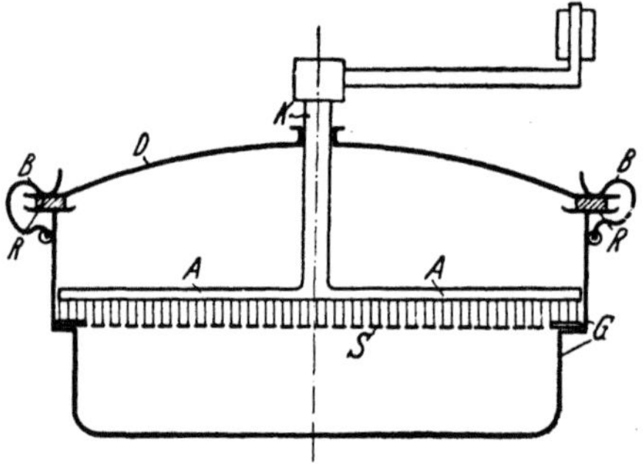

Abb. 125. Geschlossenes Sieb mit Bürstenrührer.

Einsparen von Packmaterial an Vakuumdestillationsapparaten. Beispiel: Rohessigsäure aus Graukalk, S. 442.

Ersatz eines Chloratoms im Benzolkern in einer Reaktion durch eine Alkyloxygruppe. Beispiel: p-Nitrophenetol aus p-Nitrochlorbenzol, S. 211.

Sieben. Pharmazeutische Produkte werden häufig in den bekannten Trommelsieben gesiebt. Deren Handhabung ist aber recht beschwerlich und sie halten selten vollständig dicht.

Ein in Abb. 125 veranschaulichtes geschlossenes Sieb mit Bürstenrührer ist weit vorzuziehen. Das Gehäuse G und der Deckel D sind aus emailliertem Eisenblech hergestellt. Durch sechs Klemmbügel BB verbindet man den Deckel mit dem Gehäuse, nachdem man vorher den Gummiring R auf den vertieften Rand des Gehäuses aufgelegt hat. Man erreicht so einen hermetischen Verschluß des Siebes. Zwei oder drei Bürsten AA sieben beim Umdrehen der Kurbelwelle K das Pulver durch das auswechselbare Rahmensieb S aus feiner Seide. — Sehr giftige Produkte sollten nur in solchen Apparaten gesiebt werden.

Zum Sieben größerer Mengen auf verschiedene Feinheiten kann man zwei oder mehr konzentrisch um eine horizontale Achse rotierende zylindrische Siebe verwenden, wie dies im Kapitel über Zinnoxyd, S. 59, beschrieben ist.

Filtrieren. Erhöhung des Filtriereffekts von Filterbeuteln durch Einlage von Papierfiltermasse in dieselben. — Schutz der Filterpressetücher durch übergelegte Jutetücher.

Ersatz einer Filterpresse durch ein Filter, Abb. 65, S. 270.

Linsen- oder Kugelfilter, Abb. 69, S. 302.

Geschlossenes Beutelfilter, Abb. 72, S. 306.

Dialyse. Beispiel: Lysalbinsäurelösung im Laboratorium, Abb. 17, S. 65, im Betrieb, Abb. 19, S. 73.

Vakuumverdampfung. Einengen von Lösungen im Laboratorium im Vakuumverdampfapparate, Abb. 82, S. 359. — Erzeugen eines hohen Vakuums im Laboratorium, vgl. Abb. 33, Glycerophosphatapparatur im Laboratorium. — Zur Erzeugung von Vakuum als auch von Druckluft dienen im Betrieb im allgemeinen Rotationspumpen, und zwar für Druckluft ein kleiner Kompressor mit Druckluftbehälter, für das Vakuum eine große Rotationspumpe. Vibrationen in der Vakuumleitung sind bei der Verwendung von Rotationspumpen unvermeidlich. Bei Fabrikationen, welche keine Vibrationen ertragen, verwendet man Kolbenpumpen, beispielsweise bei der Fabrikation von Wasserstoffsuperoxyd 30% Gewicht = 100% Volumen, S. 56. — Sehr oft wird bei der Installation von Vakuumverdampfapparaturen vergessen, daß zwischen dem Volumeninhalt der Destillationsräume und der durch die verwendete Pumpe erzeugten Vakuummenge oder also ihrer Ansaugefähigkeit ein normales Verhältnis bestehen soll. Darüber vergleiche man auch die Kapitel über Wasserstoffsuperoxyd 30% Gewicht, S. 57 und Glycerophosphate, S. 123 und 127. — Die Druckluft muß öl- und staubfrei sein; die in den Kompressor eingesaugte Luft passiert deshalb vor dem Eintritt in den Druckluftbehälter ein Torf- und Kohlefilter.

Installation von Tonnutschen. Das Befestigen der Filtertücher auf Tonnutschen geschieht am besten mit Asbestschnüren. Die Nutschen stellt man auf solide zementierte Sockel von 70—80 cm Höhe, auf welchen sich der bedienende Arbeiter bequem neben der Nutsche aufstellen kann, um dieselbe zu füllen und zu entleeren und um auf derselben bei abgestelltem Vakuum das Nutschgut mit der jeweiligen Waschflüssigkeit anzuteigen. — Aus hochgestellten Nutschen läßt sich das Filtrat bequem direkt in Korbflaschen oder Marmiten entleeren. —

Filtersteine. Statt durch Tücher nutscht man mit großem Vorteil durch Filtersteine.

Emaillierte Apparaturen. Ein gutes Mittel, der Emaille eine längere Lebensdauer zu geben, besteht im mehrmaligen Anstrich der frisch bezogenen Emailleapparate mit verdünnter Wasserglaslösung und jeweiligem mehrtägigem Trocknenlassen bei gewöhnlicher Temperatur. Oft enthält nämlich die Emaille capillarfeine Öffnungen oder Kanäle, die von bloßem Auge nicht erkennbar sind. Durch dieselben dringt Säure unter die Emaille und zerfrißt das Eisen, wodurch die Emaille vorzeitig abgesprengt wird. Die beschriebene Schutzmaßregel hat sich gut bewährt. — Wo es angeht, vermeide man emaillierte Apparate mit einem Bodenstutzen, denn dieser bildet immer eine schwache Stelle der Emaille. Eine andere solche ist ein scharfkantiger Rand des Apparates, was freilich unvermeidlich ist, wenn ein Deckel dicht aufgeflanscht ist. — Zum Entleeren offener emaillierter Marmiten und Doppelwänder bediene man sich keiner metallischer Gegenstände. Lösungen entferne man daraus mit einem oder mehreren Siphons aus Glas nach Abb. 126. Der Holzstab H ist am kürzeren Ende des Siphons mit zwei Gummiringen oder durch Bindfaden fixiert. Er ist auf dem Boden des zu entleerenden Apparates aufgesetzt, während das kürzere Siphonende über dem Niederschlage, sei es Entfärbungskohle oder abgesetzter Niederschlag, mündet. Man hebt das lange Siphonende mit dem Kautschukschlauch K hoch, saugt mit dem Munde an, schließt K mit den Fingern oder einer Klammer, senkt K vorsichtig, ohne H zu bewegen, öffnet erst dann K, worauf die Flüssigkeit abfließt. Damit man sicher geht, daß nicht allfällig mitgerissene Spuren von Niederschlag verloren gehen, läßt man die absiphonierte Flüssigkeit durch einen Flanellbeutel abfließen.

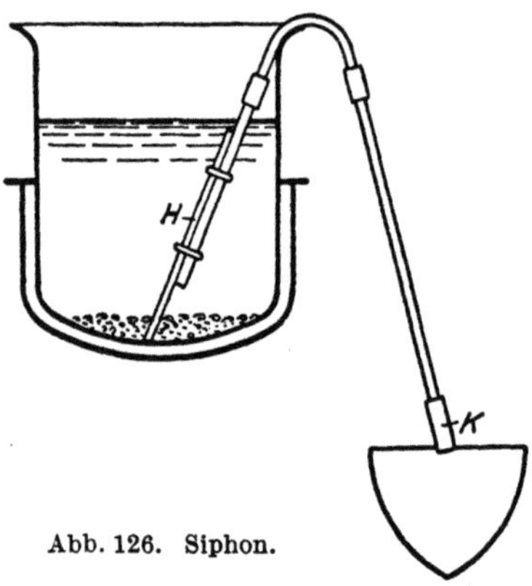

Abb. 126. Siphon.

Porzellanapparaturen. Große Porzellanschalen, Porzellantöpfe und Vakuumbirnen mit aufschraubbarem Tubusdeckel werden in der Fabrikation pharmazeutischer Produkte immer mehr verwendet, weil außer Glas kein Material die Reinheit und den schönen Aspekt der hergestellten Produkte in demselben Maße gewährleistet. Für die Darstellung mancher Produkte, wie beispielsweise Salicylsäurederivate, ist Porzellan unersetzlich. Beispiele für die Verwendung von Porzellanapparaten: Mercurisalicylsäure, S. 47, Salophen, S. 261, Abb. 62, Bromoform, S. 85, Chlorkohlensäureester, S. 93.

Zylinderkühler. Beispiele ihrer Verwendung: Brommethyl, S. 86, Abb. 20, Chloräthyl, S. 99, Abb. 24, Formaldehyd, S. 120, Abb. 30, Guajacol, S. 207, Abb. 51, Laubholzdestillation, S. 432, Abb. 102.

Beförderung mineralsaurer Flüssigkeiten. Statt der Zentrifugalpumpen aus Ton kann man evakuierte Tonbirnen verwenden. Beispiel: 1-2-4-Diaminophenol, S. 196, Abb. 47.

Apparative Anordnungen beim Verkochen von Diazolösungen. Beispiel: Guajacol, S. 207, Abb. 51, für den Betrieb, S. 209, Abb. 53, für das Laboratorium.

Vermeidung von Hähnen und Ventilen beim Arbeiten mit Substanzen, welche in Dampfform Korrosionen an solchen hervorrufen. Beispiel: Graukalkzersetzungsapparat, S. 443, Abb. 108.

Schaberrührer zur Verhinderung des Anbackens breiiger Reaktionsgemische am Boden von Reaktionsgefäßen. Die Beschreibung eines einfach konstruierten und sehr gut wirkenden Schaberrührers findet sich S. 443, Abb. 109. Beispiele für die Anwendung von Schaberrührern: Graukalkzersetzungsapparat, S. 443, Abb. 108, Salicylsäure, S. 250, Abb. 59.

Einfache Sicherungsmaßnahme gegen Explosionen. Explosionen von Destillierblasen infolge Verstopfung der an dieselben angeschlossenen Kühler sind nicht selten. Die einfachste Sicherung gegen diese Gefahr besteht in einem Stutzen auf der Destillierblase, welcher durch einen Kork- oder Gummipfropfen verschlossen wird. Auch auf mit Kühlern verbundenen Extraktionsgefäßen sollte diese Sicherung unbedingt angebracht werden. Nähere Angaben darüber finden sich im Kapitel über Chininextraktion, S. 303.

Dampf- und Kühlwasserersparnis durch Ausschalten von Rückfluß-
kühlern. Rückflußkühler sind Dampf- und Kühlwasserfresser. Der
erstere kostet überall Geld, aber auch Kühlwasser ist nicht allerorts
billig zu beschaffen (Grundwasser längs der Meeresküste ist beispielsweise oft als Fabrikwasser ungeeignet, so daß Fabrikanlagen am Meere
ihr Wasser manchmal aus großen Entfernungen herleiten und teuer
bezahlen müssen). — Das Kondensat aus dem Rückfluß kühlt fortwährend den Inhalt des Reaktionsgefäßes, so daß zur Erhaltung des
Reaktionsgemisches im Sieden auf die Dauer viel Dampf verbraucht
wird. Wo große Mengen eines Reaktionsgemisches lange Zeit unter
Rühren auf Siedetemperatur gehalten werden müssen, wird der Rückfluß dadurch ausgeschaltet, daß man das Reaktionsgefäß schließt
und seinen Inhalt durch Dampf von 1—2 Atm.-Druck auf einem Drucke
von $^1/_4$—$^1/_2$ Atm. hält. Beispiel: Synthetischer Campher, S. 187.

Vermeidung der Emulsionsbildung bei der Extraktion wässeriger
Lösungen mit organischen Lösungsmitteln durch die Vornahme der
Extraktion in gläsernen Scheidetrichtern mit sehr langsam tournieren-
den Glasrührern. Beispiel: Hämoglobin, S. 128, Abb. 34.

Arbeiten mit Phosgen, Salzsäuregas, Schwefelsäureanhydrid in Behältern aus Kupfer. Kupfer widersteht der Einwirkung der genannten
Produkte in der Kälte so gut als verbleites Eisen und hat diesem gegenüber den Vorzug, daß es einem viel geringeren Verschleiß unterworfen
ist. Darum ersetzt man verbleites Eisen durch Kupfer, wo dies angeht.
Beispiele: Chlorkohlensäureester, S. 97, Kessel K der Abb. 23, Dimethylsulfat, S. 110, Blase B_1 der Abb. 27.

Verwertung von entweichenden Salzsäuregasen und Chlor durch
Absorption derselben mit Eisendrehspänen. Beispiel: Chloralhydrat,
S. 91.

Trocknung eines wasserhaltigen Rohstoffs, den man nachher durch
ein organisches Lösungsmittel extrahieren will, durch entwässertes
Glaubersalz. Beispiel: Cholesterin, S. 101.

Besondere Hinweise.

Entfärbungskohle muß absolut metallfrei, vor allem frei von Eisen
sein. Dies ist bei den meisten Handelssorten nicht der Fall, und die
Reinigung gekaufter Entfärbungskohle — durch Auslaugen mit verdünnter Salzsäure und darauf mit destilliertem Wasser — wird oft
nötig sein. Eisenhaltige Entfärbungskohle bringt viel mehr Schaden
als Nutzen. Alkaloidsalze krystallisieren aus derart „entfärbten“
Lösungen mit ziegelroter Farbe. So mißhandeltes Morphinhydrochlorid kann beispielsweise nur auf dem Umwege über Diacetylmorphin wieder rein erhalten werden. — Man vergesse ferner nie, daß
die Entfärbungskohle den Lösungen nicht nur die Unreinigungen,
sondern auch Substanz entzieht, und zwar in ganz beträchtlichen
Mengen. Um sich davon zu überzeugen, mache man folgenden Versuch:
Man gibt in ein Reagensglas 1 cm³ von den dickflüssigen braunschwarzen
letzten Mutterlaugen des Gregoryschen Salzes, verdünnt mit 8 cm³
Wasser, erwärmt die Lösung 10 Minuten mit 1,5—2 g Entfärbungs-

kohle und filtriert. Das Filtrat ist beinahe wasserhell. Alle Unreinigkeiten wurden durch die Kohle absorbiert. Jedoch nicht nur diese,
sondern auch die Alkaloide! Wir überzeugen uns davon durch einen
Zusatz von Ammoniaklösung, welche kaum eine leichte Trübung
darin verursachen wird. — Man gehe also mit Zusätzen von Entfärbungskohle mit Überlegung und vor allem mit Beschränkung auf das Notwendige vor. 0,5—1 % vom Substanzgewicht genügt. Wo sie unwirk-
sam ist, verzichte man auf ihre Anwendung. Sie wirkt gut in schwach
mineralsauren wässerigen Lösungen, in neutralen viel schwächer; in
alkalischen ist sie ohne Wirkung. In mit organischen Lösungsmitteln
bereiteten Lösungen ist ihre Entfärbungskraft entweder gering oder
null. Wenn aber in solchen Lösungen noch Harze fein suspendiert sind,
so erleichtert ein Kohlezusatz die Filtration. — Jedenfalls setze man
nie gedankenlos Entfärbungskohle zu einer Lösung, sondern nur, wenn
die Erfahrung ihren Nutzen erwiesen hat; und auch dann verwende
man davon die eben notwendige Menge. „Überschüsse" an Entfärbungskohle bedingen unter allen Umständen eine empfindliche Einbuße in der Ausbeute.

Eine wichtige Rolle spielen die zum Erwärmen und zum Einengen
der Lösungen vieler organischer Substanzen angewendeten Temperaturen. Dieselben seien vor allem beim Einengen von Alkaloidlösungen
so niedrig als möglich. Die Vakuumverdampfapparate werden ausschließlich durch Warmwasser und nie durch direkten Dampf geheizt,
ebenso Krystallisierapparate für wässerige mineralsaure und andere
Lösungen empfindlicher Körper, wie beispielsweise Chinin oder Morphin.
Auch Heißfilter, wie dasjenige Abb. 72, werden mit Warmwasser und
nicht mit gespanntem Dampf geheizt. — Das Heizen mit Warmwasser
statt mit gespanntem Dampf bewahrt auch vor einer weiteren Verlust-
möglichkeit, indem ein Übersieden der Lösungen ausgeschlossen ist.

Sachverzeichnis.